전기기계

제2판

정승기

광운대학교 전기공학과 교수
공학박사

도서출판
학산미디어

정승기 — 서울대학교에서 전기공학을 전공하여 공학사, 공학석사, 공학박사 학위를 받았다. 1987년부터 광운대학교 전기공학과에 재직하면서 전력전자공학과 전기기계 강의를 담당하였다. 전력변환 이론, 신재생에너지, 전력시스템 고조파 및 무효전력 제어 등을 연구하였으며 대한전기학회 논문상, 전력전자학회 논문상, 춘강학술상, 장영실상 등을 수상하였다. 역서로 "전력전자공학-변환기, 응용 및 설계"(공역, 희중당/1997), "전기기기"(공역, 사이텍미디어/2002)가 있고 저서로 "고등학교(전문)전기기기"(공저, 교육부/1997), "전기기계"(학산미디어/2018, 대한민국 학술원 우수학술도서)가 있다.

전기기계 제2판 수정본 1.1

발행일 | 2024년 02월 22일
저자 | 정승기
발행인 | 문정임
발행처 | 학산미디어
기획 | 이덕선
표지 | 김연아
주소 | 서울특별시 노원구 동일로 45가길 41
전화 | 02-935-0670 / 010-3223-7340
팩스 | 02-932-0670
이메일 | sorgento2000@hanmail.net
등록번호 | 제25100-2011-000001호
ISBN 979-11-85294-44-5 93560
정가 | 36,000원

머리말

19세기 전력의 상용화가 시작된 이래 현재까지 전기기계는 전기에너지의 생산에서 소비에 이르는 전 과정에서 산업 발전에 중추적인 역할을 담당해 왔다. 전기기계의 기본 얼개가 완성된 이후 근 한 세기가 지나는 동안 기본 원리에 결정적인 변화가 있었던 것은 아니지만 각종 소재의 개발과 설계 및 생산기술의 발전에 힘입어 과거 수백 kg에 달하던 전기기계가 오늘날에 와서는 같은 용량에서 수십 kg에 불과하게 되었고, 사용 범위는 작게는 수 W에서부터 크게는 천 MW를 상회하고 있다. 나아가 로봇 등 각종 첨단 기계 기구로 다양하게 확장되어가는 적용 분야들의 요구에 부응하여 전기기계는 끊임없이 진화해 나가고 있다. 이러한 점에서 전기기계는 전기공학 전공 교과과정에서 '가장 낡은' 교과목이면서도, 동시에 항상 새로운 교과목이기도 하다.

근래 가장 두드러진 변화는 고밀도 영구자석 및 신소재 기술을 적용한 각종 특수형태 기기들의 출현, 그리고 전력변환 기술의 대두이다. 특히 전력변환기술은 전기기계의 활용성을 크게 확장시켜 오늘날에 와서는 전력변환장치와 전기기계를 따로 떼어놓고 생각하기 어려울 정도가 되었다. 이에 따라 전력변환 기술을 어느 범위까지, 어느 깊이까지 다룰 것인가는 전기기계를 가르치는 교수나 전기기계 교재의 집필자들에게 공통적으로 늘상 주어지는 과제라 할 수 있다. 또한 학부과정에서도 전기기계를 전통적인 전력공학의 관점에서 벗어나 기기의 일반화된 모델링 및 과도특성해석을 포함한 메카트로닉스적 관점에서 다루어야 할 필요성도 높아지고 있다. 이처럼 전기기계 학습에 포함되어야 할 내용이 꾸준히 늘어나고 있는 반면 교육 환경에 있어서는 IT기술 관련 신규 교과목들이 대거 편입되어 온 데다 특히 국내의 경우 학부제의 영향으로 전력관련 교과목들의 입지가 상대적으로 축소되어 전기공학 전공에서도 전기기계 전반을 불과 1개 학기에 다루어야 하는 경우도 드물지 않은 실정이다.

근래 출간되는 전기기계 관련서적은 이러한 서로 상충되는 요구와 주어진 환경에 적응하기 위한 다양한 시도를 보여주고 있다. 그러나 많은 젊은 전기기술자들이 전기기계에 관해 피상적이고 파편적인 지식과 이해 수준에 머무르고 있는 것을 흔히 볼 수 있고, 나아가 일반 학생층에서는 여전히 전기기계가 "고루하고 어려운 과목"이라는 인식이 지배적인 것으로 보인다. 이는 지나치게 소략하여 이해하기 난해하거나, 반대로 각론에 치우친 백화점 나열식의 핸드북에 가까운 텍스트들에도 상당 부분 원인이 있다고 생각된다. 오랜 기간 전기기계를 강의해 온 경험에 비추어 보았을 때 주어진 환경에서 전기기계 학습에 대한 다양한 요구를 모두 충족시키는 것은 불가능하며, 결국 원리적 이해에 충실해야 한다는, 어찌 보면 지극히 당연한 대답이 가장 현실적인 대답일 수밖에 없다는 것이 저자의 소견이다. 그러한 관점에서 이 책은 두 가지의 목표를 지니고 있다. 우선 각종 전기기계의 원리를 일관된 관점에서 이해하고 전기기계 전반에 대한 통찰을 지닐 수 있도록 하는 것이 그 첫번째이다. 이는 기계의 구조, 특성, 종류 및 용도 사이의 유기적 관련성에 대한 직관적 이해를 지니는 것을 말한다. 그리고 이 목표에 효과적으로 도달하기 위한 방법론으로서, 무엇보다 독자의 입장에서 '잘 읽히는,' 그리고 '잘 설명된' 텍스트가 되어야 한다는 것이 이 책의 두번째 목표이다.

책의 서술은 큰 틀에서 전통적인 방식에 따라 변압기, 직류기, 유도기, 동기기, 그리고 특수기기의 순서를 따르고 있다. 1장~3장은 전자기현상과 변압기를 통해 자성체의 역할, 전기적 평형, 자화전류, 단위법의 의미, 3상 시스템 등 이후 다루게 되는 내용에 필요한 기초개념들을 습득하도록 하였다. 4장은 전기기계적 에너지변환을 작용과 반작용 현상 및 전기적 기계적 평형이라는 기초 물리의 관점에서 이해하도록 하였으며 그 연장선상에서 5장의 직류기의 원리를 설명하고 6장과 7장에서 각각 직류발전기와 직류전동기를 서술하였다. 8장은 회전자계를 설명하고 교류기에서 일어나는 전기기계적 에너지변환이 직류기와는 어떻게 다른지, 그리고 변압기와는 어떤 차이점과 유사성을 지니고 있는지 설명함으로써 이후 유도기와 동기기를 일관된 틀에서 이해할 수 있도록 하였다. 9장과 10장은 현실적으로 가장 중요도가 높은 유도전동기를 다루고 있다. 9장에서는 유도전동기의 원리와 특성을, 10장에서는 유도전동기의 효율, 역률, 기동 등 현실적 적용상 중요한 측면들, 그리고 근래 부각되고 있는 풍력발전에 관련하여 농형 및 권선형 유도발전기의 개요를 서술하였다. 11장과 12장은 동기전동기와 동기발전기를 다루고 있다. 동기기의 원리와 구조는 주로 11장에서 다루고 12장은 발전기로서 적용상 측면에 주안점을 두었다. 이어서 13장은 주요 단상전동기들을, 14장은 PMSM, BLDC 등 중요성이 날로 높아지고 있는 영구자석전동기와 릴럭턴스전동기, 그리고 스테핑전동기를 설명한다. 부록에는 모든 기기에 공통인 절연에 대한 이해를 돕기 위한 내용과 단상 및 3상 교류에 대한 기초개념, 본문에 여러 차례 언급되는 불평형과 고조파에 대한 일반적 이해를 돕기 위한 내용을 수록하였다.

이 책의 서술 방식에 있어서 기본적인 목표는 전기회로 및 교류회로 계산의 기초가 되어 있는 독자라면 강의를 듣지 않고 자습만으로도 무리 없이 전기기계 전반의 요체를 습득할 수 있도록 하는 데 있다. 따라서 가능한 한 모든 주제를 수학적 도구를 최소화하고 기본적인 물리적 개념을 통해 쉽고 간명하게 풀어 설명하였으며 해석적이고 엄밀한 접근보다는 가급적 도해를 통해 직관적 이해에 도달할 수 있도록 하는 데 주안점을 두었다. 그러나 원리에 대한 정성적 이해가 충실하다 해도 실제 문제에 대한 답을 내지 못하면 소용이 없기 때문에 가급적 많은 예제를 수록하였다. 각 장의 연습문제 말미에 모든 문제에 대한 해답을 첨부한 것도 이러한 이유에서이다. 서술 내용에 있어서는, 다른 텍스트에서 잘 다루지 않거나 설명을 생략하고 넘어가는 사항이라도 필요하다면 자세히 서술하고, 통상 다뤄지는 내용이라도 흐름에 방해가 되는 경우 과감히 생략하였다. 따라서 큰 틀에서 전통적인 방식을 따르고 있다 해도 강조점이나 서술의 세부 내용에 있어서는 기존 텍스트와 상당한 차이가 있을 것으로 생각된다. 핸드북류의 참고서나 전기기사/공사 시험을 위한 준비서로서는 적합하지 않을 수 있으나 이 책을 통독하면 전기기계를 관통하는 전체적인 맥락과 개념들을 자연스럽게 이해할 수 있을 것으로 믿는다. 일반 전기엔지니어에게도 전기기계 전반을 되새김하는 데에 유용할 것으로 생각한다. 책의 분량이 다소 많긴 하지만 이해하기 쉬운 책이 곧 짧은 책을 뜻하는 것이 아니라는 점을 언급해두고자 한다.

이 책은 기본적으로 대학의 전기공학 학부 교육과정에 사용되는 것을 전제로 쓰여졌다. 주당 3시간 2개 학기 강의를 염두에 두었기 때문에 1개 학기로 편성되는 경우 분량이 많을 수 있다. 1개 학기 과정에서는 교수의 강의 방침과 목표에 따라 달라지겠지만 대략 3상변압기(3장), 직류기의 원리(5장) 중 전기자권선 관련 내용, 직류발전기(6장), 단상전동기(13장), 그리고 영구자석 및 릴럭턴스전동기(14장)는 생략해도 연속성을 유지하는 데에 지장이 없을 것이다. 나아가 서술의 평이성에 주안점을 두었기 때문에 다루는 내용 중에서도 상당량을 자습과제로 대체할 수 있을 것으로 본다. 전기공학 전공이 아닌 경우에는 3상변압기(3장)와 직류기의 원리(5장) 중 구조 관련 내용, 직류발전기(6장), 유도전동기의 응용(10장), 동기발전기(12장), 단상전동기(13장)는 생략해도 무방하다.

저자를 학문의 길로 이끌어 주셨던 고 박민호 교수님의 영전에, 그리고 저자의 학생시절 전공서적에서 온통 외국의 사진과 그림 밖에 볼 수 없었던 척박한 환경으로부터 오늘을 일구어낸 이 땅의 수많은 전기기술자들께 이 책을 바친다. 책의 초고를 읽어보고 조언을 주었던 선후배, 동료들과 자료 제공에 협조해 준 한국전력, 현대중공업, 효성, LS산전, LG, POSCO, Siemens, ABB, General Electric, Printed motors GmbH, Baldor 등 기업 관계자 여러분, 강의 초고 교정에 도움을 주었던 광운대학교 전기공학과 학부 및 대학원생들께 감사드린다. 그리고 그 누구보다도, 긴 세월을 기다려 준 아내와 아들에게 무한한 감사와 사랑을 보낸다.

정승기

제2판 머리말

본 전기기계 제2판은 초판에서 큰 틀에 변화는 없으나 책 전체에 걸쳐 보완이 이루어졌다. 그동안 발견된 오류들을 포함해 모호한 표현들을 수정하였으며 지나치게 긴 설명은 덜어내고 불충분한 설명은 채워 넣었다. 이해도를 높이기 위한 몇몇 예제와 그림이 추가되었다. 그간 최저소비효율기준이 변경되었고 2021년부터 IEC 규정에 준하는 한국전기설비규정 KEC가 시행됨에 따라 관련 사항들을 반영하였다.

2018년 이 책의 초판이 출간된 이후 많은 변화가 있었다. 전세계적으로 기후위기가 체감할 수 있는 현실적 위협으로 다가오면서 산업의 패러다임이 대량생산에 기반한 고능률 산업사회에서 친환경 지속가능 산업의 양태로 바뀌는 일대 전환의 시기가 시작된 것으로 보인다. 전기공학적 표현을 빌자면, 그런대로 안주할 수 있었던 기존의 정상상태에서 벗어나, 어디에 있는지 알 수 없고 언제 도달할지 알 수 없는 새로운 정상상태로 이행하기 위한 과도상태에 막 들어선 셈이라 할 수 있다.

전기기계와 관련된 분야에도 적지 않은 변화가 일어나고 있다. 풍력 등 신재생에너지 이용기술은 더욱 확산될 것이고, 전기자동차 산업은 크게 부상하고 있으며, 인공지능을 탑재한 각종 로봇에 사용될 다양한 특수 형태 기기들의 개발에 대한 요구가 한층 높아질 것으로 예상된다. 변화가 클수록 원론적인 이해와 통찰의 깊이가 중요하다. 설레임과 두려움이 공존하는 오늘, 이 책이 이 땅의 전기공학도들이 안개 속의 미래를 헤쳐나가는 데에 도움이 되기를 기대한다.

2024년 1월

정승기

이 책은 광운대학교의 학술연구비(2022-0841) 지원에 의해 쓰여졌음.

차례

1

자기장과 코일

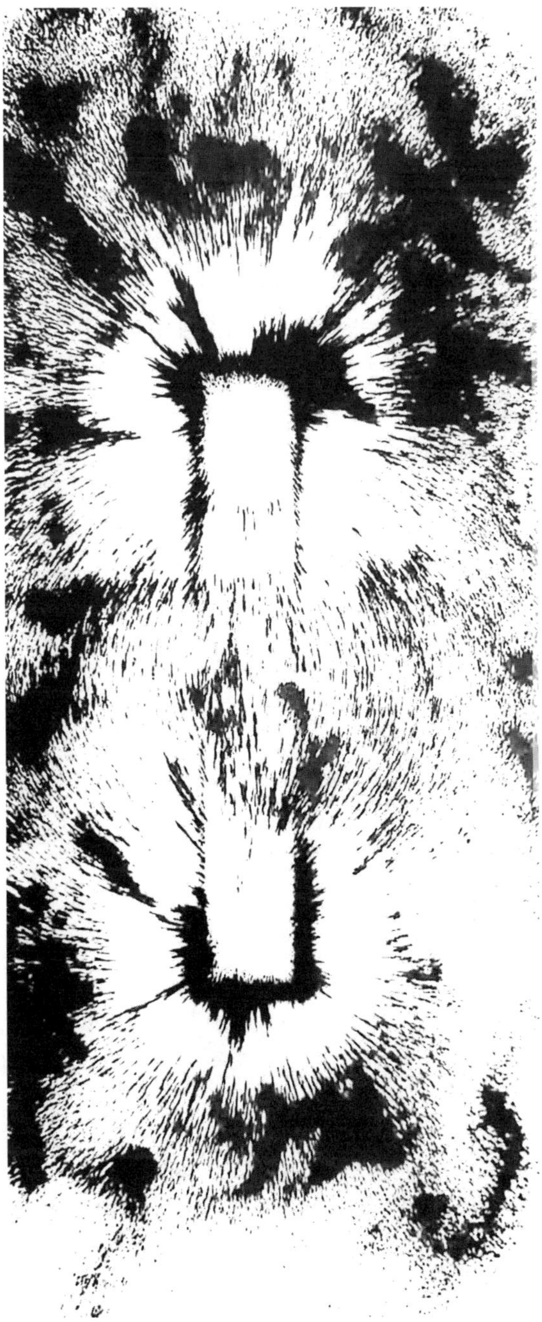

이 책에서 다루는 모든 전기기기, 즉 변압기와 각종 전동기 및 발전기의 동작은 모두 자기장을 매개로 하여 이루어진다. 자기장을 통함으로써 직접 접촉하지 않는 전기회로들 사이에 에너지가 전달될 수 있으며, 전기회로들이 만들어내는 자기장 사이의 상호작용으로 기계적 운동이 일어나 전기적 에너지가 기계적 운동에너지로 변환되기도 하고 반대로 기계적 에너지가 전기적 에너지로 변환되기도 한다. 따라서 자기장에 대한 이해가 전기기계의 원리를 이해하는 첫걸음이라 할 수 있다. 이 장에서는 전기기계를 서술해 나가는 데에 필요한 자기장의 기본 개념들을 간추려 정리하고 자기장과 전기회로 사이의 상호작용과 이에 관련된 물리적 현상들에 대하여 설명한다. 특히 모든 전기기계의 기본 구성요소인 강자성체 철심을 갖는 코일의 특성을 이해하는 데에 주안점을 두고 있다. 자기장과 기계적 운동 사이의 관련성에 대해서는 회전기기의 도입부가 되는 4장에서 따로 다루기로 한다.

1-1 자기장, 기자력, 자기저항

자석은 주변의 쇠붙이를 끌어당긴다. 또 자석과 자석 사이에는 서로 밀치거나 당기는 힘이 작용한다. 이는 자석이 주위 공간에 영향을 미치고 있음을 뜻한다. 어떤 물체가 다른 물체에 인력을 가하는 현상을 중력장의 존재로 설명하듯이 자석이 지닌 이러한 영향력을 설명하기 위해 자석 주변 공간에 **자기장**(magnetic field)이 형성되어 있다고 하고, 자기장의 존재를 그림 1-1에서와 같이 가상의 **자기력선**(lines of magnetic force)으로 나타낸다. 각각의 자기력선은 자석의 N극에서 나와 주위 공간으로 퍼져나갔다가 S극으로 되돌아오며, 자석 내부에서 다시 N극으로 연결되는 폐루프를 이룬다. 자기력선 하나하나가 특정 크기의 자기적 영향력을 나타내는 것이라 했을 때 강한 자석이란 곧 주위에 많은 자기력선을 거느린 자석을 뜻한다. 이 자기력선들의 집합을 **자속**(magnetic flux)이라 부르며,[1] ϕ의 기호로 표현하고 Wb(Weber)의 단위가 사용된다.[2]

자기력선에 표시된 화살표는 공간의 매 지점에서 자기장이 어떤 방향으로 작용하는지를 나타낸다. 만일 그림 1-1에서와 같이 자석의 자기장 안에 아주 작은(주위 자기장에 영향을 미치지 않을 정도로 작은) 꼬마자석을 가져다 놓는다고 하면 꼬마자석의 N극이 그 지점을 통과하는 자기력선의 진행방향을 가리키게 된다. 이때 꼬마자석을 그 방향으로 돌려놓는 힘은 주위에 자기력선이 촘촘히 밀집되어 있을수록 강해진다. 자기력선이 밀집된 자석의 N극과 S극 부근에서는 자기장이 강하고 자석에서 멀리 떨어진, 자기력선이 널리 퍼져나가 희박해진 곳에서는 그 힘이 약해진다. 따라서 자기력선이 밀집한 정도, 즉 **자속밀도**(magnetic flux density)로 자기장의 크기(세기)를 나타낸다. 자속밀도는 자속의 방향에 직각인 평면을 단위면적당 통과하는 자속의 양으로 정의되며 기호는 B, 단

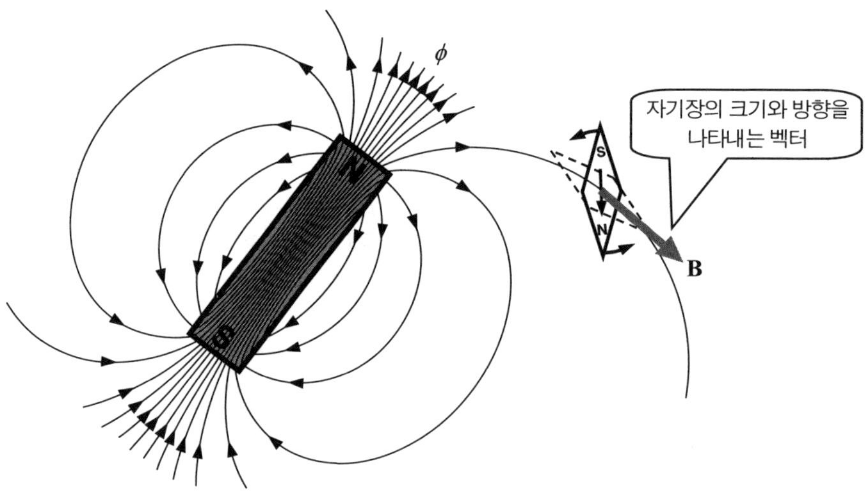

그림 1-1 자석 주위에 나타나는 자기력선

[1] 자속의 정식 명칭은 자기력선속이다. 여기서 속(束)은 '묶음'이나 '다발'로서, 자속은 '자기력선의 다발'을 뜻한다.

[2] 자기력선은 무한히 많은 개수로 나뉘어질 수 있지만 특정 크기의 영향력에 해당하는 자속을 cgs 단위계에서 1 Mx (Maxwell)이라 정의하고 이를 1개의 자기력선으로 간주하였다. 이에 따르면 표준 SI 단위계의 1 Wb란 1억 개의 자기력선을 뜻한다($1\ \text{Wb} = 10^8\ \text{Mx}$).

위는 Wb/m^{2}지만 통상 T(Tesla)로 간략히 표기한다. 자기장의 크기와 방향을 함께 나타낼 경우에는 그림에서와 같이 자속밀도 벡터 **B**로 표현한다.

자기장은 전류에 의해서도 만들어진다. 그림 1-2에서 보듯이 도체에 전류가 흐르면 주위에 영구 자석 주변에서와 같은 자기장이 형성되는데, 이때 자기력선은 도체를 중심으로 한 동심원 형태로 나타난다. 자기력선의 진행방향은 전류의 방향에 따라 달라지며 그 관계는 그림에 보인 것과 같이 소위 **오른손법칙**(오른나사의 법칙이라고도 한다)으로 표현된다. 오른손의 엄지손가락으로 전류가 흐르는 방향을 가리켰을 때 나머지 손가락들이 자연스럽게 구부러지는 방향이 도체를 감싸고 도는 자기력선의 방향에 해당한다.

도체를 구부려 그림 1-3과 같이 코일 형태로 만들어 주면 도체 주위의 자기력선들이 코일 안쪽에서 모두 같은 방향으로 더해지므로 자속밀도가 높아지는 효과를 얻을 수 있다. 그림에 표시된 방향으로 전류가 흐르는 경우, 자기력선들이 코일 안쪽에서는 아래에서 위로, 바깥쪽에서는 위에서 아래로 진행하여 결과적으로 자속이 코일 위쪽에서 나와 아래쪽으로 되돌아오므로 마치 위가 N극, 아래가 S극인 자석과 같은 효과를 갖게 된다. 물론 전류 방향을 반대로 하면 자속의 방향도 반전된다. 여기서도 전류 방향과 자속 방향 사이의 관계를 오른손법칙 형태로 표현할 수 있는데, 전류의 흐름을 따라 마치 코일을 감싸쥐듯이 오른손의 네 손가락을 구부렸을 때 엄지가 가리키는 방향이 코일 안쪽에서 자속이 진행하는 방향을 나타낸다.

자속을 더 키우려면 그림 1-4와 같이 코일을 여러 차례 감아준다. 코일을 감은 횟수 N을 권회수, 또는 **턴수**(number of turns)라고 한다. 전류가 흐를 때 각각의 턴이 만들어 내는 자속이 중첩됨으로써

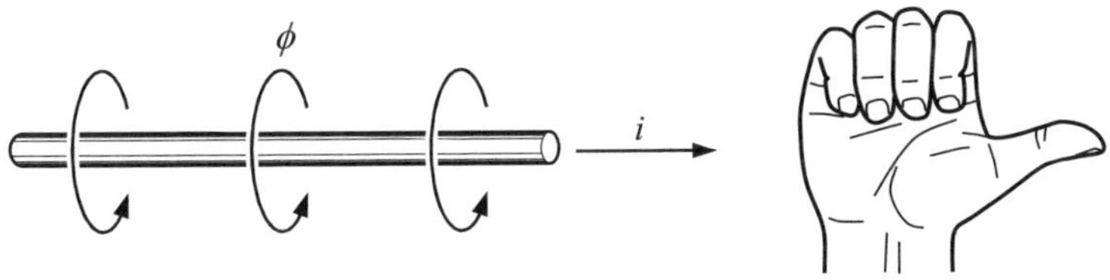

그림 1-2 전류와 자속 사이에 나타나는 오른손법칙

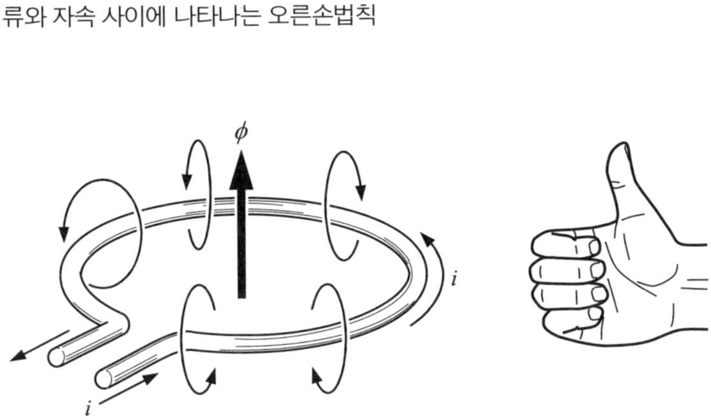

그림 1-3 코일 전류와 자속 사이에서 나타나는 오른손법칙

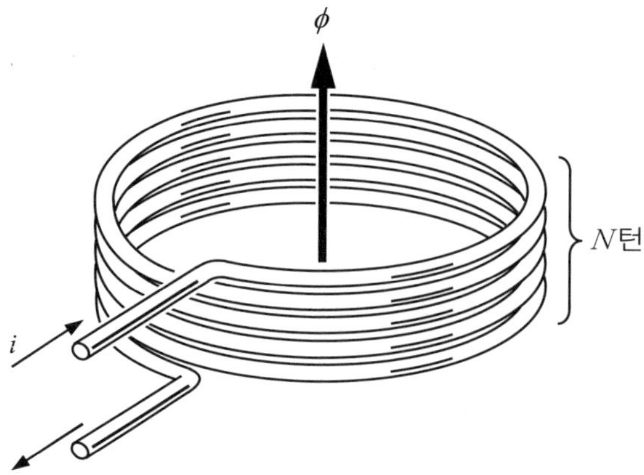

그림 1-4
여러 턴으로 만들어진 코일

자속이 커지게 되는데, 이는 마치 그림 1-3의 한 턴 코일에서 안쪽 공간을 둘러싸고 흐르는 전류가 i 에서 Ni 로 증가한 것이나 마찬가지이다. 이 등가전류의 크기를 아래와 같이 '자기적 현상을 일으키는 힘'이라는 뜻의 **기자력**起磁力(magnetomotive force, 간략히 mmf로 씀)으로 정의한다.

$$\mathfrak{I} = Ni \quad \text{A-t} \tag{1-1}$$

기자력의 단위는 위에 표기하였듯이 A-t ('암페어-턴'이라고 읽음)으로 쓴다. 그러나 '턴'이 단순 배수에 해당하는 무차원 단위이기 때문에 A-t 은 본질적으로 A 단위와 같으며, 주어진 수치가 기자력을 나타내는 수치임을 굳이 드러낼 필요가 없는 경우라면 단순히 A로 표기하기도 한다.

이 기자력과 코일 내부에 만들어진 자속 사이의 관계를 흔히 아래의 비례식 형태로 표현한다.

$$\phi = \frac{\mathfrak{I}}{\mathfrak{R}} \tag{1-2}$$

여기서 $\mathfrak{R}$ 을 **자기저항** 또는 **릴럭턴스**(reluctance)라 부른다. 자기저항의 단위는 A/Wb로서 '1 Wb의 자속을 만들어내는 데 필요한 기자력'의 의미를 가지며, 이름에서 알 수 있듯이 기자력이 작용할 때 그에 저항해서 '자속의 생성을 방해하는 정도'를 나타낸다. 자기저항이 크면 같은 기자력에서 자속의 양이 줄어들고, 자기저항이 작으면 작은 기자력으로도 큰 자속이 만들어진다. 이는 전기회로에서 기전력起電力(electromotive force, 혹은 emf)에 대항하는 전기저항에 따라 전류의 크기가 달라지는 것과 유사하며, 전류가 어떤 물질을 통해 흐르는지에 따라 전기저항이 달라지는 것처럼 자기저항도 자속이 지나는 경로가 어떤 물질로 이루어져 있는지에 따라 달라진다.

1-2 자성체를 갖는 코일

코일을 감아 전자석을 만들고자 할 때, 나무토막이나 플라스틱 막대에 코일을 감았다면 안쪽에 아무것도 없는 빈 코일이나 다를 바 없다. 그러나 누구나 경험적으로 알고 있듯이 쇠막대에 코일을 감으면 자석이 훨씬 강해진다. 이는 같은 전류에서 (즉 같은 기자력에서) 훨씬 큰 자속이 만들어짐을 뜻하며, 코일의 기자력에 대항하는 자기저항이 훨씬 작아졌음을 뜻한다. 어떤 이유로 이런 차이가 나타나는 것일까?

강자성체의 자화

자연계의 물질들은 각자 자기장에 반응하는 정도가 다르다. 이들 중 몇몇은 자기장에 특히 민감하게 반응하는 성질을 지니고 있는데, 이러한 물질들을 **강자성체**(ferromagnetic material)라 부른다. 철이 대표적인 강자성 물질이다. 철 외에도 코발트, 니켈과 같은 금속류 및 이들의 합금도 강자성체의 성질을 지닌다. 그러나 대부분의 비금속은 물론이고, 금속 종류라 해도 동이나 알루미늄과 같은 물질들, 그리고 철의 합금 중에서도 일부 스테인레스강은 강자성체에 속하지 않는다(부록A 참조). 간단히 말해 자석에 잘 붙는 물질이면 강자성체라 볼 수 있다.

강자성 물질의 원자들은 전자의 스핀(및 공전)에서 비롯된 각자의 자기장을 지니고 있으며, 자기장의상호작용으로 인근 원자들 사이에 전자스핀 방향을 서로 일치시키려 하는 힘이 작용한다. 어느 지점에서 인접한 두 원자의 전자스핀이 같은 방향이 되었다고 하면 이들의 자기장이 더해져 주위에 작용하는 힘이 커지면서 또 다른 인근 원자들의 전자스핀 상태를 바꾸게 된다. 그 결과 자기장이 더 커지면서 전자스핀의 동화력이 주변에 확장되고, 확장을 거듭하여 같은 방향의 전자스핀을 지닌 원자들이 하나의 집단을 이루게 된다. 그러나 이러한 집단적 동화작용이 동시에 여러 곳에서 일어나기 때문에 물체 전체가 한 방향의 전자스핀으로 통일되지는 않으며, 각자 다른 방향과 크기의 자기장을 지닌 무수히 많은 **자기구역**(magnetic domain), 즉 **자구**磁區로 나뉘게 된다.(이는 마치 개개인 사이의 동화력으로 이루어지는 인간사회가 여러 개의 집단이나 국가로 나뉘어 있는 것과 같다.)

개별 자구는 하나의 작은 자석과도 같고, 자연상태에 있을 때는 자구들의 불규칙한 자기장이 서로 상쇄되어 겉보기에 자성이 나타나지 않는다.(영구자석은 이러한 자구들의 자기장이 대체로 일정한 방향을 가리키고 있어서 전체적으로 자성을 띠게 된 물체를 말한다.) 그러나 외부로부터 모든 자구에 공통의 자기장이 가해진다면, 예를 들어 그림 1-5에 보인 것처럼 강자성체가 다른 자석들에 의해 만들어진 자기장 안에 놓이게 된다면 자구들의 자기장이 외부 자기장과 같은 방향으로 나란히 정렬하려는 작용이 일어나고, 그 결과 외부 자기장과 같은 방향의 자체 자기장이 나타나게 된다.[3] 즉 자성체 자체가 N극과 S극을 지닌 자석이 된다. 이처럼 원래 자석이 아니었던 물체가 외부 자기장에 반응하여 자석과 같은 상태로 되는 현상을 **자화**磁化(magnetization)라 부른다. 이때 정렬되는 자구의 수가 워낙 많기 때문에 강자성체의 자화로 만들어진 자속은 외부에서 가해진 자속보다 훨씬 크고, 보통 수천 배에 달한다.

그림 1-6에서와 같이 강자성체 주위에 코일을 감고 전류를 흘려주었을 때도 같은 효과를 얻을 수 있다. 자구들 입장에서 보면 코일 전류에 의해 만들어진 자속이나 다른 자석에서 나온 자속이나 다를 것이 없다. 외부 자속이 어디서 비롯된 것이건, 같은 자속에 대해서는 같은 반응이 일어나므로 앞에서와 마찬가지로 자구들이 정렬하고, 코일 전류로만 만들어진 원래 자속보다 훨씬 큰 자속이 만들어진다. 이러한 자화 현상에 의해 전자석의 코일에 삽입된 쇠막대는 작은 전류로 큰 자속을 얻게 하는 자속증폭기와 같은 역할을 하며, 코일의 자속을 키우기 위한 목적으로 코일에 삽입하는 물체를

---

[3] 전자스핀 집단의 동화력이 서로 맞서 평형을 이루고 있는 자구 사이의 경계에서는 양쪽 집단으로부터 개별 원자들에 가해지는 동화력의 미세한 차이에 의해 원자가 어느 쪽 자구에 속하느냐가 결정된다. 따라서 경계 양쪽의 원자들은 바로 이웃하고 있음에도 전혀 다른 전자스핀을 갖게 된다. 여기에 외부 자기장이 가해지면 동화력의 평형이 깨져 경계의 어느 한쪽 원자들의 스핀이 반대편의 스핀방향으로 바뀌면서 구역 사이의 경계가 이동하는데, 결과적으로 외부 자기장의 방향에 더 가까운 자구들의 영역이 확대되고 방향이 다른 자구들의 영역은 축소된다. '자구의 정렬'이란 이러한 경계의 이동에서 비롯된 효과를 비유적으로 표현한 것으로, 자구를 이루는 원자 집단이 실제 물리적으로 회전한다는 뜻은 아니다.

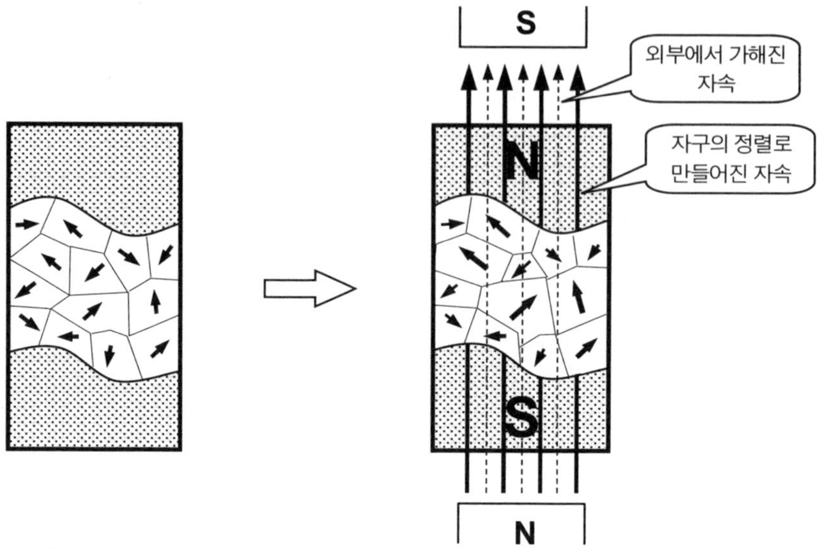

그림 1-5 강자성체의 자화

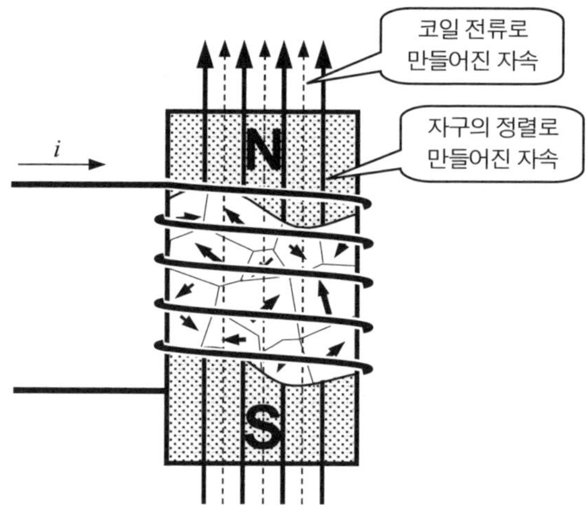

그림 1-6
코일 전류에 의한 강자성체의 자화

자심(magnetic core)이라 한다. 일반 기기에서 자심은 대부분 철 성분 물질로 이루어지므로 보통 **철심**(iron core)이라 부른다.

철심을 지닌 코일에서 자속의 대부분은 철심 내부 자구의 정렬에 의한 것으로, 코일 전류로 만들어진 자속은 극히 일부에 불과하다. 코일의 전류는 강자성체 철심이 지닌 잠재력을 일깨워 줌으로써 철심을 자석으로 만드는 **자화전류**(magnetizing current)로서의 역할을 할 뿐이다. 그렇긴 하지만 코일에 전류가 흐르지 않으면 애초에 자화도 일어나지 않기 때문에 겉보기에는 마치 모든 자속이 코일의 전류에 의해 만들어진 것처럼 보이게 된다. 따라서 편의상 코일의 기자력이 자속 전부를 만들어내는 것으로 간주하되, 이때 철심은 빈 공간에 비해 자기저항이 훨씬 작은 경로를 제공하는 역할을 함으로써 (전기저항이 작은 도체를 통해 큰 전류가 흐를 수 있듯이) 주어진 기자력에서 훨씬 큰 자속이 만들어지게 되는 것으로 표현한다.

자기포화

철심이 자화되는 정도는 외부 자기장의 세기에 따라 달라진다. 외부 자기장이 강할수록 자구들의 정렬도가 높아지면서 자속이 증가한다. 그러나 철심을 이루고 있는 원자의 수가 유한하기 때문에 모든 자구들이 그 한계까지 다 정렬하고 나면 외부 자기장을 계속 키워준다 해도 자속이 더 이상 증가하지 않는 상태에 도달하게 된다. 이를 자성체가 '**포화**(saturation)되었다'고 한다. 따라서 철심을 지닌 코일의 전류를 키워 기자력 $\mathfrak{F}$를 증가시켜 가면서 자속 ϕ의 변화를 그리면 그림 1-7과 같이 처음에는 기자력에 비례하여 직선적으로 증가하지만 포화상태에 들어가면서 점차 평탄해지는 곡선의 모습을 띠게 된다. 여기서 자속이 기자력에 비례하는 부분을 선형영역, 평탄한 부분을 포화영역이라 하고 선형영역에서 포화영역으로 넘어가는 부위를 경계영역이라 부른다.(곡선이 꺾이는 모양에 빗대 경계영역을 곡선의 '무릎(knee)'이라 부르기도 한다.)

만일 코일이 철심을 지니고 있지 않다면 기자력과 자속 사이의 관계는 그림에 함께 그려진 점선과 같이 나타난다. 빈 공간에서는 자속이 기자력에 비례해서 직선적으로 증가하긴 하지만 그 크기가 매우 작다. 이 작은 자속이 코일에 삽입된 철심을 자화시킴으로써 실선과 같은 자속이 만들어진 것으로, 실선과 점선 사이의 차이가 철심의 자화로 만들어진 자속에 해당한다. 앞서 철심의 자화로 만들어지는 자속이 외부 자속의 수천배에 달한다고 한 것은 선형영역에서 곡선의 기울기가 점선의 기울기에 비해 수천배 크다는 것을 뜻한다. 그러나 철심이 자화의 한계에 도달한 포화영역에서는 자화에 의해 만들어진 자속이 기자력에 무관하게 거의 일정해지므로 곡선을 계속 연장해 나간다면 결국 점선에 평행해지게 된다.

이러한 자속과 기자력 사이의 비선형적 관계 때문에 철심을 지닌 코일에서 자기저항은 일정한 상수값이 되지 않는다. 그림에서 기자력이 $\mathfrak{F}_1$일 때 자속이 ϕ_1이라면 자기저항이 $\mathfrak{R} = \mathfrak{F}_1 / \phi_1$로 계산되는데, 이는 그래프의 원점에서 해당 지점으로 그은 직선의 기울기 $\phi_1 / \mathfrak{F}_1$의 역수이다. 동작점이 선형영역에 있을 때는 이 직선의 기울기가 커서 자기저항이 작고, 또 대체로 일정한 값을 유지한다.

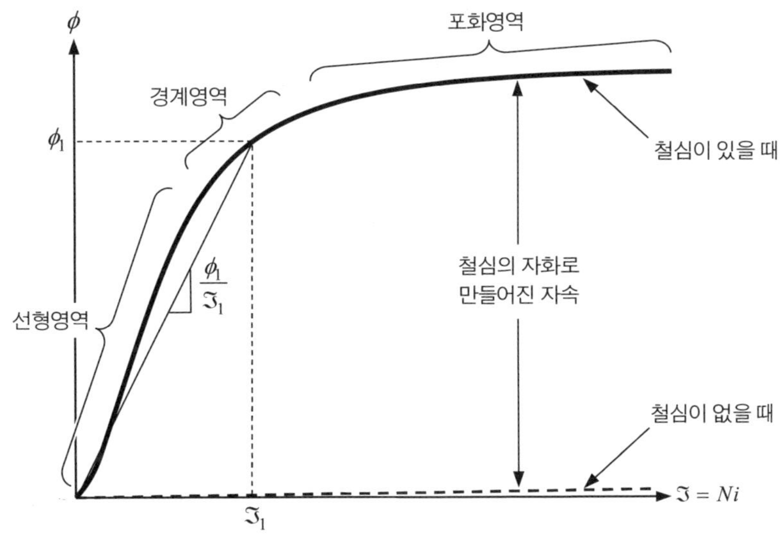

그림 1-7 철심을 지닌 코일에 가해진 기자력과 자속 사이의 관계

그러나 선형영역을 벗어나면 직선의 기울기가 줄어들면서 자기저항이 커지게 되며, 포화가 심해질수록 커져서 최종적으로 철심이 없을 때의 자기저항이나 별 차이가 없어지게 된다. 이는 철심의 자화 한계를 넘어 선형 영역에서 멀리 벗어날수록 철심의 효용성이 떨어지게 됨을 뜻한다.

철심의 자화 범위와 최대자속

일반적으로 전기기계의 동작은 상당히 강한 자기장을 필요로 한다. 만일 그에 상당하는 자속을 철심 없이 전적으로 코일 전류만으로 만들어내고자 한다면 대단히 큰 기자력이 가해져야 하는데, 이는 코일에 매우 큰 전류를 흐르게 하거나 비현실적으로 많은 턴수를 감아야 함을 뜻한다. 코일에 흐를 수 있는 최대허용전류는 도체의 단면적에 비례하고 코일의 턴수는 도체의 길이에 비례한다. 따라서 최대허용전류와 턴수의 곱, 즉 **코일이 제공할 수 있는 최대기자력은 코일에 사용된 도체의 체적에 비례한다.** 이는 철심 없이 전기기계의 동작에 필요한 자속을 만들어내려면 엄청나게 많은 양의 도체가 사용되어야 함을 뜻한다. 그러나 코일에 철심을 사용하면 훨씬 작은 기자력으로 같은 자속을 얻어낼 수 있으므로 도체의 양이 대폭 절감된다. 또한 도체의 최대 허용전류밀도에서 코일의 오옴손실(I^2R)이 도체의 양에 비례하므로 자속을 유지하는 데에 소모되는 전력 역시 크게 절감된다. 이에 따라 모든 전기기계는 기본적으로 코일과 철심, 즉 동과 철의 조합으로 만들어진다.

여기서 중요한 점은 철심을 최대한 효과적으로 이용해야 한다는 것이다. 앞서 설명했듯이 철심의 자화로 만들어질 수 있는 자속에는 한계가 있으므로 철심이 포화되고 나면 그 이상으로 기자력을 가하는 것은 의미가 없다. 만일 어떤 기기가 철심이 포화된 상태에서 동작하고 있다면 이는 쓸데없이 큰 기자력이 가해지고 있거나, 사용된 철심의 양이 충분치 않음을 뜻한다. 반대로 자기포화곡선의 경계영역에 현저히 못 미치는 선형영역 어느 지점에서 동작하고 있다면 이때는 철심이 자속을 만들어낼 수 있는 능력이 충분히 활용되지 못하고 있거나 필요 이상으로 큰 철심이 사용되고 있음을 뜻한다. 따라서 철심을 자기포화 직전까지 자화시켰을 때 철심의 이용효율이 최대화되며, 이는 전기기기의 설계에 가장 기본적인 요건이 된다.

예컨대 어떤 기기가 동작하는 데에 필요한 자속이 최대 ϕ_{max}까지라 하자. 그림 1-8의 곡선 A는

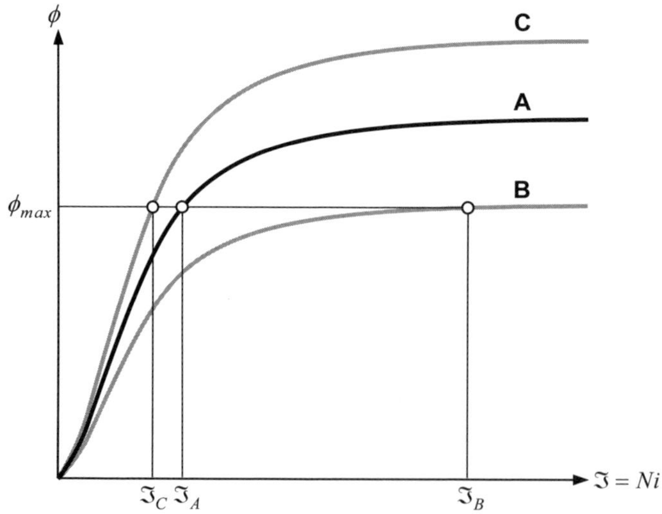

그림 1-8
최대 자속에 필요한 기자력

ϕ_{max}가 기기에 사용된 철심의 경계영역 초입부에 놓이도록 설계된 경우를 보여주고 있다. $\mathfrak{I}_A$는 철심을 그 지점까지 자화시키는 데에 필요한 기자력을 나타낸다. 여기서 철심의 크기를 줄인다면 자속과 기자력 사이의 관계가 B의 곡선과 같이 줄어들 것이다. 이 상태에서 앞서와 마찬가지로 ϕ_{max}의 자속을 얻고자 한다면 철심이 상당히 포화되어야 하며, 필요한 기자력이 $\mathfrak{I}_A$에서 $\mathfrak{I}_B$로 크게 증가하는 것을 알 수 있다. 이는 같은 자속을 얻기 위해 A의 경우보다 훨씬 큰 코일이 사용되어야 함을 뜻한다. 반대로 A보다 큰 철심을 사용하여 C와 같은 관계를 갖게 되었다면 같은 자속을 얻는 데에 필요한 기자력이 $\mathfrak{I}_C$로 다소 줄어들긴 하겠지만 기자력의 절감, 즉 도체의 절감에서 오는 이득이 철심을 키우는 데에 들어간 비용에 미치지 못할 수 있다. 요컨대 철심을 최대한 효과적으로 이용하기 위해서는 원하는 자속을 얻는 데에 부족하지 않으면서도 지나치지 않게, 꼭 필요한 만큼 사용해야 하며, 이렇게 함으로써 기기 제작에 소요되는 철과 동을 최소로 할 수 있다. 이러한 이유로 **대부분의 전기기기는 철심이 경계영역(약간 포화된 상태)까지 자화되는 범위에서 동작하게 만들어진다.**[4]

1-3 철심재료의 자화특성

코일에서 만들어지는 자속의 양은 같은 기자력에서 철심의 재질에 따라 달라진다. 같은 강자성체라도 상대적으로 자화가 잘 되는 물질이 있고 그렇지 않은 물질이 있기 때문이다. 그림 1-7에서 선형영역의 기울기가 클수록 자구들이 외부 자계에 민감하게 반응하는, 자화가 잘 되는 물질이라 할 수 있다. 그러나 어떤 재료가 얼마나 자화가 잘 되는지를 나타내는 데에 이처럼 자속과 기자력 사이의 관계로만 설명하는 것은 적절치 않다. 같은 재료의 철심에 같은 기자력을 가하였다 해도 철심의 크기와 형상에 따라 자속의 양이 달라지기 때문이다.

철심의 투자율

설명의 편의상 그림 1-9와 같이 도넛 모양의 철심을 가진 코일(토로이드)을 생각해 보기로 한다. 철심의 길이는 l이고 전 길이에 걸쳐 단면적 A가 균일한 것으로 가정한다. 코일에 전류가 흐르면 철심의 자화로 만들어진 자속 ϕ가 철심으로 이루어진 폐루프를 따라 생성된다.[5] 여기서 코일의 턴수를 늘려 기자력을 키워주면 자속도 커지게 되는데, 이는 코일이 더 조밀해짐으로 해서 코일의 각 턴에서 만들어지는 자속이 더 많이 중첩되어 자구들을 정렬시키는 힘이 강해지기 때문이다. 만일 턴수를 그대로 두되 철심의 길이를 짧게 만들어준다면 코일이 조밀해지면서 마찬가지 효과가 나타나게 될 것이다. 즉 같은 기자력에서 철심이 짧을수록 자속이 커지고, 철심이 길수록 자속이 줄어든다. 이

4 경계영역에서도 어느 정도까지를 최대 자화범위로 설정할 것인지는 기기 설계에 고려해야 될 여러 조건들(예를 들어 동과 철의 상대적인 가격)에 의해 달라질 수 있다. 그리고 기기의 종류에 따라서도 차이가 있다. 일반적으로 교류에서 동작하는 기기(변압기, 동기기, 유도기)들은 선형영역에서 크게 벗어나지 않은 경계영역 아래 부분까지를 자화의 한계로 잡는다. 뒤에서 설명하듯이 교류에서 동작할 때는 자속이 양 방향으로 교번하는 과정에서 철심 내부에 상당한 전력 손실이 발생하는데, 최대로 자화되는 지점의 포화도가 높을수록 손실이 커지기 때문이다. 이는 또한 자속을 만들어내는 데에 필요한 자화전류의 크기를 억제하기 위해서이기도 하다. 반면에 자속이 한 방향으로 일정하게 유지되는 직류기에서는 철심에서 자속의 변동으로 인한 손실이 일어나지 않으므로 철심이 지니고 있는 자화능력을 최대한 활용하고, 또 전기자반작용의 영향을 덜 받도록 하기 위해 상당히 포화된 경계영역 상단까지를 자화범위로 삼는다. 단 타려식 직류발전기의 경우 자속을 변경시켜 출력전압을 제어하는 용도에 많이 사용되기 때문에 자화전류와 자속 사이의 선형적 비례관계가 유지되는 경계영역의 아래쪽 끝부분까지를 최대 자화범위로 한다.

5 그림 1-9의 경우 자속이 철심을 벗어나지 않으므로 외부에 N극, S극이 나타나지 않는다. 자화란 철심이 반드시 겉으로 드러나는 N극, S극을 갖게 된다는 것이 아니라 자구들이 어떤 방향으로 정렬한 상태가 되는 것을 말한다.

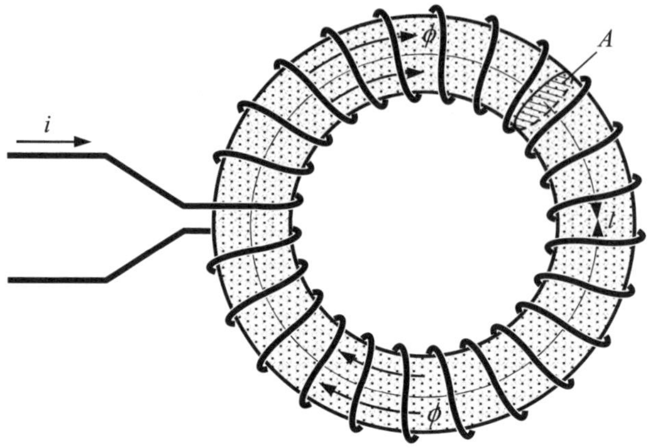

그림 1-9
철심을 가진 코일의 예

처럼 코일의 기자력이 철심의 전체 길이에 걸쳐 분산되어 작용하기 때문에 철심의 길이에 따라 철심을 자화시키는 힘이 달라지게 된다. 따라서 개개의 자구를 정렬시키는 힘은 전체 기자력이 아닌, 아래와 같이 **단위 길이당 작용하는 기자력**에 좌우된다.

$$H = \frac{\Im}{l} \quad \text{A/m} \tag{1-3}$$

이를 **자기장의 세기**, 또는 **자계강도**(magnetic field intensity)라 한다.

같은 자계강도에서 개별 자구들이 같은 정도로 자화되었다 해도 철심의 단면이 크면 정렬하는 자구의 수도 많으므로 전체 자속도 그만큼 커지게 된다. 따라서 자구들이 어느 정도로 자화되었는지를 나타내기 위해서는 전체 자속이 아니라 정해진 단면적에서 얼마나 많은 자속이 만들어지는지로 표현될 필요가 있다. 즉 단위 면적당의 자속인 자속밀도

$$B = \frac{\phi}{A} \quad \text{Wb/m}^2 \tag{1-4}$$

가 주어진 자계강도에 철심 재료가 얼마나 민감하게 반응하는지를 나타낸다.

요컨대 철심 재료가 얼마나 자화가 잘 되는 성질을 지녔는지는 코일의 총 기자력과 총 자속 사이의 관계가 아니라 각각의 자구에 실제 가해지는 기자력(단위 길이당 기자력)에 대해 각각의 자구가 어느 정도만큼 자화되었는지(단위 면적당 자속)의 관계로 표현되어야 한다. 따라서 철심의 형상에 관계 없이 철심재료 자체의 고유한 자화특성을 나타내기 위해 아래와 같이 철심재료에 가해지는 자계강도 H와 그 결과로 만들어지는 자속밀도 B 사이의 비율로 정의되는 **투자율**透磁率(permeability)이라는 수치가 사용된다.

$$\mu = \frac{B}{H} \quad \text{H/m} \tag{1-5}$$

투자율이 큰 물질일수록 자화가 쉽게 이루어지며, 같은 기자력에서 더 많은 자속을 만들어낸다. 투자율의 단위는 $(\text{Wb/m}^2)/(\text{A/m}) = \text{Wb/A-m}$지만 표준 단위 표현방식으로는 위와 같이 H/m로 쓴다. H (Henry)는 뒤의 1-5절에서 설명하는 인덕턴스의 단위로서, 1 H = 1 Wb/A 이다.

한편 아무것도 없는 빈 공간에서는 투자율이 다음의 상수값으로 주어진다.

$$\mu_0 = 4\pi \times 10^{-7} \text{ H/m} \tag{1-6}$$

μ_0는 자유공간(free space), 즉 진공에서의 투자율로서[6] 공기 중에서의 투자율과는 약간 차이가 있으나 실제적으로 같다고 보아도 무방하다. 이를 기준으로 삼아 어떤 철심 재료의 투자율이 μ_0의 몇 배나 되는지 나타낸 것을 **비투자율**比透磁率(relative permeability)이라 부른다. 즉

$$\mu_r = \frac{\mu}{\mu_0} \tag{1-7}$$

비투자율은 철심의 자화로 만들어진 자속이 빈 공간에서 만들어지는 자속에 비해 얼마나 큰지 직관적으로 알 수 있게 해주므로 자성재료의 투자율을 나타낼 때 원래의 수치로 표현하기보다 비투자율로 표현하는 경우가 많다. 이 책에서 다루는 일반 전기기계에 사용되는 강자성체 재료들은 자기포화가 되지 않은 상태에서 2,000~6,000 정도의 비투자율을 갖는다. (일부 특수 용도 소재들 중에는 100,000 이상인 것도 있다.)

자기저항과 투자율

그림 1-10은 자속밀도-자계강도 사이의 관계와 자속-기자력 사이의 관계를 비교해서 보여주고 있다. 식 (1-5)를 달리 쓴 $B = \mu H$의 관계가 투자율이 μ인 철심 재료의 특성을 나타내고 있다면 $\phi = (1/\mathfrak{R})\mathfrak{I}$는 그러한 재료를 써서 만들어진 코일의 특성을 나타낸다. ϕ와 B가 비례하고 $\mathfrak{I}$와 H가 비례하므로 그림 1-7과 같은 그래프로 표현되는 코일의 ϕ와 $\mathfrak{I}$ 사이의 관계는 코일에 사용된 철심 재료의 B와 H 사이의 관계가 그대로 반영되어 나타난 것이다.

닮은꼴 그래프로 표현되는 두 관계식의 비례상수가 각각 μ와 $1/\mathfrak{R}$인 데에서 알 수 있듯이 투자율과 자기저항은 반비례관계를 갖는다. 철심의 투자율이 클수록 같은 기자력에서 큰 자속이 만들어지므로 자기저항이 작아지는 것은 당연하다. 그러나 자기저항은 투자율로 표현되는 철심 재료의 특성만이 아니라 철심의 물리적 형상에 따라서도 달라진다. 구체적으로 나타내면

$$\mathfrak{R} = \frac{\mathfrak{I}}{\phi} = \frac{Hl}{BA}$$

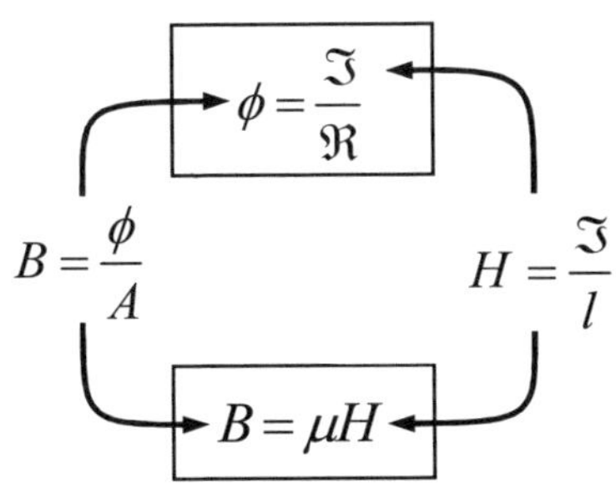

그림 1-10
코일의 자화특성과 철심재료 자화특성 사이의 상관관계

---

6 μ_0는 진공의 유전율(permittivity) $\varepsilon_0 = 8.854 \times 10^{-12}$ F/m와 함께 물리학의 중요한 기본 상수 중 하나이다. 이들은 광속과 다음 관계를 갖는다: $C = 1/\sqrt{\mu_0 \varepsilon_0}$.

로부터 아래의 표현식이 얻어진다.

$$\Re = \frac{l}{\mu A} \quad \text{A/Wb} \tag{1-8}$$

식 (1-8)은 자기저항이 철심의 투자율에 반비례하는 동시에 단면적에 반비례하고 길이에 비례함을 보여준다. 앞서 언급했듯이 주어진 기자력에서 철심의 단면적이 클수록 정렬되는 자구의 수가 늘어나 자속이 커지며, 이는 자기저항이 작아짐을 뜻한다. 반면에 철심이 길어지면 기자력이 분산되어 개별 자구들을 자화시키는 힘이 약해지므로 자속이 줄어든다. 이는 자기저항이 커짐을 뜻한다. 자기저항의 이러한 속성은 전기저항이 도체의 도전율과 단면적에 반비례하고 길이에 비례하는 것과 유사하다. 굵고 짧은 도체의 저항이 작고 가늘고 긴 도체의 저항이 큰 것과 마찬가지로 굵고 짧은 철심은 자기저항이 작고 가늘고 긴 철심은 자기저항이 크다.

식 (1-8)은 철심이 그림 1-9에서와 같이 균일한 재료로 이루어지고 일정한 단면적일 경우에만 적용된다. 재료가 균일하지 않거나 단면이 일정하지 않은 경우에는 자기저항을 구간별로 계산한 뒤 직렬 또는 병렬회로에서 합성저항을 구하듯이 구간별 자기저항을 합성하여 전체 자기저항을 구해야 한다. 이에 관해서는 뒤의 1-4절에서 살펴보기로 한다.

자화특성곡선

철심 재료의 자계강도와 자속밀도 사이의 관계는 일반적으로 그림 1-11과 같은 형태로 나타난다. 이를 **자화특성곡선**(magnetization curve)이라 하며, 흔히 B-H 곡선이라 부르기도 한다. 모든 자성재료는 각자 고유한 자화특성곡선을 갖는다. 앞서 그림 1-7에 보인 코일의 기자력과 자속 사이의 관계는 이러한 철심재료의 특성이 반영된 결과로서, 균일한 재질이면서 철심 전체에 걸쳐 자속밀도가 일정한 경우 그림 1-11의 자화특성곡선과 닮은꼴이 된다. 앞서 실제 기기에서 최대자속 ϕ_{max}를 경계영역에 둔다고 한 것은 그에 대응하는 철심의 최대자속밀도 B_{max}가 자화특성곡선의 경계영역에 놓이게 한다는 말과 같다.

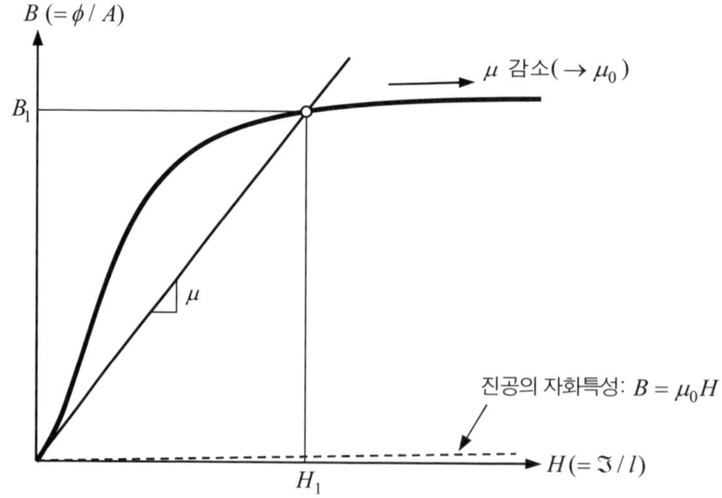

그림 1-11 철심 재료의 자화특성곡선과 투자율

식 (1-5)의 투자율 μ는 그림 1-11에 나타내었듯이 자화특성곡선의 원점에서 곡선의 각 지점으로 그은 직선의 기울기에 해당한다. 철심의 자화상태가 선형영역의 범위 안에 있을 때는 이 투자율이 대체로 일정한 값을 유지하지만 포화영역에 들어서면 점차 감소한다. 그림에 함께 그려진 점선은 빈 공간에서 자계강도와 자속밀도 사이의 관계, 즉 식 (1-6)의 μ_0 기울기를 갖는 직선을 나타낸다. 자화특성곡선을 횡축방향으로 무한히 연장해 나간다면 결국 이 점선에 평행한 직선이 되면서 투자율 μ는 점선의 기울기 μ_0에 수렴하게 된다.

실제 전기기기에 사용되는 철심은 우수한 자기적 특성을 지니고 있어야 한다. 우수한 자기적 특성이란 그림 1-11의 선형영역에서 투자율이 크고(즉, 곡선의 기울기가 크고) 최대로 얻을 수 있는 자속밀도, 즉 자기포화에 이르렀을 때의 자속밀도인 포화자속밀도가 큰 것을 말한다. 한편 철심은 대부분의 전기기계에서 기계적 구조물로서의 역할도 겸하기 때문에 충분한 기계적 강도(경도, 인장강도, 비틀림강도 등)를 지니고 있어야 한다. 그러나 너무 단단하면 기기를 제작하는 과정에서 가공에 어려움이 따르므로 적정한 수준의 강도를 갖도록 할 필요가 있다. 그리고 철심을 통해 전류가 흘러서는 안되므로 도전율이 낮아야 한다. 이러한 자기적 특성, 기계적 특성, 전기적 특성들은 철심재료의 종류에 따라 다르며, 기기의 종류 및 사용 부위에 따라 철심에 요구되는 특성이 다르기 때문에 그에 부합하는 다양한 재료가 사용된다.

그림 1-12는 몇 가지 대표적인 재료의 자화특성곡선을 보여주고 있다. 순수한 철(순철, iron)은 자기적 특성도 그다지 좋지 않고 기계적 강도도 낮아서 전기기계에 사용되지 않는다. 실제 사용되는 대부분의 철에는 어느 정도 탄소가 함유되어 있는데, 탄소함유량 2% 이하인 것을 강철(steel), 2% 이상인 것을 주철(cast iron)이라 한다. 주철은 녹는 온도가 낮아 주물에 많이 쓰이며 강철보다 단단하지만 잘 깨지는 성질을 지니고 있다. 이에 비해 강철은 충분히 단단하면서도 상대적으로 구부러지

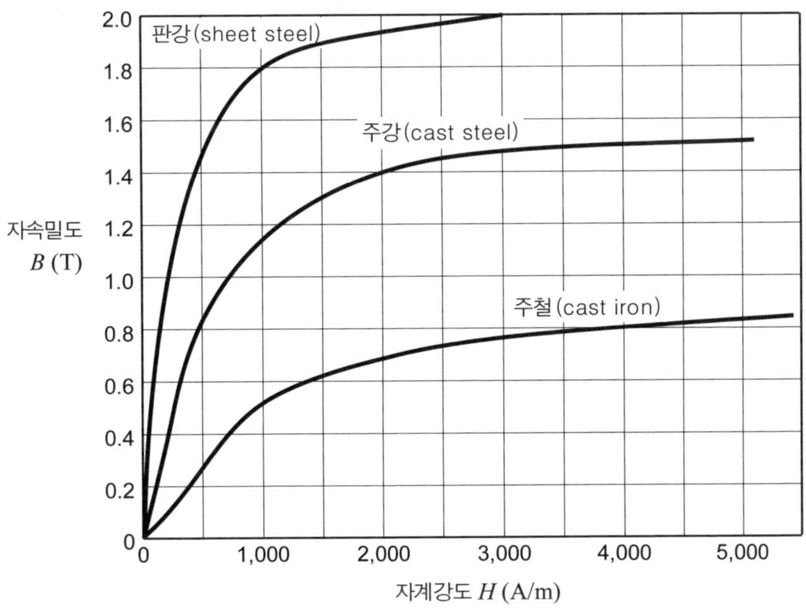

그림 1-12 대표적 강자성 재료의 자화특성곡선

거나 펴지는 등의 가공성이 좋아서 각종 산업용 기계 제작에 널리 사용된다. 강철은 첨가물질에 따라 다양한 종류가 있고, 이들 중 규소가 첨가된 규소강이 투자율과 포화자속밀도가 크면서 저항율도 높아서 철심 재료로 적합한 특성을 지니고 있다. 규소 함유량은 통상 3% 내외로, 규소 함량이 높을수록 자기적 특성이 좋아지는 반면 기계적 가공성은 떨어지므로 용도별로 어느 쪽을 중시하는가에 따라 1~5% 범위의 규소함유율이 적용된다.

흔히 전기강판이라 부르는 **규소강판**(silicon sheet steel)은 규소강을 압연한 것으로, 전기기계의 철심은 규소강판을 절단, 가공하여 여러 장 겹쳐 조립한 **성층철심**(laminated core) 형태로 만들어진다. (성층철심에 관해서는 1-7절에 다시 설명한다.) 강판의 제작 공정에 따라서도 특성에 차이가 생기며, 대표적으로 압연방향으로 높은 투자율을 갖는 **방향성**(grain-oriented) **규소강판**과 투자율이 방향에 무관한 **무방향성**(non-oriented) **규소강판**이 있다. 방향성 규소강판은 단가가 높지만 특정 방향으로 높은 자속밀도를 얻을 수 있기 때문에 자속의 진행경로가 고정되어 있는 변압기 등 정지기에 사용되고 무방향성 규소강판은 자속의 방향이 계속 변하는 회전기기, 그리고 무게나 크기보다 가격이 중시되는 저가 소형 변압기에 사용된다.

그림 1-13은 무방향성 규소강판의 한 예로 자화특성곡선과 함께 비투자율을 자계강도의 함수로 나타내고 있다. 이 경우 선형영역에서 비투자율이 6,000 내외이고 경계영역이 1.2~1.4 T의 자속밀도에서 나타나고 있음을 볼 수 있다. 규소강판의 종류와 제품에 따라 차이가 있긴 하나 경계영역 자속밀도는 대략 이 범주에서 크게 벗어나지 않으며, 규소강판으로 만들어진 기기들의 최대자속밀도 B_{max}는 통상 1~1.5 T의 범위에 놓인다.

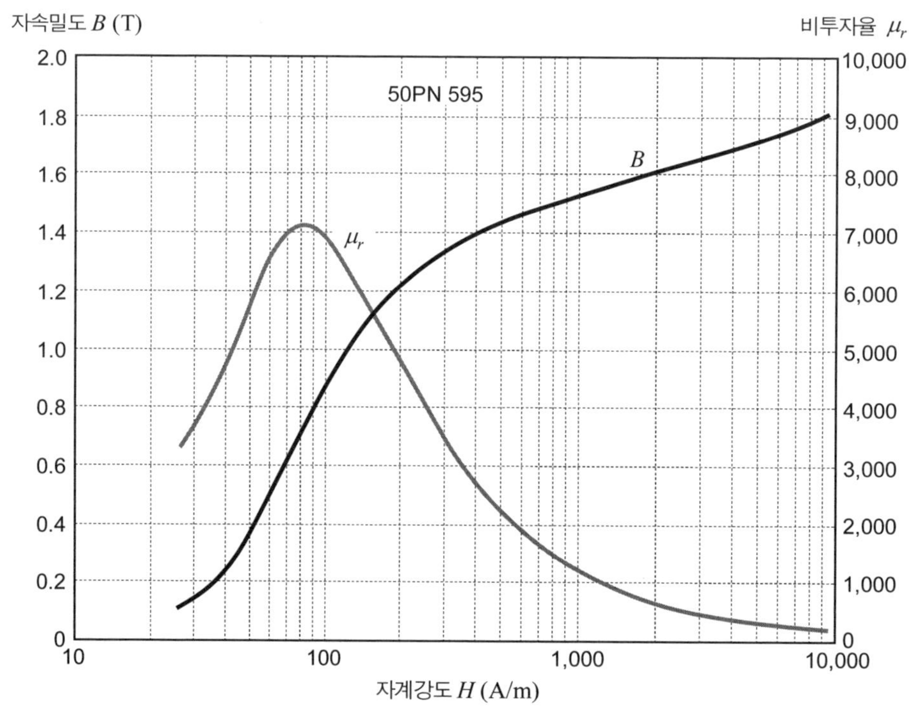

그림 1-13 무방향성 전기강판의 자화특성과 비투자율의 예 (자료제공: POSCO)

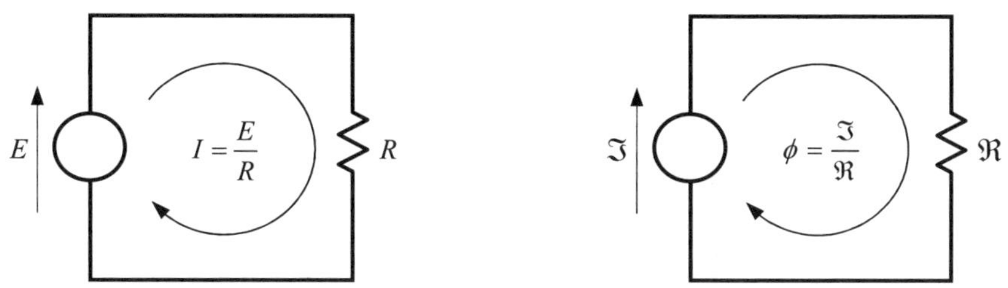

그림 1-14 전기회로와 전기회로의 형태로 표현한 자기회로

1-4 자기회로

코일에서 만들어진 자속은 코일의 한쪽에서 나와 어떤 경로를 거쳐 코일의 반대편으로 되돌아온다. 자속을 구성하는 자기력선 하나하나가 모두 닫힌 폐루프를 이루기 때문에 코일에서 나간 자속과 되돌아오는 자속의 양은 항상 같다. 이는 전기회로에서 전원의 한쪽 단자에서 흘러나간 전류가 외부 회로를 거쳐 전원의 반대편 단자로 되돌아오는 것과 유사하다. 또 기자력과 자기저항, 그리고 자속 사이의 관계 $\phi = \Im / \Re$ 는 전기회로에서 기전력과 전기저항, 그리고 전류 사이의 관계 $I = E / R$ 와 유사하다. 따라서 그 관계를 그림 1-14에 보인 것처럼 전기회로와 같은 형태로 나타낼 수 있고, 이를 **자기회로**(magnetic circuit)라 부른다. 만일 코일에 삽입된 철심이 그림 1-9처럼 하나의 닫힌 경로를 이루고 있을 때는 자속이 철심으로 이루어진 경로 안에만 존재하므로 철심이 곧 자기회로가 된다. 이는 전기회로에서 전류가 전기저항이 작은 도체로 이루어진 경로를 따라 흐르는 것과 같으며, 이러한 점에서 **자기회로의 철심은 전기회로의 도체와 같은 역할을 한다.**

코일이 그림 1-9처럼 철심 전체에 걸쳐 고루 감겨진 것이 아니라 어느 한 부위에만 집중적으로 감겨있는 경우에는 철심을 벗어나 빈 공간을 통해 되돌아오는 자속이 일부 나타나며, 이를 **누설자속**(leakage flux)이라 한다. 전기회로에서는 전류가 도체로 이루어진 경로를 벗어나는 일이 거의 없지만 자기회로에서는 항상 어느 정도 누설자속이 생기게 된다. 이는 도체의 도전율이 부도체의 10^{15}배에 달하는 반면 강자성체의 투자율은 비자성체의 수천배 정도로서, 그 차이가 도체와 부도체의 도전율 차이만큼 크지 않기 때문이다. 그렇다 해도 일반적으로 누설자속이 차지하는 비중이 여전히 작기 때문에 자기회로 계산에서 모든 자속이 철심 안에만 있는 것으로 가정해도 큰 오차가 없다.

이처럼 철심으로 특정 형상의 자기회로가 구성되면 식 (1-8)의 자기저항 표현식과 함께 일반적으로 친숙한 전기회로의 계산방식들을 적용함으로써 비교적 쉽게 자기적 특성들의 근사치를 구할 수 있다. 아래에서 자기회로 계산의 몇 가지 예를 통해 관련된 주요 개념들에 관해 알아보기로 한다.

예제 1-1

비투자율이 3,000인 철심을 사용하여 그림 1-15와 같은 자기회로를 구성하였다. 코일의 턴수는 100이다. 코일에 5A의 전류가 흐를 때 철심 내부의 자속과 자속밀도를 구하라.

자기회로의 길이를 근사적으로 철심의 중심선을 따라 측정하는 것으로 한다. 격자의 가로와 세로 부분

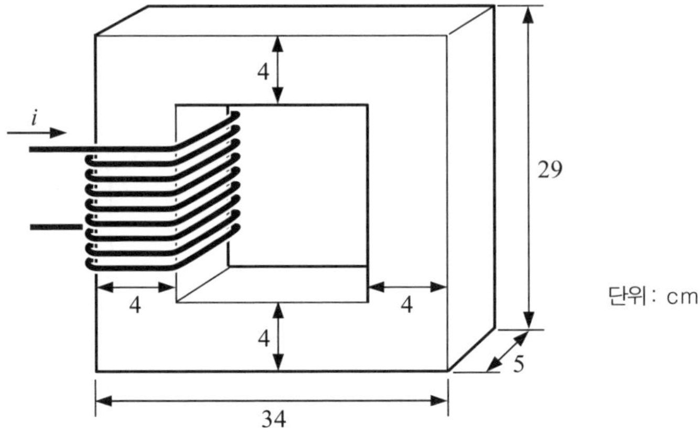

그림 1-15

의 길이가 각각 30 cm, 25 cm이므로 전체 길이는 $l = 110 \text{ cm} = 1.1 \text{ m}$이다. 철심 전 구간에서 단면적은 $A = 4 \text{ cm} \times 5 \text{ cm} = 0.002 \text{ m}^2$이고 철심의 투자율이

$$\mu = \mu_r \mu_0 = 3{,}000 \times 4\pi \times 10^{-7} = 3.770 \times 10^{-3} \text{ H/m}$$

이므로 자기저항과 자속 및 자속밀도는 다음과 같이 계산된다.

$$\Re = \frac{l}{\mu A} = \frac{1.1}{3.770 \times 10^{-3} \times 0.002} = 145{,}900 \quad \text{A/Wb}$$

$$\phi = \frac{\Im}{\Re} = \frac{5 \times 100}{145{,}900} = 3.427 \times 10^{-3} \text{ Wb}$$

$$B = \frac{\phi}{A} = \frac{3.427 \times 10^{-3}}{0.002} = 1.714 \text{ Wb/m}^2$$

한편 이처럼 철심이 균일한 재질과 단면적을 가지고 있는 경우에는 굳이 자기저항을 구하지 않고 아래와 같이 계산할 수도 있다. 철심 전 구간에 걸쳐 자속밀도와 자계강도가 일정하므로

$$H = \frac{\Im}{l} = \frac{5 \times 100}{1.1} = 454.5 \text{ A-t/m}$$

$$B = \mu H = 3{,}000 \times 4\pi \times 10^{-7} \times 454.5 = 1.714 \text{ Wb/m}^2$$

$$\phi = AB = 0.002 \times 1.714 = 3.428 \times 10^{-3} \text{ Wb}$$

위 예제는 자기회로 전 구간에 걸쳐 재질과 단면적이 일정한 가장 단순한 경우를 보여주고 있다. 실제 자기회로에서는 자속이 통과하는 구간마다 단면적이 달라질 수 있고, 투자율이 다른 재질로 만들어져 있을 수도 있다. 그러나 하나의 경로로 이어진 자기회로 안에서는(누설자속이 없다고 했을 때) 철심의 단면적과 재질에 상관 없이 모든 구간에서 자속의 총량 ϕ가 같다. 따라서 단면적이 큰 곳에서는 자속밀도가 낮고 (자구들이 약하게 자화되고), 이는 그 부분에 작용하는 자계강도가 약함을 뜻한다. 반대로 단면적이 작은 곳에서는 자속밀도가 높고(자구들이 강하게 자화되고) 자계강도도 높다. 마찬가지 이유로, 같은 자기회로 안에서 투자율이 큰 부위에는 같은 자속을 만들기 위해 상대적으로 낮은 자계강도가 작용하고, 투자율이 작은 부위에는 높은 자계강도가 작용한다. 요컨대 자기저항이 작은 (단면적이 크거나 투자율이 큰) 부위에 작용하는 자계강도와 자기저항이 큰

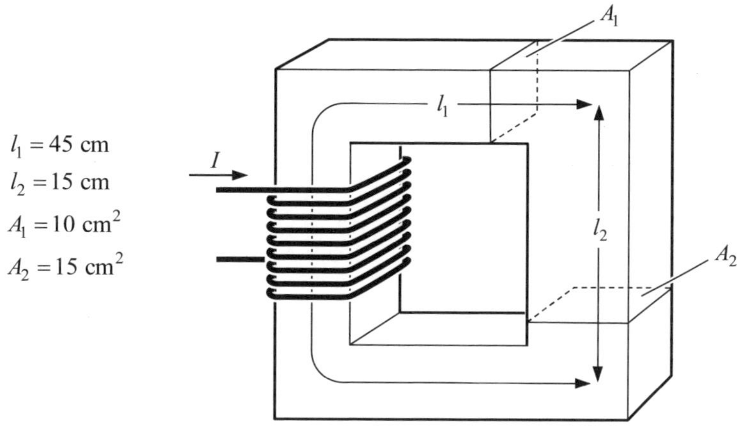

그림 1-16

(단면적이 작거나 투자율이 작은) 부위에 작용하는 자계강도가 다르다. 이와 같이 자기회로가 전 구간에 걸쳐 균일하지 않을 때는 다음의 예제에서 보듯이 구간별로 나누어 자기저항을 계산한 다음 전기저항의 직렬합성이나 병렬합성과 같은 방법으로 전체 자기저항을 구할 수 있다.

예제 1-2

그림 1-16의 자기회로를 등가 전기회로로 표현하고 전체 자속과 각 부분의 자속밀도 및 자계강도를 구하라. 철심의 비투자율은 2,000, 코일 턴수는 50회, 전류는 5A이다.

l_1 구간의 자기저항을 $\mathfrak{R}_1$, l_2 구간의 자기저항을 $\mathfrak{R}_2$ 라 놓았을 때 두 부분에 같은 양의 자속이 통과하므로 그림 1-17과 같이 직렬접속된 저항처럼 나타낼 수 있다. 따라서

$$\mu = 2,000 \times 4\pi \times 10^{-7} = 2.513 \times 10^{-3} \text{ H/m}$$

$$\mathfrak{R}_1 = \frac{l_1}{\mu A_1} = \frac{0.45}{2.513 \times 10^{-3} \times 0.001} = 179,100 \text{ A/Wb}$$

$$\mathfrak{R}_2 = \frac{l_2}{\mu A_2} = \frac{0.15}{2.513 \times 10^{-3} \times 0.0015} = 39,790 \text{ A/Wb}$$

$$\mathfrak{R} = \mathfrak{R}_1 + \mathfrak{R}_2 = 218,900 \text{ A/Wb}$$

$$\phi = \frac{\mathfrak{I}}{\mathfrak{R}} = \frac{5 \times 50}{218,900} = 1.142 \times 10^{-3} \text{ Wb}$$

각 부분에서 자속밀도 및 그에 해당하는 자계강도는 아래와 같다.

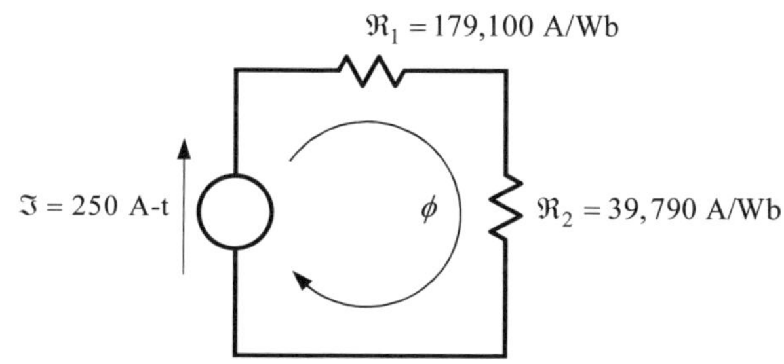

그림 1-17

$$B_1 = \frac{\phi}{A_1} = \frac{1.142 \times 10^{-3}}{0.001} = 1.142 \text{ Wb/m}^2$$

$$B_2 = \frac{\phi}{A_2} = \frac{1.142 \times 10^{-3}}{0.0015} = 0.7613 \text{ Wb/m}^2$$

$$H_1 = \frac{B_1}{\mu} = \frac{1.142}{2.513 \times 10^{-3}} = 454.4 \text{ A-t/m}$$

$$H_2 = \frac{B_2}{\mu} = \frac{0.7613}{2.513 \times 10^{-3}} = 302.9 \text{ A-t/m}$$

자계강도가 단위길이당 작용하는 기자력을 나타내므로 자계강도에 해당 구간의 길이를 곱하면 구간별로 작용하는 기자력이 구해진다. 위 예제의 경우 두 구간에 작용하는 기자력을 계산해보면 $\mathfrak{I}_1 = l_1 H_1 = 205\text{A-t}$, $\mathfrak{I}_2 = l_2 H_2 = 45 \text{ A-t}$ 로서, 이들의 합 $\mathfrak{I}_1 + \mathfrak{I}_2 = 250 \text{ A-t}$ 이 자기회로 전체에 가해진 코일이 기자력과 같음을 알 수 있다. 이들이 각각 $\mathfrak{I}_1 = \mathfrak{R}_1\phi$, $\mathfrak{I}_2 = \mathfrak{R}_2\phi$ 의 관계를 만족해야 하므로 기자력이 배분되는 비율은 구간별 자기저항의 비율과 같다. 예제에서 (더 길고 단면적이 작은) 구간 1의 자기저항이 구간 2보다 크기 때문에 같은 자속을 만들어내기 위해 구간 1에 더 큰 기자력이 배분된 것을 볼 수 있다. 이는 저항이 직렬 연결된 전기회로에서 저항값에 비례하여 전원의 전압이 배분되는 것과 같다. 이 배분된 전압을 전류가 저항을 통해 흐르면서 '전원의 전압을 소모시킨다'는 의미를 담아 흔히 '전압강하'라고 표현하는데, 같은 맥락에서 자기회로의 각 부분에 작용하는 기자력을 자속이 해당 부위를 통과하면서 일으키는 '**기자력강하**(mmf drop)'라 부른다.

불균일한 자기회로의 다른 예로, 철심의 일부가 끊어져 자속이 빈 공간을 건너야 하는 경우가 있다. 이러한 구간을 **공극**空隙(airgap)이라 한다. 이를테면 회전기계의 고정부 철심에 설치된 코일에서 만들어진 자속이 회전부 철심을 거쳐서 돌아와야 할 경우, 고정부와 회전부는 떨어져 있어야 하므로 필연적으로 공극을 거칠 수밖에 없다. 공극은 철심 부위에 비해 자기저항이 훨씬 크기 때문에 큰 기자력강하를 일으킨다.[7] 아래는 공극을 가진 경우의 예이다.

예제 1-3

그림 1-18에서 전체 자속과 자속밀도, 철심과 공극 부분에서의 기자력강하와 자계강도를 각각 구하라. 코일 턴수는 100, 전류는 5 A, 철심의 비투자율은 3,000이다.

그림 1-18은 공극 외에는 예제 1-1에서의 자기회로와 동일하다. 공극은 전체 자로에 비해 매우 작으므로 철심 부분의 자기저항은 예제 1-1의 경우와 사실상 같다. 즉

$$\mathfrak{R}_c \approx 145{,}900 \text{ A/Wb}$$

한편 공극의 자기저항은 $\mu = \mu_0$ 의 투자율을 적용하여 구해진다.

$$\mathfrak{R}_a = \frac{l_a}{\mu_0 A} = \frac{0.05 \times 10^{-2}}{4\pi \times 10^{-7} \times 0.002} = 198{,}900 \text{ A/Wb}$$

철심의 자기저항과 공극의 자기저항이 직렬 상태이므로 예제 1-2와 같은 방법으로 답을 구할 수 있다.

---

[7] 자속이 공극을 건너갈 때 공극과 그 주변 공간의 자기저항에 큰 차이가 나지 않기 때문에 가장자리 부근에서 자속이 옆으로 퍼지면서 자속이 통과하는 유효 단면적이 커지는 효과가 나타난다(fringing effect). 그러나 철심의 단면에 비해 공극의 길이가 충분히 짧다면 그 효과를 무시할 수 있다.

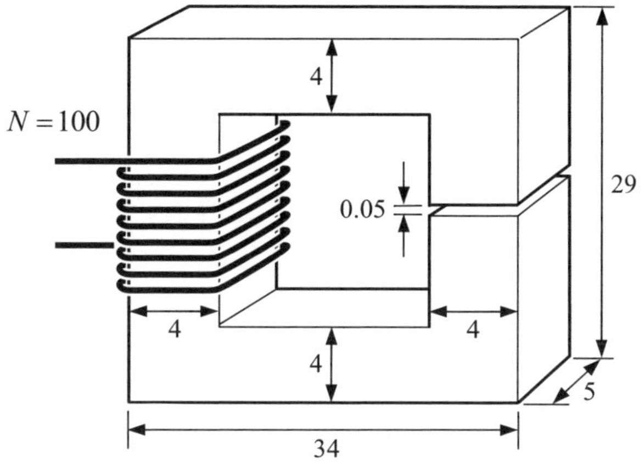

그림 1-18

혹은 아래와 같이 저항의 배분법칙을 적용하여 각 부분의 기자력강하를 구한 다음 다른 변수들을 구할 수도 있다. 철심 부분을 첨자 c로, 공극 부분을 첨자 a로 구분하면

$$\mathfrak{I}_c = \frac{\mathfrak{R}_c}{\mathfrak{R}_c + \mathfrak{R}_a} \times \mathfrak{I} = \frac{145{,}900}{145{,}900 + 198{,}900} \times 500 = 211.6 \text{ A-t}$$

$$\mathfrak{I}_a = \mathfrak{I} - \mathfrak{I}_c = 500 - 211.6 = 288.4 \text{ A-t}$$

$$H_c = \frac{\mathfrak{I}_c}{l_c} = \frac{211.6}{1.1} = 192.3 \text{ A-t/m}$$

$$H_a = \frac{\mathfrak{I}_a}{l_a} = \frac{288.4}{0.0005} = 576{,}800 \text{ A-t/m}$$

$$B_c = \mu H_c = 3{,}000 \times 4\pi \times 10^{-7} \times 192.3 = 0.725 \text{ Wb/m}^2$$

$$B_a = \mu_0 H_a = 4\pi \times 10^{-7} \times 576{,}800 = 0.725 \text{ Wb/m}^2$$

$$\phi = AB_c = 0.002 \times 0.725 = 1.45 \times 10^{-3} \text{ Wb}$$

위 예제에서 공극이 철심에 비해 훨씬 짧은데도 (1/2,200) 자기저항이 오히려 더 큰 것은 공극의 투자율이 철심에 비해 훨씬 작기 (1/3,000) 때문이다. 이처럼 자기회로에 공극이 존재하면 그 길이가 짧다 해도 전체 자기저항에 결정적인 영향을 끼치게 된다.

이상에서 투자율이 상수로 주어진 것은 자속이 철심의 선형 영역을 벗어나지 않는 것으로 가정한 것이다. 만일 철심의 자화상태가 선형 영역에서 벗어나면 투자율이 동작점에 따라 달라지기 때문에 더 이상 투자율을 상수로 놓을 수 없다. 즉 철심의 특성 $B = \mu H$ 를 μ 가 일정한 직선적 비례관계로 간주할 수 없으며, 아래에서 보듯이 자화특성곡선을 직접 적용하여 계산이 이루어져야 한다.

예제 1-4

예제 1-1에서 철심의 비투자율이 일정한 값으로 주어진 대신 자화특성곡선이 그림 1-19의 그래프로 주어져 있다. 다른 조건은 동일하다. 철심 안에 생성되는 자속의 양을 구하라. 그리고 이 동작상태에서 자기저항과 철심의 비투자율은 얼마인가?

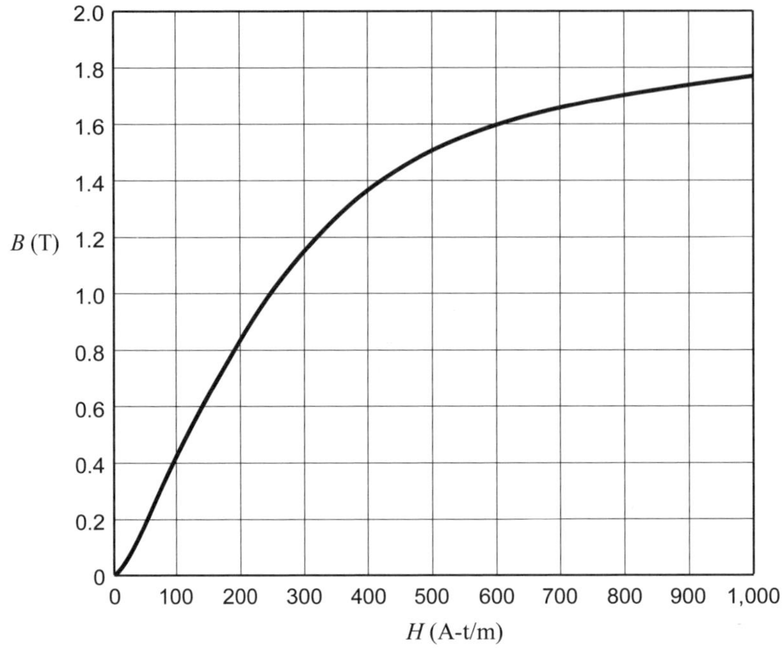

그림 1-19

전체 자속을 구하려면 자속밀도를 알아야 한다. 자속밀도는 자계강도를 알면 그래프에서 구할 수 있다. 단면적과 재질이 균일할 때 전체 기자력이 자기회로의 전 구간에 걸쳐 균등하게 분포되므로 자계강도가 아래와 같이 계산된다.

$$H = \frac{\Im}{l} = \frac{5 \times 100}{1.1} = 454.5 \text{ A-t/m}$$

주어진 자화특성곡선으로부터 이에 해당하는 자속밀도를 구하면

$$B \approx 1.45 \text{ T}$$

따라서 전체 자속은

$$\phi = AB \approx 0.002 \times 1.45 = 2.9 \times 10^{-3} \text{ Wb}$$

구해진 동작상태에서의 자기저항과 투자율 및 비투자율은

$$\Re = \frac{\Im}{\phi} = \frac{500}{2.9 \times 10^{-3}} = 172,400 \text{ A-t/Wb}$$

$$\mu = \frac{B}{H} = \frac{1.45}{454.5} = 0.00319 \text{ Wb/A-m}$$

$$\mu_r = \frac{\mu}{\mu_0} = \frac{0.00319}{4\pi \times 10^{-7}} = 2,539$$

예제 1-1의 두번째 풀이와 비교해 보면 여기서는 H로부터 B를 구할 때 $B = \mu H$ 의 수식 대신 그래프로 표현된 함수관계를 적용한 것 외엔 다르지 않다. 자기회로의 비선형적 특성을 고려해야 할 경우라도 이렇게 자기회로의 단면적과 재질이 균일한 단순한 형태에서는 H 나 B 중 어느 하나를 주어진 조건으로부터 바로 알 수 있기 때문에 다른 하나를 자화특성의 함수관계로부터 간단히 구할 수

있다. 그러나 자기회로가 보다 복잡한 형태여서 B 나 H 어느 쪽도 직접적으로 알 수 없는 경우에는 비선형적인 함수관계로 인해 수치해석적 방법이 적용되어야 한다. 아래는 그 예이다.

예제 1-5

예제 1-2에서 철심의 비투자율 대신 자화특성곡선이 그림 1-19의 그래프로 주어져 있다. 다른 조건은 동일하다. 철심 안에 생성되는 자속의 양을 구하라.

철심이 단면적이 다른 두 부분으로 이루어져 있어서 구간별로 자속밀도가 다르다. 선형영역에서 자화된 상태라면 자계강도가 자속밀도에 비례하므로 두 구간 사이 단면적의 비율과 길이의 비율로부터 두 구간에 기자력이 어떻게 배분되는지 알 수 있다. 그러나 선형영역이라는 보장이 없다면 비율의 계산만으로 전체 기자력이 어떻게 배분될지 알 수 없다. 이러한 경우 다음과 같이 반복 계산을 통한 시행착오법을 적용한다.

시행착오법이란 주어진 조건으로부터 구하고자 하는 값을 계산해내는 것이 아니라, 구하고자 하는 대상을 어떤 값으로 가정한 다음 그것이 주어진 조건에 부합하는지를 따져보고 부합하지 않으면 가정한 값을 조정한 다음 다시 따져보는 식으로 답에 접근해 가는 방식을 말한다. 여기서는 어느 한 부위의 자속밀도를 먼저 가정하고 그 자속밀도를 얻기 위해 필요한 기자력을 역산하여 그 값이 주어진 기자력에 부합하는지 판단하는 방식으로 답을 구한다. 먼저 $B_1 = 1.0$ T 라 가정하면

$$B_1 = 1.0 \text{ T}, \ B_2 = B_1(A_1 / A_2) = 0.67 \text{ T}$$

그림 1-19로부터 이에 해당하는 자계강도를 구하면

$$H_1 = 245 \text{ A-t/m}, \ H_2 = 150 \text{ A-t/m}$$

따라서 가정한 자속밀도를 얻기 위해 필요한 기자력은 아래와 같다.

$$\Im = l_1 H_1 + l_2 H_2 = 0.45 \times 245 + 0.15 \times 150 = 133 \text{ A-t}$$

이 값은 주어진 기자력 250 A-t보다 작으므로 자속밀도를 더 높은 값으로 설정하여야 한다. 같은 과정을 기자력이 주어진 값에 거의 접근할 때까지 반복한다.

$$B_1 = 1.2\text{T}, B_2 = 0.8\text{T} \ \rightarrow \ H_1 = 315\text{A-t/m}, H_2 = 195\text{A-t/m} \ \rightarrow \ \Im = 171\text{A-t}$$

$$B_1 = 1.4\text{T}, B_2 = 0.93\text{T} \ \rightarrow \ H_1 = 415\text{A-t/m}, H_2 = 225\text{A-t/m} \ \rightarrow \ \Im = 221\text{A-t}$$

$$B_1 = 1.6\text{T}, B_2 = 1.07\text{T} \ \rightarrow \ H_1 = 600\text{A-t/m}, H_2 = 250\text{A-t/m} \ \rightarrow \ \Im = 308\text{A-t}$$

$$B_1 = 1.5\text{T}, B_2 = 1.0\text{T} \ \rightarrow \ H_1 = 490\text{A-t/m}, H_2 = 245\text{A-t/m} \ \rightarrow \ \Im = 257\text{A-t}$$

257 A-t은 주어진 기자력 250 A-t과 약 3% 정도의 오차를 갖는다. 그래프를 읽는 데에 수 % 정도의 오차는 항상 존재하므로 이 값을 수렴된 값으로 간주하기로 한다. 이때의 전체 자속은

$$\phi = B_1 A_1 = 1.5 \times 10 \times 10^{-4} = 1.5 \times 10^{-3} \text{ Wb}$$

예제 1-6

그림 1-18에서 철심의 특성이 그림 1-19의 그래프로 주어져 있다. (a) 공극의 자속밀도가 1.4 T 가 되기 위해 코일에 흘러야 할 전류를 구하라. (b) 코일에 9 A가 흐를 때 공극의 자속밀도를 구하라. (c) 주어진 기자력에서 철심의 자속밀도와 자계강도 사이의 함수관계를 구하고 이를 이용하여 (b)의 자속밀도를 구하라.

(a) $B_c = B_a = 1.4$ T 이므로 그림 1-19에서 철심의 자계강도를 구하고 이로부터 기자력을 구한다.

$$H_c \approx 420 \text{ A-t}$$

$$H_a = \frac{1}{\mu_0} B_a = \frac{1.4}{4\pi \times 10^{-7}} = 1{,}114{,}000 \text{ A/m}$$

$$\Im = l_c H_c + l_a H_a = 1.1 \times 420 + 0.0005 \times 1{,}114{,}000 = 1{,}019 \text{ A-t}$$

$$I = 1{,}019 / 100 = 10.2 \text{ A}$$

(b) 자속밀도를 가정하고 (a)에서처럼 기자력을 계산하여 900 A-t에 접근할 때까지 반복한다.

$$B_a = B_c = 1.2\text{T} \rightarrow H_c \approx 315\text{A/m},\ H_a = 955\text{A/m} \rightarrow \Im \approx 824\text{A-t}$$

$$B_a = B_c = 1.3\text{T} \rightarrow H_c \approx 370\text{A/m},\ H_a = 1{,}035\text{A/m} \rightarrow \Im \approx 924\text{A-t}$$

$$B_a = B_c = 1.28\text{T} \rightarrow H_c \approx 355\text{A/m},\ H_a = 1{,}035\text{A/m} \rightarrow \Im \approx 900\text{A-t}$$

이로부터 $B_a = 1.28$ T

(c) 기자력 평형식 $\Im = l_c H_c + l_a H_a$ 으로부터 B_c 와 H_c 사이의 관계를 구하면 이 관계와 철심의 자화특성곡선을 동시에 만족하는 B_c 와 H_c 를 그래프 작도법으로 구할 수 있다. 이를 위해서는 기자력 평형식에서 H_a 를 B_c 의 함수로 표현해야 한다. $H_a = B_a / \mu_0$ 이고 $B_a = B_c$ 이므로 $H_a = B_c / \mu_0$ 이다. 따라서

$$\Im = l_c H_c + l_a \frac{B_c}{\mu_0}$$

$$B_c = \frac{\mu_0}{l_a}(\Im - l_c H_c) = \frac{4\pi \times 10^{-7}}{0.0005}(900 - 1.1 \times H_c)$$
$$= 2.262 - 0.002765 H_c$$

그림 1-20에서 보듯이 이 직선과 자화특성곡선의 교점으로부터 (b)와 동일한 결과를 얻을 수 있다.

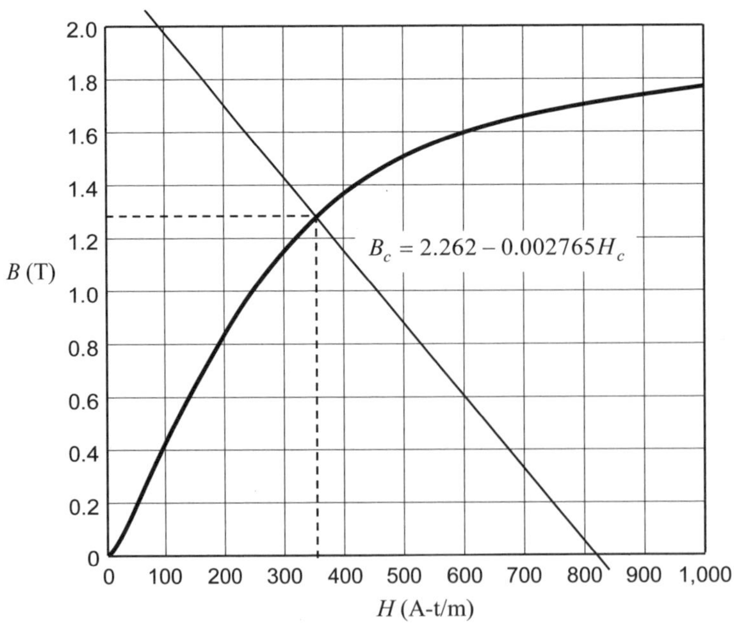

그림 1-20

1-5 전자기적 유도현상

대부분의 물리적 현상은 대칭성이 있어서, 어떤 현상이 존재하면 그 역의 현상도 존재한다. 따라서 코일 전류가 주위 공간의 자기장에 변화를 일으킨다면 반대로 자기장의 변화가 코일의 전류에 영향을 미치는 현상이 나타날 것으로 유추할 수 있다. 실제로 그림 1-21에서와 같이 자석을 코일에 접근시키거나 멀어지게 하여 코일 안쪽을 지나는 자속에 변화를 일으키면 코일에 전류가 흐르는 현상이 나타난다. 이를 **전자기적 유도**(electromagnetic induction), 간략히 전자유도 현상이라고 한다.

렌쯔의 법칙

그림 1-21에서 유도전류 i_{ind}의 방향은 자석의 이동방향에 따라 달라진다. (a)처럼 자석의 N극을 코일 쪽으로 접근시켰을 때는(코일 위쪽에서 보았을 때) 반시계방향으로 전류가 흐른다. 그 결과 코일의 위쪽이 N극, 아래쪽이 S극이 되어 다가오는 자석을 밀어내는 힘이 작용한다. 반대로 (b)에서처럼 N극을 코일에서 멀어지게 하면 전류의 방향이 바뀌어 코일의 위쪽이 S극, 아래쪽이 N극이 되면서 멀어져가는 자석을 붙잡으려는 힘이 작용한다. 자석의 N극 대신 S극이 다가오거나 멀어질 경우에는 전류가 반대 방향으로 흐르지만 결과는 마찬가지로 다가오면 밀어내고 멀어지면 당기는 힘이 작용한다. 즉 어느 경우건 코일 전류는 항상 **자석의 움직임을 방해하는 방향의 자속을 만들어낸다.** i_{ind}에 의해 만들어지는 자속 ϕ_{ind}가 자석이 다가오면서 코일을 지나는 자속이 증가할 때는 자속을 줄이는 방향, 자석이 멀어지면서 코일을 지나는 자속이 줄어들 때는 자속을 증가시키는 방향인 데에서 알 수 있듯이 자석의 움직임을 방해한다는 것은 자석의 움직임으로 유발된 자속의 변화를 상쇄하여 자속을 이전 상태대로 유지시키려는 동작에 해당한다.

여기서 전류가 흐르는 것은 코일에 기전력이 발생하기 때문이다. 자기장의 변화에 반응하여 코일

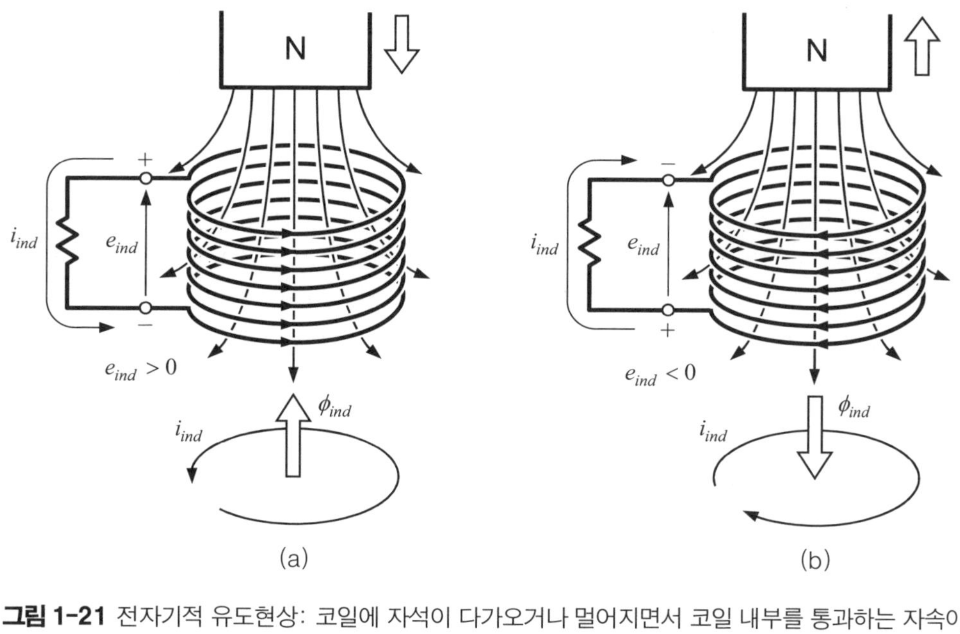

그림 1-21 전자기적 유도현상: 코일에 자석이 다가오거나 멀어지면서 코일 내부를 통과하는 자속이 변화하면 자속의 변화를 상쇄시키는 방향으로 코일에 전류가 흐른다.

양 단자 사이에 나타나는 기전력(e_{ind})을 **유도기전력**(induced emf)이라 부른다. 그림 1-21의 (a)에서 코일 위쪽 단자에서 전류가 흘러나와 외부 저항을 거쳐 아래쪽 단자로 흘러 들어가는 것은 위쪽 단자에 양, 아래쪽 단자에 음의 극성으로 기전력이 유기됨을 뜻한다. (b)에서는 반대로 아래쪽 단자가 양, 위쪽 단자가 음인 기전력이 유기된다. 만일 코일이 반대 방향으로 감겨 있다면 유도기전력의 극성이 반대로 나타나고 전류도 반대로 흐르게 될 것이다. 그러나 그 결과 나타나는 자속의 방향은 마찬가지이다. 이처럼 코일 안쪽을 통과하는 자속의 변화에 반응하여 유기되는 기전력과 전류가 항상 자속의 변화를 방해하는 쪽으로 작용하는 현상을 **렌쯔의 법칙**(Lenz's law)이라 한다.

렌쯔의 법칙은 전자기 현상에 나타나는 '작용과 반작용의 법칙'이라 할 수 있다. 즉 코일 내부의 자속을 변화시키려는 작용(자석의 이동)이 자속을 현재 상태대로 유지시키고자 하는 반작용(자석의 이동을 방해하는 힘)을 유발하는 것을 말한다. 단, 이 반작용의 크기는 상황에 따라 달라질 수 있다. 그림 1-21에서 자석을 움직이기만 하면 코일에 기전력은 항상 유기되지만 외부회로의 저항이 크면 더 작은 전류가 흐르게 되고, 반작용도 약하게 나타난다. 저항이 클수록 반작용은 더욱 약해지며, 극단적으로 저항이 무한대라면, 즉 코일이 개방되어 전류가 흐를 수 없는 상태라면 반작용이 나타나지 않으므로 자석을 움직이는 데에 아무런 방해를 받지 않게 된다. 비유하자면, 국가가 침략을 받았다던가 해서 어떤 외부 원인에 의해 변화가 생겼을 때(자기장의 변화) 변화에 저항하고자 하는 욕구는 항상 일어난다(기전력의 유기). 그러나 그 욕구대로 실제 저항행위가 얼마나 실행될 수 있는지(전류의 크기)는 주어진 여건(외부저항의 크기)에 따라 달라지며, 경우에 따라서는 아무런 저항을 할 수 없게 될 수도있다.

패러데이의 법칙

전자유도에서 코일에 유기되는 기전력의 '방향'은 위의 렌쯔의 법칙에 의해 판단할 수 있다. 그러면 그 '크기'는 얼마나 될까? 전자유도가 자속의 변화로 유발된 것이므로 그림 1-21에서 자석이 가만히 있을 때(자속의 변화가 없을 때)는 기전력이 0일 것이고, 자석을 빨리 움직일수록(자속의 변화가 클수록) 유도기전력도 커질 것으로 추정할 수 있다. 실제로 그 크기는 아래와 같이 자속의 변화율에 비례하는 식으로 표현되며, 이를 **패러데이의 법칙**(Faraday's law)이라 한다.

$$e_{ind} = N\frac{d\phi}{dt} \tag{1-9}$$

위의 식은 코일의 매 턴마다 자속의 변화율만큼의 기전력이 유기되며 ($e_{ind} = d\phi / dt$),[8] 직렬로 연결된 N개 턴의 기전력이 모두 더해져 코일 양 단자 사이에 나타남을 말해주고 있다.

식 (1-9)의 ϕ는 코일이 둘러싼 안쪽 공간을 지나는 자속을 뜻한다. 코일 인근에 자속이 존재한다 해도 코일 안을 통과하지 않는다면 그 자속과 코일은 서로 아무 관계도 없으며, 자속이 어떻게 변하건 코일에는 아무 일도 일어나지 않는다. 자속이 코일 내부를 통과하고 있을 때에야 비로소 코일과 자속 사이에 상호작용을 일으키는 연관성이 생긴다. 이를 자속이 코일을 '**쇄교**鎖交: 서로 교차하면서 엮여 있음 (link)한다'고 표현한다. 코일이 여러 턴이면 같은 자속이 코일의 매 턴을 반복해서 쇄교하므

---

[8] 식 (1-9)는 e_{ind}와 ϕ의 기준방향이 ϕ가 증가할 때 e_{ind}가 양의 값이 되도록 정의된 것을 전제로 한다. 그림 1-21의 경우, ϕ가 코일을 위에서 아래로 통과할 때를 양수로 한다면 e_{ind}는 코일의 위쪽 단자가 양, 아래쪽 단자가 음일 때 양수인 것으로 정의되어 있어야 한다. 만일 둘 중 하나의 정의를 반대로 한다면 이들 사이의 관계는 $e_{ind} = -N(d\phi / dt)$ 로 표현된다.

로 그만큼 자속은 코일과 더욱 밀접한 연관성(linkage)을 갖게 된다. 따라서 턴수가 N인 코일에서

$$\lambda = N\phi \tag{1-10}$$

를 코일의 **자속 쇄교량**(flux linkage), 혹은 **쇄교자속**이라 부른다. 이 정의로부터 식 (1-9)는

$$e_{ind} = \frac{d\lambda}{dt} \tag{1-11}$$

즉 **코일 양단에 나타나는 기전력은 쇄교자속의 변화율과 같다.** (e_{ind}의 단위는 V, ϕ와 λ의 단위는 Wb이므로 위의 관계는 V가 Wb/sec임을, 또는 Wb가 V-sec임을 보여준다.)

코일의 유도기전력과 인덕턴스

외부에서 가해진 자속의 변화가 코일에 기전력을 유기하듯이 코일 전류의 변화로 자속이 변할 때도 기전력이 유기된다. 그림 1-22에서 코일에 전류 i가 흐르고 있다고 하자. 이 전류는 코일을 위에서 아래로 쇄교하는 자속을 만들어낸다. 만일 전류가 일정하다면 자속 역시 일정하므로 코일에 아무런 기전력도 나타나지 않는다. 그러나 전류가 변하면 자속이 변하고, 변화가 어디서 비롯되었건 코일은 같은 자속의 변화에 대해 같은 반응을 보이게 된다. 즉 코일 양단에 기전력이 유기된다.

그림 (a)처럼 전류가 커지면서 자속이 증가하고 있다면 앞서 그림 1-21(a)에서 자석을 접근시키고 있을 때와 마찬가지이므로 코일의 위쪽 단자가 +, 아래쪽 단자가 −인 기전력이 유기된다. 이 기전력 역시 쇄교자속의 증가를 방해하는 작용으로서, 이 경우 자속의 증가를 방해한다 함은 전류의 상승을 방해함을 뜻한다. 즉 현재 흐르고 있는 전류의 반대 방향으로 기전력이 유기되어 전류의 상승을 억제하려는 작용이 일어난다. 반대로 (b)와 같이 전류가 줄어들면서 자속이 줄어들고 있을 때는 그림 1-21(b)에서와 같은 극성으로 기전력이 나타나며, 이는 전류의 흐름을 도와 전류가 줄어드는 것을 억제하려는 쪽으로 작용한다. 요컨대 전류의 상승이나 하락 어느 쪽으로든 변화를 억제함으로써 현재의 쇄교자속을 그대로 유지시키려는 방향으로 기전력이 유기된다. 코일이 감겨진 방향이나 전류의 방향이 어떠하건 이 기전력은 전류가 흘러 들어가는 단자에서 전류가 증가할 때는 양, 전류가 감소할 때는 음의 극성으로 나타난다.

여기서 유기되는 기전력의 크기 역시 식 (1-11)의 패러데이 법칙으로 표현된다. 단 이 경우에는

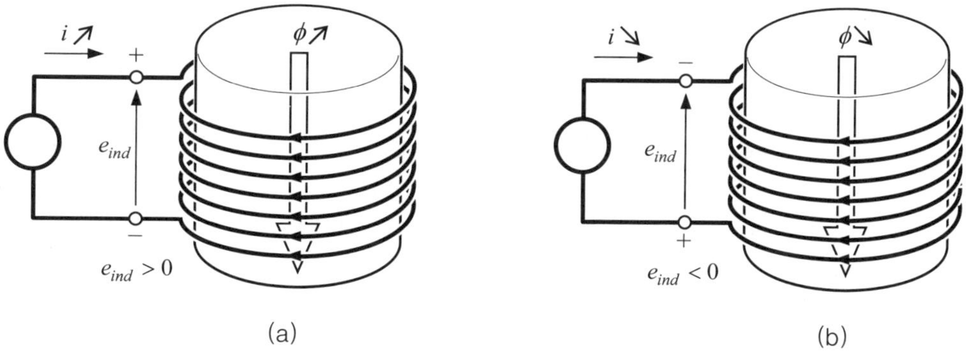

그림 1-22 코일 전류의 변화에 의한 유도기전력: (a) 전류가 증가할 때 전류의 흐름을 방해하는 방향으로 기전력이 유기된다. (b) 전류가 감소할 때 전류의 흐름을 돕는 방향으로 기전력이 유기된다.

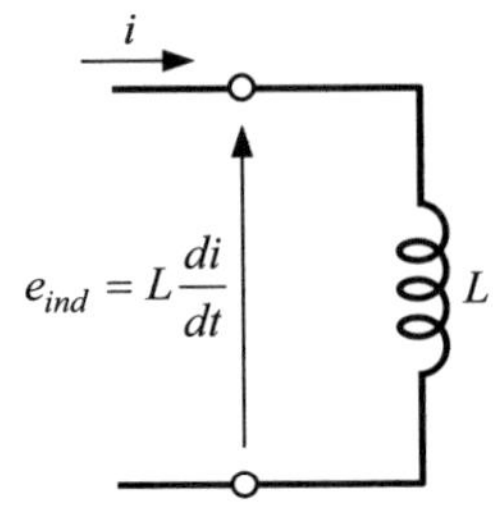

그림 1-23
전기회로의 회로요소로 표현된 코일

자속이 코일 전류의 함수($\phi = Ni/\Re$)로 주어지므로 기전력과 자속 사이의 관계를 기전력과 전류 사이의 관계로 바꾸어 나타낼 수 있다. 먼저 쇄교자속은

$$\lambda = N\phi = \frac{N^2}{\Re} i$$

로 표현되는데, 이를 아래의 비례식으로 나타낸다.

$$\lambda = Li \tag{1-12}$$

$$L = \frac{N^2}{\Re} \tag{1-13}$$

여기서 쇄교자속과 전류 사이의 비례상수 L 을 코일의 **인덕턴스**(inductance), 또는 유도용량이라 부르고 H (Henry) 단위를 사용한다. 이를 적용하면 식 (1-11)을 아래와 같이 쓸 수 있다.[9]

$$e_{ind} = L\frac{di}{dt} \tag{1-14}$$

위 식은 코일에 전류가 흐를 때 코일 양단에 어떤 기전력이 나타나는지, 즉 그림 1-23에 나타낸 전기회로의 한 요소로서 코일의 특성(전압-전류특성)을 표현하고 있다. 여기서 전류와 기전력의 기준방향(양의 방향)이 '서로 맞서는 방향'으로 정의되어 있음에 유의할 필요가 있다.[10] 그래야만 식 (1-14)가 나타내고 있는 "양의 방향으로 전류가 증가할 때($di/dt > 0$) 전류가 흘러 들어가는 단자에 +극성의 기전력이 나타난다($e_{ind} > 0$)"는 물리적 현상에 부합하게 된다.

식 (1-12)에서 인덕턴스는 주어진 전류로 얼마나 많은 자속쇄교량이 만들어지는지를 나타낸다. 인덕턴스가 크다는 것은 같은 전류에서 큰 자속이 만들어짐을 뜻하므로 자기저항이 작다는 것과 같다. 이는 식 (1-13)에서 코일의 인덕턴스가 자기저항에 반비례하는 데에서 알 수 있다. 코일에 자기저항이 작은 강자성체 철심을 사용하면 철심이 없을 때에 비해 인덕턴스가 크게 (수천 배) 증가하며, 철심의 투자율이 클수록 큰 인덕턴스를 얻을 수 있다. 또한 인덕턴스는 식 (1-13)에서 보듯이 턴수의 제곱에 비례한다. 예컨대 턴수를 2배로 하면 같은 전류에서 기자력이 2배가 되어 자속도 2배가 되고, 그 자속이 또 코일을 2배로 쇄교하므로 자속쇄교량이 4배가 된다. 따라서 인덕턴스도 4배가 된다.

---

9 식 (1-14)는 인덕턴스가 상수인 경우에만 적용된다. 자기회로의 형상이 시간에 따라 변하여 자기저항 역시 변하는 경우에는 인덕턴스를 상수로 놓을 수 없으므로 $d\lambda/dt = d(Li)/dt = L(di/dt) + (dL/dt)i$ 로 하여야 한다.

10 저항과 커패시터의 전압-전류특성을 나타내는 표현식 $v = Ri$ 및 $i = C(dv/dt)$ 역시 전압과 전류의 기준방향이 서로 맞서는 방향으로 정의되는 것을 전제로 하고 있다.

예제 1-7

예제 1-1의 코일에 $i(t) = 5\sin(377t)$ A 의 교류전류가 흐를 때 자속과 코일 양단에 나타나는 유도기전력을 구하라. 그리고 이때 철심 내부 자속의 최대치와 최대 자속밀도를 구하라.

예제 1-1의 풀이에서 자기저항은 $\Re = 145,900$ A-t/Wb 이다. 따라서 자속은

$$\phi = \frac{Ni}{\Re} = \frac{100 \times 5\sin(377t)}{145,900} = 3.427 \times 10^{-3}\sin(377t)\ \text{Wb}$$

이로부터 코일 양단에 나타나는 기전력은 식 (1-9)에 의해 다음과 같이 구해진다.

$$e_{ind} = N\frac{d\phi}{dt} = 100 \times \frac{d}{dt}[3.427 \times 10^{-3}\sin(377t)] = 129.2\cos(377t)\ \text{V}$$

혹은 코일의 인덕턴스가

$$L = \frac{N^2}{\Re} = \frac{10,000}{145,900} = 68.54\ \text{mH}$$

이므로 이를 식 (1-14)에 적용하여 유도기전력을 구할 수도 있다. (직접 확인해보도록 하라.) 앞의 자속 표현식으로부터 자속의 최대치 및 그에 대응하는 자속밀도 최대치는

$$\phi_{max} = 3.427 \times 10^{-3}\ \text{Wb}$$

$$B_{max} = \frac{\phi_{max}}{A} = \frac{3.427 \times 10^{-3}}{0.002} = 1.71\ \text{T}$$

두 코일 사이의 전자기적 유도

코일의 전류 변화가 코일 자체의 쇄교자속에 변화를 일으켜 기전력이 유기되는 것과 마찬가지로 부근에 다른 코일이 있다면 그 코일의 쇄교자속에도 변화를 일으켜 기전력을 유기하는 현상이 나타날 수 있다. 그림 1-24는 같은 철심에 두 개의 코일이 감겨 있는 것을 보여주고 있다. 이처럼 두 개의 코일이 자기회로를 공유하고 있는 경우, 누설자속이 없다고 가정하면 어느 한쪽 코일에 전류가 흘러 만들어진 자속 전체가 그대로 다른 코일을 쇄교하게 된다.

그림 (a)에서 위쪽의 코일1에 i_1 의 전류가 흘러 $\phi = N_1 i_1 / \Re$ 의 자속이 만들어졌다고 하자. 이 자속이 아래쪽의 코일2를 쇄교하므로 코일2의 쇄교자속은

$$\lambda_2 = N_2\phi = \frac{N_1 N_2}{\Re} i_1$$

즉 다음과 같이 표현된다.

$$\lambda_2 = L_{21} i_1 \qquad (1\text{-}15)$$

$$L_{21} = \frac{N_2 N_1}{\Re} \qquad (1\text{-}16)$$

반대로 그림 (b)와 같이 코일2에 i_2 의 전류가 흘러 $\phi = N_2 i_2 / \Re$ 의 자속이 만들어졌다면 코일1의 쇄교자속은

$$\lambda_1 = N_1\phi = \frac{N_1 N_2}{\Re} i_2$$

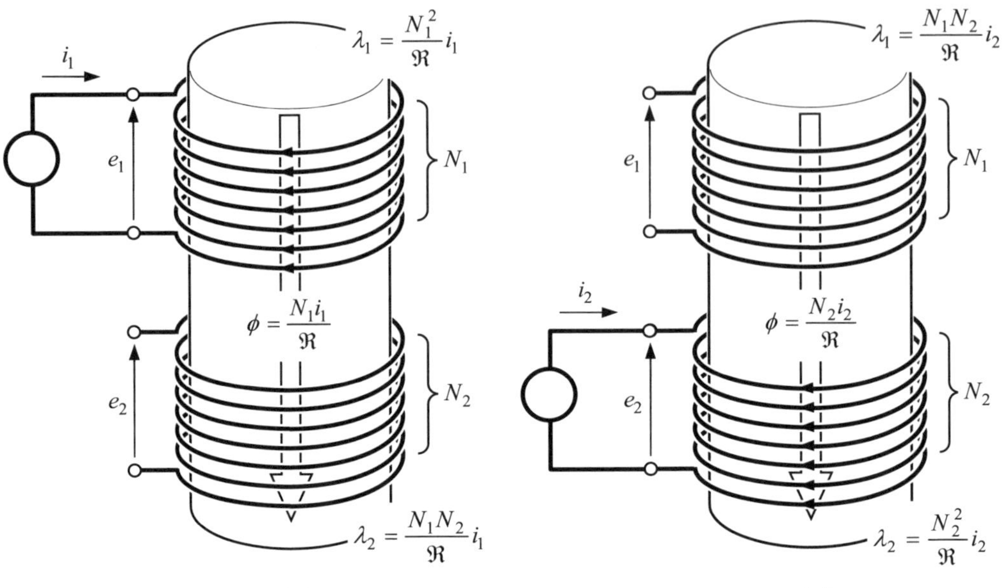

그림 1-24 철심을 공유하는 두 코일의 쇄교자속

즉 아래와 같이 표현된다.

$$\lambda_1 = L_{12} i_2 \tag{1-17}$$

$$L_{12} = \frac{N_1 N_2}{\Re} \tag{1-18}$$

L_{21}은 코일1에 흐르는 전류에 의해 코일2에 얼마나 큰 자속쇄교가 일어나는지를 나타내고 L_{12}는 코일2의 전류에 의해 코일1에 얼마나 큰 자속쇄교가 일어나는지를 나타낸다. 식 (1-16)과 (1-18)에서 $L_{12} = L_{21}$임을 알 수 있는데, 이는 코일1의 전류가 코일2의 쇄교자속을 유발하는 효과와 코일2의 전류가 코일1의 쇄교자속을 유발하는 효과가 동등함을 뜻한다. 예컨대 $N_1 = 100$, $N_2 = 200$이라 하자. 코일1에 1 A의 전류가 흘렀을 때 $\phi = 1$ Wb의 자속이 만들어졌다면 코일2의 자속쇄교량은 200 Wb가 된다. 거꾸로 코일2에 1 A의 전류가 흐른다면 같은 자기저항에 턴수가 2배이므로 자속도 2배인 $\phi = 2$ Wb가 만들어질 것이다. 따라서 코일1의 자속쇄교량 역시 200 Wb가 된다. 이처럼 서로 다른 코일 사이의 쇄교자속과 전류 사이의 비례상수를 **상호인덕턴스**(mutual inductance)라 하고 이와 구별하여 식 (1-13)의 코일 자체 인덕턴스를 **자기인덕턴스**(self-inductance)라 한다.

이러한 코일 사이의 상호작용을 통해 한쪽 코일의 전류가 변하면 다른 코일의 쇄교자속이 변화한다. 그림 1-24에서 코일1의 전류를 키우거나 줄였을 때 자속이 변하는 것을 코일2 입장에서 보면 그림 1-21에서처럼 자석을 근접시키거나 멀어지게 했을 때 자속이 변하는 것과 마찬가지 효과를 갖는다. 따라서 코일2에 기전력이 유기된다. 코일2의 전류를 변화시켰을 때도 코일1에 자석을 근접시키거나 멀어지게 한 것과 마찬가지로 기전력이 유기된다. 이처럼 두 코일 사이에 전자기적 유도가 일어나는 현상은 2장에서 다루게 될 변압기의 원리가 된다.

1-6 교류전원에서 동작하는 코일

코일에 직류 전류가 흐를 때 유도기전력은 전류가 어느 한 값에서 다른 값으로 변하는 과도기간 중에만 일시적으로 나타나고 전류가 일정한 정상상태에서는 나타나지 않는다. 그러나 코일에 교류 전류가 흐를 경우에는 정상상태에서도 계속 변하는 전류에 대응하여 전류의 변화를 방해하는 기전력이 유기되며, 예제 1-7에서 보았듯이 이때의 기전력 역시 교류로 나타난다. 코일에 정현파 교류가 인가될 때 기전력과 자속, 전류 사이의 관계를 알아보도록 한다.

교류전압과 자속

그림 1-25(a)는 교류전원에 접속된 코일을 보여주고 있다. 전원전압은 코일에 전류를 흐르게 하고, 전류는 코일 안에 자속을 만든다. 자속의 변화는 기전력을 유기하고, 코일의 저항에서 일어나는 전압강하를 무시했을 때 유기기전력 e_{ind}는 코일에 가해진 전압과 전기적 평형을 이루게 된다. 즉

$$v = e_{ind} = N\frac{d\phi}{dt} \tag{1-19}$$

이 평형식은 코일에 인가된 전압 v와 코일 내부에 만들어지는 자속 ϕ 사이의 관계를 나타내며, 전원전압이 직류이거나 교류, 혹은 어떤 임의의 파형을 가지고 있다 해도 항상 성립한다. 여기서 전원전압이 다음과 같이 실효치가 V 인 정현파라 하면

$$v(t) = \sqrt{2}V\cos(\omega t) \tag{1-20}$$

코일 내부의 자속은 식 (1-19)로부터 아래와 같이 인가전압의 적분으로 주어진다.

$$\phi = \frac{1}{N}\int v\,dt = \frac{\sqrt{2}V}{\omega N}\sin(\omega t) \tag{1-21}$$

이로부터 **인가전압이 정현파이면 코일을 쇄교하는 자속 역시 정현파이다**. 그 위상은 전원전압에

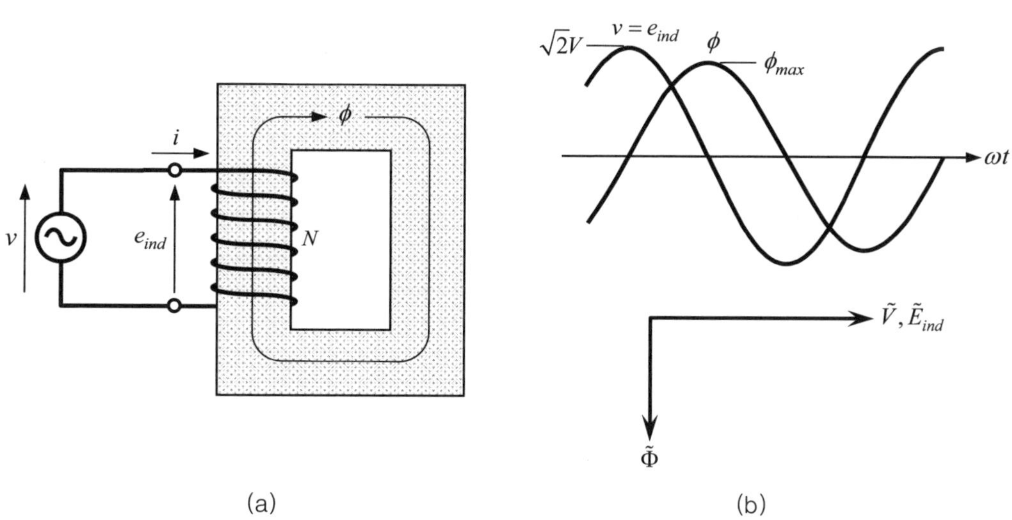

그림 1-25 (a) 교류전원에 의해 여자되는 코일 (b) 인가전압과 자속의 파형 및 페이서

90° 뒤지며, 그림 1-25(b)의 파형에서 보듯이 인가전압이 양인 동안에는 자속이 증가하면서 코일에 양의 기전력이 유기되고 인가전압이 음인 동안에는 자속이 감소하면서 음의 기전력이 유기되어 전원전압과 전기적 평형을 이룬다. 이 관계를 그 아래의 페이서도로 표현할 수 있다.

그림 1-25(b)의 파형에서 자속의 크기(최대치)는 아래 식으로 표현된다.

$$\phi_{max} = \frac{\sqrt{2}V}{\omega N} \tag{1-22}$$

식 (1-22)는 식 (1-19)의 페러데이 법칙에 식 (1-20)의 조건을 적용한 결과일 뿐, 코일의 철심에 대해서는 아무런 전제를 두고 있지 않음에 유의할 필요가 있다. 이는 위의 관계식이 철심의 형상이나 투자율에 상관 없이 성립하며, 나아가 철심이 아예 없는 경우까지 포함하여 정현파 교류전원에 접속되는 모든 코일에 동일하게 적용됨을 뜻한다. 즉 주어진 코일에서 **코일을 쇄교하는 자속의 크기는 철심에 무관하며, 오로지 인가전압의 크기와 주파수에 의해서만 결정된다.** 따라서 주파수가 고정된 일반 교류전원에서 코일 내부 자속의 크기는 전적으로 인가전압의 크기에 비례한다.

식 (1-22)는 흔히 다음과 같은 형태로 표현된다.

$$V = \frac{1}{\sqrt{2}}\omega N \phi_{max} = 4.44 N f \phi_{max} \tag{1-23}$$

식 (1-23)은 인가전압이 정현파 교류라는 전제 하에서 식 (1-19)로 표현된 전압과 자속의 '순시치 사이의 관계'를 '크기 사이의 관계'로 바꾸어 나타낸 것이다. 즉 식 (1-23)은 **정현파 교류의 페러데이 법칙**이라 할 수 있다. 여기서 전압의 크기는 실효치로 나타내고 있는 반면 자속의 크기를 최대치로 나타내고 있음을 볼 수 있다. 이는 (자속에 있어 실효치라는 개념이 무의미해서이기도 하지만) 코일에 철심이 사용될 경우, 1-2절에서 설명했듯이 철심이 최대로 자화되었을 때의 자속 ϕ_{max} 가(자기포화에 관련하여) 실제적 관심의 대상이기 때문이다. 식(1-23)은 변압기, 유도기, 동기기 등 모든 교류기기에서 인가전압과 철심의 최대자화범위 사이의 관련성을 나타내는 중요한 기본 관계식이다.

코일의 자화전류

이상에서 보듯이 코일에 교류전압을 가하면 코일 내부에 교번하는 자속이 생성된다. 그러나 이 자속은 저절로 생겨난 것이 아니라 코일에 전류가 흘러 만들어지는 것이다. 자속과 전류 사이의 관계

$$\phi = \frac{Ni}{\Re} \tag{1-24}$$

로부터 식 (1-21)의 자속을 만들어내기 위해 필요한 전류는 다음과 같다.

$$i = \frac{\Re}{N}\phi = \frac{\sqrt{2}V}{\omega\,(N^2 / \Re)}\sin(\omega t) \tag{1-25}$$

요컨대 코일에 식 (1-20)의 전압을 가하면 식 (1-25)의 전류가 흐르게 된다. 그림 1-26(a)에 나타내었듯이 이 전류는 전압에 90° 뒤지며, 그 크기(실효치)는 다음과 같다.

$$I = \frac{V}{\omega\,(N^2 / \Re)} \tag{1-26}$$

위의 식에서 분모의 괄호 안이 앞서 식 (1-13)으로 표현된 코일의 인덕턴스 L 에 해당한다. 여기에

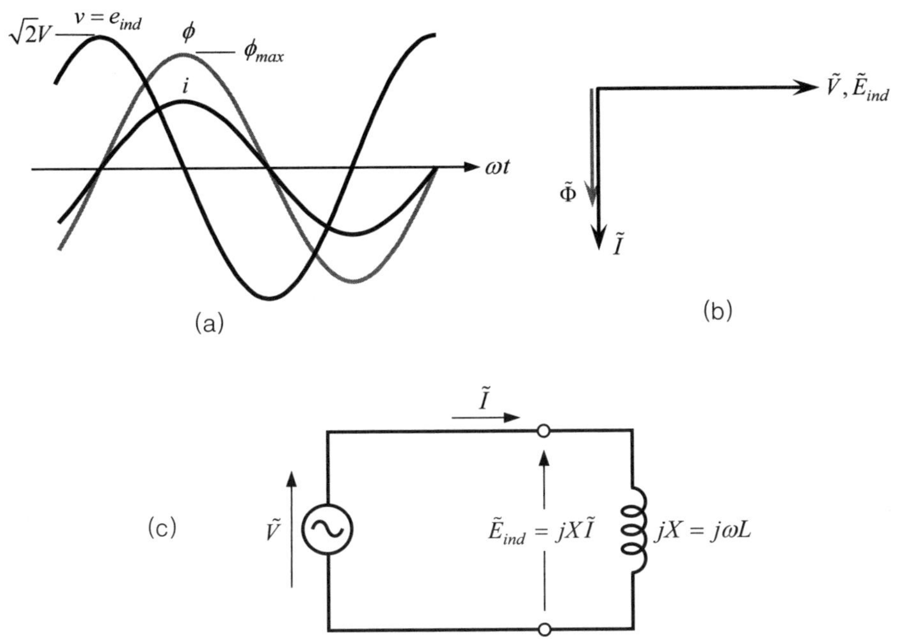

그림 1-26 교류전원에 의해 여자되는 코일의 (a) 인가전압, 유도기전력, 자속 및 전류의 파형과 (b) 이들의 페이서도 및 (c) 교류등가회로

각주파수 ω 를 곱한 것이 코일의 리액턴스 $X = \omega L$ 이므로 인가전압의 실효치와 코일에 흐르는 전류의 실효치 사이의 관계가 아래의 회로이론 기본 관계식으로 귀착됨을 확인할 수 있다.

$$I = \frac{V}{\omega L} = \frac{V}{X} \tag{1-27}$$

그림 1-26(b)는 인가전압과 유기기전력 및 자속과 전류를 페이서로 나타낸 것이다. 인가전압과 전류 크기 사이의 관계인 식(1-27)을 90° 위상차가 반영된 복소페이서 사이의 관계로 나타내면

$$\tilde{I} = \frac{\tilde{V}}{jX} \tag{1-28}$$

그림 1-26(c)는 이로부터 코일을 복소 임피던스 jX 로 나타낸 교류등가회로이다. 여기서 전원전압 $\tilde{V}$에 전기적 평형을 이루는 유기기전력 $\tilde{E}_{ind}$는 아래와 같이 코일 내부에 자속을 만들어내는 전류, 즉 자화전류가 흐를 때 코일의 리액턴스에서 일어나는 전압강하의 형태로 표현된다.

$$\tilde{E}_{ind} = jX\tilde{I} \tag{1-29}$$

이상에서 보듯이 코일에 교류전압이 가해지면 코일에 기전력이 유기되어 인가전압과 전기적 평형을 이루며, 이 기전력을 유기하는 자속은 인가전압의 크기와 주파수 및 코일의 턴수에 의해 결정되고(식(1-22)), 이 자속을 만들어내는 전류는 철심의 자기저항과 코일의 턴수에 의해 결정된다(식(1-26)). 코일의 리액턴스는 이러한 인가전압과 자속 사이의 관계, 자속과 전류 사이의 관계를 인가

전압과 전류 사이의 직접적인 관계(식(1-27))로 나타냈을 때 주파수, 턴수, 자기저항의 영향을 하나로 뭉뚱그려 표현한 것이다.

코일에 일정한 교류전압을 가했을 때 코일 내부 자속은 코일에 어떤 철심을 사용하건 (혹은 철심을 사용하지 않는다 해도) 변하지 않는다. 철심에 따라 달라지는 것은 자속이 아니라 코일에 흐르는 전류이다. 즉 자속과 전류 사이의 관계에서 자속이 일정하게 주어진 독립변수, 전류가 철심의 특성에 따라 달라지는 종속변수가 된다. 자화가 잘 되는(자기저항이 작은, 혹은 투자율이 큰) 철심을 사용하면 작은 전류로도 필요한 자속이 생성될 수 있으므로 전류가 줄어든다. 이는 그림 1-26(c)에서 코일의 리액턴스가 큼을 뜻한다. 만일 투자율이 매우 커서 자기저항이 0에 가까운 이상적인 철심이라면 리액턴스가 무한히 커져 전류가 0에 가까워질 것이다. 반대로 철심의 투자율이 작아서 자기저항이 크다면 같은 자속을 만들어내기 위해 더 큰 전류가 흐르고, 이는 코일의 리액턴스가 작음을 뜻한다. 나아가 철심을 제거해버린다면 리액턴스가 매우 작아져 코일에 대단히 큰 전류가 흐르게 된다. 이는 철심의 자화에 의존하지 않고 모든 자속을 전적으로 코일 전류가 만들어내야 하기 때문이다.

코일의 무효전력

코일을 교류전원에 접속했을 때 얼마나 큰 전류가 흐르는지를 나타냄에 있어 전류의 크기로 직접 나타내는 대신 전류에 인가전압을 곱한 전력량으로 표현하기도 한다. 전류가 전압에 90° 뒤지므로 이 전력은 코일에서 소비되는 무효전력에 해당한다. (교류의 전력에 관해서는 부록 D를 참고하라.) 식 (1-27)에 전압의 실효치를 곱하면

$$Q = \frac{V^2}{X} \tag{1-30}$$

리액턴스가 자기저항에 반비례하고 자기저항은 철심의 투자율과 형상(물리적 치수)에 좌우되므로 위의 식을 이들 변수로 표현할 수 있다. 예컨대 철심의 길이가 l 이고 일정한 단면적 A로 만들어진 경우, 아래의 식으로 표현되는 것을 보일 수 있다. (유도과정은 연습문제로 한다.)

$$Q = \frac{\pi}{\mu} f B_{max}^2 (Al) \tag{1-31}$$

위 식은 철심의 최대자속밀도 B_{max}를 어떤 특정 값이 되도록 설계했을 때 철심의 자화에 소요되는 무효전력이 투자율에 반비례하며, 또 철심의 체적 (Al)에 비례함을 보여주고 있다. 통상 사용되는 철심재료에서는 B-H 곡선에서 경계영역의 자속밀도에 해당하는 B_{max}와 그 지점에서의 μ가 대략 정해져 있으므로 이들을 상수로 취급한다면 코일의 무효전력량이 철심의 크기에 비례하는 것으로 볼 수 있다. 따라서 어떤 정해진 무효전력을 소비하는 리액터를 제작하고자 한다면 식 (1-31)을 통해 리액터 제작에 필요한 철의 양을 추정할 수 있다. 한편 이 식이 전압에 무관한 데에서 알 수 있듯이, 어떤 사용전압에서건 같은 무효전력량에 해당하는 리액터의 크기는 대체로 같다. 달리 말해 두 교류기기의 철심 크기가 같다면 용량이나 정격전압이 다르다 해도 철심의 자화에 필요한 무효전력이 대략 같은 것으로 볼 수 있다.

단, 식 (1-31)은 자기회로에 공극이 있을 때는 적용되지 않는다. 공극이 존재하면 같은 자속을 얻기 위해 훨씬 큰 기자력이 필요하므로 자화전류가 커지고, 무효전력도 크게 증가한다. 교류 발전기나 전동기 등 공극을 지닐 수밖에 없는 회전기기에서는 자속을 만들어내는 데 필요한 자화전류 및

무효전력이 철심의 크기보다 공극에 의해 거의 전적으로 좌우되며(이에 관해서는 8장에서 다시 설명한다) 공극이 큰 기기일수록 많은 양의 도체가 필요하고, 따라서 큰 외형치수를 갖게 된다.

예제 1-7

예제 1-1의 코일(그림 1-15)에 100V, 60Hz의 정현파 전압을 인가하였다. (a) 철심 내부의 최대자속밀도를 구하라. (b) 철심의 비투자율을 3,000으로 가정하고 코일에 흐르는 전류(실효치)를 구하라. (c) 철심의 최대 자속밀도가 1.5 T가 되도록 하기 위해서는 턴수를 얼마로 조정하여야 하는가? 이때의 코일 전류를 구하라. (d) (c)에서 식(1-31)의 관계식이 성립함을 보여라.

(a) 식(1-23)으로부터

$$\phi_{max} = \frac{V}{4.44Nf} = \frac{100}{4.44 \times 100 \times 60} = 3.75 \times 10^{-3} \text{ Wb}$$

$$B_{max} = \frac{\phi_{max}}{A} = \frac{3.75 \times 10^{-3}}{0.002} = 1.88 \text{ T}$$

(b) 예제 1-1에서 비투자율 3,000에서의 자기저항은 145,900 A-t/Wb이다. 따라서

$$L = \frac{N^2}{\Re} = \frac{100^2}{145,900} = 0.0685 \text{ H}$$

$$X = \omega L = 2\pi \times 60 \times 0.0685 = 25.8 \ \Omega$$

$$I = \frac{V}{X} = \frac{100}{25.8} = 3.88 \text{ A}$$

(c) 주어진 최대 자속밀도에서 최대자속은

$$\phi_{max} = AB_{max} = 0.002 \times 1.5 = 0.003 \text{ Wb}$$

식(1-23)의 관계를 만족하기 위해서는

$$N = \frac{V}{4.44 f \phi_{max}} = \frac{100}{4.44 \times 60 \times 0.003} = 125$$

이에 해당하는 인덕턴스와 전류는 아래와 같다.

$$L = \frac{N^2}{\Re} = \frac{125^2}{145,900} = 0.1071 \text{ H}$$

$$X = \omega L = 2\pi \times 60 \times 0.1071 = 40.4 \ \Omega$$

$$I = \frac{V}{X} = \frac{100}{40.4} = 2.48 \text{ A}$$

(d) (c)의 결과에서 코일에 공급되는 무효전력을 구하면

$$Q = VI = 100 \times 2.48 = 248 \text{ VAR}$$

그림 1-15의 철심 체적으로부터 식(1-31)의 값을 계산하면

$$(Al) = (34 \times 29 - 26 \times 21) \times 5 = 2,200 \text{ cm}^3 = 0.0022 \text{ m}^3$$

$$\frac{\pi}{\mu} f B_{max}^2 (Al) = \frac{\pi}{3,000 \times 4\pi \times 10^{-7}} \times 60 \times 1.5^2 \times 0.0022 = 247.5$$

이는 위에서 계산한 무효전력에 거의 일치하는 것을 알 수 있다.

1-7 교류에 의해 자화되는 철심의 특성

위에서 정현파 자속을 만들어내기 위해 코일에 정현파 전류가 흐른다고 한 것은 식 (1-24)에서 $\mathfrak{R}$이 일정한 선형적 비례관계를 가정한 것이다. 그러나 실제 기기는 최대자속에서 철심이 자기포화 초입부까지 자화되므로 자기포화의 비선형적 특성 때문에 전류 파형에 왜곡이 나타나게 되며, 나아가 히스테리시스 현상에 의해 왜곡이 더욱 심해지게 된다.

히스테리시스와 히스테리시스손실

1-2절에서 철심의 자속과 기자력 사이의 관계를 1:1 함수관계로 표현했던 것은 자성체에 자기장을 가해 자화시켰다가 자기장을 제거하면 정렬되었던 자구들이 원래 상태로 되돌아오는 것으로 가정한 것이다. 그러나 실제 나타나는 현상은 이와 다르다. 자화가 전혀 되지 않은 상태의 자성체에 어느 한 방향으로 자기장을 증가시켜가면서 자계강도와 자속밀도 사이의 관계를 측정하면 그림 1-27의 실선과 같은 궤적으로 나타난다. 이를 **직류자화곡선**(dc magnetization curve)이라 한다. 어느 정도 자화가 이루어지고 난 뒤 자기장을 다시 줄여줄 때는 그림의 점선과 같이 자속이 상승할 때와는 다른 궤적을 그리게 되며, 외부 자계가 0으로 돌아온 뒤에도 자속밀도가 0이 되지 않는다. 자구를 정렬시킨 외부 자기장이 사라졌음에도 일부 자구들이 여전히 정렬상태로 남아 있기 때문이다. 이를 **잔류자속**(residual flux)이라 부른다. 잔류자속을 마저 제거하려면 역방향으로 자기장을 가해주어야 하는데, 여기에 필요한 역방향 자계강도가 클수록 자성체가 잔류자속을 보존하려는 힘이 강한 것을 뜻하므로 $B = 0$ 으로 만드는 데에 필요한 역방향 자계강도를 **보자력**保磁力(coercive force)이라 부른다. 보자력은 물질 고유의 상수로서, 보자력이 매우 큰 것을 경자성체라 하고 영구자석에 사용된다.(14장 참조) 일반 기기에 사용되는 규소강판은 상대적으로 보자력이 작은 연자성체에 속한다.

보자력 이상으로 역방향 자계를 가하면 철심이 반대 방향으로 자화되며, 반대방향으로 자화시켰다가 자화상태를 해제했을 때도 마찬가지 현상이 나타난다. 즉 아까와 반대 방향으로 잔류자속이 남는다. 이러한 효과 때문에 자성체를 어느 한쪽으로 자화시켰다가 반대방향으로 자화시켰다가 하는 동작을 반복할 때 자속은 외부 자계에 뒤처져 변하게 되며, 그림 1-28에 보인 것과 같이 자속이 양의 방향에서 음의 방향으로 변할 때의 궤적과 음의 방향에서 양의 방향으로 변할 때의 궤적이 일치하지

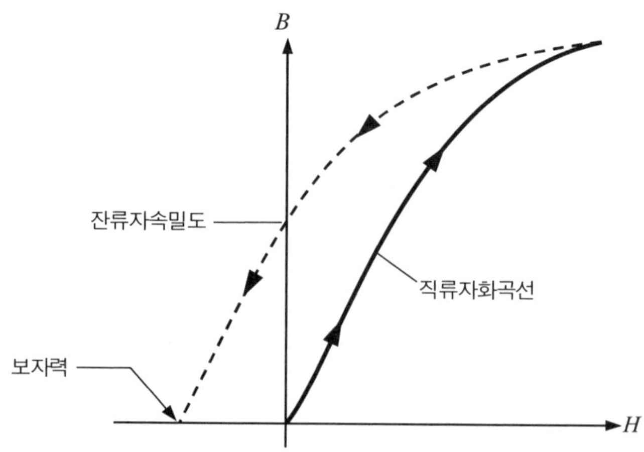

그림 1-27
강자성체의 자화와 복원 궤적

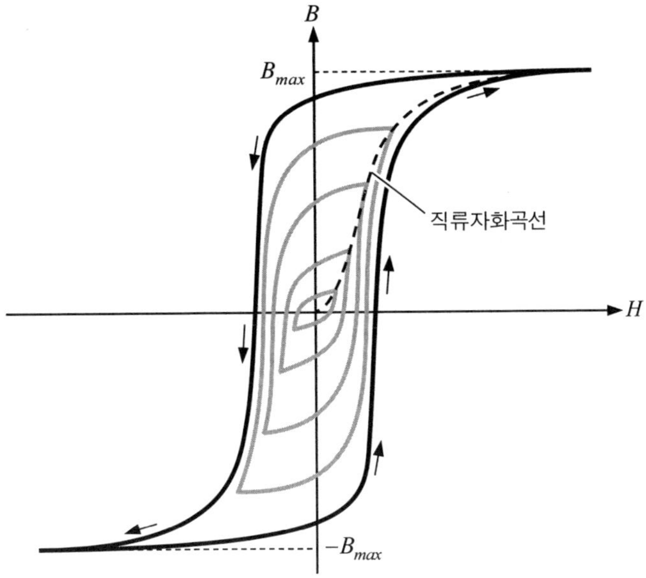

그림 1-28
히스테리시스 루프 형태로 나타나는 강자성체의 교류자화곡선

않는다. 이 궤적을 **히스테리시스**(hysteresis) 루프, 또는 **자기이력곡선**이라 부른다.[11] 자기이력곡선의 모양은 자성체마다 다르고 같은 자성체에서도 최대로 얼마나 강하게 자화되는지에 따라서도 달라진다. 그림에 흐린 선으로 나타내었듯이 자화의 폭을 변화시켜가며 측정했을 때 교류자화곡선의 양 꼭지점은 점선으로 나타낸 직류자화곡선을 따라 변하게 된다. 이 꼭지점의 자속밀도 B_{max}가 클수록, 즉 심하게 포화될수록 잔류자속이 커지면서 보다 현저한 히스테리시스를 보이게 된다.

잔류자속이 나타나는 현상은 스프링을 잡아당겼다가 놓았을 때 원래 상태로 완전히 돌아오지 않고 약간의 변형이 남는 것과 흡사하다. 원래 상태로 회복되지 않는다는 것은 스프링을 변형시키는 과정에 투입되었던 에너지가 온전히 다 반환되지 않았음을 뜻한다. 이는 투입된 에너지가 전부 탄성에너지로 저장된 것이 아니라 일부가 스프링 내부 분자들 사이의 마찰열 등으로 소모되어 버렸기 때문이며, 소모된 에너지가 클수록 복원되었을 때 남는 변형도 커진다. 마찬가지로 자성체가 자화되었다가 복원되는 과정에서도 내부에서 비가역적 에너지 손실이 생기고, 그 손실이 클수록 잔류자속도 커진다. 이를 **히스테리시스 손실**(hysteresis loss)이라 부른다.

잔류자속이 작아서 히스테리시스 루프가 날씬한 물질은 손실이 작고 잔류자속이 커서 히스테리시스 루프가 뚱뚱한 물질은 손실이 크다. 실제 *B-H* 평면에 그려진 히스테리시스 루프의 면적이 교류의 한 주기 동안 일어나는 철심의 단위체적당 손실(J/m^3)에 해당하며,[12] 그림 1-28에서 보듯이 그 면적은 B_{max}에 따라 달라진다. 또한 자화주기가 많이 반복될수록 손실도 비례해서 증가한다. 따라

11 히스테리시스는 이력履歷현상이라고도 하며, 어떤 시점에서 물리량의 크기가 그 시점에 주어진 조건만으로 결정되는 것이 아니라 이전에 거쳐 온 과정(과거의 이력)에 따라 달라지는 것을 말한다. 자연현상만 아니라 사회, 경제적 현상에서도 흔히 나타난다. 일반적으로 기존 상태를 그대로 유지하려고 하는 경향이 히스테리시스의 원인이 된다. 예컨대 동이 트면 바로 일어나고 해가 지면 바로 잠드는 것이 아니라 동이 트고 나서 한참 뒤에 일어났다가 해가 지고 나서 한참 뒤에 잠드는 것도 일종의 히스테리시스 현상이라 할 수 있다. 즉 낮과 밤의 경계에서 이전에 깨어 있었으면 계속 깨어 있고, 자고 있었으면 계속 자는 식으로 이전 상태에 따라 현재 상태가 달라지는 것을 말한다.

12 *B-H* 평면에서 히스테리시스루프의 면적은 B와 H를 곱한 차원을 갖는다. H의 단위는 A/m이다. B의 단위는 Wb/m^{2}인데, Wb가 $e = d\lambda / dt$ 에서 보듯이 V-sec이므로 V-sec/m^{2}와 같다. 따라서 *B-H*곱의 단위는 V-A-sec/m^3, 즉 J/m^{3}이다.

서 주파수 f Hz인 교류로 자화되었을 때 철심의 단위중량당 손실은 다음 식으로 표현된다.

$$P_h = k_h f B_{max}^n \text{ W/kg} \tag{1-32}$$

여기서 k_h는 재료에 따라 달라지는 비례상수이고 n은 스타인메츠 지수(Steinmetz exponent)라 불리는 상수로서 1.5~2.5 사이의 값을 갖는다. 규소강판의 경우 1.6 정도이다.

와전류와 와전류손실

철심이 교류로 자화될 때 히스테리시스 손실 외에 또 다른 손실이 발생한다. 철심은 자속의 경로를 제공하기 위한 것으로서 전류가 흘러서는 안되지만 철심의 도전율도 꽤 높은 편이기 때문에(동의 1/10 정도) 철심을 통과하는 자속이 변할 때 그림 1-29 (a)에 나타낸 것처럼 철심 내부에 자속의 변화를 방해하는 유도전류가 흐른다. 이를 맴돌이전류라는 뜻의 **와전류**渦電流(eddy current)라 부른다. 와전류는 철심 내부에서 오옴 손실을 일으키며 이를 **와류손**(eddy current loss)이라 한다.

와전류는 또한 철심의 이용률을 떨어뜨리는 문제를 일으킨다. 그림 1-29(a)의 와전류들은 철심 안쪽에서는 서로 상쇄되고 전체적으로 철심의 외곽을 따라 동심원을 그리면서 흐르게 되는데, 동심원 전류 루프들의 기자력이 중첩하여 작용하는 철심 중앙 부위는 자속의 변화가 상대적으로 작아진다. 높은 주파수에서는 그 효과가 더욱 현저해져서 중앙 부위가 거의 자화되지 않은 상태로 남아있게 되므로 사실상 철심의 역할을 하지 못하고, 그만큼 철심의 유효 단면적이 줄어든 것과 같은 결과를 낳는다. 예컨대 철심의 중앙 부위에 구멍을 낸다 해도 별 차이가 없게 된다. 이를 자기적 표피효과(magnetic skin effect)라 부른다.[13]

와전류를 억제하기 위해 실제의 철심은 강자성체 덩어리(강괴) 대신 1-29(b)와 같이 여러 장의 얇은 강판이 겹쳐진 **성층철심**(laminated core) 형태로 만들어진다. 성층철심의 층과 층 사이는 산화물 코팅이나 바니쉬 등으로 절연된다. 와전류가 각 층별로 잘게 나뉘면 전류 경로가 길어지므로 저항이

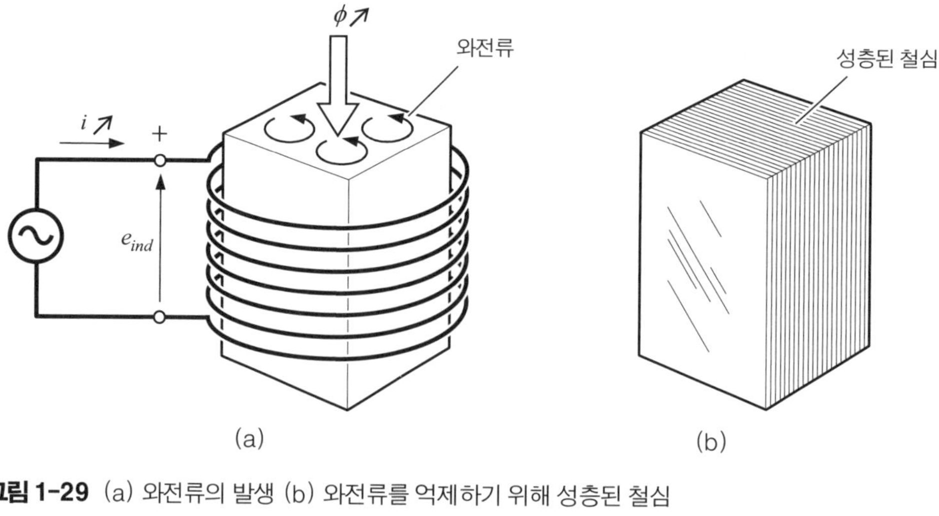

그림 1-29 (a) 와전류의 발생 (b) 와전류를 억제하기 위해 성층된 철심

[13] 도체에 교류 전류가 흐를 때 주파수가 높으면 전류가 도체의 표면 쪽으로 쏠리는 표피효과가 나타난다. 교류전류가 흐르는 도체에서 표피효과가 나타나는 것처럼 교번하는 자속이 통과하는 철심에서 자기적 표피효과가 나타나는 것은 자기회로와 전기회로 사이에 나타나는 유사성의 또 다른 예라 할 수 있다.

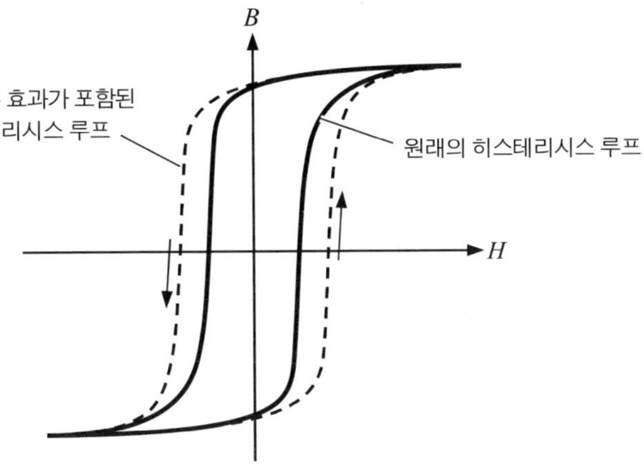

그림 1-30
와전류 효과가 포함된
히스테리시스 루프

커져서 와전류가 억제된다. 따라서 손실이 줄어들며, 자기적 표피효과도 억제된다. 강판의 두께가 얇을수록 효과가 크지만 지나치게 얇으면 층과 층 사이 절연물의 비중이 높아져 점적율이 떨어지고 제작비가 상승한다. 흔히 사용되는 두께는 0.5 mm나 0.35 mm이다. 재질의 저항율을 높이는 것 역시 와류손 억제에 중요한데, 규소함유율이 높으면 저항율이 커지면서 자기적 특성도 좋아진다. 그러나 너무 높으면 기계적 강도가 약해진다. 일반적으로 변압기에는 규소함유율 4% 내외의 강판을, 어느 정도 기계적 강도가 필요한 회전기기에는 1~3% 정도의 저밀도 규소강판을 사용한다.

철심을 성층하면 와류손이 현저히 줄어들기는 하지만 완전히 없앨 수는 없고, 어느 정도의 손실은 불가피하다. 와류손은 와전류 경로상에 유기되는 기전력의 제곱에 비례하며 ($P = E^2 / R$) 이 기전력 역시 식 (1-23)으로 표현되는 코일의 유도기전력과 마찬가지로 주파수와 최대자속밀도의 곱에 비례한다. 따라서 철심의 단위중량당 와전류 손실은 아래의 관계로 표현된다.

$$P_e = k_e f^2 B_{max}^2 \ \text{W/kg} \tag{1-33}$$

여기서 k_e는 성층판의 두께와 재질의 도전성 등에 의해 결정되는 상수이다.

와전류가 자속의 변화를 방해함으로 해서 철심 내부 자속의 변화는 히스테리시스만 있을 경우에 비해 더 뒤처지는데, 그 결과 그림 1-30의 점선과 같이 B-H 곡선의 궤적이 더 뚱뚱해진다. 이 확장된 히스테리시스 루프의 면적은 히스테리시스 손실에 와전류손실이 합해진 것에 해당한다. 이들 두 손실이 속성상 전혀 다른 것이긴 하지만 모두 철심 내부에서 발생하므로 하나로 묶어 **철손**(iron loss)이라 하고 코일 도체에서 발생하는 저항손실은 **동손**(copper loss)이라 불러 구별한다.

예제 1-8

규소강판으로 만들어진 50 kg의 철심에서 측정한 손실이 아래 표와 같다. 빈 칸에 해당하는 60 Hz 1.5 T에서의 손실 추정치를 구하고 히스테리시스손실과 와전류손실을 분리하라.

	최대자속밀도	
	1.1 T	1.5 T
25 Hz	23 W	40 W
60 Hz	60 W	?

식(1-32)와(1-33)으로부터 철심의 중량당 손실은 $k_h f B_{max}^n + k_e f^2 B_{max}^2$ 이므로

$$23/50 = k_h \times 25 \times 1.1^n + k_e \times 25^2 \times 1.1^2 \rightarrow 0.0184 = k_h 1.1^n + 30.25 k_e \quad \text{(A)}$$

$$40/50 = k_h \times 25 \times 1.5^n + k_e \times 25^2 \times 1.5^2 \rightarrow 0.032 = k_h 1.5^n + 56.25 k_e \quad \text{(B)}$$

$$60/50 = k_h \times 60 \times 1.1^n + k_e \times 60^2 \times 1.1^2 \rightarrow 0.02 = k_h 1.1^n + 72.6 k_e \quad \text{(C)}$$

이 세 식으로부터 세 개의 미지수 k_h, k_e, n 을 결정할 수 있다. 먼저 식(A)와(C)로부터 k_e 를 구하면

$$k_e = \frac{0.02 - 0.0184}{72.6 - 30.25} = 3.778 \times 10^{-5}$$

이를 식(A)와(B)에 대입하여 아래와 같이 n 과 k_h 를 계산할 수 있다.

$$k_h 1.1^n = 0.01726$$

$$k_h 1.5^n = 0.02987$$

$$n = \frac{\log(0.01726/0.02987)}{\log(1.1/1.5)} = 1.769$$

$$k_h = \frac{0.01726}{1.1^{1.769}} = 0.01458$$

이상의 결과로부터 60 Hz 1.5 T에서 히스테리시스 손실과 와류손 및 전체 손실은

$$P_h = k_h f B_{max}^n \times 50 = 0.01458 \times 60 \times 1.5^{1.769} \times 50 = 89.6 \text{ W}$$

$$P_e = k_e f^2 B_{max}^2 \times 50 = 3.778 \times 10^{-5} \times 60^2 \times 1.5^2 \times 50 = 15.3 \text{ W}$$

$$P_c = P_h + P_e = 89.6 + 15.3 = 104.9 \text{ W}$$

철심의 비선형성을 고려한 자화전류의 파형

전원전압이 정현파이면 코일 내부의 자속은 항상 정현파이다. 1-6절에서 이 정현파 자속에 대응하는 자화전류를 정현파로 표현하였던 것은 철심의 자속과 전류 사이를 일정한 비례관계로 가정한 것으로, 최대자속 ϕ_{max} 가 철심의 선형영역을 벗어나지 않을 경우에만 성립한다. ϕ_{max} 가 선형영역을 넘어서면 자기포화 때문에 더 이상 자속과 전류 사이의 관계를 단순한 비례식으로 표현할 수 없다. 또한 자기포화 영역에 들어가지 않는다 해도 교류로 자화될 경우 히스테리시스 현상 때문에 정현파 자속에 대응하는 자화전류가 정현파가 될 수 없다.

그림 1-31은 철심의 자속과 전류 사이의 관계에 따라 자화전류 파형이 어떻게 달라지는지 보여주고 있다. 맨 위는 자기저항이 0에 가까운 이상적인 철심일 경우로, 철심의 투자율이 매우 높아서 아주 작은 전류만으로도 충분히 자속이 만들어지므로 전류가 0에 가깝게 된다. 두번째는 철심이 자기저항을 갖기는 하나 그 크기가 일정하여 전류와 자속이 비례관계를 유지하는 선형적 특성을 가정했을 때로서, 정현파 자속에 대해 전류도 정현파가 된다. 앞서 그림 1-25가 이에 해당한다. 그러나 세번째 그림에서와 같이 자기포화를 고려에 넣으면 자속의 최대치 부근 포화영역에 들어섰을 때 상당히 큰 전류가 흘러야 필요한 만큼 자속이 만들어질 수 있으므로 전류 파형이 첨두치가 큰 뾰족한 모양이 되는 것을 볼 수 있다. 나아가 맨 아래와 같이 히스테리시스 현상까지 고려에 넣으면 전류 파형이 상당히 뒤틀린 모양으로 나타나게 된다. 그림 1-32는 히스테리시스 곡선으로 주어진 자속과 전류 사이의 함수관계로부터 정현파 자속에 대응하는 전류파형이 어떻게 작도되는지 보여주고 있다.

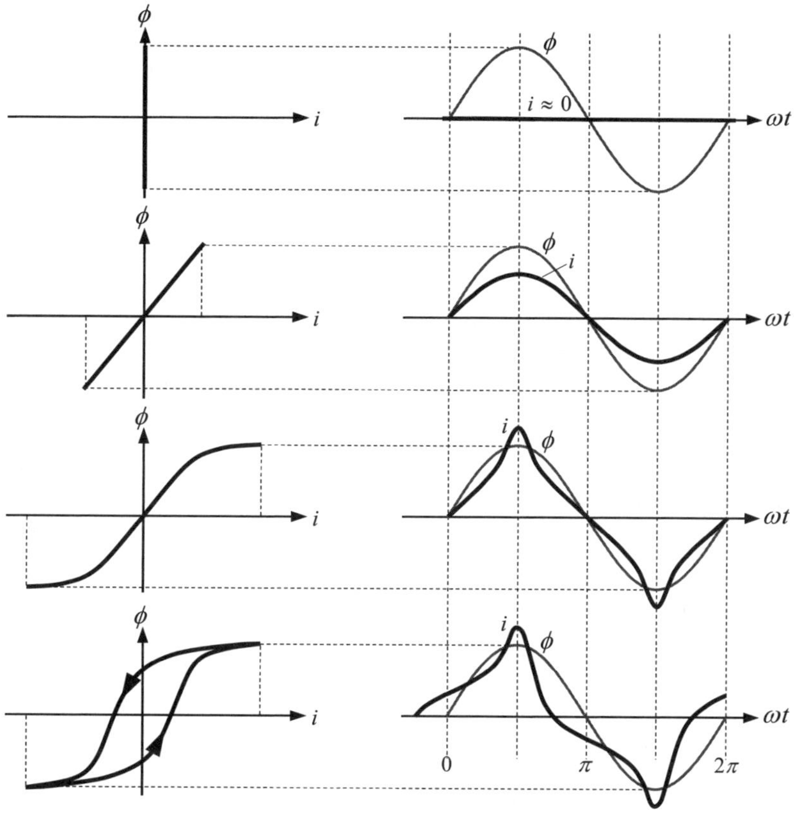

그림 1-31 정현파 교류전압이 가해졌을 때 철심의 특성에 따른 자화전류 파형

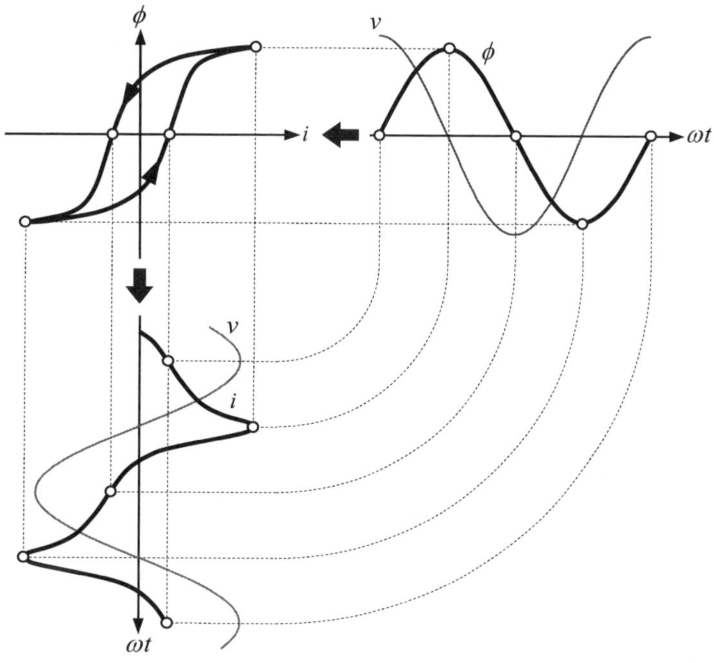

그림 1-32
히스테리시스를 고려한
자화전류 파형의 작도

최대자속에서 철심의 포화가 심하지 않고 히스테리시스 특성이 크지 않다면 선형 특성으로 간주해도 무방하지만 실제 전기기계의 철심은 경계영역까지 자화되므로 자기포화와 히스테리시스를 피할 수 없으며, 자화전류 파형에 무시할 수 없는 왜곡이 나타난다. 이러한 비선형적 관계를 수학적 표현식으로 나타내기가 곤란하기 때문에 다음 절에서 설명하는 것과 같이 선형 특성인 것으로 가정하되, 여기에 철심에서 일어나는 손실 요소를 추가하는 근사적 방식이 적용된다.

1-8 코일의 교류등가회로

실제 교류에 적용되는 코일에서는 위에서 설명한 철심의 히스테리시스와 와전류 현상이 나타나고, 코일의 저항성분과 누설자속이 존재한다. 이들의 효과를 포함하기 위해서는 그림 1-26(c)로 나타내었던 이상적인 코일의 등가회로를 보완해야 할 필요가 있다.

철심의 손실을 고려한 등가회로

히스테리시스를 고려한 그림 1-31의 맨 아래 파형을 보면 전류가 자속에 비해 앞선 위상임을 알 수 있다. 자속이 음에서 양이 될 때 전류는 이미 양의 값이고, 자속이 양에서 음으로 될 때 전류는 이미 음의 값이다. 이는 히스테리시스가 본질적으로 기자력의 변화에 자속이 뒤처져 변하는 현상에서 비롯되기 때문이다. 어느 한쪽으로 자화되었던 철심의 자속이 다시 0이 되었다는 것은 전류의 방향이 이미 바뀌어 그림 1-27의 보자력 만큼 반대 방향으로 기자력이 가해지고 있음을 뜻한다.

그림 1-33(a)는 이러한 전압과 자속, 전류 사이의 위상관계를 보여주고 있다. 흐린 선으로 나타낸 왜곡된 전류 파형은 퓨리에 급수로 표현되는데(부록 F 참조), 여기서 기본파성분만 취하고 고조파 성분들을 모두 무시하면 근사적으로 그림에 나타낸 정현파로 표현된다. 이 기본파 성분이 자속에 앞서는 위상을 가지므로 인가전압과 전류 사이의 위상차 α는 90°보다 작은 값이 된다.

그림 1-33(b)는 이를 페이서도로 나타낸 것이다. 앞의 그림 1-26에서와는 달리 전류의 페이서 $\tilde{I}$가 전압 페이서에 직각을 이루지 않으므로 전압에 90° 뒤지는 성분 $\tilde{I}_m$과 함께 전압에 동상인 성분

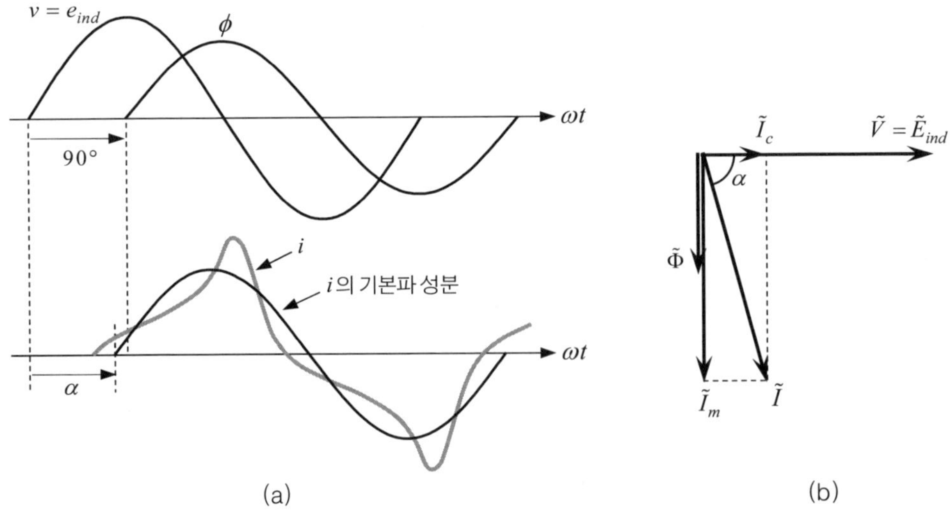

그림 1-33 (a) 코일에 인가된 전압, 자속 및 전류의 파형의 위상관계 (b) 전류 기본파성분의 페이서도

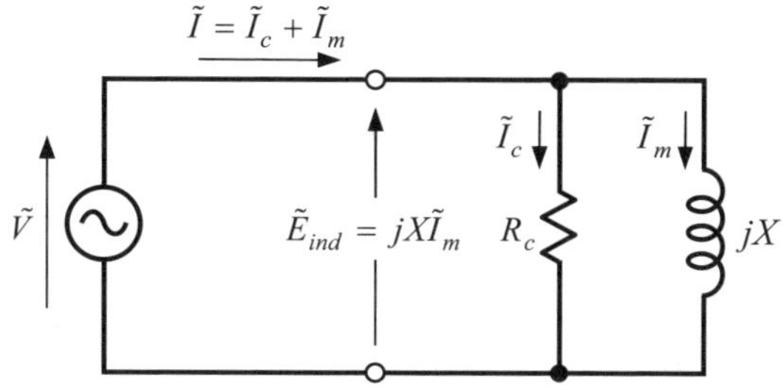

그림 1-34
코일의 철손성분을 고려한 교류등가회로

$\tilde{I}_c$가 나타난다. 이는 전원에서 코일로 유효전력이 전달되고 있음을 뜻한다. 히스테리시스를 고려하지 않았을 때는 나타나지 않았던 유효전력 성분이 나타난다는 사실은 이 유효전력이 히스테리시스 현상 때문에 소비되는 전력, 즉 히스테리시스 손실에 해당함을 말해주고 있다. 실제 전류파형은 그림 1-30에 보인 확장된 히스테리시스의 결과로 나타나는 것이기 때문에 이 유효전력은 히스테리시스 손실과 와류손을 모두 포함하는 철손에 해당한다. 따라서 동상성분 $\tilde{I}_c$는 철손을 공급하는 성분으로, 이를 **철손전류**라 부른다.

교류에서는 철심의 자화에 필연적으로 손실이 따르므로 자화전류와 철손전류는 항상 함께 나타난다. 그림 1-34는 그림 1-26(c)에 철손전류 성분을 추가한 등가회로이다. 철손전류는 전압과 동상이므로 코일에 병렬로 접속된 등가의 철손저항 R_c를 통해 흐르는 것으로 표현된다. 철손성분을 제외한 전류 $\tilde{I}_m$은 히스테리시스와 와전류가 없는, 선형 특성의 코일에 흐르는 자화전류를 나타낸다. 이 가상적 코일의 리액턴스를 **자화리액턴스**(magnetizing reactance)라 하며 자화리액턴스에 자화전류를 곱한 $\tilde{E}_{ind} = jX\tilde{I}_m$이 전원전압과 전기적 평형을 이루는 코일의 유도기전력을 나타낸다.

예제 1-9

철심을 갖는 어떤 코일에 실효치 220 V인 60 Hz 전압을 인가했을 때 4.5 A가 흐르고 80 W의 전력이 소비되었다. 이 코일의 철손저항과 자화리액턴스를 구하라. 코일의 권선저항은 무시한다.

코일의 저항을 무시하였으므로 입력전력은 모두 그림 1-34의 철손저항에서 소비된다. 따라서

$$P_c = \frac{V^2}{R_c}$$

$$R_c = \frac{V^2}{P_c} = \frac{220^2}{80} = 605\ \Omega$$

그림 1-34의 등가회로에서

$$\left(\frac{1}{R_c} + \frac{1}{jX}\right)\tilde{V} = \tilde{I}$$

$$\sqrt{\left(\frac{1}{R_c}\right)^2 + \left(\frac{1}{X}\right)^2} = \frac{I}{V}$$

$$X = \frac{1}{\sqrt{\left(\frac{I}{V}\right)^2 - \left(\frac{1}{R_c}\right)^2}} = \frac{1}{\sqrt{\left(\frac{4.5}{220}\right)^2 - \left(\frac{1}{605}\right)^2}} = 49.06\ \Omega$$

권선저항과 누설리액턴스를 포함한 등가회로

그림 1-34는 권선 저항을 고려하지 않은, 이상적인 도체로 이루어진 코일을 나타낸다. 코일이 저항 R을 지니고 있을 때 코일에 유도기전력이 없는 상태라면 전압평형식은 $\tilde{V} = R\tilde{I}$로 표현될 것이다. 여기에 코일의 유도기전력이 나타나 더해지면 전압평형식은 아래와 같이 표현된다.

$$\tilde{V} = R\tilde{I} + \tilde{E}_{ind} \tag{1-34}$$

이는 별도의 저항 R에 저항이 없는 이상적인 도체로 만들어진 코일이 직렬연결된 것과 같다.

한편 코일의 자속은 대부분 철심 안에 존재하지만 그림 1-35(a)에 보인 것처럼 일부는 철심을 경유하지 않거나 철심 안에 있던 자속도 일부 도중에 빠져 나오기도 한다. 자기저항이 0인 이상적인 철심이라면 모든 자속이 철심에만 집중되겠지만 투자율이 무한대가 아닌 이상 이처럼 누설자속 성분이 생기는 것을 피할 수 없다. 코일의 쇄교자속을 철심 안에만 머무르는 자속 ϕ_m에 의한 성분 λ_m과 누설자속 ϕ_l에 의한 성분 λ_l으로 나누면

$$\lambda = \lambda_l + \lambda_m = L_l i + L_m i \tag{1-35}$$

로 쓸 수 있고 여기서 L_l을 **누설인덕턴스**(leakage inductance)라 하고 L_m은 철심의 자화로 만들어지는 쇄교자속을 나타내므로 **자화인덕턴스**라 부른다. 이로부터 유기기전력은

$$e_{ind} = \frac{d\lambda_l}{dt} + \frac{d\lambda_m}{dt} = L_l \frac{di}{dt} + L_m \frac{di}{dt} \tag{1-36}$$

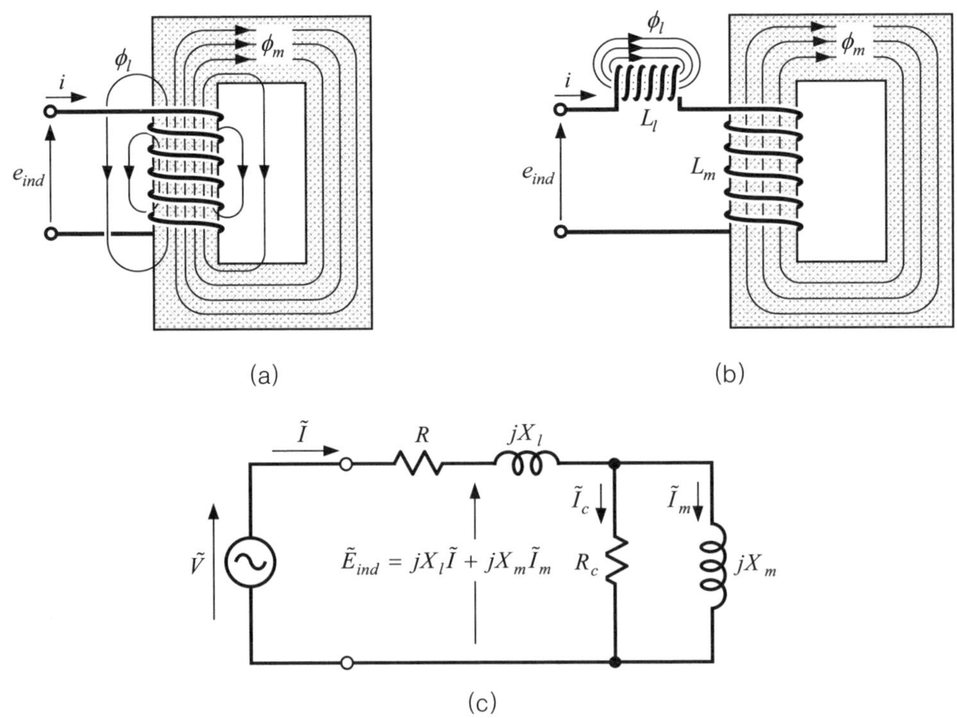

그림 1-35 누설자속과 누설자속을 포함한 코일의 등가회로

이는 그림 1-35(b)와 같이 누설자속이 별도의 코일에서 만들어지고 여기에 누설자속이 없는 코일이 직렬로 접속된 것과 같다. 이렇게 누설성분을 분리하고 나면 식 (1-34)는 다음과 같이 표현된다.

$$\tilde{V} = R\tilde{I} + jX_l\tilde{I} + jX_m\tilde{I}_m \tag{1-37}$$

X_l과 X_m은 각각 누설리액턴스 ωL_l과 자화리액턴스 ωL_m을 나타낸다.

그림 1-35(c)는 이 표현식에 대응하는 등가회로이다. 철손은 철심의 자화 과정에서 일어나는 것이므로 누설인덕턴스와는 상관이 없다. 따라서 철손저항이 누설리액턴스가 분리되고 난 자화리액턴스에 병렬로 접속된 것으로 표현되고 있음에 유의할 필요가 있다. 이러한 형태의 등가회로는 이후 변압기, 유도기 등 교류에서 동작하는 기기에 공통으로 적용된다.

연습문제

1-1. 지표상 한 지점에서 측정한 지자기(지구의 자기장)가 50 μT라면 측정지점의 자계강도는 얼마인가?

1-2. 그림 1-9에서 철심의 내경이 8 cm, 외경이 16 cm이고 단면은 정사각형이다. 비투자율은 1,200이다. 코일의 턴수가 100, 저항이 20 Ω이라면 내부 자속이 1 T가 되게 하려면 얼마의 전압을 가해야 하는가?

1-3. 그림 1-13의 전기강판으로 만들어진 자기회로의 길이가 1.6 m이고 단면적이 0.022 m²로 일정하며 50회의 코일이 감겨 있다.

(a) 코일에 2 A, 4 A, 6 A, 8 A가 흐를 때 각각 철심의 투자율과 비투자율을 구하라.

(b) 1.2 T의 자속밀도를 얻기 위해서는 코일에 몇 A의 전류가 흘러야 하는가?

1-4. 예제 1-2의 철심 특성이 그림 1-19로 주어져 있다. A_2 부위의 자속밀도 0.1 T에서 1.1 T까지의 범위에서 코일 전류와 자속밀도 사이의 관계를 그래프로 나타내라.

1-5. 철심에 100턴의 코일이 감겨있다. 철심의 단면적은 40 cm²이고 중심선 길이는 1.2 m이며 중간에 0.5 mm의 공극이 있다. 철심의 비투자율이 2,500으로 일정하다고 가정하였을 때

(a) 공극에서 1 T의 자속밀도를 얻기 위해 코일에 흘러야 할 전류의 크기를 구하라.

(b) 코일에 11 A의 전류가 흐를 때 공극의 자속밀도를 구하라.

1-6. 문제 1-5에서 철심의 특성이 그림 1-19와 같이 주어졌다고 하고

(a) 공극에서 1 T의 자속밀도를 얻기 위해 코일에 흘러야 할 전류의 크기를 구하라.

(b) 코일에 11 A의 전류가 흐를 때 공극의 자속밀도를 구하라.

1-7. 그림 1-36의 자기회로에서 철심의 비투자율이 3,000이다. 코일 턴수는 100이고 코일이 감긴 중앙 철심 부위의 단면은 15 cm², 나머지 모든 부위는 9 cm²이다.

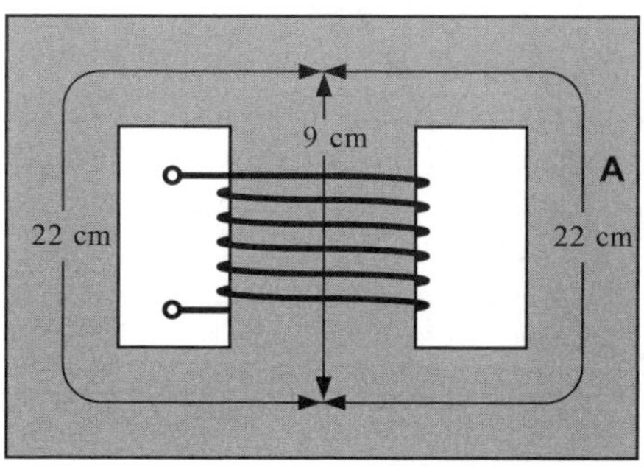

그림 1-36

(a) 자기회로를 등가 전기회로 형태로 그려라.

(b) 코일의 기자력에 작용하는 자기저항을 구하라.

(c) 코일에 1 A의 직류전류가 흐를 때 A지점의 자속밀도를 구하라.

(d) A지점의 자속밀도를 0.9 T가 되도록 하기 위해서는 코일에 얼마의 전류가 흘러야 하는가?

1-8. 문제 1-7에서 철심의 자화특성곡선이 그림 1-19로 주어져 있다.

(a) 코일에 1 A의 직류전류가 흐를 때 A지점의 자속밀도를 구하라.

(b) A지점의 자속밀도를 0.6 T가 되도록 하기 위해 필요한 코일 전류를 구하라.

1-9. 그림 1-37의 자기회로에서 A부위와 B부위의 자화특성곡선이 그림 1-38로 주어져 있다.

(a) B부위의 자속밀도를 1 T로 하기 위해 필요한 기자력을 구하라.

(b) 코일의 기자력이 1,000 A-t일 때 A와 B부위의 기자력강하, 자계강도, 자속밀도를 각각 구하라.

1-10. 그림 1-39의 자기회로가 길이 1 m이고 단면적은 전 구간에서 일정하다. 철심의 특성은 그림 1-38의 B와 같다. 두 코일의 턴수는 500으로 동일하다.

(a) 코일 A에만 $I_A = 2$ A의 전류가 흐를 때의 자속밀도 B_A와 코일 B에만 $I_B = 1$ A의 전류가 흐를 때의 자속밀도 B_B를 구하라.

(b) $I_A = 2$ A $I_B = 1$ A 일 때의 자속밀도를 구하라. 이 상태에서 코일 A에 의해 만들어진 자속과 코일

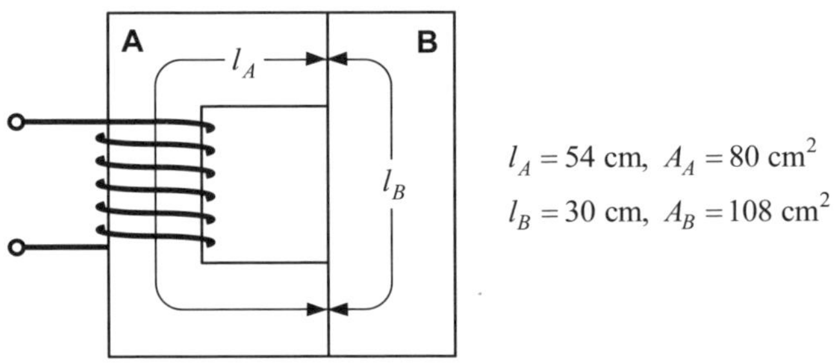

그림 1-37

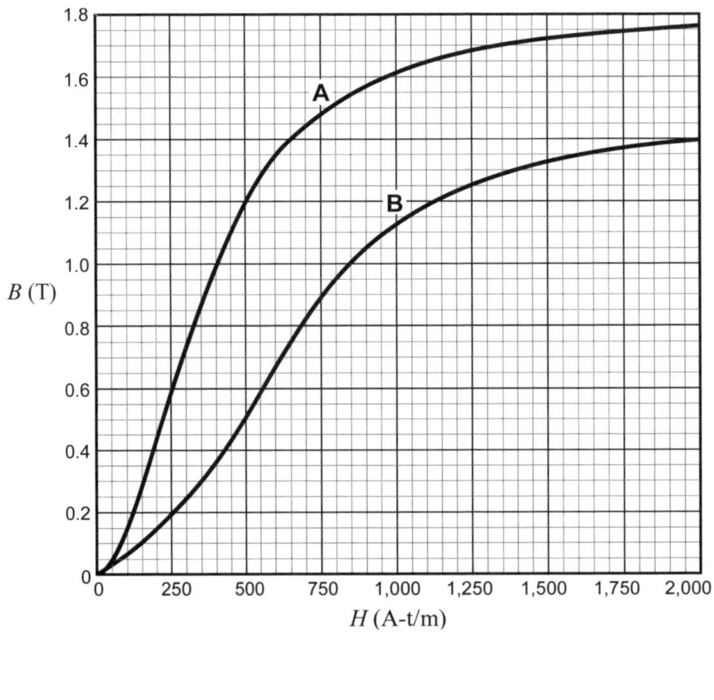

그림 1-38

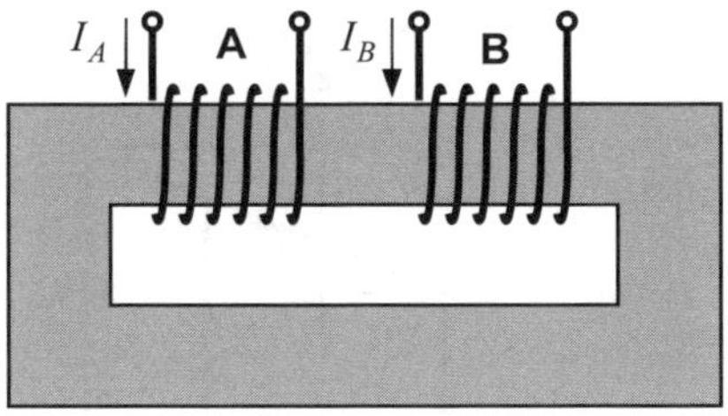

그림 1-39

B에 의해 만들어진 자속은 각각 얼마인가?

(c) 두 코일의 기자력이 함께 작용할 때 중첩 원리가 적용되는가? 적용되지 않는다면 어떤 이유인가?

1-11. 두께 0.5 mm인 E형 규소강판과 I형 규소강판으로 그림 1-40과 같은 리액터를 만들었다. 강판의 적층 수는 100이다. 철심의 비투자율이 3,000이라 가정했을 때

(a) 자기회로를 그리고 합성 등가 자기저항을 구하라.

(b) 코일창을 꽉 채워 코일을 감았을 때 절연물과 보빈(코일을 감아 철심에 끼우는 플라스틱 틀)을 제외한 도체의 점적율(코일창에서 도체 단면이 차지하는 비율)이 40 %이다. 도체의 최대전류밀도가 4 A/mm^{2}일 때 코일에서 제공할 수 있는 최대 기자력은 얼마인가?

(c) 최대기자력이 가해졌을 때 철심의 자기포화가 없다고 가정하면 자속밀도는 얼마인가?

(d) 철심의 성층 수를 바꾸어 두께를 달리했을 때 자속밀도는 어떻게 변하는가?

(e) 위에서 계산된 자속밀도는 합당한 값인가? 여기서 무엇을 알 수 있는가?

1-12. 문제 1-11에서 E형 철심과 I형 철심 사이에 1 mm 두께의 비자성체 이격물을 끼워 조립하였을 때

(a) 자기회로를 그리고 최대기자력에서의 자속밀도를 구하라.

(b) 코일 턴수를 100으로 할 경우와 200으로 할 경우 전류정격과 인덕턴스를 각각 구하라.

(c) (b)의 두 경우에 각각 최대전류에서 코일에 저장되는 자기에너지를 구하라. 이 결과로부터 무엇을 알 수 있는가?

(d) 철심 적층을 두배로 늘리면 위의 결과가 어떻게 달라지는가? 이로부터 무엇을 알 수 있는가?

1-13. 철심의 단면적이 20 cm^2, 자기저항이 830 kA-t/Wb인 코일에 100 V 60 Hz 교류를 가할 때 최대자속밀도가 1 T가 되게 하려면 턴수를 얼마로 하여야 하는가? 코일의 리액턴스와 전류 및 피상전력을 구하라.

1-14. 전압을 220 V로 하고 문제 1-13을 반복하라. 두 경우의 결과로부터 어떤 차이를 볼 수 있는가? 또 어떤 공통점을 볼 수 있는가?

1-15. 식(1-31)을 유도하라.

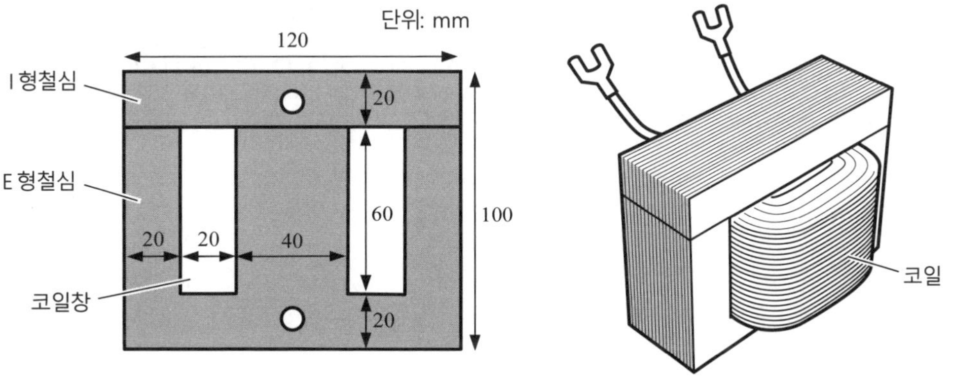

그림 1-40

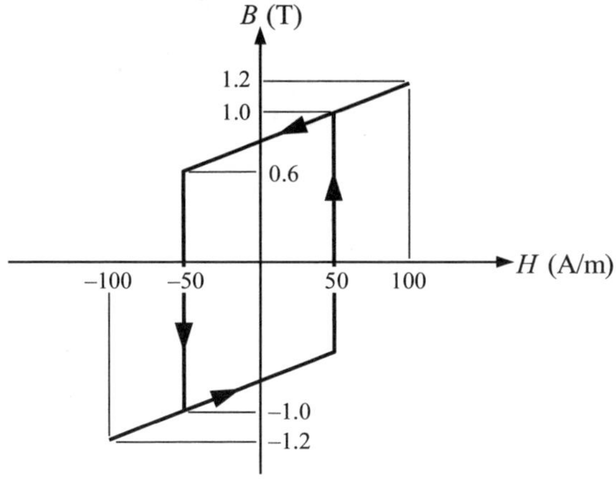

그림 1-41

1-16. 어떤 교류전동기가 60 Hz에서 동작할 때 히스테리시스손실이 400 W, 와전류손실이 200 W이다. 이 전동기를 50 Hz에서 운전하면서 전압을 그대로 유지할 경우, 10 % 낮출 경우, 그리고 5/6로 낮출 경우 각각 히스테리시스손실과 와전류손실 및 총 손실이 얼마가 되는가? 스타인메츠지수는 1.6으로 한다.

1-17. 주철의 교류자화손실이 아래의 주파수와 최대자속밀도에서 측정되었다. 각 경우에 대하여 단위중량당 히스테리시스손실과 와전류손실을 결정하라.

$f = 50$ Hz, $B_{max} = 0.8$ T: 2.4 W/kg

$f = 50$ Hz, $B_{max} = 1.2$ T: 5.2 W/kg

$f = 60$ Hz, $B_{max} = 0.8$ T: 3.0 W/kg

1-18. 단면적이 0.004 m^2로 일정하고 평균 자로의 길이가 1 m인 철심을 제작하였다.

(a) 코일에 60 Hz 110 V의 정현파 전압을 가하였을 때 내부 최대 자속밀도가 1.2 T가 되게 하려 한다. 코일의 턴수를 결정하라.

(b) 이때 교류자화곡선이 그림 1-41과 같다면 철심의 히스테리시스손실은 몇 W인가?

(c) 코일 전류의 최대치는 얼마인가?

1-19. 문제 1-18에서 전원의 한 주기 동안 자속과 기자력 사이의 관계를 그려라. 이로부터 정현파 인가전압에 대한 자속과 전류의 파형을 작도하라.

1-1. 39.8 A/m **1-2.** 50 V **1-3.** (a) 0.00848 H/m, 6,700, 0.0084 H/m, 6,700, 0.0064 H/m, 5,100, 0.00512 H/m, 4,100 (b) 6 A **1-5.** (a) 7.80 A (b) 1.41 T **1-6.** (a) 6.98 A (b) 1.43 T **1-7.** (b) 48,336 A-t/Wb (c) 1.15 T (d) 0.78 A **1-8.** (a) 1.15 T (b) 0.72 A **1-9.** (a) 579 A-t (b) 621 A-t, 360 A-t, 1,150 A/m, 1,200 A/m, 1.66 T, 1.23 T **1-10** (a) 1.13 T, 0.51 T (b) 1.33 T, 0.887 T, 0.443 T **1-11.** (a) 34.5 kA-t/Wb (b) 1,920 A-t (c) 27.8 T **1-12.** (a) 1.16 T (b) 19.2 A, 12.4 mH, 9.6 A, 48.2 mH (c) 2.28 J, 2.28 J **1-13.** 188, 16.1 Ω, 6.23 A, 623 VA **1-14.** 413, 77.5 Ω, 2.84 A, 625 VA **1-16.** 444 W, 200 W, 644 W, 375 W, 162 W, 537 W, 332 W, 139 W, 471 W **1-17.** 1.9 W/kg, 0.5 W/kg, 4.1 W/kg, 1.1 W/kg, 2.3 W/kg, 0.7 W/kg **1-18.** (a) 86 (b) 38.4 W (c) 1.16 A

2

변압기

교류전력시스템에서 변압기의 역할은 거의 절대적이라 할 수 있다. 기본적으로 발전소의 출력전압과 수용가의 사용 전압이 같을 수 없기 때문에 이들 사이에 전압의 변경이 필요하다. 또한 먼 거리로 전력을 전달하는 과정에서 송전선로의 전압을 높게 유지해야 할 필요가 있기 때문에 발전소의 출력전압을 높여주었다가 수용가 부근에서 다시 적절한 전압으로 낮춰주어야 하며, 이러한 전압 변경을 위해 변압기가 사용된다. 19세기 후반 처음 전기에너지가 도입되었을 당시에는 직류가 사용되었으나 직류에서는 전압을 자유로이 높이거나 낮출 방법이 없었기 때문에 결국 변압기로 전압을 변경시킬 수 있는 교류시스템으로 정착되었다. 즉 변압기가 없었다면 교류에 기반한 현대의 전기에너지 시스템이 성립할 수 없었다고 해도 과언이 아니다. 이 장에서는 변압기의 원리 및 등가회로 표현법, 그리고 변압기의 기본 특성에 대하여 학습하고 3상변압기 및 구체적 적용에 관한 사항은 3장에서 다루기로 한다.

1890년대에 제작된 변압기 (Westinghouse)

2-1 변압기의 개요

그림 2-1(a)과 같이 두 개의 코일 A와 B가 근처에 놓여 있을 때 A에 전류가 흘러 자속이 만들어지면 그 자속 일부가 B를 쇄교한다. 이때 A의 전류를 변화시키면 자속에 변화가 생기고, 이에 따라 B의 쇄교자속이 변하면서 기전력이 유기된다. 마찬가지로, B에 전류를 흘려 주고 그 전류를 변화시키면 A에 기전력이 나타나게 된다. 이러한 두 코일 사이의 전자기적 유도작용을 이용하여 분리되어 있는 두 회로 사이에서 전기적 에너지를 전달할 수 있다. 예컨대 A의 자속에 의해 B에 기전력이 유기되었을 때, B의 양 단자 사이에 저항을 접속하면 저항을 통해 전류가 흐르면서 전력이 소모될 것이다. 코일 B에서 저항으로 전달되는 이 에너지는 저절로 생겨난 것이 아니라 기전력의 원인을 제공한 코일 A로부터 자기장을 통해 코일 B로 전달된 것이다. 즉 A쪽의 회로와 B쪽의 회로가 **전기적으로는 분리되어 있지만 자기적으로 결합**(magnetically coupled)**되어** 있어서, 마치 도체를 통해 연결되어 있는 것처럼 전력전달이 이루어진다.

그러나 이러한 전력전달이 효과적으로 이루어질 수 있으려면 코일 사이의 자기적 결합이 충분히 긴밀해야 한다. 그림 2-1(a)처럼 한쪽 코일에서 만들어진 자속 중 극히 일부만 다른 코일을 쇄교하는 상태, 즉 자기적 결합이 약한 상태에서는 전력전달이 실용상 의미 있는 수준으로 이루어지기 어렵다. 그러나 그림 2-1(b)처럼 두 코일 사이에 강자성체 철심을 설치하면 철심의 자화로 훨씬 큰 자속이 만들어질 뿐 아니라 만들어진 자속 거의 전부가 철심으로 이루어진 자기회로 안에만 존재하기 때문에 두 코일을 쇄교하는 자속이 거의 같아진다. 결과적으로 두 코일이 자기적으로 단단히 결합된 상태가 된다. 물론 철심을 벗어나는 누설자속이 항상 어느 정도 존재하므로 완벽한 자기적 결합이 이루어질 수는 없지만 투자율이 높은 철심을 사용하면 누설자속의 비중을 실용상 지장이 없는 수준으로 억제할 수 있다.

이처럼 철심을 공유하는 두 코일의 한쪽에 교류전압을 가하면 1-6절에서 설명하였던 것과 같이 철심 내에 교번하는 자속이 만들어지고, 코일에 전원과 같은 크기의 기전력이 유기되어 인가전압과 전기적 평형을 이루게 된다. 이때 같은 자속을 공유하는 다른 쪽 코일에도 마찬가지 기전력이 유기

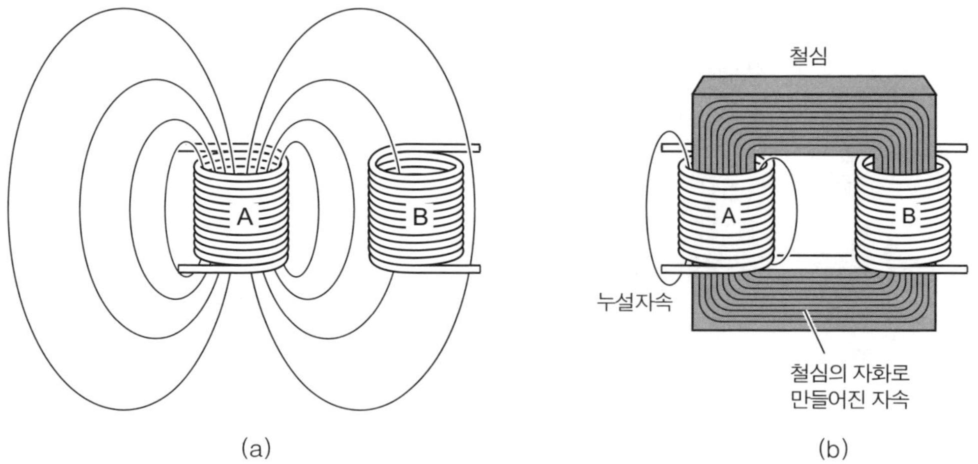

그림 2-1 전기적으로 분리되어 있는 두 코일의 자기적 결합

되는데, 기전력이 턴수에 비례하므로 턴수가 전원에 접속된 쪽보다 많은지 적은지에 따라 기전력이 전원전압보다 클 수도 작을 수도 있다. 따라서 두 코일을 적절한 비율로 감아줌으로써 어떤 교류전압으로부터 다른 크기의 교류전압을 얻을 수 있으며, 이것이 곧 **변압기**(transformer)의 원리이다.

변압기의 기본 기능

실제 변압기에는 여러 부수적 요소들이 포함되지만 (변압기의 실제 구조는 2-10절에서 설명한다) 기본적으로 그림 2-2에 보인 것과 같이 성층철심으로 이루어진 뼈대에 절연된 두 개의 코일이 끼워져 두 전기회로가 하나의 자기회로를 통해 결합된 지극히 단순한 구조를 지니고 있다. 두 코일 중 전원에 접속되는 쪽을 **1차권선**(primary winding), 부하에 접속되는 쪽을 **2차권선**(secondary winding)이라 한다. 그리고 전압이 높은 쪽을 **고압측**, 전압이 낮은 쪽을 **저압측**이라 한다. 1차측이 고압, 2차측이 저압이면 고압을 저압으로 낮춰 부하에 전달하는 **체강**(step-down)**변압기**이고 1차측이 저압, 2차측이 고압이면 저압을 고압으로 높여 부하에 전달하는 **체승**(step-up)**변압기**이다. 예컨대 그림 2-2는 1차측 턴수가 더 많은 체강변압기를 나타낸 것이다. 체강변압기와 체승변압기 사이에 본질적 차이가 있는 것은 아니며 전원과 부하를 바꿔 연결하면 체강변압기를 체승변압기로, 체승변압기를 체강변압기로 사용할 수 있다.

변압기의 기본 목적은 전압의 크기를 변경시키는 것이지만 1차측과 2차측 회로가 직접 접촉하지 않도록 떨어뜨려 놓는 **전기적 분리**(galvanic isolation)의 기능 역시 그에 못지 않게 중요하다. 예컨대 고압 선로에 저압 선로가 전기적으로 직접 접촉하지 않도록 하는 것은 안전 측면에서 대단히 중요하다. 만일 고압측과 저압측이 전기적으로 접촉하고 있다면 저압측도 고압측에 준하는 절연이 이루어져야 하므로 절연비용이 크게 상승하게 될 것이다. 또한 전기적으로 분리된 상태에서는 폐회로가 만들어질 염려 없이 양쪽에서 각자 자유롭게 접지를 할 수 있으며, 접지는 인명의 안전과 설비보호, 대지對地 절연비용 절감 등에 있어서 중요한 의미를 지닌다. 전력회로를 저압의 전자회로와 연계시키는 경우나 계측장비를 접속할 때도 고압 회로가 저압 회로의 민감한 신호에 영향을 미치는 것을 피하기 위해 전기적 분리를 필요로 한다. 경우에 따라서는 순전히 전기적 분리만을 목적으로 전압비가 1:1인 **절연변압기**(isolation transformer)가 사용되기도 한다.

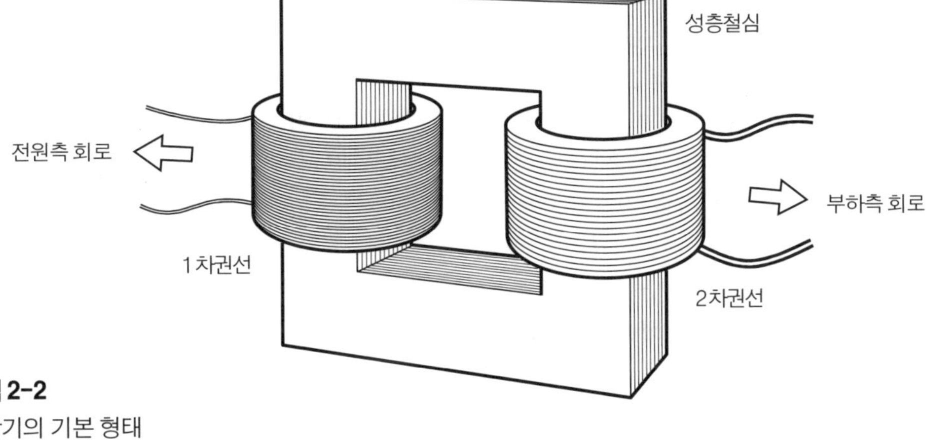

그림 2-2
변압기의 기본 형태

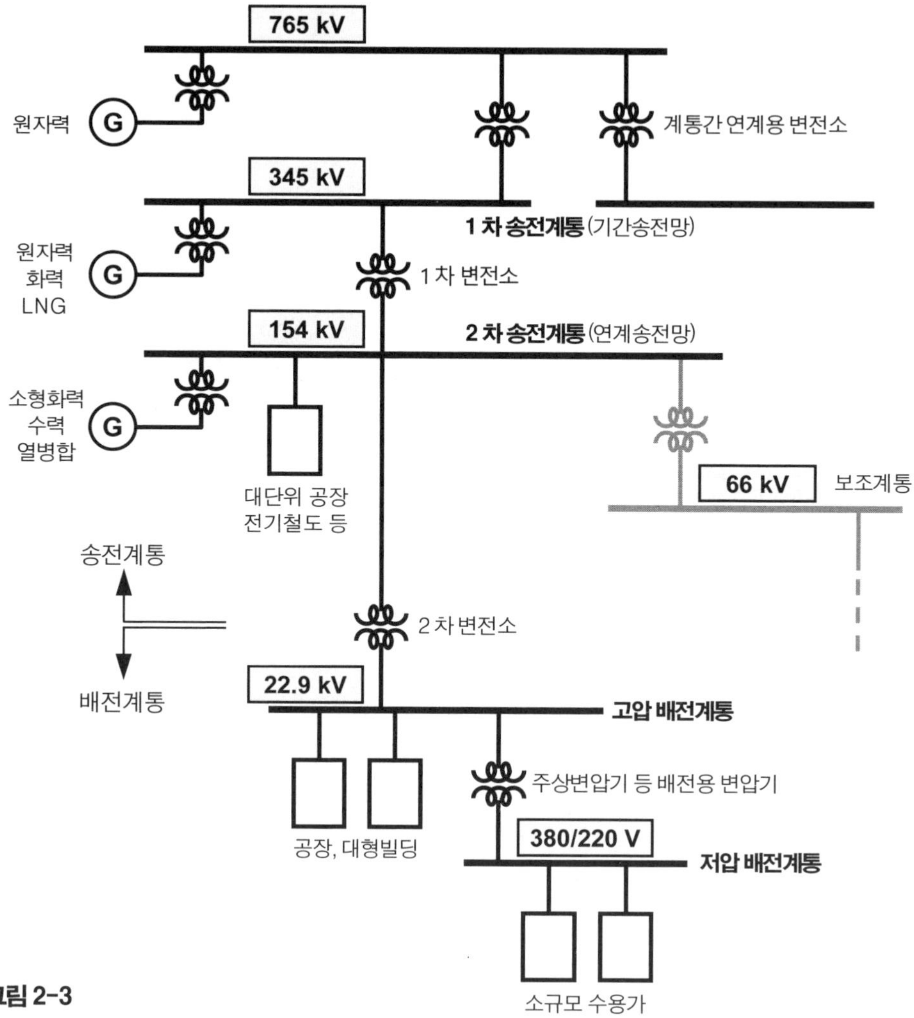

그림 2-3
우리나라의 송전 및 배전전압 체계

송배전계통과 변압기

변압기의 가장 대표적 용도는 송전과 배전이다. 일반적으로 대규모 발전소라 해도 개별 발전기의 출력전압은 10~25 kV정도이다. 그러나 이를 받아 전력을 운반하는 송전선로에는 송전효율을 높이기 위해 그보다 훨씬 높은 수백 kV의 고압이 사용되고, 송전선이 취급하는 전력의 크기에 따라 전압이 몇 단계로 구분된다. 그리고 최종적으로 전력을 소비하는 부하에 공급되는 전압은 수백~수천 V이므로 발전소에서 부하까지 전력이 전달되는 과정에서 필연적으로 여러 단계의 전압을 거치게 되며, 매 단계를 건너갈 때마다 변압기가 사용된다.

그림 2-3은 우리나라 송배전계통의 개요를 보여주고 있다. 모든 발전소에는 예외 없이 승압변압기가 사용되며 발전소 규모에 따라 765 kV, 345 kV, 154 kV의 송전망에 접속된다. 345 kV 선로가 송전망의 줄기를 이루고 154 kV 선로가 가지 역할을 하며 765 kV 선로는 광역 송전망 사이의 대량 전력수송에 적용된다. 과거에 사용되던 66 kV 선로도 일부 아직 운용되고 있다. 이들 선로 사이를 중

개하는 지점에 변압기가 선로 개폐설비와 함께 설치된 곳을 변전소(substation)라 하며, 송전망 말단에 이르면 지역별 변전소를 통해 배전계통에 접속된다. 배전계통은 22.9 kV의 고압배전계통과 주상변압기 등을 거친 단상220 V/3상380 V의 저압배전계통으로 구성된다.[1] 소규모 수용가는 저압배전선로에, 대규모 수용가는 고압배전선로에 접속된다. (일부 대단위 설비들은 자체 변전설비와 배전계통을 갖추고 345 kV나 154 kV 송전선로에서 직접 수전하기도 한다.) 공장 등 고압 수용가에서는 고압전동기 구동 등을 위해 표준 배전전압이 아닌 6,600 V나 3,300 V도 흔히 사용되며, 이러한 경우 자체 배전망 안에 이 전압을 얻기 위한 별도의 변압기들이 추가로 설치된다.

변압기의 종류

송전계통의 변압기와 배전계통의 변압기는 용량 및 사용전압만이 아니라 사용되는 환경(부하율 및 부하 변동성)에 있어서도 큰 차이가 있기 때문에 설계 및 제작에 다른 기준이 적용된다. 일반적으로 33 kV 이상의 선로에서 부하에 직접 접속되지 않고 운전되는 변압기를 **전력용변압기**(power transformer), 또는 송전용변압기라 하여 **배전용변압기**(distribution transformer)와 구별한다. 일반 급전선로에서 개별 부하나 복수의 부하들에 급전하는 중소용량 변압기들은 모두 배전용변압기에 속한다. 그 외 각종 특수한 부하에 적합하게 만들어진 것으로 전기로용 변압기나 정류기용 변압기 등이 있고 전기적 분리의 기능을 갖지 않은 단권변압기, 그리고 직접 전력을 전달하지는 않지만 전력시스템의 감시와 제어에 중요한 기능을 담당하는 계측용변압기 등이 있다.

2-2 이상적인 변압기의 동작

변압기의 기본 동작을 살펴보기 위하여 먼저 이상적인 도체와 이상적인 철심으로 만들어진 이상적인 변압기를 생각해 보도록 한다. 이상적인 도체란 권선저항이 0인 도체를 말하며 이상적인 철심이란 투자율이 무한대여서 자기저항이 0인 철심을 말한다. 그림 2-4는 이상적인 변압기의 개념도를 보여주고 있다. 1차권선의 턴수를 N_1, 2차권선의 턴수를 N_2라 하고 전압과 전류도 첨자 1과 2로 1차측과 2차측을 구별하도록 한다.

변압기 1차권선에 v_1의 전압을 가하였다고 하자. 1-6절에서 설명했듯이 1차권선에 유기되는 기전력이 인가전압과 전기적 평형을 이루도록 철심 내에 아래 관계를 만족하는 자속 ϕ가 생성된다.

$$v_1 = e_1 = N_1 \frac{d\phi}{dt} \tag{2-1}$$

같은 자속이 2차권선을 그대로 쇄교하므로 2차권선 양단에도 아래의 기전력이 나타난다.

$$v_2 = e_2 = N_2 \frac{d\phi}{dt} \tag{2-2}$$

[1] 우리나라는 2002년 아시아권 최초로 765 kV 송전선로를 개통함으로써 765-345-154 kV 송전체계를 갖추게 되었다. 그 이전 1999년 저압배전을 단상 220V, 3상 380V로 승압하였고 2008년에는 고압배전을 22.9 kV로 통일하는 40여년에 걸친 사업이 최종적으로 완료되어 전국적으로 단순화된 송배전체계를 구축하게 되었다. 그 결과 송전과 배전의 효율성이 대폭 향상되어 송배전과정에서 일어나는 손실이 총 발전량의 5% 미만으로 세계 최저수준을 유지하고 있다. 송배전 전압체계는 국가별로 차이가 큰데, 미국의 경우 송전에 765 kV, 500 kV, 345 kV, 230 kV, 138 kV, 고압배전에 4 kV, 6.9 kV, 12 kV, 13 kV, 34.5 kV가 사용되며 저압배전에는 여러 전압방식과 배전전압이 혼용되고 있다. 북한에서는 송전에 220 kV, 110 kV, 66 kV, 배전에 22 kV, 11 kV, 6.6 kV, 3.3 kV, 220 V, 110 V가 사용되고 있다.

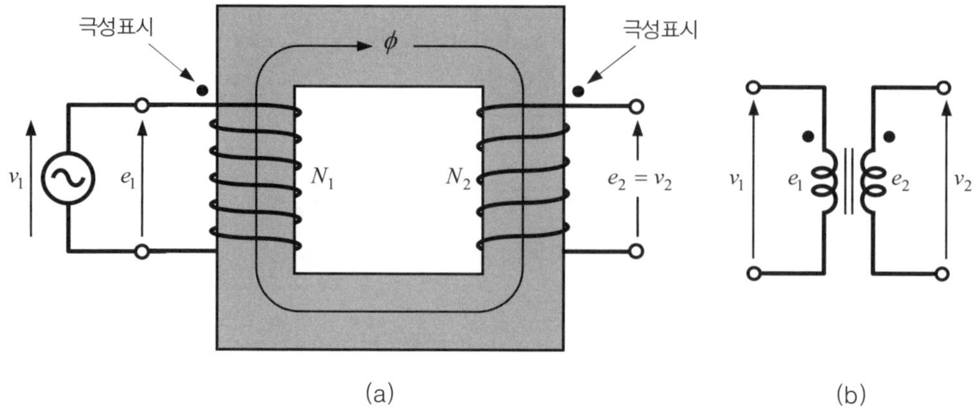

그림 2-4 무부하상태의 이상적인 변압기

따라서 양쪽 권선의 단자전압 사이에는 항상 아래의 비례관계가 성립한다.

$$\frac{v_1}{v_2} = \frac{N_1}{N_2} = a \tag{2-3}$$

여기서 a 를 변압기의 **권선비**(turn ratio)라 한다. 인가전압이 정현파 교류인 경우, 1-6절에서 설명하였듯이 순시치의 관계식 (2-1)과 (2-2)로부터 변압기 1차측 단자전압과 2차측 단자전압의 실효치가 아래와 같이 표현되며, 이들 사이에도 동일한 비례관계가 성립한다.

$$V_1 = E_1 = 4.44 N_1 f \phi_{max} \tag{2-4}$$

$$V_2 = E_2 = 4.44 N_2 f \phi_{max} \tag{2-5}$$

그림 2-4(a)의 극성표시점은 두 권선에서 극성이 서로 대응하는 단자를 나타낸다. 예컨대 철심에 그림에 표시된 방향으로 자속이 생성되어 있고 그 크기가 증가하고 있다고 하자. 두 권선에는 모두 자속의 증가를 방해하는 방향으로 전류를 흐르게 하려는 기전력이 발생하며 그 극성은 양쪽 모두 위쪽 단자가 +가 되는 방향인 것을 알 수 있다. 반대로 자속이 줄어들고 있을 때는 양쪽 모두 위쪽에 – 극성이 나타난다. 즉 **극성표시점이 그려진 단자끼리는 항상 같은 극성을 갖는다.** (극성표시점이 없는 단자끼리도 항상 같은 극성을 갖는다.) 만일 두 권선 중 하나가 반대 방향으로 감겨져 있다면 극성표시점은 서로 대각 위치에 표시된다. 이렇게 극성표시점을 사용하면 권선이 감겨진 방향을 굳이 그림을 그려 나타낼 필요 없이 그림 2-4(b)에 보인 단순화된 기호로 표현할 수 있다. (권선 사이에 그려진 두 줄은 양쪽 권선이 같은 철심을 공유하고 있음을 나타낸다.)

2차권선의 출력단자가 개방된 무부하상태에서는 2차권선에 기전력이 유기된다 해도 전류가 흐르지 못하기 때문에 자기회로 내에서 아무런 영향도 미치지 못한다. 따라서 1장에서 설명하였던, 철심에 한 개의 권선만 있을 때와 다를 것이 없다. 이때 자기저항이 0인 이상적인 철심을 가정하였으므로 철심의 자화를 위해 전원에서 1차권선으로 흘러 들어오는 전류는 0이다. 여기에 그림 2-5에서와 같이 부하를 접속하면 2차권선의 기전력에 의해 전류가 흐르게 되는데, 이 전류가 2차측 코일에 흐르면서 만들어내는 기자력은 자기회로 내에서 자속에 변화를 일으키는 작용을 하게 된다.. 그러나

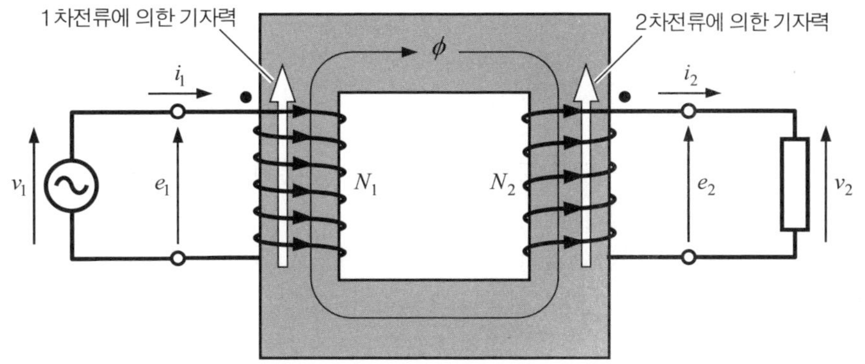

그림 2-5 부하가 접속된 이상적인 변압기

이렇게 2차측에 전류가 흐를 때도 전원에 연결되어 있는 1차권선의 기전력은 식 (2-1)로 표현되는 인가전압과의 전기적 평형상태를 여전히 유지해야 하고, 따라서 자속도 이전과 같을 수밖에 없다. 이는 **2차측에 전류가 흐르건 안 흐르건 상관 없이 철심의 자속이 1차권선에 인가된 전압에 의해서만 결정된다**는 것을 뜻한다. 2차권선의 전류가 기자력을 만들어내고 있음에도 불구하고 자속이 영향을 받지 않는 것은 이를 상쇄시키는 또 다른 기자력이 자기회로 내에 작용하고 있기 때문이다. 이 기자력은 1차권선에 흐르는 전류에 의해 만들어진다. 즉 2차권선에 전류가 흐르면 1차권선에 그에 대응하는 전류가 흘러 기자력을 상쇄함으로써 자속이 영향을 받지 않게 되고, 인가전압과 1차측 유기기전력 사이의 전기적 평형상태가 이전과 마찬가지로 유지된다. 이때 두 권선의 기자력이 같아야 하므로 ($N_1 i_1 = N_2 i_2$) 양쪽 전류 사이에 다음의 관계가 성립한다.

$$\frac{i_1}{i_2} = \frac{N_2}{N_1} = \frac{1}{a} \tag{2-6}$$

여기서 전류의 방향에 유의할 필요가 있다. 코일의 유기기전력은 자속의 변화를 방해하는 방향으로 전류가 흐르게 하려는 힘이므로 만일 양쪽 다 전류가 기전력의 방향대로 흐른다면 두 전류의 기자력이 모두 자속의 변화를 방해하는 방향, 즉 같은 방향으로 작용하게 될 것이다. 따라서 두 기자력이 서로 반대 방향으로 작용한다는 것은 어느 한쪽에서 기전력의 방향으로 전류가 흐를 때 다른 쪽에서는 기전력의 반대 방향으로 전류가 흐름을 뜻한다. 예컨대 2차측 전류가 그림 2-5에 나타낸 것처럼 극성표시 단자에서 흘러나가고 있다면 1차측 전류는 극성표시 단자로 흘러 들어간다. 이처럼 양쪽 권선에서 **같은 극성을 가진 두 단자의 전류방향은 항상 반대이다.**

이상을 요약하면,

1. 1차권선에 전압이 인가되면 이에 대응하는 자속이 만들어진다.
2. 이 자속은 철심을 통해 2차권선을 쇄교하여 기전력을 유기한다.
3. 2차권선에 유기된 기전력에 의해 2차권선에 전류가 흐른다.
4. 2차권선 전류의 기자력을 상쇄하는 1차권선 전류가 흐른다.

즉 1차측에 가해진 전압은 2차측에 전압을 유기하고, 2차측에 흐르는 전류는 1차측에 전류를 유기한다. 이러한 동작을 통해 전원과 부하가 선로를 통해 직접 연결되어 있지 않음에도 불구하고 전력이 전달된다. 이때 변압기의 1차측으로 입력되는 전력과 2차측에서 출력되어 부하로 전달되는 전력은 식 (2-3)과 (2-6)으로부터 아래의 관계를 갖는다.

$$v_1 i_1 = v_2 i_2 \tag{2-7}$$

이는 양쪽에서 전력이 매 순간 동일함을 뜻한다. 물론 변압기를 통해 전력이 전달되는 과정에서 아무런 손실도 발생하지 않는 이상적인 동작을 전제로 한다.

식 (2-3)에서 1차측 전압과 2차측 전압의 순시치가 비례하므로 1차에 정현파 교류전압이 가해지면 2차측에도 동상의 정현파 교류전압이 나타난다. 마찬가지로, 식 (2-6)으로부터 2차측에 정현파 교류전류가 흐를 때 1차측에도 그와 동상인 정현파 교류전류가 흐른다. 따라서 순시치 사이의 비례 관계가 복소수 페이서들 사이에서도 그대로 성립한다. 즉

$$\frac{\tilde{V}_1}{\tilde{V}_2} = a \tag{2-8}$$

$$\frac{\tilde{I}_1}{\tilde{I}_2} = \frac{1}{a} \tag{2-9}$$

이 관계로부터 전압과 전류 실효치의 곱으로 정의되는 피상전력은 양쪽에서 같다. 즉

$$S = V_1 I_1 = V_2 I_2 \quad \text{VA} \tag{2-10}$$

1차, 2차 양쪽 전압의 위상이 같고 양쪽 전류끼리도 위상이 같으므로 2차측 전압과 전류 사이의 위상차가 그대로 1차측 전압과 전류 사이의 위상차가 된다. 피상전력이 같으면서 전압과 전류 사이의 위상차도 같으므로 유효전력과 무효전력도 같다.

2-3 임피던스 환산

전기회로 안에 변압기가 삽입되면 회로의 전압과 전류가 달라진다. 예를 들어 그림 2-6(a)는 100 V 전원과 5 Ω의 부하저항 사이에 권선비 2인 변압기가 삽입되었을 때 전압과 전류를 보여주고 있다. 만일 부하가 전원에 직접 접속되었다면 전원으로부터 20 A의 전류가 흘렀을 것이다. 그러나 그림의 경우 전원에서 흐르는 전류는 5 A로, 직접 접속했을 때의 1/4로 줄어든다. 변압기의 2차측 전압이

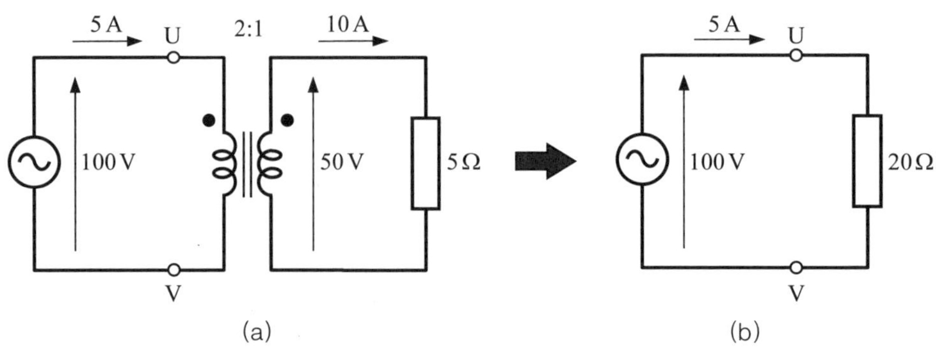

그림 2-6 부하가 접속된 이상적인 변압기와 전원측에서 본 등가회로

1/2이 되고 이에 따라 전류도 1/2로 줄어드는데, 이때 1차전류는 다시 2차전류의 1/2이 되기 때문이다. 전력의 관점에서 보면, 전원에 직접 연결되었을 경우에 비해 부하에 가해지는 전압이 1/2이 되므로 부하로 공급되는 전력이 직접 접속되었을 경우의 1/4이 되고, 따라서 전원측 전류 역시 1/4이 되는 것으로 설명할 수 있다.

전류가 1/4이 된다 함은 임피던스가 4배가 된 것과 마찬가지이다. 즉 그림 (a)의 변압기 입력단자 U와 V 사이에 그림 (b)와 같이 실제 임피던스의 4배인 20 Ω이 접속되어 있는 것과 같다. 이 20 Ω은 2:1 변압기와 5 Ω 부하를 묶어 하나의 등가임피던스로 나타낸 것이다. 만일 1:1 변압기였다면 이 등가임피던스는 그대로 5Ω이 될 것이고, 1:2 변압기였다면 5/4 Ω이 된다. 이처럼 전원과 부하 사이에 변압기를 삽입했을 때 부하 입장에서 보면 전원전압이 달라진 것과 같고, 전원 입장에서 보면 부하 임피던스가 달라진 것과 같은 효과가 나타난다.

그 일반적인 관계를 그림 2-7(a)의 회로에서 살펴보기로 하자. 권선비가 a 인 이상적인 변압기의 2차측에 실제로 접속되어 있는 임피던스는 $\tilde{Z}_2$ 이다. 변압기 1차측 단자전압이 $\tilde{V}_1$ 일 때 단자를 통해 $\tilde{I}_1$ 이 흐른다면 이는 마치 변압기가 접속된 위치에 아래의 임피던스가 접속되어 있는 것과 같다.

$$\tilde{Z}_2' = \frac{\tilde{V}_1}{\tilde{I}_1} \tag{2-11}$$

식(2-8)과(2-9)로부터 $\tilde{V}_1 = a\tilde{V}_2$ 이고 $\tilde{I}_1 = \tilde{I}_2 / a$ 이므로

$$\tilde{Z}_2' = \frac{a\tilde{V}_2}{\tilde{I}_2 / a} = a^2 \frac{\tilde{V}_2}{\tilde{I}_2}$$

우변의 $\tilde{V}_2 / \tilde{I}_2$ 는 2차측에 실제 접속되어 있는 임피던스 $\tilde{Z}_2$ 에 해당한다. 따라서

$$\tilde{Z}_2' = a^2 \tilde{Z}_2 \tag{2-12}$$

즉 변압기 1차측에서 본 임피던스는 2차측 실제 임피던스에 권선비의 제곱이 곱해진 $a^2 \tilde{Z}_2$ 로 나타난다. 이는 1차측에서 '변압기를 통해서 본' 2차측 임피던스로서, 체강변압기라면 ($a > 1$) 실제 임피던스보다 크게, 체승변압기라면 ($a < 1$) 실제 임피던스보다 작게 보이게 된다. 물론 1:1 변압기라면 직접 연결했을 때와 마찬가지이다

그림 2-7(b)는 이를 등가회로로 나타낸 것이다. 등가회로에서 2차측 임피던스는 a^2 배가 되면서 이 등가 임피던스에 가해지는 전압이 실제 전압의 a 배가 되고 등가임피던스를 통해 실제 전류의 $1/a$ 배인 전류가 흐른다. 이와 같이 변압기와 2차측 회로를 1차측에서 본 등가회로로 치환하는 것을 **2차측을 1차측으로 환산**한다고 한다. 환산된 등가회로에서도 부하로 전달되는 전력은 아래에서 보듯이 실제 회로에서 전달되는 전력과 같다.

$$S = I_1^2 Z_2' = \left(\frac{I_2}{a}\right)^2 a^2 Z_2 = I_2^2 Z_2 \quad \text{VA} \tag{2-13}$$

환산된 등가회로의 전압과 전류는 원 회로의 전압과 전류에 권선비를 곱하거나 권선비로 나눈 것일 뿐 위상에는 영향이 없으므로 피상전력이 같다면 유효전력과 무효전력도 같다.

2차측을 1차측으로 환산하는 것과 마찬가지로 **1차측을 2차측으로 환산**할 수도 있다. 이 경우는 1차측과 2차측이 서로 뒤바뀌었다고 생각하고 권선비를 $1/a$ 로 하여 위와 같은 방식을 적용한다.

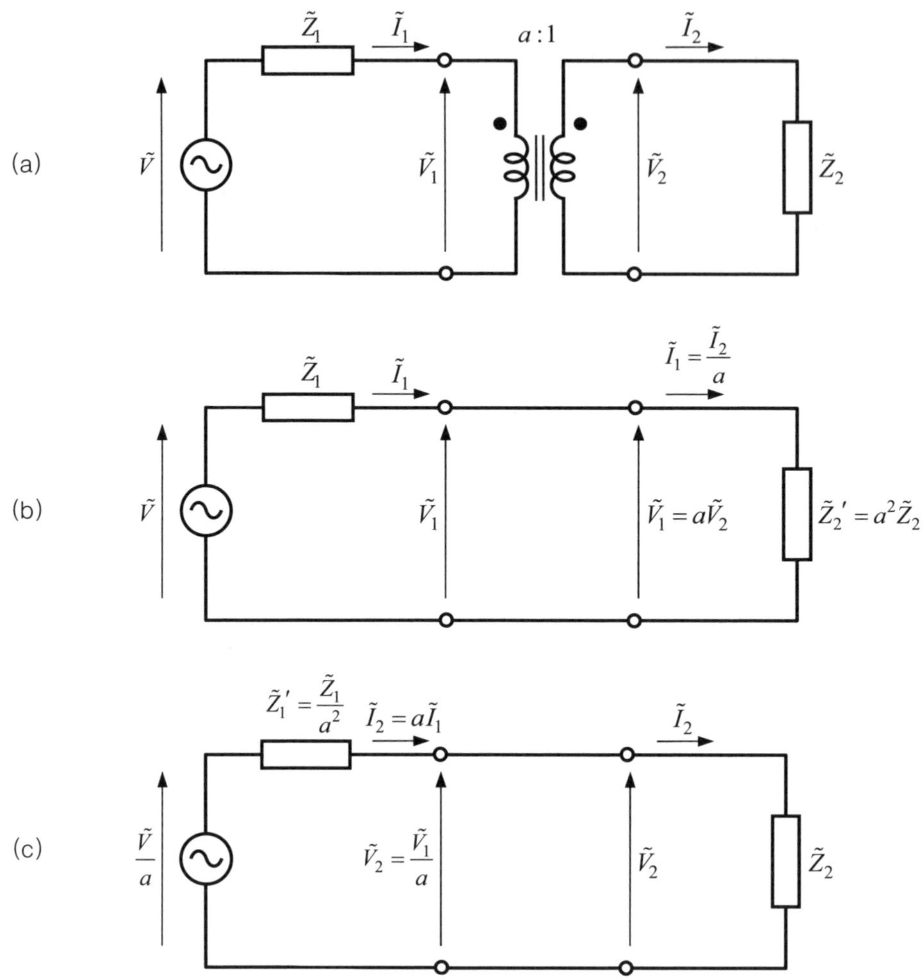

그림 2-7 임피던스 환산: (a) 원래의 회로 (b) 1차측으로 환산된 회로 (c) 2차측으로 환산된 회로

따라서 그림 2-7(c)에 보인 것과 같이 1차측 임피던스는 실제 임피던스의 $1/a^2$ 배로, 전압은 실제의 $1/a$ 로, 그리고 전류는 실제의 a 배인 2차측 전류로 하면 2차측 입장에서 본 1차측의 등가회로가 구해진다. 이 등가회로는 그림 (a)의 2차측 단자에서 변압기를 통해서 본 전원측 전압의 표현식

$$\begin{aligned}\tilde{V}_2 &= \frac{1}{a}\tilde{V}_1 = \frac{1}{a}(\tilde{V} - \tilde{Z}_1\tilde{I}_1) \\ &= \frac{1}{a}\tilde{V} - \frac{\tilde{Z}_1}{a^2}\tilde{I}_2\end{aligned} \tag{2-14}$$

에 부합함을 알 수 있다. 이때에도 전력은 앞에서와 마찬가지로 영향을 받지 않는다. 이와 같이 1차나 2차 어느 한쪽을 다른 쪽으로 환산함으로써 변압기를 통해 결합된 두 개의 분리된 회로를 변압기를 거치지 않고 직접 연결된 하나의 회로로 단순화시킬 수 있다.

변압기를 통해서 본 임피던스가 실제와 달라지는 현상은 통신선의 신호전달에서 중요한 역할을 한다. 서로 임피던스가 다른 통신선로를 접속하는 경우 접속점에서 신호의 반사가 일어나 신호 감쇄와 잡음의 원인이 된다. 이 접속점에 적절한 권선비의 변압기를 삽입하여 어느 쪽에서건 반대편을 보았을 때 마치 임피던스가 변하지 않은 것처럼 보이게 하면 신호의 반사가 일어나지 않는다. 이를 **임피던스 매칭**(impedance matching)[2]이라고 한다. 출력임피던스가 큰 오디오 앰프에 입력임피던스가 작은 스피커를 연결할 때도 같은 방식의 임피던스 매칭이 적용된다.

한편 전력을 전달하는 전력용 변압기에서는 임피던스 변환 특성이 송전선로의 등가임피던스를 줄이는 역할을 한다. 아래에서 간단한 송전계통의 계산에 적용되는 예를 보도록 하자.

예제 2-1

380 V 발전기가 임피던스 $\tilde{Z}_L = 5 + j3\,\Omega$ 인 부하에 임피던스 $\tilde{Z}_{line} = 0.3 + j0.5\,\Omega$ 인 송전선로를 통해 전력을 공급하고 있다. (a) 그림 2-8(a)와 같이 발전기를 송전선로를 통해 직접 부하에 접속하였을 경우와 (b) 그림 2-8(b)와 같이 발전기 출력전압을 1:10 체승변압기로 높여 같은 송전선로를 통해 부하로 송전한 다음 다시 10:1 체강변압기를 통해 부하에 급전하는 경우에 부하로 전달되는 전력, 송전선로의 손실 및 부하단 전압을 구하라.

(a) $$\tilde{I} = \frac{\tilde{V}_G}{\tilde{Z}_{line} + \tilde{Z}_L} = \frac{380}{0.3 + j0.5 + 5 + j3} = 59.8\angle -33.4°\ \text{A}$$

$$P_L = I^2 R_L = 59.8^2 \times 5 = 17{,}880\ \text{W}$$

$$P_{line} = I^2 R_{line} = 59.8^2 \times 0.3 = 1{,}073\ \text{W}$$

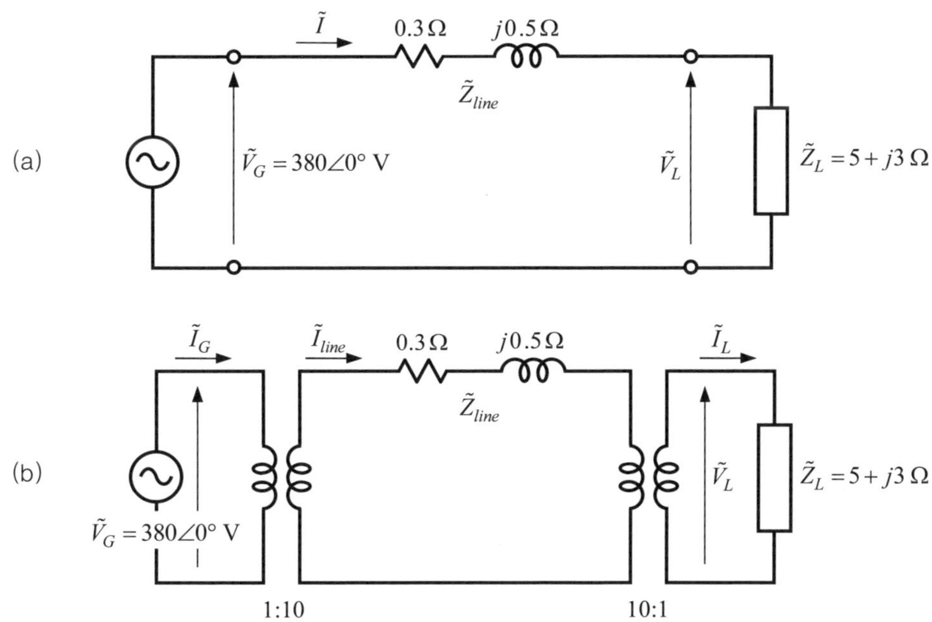

그림 2-8

[2] 1차측 2차측 선로의 특성임피던스가 각각 Z_1, Z_2 라면 $Z_1 = a^2 Z_2$ (즉, $a = \sqrt{Z_1 / Z_2}$)이 되어야 한다. 이러한 임피던스 매칭 조건은 전원측 임피던스가 부하측 임피던스와 같을 때 전력전달이 최대로 이루어진다는 '최대전력전달조건'에 해당한다.

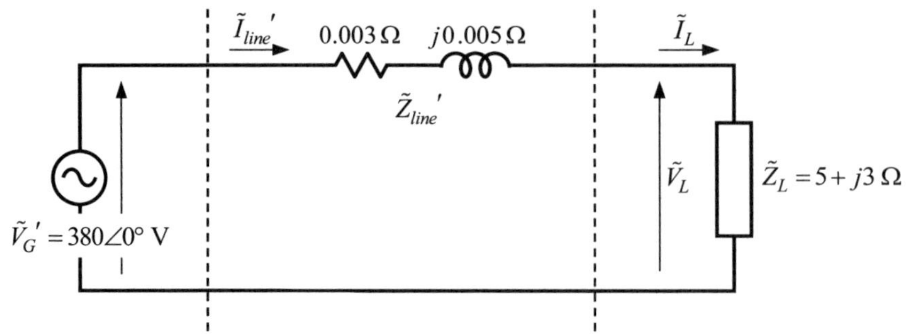

그림 2-9 그림 2-8(b)를 부하측으로 환산한 등가회로

$$\tilde{V}_L = \frac{\tilde{Z}_L}{\tilde{Z}_{line} + \tilde{Z}_L}\tilde{V}_G = \frac{5 + j3}{0.3 + j0.5 + 5 + j3} \times 380 = 349\angle -2.48°\ \text{V}$$

(b) 그림 2-8(b)에 대해 계산하기 위해 임피던스 환산을 적용한다. 전체 시스템이 발전기, 송전선, 부하의 세 구역으로 나뉘어져 있는데 어느 구역을 기준으로 환산해도 마찬가지지만 여기서는 부하측을 기준으로 하여 환산하도록 한다. 먼저 발전기측을 송전선측으로 환산하면 단순히 발전기 전압을 10배 한 3,800 V의 전원이 송전선에 접속된 것으로 나타난다. 이 회로 전체를 다시 부하측으로 환산하면 그림 2-9에 보인 것과 같이 된다. 이로부터

$$\tilde{I}_{line}' = \tilde{I}_L = \frac{\tilde{V}_G'}{\tilde{Z}_{line}' + \tilde{Z}_L} = \frac{380}{0.003 + j0.005 + 5 + j3} = 65.1\angle -31.0°\ \text{A}$$

$$P_L = I_L^2 R_L = 65.1^2 \times 5 = 21{,}190\ \text{W}$$

$$P_{line} = I_{line}^2 R_{line} = 65.1^2 \times 0.003 = 12.7\ \text{W}$$

$$\tilde{V}_L = \frac{\tilde{Z}_L}{\tilde{Z}_{line}' + \tilde{Z}_L}\tilde{V}_G' = \frac{5 + j3}{0.003 + j0.005 + 5 + j3} \times 380 = 379.7\angle -0.03°\ \text{V}$$

그림 2-9를 그림 2-8(a)와 비교해 보면 전원과 부하는 그대로인데 송전선의 임피던스만 1/100로 줄어든 것을 알 수 있다. 회로의 전체 임피던스에서 송전선로가 차지하는 비중이 작기 때문에 선로 임피던스가 줄어든다 해도 전류에는 큰 변화가 없다. 따라서 저항이 줄어든 만큼 선로손실도 줄어들고 선로의 전압강하도 같은 비율로 줄어든다. 송전손실은 1,073 W였던 것이 12.7 W로, 전압강하 역시 약 31 V였던 것이 0.3 V로 대략 1/100 수준으로 줄어들었음을 확인할 수 있다. 물론 실제로는 선로 임피던스는 그대로이고 선로에 흐르는 전류가 약 1/10로 작아졌기 때문에 손실과 전압강하가 줄어든 것이다. 이처럼 직접 송전하는 것보다 **전압을 높여 송전하면 선로의 임피던스가 줄어든 것과 같은 효과를 줌으로써 손실과 전압강하가 줄어든다**[3]

---

[3] 송전전압을 높일수록 그 효과는 더 커지겠지만 어느 전압 이상에서는 설비의 절연과 안전성을 확보하는 데 들어가는 비용이 급격히 상승하므로 전압을 무한정 높일 수 없다. 단순하게는 선로손실과 설비비를 더한 것을 전압의 함수로 표현했을 때 U자 형태의 그래프가 그려지므로 그래프가 최소가 되는 지점이 적정 전압이 된다. 그러나 설비 운영 및 유지보수비용, 내구연한, 금융비용 등 매우 복잡한 요인들이 개입하므로 경제성을 종합적으로 판단하여 최적의 송전전압을 정한다. 일반적으로 송전선이 취급하는 전력량이 클수록 고압화를 통해 얻을 수 있는 이득의 증가분이 고압화에 들어가는 비용의 증가분보다 커지기 때문에 최적의 송전전압이 더 높아지게 된다. 예컨대 화력발전소는 345 kV 선로를, 용량이 큰 원자력발전소는 765 kV 선로를 사용한다.

2-4 변압기의 등가회로

이상은 완벽하게 이상적인 변압기를 가정한 것이다. 실제 변압기의 권선은 이상적인 도체가 아니며, 철심 또한 투자율이 무한대일 수 없다. 변압기의 등가회로는 이상적인 변압기에 회로요소를 추가하여 이러한 실제 특성이 반영되도록 한 것이다.

등가회로의 유도

그림 2-10에서 (a)는 1차권선과 2차권선에 각각 R_1과 R_2를 직렬로 추가함으로써 권선 내부에서 일어나는 전압강하를 마치 별도의 저항에서 일어나는 전압강하인 것처럼 따로 분리해낸 것이다. 이렇게 했을 때 e_1과 e_2는 양 권선을 쇄교하는 자속에 의해 유기되는 기전력만을 나타내게 된다.

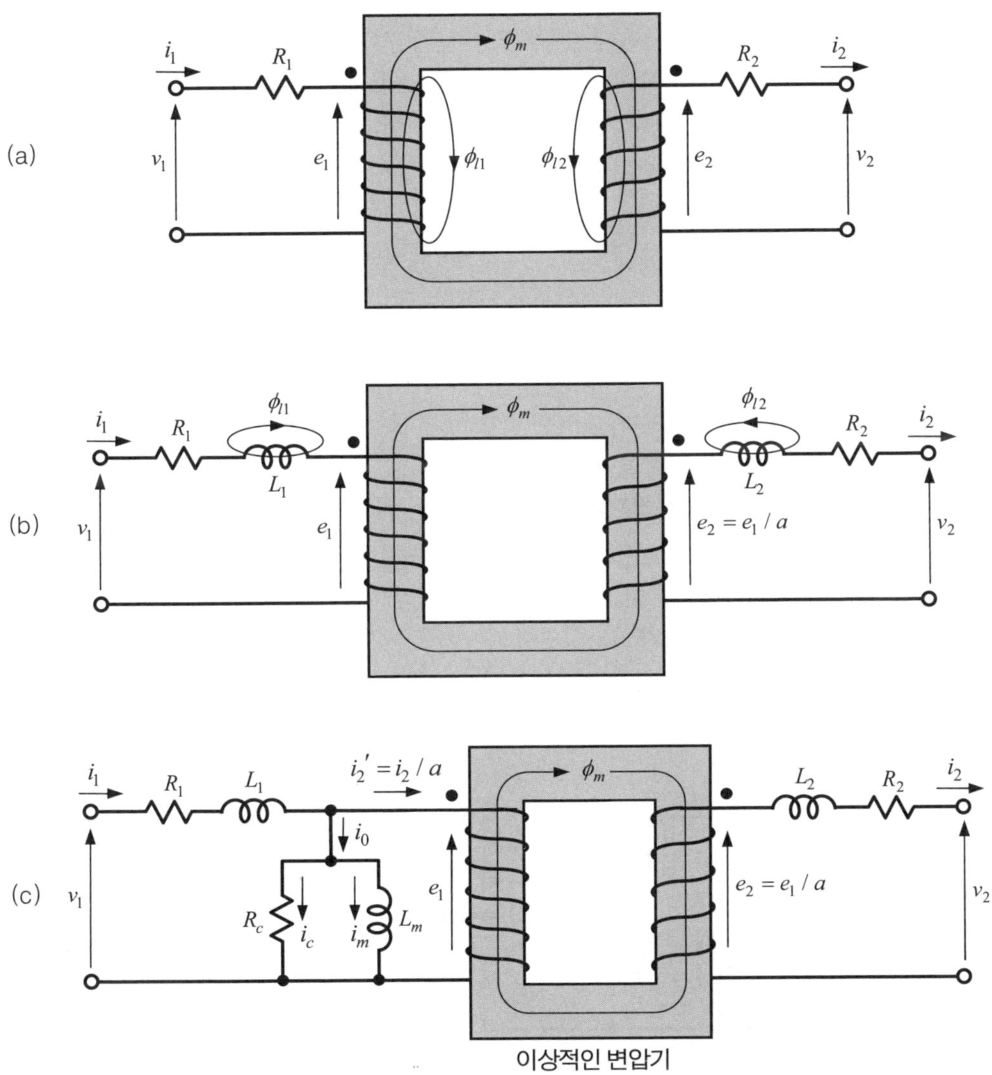

그림 2-10 등가회로의 유도

실제의 변압기에서는 두 권선 사이의 자기적 결합이 완벽하지 않기 때문에 1차권선을 쇄교하는 자속의 일부(ϕ_{l1})는 2차권선을 쇄교하지 못하고, 2차권을 쇄교하는 자속의 일부(ϕ_{l2}) 역시 1차권선을 쇄교하지 못한다. 2차측 권선의 기자력 중 이 누설자속을 만들어내는 성분은 1차측 권선의 쇄교자속에 영향을 미치지 않으므로 1차측에 상쇄기자력을 유기하지 않는다. 마찬가지로 1차측 권선의 기자력 중 누설자속을 만들어내는 성분은 2차측 기자력을 상쇄하지 못한다. 따라서 상호간에 영향을 미치지 못하는 이 누설자속 성분들은 그림 (b)에서와 같이 마치 별도의 코일에 의해 만들어지는 것이나 다를 것이 없다. 이렇게 분리해 낸 코일의 인덕턴스 L_1, L_2를 각각 1차 및 2차 누설인덕턴스라 한다. 누설인덕턴스를 분리해내고 난 나머지 권선에서 유기되는 기전력 e_1과 e_2는 1차권선과 2차권선을 모두 쇄교하는 자속 ϕ_m에 의해 유기되는 기전력을 나타낸다. 이들은 같은 자속에 의해 유기된 기전력이므로 이상적인 변압기에서와 같이 $e_1 : e_2 = a : 1$ 의 관계가 성립한다.

권선저항과 누설 인덕턴스를 분리해내고 난 그림 2-10(b)의 변압기가 자기저항이 0인 이상적인 철심으로 이루어진 변압기라면 2차측에 전류가 흐르지 않을 때는 1차측에도 전류가 흐르지 않을 것이다. 그러나 실제의 철심은 자기저항을 가지고 있기 때문에 ϕ_m이 만들어지기 위해서는 어느 정도의 기자력이 필요하며, 2차측에 전류가 흐르지 않을 때도 1차권선에 ϕ_m을 만들어 내기 위한 전류가 흐른다. 이 전류는 그림 (c)에 보인 것처럼 1차권선 입력단에 병렬로 접속된 등가의 자화인덕턴스 L_m을 통해 흐르는 것으로 나타낼 수 있다. 나아가 철심이 교류로 자화되면 철손(히스테리시스손 및 와류손)이 발생하므로 1-8절에서 설명하였듯이 철손저항 R_c를 L_m에 병렬로 추가함으로써 철손에 해당하는 유효전류 성분의 경로를 등가적으로 표현해줄 수 있다.

이렇게 철심의 자화전류 성분과 철손전류 성분까지 분리해 내고 나면 그림 2-10(c) 중앙의 변압기는 2차측에 전류가 흐르지 않을 때 1차측에도 전류가 흐르지 않고, 2차측에 전류가 흐를 때만 그 기자력을 상쇄시키는 전류 $i_2' = i_2 / a$ 가 흐르는 변압기를 나타낸다. 따라서 이 변압기는 이상적인 전압비와 전류비를 갖는 이상적인 변압기이다. 즉 그림 2-10(c)는 이상적인 변압기에 회로요소들을 추가함으로써 실제 변압기의 이상적이지 않은 측면들을 포함시킨 등가회로이다. 이 등가회로의 양쪽 단자전압 v_1과 v_2, 전류 i_1과 i_2 사이에는 이상적인 비례관계가 성립하지 않는다. 다만 등가회로의 직렬성분들(R_1, L_1, R_2, L_2)이 충분히 작고 병렬성분들(L_m, R_c)이 충분히 크다면 근사적으로 $v_1 / v_2 \approx a$, $i_1 / i_2 \approx 1 / a$ 의 관계가 성립할 뿐이다.

그림 2-11은 그림 2-10(c)에서 이상적인 변압기를 기호로 치환하고 모든 변수를 페이서량으로

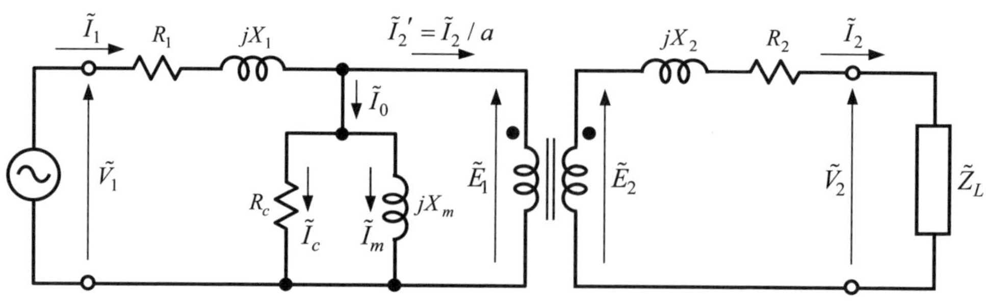

그림 2-11 변압기의 등가회로

나타낸 것이다. $\tilde{I}_2'$ 는 $\tilde{I}_2$ 에 의한 기자력을 상쇄하기 위해 흐르는 전류로, 2차측 전류가 1차측에 반영된 **부하전류 성분**이다. 여기에 자화전류 $\tilde{I}_m$ 과 철손전류 $\tilde{I}_c$ 를 더한 것이 변압기 입력단으로 흘러 들어가는 1차전류 $\tilde{I}_1$ 이 된다. 자화전류와 철손전류는 따로 떼어 놓을 수 없이 항상 같이 존재하며, 이들을 합한 $\tilde{I}_0$ 를 **여자전류**(excitation current)라 부른다. 즉 1차전류는 부하전류 $\tilde{I}_2'$ 와 여자전류 $\tilde{I}_0$ 의 합이다. 여자전류는 변압기가 전원에 접속되어 있는 한 2차측에 부하가 있건 없건 항상 흐르는 전류로서, 2차측 단자가 개방되어 $\tilde{I}_2' = 0$ 인 무부하상태에서는 1차전류가 여자전류와 같아진다. 따라서 여자전류를 **무부하전류**(no-load current)라 부르기도 한다.

등가회로의 환산

그림 2-11은 1차측과 2차측이 이상적인 변압기를 통해 연결된 형태이므로 2-3절에서 설명하였듯이 어느 한쪽으로 환산할 수 있다. 그림 2-12는 그림 2-11을 1차측과 2차측으로 환산한 등가회로를 각각 보여주고 있다. 이렇게 환산하고 나면 일반 직병렬 교류회로와 같이 취급하여 계산이 이루어질 수 있다. 어느 쪽으로 환산할지는 그때그때 편의에 따른다.

예제 2-2

그림 2-11의 등가회로로 나타낸 50 kVA, 6,600/220 V 변압기의 회로정수가 다음과 같다.

$$R_1 = 6.5\,\Omega\,,\ X_1 = 13.2\,\Omega\,,\ R_2 = 0.0074\,\Omega\,,\ X_2 = 0.015\,\Omega\,,\ R_c = 122\,\text{k}\Omega\,,\ X_m = 33\,\text{k}\Omega$$

(a) 변압기의 무부하전류를 구하라. $\tilde{Z}_L = 1.2 + j0.8\,\Omega$ 의 임피던스를 갖는 부하를 접속하였을 때 다음 값들을 구하라. (b) 1차측 입력전류 (c) 입력단에서 본 역률 (d) 입력전력 (e) 출력단 전압 (f) 출력

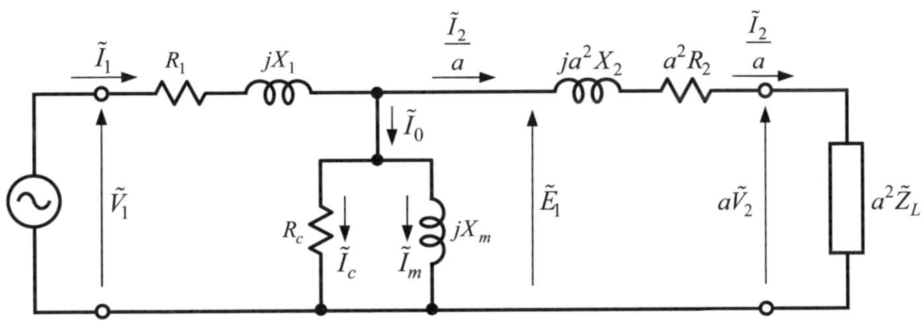

(a)

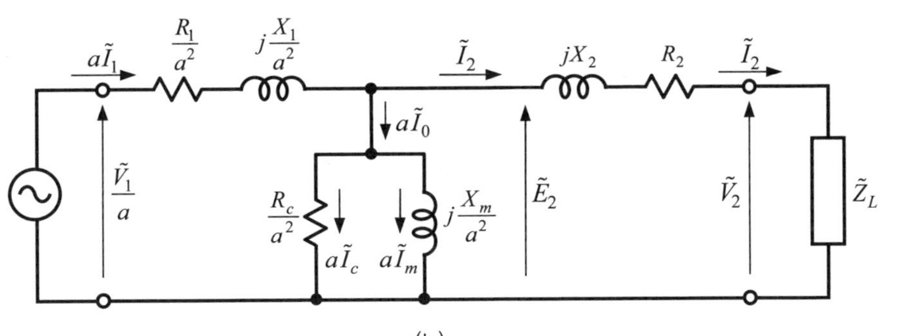

(b)

그림 2-12 그림 2-11을 (a) 1차측으로 환산한 등가회로와 (b) 2차측으로 환산한 등가회로

전력 (g) 권선에서의 손실과 철심에서의 손실 (h) 효율

(a) 변압기 여자회로의 합성임피던스는

$$\tilde{Z}_0 = \frac{R_c \cdot jX_m}{R_c + jX_m} = \frac{122\text{k} \times j33\text{k}}{122\text{k} + j33\text{k}}$$
$$= 8.318 + j30.75 \text{ k}\Omega = 31.86\angle 74.86° \text{ k}\Omega$$

무부하시 1차측 임피던스와 여자회로의 합성임피던스가 직렬로 접속되므로

$$\tilde{I}_0 = \frac{\tilde{V}}{R_1 + jX_1 + \tilde{Z}_0} = \frac{6,600}{6.5 + j13.2 + 8,318 + j30,750}$$
$$= 0.2071\angle -74.86° \text{ A} = 0.05409 - j0.1999 \text{ A}$$

(b) 1차측으로 환산하였을 때 입력단에서 본 전체 합성 임피던스를 단계적으로 구하면

$$\tilde{Z}_2' = a^2(R_2 + jX_2 + \tilde{Z}_L) = 30^2(0.0074 + j0.015 + 1.2 + j0.8)$$
$$= 1,086.7 + j733.5 \ \Omega = 1,311\angle 34.02° \ \Omega$$

$$\tilde{Z}_{02} = \frac{\tilde{Z}_0\tilde{Z}_2'}{\tilde{Z}_0 + \tilde{Z}_2'} = \frac{31,860\angle 74.86° \times 1,311\angle 34.02°}{8,318 + j30,750 + 1,086.7 + j733.5}$$
$$= 1,271\angle 35.51° \ \Omega = 1,034.7 + j738.4 \ \Omega$$

$$\tilde{Z} = R_1 + jX_1 + \tilde{Z}_{02} = 6.5 + j13.2 + 1,034.7 + j738.4$$
$$= 1,041.2 + j751.6 \ \Omega = 1,284\angle 35.82° \ \Omega$$

따라서 전원전압을 기준페이서로 하였을 때 1차전류는

$$\tilde{I}_1 = \frac{\tilde{V}}{\tilde{Z}} = \frac{6,600\angle 0°}{1,284\angle 35.82°} = 5.140\angle -35.82° \text{ A} = 4.168 - j3.008 \text{ A}$$

(c) 위에서 전압을 기준 페이서로 취했으므로 전류의 위상각이 곧 역률각이다.

$$pf = \cos 35.82° = 0.811 \text{ (지상)}$$

(d) $$P_{in} = V_1 I_1 pf = 6,600 \times 5.140 \times 0.811 = 27.51 \text{ kW}$$

(e) 출력단 전압은 2차측 전류에 부하 임피던스를 곱하여 구한다.

$$\tilde{I}_2' = \frac{\tilde{Z}_0}{\tilde{Z}_0 + \tilde{Z}_2'}\tilde{I}_1 = \frac{31,860\angle 74.86°}{8,318 + j30,750 + 1,086.7 + j733.5} \times 5.140\angle -35.82°$$
$$= 4.984\angle -34.33°$$

$$a\tilde{V}_2 = a^2\tilde{Z}_L\tilde{I}_2' = 900 \times (1.2 + j0.8) \times 4.984\angle -34.33°$$
$$= 6,469\angle -0.64° \text{ V}$$

이는 1차측으로 환산된 값이다. 실제 2차 단자에 나타나는 전압의 크기는

$$V_2 = 6,469 / 30 = 215.6 \text{ V}$$

(f) 출력단 전압과 전류 사이의 위상차가 33.69°이므로

$$P_{out} = 6,469 \times 4.984 \times \cos 33.69° = 26.83 \text{ kW}$$

(g) 변압기 1차권선과 2차권선에서의 손실은

$$R_1 I_1^2 = 6.5 \times 5.140^2 = 172 \text{ W}$$

$$a^2 R_2 I_2'^2 = 900 \times 0.0074 \times 4.984^2 = 165 \text{ W}$$

철심에서 일어나는 손실은 그림 2-12(a)에서 E_1^2 / R_c 로 표현된다.

$$E_1 = \frac{Z_{02}}{Z} V_1 = \frac{1,271}{1,284} \times 6,600 = 6,533 \text{ V}$$

$$\frac{E_1^2}{R_c} = \frac{6,533^2}{122,000} = 350 \text{ W}$$

(h) $$\eta = \frac{P_{out}}{P_{in}} = \frac{26.83\text{k}}{27.51\text{k}} = 97.5 \text{ \%}$$

근사등가회로

위 예제에서 보다시피 등가회로의 계산에는 상당히 번거로운 과정이 필요한데, 이는 등가회로의 중앙에 여자회로가 병렬로 끼어들어 있기 때문이다(이를 T형 등가회로라 부른다). 실제 변압기들이 이상적인 변압기와 차이가 나긴 하지만 그렇게 큰 차이가 나는 것은 아니므로 일반적으로 예제에 주어진 수치에서도 볼 수 있듯이 직렬성분(권선저항, 누설리액턴스)은 작고 병렬성분(여자리액턴스, 철손저항)은 매우 크다. 이렇게 병렬성분 임피던스가 클 경우 전체 임피던스에 미치는 영향이 작기 때문에 회로 안에서 그 위치를 어디에 두어도 계산상 큰 차이가 나지 않는다.

그림 2-13은 병렬 여자임피던스 성분들을 1차측 임피던스의 앞쪽으로 옮겨 놓은 것으로, 이를 변압기의 **근사등가회로**(approximate equivalent circuit)라 부른다. (Γ 등가회로라고도 한다.) 이렇게 하면 직렬로 연결되는 1차측 임피던스와 2차측 임피던스를 묶어 하나의 임피던스 $\tilde{Z}_e$로 나타낼 수 있다. 이를 변압기의 **직렬임피던스**라 한다.(보통 그냥 '변압기의 임피던스'라 하면 이 직렬임피던

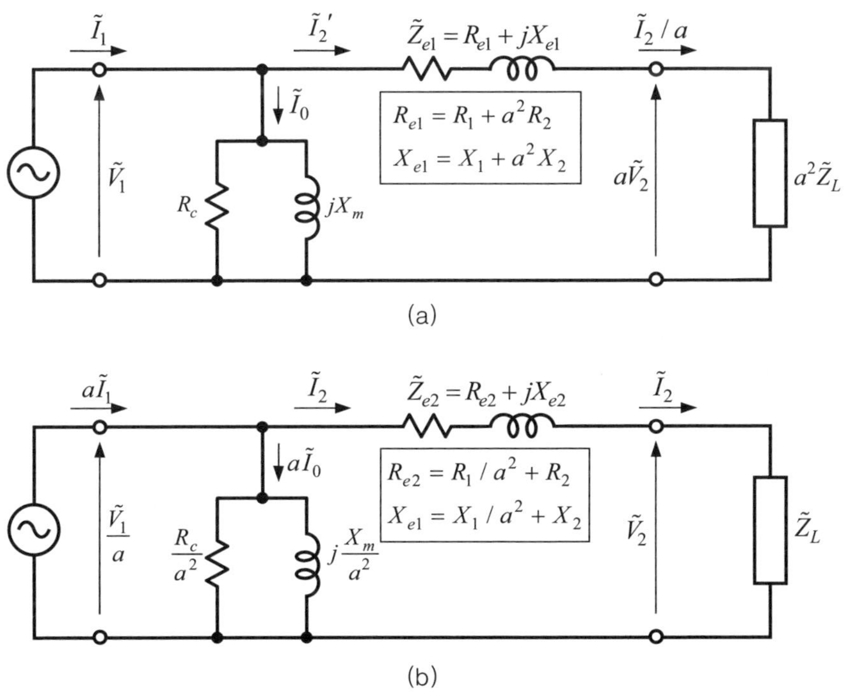

그림 2-13 근사등가회로: (a) 1 차측으로 환산된 경우; (b) 2 차측으로 환산된 경우

스를 가리킨다.) 그림에서는 1차측과 2차측으로 환산한 직렬임피던스를 각각 첨자 1과 2로 구별하여 표기하고 있으나 이하에서 1차나 2차 어느 쪽으로 환산된 등가회로인지 문맥상 자연스럽게 판단할 수 있을 경우에는 첨자를 생략하고 간단히 R_e, X_e 및 $\tilde{Z}_e$ 라 쓰기로 한다.

근사등가회로에서는 변압기의 직렬임피던스와 부하가 직렬이고 여기에 여자임피던스가 병렬로 접속된 형태가 되기 때문에 계산이 대폭 간단해진다. 그러나 그 결과는 아래의 예제에서 볼 수 있듯이 원래의 T 등가회로에서 계산한 결과와 별 차이가 없다. 따라서 특별히 정밀한 계산을 해야 하는 경우가 아니라면 변압기에 관련된 계산에는 거의 항상 근사등가회로가 적용된다.

예제 2-3

예제 2-2의 변압기를 1차측으로 환산된 근사등가회로로 표현하고 같은 계산을 행하라.

1차측으로 환산된 등가 합성임피던스와 부하 임피던스는

$$\tilde{Z}_e = R_e + jX_e = R_1 + a^2R_2 + j(X_1 + a^2X_2)$$
$$= 13.16 + j26.7\ \Omega = 29.77\angle 63.76°\ \Omega$$

$$\tilde{Z}_L' = a^2\tilde{Z}_L = 1{,}080 + j720\ \Omega = 1{,}298\angle 33.69°\ \Omega$$

이로부터 근사등가회로를 그리면 그림 2-14와 같다.

(a) $\tilde{I}_0 = \dfrac{6{,}600}{122\text{k}} + \dfrac{6{,}600}{j33\text{k}} = 0.0541 - j0.200\ \text{A} = 0.2072\angle -74.86°\ \text{A}$

(b) $\tilde{Z}_e + \tilde{Z}_L' = 1{,}093 + j746.7\ \Omega = 1{,}324\angle 34.34°\ \Omega$

$$\tilde{I}_2' = \frac{\tilde{V}}{\tilde{Z}_e + \tilde{Z}_L'} = \frac{6{,}600}{1{,}324\angle 34.34°}$$
$$= 4.985\angle -34.34°\ \text{A} = 4.116 - j2.812\ \text{A}$$

$$\tilde{I}_1 = \tilde{I}_0 + \tilde{I}_2' = 4.170 - j3.012\ \text{A} = 5.144\angle -35.84°\ \text{A}$$

(c) $pf = \cos 35.84° = 0.811$ (지상)

(d) $P_{in} = VI_1 pf = 6{,}600 \times 5.144 \times 0.811 = 27.53\ \text{kW}$

(e) $a\tilde{V}_2 = \tilde{Z}_L'\tilde{I}_2' = 1{,}298\angle 33.69° \times 4.985\angle -34.34° = 6{,}470\angle -0.65°\ \text{V}$

$V_2 = 6{,}470 / 30 = 215.7\ \text{V}$

(f) $P_{out} = 6{,}470 \times 4.985 \times \cos 33.69° = 26.84\ \text{kW}$

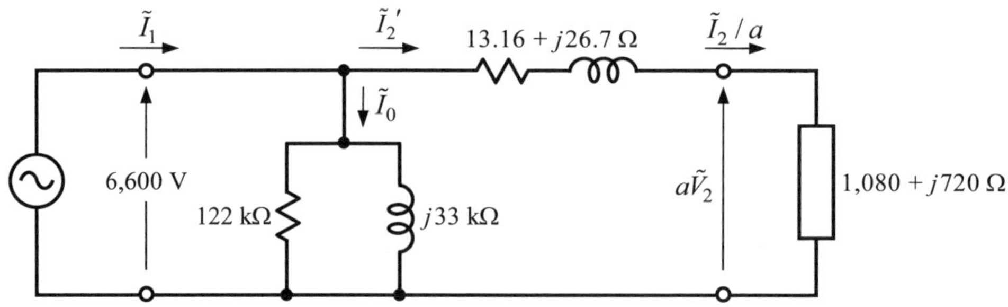

그림 2-14

(g) $R_e I_2'^2 = 13.16 \times 4.985^2 = 327\ \text{W}$

$$\frac{V_1^2}{R_c} = \frac{6,600^2}{122,000} = 357\ \text{W}$$

(h) $\eta = \dfrac{P_{out}}{P_{in}} = \dfrac{26.84\text{k}}{27.53\text{k}} = 97.5\ \%$

2-5 변압기의 정격과 단위법

변압기의 실제 적용에서는 계산과 표현을 더 간단히 하기 위하여 흔히 단위법이 사용된다. 단위법을 사용한 표현방식은 변압기의 정격과 깊은 관련을 가지고 있으므로 먼저 변압기의 정격과 정격이 갖는 의미에 관하여 살펴보도록 한다.

변압기의 정격

변압기의 **정격**(rating)은 일반적으로 다음과 같은 방식으로 표현된다.

5 kVA, 2,000/100 V

앞쪽의 kVA나 MVA, 혹은 VA 단위의 수치는 **정격용량**(rated capacity)으로서, 변압기를 통해 전달할 수 있는 최대의 전력을 피상전력으로 나타낸 것이다. 뒤의 수치는 1차측과 2차측의 **정격전압**(rated voltage)이다. 정격용량은 변압기에 이 정격전압이 가해지는 상태를 전제로 한다. 즉 위의 변압기는 1차측을 공칭전압[4]이 2,000 V인 선로에 접속하도록 만들어졌으며 그때 2차측에는 100 V가 출력되고 여기에 최대 5 kVA까지 부하를 접속할 수 있다.

정격용량을 정격전압으로 나눈 것이 **정격전류**(rated current)로서, 위 변압기의 1차측 정격전류는 5 kVA / 2,000 V = 2.5 A이고 2차측 정격전류는 5 kVA / 100 V = 50 A이다. 1차, 2차 양쪽의 정격용량이 같으므로 고압측은 정격전류가 작고 저압측은 정격전류가 크다. 따라서 고압측은 도체가 가는 대신 턴수가 많고 저압측은 도체가 굵은 대신 턴수가 적다. 이는 양쪽에 사용되는 도체의 양이 거의 같음을 뜻한다. 이상적인 변압기에서 2차측 전류의 기자력과 1차측 전류의 기자력이 같고 ($N_1 i_1 = N_2 i_2$), 1-2절에서 언급했듯이 도체의 양은 최대기자력에 비례하므로 기자력이 같다는 것은 양쪽 도체의 양이 같음을 뜻한다. 실제 변압기에서는 여자전류 때문에 1차측 전류가 약간 더 크긴 하지만 여자전류가 정격전류에 비해 현저히 작기 때문에 그 차이는 미미하다

변압기의 정격전압은 철심의 자기포화에 관련된다. 1-6절에서 설명하였듯이 철심의 최대자속이 인가전압에 비례하므로 정격전압은 최대자속밀도가 철심의 포화영역에 진입하지 않는 최대의 전압을 뜻한다.[5] 한편 정격전류는 권선의 굵기에 따라 정해진 전류의 최대 한계로서, 정격전류를 넘는 전류가 지속적으로 흐르면 권선에서 발생하는 주울열에 의해 과열되어 변압기의 수명이 단축되거

[4] 공칭公稱전압(nominal voltage)이란 '공식적으로 그렇게 부르기로 한 전압,' 혹은 '하나의 명칭으로서의 전압'을 뜻한다. 예를 들어 가정집에 220 V가 공급되는데 실제 전압계로 측정해보면 대략 그 부근이긴 하지만 반드시 220 V인 것은 아니다. 실제 전압이 210 V로 측정된다 해도 그 선로는 여전히 '220 V 선로'라고 불린다. 즉 가정집 선로의 공칭전압은 220 V이다. 어떤 저항의 표면에 10 kΩ이라 표기되어 있다면(실제 저항값이 얼마이건) 10 kΩ이 그 저항의 공칭저항값이다.

[5] 변압기의 정격전압이 절연에 의해 좌우된다고 생각하기 쉬우나 실제 변압기는 선로의 개폐나 낙뢰 등에 의해 발생하는 매우 큰 이상전압(서지)을 견뎌야 하므로 정격전압보다 훨씬 높은 절연내력을 갖게끔 만들어진다.

나 소손될 수도 있다. 여기서 **주울열이 전류의 위상에 상관 없이 크기에만 좌우된다**는 점에 유의할 필요가 있다. 예를 들어 변압기를 통해 100 kW 역률 1인 부하에 전력을 공급할 때와 50 kW 역률 0.5인 부하에 전력을 공급할 때 유효전력은 다르지만 전류의 크기가 같으므로 변압기 권선에서 발생하는 열도 같다. 이처럼 실제 부하로 전달되는 유효전력이 얼마이건 같은 전류에서는 같은 주울열이 발생하며, 이는 변압기가 전력을 전달하는 과정에서 발생하는 열이 부하의 W가 아닌 VA의 피상전력에 의해 결정됨을 뜻한다. 변압기에 접속할 수 있는 최대의 부하, 즉 정격부하가 피상전력으로 표현되는 것은 이 때문이다. 정격전압과 정격피상전력이 주어지면 정격전류도 주어진 것이나 마찬가지이므로 보통 따로 표기하지 않으며, 이는 정격용량으로 정격전류를 대신하는 것이 '전기에너지를 전달하는 기기로서의 능력'이 보다 직관적으로 표현되기 때문이기도 하다.[6]

정격부하 임피던스

그림 2-15는 위에서 예를 든 변압기의 정격운전상태를 보여주고 있다. 이 경우 2차측 출력단자에 정격전압 100 V가 나타날 때 정격전류 50 A가 흐르게 되는 부하 임피던스는 2 Ω이다. (임피던스각은 무관하다.) 이를 변압기의 **정격부하 임피던스**라 한다. 권선비가 20이므로 1차측으로 환산한 정격부하 임피던스는 800 Ω이다. 부하 임피던스가 이 정격부하 임피던스보다 작으면 정격전류보다 큰 전류가 흐르는 과부하 상태가 된다. 따라서 변압기가 과열되지 않으려면 **부하 임피던스가 항상 정격부하 임피던스보다 커야 한다.** 즉 정격부하임피던스는 변압기에 접속할 수 있는 최소의 부하임피던스를 뜻한다.

실제의 변압기는내부에 직렬 및 병렬임피던스 성분을 가지고 있기 때문에 이상적인 변압기의 동작과 차이가 생기게 된다. 부하에 직렬로 접속되는 직렬임피던스 성분은 전압강하를 일으키는데, 부하에 전달되는 전압이 이상적인 전압에서 크게 벗어나지 않으려면 직렬임피던스가 부하임피던스보다 훨씬 작아야 한다. 부하임피던스가 최소인 정격부하상태에서도 이 조건이 만족되어야 하므로 직렬임피던스의 크기는 정격부하임피던스에 비해 충분히 작아야 한다. 한편 병렬임피던스 성분은 부하의 유무와 상관 없이 항상 흐르는 무부하전류의 경로가 된다. 이상적인 변압기에 가까우려면 이

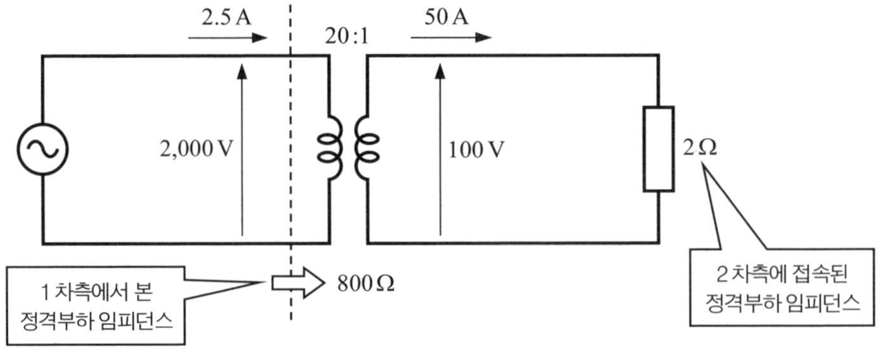

그림 2-15 5 kVA, 2,000 V/100 V 변압기의 정격운전상태

6 에너지를 소비하는 부하도 통상 전류 대신 kW나 kVA의 전력 단위로 정격을 나타낸다. 예컨대 "220 V에서 0.27 A가 흐르는 전등"보다는 "220 V에서 60 W의 전력을 소비하는 전등"으로 표현하는 편이 에너지 소비량(이 경우 전등의 밝기)을 가늠하는 데에 보다 직관적이기 때문이다.

무부하전류가 정격전류에 비해 훨씬 작아야 하며, 이를 위해서는 병렬임피던스 성분이 정격부하 임피던스보다 훨씬 커야 한다. 이처럼 정격운전상태를 기준으로 변압기의 특성을 표현하고 운전상태를 나타내는 데에 아래에서 설명하는 단위법이 매우 유용한 수단이 된다.

단위법

단위법(per unit system)이란 어떤 물리량의 크기를 실제 값 대신 아래와 같이 특정 **기준값**(base value)에 대한 비율로 나타내는 방식을 말한다.

$$\text{단위법에 의한 값} = \frac{\text{실제값}}{\text{기준값}} \ \text{pu}$$

예를 들어 400 V를 전압의 기준값으로 한다면 200 V는 0.5 pu, 500 V는 1.25 pu로 나타내는 식이다. pu는 per unit의 약자로서, 단위법으로 나타낸 수치는 같은 단위를 가진 두 수치 사이의 비율이므로 단위가 없는 무차원 수치이지만 단위화된 값임을 나타내기 위해 대개 pu 표기를 붙여준다. 이는 % 단위로 표현되는 백분율과 같은 개념으로, 백분율에서는 기준값을 100으로 나타내고 단위법에서는 1로 나타낸다는 차이가 있을 뿐이다. 즉 pu 값에 100을 곱하면 % 값이 된다.

단위법의 기준값은 임의로 편리한 값을 취할 수도 있으나 보통 기기의 정격치를 취한다. 따라서 아래와 같이 변압기의 정격용량과 정격전압을 각각 전력(피상전력, 유효전력 및 무효전력)과 전압의 기본 기준값으로 삼는다.

$$S_B (= P_B = Q_B) = S_R \tag{2-15}$$

$$V_B = V_R \tag{2-16}$$

여기서 첨자 B는 기준값을, R은 정격값을 나타낸다. 전력의 기준값과 전압의 기준값이 정해지면 전류의 기준값은 아래와 같이 설정된다.

$$I_B = \frac{S_B}{V_B} \tag{2-17}$$

정격용량과 정격전압을 전력과 전압의 기준값으로 하였을 경우 (2-17)로 계산된 전류 기준값은 변압기의 정격전류에 해당한다. 이렇게 어떤 변수건 정격치가 1 pu가 되도록 표현하면 실제값으로 표현했을 때보다 기기의 운전상태를 직관적으로 파악하는 데에 도움이 된다. 예를 들어 어떤 기기에 "300 V의 전압이 인가되었다"는 말을 들었다고 했을 때 그 전압이 적정한지, 지나치게 높은지, 혹은 지나치게 낮은지 판단하기 위해서는 기기의 정격전압을 알고 있어야 한다. 정격전압을 모르고 있다면 이는 사실 무의미한 수치에 불과할 수 있다. 그러나 만일 "1.2 pu 의 전압이 인가되었다"는 말을 들었다면 정격전압이 얼마인지 모른다 해도 정격을 20 % 초과하는 과전압이 인가되었음을 바로 알 수 있다. 물론 정격전압을 1 pu로 한다는 약속에 이미 묵시적으로 동의하고 있음을 전제로 한다.

임피던스에 있어서는 1 pu의 전압(V_B)이 가해졌을 때 1 pu의 전류(I_B)가 흐르게 되는 임피던스를 기준값으로 삼는다. 따라서 그 크기는

$$Z_B = \frac{V_B}{I_B} = \frac{V_B^2}{S_B} \tag{2-18}$$

정격용량과 정격전압을 전력과 전압의 기준값으로 하였을 경우 위의 기준임피던스는 변압기의 정격부하 임피던스에 해당한다. Ω 단위를 갖는 저항이나 리액턴스, 혹은 임의의 임피던스를 단위법으로 나타낼 때 이 값을 기준으로 삼는다. 이렇게 기준값을 설정하고 나면 실제 값들 사이의 모든 관계식들이 단위화된 값들 사이에서도 그대로 성립한다. 예컨대 아래에서 보듯이 단위화된 전압, 임피던스 및 전류 사이에서도 오옴의 법칙이 성립한다.

$$V_{pu} = \frac{V}{V_B} = \frac{ZI}{Z_B I_B} = Z_{pu} I_{pu} \tag{2-19}$$

유의할 점으로, 이처럼 실제 값들 사이에서 나타나는 전기회로 법칙이 pu 값들 사이에서도 그대로 성립하기 위해서는 네 가지의 전기적 변수, 즉 전압, 전류, 전력, 임피던스 중 아무거나 두 변수의 기준값이 정해지면 나머지 두 변수들의 기준값이 정해진 값들에 의해 종속적으로 정해져야 한다. 예를 들어 전압의 기준값을 1,000 V, 전류의 기준값을 50 A로 정하기로 하였다면 이들로부터 전력의 기준값은 50 kVA로, 임피던스의 기준값은 20 Ω로 해야 한다. 만일 이때 임피던스의 기준값을 10 Ω이라든가 하는 식으로 달리 정한다면 실제 값들 사이의 관계식들이 pu 값들 사이에서는 성립하지 않게 된다.

단위법으로 표현된 변압기의 등가회로

변압기의 정격용량은 1차측이나 2차측에서 동일하지만 정격전압과 정격전류가 1차측과 2차측에서 서로 다른 값이므로 기준전압과 기준전류가 양쪽에서 서로 다르게 설정된다. 이에 따라 기준임피던스 역시 1차측과 2차측에서 다른 값이 된다. 1차측 기준값과 2차측 기준값을 각각 1, 2의 첨자로 구분했을 때 $V_{B1} = aV_{B2}, I_{B1} = I_{B2} / a$ 이므로 식 (2-18)로부터 양쪽의 기준 임피던스 사이에 다음의 관계가 있음을 알 수 있다.

$$Z_{B1} = a^2 Z_{B2} \tag{2-20}$$

즉 1차측 기준임피던스는 2차측 기준임피던스를 1차측으로 환산한 것에 해당한다. 1차, 2차 어느 쪽에서건 1 pu의 기준 임피던스란 곧 각각의 입장에서 본 정격부하 임피던스를 뜻하므로 이는 당연한 결과이다. 예를 들어 그림 2-15의 변압기에서 2차측의 기준 임피던스는 2 Ω, 1차측의 기준 임피던스는 800 Ω이다.

이러한 관계 때문에 2차측의 어떤 임피던스 Z 를 2차측 기준임피던스에 대한 비율로 나타낸 pu 값은 이를 1차측으로 환산한 $a^2 Z$ 를 1차측 기준임피던스에 대한 비율로 나타낸 pu 값과 같다. 예컨대 2차측에 0.2 pu의 임피던스 요소가 있다면 이를 1차측으로 환산한 등가회로에서도 0.2 pu이다. 그 반대도 마찬가지이다. 즉 **임피던스를 pu 값으로 표현한 수치는 1차측에서 보건 2차측에서 보건 같다.** 전압과 전류도 마찬가지다. 2차측에 정격전류(1 pu)가 흐를 때 1차측에도 정격전류(1 pu)가 흐르듯이 2차측 전류가 0.5 pu일 때 1차측에서 본 전류도 0.5 pu이다. 따라서 **모든 수치가 pu 값으로 표현된 변압기의 등가회로는 마치 권선비가 1 : 1인 것처럼 1차측이나 2차측 어느 쪽으로 환산하건 동일하다.** 이처럼 단위법을 적용하면 권선비를 굳이 알아야 할 필요가 없으며, 나아가 전압, 전류, 전력을 pu로 표현하면 실제 값으로 나타냈을 때보다 변압기의 운전상태를 직관적으로 파악하기가 더 용이하다는 이점이 있다.

예제 2-4

예제2-3의 등가회로를 단위법으로 표현하고 같은 계산을 행하라.

1차측과 2차측의 기준값들은 다음과 같이 계산된다.

$$S_B = 50 \text{ kVA}$$

$$V_{B1} = 6{,}600 \text{ V}, \ I_{B1} = \frac{50{,}000}{6{,}600} = 7.576 \text{ A}, \ Z_{B1} = \frac{6{,}600}{7.576} = 871.2 \ \Omega$$

$$V_{B2} = 220 \text{ V}, \ I_{B2} = \frac{50{,}000}{220} = 227.3 \text{ A}, \ Z_{B2} = \frac{220}{227.3} = 0.9679 \ \Omega$$

그림 2-14는 1차측으로 환산된 회로이므로 단위화에 1차측 기준값을 적용한다.

$$\tilde{Z}_{e,pu} = \frac{\tilde{Z}_e}{Z_{B1}} = \frac{13.16 + j26.7}{871.2}$$
$$= 0.01511 + j0.03065 \text{ pu} = 0.03417\angle 63.76° \text{ pu}$$

$$R_{c,pu} = \frac{R_c}{Z_{B1}} = \frac{122{,}000}{871.2} = 140.0 \text{ pu}$$

$$X_{m,pu} = \frac{X_m}{Z_{B1}} = \frac{33{,}000}{871.2} = 37.88 \text{ pu}$$

$$\tilde{Z}_{L,pu} = \frac{a^2\tilde{Z}_L}{Z_{B1}} = \frac{1{,}080 + j720}{871.2}$$
$$= 1.240 + j0.8265 \text{ pu} = 1.490\angle 33.68° \text{ pu}$$

이상의 결과로부터 단위법으로 나타낸 등가회로는 그림 2-16과 같다.

(a)
$$\tilde{I}_{0,pu} = \frac{1}{140} + \frac{1}{j37.88}$$
$$= 0.00714 - j0.0264 \text{ pu} = 0.0273\angle -74.87° \text{ pu}$$

(b)
$$\tilde{Z}_{e,pu} + \tilde{Z}_{L,pu} = 0.01511 + j0.0306 + 1.240 + j0.8265$$
$$= 1.255 + j0.8571 \text{ pu} = 1.520\angle 34.33° \text{ pu}$$

$$\tilde{I}_{2,pu} = \frac{\tilde{V}_{pu}}{\tilde{Z}_{e,pu} + \tilde{Z}_{L,pu}} = \frac{1}{1.520\angle 34.33°}$$
$$= 0.6579\angle -34.33° \text{ pu} = 0.5433 - j0.3710 \text{ pu}$$

$$\tilde{I}_{1,pu} = \tilde{I}_{0,pu} + \tilde{I}_{2,pu} = 0.5504 - j0.3974 \text{ pu} = 0.6789\angle -35.83° \text{ pu}$$

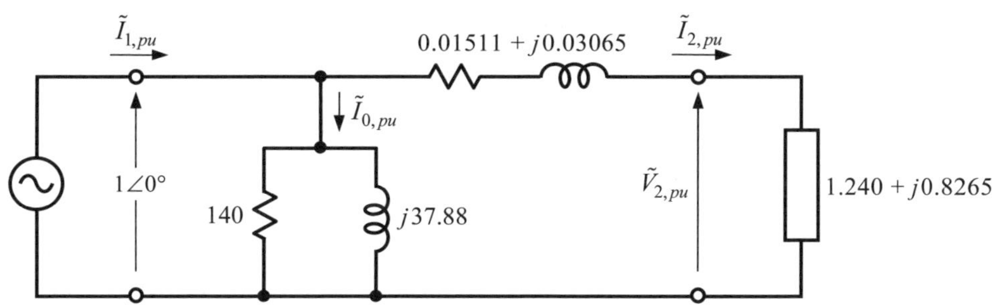

그림 2-16

(c) $pf = \cos 35.83° = 0.811$ (지상)

(d) $P_{in,pu} = 1 \times 0.6789 \times \cos 35.83° = 0.5504$ pu

(e) $\tilde{V}_{2,pu} = \tilde{Z}_{L,pu}\tilde{I}_{2,pu} = 1.490\angle 33.68° \times 0.6579\angle -34.33° = 0.9803\angle -0.65°$ pu

(f) $P_{out,pu} = V_{2,pu}I_{2,pu}\cos(\angle\tilde{Z}_L) = 0.9803 \times 0.6579 \times \cos 33.68° = 0.5367$ pu

(g) $R_{e,pu}I_{2,pu}^2 = 0.01511 \times 0.6579^2 = 0.00654$ pu

$V_{1,pu}^2 / R_{c,pu} = 1/140 = 0.00714$ pu

(h) $\eta = \dfrac{P_{out,pu}}{P_{in,pu}} = \dfrac{0.5367}{0.5504} = 97.5\ \%$

그림 2-16은 1차측으로 환산된 등가회로를 단위법으로 표현한 것이지만 2차측으로 환산된 등가회로를 단위법으로 표현해도 똑같은 회로가 된다.(직접 확인해 보도록 하라.) 이 pu등가회로에서 계산한 수치에 해당 변수의 기준값을 곱한 것이 실제 값이며, 이때 1차측 기준값을 곱하면 1차측으로 환산된 수치가, 2차측 기준값을 곱하면 2차측으로 환산된 수치가 얻어진다.

2-6 변압기의 임피던스

전원과 부하 사이에서 전력 전달을 중개하는 변압기는 전압 변경 외에 아무런 간섭을 일으키지 않는 것이 이상적이라 할 수 있다. 그러나 실제 변압기를 사용하면 필연적으로 전원과 부하 사이에 직렬임피던스와 병렬임피던스 성분이 끼어들어 간섭을 일으킨다. 부하에서 보았을 때 직렬임피던스는 전원측 내부임피던스로 작용하여 전류의 흐름을 방해하면서 전압의 손실(전압강하)을 일으킨다. 그리고 병렬임피던스는 전원 입장에서 보았을 때 부하전류 외에 추가적인 전류가 흘러야 할 경로로서, 부하가 증가된 것과 같다.(여자전류는 예컨대 은행에서 송금할 때 추가로 지불해야 하는 수수료에 비유할 수 있다.) 이 임피던스 성분들의 크기가 전력전달을 중개하는 기기로서 변압기의 성능을 좌우하는 중요한 요소가 된다.

단위법으로 표현된 변압기의 회로정수

변압기 등가회로의 회로정수들을 실제의 오옴 단위로 나타냈을 때 그 값은 변압기마다 천차만별이다. 따라서 오옴 단위의 임피던스만으로는 그 값이 일반적인 변압기의 상수로서 큰 편인지, 작은 편인지 혹은 적절한지 분간하기 어렵다. 예를 들어 2차 출력전압이 220 V인 2 kVA 용량의 변압기가 있다고 하자. 이 변압기의 2차측에서 본(2차측으로 환산한) 직렬임피던스 Z_e가 12 Ω이라면 이는 과연 적절히 만들어진 변압기일까?

이 질문에 답하기 위해서는 변압기의 정격부하 임피던스와 비교해 볼 필요가 있다. 변압기의 용량과 정격전압으로부터 계산된 정격부하 임피던스는 24 Ω이다. 이 변압기가 정격부하 상태에서 제대로 동작하려면 2차측에서 본 변압기 내부의 직렬임피던스가 24 Ω보다 훨씬 작아야 한다. 따라서 Z_e가 그 50 %에 달하는 12 Ω이라면 엉터리 변압기일 수밖에 없다. 그러나 만일 변압기의 정격이 2,200 V, 20 kVA였다면 정격부하임피던스는 240 Ω이며, 이 경우 12 Ω의 Z_e는 정격부하 임피던스의 5 %에 해당하는, 대체적으로 합당한 수준으로 볼 수 있다. 이처럼 같은 크기의 임피던스라도 변압기의

표 2-1 변압기의 pu임피던스와 여자전류

	3 kVA ~ 250 kVA	1 MVA ~ 100 MVA
R_e	0.018~0.010	0.010~0.004
X_e	0.016~0.050	0.06~0.12
R_c	20~50	100~500
X_m	20~30	50~200
I_0	0.05~0.03	0.02~0.005

정격에 따라 그 의미는 크게 달라진다.

변압기의 정격부하 임피던스는 $Z_R = V_R^2 / S_R$ 의 관계에서 알 수 있듯이 같은 용량에서는 고압일수록 크고, 같은 전압에서는 대용량일수록 작다. 변압기의 정격전압이 수백 V에서 수백 kV까지, 정격용량은 수십 VA에서 수백 MVA에 걸쳐 있으므로 정격부하 임피던스는 변화의 폭이 대단히 넓다. 변압기의 내부 임피던스성분 역시 고압일수록 커지고 대용량일수록 작아지는 경향을 가지며, 넓은 범위에 걸쳐 있기 때문에 위에서 보았듯이 오옴 단위의 수치만으로는 어느 정도인지 가늠하기 어렵다. 그러나 현실적으로 사용 가능한 변압기라면 직렬임피던스가 정격부하임피던스보다 충분히 작아야 하고 병렬임피던스가 정격부하임피던스보다 훨씬 커야 하므로 정격임피던스에 대한 상대적인 크기로 표현된 pu 수치는 정격에 무관하게 비교적 제한된 범위 안에 놓이게 된다.

표 2-1은 실제 변압기들을 kVA급과 MVA급의 두 범주로 나누어 직렬 저항과 리액턴스, 자화리액턴스와 철손저항의 pu 값을 나타낸 것이다. 변압기의 직렬임피던스 성분들은 정격임피던스의 수% 수준이며, 병렬요소인 철손저항과 자화리액턴스는 정격임피던스의 수십 내지 수백 배로서, 특히 대용량에서 철손저항은 대부분의 계산에서 무시해도 될 정도로 큰 값을 갖는다. 이로부터 실제의 변압기들이 대체로 이상적인 변압기에서 크게 벗어나지는 않음을 알 수 있다.

변압기 임피던스의 표현방식

표 2-1의 맨 아래는 여자전류, 즉 무부하전류의 pu 값으로, 이는 사실상 pu 여자리액턴스 X_m의 역수에 해당한다.(왜 그러한가?) 그 크기는 소형 변압기에서 정격전류의 5% 이하, 수십 MVA급 이상에서는 1% 미만이다. 따라서 대용량 변압기에서는 여자전류가 계통선로전류에 미치는 영향이 작기 때문에 전력계통에서 대용량 변압기를 회로요소로 나타낼 때는 대개 병렬임피던스 성분을 무시하고 직렬임피던스 성분으로 단순화시켜 표현한다.

한편 표 2-1에서 보듯이 직렬임피던스의 저항이 리액턴스보다 작은데, 용량이 클수록 pu저항은 더 작아지고 pu리액턴스는 더 커진다. pu저항이 작아지는 것은 대용량일수록 냉각이 어려워 손실 억제의 필요성이 커지기 때문이다(2-10절 참조). 저항에 대한 리액턴스의 상대적 크기를 X / R 비로 나타내는데, 대략 100 kVA 이상의 변압기에서는 X / R 비가 3보다 크며, 이러한 경우 직렬임피던스가 누설리액턴스와 같은 것으로 보아도 무방하다. 즉 $\sqrt{R_e^2 + X_e^2} \approx X_e$이다.[7] 따라서 대용량 변

---

7 직각삼각형에서 직교하는 두 변의 길이에 현저한 차이가 있을 경우, 빗변의 길이는 긴 쪽과 거의 같다. 즉 $a >> b$ 이면 $\sqrt{a^2 + b^2} \approx a$이다. 이렇게 했을 때의 오차는 $a / b = 3$ 일 경우 약 5%, $a / b = 5$ 인 경우에는 2% 미만에 불과하다.

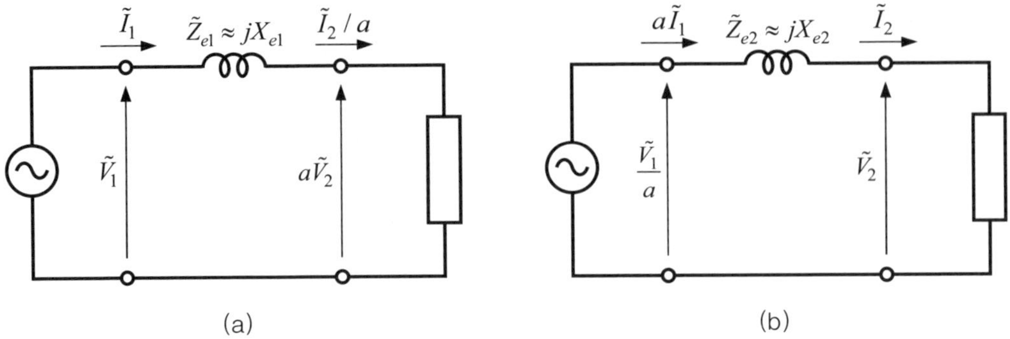

그림 2-17 변압기를 하나의 직렬리액턴스로 단순화시켜 나타낸 간이 등가회로: (a) 1차측으로 환산된 경우; (b) 2차측으로 환산된 경우

압기가 관련된 계통의 계산에서는 변압기의 병렬임피던스 성분과 직렬임피던스의 저항성분을 무시하고 그림 2-17과 같이 단 하나의 등가 직렬리액턴스만으로 단순화시켜 표현하는 경우가 많다.

통상 변압기의 직렬임피던스 성분의 크기를 표기할 때 pu값보다는 일상적으로 익숙한 백분율을 쓰는데, 이를 **%임피던스**라 부른다. 예를 들어 설비 계통도에서 변압기의 규격이 다음과 같은 방식으로 표기된 것을 흔히 볼 수 있다.

$$100\,\text{kVA},\ 22{,}900/220\,\text{V},\ 4\,\%$$

이는 변압기의 직렬임피던스가 4 % (0.04 pu)임을 뜻한다. (%저항과 %리액턴스를 구분하여 표기하기도 한다.) 이 %임피던스 수치는 정격부하 임피던스에 대한 상대적인 크기를 나타내는 동시에 **정격전류가 흐를 때 직렬임피던스에서 일어나는 전압강하의 크기가 정격전압의 몇 %에 해당하는지**를 나타내는 값이기도 하다. 예컨대 위의 변압기는 100 % (1 pu)의 정격전류가 흐르고 있을 때 내부 직렬 임피던스에서 정격전압의 4 % (0.04 pu)에 해당하는 전압강하(고압측 기준 916 V, 저압측 기준 8.8 V)가 일어난다. 이를 **%임피던스 강하**라 부른다. (일반적으로 전압강하와 전원전압의 위상이 일치하지 않기 때문에 이 임피던스 강하가 그 수치 그대로 변압기 출력전압 크기의 변동으로 나타나지 않는다. 이에 관해서는 다음 절에서 설명한다.) 또 같은 수치를 **%임피던스 전압**이라 부르기도 하는데, 이는 2차측을 단락시킨 상태에서 변압기에 정격전류가 흐르게 하는 1차전압이 정격전압의 몇 %인지를 나타낸다. (이는 2-9절의 변압기 단락시험에서 인가하는 전압에 해당한다.) 이처럼 같은 대상을 보는 관점에 따라 여러 다른 명칭으로 부르고 있음에 유의할 필요가 있다.

변압기의 임피던스와 단락전류

변압기는 내부 직렬임피던스가 작을수록 이상적인 변압기에 가깝게 동작한다. 그러나 '이상적인 변압기'가 곧 '바람직한 변압기'를 뜻하는 것은 아니다. 예를 들어 그림 2-18에서와 같이 변압기의 2차측에서 단락사고가 난 경우를 생각해보도록 하자. 변압기의 출력이 부하 임피던스를 거치지 않고 단락되면 큰 단락전류가 흐르게 되는데, 이때 변압기의 직렬임피던스가 단락전류의 크기를 제한하는 역할을 한다. 예컨대 Z_e가 4 %라면 단락전류는 1 pu / 0.04 pu = 25 pu, 즉 정격전류의 25배가 된다. 물론 이는 변압기가 접속된 전원이 이상적이라 가정했을 경우로, 실제로는 그림에 나타낸 것과 같이 전원도 등가의 테브난 임피던스 Z_s를 지니고 있기 때문에 단락전류는 이보다 작다. 그러나

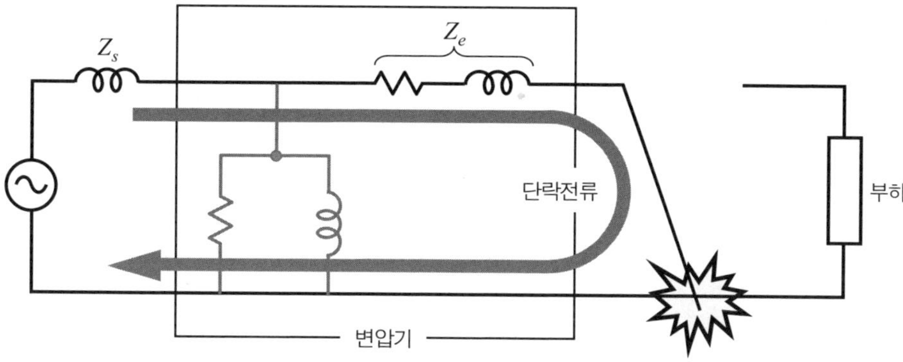

그림 2-18 변압기의 2차측에서 단락사고가 일어났을 때 흐르는 단락전류

대개 전원계통은 변압기 용량보다 훨씬 큰 이상적인 전압원에 근접하므로 $Z_s << Z_e$이고, 단락전류는 거의 변압기 임피던스에 의해 좌우된다고 할 수 있다.

임피던스가 작은 변압기일수록 단락전류가 크며, 큰 단락전류는 변압기의 손상은 물론 상위 전력설비에도 치명적인 문제를 일으킬 수 있다. 나아가 단락사고에 대비해 설치하는 과전류차단기의 정격차단전류가 단락전류보다 더 크게 선정되어야 하는 등 보호설비 비용이 상승한다.[8] 따라서 단락사고에 대비하기 위한 측면에서는 임피던스가 큰 변압기가 바람직하다. 그러나 임피던스가 크면 평상시 정상적인 운전상태에서 내부 전압강하 때문에 출력전압의 변동이 커질 수밖에 없다. 요컨대 정상운전에서는 임피던스가 작은 것이 좋지만 단락사고에 대비하는 측면에서는 임피던스가 큰 것이 좋으며, 변압기를 선정할 때는 **'평상시 전압변동의 억제'와 '단락사고시의 안전성 확보'라는 상충되는 요구 사이에서 적절한 타협점을 찾아야 한다.**

일반적으로 대용량 설비들에는 대량생산의 이점이 적용되지 않기 때문에 경제성의 문제로 변압기나 관련 설비에 설계상 여유를 크게 두지 않는 경향이 있다. 반면 대용량 설비의 사고는 막대한 경제적 손실과 중대한 안전상 위험을 초래할 수 있다. 따라서 대용량 설비일수록 단락사고시 전류 제한이 중요한 문제로 부각되어 변압기의 %임피던스를 크게 하는 경향이 있다. 앞서 언급했듯이 대용량 변압기에서 저항성분은 전체 임피던스에 거의 영향이 없으므로 단락전류 제한이 전적으로 누설리액턴스에 의해 이루어진다. 이러한 이유로 100 kV, 수십 MVA 이상 대형 변압기들의 누설리액턴스는 대체로 10 % 이상이며, 20 %에 달하는 것도 드물지 않다.[9]

---

[8] 과전류차단기는 전류가 어느 이상이 되면 차단동작이 일어나도록 만들어진다. 이 전류를 차단기의 정격전류라고 한다. 한편 매우 큰 전류에서는 차단기의 접점이 떨어지지 않아 차단에 실패할 수 있으며, 차단기마다 차단시킬 수 있는 전류의 최대 한도가 있다. 이를 정격차단전류라 한다. 예컨대 정격전류 200 A, 정격차단전류 10 kA인 차단기는 전류가 200 A에 이를 때까지는 통전상태에 있다가 200 A를 넘으면 차단동작이 시작된다. 그러나 미처 차단동작이 완료되기 전에 전류가 10 kA를 넘어버린다면 전류를 차단시킬 수 없게 된다(차단실패). 따라서 최악의 조건에서 흐르게 될 최대의 전류(단락전류)가 계산되면 그러한 상황에 놓이더라도 확실히 차단동작이 완료될 수 있도록 그보다 큰 정격차단전류의 차단기가 사용되어야 한다.

[9] 이러한 이유로 대용량일수록 단락전류의 pu값은 작지만 대신 단락전류에 포함되는 비대칭 과도성분의 지속시간은 길다. 여기서 X/R비가 중요한 지표가 되는데, X/R비는 $\omega L / R = \omega\tau$ 이므로 [sec] 단위의 시정수 τ 를 주어진 주파수에서 [rad] 단위로 환산한 수치에 해당한다. 예컨대 X/R비가 25라면 시정수가 25 rad, 즉 전원의 약 4주기임을 뜻한다. 초기 과도성분이 95 % 감쇄하는 데에 시정수의 3배, 99 %까지 감쇄하는 데에 시정수의 5배 시간이 필요하다. 따라서 저항성분이 초기 단락전류의 크기에는 거의 영향을 미치지 못하지만 과도성분 감쇄에는 큰 영향을 미친다. 10 MVA 변압기의 X/R비는 10 정도, 100MVA에서는 30 이상으로, 대용량일수록 크다.

2-7 전압변동률

변압기 2차측 출력전압은 항상 일정한 것이 아니라 변압기 내부의 임피던스에서 일어나는 전압강하 때문에 부하전류에 따라 변동한다. 부하전류가 0인 무부하상태에서의 출력전압을 무부하전압이라 하며 부하전류가 정격전류일 때(100 % 부하율)의 출력전압을 전부하전압이라 한다. 이를 각각 V_{nl}, V_{fl} 라 하면 무부하에서 전부하까지 범위에서 변압기 출력전압이 얼마나 변동하는지를 나타내기 위해 아래 식으로 정의되는 **전압변동률**(voltage regulation)이라는 지표가 사용된다.

$$\varepsilon = \frac{V_{nl} - V_{fl}}{V_{fl}} \tag{2-21}$$

변압기의 직렬임피던스가 클수록 이 전압변동률이 커지는 것은 당연하다. 단 교류에서는 출력전압의 변화가 직류에서처럼 단순히 전류의 크기에 비례하는 것이 아니라 전류의 위상각에 따라서도 달라진다는 점에 주의해야 한다.

그림 2-19는 2차측으로 환산된 변압기 등가회로로서, 부하전류 $\tilde{I}_2$ 가 흐를 때 전원측 전압 $\tilde{V}_1'$ 와 출력단 전압 $\tilde{V}_2$ 사이의 관계가 아래 식으로 표현된다.

$$\tilde{V}_1' = \tilde{V}_2 + R_e\tilde{I}_2 + jX_e\tilde{I}_2 \tag{2-22}$$

이를 페이서도로 나타낸 것이 그 아래 그림이다. 여기서는 작도의 편의상 출력단 전압 $\tilde{V}_2$ 를 기준페이서로 놓고 역률각이 θ 인 지상부하가 접속되어 $\tilde{V}_2$ 에 θ 만큼 뒤진 위상의 전류 $\tilde{I}_2$ 가 흐르고 있는 상태를 보여주고 있다. 여기서 $\tilde{I}_2$ 의 크기가 정격전류와 같다면 $\tilde{V}_2$ 가 전부하상태에서의 출력전

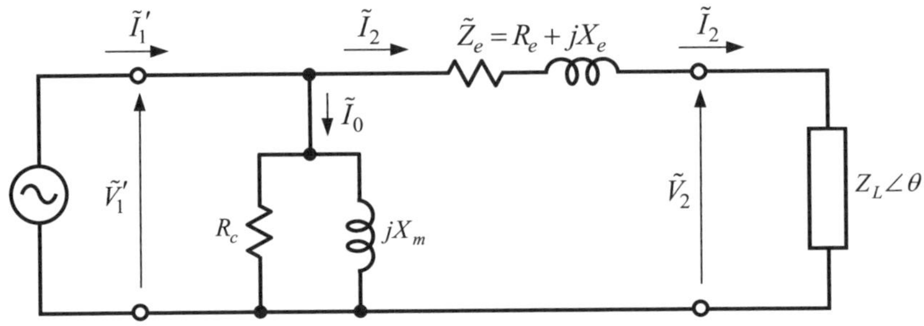

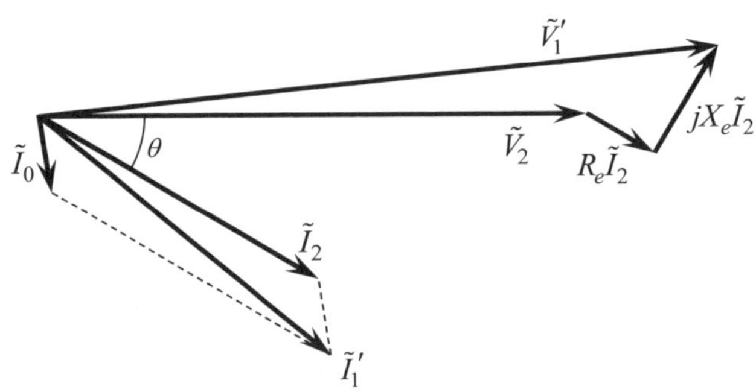

그림 2-19 2차측에서 본 변압기의 등가회로와 지상부하일 때의 페이서도

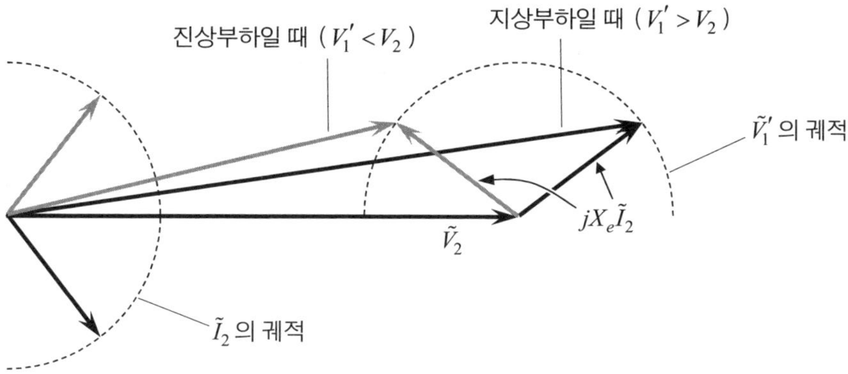

그림 2-20 전류 위상각의 변화에 따른 1차측 전압과 2차측 전압 사이의 상대적인 크기의 변화

압이고 여기에 저항과 리액턴스의 전압강하가 더해진 것이 전원측 전압 $\tilde{V}_1'$ 인데, 무부하상태에서는 이 전압이 출력단에 그대로 나타나게 될 것이다. 즉 $V_{nl} = |\tilde{V}_1'|$, $V_{fl} = |\tilde{V}_2|$ 로서 $\tilde{V}_1'$ 의 크기와 $\tilde{V}_2$ 의 크기 사이의 차이가 식 (2-21)의 분자에 해당하는 전압변동량이며 그 값은 $\tilde{I}_2$ 의 크기만 아니라 위상각 θ 에 의해서도 달라지게 되는 것을 알 수 있다.

부하의 역률이 미치는 영향을 좀 더 명확히 보기 위해 그림 2-20에 저항성분의 전압강하를 무시하고 단순화시킨 페이서도를 나타내었다. 부하전류가 일정한 크기를 유지하면서 위상각만 변하는 것으로 가정하면 $\tilde{I}_2$ 는 점선으로 나타낸 원의 궤적 어딘가에 놓이게 될 것이다. 이때 $\tilde{V}_2$ 를 고정시키고 $\tilde{I}_2$ 의 변화에 대응하는 $\tilde{V}_1'$ 의 페이서를 그리면 역시 원의 궤적을 그리게 된다. (실제 상황에서는 $\tilde{V}_1'$ 가 일정하고 $\tilde{I}_2$ 가 변함에 따라 $\tilde{V}_2$ 가 변동하겠지만 전압강하 성분이 상대적으로 작기 때문에 이렇게 해도 결과에 큰 차이가 없다.) 여기서 $\tilde{V}_1'$ 와 $\tilde{V}_2$ 사이의 상대적인 크기를 보면 지상부하에서는 출력전압이 무부하전압보다 작고 진상부하에서는 출력전압이 무부하전압보다 큰 것을 알 수 있다. 즉 **지상 전류가 흐를 때는 변압기 임피던스가 출력전압을 떨어뜨리는 전압강하 효과를 갖지만 진상 전류가 흐를 때는 오히려 전압을 상승시키는 작용을 한다.** (전압이 상승할 경우 식 (2-21)의 전압변동률이 음수가 된다.)

그림 2-21은 그림 2-19의 페이서도를 다시 그린 것이다. 여기서는 전압강하 성분이 상당히 과장된 크기로 그려져 있으나 실제 변압기에서는 임피던스 강하가 정격전압의 수 % 정도이므로 $\tilde{V}_2$ 와 $\tilde{V}_1'$ 사이의 각도는 매우 작다. 이러한 경우 $\tilde{V}_1'$ 의 수직방향 성분을 무시해도 거의 오차가 없으므로 $\tilde{V}_1'$ 의 크기를 아래와 같이 간단한 근사식으로 표현할 수 있다.

$$V_1' \approx V_2 + R_e I_2 \cos\theta + X_e I_2 \sin\theta \tag{2-23}$$

이로부터 전압변동률은

$$\varepsilon = \frac{R_e I_2 \cos\theta + X_e I_2 \sin\theta}{V_2} \tag{2-24}$$

부하의 역률각 θ 는 지상부하에서는 양수, 진상부하에 대해서는 음수로 취하며, $V_2 = V_R$, $I_2 = I_R$ 이라 놓으면 정격부하상태에서의 전압변동률이 구해진다. 여기에 단위법을 적용하면 전압변동률

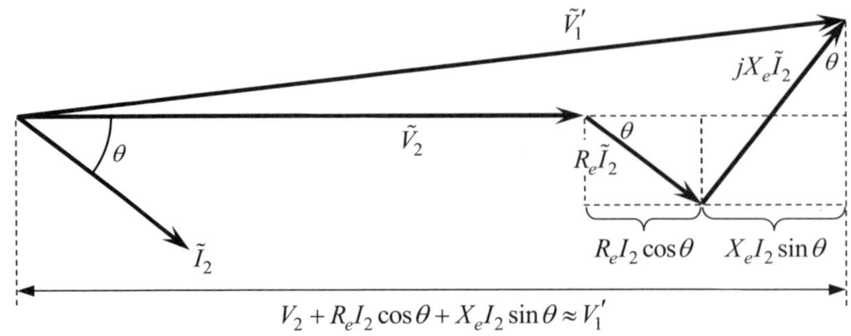

그림 2-21 무부하전압의 근사적 표현

이 아래와 같이 pu 임피던스 성분과 부하역률각의 함수로 표현된다.

$$\begin{aligned} \varepsilon &= \frac{R_e\cos\theta + X_e\sin\theta}{V_R / I_R} \\ &= R_{e,pu}\cos\theta + X_{e,pu}\sin\theta \end{aligned} \tag{2-25}$$

(부분부하 상태에서의 전압변동률을 구하려면 위의 식에 부하율, 즉 pu 전류값을 곱한다.)

식 (2-25)로부터 부하 역률이 1인 경우 전압변동률이 pu저항(%저항강하)과 같고 부하역률이 0일 때는 pu리액턴스(%리액턴스강하)와 같아지는 것을 알 수 있다. 그리고 부하 역률각이 변압기의 임피던스각과 같아졌을 경우에는 변압기 임피던스와 부하임피던스의 크기 비율대로 전압이 분압되면서 전압변동률이 변압기의 pu임피던스(%임피던스강하)와 같아지고, 이때 전압변동률이 최대가 된다.(증명은 연습문제로 한다.)

2-6절에서 보았듯이 변압기의 직렬임피던스가 유도성 리액턴스에 가깝기 때문에 일반적으로 지상 부하에서 역률이 낮을수록 변압기에서 일어나는 전압강하가 커지며, 누설리액턴스가 큰 대용량 변압기일수록 그러한 경향은 더욱 현저하게 나타난다. 역률이 낮은 부하에 커패시터로 역률보상을 하는 것은 일차적으로 무효성분 전류를 줄여 선로 손실을 억제하고 설비용량의 낭비를 피하는 데에 목적이 있지만 이러한 전압변동을 억제하는 것 역시 역률보상의 중요한 목적이다.(단 지나친 역률보상으로 진상 역률이 되면 전압의 상승으로 전압강하보다 오히려 더 큰 문제를 초래할 수 있음에 유의해야 한다. 통상 역률보상시 목표역률을 '약간 지상인 상태'인 0.9 정도로 잡는 것은 이러한 이유에서이다.)

예제 2-4

200 kVA, 22,900V/6,600V 단상변압기의 %저항과 %리액턴스가 1.5 %, 4.3 %이다. 변압기 출력전압이 정격전압이라 가정하고 (a) 0.75 지상역률 정격부하에서 운전될 때 무부하전압과 전압변동률을 구하라. (b) 0.75 진상역률 정격부하에서 운전될 때 무부하전압과 전압변동률을 구하라. (c) 위의 두 결과를 식 (2-25)의 근사식을 적용한 결과와 비교하라. (d) 전부하상태에서 역률만 변한다면 전압변동률의 최대치는 얼마인가?

(a) 2차측 정격전류가 200k / 6.6k = 30.30 A이고 부하 역률각이 $\cos^{-1} 0.75 = 41.4°$ 이므로 2차

출력전압을 기준페이서로 하면 2차측 전류 페이서가 아래와 같이 표현된다.

$$\tilde{I}_2 = 30.30\angle -41.4° = 22.73 - j20.04 \text{ A}$$

변압기의 직렬 등가저항과 리액턴스를 구하면

$$Z_B = \frac{V_B^2}{S_B} = \frac{6,600^2}{200\text{k}} = 217.8 \ \Omega$$

$$R_e = 0.015 \times Z_B = 0.015 \times 217.8 = 3.27 \ \Omega$$

$$X_e = 0.043 \times Z_B = 0.043 \times 217.8 = 9.37 \ \Omega$$

2차측 출력전압이 정격전압일 때 2차측으로 환산된 1차측 전압을 계산하면

$$\begin{aligned}\tilde{V}_1' &= \tilde{V}_2 + R_e\tilde{I}_2 + jX_e\tilde{I}_2 \\ &= 6,600 + 3.27 \times (22.73 - j20.04) + j9.37 \times (22.73 - j20.04) \\ &= 6,862 + j147 \text{ V} = 6,863\angle 1.23° \text{ V}\end{aligned}$$

이 전압의 크기가 무부하전압이다. 따라서 전압변동률은

$$\varepsilon = \frac{6,863 - 6,600}{6,600} = 3.98 \ \%$$

혹은 Ω 단위의 R_e 와 X_e 를 구할 필요 없이 아래와 같이 pu 수치로부터 계산할 수도 있다.

$$\begin{aligned}\tilde{V}_{1,pu} &= \tilde{V}_{2,pu} + R_{e,pu}\tilde{I}_{2,pu} + jX_{e,pu}\tilde{I}_{2,pu} \\ &= 1 + 0.015 \times 1\angle -41.4° + j0.043 \times 1\angle -41.4° \\ &= 1.0397 + j0.0223 \text{ pu} = 1.0399\angle 1.23° \text{ pu}\end{aligned}$$

이로부터 전압변동률이 3.99 %임을 바로 알 수 있고, 무부하전압은

$$V_1' = 1.0399 \times 6,600 = 6,863 \text{ V}$$

(b)

$$\tilde{I}_2 = 30.30\angle 41.4° = 22.73 + j20.04 \text{ A}$$

$$\begin{aligned}\tilde{V}_1' &= \tilde{V}_2 + R_e\tilde{I}_2 + jX_e\tilde{I}_2 \\ &= 6,600 + 3.27 \times (22.73 + j20.04) + j9.37 \times (22.73 + j20.04) \\ &= 6,487 + j279 \text{ V} = 6,493\angle 2.5° \text{ V}\end{aligned}$$

$$\varepsilon = \frac{6,493 - 6,600}{6,600} = -1.64 \ \%$$

(c) 지상역률 0.75인 경우: $\sin\theta = \sqrt{1 - 0.75^2} = 0.66$ 이므로

$$\varepsilon = R_{e,pu}\cos\theta + X_{e,pu}\sin\theta = 1.5 \times 0.75 + 4.3 \times 0.66 = 3.96 \ \%$$

진상역률 0.75인 경우:

$$\varepsilon = R_{e,pu}\cos\theta + X_{e,pu}\sin\theta = 1.5 \times 0.75 - 4.3 \times 0.66 = -1.71 \ \%$$

(a), (b)의 결과와 다소 차이가 있긴 하지만 거의 같은 수치가 얻어짐을 알 수 있다.

(d) $R_{e,pu}\cos\theta + X_{e,pu}\sin\theta$ 가 최대가 되는 θ 는 $-R_{e,pu}\sin\theta + X_{e,pu}\cos\theta = 0$ 로부터

$$\theta = \tan^{-1}(X_{e,pu} / R_{e,pu}) = \tan^{-1}(4.3 / 1.5) = 70.8°$$

$$\varepsilon_{max} = 1.5 \times \cos 70.8° + 4.3 \times \sin 70.8° = 4.55 \ \%$$

이 값은 변압기의 %임피던스 $\sqrt{1.5^2 + 4.5^2} = 4.55 \ \%$ 와 같음을 알 수 있다.

전압강하? 전압상승?

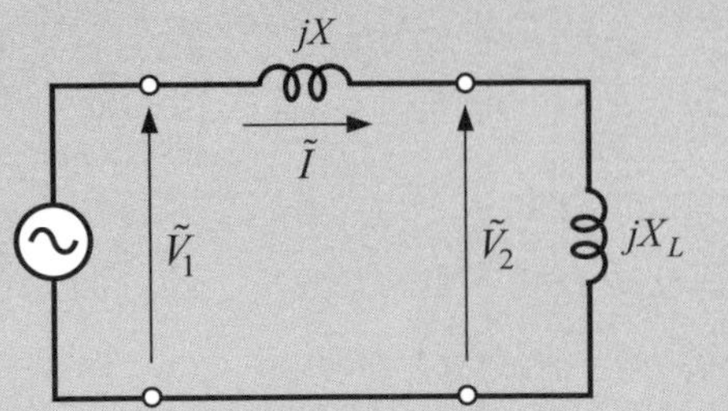

유도성 리액턴스에서 전압강하가 일어날 때 부하가 순수한 유도성리액턴스라면 두 리액턴스에 의해 분압된 전압이 부하에 나타난다. (전압강하)

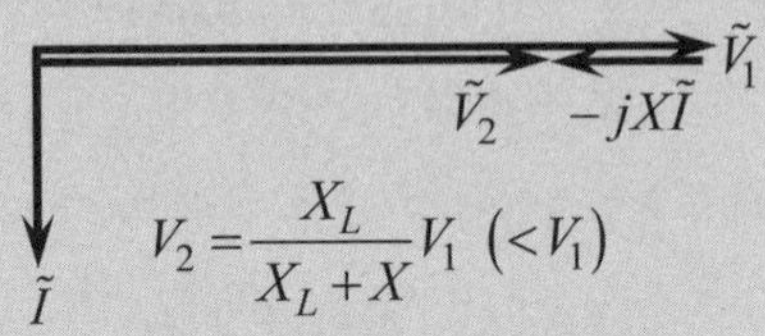

$$V_2 = \frac{X_L}{X_L + X} V_1 \ (< V_1)$$

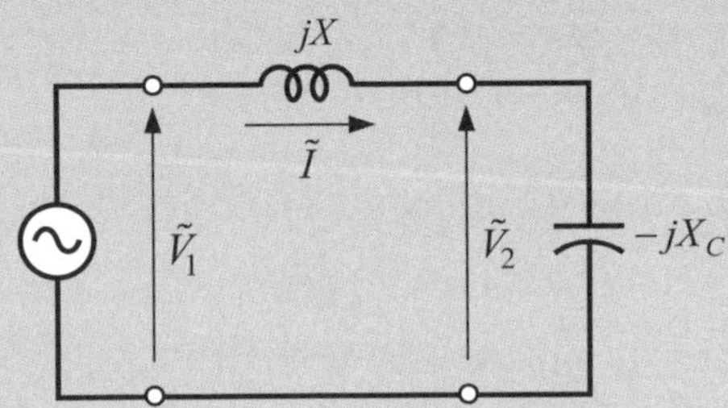

부하에 진상전류가 흐르면 전압강하가 반대 방향으로 일어나므로 부하에 전압강하가 더해진 전압이 나타난다. (전압상승)

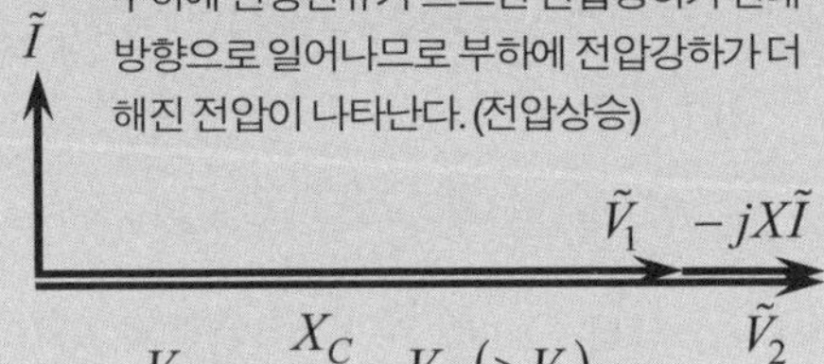

$$V_2 = \frac{X_C}{X_C - X} V_1 \ (> V_1)$$

부하가 위와 같이 순수한 인덕터나 순수한 커패시터가 아니라 해도 지상 전류가 흐르는 경우에는 선로의 리액턴스에서 일어나는 전압강하가 부하단 전압의 크기를 줄이는 방향으로 작용하고 진상 전류가 흐르는 경우에는 부하단 전압의 크기를 키우는 방향으로 작용한다.

페란티효과(Ferranti effect)

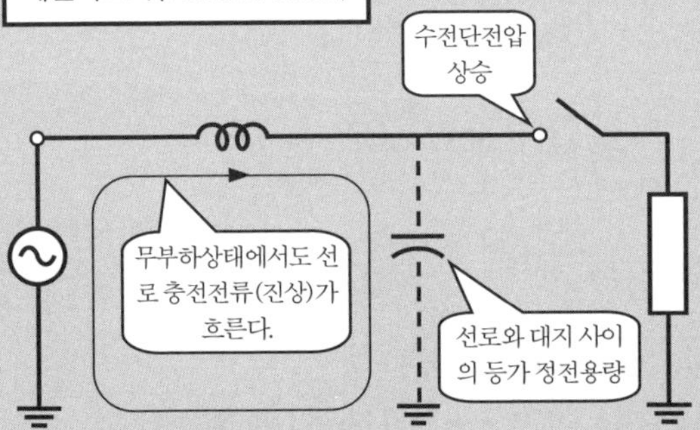

장거리 송전계통이 무부하 혹은 저부하 상태일 때 선로와 선로, 선로와 대지 사이의 정전용량으로 인해 진상전류가 흐른다. 이때 유도성 리액턴스 선로에서 일어나는 전압강하로 수전단전압이 송전단전압보다 높아지는 현상이 나타난다. 이를 **페란티효과**라 한다.

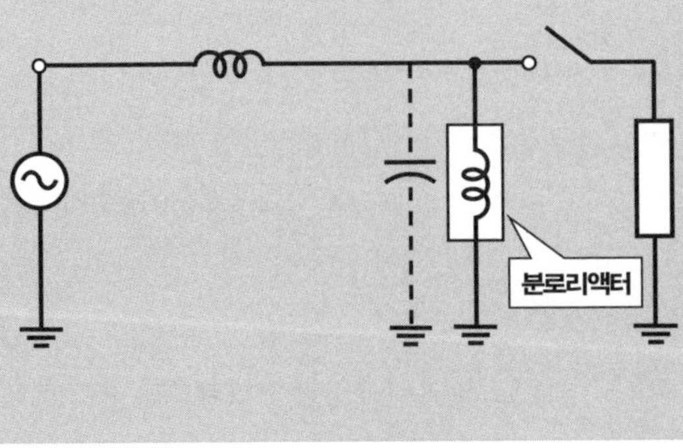

전원에서부터 멀어질수록 페란티효과에 의한 전압상승이 커져서 장거리 선로에서는 위험한 전압에 이를 수 있다. 이 전압상승을 피하기 위해 일부러 유도성부하 역할을 하는 리액터를 설치한 것을 **분로리액터** (shunt reactor)라 한다.

2-8 손실과 효율

전력시스템에 사용되는 변압기의 효율은 매우 높다. 수 MVA 이상 대용량에서는 99.5 % 에 달하며 중소용량도 97 % 이상이다. 그러나 이는 정격운전상태에서의 효율을 말하는 것으로, 항상 그 효율이 유지되는 것은 아니다. 실제 운전 효율은 부하량에 따라, 그리고 부하의 역률에 따라 달라진다.

규약효율

변압기 효율의 일반적인 표현식은 아래와 같다.

$$\eta = \frac{P_{out}}{P_{in}} = \frac{P_{out}}{P_{out} + P_C + P_R} \tag{2-26}$$

P_C 는 **철손**(iron loss), P_R 은 **동손**(copper loss)을 나타낸다. 철손은 철심에서 발생하는 히스테리시스손과 와류손, 동손은 전류가 흐를 때 권선저항에서 발생하는 손실을 말한다. 그 외 유전체에서의 손실 등이 있으나 일반적으로 철손과 동손 외의 손실은 매우 작아서 무시해도 지장이 없다.

변압기의 효율을 결정할 때 실제 정격부하 운전 상태에서 입력과 출력을 각각 측정하여 구한 것을 실측효율이라 한다. 그러나 고압 대용량 변압기의 경우 제작사에서 변압기를 제작할 때마다 실제 정격 운전에 준하는 상황을 만들어 입력과 출력을 직접 측정한다는 것은 현실적으로 대단히 어려운 일이다. 따라서 식 (2-26)의 표현식과 같이 명판상 주어진 정격출력을 분자로 하고, 별도의 방법을 통해 측정한 철손과 동손을 정격출력에 더한 것을 분모로 하여 효율을 계산하는 방식이 적용된다. 이렇게 계산된 효율이 실측효율과 다소 차이가 날 수는 있겠지만 큰 오차가 없다고 보고 업계 전반에서 통용하기로 한 것을 **규약효율**(conventional efficiency)이라 한다. 이때 철손과 동손을 측정하는 방법은 2-9절의 변압기 상수측정에서 설명하는 방법에 준한다.

효율특성

등가회로에서 철손저항이 1차전압에 병렬로 접속되는 것으로부터 알 수 있듯이 전압과 주파수가 일정한 한 **철손은 부하 상태에 무관하게 거의 일정한 값을 유지한다**. 반면에 동손은 부하가 증가함에 따라 같이 증가한다. 무부하상태에서는 동손이 미미하고 철손만 존재하므로 철손을 **무부하손**, 동손을 **부하손**이라 부르기도 한다.

부하의 변화가 효율에 미치는 영향을 보기 위해 식 (2-26)을 전류의 함수로 표현하면

$$\eta = \frac{V_2 I_2 \cos\theta}{V_2 I_2 \cos\theta + P_C + R_e I_2^2} \tag{2-27}$$

여기서 단위법 표현방식을 적용하기 위해 $V_2 = V_B$, $I_2 = I_{pu} I_B$로 쓰면 철손이 $P_C = V_B^2 / R_c$로 표현되므로 이들을 대입하여 아래와 같이 효율을 pu값들로 표현할 수 있다.

$$\eta = \frac{I_{pu} \cos\theta}{I_{pu} \cos\theta + 1 / R_{c,pu} + R_{e,pu} I_{pu}^2} \tag{2-28}$$

여기서 단위화된 전류 I_{pu} 는 그 자체가 부하율을 나타낸다. 변압기의 효율이 부하율과 역률에 따라 달라지지만 그 대표값으로 **역률 1, 전부하 상태일 때의 효율을 정격효율이라 한다**. 변압기의 명판에 표시되는 효율은 이 정격효율이다. 식 (2-28)에 $\cos\theta = 1$, $I_{pu} = 1$을 대입하면 정격효율은 다음

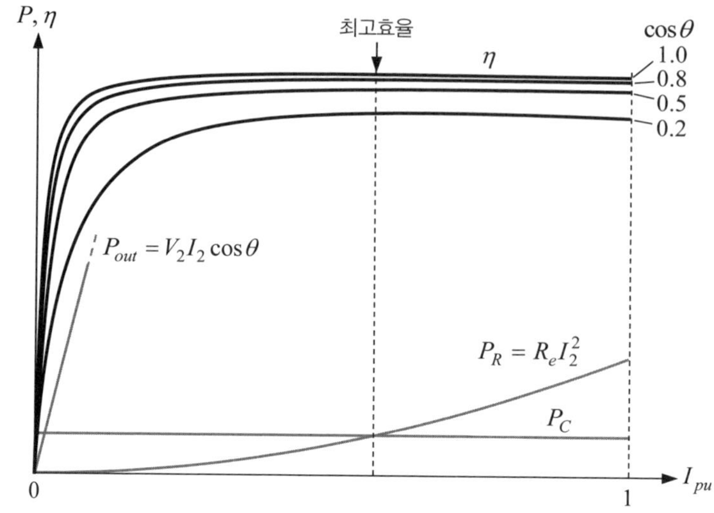

그림 2-22 부하에 따른 변압기 손실과 효율의 변화

식과 같이 표현된다.

$$\eta_R = \frac{1}{1 + 1/R_{c,pu} + R_{e,pu}} \tag{2-29}$$

그림 2-22는 부하역률이 일정한 때 부하율의 변화에 따른 출력과 손실 및 효율의 변화를 보여주고 있다. 출력이 0인 무부하 상태에서도 철손은 존재하므로 입력은 0이 되지 않는다. 따라서 무부하 상태에서 효율은 0이다. 부하가 증가함에 따라 효율이 상승하는데, 그림에서 알 수 있듯이 부하율이 10~20 %를 넘어서고 나면 정격부하에 이르기까지 큰 변화가 없다. 따라서 부하율이 현저히 낮아지지 않는 한 변압기의 효율은 정격부하일 때의 효율에서 크게 벗어나지 않는다.

부하율에 따른 효율의 변동이 크지 않은 반면 부하의 역률은 변압기 효율에 상당한 영향을 미친다. 예를 들어 부하역률 1일 때 효율이 98 %였다면 같은 부하율에서 역률이 0.5로 낮아졌을 때 효율은 약 96 %로 떨어진다. 그러나 이는 변압기의 손실이 증가해서가 아니라 원래 출력전력에 대해 약 2 %였던 손실의 비중이 출력전력이 절반으로 줄어듦에 따라 4 % 정도로 증가하기 때문이다.

예제 2-6

500 kVA, 6,600 /220 V 정격의 배전용 변압기가 있다. 무부하상태에서 손실이 1,800 W이고 전부하상태에서 측정한 손실이 8,400 W였다. 지상역률 0.8인 70 % 부하에서의 효율을 구하라.

무부하상태에서 손실이 곧 철손이고 전부하상태에서 동손은 전체 손실에서 철손을 뺀 것이다. 따라서

$$P_C = 1{,}800 \text{ W}$$

$$P_R = 0.7^2 \times (8{,}400 - 1{,}800) = 3{,}234 \text{ W}$$

$$P_{out} = 0.8 \times 0.7 \times 500\text{k} = 280 \text{ kW}$$

$$\eta = \frac{P_{out}}{P_{out} + P_C + P_R} = \frac{280{,}000}{280{,}000 + 1{,}800 + 3{,}234} = 98.2 \text{ \%}$$

최고효율조건

그림 2-22에서 보다시피 부하가 증가할 때 출력은 전류에 비례하여 직선적으로 증가하는 반면 동손은 전류의 제곱에 비례하기 때문에 전류가 어느 이상으로 커지면 효율이 다시 하락한다. 극단적으로 식 (2-27)에서 전류가 무한대로 커지면 0에 수렴하는 것을 알 수 있다. 이렇게 효율이 상승했다 다시 하락한다는 사실은 어딘가에 효율이 최고가 되는 지점이 존재함을 뜻한다. 효율이 최고가 되는 조건을 구하기 위해 식 (2-27)의 분모와 분자를 전류로 나누어 다시 쓰면

$$\eta = \frac{V_2 \cos\theta}{V_2 \cos\theta + P_C / I_2 + R_e I_2} \tag{2-30}$$

$\cos\theta$가 일정하다고 하면 위의 식은 분모가 최소인 지점에서 최대값을 갖는다. 분모의 첫 항이 일정하므로 $P_C / I_2 + R_e I_2$가 최소일 때가 효율이 최대이다. 이로부터 최고효율 조건은 $P_C / I_2 = R_e I_2$임을 보일 수 있다.[10] 이 조건을 달리 표현하면

$$P_C = R_e I_2^2 \ (= P_R) \tag{2-31}$$

즉 **변압기의 효율은 동손과 철손이 같을 때 가장 높다.** 예컨대 정격부하에서 동손이 철손의 2배인 변압기는 동손이 철손과 같아지는 약 70 % 부하율에서 최고효율을 갖는다.

송전용 변압기와 배전용 변압기

변압기의 효율이 상당히 높고, 또 부하율이 어느 이상만 되면 그다지 큰 차이가 나지 않긴 하지만 모든 전기에너지가 변압기를 거치기 때문에 변압기 효율을 높게 유지하는 것은 에너지 절감에 매우 중요한 일일 수밖에 없다. 2-1절에서 언급했듯이 변압기는 **송전용변압기**와 **배전용변압기**로 구분된다. 송전용은 33 kV 이상에서 운용되는 것으로, 항상 전부하에 가깝게 운전되므로 정격부하 부근에서 최고효율을 갖도록 만들어진다. 반면에 배전계통의 변압기는 부하가 일상적으로 큰 폭으로 변동하는 환경에서 사용되므로 통상 40~60 %의 부하율에서 최고효율을 갖도록 만들어진다.

이러한 차이는 송전용/배전용의 구분이 단지 용도의 차이만이 아닌, 변압기의 기본 설계에 관련되어 있음을 의미한다. 배전용변압기의 경우 낮은 부하율에서 최고효율(동손 = 철손)이 나타나므로 정격부하에서는 동손이 철손보다 크다. 이는 배전용변압기가 대기전력(무부하손실)의 대부분을 차지하는 철손을 억제하는 데에 주안점을 두어 만들어짐을 뜻한다. 히스테리시스손실과 와류손이 모두 최대자속밀도에 좌우되므로 철손을 줄이기 위해 배전용변압기의 최대자속밀도는 송전용변압기보다 낮게 설계된다. 따라서 만일 같은 용량, 같은 전압정격(같은 최대자속)이라면 배전용의 철심 단면이 더 크고, 그만큼 더 많은 철을 사용한다. 반면에 송전용은 전부하에서 발열 억제를 위해 도체의 전류밀도를 낮춰야 하므로 같은 전류에서 도체 단면이 더 크고, 그만큼 더 많은 동을 사용한다. 요컨대 배전용 변압기는 철의 비중이 높고 송전용 변압기는 동의 비중이 높다.

이러한 경향은 용량의 차이 때문에 더욱 현저하게 나타난다. 실제의 대형(200 MVA 이상) 송전용 변압기는 제작비의 절감 및 운송, 설치 등의 이유로 크기와 무게를 줄이는 것이 중요하기 때문에 철심을 줄이기 위해 최대자속밀도를 높게 하는 경향이 있다. 또 대형 기기에 따르는 냉각의 어려움(2-10절 참조) 때문에 동손 억제의 필요성이 더욱 커진다. 2-6절에서 언급하였듯이 대형 변압기들의 누

---

10 일반적으로 $y = ax + b/x$ 꼴의 함수($a, b > 0$)는 $ax = b/x$일 때 최소가 된다.

설리액턴스가 큰 것은 이처럼 상대적으로 철을 적게 사용함으로 해서 철심의 자기저항이 증가한 결과 상대적으로 누설자속이 더 많이 발생하기 때문이기도 하다.

전일효율

부하변동이 큰 배전용 변압기의 경우, 일반적으로 부하율은 부하의 특정 변동주기(일간, 주간, 월간 등) 동안의 평균 부하율을 기준으로 한다. 변압기의 평균 효율은 통상 하루 중 총 입력 kWh와 총 출력 kWh 사이의 비율인 **전일효율**로 나타내며 전일효율을 최대로 하는 최적의 부하율은 앞에서 설명한 최고효율 조건의 연장선상에서 **'주어진 기간 동안 동손의 평균치가 철손과 같아야 한다'**는 조건을 적용하여 산출한다.

예제 2-7

20 kVA, 13,200 V/240 V, 60 Hz 변압기의 저항과 리액턴스가 각각 1.9 %, 3.8 %이고 무부하손실이 140 W이다. (a) 역률 1인 정격부하에서의 효율 (b) 역률 1, 30 % 부하에서의 효율 (c) 역률 50 %, 정격부하에서의 효율을 구하라. (d) 효율이 최대가 되는 부하율을 구하고 역률 1에서의 최고효율을 구하라.

(a) %저항으로부터 실제 저항을 구하고 이로부터 정격부하에서의 동손을 계산한다.

$$I_R = \frac{20,000}{13,200} = 1.515 \text{ A}$$

$$Z_B = \frac{V_R}{I_R} = \frac{13,200}{1.515} = 8,713\ \Omega$$

$$R_e = R_{e,pu} Z_B = 0.019 \times 8,713 = 165.5\ \Omega$$

$$P_R = R_e {I_R}^2 = 165.5 \times 1.515^2 = 380 \text{ W}$$

혹은 정격 용량과 %저항으로부터 다음과 같이 직접 구할 수도 있다.

$$P_R = R_{e,pu} S_R = 0.019 \times 20\text{k} = 380 \text{ W}$$

따라서 역률 1인 정격부하에서의 효율은

$$\eta = \frac{20,000}{20,000 + 140 + 380} = 97.5\ \%$$

(b) $$\eta = \frac{20,000 \times 0.3}{20,000 \times 0.3 + 140 + 380 \times 0.3^2} = 97.2\ \%$$

(c) $$\eta = \frac{20,000 \times 0.5}{20,000 \times 0.5 + 140 + 380} = 95.1\ \%$$

주: (b)에서 부하율이 크게 변동했음에도 효율의 변화가 미미한 반면 (c)에서 보듯이 부하역률이 낮아졌을 때는 효율이 상당히 큰 폭으로 떨어지는 것을 알 수 있다.

(d) 동손이 철손(무부하손)과 같아지는 전류를 구하면

$$R_e I^2 = 140 \text{ W}$$

$$I = \sqrt{\frac{140}{165.5}} = 0.920 \text{ A}$$

이는 부하율 0.920 / 1.515 = 60.7 % 에 해당한다. 이때 역률 1에서의 효율은

$$\eta = \frac{20,000 \times 0.607}{20,000 \times 0.607 + 140 + 140} = 97.7\ \%$$

2-9 변압기의 상수측정

변압기 등가회로의 회로정수가 주어져 있지 않은 경우 변압기의 시험을 통해 회로정수의 근사값을 구할 수 있다. 이를 위해 개방시험과 단락시험을 행한다. 개방시험에서는 여자회로 정수인 철손저항 R_c와 자화리액턴스 X_m을 구하고 단락시험에서는 직렬임피던스의 저항 R_e와 누설리액턴스 X_e를 구한다. 이 과정에서 정격 운전상태에서의 철손과 동손이 측정된다.

개방시험

개방시험(open-circuit test)은 무부하시험(no-load test)이라고도 하며 그림 2-23과 같이 변압기 한쪽을 개방하고 그 반대편에 전압을 가하여 인가전압 V_{OC}와 전류 I_{OC} 및 전력 P_{OC}를 측정한다. 그림의 등가회로에서 볼 수 있듯이 개방된 2차측 권선의 임피던스는 회로에 영향을 미치지 않는다. 1차측 임피던스가 여자회로에 직렬로 접속되지만 여자회로 임피던스가 워낙 크기 때문에 1차측 임피던스를 무시하고 전원전압 V_{OC}가 거의 그대로 여자회로에 가해지는 것으로 볼 수 있다.

이때 흐르는 전류는 무부하전류로, 정격전류보다 훨씬 작기 때문에 1차권선 저항에서의 손실은 미미하다. 따라서 측정된 전력이 모두 철손저항에서 소모된 것으로 보고 $P_{OC} = V_{OC}^2 / R_c$ 의 관계로부터 아래와 같이 철손저항을 구한다.

$$R_c = \frac{V_{OC}^2}{P_{OC}} \tag{2-32}$$

R_c로부터 철손전류 I_c가 구해지고, 철손전류 페이서 $\tilde{I}_c$와 자화전류 페이서 $\tilde{I}_m$이 직교하여 $I_{OC} = \sqrt{I_c^2 + I_m^2}$ 의 관계를 갖는 것으로부터 아래와 같이 자화리액턴스가 구해진다.

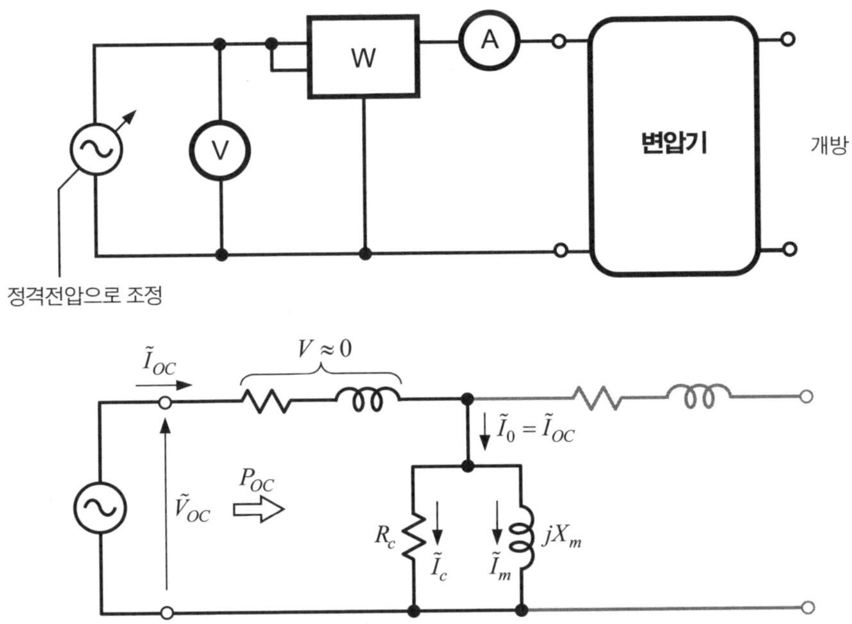

그림 2-23 변압기의 개방시험

$$I_c = \frac{V_{OC}}{R_c} \tag{2-33}$$

$$I_m = \sqrt{I_{OC}^2 - I_c^2} \tag{2-34}$$

$$X_m = \frac{V_{OC}}{I_m} \tag{2-35}$$

개방시험은 고압측이나 저압측 어느 쪽에서 해도 무방하지만 보통 고압을 인가하는 데에서 오는 어려움을 피하기 위해 고압측을 개방하고 저압측에서 측정한다.(이때 개방된 고압측 단자들이 노출되지 않도록 적절한 방호대책을 강구해야 한다.) 철손저항은 전압에 따라 변하는 비선형적인 특성이 있기 때문에 실제 운전상태에 부합하는 철손저항을 얻기 위해서는 인가전압을 정격전압으로 조정한 상태에서 측정이 이루어져야 한다. 이렇게 하였을 때 측정된 입력전력 P_{OC}와 I_{OC}는 정격 운전상태에서의 철손과 무부하전류에 해당한다.

단락시험

단락시험(short-circuit test)에서는 그림 2-24와 같이 변압기 한쪽을 단락시키고 다른 쪽에 전압을 인가, 인가된 전압 V_{SC}와 전류 I_{SC} 및 전력 P_{SC}를 측정한다.[11] 등가회로에서 보다시피 2차측이 단락되면 2차측 임피던스가 여자회로에 병렬로 접속된다. 여자회로의 임피던스에 비해 2차측 임피던스는 수십분의 1로 매우 작기 때문에 부하 임피던스를 거치지 않고 이렇게 직접 병렬로 접속되면 거의 모든 전류가 2차측 임피던스로 흐르게 되고, 여자회로로 흐르는 전류는 매우 작다. 따라서 여자회로를 무시하면 1차측 임피던스와 2차측 임피던스가 직접 직렬로 접속된 상태로 볼 수 있다.

입력전력이 모두 합성저항 R_e에서 소모되므로 $P_{SC} = R_e I_{SC}^2$로부터

$$R_e = \frac{P_{SC}}{I_{SC}^2} \tag{2-36}$$

로 결정되고, 합성리액턴스 X_e는 측정된 전압과 전류로 계산된 임피던스로부터

$$Z_e = \frac{V_{SC}}{I_{SC}} \tag{2-37}$$

$$X_e = \sqrt{Z_e^2 - R_e^2} \tag{2-38}$$

단락시험을 할 때 정격전압을 인가하면 정격전류보다 훨씬 큰 전류가 흘러 변압기가 소손되어 버리므로 인가전압이 정격전압보다 훨씬 낮아야 한다. 따라서 출력전압을 조정할 수 있는 가변 단권변압기(3장 참조)와 같은 기기로 전압을 0에서부터 천천히 높여 정격전류를 넘지 않게 조정한 상태에서 측정이 이루어진다. 이때 저압측보다는 고압측에서 인가하는 것이 전압의 미세조정에 유리하고 더 안전하므로 저압측을 단락하고 고압측에서 측정하는 경우가 많다.

권선저항은 온도에 따라 상당히 차이가 나므로 정격운전상태의 온도에 근접하도록 정격전류가 흐르는 상태에서 충분한 시간이 경과한 후 측정해야 한다. 이렇게 해서 측정된 입력전력 P_{SC}는 정격

---

[11] 여기서 계측기의 위치에 유의하라. 전류가 작은 개방시험에서는 전압계를 통해 흐르는 전류가 전류 측정에 영향을 미치지 않도록 전류계를 변압기 쪽에 놓는다. 반면에 전압이 작은 단락시험에서는 전류계의 전압강하가 전압 측정에 영향을 미치지 않도록 전압계를 변압기 쪽에 놓는다. 즉 측정치가 작은 쪽을 측정대상에 가깝게 설치한다.

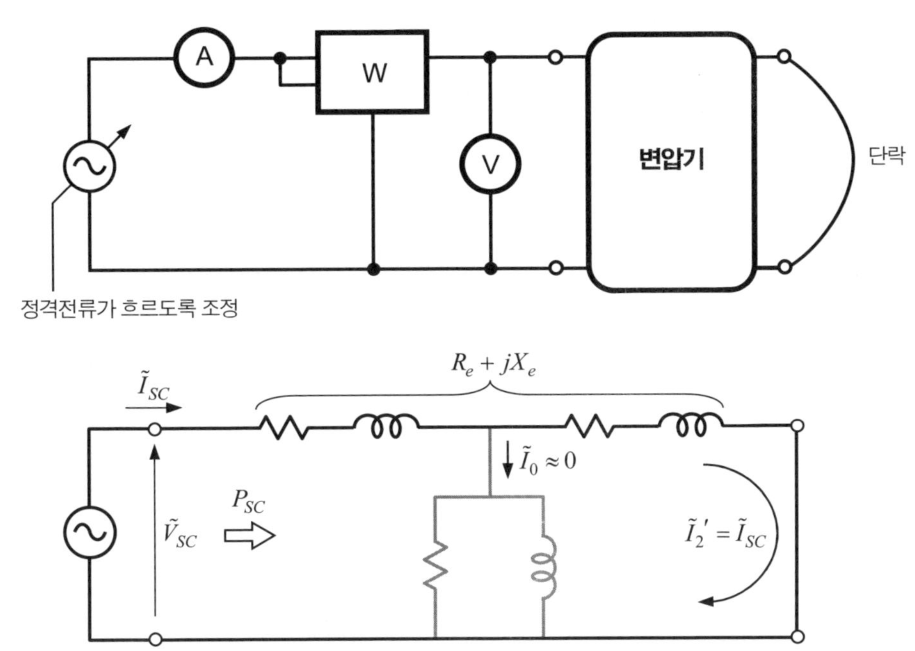

그림 2-24 변압기의 단락시험

부하로 운전될 때의 동손에 해당한다. 그리고 인가전압 V_{SC}는 정격전류가 흐를 때 변압기 내부의 임피던스강하(임피던스전압)에 해당한다. 예컨대 정격전압의 8 %에서 단락전류가 정격전류에 도달했다면 이는 변압기의 직렬임피던스가 정격 부하임피던스의 8 %임을 뜻한다.

예제 2-7

15 kVA, 2,300/230 V 변압기를 시험한 결과가 아래와 같다.

개방시험: $V_{OC} = 230$ V, $I_{OC} = 2.1$ A, $P_{OC} = 50$ W (저압측에서 측정)
단락시험: $V_{SC} = 47$ V, $I_{SC} = 6.0$ A, $P_{SC} = 160$ W (고압측에서 측정)

(a) 이 변압기의 등가회로 정수를 결정하라. (b) 이 변압기의 효율을 결정하라.

(a) 개방시험 결과로부터

$$R_c = \frac{V_{OC}^2}{P_{OC}} = \frac{230^2}{50} = 1,058\ \Omega$$

$$I_c = \frac{V_{OC}}{R_c} = \frac{230}{1,058} = 0.217\ \text{A}$$

$$I_m = \sqrt{I_{OC}^2 - I_c^2} = \sqrt{2.1^2 - 0.217^2} = 2.09\ \text{A}$$

$$X_m = \frac{V_{OC}}{I_m} = \frac{230}{2.09} = 110\ \Omega$$

개방시험이 저압측에서 이루어졌으므로 위의 회로정수들은 저압측으로 환산된 값이다. 단락시험 결과와 통일하기 위해 고압측으로 환산하면

$$R_c = 10^2 \times 1{,}058\ \Omega = 105.8\ \text{k}\Omega$$

$$X_m = 10^2 \times 110\ \Omega = 11.0\ \text{k}\Omega$$

단락시험 결과로부터 고압측에서 본 직렬임피던스 성분은 아래와 같이 된다.

$$R_e = \frac{P_{SC}}{I_{SC}^2} = \frac{160}{6^2} = 4.44\ \Omega$$

$$Z_e = \frac{V_{SC}}{I_{SC}} = \frac{47}{6} = 7.83\ \Omega$$

$$X_e = \sqrt{Z_e^2 - R_e^2} = \sqrt{7.83^2 - 4.44^2} = 6.45\ \Omega$$

(b) 개방시험이 정격전압에서 이루어졌으므로 이때의 입력전력이 정격운전시의 철손과 같다.

$$P_C = 50\ \text{W}$$

단락시험이 이루어진 6.0 A는 고압측 정격전류 15 kVA/2,300 V = 6.52 A보다 작다. 따라서 정격전류에서의 동손을 추정하면

$$P_R = 160 \times \left(\frac{6.52}{6.0}\right)^2 = 189\ \text{W}$$

이로부터 역률 1인 정격부하에서의 효율(규약효율)은 아래와 같이 계산된다.

$$\eta = \frac{P_{out}}{P_{out} + P_C + P_R} = \frac{15{,}000}{15{,}000 + 50 + 189} = 98.4\ \%$$

2-10 변압기의 구조

변압기는 철심과 권선, 그리고 절연물로 만들어진다. 철심과 권선은 변압기의 기본 기능을 담당하며 절연물은 철심과 권선이 제 기능을 할 수 있도록 뒷받침하는 역할을 한다. 여기에 변압기의 외함과 냉각을 위한 설비 등 기타 보조적인 요소들로 구성된다.

기본 형태

변압기의 형태는 권선과 철심의 배치방식에 따라 두 가지로 구분된다. 그림 2-25의 왼편과 같이 철심이 뼈대가 되고 그 바깥에 권선이 감겨 있는 것을 **내철형**(core type), 오른편과 같이 권선이 안쪽에 있고 철심이 외곽에서 권선을 감싸고 있는 형태를 **외철형**(shell type)이라 한다. 기하학적 구조

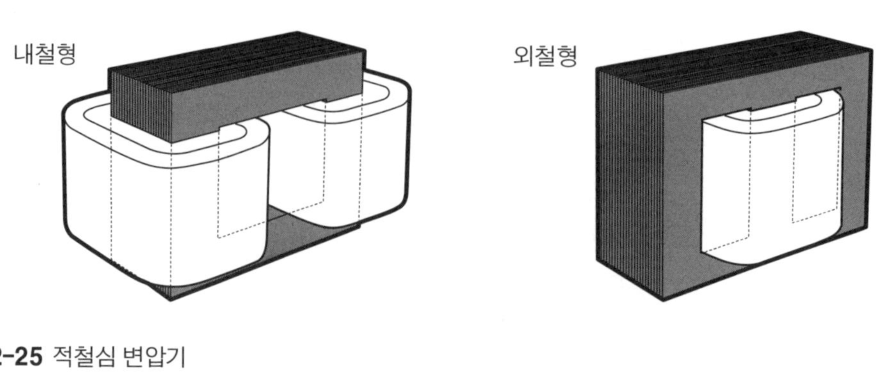

그림 2-25 적철심 변압기

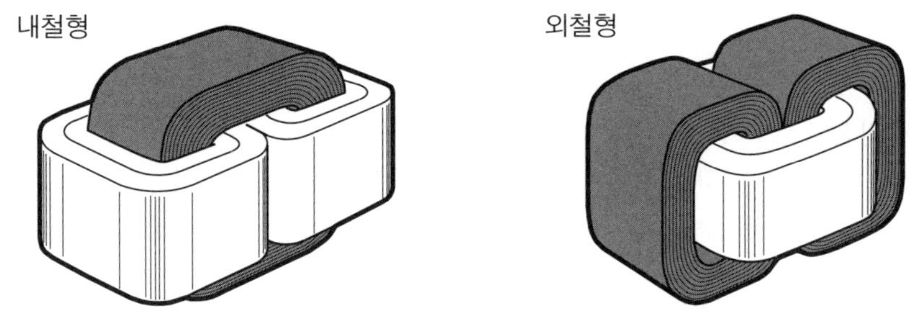

그림 2-26 권철심 변압기

상 내철형과 외철형은 철심과 권선의 배치를 서로 뒤바꾸어 놓은 것이라 할 수 있다. 한편 철심의 형태에 따라 그림 2-25와 같이 판형의 규소강판을 적층한 형태를 **적철심**(stacked core)**형**이라 하고 긴 띠 모양의 규소강대를 그림 2-26에 보인 것처럼 두루마리 모양으로 감은 것을 **권철심**(wound core)**형**이라 한다. 자속의 진행 방향으로 바라보았을 때 적철심형이 철심을 이루는 쇳덩이를 위아래로 분할한 형태라면 권철심형은 좌우로 분할한 형태에 해당한다.

그림 2-27은 중대형 변압기에서 내철형과 외철형의 권선 배치와 자기회로를 보여주고 있다. 실제 철심에 도체를 감을 때는 1차권선과 2차권선을 따로 감는 것이 아니라 두 권선의 자기적 결합도를 높이기 위하여 철심의 같은 부위에 함께 감는다. 내철형에서는 양쪽 권선을 각각 직렬연결된 두 부분으로 나누어 철심의 양쪽 다리에 나누어 설치하며 저압권선을 안쪽에, 고압권선을 바깥쪽에 배치한다. 고압권선을 바깥쪽에 두는 것은 철심에서 멀리 떨어뜨려 놓기 위해서이다. 외철형에서는 디스크 형태로 넓적하게 만들어진 고압권선과 저압권선을 각각 몇 개로 분할하여 짝지어 배치한다. 변압기 양쪽 권선의 기자력은 평형을 이루며, 기자력이 같으면 도체의 양도 같기 때문에 1차권선과 2차권선에 사용되는 도체의 양은 같다. 그러나 내철형의 경우 바깥에 배치된 고압권선에 더 많은 도체가 사용되며, 두 권선간의 불균형으로 전체 도체 소요량이 외철형에 비해 많다. 반면에 외철형은 상대적으로 자기회로가 길어지므로 더 많은 양의 철심이 소요된다. 즉 외철형은 철의 비중이, 내철형은 동의 비중이 높다. 그러나 전체 무게는 대략 비슷하다.

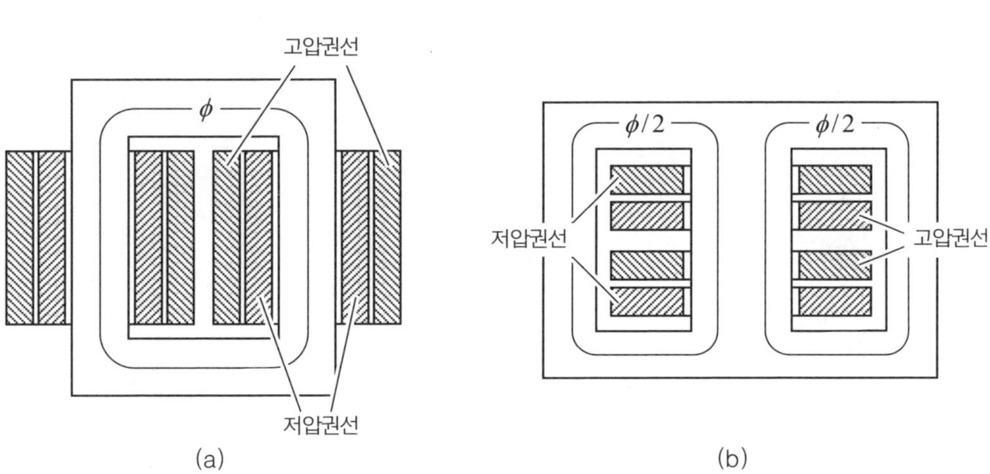

그림 2-27 (a) 내철형과 (b) 외철형의 권선배치와 자기회로

외철형은 철심이 권선을 에워싸고 있어서 누설자속이 작고 단락사고로 변압기에 큰 전류가 흐를 때 권선에 발생하는 큰 기계적 응력을 버텨주므로 기계적으로 견고하며, 운반과정이나 요동이 생기는 환경에서 권선이 보호되는 장점이 있다. 반면에 내철형은 1, 2차 권선간 절연이 용이하고 분해/수리가 외철형에 비해 간단하다. 대전류용이나 고전압 대용량 변압기는 외철형으로, 중전압이나 용량이 그다지 크지 않은 변압기는 내철형으로 만들어지는 경향이 있으나 절대적인 것은 아니며, 대체로 내철형이 주종을 이룬다.

철심

50/60 Hz 및 동작주파수가 수백 Hz 이내의 변압기에는 철심 재료로 0.35 mm 두께의 규소강판이 사용된다. 동작주파수가 높은 변압기에는 철손을 줄이기 위해 더 얇은 강판이 사용되며 수십 kHz 이상에서 작동하는 통신용 소형 변압기들에는 철심으로 산화철 분말을 압착하여 만든 연자성 페라이트(soft ferrite), 퍼말로이(permalloy) 합금 등이 사용된다.

규소 함량과 열처리 공정은 강판의 특성에 큰 영향을 미친다. 규소함유량이 높을수록 투자율이 크고 전기저항도 커서 철심으로서 우수하지만 너무 높으면 부러지기 쉽고 가공이 어려워진다. 변압기 철심은 제작 과정에 가공이 적은 편이므로 3~4 % 함량의 고규소강판이 사용된다. 한편 규소강판은 열간압연으로 만들어지지만 강한 냉간압연을 적용하면 압연방향으로 투자율이 큰 방향성 규소강판이 얻어진다. 방향성 규소강판을 사용하면 재료가 절약되고 가벼워지며 철손과 여자전류가 억제된다. 따라서 손실 억제가 중요한 대형 변압기에는 방향성 규소강판이, 손실 억제보다 단가 절감이 중시되는 소형 변압기에는 무방향성 규소강판이 사용된다.

그림 2-25의 적층형에서는 철심의 가로 부분과 세로 부분에서 자속의 방향이 달라지기 때문에 방향성 규소강판을 사용하는 경우 가로와 세로 부분을 자속의 진행 방향으로 돌려가면서 이어붙여야 한다. 그림 2-28은 그러한 방식으로 철심을 적층하고 있는 모습을 보여주고 있다. 한편 그림 2-26의 권철심형은 이어붙이지 않고도 방향성 규소강판을 사용할 수 있을 뿐 아니라 자기회로의 연속성이

그림 2-28 철심을 적층하고 있는 모습(LS 산전)

그림 2-29
절단된 권철심(cut-core)

훨씬 좋아서 적층형에 비해 여자전류와 철손이 감소하고, 중량도 줄일 수 있다. 권철심은 긴 띠 모양의 규소강대를 두루마리 형태로 감은 다음 상하 좌우로 압력을 가해 네모에 가까운 모양으로 변형시킨 것으로, 중앙을 잘라 권선을 끼운 후 다시 접착시킨다. 그림 2-29가 절단된 상태의 권철심을 보여주고 있다. 철손의 절감이 중요한 배전용 중소형 변압기는 이러한 권철심형이 주종을 이룬다.

권철심 재료 중 **아몰퍼스**(amorphous)합금은 철과 붕소, 규소 등의 혼합물을 용융상태에서 압출하여 얇은 띠 모양으로 만들어낸 것이다. 압출시 초급속냉각을 거치면서 분자구조가 미처 결정화되지 않은 비정질 상태로 남아 있기 때문에 자구의 정렬이 용이하여 히스테리시스손실이 작다. 두께가 0.025 mm 내외로 얇은데다 전기저항이 커서(규소강판의 3배 정도) 와류손도 크게 줄어든다. 따라서 철손이 규소강판의 1/4~1/5에 불과하다. 철손이 작으면 무부하손실, 즉 대기전력이 작으므로 부하율이 낮은 상태에서 장시간 운전되는 용도에 적합하다. 그러나 경도가 높아서 가공성이 떨어지고 포화자속밀도가 낮은 편이며(규소강판은 약 1.8~1.9 T, 아몰퍼스 는 약 1.4~1.6 T) 가격이 높고, 지나치게 얇아서 점적율(철심 단면에서 성층판 사이의 절연물을 제외한 철이 차지하는 비율)이 떨어지는 등의 문제로 대용량화에 어려움이 있다. 대략 수 MVA급까지 적용되어 왔으며 10 MVA(3상) 이상의 기기도 생산되고 있다.

이 외에도 소재기술의 발전과 함께 다양한 철심재료들이 개발되어 왔는데, 대표적으로 방향성 규소강판에 레이저빔을 쏘이는 등의 처리를 통해 자구를 미세하게 분할함으로써 저손실특성을 갖도록 개선한 **자구미세화철심**이 있다. 크게 비싸지 않으면서 대용량화에 유리하여 적용범위가 빠르게 확산되는 추세를 보이고 있다.

권선

권선 도체로는 둥근 동선이나 4각 단면의 평각동선이 사용된다. 소형 변압기에서는 절연된 권선을 철심에 직접 감지만 대형 변압기에서는 고압권선과 저압권선을 따로 만든 다음 철심에 조립한다. 이를 **형권**(form-wound winding)이라 하며, 목제 틀이나 절연통 바깥에 절연된 원형 코일의 각 턴을 층층이 쌓은 다음 용접으로 이어붙여 제작한다. 그림 2-30은 3상 내철형 변압기의 철심과 권선의 모습이다. 여기서 철심의 다리 부분이 코일 안쪽 원형의 공간을 최대한 이용하기 위해 성층강판의 폭을 여러 단계로 조정하여 원형에 가까운 단면으로 만들어진 것을 볼 수 있다.

변압기의 코일은 낙뢰 등 서지전압이 가해졌을 때에도 절연파괴가 일어나지 않도록 강한 절연내력을 지녀야 하며 특히 대형 변압기의 경우 단락전류가 흐를 때 턴 사이에 작용하는 강한 수축력으

(a) (b)

그림 2-30 10MVA, 110kV 3상 내철형 변압기의 (a) 철심과 (b) 목제 틀에 조립된 저압권선과 고압권선

그림 2-31 완성된 변압기 본체를 외함에 설치하는 모습 (현대중공업)

로 인한 기계적 충격을 견딜 수 있도록 견고하게 제작된다. 그림 2-31은 대형 내철형 3상 변압기의 철심에 권선이 조립된 후 완성된 본체가 외함에 설치되고 있는 모습을 보여주고 있다.

절연과 냉각

절연물은 철과 동에 의한 변압기의 기능이 잘 이루어지도록 뒷받침하는 역할을 할 뿐이지만 변압기의 수명에는 결정적인 영향을 미친다. 절연물의 수명이 온도에 크게 영향을 받으므로 변압기의 적절한 수명을 보장하기 위해서는 사용된 절연물에 허용되는 온도 한계 이내에서 운전이 이루어져야 한다. 모든 전기기기의 허용온도 한계는 A, B 등의 문자 코드로 구분된 **절연계급**(insulation class)으로 주어진다. (구체적인 절연 종류에 관해서는 부록 C를 참고하라.) 주로 사용되는 절연방식은 A종(최고허용온도 105°C), B종(130°C), F종(155°C), H종(180°C)이다.

변압기의 온도는 내부 손실로 발생하는 열에 의해 올라간다. 온도가 올라가 외부와 온도차가 커지면 그에 비례해서 외부로 빠져나가는 열도 많아지며, 방출되는 열이 내부에서 발생하는 열과 같아지는 열적 평형을 이루는 온도에서 동작하게 된다. 철손은 거의 항상 일정하므로 변압기 운전 중 온도 상승은 출력에 따라 달라지는 동손에 좌우된다. 따라서 변압기의 최대 출력이란 열적 평형 온도가 절연계급에 지정된 허용한계에 도달하였을 때의 출력을 말한다. 열발생이 많다 해도 열의 방출이 잘 이루어지면 온도상승이 억제되므로 변압기의 최대 출력은 냉각능력에 따라 달라진다. 즉 같은 변압기라도 냉각이 더 잘 이루어진다면 더 큰 용량으로 사용할 수 있다.

일반적으로 **변압기에서 발생하는 열은 변압기의 체적에 비례하고 열방산 능력은 표면적에 비례한다**. 체적은 대략 기기 외형 치수의 3승에 비례하는 데 비해 표면적은 2승에 비례하므로 변압기의 규모가 커질수록 열 발생량의 증가를 자연적 열방산능력이 따르지 못하게 될 수밖에 없다. 대용량 변압기일수록 손실을 억제하여 고효율로 만들어지므로 상대적으로 열발생율이 떨어지기는 하지만 그것만으로는 충분치 않기 때문에 보다 적극적인 냉각방식이 동원되어야 한다. 대용량 변압기의 복잡해 보이는 외관은 대개 이러한 냉각을 위한 보조장치들 때문이다. 냉각방식에는 별도의 냉매를 사용하지 않는 **건식**(dry type)과 가스를 사용하는 **가스절연식**(gas-insulated type), 변압기를 절연유 속에 담그는 **유입식**(oil-immersed type)이 있다.

건식변압기

소형 변압기는 자연냉각만으로도 충분한 경우가 많다. 이를 자냉식이라 한다. 공기의 자연 대류와 복사에 의한 냉각이 충분치 않다면 송풍기를 붙여 바람으로 식혀주는 풍냉식이 사용된다. 자냉식 변압기에 풍냉식을 적용하면 용량을 30%가량 증대시킬 수 있다. 이러한 방식들은 절연능력의 한계 때문에 33kV 이하의 변압기에만 적용되며, 대부분 고온에 견딜 수 있는 H종 절연을 사용한다.

그림 2-32는 건식의 한 형태인 **몰드변압기**(cast resin transformer)를 보여주고 있다. 불에 잘 타지

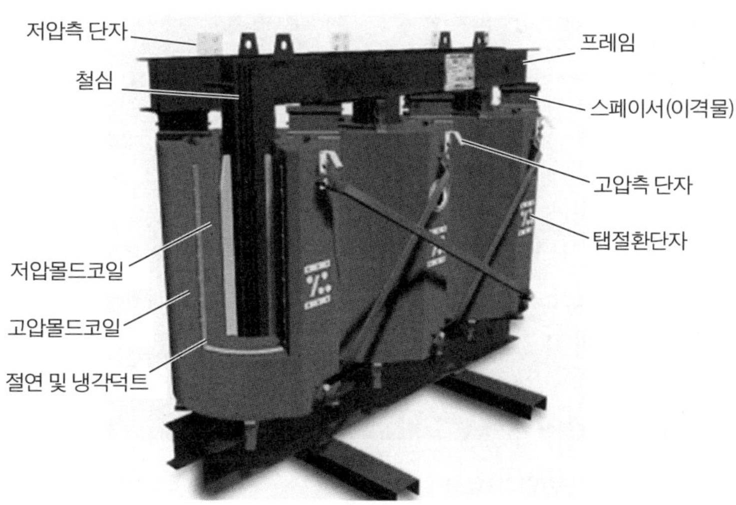

그림 2-32
몰드변압기 (현대중공업)

않는 에폭시 수지로 권선 전체를 둘러싸 한 덩어리로 몰딩하여 절연한 것으로서, 자체 발화가 되지 않고 절연성능이 좋으며 소형이면서 견고하다. 또한 취급이 간단하고 유지보수가 쉽다. 권선 전체가 수지로 덮여 있기 때문에 고온 다습한 장소나 먼지가 많은 환경에서 사용할 수 있고 몰딩된 권선의 열용량 때문에 일반 건식에 비해 과부하내량(단시간 동안 과부하를 견디는 능력)이 크다. 소음은 유입식보다 크고 일반 건식보다는 작다. 단점으로는 균열이 생기거나 먼지 등에 오염됐을 때 보수가 곤란하고 내전압 성능이 떨어지며 접촉시 감전의 위험이 있다. B종이나 F종 절연이 사용되며 자냉식 혹은 풍냉식으로 20 MVA 정도까지 생산되고 있다.

일반 건식변압기와 몰드변압기는 화재 위험 때문에 유입식 변압기를 사용할 수 없는 곳에 주로 사용된다. 대형 빌딩의 변전실이나 밀폐된 장소, 탄광, 지하철 등이 대표적인 예이다.

가스절연변압기

일반 건식이나 몰드변압기는 냉각능력의 한계로 어느 이상의 용량에는 적용할 수 없다. 큰 용량이 필요하면서도 유입식을 쓸 수 없는 용도에는 그림 2-33에 보인 것과 같이 밀봉된 외함 안에 절연용 SF_6(6불화황)가스를 채워 넣은 **가스절연변압기**가 사용된다.

SF_6는 무색, 무취, 무독성, 불연성 기체로서 화학적으로 안정적이면서 부식을 일으키지 않고 열전도율이 높다. 또 절연파괴 강도가 공기의 3배에 가까워서 적용 가능한 최고 전압이 100 kV를 상회한다. 가스는 절연물 역할을 하면서 변압기 본체의 열을 외함에 전달하는 냉매로서의 역할을 함께 지닌다. 가스의 밀도가 높을수록 냉각효과가 크므로 수십 MVA급은 대략 2기압 정도, 100 MVA 이상에서는 5기압에 이르는 것도 있다. 용량이 작은 것은 외함에 부착된 방열기를 통해 가스가 대류하는 자연냉각식으로 하고 냉각효율을 높이려면 팬으로 가스를 순환시키는 강제순환식을 쓴다. 용량이 큰 것은 강제순환시키면서 방열기에 팬을 부착하여 냉각하는 강제순환풍냉식이 적용된다.

가스절연형은 동급의 유입식 변압기에 비해 가볍고, 기름의 관리와 처리를 위한 잡다한 설비가 필요 없어서 크기가 작다. 또 가스 투입 절차가 간단하고 열화가 느리며 유지보수시 가스 압력의 점검만으로 충분하다는 등의 장점이 있다. 대개 변전설비 내에서 가스절연차단기(GIS: gas-insulated switchgear)와 함께 일관된 가스시스템에서 사용되므로 설비 전체를 간명하고 높은 밀집도로 구현

그림 2-33 가스절연변압기(효성)

할 수 있다. 그러나 유입식보다 훨씬 비싸기 때문에 도심 등 인구 밀집지역의 변전설비나 지하, 병원 등 불연성과 방폭성, 신뢰성이 특히 중시되는 장소에서 대형 유입식변압기를 대신하는 용도로, 그리고 냉매 누출시 환경오염을 피해야 하는 장소, 예컨대 호수나 강가의 변전설비에 사용된다.[12]

유입식변압기

유입식은 변압기 본체를 절연유가 채워진 외함 안에 담가놓은 것을 말한다. 절연유는 원유 정제과정에서 생산되는 광유鑛油(mineral oil)나 알킬벤젠 합성유 및 이들을 혼합한 것, 그리고 실리콘유 등으로, 변압기와 외함 사이의 열전도를 향상시키는 동시에 권선의 절연내력을 높여주는 역할을 한다. 절연내력은 공기의 4~6배 정도이다. 절연유는 대류가 잘 되도록 점도가 낮아야 하고 화학적으로 안정하여 잘 변질되지 않아야 한다. 또한 가급적 인화점이 높아야 하며, 매우 추운 환경에 대비하여 응고점 역시 낮아야 한다. 유사시 누출된다 해도 인체에 무해하고 독성이 없어야 함은 물론이다.[13]

유입식변압기는 일반 전력용 변압기로서 가장 흔한 형태이다. 그림 2-34는 배전용 주상변압기를, 그림 2-35는 변전소에 설치된 대용량 유입식변압기를 보여주고 있다. 수백 내지 수천 MVA급 고압 대용량 변압기는 유입식 말고는 다른 대안이 없으며, 중소용량에서도 비용대비 냉각능력은 유입식이 가장 높다. 건식에 비해 절연성능이 안정적이므로 대개 A종 절연을 사용한다. 또한 충격전압에 대한 내량이 크며 소음과 진동이 작다. 그러나 절연유 때문에 크고 무거우며(절연유의 비중은 0.9 내외), 유지보수의 부담이 따른다. 화재 발생의 우려가 있고 단락사고시 빨리 차단되지 않으면 절연유에서 발생한 가스의 압력으로 폭발할 가능성도 있기 때문에 설치장소에 제약이 따른다.

유입식변압기는 절연유를 냉각하는 방식에 따라 여러 형태가 있다. 소형의 경우는 그림 2-34처럼 단순한 외함의 자냉식으로도 충분하다(유입자냉식). 외함 표면에 냉각주름을 잡아 표면적을 늘리면 냉각능률이 향상되며, 방열면적을 더욱 키우려면 외부에 방열기를 부착하여 절연유가 대류할

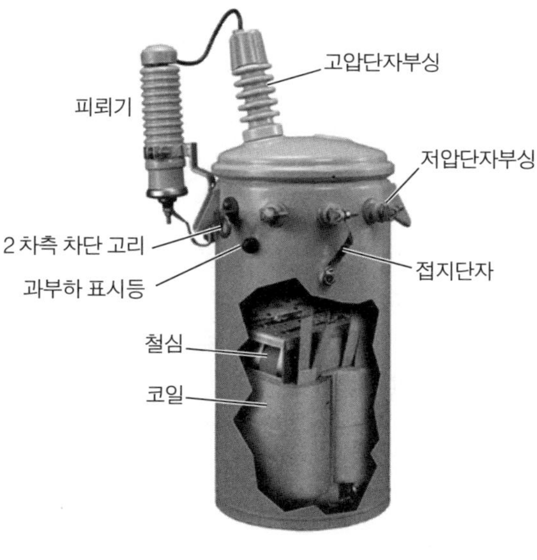

그림 2-34
소형 유입식 배전용 주상변압기
(1 단접지형, 자냉식)

---

12 SF_6는 직접 환경오염을 일으키지는 않지만 지구온난화지수가 CO_2의 23,900배에 달하는 최고의 강력한 온실가스이다.

13 대표적으로 폴리염화바이페닐(PCBs)은 뛰어난 화학적 안정성과 절연성능으로 과거 절연유로 많이 사용되었으나 강한 독성과 생체잔류성이 밝혀져 1970년대 이후 국제적으로 사용이 금지되었다.

그림 2-35 전형적인 대형 유입식 변압기의 외관 (효성). 방열기와 방열기에 설치된 냉각팬, 그리고 위쪽에 설치된 컨서베이터 통 및 부싱의 모습을 볼 수 있다.

수 있도록 한다. 수십 MVA 이상에서는 자연냉각에 지나치게 많은 방열기가 필요하기 때문에 방열기에 냉각팬을 달아 공기를 불어주는 풍냉식을 사용한다(유입풍냉식). 대용량에서는 변압기 내부에 펌프를 달아 절연유를 방열기로 강제순환시키며(송유자냉식), 그림 2-35에서 보듯이 방열기에 풍냉식을 병행하면 냉각효과를 더 높일 수 있다(송유풍냉식). 송유펌프와 냉각팬도 상당한 전력을 소모하므로 부하가 줄어들면 냉각팬과 송유펌프를 차례로 정지시켜 변압기의 정격용량을 몇 단계로 조절하는 방식이 적용되기도 한다. 그 외 냉각수 파이프가 절연유를 통과하도록 한 수냉식, 방열기를 별도의 수조에 설치하여 물로 냉각시키는 방식 등이 있다.

유입식 변압기는 절연유의 관리가 매우 중요하다. 절연유는 주로 공기와의 접촉을 통해 열화된다. 공기의 수분이 섞여 들어가 절연내력이 떨어지고, 가열된 기름과 공기 사이에 화학작용(산화)이 일어나 석출물(sludge)이 생긴다. 석출물은 철심이나 코일 위에 침전하여 막을 만들어 열전달을 방해하며, 기름의 점도를 높여 대류에 악영향을 끼친다. 대형 유입식 변압기의 외함은 밀폐되어 있지만 완벽하게 밀봉된 것은 아니기 때문에 온도 변화로 기름의 부피가 변하면 공기가 들락거리는 소위 '호흡작용'이 일어나 공기와 접촉하게 된다. 이를 막기 위해 그림 2-35에서 볼 수 있는 것처럼 **컨서베이터**(conservator)라 불리는 별도의 기름통을 두고 파이프를 통해 본체와 연결하여 기름의 수축 팽창시 부피의 변화를 수용하도록 하고 있다. 대략 500 kVA 이상의 변압기는 모두 컨서베이터를 가지고 있다. 기름은 이곳에서만 공기와 접촉하므로 열화가 현저히 느려지며 석출물 제거도 쉬워진다. 컨서베이터에 질소가스를 봉입하여 산소 접촉을 완전히 차단하는 방법도 있다. 그러나 시간이 지나면 결국 기름의 열화를 피할 수 없기 때문에 수분과 산화도, 절연내력 등의 검사로 상태 변화를 감시하며, 주기적으로 기름을 여과하여 불순물과 습기를 제거하거나 전면교체 등의 조처를 취한다.

부싱

외함 안에 있는 변압기의 단자를 외함에 접촉하지 않도록 하면서 외부로 인출해내기 위한 구조물을 **부싱**(bushing)이라 한다. 부싱은 내부 변압기 단자와 외부 단자 사이를 잇는 선로(구출선)를 둘러싸서 절연하는 관로(애자)로 이루어져 있다. 외부 단자, 특히 고압단자는 외함으로부터 충분히 떨어져 있도록 부싱의 구조물에 의해 지지된다. 부싱의 표면이 구불구불한 것은 표면을 타고 고압 단자와 외함 사이에 누설전류가 흐르거나 섬락(flashover, 연면방전)이 일어나기 어렵게 하기 위해서이다. 고압(66 kV 이상)에는 안에 절연유를 채워 절연내력을 높인 유입부싱이나 절연물을 여러 겹의 콘덴서가 적층된 것과 같은 구조로 함으로써 절연능률을 향상시킨 콘덴서형 부싱이 적용된다.

탭절환

변압기 입력전압이 변동하여 출력전압이 공칭전압에서 현저하게 벗어나는 경우 원래의 전압으로 되돌리기 위해 권선비를 수% 범위 내에서 조정하는 것을 탭절환이라 한다. 탭(tap)은 변압기 권선에서 수 턴 간격으로 몇 개의 단자를 추가로 인출한 것으로, 통상 전류가 작은 고압측에 설치된다. 배전용변압기들은 전원을 차단하여 전압이 인가되지 않은 상태에서 수동조작으로 탭을 절환하도록 만들어진다(무전압탭절환). 유입식은 로타리스위치 형태의 탭절환기구를 사용하며 몰드변압기는 탭의 접속을 바꿀 수 있도록 단자가 노출되어 있다.

고가의 대용량 변압기들은 부하시탭절환(OLTC: on-load tap changer)장치를 내장하고 있어서 출력전압 변동을 감지하여 운전 중 자동으로 탭을 절환함으로써 출력전압을 어느 범위 내로 일정하게 유지한다. 탭절환은 단자 접속을 권선의 한 위치에서 다른 위치로 옮기는 것이므로 동작 중 기존의 탭1을 개방한 다음 새로운 탭2를 투입한다면 그 사이 권선 전체가 잠시 개방되는 순시정전 상태에 놓이게 된다. 따라서 탭2를 먼저 투입한 다음 탭1을 개방해야 하는데, 이때는 잠시동안 두 탭 사이의 권선이 단락되어 단락전류가 흐르는 문제가 일어난다. 따라서 부하시탭절환장치는 무순단無瞬短 탭절환을 위해 이 단락전류를 제한하는 임피던스를 일시적으로 삽입하는 구조를 갖추고 있다.

연습문제

2-1. 어떤 변압기 철심의 단면이 5 cm × 5 cm이고 1차측에 2,400턴의 코일이 감겨져 있다. 철심의 최대자속밀도를 1.5 T로 제한한다고 할 때

(a) 코일 양단에 가할 수 있는 최대의 교류전압은 몇 V인가?

(b) 코일의 전류허용 한도가 교류 실효치 5 A라면 이 변압기의 용량은 얼마인가?

(c) 2차측 코일의 턴수가 120이라면 2차 코일의 정격전류는 얼마로 하여야 하는가?

2-2. 정해진 용량과 전압의 10 : 1 변압기를 제작한다고 하자. 주어진 전압비를 얻는 데에 1차권선과 2차권선의 턴수를 적게(예컨대 1,000턴-100턴) 할 수도 있고 많이(예컨대 2,000턴-200턴) 할 수도 있다. 턴수와 상관 없이 철심의 자기회로 길이를 일정하게 유지한다고 가정했을 경우 턴수에 따라 제작에 소요되는 동과 철의 양에 어떤 차이가 있는가? 도체의 최대전류밀도와 철심의 최대자속밀도는 정해져 있는 것으로 한다.

2-3. 어떤 이상적인 변압기가 있다. 1차권선의 턴수가 90이고 2차권선의 턴수가 2,250이다. 1차측 권선에 200 V, 50 Hz의 교류전압을 가하였을 때 2차측에 2 A 지상 0.8 역률의 전류가 흘렀다. 1차측 전압과 전

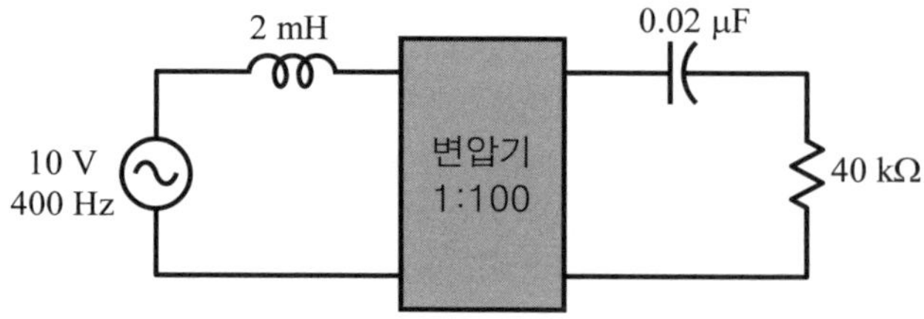

그림 2-36

류 $\tilde{V}_1$, $\tilde{I}_1$ 과 2차측 전압과 전류 $\tilde{V}_2$, $\tilde{I}_2$, 자속 $\tilde{\Phi}$ 의 페이서도를 그려라. 이때 전원에서 공급되는 유효전력과 무효전력, 피상전력을 구하라.

2-4. 예제 2-1에서 송전선측으로 환산한 등가회로와 발전기측으로 환산한 등가회로를 그리고 이를 사용하여 계산한 결과를 예제의 결과와 비교하라.

2-5. 그림 2-36의 변압기는 이상적인 변압기이다. 1차측에서 본 등가회로를 그려라. 전원측에서 흐르는 전류와 2차측 저항 양단에 나타나는 전압을 구하라.

2-6. 그림 2-37은 이상적 변압기를 나타낸다. 권선에 유기되는 기전력과 철심 내부 자속의 기준방향(양의 방향)이 그림과 같이 정의되어 있다. e_1, e_2와 ϕ 사이의 함수관계를 나타내라. 자속이 그림의 오른편에 보인 것과 같이 변한다고 할 때 e_1과 e_2의 파형을 그려라.

2-7. 그림 2-38의 철심을 공유한 두 코일에서 철심의 투자율이 무한대라 가정하고

(a) 2차측을 개방하고 1차측에 그림 오른편의 전압을 가하였을 때 e_1, i_1 의 파형, ϕ 의 파형, e_2, i_2 의 파형을 그려라.

(b) 2차측 코일에 5 Ω의 저항을 접속하였을 때의 파형을 그려라.

2-8. 철심의 자기저항이 40 kA-t/Wb라 하고 문제 2-7을 반복하라.

2-9. 3,300 V/220 V 변압기의 저압측을 개방하고 고압측에 3,300 V를 가했을 때 1 A가 흐르고 역률은 지상

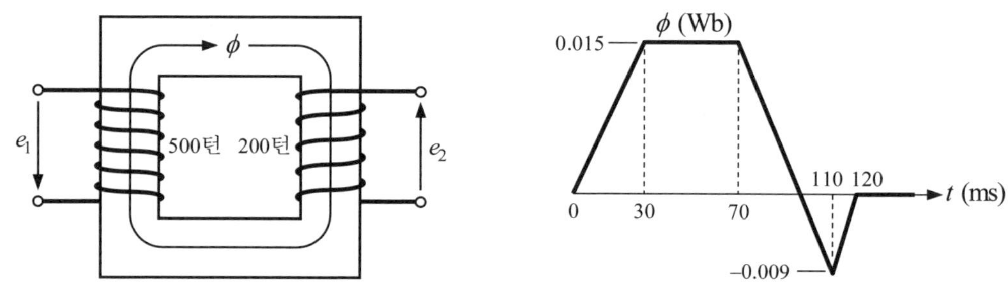

그림 2-37

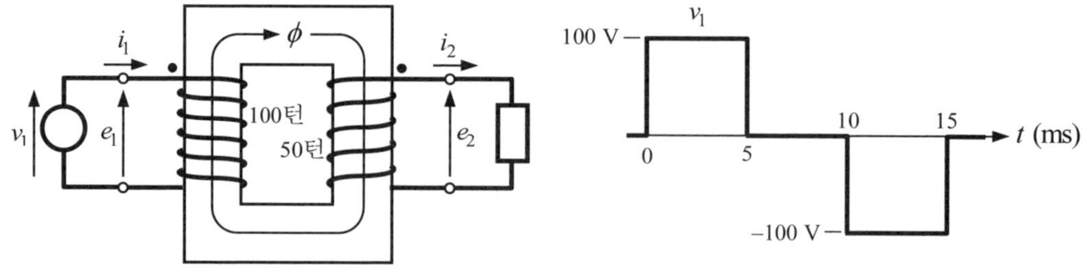

그림 2-38

0.12였다. 이 상태에서 저압측에 지상역률 0.8인 부하를 연결하니 부하에 150 A가 흘렀다. 이때 변압기 고압측 전류와 역률은 얼마인가? 부하를 접속하기 전과 후 전압과 전류의 페이서도를 작도하라.

2-10. 문제 2-9의 변압기 고압측을 개방하고 저압측에 220 V를 가하였을 때 흐르는 전류는 얼마인가? 문제 2-9의 저압측을 개방한 상태와 비교해 보았을 때 유효전력과 무효전력에 어떤 차이가 있는가? 이로부터 무엇을 알 수 있는지 설명하라.

2-11. 문제 2-10에서 고압측에 어떤 부하를 접속하였더니 220 V 전원으로부터 저압측 권선으로 165 A가 흐르고 측정된 유효전력은 25.4 kW였다. 부하에 흐르는 전류와 부하에서 소비하는 유효전력과 무효전력을 구하라. 변압기의 권선저항과 누설리액턴스는 무시한다.

2-12. 50 kVA, 2,400/240 V, 60 Hz 정격의 변압기 회로정수가 아래와 같다.

2,400 V 권선: 저항 $R_1 = 0.75\ \Omega$, 누설리액턴스 $X_1 = 1\ \Omega$

240 V 권선: 저항 $R_2 = 0.0075\ \Omega$, 누설리액턴스 $X_2 = 0.01\ \Omega$

240 V측에서 본 여자회로의 어드미턴스: $Y_0 = 0.003 - j0.02$ S

(a) 고압측과 저압측에서 본 등가회로를 그리고 등가회로 정수값을 나타내라.

(b) 변압기가 임피던스 $0.5 + j2.0\ \Omega$인 송전선로를 통해 전원에 연결되어 체강변압기로 사용된다. 2차측에서 정격전압으로 0.8 지상역률의 정격부하에 급전하고 있다고 할 때 송전단 전압과 송전단에서 본 역률을 구하라. 여자전류는 무시한다.

2-13. 문제 2-12의 변압기를 1차측으로 환산된 pu 등가회로와 2차측으로 환산된 pu 등가회로로 나타내라.

2-14. 문제 2-12(b)의 상태에서 변압기 출력단자가 단락되는 사고가 일어났을 때

(a) 단락전류는 얼마인가? 이 단락전류는 정격전류의 몇 배나 되는가? 저항성분을 무시하고 단락전류를 계산한 경우 몇 %의 오차가 나타나는가?

(b) 위의 (a)를 단위법을 적용하여 반복하라.

2-15. 그림 2-39가 단상 계통을 나타내는 것으로 하고 22.9 kV 선로는 이상적인 것으로 가정한다.

(a) A 지점에서 전원측을 보았을 때 테브난 등가임피던스는 몇 Ω인가?

(b) (a)의 임피던스를 100 kVA 변압기 입장에서 보면 몇 %의 임피던스에 해당하는가?

(c) B 지점에서 단락사고가 일어났을 때 단락전류는 100 kVA 변압기 기준으로 몇 pu인가? 단락지점에서의 전류는 몇 A인가?

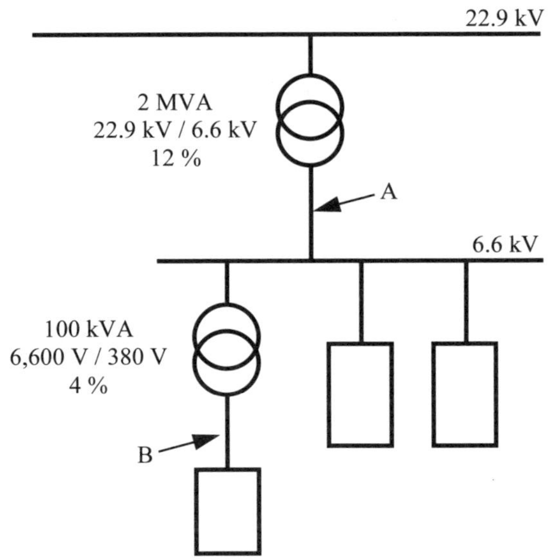

그림 2-39

(d) 이때6.6 kV 선로에 흐르는 전류는 몇 A인가? 이는 2 MVA 변압기 기준으로 몇 pu인가?

(e) (c)의 pu 값과 (d)의 pu 값이 변압기 용량과 관련하여 어떤 의미를 갖는지 설명하라.

2-16. 저항 1.2 %, 리액턴스 5.5 %인 20 MVA 용량의 변압기가 14 MW의 유효전력과 10 MVAR의 지상 무효전력을 부하에 전달하고 있다. 출력전압이 정격전압인 것으로 가정하고 입력전압을 계산하여 구한 전압변동률과 식 (2-25)를 적용하여 구한 전압변동률을 비교하라.

2-17. %임피던스가 전압변동율의 최대치임을

(a) 식 (2-25)의 근사식으로부터 증명하라.

(b) 그림 2-21의 페이서도에서 $\tilde{V}_1'$가 최대가 되는 조건으로부터 증명하라.

(c) 최대 전압변동률 상태에서의 페이서도를 그려라.

2-18. 200 kVA 단상변압기가 있다. 철손이 1.6 kW, 전부하동손이 2.4 kW이다. 부하 역률이 1.0일 때와 0.8일 때에 대하여 부하율 10 %부터 100 %까지 10 % 간격으로 효율을 구하고 이를 그래프로 나타내라. 다른 손실 요소는 없는 것으로 가정한다.

2-19. 100 kVA 변압기가 있다. 철손이 1,500 W이고 최고효율이 80 %부하에서 나타난다.

(a) 전부하 0.85 지상역률에서의 효율을 구하라.

(b) 3/4 부하 1.0 역률에서의 효율을 구하라.

(c) 1.0 역률에서의 최고효율을 구하라.

2-20. 10 kVA, 2,300/230 V, 60 Hz 배전용 변압기의 시험 결과가 아래와 같다.

고압측 개방, 저압측 여자: 230 V, 0.45 A, 70 W

저압측 단락, 고압측 여자: 120 V, 4.5 A, 240 W

(a) 고압측으로 환산된 등가회로 정수와 저압측으로 환산된 등가회로 정수, 그리고 단위화된 회로정수를 구하라. 환산된 등가회로에서 고압측과 저압측 직렬임피던스 성분은 50 : 50의 비율로 나뉘어지는 것으로 한다.

(b) T형 등가회로와 근사등가회로에서 여자전류의 pu 값을 구하라. 두 경우의 차이가 얼마나 되는가?

2-21. 문제 2-20의 변압기가 230 V로 0.85 지상역률 100 %부하에 급전할 때

(a) T형 pu 등가회로로부터 입력단 전류와 전압의 pu 값을 구하고 전압변동률을 결정하라.

(b) 위의 결과로부터 동손과 철손의 pu 값을 구하고 운전효율을 결정하라.

(c) 위의 (a)와 (b)를 75 %부하의 경우에 대하여 반복하라.

2-22. 문제 2-21을 근사등가회로를 적용하여 반복하라.

2-1. (a) 2,400 V (b) 12 kVA (c) 100 A **2-3.** 8 kW, 6 kVAR, 10 kVA **2-5.** 1.99 A, 796 V
2-6. $e_1 = -500(d\phi / dt)$, $e_2 = 200(d\phi / dt)$ **2-9.** 10.72 A, 0.75 **2-10.** 3,300 VA, 395 W, 3,278 VAR
2-11. 10.22 A, 25.0 kW, 22.6 kVAR **2-12.** (b) 2,484 V, 0.79 **2-13.** 1차측 0.00651+ j0.00868 pu, 2차측 0.00651+ j0.00868 pu, 여자회로 289 pu ‖ j43.4 pu **2-14.** (a) 5,370 A (2차측), 25.8배, 약 10 %
2-15. (a) 2.61 Ω (b) 0.6 % (c) 21.7 pu, 5,700 A (d) 329 A, 1.09 pu **2-16.** 3.6 % **2-18.** 역률 0.8일 때(%): 90.79, 94.97, 96.35, 96.99, 97.32, 97.50, 97.58, 97.61, 97.60, 97.56, 역률 1.0일 때(%): 92.49, 95.93, 97.06, 7.58, 97.85, 97.99, 98.06, 98.08, 98.07, 98.04 **2-19.** (a) 95.67 % (b) 96.38 % (c) 96.39 %
2-20. 고압측에서 본 정수: $R_c = 75.6\ \text{k}\Omega, X_m = 69.4\ \text{k}\Omega, R_1 = R_2 = 5.93\ \Omega, X_1 = X_2 = 12.0\ \Omega$; 저압측에서 본 정수: $R_c = 756\ \Omega, X_m = 694\ \Omega, R_1 = R_2 = 0.0593\ \Omega, X_1 = X_2 = 0.120\ \Omega$; pu정수 $R_{c,pu} = 143, X_{m,pu} = 131, R_{1,pu} = R_{2,pu} = 0.0112, X_{1,pu} = X_{2,pu} = 0.0226$ (b) 0.0103 pu, 0.0104 pu
2-21. (a) 1.010 pu, 1.043 pu, 4.3 % (b) 0.0226 pu, 0.00729 pu, 96.6 % (c) 0.761 pu, 1.033 pu, 3.3 %, 0.0128 pu, 0.00722 pu, 97.0 % **2-22.** (a) 1.011 pu, 1.043 pu, 4.3 % (b) 0.0224 pu, 0.00761 pu, 96.6 % (c) 0.761 pu, 1.032 pu, 3.2 %, 0.0126 pu, 0.00745 pu, 97.0 %

3

3상 변압기와 특수변압기

전력시스템은 배전계통의 최종 말단을 제외하면 거의 전 영역이 3상으로 이루어져 있다. 따라서 대부분의 중대형 변압기는 3상 환경에서 사용된다. 3상 계통의 변압기라도 그 원리나 기본 특성은 2장에서 서술한 단상변압기와 다르지 않지만 여러 가지 다양한 결선방식이 사용되므로 이와 관련하여 단상에서는 고려할 필요가 없었던 측면들, 특히 3차고조파에 관련된 문제 등에 대한 추가적인 이해가 필요하다. (3상에 익숙하지 않은 독자는 부록 D의 3상 시스템 기본 사항에 관하여 먼저 숙지하도록 하라.) 이 장에서는 3상에서 사용되는 변압기의 네 가지 기본 결선을 위주로 하여 상당 등가회로 표현방식, 결선별 특성 및 용도에 관해 알아보고 그 외 특수 형태의 3상 결선방식인 V결선과 스캇 결선, 일반 변압기와 달리 하나의 권선으로만 이루어진 단권변압기, 그리고 측정의 목적으로 사용되는 계측용 변압기에 관하여 학습한다. 그 외 변압기의 병렬운전 등 변압기 적용상 주요 고려사항들을 알아본다.

3-1 변압기의 극성

변압기의 전압 극성에 관해서는 2-2절에서 설명한 바 있다. 변압기가 단독으로 사용될 경우 극성은 큰 의미가 없으나 여러 대가 함께 사용될 경우, 예를 들어 두 대 이상을 병렬로 운전할 때 각각의 변압기마다 1차측의 어느 단자와 2차측의 어느 단자가 같은 극성인지 확실히 알고 있지 않으면 잘못된 결선으로 심각한 문제를 초래할 수 있다. 3상에서 3대의 단상 변압기를 조합하여 사용하는 경우에도 마찬가지다. 그리고 뒤에서 다루게 될 계측용 변압기들의 경우 전력계나 역률계 등 계측기에 올바르게 접속하기 위해서는 극성을 정확히 알고 있어야 한다.

변압기의 외함 단자 옆에 극성표식(●, ♦이나 ± 등의 기호)이 있다면 표시된 단자끼리 같은 극성을 갖는다.(표시가 없는 단자끼리도 같은 극성을 갖는다.) 극성표식이 없는 일반 변압기에서는 극성을 단자의 명칭으로 나타낸다. 우리나라에서는 그림 3-1에서 보듯이 단상 변압기의 1차측 단자를 U와 V로,[1] 2차측 단자를 u와 v로 표기해 왔으며 같은 문자끼리 서로 대응하는 극성을 갖는다. 즉 U는 u와, V는 v와 같은 극성을 갖는다. 이러한 표기법은 나라마다 다른데, 예컨대 미국에서는 고압측을 H1, H2, 저압측을 X1, X2로 표기한다. 한 권선이 여러 개의 단자(탭)를 지닐 경우 H1, H2, H3, … 등으로 이표기하되 어떤 경우라도 H1과 X1이 항상 같은 극성인 것으로 하고 있다.

외함의 단자 배치는 둘 중 하나일 수밖에 없다. 그림 3-1의 (a)처럼 고압측과 저압측에서 서로 마주보는 단자들끼리 같은 극성인 것을 **감극성**(subtractive polarity), (b)처럼 대각 위치의 단자들끼리 같은 극성인 것을 **가극성**(additive polarity)이라 부른다. 우리나라를 포함한 대다수 국가에서는 **감극성을 표준**으로 정하여 별도의 표시 없이도 위치만으로 극성을 판별할 수 있도록 하고 있으나 일부 국가에서는 감극성과 가극성이 함께 쓰이고 있다.

여기서 **감극성, 가극성은 변압기 외함 단자의 배치방식일 뿐 변압기의 특성이나 구조의 차이를 뜻하지 않는다**는 점에 유의해야 한다. 같은 1차측 권선에 대해 2차측 권선을 어느 방향으로 감는지에 따라 2차권선 양 끝의 상대적 극성이 달라지지만 결국 이들이 각자 외함 단자의 어느 쪽에 접속되느냐에 따라 감극성이 될 수도, 가극성이 될 수도 있다.(예를 들어 감극성 변압기를 열어 어느 한쪽 코일의 외부단자 접속을 뒤바꾸어준다면 가극성 변압기가 된다.) 따라서 변압기 여러 대를 사용할 경우 개별 변압기들의 극성을 확실히 알고 그에 맞춰 적절히 결선하기만 한다면 감극성과 가극성 변

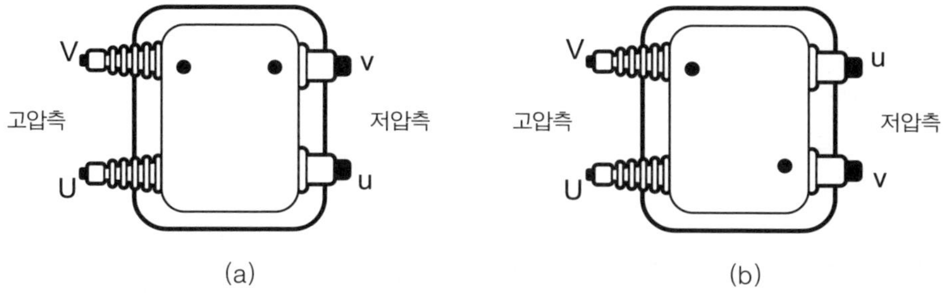

그림 3-1 변압기의 단자배치: (a) 감극성 (b) 가극성

[1] 표준 단자기호에 따르면 변압기의 1차측에서 변압기를 바라보았을 때 오른쪽에 있는 단자를 U로 한다.

압기를 함께 사용한다 해서 문제될 것은 없다. 한편 변압기를 포함한 회로도에서 1, 2차 권선의 단자들이 실제 변압기 외함 단자의 실제 물리적 위치를 반영한 것이라는 전제가 있지 않다면 일반적으로 회로도에 표시된 극성표시점의 상대적 위치만으로 가극성인지 감극성인지 말할 수 없다.

만일 변압기의 극성이 확실치 않다면 간단한 시험으로 극성을 판별할 수 있다. 그림 3-2(a)에 보인 것처럼 마주보는 임의의 두 단자를 같은 전위가 되도록 묶어준 다음 고압측에 교류전압을 인가하고 (이때 인가전압이 저압측 정격전압을 넘지 않도록 한다. 예컨대 220/100 V 변압기라면 220 V 측에 100 V를 가한다) 교류전압계로 나머지 두 단자 사이의 전압을 측정한다. 고압측에 인가한 전압을 V_1, 저압측 출력전압을 V_2라 할 때 전압계에 연결되는 두 단자가 같은 극성이라면 전압계가 지시하는 전위차가 $V_1 - V_2$ 일 것이고 반대 극성이면 $V_1 + V_2$ 가 될 것이다. 즉 V_1보다 낮으면 감극성, V_1보다 높으면 가극성이다. 감극성, 가극성이란 명칭이 바로 이 극성판별법에서 비롯된 것이다.

그림 3-2(b)와 같이 직류전원을 사용하는 방법도 있다. 변압기의 권선비가 매우 커서 위의 방법으로 판별이 어려울 때도 이 방식을 적용할 수 있다. 변압기 한쪽에 직류전원을, 반대편에 직류전압계를 연결하는데, 전원의 + 쪽에 접속되는 단자의 맞은편 단자를 전압계의 + 단자에 접속한다. 이 상태에서 스위치를 닫으면 잠시 동안(전류가 상승하여 일정한 직류전류에 도달할 때까지) 변압기 내부 철심에 자속의 변화가 일어나면서 반대편 두 단자 사이에 전압이 나타났다가 사라진다. 이때 전압계 바늘이 양의 방향으로 움직였다면 감극성, 음의 방향으로 움직였다면 가극성이다. 직류전원은 10 V 정도의 낮은 전압으로도 충분하며, 보통 변압기의 저압측에 인가하고 고압측에서 측정한다.

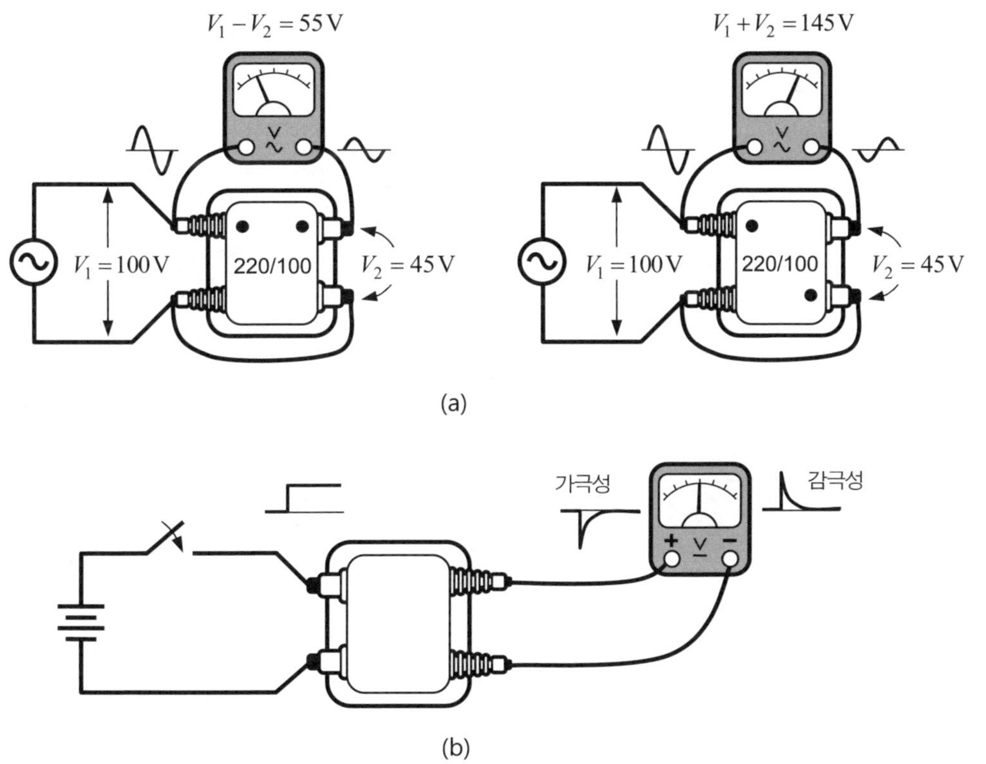

그림 3-2 변압기의 극성시험: (a) 교류전압계법 (b) 직류전압계법

3-2 3상변압기와 3상결선

3상 전력계통에서 변압기는 주어진 세 개의 교류전압을 각각 다른 전압으로 변경시켜주는 역할을 해야 한다. 이를 위해서는 3대의 단상변압기가 필요한데, 동일한 정격의 단상변압기 3대를 한 세트로 묶어 3상에 사용하는 방식을 **'3상뱅크**(three-phase transformer bank)'라 부른다. 한편 하나의 철심에 3개의 변압기 권선이 모두 설치된 3상 전용 변압기가 있는데, 통상 **'3상변압기**(three-phase transformer)'라 하면 이 단일철심형 변압기를 가리킨다. 3상뱅크와 3상변압기에는 각자 장단점이 있으나 변압기로서의 기본 기능에 있어서는 동일하다.

3상변압기

3상변압기도 단상변압기와 마찬가지로 내철형과 외철형이 있다. 그림 3-3(a)는 내철형으로, 철심의 다리 하나에 1차와 2차 권선이 함께 설치되어 한 개 상을 이루고 3개의 상이 옆으로 나란히 늘어서서 위 아래의 **계철** 繼鐵: 자기회로를 이어주는 철심이라는 뜻(yoke)이라 불리는 가로철심을 통해 연결된 구조를 갖는다. 3개의 다리를 가진 3각三脚철심이 기본형이고 변형된 5각철심형이 있다. 그림 3-3(b)는 외철형으로, 단상 외철형 변압기 세 개를 위아래로 쌓아 놓은 것과 같은 모양을 하고 있다. 내철형과 외철형 모두 3상뱅크에 비해 자기회로의 철심 일부를 절약할 수 있다.

그림 3-4는 내철형 단상변압기 3대를 합체하여 하나의 3상변압기로 만드는 것을 보여주고 있다(2차권선은 1차권선과 같은 위치에 감겨 있는 것으로 간주한다). 세 변압기의 철심을 중앙에서 하나의 공통철심으로 묶어준다면 그곳을 통해 세 상의 자속이 모두 지나게 될 것이다. 세 상 권선에 3상 대칭 전압이 가해질 경우 세 철심에 만들어지는 자속 역시 3상 대칭을 이루게 되므로 이들의 합은 항상 0이 된다. 따라서 중앙 공통철심에 자속이 존재하지 않으므로 오른편 그림처럼 중앙 철심 부위를 없애버려도 변압기 동작에 지장이 없다. 그러나 이러한 3차원 구조는 현실적으로 제작이 곤란하기 때문에 어느 한 상을 중앙 쪽으로 밀어 넣어 평평한 2차원 구조로 단순화시킨 것이 그림 3-3 (a)의 3

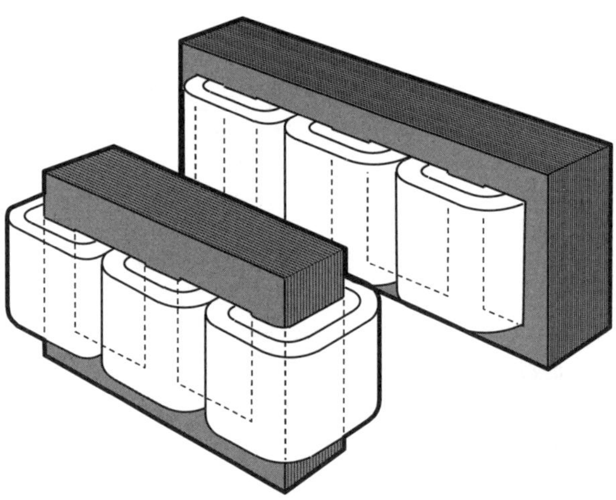

(a)

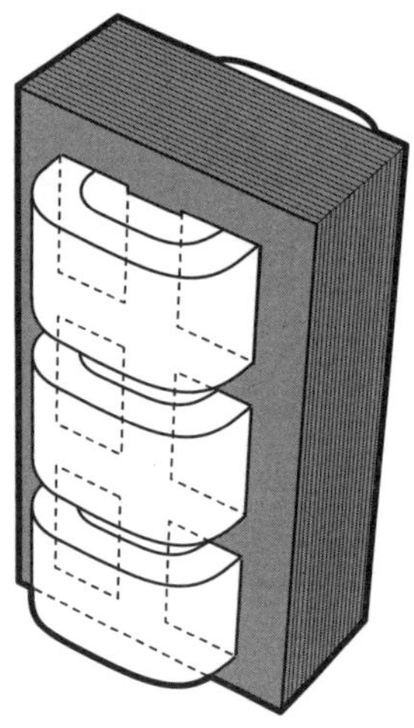

(b)

그림 3-3 3상변압기: (a) 내철형 (b) 외철형

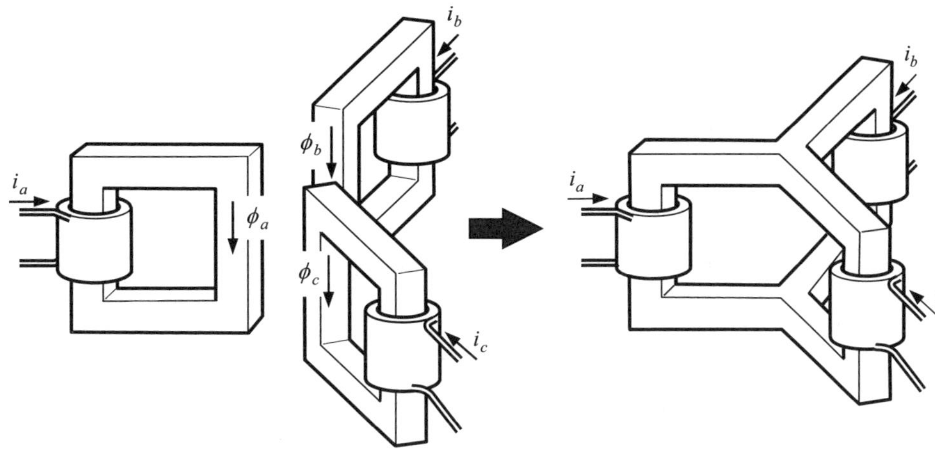

그림 3-4 단상 내철형 변압기 3대의 철심을 결합하면 중앙부의 공통철심을 생략할 수 있다.

각철심 변압기이다. 이렇게 단순화된 구조에서는 양쪽 상의 자기회로가 중앙에 놓인 상의 자기회로보다 길어져 세 상 여자전류에 다소 불평형이 생기지만 실질적으로 지장은 없다.

그림 3-3(a) 뒤쪽의 5각철심 구조는 3각철심의 자기회로 불평형을 완화시키기 위해 양쪽에 자속의 경로를 추가한 것이다. 그러나 실제 5각철심 구조를 채용하는 주된 목적은 위 아래 계철 부위의 단면적을 줄이는 데에 있다. 좌우에 자속의 추가 경로가 생김으로 해서 계철 부위를 더 가늘게 해도 자기저항을 비슷한 수준으로 유지할 수 있으며, 이는 변압기의 높이를 낮춰줄 수 있음을 뜻한다. 대단히 크고 무거운 대형 변압기들은 설치 장소로 운반하는 일 역시 제작 못지 않게 중요한데, 간혹 선적/하역과 운반 과정에서의 제약(터널의 통과 높이 등)으로 변압기의 높이가 문제가 될 경우 5각철심형으로 만들어진다.

그림 3-5는 외철형 단상변압기 3대를 하나로 결합하는 것을 보여주고 있다. 외철형에서는 각 상의 코일이 감겨 있는 중앙 철심 부위의 자속이 외곽 철심에서 반씩 나뉘어진다. 여기서 가운데에 있는 b상 코일만 반대 방향으로 감겨져 있는 것을 볼 수 있는데, 이렇게 하면 a상과 b상 사이의 철심을 통과하는 자속이 두 상 자속의 합이 되며, 그림 3-6(a)에서 보다시피 위상차 때문에 이들 두 성분을 합해도 크기가 그대로이다. b상과 c상 사이의 철심에서도 마찬가지이다. 따라서 두 상의 자속이 공유하는 부위를 외곽 철심과 같은 단면적으로 할 수 있고, 단상변압기 3개를 사용한 경우에 비해 철심이 절약된다. 여기서도 세 상의 자기회로 사이에 다소 비대칭이 존재하지만 그 영향은 크지 않다. 참고로, 만일 세 코일이 모두 같은 방향으로 감겨 있다면 공통부위의 자속이 두 상 자속의 합이 아닌 차가 되며, 그림 3-6(b)에서 보듯이 그 크기가 앞의 경우에 비해 $\sqrt{3}$ 배가 되어 그다지 철심의 절감 효과를 기대할 수 없음을 알 수 있다.

이상에서 본 것과 같이 철심이 절약되므로(약 16 %) 3상변압기는 3상뱅크보다 싸고 가벼우며, 공간도 덜 차지한다. 그리고 외부결선이 단순해지고 부싱의 개수가 절반으로 줄어들며, 효율도 조금 더 높다(약 0.1~0.4 %). 단점으로는 한 상이라도 고장이 나면 변압기 전체를 교체해야 하고, 따라서 예비용 변압기를 두어야 할 경우 같은 크기의 3상변압기가 하나 더 필요하다는 부담이 따른다. 그러나 근래 변압기의 제작기술과 보호기술의 발전으로 고장률이 극히 낮아졌기 때문에 중, 대용량에서

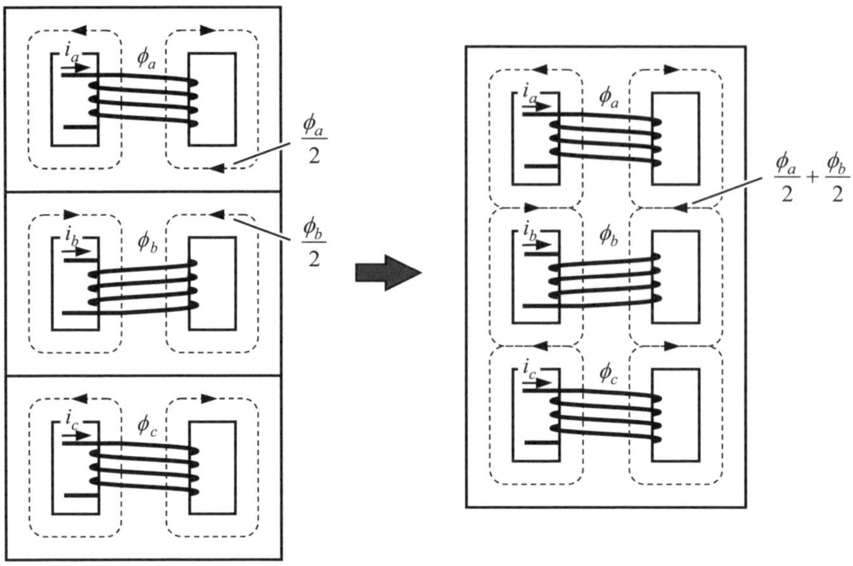

그림 3-5 단상 외철형 변압기 3대의 철심을 결합하면 중간 부위의 철심을 절약할 수 있다.

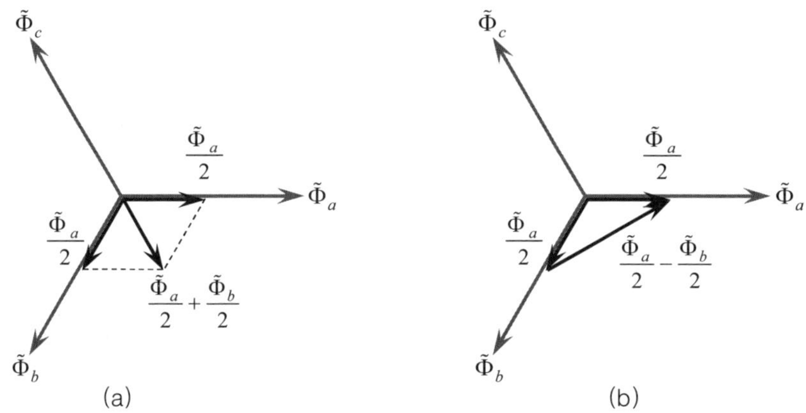

그림 3-6 그림 3-5에서 b상의 코일을 (a) a, c상과 반대 방향으로 감았을 경우와 (b) 같은 방향으로 감았을 때 철심 공통부분의 자속을 나타내는 페이서도

는 3상변압기가 주종을 이루고 있다. 다만 초대용량 변압기의 경우 전체를 하나로 만들면 지나치게 무겁거나 커져서 운반과 설치에 따르는 현실적 어려움(예컨대 교량의 중량 제한 등) 때문에 부득이 상별로 따로 제작, 설치된 3상뱅크를 사용하기도 한다. 지하 깊은 장소에 설치되어야 하는 경우(광산 등)에도 취급상의 문제 때문에 3상뱅크가 사용된다.

3상변압기 역시 권철심으로 만들 수 있다. 그림 3-7은 권철심으로 만들어진 내철형 유입식 배전용 3상변압기의 예이다. 중앙의 권선이 양쪽 권선과 각각 권철심을 공유하고 있고 이들 바깥을 둘러싸고 있는 권철심을 바깥쪽의 두 권선이 공유하고 있는 것을 볼 수 있다.(앞서 2장의 그림 2-29가 이러한 3상용 권철심을 보여주고 있다.)

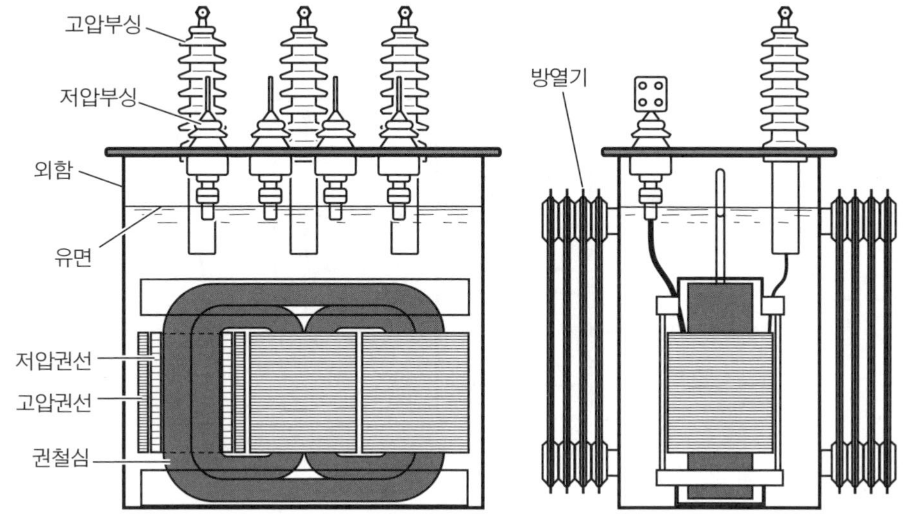

그림 3-7 권철심을 사용한 3상 내철형 배전용 변압기의 예

변압기의 3상결선

단상변압기 3대로 3상뱅크를 구성했을 때, 이들이 외부 단자를 통해 어떻게 결선되건 각 상의 1차 권선과 2차 권선은 항상 같은 자속을 공유하고 있으므로 양쪽 전압 사이의 관계는 단상에서 동작할 때와 마찬가지이다. 전류 사이의 관계도 그대로 유지된다. 세 상의 철심이 하나로 연결되어 있는 3상 변압기에서도 각 상별로 1차권선과 2차권선이 철심의 같은 부위에 감겨 있어서 같은 자속을 공유하기 때문에 두 권선 사이의 상호작용은 단상변압기와 같다. 즉 3상뱅크나 3상변압기 어느 쪽이건 각 상의 1차권선과 2차권선끼리는 독립적인 단상변압기인 것처럼 동작한다. 따라서 이하에서는 따로 언급하지 않는 한 3상뱅크와 3상변압기를 동일하게 취급한다.

3상변압기는 전원의 3개 선로와 부하의 3개 선로 사이에 접속된다. 따라서 3개의 입력단자와 3개의 출력단자를 갖는다. 단자 명칭을 그림 3-8과 같이 상순에 따라 1차측은 A, B, C로, 2차측은 a, b, c로 한다. 전원으로부터 주어지는 세 개의 선간전압 v_{AB}, v_{BC}, v_{CA}가 1차측 입력이 되고 2차측 단자를 통해 v_{ab}, v_{bc}, v_{ca}가 출력된다. 여기서 1차측 선간전압의 실효치를 V_1, 2차측 선간전압의 실효치를 V_2라 하였을 때 그 비율을 선간전압비라 하고 아래와 같이 a_L로 표기한다.

$$a_L = \frac{V_1}{V_2} \tag{3-1}$$

3상에서는 1차측 전압과 2차측 전압 사이에 크기만 아니라 위상도 달라질 수 있다. 위상의 변화는 3상 대칭 전원을 가정했을 때 1차측 선간전압 페이서 $\tilde{V}_{AB}$, $\tilde{V}_{BC}$, $\tilde{V}_{CA}$가 이루는 삼각형과 2차측 선간전압 페이서 $\tilde{V}_{ab}$, $\tilde{V}_{bc}$, $\tilde{V}_{ca}$가 이루는 삼각형 사이의 각도 α로 표현된다.

선간전압비와 위상차는 세 상이 1차측과 2차측에서 각각 어떤 방식으로 결선되는지에 따라 달라진다. 세 변압기의 1차측 권선은 전원선로에 Y결선이나 Δ결선 형태로 접속된다. 2차측도 부하측 선로에 Y 혹은 Δ로 결선된다. 따라서 Y-Y, Y-Δ, Δ-Y, Δ-Δ의 네 가지 결선방식이 있다. 그 외 지그재그

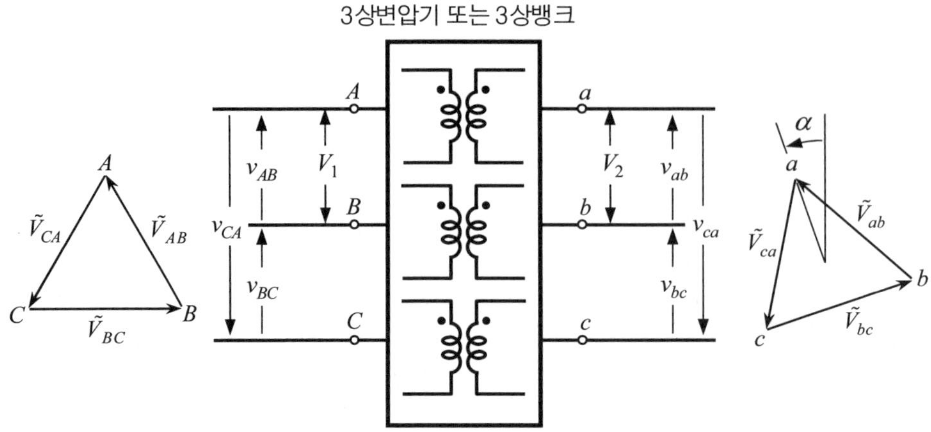

그림 3-8 3상용 변압기의 입력과 출력

결선 등 다양한 변형이 있으나 여기서는 기본 형태의 결선들만 다루기로 한다.

Y-Y 결선과 Δ-Δ 결선

그림 3-9는 Y-Y결선을 보여주고 있다. 세 상 각각에서 1차측의 한쪽 단자는 전원단자 A, B, C에 연결되고 나머지 단자들이 하나로 묶여 중성점 N이 된다. 마찬가지로 2차측에서도 출력단자 a, b, c와 중성점 n이 만들어진다. 이렇게 했을 때 페이서도에서 보듯이 1차측 중성점 N의 전위는 전원의 선간전압 페이서삼각형의 중앙에 놓인다. 이에 따라 1차측 각 상 권선에 가해지는 상전압 $\tilde{V}_{AN}$, $\tilde{V}_{BN}$, $\tilde{V}_{CN}$의 크기는 선간전압의 $1/\sqrt{3}$이 되고 $\tilde{V}_{AB}$, $\tilde{V}_{BC}$, $\tilde{V}_{CA}$에 30°씩 뒤지는 위상을 갖는다. (그림의 복잡성을 피하기 위해 상전압 중 $\tilde{V}_{AN}$만, 선간전압 중 $\tilde{V}_{AB}$만 표기하였다.) 이 상전압들이 변압기를 통해 2차측으로 전달되는데, 2차측 결선방식에 따라 두 가지가 있다.

그림 3-9(a)와 같이 1차측 선로에 접속된 단자와 같은 극성의 2차측 단자를 출력 단자로 하면 1차측 상전압의 위상이 2차측에서 그대로 유지되며, 선간전압의 위상 역시 2차측에서 그대로 유지된다. 반면에 그림 (b)처럼 반대 극성의 2차측 단자를 출력단자로 하면 상전압의 위상이 반전되고 선간전압 역시 180° 반전된다. 따라서 2차측 선간전압의 페이서 삼각형은 1차측 선간전압의 페이서 삼각형을 180° 돌려 놓은 모양이 된다. (상하로 뒤집은 모양이 아님에 유의하라.)

그림 3-10은 Δ-Δ결선을 보여주고 있다. 1차측의 각 상 권선이 전원의 두 선로 사이에 직접 접 속되므로 선간전압이 곧 해당 상의 상전압이 된다. 2차측에서도 마찬가지로 접속하여 각 상의 2차전압이 출력단자 사이의 선간전압이 된다. 이때 (a)와 같이 2차측 전압이 1차측과 같은 극성을 유지하도록 하면 1차측 선간전압에 그대로 대응하는 2차측 선간전압이 나타난다. 그러나 (b)처럼 2차측 권선의 극성을 반대로 하면 2차측 선간전압의 위상이 1차측에 비해 180° 반전된다.

1차측과 2차측이 대칭 형태인 Y-Y 결선과 Δ-Δ결선은 이와 같이 1, 2차간 선간전압의 위상이 같거나 180° 차이가 나거나 할 수 있지만 크기에 있어서는 각 상별 변압기의 권선비 a가 그대로 선간전압비에 반영된다. 즉

$$a_L = a \tag{3-2}$$

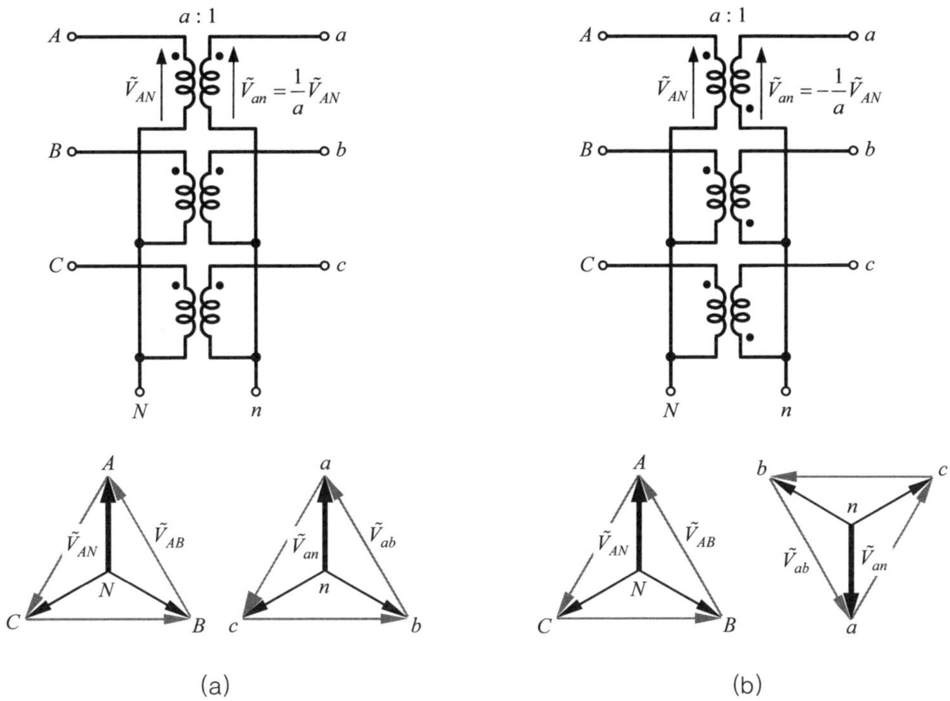

그림 3-9 Y-Y결선: (a) 2차전압이 1차 전압과 동상인 경우 (b) 반전되는 경우

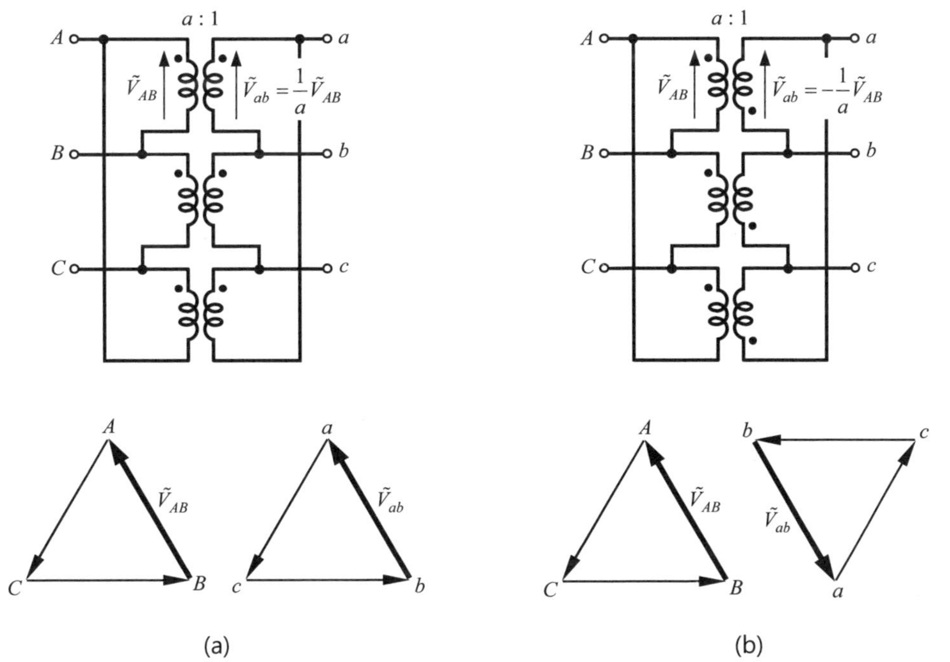

그림 3-10 Δ-Δ결선: (a) 2차전압이 1차 전압과 동상인 경우 (b) 반전되는 경우

Y-Δ 결선과 Δ-Y 결선

그림 3-11(a)는 Y-Δ결선을 보여주고 있다. 앞의 Y-Y결선에서와 같이 1차측 상전압 $\tilde{V}_{AN}$ 은 선간전압 $\tilde{V}_{AB}$ 에 비해 크기는 $1/\sqrt{3}$ 이고 30° 뒤진 위상을 갖는다. 이 전압이 그대로 2차측으로 전달되어 선간전압 $\tilde{V}_{ab}$ 가 되므로 만일 각 상의 권선비가 1:1이라면 $\tilde{V}_{ab}$ 가 $\tilde{V}_{AB}$ 의 $1/\sqrt{3}$ 크기에 30° 뒤진 위상으로 나타난다. 다른 두 상에서도 마찬가지여서, 결선방식 자체만으로도 $\sqrt{3}:1$ 의 강압 효과를 지닌다. 따라서 상별로 $a:1$의 권선비일 때 선간전압비는 $\sqrt{3}a:1$, 즉

$$a_L = \sqrt{3}a \tag{3-3}$$

가 되고, 2차측 선간전압 삼각형은 그림에서 보는 것처럼 시계방향으로 30° 회전한 모양으로 나타난다. (편의상 1, 2차 선간전압 삼각형을 같은 크기로 나타내었다.)

2차측을 그림 3-11(b)와 같이 반대 극성이 되도록 결선하면 2차측 선간전압 삼각형이 앞의 경우에서 180° 회전하므로 2차측 선간전압이 1차측에 비해 150° 앞서게 된다. 그러나 이는 그림 (a)의 2차측 단자명칭을 그림 (b)에서도 그대로 고수했을 경우를 말한다. Y결선과 Δ결선이 함께 사용될 때는 각 상에서 Y결선측의 단자와 같은 극성의 Δ결선측 단자가 서로 대응하는 명칭을 갖도록 하고 있다. 예컨대 그림 맨 위의 상에서 1차측 A 단자와 같은 극성을 갖는 2차측 권선의 아래쪽에서 인출되는 단자를 a로 한다. 이런 방식에 따라 각각 단자 명칭을 부여하면 2차측에서 $\tilde{V}_{ab}$ 로 표기되는 선간전압이 1차측 선간전압 $\tilde{V}_{AB}$ 에 30° 앞서게 되는 것을 알 수 있다. 결과적으로 Y-Δ결선에서는 2차측 선간전압이 1차측 선간전압보다 30° 뒤지거나 30° 앞서거나 둘 중 하나가 된다.

그림 3-12는 Δ-Y 결선방식으로, 1차측 선간전압이 2차측 상전압이 되고 여기에 $\sqrt{3}$ 배 한 것이 2차측 선간전압이므로 결선방식 자체만으로 $1:\sqrt{3}$ 의 승압효과를 갖는다. 따라서 상별로 $a:1$의 권선비일 때 선간전압 사이의 비율은 $a:\sqrt{3}$, 즉

$$a_L = \frac{a}{\sqrt{3}} \tag{3-4}$$

가 된다. 그림 3-12(a)는 그림 3-11(a)의 1차측과 2차측을 뒤바꾼 것과 같으므로 2차측이 30° 앞선 위상을 갖는다. 2차측 극성을 반대로 한 그림 3-12(b)도 앞서와 같이 각 상에서 Y측 단자와 같은 극성의 Δ측 단자가 대응하는 명칭이 부여되어 있으며 결과적으로 그림 3-11(b)의 1차측과 2차측을 뒤바꾼 것과 같음을 알 수 있다. 따라서 이 경우에는 2차측이 30° 뒤진 위상이 된다.

예제 3-1

1 kVA 220/100 V 정격의 단상변압기 3대가 있다. 3상 380 V 전원에서 이 변압기들로 3상뱅크를 구성하여 얻을 수 있는 전압은 몇 V인가? 그리고 그 3상뱅크의 용량은 몇 kVA인가?

주어진 단상변압기의 1차측 정격전압이 220 V이므로 380 V 선간에 직접 접속할 수 없다. 그러나 $380\,V = \sqrt{3} \times 220\,V$ 이므로 1차측을 Y결선으로 하면 전원에 접속할 수 있다. 이때 2차측은 Y로 결선할 수도 있고 Δ로 결선할 수도 있다. 따라서 아래의 두 가지 경우가 가능하다.

- Y-Y결선: 출력단 선간전압 $\sqrt{3} \times 100 = 173\,V$
- Y-Δ결선: 출력단 선간전압 100 V

어떤 방식으로 결선하건 뱅크의 용량은 3 kVA이다.

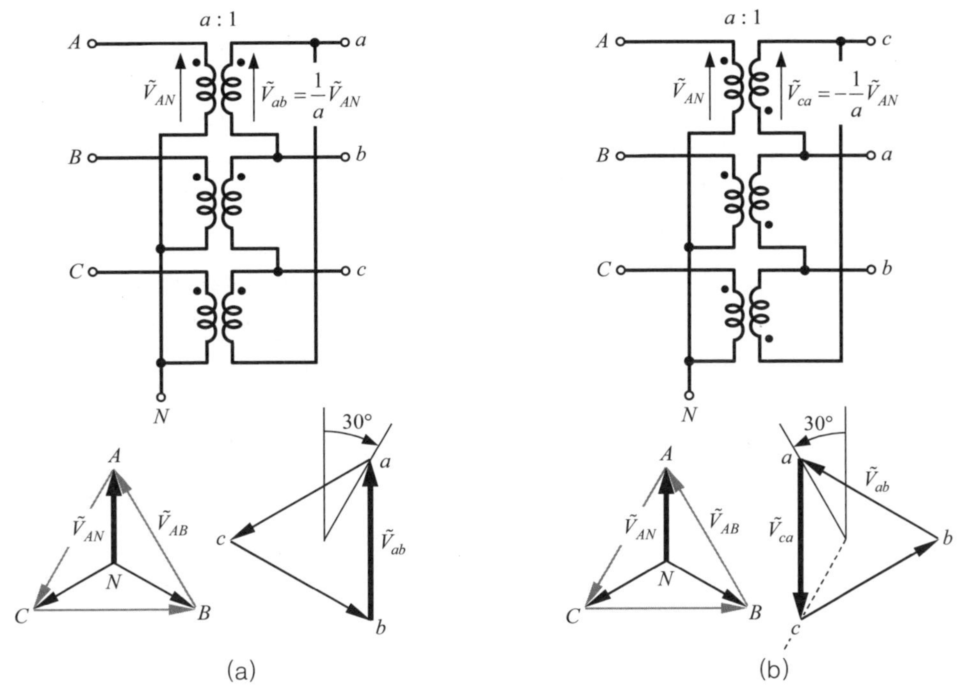

그림 3-11 Y-Δ결선: (a) 2차전압이 1차전압에 30° 뒤지는 경우 (b) 30° 앞서는 경우

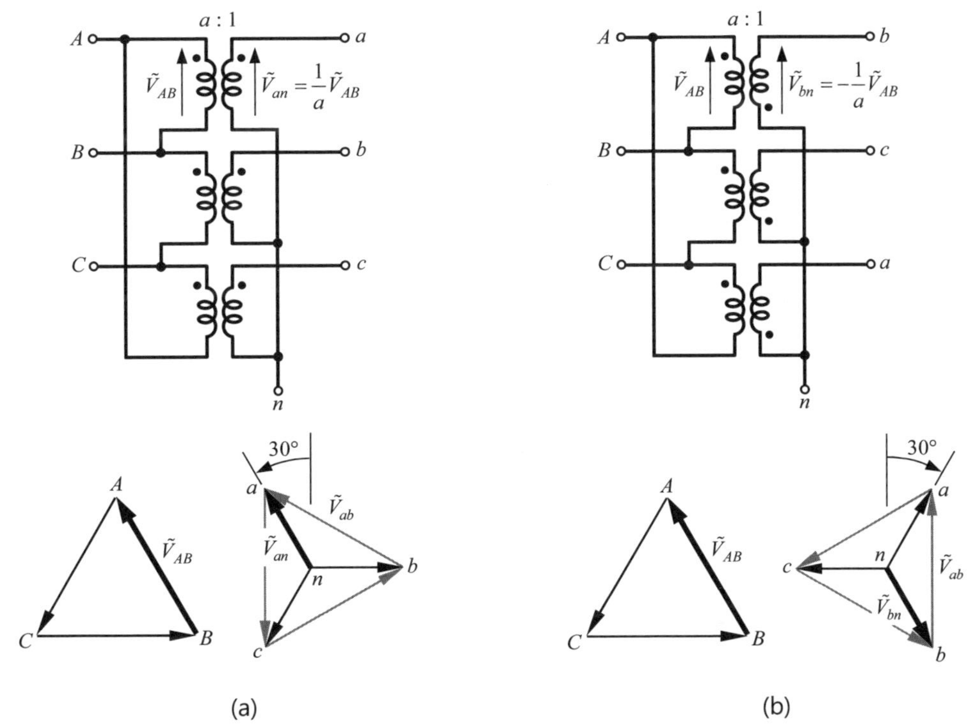

그림 3-12 Δ-Y결선: (a) 2차전압이 1차전압에 30° 앞서는 경우 (b) 30° 뒤지는 경우

3상변압기의 전류 및 전력

이상의 설명은 변압기 1차측에 접속되는 전원이 3상 대칭(세 선간전압이 크기가 같고 120°씩 위상차를 갖는 상태)인 것을 가정하고 있다. 만일 2차측에 접속되는 부하 역시 3상 대칭(세 상의 복소 임피던스가 동일한 상태)이라면 1차측 및 2차측 선로에 흐르는 전류 역시 3상 대칭(세 선전류의 크기가 같고 120°의 위상차를 갖는 상태)이 된다. 이때 변압기의 세 상은 부하의 피상전력과 유효전력 및 무효전력을 균등하게 1/3씩 분담한다. 일반적으로 3상에서 '평형(balance)'이란 이처럼 세 상을 통해 전원에서 부하로 전달되는 전력이 모두 같은, 균형을 이루고 있는 상태를 뜻한다. 만일 전원전압이 3상 대칭이 아니거나 부하가 3상 대칭이 아니라면 세 상의 부하분담에 차이가 생기는 불평형(unbalance)상태가 된다.[2] 이하에서는 따로 언급하지 않는 한 3상 평형상태만 가정하기로 한다.[3]

그림 3-13은 3상 평형상태에서 전압과 전류 페이서를 작도하는 예를 Δ-Y결선에서 보여주고 있다. (여기서처럼 3상 변압기의 1차측과 2차측 권선을 분리하여 나타낼 때는 같은 상의 권선들끼리 평행이 되도록 그린다.) 먼저 주어진 전원 선간전압으로부터 1차측 상전압이 결정되면 그에 대응하는 2차측 상전압(및 선간전압)이 결정된다. 이 전압에서 부하의 크기와 역률에 의해 2차측 상전류의 크기와 위상이 정해지고, 그에 대응하는 1차측 상전류 및 전원측 선전류가 결정된다. 이때 전류의 방향에 유의해야 하는데, 2장에서 설명하였듯이 1차측과 2차측 상전류는 극성표시점을 기준으로 항상 반대 방향으로 흐른다. 예컨대 그림 3-13에서 2차측 극성표시 단자에서 '흘러 나가는' $\tilde{I}_a$ 는 1차측에서 극성표시 단자로 '흘러 들어가는' $\tilde{I}_{AB}$ 와 동상이다. 이들 전류는 그림에 나타냈듯이 각각 해당 상의 상전압에 상대적으로 같은 위상차를 갖는다.

일반적으로 3상 평형상태에서는 상전압과 상전류 사이의 상대적인 관계가 세 상에서 모두 동일하기 때문에 실제 계산에서 그림 3-13과 같이 굳이 3상 전압과 전류의 페이서를 일일이 구할 필요가 없으며, 3-3절에서 설명하듯 전체 동작을 한 개의 상으로 대표해서 나타낼 수 있다.

예제 3-2

1차측 정격전압이 6,600 V이고 2차측 정격전압이 380 V인 정격용량 150 kVA의 3상변압기에 50 kW 지상역률 0.5의 평형 3상 부하를 접속하였다. 내부 임피던스가 없는 이상적인 변압기로 간주하고 (a) 전원측 선전류와 부하측 선전류를 구하라. (b) 변압기 결선이 Y-Y, Y-Δ, Δ-Δ, Δ-Y인 각 경우에 대하여 각 상의 1차측 상전압 및 상전류, 2차측 상전압 및 상전류를 구하라.

(a)
$$I_1 = \frac{S}{\sqrt{3}V_1} = \frac{50\text{k}/0.5}{\sqrt{3} \times 6.6\text{k}} = 8.74\ \text{A}$$
$$I_2 = \frac{S}{\sqrt{3}V_2} = \frac{50\text{k}/0.5}{\sqrt{3} \times 380} = 152\ \text{A}$$

---

[2] 원래 3상 평형이란 세 상 사이에 '전력의 균등분담'이 이루어진 상태를 이르는 용어지만 흔히 전원과 부하의 상태를 나타내는 데에 '대칭'과 '평형'을 혼용하는 경향이 있다. 즉 3상 전압이 대칭(비대칭)인 상태를 "전압이 평형(불평형)이다"라 말하기도 하고 3상 부하가 대칭(비대칭)인 상태를 "부하가 평형(불평형)이다"라 말하기도 한다. 이러한 표현이 사용되는 이유는 전원이나 부하 어느 한쪽이라도 비대칭이면 바로 불평형상태가 되어버리기 때문이다. 이 점에서 전원이나 부하가 비대칭인 상태를 불평형이라고 하는 것은 별 문제가 없다고 볼 수 있다. 반면에 전원과 부하 중 어느 한쪽이 대칭인 상태를 평형이라고 말하는 것은 반대쪽 역시 대칭임이 전제되지 않는다면 적절치 않은 표현이라 할 수 있다.

[3] 3상 불평형상태는 일반적으로 대칭좌표법(symmetrical component analysis)을 통해 표현된다. 대칭좌표법의 기본 개념은 부록 E를 참조하라.

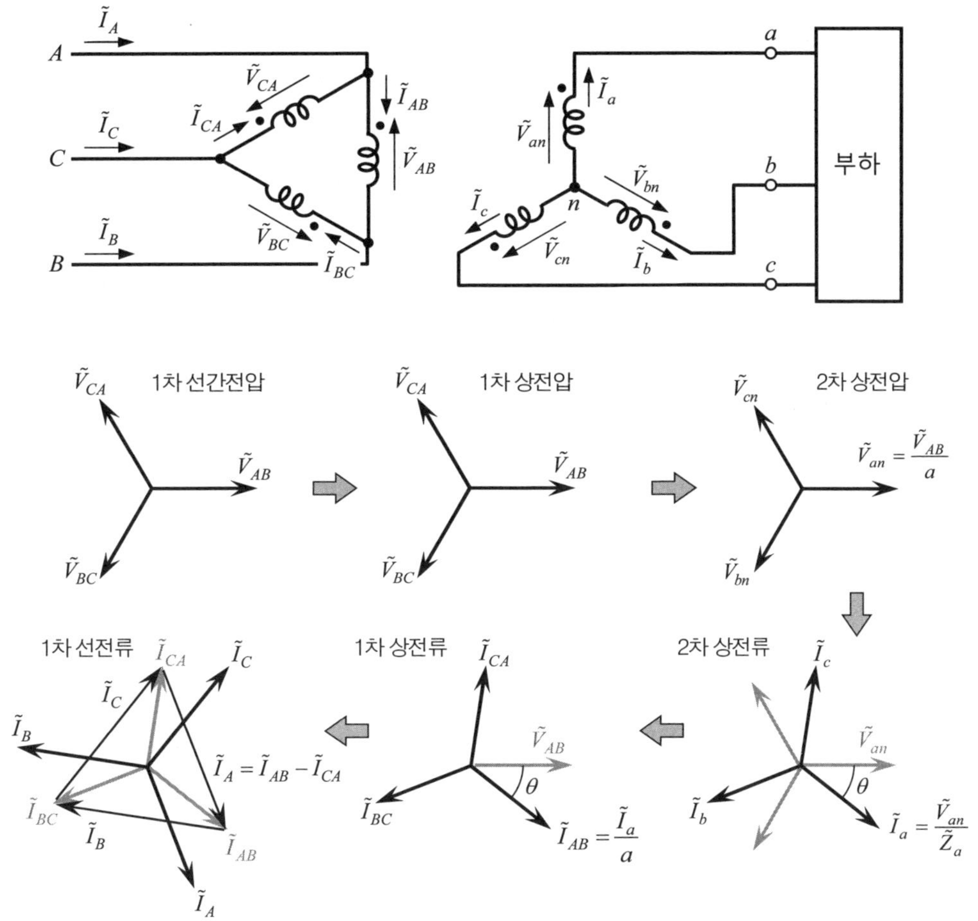

그림 3-13 3상 결선의 전압과 전류 페이서의 작도

(b) 1차측 상전압과 상전류를 $V_{\phi 1}, I_{\phi 1}$으로, 2차측 상전압과 상전류를 $V_{\phi 2}, I_{\phi 2}$로 표기한다.

Y-Y결선:

$$V_{\phi 1} = V_1 / \sqrt{3} = 3{,}810 \text{ V} \qquad I_{\phi 1} = I_1 = 8.74 \text{ A}$$

$$V_{\phi 2} = V_2 / \sqrt{3} = 219 \text{ V} \qquad I_{\phi 2} = I_2 = 152 \text{ A}$$

Y-Δ결선:

$$V_{\phi 1} = V_1 / \sqrt{3} = 3{,}810 \text{ V} \qquad I_{\phi 1} = I_1 = 8.74 \text{ A}$$

$$V_{\phi 2} = V_2 = 380 \text{ V} \qquad I_{\phi 2} = I_2 / \sqrt{3} = 87.7 \text{ A}$$

Δ-Y결선:

$$V_{\phi 1} = V_1 = 6{,}600 \text{ V} \qquad I_{\phi 1} = I_1 / \sqrt{3} = 5.05 \text{ A}$$

$$V_{\phi 2} = V_2 / \sqrt{3} = 219 \text{ V} \qquad I_{\phi 2} = I_2 = 152 \text{ A}$$

Δ-Δ결선:

$$V_{\phi 1} = V_1 = 6{,}600 \text{ V} \qquad I_{\phi 1} = I_1 / \sqrt{3} = 5.05 \text{ A}$$

$$V_{\phi 2} = V_2 = 380 \text{ V} \qquad I_{\phi 2} = I_2 / \sqrt{3} = 87.7 \text{ A}$$

3-3 3상변압기의 등가회로

3상변압기는 3개의 단상변압기 등가회로의 조합으로 나타낼 수 있으나 전원과 부하가 3상 대칭이고 변압기의 세 상이 동일하다면 상 사이에 120°씩 위상차가 있을 뿐 각 상별 전압과 전류 사이의 상대적 관계는 모두 같다. 따라서 하나의 등가회로로 대표해서 나타낼 수 있다.

등가 Y결선의 상당 등가회로

변압기가 어떤 방식으로 결선되어 있건 전원과 변압기, 그리고 부하를 모두 Y결선 형태로 나타내면 각 상을 따로 분리해서 생각하기에 편리하다. 한 예로 그림 3-14의 (a)는 Δ-Y 변압기에 Δ결선 3상 부하가 접속된 것을 보여주고 있다. 변압기를 등가의 Y-Y 결선으로 바꾸고 부하도 등가 Y결선으로 바꾸면 (b)와 같다. 여기서 말하는 '등가'란 1차, 2차 양쪽에서 겉으로 드러나는 선간전압과 선전류의 크기가 그대로임을 뜻한다. (위상각의 차이는 고려하지 않는다.) (b)는 동일한 단상회로 세 개가 점선으로 나타낸 가상의 중성선을 공유하고 있는 것으로 생각할 수 있으므로 (c)의 단상 회로로 세 상을 대표해서 나타낼 수 있으며, 이를 **상당등가회로**(per-phase equivalent circuit)라 한다. 여기서

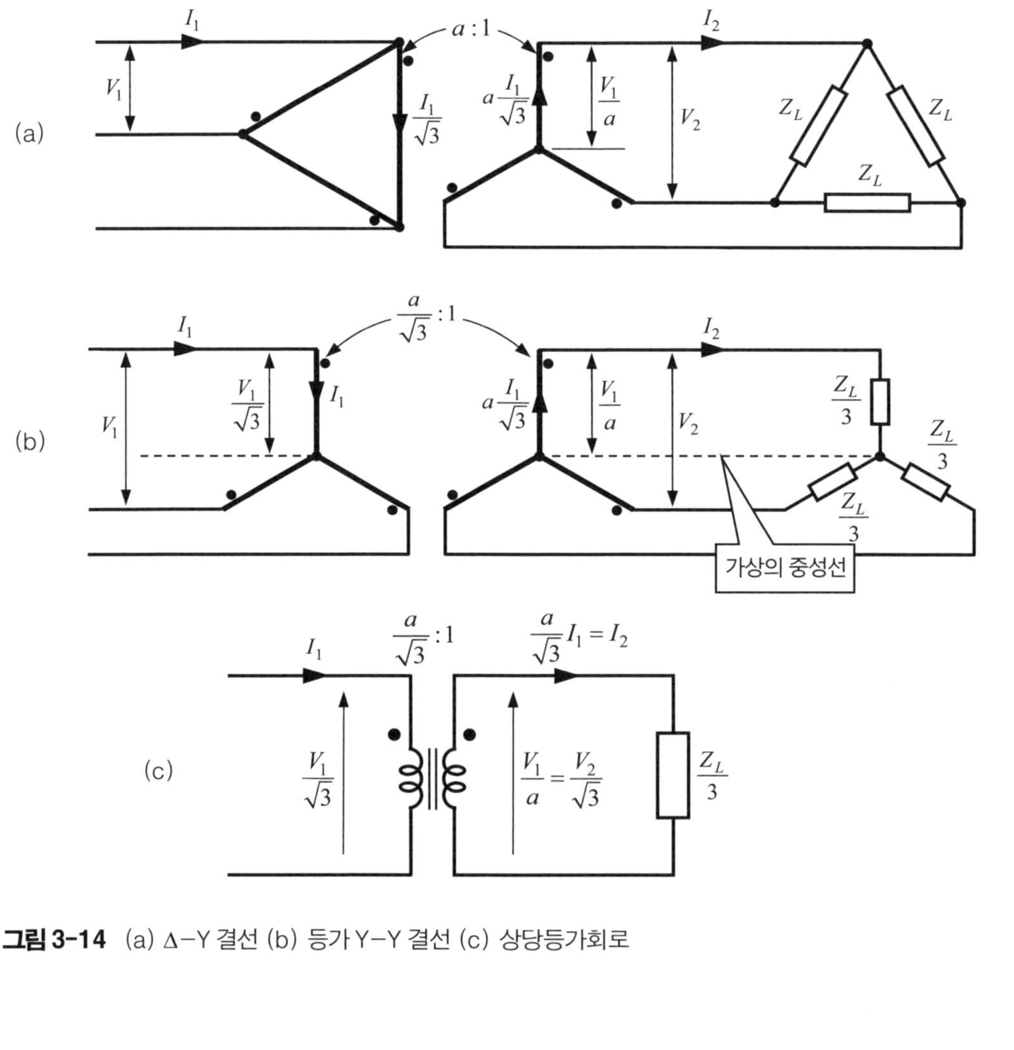

그림 3-14 (a) Δ-Y 결선 (b) 등가 Y-Y 결선 (c) 상당등가회로

상당등가회로의 변압비 $a/\sqrt{3}$ 가 Δ-Y 변압기의 선간전압비 a_L 에 해당하는 것을 알 수 있다.

다른 결선들도 마찬가지 방식으로 상당 등가회로로 표현할 수 있다. 실제 결선이 어떠하건 상당 등가회로의 1차측과 2차측의 상전압 $V_{\phi 1}, V_{\phi 2}$ 는 각각 선간전압 V_1, V_2 의 $1/\sqrt{3}$ 이며 1차측과 2차측의 상전류 $I_{\phi 1}, I_{\phi 2}$ 는 각각 선전류 I_1, I_2 로 취한다. 이때 등가변압기의 권선비는 원래 변압기의 선간전압비 a_L 과 같다. 이 상당등가회로를 통해 전달되는 피상전력은 아래에서 보듯이 전체 3상 피상전력의 1/3이며, 유효전력과 무효전력도 마찬가지이다.

$$S_\phi = V_{\phi 1} I_{\phi 1} = \frac{V_1}{\sqrt{3}} I_1 = \frac{1}{3}\sqrt{3} V_1 I_1 = \frac{1}{3} S_{3\phi} \tag{3-5}$$

예제 3-3

20 kVA 22,900/220 V 단상변압기 3대를 Δ-Y로 결선하여 1차측에 선간전압 22,900 V 3상대칭 전압을 인가하고 Δ로 결선된 3상 부하에 전력을 공급하고 있다. 부하 각 상의 임피던스는 9 Ω이고 역률은 0.8(지상)이다. 변압기가 이상적이라 가정하고 (a) 등가 Y-Y 결선의 상당등가회로를 그려라. (b) 전원측 선전류를 구하라. (c) 전원에서 전달되는 피상전력과 유효전력을 구하라.

(a) 부하의 등가 Y결선 상당 임피던스는 9 / 3 = 3 Ω 이다. 등가 Y결선 변압기의 1차측 상전압은 $22,900/\sqrt{3} = 13,221$ V, 2차측은 원래 Y결선이었으므로 단상변압기의 2차측 전압 220 V 그대로이다. 이로부터 상당등가회로를 그리면 그림 3-15와 같다.

(b)
$$I_{\phi 2} = \frac{V_{\phi 2}}{Z_{\phi L}} = \frac{220}{3} = 73.3 \text{ A}$$

$$I_{\phi 1} = \frac{1}{a_L} I_{\phi 2} = \frac{1}{13,221/220} \times 73.3 = 1.22 \text{ A}$$

$$I_1 = I_{\phi 1} = 1.22 \text{ A}$$

(c)
$$S_{3\phi} = 3V_{\phi 1} I_{\phi 1} = 3 \times 13,221 \times 1.22 = 48.4 \text{ kVA}$$

$$P_{3\phi} = 3{I_{\phi 2}}^2 Z_{\phi L} \cos\theta = 3 \times 73.3^2 \times 3 \times 0.8 = 38.7 \text{ kW}$$

3상변압기의 임피던스

위의 이상적인 3상변압기 상당등가회로에 변압기 내부의 직렬 임피던스 성분을 포함시키면 그림 3-16(a)와 같이 나타낼 수 있다. 여기서 $\tilde{Z}_1'$ 와 $\tilde{Z}_2'$ 는 3상 변압기의 각 상을 구성하고 있는 개별 단상 변압기의 1차측과 2차측 임피던스 $\tilde{Z}_1$ 과 $\tilde{Z}_2$ 를 등가 Y-Y결선으로 치환했을 때의 임피던스를 나

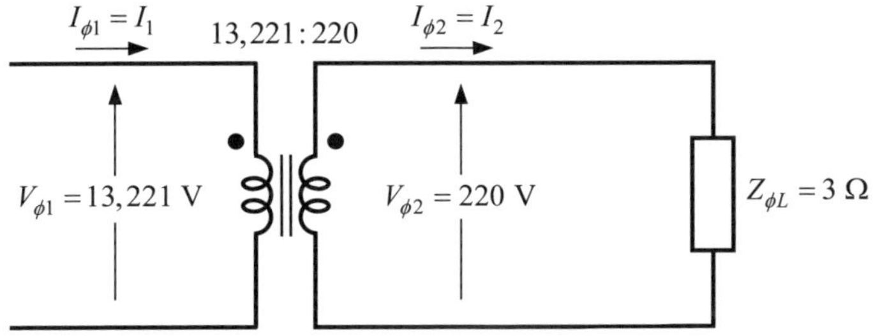

그림 3-15

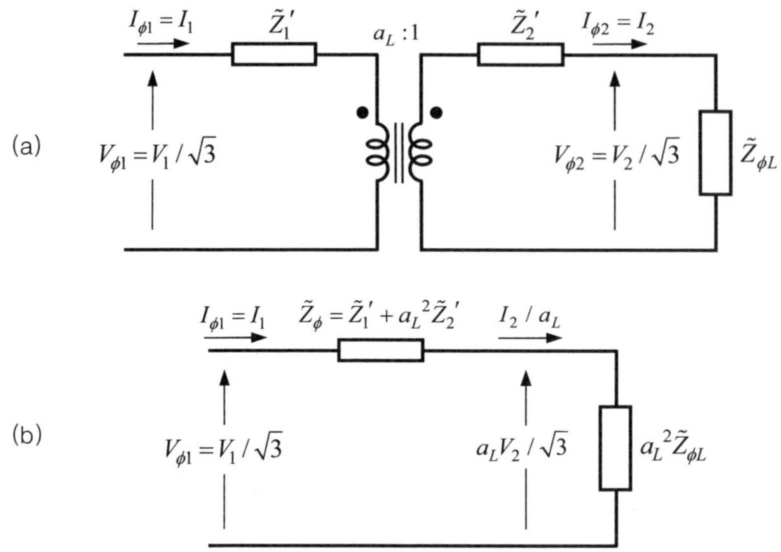

그림 3-16 (a) 임피던스를 포함한 상당 등가회로 (b) 1차측으로 환산한 상당 등가회로

타낸다. 1차측이 Y결선이었다면 $\tilde{Z}_1' = \tilde{Z}_1$이 될 것이고 Δ결선이라면 $\tilde{Z}_1' = \tilde{Z}_1 / 3$이다. 2차측도 마찬가지다. 그림 (b)는 (a)를 1차측으로 환산한 것으로, 변압기가 애초에 Y-Y결선이었다면 개별 단상변압기의 환산 임피던스 $\tilde{Z}_e = \tilde{Z}_1 + a^2\tilde{Z}_2$가 그대로 등가 Y-Y결선 상당등가회로의 직렬임피던스 $\tilde{Z}_\phi$가 될 것임은 자명하다. Y-Δ결선의 경우에는 $\tilde{Z}_2' = \tilde{Z}_2 / 3$이지만 등가권선비가 $a_L = \sqrt{3}a$이므로 1차측으로 환산하면 마찬가지로 표현된다. 결과적으로 Y-Y와 Y-Δ 모두 1차측에서 본 상당등가회로의 직렬임피던스가 원래 단상변압기의 1차측에서 본 직렬임피던스와 같다. 한편 Δ-Δ와 Δ-Y결선의 경우에는 모두 단상변압기 임피던스의 1/3로 됨을 확인할 수 있다. 요컨대 1차측으로 환산된 임피던스는 2차측 결선과 상관 없이 1차측이 Y인지 Δ인지에 따라 다음과 같이 표현된다.

$$\tilde{Z}_\phi = \tilde{Z}_e \text{ (Y-Y 및 Y-}\Delta) \tag{3-6}$$

$$\tilde{Z}_\phi = \frac{1}{3}\tilde{Z}_e \ (\Delta\text{-Y 및 }\Delta\text{-}\Delta) \tag{3-7}$$

마찬가지로, 2차측으로 환산할 경우에는 1차측 결선에 상관 없이 2차측 결선이 Y라면 상당등가회로의 임피던스가 단상변압기의 2차측에서 본 임피던스와 같고 Δ라면 그 1/3이 된다. 여기서는 생략했지만 여자회로의 임피던스 성분들 역시 같은 관계를 갖는다.

3상 변압기의 단위법

3상 변압기에도 단위법을 적용할 수 있다. 어떤 결선이건 등가 Y-Y결선의 상당 등가회로를 대상으로 하여 단상에서와 같은 방식으로 단위법을 적용한다. 이때 상당 등가회로의 기준용량은 변압기의 정격용량(3상 전체 용량) S_R의 1/3이고 기준전압은 선간전압으로 주어지는 3상변압기의 정격전압 V_R의 $1/\sqrt{3}$이다. 즉

$$S_{\phi B} = \frac{1}{3} S_R \tag{3-8}$$

$$V_{\phi B} = \frac{1}{\sqrt{3}} V_R \tag{3-9}$$

이로부터 각 상의 전류 기준값과 임피던스의 기준값은

$$I_{\phi B} = \frac{S_{\phi B}}{V_{\phi B}} = \frac{S_R}{\sqrt{3} V_R} \tag{3-10}$$

$$Z_{\phi B} = \frac{V_{\phi B}}{I_{\phi B}} = \frac{{V_R}^2}{S_R} \tag{3-11}$$

이상의 기준값이 정해지면 단상에서와 마찬가지로 단위법을 적용한다. 이들 기준값은 1차측과 2차측이 다르지만 단위법을 적용한 등가회로는 1차측이나 2차측 어느 쪽으로 환산되거나 같다.

예제 3-4

예제 3-3의 3상 뱅크를 구성하는 단상변압기의 %저항과 %리액턴스가 각각 2 %, 6 %이다. (a) 단상변압기의 1차측으로 환산한 임피던스를 구하라. (b) 상당 등가회로의 1차측으로 환산한 임피던스를 구하라. (c) 상당 등가회로의 %저항과 %리액턴스를 구하라.

(a) 단상 변압기의 1차측 기준값은 $S_B = 20\ \text{kVA}$, $V_B = 22.9\ \text{kV}$ 로부터

$$Z_B = \frac{V_B^2}{S_B} = \frac{22.9^2 \text{k}^2}{20\text{k}} = 26.2\ \text{k}\Omega$$

따라서 1차측으로 환산된 실제 저항과 누설리액턴스 값은

$$R_e = R_{e,pu} Z_B = 0.02 \times 26.2\text{k} = 525\ \Omega$$

$$X_e = X_{e,pu} Z_B = 0.06 \times 26.2\text{k} = 1{,}574\ \Omega$$

(b) 1차측이 Δ결선이므로 식 (3-7)로부터 상당등가회로의 임피던스는

$$R_\phi = R_e / 3 = 175\ \Omega$$

$$X_\phi = X_e / 3 = 525\ \Omega$$

(c) 등가 Y-Y 결선 상당등가회로의 기준값은

$$S_{\phi B} = 20\ \text{kVA}$$

$$V_{\phi B} = \frac{22.9\text{k}}{\sqrt{3}} = 13.2\ \text{kV}$$

$$Z_{\phi B} = \frac{V_{\phi B}^2}{S_{\phi B}} = \frac{13.2^2 \text{k}^2}{20\text{k}} = 8.71\ \text{k}\Omega$$

따라서 %임피던스 값은

$$R_{\phi,pu} = \frac{R_\phi}{Z_{\phi B}} = \frac{175}{8.71\text{k}} = 0.02\ \text{pu} = 2\ \%$$

$$X_{\phi,pu} = \frac{X_\phi}{Z_{\phi B}} = \frac{525}{8.71\text{k}} = 0.06\ \text{pu} = 6\ \%$$

위의 예제에서 각 상을 구성하고 있는 단상변압기의 %임피던스가 3상변압기의 상당 등가회로에서도 그대로 유지되는 것을 볼 수 있다. 일반적으로 결선방식에 무관하게 3상 변압기의 pu 상당 등가회로는 각 상을 구성하는 단상변압기의 pu 등가회로와 동일하다. 따라서 단상변압기에서 pu 임피던스로 표현되었던 전압변동률이나 효율 등의 관계가 3상변압기에서도 그대로 성립한다. 요컨대 (3상평형일 경우) **단위법을 적용하면 결선방법에 무관하게 마치 단상변압기인 것처럼 간주하고 모든 계산을 행할 수 있다.** 이는 단위법을 사용하는 데에서 오는 또 다른 이점이다.

예제 3-5

50 kVA, 2,300/230 V 단상변압기로 이루어진 3상 4,000/230 V의 Y-Δ 뱅크가 230 V 120 kVA, 0.85 지상역률 부하에 급전하고 있다. 각 단상변압기의 저압측으로 환산한 직렬등가저항과 리액턴스는 각각 0.012 Ω, 0.016 Ω이다. (a) 2차측으로 환산된 상당 등가회로의 임피던스를 구하라. (b) 2차측에 정격전압이 출력되기 위해 필요한 1차전압을 구하라. (c) (b)의 결과로부터 주어진 부하상태에서의 전압변동률을 구하라. (d) 이상의 결과를 단위법을 적용하여 구하라.

(a) 2차측이 Δ결선이므로 2차측으로 환산된 상당등가회로의 임피던스는 단상변압기의 2차측에서 본 임피던스의 1/3이다.

$$\tilde{Z}_e = \frac{1}{3}(0.012 + j0.016) = 0.004 + j0.00533\ \Omega = 0.00667\angle 53.13°\ \Omega$$

(b) 정격전압이 출력되고 있을 때 2차측 상당등가회로의 전압은

$$V_{\phi 2} = \frac{V_2}{\sqrt{3}} = \frac{230}{\sqrt{3}} = 132.8\ \text{V}$$

이때 2차측 상당 등가회로의 전류는

$$I_{\phi 2} = \frac{S/3}{V_{\phi 2}} = \frac{40\text{k}}{132.8} = 301.2\ \text{A}$$

2차측 전압을 기준페이서로 하여 상당등가회로의 1차측 전압을 구하면

$$\begin{aligned}\tilde{V}'_{\phi 1} &= \tilde{V}_{\phi 2} + \tilde{I}_{\phi 2}\tilde{Z}_e = 132.8\angle 0° + 301.2\angle(-\cos^{-1}0.85)\times 0.00667\angle 53.13° \\ &= 134.67 + j0.731 = 134.67\angle 0.31°\ \text{V}\end{aligned}$$

위의 전압은 상당등가회로의 2차측으로 환산된 전압이므로

$$V_{\phi 1} = a_L V'_{\phi 1} = \frac{2,300\sqrt{3}}{230}\times 134.67 = 2,333\ \text{V}$$

이에 해당하는 1차측 선간전압은

$$V_1 = \sqrt{3}V_{\phi 1} = 4,040\ \text{V}$$

(c)
$$\varepsilon = \frac{V'_{\phi 1} - V_{\phi 2}}{V_{\phi 2}} = \frac{134.67 - 132.8}{132.8} = 1.41\ \%$$

(d) 상당등가회로의 pu 임피던스는 아래 단상변압기의 pu 임피던스와 같다.

$$Z_B = \frac{V_B^2}{S_B} = \frac{230^2}{50\text{k}} = 1.06\ \Omega$$

$$\tilde{Z}_{e,pu} = \frac{\tilde{Z}_e}{Z_B} = \frac{0.012 + j0.016}{1.06} = 0.0113 + j0.0151 = 0.0189\angle 31.0°\ \text{pu}$$

부하전류의 pu 값은 부하 피상전력의 pu 값과 같으므로

$$I_{pu} = S_{pu} = \frac{120\text{k}}{3 \times 50\text{k}} = 0.8 \text{ pu}$$

따라서 2차전압을 기준페이서로 취하면

$$\tilde{V}_{1,pu} = \tilde{V}_{2,pu} + \tilde{I}_{pu}\tilde{Z}_{e,pu} = 1\angle 0° + 0.8\angle -31.78° \times 0.0189\angle 53.13°$$
$$= 1.0141\angle 0.31° \text{ pu}$$

1.0141 pu에 해당하는 1차측 선간전압을 계산하면

$$V_1 = 1.0141 \times 2,300\sqrt{3} = 4,040 \text{ V}$$

전압변동률은 $V_{1,pu} = 1.0141$ pu인 것으로부터 1.41%임을 바로 알 수 있다. 참고로, 2-7절에서 설명한 변압기 전압변동률의 근사식을 적용해서도 같은 결과를 얻을 수 있다. 즉

$$\varepsilon = (R_{pu}\cos\theta + X_{pu}\sin\theta)I_{pu}$$
$$= (0.0113 \times 0.85 + 0.0151 \times \sqrt{1 - 0.85^2}) \times 0.8 = 0.0140$$

3-4 3상결선의 여자전류

변압기가 전원에 접속되면 부하 상태가 어떠하건 항상 여자전류가 흐른다. 여자전류는 크기가 정격전류의 수 %에 불과하므로 특별히 정밀한 계산이 필요한 경우가 아니라면 무시해도 지장이 없다. 그러나 비록 그 크기가 작다 해도 여자전류는 변압기의 동작에 필연적인 것으로, 3상의 경우 결선 방식에 따라서는 여자전류 성분이 자연스럽게 흐르는 데 방해를 받아 변압기의 정상적인 동작에 지장이 초래될 수 있다. 따라서 단상과 달리 3상에서는 변압기의 여자전류가 중요한 고려사항이 된다.

여자전류의 3차 고조파

여자전류가 문제되는 이유는 여자전류에 포함된 3차 고조파성분(이하 '3고조파'라 함) 때문이다. 1장에서 보았듯이 변압기 1차측에 정현파 전압이 가해지면 코일 내부에 정현파 자속이 생성되고, 자속의 변화로 유기된 정현파 기전력이 인가전압과 전기적 평형을 이루게 된다. 이때 철심을 자화시켜 정현파 자속을 만들어내는 여자전류는 철심의 기자력과 자속 사이의 비선형적 관계 때문에 정현파가 되지 못하고 그림 3-17(a)와 같이 일그러진 형태를 띠게 된다. 일그러진 파형은 여러 개의 주파수 성분으로 구성되는데, 양의 반주기와 음의 반주기가 같은 반파대칭 파형에서 짝수 고조파는 존재하지 않고 1차(기본파)와 3, 5, 7차 등 홀수차 고조파만 존재한다[4](부록 F 참조). 이하에서는 편의상 근사적으로 점선으로 나타낸 기본파성분 i_1과 3고조파성분 i_3만 있는 것으로 가정한다.

변압기 세 상에 120°씩 위상차를 갖는 3상대칭 전압이 가해지면 세 상의 여자전류 파형 역시 그림 3-17(b)와 같이 120°씩 위상차를 갖는다. 이때 전류의 기본파 성분들(i_{A1}, i_{B1}, i_{C1})끼리는 120° 위상차의 3상대칭을 이루는 반면 3고조파 성분들은 위상차 없이 모두 동일한 파형인 것을 볼 수 있다($i_{A3} = i_{B3} = i_{C3}$). 이는 기본파의 1/3주기(120°)가 3고조파 입장에서는 온전한 한 주기(360°)에 해당하기 때문이다. 이처럼 3고조파 성분이 세 상에서 모두 순시적으로 같기 때문에 3고조파가 0이 아닌 이상 세 상 전류의 합이 0이 될 수 없다. 따라서 선로전류의 합이 항상 0이어야 하는 3상3선식에서

---

[4] 변압기 여자전류에 포함된 3차 고조파성분의 크기는 철심 히스테리시스곡선의 형태와 최대자속밀도에 따라 차이가 크지만 대략 기본파성분의 40~50 % 정도이다. 5차 고조파는 10~20 %, 7차 이상은 수 % 이하이다.

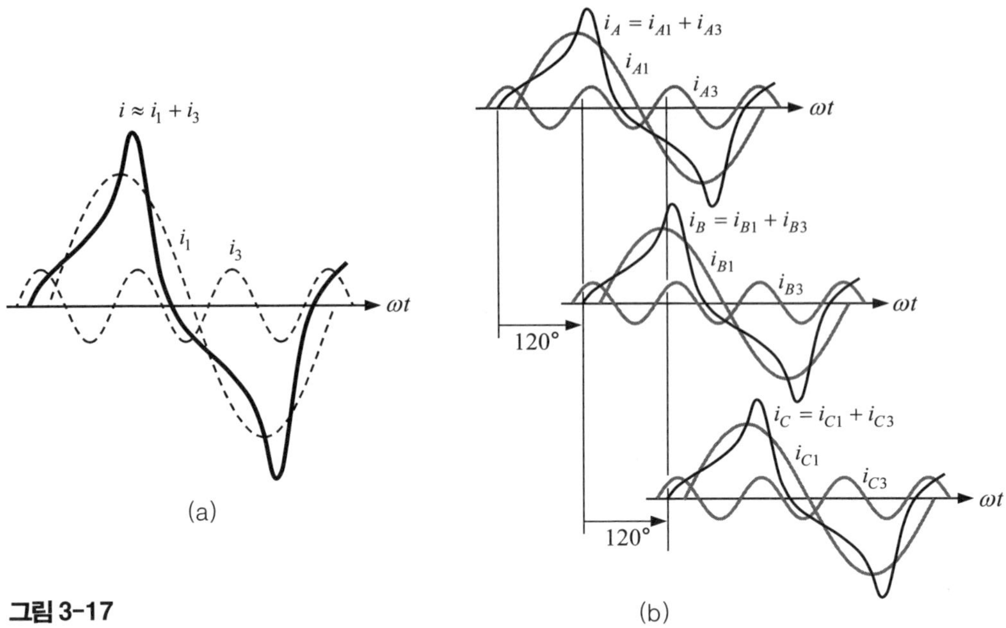

그림 3-17
여자전류 파형에 포함된 기본파와 3차 고조파

는 3고조파를 포함한 왜곡된 파형의 정상적인 여자전류가 흐르는 데에 방해를 받아 변압기 동작에 문제가 일어날 수 있다.

Δ 결선의 여자전류

먼저 변압기 1차측이 그림 3-18과 같이 Δ로 결선된 경우를 생각해 본다. 편의상 2차권선은 고려하지 않고 여자전류만 흐르는 것으로 한다. Δ결선된 변압기의 세 상에 각각 전원의 정현파 선간전압이 직접 가해지므로 세 상은 각자 서로 간섭하지 않는 단상회로로 동작한다. 따라서 세 상에 그림 3-17(b)와 같은 파형의 여자전류(i_{AB}, i_{BC}, i_{CA})가 흐른다. 이 전류들은 전원과 변압기 사이의 세 선로에 중첩해 흐르는데, 예컨대 그림의 맨 위쪽 선로에 흐르는 전류는 $i_A = i_{AB} - i_{CA}$이다. 여기서 $i_{AB} = i_{AB1} + i_{AB3}$의 3고조파성분과 $i_{CA} = i_{CA1} + i_{CA3}$의 3고조파성분이 같으므로 기본파성분만 남

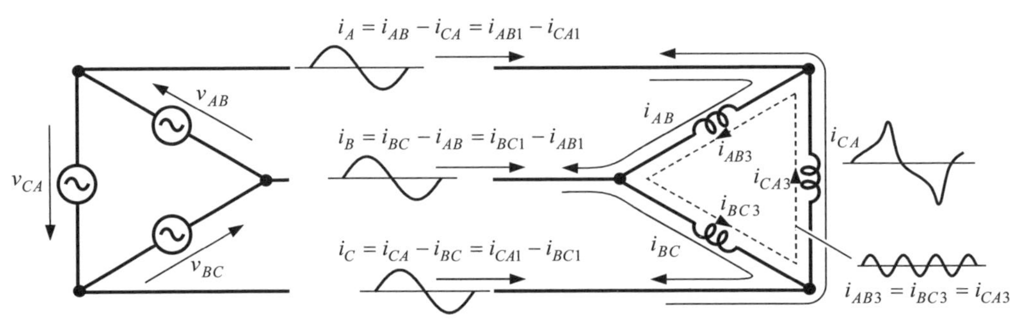

그림 3-18 Δ결선의 여자전류 (전원을 Δ결선으로 나타낸 것은 변압기 각 상에 선간전압이 직접 가해진다는 점을 강조하기 위한 것일 뿐, 실제 결선이 어떠한지는 중요치 않다.)

아 $i_A = i_{AB1} - i_{CA1}$가 된다. 다른 두 선전류도 마찬가지이다. 결과적으로 세 상에서 모두 동일한 3고조파 성분들은 상쇄되어 사라지고 선로에는 기본파 성분만 흐르는 것을 알 수 있다.

요컨대 변압기 각 상의 전류에 3고조파 성분이 포함되어 있음에도 불구하고 선로에는 3고조파가 나타나지 않는다. 이때 세 상의 3고조파 성분들이 매 순간 같기 때문에 그림에 점선으로 표현한 것과 같이 Δ결선 안에서 순환하는 것으로 간주할 수 있다. 즉 선로에 3고조파가 보이지 않는다 해서 변압기 권선에 3고조파가 흐르지 않는 것이 아니며, 변압기의 권선들끼리 3고조파가 흐를 수 있는 내부 경로를 형성하고 있어서 각 상에 3고조파를 포함한 정상적인(즉 왜곡된) 여자전류가 흐르는 데에 문제가 없고, 따라서 정상적인 변압기 동작이 이루어질 수 있다.

Y결선의 여자전류

변압기 1차측이 Y결선일 때는 중성선이 있을 때와 없을 때에 차이가 있다. 먼저 그림 3-19(a)처럼 변압기의 중성점 N이 전원의 중성점 O에 연결되어 있는 경우를 보면, 변압기 각 상의 권선에 전원의 정현파 상전압이 직접 가해지고 세 상은 중성선을 공유하고 있을 뿐 서로 간섭하지 않는 독립적인 단상회로로 동작한다. 따라서 각 상 선로에 그림 3-17(b)와 같은 여자전류가 흐르게 된다. 이 3상전류가 중성점에서 더해져 중성선을 통해 흐르는데, 기본파 성분들은 순시합이 0이므로 중성선에 나타나지 않고 ($i_{A1} + i_{B1} + i_{C1} = 0$) 3고조파 성분만 흐르게 된다. 이처럼 중성선로가 있어서 3고조파 성분의 귀로 역할을 해 주는 경우에는 세 선로전류의 합이 0이 되어야 할 필요가 없으므로 변압기 각 상에 정상적인 여자전류가 흐르는 데에 지장이 없다.

위의 설명은 중성선을 임피던스가 0인 이상적인 도체로 가정한 것이다. 만일 중성선이 임피던스를 갖는다면 어떻게 될까? 그림 3-19(b)와 같이 중성선 임피던스 Z_N이 있다 해도 중성선을 통해 흐르지 않는 기본파성분에는 아무 영향이 없다. 그러나 중성선을 통해 흐르는 3고조파 전류는 방해를 받아 크기가 줄어들게 된다. 동시에 Z_N에서 일어나는 전압강하로 중성점 N이 전원의 중성점 O와 같은 전위가 되지 못하고 두 지점 사이에 3고조파 주파수의 전위차 v_{NO}가 나타난다. 이는 변압기 상전압이 더 이상 전원 상전압과 일치하지 않고 3고조파 성분이 중첩된 왜곡된 파형이 됨을 뜻한다. 즉 전류의 3고조파가 줄어드는 대신 상전압에 3고조파성분이 나타난다. 이때 3고조파 성분 v_{NO}가 세 상에서 모두 동일하므로 Y결선 단자들 사이에 나타나는 전압은 여전히 정현파를 유지하면서 전원에서 가해진 정현파 선간전압과 전기적 평형을 이루게 된다.

중성선 임피던스가 클수록 3고조파 전류가 줄어들면서 선전류가 정현파에 가까워지고, 중성점 전위의 맥동과 상전압의 왜곡은 더 커진다. 중성선 임피던스가 무한대가 되면, 즉 그림 3-19(c)와 같이 중성선이 끊어지면 3고조파 전류가 0이 되면서 여자전류는 정현파가 된다. 중성선 연결이 없는 Y결선에서는 3상 선전류의 순시합이 0이어야 하므로 3고조파가 선로를 통해 흐르지 못하고, 여자전류의 기본파성분만 흐르게 된다. 그림 3-20은 이때 변압기 상전압 파형이 어떻게 나타나는지 보여주고 있다. 변압기의 철심에서 자속과 여자전류 사이의 관계는 항상 그림의 히스테리시스특성을 만족해야 하는데, 자속이 정현파여야 하는 조건에서는 전류가 왜곡되지만 지금처럼 전류가 정현파일 수밖에 없을 때는 자속이 왜곡된다. 그 결과 자속의 파형은 위 아래가 납작한 형태가 되고, 자속의 미분인 기전력은 첨두치가 큰 뾰족한 형태로 나타난다. 이것이 그림 3-19(c)의 변압기 상전압 파형으로, 중성점의 3고조파 맥동전압 v_{NO}는 이 파형과 전원의 정현파 상전압 사이의 차이에 해당한다.

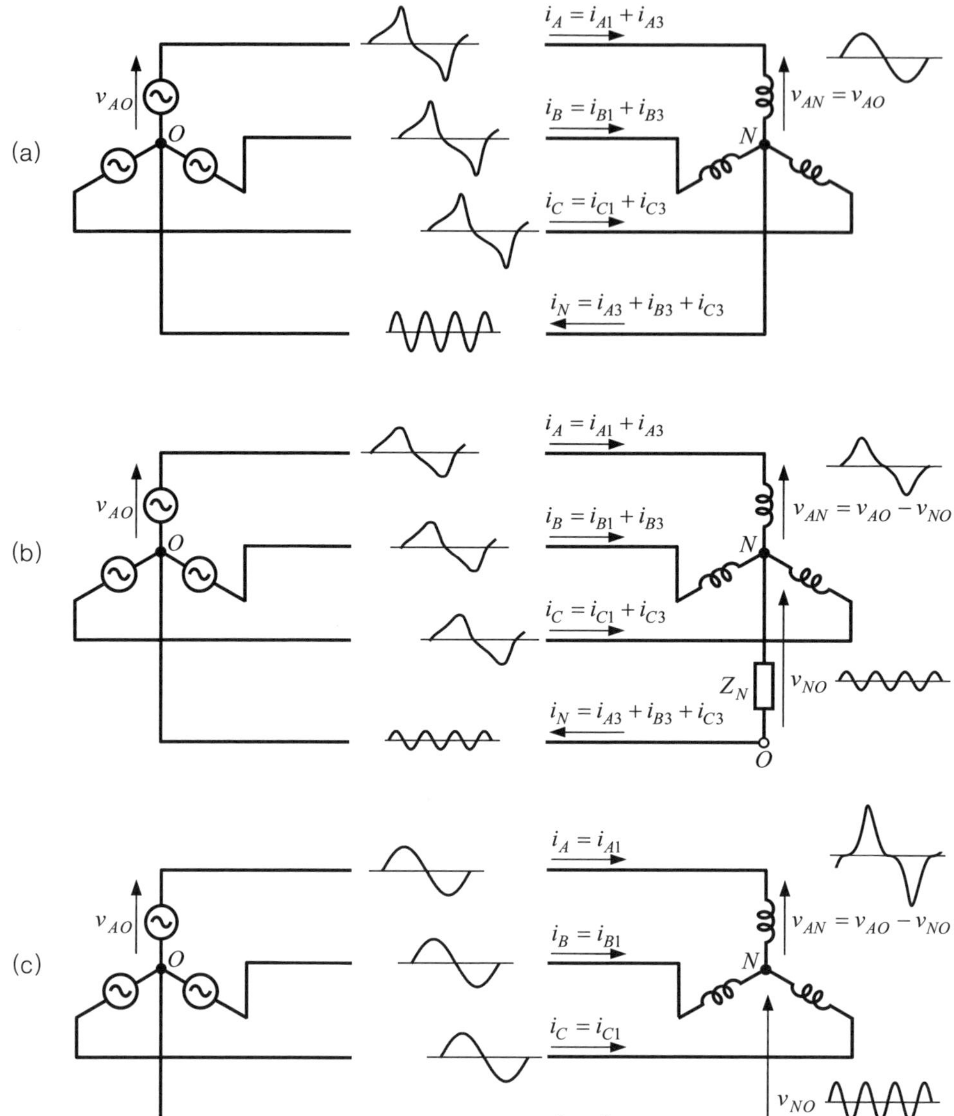

그림 3-19 Y결선에서의 여자전류: (a) 전원과 중성선이 연결되어 있는 경우(3상 4선식) (b) 중성선에 임피던스가 있을 때 (c) 중성선 연결이 없는 경우(3상 3선식)

요컨대 중성선이 없는 Y결선에서는 정현파 선간전압이 가해졌을 때 변압기 중성점의 전위가 고정되지 않고 3고조파로 맥동하면서 상전압이 왜곡된다. 그림 3-18의 Δ결선과 비교해 보면, 양쪽 다 선로에 정현파 전류가 흐른다는 점에 있어서는 같지만 Δ결선에서는 상전류가 왜곡되고 Y결선에서는 상전압이 왜곡된다. Δ결선의 왜곡된 상전류는 단상변압기의 여자전류와 같은 정상적인 여자전류로서, 그 크기도 정격전류보다 훨씬 작다. 그러나 Y결선의 상전압에 포함되는 3고조파 왜곡성분은 기본파성분 전압과 거의 비등한 크기로 나타나므로 심각한 문제가 될 수 있다.

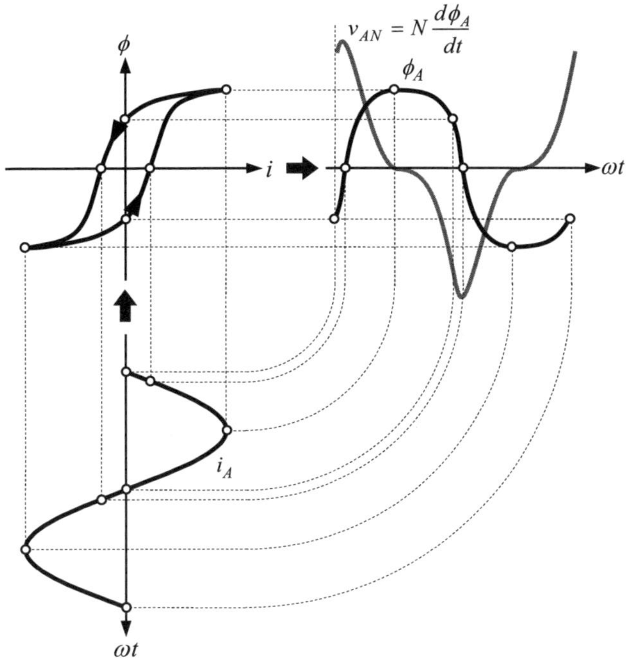

그림 3-20
정현파 여자전류에 의해 만들어지는 자속과 이때 유기되는 기전력의 파형

2차측 결선의 영향

이상은 2차측 권선을 고려하지 않은 것이다. 그림 3-21과 같이 1차측이 Y결선이면서 2차측이 Δ인 경우를 생각해 보자. 앞에서와 같이 Y결선의 1차측에 정현파 여자전류가 흘러 자속이 그림 3-20처럼 왜곡되었다고 하면 같은 자속을 공유하는 2차측에도 왜곡된 기전력이 유기될 것이다. 이 기전력의 3고조파 성분들 역시 세 상에서 모두 동일한 위상이므로 Δ결선 내에서 같은 방향으로 더해진다. 그 결과 3고조파 순환전류가 흐르게 되는데, 3고조파 전류가 2차측권선에 흐르건 1차측권선에 흐르건 각각의 상에서 양쪽 권선이 공유하고 있는 철심에 작용하는 기자력으로서는 같은 효과를 갖는다. 따라서 1차측에 3고조파를 포함한 정상적인 여자전류가 흘렀을 때처럼 자속의 왜곡이 나타나

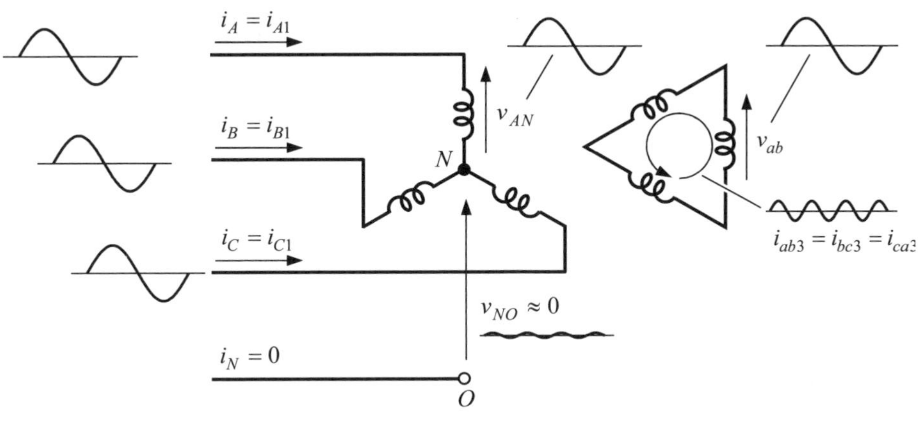

그림 3-21 Y−Δ 결선에서의 여자전류

지 않게 된다. 즉 자속의 왜곡에서 비롯된 전류가 자속의 왜곡을 제거하는 작용을 한다. 그러나 왜곡이 완전히 사라지는 것은 아니고, 3고조파 전류가 유지되는 데에 필요한 만큼의 3고조파 기전력과 그에 대응하는 자속의 왜곡성분이 잔류한다.[5] 이 3고조파 기전력이 이때의 v_{NO}로서, 그 크기는 3고조파에 대한 임피던스에 3고조파전류를 곱한 것($\approx 3X_e I_3$)으로, 정격전압보다 훨씬 작다. 따라서 대부분의 왜곡이 사라지며, 잔류 3고조파 기전력만큼 중성점 전위가 미미하게 흔들릴 뿐이다.

이처럼 중성선 없는 Y결선이라도 2차측이 Δ결선이라면 자속과 기전력 왜곡의 문제가 나타나지 않는다. 이상에서 **1차나 2차 어느 한쪽이라도 Δ로 결선되어 있다면** 정현파 자속을 유지하기 위해 필요한 여자전류의 3고조파 성분이 흐를 수 있는 내부 폐회로가 존재함으로 해서 변압기의 정상적인 동작에 문제가 일어나지 않음을 알 수 있다.

단일철심 3상변압기와 Y결선

1차, 2차가 모두 Y결선이어서 3고조파 전류가 어느 쪽에도 흐를 수 없는 경우라도 철심의 구조에 따라서는 자속 및 기전력 왜곡이 억제될 수 있다. 그림 3-22에 보인 내철형 3각철심은 그림 3-4에서 보았듯이 세 상 자속의 순시합이 0일 것을 전제로 한다. 그러나 그림 3-20과 같이 자속 파형이 왜곡되는 경우에는 자속에 포함된 동상의 3차 고조파 성분들 때문에 합이 0이 될 수 없다. 이 3고조파 자속성분이 철심을 통해서는 귀환경로를 찾을 수 없으므로 그림 3-22에 나타낸 것처럼 철심 바깥으로 밀려나 빈 공간을 통해 되돌아올 수밖에 없다. 따라서 기본파 자속성분과는 달리 3고조파 자속성분은 큰 자기저항을 거치면서 크기가 현저히 줄어들고, 결과적으로 자속의 왜곡이 억제된다.[6] 즉 내철형 3각철심에서는 여자전류가 정현파라도 자속 역시 정현파에 가까우며(이는 자속의 3고조파 성분에 작용하는 외부 경로의 큰 자기저항이 갖는 효과까지 고려에 넣으면 자속과 기자력 사이의 함수관계가 순수한 철심만의 히스테리시스곡선보다 직선에 가까운 형태로 나타남을 뜻한다), 따라서 기전력의 왜곡이 크게 나타나지 않는다. 단, 철심 외부로 유출되는 3고조파 자속이 주변의 외함 등 철제 구조물을 경유하면서 유도전류를 야기, 국지발열을 일으킬 수 있으므로 외함과 변압기 철심 사이에 충분한 거리를 두어야 할 필요가 있다.

한편 5각철심은 외곽에 추가된 철심이 3고조파 자속성분의 귀로 역할을 하며, 외철형에서도 3고조파 자속이 각 상의 철심 안에서 순환할 수 있으므로 3각철심과 같은 3고조파 자속성분의 억제 특성을 지니지 않는다. 상별로 독립된 철심을 지닌 3상뱅크 역시 마찬가지이다.

---

[5] 어떤 원인에서 비롯된 결과가 원인을 제거하는 쪽으로 작용하는 것을 부궤환(negative feedback) 효과라 하며, 작용-반작용의 다른 형태라 할 수 있다. 약간의 3고조파 자속이 잔류하면서 그에 대응하는 3고조파 전류가 흐르게 되는 것은 작용과 반작용이 그 상태에서 평형을 이루고 있음을 뜻한다.

[6] 3각철심은 세 상의 자기회로가 Y결선된 형태로서, 자속이 철심 외부로 빠져나갔다가 되돌아오는 것은 마치 그림 3-20의 Y결선 전기회로에서 중성점 N과 O사이에 방전을 통해 전류가 흐르는 것과 같다. 3각철심에 Y결선 권선이 설치된 상태는 3상 전류의 합이 0이 되어야 한다는 [조건 A]와 3상 자속이 합이 0이 되어야 한다는 [조건 B]가 동시에 만족되어야 하는, 즉 전류와 자속이 동시에 정현파가 되어야 한다는 두 조건이 충돌하는 상태라 할 수 있다. 전기회로에서는 도체와 부도체 사이의 도전율 차이가 대단히 큰 반면(10^{15}배 이상) 자기회로에서는 자성체와 비자성체간 투자율의 차이가 그 정도로 크지 않다(수천배). 따라서 두 조건이 부딪치면 [조건 A]가 이길 수밖에 없다. 3고조파전류가 공기 중 방전을 통해 흐르는 것보다 3고조파자속이 공기 중을 통과하는 것이 훨씬(1조배 이상!) 쉽기 때문이다. 그러나 철심에 비해 훨씬 큰 자기저항 때문에 크기가 현저히 줄어든다. 참고로, 변압기 투입시 돌입전류(3-11절)가 흐를 때나 지락사고로 고장전류가 흐를 때도 $\phi_A + \phi_B + \phi_C \neq 0$ 인 성분이 나타나는데, 이를 영상분이라 한다. 3각철심에서는 3고조파성분을 포함 모든 영상분 자속이 공기중을 통과하게 될 수밖에 없으므로 크기가 억제된다. 따라서 1차나 2차 어느 한쪽 권선에 영상분 전류가 흐르더라도 영상분 자속이 크게 나타나지 않기 때문에 영상분 기전력이 억제되고, 반대편 권선에 그에 대응하는 영상분 전류를 유기하지 않는다.

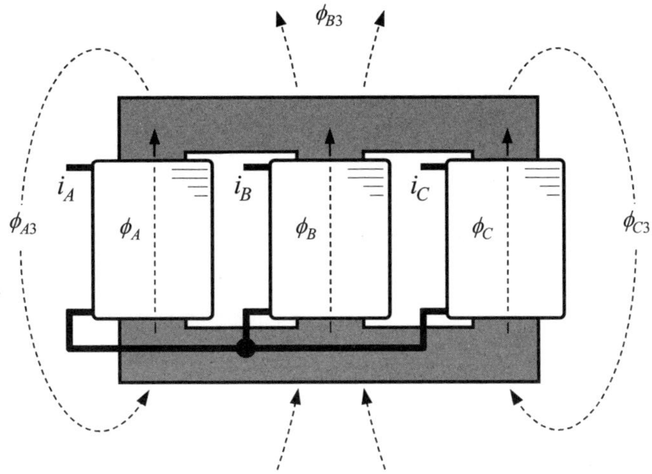

그림 3-22
내철형 3각철심 3상변압기의 3고조파 자속성분

3-5 3상 결선의 특성과 용도

3상 결선방식들은 변압기의 실제 적용상 각자 장단점을 지니고 있다. 어떤 용도에 어떤 결선방식을 사용할 것인가에는 전압과 전류의 정격, 절연의 문제, 여자전류의 문제, 접지의 문제, 그리고 이들과 관련한 보호의 문제 등이 복합적으로 관련된다.

Y결선과 Δ결선의 일반적 특징

Y결선은 고압에 적합하다. 상전압이 선간전압의 $1/\sqrt{3}$ 이므로 Δ결선에 비해 절연의 부담이 작다. 대신 권선이 Δ결선보다 $\sqrt{3}$ 배 큰 전류정격을 가져야 한다. 그러나 고압 및 초고압 계통에서는 절연의 문제가 훨씬 중요하기 때문에(즉, 고압을 절연하는 데에 드는 비용이 굵은 권선을 사용하는 데에 드는 비용보다 높기 때문에) 전압 정격을 낮춰줄 수 있는 Y결선이 유리하다.

중성점을 접지할 수 있다는 것도 Y결선의 장점이다. 중성점을 접지하면 대지에 대한 전위가 낮은 접지점 부근에서는 낮은 강도로 절연하고 선로 단자에 접근할수록 절연강도를 단계적으로 높여가는 **단절연**段絶緣(graded insulation)을 적용할 수 있으므로 권선 전체를 균일한 강도로 절연해야 하는 비접지방식에 비해 비용이 크게 절감된다. 그리고 전압 조정을 위한 탭 절환장치를 설치하는 경우 전위가 낮은 접지 쪽에 설치할 수 있어서 유리하다. 나아가 과도상태에서도 중성점 전위가 고정되어 있어서 이상전압 발생이 억제되고, 그림 3-23에 나타냈듯이 지락사고시 접지선을 통해 흐르는 고장전류를 쉽게 검출할 수 있어서 대처가 용이하다는 장점이 있다. 따라서 설비의 보호와 건설단가 절감이 중시되는 고압송전계통에는 Y결선이 선호된다.

Δ결선은 같은 용량에서는 Y결선에 비해 높은 전압정격을 가져야 하므로 턴수가 많아지고, 절연물이 차지하는 공간 때문에 권선의 점적률이 떨어진다. 또한 중성점 접지를 할 수 없어서 권선 전체에 걸쳐 대지에 대한 절연강도가 일정해야 하므로 상대적으로 절연비용이 높다. 나아가 접지되지 않은 상태에서는 과도상태에서 높은 이상전압이 발생할 수 있기 때문에 고압에 사용하기에는 상대적으로 불리하다. 그러나 상전류가 작기 때문에 (선전류의 $1/\sqrt{3}$) 큰 전류를 공급해야 하는 용도에 유리하다. 따라서 절연 비용이 Y결선에 비해 큰 차이가 나지 않는 저압계통에 적합하며, 특히 선로전

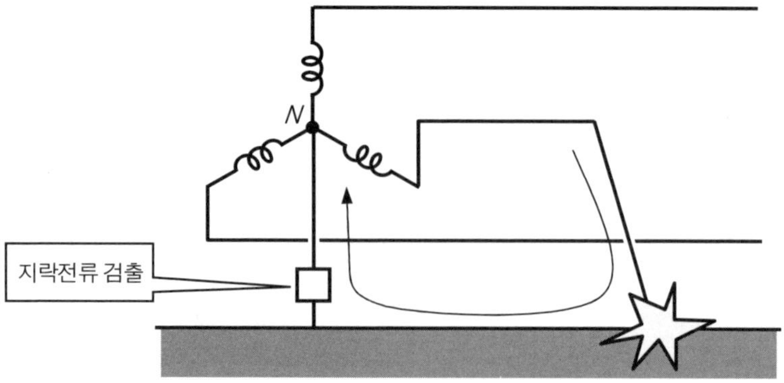

그림 3-23
Y결선 중성점 접지를 통한 지락전류 검출

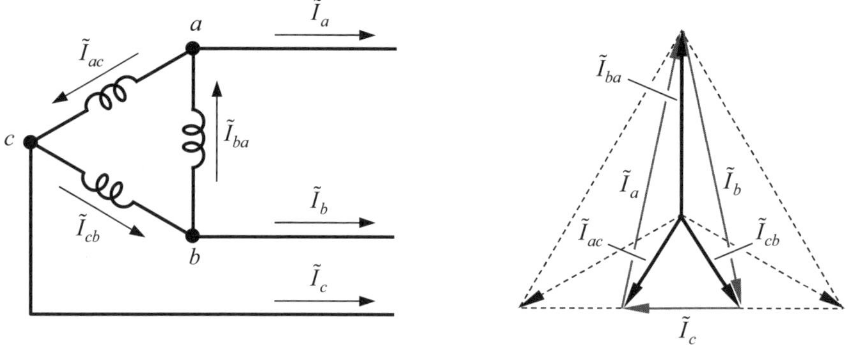

그림 3-24 Δ결선의 불평형 완화효과: 부하로 흐르는 선전류 중 한 상($\tilde{I}_c$)의 크기가 크게 줄어들었다고 할 때 그 변화가 Δ결선 내의 2개 상전류의 변화로 분산된다.

류가 큰 저압 대전류 용도에 주로 사용된다.

한편 앞 절에서 설명하였듯이 Δ결선에서는 여자전류 관련 문제가 발생하지 않는다. 그리고 그림 3-24에서 볼 수 있듯이 부하전류에 불평형이 생기더라도 상전류 사이의 불평형은 그보다 작은, 불평형 완화효과를 지니고 있다. 이러한 이점들은 Δ결선이 자체 폐회로를 이루고 있는 데에서 비롯되는데, 세 상 변압기의 특성에 차이가 있는 경우에는 이 폐회로를 통해 순환전류가 흘러 문제를 일으킨다. 순환전류가 중첩되면 부하가 평형이라도 상전류에 불평형이 일어나 동손이 증가하고, 전류가 가장 큰 상을 기준으로 3상 전체 출력이 제약을 받아 제 용량을 다 발휘할 수 없게 된다. 단일철심형 3상변압기에서는 이러한 문제가 일어날 소지가 없지만 3상뱅크의 경우 2차측을 Δ로 결선할 경우에는 변압기의 균일성(전압비 및 %임피던스)에 특별히 유의해야 한다.

Y-Y결선

Y-Y결선은 위에서 설명한 Y결선의 장점으로 고압 송전계통에 적합하지만 중성점접지가 문제가 된다. 중성점을 접지하지 않는 경우, 3-4절에서 보았듯이 여자전류가 정현파가 되면서 자속이 왜곡되고 기전력에 3고조파 성분이 중첩된다. 이 3고조파 성분의 크기가 기본파 성분에 육박하기 때문에 그림 3-20에서 보았듯이 기전력 파형의 첨두치가 정상적인 전압 최대치의 거의 2배에 달할 수 있다. 나아가 접지되지 않은 중성점의 전위가 선간전압 삼각형의 중앙에 확실히 고정되지 않기 때문에 부

하에 불평형이 생겼을 때 상전압의 불평형이 일어나 일부 상에 고압이 걸리는 문제가 나타날 수 있다. 따라서 첨두치 상승과 불평형 효과가 중첩되면 절연에 심각한 위협이 된다. 무엇보다 고압계통에서 사용되는 경우 중성점을 접지하지 않으면 절연비용의 상승으로 그 의미가 크게 퇴색되므로 Y-Y결선에서 중성점 접지는 거의 필연이라 할 수 있다.

그러나 중성점을 접지했을 때 그 전위가 확실히 고정되기 위해서는 전원측 중성점도 접지되어 있어야 하는데, 이 경우 대지가 그림 3-19(a)의 중성선 역할을 하여 선로 및 대지를 통해 여자전류의 3고조파 성분이 흐르게 된다. 전류는 주위에 자기장을 발생시키는데, 3상 선로의 자기장이 중첩되었을 때 기본파성분의 자기장은 대략 상쇄되지만 3고조파전류에 의한 자기장은 세 상에서 모두 같아서 상쇄되는 것이 아니라 더해지므로 인근, 특히 접지점 부근에서 통신장해를 일으킨다. 또 송전선로와 대지 사이의 정전용량과 변압기의 여자리액턴스 사이의 공진주파수가 3고조파 주파수에 근접하면 공진이 일어나 3고조파성분이 크게 증폭될 위험성도 있다. 결국 접지를 해도 문제 안해도 문제이므로 일반적으로 **순수한 Y-Y결선방식은 사용되지 않는다.**

Y-Δ-Y결선

실제 사용되는 Y-Y결선은 1차권선과 2차권선에 Δ로 결선된 **3차권선**(tertiary winding)이 추가된 형태로서, 이를 **Y-Δ-Y결선**이라 부른다. 3차권선은 여자전류의 3고조파성분이 흐를 수 있는 내부 경로를 제공하기 위한 것으로, 주권선이 접지되지 않았을 경우 그림 3-21에서와 같이 상전압의 왜곡을 막아주는 역할을 한다. 주권선이 접지되어 있다 해도 3고조파성분 전류가 대지와 송전선로를 통하는 경로보다 훨씬 임피던스가 작은 3차권선의 내부 순환경로를 통해 흐르게 되므로 선로에 3고조파 전류가 거의 흐르지 않게 되고, 통신장해 등의 문제를 일으키지 않는다.

3차권선의 용량은 주권선의 1/3 정도로, 제작비 상승 요인이 되기는 하지만 3고조파전류에 관련된 부작용의 염려 없이 주권선의 중성점 접지를 자유로이 할 수 있는 데에서 오는 이점이 훨씬 크다. 특히 고압 송전용 변압기의 경우에는 접지 및 단절연을 채용할 수 있게 되는 데에서 오는 절연비용의 절감으로 전체 제작비가 오히려 낮아진다. 부수적으로 Δ결선의 일반적 특징인 부하전류 불평형의 상별 배분 효과도 지니며, 1차측과 2차측 선간전압 사이에 위상차가 나타나지 않는 Y-Y결선을 사용할 수 있게 됨으로써 계통간 연계운전에 지장이 없는 등의 장점을 지니고 있어서 고압 송전에 널리 사용되고 있다.

3차권선은 변압기 내부에서 결선이 마감되기도 하지만 외부로 단자를 인출하여 변전소의 소내조명이나 난방 등을 위한 보조전원으로 활용되는 경우도 흔히 볼 수 있다. 그리고 고압 계통에서 상대적으로 낮은 정격전압을 지닌 조상설비(분로리액터, 역률보상 커패시터, 동기조상기 등 선로의 무효전력을 조정하기 위한 설비)를 접속하는 용도를 겸하기도 한다.

Δ-Δ결선

Δ-Δ결선은 1차측과 2차측 모두 중성점 결선이 필요 없을 때 사용한다. 중성점을 접지할 수 없어서 절연비용이 높아 고압계통 적용에 불리하다. 지락전류 검출이 어렵다는 단점이 있으나 대신 지락이 생겨도 직접적인 폐회로가 구성되지 않으므로 지락전류가 크게 상승하지 않는다. 따라서 지락이 생겼을 때 지락전류가 자연적으로 억제될 필요가 있으면서 신속한 지락 검출이 결정적인 중요성을 갖지 않는 경우에 적합하다. 그리고 세 상 중 한 상에 고장이 발생하더라도 V결선으로 계속 운전이 가

능하다는 이점이 있다(V결선에 대해서는 3-7절에서 설명한다). 통상 수십 kV의 저압 송전계통이나 고압 배전계통에 적용되며 말단 수용가에서는 대전류용 부하나 정류기, 3상전동기 등 비접지방식의 부하에 급전하는 용도로 사용된다.

Y-Δ결선과 Δ-Y결선

Y-Δ결선과 Δ-Y결선은 Y결선과 Δ결선의 이점을 일부씩 공유하고 있다. 고압측에 Y결선이 사용될 경우 중성점 접지와 단절연 적용으로 절연비용을 낮출 수 있고, 동시에 Δ결선의 존재로 여자전류 관련 문제가 발생하지 않는다. 그러나 1차, 2차 선간전압 사이의 위상차 때문에 여러 대의 변압기가 같은 계통에서 운영될 경우 제약이 따른다. 그리고 한 상이라도 고장이 나면 운전이 불가능하다.

Δ-Y결선은 결선 자체만으로도 $\sqrt{3}$ 배의 승압효과가 있어서 승압변압기에 선호된다. 대표적으로, 발전소에서 20 kV 내외인 발전기 출력을 수백 kV의 송전계통에 접속하는 변압기는 예외 없이 Δ-Y 결선이다. 반면에 Y-Δ결선은 결선 자체만으로 $1/\sqrt{3}$ 배의 강압효과가 있어서 강압변압기에 선호된다. 즉 어느 쪽이건 고압측을 Y결선으로 하는 것이 유리하다. 그러나 이는 절연비용 절감이 중요한 고압 계통에서 그렇다는 것이고, 전압이 낮은 배전계통에서는 그다지 큰 의미를 갖지 않는다. (아래에서 보듯이 말단 배전선로에서는 강압변압기 용도로도 Δ-Y결선이 흔히 사용된다.)

3상4선식 배전계통의 변압기

3상 변압기 적용의 구체적인 예를 우리나라의 배전계통에서 살펴보도록 한다. 2장의 그림 2-3에서 보았듯이 국내 배전계통은 22.9 kV 고압배전계통과 3상 380 V/단상 220 V의 저압배전계통 2단계로 구성된다. 고압배전과 저압배전 모두 **3상4선식 배전**(three-phase four-wire distribution)방식으로, 여기서 4선식이란 배전선로가 3상선로(전압선이라 부름) 및 중성선 총 4개 선로로 이루어져 있음을 뜻하며, 이를 위해 2차측이 Y결선인 변압기가 사용된다.

그림 3-25에서 보듯이 송전계통 말단에서 154kV/22.9kV Y-Δ-Y결선 변압기의 2차측 중성점에서 인출된 중성선과 세 개의 전압선으로 고압배전선로가 구성된다. 전압선들 사이의 선간전압은 22.9 kV, 중성선과 각 전압선 사이의 전압은 13.2 kV이다($22,900 = 13,200\sqrt{3}$). 저압배전선로는 고압배전선로의 중성선과 전압선 사이 13.2kV를 1차전압으로 한 13.2kV/220V 단상변압기 3대로 구성된 Y-Y뱅크로부터 마찬가지 방식으로 얻어진다. 뱅크의 2차측 전압선과 중성선 사이는 220V, 전압선 사이의 선간전압은 380 V이다($380 = 220\sqrt{3}$). 1차측과 2차측 중성점은 외함과 함께 모두 접지되어 고압측에서 전압선과 연결되는 쪽에만 부싱을 지닌 **일단접지변압기**(한쪽 단자가 외함에 연결되어 접지될 것을 전제로 만들어진 변압기)가 사용되며 저압배전선로는 고압배전선로와 중성선을 공유한다. 그림 3-26은 이러한 3상뱅크로 이루어진 주상변압기를 보여주고 있다.

일반 단상 수용가들에는 중성선과 1개 전압선을 통해 220V가 제공되고 뱅크를 구성하는 세 개의 변압기에 부하가 가급적 균등하게 걸리도록 수용가가 배분된다. 3상 전원이 필요한 수용가에는 4개 선로가 모두 접속된다. Y-Y뱅크는 상위 변압기와 중성선을 통해 연결되어 있으므로 그림 3-19(a)와 같이 고압측 중성선을 통해 여자전류의 3고조파 성분이 흐르고, 상별 부하의 불균등으로 인한 부하전류의 불평형 성분도 함께 흐르게 된다.

22.9 kV를 직접 받아들이는 수용가(특고압수용가)에서는 수전변압기로 통상 Δ-Y변압기가 사용된다. 2차측은 상전압 220 V인 세 상이 Y로 결선되어 앞에서와 마찬가지로 3상 4선식 소내 배전

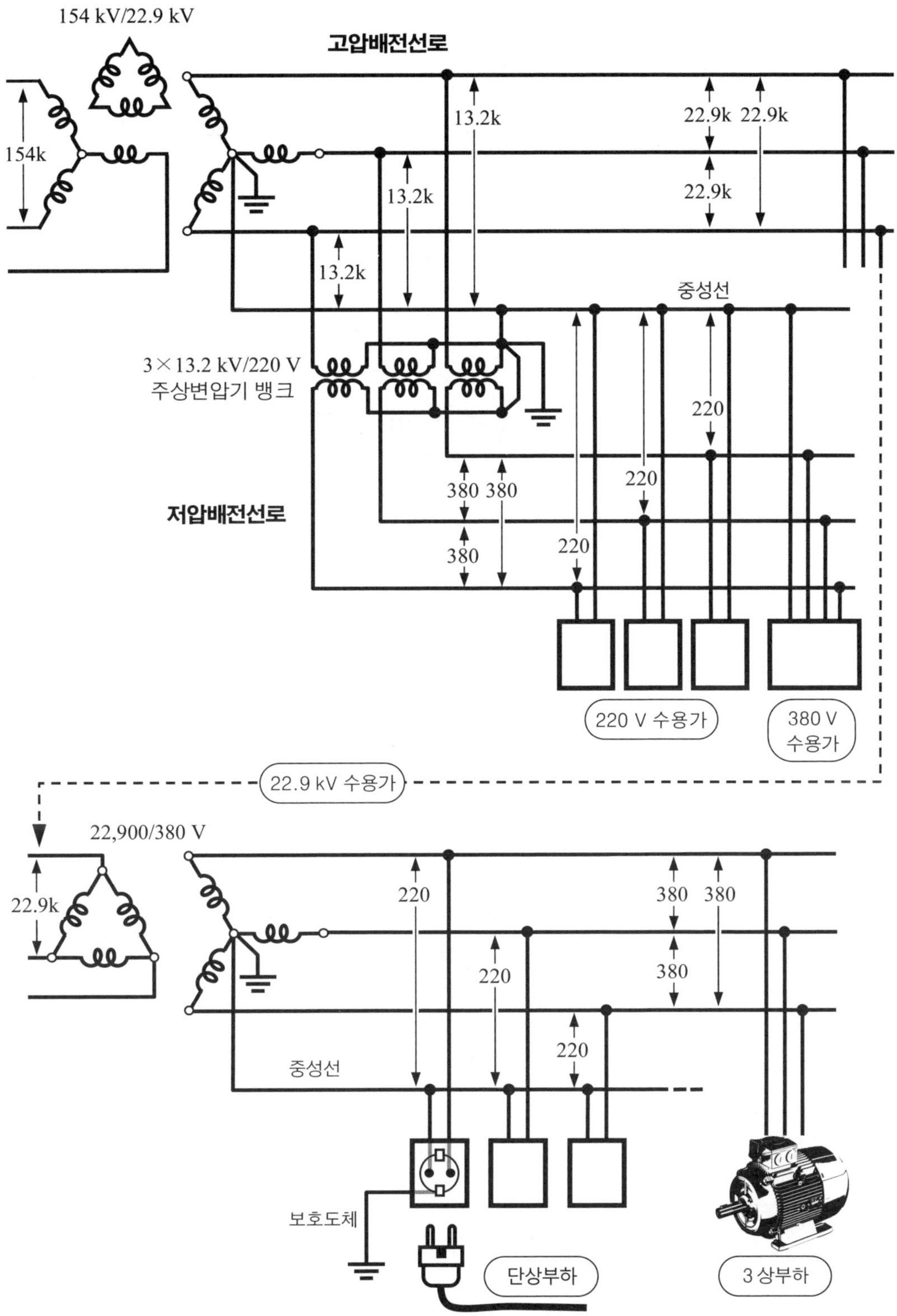

그림 3-25 3상 4선식 배전에 사용되는 변압기

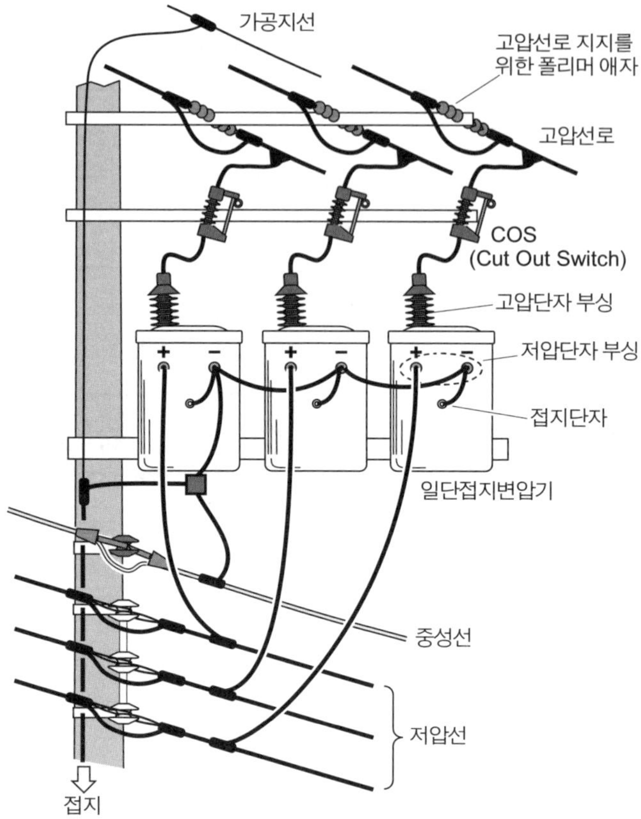

그림 3-26
전주에 설치된 일단접지변압기의 3상뱅크: 낙뢰 보호를 위해 고압선로 위편에 가공지선이 설치되고 고압선과 변압기 사이에 이상전류를 차단하기 위한 COS가 있다. 중성선은 피복이 없는 나동선으로, 변압기 아래쪽 저압선로의 위편에 나란히 가설된다.

선로를 구성한다.[7] 단상 220 V 부하들은 중성선과 전압선 사이에 배치하고 전동기 등은 3상 380 V 선로로 급전한다. 6,600 V나 3,300 V 부하(고압전동기 등) 급전이 필요한 곳에서는 별도의 전용 변압기를 설치하거나 먼저 이 중간단계 전압으로 강압한 다음 여기서 다시 220/380 V를 얻는 2단계 강압방식을 쓰기도 한다. 수전변압기 1차측을 Δ로 하면 여자전류의 3고조파 성분이 고압측 선로에 흐르지 않으며, 단상부하들에 흐르는 3고조파 역시 Δ결선에서 순환하므로 불평형성분 외에는 고압측 선로로 유입되지 않는다. 저압측 중성선에는 단상 부하들의 기본파 불평형 성분과 3고조파 전류가 흐르는데, 과거에는 중선선로를 전압선보다 가늘게 하였으나 근래에는 고조파발생 부하의 비중이 높아짐에 따라 중성선도 전압선과 같은 규격을 갖도록 하고 있다.

예제 3-6

그림 3-25의 22,900/380 V Δ-Y 3상변압기에 단상 20 kW 역률 1인 부하가 세 상에 각각 접속되었다. 변압기 1차측 선전류는 얼마인가? 만일 부하의 한 상이 제거되었다면 중성선에 흐르는 전류는 얼마인가? 이때 변압기 1차측 선전류는 어떻게 변화하는가?

처음 3상 평형이었을 때 변압기 1차측 선전류는 아래와 같다.

---

[7] 그림 3-25에서 단상 콘센트를 통해 제공되는 접지단자는 플러그를 통해 부하의 외함을 접지시키기 위한 것으로, 수용가의 분전반에서 보호도체(PE)를 통해 접지되어 있다. 따라서 접지된 배전변압기의 중성점과 대지를 통해 연결되어 있어서 콘센트의 중성선쪽 단자와 같은 전위를 갖는다. 그러나 접지 임피던스가 크고 전선이 부하전류가 흐를 수 있는 규격이 아니므로 중성선을 대신할 수 없다. 만일 전압선과 접지선 사이에 부하를 연결한다면 누전상황과 같아져 누전차단기가 작동한다.

중성점접지와 부하접지(TT 방식)

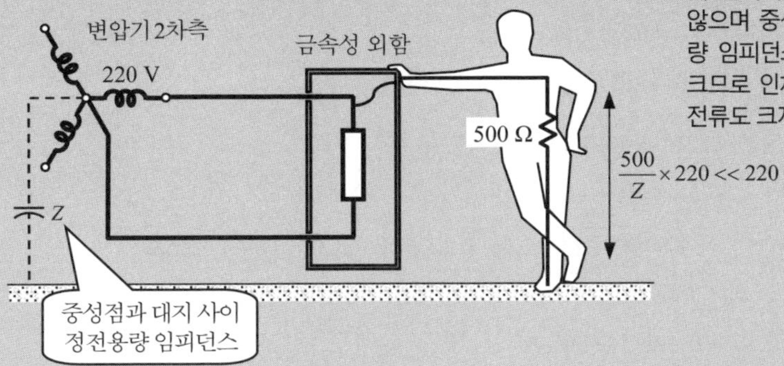

전원이 접지되지 않으면 누전된 외함에 접촉하더라도 폐회로가 구성되지 않으며 중성점과 지면 사이의 정전용량 임피던스 Z 가 인체저항보다 훨씬 크므로 인체에 가해지는 전압은 낮고, 전류도 크지 않다

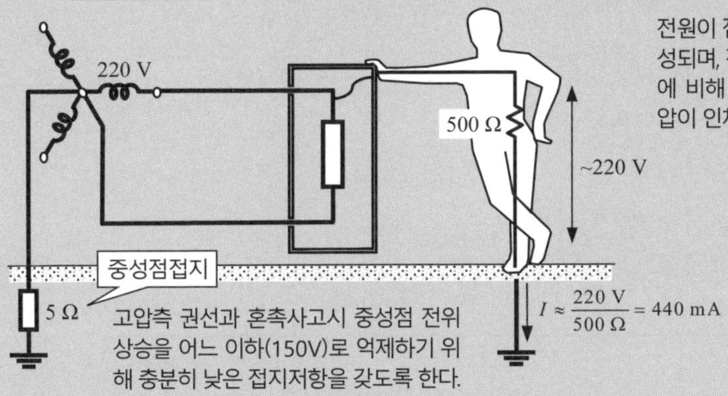

전원이 접지되어 있으면 폐회로가 구성되며, 전원측 접지저항이 인체저항에 비해 현저히 낮으므로 거의 전전압이 인체에 가해진다.

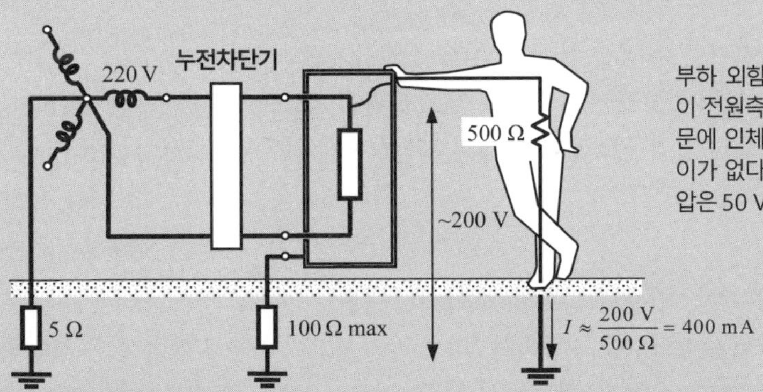

부하 외함을 접지한다 해도 접지저항이 전원측 접지저항보다 훨씬 크기 때문에 인체에 가해지는 전압에는 별 차이가 없다. (일반적인 상황에서 접촉전압은 50 V 이하여야 한다.)

배전용 변압기 중성점 접지는 저압권선이 고압권선에 접촉하는 사고가 일어났을 때 저압측 선로의 전위가 상승해서 절연파괴 등의 문제가 일어나지 않도록 하기 위한 것이다(과거 제2종 접지). 그러나 이 접지 때문에 부하측에 누전이 일어났을 경우에는 사람이 접촉했을 때 폐회로가 구성되어 감전사고의 우려가 높아진다. 이를 보완하기 위해 수용가 분전반의 설비보호접지(과거 제3종 접지)에 연결된 콘센트의 접지단자를 통해 부하 외함을 접지하는데, 이 **외함접지만으로 인명의 보호가 보증되는 것은 아니다**. 부하측 접지의 목적은 누전이 생겼을 때 누전 전류가 흐르는 경로를 만들어주어 누전차단기를 확실히 작동시킴으로써 사람이 접촉하기 전에 회로를 미리 분리시켜버리는 데에 있다. 즉 인명의 보호는 누전차단기가 하는 것이며 누전차단기를 작동시키기 위한 '누전의 검출'이 부하측 접지의 목적이다. 따라서 누전차단기 없는 부하접지는 의미가 없으며, 역으로 부하접지 없는 누전차단기 역시 (확실한 작동이 보장되지 않으므로) 큰 의미가 없다.

$$I_1 = \frac{P}{\sqrt{3}V_{L1}\cos\theta} = \frac{20\text{k} \times 3}{\sqrt{3} \times 22.9\text{k} \times 1} = 1.51 \text{ A}$$

3상4선식에서는 세 상이 각자 독립적인 단상이나 마찬가지이므로 한 상의 부하가 제거되어도 다른 두 상의 선전류에 영향이 없다. 단 중성선에서 선전류의 합이 0이 되지 않는다. 여기서 a상 전류를 기준페이서로 하고 c상이 제거되어 $\tilde{I}_c = 0$ 인 것으로 하면

$$\tilde{I}_a = \frac{20,000}{220}\angle 0° = 90.9 \text{ A}$$

$$\tilde{I}_b = 90.9\angle -120° = -45.45 - j78.7 \text{ A}$$

$$\tilde{I}_n = \tilde{I}_a + \tilde{I}_b + \tilde{I}_c = 90.9 - 45.45 - j78.7 = 90.9\angle -60° \text{ A}$$

중성선 전류는 90.9 A이다. 이때 1차측 상전류는 $a = 22,900 / 220 = 104.1$ 이므로

$$\tilde{I}_{AB} = \tilde{I}_a / a = 0.87\angle 0° \text{ A}$$

$$\tilde{I}_{BC} = \tilde{I}_b / a = 0.87\angle -120° \text{ A}$$

$$\tilde{I}_{CA} = \tilde{I}_c / a = 0 \text{ A}$$

따라서 1차측 선전류는(그림 3-13참조)

$$\tilde{I}_A = \tilde{I}_{AB} - \tilde{I}_{CA} = 0.87\angle 0° \text{ A}$$

$$\tilde{I}_B = \tilde{I}_{BC} - \tilde{I}_{AB} = 1.51\angle -150° \text{ A}$$

$$\tilde{I}_C = \tilde{I}_{CA} - \tilde{I}_{BC} = 0.87\angle 60° \text{ A}$$

B상 전류는 이전과 변화가 없고 A상과 C상의 전류가 이전의 $1/\sqrt{3}$ 로 줄어든다. (이는 2차측 부하전류에서 한 상의 변화가 1차측 선전류의 두 상에 분산됨을 보여준다.)

3-6 병렬운전

변압기 한대만으로 부하를 감당할 수 없을 때 두 대 이상의 변압기를 사용하여 부하를 분담하는 병렬운전을 하게 된다. 또는 변압기가 고장났을 때 일부라도 전력을 공급할 수 있도록 하기 위해 일부러 병렬운전 시스템으로 구성하는 경우도 있다. 단상과 3상에서 이러한 병렬운전이 효율적으로 이루어지기 위한 조건을 살펴보기로 한다.

단상 변압기의 병렬운전

그림 3-27은 두 대의 단상 변압기를 전원과 부하 사이에서 병렬로 접속한 것을 보여주고 있다. 병렬운전의 기본 조건으로 우선 두 변압기의 1차측과 2차측 정격전압이 각각 같아야 함은 당연하다. 그리고 그림에서 보는 것과 같이 1차측과 2차측에서 각각 극성이 같은 단자끼리 같은 선로에 접속되도록 하여야 한다. 만일 극성 연결이 잘못되면 변압기 출력을 단락시킨, 그것도 두 배의 전압으로 단락시킨 결과가 되므로 각별히 주의해야 한다.

극성이 올바르게 연결되었다고 했을 때 여자전류를 무시하고 1차나 2차 어느 한쪽으로 환산하면 그림 3-27(b)와 같이 전원과 부하 사이에 두 변압기의 직렬임피던스 Z_a와 Z_b가 병렬로 접속된 등가회로로 나타낼 수 있다. 부하전류 I_L은 두 변압기에 각각 I_a와 I_b로 나뉘어 흐르는데, 임피던스가 같다면 양쪽 전류가 같은 크기가 되어 부하를 절반씩 분담하게 될 것이다. 임피던스가 같지 않으면 임피던스가 작은 쪽으로 더 많은 전류가 흐르므로 부하의 부담이 달라진다. 이때 용량이 큰 쪽으

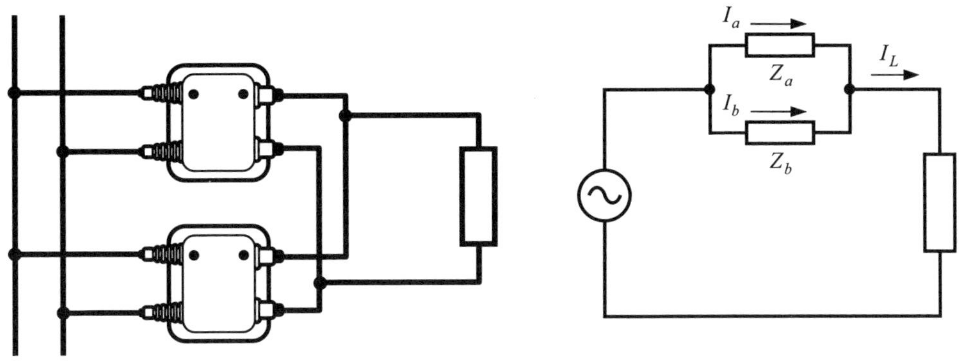

(a) (b)

그림 3-27 단상변압기의 병렬운전: (a) 변압기의 극성과 접속방식 (b) 등가회로

로 더 많은 전류가 흘러야 한다. 예를 들어 10 kVA와 30 kVA 변압기를 병렬운전한다면 두 변압기 전류가 1:3이 되는 것이 바람직하다. 그러나 그 비율이 적절치 않아서 예컨대 1:1이라면 10 kVA 변압기가 정격에 도달했을 때 30 kVA 변압기의 출력도 10 kVA이므로 최대로 가능한 부하용량이 20 kVA에 그치게 된다. 따라서 30 kVA 변압기 하나만 쓸 때보다 오히려 최대 부하용량이 줄어들어 병렬운전을 하지 않느니만 못한 결과를 초래할 수도 있다.

만일 용량에 비례해서, 즉 정격전류에 비례해서 전류가 분담되고 있다면 어느 한쪽 변압기에 정격전류가 흐르고 있을 때 다른 쪽에도 정격전류가 흐르게 될 것이다. 이때 병렬접속된 두 변압기의 전압강하는 같을 수밖에 없고, 두 변압기의 정격전압이 같으므로 pu 전압강하가 같다. 각자 1 pu의 전류가 흐를 때 pu 전압강하가 같다는 것은 곧 pu 임피던스가 같음을 뜻한다. 따라서

$$Z_{a,pu} = Z_{b,pu} \tag{3-12}$$

즉 **두 변압기의 pu 임피던스(%임피던스)가 같으면 변압기의 용량에 비례하는 부하 배분이 이루어진다.** (일반적으로 3대 이상의 변압기에서도 %임피던스가 모두 같다면 각각의 변압기에 흐르는 전류의 크기가 용량에 비례하게 된다.)

그러나 전류의 크기가 용량에 비례한다 해서 피상전력의 합이 그대로 다 부하로 전달되는 것은 아니다. 예컨대 두 변압기 용량이 2:1일 때 %임피던스가 같다면 전류의 비율이 2:1이 되긴 하겠지만 이는 어디까지나 크기의 비율일 뿐이다. 그림 3-28의 (a)에서와 같이 두 전류의 위상이 같다면 $I_a + I_b = I_L$의 관계가 성립하지만 (b)에서와 같이 두 전류 사이에 위상차가 있다면 $I_a + I_b > I_L$가 된다. 예컨대 두 변압기가 부담하고 있는 피상전력이 20 kVA, 10 kVA라 하더라도 실제 부하로 전달되는 피상전력은 30 kVA보다 작다. 즉 용량의 낭비가 발생한다. 용량의 낭비가 일어나지 않으려면 전류의 위상이 일치해야 하며, 전류의 위상이 일치하면서 동시에 $\tilde{Z}_a\tilde{I}_a = \tilde{Z}_b\tilde{I}_b$ 의 관계가 성립하려면 $\tilde{Z}_a$ 와 $\tilde{Z}_b$ 의 임피던스각이 같아야 한다.

요약하면

1. 정격용량에 비례하는 부하분담이 이루어지려면 %임피던스가 같아야 한다.
2. 변압기 피상전력의 합이 부하 피상전력과 같으려면 임피던스각이 같아야 한다.

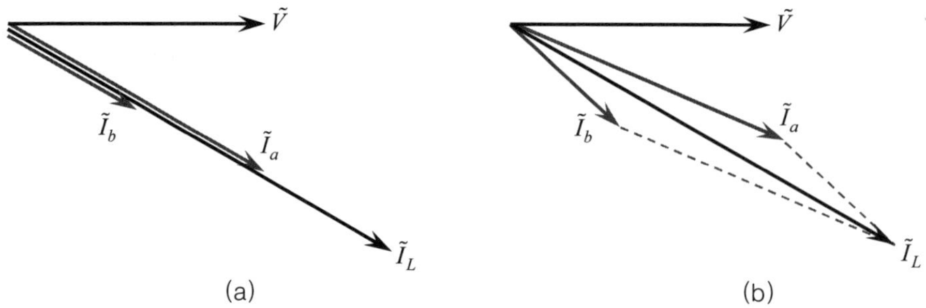

그림 3-28 병렬운전되는 변압기의 페이서도

병렬운전되는 변압기의 정격용량을 합한 것이 그대로 최대 부하용량이 되도록 하기 위해서는 위의 두 조건이 모두 만족되어야 하며, 이는 변압기들의 %저항끼리, 그리고 %리액턴스끼리 각각 같아야 함을 뜻한다. 그러나 기존에 운영하던 변압기에 새 변압기를 추가하여 병렬운전을 하는 경우 이러한 이상적인 조건을 만족시키기가 현실적으로 쉽지 않기 때문에 불가피 어느 정도 용량의 희생이 따르게 될 수 있다.

예제 3-7

다음과 같은 정격과 백분율 임피던스를 가진 두 대의 변압기를 병렬운전하려 한다.

A: 100 kVA, 2,200 / 220 V, $1.5 + j2.5$ %

B: 200 kVA, 2,200 / 220 V, $0.8 + j4.0$ %

다음을 구하라: (a) 두 변압기에 흐르는 전류의 비 (b) 각 변압기 전류의 부하전류에 대한 백분율 (c) 병렬운전으로 공급할 수 있는 최대 피상전력과 이때 각 변압기의 피상전력

(a) 1차측으로 환산한 변압기 임피던스의 실제 값을 구하면

$$Z_{B,A} = \frac{V_{B,A}^2}{S_{B,A}} = \frac{2{,}200^2}{100\text{k}} = 48.4\ \Omega$$

$$Z_{B,B} = \frac{V_{B,B}^2}{S_{B,B}} = \frac{2{,}200^2}{200\text{k}} = 24.2\ \Omega$$

$$\begin{aligned}\tilde{Z}_A &= \tilde{Z}_{A,pu} Z_{B,A} = (0.015 + j0.025) \times 48.4 \\ &= 0.726 + j1.21\ \Omega = 1.413\angle 59.0°\ \Omega\end{aligned}$$

$$\begin{aligned}\tilde{Z}_B &= \tilde{Z}_{B,pu} Z_{B,B} = (0.008 + j0.04) \times 24.2 \\ &= 0.194 + j0.968\ \Omega = 0.987\angle 78.7°\ \Omega\end{aligned}$$

변압기 전압강하 $\tilde{Z}_A\tilde{I}_A = \tilde{Z}_B\tilde{I}_B$에서 $Z_A I_A = Z_B I_B$ 이므로

$$I_A : I_B = Z_B : Z_A = 0.987 : 1.413 = 1 : 1.43$$

(b) 전체 부하전류에 대한 비율은 아래의 전류배분식으로부터 구한다.

$$\tilde{I}_A = \frac{\tilde{Z}_B}{\tilde{Z}_A + \tilde{Z}_B}\tilde{I}_L,\quad \tilde{I}_B = \frac{\tilde{Z}_A}{\tilde{Z}_A + \tilde{Z}_B}\tilde{I}_L$$

$$\frac{I_A}{I_L} = \left|\frac{\tilde{Z}_B}{\tilde{Z}_A + \tilde{Z}_B}\right| = \left|\frac{0.987\angle 78.7°}{0.726 + j1.21 + 0.194 + j0.968}\right| = 0.418 = 41.8\ \%$$

I_B / I_L 도 마찬가지로 구할 수 있으나 (a)에서 구한 $I_A : I_B = 1:1.43$ 을 적용하면

$$\frac{I_B}{I_L} = \frac{1.43 \times I_A}{I_L} = 0.598 = 59.8\ \%$$

(c) B의 용량이 A의 2배인데 $I_A : I_B = 1:1.43$ 이므로 A의 전류가 용량에 비해 상대적으로 더 크다. 따라서 부하가 증가하면 A가 먼저 정격전류에 도달하므로 A가 정격용량 100 kVA가 되었을 때의 부하전류에 의해 전달 가능한 전체 전력용량이 결정된다. (b)에서 $I_A / I_L = 0.418$ 이므로

$$I_L = \frac{I_A}{0.418} = 2.392 I_A$$

따라서 변압기 A가 100 kVA일 때 부하로 전달되는 총 피상전력은

$$S_{max} = 2.392 \times 100 = 239.2\ \text{kVA}$$

이때 변압기 A와 B의 피상전력은

$$S_A = 100\ \text{kVA}$$

$$S_B = 1.43 S_A = 143\ \text{kVA}$$

위 예제에서 두 변압기 %임피던스의 차이(2.9 %, 4.1 %)로 인해 전체 합산 용량 300 kVA 중 상당량이 이용되지 못하는 것을 알 수 있다. %임피던스가 작은 쪽이 더 전류가 흐르기 쉽기 때문에 상대적으로 더 큰 부담을 지게 되고, 따라서 먼저 정격에 도달하게 되므로 %임피던스가 큰 쪽의 용량 일부를 사용할 수 없게 된다.

한편 (c)항의 결과에서 두 변압기의 피상전력의 합 243 kVA가 부하로 전달되는 피상전력 239 kVA와 일치하지는 않지만 그다지 큰 차이가 나지 않음을 알 수 있다. 이는 양쪽 전류 사이의 위상차가 그리 크지 않음을 뜻한다. 실제로 변압기 임피던스각의 차이가 30° 이내라면(예제의 경우 약 20°) 두 변압기 전류의 산술합이 부하전류와 큰 차이가 나지 않는다. 대개 병렬운전은 비슷한 용량끼리 이루어지며(예컨대 1 MVA와 100 kVA 변압기를 병렬운전하는 경우는 생각하기 어렵다), 비슷한 용량의 변압기는 대략 비슷한 수준의 X / R 비를 가지므로 임피던스각에 그다지 큰 차이가 나지 않는다. 따라서 **비슷한 수준의 용량(3:1 이내)끼리 병렬운전할 경우에는 %임피던스가 같다는 조건만으로도 용량의 낭비를 방지하는 데에 지장이 없다.** 특히 $X / R > 3$ 인 대용량 변압기들은 임피던스각이 적어도 70° 이상의 범위에 있기 때문에 사실상 임피던스각의 차이를 고려할 필요가 없다.

3상변압기의 병렬운전

3상변압기를 병렬운전할 경우에도 %임피던스에 관한 조건은 단상변압기와 같다. 여기에 3상 출력의 상순이 일치해야 하고, 또 위상이 일치해야 한다는 조건이 추가된다. 특히 위상은 3상 결선방식에 따라 달라질 수 있으므로 주의가 필요하다.

Y-Y결선과 Δ-Δ결선은 1차와 2차 전압 사이에 0° 또는 180°의 위상차를 갖는다(그림 3-9, 3-10). Y-Δ 결선과 Δ-Y결선은 +30° 혹은 –30°의 위상차를 갖는다(그림 3-11, 3-12). 그림 3-29는 같은 1차측 선로에 이들 네 가지 결선의 변압기가 접속된 것을 보여주고 있다. 1차측이 고압측, 2차측이 저압측인 것으로 가정한다. 왼편에 그려진 삼각형은 고압측 선간전압의 페이서삼각형을 나타내고 오른편에 이에 대응하는 저압측 페이서삼각형이 결선방식별로 그려져 있다.

맨 오른쪽 문자표시는 결선방식을 나타내는 코드이다. 대문자는 고압측, 소문자는 저압측 결선을

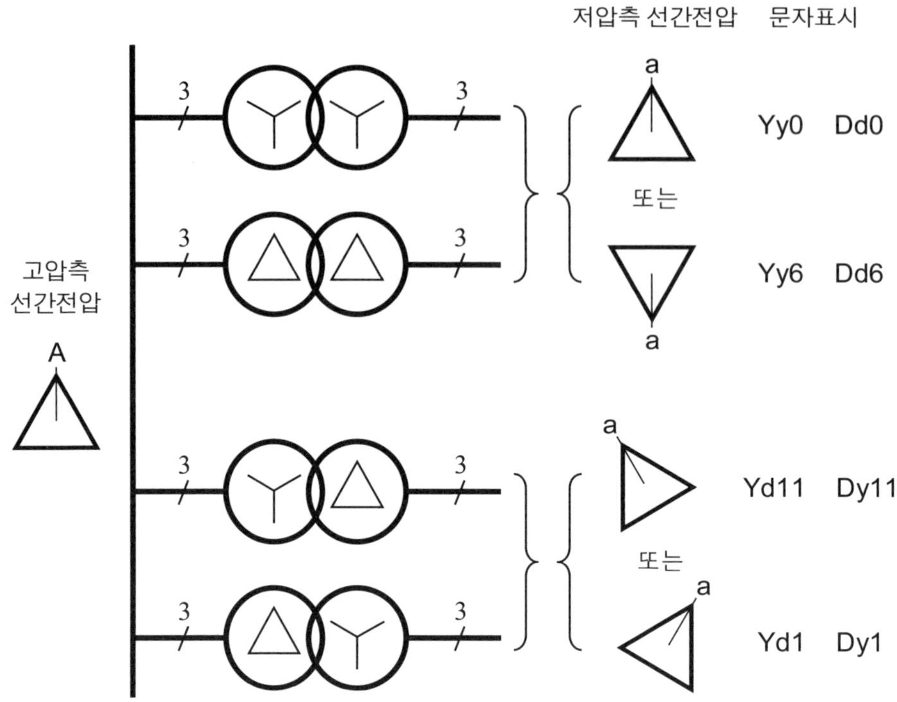

그림 3-29 3상 변압기의 각변위 표기

나타내며 Y와 y는 Y결선을, D와 d는 Δ결선을 뜻한다. 끝의 숫자는 위상차를 시각표시 방식으로 나타낸 것으로, 고압측 삼각형의 위쪽 꼭지점이 0시 방향을 가리키고 있을 때 이에 대응하는 저압측 삼각형의 꼭지점이 몇시 방향을 가리키고 있는지를 나타낸다. 이를 각변위의 '시수'라 한다. 예를 들어 Dy11은 고압측이 Δ, 저압측이 Y로 결선되어 있고 저압측 선간전압이 고압측보다 30° 앞서는 상태(11시 방향)임을 나타낸다.

서로 다른 결선의 3상 변압기들을 병렬운전할 경우, 양쪽 변압기의 1차측과 2차측 전압정격이 각각 같아야 하는 것은 당연하다. 그러나 전압정격이 동일하다 해도 **2차측 선간전압 삼각형이 같은 모양이어야만 병렬운전이 가능하다.** 예를 들어 Yy0와 Dd0는 결선방식이 다르지만 병렬운전이 가능하다. 그러나 Yy0와 Yy6는 같은 Y-Y결선이라도 병렬운전이 이루어질 수 없다. 양쪽의 2차측 선간전압 삼각형이 겹쳐지지 않기 때문이다. (시수가 서로 다르다 해도 시수의 차이가 4의 배수라면 2차측 선간전압 삼각형이 겹쳐지므로 같은 위치의 꼭지점에 해당하는 단자끼리 접속하여 병렬운전할 수 있다.) 이와 같이 Y-Y와 Δ-Δ끼리는 병렬운전이 가능할 수도, 가능하지 않을 수도 있다. Y-Δ와 Δ-Y끼리도 병렬운전이 가능할 수도 가능하지 않을 수도 있다. 그렇지만 Y-Y나 Δ-Δ 변압기는 어떤 경우라도 Y-Δ나 Δ-Y 변압기와 병렬운전을 할 수 없다.

일반적으로 Y-Y결선과 Δ-Δ결선은 0°의 위상차(0시 방향), Y-Δ결선과 Δ-Y결선은 저압측이 고압측에 비해 30° 뒤지는 위상차(1시 방향)를 갖도록 하는 것을 표준으로 삼고 있다. 그러나 이 표준이 항상 엄격하게 지켜지고 있다고 볼 수 없으므로 3상변압기를 병렬운전하기 전에는 반드시 위상차를 점검할 필요가 있다.

3-7 특수 형태의 3상결선

네 가지 기본 3상 결선방식 외에 3상 변압기에는 다양한 용도의 특수 형태 결선들이 있다. 여기서는 그 중 비교적 사용빈도가 높은 V결선과 스캇 결선에 관하여 설명하기로 한다.

V 결선

V결선은 개방델타결선(open delta connection)이라고도 한다. 그림 3-30에 보인 것과 같이 Δ-Δ 변압기에서 한 상이 제거된 것과 같기 때문이다. 이런 상태는 정상적인 Δ-Δ결선에서 어느 한 상에 고장이 나서 수리를 위해 떼어냈을 경우에 나타날 수 있다. 또 앞으로 부하가 증가할 것을 염두에 두고 아직 부하용량이 크지 않을 때 시설비를 줄이기 위해 온전한 3상 뱅크 대신 일부러 V결선을 사용하는 경우도 종종 볼 수 있다. 이런 운전이 가능한 것은 한 상이 없다 해도 2차측 출력단에 Δ-Δ결선에서와 마찬가지로 정상적인 3상 전압이 나타나기 때문이다.

그림 3-31(a)는 Δ-Δ결선과 V결선의 2차측을 보여주고 있다. 그림에서와 같이 c와 a 사이가 개방되면 이들 두 단자 사이의 전압은 변압기를 통해 주어지지 못하게 된다. 대신 다른 두 상의 전압 v_{ab}와 v_{bc}에 의해 $v_{ca} = v_{cb} - v_{ab} = -v_{bc} - v_{ab}$의 전압이 나타나게 된다. 그러나 이렇게 개방된 상의 전압이 피동적으로 결정된다 해도 선간전압들 사이의 관계는 개방되기 전 선간전압들 사이의 관계 $v_{ab} + v_{bc} + v_{ca} = 0$에서 달라진 것이 없다. 관계식이 그대로이고 c와 a 사이가 개방된다 해서 v_{ab}와 v_{bc}가 달라지지 않기 때문에 v_{ca} 역시 변하지 않는다. 즉 한 상이 제거되어도 2차측 출력단에 이전과 같은 전압이 그대로 나타나며, 부하 입장에서 보았을 때 아무런 변화가 없으므로 부하로 흐르는 전류 역시 정상적인 Δ-Δ결선에서와 같다.(전원측 선전류 역시 마찬가지이다.)

이처럼 겉보기에는 변화가 없지만 남아 있는 두 상은 Δ결선 때보다 더 큰 부담을 지게 된다. 그림 3-31(a)의 Δ결선에서는 변압기 각 상 전류의 크기가 선전류의 $1/\sqrt{3}$ 이다. 이 상태에서 V결선으로 바뀌면 선전류가 나머지 두 상을 통해 직접 흐르기 때문에 변압기 상전류가 이전의 $\sqrt{3}$ 배로 뛰게 된다. 이는 원래 Δ결선이었을 때 정격부하 상태였다면 남은 두 상의 권선에 정격전류의 $\sqrt{3}$ 배 전류가 흐르며, 원래 정격부하의 $1/\sqrt{3}$ 만 되어도 각 상에 흐르는 전류가 권선의 정격전류에 도달하게 됨을 뜻한다. 따라서 Δ결선에서의 정격용량 S_Δ와 V결선으로 했을 때의 정격용량 S_V 사이에는 다음의

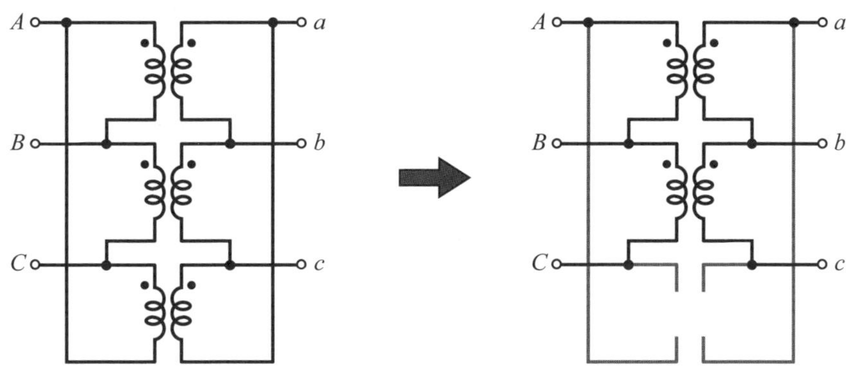

그림 3-30 Δ-Δ결선과 V결선

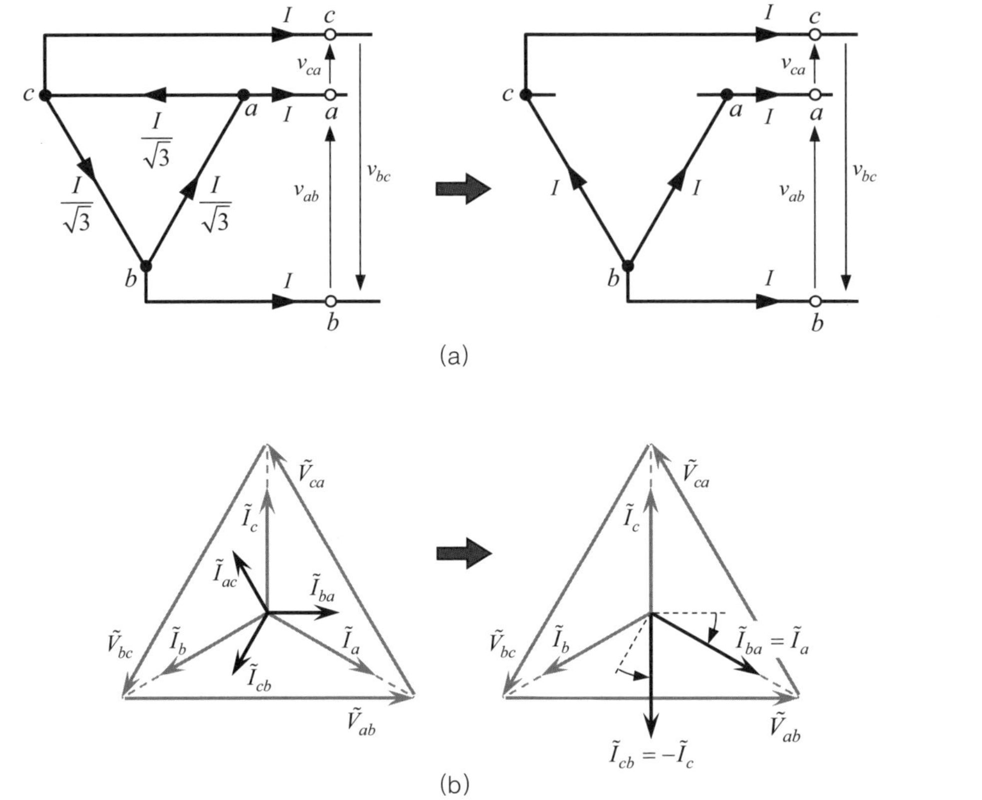

그림 3-31 (a) 정상적인 델타결선과 V결선에서의 전류 (크기만을 나타냄) (b) 부하역률이 1일 때 개방 전(Δ−Δ결선)과 개방 후(V결선) 전류의 페이서도

관계가 있다.

$$S_V = \frac{1}{\sqrt{3}} S_\Delta = 0.577 S_\Delta \tag{3-13}$$

예를 들어 100 kVA 변압기 세 대로 Δ결선한 경우 용량이 300 kVA가 되는데, 두 대만 사용해서 V 결선을 하였다면 이것으로 공급할 수 있는 최대 용량은 300 kVA의 $1/\sqrt{3}$ 인 173 kVA이다. 한편 이는 두 변압기 용량의 합 200 kVA보다도 작다. 일반적으로 변압기 한 대의 용량을 S_ϕ 라 했을 때 두 대 용량의 합은 $2S_\phi$ 이지만 이들을 V결선으로 하여 부하에 공급할 수 있는 최대 용량은 그보다 작은 $3S_\phi / \sqrt{3} = \sqrt{3}S_\phi$ 이다. 즉 $2S_\phi$ 용량으로 $\sqrt{3}S_\phi$ 까지밖에 전력을 공급할 수 없으므로 변압기 용량의 이용률은 다음과 같이 된다.

$$\frac{S_V}{2S_\phi} = \frac{\sqrt{3}S_\phi}{2S_\phi} = \frac{\sqrt{3}}{2} = 0.866 \tag{3-14}$$

이렇게 이용률이 떨어지는 것은 세 상이 나누어 지던 짐을 두 상이 지게 되었을 때 이전의 1.5배씩 부하를 분담하게 되는 반면 실제 각 상의 권선에 흐르는 전류는 $\sqrt{3}$ 배로 더 크게 상승하기 때문이다.

부하 분담량보다 전류가 더 크게 증가하는 것은 두 상 전류가 크기만 아니라 위상도 달라지기 때문이다. 그림 3-31(b)는 Δ결선이 V결선으로 되었을 때 전류가 어떻게 달라지는지 보여주고 있다. 편의상 부하역률을 1로 가정하면, Δ결선일 때는 상전류 $\tilde{I}_{ba}$, $\tilde{I}_{cb}$, $\tilde{I}_{ac}$ 가 각 상의 전압 $\tilde{V}_{ab}$, $\tilde{V}_{bc}$, $\tilde{V}_{ca}$ 와 동상이며 이들은 선전류 $\tilde{I}_a$, $\tilde{I}_b$, $\tilde{I}_c$ 와 각각 30°씩 위상차를 갖는다. 여기서 c와 a 사이가 개방되면 $\tilde{I}_{ac} = 0$ 이 되면서 오른편 그림에서 보듯이 $\tilde{V}_{ab}$, $\tilde{V}_{bc}$ 와 동상이었던 $\tilde{I}_{ba}$, $\tilde{I}_{cb}$ 가 각각 30°씩 위상차를 갖게 된다. 따라서 Δ결선이었을 때는 역률이 1이었던 두 상 모두 역률이 $\cos 30° = \sqrt{3}/2$ 인 상태가 된다. 이때 $\tilde{I}_{ba}$ 는 해당 상전압에 비해 지상, $\tilde{I}_{cb}$ 는 진상이므로 무효전류성분이 서로 상쇄되어 부하측으로는 전달되지 않는다. 이처럼 부하 역률이 1인 상태에서도 각 상에서 전압과 전류 사이에 위상차가 발생함으로 해서 무효전력을 추가로 부담해야 하기 때문에 변압기 용량의 이용률이 떨어지는 결과를 낳는다.

일반적으로 부하의 역률각이 θ 일 경우, Δ결선이었을 때 각 상의 역률은 $\cos\theta$ 지만 V결선이 되면 한 상은 $\cos(\theta + 30°)$, 다른 한 상은 $\cos(\theta - 30°)$의 역률을 갖게 된다. 따라서

$\theta = 0°$일 때(부하역률 1): 두 상의 역률 모두 0.866.

$\theta = 30°$일 때(부하역률 0.866): 한 상의 역률은 0.5, 다른 한 상의 역률은 1.

$\theta = 60°$일 때(부하역률 0.5): 한 상의 역률은 0, 다른 한 상의 역률은 0.866.

이처럼 부하 역률에 따라 두 상의 역률이 달라지므로 피상전력이 같다 해도 두 상이 부담하는 유효전력은 다르다.

V결선일 때의 출력전압이 Δ결선일 때와 같다고 한 것은 내부 임피던스의 전압강하를 고려하지 않은 것이다. 2-7절에서 설명하였다시피 변압기의 내부 직렬임피던스에서 일어나는 전압강하는 역률에 따라 달라진다. 따라서 두 상의 %임피던스가 같다 해도 위에서 보듯이 각 상에서 본 역률이 다르면 2차측 상전압에 차이가 생기며, 그 결과 2차측 선간전압에 약간의 불평형이 발생한다. 대개 실용상 큰 지장이 없는 수준이지만 불평형에 민감한 부하에서는 문제가 될 수 있다. 예컨대 3상 유도전동기는 작은 불평형 전압에도 상당히 큰 불평형 전류가 흐르게 되므로(10-2절 참조) 전동력을 공급하기 위한 변압기에는 V결선을 사용하지 않는 것이 바람직하다.

스캇 결선

3상 시스템을 사용하는 이유는 단상 시스템을 3개 사용하는 것보다 같은 설비로 더 큰 전력을 전달할 수 있기 때문이다. 그 효용성은 3상 평형일 때 가장 높기 때문에 부하를 가급적 평형에 가깝게 유지하는 것이 중요하다. 3상 전동기처럼 애초에 3상용으로 만들어진 것들은 문제될 것이 없고, 일반 단상 부하들도 상별로 거의 비슷한 비중이 되도록 배분함으로써 평형에 가깝게 만들어줄 수 있다. 그러나 부하 중에는 그러한 상간 배분이 곤란한 것들이 있다. 단상교류를 사용하는 전기철도가 대표적인 예로, 이렇게 잘게 나누어 배분하는 것이 불가능한 큰 부하가 한 상이나 두 상에 집중되는 경우 3상 시스템의 효율성이 크게 떨어지게 된다. 이러한 문제를 해결하기 위해 단상이나 2상 부하를 3상 평형부하로 바꿔주기 위한 변압기 결선방식들이 있는데, 그 중 대표적인 것이 **스캇-T결선**(Scott-T connection), 간단히 스캇결선이라 불리는 방식이다.

스캇결선은 그림 3-32에서 보듯이 두 대의 단상변압기를 결합하여 3상으로부터 90° 위상차를 지닌 두 개의 단상 전원을 얻는 3상-2상 변환 방식으로서, 일부 특수 형태의 부하, 특히 우리나라와 일본 등의 전기철도 시스템에 사용되고 있다. 예컨대 철도의 상행선과 하행선을 2개 상으로 나누어 스

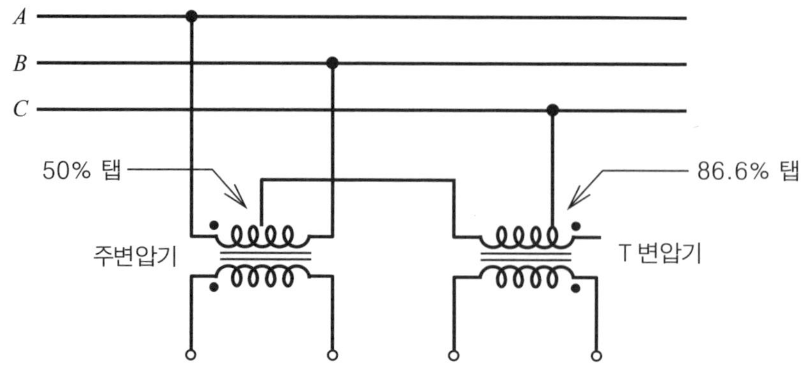

그림 3-32 스캇결선

캇결선을 통해 급전하면 3상전원에서 보았을 때 마치 3상 평형부하가 가해진 것처럼 보이게 된다.

그림 3-33(a)는 그림 3-32를 달리 그린 것이다. 전원의 두 선로(A, B) 사이에 놓인 수평으로 그려진 변압기를 주변압기(main transformer)라 한다. 수직 방향으로 그려진 변압기는 나머지 한 선로(C)와 주변압기 중앙 탭(X) 사이에 연결된다. 이를 T변압기(teaser transformer)라 한다. 두 변압기의 1차측에 가해지는 전압을 전원 선간전압으로 나타내면 다음과 같다.

$$\tilde{V}_M = \tilde{V}_{AB} \tag{3-15}$$

$$\tilde{V}_T = \tilde{V}_{CA} + \frac{1}{2}\tilde{V}_{AB} \tag{3-16}$$

그림 3-33(b)의 페이서도에서 T변압기 1차측에 가해지는 전압이 주변압기에 가해지는 전압의 $\sqrt{3}/2$배이고 90° 앞선 위상임을 알 수 있다. 따라서 주변압기의 전압비가 $a:1$ 일 때 T변압기의 전압비를 $(\sqrt{3}/2)a:1$ $(=0.866a:1)$로 하면 두 변압기의 2차전압 $\tilde{V}_m$ 과 $\tilde{V}_t$ 는 크기가 같고 90° 위상차를 갖는 평형 2상전압이 된다. 보통 그림 3-32에 보인 것처럼 양쪽에 같은 규격의 변압기를 쓰되 T변압기 1차권선의 $\sqrt{3}/2$ (86.6 %) 위치에 탭을 내어 접속하는 방식이 많이 쓰인다.

이렇게 만들어진 2상 전압에 2상 평형부하가 접속되었을 때 전원측 전류가 어떻게 나타나는지 알아보자. 편의상 주변압기의 권선비를 1:1로 가정하면 T변압기의 권선비는 $(\sqrt{3}/2):1$ 이다. 먼저 주변압기 2차측에 $\tilde{I}_m = \tilde{I}$ 의 전류가 흐르고 T변압기에는 전류가 흐르지 않는 경우를 생각해 보면 1차측 전류가 다음과 같이 된다.

$$\tilde{I}_A = \tilde{I}, \quad \tilde{I}_B = -\tilde{I}, \quad \tilde{I}_C = 0 \tag{3-17}$$

다음으로 T변압기 2차측에 그보다 90° 앞선 $\tilde{I}_t = j\tilde{I}$ 가 흐르고 주변압기 2차측에는 전류가 흐르지 않는 경우, T변압기의 1차측에는 2차측 전류를 권선비($\sqrt{3}/2$)로 나눈 전류가 흐르고 이 전류가 주변압기 1차권선의 중앙 탭으로 흘러 들어간다. 이 전류는 주변압기 권선의 양쪽으로 나뉘어 흐르게 되는데, 두 부분의 기자력이 상쇄되어야 하므로 양쪽 전류는 흘러드는 전류의 절반씩이 된다. 그 결과 1차측 선로전류는 다음과 같이 된다.

$$\tilde{I}_A = -\frac{1}{\sqrt{3}}j\tilde{I}, \quad \tilde{I}_B = -\frac{1}{\sqrt{3}}j\tilde{I}, \quad \tilde{I}_C = \frac{2}{\sqrt{3}}j\tilde{I} \tag{3-18}$$

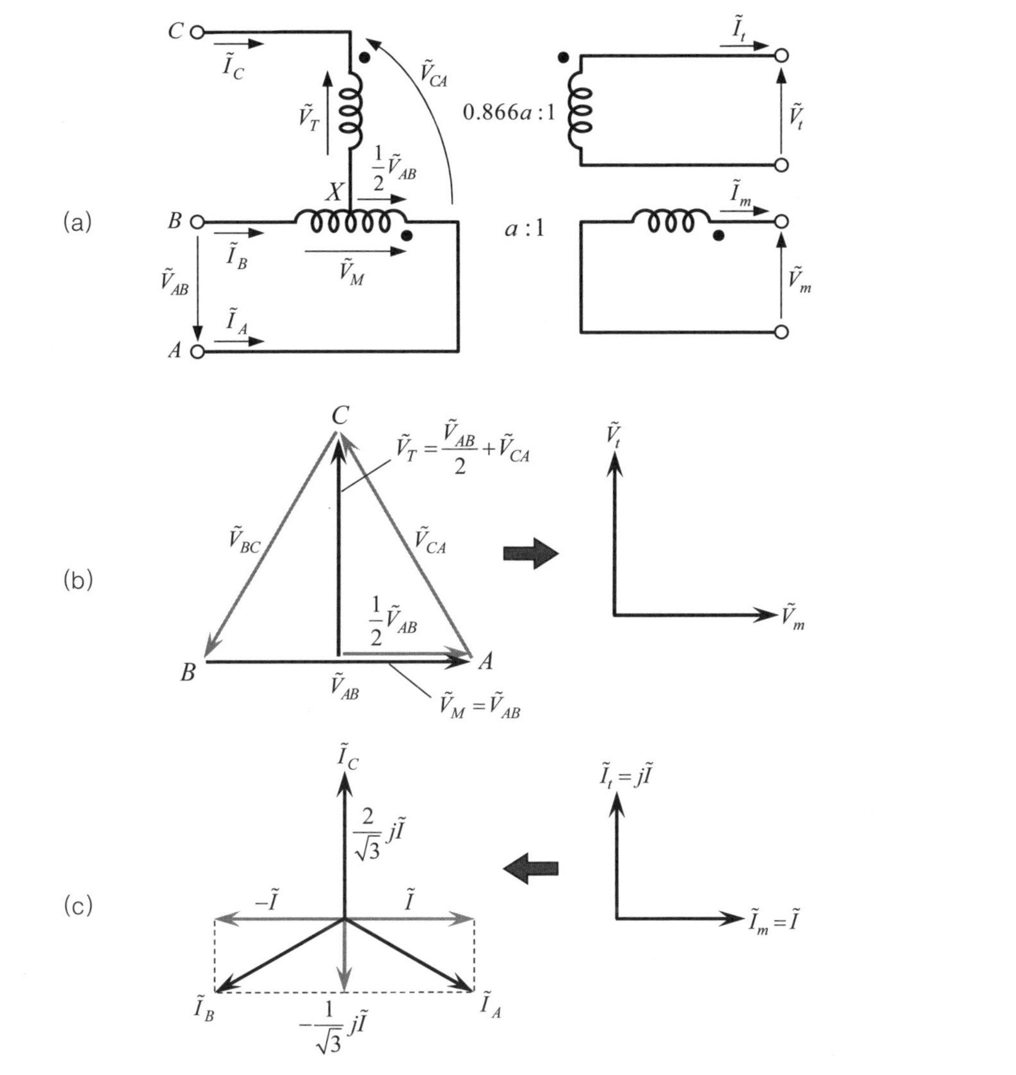

그림 3-33 스캇 결선: (a) 결선도 (b) 전압 페이서도 (c) 전류 페이서도

주변압기와 T변압기 2차측에 평형 2상 전류가 흘러($\tilde{I}_m = \tilde{I}$, $\tilde{I}_t = j\tilde{I}$) 위의 두 효과가 중첩되면

$$\tilde{I}_A = \tilde{I} - \frac{1}{\sqrt{3}} j\tilde{I} \tag{3-19a}$$

$$\tilde{I}_B = -\tilde{I} - \frac{1}{\sqrt{3}} j\tilde{I} \tag{3-19b}$$

$$\tilde{I}_C = \frac{2}{\sqrt{3}} j\tilde{I} \tag{3-19c}$$

그림 3-33(c)는 이 식에 의한 1차측 선전류의 페이서도로서, 3상 대칭을 이루는 것을 볼 수 있다. 그림은 2차측 전압과 전류가 동상인 부하역률 1인 경우로, 이때 전원측에서 본 역률 역시 1이다. 2차측 전류가 전압에 각각 θ 만큼 뒤지면 1차측 3상전류 페이서 역시 θ 만큼 회전하므로 전원측에서 본 역

률은 부하역률과 같다. 역률이 같고 유효전력이 같으므로 피상전력도 같다. 즉 2차측 두 상 피상전력의 합이 1차측 3상 피상전력과 같다. 이와 같이 스캇결선은 두 단상부하의 전류를 3상에 배분한다. 물론 1차측 전류가 평형이 되기 위해서는 2차측 두 상이 평형이어야 하며, 2차측이 불평형이면 1차측 전류도 불평형이 된다. 그러나 그러한 경우라도 두 개의 단상 부하를 직접 3상 전원 임의의 두 선간에 접속하는 것보다는 불평형이 완화된다.

스캇결선 역시 변압기 용량이 다 활용되지 못한다. 주변압기와 T변압기의 정격전압과 정격전류가 V_R, I_R라면 V_R은 전원의 선간전압과 같고 I_R이 전원으로부터 흐를 수 있는 최대 선전류이다. 따라서 전원에서 공급할 수 있는 최대 피상전력은 $\sqrt{3}V_R I_R$ 로, 변압기 용량의 합 $2V_R I_R$ 보다 작고, 변압기의 이용률은 $\sqrt{3}/2 = 0.866$ 이다. 이렇게 이용률이 떨어지는 것은 T변압기 1차권선을 $\sqrt{3}/2$ 위치에 탭을 내어 일부만 사용하고, 주변압기에서는 전압과 전류에 위상차가 생기기 때문이다. 그림 3-33(c)에서 부하역률이 1임에도 A-X에 흐르는 전류 $\tilde{I}_A$ 가 그 부위의 $\tilde{V}_{AB}/2$ 보다 30° 뒤지고 B-X에 흐르는 전류 $\tilde{I}_B$ 가 그 부위의 $-\tilde{V}_{AB}/2$ 보다 30° 앞서는 것을 볼 수 있다. V결선에서와 마찬가지로 이들 무효전력은 상쇄되어 전원이나 부하에 전달되지 않는다. 기본적으로 3상 전력을 변압기 2대로 취급할 때 3상의 전압-전류간 위상차가 두 변압기에 그대로 반영되는 일은 일어날 수 없기 때문에 내부적으로 무효전력이 발생할 수밖에 없고, 이용률 하락은 불가피하다.

3-8 단권변압기

변압기는 전압 변경과 전기적 절연의 두 기능을 가지고 있다. 만일 전압을 변경하기 위한 목적만이라면 굳이 두 개의 코일을 사용할 필요 없이 그림 3-34(a)와 같이 전원에 접속된 코일 중간에서 단자를 인출함으로써 전원보다 낮은 전압을 얻을 수 있다. 이는 마치 저항 분압회로로 낮은 전압을 얻는 것과 비슷하다. 그러나 저항 회로로는 전원보다 높은 전압을 얻을 수 없는 반면, 그림 3-34(b)와 같이 전원을 코일 중간단자에 접속하면 코일 양단에서 전원보다 높은 전압을 얻을 수 있다. 이러한 동작이 가능한 것은 코일 아래 부분에서 기전력을 유기하는 자속이 같은 철심에 감겨 있는 코일 윗부분에도 기전력을 유기하기 때문이다. 이와 같이 권선 하나만으로 전압을 낮추거나 높이는 기능을 하는 것을 **단권변압기**(autotransformer)라 한다.

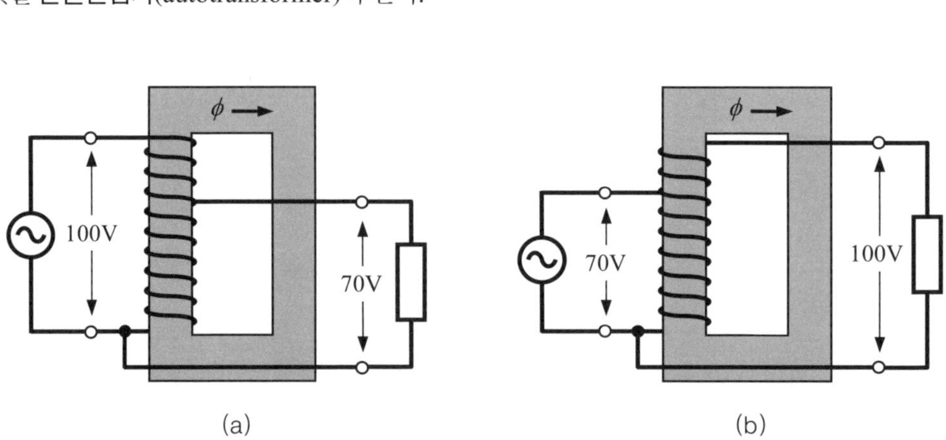

그림 3-34 (a) 단권변압기의 체강동작 (b) 체승동작

단권변압기의 용량

그림 3-34(a)와 (b)에서 코일 맨 아래에서 중간 단자까지를 **공통권선**(고압측과 저압측이 공유하고 있으므로)이라 하고 나머지 부분을 **직렬권선**이라 부른다. 그림 3-35(a)는 체승동작에서 공통권선과 직렬권선 부분을 알아보기 쉽게 구분하여 그린 것이다. 이들을 같은 자속을 공유하는 별도의 두 권선으로 생각하면 외부에서 어떻게 연결되어 있건 두 권선의 전압과 전류 사이에는 항상 일반 변압기에서와 같은 관계가 성립한다. 공통권선을 첨자 1로, 직렬권선을 첨자 2로 나타내고 각각의 턴수를 N_1, N_2라 하면

$$\frac{V_1}{V_2} = \frac{N_1}{N_2} = a \tag{3-20}$$

$$\frac{I_1}{I_2} = \frac{N_2}{N_1} = \frac{1}{a} \tag{3-21}$$

이로부터 저압측과 고압측의 전압과 전류 사이에 아래의 관계가 성립한다.

$$\frac{V_H}{V_L} = \frac{V_1 + V_2}{V_1} = \frac{a+1}{a} \tag{3-22}$$

$$\frac{I_H}{I_L} = \frac{I_2}{I_1 + I_2} = \frac{a}{1+a} \tag{3-23}$$

위 식은 고압측과 저압측 사이의 관계가 권선비 $(a+1)/a$인 일반 변압기와 같음을 말해주고 있다. 이는 그림 3-35(a)의 체승동작을 기준으로 한 것이지만 전원과 부하의 위치를 바꾸고 모든 전류의 방향을 반대로 하면 그림 3-35(b)의 체강회로에서도 그대로 적용된다.

그림 3-35(a)는 그림 3-36(a)와 같이 일반 변압기의 1차권선과 2차권선을 직렬로 연결한 것과 다를 것이 없다. 여기서 변압기를 통해 전달되는 피상전력은 다음과 같다.

$$S_W = V_1 I_1 = V_2 I_2 \tag{3-24}$$

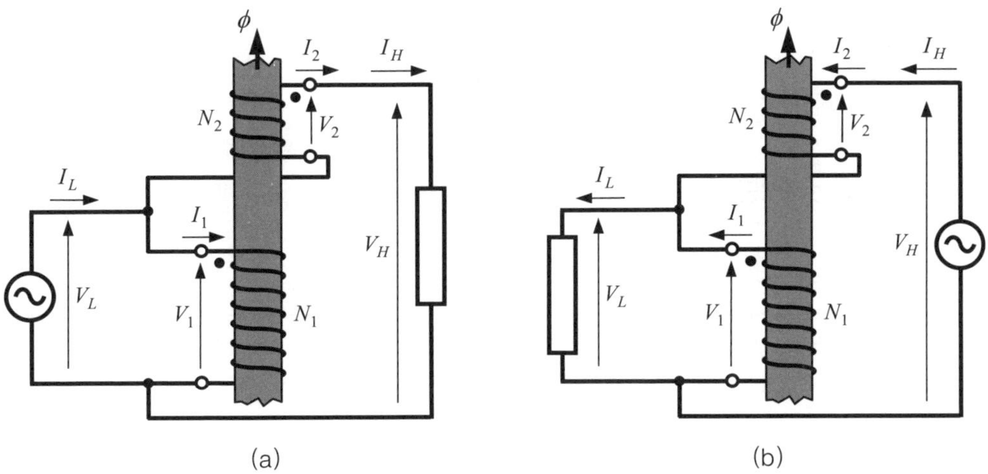

그림 3-35 (a) 체승 단권변압기와 (b) 체강 단권변압기 회로에서의 전압과 전류

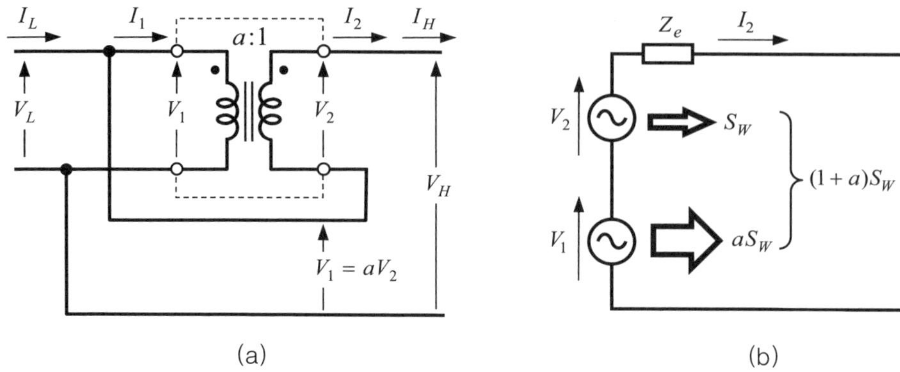

그림 3-36 단권변압기의 형태로 결선한 변압기

한편 전원에서 부하로 전달되는 전체 피상전력은

$$S = V_H I_H = V_L I_L \tag{3-25}$$

즉 식 (3-24)로 표현된 용량이 S_W인 변압기를 그림 3-36(a)와 같이 결선하면 식 (3-25)의 S 만큼 피상전력이 전달된다. 이들 사이의 비율을 구해보면

$$\frac{S}{S_W} = \frac{V_H I_H}{V_1 I_1} = \frac{(V_1 + V_2) I_2}{V_1 I_1} \tag{3-26}$$

여기에 식 (3-22)와 (3-23)을 적용하면 아래의 관계가 얻어진다.

$$\frac{S}{S_W} = 1 + a \tag{3-27}$$

식 (3-27)은 항상 1보다 크며, 권선비 a 가 클수록 크다. 이는 일반 변압기를 그림 3-36(a)와 같이 결선하여 단권변압기로 동작시키면 자신의 원래 정격용량보다 큰 전력을 전달할 수 있음을 뜻한다. 이를 부하측에서 보면 그림 3-36(b)처럼 전원전압과 변압기의 2차측이 직렬로 연결된 것과 같다. 변압기 작용을 통해 V_2로부터 부하로 전달되는 전력이 S_W라면 V_1으로부터 전달되는 전력은(전류가 같고 전압이 a 배이므로) aS_W이다. 결과적으로 $(1+a)S_W$의 전력이 전달된다. S_W는 변압기의 유도작용으로 전달되는 전력, aS_W는 선로의 전도를 통해 직접 전달되는 전력이므로 각각 **자기용량**, **전도용량**이라 부르며 이들을 합한 것이 단권변압기의 용량이다. 여기서 **전체 전력 중 1, 2차간 전압의 차이에 해당하는 전력만 변압기 작용에 의해 전달**되고 있음을 알 수 있다. 체강동작에서도 마찬가지이다.

예제 3-8

1,000 V의 교류전압을 1,100 V로 체승하기 위한 단권변압기가 165 kVA의 전력을 전달하기 위해서는 공통권선과 직렬권선의 전압정격과 전류정격이 각각 얼마씩이어야 하는가?

---

165 kVA가 전달될 때 전원측(저압측) 전류와 부하측(고압측) 전류는 각각 다음과 같다.

$$I_L = \frac{165\text{k}}{1{,}000} = 165\ \text{A}$$

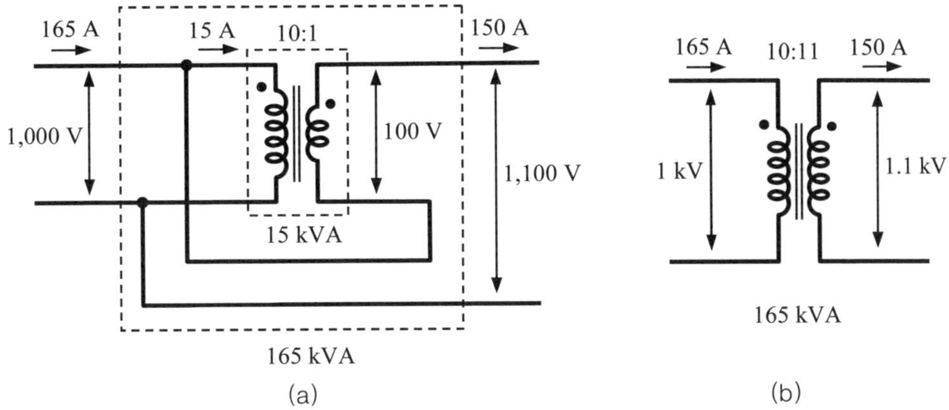

그림 3-37 (a) 예제 3-8에 대한 전압과 전류 (b) 같은 용량을 취급하기 위한 일반 변압기

$$I_H = \frac{165\text{k}}{1,100} = 150\ \text{A}$$

따라서 직렬권선과 공통권선의 전류는

$$I_2 = I_H = 150\ \text{A}$$

$$I_1 = I_L - I_H = 165 - 150 = 15\ \text{A}$$

이다. 한편 두 권선에 걸리는 전압은 아래와 같다.

$$V_1 = V_L = 1,000\ \text{V}$$

$$V_2 = V_H - V_L = 100\ \text{V}$$

위 예제에서 공통권선은 1,000 V 15 A, 직렬권선은 100 V 150 A로서 양쪽 모두 15 kVA이다. 이것이 공통권선과 직렬권선간 변압기 작용에 의해 전달되는 피상전력, 즉 권선의 자기용량이다. 그러나 부하로 전달되는 전력은 165 kVA로, 권선 자체용량의 11배에 달한다. 권선비가 10이므로 식 (3-27)에 부합하는 것을 알 수 있다. 여기에 해당하는 그림 3-37에서 (a)의 단권변압기를 그림 (b)의 일반 변압기와 비교해 보면 1차권선 전류가 165 A에서 15 A로 줄어들기 때문에 권선의 굵기가 줄어들고, 2차측에서는 전류는 같지만 1,100 V 대신 100 V만 얻으면 되므로 턴수가 줄어든다. 결과적으로 1, 2차권선 모두 일반 변압기에 비해 도체의 양이 1/11로 줄어든다. 권선이 차지하는 공간이 줄어들면 권선을 둘러싸고 있는 철심의 길이가 줄어들고, 도체와 철심이 줄어든 만큼 동손과 철손도 줄어 효율이 높아지고 냉각 부담도 낮아진다.

단권변압기의 특성과 용도

단권변압기의 용량상 이점은 식 (3-27)과 그림 3-36에서 볼 수 있듯이 a가 클수록, 즉 직렬권선 부분이 작을수록 크다. 이는 전원측과 부하측 전압비가 1:1에 가까울수록 유리함을 뜻한다. 예를 들어 전압을 5% 정도 높여주어야 할 경우, 단권변압기를 사용하면 필요한 자기용량이 전체 용량의 5%에도 미치지 못하므로 전체 용량을 다 감당해야 하는 일반 변압기보다 훨씬 경제적이다. 고압측과 저압측 사이 전압비가 대략 3:1 이내까지는 단권변압기가 유리하다.

한편 그림 3-36(b)의 Z_e는 그림 3-36(a)의 변압기 2차측에서 본 직렬임피던스를 나타낸 것으로,

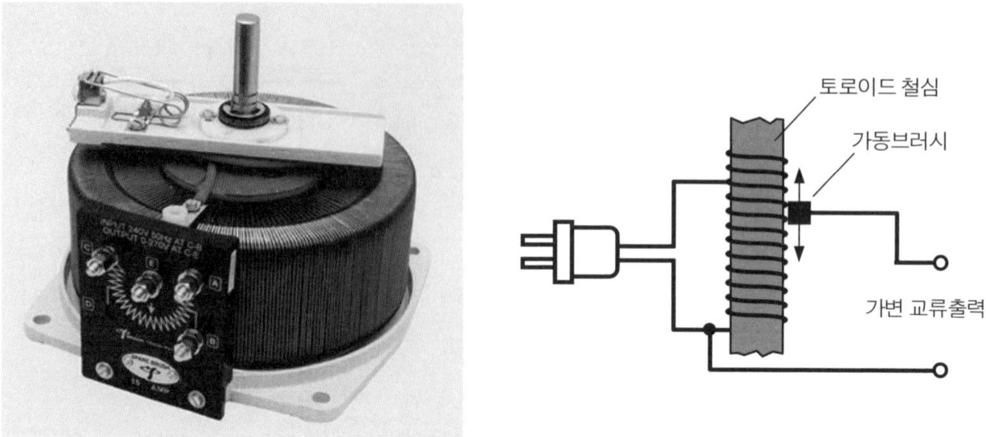

그림 3-38 소형 가변단권변압기

이것이 그대로 단권변압기의 2차측에서 본 임피던스가 된다. 여기에 정격전류가 흐를 때 일어나는 전압강하를 단권변압기 2차측 정격전압으로 나눈 것이 단권변압기의 pu임피던스이다. 단권변압기로 결선하여 2차 정격전압이 $(1+a)$ 배가 됨에 따라 pu임피던스는 단권으로 결선하기 전 pu임피던스의 $1/(1+a)$ 로 줄어든다. 이는 단권변압기가 같은 용량의 일반 변압기에 비해 전압변동률이 매우 작음을 뜻한다. 그러나 단락사고시 전류 제한의 측면에서는 불리하다.

일반적으로 변압기의 기능에서 1차측과 2차측의 전기적 분리가 전압의 변경 못지 않게 중요하기 때문에 1, 2차측이 연결되어 있는 단권변압기로 일반 변압기를 대신할 수 있는 경우는 많지 않다. **단권변압기는 전기적 분리가 필요하지 않은 곳에서 비교적 작은 전압 변화를 얻고자 할 때 적합하다.** 예컨대 송전선로에서 일어나는 전압강하를 보상하기 위해 전압을 소폭 높이거나 낮춰주는 데에 효과적 수단이 된다. 과거 배전계통의 전압변동이 심했던 시기 일반 가정집에 널리 보급되었던 로터리 스위치식 수동 전압조정기도 전압강하를 보상하기 위한 단권변압기이다. 그 외 유도전동기의 감전압기동(10-6절)과 속도제어, 3상 계통에서 중성점을 만드는 용도 등에 사용된다. 실험실에서 흔히 볼 수 있는 그림 3-38의 가변변압기(variable ac autotransformer, 줄여서 'variac'이라 부른다)도 단권변압기의 일종으로, 토로이드형 코일에 접촉하는 브러시를 수동조작으로 이동시켜 전압을 조정할 수 있게 한 것이다. 보통 전체 권선의 90 % 위치에 1차전압이 가해져 입력의 0~110 % 범위까지 출력전압 조정이 가능하도록 만들어진다. 물론 이처럼 전압변경범위가 넓은 경우 용량상 이점은 없으며, 단지 전압조정의 편리함 때문에 사용될 뿐이다.

단권변압기의 3상결선

그림 3-39는 단권변압기의 3상 결선방식들을 보여주고 있다. (a)는 체승 Y결선으로 입출력을 뒤바꾸면 체강형이 된다. 1, 2차 선간전압 사이에 위상차가 없으며 일반 Y-Y변압기처럼 상전압의 왜곡을 막기 위해 중성점을 계통의 중성점에 연결하거나 Δ의 제3권선을 함께 설치해야 한다. (b)는 여러 개의 조정탭을 지닌 체강 Δ결선, (c)는 중앙의 Δ결선을 공통권선으로 하고 직렬권선을 추가한 체승 결선으로 이들은 페이서삼각형에서 보듯이 전압비가 달라질 때 1, 2차간 위상차도 함께 변한다. (d)는 V결선을 보여주고 있다.

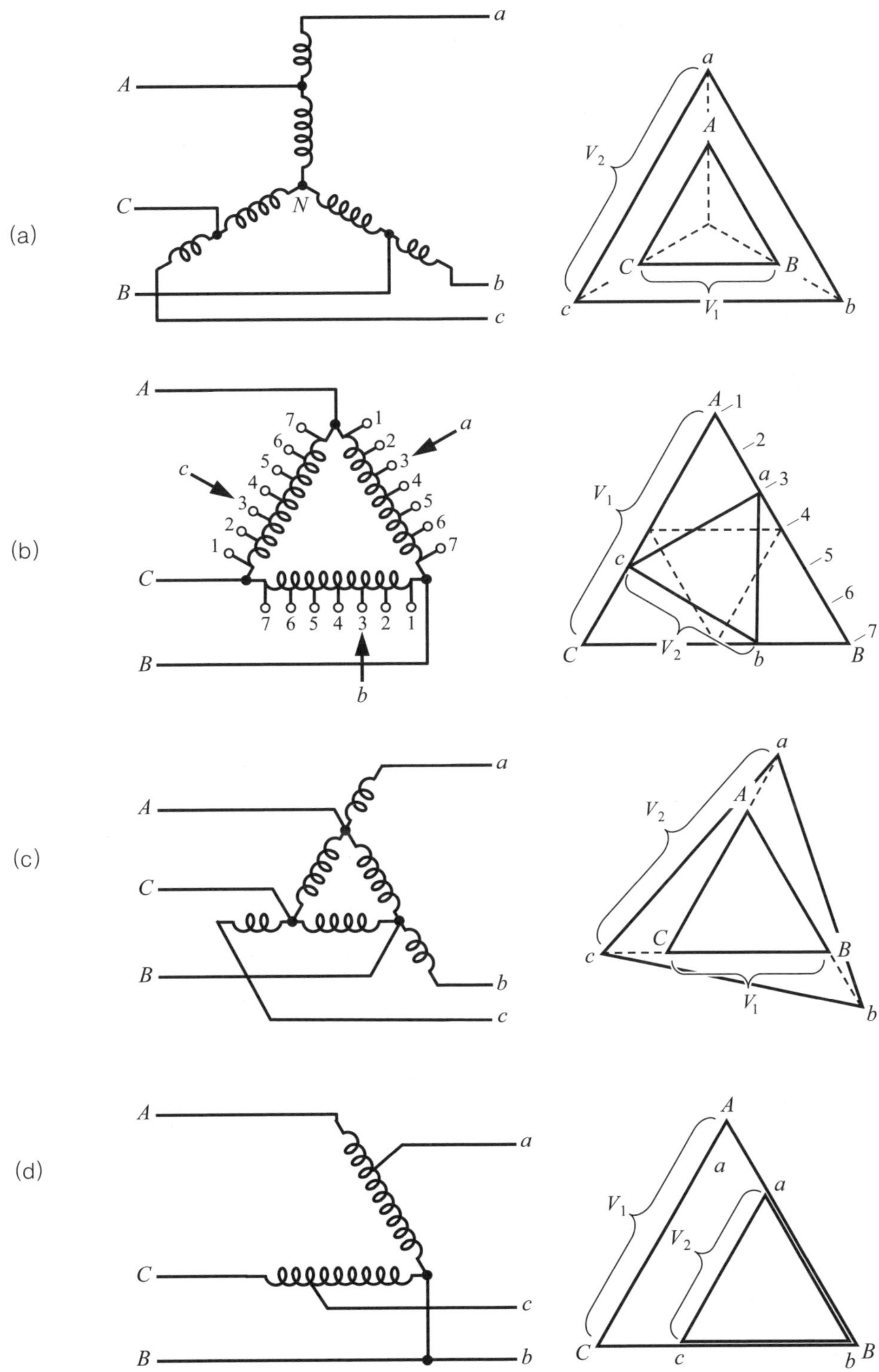

그림 3-39 단권변압기의 3상결선

1 kVA, 1,000/100 V 변압기를 단권으로 결선하는 모든 경우의 수

A는 1,000 V측을 공통권선으로 한 것으로, 본문에서 설명한 체승/체강 단권변압기가 여기에 해당한다. 역할을 뒤바꾸어 100 V측을 공통권선으로 한 것이 B이다. 그리고 A, B에서 직렬권선 쪽의 극성이 반대가 되도록 연결하면 각각 C, D가 된다.

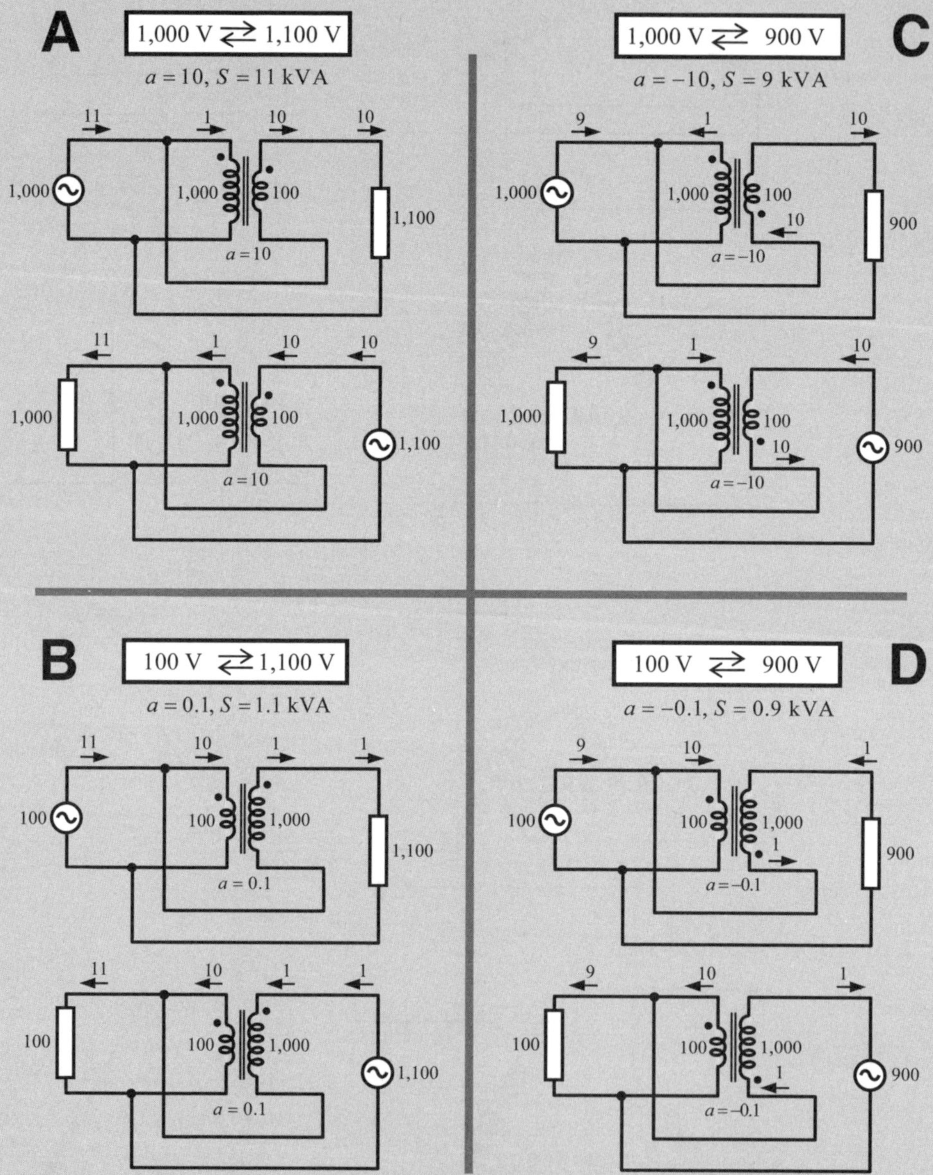

이들 중 실제적으로 의미가 있는 방식은 A와 C인 것을 알 수 있다. B는 용량상의 이점이 거의 없고, D의 경우는 용량이 오히려 줄어든다. 즉 **항상 원래 변압기의 고압측이 공통권선이 되어야 한다**.

전기철도 급전 (AT 방식: 단권변압기 방식)

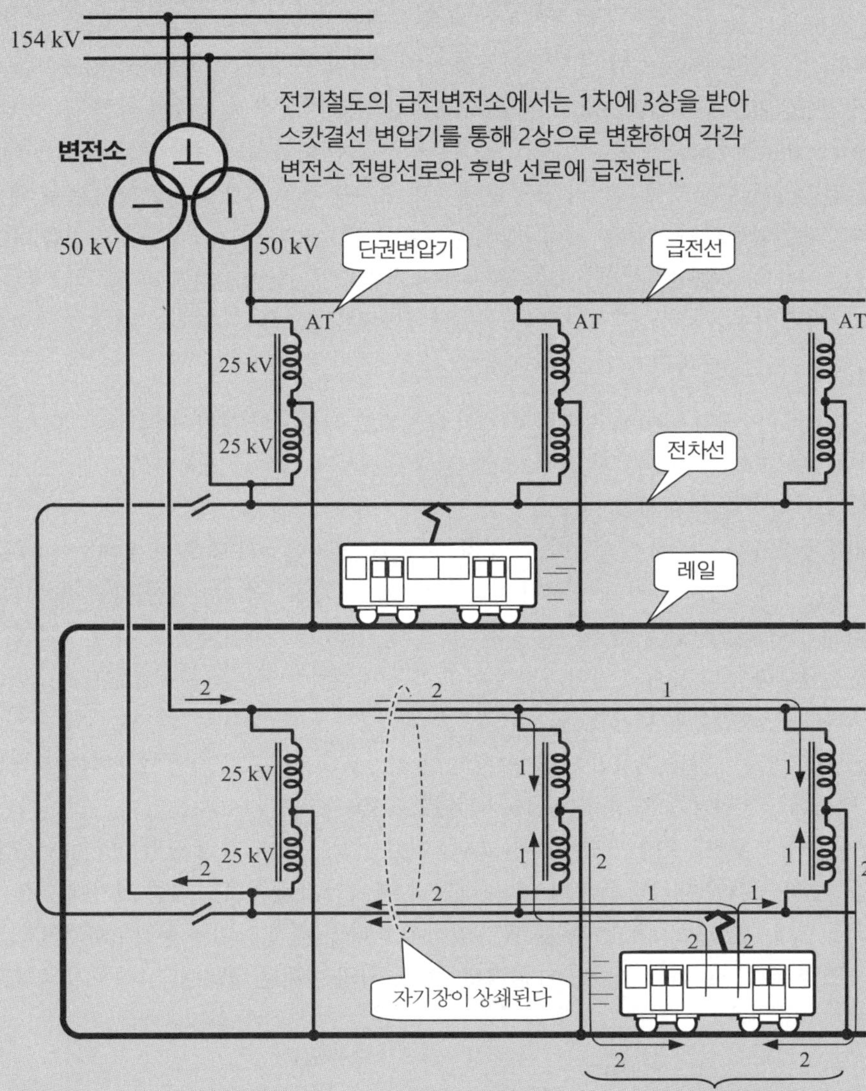

전기철도는 레일을 선로로 사용하는데, 급전선은 공중에, 레일은 땅 위에 있어서 공간적으로 떨어져 있을 수밖에 없기 때문에 전류가 흐를 때 주위의 자기장이 상쇄되지 않아 전자유도 잡음을 일으킨다. 이를 억제하기 위해 레일 대신 귀로 역할을 하기 위한 선로를 하나 더 두고(전차선) 급전선과 전차선 사이에 구간별로 단권변압기를 설치하여(12km 간격) 단권변압기의 출력단자를 레일에 접속한다. 이렇게 하면 전차가 있는 구간 전방과 후방의 두 단권변압기를 통해 그 구간의 레일에만 전류가 흐른다. 이때 급전선과 전차선은 근접하여 나란히 설치되므로 자기장이 상쇄된다.

3-9 계측용 변압기

이상에서 설명한 변압기들이 전력의 전달을 목적으로 한 변압기인데 반해 측정을 목적으로 만들어진 변압기를 계측용변압기(instrument transformer), 또는 변성기라 한다. 계측용변압기는 고압, 대전류의 교류회로에서 전압과 전류를 측정이 용이한 낮은 전압이나 전류로 변환시켜주는 동시에 측정측을 전력회로와 절연시킴으로써 계측이 안전하게 이루어질 수 있도록 해준다. 전압을 측정하기 위한 것을 **전압변성기**, 또는 PT(potential transformer)라 하고 전류를 측정하기 위한 것을 **변류기**, 또는 CT(current transformer)라 한다. 이들의 동작원리는 일반 변압기와 다를 것이 없지만 기본적으로 전력을 전달하기 위한 것이 아니라 전압과 전류의 크기에 관한 정보를 전달하기 위한, 일종의 센서이다. 따라서 전력전달의 효율은 고려사항이 되지 않고 정보전달의 정확성에 주안점을 두어 만들어진다. 또한 이들은 각종 전기설비를 보호하기 위한 장치와 연동하여 사용되기 때문에 선로의 이상전압에 대해서도 최후까지 기능을 잃지 않도록 높은 절연강도를 지니고 있어야 한다.

전압변성기

PT는 1차전압과 2차전압 사이에 정확한 비율이 유지되고 위상차가 생기지 않도록 만들어진 체강변압기이다. 그림 3-40에 보인 것과 같이 1차측은 고압 선로에 접속되고 저압의 2차 출력단자는 전압계, 전력계, 주파수계, 역률계, 표시장치 등 각종 측정기구나 과전압/부족전압 계전기와 같이 전압에 연동하여 동작하는 기구에 접속된다. 이 장치들은 입력임피던스가 매우 크기 때문에 PT는 무부하상태의 변압기에 가깝다. 그러나 이 장치들 역시 동작하기 위해서는 작은 양이라도 전류가 흘러야 하고, 약간의 전력을 소모한다. 변성기를 통해 일어나는 이러한 전력전달은 그 자체가 목적이 아니라 정보를 전달하다 보니 불가피 일어나는 것이기 때문에 일반 변압기의 부하(load)와 구별하여 **부담**(burden)이라는 표현을 사용한다.

PT의 2차 정격전압은 1차 정격전압이 얼마이건 간에 110 V가 표준으로 되어 있으며(예컨대 22.9 kV용 PT에 접속되는 전압계는 PT 출력이 110 V일 때 22.9 kV를 가리키도록 눈금이 그려진다) 정격부담은 대부분 수십 VA정도지만 큰 것은 수천 VA에 이르는 것도 있다. 가령 정격부담 50 VA의 PT가 있다고 하면 2차측 단자에 정격전압 110 V가 나타날 때 여기에 접속되는 각종 기기에 흐르는 전류를 모두 더한 것이 $50 / 110 = 0.45$ A 를 넘지 않아야 한다. 일반 변압기의 정격부하가 변압기가 견딜 수 있는 열적 한계를 나타내는 반면 이 **정격부담은 오차의 한계를 나타낸다.** (변성기의 열적 한

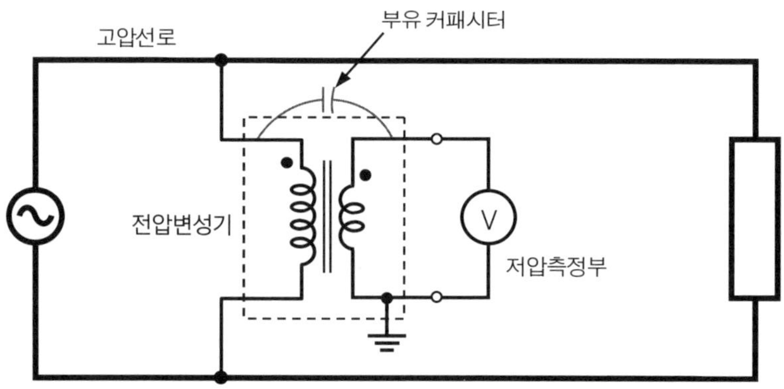

그림 3-40
전압변성기

그림 3-41
선로간 전압측정을 위한 중전압용 전압변성기와 대지對地전압 측정을 위한 고압용 전압변성기 (ABB)

계에 해당하는 VA 값은 정격부담보다 훨씬 크다.) 즉 변성기에게 너무 많은 부담을 주면 지정된 오차한계를 벗어나게 될 것임을 뜻한다. PT에 흐르는 전류로 내부 직렬임피던스에서 전압강하가 일어나 1, 2차 전압의 비율에 오차가 생기기 때문이다. 이를 비오차라 하며 정격부담에서 오차가 어느 정도인지에 따라 0.1급, 0.2급, 0.5급, 1.0급, 3.0급 등으로 구분된다. 예컨대 0.5급이라면 정격부담에서 비오차가 0.5 %이내인 것을 말한다. 비오차와 함께 1차, 2차 전압 사이의 위상오차도 나타나는데, 위상오차가 어느 정도 있어도 전압의 크기 측정에는 문제가 없으나 전력이나 역률의 측정에는 상당히 큰 영향을 미칠 수 있다.

PT의 기본 구조는 일반 변압기와 비슷하지만 오차의 원인이 되는 내부 임피던스를 줄이기 위해 고급 철심을 사용하고 누설자속을 최소화시키는 구조로 만들어진다. 출력이 작은 반면 절연은 잘 되어야 하기 때문에 일반 변압기에 비해 동이나 철보다 절연물의 비중이 훨씬 높다. 고압용 PT는 뇌서지도 견뎌낼 수 있도록 1차측과 2차측 사이의 절연내력이 특히 높아야 하며, 가스절연형이나 유입식으로 만들어진다. 반면에 저압용은 건식이나 에폭시몰드형이 주종을 이룬다. 그림 3-41은 PT의 전형적인 외관을 보여주고 있다.

PT의 1차권선과 2차권선 사이에는 그림 3-40에 나타낸 것처럼 부유커패시터가 존재한다. 두 권선이 이를 통해 연결되어 있는 셈이므로(이를 정전결합이라 한다) 1, 2차 권선 사이에 절연이 유지되고 있는 상태라 해도 2차권선의 대지에 대한 전위가 상당히 높은 값이 될 수 있다. 따라서 2차측 단자 중 하나와 접촉했을 때 치명적인 상해를 입지 않도록 **2차측의 한쪽 단자는 항상 접지되어야 한다.**

변류기

CT는 선로에 흐르는 큰 1차전류를 그에 비례하는 작은 크기의 2차전류로 변환시켜주는 변압기로서 그림 3-42와 같이 1차권선을 선로에 직렬로 삽입하는 형태로 사용된다. 1차권선보다 2차권선의 턴수가 훨씬 많아서 체승변압기의 구조를 갖는다. 예를 들어 전류비가 100:1인 CT는 권선비가 1:100인 변압기와 같다. 그림 3-43(a)와 같이 토로이드 형상의 철심에 많은 턴수의 2차권선이 감겨 있고 토로이드 중앙을 측정대상 선로가 관통하는 구조로 만들어진 형태가 많이 사용되는데, 이 경우

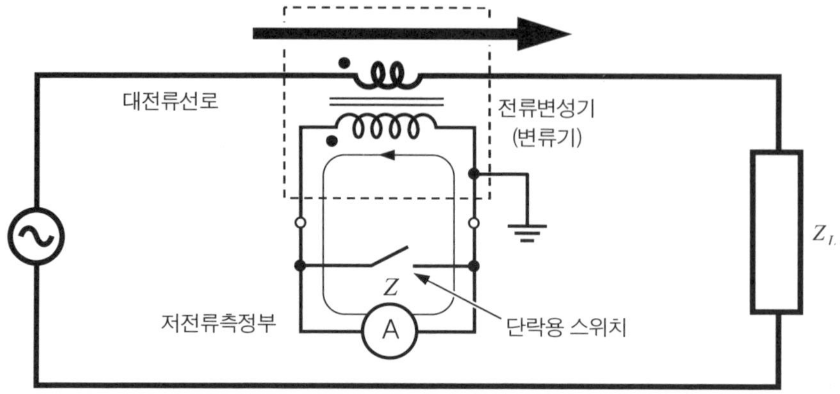

그림 3-42
변류기

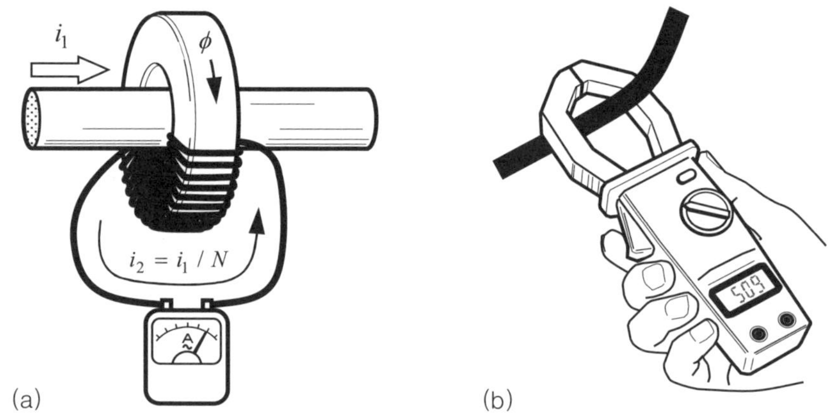

그림 3-43 토로이드형 변류기와 클램프형 전류계

관통하는 선로가 단 1회의 턴수를 갖는 1차권선의 역할을 한다. 실험실에서 흔히 볼 수 있는 그림 3-43(b)의 클램프형 교류전류계도 같은 원리에 의해 동작한다.[8]

선로에 병렬로 접속되는 일반 변압기나 PT와는 달리 선로에 직렬로 삽입되는 CT의 속성을 이해하기 위해서는 약간의 추가 설명이 필요하다. 그림 3-44는 그림 3-42를 CT 2차측으로 환산한 등가회로이다. 1차측 회로의 임피던스가 등가회로에서 Z_L / a^2 로 나타나는데, CT의 권선비 a 가 1/100, 1/1000 등 1보다 훨씬 작은 값이므로 Z_L / a^2 은 대단히 큰 값을 갖게 된다. 따라서 (자화전류를 무시했을 때) CT 2차측에 아주 큰 임피던스를 연결하지 않는 한 전류는 거의 전적으로 Z_L / a^2 의 값에 의해 결정된다. 즉 2차측으로 환산된 1차측 전류 $a\tilde{I}_1$ 이 출력단의 임피던스 Z에 거의 영향을 받지 않으며, 2차측 단자를 단락시킨다 해도 전류가 변하지 않는다. 일반 변압기나 PT가 2차측 임피던스에 전류가 좌우되는 전압원으로서 동작하는 반면 이처럼 **CT는 2차측 임피던스에 상관 없이 일정한 전류가 흐르는 전류원으로 동작한다.**

---

[8] 변류기 작용에 의한 클램프형 전류계는 교류전류만 측정할 수 있다. 같은 비접촉식이라도 직류전류와 교류전류를 모두 측정할 수 있는 전류계는 홀효과(Hall effect)를 이용한 것으로 동작원리가 전혀 다르다.

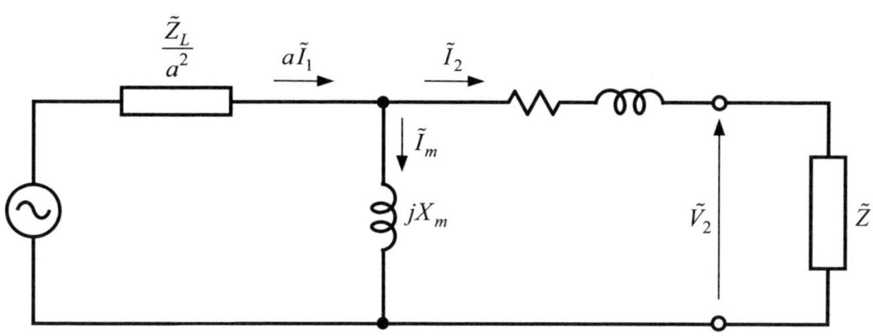

그림 3-44 CT 2차측으로 환산한 등가회로

그림 3-44에서 이상적인 CT라면 출력전류가 항상 $\tilde{I}_2 = a\tilde{I}_1$ 이 되어야 한다. 그러나 CT 역시 일반 변압기와 마찬가지로 자화를 위한 전류가 흐르며, 이 자화전류 $\tilde{I}_m$ 이 곧 CT의 오차를 좌우한다. 정상적인 사용 상태에서 CT 출력에 접속되는 전류계나 전력계, 역률계 등의 임피던스 Z 는 자화리액턴스에 비해 매우 작기 때문에 대부분의 1차측 전류가 $\tilde{I}_2$ 로 흐르고, $\tilde{I}_m$ 은 매우 작다. 따라서 거의 이상적인 출력이 얻어진다. 그러나 CT의 2차측에 여러 개의 장치가 접속되는 경우(CT 출력에 접속되는 기구들은 모두 직렬로 연결된다) Z 가 커지면서 자화전류도 증가하게 되고, 그 결과 PT에서처럼 비오차와 위상오차가 발생하게 된다. 이 오차가 정해진 한계를 넘지 않도록 CT의 정격부담이 정해져 있다. 정격부담을 넘어서면 철심의 최대자속(ϕ_{max})이 자기포화 영역으로 진입하면서 여자전류가 크게 상승하고 오차가 급격히 커진다.

CT의 정격부담 역시 VA로 주어진다. 일정한 출력전류에서 접속기구의 임피던스에 비례해서 출력단 전압 $\tilde{V}_2$가 커지므로 정격부담은 곧 출력단 전압의 한계를 의미한다. 정격부담은 대개 수십 VA 정도이며 2차측 정격전류는 1차측 정격전류가 어떤 값이건 5 A로 정해져 있다(디지털계기용은 1 A이다). 예를 들어 변류비가 1,000/5인 CT는 1차측에 1,000 A가 흐를 때 2차측에 5 A가 흐른다. 만일 이 CT의 정격부담이 50 VA라면 2차측 단자 전압이 10 V를 넘지 않아야 한다. 이는 2차측에 직렬로 연결되는 기구들의 합산 임피던스가 2 Ω 이하로 제한되어야 함을 뜻한다. CT에 연결되는 장치들이 멀리 떨어져 있는 경우에는 연결선의 임피던스도 무시할 수 없이 큰 부담으로 작용할 수 있음에 유의해야 한다. CT의 계급에 관한 사항은 PT와 같다.

CT의 적용상 특히 주의해야 할 점은 **CT의 2차측이 절대로 개방되어서는 안된다**는 것이다. CT 2차측을 개방한다는 것은 마치 전류원의 두 단자 사이에 무한대 임피던스를 삽입하는 것이나 마찬가지이므로 무한대의 임피던스에 전류가 곱해진 무한대의 전압이 양 단자 사이에 나타나는 결과를 낳는다. 물론 실제로 무한대가 되는 것은 아니지만, 2차측 단자 사이의 절연파괴나 감전 등 안전상 심각한 문제를 일으킬 수 있을 정도로 매우 높은 전압이 유기된다. 그리고 일단 한번 개방되고 난 CT는 철심이 극도로 포화된 결과 철손에 의한 과열로 손상되거나 편자(철심에 남아 있는 큰 잔류자속)로 인해 대개 더 이상 정상적인 정확도를 기대할 수 없는 상태가 된다. 따라서 예컨대 그림 3-42에서 전류계를 교체하기 위해 회로에서 빼내고자 한다면 먼저 CT의 양 단자를 단락시켜 놓아야 한다. 이러한 이유로 표시계기가 설치되는 CT 패널은 대개 표시부를 빼내면 내부에서 자동으로 단락되도록 하는 구조를 갖추고 있다.

변류기 2차측을 개방시키면?

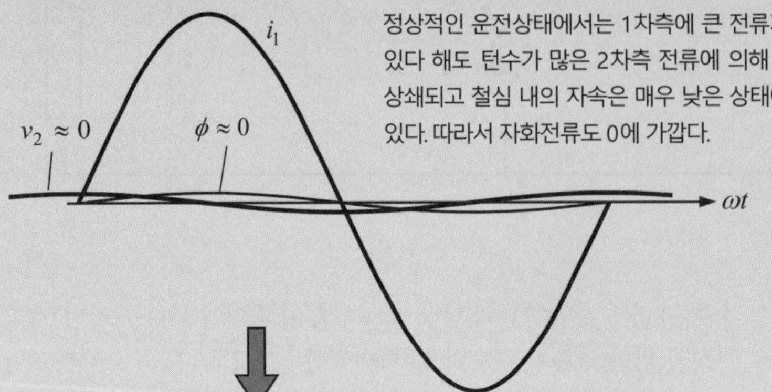

정상적인 운전상태에서는 1차측에 큰 전류가 흐르고 있다 해도 턴수가 많은 2차측 전류에 의해 기자력이 상쇄되고 철심 내의 자속은 매우 낮은 상태에 머물러 있다. 따라서 자화전류도 0에 가깝다.

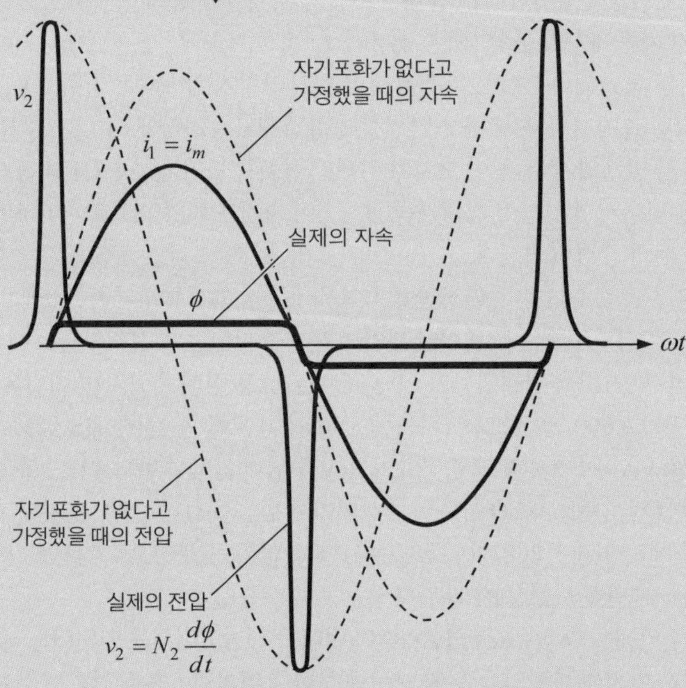

2차회로가 개방되어 2차 전류가 흐르지 않으면 1차전류의 기자력이 상쇄되지 않으므로 1차전류 전체가 자화전류로 작용한다. 그 크기가 정상적 상태의 자화전류에 비하면 엄청나게 크기 때문에 철심의 자속 역시 크게 상승하는데, 실제로는 자기포화 때문에 어느 한계 이상으로 커지지 못하고 양 방향의 포화자속 사이에서 왔다갔다 하는 구형파에 가까운 모습이 된다. 자속이 포화되어 거의 일정한 구간에서는 2차권선에 기전력이 거의 유기되지 않는다. 그러나 자속이 양에서 음으로, 그리고 음에서 양으로 바뀔 때 자속의 급격한 변화로 큰 전압이 유기된다. 따라서 2차권선에 매우 큰 펄스 형태의 전압이 나타난다.

그림 3-45
저압용 변류기와 고압계통에서 사용되는 변류기(ABB)

CT 역시 정확도를 위해 투자율이 큰 철심을 사용하여 자화전류를 최소화한 구조로 만들어지며 적용 선로의 전압에 따라 몰드형, 가스절연형, 유입형 등이 있다. 그림 3-45는 소형 CT와 수백 kV 초고압 계통용 CT를 보여주고 있다. 그림의 고압용 CT는 부싱 아래쪽에 철심이 있어서 선로가 부싱을 따라 내려왔다가 철심을 관통한 뒤 다시 올라가는 구조이지만 부싱의 상부에 철심이 장착되어 그곳에서 직접 선로가 관통하도록 만들어진 형태도 있다. 이러한 고압시스템에서는 물론이고 어느 이상의 사용 전압에서는 반드시 출력의 한쪽 단자를 접지해야 한다.

3-10 변압기 운전의 고려사항

변압기가 기대치에 부합하는 성능과 수명이 보장되려면 적정 운전조건이 유지되어야 하지만 실제 운전환경은 여러 요인에 의해 이상적인 조건에서 벗어날 수 있다. 이를 크게 전원의 문제, 부하의 문제, 변압기 자체의 문제로 나누어 각각을 대표하는 전압과 주파수 변동, 부하 고조파 전류, 그리고 변압기 투입시 과도전류의 문제에 관해 살펴보기로 한다.

명판

우선 변압기 운전 조건의 일반 사항이 기재되어 있는 명판의 내용을 숙지할 필요가 있다. 그림 3-46은 3상 변압기 명판의 한 예이다. 명판의 기재형식이나 형태는 제작사마다 다르나 기재 내용에 있어서는 큰 차이가 없다.

왼쪽 맨 위에 정격용량이 kVA 단위로 표기되어 있다. 여기서 연속정격이란 그 용량으로 변압기를 쉬지 않고 사용할 수 있음을 말한다. 이 변압기는 3-6절에서 서술한 3상 4선식 저압배전용 변압기로서, 2차측 정격전압은 380 V이고 Y결선으로 되어 있어서 중성선과 전압선 사이에 220 V를 얻을 수 있음을 나타내고 있다.

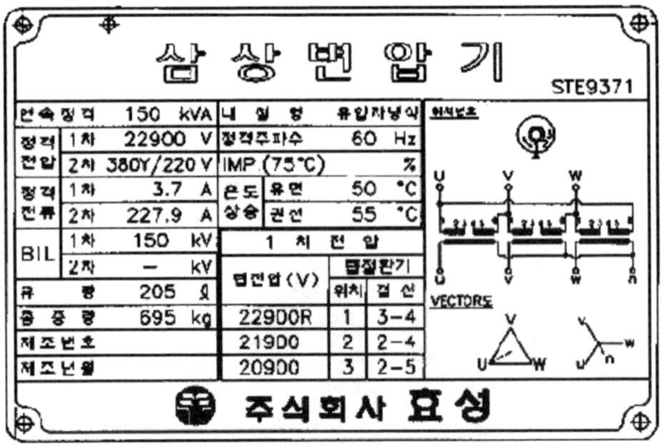

그림 3-46
변압기 명판의 예 (효성)

BIL은 Basic impulse insulation level의 약자로 **기준충격절연강도**라 한다. 이는 번개 등에 의한 서지전압을 견디는 절연강도로서 표준 형태의 서지전압을 가해 시험한 결과를 나타낸다. 유입식변압기는 이 값이 정격전압보다 훨씬 높다. 그러나 일반 건식 및 몰드변압기는 정격전압 대비 BIL이 유입식에 비해 낮기 때문에 서지 흡수기를 설치하는 등의 대책이 필요하다.

유량은 변압기 전체에 소요되는 절연유의 양을 리터로 표시한 것이며 총 중량은 절연유가 채워진 상태의 중량을 나타낸다. 대형 변압기는 수송과 취급상 문제로 중량이 중요한 요소이며, 소형이라도 주상변압기와 같은 것들은 지지 구조물의 설계와 관련된다.

IMP는 변압기의 직렬임피던스를 나타내고 % 단위로 표시된다. 권선저항은 온도에 상당한 영향을 받지만 누설리액턴스는 온도에 무관하다. 따라서 리액턴스 성분이 임피던스의 대부분을 차지하는 수백 kVA급 이상은 %임피던스가 온도에 거의 영향을 받지 않는다.

온도상승은 정격운전상태에서 절연유와 권선 온도가 주위온도에서 몇 도나 더 상승하게 되는지 나타낸다. 여기서 주위온도란 '변압기 바로 옆의 온도'를 말하므로 멀찌감치 떨어진 곳의 온도와는 상당한 차이가 날 수 있다. 그림의 명판은 예컨대 주위온도가 30°C일 경우 정격부하로 운전되고 있을 때 절연유와 권선의 실제 온도가 각각 80°C, 85°C까지 상승하게 됨을 말해주고 있다. 변압기에 장착된 온도표시계가 그 온도를 넘어간다면 어떤 이유에선가 과열의 징후가 있음을 뜻한다.

'1차전압' 항목은 1차측 전압이 변동했을 경우 탭절환기를 어느 위치로 놓을 것인지에 대한 지시로서, 해당 위치에서의 접속관계가 오른편의 결선도를 참조하여 표시되어 있다. 예컨대 1차전압이 21,900 V로 떨어지면 탭절환기를 2번 위치로 놓으라는 뜻으로, 이렇게 하면 권선비가 22,900:380에서 21,900:380으로 바뀌어 출력전압이 일정하게 유지된다.

오른편에는 단자 명칭이 표시된 결선도와 전압의 위상관계가 나타나 있다. 이 경우 Δ-Y로 결선되어 있고 2차 저압측 선간전압이 1차측보다 30° 앞선 위상임을 알 수 있다.

전압과 주파수의 변동이 미치는 영향

명판 기재내용에서 기본항목들인 용량, 전압, 전류, 주파수는 절대적인 것이 아니라 서로간의 상관관계에 따라 가변성이 있다. 우선 전압은 철심 내의 자속과 관련이 있다. 1-6절에서 설명하였듯이 전압과 자속, 주파수 사이에는 아래의 관계가 있다.

$$V = 4.44Nf\phi_{max} \tag{3-28}$$

위에서 최대자속 ϕ_{max}가 자기포화의 경계영역에 놓일 때의 전압이 정격전압이 된다. 즉 **변압기의 전압은 자속의 최대치에 의해 제한된다.** 인가전압이 정격전압보다 높아지면 ϕ_{max}가 자기포화영역에 들어서게 되고 변압기의 여자전류가 크게 증가한다. 예컨대 전압이 정격에서 10 % 상승하면 자속도 10 % 상승하지만 여자전류는 20~30 %, 혹은 그 이상 상승하여 동손이 증가하고, 자기포화의 심화로 철손도 함께 증가하므로 온도가 현저히 올라갈 수 있다.

또한 식 (3-28)은 전압이 일정하다 해도 주파수가 변하면 자속이 변할 수 있음을 말해준다. 전압은 변하지 않은 상태에서 주파수가 떨어지면 자속이 증가하여 위와 마찬가지로 자기포화상태에 들어가게 된다. 일반 상용 계통은 주파수 변동이 극히 작아서 실제 문제가 되는 일이 드물다. 그러나 다른 주파수 환경에서 사용되는 경우에는 주의가 필요하다. 이를테면 60 Hz용 기기를 50 Hz 환경에서 사용하게 될 수 있는데, 같은 전압이라면 최대자속이 6/5배로 증가한다. 따라서 전압도 주파수와 같은 비율로 낮춰주어야 자기포화를 피할 수 있다. 이때 권선의 허용전류는 그대로이므로 전압이 낮아지는 비율 그대로 변압기의 용량도 차감된다. 예를 들어 한국에서 600 V에 600 kVA로 사용되던 변압기를 유럽의 50 Hz 지역에서 사용하려면 전압이 500 V를 넘지 않아야 하고, 따라서 용량이 500 kVA로 제한된다. 반면에 50 Hz에서 사용하던 변압기는 같은 전압으로 60 Hz에 사용해도 무방하다. 절연상 문제만 아니라면 전압을 20 % 이내에서 올려도 된다. 단 이 경우 주파수 상승으로 인한 철손의 증가를 감안하여 전류용량을 다소 낮춰 잡아야 한다.

결국 변압기의 운전 한계에 가장 지배적인 변수는 절연물의 수명과 관련되는 온도로서, 주어진 운전조건에서 주파수와 전압, 부하전류는 손실의 증가로 온도가 지나치게 상승하지 않도록 적정한 관계를 유지해야 한다. 변압기의 정격용량은 모든 조건이 정상적인 운전조건에 부합할 때만 적용되는 값으로, 고정된 값이라기보다는 운전환경 및 변압기의 냉각능력에 따라 그때그때 달라질 수 있는 종속변수로 간주되어야 한다.

비선형부하의 고조파가 미치는 영향

일반 부하들은 정현파 전압을 가했을 때 정현파 전류가 흐른다. 그러나 정현파 교류를 인가했음에도 전류는 정현파가 되지 않는 부하들이 있는데, 이를 **비선형부하**(nonlinear load)라 한다. 예컨대 내부에서 직류로 작동하는 기기들은 정류기를 지니고 있는데, 정류기 입력전류는 그림 3-47과 같이 전압의 최고점 부근에서만 잠시 흐르는 펄스 형상으로 나타난다. 컴퓨터, TV 등 가전제품에서부터 전자식 안정기, 통신설비, 전동기 속도제어장치, 전기로 등이 비선형부하에 속한다. 과거에는 비선형부하가 특수 설비에 국한되었으나 현재에 와서는 모든 종류의 부하에 광범위하게 퍼져 있어서 일반 배전변압기의 적용에 중요한 고려사항으로 간주되고 있다.

그림 3-47과 같이 왜곡된 파형은 기본파와 그 정수배 주파수의 고조파 성분들로 구성된다. 여기서 기본파만 부하에 전력을 전달하는 역할을 하므로(부록 F 참조) 고조파성분은 전력전달 과정에서 쓸데 없이 추가되는 성분이라 할 수 있다. 그러면서도 전체 실효치를 키우는 무효전류 성분으로 작용하며, 실효치에 의해 좌우되는 변압기 동손 I^2R 을 증가시킨다. 따라서 변압기의 용량은 반드시 이 고조파를 포함한 전체 전류의 실효치로부터 계산되어야 한다. 예를 들어 전압이 1,000 V일 때 정류기 부하의 소모전력이 20 kW라면 정류기 입력전류의 기본파성분 실효치가 대략 20 A가 되는데, 이때 고조파를 포함한 전체 전류의 실효치가 30 A라면 전력전달에 20 kVA만 사용된다 해도 변압기

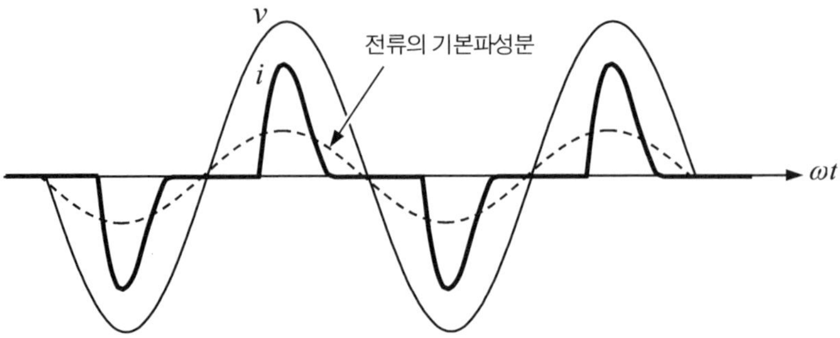

그림 3-47 전형적인 비선형부하(단상 정류기의 경우)의 전류파형

용량은 전체 실효치에 기준을 두어 30 kVA가 되어야 한다.

여기서 그치는 것이 아니라 고조파 전류성분은 변압기 내부에서 다른 추가적 손실을 일으킨다. 표피효과와 도체 내부의 와류손실 때문에 같은 크기에서도 기본파에 비해 더 큰 동손을 유발하며, 철심의 와류손과 히스테리시스손도 더 증가하고 기타 유전체 손실도 증가한다. 따라서 단순히 실효치로 계산된 변압기 용량만으로는 여전히 부족하다. 즉 위의 경우 변압기 용량이 30 kVA보다 더 커야 한다. 문제는 이 추가손실이 어느 정도일지 추정하기가 매우 어렵다는 점인데, 이와 관련하여 고조파를 발생하는 비선형부하에서 변압기 용량을 얼마로 해야 할지 판단하기 위한 기준의 하나로 **K지수**(K-factor)라는 개념이 사용되고 있다.

K지수는 아래 식으로 정의된다.

$$K = \frac{\sum (hI_h)^2}{\sum I_h^2} = \frac{I_1^2 + (2I_2)^2 + (3I_3)^2 + \cdots}{I_1^2 + I_2^2 + I_3^2 + \cdots} \tag{3-29}$$

여기서 h는 고조파의 차수로서, 분모가 전체 실효치의 제곱에 해당하는 반면 분자는 고조파 차수에 비례해서 비중을 키워주고 있음을 볼 수 있다. 이는 고조파가 같은 크기라도 주파수가 높을수록 더 큰 추가손실을 야기하는 효과를 반영한 것이다. 따라서 고차 고조파성분의 비중이 높을수록 K지수가 커지게 된다. 고조파성분이 전혀 없는 경우 K지수는 1이다.

배전용변압기가 과열되지 않으려면 부하의 K값이 클수록 용량을 차감해서 사용해야 한다. 그림 3-48은 K지수와 사용 가능한 백분율 용량 사이의 관계를 보여주고 있다. 예컨대 부하의 K가 10이라면 100 kVA 용량의 변압기는 대략 80 kVA인 것으로 간주해야 한다. 여기서 부하의 K가 얼마인지 어떻게 알 수 있을까? 만일 부하전류 고조파성분들의 크기를 알고 있다면 식 (3-29)로 K값를 계산할 수 있다. 예컨대 3고조파가 기본파의 10 %, 5고조파가 5 %, 7고조파가 3 %로 측정되었다면 K는 1.18이다. 그러나 대개 부하전류의 고조파성분은 직접 측정하기 전에는 알기 어려우며, 그러한 경우 부하 유형별 K지수 조견표를 적용한다. 통상 그림에 나타내고 있는 것과 같이 부하를 K-4 등급, K-13 등급, K-20 등급 등 몇 단계로 구분하며, 대부분의 부하는 K지수 20 이내에 포함된다.

비선형부하의 비중이 높아짐에 따라 주요 변압기 업체에서는 고조파에 의한 추가손실 발생을 최소화하고 또 추가손실에 의해 발생하는 열을 견뎌낼 수 있는 변압기를 생산하고 있다. 어떤 변압기가 K-13급 100 kVA라 표기되어 있다면 부하의 K지수가 13을 초과하지 않는 한 표시용량 100 kVA

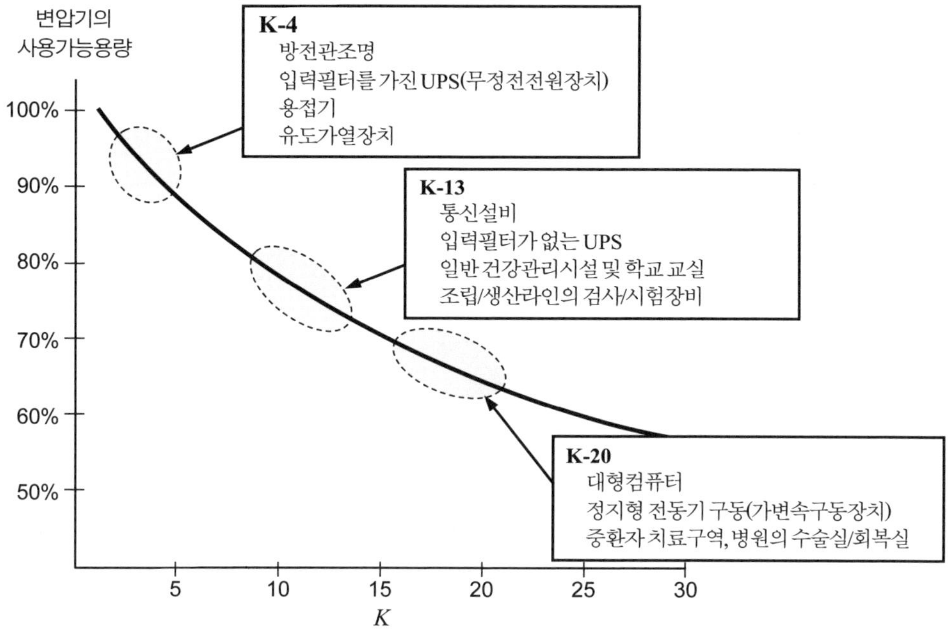

그림 3-48 전부하전류의 K지수에 따른 일반 변압기의 용량차감곡선과 부하 유형별 K지수의 범위

그대로 사용할 수 있음을 뜻한다. 업체에 따라서는 부하의 K지수가 얼마일 때 해당 변압기를 얼마의 용량으로 사용할 수 있는지에 대한 데이터를 제공하고 있다.

변압기 투입시의 과도전류: 돌입전류

대부분의 전기기기/기구는 휴지상태에서 전원을 인가하면 잠시 동안 큰 전류가 흐르는 경향이 있다. 변압기 역시 전원을 투입할 때 큰 **돌입전류**(inrush current)가 흐른다. 변압기가 있는 설비나 기구에서 처음 전원을 켰을 때 "꿍~"하는 소리가 들리는 것은 큰 돌입전류로 도체들 사이에 갑작스럽게 작용하는 응력에 의해 코일이 수축하면서 충격음이 발생하기 때문이다.

변압기 돌입전류의 원인을 그림 3-49에서 보도록 한다. 그림 (a)는 무부하상태에서 전압과 자속, 그리고 이때 흐르는 전류(여자전류)를 보여주고 있다. 패러데이의 법칙으로부터

$$\phi = \frac{1}{N}\int v\,dt \tag{3-30}$$

이므로 정상상태에서 자속은 전압에 90° 뒤지며, 전압의 첨두치에서 자속은 0이다. 만일 그림 (b)처럼 전압이 최대인 시점에 전원이 투입된다면 자속은 그 시점부터 전압을 적분한 값이 되는데, 자속의 초기치가 0이었다면 그림 (a)와 같은 조건에서 출발하므로 이후 자속의 변화 역시 (a)와 같다. 즉 과도상태를 거치지 않고 바로 정상상태에 진입한다. 따라서 전류 역시 (a)에서와 같고, 돌입전류는 발생하지 않는다.

그림 (b)가 최선의 경우라면 그림 (c)는 최악의 경우를 나타낸다. 전압이 0을 통과하는 순간에 변압기를 투입한다면 전압의 양의 반주기가 끝나는 시점까지 전압을 적분한 결과 자속이 앞의 경우에 비해 2배, 즉 $2\phi_{max}$까지 상승하게 된다. (a)에서는 전압이 0인 시점에 자속이 $-\phi_{max}$였지만 이 경우

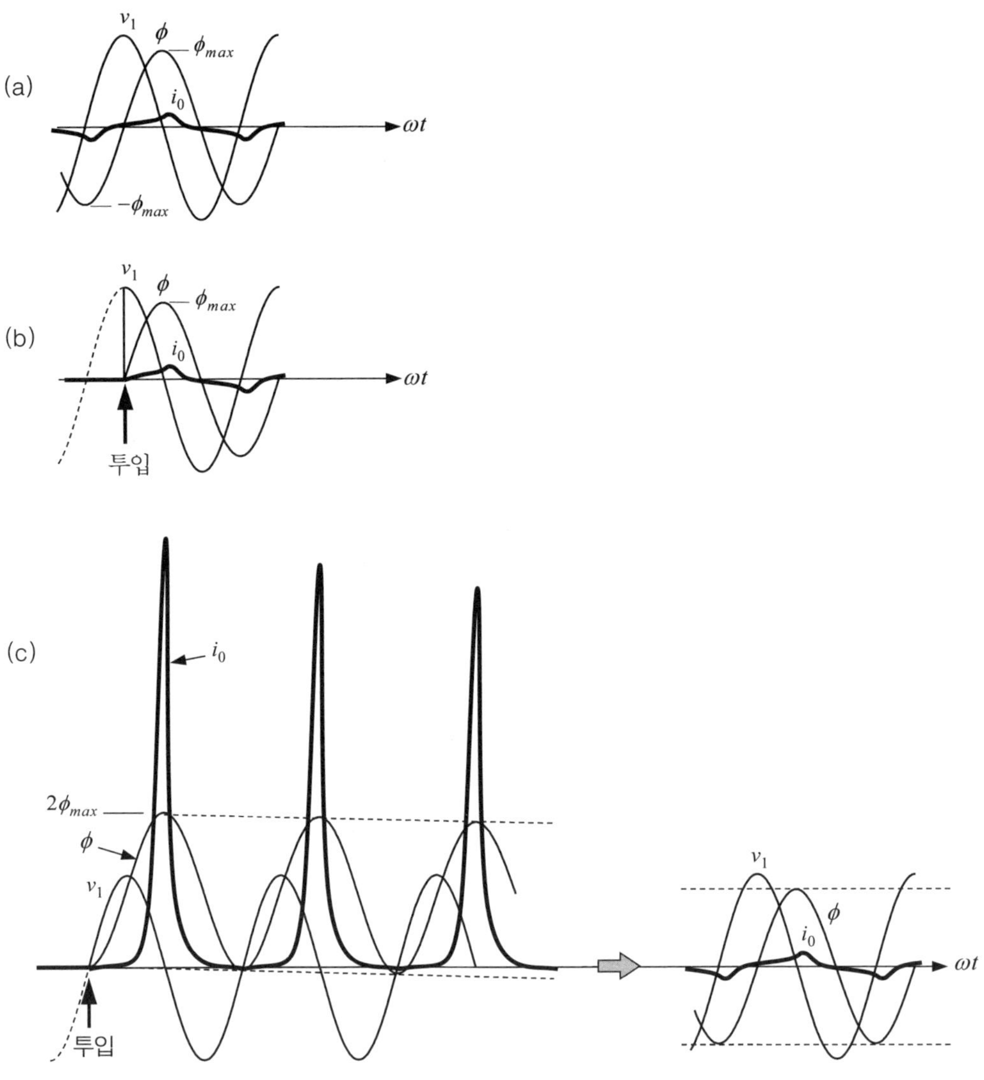

그림 3-49 변압기의 돌입전류: (a) 정상적인 무부하상태 (b) 전원전압의 최대치 시점에 투입되었을 경우 (c) 전원전압의 0점 교차시점에 투입되었을 경우

에는 0에서 출발하므로 그 차이 ϕ_{max} 만큼 직류성분이 중첩되기 때문이다. ϕ_{max}가 자기포화 경계 부근이므로 $2\phi_{max}$라면 철심이 심하게 포화된 상태이며, 따라서 그만큼의 자속을 만들어주기 위해 흐르는 여자전류는 대단히 큰 전류가 된다. 변압기의 정격전류보다도 크고, 보통 정격전류의 10배 내외, 심지어 수십 배에 달할 수도 있다. 만일 전원 투입 시점에 변압기 철심에 잔류자속이 남아 있었고 그것이 $2\phi_{max}$에 더해지는 방향이었다면 돌입전류는 훨씬 더 커지게 된다.

전원전압이 0이 아닌 다른 시점에 투입된다면 자속이 $2\phi_{max}$까지 상승하지는 않는다. 그리고 그림 (b)처럼 전압이 최대인 시점에 투입할 수만 있다면 돌입전류를 피할 수 있다. 그러나 이렇게 투입 시점을 제어하기가 현실적으로 불가능하기 때문에 돌입전류는 불가피하다. 투입할 때 잠시 직렬 임피던스를 삽입하여 억제할 수는 있으나 역시 현실적인 방법은 되지 못한다. 단 3상에서는 투입시점에 세 상의 전압이 동시에 0일 수 없으므로 세 상에 모두 큰 돌입전류가 흐르는 일은 일어나지 않는다. 그리고 3-5절에서 설명한 내철형 3각철심 변압기의 경우 직류성분 자속에 대해 큰 자기저항을 갖고 있어서 돌입전류를 억제하는 효과를 지니고 있다.

돌입전류의 지속시간은 대략 수분의 1초에서 수 초 정도로서, 자속의 직류성분 에너지가 철심과 권선의 손실로 다 소모되고 나면 정상적인 여자전류로 수렴한다. 전류가 큰 초기에는 전류의 감쇄에 I^2R 의 영향이 크게 작용하는데, 대용량일수록 저항성분이 상대적으로 작기 때문에 지속시간이 길다. 그러나 돌입전류의 크기(pu값)는 대용량일수록 작다. 한편 변압기에 부하가 접속된 상태에서 전원을 투입했을 때는 직류성분이 감쇠하면서 2차측 기전력에도 직류성분이 유기되어 직류성분 전류가 부하로 흘러 에너지를 소모하므로 무부하상태보다 훨씬 빨리 감쇠가 일어난다.

돌입전류가 바람직스러운 것은 아니지만 그로 인해 변압기가 결정적 손상을 입는 것은 아니며, 변압기가 운전/정지를 자주 반복하는 기기도 아니므로 실질적 문제가 되는 일은 드물다. 그리고 무엇보다도, 사실상 뾰족한 대처방법이 없기 때문에 전원을 투입할 때 불가피 거쳐야 할 정상적인 동작의 일부로 받아들일 수밖에 없다. 단 돌입전류로 과전류계전기가 동작하는 일이 일어나지 않도록 보호설비의 설정치가 적절히 조정되어 있어야 한다. 특히 돌입전류는 1차권선에만 흐르므로 1차측 전류와 2차측 전류의 차이로부터 변압기 내부의 고장(상간 단락, 지락 등)을 검출하는 **차동비율계전기**가 돌입전류를 고장전류로 오인하여 투입 직후 다시 차단시켜버린다던가 하는 일이 일어나지 않도록 계전기의 설정에 유의할 필요가 있다.

연습문제

3-1. 1 MVA, 22,900/6,600 V 정격의 3상변압기가 Y-Y결선, Δ-Δ결선, Y-Δ결선, Δ-Y결선으로 되어 있다고 할 때 각 경우에 대해 상 권선의 정격전압과 정격전류, 권선비를 구하라.

3-2. 300 kVA, 13,200/440 V 단상변압기로 3상뱅크를 Y-Y결선, Δ-Δ결선, Y-Δ결선, Δ-Y결선으로 구성하였을 때 각 경우에 용량과 1차측과 2차측의 정격전압과 정격전류, 전압비를 구하라.

3-3. 3.3 kV에 접속된 3상변압기가 있다. 각 상의 권선비는 10이다. 1차측 선전류가 10 A일 때
(a) 변압기의 결선이 Y-Δ인 경우 2차측 선간전압과 선전류 및 출력을 구하라.
(b) 변압기의 결선이 Δ-Y인 경우 2차측 선간전압과 선전류 및 출력을 구하라.

3-4. 3.3 kV에 접속된 3상 변압기가 있다. 각 상의 권선비는 10이다. 변압기 2차측에 1 Ω의 임피던스 부하 3개가 Δ로 결선되어 있다.
(a) 변압기가 Y-Δ결선인 경우 2차측 선간전압, 선전류, 출력(kVA), 1차측 선전류를 구하라.
(b) 변압기가 Δ-Y결선인 경우 2차측 선간전압, 선전류, 출력(kVA), 1차측 선전류를 구하라.
(c) (a)와 (b)의 결과에서 선전류와 피상전력에 어떤 차이가 있는가? 그 이유를 설명하라.

3-5. 문제 3-4를 같은 부하 임피던스가 Y로 결선된 것으로 하고 반복하라. 문제 3-4의 결과와 어떤 차이가 있는가? 그 이유를 설명하라.

3-6. 3상뱅크로 이루어진 1,200 kVA, 6.6/1.1 kV의 Δ-Y 변압기가 있다. 뱅크를 구성하는 단상변압기 1차 권선의 저항은 2 Ω, 2차권선의 저항은 0.03 Ω이다.
(a) 0.9 지상역률로 전부하 상태에서 운전할 때 효율을 구하라. 철손은 20 kW이다.

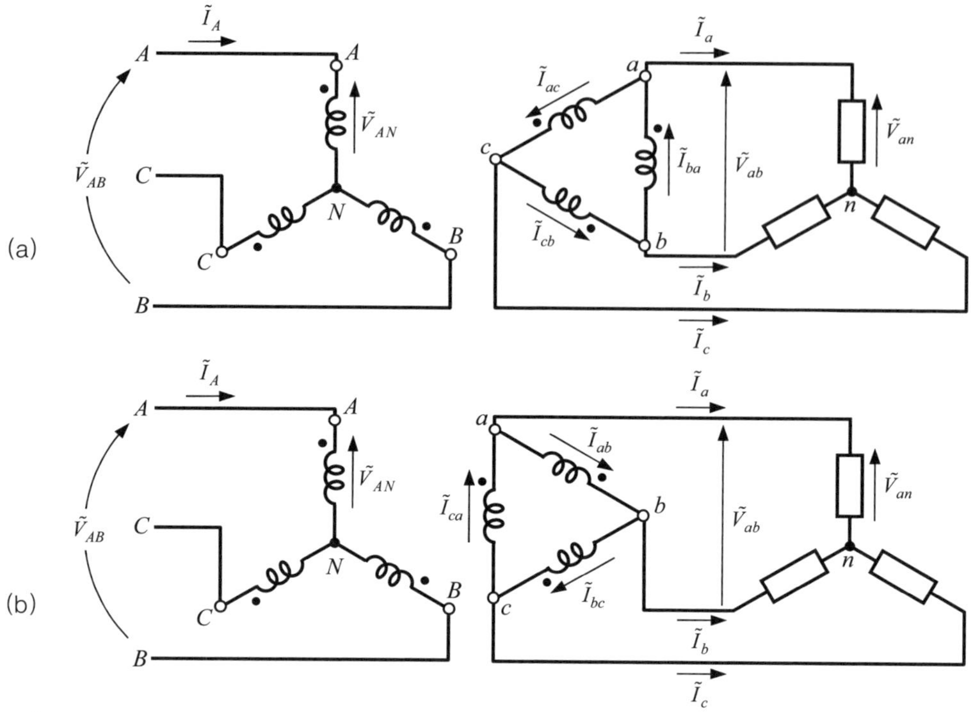

그림 3-50

(b) 이 변압기를 등가Y-Y결선의 1차측으로 환산한 상당 등가회로로 나타냈을 때 등가저항값을 구하고 이로부터 (a)의 운전조건에서 효율을 구하라.

(c) pu로 환산한 저항을 구하고(a)의 운전조건에서 pu동손, pu철손 및 효율을 구하라.

3-7. 그림 3-50(a)에서 각 상별 권선비가 2:1이고 부하 임피던스는 상당 1 Ω, 지상 0.8 역률이다.

(a) 2차측 선전류 $\tilde{I}_a$, $\tilde{I}_b$, $\tilde{I}_c$ 와 상전류 $\tilde{I}_{ba}$, $\tilde{I}_{cb}$, $\tilde{I}_{ac}$ 사이의 관계를 페이서도로 나타내라

(b) 전원측 $\tilde{V}_{AB} = 100\angle 0°$를 기준 페이서로 놓고 $\tilde{V}_{AN}$, $\tilde{V}_{ab}$, $\tilde{V}_{an}$의 페이서 표현식을 구하라.

(c) (a)와 (b)의 결과로부터 전원측 선전류 $\tilde{I}_A$의 페이서 표현식을 구하라.

3-8. 그림 3-50(b)에서 각 상별 권선비가 2:1이고 부하 임피던스는 상당 1 Ω, 지상 0.8 역률이다.

(a) 2차측 선전류 $\tilde{I}_a$, $\tilde{I}_b$, $\tilde{I}_c$ 와 상전류 $\tilde{I}_{ab}$, $\tilde{I}_{bc}$, $\tilde{I}_{ca}$ 사이의 관계를 페이서도로 나타내라.

(b) 전원측 $\tilde{V}_{AB} = 100\angle 0°$를 기준 페이서로 놓고 $\tilde{V}_{AN}$, $\tilde{V}_{ab}$, $\tilde{V}_{an}$의 페이서 표현식을 구하라.

(c) (a)와 (b)의 결과로부터 전원측 선전류 $\tilde{I}_A$의 페이서 표현식을 구하라.

3-9. 12 kVA, 120/240 V 단상변압기 고압측의 권선저항 133.5 mΩ, 누설리액턴스 201 mΩ이고 저압측의 권선저항 39.5 mΩ, 누설리액턴스 61.5 mΩ이다. 시험을 통해 저압측에서 측정한 철손저항이 240 Ω, 자화리액턴스는 290 Ω이다. 이 변압기 3대로 Y-Δ 뱅크를 구성하였다.

(a) 고압측으로 환산한 등가Y-Y결선의 상당 등가회로를 그려라.

(b) 정격2차전압으로 지상 0.8역률 정격부하에 급전할 때 1차측 전압과 전류를 구하라.

(c) 철손, 동손, 효율을 구하라.

3-10. 문제 3-9에서 변압기를 pu 등가회로로 표현하고 단위법을 적용하여 같은 계산을 행하라.

3-11. 250 kVA, 22,900/380 V의 3상변압기를 시험하여 선간전압, 선전류, 3상전력이 아래와 같이 측정되었다. 이들을 pu 값으로 표현하고 이로부터 변압기의 pu 상당 등가회로를 결정하라.

고압측 개방/저압측 측정: $V = 380$ V, $I = 12.4$ A, $P = 1{,}800$ W

저압측 단락/고압측 측정: $V = 1{,}200$ V, $I = 5.8$ A, $P = 2{,}540$ W

3-12. 직렬저항과 리액턴스가 각각 1.2 %, 3.8 %인 100 kVA, 22.9 kV/220 V 단상변압기 3대로 Δ-Y 뱅크를 구성하였다. 2차측을 개방하고 1차측에 정격전압을 가한 상태에서 선전류와 입력전력을 측정하였더니 0.312 A, 1,850 W였다. 2차측에 3상 평형 부하를 접속하고 1차측에 정격전압을 가한 상태에서 다시 선전류와 입력전력을 측정하였더니 6.5 A, 210 kW였다.

(a) 이 변압기의 pu 상당 등가회로를 그려라.

(b) 2차측 출력단 전압과 부하의 소비전력(kW)을 구하라.

(c) (b)의 계산에서 여자전류를 무시하면 출력단 전압과 출력전력이 어떤 값이 되는가? 이전과 어떤 차이가 나타나는지, 그 차이의 이유가 무엇인지 설명하라.

3-13. 그림 3-25의 22,900/380 V Δ-Y 3상변압기의 2차측 세 상에 각각 220 V 18 kW 지상역률 0.9의 단상부하가 접속되고 50마력 출력의 380 V 3상전동기가 효율 90 %, 지상역률 0.75로 운전되고 있다.

(a) 2차측 a상에서 중성점과 출력단자 사이의 $\tilde{V}_{an}$을 기준페이서로 하고 단상 부하전류 성분 $\tilde{I}_{La}$와 전동기전류 성분 $\tilde{I}_{Ma}$의 복소페이서를 구하라. 이로부터 출력단 선전류 페이서 $\tilde{I}_a$를 구하고 $\tilde{V}_{an}$, $\tilde{I}_{La}$, $\tilde{I}_{Ma}$, $\tilde{I}_a$의 페이서도를 그려라.

(b) 변압기를 통해 부하로 공급되는 총 유효전력, 총 무효전력, 피상전력을 구하고 이로부터 2차측 출력전류와 1차측 입력전류 및 역률을 구하라. 변압기는 이상적인 것으로 가정한다.

3-14. 문제 3-13의 변압기 용량이 150 kVA, 임피던스가 4 %이고 역률 1, 전부하상태일 때의 전압변동률이 1.5 %라 한다. 주어진 운전상태에서 전압변동률을 추정하라.

3-15. 문제 3-13의 운전상태에서 단상부하 하나가 30 kW 지상역률 0.6으로 변동하였다.

(a) 중성선 전류와 변압기 1차측 세 상의 선전류를 구하라. 변압기의 임피던스는 무시한다.

(b) (a)에서 구한 전원측 선전류로부터 전원에서 전달되는 유효전력을 계산하고(부록 D '3상전력측정' 항목의 2전력계법을 참고하라) 부하의 유효전력과 같은지 확인하라.

3-16. 그림 3-51의 3상 계통도에서 22.9 kV 선로는 이상적인 것으로 가정한다.

(a) A지점에서 본 전원측 변압기의 등가 Y-Y결선 상당 등가회로 임피던스는 몇 Ω인가?

(b) (a)의 임피던스를 100 kVA 변압기 입장에서 보면 몇 %의 임피던스에 해당하는가?

(c) B지점에서 3상단락 사고가 일어났을 때 단락전류는 100 kVA 변압기 기준으로 몇 pu인가? 단락지

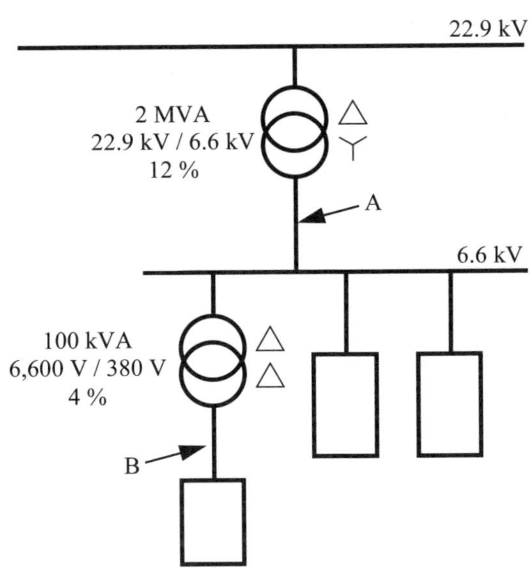

그림 3-51

점에서 선전류는 몇 A인가?

(d) 이때 6.6 kV 선로의 단락전류는 몇 A인가? 이 전류는 2MVA 변압기 기준으로 몇 pu인가?

(e) (c)의 pu값과 (d)의 pu 값이 변압기 용량과 관련하여 어떤 의미를 갖는지 설명하라.

3-17. 용량이 S kVA로 같고 %임피던스가 같은 두 변압기의 임피던스각에 δ 만큼 차이가 난다. 이들을 병렬운전해서 최대로 공급할 수 있는 피상전력은 몇 kVA인가? $\delta = 10°$일 때와 $\delta = 30°$일 때 이 최대용량은 변압기 합산용량의 각각 몇 %인가?

3-18. 150 kVA, 22,900/3,300 V, $\%\tilde{Z} = 1.1 + j3.6$ % 인 3상변압기와 250 kVA, 22,900/3,300 V, $\%\tilde{Z} = 1.4 + j4.0$ % 인 3상변압기를 병렬로 운전하였을 때 최대 부하용량을 결정하라.

3-19. 50 kVA, 22,900/380 V인 단상변압기 두 대를 사용하여 V결선을 만들었다. 부하에 공급할 수 있는 최대 피상전력은 얼마인가? 이 상태에서 부하역률이 지상 0.6일 때 부하로 전달되는 유효전력과 무효전력, 두 변압기가 각각 부담하는 유효전력과 무효전력을 각각 구하라.

3-20. 문제 3-19의 V결선에 사용된 단상변압기가 1.8 % 저항과 3.5 % 리액턴스를 지니고 있다.

(a) 주어진 운전상태에서 두 상의 전압변동률은 각각 얼마인가?

(b) 1차측이 3상대칭 정격전압이라면 전압강하에 의한 위상변화를 무시하고 2차측 3상 선간전압들의 크기를 구하라. 이 선간전압의 평균치에 대한 최대편차로부터 출력전압 불평형률을 계산하라. (부록 E의 '불평형률 계산' 항목 참조)

3-21. V결선에서 각 상 변압기의 권선비를 a라 하고 부하측 선전류를 $\tilde{I}_a$, $\tilde{I}_b$, $\tilde{I}_c$ 라 하였을 때 1차측 선전류가 $\tilde{I}_A = \tilde{I}_a / a$, $\tilde{I}_B = \tilde{I}_b / a$, $\tilde{I}_C = \tilde{I}_c / a$ 임을 보여라.

3-22. 3상 2,200 V에서 스캇결선을 통해 두 개의 200 V 450 kW 지상역률 0.85의 전기로를 운전하고자 한다. 주좌변압기와 T좌변압기 1차측과 2차측 권선의 전압 및 전류정격을 결정하라.

3-23. 3상 2,200 V에서 스캇결선으로 200 V 2상부하에 급전하고 있다. T좌변압기 부하는 400 kW, 지상 0.8 역률, 주좌변압기 부하는 500 kW 지상 0.8 역률이다. 전원측 3상 선전류를 구하라.

3-1. Y-Y: 13,220 V, 25.2 A, 3,810 V, 87.5 A, 3.47 Δ-Δ: 22,900 V, 14.6 A, 6,600 V, 50.5 A, 3.47 Y-Δ: 13,220 V, 25.2 A, 6,600 V, 50.5 A, 2 Δ-Y: 22,900 V, 14.6 A, 3,810 V, 87.5 A, 6 **3-2.** Y-Y: 900 kVA, 22,900 V, 22.7 A, 762 V, 682 A, 30 Δ-Δ: 900 kVA, 13,200 V, 39.4 A, 440 V, 1,180 A, 30 Y-Δ: 900 kVA, 22,900 V, 22.7 A, 440 V, 1,180 A, 52 Δ-Y: 900 kVA, 13,200 V, 39.4 A, 762 V, 682 A, 17.3 **3-3.** (a) 191 V, 173 A, 57.2 kVA (b) 571 V, 57.7 A, 57.1 kVA **3-4.** (a) 191 V, 330 A, 109 kVA, 19.2 A (b) 572 V, 991 A, 982 kVA, 172 A **3-5.** (a) 191 V, 110 A, 36.3 kVA, 6.37 A (b) 572 V, 330 A, 327 kVA, 57.2 A **3-6.** (a) 93.3 % (b) 1.75 Ω, 93.3 % (c) 0.0481 pu, 0.0481 pu, 0.0167 pu, 93.3 % **3-7.** (b) $57.7\angle -30°$ V, $28.9\angle -30°$ V, $16.7\angle -60°$ V (c) $4.82\angle -66.9°$ A **3-8.** (b) $57.7\angle -30°$ V, $28.9\angle 30°$ V, $16.7\angle 0°$ V (c) $4.82\angle -66.9°$ A **3-9.** (a) 320 Ω ‖ j387 Ω, 0.0972+j0.149 Ω (b) 229.8 V, 100.8 A (c) 220 W, 2,186 W, 92.3 % **3-11.** 1 pu, 0.0326 pu, 0.0072 pu, 0.0524 pu, 0.920 pu, 0.0102 pu, R_c: 139 pu, X_m: 31.4 pu, R_e: 0.0120 pu, X_e: 0.0556 pu **3-12.** (a) R_c: 162.2 pu, X_m: 24.5 pu, R_e: 0.0120 pu, X_e: 0.038 pu (b) 371.3 V, 205.5 kW (c) 370.7 V, 207.2 kW **3-13.** (a) 81.8–j39.6 A, 63.0–j55.6 A, 144.8–j95.1 A (b) 95.4 kW, 62.7 kVAR, 114.2 kVA, 173.5 A, 2.88 A, 0.836 **3-14.** 2.50 % **3-15.** (a) 152.4 A, 3.73 A, 2.88 A, 4.35 A (b) 107.4 kW **3-16.** (a) 2.61 Ω (b) 0.6 % (c) 21.7 pu, 3,297 A (d) 190 A, 1.09 pu **3-17.** $2S\cos(\delta/2)$, 9.6 %, 96.6 % **3-18.** 372 kVA **3-19.** 86.6 kVA, 52.0 kW, 69.3 kVAR, 6.0 kW, 49.6 kVAR, 46.0 kW, 19.6 kVAR **3-20.** (a) 4.61 %, 2.87 % (b) 362.5 V, 369.1 V, 365.8 V, 0.91 % **3-22.** 2,200/200 V–277.9/2,647 A, 1,905/200 V–277.9/2,647 A **3-23.** 312.9 A, 312.9 A, 262.4 A

4

전기기계적 에너지변환

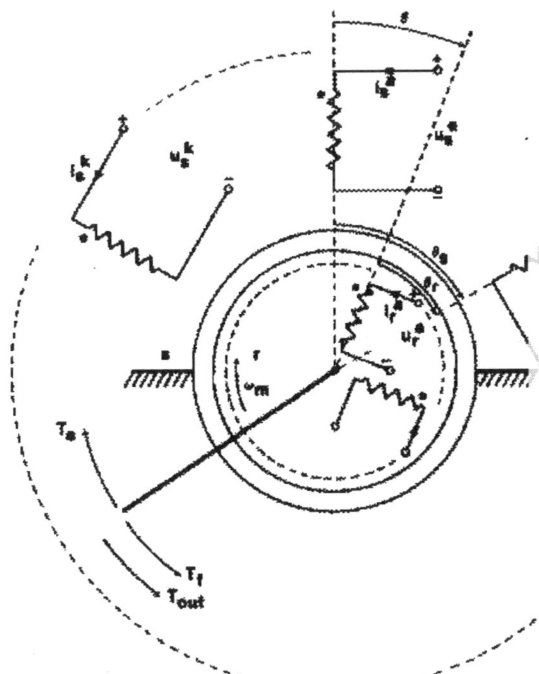

변압기와 마찬가지로 전동기와 발전기에서도 자기장을 매개로 하여 에너지 전달이 이루어진다. 그러나 움직임이 없는 변압기에서 코일 쇄교자속의 변화가 전적으로 교류 전류의 시간적 변화에 의해 일어나는 반면 회전기인 전동기와 발전기에서는 쇄교자속의 변화에 코일의 기계적 운동이 개입된다는 차이가 있다. 기계적 운동이 쇄교자속의 변화를 일으키기도 하고, 역으로 쇄교자속의 변화가 기계적 운동을 유발하기도 한다. 이러한 작용을 통해 기계적 에너지가 전기적 에너지로 변환되거나 전기적 에너지가 기계적 에너지로 변환되는 동작이 일어나며 이를 전기기계적 에너지변환이라 한다. 전기기계적 에너지변환에서 전기적 에너지를 결정하는 변수는 코일의 기전력과 전류이고 기계적 에너지를 결정하는 변수는 힘과 속도이다. 자기장 안에서 이들 전기적 변수와 기계적 변수들 사이의 관계는 플레밍의 왼손법칙과 오른손법칙으로 표현되며, 이들은 이후 다루게 될 모든 전기기계에 공통적으로 적용되는 전동작용과 발전작용을 나타낸다. 이 장에서 전동작용과 발전작용 사이의 상호작용을 통해 전기기계적 에너지변환이 일어나는 현상을 작용-반작용의 기본 물리법칙의 틀 안에서 이해해 보도록 한다.

4-1 전기기계적 에너지변환의 기본 동작

전자석의 코일에 전류가 흐르면 주변의 쇠붙이를 끌어당긴다. 이는 코일에 전류를 흐르게 하는 전기적 에너지가 이동하는 쇠붙이의 기계적 운동에너지로 변환되는 것을 보여준다. 한편 1-5절의 전자유도작용에서 보았듯이 코일 부근에서 자석을 움직이면 코일에 전류가 흐르는데, 이는 자석을 움직이는 데에 들어가는 기계적 에너지가 코일이 외부 회로로 방출하는 전기적 에너지로 변환되는 현상에 해당한다. 이처럼 전기적 에너지가 기계적 에너지로, 또는 기계적 에너지가 전기적 에너지로 변환되는 것을 **전기기계적 에너지변환**(electromechanical energy conversion)이라 부른다.

전동작용과 발전작용

그림 4-1은 이 두 동작이 일어나게 하는 작용, 즉 (1) 코일의 전류가 힘을 발생시키는 **전동작용**과 (2) 기계적 운동이 코일에 기전력을 발생시키는 **발전작용**을 나타내고 있다. 여기서 전기적 변수인 기전력과 전류를 기계적 힘과 운동의 관계에 빗대어 표현하면 기전력을 전기회로에 전류가 흐르도록 작용하는 '전기적 힘'으로, 전류를 이 전기적 힘이 작용한 결과 일어나는 '전기적 운동'으로 간주할 수 있다. 이렇게 보면 전동작용은 전기적 운동이 기계적 힘을 일으키는 현상, 발전작용은 기계적 운동이 전기적 힘을 일으키는 현상에 해당한다. 즉 전기나 기계 어느 한쪽의 운동이 다른 쪽에 힘을 유기하는 현상으로서, 이 두 작용이 전기기계적 에너지변환의 두 축을 이룬다.

전동기동작과 발전기동작

어떤 힘이 유기된다 해서 그것이 곧 에너지의 전달을 뜻하는 것은 아니다. 그림 4-1의 (a)에서 쇠붙이가 움직이지 못하게 묶여있는 상태라면 힘이 작용한다 해도 운동이 일어날 수 없으며, (b)에서 코일이 개방되어 있다면 기전력이 발생한다 해도 전류가 흐를 수 없다. 이처럼 기계적 또는 전기적

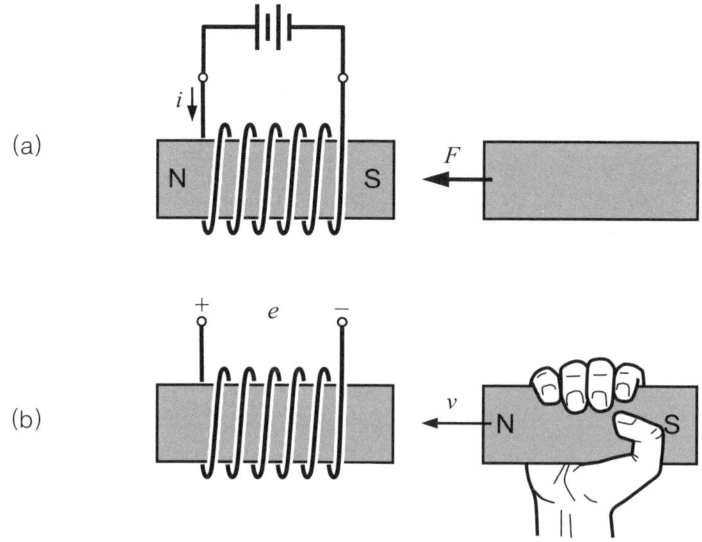

그림 4-1 전기기계적 에너지변환의 두 작용: (a) 전동작용 – 코일의 전류(전기적 운동)에 의해 기계적 힘이 발생한다. (b) 발전작용 – 기계적 운동에 의해 기전력(전기적 힘)이 유기된다.

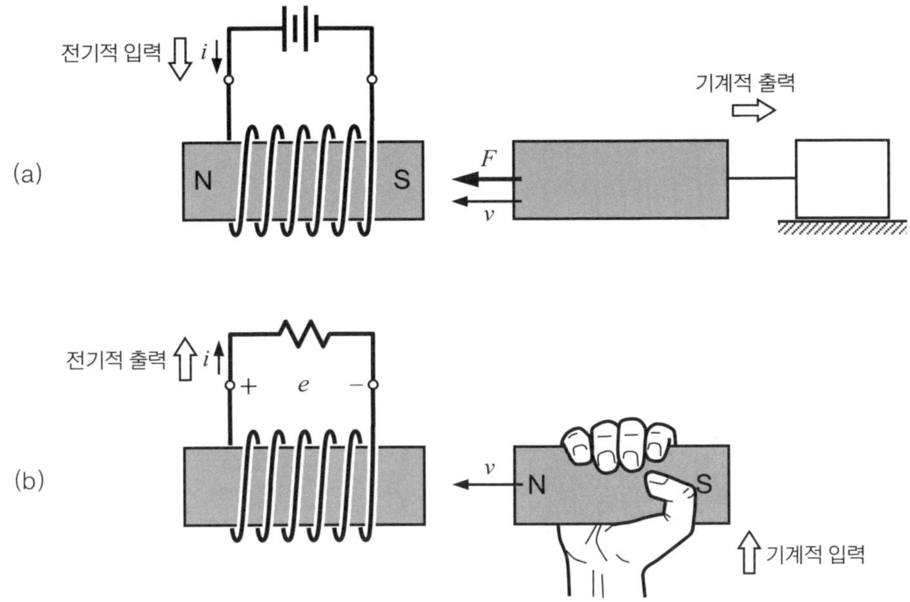

그림 4-2 전기기계적 에너지변환 동작: (a) 전동기동작 (b) 발전기동작

'힘'이 유기된다 해도 그 힘에 의해 '운동'이 일어날 수 없는 상태에서는 에너지가 전달될 수 없다. 따라서 에너지변환도 일어나지 않는다. 유기된 힘에 의해 기계적 운동이 일어났을 때, 그리고 유기된 기전력에 의해 전류가 흐르게 되었을 때 에너지변환이 일어나면서 에너지가 전달된다. 즉 어떤 '작용'의 결과로 실제 '동작'이 일어났을 때만 에너지변환이 이루어진다.

이하에서는 실제 동작이 일어나 에너지가 전달되는 상태를 전동작용, 발전작용과 구별하여 **전동기동작, 발전기동작**이라 부르기로 한다. 그림 4-2(a)는 전동작용으로 힘이 작용한 결과 쇠붙이가 끌려오는 전동기동작을 보여주고 있다. 쇠붙이가 끌려오면서 뒤에 매달린 물체의 저항을 받고 있다면 이 저항에도 불구하고 쇠붙이가 움직이는 데에 들어가는 기계적 에너지는 코일에 전류를 공급하는 전원으로부터 공급된 것이다. 그림 4-2(b)는 발전작용으로 기전력이 유기되었을 때 코일 외부에 폐회로가 구성되어 있어서 이를 통해 전류가 흐르는 발전기동작을 보여주고 있다. 코일이 외부 회로의 저항을 이겨내고 전류가 흐르게 하는 데에 들어가는 전기적 에너지는 자석을 움직이는 데에 투입되는 기계적 에너지가 변환된 것이다.

전기기계적 에너지변환에서 일어나는 작용과 반작용

기계측이나 전기측 어느 한쪽을 A라 하고 다른 쪽을 B라 하자. A측의 운동이 B측에 힘을 유기하여 그 결과 운동이 일어나면 A에서 B로 에너지가 전달된다. 이때 B측의 운동은 다시 A측에 힘을 유기한다. 여기서 처음에너지변환 동작이 일어나게 한 [A측 운동 → B측 힘] 을 작용이라고 하면 [B측 운동 → A측 힘] 은 반작용에 해당한다. 즉 어떤 작용에 의해 에너지전달이 일어나고 있을 때는 필연적으로 반작용이 따르게 된다.

그림 4-3(a)에 보인 전동기동작의 경우 쇠붙이가 전자석에 이끌려 다가오게 되면 자속이 지나는

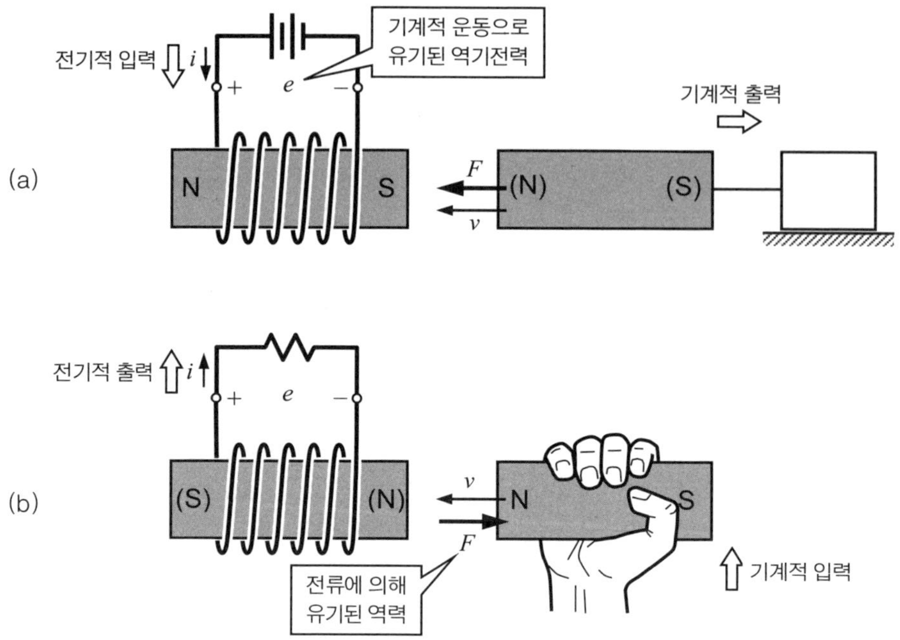

그림 4-3 전기기계적 에너지변환 동작에서 일어나는 반작용: (a) 전동기동작 (b) 발전기동작

경로의 자기저항이 줄어들고, 그 결과 자속이 증가한다. 자속의 변화는 코일에 기전력을 유기하는데, 이 기전력은 그림에 나타낸 것과 같이 코일로 흘러드는 전류에 맞서는 방향으로 나타난다. 이를 **역기전력**(counter emf)이라 부른다. 이때 쇠붙이는 코일의 자속에 의해 자화되어 그림에 나타낸 것과 같이 자극이 만들어진 상태로 끌려오는데, 코일에 유기되는 역기전력은 그와 같은 극성의 자석이 코일에 다가갈 때 일어나는 발전작용에 해당하는 것을 알 수 있다. 이는 전동작용의 결과로 운동이 일어났을 때 그 운동이 발전작용을 일으키고 있음을 보여준다. 이 역방향 기전력을 이겨내고 코일에 전류가 흐르게 하는 데에 들어가는 전력이 기계적으로 변환되는 에너지에 해당한다.

한편 그림 4-3(b)의 발전기동작에서는 자석의 움직임으로 유기된 기전력에 의해 흐르는 전류가 쇄교자속의 변화를 방해하는 방향의 기자력으로 작용한다. 따라서 철심에 그림에 나타낸 극성의 자극이 유기되고, 그 결과 다가오는 자석을 밀어내는 반발력이 작용한다. 이는 발전작용의 결과로 흐르는 전류가 전동작용을 일으키고 있음을 뜻한다. 자석을 반대 방향으로 움직인다면 전류의 방향이 바뀌면서 자석을 끌어당기는 힘이 작용하게 될 것이다. 이렇게 자석의 움직임을 방해하는 방향으로 작용하는 힘을 **역력**(counter force)이라 부른다. 이 역력을 이겨내고 자석을 움직이는 데에 투입되는 기계적 동력이 전기적으로 변환되는 에너지에 해당한다.

전기기계적 에너지변환은 어느 한쪽에서 다른 쪽으로 에너지가 전달되는 것이고, 에너지의 이동에는 필연적으로 반작용이 따르기 때문에 위에서 보듯이 **전기기계적 에너지변환이 이루어지고 있을 때는 전동작용과 발전작용이 항상 동시에 일어난다.** 전동작용으로 전동기동작이 일어나게 되었을 때는 발전작용이 반작용으로 나타나고, 발전작용으로 발전기동작이 일어나게 되었을 때는 전동작용이 반작용으로 나타난다. 두 작용은 동전의 앞뒷면처럼 분리될 수 없으며, 단지 어느 쪽이 능동적이고 어느 쪽이 수동적인지에 따라 에너지의 전달방향이 달라질 뿐이다.

이상 직선운동의 예를 들어 설명하였으나 실제의 전동기와 발전기에서 일어나는 현상도 이와 다르지 않다. 단 전동기동작과 발전기동작이 회전운동의 구조 안에서, 그리고 중단 없이 지속적으로 이루어질 수 있도록 만들어진다. 이를 구현하는 방법에 따라 여러 형태가 존재하지만 어떤 전기기계든 전류는 힘(회전력)을 유기하고 기계적 운동(회전운동)은 기전력을 유기하며, 이들이 작용과 반작용으로 항상 동시에 일어나면서 에너지변환이 이루어진다는 점에 있어서는 전적으로 같다.

4-2 기계적 운동과 동력

회전기기의 전기기계적 에너지변환 동작을 구체적으로 설명하기 전에 이후 전기기계의 서술에 필요한 역학의 기초 개념, 특히 회전운동과 관련된 개념들을 간략히 살펴보기로 한다.

속도와 각속도

고전역학에서 물체의 '상태'란 그 물체가 지니고 있는 에너지의 양을 뜻한다. 자유공간에서 물체의 에너지를 좌우하는 변수는 물체의 속도 v (m/sec)이다. 즉 속도가 물체의 상태를 나타낸다. 마찬가지로, 회전운동을 하고 있는 물체의 에너지는 회전속도에 좌우되므로 회전속도가 물체의 상태를 나타낸다. 회전속도의 기본적인 표현 방식은 **각속도**(angular speed)이다. 각속도는 ω 로 나타내고 단위는 rad/sec이다.[1] 온전한 한 바퀴가 2π rad이므로 $\omega = 2\pi$ rad/sec라면 1초에 한 바퀴씩 돌고 있음을 뜻한다. 일상적 표현에서는 각속도보다 초당 몇 바퀴(revolution per second, 즉 rev/sec)나 분당 몇 바퀴(revolution per minute, 즉 rev/min)로 나타내는 편이 더 알기 쉽다. 전기기계의 회전속도는 대개 이 분당 회전수로 나타내며 각속도와 구별하기 위해 통상 n 이나 N의 기호를 사용하고 단위는 간략히 rpm이라고 쓴다. 분당 회전수와 각속도 사이의 관계는

$$n = \frac{60}{2\pi}\omega \ \text{rev/min} \tag{4-1}$$

힘과 토크

힘(force)이란 어떤 물체의 움직임을 유발하는 작용, 좀 더 정확히는 **'물체의 운동상태를 변화시키는 작용'**을 말한다. 운동상태를 변화시킨다는 것은 속도를 변화시킨다는 뜻이다. 외부로부터 아무런 힘이 가해지지 않고 있을 때 물체는 일정한 운동상태를 유지한다. 즉 일정한 속도로 운동한다. 여기에 힘이 가해지면 속도에 변화가 생기는데, 속도가 변화하는 비율은 가속도 a (m/sec^2)로 표현되며, 아래와 같이 가해진 힘 F에 비례한다.

$$F = ma \tag{4-2}$$

여기서 비례상수 m은 물체의 관성모멘트(moment of inertia), 즉 속도의 변화에 저항하는 정도를 나타내고 kg 단위의 질량(mass)과 같다. 따라서 힘의 단위는 kg-m/sec^{2}이고, 간단히 N(Newton)으로 쓴다. 1N은 1kg의 물체를 1m/sec^{2}의 비율로 가속시키는 데에 필요한 힘을 말한다.

회전운동에서도 물체의 운동상태, 즉 회전속도의 변화는 힘의 작용에 의해 일어난다. 그러나 같은 힘이라도 회전체의 어느 지점에 가해지는지, 그리고 어느 방향으로 가해지는지에 따라 회전에

---

1 rad (radian)은 원호의 길이와 반지름 사이의 비율을 나타내는 무차원 수치이다. 따라서 rad/sec를 sec^{-1}로 쓰기도 한다.

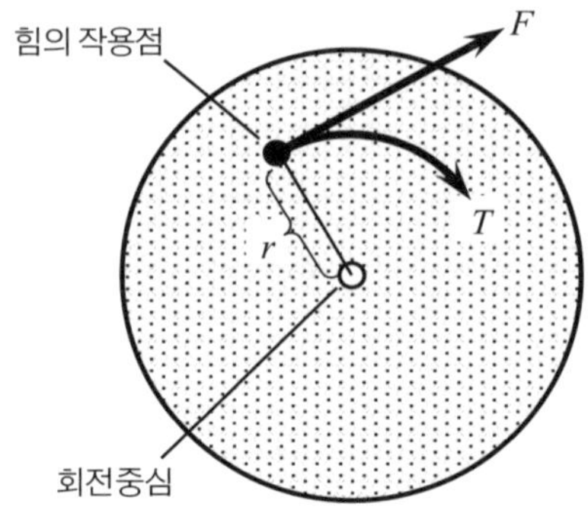

그림 4-4
회전체에 작용하는 힘과 토크

미치는 영향이 다르다. 어느 지점에서건 물체의 회전중심을 향하는 방향으로 힘을 가하면 아무런 영향도 끼칠 수 없으며, 회전운동의 접선 방향으로 힘을 가했을 때 가장 큰 회전력으로 작용한다. 그리고 중심에서 멀리 떨어진 지점에 가할수록 더 큰 회전력으로 작용한다. 이를 **토크**(torque)라 한다. 그림 4-4에서와 같이 회전 중심에서 r m 떨어진 곳에 회전 접선방향으로 F N의 힘을 가했을 때의 토크는 다음과 같이 표현된다.[2]

$$T = rF \tag{4-3}$$

토크의 단위는 N-m(기본 단위의 조합으로 나타내면 kg-m^2/sec^2)이다.

토크를 N-m 대신 kg-m 단위로 쓰는 경우가 흔히 있다. 이 경우 kg은 질량이 아닌 힘의 단위로서, 'kg중'이나 kgf(kilogram-force)로 쓰는 것이 바람직하다. 1 kgf란 질량이 1 kg인 물체를 지구가 끌어당기는 힘을 나타낸다. 어떤 물체가 중력에 의해 자유낙하할 때 가속도가 9.8 m/sec^2라는 사실은 식 (4-2)로부터 1 kg의 질량에 작용하는 힘이 9.8 N임을 뜻하며, 이것이 1 kgf이다. 그림 4-5에서 2리터 생수통에 작용하는 힘이 2 kgf이므로 이를 팔길이 50 cm인 사람이 팔을 쭉 편 상태에서 들고 있다면 어깨를 통해 느껴지는 토크가 1 kgf-m, 즉 대략 10 N-m에 해당한다.

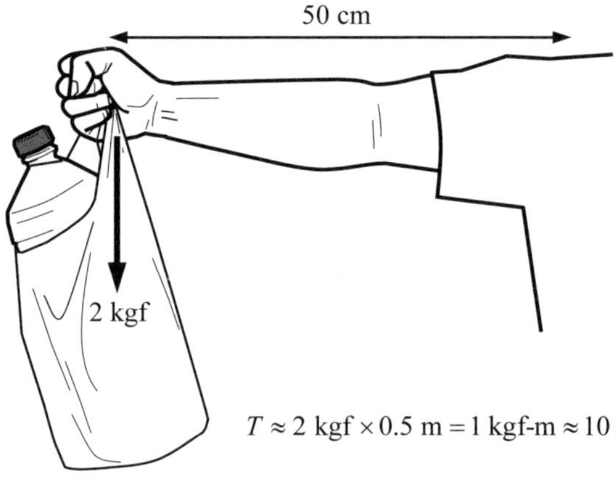

그림 4-5
토크의 실예

---

2 회전중심에 대한 힘의 작용점을 벡터 **r**로 나타냈을 때 토크의 일반적인 표현식은 $\mathbf{T} = \mathbf{r} \times \mathbf{F}$의 벡터곱으로 주어진다. 따라서 **r**과 **F** 사이의 각도를 θ라 하였을 때 토크의 크기는 $T = rF\sin\theta$이다. 이하에서 다루는 대부분의 전기기계에서 토크를 발생하는 힘은 $\theta = 90°$인 회전 접선 방향으로 작용한다.

회전관성모멘트

직선운동에서 힘에 가속도가 비례하는 것처럼 회전체에 가해진 토크와 회전속도의 변화율(각가속도) 사이에도 비례관계가 성립한다. 즉

$$T = J\frac{d\omega}{dt} \tag{4-4}$$

여기서 비례상수 J를 회전체의 **관성모멘트**(moment of inertia)라 한다. 회전체를 1 rad/sec²의 비율로 가속시키는 데 얼마나 큰 토크가 필요한지를 나타낸 것으로서, 단위는 N-m/(rad/sec²), 즉 N-m-sec²이고 간략화하면 kg-m²이다. 여기서도 N 대신 kgf를 써서 나타내기도 하는데, 1 kgf-m-sec²는 9.8 N-m-sec², 즉 9.8 kg-m²이다.

관성은 물체가 현재의 운동상태(속도나 각속도)를 그대로 유지하고자 하는 성질이 얼마나 강한지를 나타낸다. 무거운 물체일수록 관성이 큰데, 이는 주어진 속도에서 지니고 있는 운동에너지가 크기 때문에 웬만큼 에너지를 더하거나 빼내도 운동상태에 큰 변화가 일어나지 않기 때문이다. 운동에너지는 물체를 구성하는 작은 부분들의 운동에너지를 전부 더한 것으로, 직선운동에서는 모든 부분의 속도가 같으므로 전체 질량이 곧 관성을 나타낸다. 그러나 회전운동에서는 같은 질량이라도 물체의 형상에 따라, 그리고 같은 형상이라도 어떤 축을 중심으로 회전하느냐에 따라 관성모멘트가 달라진다. 회전중심에 가까운 부위는 속도가 낮고 멀리 떨어진 부위는 속도가 높기 때문에 전체 질량이 같다 해도 질량이 바깥쪽에 몰려 있는 회전체의 운동에너지가 더 크고, 그만큼 관성도 크다. 따라서 회전축을 따라 가늘고 긴 것보다 굵고 짧은 형상의 회전체가 더 큰 관성모멘트를 갖는다.

그림 4-6은 흔히 접할 수 있는 두 가지 원통형 회전체의 관성모멘트 표현식을 보여주고 있다. 둘의 질량이 같고 외경 역시 같다면 안이 비어있는 오른쪽 물체의 관성이 더 크다. 극단적으로 $r_0 \rightarrow r$ 이어서 모든 질량이 맨 바깥의 얇은 판에 몰려 있다면 $J = mr^2$이 된다. 이 값이 주어진 질량과 반경에서 얻을 수 있는 최대의 관성모멘트로서, 왼편과 같이 균일하게 꽉 찬 원통 형상에 비해 최대 2배까지 관성모멘트를 키울 수 있음을 알 수 있다.

한편 관성을 나타내는 데에 **플라이휠효과**(flywheel effect)라 불리는 값이 사용되기도 한다. 플라이휠은 회전체에 운동에너지를 저장하기 위한 장치로서, 주어진 재료의 양(m)과 크기(r)의 제약 안에서 가능한 한 최대의 관성을 갖도록 하기 위해 속이 빈 원통 형상으로 만들어진다. 따라서 플라

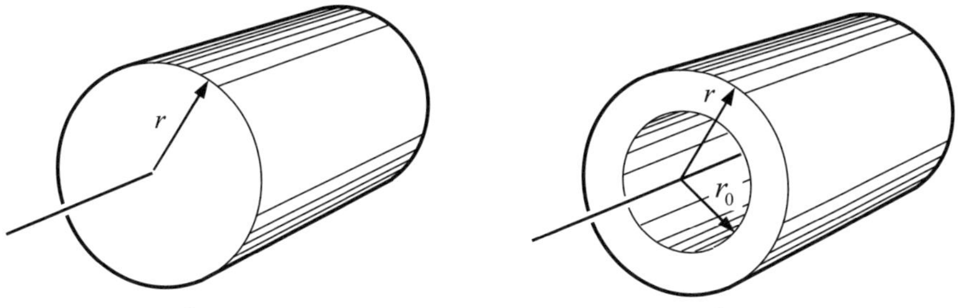

$J = \frac{1}{2}mr^2$ $\qquad$ $J = \frac{1}{2}m(r^2 + r_0^2)$

그림 4-6 원통형 회전체의 회전관성모멘트. m은 회전체의 전체 질량을 나타낸다.

이휠의 관성모멘트는 $J \approx mr^2$이다. 이러한 플라이휠의 성능을 나타내는 데에 관행적으로(재료의 양을 나타내는) 중량 G(kg)에 (외형의 크기를 나타내는) 직경 D(m)의 제곱을 곱한 GD^2의 수치를 사용해 왔다. 따라서 플라이휠의 GD^2 값은 관성모멘트와 아래의 관계를 갖는다.

$$GD^2 = 4J \tag{4-5}$$

플라이휠효과란 회전체의 관성을 어느 정도의 플라이휠에 해당하는지로 표현한 것이다. 예컨대 임의의 형상을 지닌 어떤 물체의 플라이휠효과(통상 GD^2의 수학적 표현식을 그대로 기호로 사용한다)가 200 kg-m^{2}이라고 한다면 이는 그 물체의 회전관성이 GD^2 = 200 kg-m^{2}인 플라이휠의 회전관성과 동등함을 뜻한다. 따라서 그 물체의 관성모멘트는 200 / 4 = 50 kg-m^2 이다.[3]

예제 4-1

GD^2이 5 kg-m^{2}인 회전체가 1,000 rpm의 속도로 회전하고 있다. 이 회전체에 5초 동안 회전 방향으로 3 kgf-m의 일정한 토크를 가하였다. 회전체의 최종 속도는 몇 rpm인가?

먼저 표준 단위로 환산하면

$$J = \frac{1}{4}GD^2 = 1.25 \text{ kg-m}^2$$

$$T = 3 \text{ kgf-m} = 29.4 \text{ N-m}$$

식(4-4)로부터

$$\frac{d\omega}{dt} = \frac{T}{J} = \frac{29.4}{1.25} = 23.52 \text{ rad/sec}^2$$

이렇게 일정한 속도 변화율이 5초간 지속되었으므로 속도의 변화량은

$$5 \text{ sec} \times 23.52 \text{ rad/sec}^2 = 117.6 \text{ rad/sec}$$

이는 식(4-1)에 의해 1,123 rpm에 해당한다. 따라서 최종 속도는

$$n = 1{,}000 + 1{,}123 = 2{,}123 \text{ rpm}$$

운동에너지와 동력

관성모멘트와 각속도의 정의를 사용하면 회전체의 운동에너지는 직선운동을 하는 물체의 운동에너지와 같은 형태로 표현된다. 에너지의 단위는 J(Joule)이다.

$$\text{직선운동: } W = \frac{1}{2}mv^2 \tag{4-6a}$$

$$\text{회전운동: } W = \frac{1}{2}J\omega^2 \tag{4-6b}$$

속도 또는 회전속도가 변하면 물체의 운동에너지가 변한다. 따라서 어떤 대상에 힘이나 토크를 가해 속도를 변화시키는 것은 운동에너지를 변화시키는 작용, 즉 물체에 에너지를 더하거나 물체

[3] GD^2과 J는 수치는 다르지만 단위는 둘 다 kg-m^{2}이다. 이처럼 양쪽의 단위가 같긴 하지만 GD^2을 J처럼 N-m-sec^2 단위로 표현하지는 않는다. 이는 물리적 차원 관점에서 틀렸다 할 수 없을지는 모르나 이를테면 "사람 두 개"나 "커피 다섯 마리"라고 하는 것처럼 난센스이다. 한편 J와 GD^2 사이의 관계를 $GD^2 = 4gJ$로 표현하는 경우가 있는데, 이는 J가 kg-m^2 나 N-m-sec^{2}가 아닌 kgf-m-sec^2 단위로 표현된 수치일 경우에만 적용되는 관계임에 유의하라.

회전관성의 표현방식 – J, Wk², GD²

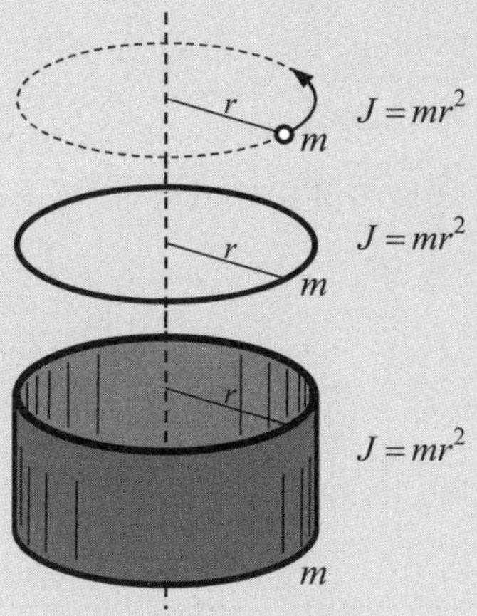

왼편 그림에서 질량이 한 지점에 몰려있건, 링 모양을 만들고 있건, 실린더 면에 퍼져 있건 모든 부분이 같은 속도로 움직이기 때문에 이들의 회전관성은 모두 같다.

이 표현식을 빌어 J를 Wk^2라 부르기도 한다. 이렇게 표현할 경우 W는 물체의 무게(Weight), k는 등가선회반경(radius of gyration: RG)의 의미를 갖는다. 100 kg인 물체의 회전관성모멘트가 400 kg-m²라면 이 물체의 k는 2 m이다. 이는 그 물체의 질량 전부가 회전중심에서 2 m 떨어진 위치에 집중된 점이나 링, 원통과 같은 회전관성을 지니고 있음을 뜻한다. 예를 들어 그림 4-6에 보인 두 회전체의 등가선회반경은 각각 $k = r/\sqrt{2}$, $k = \sqrt{(r^2 + r_0^2)/2}$ 이다.

무게가 정해져 있는 경우, 회전관성은 물체의 형상에 좌우된다. k, 혹은 RG값은 볼링공이나 역기 등 무게가 정해져 있는 것들끼리 회전관성을 비교하는 데 사용된다. k가 클수록 회전관성이 큰 형상이나 구조로 만들어져 있음을 뜻한다. 예를 들어 볼링공은 같은 무게라도 다양한 회전관성을 선택할 수 있는데, 안에 박혀있는 쇠심의 형상에 따라 다양한 RG값을 갖는다.

에너지를 회전운동에너지 형태로 저장하는 데에 사용되는 플라이휠은 가급적 적은 재료로 최대의 관성을 얻기 위해 바깥쪽에 모든 질량이 쏠리도록 실린더 형상으로 만들어진다. 따라서 등가선회반경이 실제 반경과 거의 일치한다.

플라이휠처럼 **형상이 정해져 있는 경우**에는 무게와 크기가 관성을 결정한다. 따라서 같은 형상의 플라이휠끼리 성능을 비교하기 위한 수단으로 무게에 직경의 제곱을 곱한 GD^2의 수치가 사용되어 왔다. (반경 아닌 직경을 쓴 것은 직경이 장치의 크기를 직접적으로 나타낸다는 점, 또 측정이 편하다는 점 때문이다.) 예컨대 100kg으로 직경 4m로 만들어진 플라이휠과 1,600kg을 들여 직경 1m로 만들어진 플라이휠의 GD^2은 모두 1,600 kg-m²로, 동등한 성능을 갖는다.

로부터 에너지를 빼앗는 작용을 한다. 이때 에너지가 이동하는 비율, 즉 에너지의 변화율을 **동력**(power)이라 한다. 동력은 P 의 기호로 나타내고 단위는 J/sec, 혹은 간략히 W(Watt)로 쓴다.

직선운동의 경우 운동에너지가 변했을 때 그 변화율은

$$P = \frac{d}{dt}\left(\frac{1}{2}mv^2\right) = mv\frac{dv}{dt}$$

$dv / dt = a$ 이므로 식 (4-2)를 적용하면 직선운동에서 동력이 다음과 같이 표현된다.

$$P = Fv \tag{4-7}$$

마찬가지로 회전체에서의 동력은 아래와 같이 표현된다.

$$P = T\omega \tag{4-8}$$

기계적 동력에는 J/sec 대신 흔히 마력(hp)이 사용된다(1 hp = 746 J/sec).

예제 4-2

어떤 전동기가 10 kgf-m의 토크로 부하를 회전시키고 있다. 회전속도는 1,800 rpm이다. 전동기의 효율이 90 %라 할 때 전동기에 입력되는 전력은 얼마인가? 그리고 이 상태에서 전동기가 과열되지 않고 운전하려면 전동기의 마력수는 최소 얼마여야 하는가?

전동기의 토크와 회전속도를 표준 단위로 쓰면

$$T = 10 \text{ kgf-m} = 98 \text{ N-m}$$

$$\omega = \frac{2\pi}{60} \times 1{,}800 = 188.5 \text{ rad/sec}$$

따라서 부하로 전달되는 동력은

$$P = T\omega = 98 \times 188.5 = 18.5 \text{ kJ/sec}$$

이때 전동기 입력은

$$P_{in} = \frac{18.5\text{k}}{0.9} = 20.5 \text{ kW}$$

전동기의 마력수는 **전동기의 사용자가 전동기로부터 얻을 수 있는 최대의 동력**을 말한다. 따라서 전동기의 입력이 아닌 출력이 마력수의 기준이 된다.

$$\text{전동기의 용량} = \frac{18.5\text{k}}{746} = 24.8 \text{ hp}$$

기계적 평형과 동력전달

에너지의 이동을 일으키는 어떤 작용이 가해지면 항상 그에 대항하는 반작용이 일어나며, 과도상태를 거쳐 작용과 반작용이 평형을 이루는 정상상태에 도달한다. 예를 들어 그림 4-7에서 자동차가 스프링을 밀 때, 스프링이 수축하면서 차가 가하는 힘 F (작용)에 반대 방향으로 차에게 F_c 의 힘(반작용)이 가해지며, F_c 가 F 와 같아지는 지점에서 평형을 유지하게 된다. 여기서 스프링이 수축되는 과도기간 중에는 에너지가 전달되지만 평형에 이르면 더 이상 에너지가 전달되지 않는다. F_c 가 스프링이 수축된 길이, 즉 위치에 의해 결정되므로 여기서 F_c 가 F 와 같아지는 평형상태란 곧 '어떤 위치에 도달한 상태'로서, 그 위치가 더 이상 변하지 않는다는 ($v = 0$) 뜻이므로 $Fv = 0$ 이다.

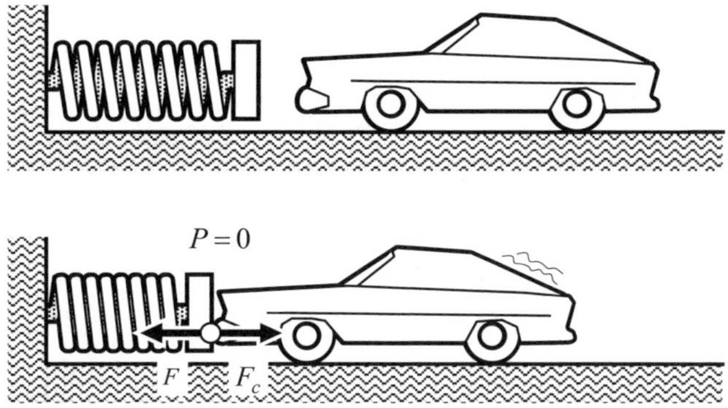

그림 4-7 작용과 반작용의 정적인 평형

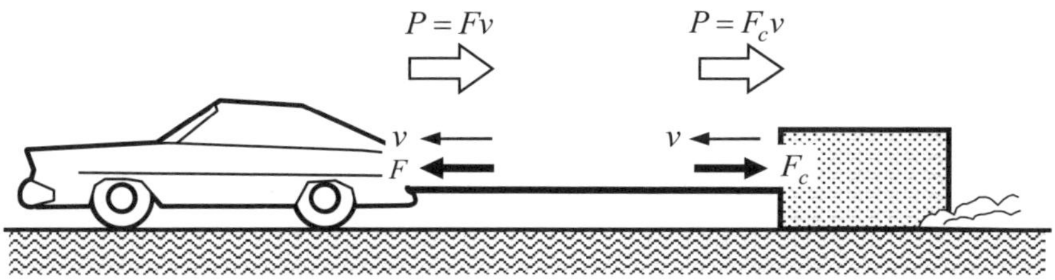

그림 4-8 동적인 평형상태 (수동적인 부하)

그러나 평형상태가 곧 에너지의 전달이 멈춘 상태를 뜻하는 것은 아니다. 평형상태라 해도 $v \neq 0$ 이면 에너지 전달이 일어날 수 있다. 그림 4-8을 보면 자동차의 힘 F에 짐이 끌려가면서 바닥의 마찰로 운동 반대 방향의 힘 F_c가 나타난다. 처음 F_c가 F에 미치지 못할 때 물체는 F 방향으로 가속되지만 어떤 속도에 이르러 F_c가 F와 같아지면 더 이상 속도의 변화가 없는 평형상태가 된다. F_c가 속도에 의해 결정되므로 이 경우의 평형상태란 '어떤 속도에 도달한 상태'를 말한다. 따라서 $v \neq 0$ 이며, 이때 자동차가 전달하는 동력 Fv 가 짐이 흡수하는 동력 $F_c v$ 와 같고 이는 짐이 끌려가면서 마찰로 소모되는 에너지에 해당한다. 이렇게 움직이면서 작용과 반작용이 평형을 이루고 있을 때는 지속적인 에너지 전달이 이루어진다. 따라서 그림 4-7을 정적 평형, 4-8을 동적 평형이라 한다.

다른 예로 그림 4-9의 왼편 그림처럼 자동차로 짐을 끌어올리는 경우에는 짐에 작용하는 중력에 의해 발생하는 힘 F_c가 속도에 상관 없이 일정하다. 이보다 자동차의 F가 더 크면 짐은 위쪽으로 가속된다. 여기서 자동차의 힘을 적절히 줄여 $F = F_c$ 가 되게 한다면 일정한 속도를 유지하면서 짐을 끌어올리게 될 것이다. 이때 자동차는 일정한 동력을 공급하며, 공급된 에너지는 짐의 위치에너지로 저장된다. 오른편 그림처럼 자동차가 뒤로 끌려가고 있을 때라 해도 끌려가는 속도가 일정하다면 $F = F_c$ 이며, 이 경우에는 짐의 위치에너지가 자동차 쪽으로 전달된다. 두 경우 모두 에너지가 지속적으로 전달되는 동적 평형상태이다.

그림 4-8과 그림 4-9가 다른 점은 그림 4-8의 짐이 자동차의 작용에 대한 반작용으로서만 힘을 발생시키는 수동적인 부하인데 반해 그림 4-9에서는 자체적으로 힘을 발생시키는 능동적 부하라는 데에 있다. 수동적인 부하는 스스로 힘을 만들어내지 않기 때문에 운동이 구동원에 의해서만 일어나

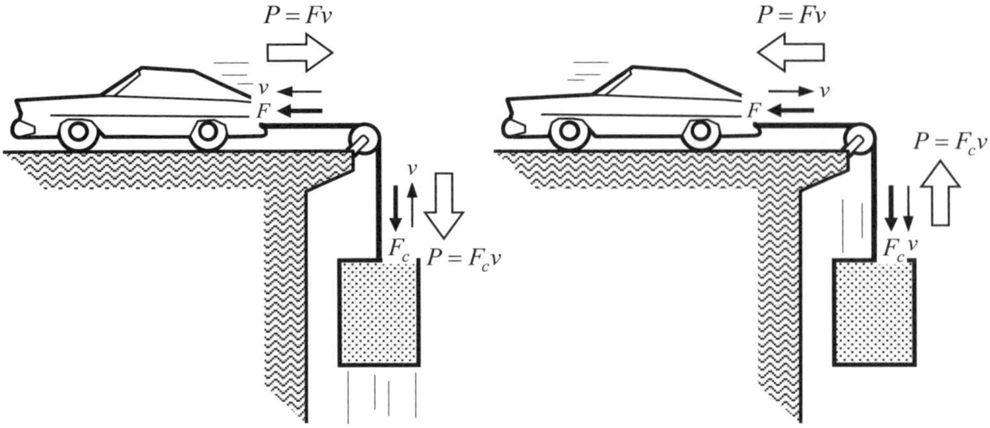

그림 4-9 동적인 평형상태 (능동적인 부하)

고, 항상 구동원에서 부하 쪽으로, 즉 한 방향으로만 에너지가 전달된다. 반면에 능동적 부하는 스스로 운동을 일으켜 에너지를 방출할 수 있으므로 에너지의 전달이 반대 방향으로 일어날 수도 있다.

요컨대 두 운동체 사이에 동적 평형이 이루어졌을 때 일정한 속도로 운동하면서 일정한 크기의 동력이 전달된다. 이때 에너지 전달방향은 운동방향에 따라 달라진다. 즉

1. 물체가 다른 물체에 가하는 힘과 운동방향이 일치하면 물체는 에너지를 방출한다.
2. 물체가 다른 물체에 가하는 힘과 운동방향이 반대이면 물체는 에너지를 흡수한다.

어떤 물체가 힘을 가하는 것은 그 힘의 방향으로 움직이려 하는 것이다. 그 결과 자신이 가하는 힘의 방향으로 움직이고 있다면 그 물체는 일을 하는 상태로서, 에너지를 방출한다. 그러나 자신이 가하는 힘의 반대쪽으로 움직이고 있다면 다른 물체에 의해 끌려가는, 에너지를 흡수하는 상태가 된다. (이러한 맥락에서 $P = Fv$ 의 식에서 F 가 '물체가 발생하는 힘'을 나타낸다고 했을 때 v 와 F 의 기준방향이 같은 방향으로 정의되어 있다면 P 는 그 물체가 '외부로 전달하는' 동력을 뜻한다. 만일 v 와 F 의 방향이 서로 반대로 정의되어 있다면 P 는 '외부에서 물체로 전달되는' 동력을 나타낸다.)

회전운동에서 일어나는 동력전달도 마찬가지이다. 어떤 전동기가 부하를 구동하고 있을 때, **일정한 각속도로 회전하는 정상상태에서는 부하가 발생하는 토크와 전동기가 발생하는 토크가 항상**

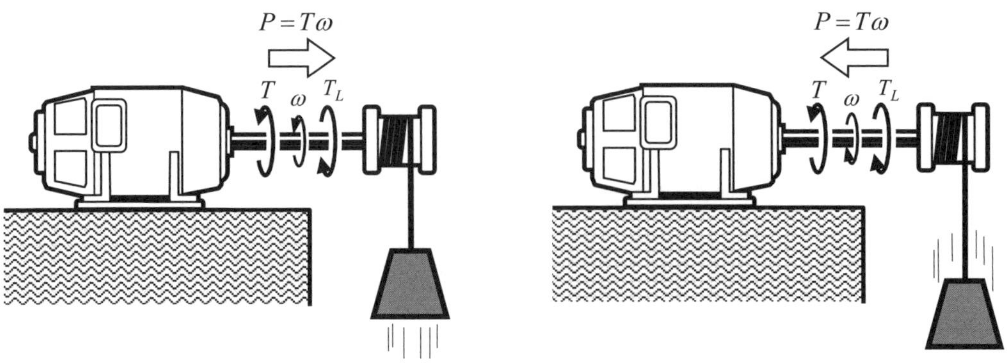

그림 4-10 회전기의 동력전달

반대방향이면서 같은 크기로 기계적 평형을 이룬다. 이때 부하가 수동적인 부하라면 항상 전동기에서 부하 쪽으로만 동력이 전달될 것이고, 그림 4-10과 같이 능동적인 부하일 경우에는 회전방향이 전동기의 토크 방향과 같을 수도 있고 반대일 수도 있다. 축이 전동기의 토크가 작용하는 방향으로 회전하고 있다면 기계적 에너지가 전동기에서 부하 쪽으로 전달되지만 반대 방향으로 회전하고 있다면 부하에서 전동기 쪽으로 에너지가 전달된다.

예제 4-3

그림 4-10의 전동기가 500 kg의 짐을 12초 동안에 30 m 높이로 끌어올렸다. 이때의 동력은 몇 마력에 해당하는가? 그 과정에서 전동기가 200 rpm으로 회전하였다면 전동기의 토크는 얼마인가?

중력에 의해 짐에 작용하는 힘은

$$F = 9.8 \times 500 = 4,900 \text{ N}$$

짐이 이동한 속도는 평균적으로

$$v = \frac{30}{12} = 2.5 \text{ m/sec}$$

따라서 전동기에서 짐으로 전달된 동력은

$$P = Fv = 4,900 \times 2.5 = 12,250 \text{ W} = 16.4 \text{ hp}$$

이때 주어진 회전속도에서 전동기의 토크는 $P = T\omega$ 의 관계로부터 아래와 같이 계산된다.

$$T = \frac{P}{\omega} = \frac{12,250}{200 \times 2\pi / 60} = 585 \text{ N-m}$$

4-3 플레밍의 법칙

4-1절에서 설명하였듯이 전기기계에서 전류가 힘(토크)을 발생하는 전동작용과 기계적 운동(회전운동)이 기전력을 유기하는 발전작용은 자기장을 매개로 하여 일어난다. 그림 4-11은 전기기계에서 일어나는 전기적 변수와 자기장 사이의 상호작용, 그리고 기계적 변수와 자기장 사이의 상호작용을 나타내고 있다. 전기적 변수들과 자기장 사이의 상호작용은 전류가 자속을 만들어내는 현상($i \to \phi$), 그리고 자속의 변화가 코일에 기전력을 유기하는 현상($e \leftarrow d\phi / dt$)을 말한다. 기계적 변수와 자기장 사이의 상호작용은 자석이 쇠붙이나 다른 자석에 힘을 유기하는 현상($\phi \to F$)과

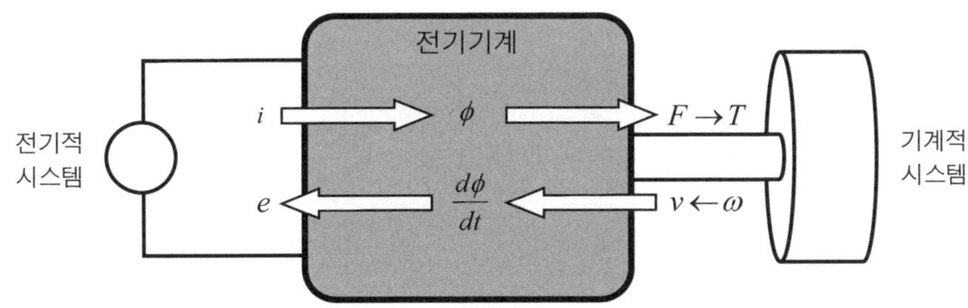

그림 4-11 전기적 변수와 기계적 변수 및 이들 사이를 중개하는 자속 사이의 상관관계

기계적 운동이 자기회로를 변형시켜 자기장의 변화를 일으키는 현상($d\phi / dt \leftarrow v$)을 말한다. 이들로부터 전동작용과 발전작용을 요약하면

1. 전동작용: 코일의 전류가 자기장을 만들고, 자기장에 의해 힘이 발생한다.
   ($i \rightarrow \phi \rightarrow F$)
2. 발전작용: 기계적 운동이 자기장을 변화시키고, 자기장의 변화로 기전력이 유기된다.
   ($e \leftarrow d\phi / dt \leftarrow v$)

이 두 작용을 최대한 단순화시켜 정제된 형태로 표현한 것이 **플레밍의 법칙**이다.

자기장 안에서 이동하는 도체에 유기되는 기전력 (발전작용)

그림 4-12에서 보듯이 균일한 자속밀도의 자기장 안에 도체가 놓여 있다고 하자. 도체가 자신의 길이에 수직 방향으로 자속을 가로질러 가면(이를 흔히 도체가 자속을 '끊고 지나간다'라고 말한다) 도체에 아래의 식으로 표현되는 기전력이 유기된다.

$$\mathbf{e} = l(\mathbf{v} \times \mathbf{B}) \tag{4-9}$$

l 은 도체의 길이(자기장 안에 놓여 있는 부분의 길이), $\mathbf{B}$ 는 자속밀도의 크기와 방향을 나타내는 벡터, $\mathbf{v}$ 는 **자기장에 대한 도체의 상대속도**를 나타내는 벡터이다.

식 (4-9)로 표현된 유기기전력의 크기는 다음과 같다.

$$e = lBv \tag{4-10}$$

여기서 v 는 자속에 직각이면서 동시에 도체의 길이 방향에 직각인 속도 성분의 크기를 나타낸다. 기전력의 방향은 그림 4-12에 보인 것과 같이 식 (4-9)의 벡터곱에 적용되는 오른손 법칙으로 결정된다. 또는 그림 4-13에서와 같이 오른손의 세 손가락으로 결정할 수도 있으며, 이를 **플레밍의 오른손법칙**이라 부른다. 기전력의 방향이란 그 방향으로 전류가 흐르게 하려는 힘이 작용한다는 뜻이다. 따라서 기전력이 유기되는 도체의 양단에 외부 회로를 연결하여 폐회로가 만들어지면 기전력 화살표의 머리 쪽에서 전류가 흘러나와 외부 회로를 거쳐 꼬리 쪽으로 흘러 들어가게 된다. 이는 외부에서 보았을 때 화살표의 머리 쪽이 양, 꼬리 쪽이 음인 극성으로 기전력이 나타남을 뜻한다.

이처럼 운동하는 도체에 기전력이 유기되는 현상을 패러데이의 법칙으로도 설명할 수 있다. 그림 4-14와 같이 도체 양단이 점선으로 표시된 가상의 루프로 연결되어 있다고 가정하자. 도체가 오른편으로 이동하면 루프를 쇄교하는 자속의 양이 변하게 되는데, dt 동안 도체가 이동하면서 줄어드는

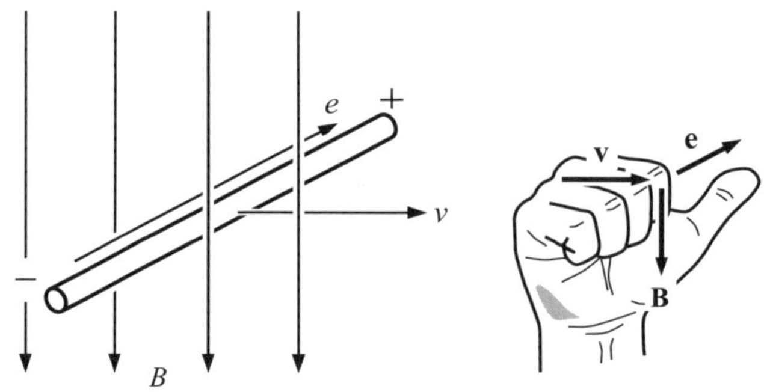

그림 4-12 자기장 안에서 도체가 이동하면 기전력이 유기된다.

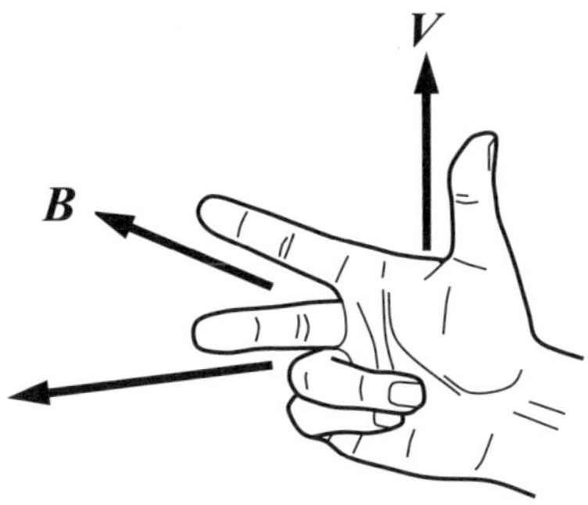

그림 4-13
플레밍의 오른손 법칙

루프의 면적에 해당하는 자속이 $d\phi = lBvdt$로 표현되므로

$$\frac{d\phi}{dt} = lBv \tag{4-11}$$

패러데이 법칙에서 위의 식은 곧 루프에 유기되는 기전력의 크기로서, 식 (4-10)과 동일함을 알 수 있다. 이때 기전력의 방향은 렌쯔의 법칙으로 결정된다. 도체가 이동하면서 루프를 아래 방향으로 쇄교하는 자속의 양이 줄어들고 있으므로 쇄교자속을 이전과 같이 유지하기 위해 시계방향으로 전류를 흐르게 하려는 기전력이 나타난다. 이는 그림 4-12에서와 같은 방향으로 기전력이 유기됨을 말해준다.(가상의 루프를 도체 뒤쪽에 설정하여도 결과는 마찬가지이다.)

1장에서 패러데이의 법칙을 설명하기 위해 예로 들었던 그림 1-21에서는 코일이 가만히 있고 자기장이 변하는 반면 그림 4-14에서는 자기장이 가만히 있고 도체의 이동으로 쇄교자속이 변한다는 차이가 있다. 식 (1-9)로 표현되는 패러데이법칙은 단지 쇄교자속의 변화율과 기전력 사이의 관계를 나타낼 뿐, 쇄교자속이 변하는 원인을 구분하지 않는다. 만일 코일에 유기되는 기전력이 어떤 원인에서 비롯되었는지를 구분해서 말하고자 한다면 자기장의 시간적 변화로 유기된 기전력을 **변압기기전력**(transformer emf)이라 하고 여기서처럼 도체의 운동으로 유기되는 기전력을 **속도기전력**(speed emf)이라 부른다. 요컨대 **플레밍의 오른손법칙이란 패러데이의 법칙으로 표현되는 유도기전력 중 속도기전력에 해당하는 현상을 나타낸다.**

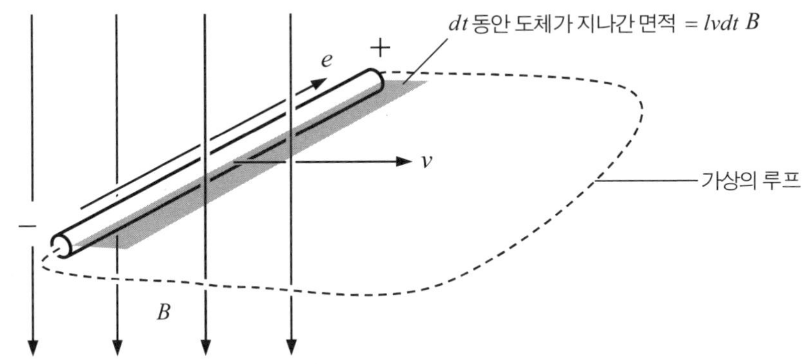

그림 4-14 패러데이 법칙과 렌쯔의 법칙에 의한 유기기전력의 설명

자기장 안에서 전류가 흐르는 도체에 작용하는 힘 (전동작용)

그림 4-15에 보인 것과 같이 자기장 안에 놓인 도체에 전류가 흐르면 도체가 움직이려 하는 힘이 유기된다. 그 힘을 나타내는 벡터는 아래의 식으로 표현된다.

$$\mathbf{f} = l(\mathbf{i} \times \mathbf{B}) \tag{4-12}$$

여기서 $\mathbf{i}$ 는 도체를 따라 흐르는 전류를 벡터 형식으로 나타낸 것이다.[4]

도체와 자기장이 직각을 이루고 있는 경우 유기되는 힘의 크기는

$$f = lBi \tag{4-13}$$

이때 힘의 방향은 식 (4-12)의 벡터곱에서 오른손의 법칙에 의해 결정된다. 혹은 그림 4-16에서와 같이 왼손의 세 손가락을 사용하여 결정할 수도 있다. 이를 **플레밍의 왼손 법칙**이라 부른다.[5]

그림 4-17(a)는 도체에 유기되는 힘의 이유를 설명해주고 있다. 도체에 전류가 흐르면 주위에 자기력선이 만들어져 주위의 자기장에 중첩된다. 그 결과 도체 왼편에서는 자속밀도가 같은 방향으로

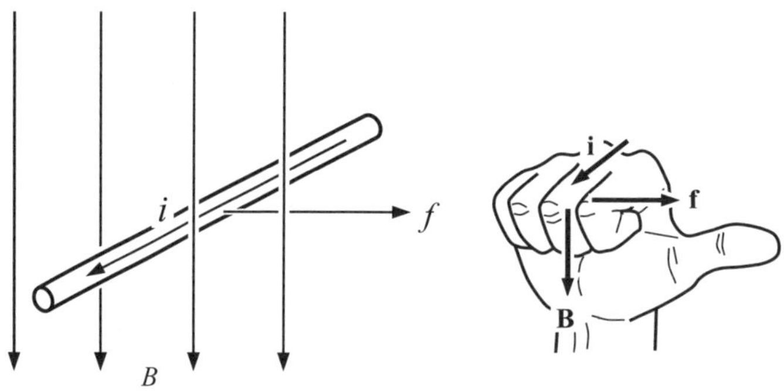

그림 4-15 자기장 안에서 전류가 흐르면 힘이 발생한다.

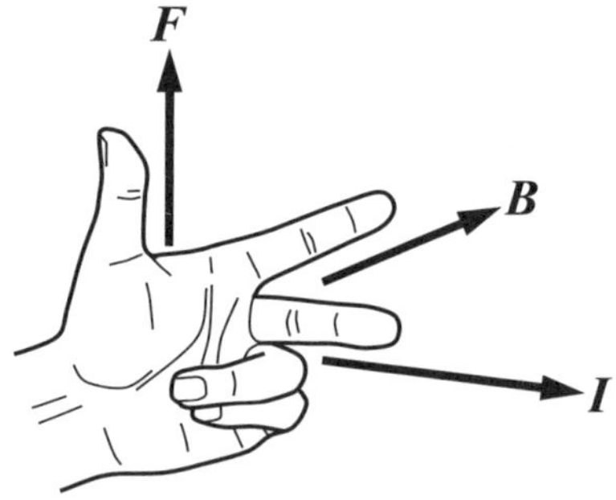

그림 4-16
플레밍의 왼손법칙

[4] 대부분의 서적에서는 전류의 방향에 해당하는 도체의 길이를 벡터로 취하여 $\mathbf{f} = i(\mathbf{l} \times \mathbf{B})$로 쓰고 있다. 그러나 이 책에서는 식 (4-9)와 형태상 일관성을 갖도록 전류를 벡터로 취하는 표현 방식을 사용하도록 한다.

[5] 그림 4-12와 4-15에서 기전력과 힘의 방향을 결정할 때 벡터곱 표현식을 알고 있다면 벡터곱의 오른손 법칙만 일관되게 적용할 수 있으므로 혼동하기 쉬운 플레밍의 왼손법칙과 오른손법칙을 암기하고 있을 필요가 없다. 그러나 굳이 플레밍의 법칙을 사용하고자 한다면 오른손이건 왼손이건 튼튼한 엄지가 기계적 변수(속도 또는 힘), 반대편의 중지가 전기적 변수(기전력 또는 전류), 그리고 이들 사이의 검지가 기계적 변수와 전기적 변수 사이를 매개하는 자기장을 나타내는 것으로 생각하라.

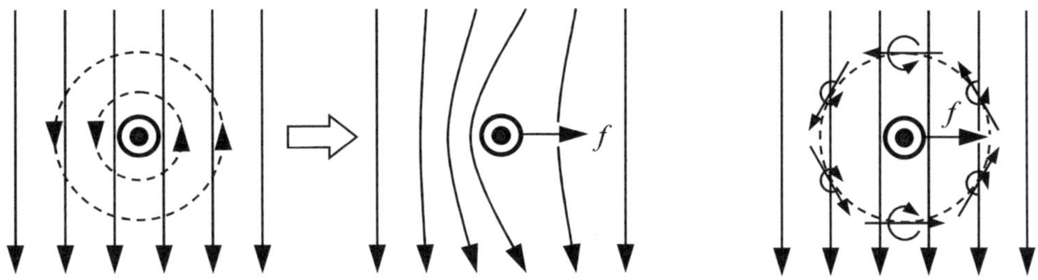

그림 4-17 전류가 흐르는 도체에 작용하는 힘의 원인

더해지고 오른편에서는 상쇄되어 좌우로 자속밀도의 차이가 생기면서 자기력선이 왜곡된다. 자기력선은 가능한 한 최단경로로 진행하려는 성질이 있으므로 도체를 오른편으로 밀어내는 힘이 작용한다. 이는 마치 흐르는 물에 장애물이 있을 때 유량이 많은 쪽에서 유량이 적은 쪽으로 미는 힘이 작용하는 것과 유사하다. 혹은 그림 (b)와 같이 자기력선 사이의 상호작용을 통해 설명할 수도 있다. 전류에 의해 도체 주위에 원형 자기력선이 형성되는데, 이 자기력선을 주위의 자기장 방향에 일치시키려는 힘이 작용한다. 반시계방향으로 진행하는 원형 자기력선에 도체의 위쪽에서는 반시계방향으로, 아래쪽에서는 시계방향으로 힘이 작용하고, 이들이 합성되면 상하방향의 힘은 상쇄되지만 좌우방향으로는 더해져 전체적으로 도체를 오른쪽으로 미는 힘이 나타나게 되는 것을 알 수 있다.

4-4 전기기계적 에너지변환 동작

4-1절에서 설명하였듯이 실제 전기기계에서 에너지변환 동작이 이루어지고 있을 때 위의 발전작용과 전동작용은 동전의 앞뒷면처럼 항상 동시에 일어나며, 서로 작용과 반작용의 관계를 갖게 된다. 이를 개별 도체의 에너지변환동작에서 살펴보기로 한다.

발전기 동작

그림 4-18에 보인 자기장 안에서 도체를 움직이는 경우를 다시 생각해 보도록 한다. 자기장은 지면 쪽으로 들어가는 방향인 것으로 한다. 도체에 외부에서 f_{app} 의 방향으로 힘이 가해져 오른쪽으로 이동하면 식 (4-10)의 기전력이 위쪽 방향으로 유기된다. 이 기전력을 e_{ind} 라 쓰기로 한다. 그림에서처럼 도체 양단이 외부 회로를 통해 연결되어 있다면 유기기전력의 방향으로 전류 i 가 흐르게 될 것이다. 그 결과 식 (4-13)에 의해 도체에 힘이 유기된다. 이 힘을 f_{ind} 라 하자. 그림에서 확인할 수 있듯이 도체에 유기된 힘은 도체의 움직임에 반대인 방향, 즉 외부에서 가해진 힘에 반항하는 역력으로 작용한다. 역력은 도체에 가해진 외력의 작용에 대한 반작용이다.

도체가 일정한 속도로 이동하고 있다면 외력 f_{app} 와 역력 f_{ind} 가 같아져 평형을 이루고 있음을 뜻한다. 만일 그 상태에서 외력이 더 커진다면 도체는 가속되고, 이에 따라 기전력이 커지면서 전류가 증가하여 역력이 외력과 다시 같아질 때까지 속도가 올라간다. 반대로 외력이 줄어들어 역력보다 작아지면 속도가 떨어지고, 이에 따라 기전력이 작아지면서 전류가 줄어들어 다시 두 힘이 평형을 이루는 속도에 이르게 된다. 이렇게 외부 힘의 증감에 대응해 역력도 따라 변화하며, 작용과 반작용

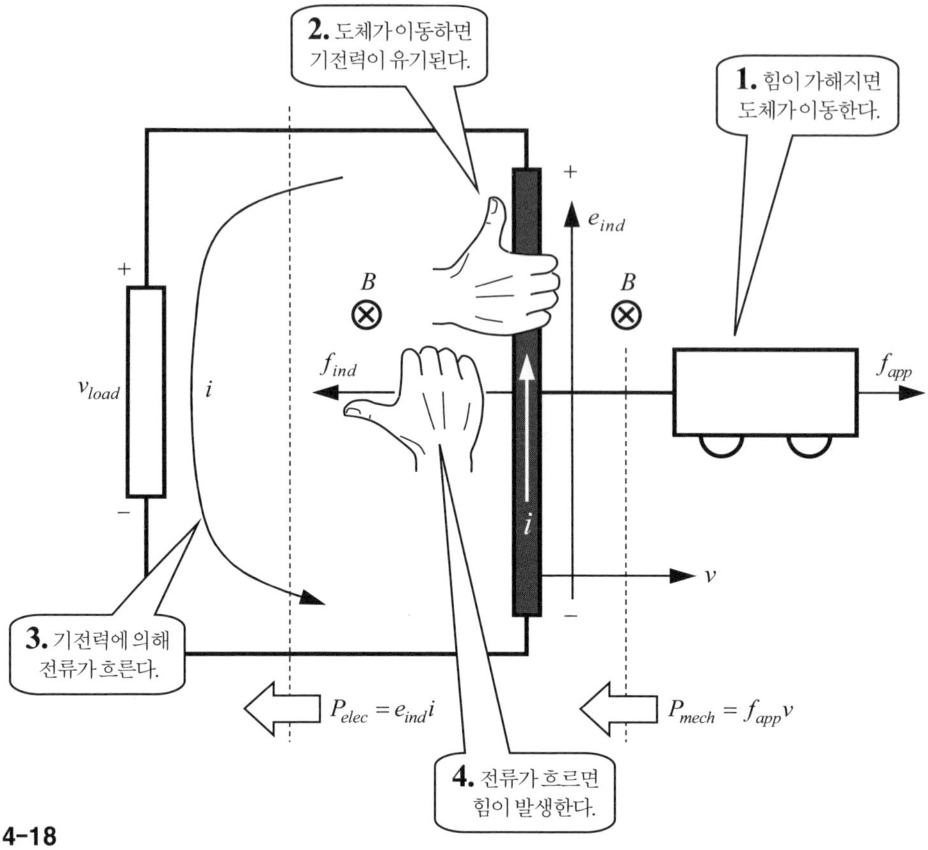

그림 4-18
발전기 동작에서의 전기기계적 에너지변환

이 동적 평형을 이루는 상태에서 도체의 정상상태 속도가 결정된다.

도체가 이동할 때 외부에서 끄는 힘에 의해 공급되는 동력은 식 (4-7)로부터

$$P_{mech} = f_{app}v \tag{4-14}$$

이고 도체에서 유기된 전압이 전류를 통하여 외부 회로로 전달하는 전력은

$$P_{elec} = e_{ind}i \tag{4-15}$$

이다. 두 힘이 평형을 이루어 속도가 일정한 상태에서는 $f_{app} = f_{ind} = lBi$ 이므로 이를 식 (4-14)에 대입하고 유기기전력 $e_{ind} = lBv$를 식 (4-15)에 대입하면

$$P_{mech} = lBiv = P_{elec} \tag{4-16}$$

위의 등식은 도체를 끌고 가는 구동원으로부터 유입된 기계적 에너지가 그대로 전기적 에너지로 변환되어 외부 회로로 전달되는 발전기 동작이 이루어지고 있음을 보여준다. 즉 자기장과 그 안에 놓인 도체를 매개로 전기기계적 에너지변환이 이루어진다. 물론 이는 도체에 외부 회로가 연결되어 전류가 흐를 수 있을 때에 일어나는 현상이다. 도체가 개방상태라면 기전력이 유기된다 해도 전류가 흐르지 못하므로 에너지 전달이 일어나지 않고, 도체를 끌고 가는 힘 역시 아무런 방해를 받지 않는다. 이러한 상태를 무부하상태라 한다.

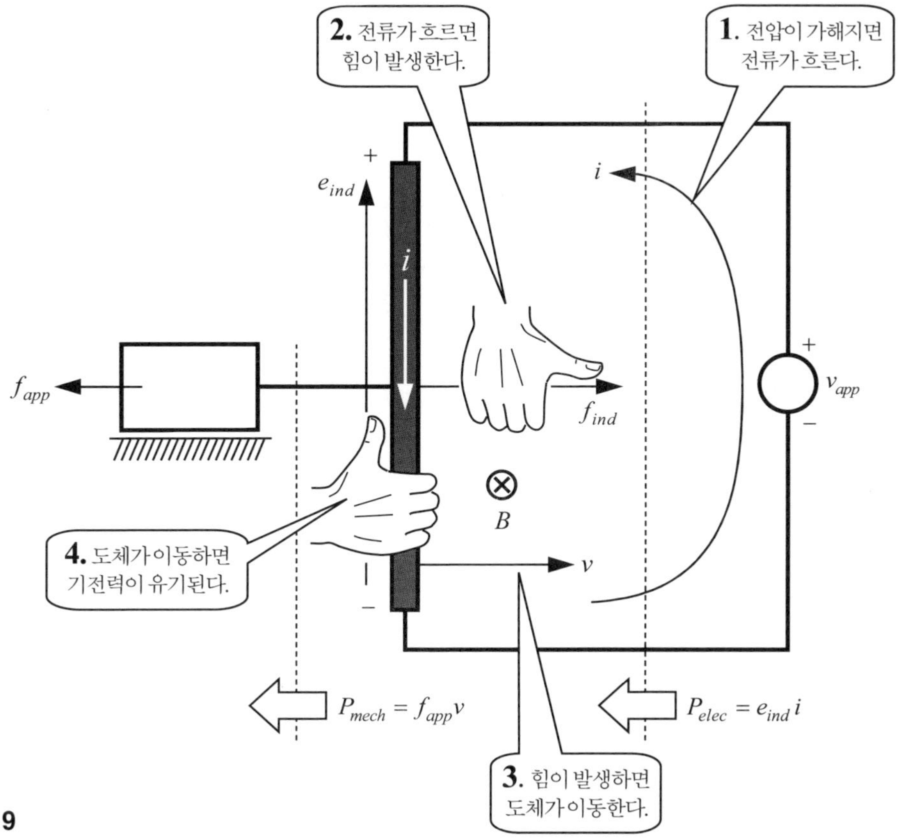

그림 4-19
전동기 동작에서의 전기기계적 에너지변환

전동기 동작

이번에는 그림 4-19와 같이 자기장 안에 놓인 도체에 외부 전원 v_{app} 를 가하여 전류가 흐르게 한 경우를 보도록 한다. 도체에 흐르는 전류는 식 (4-13)의 힘 f_{ind} 를 발생시키며, 이로 인해 도체는 이동하게 된다. 자기장 안에서 도체가 이동하면 식 (4-10)의 기전력 e_{ind} 가 유기된다. 이 기전력은 외부에서 인가된 전압에 맞서는 방향이 되어 전류의 흐름을 방해하는 역기전력으로 작용하는 것을 알 수 있다. 역기전력은 외부에서 인가된 전압의 작용에 대한 반작용에 해당한다.

인가전압 v_{app} 와 역기전력 e_{ind} 는 항상 전기적 평형을 이루어야 한다. 기전력이 속도에 비례하므로 정상상태에서 도체는 역기전력이 인가전압과 같아지는 속도로 이동한다. 이때 도체에 그림과 같이 부하가 연결되어 끌려가고 있다면 부하는 도체에 운동 반대 방향으로 힘을 가한다. 도체가 일정한 속도로 이동하고 있다는 것은 도체에 유기된 힘이 이 부하의 힘과 기계적 평형을 이루고 있음을 뜻한다. 인가전압을 높이면 전류가 커지면서 도체의 힘이 더 커져 가속되고, 역기전력이 증가하면서 인가전압과 같아지는 속도에서 다시 정상상태에 이르게 된다. 반대로 인가전압을 낮추면 전류가 줄어들면서 도체의 힘이 작아져 속도가 떨어지고, 더 작은 역기전력에서 정상상태에 도달한다. 이렇게 인가전압의 증감에 대응해 역기전력도 따라 변화하며, 작용과 반작용이 동적 평형을 이루는 상태에서 동작이 이루어진다.

이때 전원으로부터 도체로 유입되는 전력은

$$P_{elec} = e_{ind} i \tag{4-17}$$

이며 도체가 기계적 부하로 전달하는 동력은

$$P_{mech} = f_{ind} v \tag{4-18}$$

이다. 앞에서와 마찬가지로 $f_{ind} = lBi$와 $e_{ind} = lBv$를 대입하면 다음 관계가 성립한다.

$$P_{elec} = lBvi = P_{mech} \tag{4-19}$$

위의 식은 도체로 유입되는 전기적 입력이 그대로 기계적 출력으로 변환되어 전원에서 공급되는 에너지가 기계적 부하로 전달되는 전동기 동작이 이루어지고 있음을 보여준다. 도체가 아무것에도 묶여있지 않은 무부하상태에서는 도체의 힘 역시 0인 상태에서 기계적 평형이 이루어지므로 전류가 흐르지 않고, 역기전력이 전원전압과 같아지는 속도로 움직이게 될 것이다.

직선운동기계

그림 4-20의 직선운동기계를 통해 전동기 및 발전기 동작의 구체적인 예를 보도록 한다.

예제 4-4

그림 4-20에 보인 것과 같이 도체 레일 위를 미끄러지면서 이동할 수 있는 도체막대가 있다. 레일 한쪽에 100 V 직류전원이 1 Ω의 저항을 통해 연결되어 있다. 레일의 간격은 1 m이고 지면으로 들어가는 방향의 자기장 아래 놓여 있다. 자기장의 자속밀도는 2 T이다. 레일과 도체 사이에 마찰이 없고 도체와 레일은 임피던스가 없다고 가정한다.

(a) 초기에 도체가 정지해 있다고 가정하고 이후 도체의 동작에 대하여 설명하라.

(b) 도체의 움직임이 정상상태에 도달한 후 자속밀도가 1.5 T로 바뀌었다면 어떤 현상이 나타나는가?

(a) 도체가 정지해 있을 때 아래쪽 방향으로 100 A의 전류가 흐르고 $f = lBi = 1 \times 2 \times 100 = 200$ N의 힘이 발생한다. 힘이 오른편으로 작용하므로 도체가 오른쪽으로 움직이기 시작한다. 도체가 이동하면 도체 양단에 기전력이 유기된다. 도체의 속도가 v m/sec일 때 유기기전력의 크기는

$$e_{ind} = lBv = 2v \text{ V}$$

이며 도체 위쪽이 양의 극성이 된다. 속도가 높아지면 유기기전력도 커지므로 전류가 줄어들고 힘도 작아진다. 그러나 도체에 아무런 외력이 작용하지 않고 있으므로 도체에 전류가 흐르는 한 속도가 계속 상승하며 유기기전력이 전원전압 100 V와 같아지는 속도에 이르면 전류가 0이 되고 도체가 유기하는 힘도 0이 된다. 이때의 속도는

$$e_{ind} = 2v = 100 \text{ V}$$

로부터 $v = 50$ m/sec 이다. 이후 이 속도를 유지한 채 계속 오른쪽으로 이동한다.

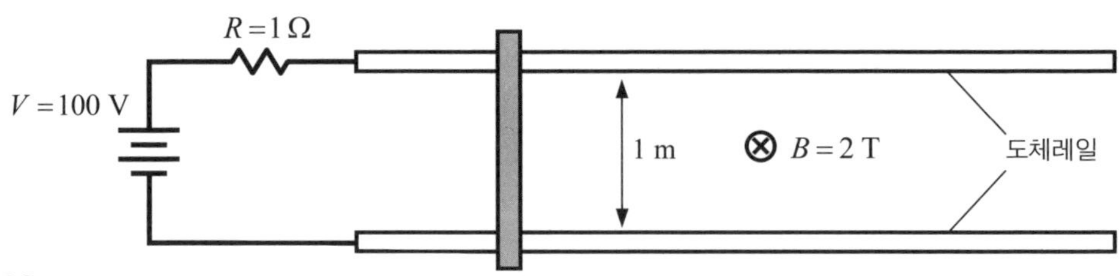

그림 4-20

(b) 자속밀도가 1.5 T로 낮아지면 속도와 유기기전력 사이의 관계는

$$e_{ind} = lBv = 1.5v \text{ V}$$

가 된다. $v = 50$ m/sec에서 유기기전력이 75 V가 되어 전원전압보다 작아지므로 다시 전류가 흐르고 오른편으로 힘이 발생한다. 이 힘에 의해 가속되어 유기기전력이 다시 100 V가 될 때까지 속도가 상승한다. 최종 속도는 $v = 100 / 1.5 = 66.7$ m/sec이다.

위 예제에서 일어나는 동작을 일반적인 표현식으로 나타내보도록 한다. 먼저 전원과 도체 사이의 전기적평형은 아래 식으로 표현된다.

$$V - Ri = e_{ind} \tag{4-20}$$

도체에 외부로부터 아무런 힘이 가해지지 않은 상태이므로 정상상태에서 도체가 일정 속도로 이동한다는 것은 도체에서 발생하는 힘 역시 0임을 뜻한다.(기계적 평형) 따라서 정상상태에서 도체에 흐르는 전류는 0이고, $V = e_{ind}$ 이다. 즉 $V = lBv$ 이므로 정상상태 속도는 아래 식으로 표현된다.

$$v = \frac{V}{lB} \tag{4-21}$$

여기서 도체의 속도가 자속밀도에 반비례하는 것을 알 수 있는데, 이는 자속밀도가 낮을수록 그만큼 더 빨리 이동해야만 인가전압과 같은 기전력이 유기되어 전기적 평형이 이루어지기 때문이다.

예제 4-5

예제 4-4의 (a)에서 정상상태에 도달하여 일정한 속도로 진행하고 있는 도체에

(a) 진행하는 뒤편에서 40 N의 일정한 외력을 가하였다. 이때 도체의 움직임은 어떻게 되는가? 정상상태에 도달했을 때 에너지의 전달에 대하여 설명하라.

(b) 진행하는 앞쪽에서 40 N의 힘으로 잡아당기면 도체의 움직임은 어떻게 되는가? 정상상태에 도달했을 때 에너지의 전달에 대하여 설명하라.

(a) 뒤에서 힘을 가하면 속도가 떨어져 기전력이 전원전압보다 낮아진다. 따라서 전류가 흐르게 된다. 이 전류는 도체의 위에서 아래로 흐르므로 오른편(외부에서 가해진 힘에 반대 방향)으로 힘이 발생한다. 전류를 i 라 했을 때 힘의 크기는

$$f_{ind} = lBi = 2i \text{ N}$$

이 힘이 외력보다 작으면 속도는 더 떨어지며, 이에 따라 기전력이 더 낮아지므로 전류가 커지고 힘도 강해진다. 최종적으로 이 힘이 뒤에서 잡아당기는 40 N과 같아지는 20 A에서 기계적 평형을 이루게 되면 일정한 속도로 진행하게 된다. 이때의 속도는 전기적 평형조건으로부터 구해진다. 전원으로부터 20 A가 흐르면 저항에서 일어나는 전압강하를 제외한 80 V가 도체에 가해지므로 전원과 전기적 평형을 이루기 위해서는 도체에 80 V의 역기전력이 유기되어야 한다. 즉

$$e_{ind} = lBv = 2v = 80 \text{ V}$$

따라서 도체의 속도는 $v = 40$ m/sec이다. 이때 전원에서 도체로 공급되는 전력은

$$P_{elec} = e_{ind}i = 80 \text{ V} \times 20 \text{ A} = 1,600 \text{ W}$$

이는 전원이 공급하는 전력 $Vi = 2,000$ W 에서 저항의 소비전력 $i^2R = 400$ W를 뺀 것과 같다. 한편 뒤에서 잡아당기는 외력에 도체가 전달하는 동력은

$$P_{mech} = f_{ind}v = 40 \text{ N} \times 40 \text{ m/sec} = 1,600 \text{ J/sec}$$

으로 도체에 공급되는 전력과 일치하는 것을 알 수 있다.

(b) 도체 앞쪽에서 힘을 가하면 속도가 높아져 유기기전력이 전원전압보다 커지게 된다. 따라서 도체에서 전원 쪽으로 전류가 흐른다. 이 전류는 도체의 아래에서 위쪽으로 흐르므로 왼편(가해진 힘에 반대방향)으로 힘이 발생한다. 힘의 크기는

$$f_{ind} = lBi = 2i \text{ N}$$

이 힘이 외력보다 작으면 속도는 계속 높아지며, 유기기전력도 커지므로 전류가 더 커지고 그에 비례해서 힘도 커진다. 최종적으로 이 힘이 앞에서 끄는 40 N과 같아지는 속도에 이르면 가속을 멈추고 일정한 속도로 진행한다. 이때의 전류는 20 A이다. 이 전류에서 전원전압과 전기적 평형을 이루기 위해서는 유기기전력이 전원전압에 저항의 전압강하를 더한 120 V이어야 한다.

$$e_{ind} = lBv = 2v = 120 \text{ V}$$

로부터 도체의 속도는 $v = 60\,\text{m/sec}$이다. 이때 외력이 도체에 공급하는 동력은

$$P_{mech} = f_{ind}v = 40\,\text{N} \times 60\,\text{m/sec} = 2,400\,\text{J/sec}$$

이고, 도체에서 전원 쪽으로 전달되는 전력은

$$P_{elec} = e_{ind}i = 120\,\text{V} \times 20\,\text{A} = 2,400\,\text{W}$$

로 기계적 입력과 같다. 저항에서 400 W가 소모되므로 전원으로 전달되는 전력은 이를 제외한 2,000 W이다.

앞의 예제 4-4는 무부하상태, 예제 4-5의 (a)는 전동기로서 동작하고 있는 상태, (b)는 발전기로서 동작하고 있는 상태를 나타낸다. 여기서 **무부하속도를 기준으로 그보다 느린 속도라면 전동기로 동작하고 더 빠르면 발전기로서 동작**하는 것을 알 수 있다. 무부하상태란 운동을 방해하는 외력이 작용하는 상태(전동기 동작)와 운동을 돕는 외력이 작용하는 상태(발전기 동작)의 경계에 해당한다. 그림 4-21은 예제의 이 세 상태를 비교해서 보여주고 있다. 맨 위가 외력이 없을 때 도체가 자유롭게 이동하는 무부하상태이고, 그 아래는 운동 반대 방향으로 힘을 가해 속도를 늦춘 전동기동작, 맨 아래가 운동방향으로 힘을 가해 속도를 더 빠르게 한 발전기동작 상태이다. 여기서 알 수 있듯이 어느 쪽으로든 외력이 가해져 무부하속도에서 벗어나게 되면 그에 대한 반작용으로 유기되는 힘은 항상 원래의 무부하속도로 돌아가고자 하는 쪽으로 작용한다. 이 힘이 외부에서 가해진 힘과 같아지는 기계적 평형을 이루는 상태에서 도체는 일정한 속도로 이동한다.

변수들 사이의 상관관계 관점에서 보면, 주어진 전원전압에 전기적 평형을 이루는 (즉 전압평형식을 만족하는) 도체의 유기기전력과 전류의 조합은 무한히 존재한다. 이들 중 도체에 유기되는 힘이 주어진 외력과 기계적 평형을 이루게 하는 전류는 유일하게 결정되므로 그 전류에 대응하는 유기기전력도 유일하게 결정되고, 따라서 도체는 그에 대응하는 속도로 이동한다. 이처럼 정상상태에서 일정한 에너지변환동작이 이루어진다는 것은 **주어진 기계적, 전기적 조건에서 기계적 평형과 전기적 평형이 동시에 이루어지는 상태**를 의미한다.

전동기와 발전기의 에너지변환 동작

실제의 전기기계는 내부에 많은 도체들을 지니고 있다. 이들 도체 하나하나에서 위에서 설명한 것과 같은 동작이 일어나 그 힘의 합성으로 토크가 유기되고, 또 개별 도체들의 기전력이 합성되어 외부 단자 사이에 유기기전력으로 나타난다. 그림 4-22(a)는 전원으로부터 전기적 에너지를 공급받아

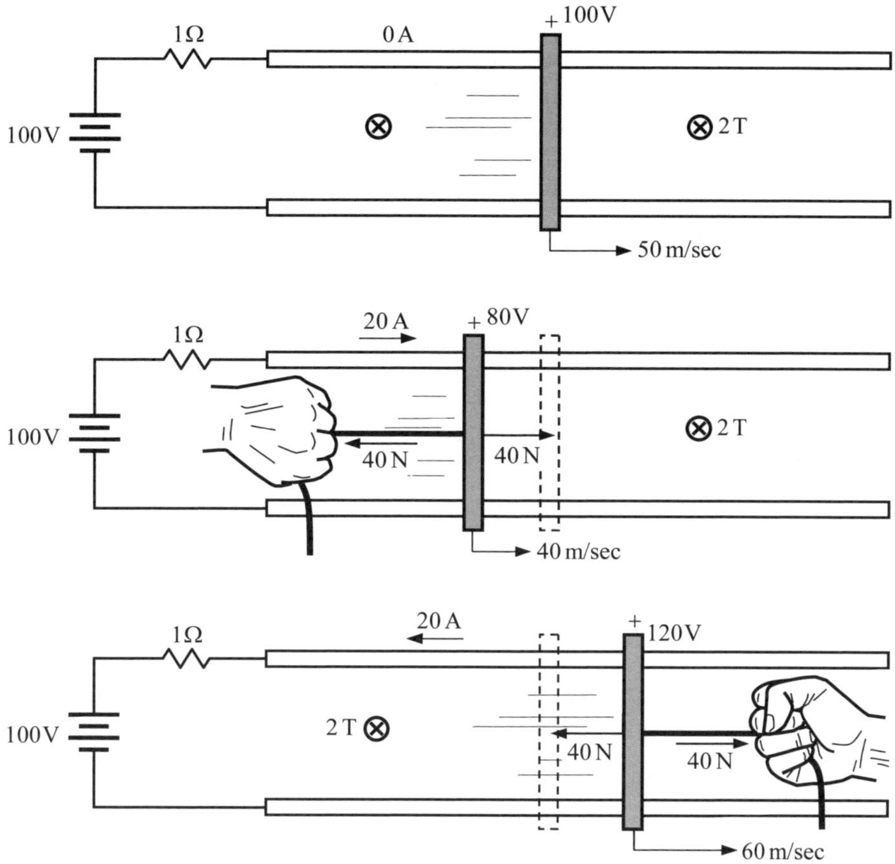

그림 4-21 예제 4-4 및 4-5의 무부하상태, 전동기동작상태 및 발전기 동작상태

기계적 부하를 구동하는 전동기를 나타내고 있다. 전원으로부터 전류 i 가 흘러 내부 도체들에서 발생한 힘의 합성으로 유기된 토크가 $T = f(i)$의 함수관계로 표현된다고 하자. 이 토크가 어떤 속도 ω 로 부하를 회전시키고 있을 때 전동기의 회전으로 내부 도체들에 유기된 기전력이 합성되어 입력단자에 나타나는 기전력이 $e = g(\omega)$의 함수관계로 표현된다고 하자. 이는 전동기의 회전을 야기한 전류의 흐름에 대항하는 역기전력으로 나타난다. 이 역기전력을 이겨내고 전원으로부터 전류가 흘러들면서 전동기에 유입되는 전력이 곧 부하를 끌고 회전하는 기계적 동력에 해당한다.

만일 같은 기기를 그림 4-22(b)와 같이 축에 연결된 외부의 구동장치로 회전시킨다면 전동기 동작에서와 마찬가지로 $e = g(\omega)$의 기전력이 단자 사이에 나타나게 될 것이다. 여기에 전기적 부하를 접속하면 전류가 흐르면서 부하로 전력을 전달하는 발전기동작이 이루어진다. 이때 흐르는 전류 역시 전동기동작에서와 마찬가지로 $T = f(i)$의 토크를 유기한다. 그러나 이 경우에는 전류가 전동기동작에서와 반대(기전력과 같은 방향)로 흐르므로 토크의 방향 역시 반대, 즉 회전 반대방향이 된다. 이는 회전에 대항하여 역토크가 작용함을 뜻한다. 구동장치가 이 역토크를 이겨내고 기기를 회전시키는 동력이 전기적 부하로 전달되는 전력에 해당한다. 이처럼 전동기와 발전기는 다른 것이 아니라 같은 기기가 어떤 조건에서 사용되느냐에 따라 전동기로서, 혹은 발전기로서 동작할 뿐이다.

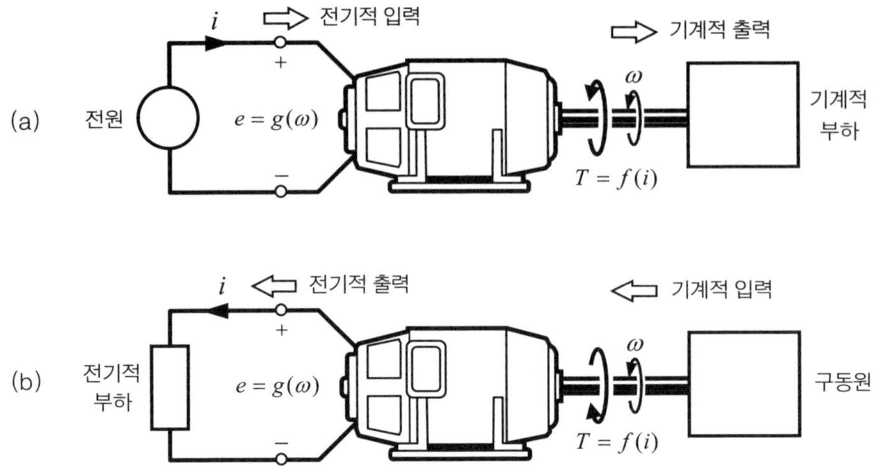

그림 4-22 전기기계의 (a) 전동기동작과 (b) 발전기동작

발전기 동작이건 전동기 동작이건 에너지 전달이 일정한 정상상태에서는 전기적 변수인 기전력과 전류, 기계적 변수인 토크와 속도가 모두 일정하다. 일정 기전력에서 일정 전류가 흐른다는 것은 이 기전력과 전류가 기기에 접속된 회로의 평형식(키리히호프의 법칙)을 만족하는 전기적 평형상태임을 뜻한다. 일정 토크에서 일정 속도로 회전하고 있다는 것은 축을 통해 연결된 기계 시스템과 기기가 이 토크와 속도에서 기계적 평형을 이루고 있음을 뜻한다. 즉 어떤 기기가 정상상태에서 운전되고 있을 때는 전기적 평형과 기계적 평형을 동시에 만족한다. 따라서 기기 자체의 고유 특성을 나타내는 두 함수관계 $T = f(i)$, $e = g(\omega)$와 외부에서 주어진 전기적 평형식 및 기계적 평형식, 총 네 개의 조건식이 동시에 만족되어야 하며, 이로부터 네 개의 변수 i, T, ω, e가 결정된다. 전원전압이나 임피던스의 변화로 전기적 평형조건이 변하거나 기계시스템 쪽의 변화로 기계적 평형조건이 변할 때마다 이들 변수가 달라지면서 기기에서 변환되는 에너지의 양도 달라지게 된다.

4-5 회전기의 토크

전기기계에서 일어나는 두 가지 작용, 즉 (1) 기전력의 발생(발전작용)과 (2) 힘의 발생(전동작용)이 구체적으로 어떻게 나타나는지는 이후 개별 기기별로 다루게 되는데, 그에 앞서 기기 내부에서 작용하는 힘이 회전기의 토크로 나타나는 일반적인 원리를 살펴보기로 한다. 여기에는 플레밍의 왼손법칙에 의해 일어나는 토크성분과 함께 자기회로의 비대칭성에서 비롯되는 토크성분이 존재한다.

릴럭턴스토크

그림 4-23(a)와 같이 코일을 지닌 고정된 두 자극(고정자) 사이에 막대모양 자성체(회전자)가 놓여 있다고 하자. 코일에 전류가 흐르면 자극 사이에 자속이 만들어지고, 중앙의 자성체가 그림처럼 삐딱하게 놓여 있다면 이를 점선 위치로 돌려 놓으려는 힘이 작용한다. 이는 전자석의 양쪽 자극이 쇠붙이를 끌어당기는 현상으로, 자기적 위치에너지를 최소화시키는 쪽으로 작용하는 힘에 해당한다. 자기적 위치에너지란, 지표면에 있는 물체를 위로 끌어올릴 때 투입된 에너지가 물체의 위치에

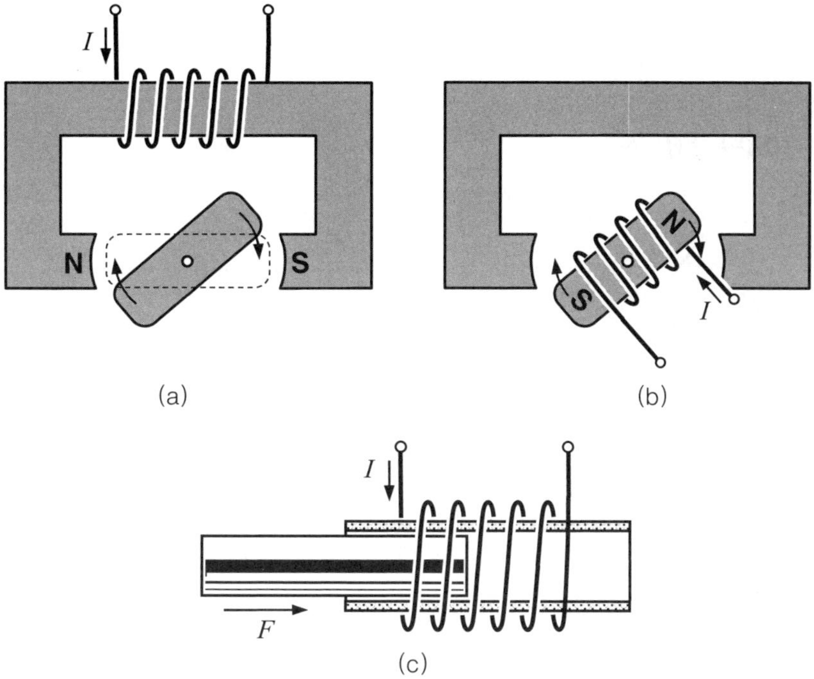

그림 4-23 자기저항을 최소화시키는 방향으로 작용하는 토크

너지로 저장되는 것처럼 쇠붙이에 힘을 가해 자석에서 떨어뜨려 놓는 데에 들어간 에너지가 쇠붙이에 저장된 것으로 본 것이다. 즉 쇠붙이가 자석에 가서 붙으려 하는 것은 위로 끌어올려진 물체가 아래로 떨어지려 하는 것과 같이 위치에너지를 최소화시키는 쪽으로 힘이 작용하기 때문이다.

이를 다른 방식으로 설명할 수도 있다. 쇠붙이가 자석에 가서 붙으면 자석의 원래 자속에 쇠붙이의 자화에 의한 자속이 더해져 자속이 증가한다.(이는 마치 중력이 작용하는 물체들끼리 서로 잡아당겨 뭉치게 될수록 중력이 더 강해지는 것과 같다.) 따라서 자석이 쇠붙이를 끌어당기는 것은 주어진 상황에서 더 큰 자속을 만들어내려 하는 현상으로서, 이는 곧 자기저항을 최소화시키려 하는 현상이라 할 수 있다. 같은 맥락에서 그림 4-23(a)의 회전자에 힘이 작용하는 것은 현재의 위치보다 점선 위치에 있을 때 자기저항이 줄어들어 더 많은 자속이 만들어지기 때문이다. 만일 회전자가 원형이라면 어느 각도에 있건 자기저항에 변화가 없으므로 토크가 작용하지 않을 것이다. 즉 여기서 작용하는 토크는 회전자 형상의 비대칭성에 기인한 자기저항의 차이 때문에 나타나는 것으로, 이처럼 자기저항을 최소화시켜 보다 많은 자속이 만들어지는 쪽으로 자속의 경로를 변형시키려는 힘에서 비롯된 토크를 **릴럭턴스토크**(reluctance torque)라 한다.

그림 4-23(b)와 같이 고정자 대신 회전자에 코일을 감아 전류를 흘려 주었을 때도 같은 이유로 토크가 작용한다. 이 릴럭턴스토크는 (어느 방향으로든 자속이 많이 발생하기만 하면 되기 때문에) 자극의 극성에 무관하다. 즉 코일 전류의 방향이 반대라 해도 마찬가지 토크가 작용한다. 형태는 다르지만 그림 (c)의 실린더 주위에 감겨 있는 코일에 전류를 흘려주면 실린더 안으로 자성체가 빨려들어가는데, 이 경우에도 힘이 발생하는 이유는 자성체가 코일 안에 있을 때 코일의 기자력에 대한 자기저항이 줄어들어 자속이 증가하기 때문이다. (이런 형태는 전자기 액츄에이터(actuator)에서 직

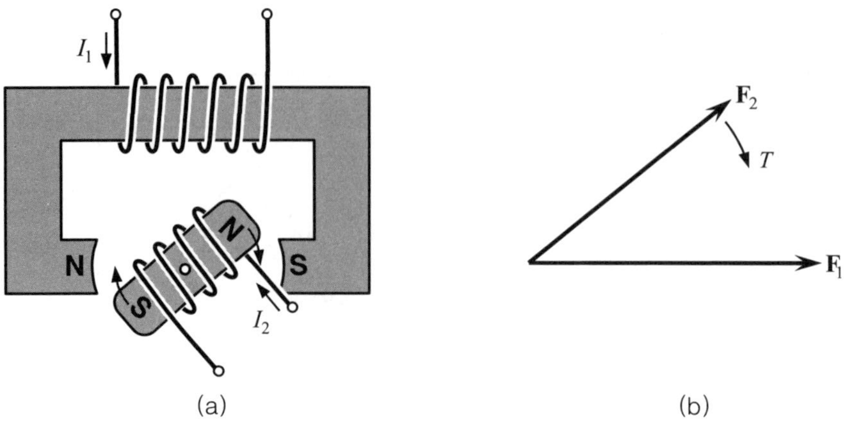

그림 4-24 두 개의 전자석 사이에는 기자력의 방향을 일치시키는 쪽으로 토크가 작용한다.

선운동으로 스위치를 여닫는 등의 동작에 이용된다.)

기자력토크

다음으로 그림 4-24(a)와 같이 고정자와 회전자가 모두 코일을 가진 경우를 보도록 한다. 두 코일의 전류는 각자 자극을 만들어 내고, 자극 사이의 밀고 당기는 힘에 의해 회전자에 시계방향으로 토크가 작용한다. 이 자극 사이의 힘은 고정자 코일이 만들어낸 자기장 안에서 전류가 흐르는 회전자 코일 도체의 각 부분에 유기된 힘들이 합성된 것이다. 즉 '합성된 코일 자속(회전자의 N극과 S극으로 표현되는)에 작용하는 힘'이란 곧 '개별 도체들에 작용하는 힘의 합성'이다.

회전자 코일 각 부분에 흐르는 전류가 합성된 효과는 코일의 기자력으로 나타난다. 따라서 코일 전류에 의해 발생하는 토크를 이하에서 **기자력토크**(mmf torque)라 부르기로 한다. 이 기자력토크는 4-24(b)에 나타냈듯이 회전자코일의 기자력 벡터 $\mathbf{F}_2$ 를 고정자코일의 기자력 벡터 $\mathbf{F}_1$ 의 방향에 일치시켜려는 힘에 해당한다. 두 기자력이 나란해지면 엇갈린 방향일 때보다 더 강한 기자력으로 작용하고, 더 큰 자속이 만들어진다. 따라서 기자력토크는 두 전자석의 기자력 방향을 일치시킴으로써 합성기자력을 최대화시키고자 하는 작용으로 해석할 수 있다.

기자력토크에 대한 일반적 표현식을 구하기 위해 자기장 안에 사각형 코일이 놓여 있는 상태를 생각해보기로 한다. 코일을 옆에서 보았을 때 그림 4-25(a)처럼 코일이 둘러싼 평면을 자기장이 수직으로 통과하고 있다고 하자. 코일에 그림에 나타낸 방향으로 전류가 흐르고 있다면 위쪽 도체에는 위쪽으로, 아래쪽 도체에는 아래쪽으로 힘이 발생한다. 이 두 힘이 크기가 같고 방향이 반대이므로 상쇄된다. 이때 점선으로 표현된 코일의 두 연결부위에도 힘이 발생하는데, 이들 역시 지면에서 나오는 방향과 들어가는 방향으로 작용하여 상쇄된다. 즉 코일 중심축이 자기장과 일치할 때는 네 변의 도체 각각에 바깥쪽으로 힘이 작용하며, 결과적으로 코일 전체에 작용하는 힘은 0이다.

코일의 중심축이 그림 (b)와 같이 자기장의 방향과 어긋나 있다 해도 위 아래 두 도체에 작용하는 힘은 그대로이다. 그러나 이 상태에서는 두 힘에 의해 접선방향으로 짝힘이 발생하여 토크로 작용하게 된다.(점선의 연결 부위에 작용하는 힘은 여전히 서로 반대방향으로 작용하여 상쇄된다.) 코일이 어긋난 각도가 δ 라면 접선방향으로 작용하는 힘의 성분은 $f\sin\delta$ 이다. 여기서 f 가 자속밀도에

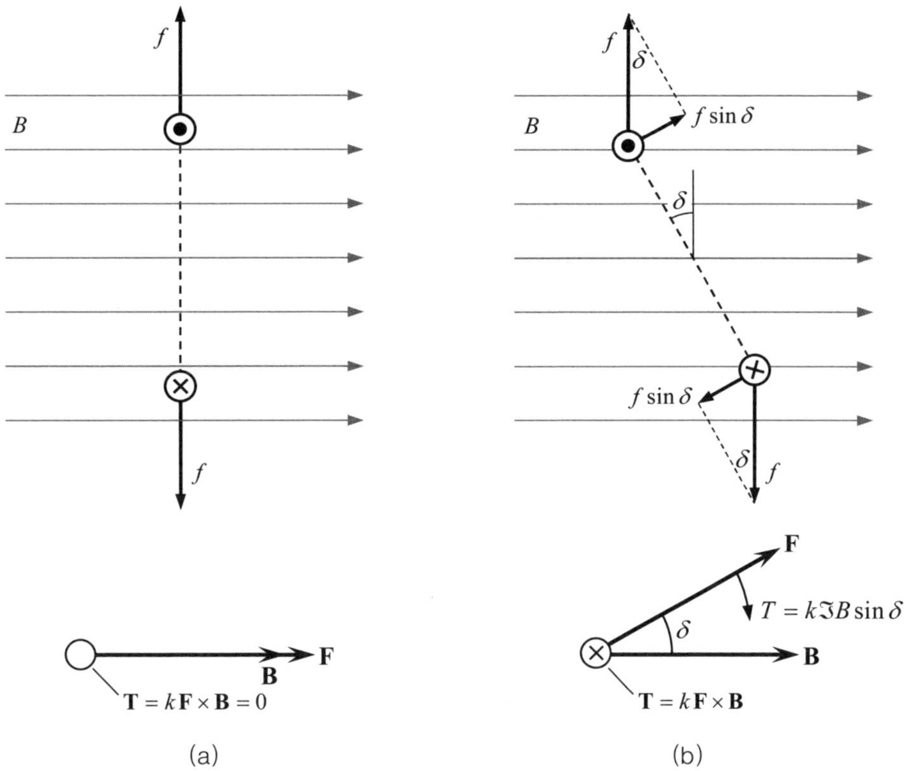

그림 4–25 자기장 안에서 전류가 흐르는 코일에 작용하는 힘과 힘의 결과로 나타나는 토크

비례하면서 전류에 비례하는데, 코일이 여러 턴으로 이루어져 있다면 전류를 코일의 기자력 $\mathfrak{I}$ 로 대신하여 토크를 아래의 비례식으로 표현할 수 있다.

$$T = kB\mathfrak{I}\sin\delta \tag{4-22}$$

여기서 k 는 코일의 치수에 따라 달라지는 비례상수로서 코일이 사각형이 아닌 원형, 또는 어떤 임의의 모양이라 해도 비례상수만 달라질 뿐 위의 비례관계는 그대로 성립한다.

코일의 기자력은 코일의 중심축방향으로 작용하므로 이를 그림 4-25의 아래쪽에 보인 것과 같이 **F** 의 벡터로 나타낼 수 있다. 따라서 코일에 작용하는 토크는 코일의 기자력벡터를 주위 자기장의 자속밀도벡터 **B** 에 일치시키려는 힘에 해당한다. 그 크기가 식 (4-22)로 표현되는 데에서 알 수 있듯이 토크는 **F** 와 **B** 의 벡터곱으로 표현된다. 즉

$$\mathbf{T} = k\mathbf{F} \times \mathbf{B} \tag{4-23}$$

벡터곱으로 표현된 토크 역시 벡터로서, 그림 4-25(b)의 경우 토크 벡터 **T** 가 지면으로 들어가는 방향인 것은 토크가 **F** 에 시계방향으로 작용(지면에서 나오는 방향이라면 반시계방향으로 작용)하고 있음을 뜻한다.[6] 식 (4-23)은 코일 전류에 의해 유기되는 기자력토크의 일반적인 표현식으로서 이후

[6] 일반적으로 어떤 물체의 회전이나 회전력의 방향을 나타내는 데에 이와 같은 '오른손규약'이 적용된다. 이를테면 지구의 회전방향은 자전축을 따라 남극에서 북극 방향으로 지구를 관통하는 벡터로 표현되며, 이 벡터의 방향은 오른손으로 지구를 회전방향을 따라 감싸쥐었을 때 엄지손가락이 가리키는 방향이다.

회전기의 토크를 나타내는 데에 공통으로 적용되는 중요한 관계식이다.

토크와 인덕턴스

이상에서 토크의 유형을 다음 두 가지로 요약할 수 있다.

1. 릴럭턴스토크: 자속을 방해하는 릴럭턴스를 최소화시키는 쪽으로 작용

2. 기자력토크: 자속을 만드는 기자력을 최대화시키는 쪽으로 작용

결국 토크는 $\phi = \Im / \Re$의 관계에서 분모의 릴럭턴스를 최소화시키거나 분자의 기자력을 최대화시킴으로써 **자속을 최대화시키는 방향으로 작용하는 힘**에서 비롯된 것이라 할 수 있다. (릴럭턴스토크도 자기장에 의해 자화된 자성체의 기자력을 자기장의 방향에 일치시키려는 힘이라 볼 수 있다는 점에서 사실 양자는 본질적으로 같은 작용이다.)

이처럼 토크가 자속을 최대화시키려는 힘에서 비롯된다는 점을 코일의 인덕턴스에 연관시켜 설명할 수 있다. 어떤 코일에 전류가 흐를 때 자속이 최대가 된다는 것은 주어진 전류로 최대의 쇄교자속이 만들어진다는, 즉 코일이 자속을 생성하는 능력을 나타내는 인덕턴스($L = \lambda / i$)가 최대가 된다는 것을 뜻한다. 그림 4-23(a)를 보면 회전자가 점선의 위치에 있을 때 자기회로의 자기저항이 최소로 되면서 고정자 코일의 인덕턴스($N^2 / \Re$)가 최대가 된다. 따라서 이때 회전자에 작용하는 토크는 코일의 인덕턴스를 최대화시키려 하는 작용임을 알 수 있다. 한편 그림 4-24에서는 회전자코일이 고정자 자속에 나란히 정렬한 방향으로 놓였을 때 고정자와 회전자 어느 한쪽의 전류에 의해 만들어진 자속이 다른 쪽 코일을 쇄교하는 양이 최대화된다. 이는 두 코일 사이의 상호인덕턴스($L_{21} = \lambda_2 / i_1$, $L_{12} = \lambda_1 / i_2$)가 최대로 되는 쪽으로 토크가 작용함을 말해준다. 요약하면

1. 릴럭턴스토크: 자기인덕턴스가 최대화되는 쪽으로 자기회로를 변화시키려는 작용
2. 기자력토크: 상호인덕턴스가 최대화되는 쪽으로 코일의 상대적 위치를 변화시키려는 작용

회전기의 형상과 토크

이들 두 가지 토크가 나타나는 양상은 기기의 구조에 따라 달라진다. 그림 4-23처럼 고정자나 회전자 어느 한쪽에만 코일이 있는 경우에는 기자력토크가 없으므로 릴럭턴스토크만 나타난다. 실제로 그러한 구조로 만들어져 릴럭턴스토크만으로 회전하는 전동기도 있으며, 이를 릴럭턴스전동기라 한다. 그러나 일반 전기기계는 양쪽에 다 코일을 지니고 있어서 항상 기자력토크가 작용하며, 릴럭턴스토크는 고정자와 회전자의 형상에 따라 나타날 수도 나타나지 않을 수도 있다. 그 형상은 자극이 돌출한 **돌극(salient pole)형**과 돌출부위가 없는 원형 단면의 **원통형**으로 구분된다.

그림 4-26의 (a)는 고정자와 회전자가 모두 돌극형인 경우로, 어느 한쪽에라도 전류가 흐르면 릴럭턴스토크가 작용한다. 양쪽 모두 전류가 흐르면 릴럭턴스토크와 기자력토크가 함께 나타나는데, 코일의 전류 방향과 회전자 위치(각도)에 따라 두 토크 성분이 더해지는 방향일 수도 있고 그 반대일 수도 있다. (b)는 회전자가 원통형인 경우이다. 회전자가 어느 위치에 있건 고정자 코일 쪽에서 보았을 때 릴럭턴스의 변화가 없기 때문에 고정자 전류에 의해서는 릴럭턴스토크가 발생하지 않는다. 그러나 회전자 입장에서는 코일 중심축이 고정자 자극에 일치할 때 릴럭턴스가 최소가 되므로 회전자 코일에 전류가 흐르면 릴럭턴스 토크가 작용한다. 이 경우에도 릴럭턴스토크와 기자력토크의 방향은 같을 수도 다를 수도 있다. (c)는 고정자가 원통형, 회전자가 돌극형인 경우로, 회전자 전류에 의해

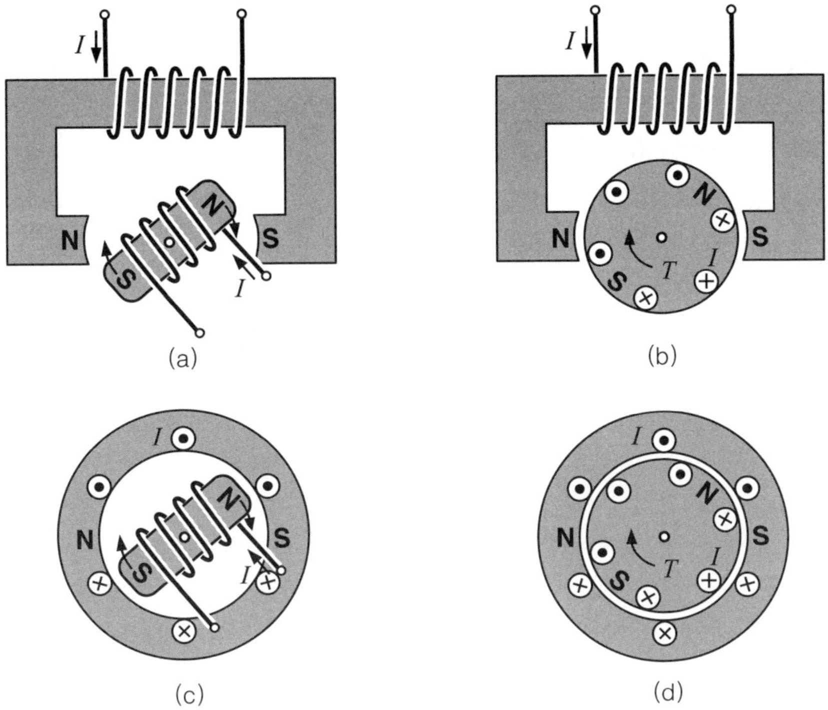

그림 4-26 고정자와 회전자의 형상별 유형

서는 릴럭턴스토크가 나타나지 않고 고정자 전류에 의해서만 릴럭턴스토크가 나타난다. (d)처럼 고정자와 회전자가 모두 원통형이라면 릴럭턴스토크는 나타나지 않고 기자력토크만 작용한다.

4-6 전기기계의 개요

이상에서 설명한 전기기계적 에너지변환의 원리가 어떻게 구현되는지에 따라 다양한 형태의 전기기계가 존재한다. 이들을 개별적으로 다루기에 앞서 전반적인 공통사항을 개괄한다.

회전기의 구성요소

회전기계는 외부 프레임에 고정되어 있는 **고정자**(stator)와 고정자 내부에서 회전하는 **회전자**(rotor)로 구성된다. 회전자는 회전축을 통해 외부 기계시스템에 접속되고 고정자 양 끝에 설치된 베어링에 의해 지지된다. 고정자와 회전자에 설치된 코일을 각각 **고정자권선**(stator winding), **회전자권선**(rotor winding)이라 한다. 코일 전류에 의해 만들어지는 자속이 기기 내부에서 강자성체 철심으로 이루어진 자기회로를 따라 진행하면서 고정자와 회전자 사이의 **공극**(air-gap)을 거치게 되는데, 공극이 클수록 자속을 유지하는 데에 큰 기자력이 필요하여 더 많은 양의 도체가 필요하고 기기의 외형치수가 커지게 되므로 공극은 허용 범위 내에서 가급적 작게 만들어진다.

전기기계의 동작은 전기기계적 에너지변환이 일어날 수 있는 환경을 제공하는 자기장과 그 무대 안에서 에너지변환의 주인공 역할을 하는 도체에 의해 이루어진다. 여기서 자기장을 만들어주는 쪽을 **계자**界磁(field), 전기기계적 에너지변환이 일어나는 쪽을 **전기자**電機子(armature)라 부른다. 전기자권선은 외부 전기회로와 접속되어 전력을 주고받지만 계자는 자속을 유지해주는 역할을 할 뿐 이를 통해 전력이 전달되지 않으며 영구자석으로 대신할 수도 있다. 고정자가 계자, 회전자가 전기자 역할을 하는 기기를 **회전전기자**(rotating armature)**형**, 반대로 고정자가 전기자, 회전자가 계자 역할을 하는 기기를 **회전계자**(rotating field)**형**이라 한다.

직류기, 동기기, 유도기

앞서 예를 들었던 그림 4-24의 경우 회전자가 수평 방향까지 회전하고 나면 더 이상 움직이지 않게 될 것이다. 실제 기계에서 회전이 계속 이루어지려면 회전자가 회전하더라도 기자력 사이의 각도가 계속 유지되어야 한다. 즉 마치 "나 잡아봐라" 놀이를 하듯이 쫓아가면 도망가고 쫓아가면 또 도망가는 식의 동작이 연속적으로 이루어져야 한다. 이를 어떻게 구현하느냐에 따라 크게 직류기, 동기기, 유도기 세 가지 형태가 있다. 직류기는 명칭대로 직류에서 사용되며, 동기기와 유도기는 교류전원에 접속되므로 교류기로 분류된다. 그림 4-27은 이들의 개략적인 구조를 보여주고 있다.

직류기(dc machine)는 고정자에 돌극형 계자를 지니고 원통형 회전자가 전기자 역할을 한다. 회전전기자형이므로 회전하는 도체들과 미끄러지면서 접촉하는 브러시(brush)를 통해 외부 회로에 접속된다. 회전자 도체에 전류가 흐르면 자극이 형성되는데, 회전하더라도 개별 도체들의 전류 방향이 교대로 바뀌면서 회전자 자극이 항상 고정자 자속에 직각인 방향을 유지하는 구조로 만들어져 있어서 계속 일정한 방향으로 토크가 유기된다.

동기기(synchronous machine)는 회전자가 계자, 고정자가 전기자인 회전계자형 기기이다. 고정자 안쪽에 교류전원에 접속되는 3상 권선이 배치되어 있어서 전류가 흐르면 안쪽 표면에 자극이 만들어진다. 세 상 코일의 교류전류에 의해 만들어지는 자극이 합성된 결과 자극의 위치가 계속 바뀌며, 권선이 고정되어 있음에도 불구하고 마치 실제 자석을 회전시키는 것과 같은 효과가 나타난다. 이를 **회전자계**라 한다. 회전자는 직류가 흐르는 전자석, 혹은 영구자석으로 되어 있어서 회전자계의 자극에 이끌려 회전하게 된다. 고정자 내부 표면에서 자극이 어느 한 위치에 고정되어 있지 않으므로 고정자는 원통형으로 만들어지고, 회전자는 원통형일 수도 있고 돌극형일 수도 있다.

유도기(induction machine)의 고정자는 동기기와 마찬가지로 3상 교류전원에 접속되어 회전자

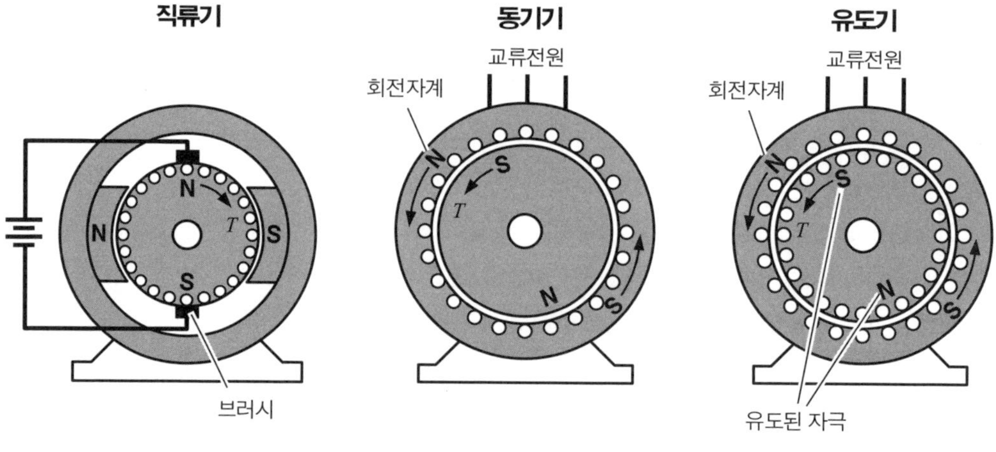

그림 4-27 전기기계의 세 가지 기본 형태

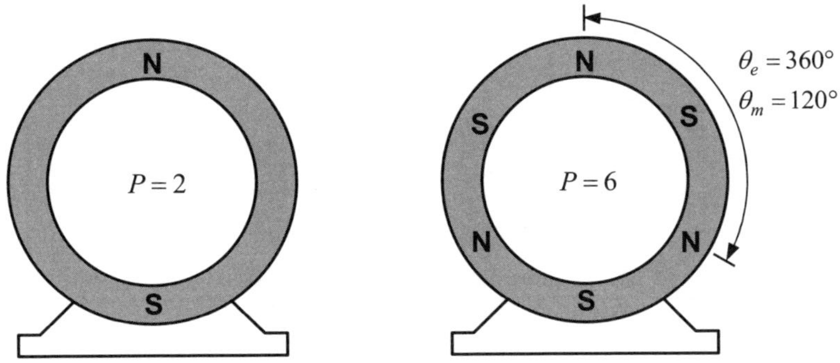

그림 4-28
기계각과 전기각

계를 만들어낸다. 그러나 유도기의 회전자는 자체 자극을 가지고 있지 않다. 회전자계가 회전자 주위를 회전하면 회전자 도체에 기전력이 유기되어 전류가 흐르고, 이 전류에 의해 만들어진 회전자 자극이 회전자계에 이끌려 회전한다. 고정자만 전원에 접속되어 별도의 계자 없이 고정자전류가 일부 계자전류의 역할을 한다. 회전자 철심의 어떤 정해진 위치에 자극이 머물러 있지 않기 때문에 고정자와 마찬가지로 원통형으로 만들어진다. 따라서 릴럭턴스토크가 나타나지 않는다.

극수와 전기각

그림 4-27은 기기 내부에 자극이 N극과 S극 한 쌍만 존재하는 2극기로 표현하고 있으나 실제 전기기계는 2극 외에도 4극, 6극 등 여러 개의 극수를 갖도록 만들어지며, 수십 극에 달하는 것도 있다. 이러한 다극기에서는 각도를 나타낼 때 실제의 물리적 각도인 **기계각**(mechanical angle) 대신 **전기각**(electrical angle)의 개념이 편리할 때가 많다. 그림 4-28은 2극기와 6극기를 보여주고 있는데, 자극 밑을 지나는 도체 입장에서 보면 어느 한 N극에서 출발하여 S극을 거쳐 다음의 N극에 도달하면 자기장의 온전한 한 주기, 즉 360°를 거친 셈이 된다. 이렇게 측정한 각도가 전기각으로서, 2극기는 전기각과 기계각이 일치하지만 6극기에서 전기각 360°는 기계각으로 120°이다. 일반적으로 극수가 P일 때(P는 항상 짝수이다) 전기각 θ_e와 기계각 θ_m 사이의 관계는

$$\theta_m = \frac{\theta_e}{P/2} = \frac{2}{P}\theta_e \tag{4-23}$$

회전속도 역시 마찬가지로 실제의 기계적 회전속도 대신 전기적 회전속도로 나타낼 수 있다.

전동기의 전력전달

모든 전기기계는 손실을 지니고 있기 때문에 이상적인 에너지변환이 일어날 수 없다. 4-4절에서 설명한 전기기계적 에너지변환동작 그 자체로는 효율이 100 %지만 코일에 전류가 흐르면서 생기는 동손, 철심의 자화에서 일어나는 철손, 그리고 회전부위의 기계적 손실 등 에너지 전달과정에서 각종 손실이 발생한다. 따라서 전동기의 기계적 출력은 전원으로부터 유입되는 전기적 입력보다 항상 작다. 그림 4-29는 전동기의 전력전달 과정을 나타낸 것으로, 전동기에 입력된 전력 P_{in} 중 일부는 전기적 손실(동손과 철손)로 소모되고 이를 제외한 나머지가 기계적 에너지로 변환된다. 변환동력 P_{em}은 전기기계적 에너지변환으로 유기된 토크 T_e와 각속도 ω의 곱과 같다. 기계적 손실은 베어링의 마찰과 회전자에 부착된 냉각날개 등에서 일어나며, 이들은 회전에 대항하는 회전 반대방향의 토크로 작용한다. 유기토크 T_e에서 이 손실토크를 뺀 것이 전동기의 출력토크로, 이를 **축토크**(shaft

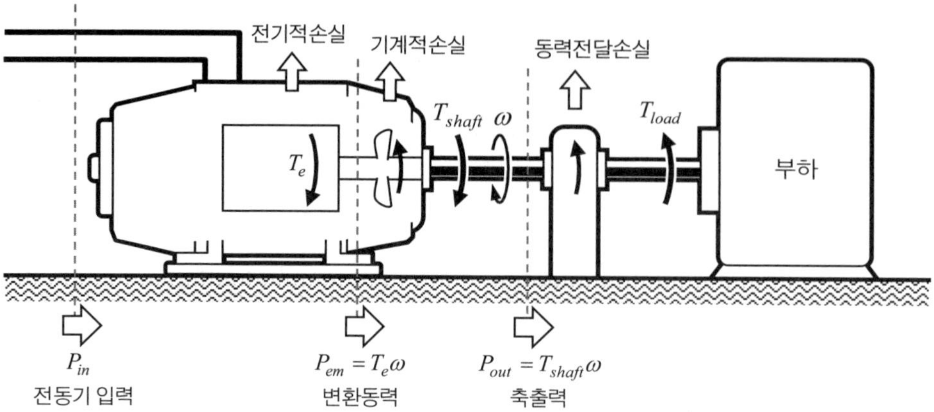

그림 4-29 전동기-기계적 부하에서의 전력전달

torque)라 하고 여기에 각속도를 곱한 것이 **축출력**(shaft power)이다. 몇 마력, 혹은 몇 kW 전동기라 하는 것은 전동기의 사용자가 전동기에서 기대할 수 있는 최대의 동력으로서, 이 축출력을 가리킨다. 축출력이 전동기 입력 P_{in} 의 몇 %인지 나타낸 것이 전동기의 효율이다.

속도-토크특성

전동기의 축에 부하가 연결되지 않아서 자유롭게 회전하고 있는 상태를 무부하상태라 하고 이때의 속도를 **무부하속도**(no-load speed)라 한다. 여기에 부하가 걸리면 회전을 방해하는 토크가 작용하여 속도에 변화가 생긴다. 이 속도의 변화가 토크와 어떤 함수관계를 갖는지는 전동기의 종류마다, 또 개별 전동기의 특성에 따라 다르며, 이를 전동기의 **속도-토크특성**이라 한다. 이는 다음과 같은 의미를 갖는다. 4-4절의 그림 4-22(a)에서 어떤 속도 ω 를 가정하면 역기전력이 $e = g(\omega)$로 결정된다. 그 역기전력과 주어진 전원에서 전기적 평형조건을 만족하는 전류 i 가 결정되고, 이 전류에서 $T = f(i)$의 토크가 결정된다. 즉 속도가 주어지면 토크가 결정된다. 그 속도와 토크 사이의 함수관계를 나타낸 것이 전동기의 속도-토크특성으로서, **주어진 전기적 평형조건을 만족하는 속도와 토크의 모든 조합**을 나타낸다.

부하 역시 토크와 속도 사이에 함수관계를 갖는다. 예를 들어 선풍기 날개는 정지상태에서 아무런 토크를 발생하지 않지만 회전시키면 날개가 공기와 마찰하면서 회전 반대 방향으로 토크가 작용한다. 그 토크는 대략 속도의 제곱에 비례한다. 팬이나 송풍기, 그리고 펌프 등 액체 이송장치 역시 비슷한 특성을 보이며 이런 종류를 통틀어 **유체이송부하**라 한다. 다른 유형으로는 기중기나 엘리베이터처럼 물체를 올렸다 내렸다 하는 **권상부하**(hoist)가 있다. 권상捲上: 감아올린다는 뜻부하는 토크가 물체의 무게에 좌우되므로 속도에 상관 없이 일정한 토크를 발생한다. 그림 4-30은 이들의 속도-토크특성을 보여주고 있으며, 대다수의 부하가 이 두 유형 중 하나에 속한다. 그 외 토크가 속도에 비례하거나 속도 증가에 따라 토크가 감소하는 부하도 있다.

전동기가 부하를 구동할 때 전동기와 부하의 속도는 같고, 정상상태에서 (서로 반대 방향으로 작용하는) 토크 역시 같다. 이 속도와 토크가 전동기의 속도-토크특성과 부하의 속도-토크특성을 동시에 만족하므로 전동기와 부하의 속도-토크특성이 그림 4-31과 같이 주어졌다면 두 곡선의 교점 P 에서 동작이 이루어지게 된다. 전기적 평형조건을 만족하는 속도와 토크의 모든 조합인 전동기의 속도

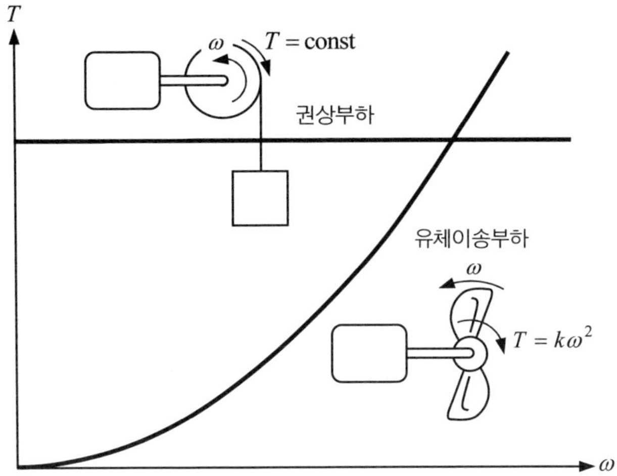

그림 4-30
유체이송부하와 권상부하의 속도-토크특성

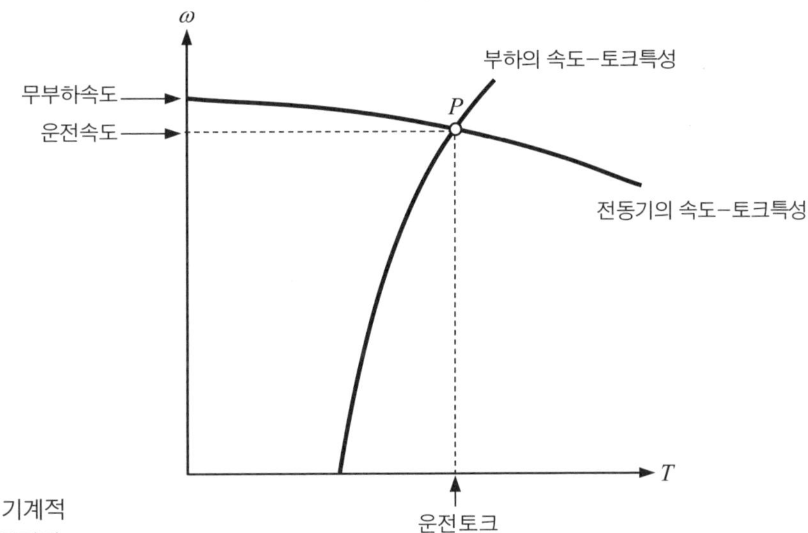

그림 4-31
전동기와 부하의 기계적 평형상태에서의 동작점

-토크특성이 부하의 속도-토크특성과 교차하는 P 점은 전기적 평형과 기계적 평형이 동시에 이루어지는 상태를 나타낸다. 이 동작점의 속도와 토크를 곱한 것이 부하로 전달되는 전동기의 출력이다. 부하의 속도-토크특성이 변하면 동작점이 이동하여 속도가 변한다. 속도가 변하면 역기전력이 변하고, 변화된 역기전력에서 전기적 평형을 만족하는 전류가 변하면서 전기적 입력도 변하게 된다.

예제 4-6

어떤 전동기의 무부하속도가 600 rpm이고 부하토크가 10 N-m씩 커질 때마다 속도가 5 rpm씩 토크에 비례해서 떨어지는 특성을 지니고 있다. 이 전동기가 900 rpm에서 30마력의 동력을 소비하는 팬을 구동하고 있다. 전동기의 출력과 팬의 회전속도를 구하라.

전동기의 속도 n (rpm)과 토크 T (N-m) 사이의 관계를 아래의 식으로 나타낼 수 있다.

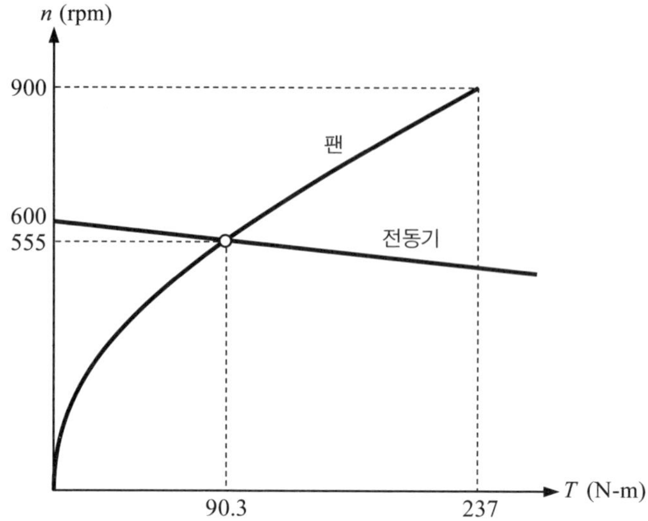

그림 4-32

$$n = 600 - \frac{5}{10}T = 600 - 0.5T \qquad \text{(A)}$$

팬의 속도-토크특성은 아래와 같이 쓸 수 있다.

$$T = kn^2 \qquad \text{(B)}$$

비례상수 k는 900 rpm(94.25 rad/sec)으로 회전할 때 30마력을 소비한다는 조건으로부터

$$T\omega = k \times 900^2 \times 94.25 = 30 \times 746$$

$$k = 2.932 \times 10^{-4}$$

식(A)와 식(B)로 표현된 속도-토크특성은 그림 4-32와 같다. 두 함수관계의 교점을 구하면

$$n = 555 \text{ rpm}$$

$$T = 90.3 \text{ N-m}$$

555 rpm은 58.1 rad/sec이므로 전동기의 출력은

$$P = 90.3 \times 58.1 = 5.24 \text{ kW}$$

발전기의 전력전달

그림 4-33은 발전기에서 일어나는 전력전달과정을 보여주고 있다. 발전기를 구동하는 엔진이나 터빈 등을 **원동기**(prime mover)라 한다. 원동기로부터 전달되는 기계적 동력이 발전기 입력이고 냉각날개와 베어링 등에서 일어나는 기계적 손실을 뺀 나머지가 전기적 에너지로 변환된다. 이 변환 동력은 회전자에 유기되는 회전 반대 방향의 토크 T_e 에 각속도 ω 를 곱한 것과 같다. 발전기의 기계적 손실에 해당하는 토크 역시 회전 반대 방향으로 작용하므로 이를 유기토크에 더한 것이 발전기의 축토크가 되어 원동기의 구동토크와 기계적 평형을 이룬다.(원동기 역시 자체의 속도-토크 특성을 지니고 있으며 발전기의 속도와 토크가 원동기의 속도-토크특성을 만족하는 지점에서 기계적 평형이 이루어진다.) 전기적으로 변환된 동력의 일부는 발전기 내부에서 일어나는 동손 및 철손 등 전기적 손실로 소모되고 나머지가 부하로 전달되는 발전기 출력이 된다. 발전기의 효율이란 이 전기적

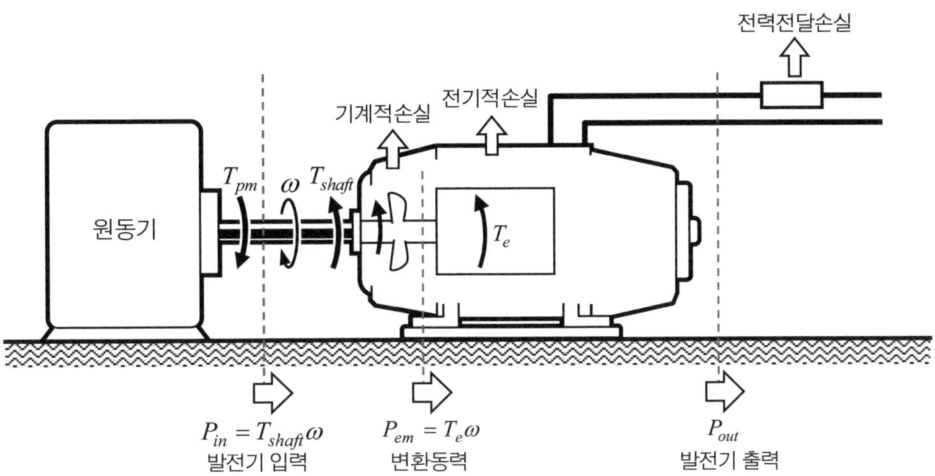

그림 4-33 원동기-발전기의 동력전달

출력과 기계적 입력 사이의 비율을 뜻한다. 전기적 부하가 멀리 떨어져 있는 경우에는 전력전달 과정에서 손실이 일어나며 발전기 입장에서 보면 이 선로손실 역시 부하에 포함된다.

발전기의 전압-전류특성과 동작점

발전기는 전기적 부하에 전력을 공급하기 위한 기기이므로 발전기의 출력단 단자 사이에 나타나는 전압이 관심의 대상이 된다. 발전기 출력단자가 개방되어 전류가 흐르지 않는 상태에서 나타나는 전압을 **무부하전압**(no-load voltage)이라 한다. 일반적으로 무부하전압은 주어진 발전기의 회전속도에서 유기되는 기전력과 같다. 발전기에 부하가 가해져 전류가 흐르면 발전기 내부에서 일어나는 전압강하로 단자전압이 달라지는데, 출력단 전압이 낮아지는 것이 보통이지만 단자전압이 오히려 상승하는 경우도 있다. 이러한 발전기의 특성은 그림 4-34에 보인 것과 같이 발전기 출력단 전압과 출력전류 사이의 함수관계를 나타내는 **전압-전류특성**으로 표현된다.

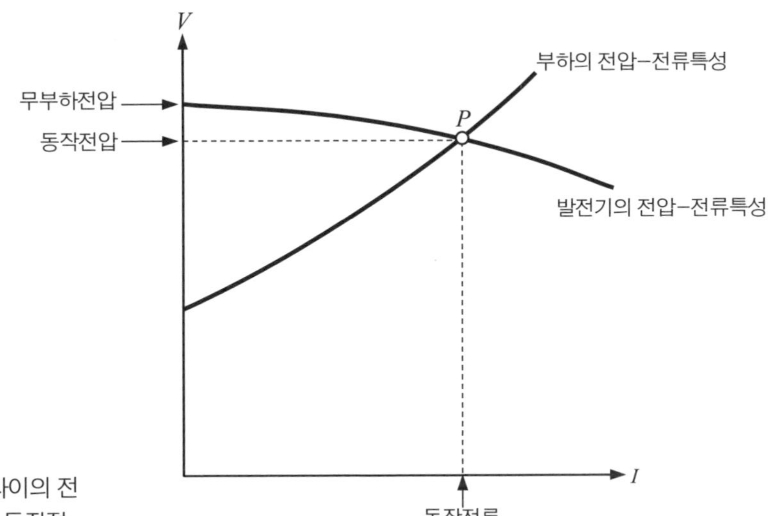

그림 4-34
발전기 출력과 부하 사이의 전기적 평형상태에서의 동작점

전기기계의 크기

전기기계의 출력이 클수록 물리적 크기도 큰 것은 당연하다. 그러나 동시에 회전기계의 크기는 속도에 따라서도 크게 달라진다. 예를 들어 같은 100 kW 발전기라도 2,000 rpm 발전기와 1,000 rpm 발전기의 크기에는 현저한 차이가 있다. 도체에 유기되는 기전력이 속도에 비례하므로 절반의 속도에서 같은 전압을 발전하려면 도체의 수(길이)를 2배로 늘려야 한다. 이는 기기에 사용되는 도체의 양이 2배가 되어야 함을 뜻한다. 혹은 도체를 그대로 두고 자속을 2배로 할 수도 있는데, 이때는 자속을 만들어내는 계자의 코일 턴수가 많아야 하고 자기포화가 일어나지 않도록 철심도 커야 한다. 즉 도체수를 늘리거나 자극을 키워야 하며, 실제로는 양쪽을 다 적절히 키워준다.

따라서 어떤 정해진 용량에서 저속 기계는 항상 고속 기계보다 크고 무거우며, 따라서 더 비싸기도 하다. 이는 발전기나 전동기, 직류기나 교류기에서 모두 마찬가지이다.

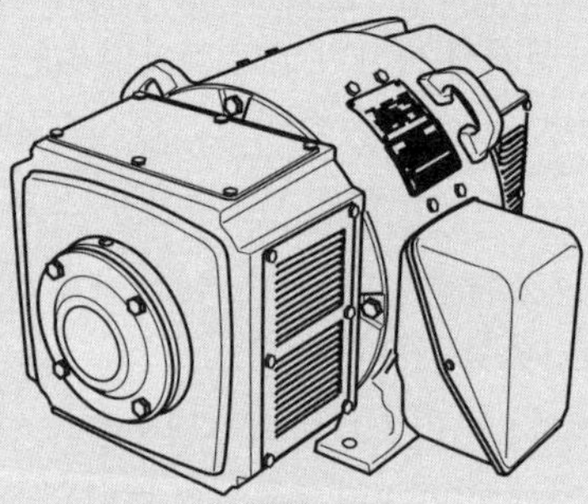

100 kW, 1,000 rpm
500 kg

100 kW, 2,000 rpm
300 kg

한편 같은 출력에서 토크와 속도는 반비례하므로 ($P = T\omega$) 속도가 낮은 기계, 즉 큰 기계는 토크가 크고 속도가 높은 기계, 즉 작은 기계는 토크도 작다. 따라서 일반적으로 큰 기계는 저속 고토크, 작은 기계는 고속 저토크 기계가 된다.

50 kW, 1,000 rpm
300 kg

도체에 작용하는 힘이 자속밀도와 전류의 곱에 비례하므로(플레밍의 왼손법칙) 일반적으로 기기의 **토크는 기계에 사용된 철과 동의 양에 비례한다.** 이는 토크가 같다면 서로 다른 출력의 기계도 대략 같은 크기가 됨을 뜻한다. 예컨대 토크가 같은 100 kW 2,000 rpm의 전동기와 50 kW 1,000 rpm 전동기의 크기는 비슷하다. 따라서 기계의 크기만으로 출력이 얼마인지는 알 수 없으나 그 토크는 대략 가늠할 수 있다. 즉 어떤 기계가 크다면 이는 곧 토크가 큰 기계이다.

발전기의 전압-전류특성은 발전기가 원동기에서 주어진 기계적 평형조건을 만족하는 출력전압과 전류의 모든 조합을 나타낸다. 발전기에 접속되는 전기적 부하의 특성 역시 전압-전류특성으로 표현되며, 발전기와 부하의 전압-전류특성을 나타내는 두 곡선이 만나는 지점이 기계적 평형조건과 전기적 평형조건을 동시에 만족하는 동작점이 된다. 이 동작점의 전압과 전류의 곱이 주어진 운전조건(원동기와 부하)에서 발전기의 출력이다.

연습문제

4-1. 어떤 전동기가 1,200 rpm으로 회전하고 있다. 이 전동기의 각속도는 얼마인가? 만일 이 전동기가 내부에 8개의 극을 갖고 있다면 전기적 각속도는 얼마인가?

4-2. 10 kg-m^{2}의 회전관성모멘트를 갖는 물체에 20 N-m의 토크를 가했을 때 각가속도는 얼마가 되는가? 물체가 정지한 상태에서 이 토크를 10초간 가했다면 물체의 최종 회전속도는 몇 rpm인가?

4-3. GD^2이 30 kg-m^{2}인 물체가 1,500 rpm으로 회전하고 있다. 이 물체에 회전 반대 방향으로 10 kgf-m의 일정한 토크를 가해 정지시키는 데에 얼마의 시간이 걸리는가?

4-4. 1 ton의 주철을 사용하여 회전관성모멘트가 40 kg-m^{2}인 그림 4-6의 왼편과 같은 원통형 회전체를 제작하고자 한다. 주철의 비중은 7.2이다. 회전체의 직경과 길이를 결정하라.

4-5. 3,000 rpm으로 회전하면서 30 MJ의 회전운동에너지를 저장할 수 있는 플라이휠을 제작하고자 한다. 플라이휠의 직경은 1.2 m 이내여야 한다. 제작에 필요한 재료의 무게를 결정하라.

4-6. 어떤 전동기가 출력할 수 있는 최대 토크가 50 kgf-m이다. 이 전동기가 그림 4-10과 같이 케이블롤러로 짐을 끌어올린다. 롤러의 반경이 25 cm라면 최대 몇 kg까지 짐을 매달 수 있는가? 기계적 손실요소와 케이블의 무게는 무시한다.

4-7. 그림 4-10에서와 같이 전동기로 200 kg의 물체를 끌어올리고자 한다. 10마력의 전동기로 끌어올릴 수 있는 최대 상승속도는 얼마인가?

4-8. 어떤 전기자동차가 50마력 전동기로 구동되고 있다고 한다. 자동차 전체의 무게는 1,500 kg이다. 전동기의 최대 출력으로 시속 60 km부터 시속 100 km까지 가속하는 데에 몇 초가 걸리는가?

4-9. 길이가 1 m인 도체를 그림 4-18에서와 같이 1.5 T의 자기장을 직각으로 가로질러 180 m/sec의 속도로 끌고 가고자 한다. 도체 양단에 연결된 저항이 0.5 Ω일 때, 1 Ω일 때, 2 Ω일 때 각각 필요한 동력은 얼마인가?

4-10. 길이가 1.2 m인 도체가 그림 4-19에서와 같이 자기장 안에 놓여 있고 도체에 30 V가 가해진 상태에서 도체가 18 m/sec의 일정한 속도로 부하를 끌고 이동하고 있다면 부하가 가하는 힘이 5 N일 때, 10 N일 때, 20 N일 때 각각 도체에 흐르는 전류는 얼마인가?

4-11. 그림 4-20과 같은 선형운동 도체에서 전원전압은 50 V, 저항은 0.2 Ω, 레일의 폭은 50 cm, 자속밀도는 0.8 T라 한다.

(a) 전원이 처음 가해진 직후 도체에 유기되는 힘은 얼마인가?

(b) 도체가 최종적으로 도달하는 속도는 얼마인가?

(c) 도체의 이동 반대 방향으로 20 N의 힘이 가해졌다면 도체의 속도는 얼마가 되는가?

(d) 위 (c)의 상태에서 전원의 공급전력, 기계적 출력, 저항의 손실을 각각 구하라.

4-12. 문제 4-11에서와 같은 직선이동 도체에서

(a) 도체에 가해지는 외부의 힘을 f, 도체의 속도를 v, 자속밀도를 B, 도체의 길이를 l, 전원전압을 V, 저항을 R이라 하였을 때 도체의 속도(정상상태에 도달했을 때의 속도)를 외부 힘의 함수로 나타내라.

(b) (a)에서 구한 함수를 문제 4-11의 데이터를 적용하여 그래프로 나타내고 그래프상에 문제 4-11(c)의 동작점을 표시하라.

(c) 저항값이 커지거나 작아지면 위의 그래프가 어떻게 변하는지, 그 결과 속도에 어떤 영향을 미치는지 설명하라.

4-13. 그림 4-20의 도체가 전기적 평형과 기계적 평형상태를 유지하면서 일정한 속도로 부하를 끌고 이동하고 있다. 동작 중 전원전압이 계단적으로 상승하였을 때 새로운 정상상태 속도에 이르는 과정에서 나타나는 현상은 다음과 같다.

1. 전원전압과 역기전력 사이의 전기적 평형이 깨져 전류가 계단적으로 상승한다.
2. 전류에 비례해서 도체에 유기된 힘이 커지면 부하와 기계적 평형이 깨져 속도가 상승한다.
3. 속도에 비례하여 역기전력이 커지면 전원과의 전위차가 줄어들면서 전류가 하락한다.
4. 전류에 비례하여 힘이 줄어들므로 부하와 힘의 차이가 줄어 속도 상승이 완만해진다.
5. 역기전력이 전원전압과 전기적 평형상태에 도달하면 전류는 처음 상태로 돌아가 힘이 부하와 같아지고 다시 기계적 평형을 이루면서 일정한 속도로 이동한다.

이상과 같이 과도상태를 거쳐 새로운 정상상태에 도달하는 과정에서 도체의 전류, 유기되는 힘, 속도, 기전력의 시간적 변화를 그림으로 나타내라.

4-14. 문제 4-13에서 서술한 것과 같은 방식으로 부하의 힘이 계단적으로 상승했을 때 새로운 정상상태에 도달하는 과정을 설명하고 도체의 전류, 유기되는 힘, 속도, 기전력의 변화를 그려라.

4-15. 그림 4-25의 사각형 코일에서 위 아래 도체 사이의 거리가 50 cm, 길이는 1 m이다. 코일의 턴수가 100이고 2 A의 전류가 흐르고 있다. 자속밀도가 1.2 T로 일정한 것으로 가정했을 때 코일에 유기되는 토크가 각도 δ에 따라 변하는 양상을 그려라.

4-16. 어떤 3상 교류발전기가 1,800 rpm으로 회전하면서 1,200 V의 선간전압을 출력하고 있다. 여기에 3상 평형 부하가 접속되어 지상 0.8 역률로 선전류 300 A가 흐르고 있을 때 발전기의 효율이 97 %라면 원동기로부터 발전기로 공급되는 동력은 얼마인가? 원동기의 구동토크는 얼마인가?

4-17. 30마력을 출력하면서 1,500 rpm으로 회전하는 전동기가 있다. 전동기의 전기적 손실이 1,200 W이고 기계적 손실이 400 W라 한다. 다음을 구하라.

(a) 전동기의 축토크

(b) 전동기 내부의 유기토크

(c) 전동기의 입력전력

(d) 전동기의 효율

4-18. 어떤 전동기의 무부하속도가 600 rpm이다. 부하토크가 10 N씩 커질 때마다 속도가 5 rpm씩 직선적으로 떨어지는 특성을 지니고 있다. 이 전동기로 그림 4-10에서와 같이 케이블에 매달린 30 kg의 물체를 끌어올린다고 한다. 케이블이 감기는 롤러의 직경은 50 cm이다. 전동기와 부하의 속도-토크특성을 그리고 동작점을 나타내라. 이때 전동기의 출력과 물체의 상승속도를 구하라. 모든 손실은 무시한다.

4-1. 125.7 rad/sec, 502.7 rad/sec **4-2.** 2 rad/sec^2, 191 rpm **4-3.** 12 sec **4-4.** 56.6 cm, 55.3 cm **4-5.** 1,689 kg
4-6. 200 kg **4-7.** 3.81 m/sec **4-8.** 8.1 sec **4-9.** 145,800 W, 72,900 W, 36,450 W **4-10.** 3 A, 6 A, 12 A
4-11. (a) 100 N (b) 125 m/sec (c) 100 m/sec (d) 2,500 W, 2,000 W, 500 W
4-12. (a) $v = V/(lB) - R/(lB)^2 f$ (b) $v = 125 - 1.25f$ m/sec **4-15.** $120\sin\delta$ N **4-16.** 514 kW, 2,728 N-m
4-17. (a) 142.5 N-m (b) 145.0 N-m (c) 23,980 W (d) 93.3 % **4-18.** 4,336 W, 14.7 m/sec

5

직류기의 원리와 구조

직류발전기와 직류전동기는 전기에너지가 도입된 초창기부터 실용화되었고, 많은 개량을 거쳐 왔으나 기본 형태에 있어서는 큰 변화가 없다. 동작원리 자체는 단순하지만 실제 구조는 세 가지 유형의 전기기계(직류기, 유도기, 동기기) 중 가장 복잡하다. 이러한 구조상 약점과 높은 단가에도 불구하고 제어의 용이성 때문에 오랜 기간 사용되어 왔으나 1980년대 이후 교류기 제어기술의 비약적인 발전으로 오늘날 직류기의 현실적 비중은 크게 축소되었다. 그러나 4장에서 설명한 전기기계적 에너지변환이 실제 회전기 형태로 어떻게 구현되는지를 이해하는 데에 있어서 직류기는 여전히 중요한 의미를 지니고 있다. 나아가 이후 다루게 될 교류기의 여러 특성을 이해하는 데에도 기초가 된다. 직류발전기와 직류전동기의 종류별 특성과 제어방식은 6장과 7장에서 각각 따로 다루기로 하며, 이 장에서는 직류기의 일반적인 구조와 동작원리 전반에 대하여 서술한다.

1880년 Edison에 의해 만들어져 상업화된 초기의 직류발전기인 dynamo. 두 개의 기둥은 코일이 감겨진 전자석으로서, 발전이 이루어지는 아래의 회전부 양쪽에 N극과 S극을 만들어주기 위한 것이다.

5-1 직류기의 기본 동작

직류기는 4장에서 설명하였던 자기장 안에서 직선운동을 하는 도체의 동작원리가 그대로 적용된 기기이다. 그러나 회전기계 형태의 실제 직류기는 도체가 진행하는 경로에 작용하는 자기장이 한 방향으로 고정되어 있는 것이 아니라 양방향으로 교번하는 구조로 만들어진다.[1] 따라서 겉보기에 직류에서 동작하지만 실제 내부 코일에는 교류가 흐른다. 먼저 단 하나의 코일로 이루어진 단순한 형태의 기계를 통해 직류기의 기본 동작과 구성요소를 알아보기로 한다.

자극 사이에서 회전하는 코일

그림 5-1은 두 개의 자극 사이에서 회전하는 코일을 보여주고 있다. 코일은 회전축에 평행한 두 **코일변**(coil side)과 코일변 사이를 이어주는 **코일단부**(coil end)로 이루어진다. 코일이 회전하면 두 코일변이 자극 사이의 자기장을 가로지르면서 전기기계적 에너지변환이 일어난다. 이 회전하는 코일을 외부의 고정된 회로에 접속하기 위해 코일 양 끝에 **슬립링**(slip ring)이라 불리는 원통형 도체가 부착되어 있고 그 표면에 미끄러지면서 접촉하는 **브러시**(brush)를 통해 단자가 인출되어 있다. 이를 통해 코일변1은 항상 외부 단자1에, 코일변2는 외부단자2에 접속된 상태가 유지된다.

그림 5-2(a)는 코일을 옆(슬립링 쪽)에서 본 모습으로, 실제 코일은 강자성체로 만들어진 원통형 회전자 표면의 **도체홈**(slot)에 설치된다. N극에서 나와 회전자 철심을 거쳐 S극으로 진행하는 자기력선들이 공극을 건너갈 때는 자기저항이 최소인 경로를 따라 최단거리의 반지름 방향으로 진행한다. 따라서 회전자 원주의 접선방향으로 운동하는 코일변은 어느 위치에서건 자기력선을 직각으로 가로지르게 된다. 이때 코일변에 기전력이 유기되는데, 자극 아래 모든 위치에서 자속밀도 B가 일정한 것으로 가정하면 유기기전력이 $e = lBv$ 의 일정한 크기를 유지한다. l은 코일변의 길이, v는 코일변의 접선방향 속도이다. 그림과 같이 반시계방향으로 회전하는 경우 N극 아래 코일변의 기전력

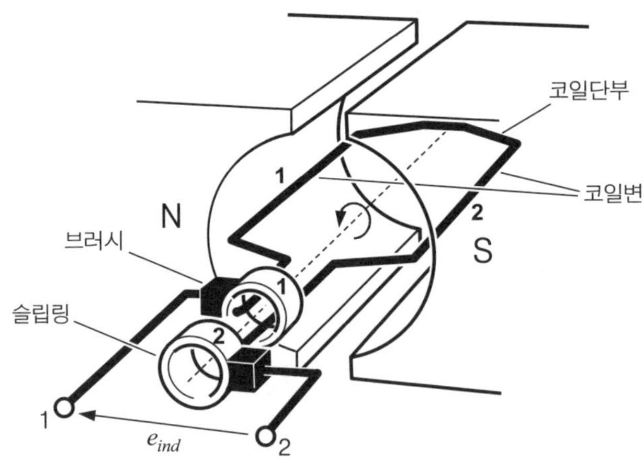

그림 5-1
자극 사이에서 회전하는 코일

[1] 도체가 진행하는 경로에서 항상 한 방향으로 자기장이 가해지는 구조를 단방극기(homopolar machine), 자기장의 방향이 교대로 바뀌는 형태를 양방극기(heteropolar machine)라 한다. 단방극기가 단순하긴 하지만 실제 회전기 형태로 구현하는 데에 있어서는 계자 코일과 전기자 코일이 서로 상대적인 운동을 방해하지 않는 구조를 지니면서 동시에 현실적인 실용성을 확보하는 데에 어려움이 따른다. 따라서 일부 특수형 기기 외에는 거의 모든 전기기계가 양방극기 구조를 지니고 있다.

(a)

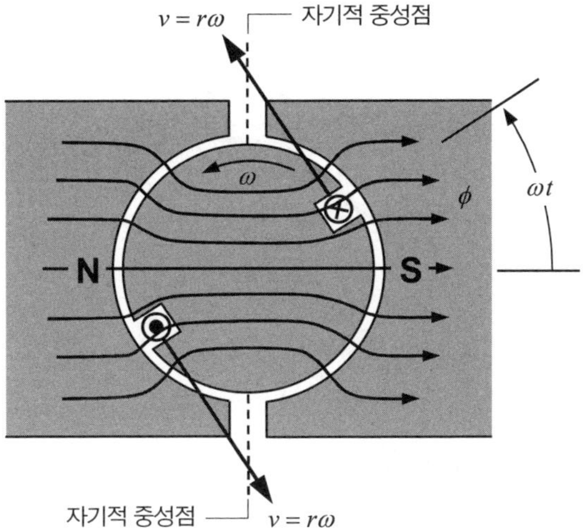

(b)

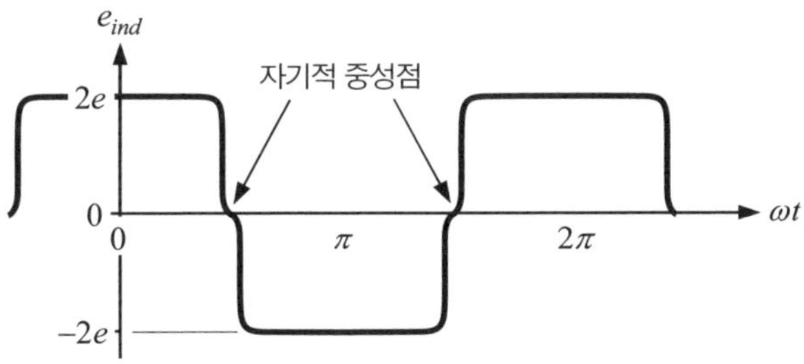

그림 5-2 코일에 유기되는 기전력

은 지면에서 나오는 방향, S극 아래 코일변에서는 지면으로 들어가는 방향이며 이들이 뒤편 코일단부를 통해 같은 방향으로 더해지므로 코일 양 끝 사이에 아래의 기전력이 나타난다.

$$e_{ind} = 2lBv \tag{5-1}$$

이 기전력은 그림 5-1에서와 같이 코일변 1이 N극, 코일변 2가 S극 아래를 지나고 있는 동안 단자 1이 양, 단자 2가 음인 극성으로 나타난다. 이후 코일이 반 바퀴 회전하여 코일변 1과 2의 위치가 뒤바뀌면 단자 1이 음, 단자 2가 양인 극성으로 반전된다. 따라서 슬립링과 브러시를 거쳐 외부의 두 단자 사이에 나타나는 기전력은 그림 5-2(b)에 보인 것과 같이 반 바퀴마다 극성이 바뀌는 구형파 형태의 교류가 된다. 여기서 코일변이 N극과 S극 사이의 경계를 지날 때마다 잠시 기전력이 0이 되는 구간을 거치는데, 이 위치를 **자기적 중성점**(magnetic neutral)이라 부른다.

정류자와 브러시에 의한 기계식 정류작용

위에서 보듯이 회전하는 코일에 유기되는 기전력은 교류이다. 이 교류 기전력을 외부 직류회로에 접속시켜주기 위해 코일 양 끝에 각각 온전한 형태의 슬립링을 부착하는 대신 그림 5-3(a)에 보인 것처럼 하나의 슬립링을 반으로 분할하여 코일 양 끝의 단자로 사용한다. 이러한 형태의 접속단자를 **정류자**(commutator)라 하고 분할된 각 부분을 **정류자편**(commutator segment)이라 부른다.

그림은 코일변 1에 접속된 정류자편 1이 브러시를 통해 외부 단자 p에, 코일변 2에 접속된 정류자

(a)

(b)

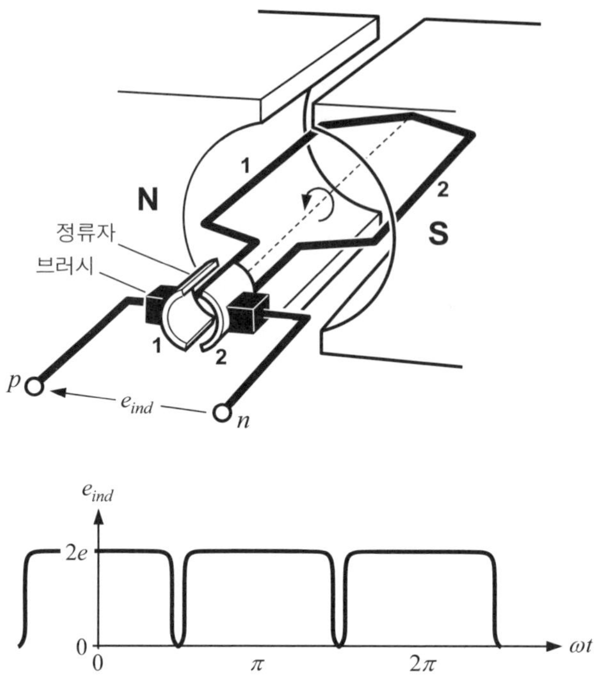

그림 5-3 코일 양단에 설치된 정류자와 브러시 및 이를 통해 외부 단자에 나타나는 유기기전력

편 2가 외부 단자 n에 접촉하고 있는 상태로, 주어진 회전방향에서 p에 양, n에 음의 극성이 나타난다. 이 상태에서 반 바퀴 회전하면 코일변에 유기되는 기전력의 극성이 반전되는데, 이때 정류자편과 브러시 사이의 접속도 뒤바뀌므로 여전히 p에 양, n에 음인 극성이 유지된다. 즉 기전력이 반전되면서 접속도 뒤바뀌어 결과적으로 외부 단자에는 그림 5-3(b)에 보인 것과 같이 항상 한 방향으로 기전력이 나타나게 된다.

이와 같이 코일이 회전하면서 정류자편과 브러시 사이의 접속관계가 바뀌는 동작을 **정류**(commutation)라 한다. 이 정류동작이 제대로 이루어지기 위해서는 **기전력의 반전과 접속의 절환이 동시에 이루어져야 한다.** 그림 5-4는 코일이 한 바퀴 회전하는 동안 정류가 이루어지는 과정을 나타낸 것으로, 코일변이 자기적 중성점을 통과하면서 기전력의 방향이 바뀌게 되는 시점에 정류자편 사이의 경계가 브러시를 통과하면서 접속이 뒤바뀌는 것을 볼 수 있다. 만일 브러시가 그림과 다른 위치에 놓여 있다면 이러한 정류동작이 제대로 이루어질 수 없다. 따라서 브러시의 공간적 위치가 정확히 설정되어 있어야 하며, 이렇게 되었을 때 정류자와 브러시는 (1) 회전하는 코일과 고정된 외부회로를 기계적 접촉을 통해 연결해주는 역할을 하면서 동시에 (2) 코일의 교류 기전력을 외부 단자에 직류로 나타나게 하는 **기계식 정류기**로서의 기능을 하게 된다.[2]

---

[2] commutation은 '절환' 또는 '절체,' 즉 외부 회로와 코일 사이의 접속관계가 바뀌는 동작을 나타내며 commutator는 '절체 동작을 하는 기구'를 뜻한다. 반면에 '정류' 및 '정류자'라는 용어는 그 동작의 결과 교류가 직류로 바뀌는 기능에 초점을 맞춘 것이다. 정류가 교류에서 직류 쪽으로 전력이 전달되는 의미를 내포하고 있기 때문에 정류자라는 용어가 발전기 동작에서는 합당하지만 외부 직류회로에서 교류가 유기되는 코일 쪽으로 전력이 전달되는 전동기 동작까지 포괄하기에는 적절하다고 할 수 없다. 그러나 이미 오랜 기간 고착된 용어이므로 그대로 사용하기로 한다.

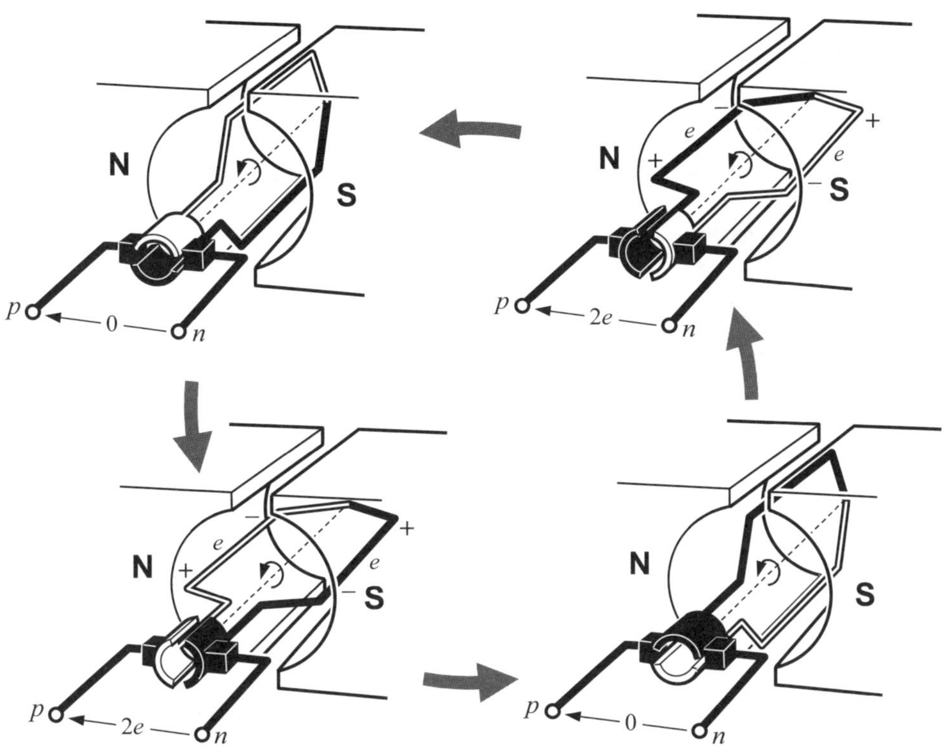

그림 5-4 코일이 회전할 때 브러시와 정류자 접속의 절환을 통해 일어나는 기계식 정류동작

발전기 동작과 전동기 동작

그림 5-3에서 p 단자에 양, n 단자에 음의 극성으로 기전력이 나타나고 있을 때 두 단자 사이에 저항을 접속하면 p에서 전류가 흘러나와 외부 저항을 거쳐 n으로 흘러 들어가는 발전기 동작이 일어나게 된다. 그림 5-5(a)는 이 상태를 나타낸 것으로, 외부 단자에서 기전력의 방향으로 전류가 흐를 때 내부의 두 코일변에서도 각자 유기기전력의 방향으로 전류가 흐르는 것을 볼 수 있다. 코일이 반 바퀴 회전하여 접속이 뒤바뀐다 해도 같은 상태가 그대로 유지된다. 이때 전류가 흐르는 두 코일변에 힘이 유기되고, 이들이 짝힘이 되어 회전 반대 방향으로 토크가 작용한다. 이 역방향 유기토크는 발전기동작이 일어날 때 코일을 회전시키는 외부의 힘에 대항하는 반작용에 해당한다. 각각의 코일변에서 일어나는 현상은 4장의 그림 4-18에서 보았던 직선운동 도체의 발전기동작과 동일하며, 코일의 발전기동작은 코일을 구성하고 있는 두 코일변의 개별적인 발전기동작의 합성이다.

그림 5-5(b)는 같은 회전방향에서 전류가 반대로 흐를 때이다. 회전방향이 같으므로 기전력의 극성도 앞에서와 같고, 전류가 그 반대 방향으로 흐르면서 코일로 전기에너지가 유입된다. 이처럼 외부 단자를 통해 기전력의 반대 방향으로 전류가 흘러 들어올 때 두 코일변에서도 각각 유기기전력 반대 방향으로 전류가 흐르며, 전류에 의해 두 코일변에 유기되는 힘은 회전 방향의 토크로 작용한다. 이는 코일이 유기토크의 방향으로 회전하면서 기계적 동력을 출력하는 전동기동작이 이루어지는 상태임을 보여준다. 이때 전류 반대 방향의 기전력은 전동기동작에 대한 반작용으로 나타나는 역기전력에 해당한다. 각 코일변에서 일어나는 현상은 그림 4-19에서 보았던 직선운동 도체의 전동기

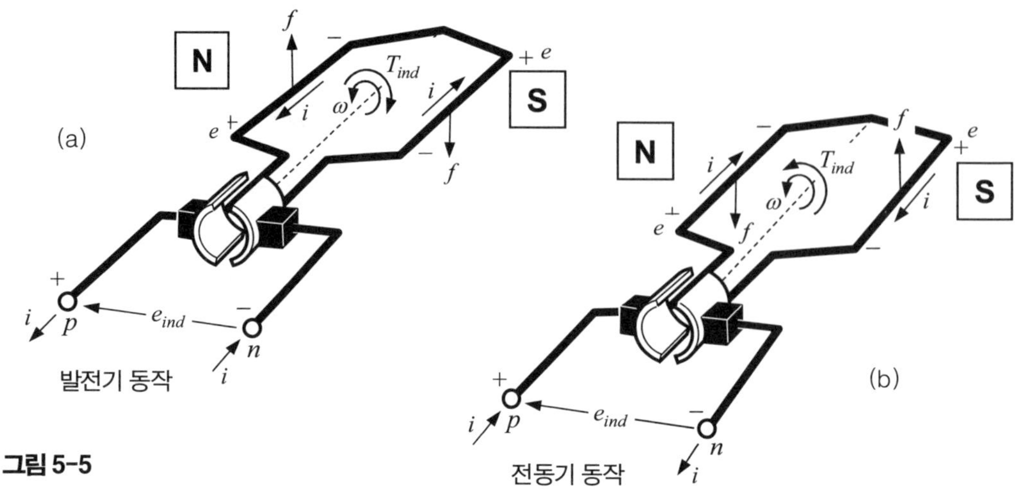

그림 5-5
발전기 동작과 전동기 동작에서
유기기전력과 유기토크의 방향

동작과 동일하며, 두 코일변의 동작이 합성되어 코일의 전동기동작이 이루어짐을 알 수 있다.

유기기전력과 유기토크

그림 5-5에서 코일에 유기되는 기전력과 토크의 구체적인 표현식을 구해보도록 한다. 먼저 유기기전력은 식 (5-1)로 주어지는데, 회전자의 반지름을 r 이라 하면 코일변의 접선방향 속도가 $v = r\omega$ 이므로 아래와 같이 각속도의 함수로 나타낼 수 있다.

$$e_{ind} = 2rlB\omega \tag{5-2}$$

여기서 N극에서 나와 S극으로 들어가는 자속의 총량을 ϕ 라 하자. 각 자극면의 면적이 회전자의 표면적 $2\pi rl$ 의 절반에 해당하므로 여기에 자속밀도를 곱한 것이 ϕ 이다. 즉

$$\phi = \pi rlB \tag{5-3}$$

이 관계를 적용하면 식 (5-2)를 자속밀도 대신 ϕ 를 사용하여 아래와 같이 쓸 수 있다.

$$e_{ind} = \frac{2}{\pi}\phi\omega \tag{5-4}$$

유기토크 역시 마찬가지 방식으로 표현된다. 전류 i 에 의해 양쪽 코일변에 유기되는 힘의 크기는 $f = lBi$ 이고 코일 양쪽에서 같은 방향의 토크로 작용한다. 따라서

$$T_{ind} = 2rf = 2rlBi \tag{5-5}$$

여기에도 식 (5-3)의 관계를 적용하면

$$T_{ind} = \frac{2}{\pi}\phi i \tag{5-6}$$

ϕ 를 **극당자속**이라 하며, 식 (5-4)와 (5-6)은 유기기전력과 토크가 기기의 치수(회전자의 반지름과 길이)가 어떠하건 자극이 만들어내는 자속의 총량에 의해 결정됨을 보여주고 있다.

식 (5-4)와 (5-6)은 단일코일 기기에서 일어나는 전기기계적 에너지변환에서 기계적 변수(각속도

및 토크)와 전기적 변수(기전력과 전류) 사이의 관계를 나타낸다. 이들은 4장 그림 4-22에서 언급했던 전동작용을 나타내는 함수관계 $T = f(i)$ 및 발전작용을 나타내는 함수관계 $e = g(\omega)$ 에 해당한다. 뒤에서 설명하는 훨씬 복잡한 실제 기기에서도 두 식의 비례상수 $(2/\pi)$ 만 달라질 뿐 수식의 형태에는 변화가 없다. 이렇게 전기기계적 에너지변환이 이루어지고 있을 때 코일에 유입 또는 유출되는 전력과 코일의 기계적 동력은 항상 일치한다. 즉 아래의 등식이 성립한다.

$$e_{ind} i = T_{ind} \omega \tag{5-7}$$

5-2 직류기의 구조

위에서 설명한 회전 코일은 지극히 단순한 형태이지만 직류기의 세 가지 구성요소를 모두 갖추고 있다. 구성요소란 (1) 자기장을 만들어주는 계자, (2) 자기장 안에서 전기기계적 에너지변환이 일어나는 전기자(코일), 그리고 (3) 전기자 코일을 외부와 접속시켜주는 정류자/브러시를 말한다. 실제 직류기는 이 세 요소를 주축으로 하고 기타 보조적인 요소들로 이루어진다

전체 구조

그림 5-6은 일반적인 직류기의 구조를 보여주고 있다. 고정자 외곽의 프레임 안쪽에 여러 개의 **자극**(pole)이 부착되어 **계자**(field)를 구성하고 자극에 감긴 **계자권선**(field winding)에 전류가 흘러 자속이 만들어진다. 그 안쪽에 회전자가 있고 회전자 표면의 도체홈에 코일들이 배치되어 **전기자**(armature)를 구성한다. 이 전기자코일들의 집합이 **전기자권선**(armature winding)이다. 회전자 한쪽 끝에 전기자권선에 부착된 정류자와 정류자 표면에 접촉하면서 외부로 단자를 인출하는 브러시가 설치되고 반대쪽에는 기기 내부의 공기를 유동시키기 위한 냉각날개가 있다.

그림 5-7은 여섯 개의 자극을 가진 6극 직류기의 단면을 보여주고 있다. 외곽의 프레임은 여러 개의 자극을 하나의 구조물로 지지해주는 틀(yoke)인 동시에 N극과 S극에서 만들어지는 자속의 배후 경로를 이어주는 철심(back iron)의 역할을 겸하며, 이처럼 자극들을 기계적, 자기적으로 이어준다는 의미로 **계철**繼鐵이라 부른다. 중소형기의 계철은 주철이나 주강의 주물로, 주물이 어려운 대형기

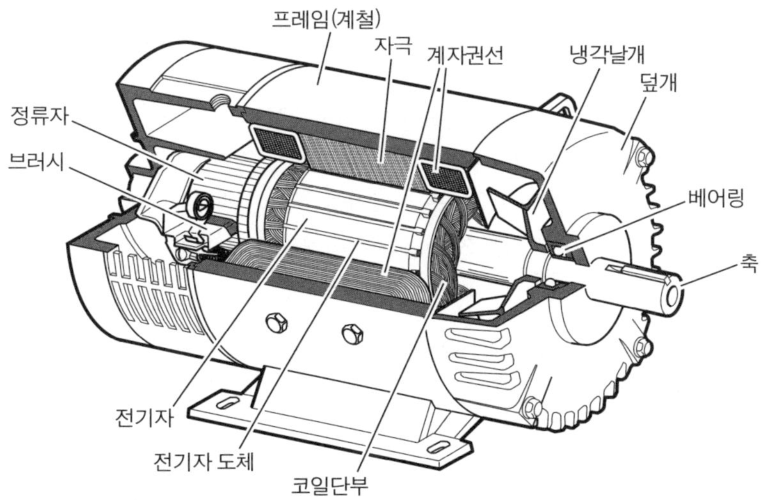

그림 5-6
직류기의 구조

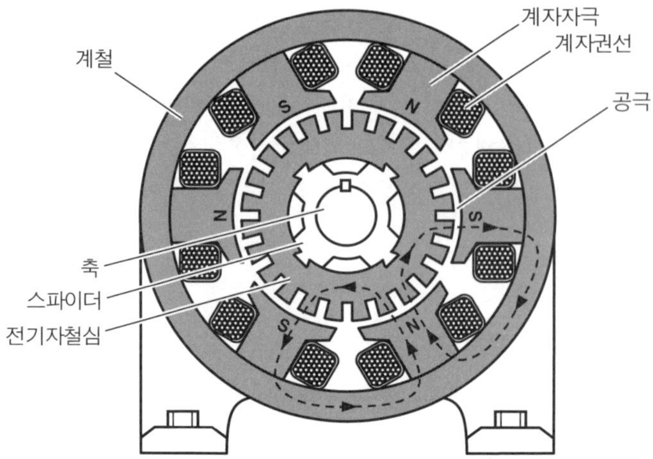

그림 5-7
6극 직류기의 단면

그림 5-8
고정자 상층부 계철과 계철에 부착된 계자 자극. 아래쪽에 회전자(전기자) 및 정류자, 브러시 및 브러시를 지지하기 위한 원형 틀을 볼 수 있다.

는 압연강을 여러 장 겹쳐서 용접하여 제작한다. 대형기의 계철은 통상 운반과 분해조립이 용이하도록 그림 5-8에서 보듯이 위 아래 두 부분으로 분리되는 구조로 만들어진다. 계철 양쪽 끝에 덮개(bracket)가 부착되고 덮개 중앙에 회전축을 지지하는 베어링이 설치된다. 대단히 크고 무거운 대형기들에서는 프레임에서 분리된 별도의 받침대에 베어링을 설치한 분리형 축받이가 사용된다.

계자

계철 안쪽에 체결되는 자극은 그림 5-9(a)에 보인 것과 같이 코일을 감는 자극철(pole piece) 부위와 자속이 전기자 표면에 고루 가해지도록 전기자 표면을 덮어주는 자극편(pole shoe) 부위로 구분된다. 계자자속이 일정하므로 기본적으로 자극철심을 성층할 필요는 없다. 그러나 전기자와 대면하는 부위에는 전기자 도체홈이 지나갈 때 자기저항의 변화로 자속이 맥동하면서 와전류가 발생한다.

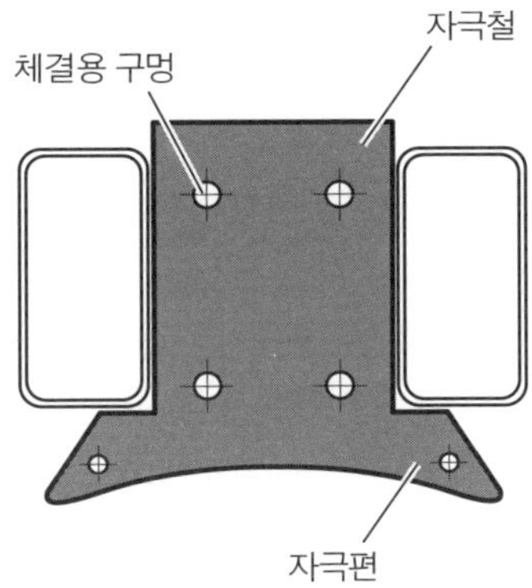

(a)

(b)

그림 5-9 (a) 계자자극 철심의 형상 (b) 계자권선이 설치된 자극의 모습.

이를 억제하기 위해 과거에는 자극편 부위만 성층철판으로 만들어 주철이나 주강 강괴로 이루어진 자극철에 체결하였으나 요즘에는 자극철 자극편 구분 없이 하나로 성층하여 만든다. 단 전기자보다는 두꺼운(0.8~1.6 mm) 강판이 사용된다. 한편 속도제어용 직류전동기에서는 대개 교류를 정류해서 계자용 전원으로 사용하는데, 정류된 전압의 맥동 때문에 계자전류에 맥동성분이 포함되므로 그림 5-10에서 보듯이 계철까지 일체형 성층철판으로 만들어지는 경우가 많다.

자극철 부위를 자화특성곡선의 경계영역까지 자화시켰을 때 자극편을 통해 전기자 표면 도체에 작용하는 평균 자속밀도는 0.4~0.8 T정도이다. 여기에 필요한 계자권선의 기자력은 공극의 크기에 좌우된다. 공극은 대략 1.5~2 mm정도이고 수백 kW급에서는 5 mm를 상회한다. 공극이 클수록 큰 기자력이 필요하므로 계자권선에 많은 동이 소요되며, 권선의 설치공간을 확보하기 위해 자극이 길어지고 외형도 커진다. 이 점에서 공극이 작은 것이 바람직하지만 전기자전류의 기자력에 의해 계자

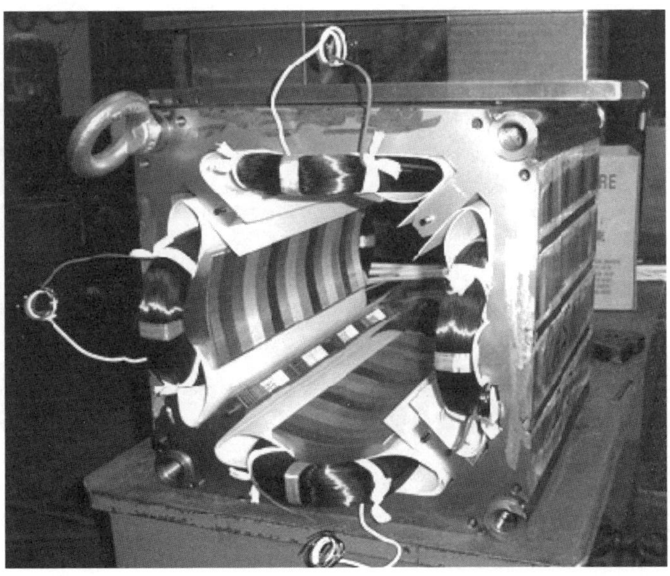

그림 5-10
계자와 계철이 일체형으로 성층된 직류기의 고정자(효성중공업)

자속이 영향을 받는 전기자반작용(이에 관해서는 5-7절에서 설명한다)을 억제하기 위해 직류기의 공극은 교류기보다 크게 만들어진다. 계자권선으로는 절연된 동선 혹은 편편한 띠 모양의 동대가 사용된다. 그림 5-9(b)에서 계자철심 주위에 설치된 계자권선의 모습을 볼 수 있다.

자극의 수(극수)는 고속 기기일수록 적다. 그러나 교류기에서 극수와 속도가 정확히 반비례하는 반면(8장 참조) 직류기는 같은 속도라 해도 극수가 다를 수 있다. 일반적으로 극수가 많을수록 제작비 측면에서 유리한데, 그림 5-7에서 알 수 있듯이 자기회로가 짧아지고 자속이 여러 경로로 분산되어 계철과 자극에 들어가는 철이 절약되며, 계자권선에 필요한 동량도 줄어들기 때문이다.(이러한 이유로 2극기로 만들어지는 경우는 없다.) 그러나 극이 많으면 전기자철심에서 손실이 커지게 된다. 전기자가 회전하면서 N극과 S극 아래를 지날 때마다 자화방향이 바뀌기 때문이다. 예컨대 1초에 10바퀴(600 rpm)씩 회전할 경우, 2극기라면 자화방향이 초당 10회, 즉 10 Hz로 교번하지만 4극기라면 20 Hz, 6극기라면 30 Hz로 교번하므로 철손이 크게 증가한다. 따라서 이 교번 주파수를 25~50 Hz 정도로 제한하는 선에서 극수가 정해진다. 요컨대 속도와 극수가 필연적 관련성을 갖는 것은 아니지만 효율과 경제성이 절충된 결과 저속기일수록 극수가 많고 고속기일수록 극수가 적다.

전기자

전기자 철심은 위의 설명처럼 자극 사이를 회전하면서 자화방향이 계속 바뀌므로 와류손을 억제하기 위해 성층철심을 사용한다. 강판의 두께는 0.35~0.6 mm, 규소함유율은 1~1.4 % 정도이다. 그림 5-11은 전기자 성층판의 예를 보여주고 있다. 성층된 전기자 철심은 소형기의 경우 축에 직접 고정된다. 그러나 중대형 기기, 특히 극수가 많은 경우에는 그림 5-7에서 볼 수 있듯이 자속이 회전자 표면 부근에만 머무르므로 안쪽까지 다 철심으로 채울 필요가 없고, 철심의 내경과 축 사이에 상당한 공간이 생긴다. 따라서 **스파이더**(spider)라 불리는 방사상 구조물을 통해 축에 결합한다. 성층판을 하나의 철판으로 펀칭하기 어려운 대형 기계에서는 부채꼴 모양으로 분할된 강판을 스파이더 주위에 조립한다. 냉각을 위한 통풍이 잘 이루어지도록 약 10 cm마다 1 cm 정도씩 띄어 적층하고, 철심에 축방향으로 통풍 구멍을 뚫기도 한다.

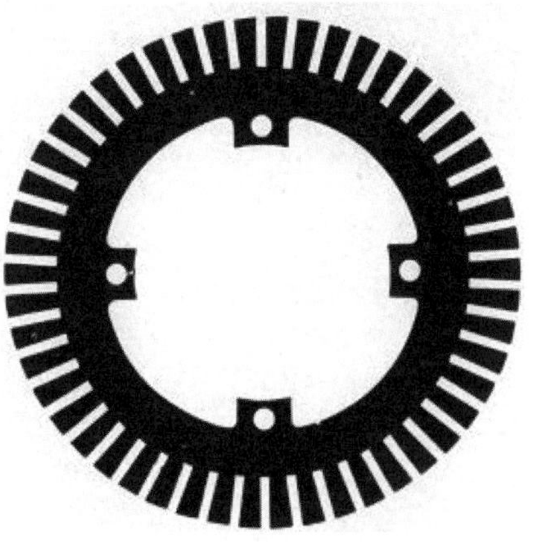

(a)

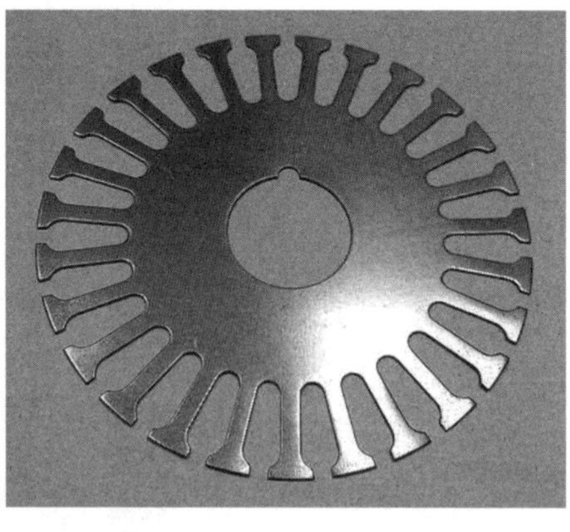

(b)

그림 5-11 (a) 개방형 도체홈과 스파이더 체결구를 지닌 전기자 성층철판 (b) 반폐형 도체홈을 지닌 소형 직류기의 전기자 성층철판

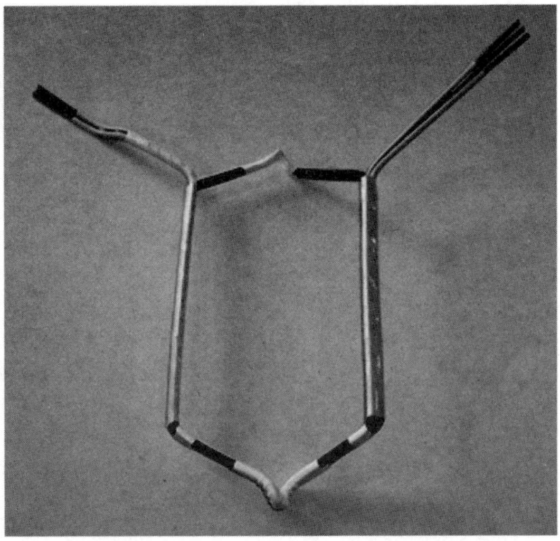

그림 5-12
전기자 성형코일

전기자 표면에는 많은 수의 코일들이 일정한 간격으로 배치된다. 각각의 코일은 여러 턴으로 이루어지며 소형에서는 에나멜선 다발을 사용하고 20 A 이상에서는 도체홈 공간을 효율적으로 이용하기 위해 4각 단면의 편편한 동선을 여러 턴 겹쳐 그림 5-12와 같이 만들어진 **성형**成型**코일**(formed coil)을 사용한다. 코일의 매 턴 사이는 절연되고 전체 코일 역시 테이프를 감고 니스함침으로 절연된다. 턴 사이의 절연내력을 넘지 않도록 코일변의 개별 도체들에 유기되는 기전력은 수 V로 제한된다. 양쪽 코일변이 항상 반대 자극 아래에 놓여야 하므로 코일피치(coil pitch, 코일의 폭)는 고정자 자극 사이의 거리인 전기각 180°에 해당한다.

코일은 그림 5-13과 같이 도체홈 하나에 코일변이 위 아래 두 개씩 들어가는 **2층권**(double-layer winding)으로 설치되며, 모든 코일의 한쪽 변은 상층에, 다른 변은 하층에 두어 전체적으로 대칭적인 구조가 되도록 한다. 그림 5-14는 이러한 방식으로 성형코일을 설치하고 있는 모습이다. 성형코일을 삽입하기 위해서는 도체홈이 위가 열려 있는 개방형이어야 하므로 도체가 원심력으로 이탈하지 않도록 도체홈 입구에 쐐기를 박고 회전자 주위에 강선을 감아 보강한다. 성형코일을 사용하지 않는 소형기나 고속기에는 그림 5-11(b)에서 볼 수 있듯이 입구가 좁은 반폐홈이 사용된다.

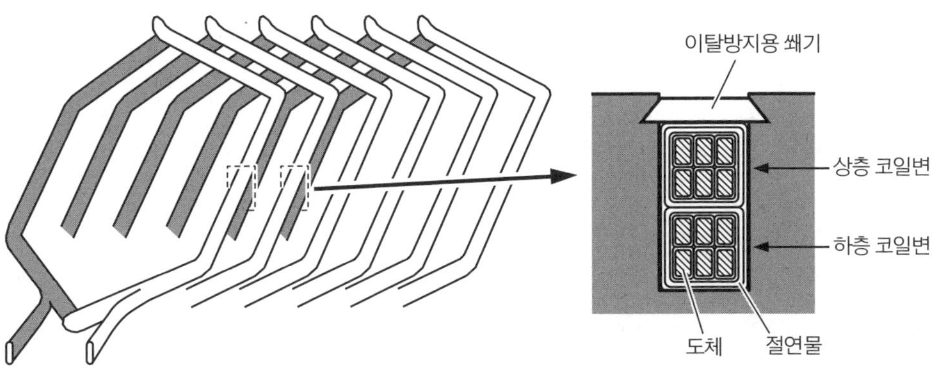

그림 5-13 2층권으로 설치되는 코일과 도체홈의 단면

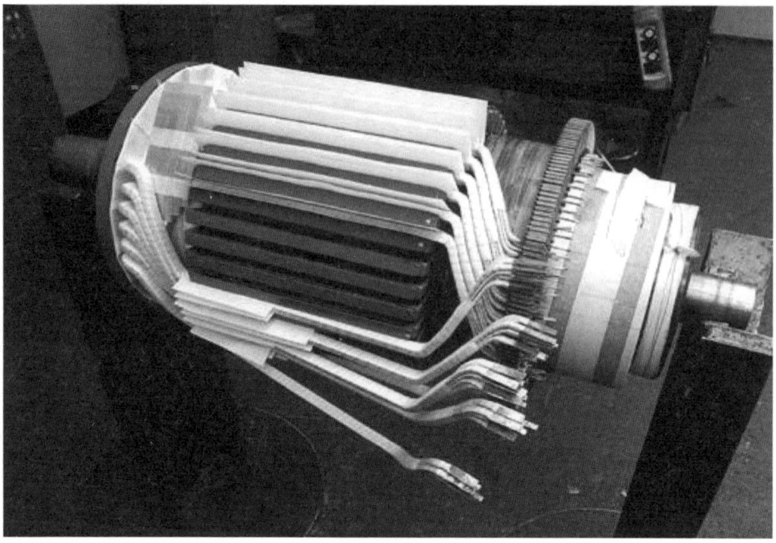

그림 5-14
전기자 도체홈에 코일이 설치되고 있는 모습

기기에 따라서는 도체홈이 비스듬하게 만들어지기도 하는데, 이를 **경사홈**(skewed slot), 또는 사구斜溝라고 한다. 축에 평행한 도체홈은 자극의 아래로 진입해 들어가거나 벗어날 때 자기저항의 변화로 자속이 요동하여 도체가 유기하는 토크에 변동이 일어난다. 이 현상이 매 도체홈마다 반복되므로 토크에 작은 맥동성분이 중첩되어 진동과 소음의 원인이 된다. 이를 **코깅**(cogging)**토크**라 한다. 경사홈으로 하면 도체홈이 자극 아래로 비스듬하게 진입했다가 비스듬하게 벗어나므로 자기저항의 변화로 일어나는 문제가 완화된다. 제작비가 높고 성형코일을 사용하는 경우 제작이 까다롭지만 극당 도체홈 수가 작아서 코깅토크가 상대적으로 큰 기기에서는 상당한 효과를 볼 수 있다.

정류자와 브러시

정류자는 그림 5-15에서 보듯이 축에 고정되어 전기자와 함께 회전하면서 전기자 코일의 단자 역할을 하는 구리 재질의 정류자편들로 이루어져 있다. 브러시가 미끄러지면서 접촉할 수 있도록 표면이 매끄럽게 가공되어 있고, 정류자편 사이는 운모(mica)나 열경화성수지로 절연된다. 정류자편 사이의 간격이 1 mm 미만이기 때문에 절연물을 건너 섬락이 일어나지 않도록 인접 정류자편 사이의 전압(편간전압)이 15~20 V로 제한되며, 전류가 급변하는 과도상태에서도 최대 40 V를 넘지 않아야 한다. 그림 5-16에서 보듯이 축에 고정되는 정류자통 둘레에 정류자편들이 끼움쇠로 결합되어 있고 여기에도 마이카 절연이 사용된다. 그림은 개별 정류자편을 갈아끼울 수 있는 구조이고, 수리를 염두에 두지 않는 소형기에서는 일체형 몰드로 제작된다. 정류자편의 전기자 쪽 직각으로 꺾인 라이저(riser) 부위에 전기자 코일 단자가 용접되며 전기자와 정류자의 반경이 비슷한 소형기에서는 라이저 없이 직접 정류자편에 접속된다.

브러시는 탄소나 흑연, 또는 여기에 동 분말을 혼합하여 도전성을 높인 재료로 만들어진다. 브러시지지대에 끼워져 위에서 눌러주는 스프링에 의해 정류자 표면과 접촉하며, 접촉면 반대편에 부착된 낭창한 전선(pigtail)을 통해 외부 단자로 인출된다. 가장 널리 사용되는 탄소브러시의 경우 전류가 흐를 때 접촉면에서 1 V 정도의 전압강하가 일어난다.(전압이 낮은 완구용 등 소형에서는 전압강하를 줄이기 위해 얇은 동판을 브러시로 사용한다.) 여기에 전류를 곱한 손실이 일어나고 몸체의 저

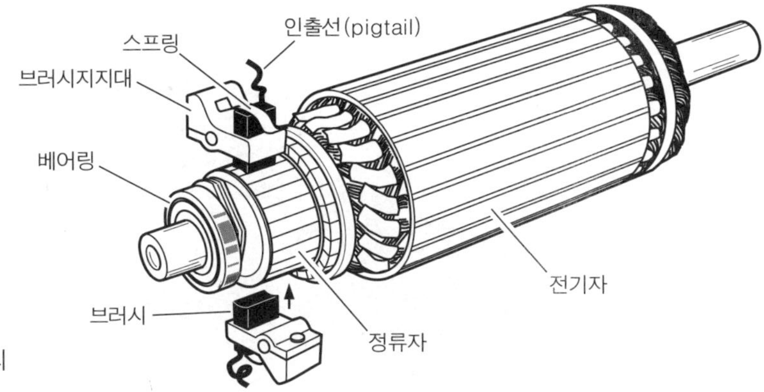

그림 5-15
정류자와 브러시

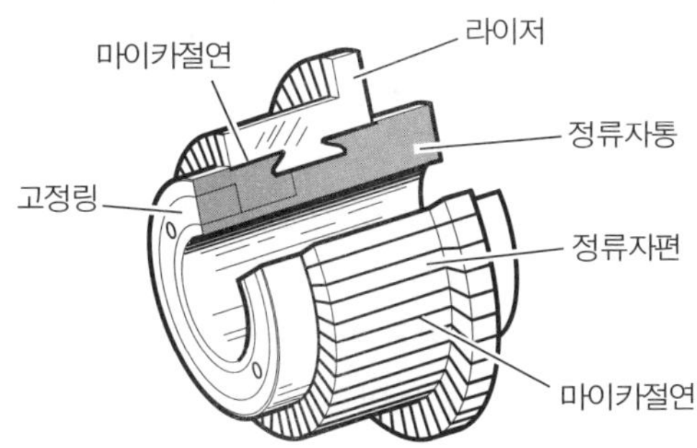

그림 5-16
정류자의 구조

항손실이 더해져 온도가 상당히 높아질 수 있으므로 전류밀도가 제한된다. 전류밀도 한계는 약 10 A/cm^{2}이고, 따라서 3 cm × 1 cm 규격의 브러시 하나당 30 A를 감당할 수 있으므로 큰 기기에서는 여러 개의 브러시가 한 조를 이루어 전류를 분담한다. 그림 5-8에서 볼 수 있는 것처럼 모든 브러시지지대가 하나의 외곽 틀에 고정되어 있어서 틀을 돌려주면 전체적으로 위치를 조정할 수 있다.

브러시는 오래 사용하면 닳아 없어지므로 주기적으로 교환해야 한다. 정류자편 역시 마모되는데, 마모가 진행되면 정류자편 사이의 절연물이 정류자편 위로 돌출하게 되므로 걸리적거리지 않도록 깎아내야 한다. 브러시가 너무 무르면 자주 갈아줘야 하고, 너무 단단하면 정류자 마모율이 높아진다. 또 브러시를 눌러주는 압력이 지나치면 브러시와 정류자편 모두 마모가 심해지면서 마찰열로 브러시가 과열되고, 너무 약하면 약간의 흠집 같은 것에도 진동이 일어나 순간순간 접촉이 끊어질 때 발생하는 불꽃이 정류자를 손상시켜 수명이 단축될 수 있다. 브러시 여러 개가 같이 사용되는 경우 스프링 압력에 차이가 나면 전류 분담의 차이로 일부 브러시만 마모가 가속화될 수 있다. 따라서 브러시지지대의 스프링은 압력을 몇 단계로 조절할 수 있게 되어 있다. 이처럼 재질의 선택, 적정압력 유지, 정류자 관리 등에 주의를 기울여야 하며, 이러한 유지관리상의 부담은 전기자의 접속을 정류자/브러시의 기계적 접촉에 의존할 수밖에 없는 직류기로서는 피할 수 없는, 원천적 취약점이다.

기타 요소

그림 5-17은 전형적인 중형급 직류전동기를 보여주고 있다. 소형기는 자체 냉각으로 충분하지만 용량이 커지면 자체 냉각이 어려워진다. 특히 속도제어용 전동기의 경우, 저속에서 회전자에 부착된

그림 5-17
속도제어용 직류전동기의 외관(효성중공업)

팬으로는 냉각이 되지 않으므로 그림에서 보듯이 일정 속도로 회전하는 별도의 냉각용 전동기(유도전동기)로 구동되는 팬을 달아 강제통풍을 시켜준다. 기기의 한쪽은 축을 통해 다른 기기와 결합되는 구동측이고 정류자와 브러시는 반대편의 비구동측에 설치된다. 그림에서는 왼쪽이 비구동측으로, 브러시의 교체와 점검 등을 위해 문을 달아놓은 것을 볼 수 있다. 비구동측으로는 축이 인출되지 않으며, 속도제어용의 경우 대개 속도검출용 발전기(tachogenerator)가 부착된다.

이상의 직류기 주요 구성요소에 언급되지 않은 것으로 보극과 보상권선이 있다. 이들에 관해서는 뒤의 5-6절과 5-7절에서 따로 설명하도록 한다.

5-3 전기자권선

실제 전기자는 앞 절에서 보았듯이 많은 수의 코일을 지니고 있다. 이 코일들이 직렬 및 병렬로 조합되어 전기자권선이 이루어지는데, 이해를 돕기 위해 적은 수의 코일을 지닌 전기자권선을 통해 권선방식의 개요를 설명하기로 한다.

여러 개의 전기자 코일을 갖는 직류기

먼저 회전자에 세 개의 코일이 있는 것으로 가정한다. 세 코일의 코일변을 각각 1과 1′, 2와 2′, 3과 3′라 하자. 한 코일의 두 코일변에 유기되는 기전력이 더해지는 방향이 되려면 이들은 각자 반대 극성의 자극 아래에 놓여 있어야 한다. 따라서 총 여섯 개 코일변을 회전자 표면에 일정 간격으로 배치하면 그림 5-18에서 보듯이 두 자극 아래에 3개씩 코일변이 놓이게 된다. 점선은 뒤편 코일단부의 접속을 나타낸다.(이하에서는 생략한다.) 이렇게 배치된 코일을 회전시키면 자기적 중성점을 통과할 때 외에는 각 코일에 항상 같은 크기의 기전력이 유기되며, 두 자극 아래에 항상 3개씩 같은 수의 코일변이 있게 된다.

그림의 코일들은 여섯 개의 정류자편으로 이루어진 정류자를 통해 연결되어 있다. 브러시 p에서 브러시 n까지의 접속을 따라가보면, p는 정류자편 1을 통해 코일변 1에 접속된다. 코일변 1은 반대편

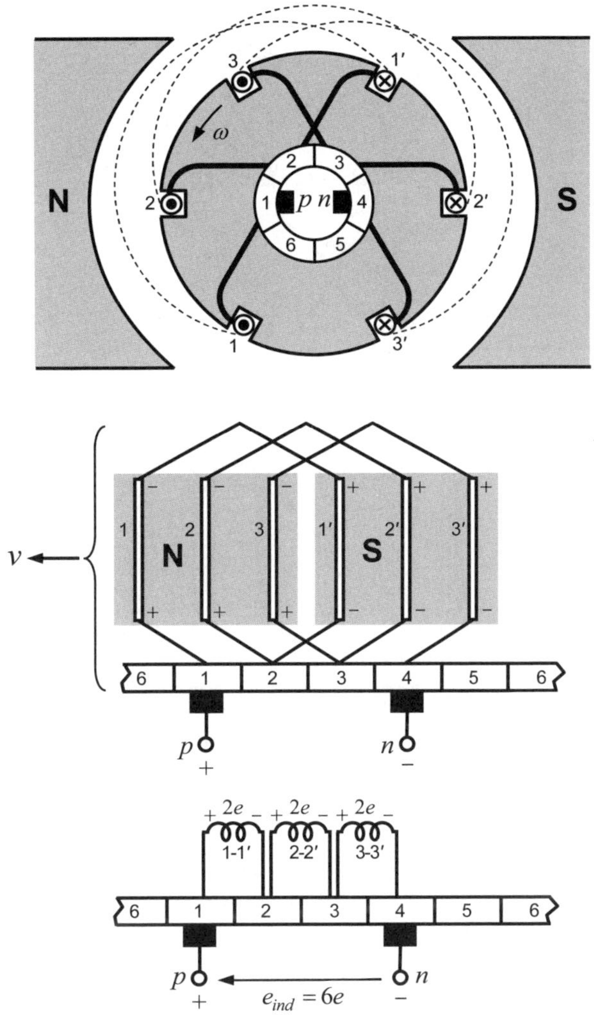

그림 5-18 3개 코일로 이루어진 전기자권선의 접속

의 1′로 연결되고 1′는 정류자편 2와 연결된다. 즉 코일 1-1′는 정류자편 1과 2 사이에 있다. 정류자편 2는 다시 코일변 2와 연결되며 마찬가지로 코일 2-2′가 정류자편 2와 3 사이에 놓인다. 그리고 코일 3-3′는 정류자편 3과 4 사이에 있으며 정류자편 4가 브러시 n에 접속된다. 두번째 그림은 이를 전개도로 나타낸 것이고, 더 단순화시키면 맨 아래와 같다. 여기서 보듯이 세 코일은 정류자편 1~4를 거치면서 p와 n 사이에 직렬로 접속되며, 코일변 하나의 기전력을 e 라 할 때 세 코일의 기전력 $2e$가 모두 같은 방향으로 더해져 외부 단자 사이에 $6e$ 의 기전력이 나타난다.

그림 5-18의 권선은 그 상태에서 코일과 정류자가 회전하여 왼편으로 한 칸(정류자편 한 개) 더 이동하면 p와 n 사이의 접속이 끊어져 버린다. 그렇게 되지 않고 p와 n 사이에 같은 기전력이 계속 나타나게 하려면 정류자편 4와 5 사이에도 코일을 두어야 한다. 마찬가지로 5와 6 사이, 6과 1 사이에도 코일을 접속하여 전체적으로 대칭 모양을 만들어 주어야 한다. 이를 위해 세 개의 코일을 더해 총 여섯 개의 코일로 구성한 전기자권선이 그림 5-19이다. 앞의 1-1′, 2-2′ 및 3-3′(흐린 선)에 4-4′, 5-5′ 및

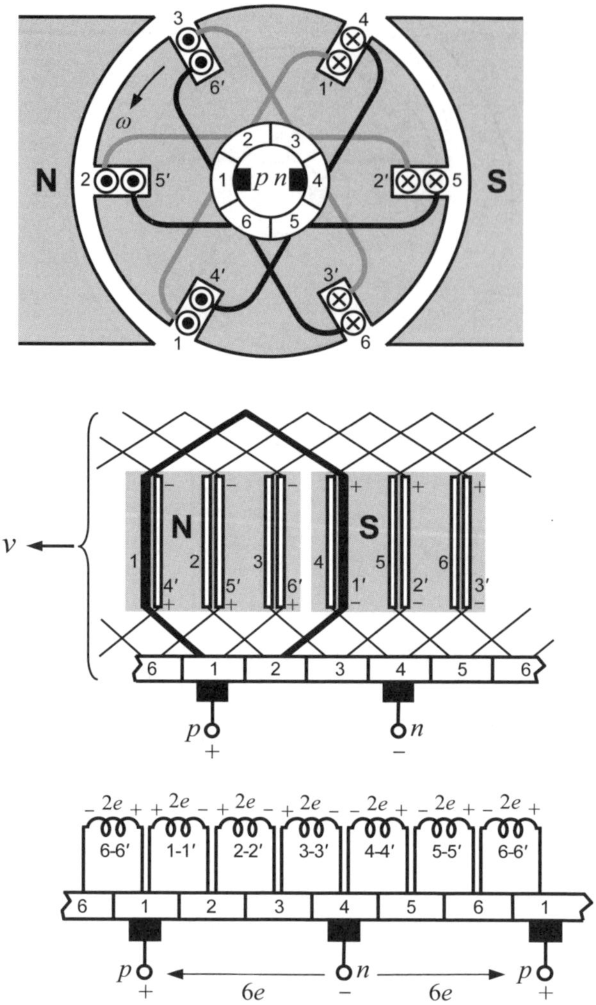

그림 5-19 6개 코일로 이루어진 전기자권선의 접속

6-6′의 코일이 추가되어 각각 정류자편 4와 5, 5와 6, 6과 1 사이에 접속되어 있으며, 앞의 코일들과 도체홈을 공유하여 도체홈당 두 개씩 코일변이 삽입된 2층권의 형태를 이룬다.

코일변 4가 1′와 같은 도체홈에, 코일변 4′가 1과 같은 도체홈에 있는 데에서 알 수 있듯이 추가된 코일들은 기존 코일들에 180° 떨어진 위치에 있다. 따라서 1-1′ 코일에 $2e$가 유기될 때 4-4′에는 $-2e$가 유기된다. 나머지 코일들에서도 마찬가지이므로 맨 아래 접속도에서 보듯이 브러시 p에서 n까지 코일 1-1′, 2-2′, 3-3′를 거치는 동안 $6e$의 전위차가 나타날 때 브러시 n에서 p까지 코일 4-4′, 5-5′, 6-6′를 거치면서 반대 방향으로 $6e$의 전위차가 나타난다. 따라서 p와 n 사이에 기존 코일들과 같은 기전력을 갖는 회로가 추가되었음을 알 수 있다. 즉 그림 5-19는 p와 n 사이에서 $6e$의 기전력을 갖는 두 개의 병렬회로를 갖는다. 이러한 상태는 회전으로 코일이 이동해도 그대로 유지된다. 코일변이 한 칸씩 이동할 때마다 브러시에 접촉하는 정류자편의 번호만 바뀔 뿐 전체적으로 이동하기 전의 상태와 마찬가지이며, 회전자 위치와 상관 없이 두 브러시 사이의 유기기전력은 항상 같다.

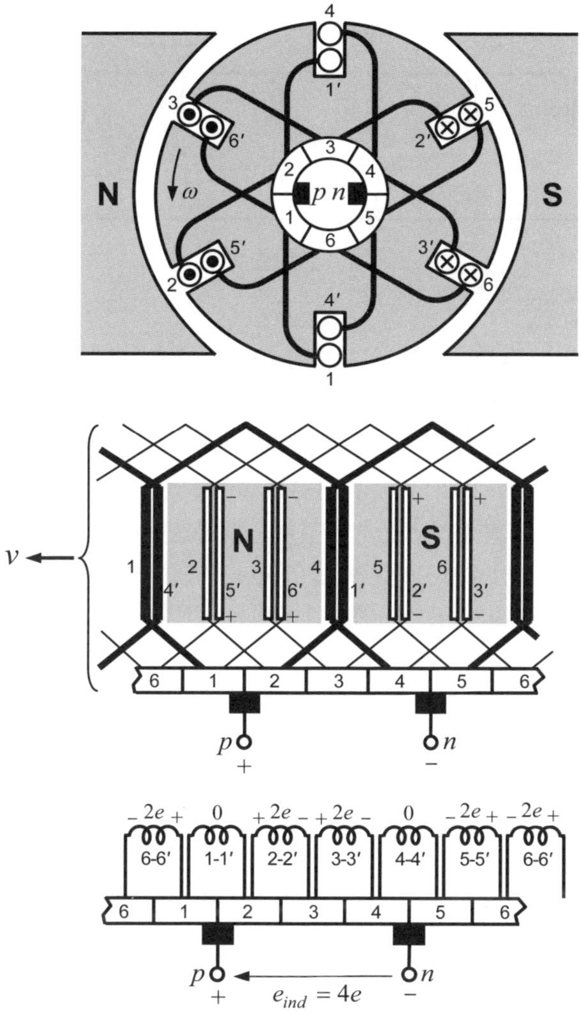

그림 5-20 정류 순간 회전자의 위치와 기전력

정류작용과 브러시의 위치

정류자편의 전위는 $2e$씩 단계적으로 낮아졌다가 다시 단계적으로 높아지는데, 인접한 두 정류자편 사이에 나타나는 전위차는 그 사이에 연결된 코일이 자기적 중성점을 통과하면서 반전된다. 예를 들어 그림 5-19의 1-1′ 코일은 자기적 중성점을 통과하고 나면(현재 6-6′의 위치로 이동하면) 정류자편 1과 2 사이의 전위차가 $2e$에서 $-2e$로 반전된다. 따라서 어떤 정류자편의 전위는 거기 연결된 코일이 자기적 중성점을 통과하는 시점에 가장 높거나 가장 낮다. 두 브러시 중 하나는 전위가 가장 높은 정류자편에, 다른 하나는 전위가 가장 낮은 정류자편에 접속되므로 브러시들은 항상 자기적 중성점을 통과하는 코일변에 접속되며, 이를 "**브러시가 자기적 중성점에 놓인다**"라고 표현한다.

그림 5-20은 코일 1-1′와 4-4′가 자기적 중성점을 통과하는 순간을 보여주고 있다. 이때 p는 떠나는 정류자편 1과 진입하는 정류자편 2에 동시에 접촉하므로 두 정류자편 사이의 코일 1-1′는 자기적 중성점을 통과하는 동안 브러시를 통해 단락된 상태가 된다. 마찬가지로 n은 정류자편 4와 5를 동시

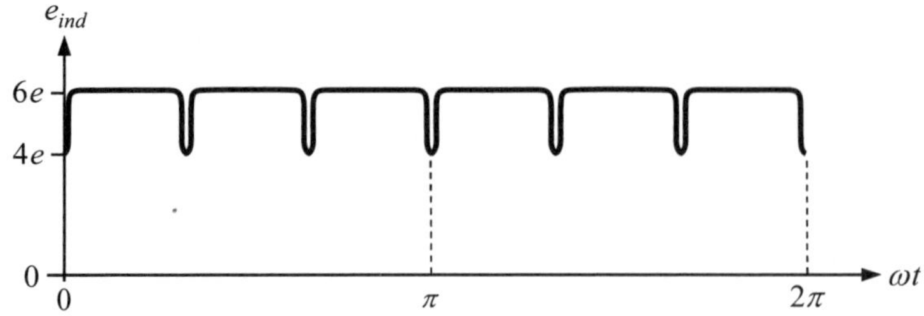

그림 5-21 유기기전력의 파형에 나타나는 노치전압

에 접촉하고 있으며 코일 4-4′의 양단을 단락시키고 있다. 이 기간 중 두 코일에는 기전력이 유기되지 않으며, p와 n 사이에는 나머지 코일들에 의한 기전력만 나타난다. 따라서 그림 5-21에서 보듯이 유기기전력의 파형이 잠시 $6e$에서 $4e$로 떨어지는 함몰구간, 즉 노치(notch)가 생기게 된다. 코일이 하나만 있는 그림 5-4와 비교해 보면 노치의 크기가 1/3로 줄어들었음을 알 수 있다. 노치 크기가 코일 하나의 기전력에 해당하므로 코일 수가 많을수록 정류 순간 기전력 변동의 상대적 크기가 줄어든다. 대신 매 회전당 노치의 수는 코일 수에 비례하여 많아진다. 수십 개 코일로 이루어지는 실제 직류기에서는 그 상대적 크기가 매우 작아서 유기기전력의 파형을 거의 일정한 직류로 간주할 수 있다.

만일 브러시의 위치가 자기적 중성점에서 벗어나 있다면 어떻게 될까? 예컨대 그림 5-20에서 p와 n이 오른편으로 한 칸씩 이동하여 그림 5-22(a)의 위치에 놓여 있다고 하면 두 브러시 사이의 기전력들이 모두 같은 방향이 되지 않게 되고, 일부 서로 상쇄되어 외부 단자에 나타나는 기전력이 줄어들게 된다. 또한 그림 5-22(b)와 같이 브러시에 접촉하는 정류자편이 다음 정류자편으로 넘어가면서 브러시가 두 정류자편 사이의 코일을 단락시키고 있을 때 코일이 자기적 중성점 위치에 있지 않다면 코일에 유기되는 기전력으로 큰 단락전류가 흘러 손상이 일어날 수 있다. 따라서 브러시 위치의 정확한 설정은 기기의 출력을 최대로 유지하는 동시에 손상을 방지하는 데에 있어 대단히 중요하다.

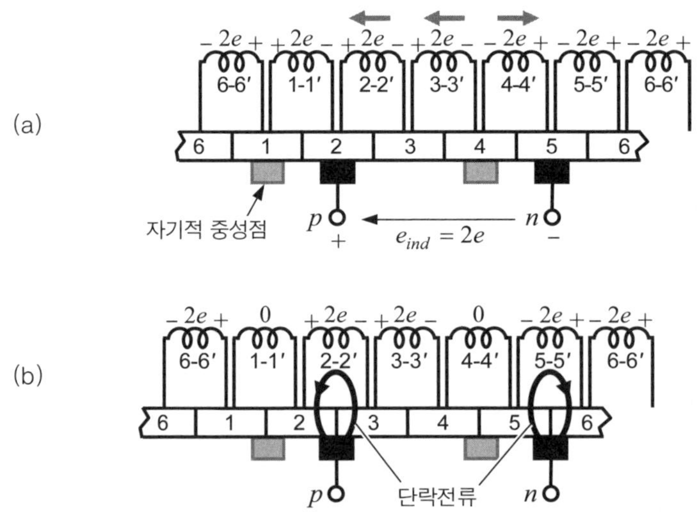

그림 5-22 브러시가 자기적 중성점에 놓이지 않으면 (a) 직렬연결된 코일들의 기전력이 일부 상쇄된다. (b) 정류되는 시점에 정류자와 브러시를 통해 단락전류가 흐른다.

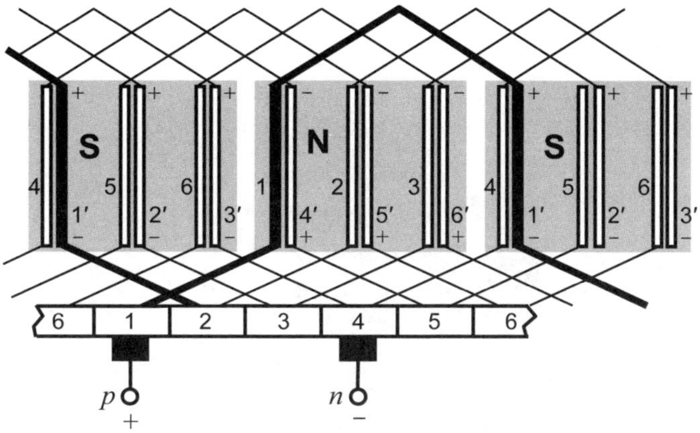

그림 5-23
파권

권선의 종류

그림 5-19의 전개도에 굵은 선으로 나타냈듯이 코일은 인접한 두 정류자편 사이에서 루프를 형성한다. 여기에 접속되는 다음 루프는 앞의 코일과 한 칸 어긋나면서 중첩된다. 이런 형태를 반복하면서 진행하는 권선을 **중권**(lap winding)이라 한다. 한편 어느 한 정류자편에서 출발하여 다음 정류자편에 도달하는 과정에 그림 5-23처럼 파도 모양을 그리는 것을 **파권**(wave winding)이라 한다. 그러나 사실 잘 보면 그림 5-19와 그림 5-23은 같은 것을 달리 그린 것에 불과함을 알 수 있다. 일반적으로 **2극기에서 중권과 파권은 같다.** 둘 사이에 차이가 나타나는 것은 4극 이상의 다극기에서이다.

중권과 파권 모두에서 코일의 접속이 진행되면서 인접 정류자편으로 접속되는 순서가 위의 그림들에서처럼 1, 2, 3, … 순서일 경우 **진권**(progressive winding), 또는 전진권이라 하고 1, 6, 5, … 로 거꾸로 진행되는 것을 **누권**(retrogressive winding), 또는 후진권이라 한다. 진권으로 했을 때와 누권으로 했을 때는 같은 회전방향에서 기전력이 반대 극성으로 나타나며, 전동기라면 같은 극성의 인가전압에서 반대 방향으로 회전한다. 코일과 정류자 사이의 접속부 도체를 절약하기 위해 대체로 중권은 진권으로, 파권은 누권으로 만들어진다.

한편 같은 철심에 동일한 권선 세트를 하나 더 설치한 것을 **2중권**(duplex winding)이라 한다. 이에 비해 한 세트의 권선만으로 이루어진 것을 **단중권**(simplex winding)이라 한다. 2중권은 기존 세트에 새로운 세트가 사이사이 끼워진 것처럼 도체홈과 정류자편도 2중으로 설치되며 브러시가 정류자편 두 개를 동시에 접촉하게 함으로써 두 세트의 권선이 병렬로 접속되도록 한다. 이는 마치 동일한 직류기 두 대를 하나의 축에 결합하고 두 기기의 전기자를 병렬로 접속하여 용량을 두배로 키운 것과 같다.(실제로 그렇게 하는 경우도 있다.) 도체홈이 추가되는 만큼 전기자 둘레가 길어지고 계자 자극도 커야 하므로 전체적으로 기기가 커지지만 별도의 기기를 결합하는 것보다는 작다. 마찬가지로 3중권(triplex winding) 이상도 가능하며, 통칭하여 **다중권**(multiplex winding)이라 부른다.

4극기의 중권결선

그림 5-24는 4극기 중권 결선을 보여주고 있다. 매 극당 3개씩 총 12개의 도체홈과 12개의 코일로 이루어진 경우를 나타낸다. 코일 1-1′, 2-2′, 3-3′는 N1과 S1 극 아래에 있으면서 직렬로 접속되어 양끝이 정류자편 1과 4에 연결된다(굵은 선). 그 다음코일 4-4′, 5-5′, 6-6′는 S1과 N2를 지나면서 정류자편 4와 7 사이에 직렬로 연결된다. 앞의 세 코일과 뒤의 세 코일의 기전력이 반대 방향이므로 정류

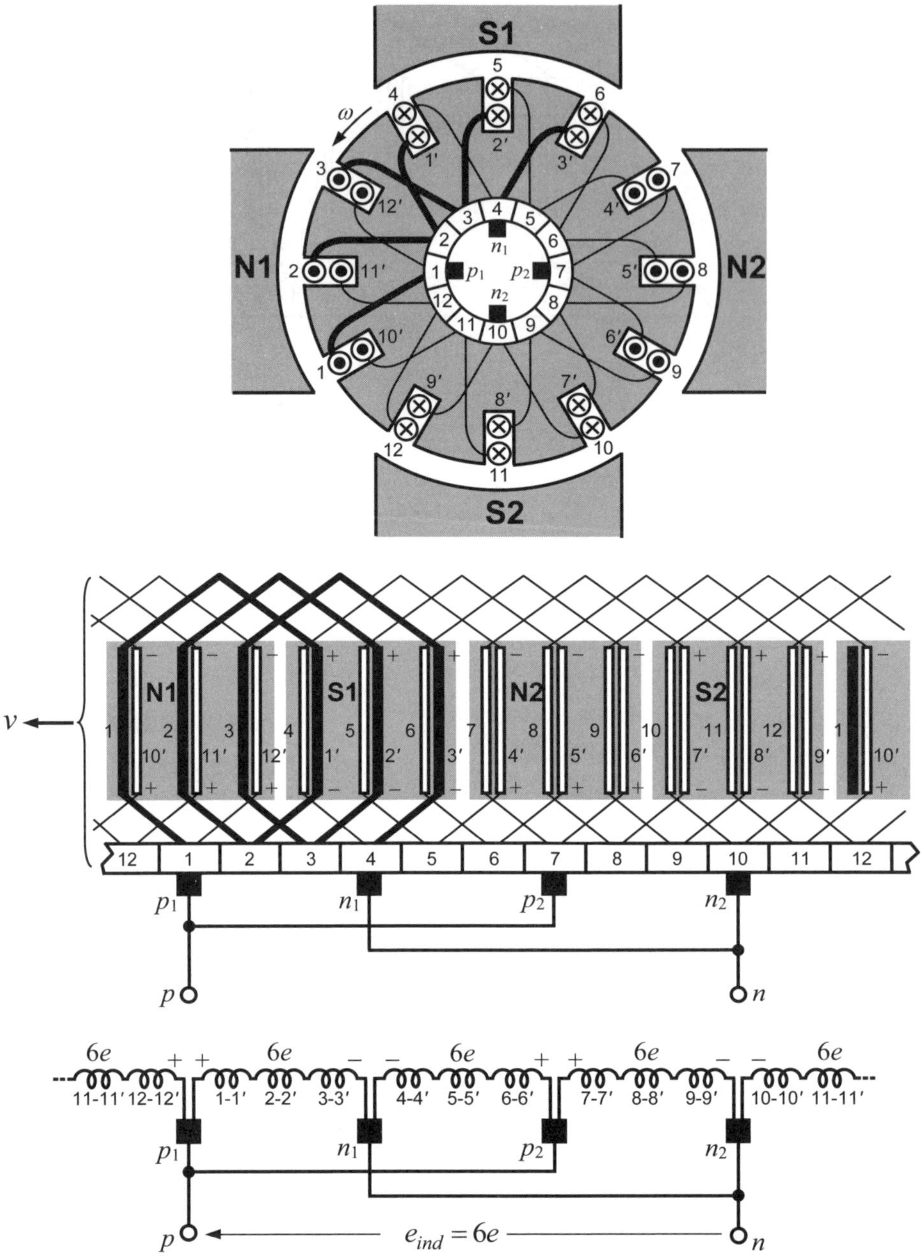

그림 5-24 중권으로 결선된 4 극기

자편 1에서 4까지 전위가 단계적으로 낮아진다면 4에서 7까지는 단계적으로 높아진다. 계속해서 정류자편 7에서부터 코일 7-7′, 8-8′, 9-9′가 N2와 S2 아래에서 직렬로 접속되어 정류자편 10까지 진행하면서 전위가 단계적으로 낮아진다. 끝으로 S2와 N1 아래의 코일 10-10′, 11-11′, 12-12′가 정류자편 10에서 출발하여 전위가 단계적으로 높아지면서 정류자편 1로 되돌아온다.

이렇게 해서 12개 전기자 코일이 모두 직렬로 연결되는데, 전위가 높아졌다 낮아졌다 하면서 최고치와 최저치가 각각 두 번씩 나타나는 것을 알 수 있다. 최고 전위 지점과 최저 전위 지점이 코일의 기전력 극성이 바뀌는 자기적 중성점에 해당하므로 최고점의 정류자편에 두 개의 브러시 p_1과 p_2를, 최저점의 정류자편에 두 개의 브러시 n_1과 n_2를 두고 p_1과 p_2를 묶어 양의 단자, n_1과 n_2를 묶어 음의 단자로 인출한다. 그 결과 인접한 한 쌍의 극을 공유하는 코일들이 하나의 그룹을 이루어 양과 음 브러시 사이에 놓이며, 4개의 브러시 사이에 4개 그룹이 모두 병렬로 접속된다.

이러한 4극기 중권 결선은 앞의 2극기 중권 결선을 그대로 한번 더 반복한 것에 불과하다. 즉 코일 1-1′~6-6′과 정류자편 1~6로 이루어진 결선을 그대로 코일 7-7′~12-12′와 정류자편 7~12로 반복하고 이들을 병렬로 묶어준 것이다. 같은 방식으로 한번 더 반복하면 6극기 결선이 되고, 8극기, 10극기 등도 마찬가지로 만들어진다. 요약하면,

1. 브러시가 자기적 중성점마다 설치되므로 브러시의 수가 극수와 같다.
2. 직렬 연결된 전체 전기자 권선이 브러시 수만큼의 그룹으로 나뉘어지며 이 그룹들이 외부 단자 사이에 모두 병렬로 접속된다. 따라서 전기자 권선에는 극수와 같은 수의 병렬회로가 존재한다.(그림 5-24의 경우 4개 구간이 병렬회로를 구성한다.)
3. 다중 중권에서는 병렬회로수가 극수에 권선의 중복수를 곱한 값이 된다. 예를 들어 3중 중권의 4극기는 총 12개의 병렬회로를 갖는다.

4극기의 파권결선

그림 5-25는 4극 파권 결선을 보여주고 있다. 앞의 중권에서는 정류자편 1에서 출발한 1-1′코일이 바로 옆의 정류자편으로 되돌아오지만 여기서는 정류자편7로 접속되는 것을 볼 수 있다. 그리고 정류자편7에 연결된 7-7′코일을 거친 뒤에 출발점의 옆 정류자편13으로 돌아온다(굵은 선). 이는 두 자극쌍 N1-S1과 N2-S2 아래에서 상대적으로 같은 위치(전기각으로 360° 떨어진)에 있는 두 코일 1-1′과 7-7′을 직렬로 연결한 것이다. 만일 6극기였다면 돌아오는 과정에서 세번째 자극쌍(N3와 S3) 아래의 코일까지 세 개의 코일이 직렬로 연결되었을 것이다.

이와 같이 파권에서는 서로 다른 N-S 자극쌍 아래에서 상대적으로 같은 위치에 놓여 있는 코일들이 모두 직렬로 연결된다. 여기서 코일이 13개, 정류자편도 13개인 것을 볼 수 있는데, 이는 12개로 하면 모든 코일들이 동일하게끔 대칭성을 유지시켰을 때 한 정류자편을 출발하여 모든 자극쌍 아래를 다 거치고 난 다음 돌아오게 되는 위치가 처음의 출발점과 같아져버려 그 다음 루프로 연결될 수 없기 때문이다. 따라서 파권에서는 중권에 비해 코일을 하나 추가하거나 빼야 하며, 전자의 경우 누권, 후자의 경우 진권이 된다. 이렇게 했을 때 직렬연결되는 코일들이 각 자극쌍 아래에서 정확하게 같은 위치에 놓이지 않게 되지만 코일 수가 충분히 많다면 그 차이를 무시할 수 있다.

각 자극쌍 아래 같은 위치의 코일 기전력은 항상 같으므로 이들을 직렬연결한 것은 기전력이 큰 한 개의 코일이나 마찬가지이다. 즉 4극기는 코일 기전력이 2배인 2극기, 6극기는 코일 기전력이 3배인 2극기와 같다. 그림 5-25 맨 아래 접속도에 점선으로 나타낸 것처럼 같은 위치의 2개 코일을 묶어 한 코일로 간주하면 그림 5-19의 2극기에서 어느 한 방향으로 기전력을 유기하는 3개 코일들이 직렬로 연결되어 있는 것과 같이 p_1에서 n_2 사이에 3개조의 코일이 직렬로 연결된다.(p_1에서 출발하여 n_1이 아니라 n_2쪽으로 진행하는 것은 코일 하나가 추가되어 누권으로 되었기 때문이다.) 반대 방향으로 기전력을 유기하는 코일들(전개도에 점선으로 나타낸) 역시 모두 직렬로 연결된다.

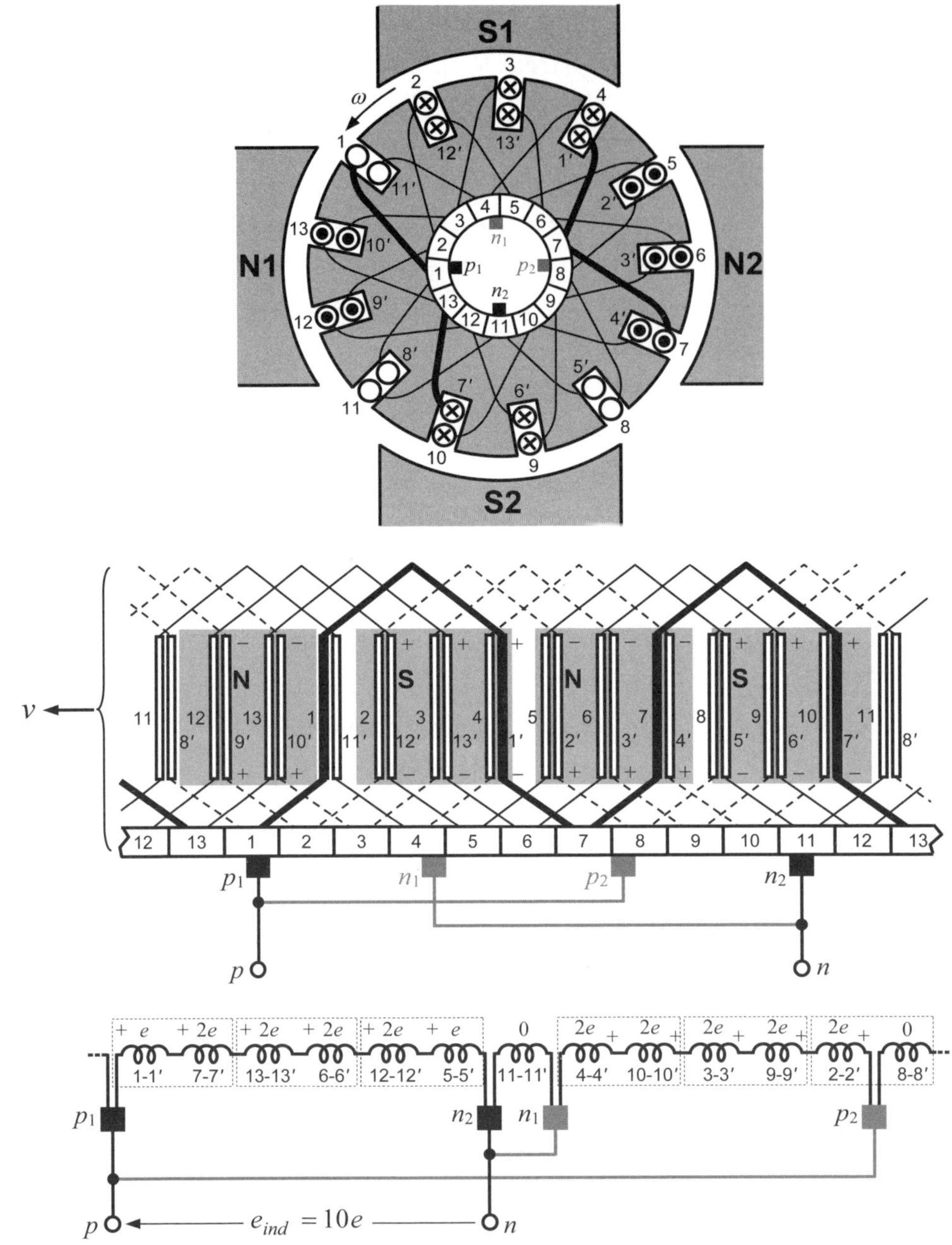

그림 5-25 파권으로 결선된 4극기

결과적으로 2극기가 두 브러시 사이에 두 개의 병렬회로를 갖는 것처럼 파권은 극수에 상관 없이 항상 두 개의 병렬회로를 갖는다. 이때 자기적 중성점 위치에 있는 코일들끼리도 직렬로 연결되는데 자기적 중성점에 놓인 브러시들이 기전력을 유기하지 않는 코일을 통해 연결되어 있으므로(그림 5-25의 경우 p_1과 p_2가 8-8′를 통해, n_2와 n_1이 11-11′를 통해 연결되어 있다) 자기적 중성점마다 브러시를 둘 필요 없이 양과 음의 브러시 하나씩만 두어도 된다. 이러한 파권 결선의 특징을 요약하면

1. 극수에 무관하게 브러시를 두 개만 사용할 수 있다. 단 브러시의 전류용량을 분산시키기 위해 일부러 극수와 같은 수의 브러시를 사용하기도 한다.
2. 극수에 무관하게 병렬회로수는 항상 2이다.
3. 다중권의 병렬회로수는 중복수를 곱한 것이다. 예를 들어 3중 파권의 병렬회로수는 6이다.

전압 불평형과 균압환

다극기에서 모든 자극의 자속밀도가 균일하기 위해서는 공극이 균일해야 한다. 그러나 기기를 오래 사용하다 보면 베어링이 마모되어 축의 중심이 아래로 처지는 편심이 일어나 각 자극별로 공극이 달라지고, 자속밀도에 상당한 차이가 나타나게 될 수 있다. 편심 이외에도 각 부위의 제작과 조립에서의 오차 또는 철심 재질의 문제 등으로 자속밀도의 차이가 생길 수 있다.

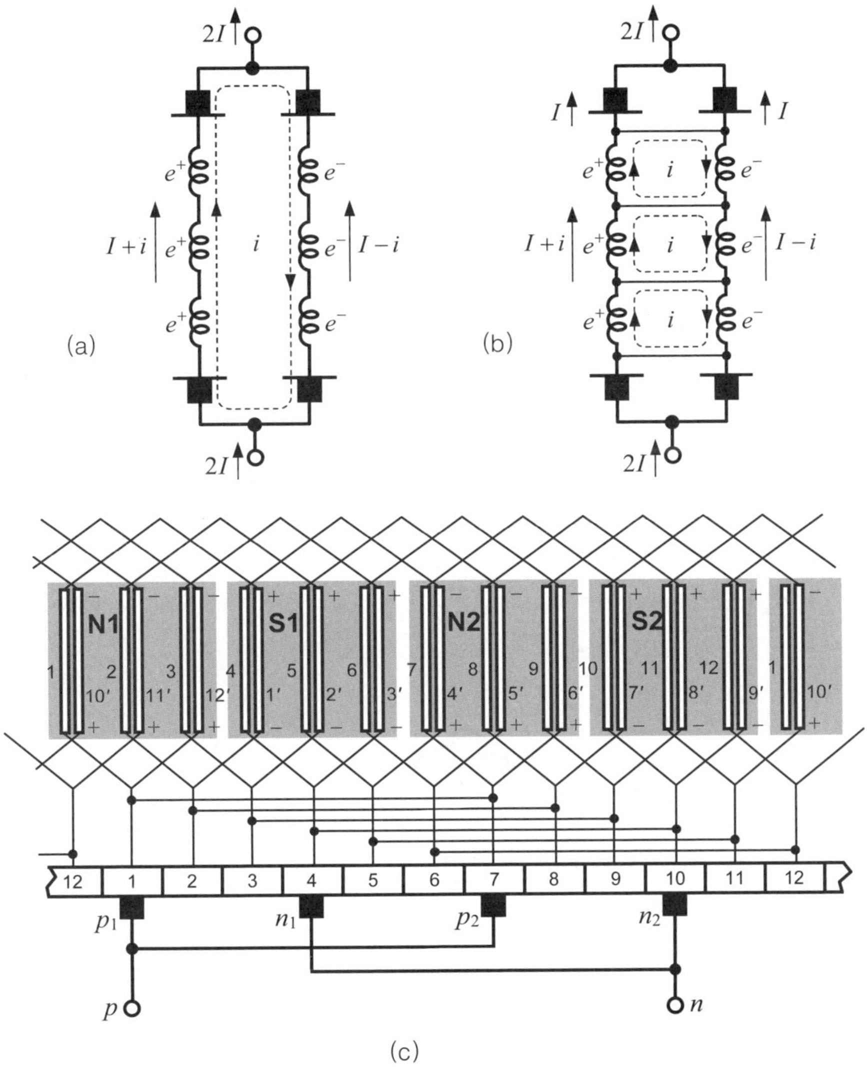

그림 5-26 (a) 순환전류가 중첩된 병렬회로 (b) 내부결선된 병렬회로 (c) 4극 중권의 균압선

중권의 경우, 자극별 자속밀도의 차이는 병렬회로들의 기전력에 불평형을 일으킨다. 예컨대 그림 5-24에서 N1-S1 구간의 코일들과 N2-S2 구간의 코일들에 유기되는 기전력이 달라질 수 있다. 이렇게 기전력에 차이가 나면 그림 5-26(a)에 보인 것처럼 병렬회로들 사이에 순환전류가 흐르게 되며, 전기자 도체들의 저항이 작아서 기전력의 작은 차이에도 순환전류는 상당히 커질 수 있다. 외부로 전류가 흐르지 않을 때는 내부 회로들에도 전류가 흐르지 않아야 하지만 이 순환전류로 인해 불필요한 손실(전기자 동손 및 브러시 접촉저항 손실)이 발생한다. 외부로 전류가 흐를 때는 겉보기에 정격전류 이하라 해도 내부에서는 순환전류의 중첩으로 기전력이 큰 쪽에 허용치 이상의 전류가 흐를 수 있으며, 또 그쪽 브러시의 접촉면을 통해 과도한 전류가 흘러 과열과 불꽃 손상이 일어날 수 있다.

이러한 문제를 완화하기 위해 그림 5-26(b)에 보인 것처럼 병렬회로들에서 같은 전위를 가져야 할 지점들끼리 연결해 놓은 것을 **균압선**(equalizer)이라 한다. 이렇게 하면 순환전류가 정류자와 브러시를 거치지 않게 되므로 브러시/정류자의 과열이나 불꽃 발생의 문제를 피할 수 있다. 그림 5-26(c)는 앞서 보았던 4극 중권에 균압선을 설치한 모습을 보여주고 있다. 실제 외관상으로는 이 균압선 도체들이 축을 빙 둘러싼 고리 모양을 이루게 되므로 **균압환**이라 부르기도 한다.

여러 개의 병렬회로를 갖는 중권에서 전압불평형의 문제는 피할 수 없으며, 따라서 균압선이 설치되어야 하므로 기기가 복잡해지고 제작비 상승의 요인이 된다. 단 균압선을 설치한다 해서 전압불평형 자체가 제거되는 것은 아니기 때문에 개별 코일 전류 사이의 전류 불평형은 여전히 남아 있게 된다. 한편 파권에서는 두 병렬회로가 각자 모든 극 아래의 도체들을 다 거치기 때문에 다른 자극쌍 아래를 지나는 도체들의 기전력에 차이가 난다 해도 전체 합산 기전력은 양쪽 회로에서 같다. 따라서 파권에서는 불평형의 문제가 일어나지 않으며, 균압선도 필요치 않다.

중파권

중파권(frog-leg winding)은 그림 5-27에 보인 것과 같이 각 코일이 중권과 파권 권선을 함께 지니고 있는 것을 말한다. 여기서 파권은 여러 극의 같은 위치에 있는 도체들을 연결하고 있어서 균압선의 역할을 겸한다. 중파권에서는 한 쌍의 N극과 S극을 거친 직렬도체 그룹들이 직병렬 형태로 결합되어 극수의 2배 병렬회로가 만들어진다. 예컨대 6극기의 경우 12개의 병렬회로를 갖는다. (이를 중권 입장에서 보면 2중 중권, 파권 입장에서 보면 6중 파권에 해당한다.) 여기에 중권 부분의 다중화 수를 곱한 것이 총 병렬회로수가 된다.

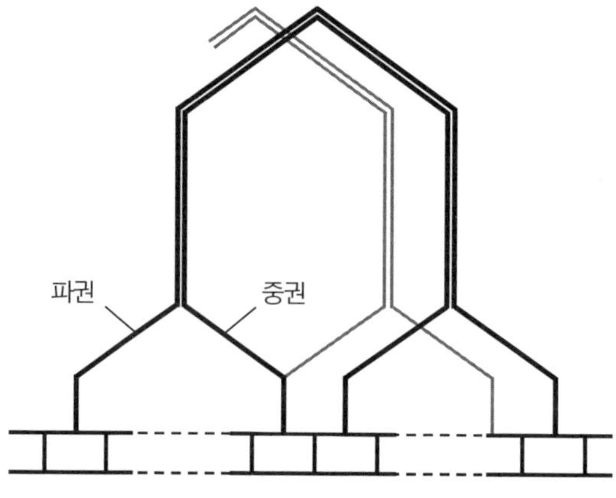

그림 5-27
중파권

도체수와 기기 용량

전기자 도체들은 5-1절에서 보았듯이 그 하나하나가 기전력을 유기하고 토크를 발생시키는 에너지변환 요소로 동작한다. 모든 도체가 같은 자속밀도 아래 같은 속도로 이동하므로 유기기전력의 크기가 같고, 모든 도체에 흐르는 전류 역시 같으므로 도체 하나하나가 만들어내는 토크도 같다. 즉 모든 도체에서 같은 양의 에너지변환이 일어난다. 따라서 기기에서 일어나는 전기기계적 에너지변환의 총량인 기기의 용량(W 또는 kW)이 아래와 같이 전기자도체의 총 수 Z에 의해 결정된다.

$$\text{기기용량} = Z \times (\text{도체의 허용전류}) \times (\text{도체당 허용전압}) \tag{5-8}$$

도체의 허용전류는 도체의 굵기에 의해, 도체당 허용전압은 코일의 매 턴 사이 절연물의 절연내력에 의해 정해지므로 도체의 규격과 개수가 주어지면 기기의 용량이 결정된다.

도체수가 같다 해도 기기의 정격전압과 정격전류는 도체들이 어떤 방식으로 결선되었는지, 즉 권선방식에 따라 달라진다. 파권은 아무리 극수가 많아도 병렬회로가 두 개뿐이지만 중권은 극수 만큼의 병렬회로를 갖는다. 병렬회로가 많으면 전류의 통로가 많으므로 전류용량은 커지지만 각 병렬회로를 이루는 직렬 도체의 수가 적어지므로 총 유기기전력이 줄어든다. 따라서 같은 수의 도체를 여러 개의 병렬회로로 분산한 **중권은 저압 대전류** 정격이 되고 이에 비해 병렬회로가 2개뿐인 **파권은 고압 저전류** 정격이 된다. 2중, 3중 등 다중권은 전압은 그대로이고 다중화 수를 곱한 만큼 병렬회로 수가 늘어난다. 따라서 총 도체수가 같다면 다중화수가 클수록 저압 대전류 기기가 된다.

코일수와 정류자 편간전압

용량이 큰 기기에는 많은 수의 도체가 필요하다. 이 도체들마다 다 따로따로 도체홈을 만들어주고 일일이 정류자편에 접속해줄 수는 없기 때문에 이들을 더 적은 수의 도체 그룹으로 묶어 놓은 것이 코일이라 할 수 있다. 코일의 턴수가 N이라면 코일당 $2N$개씩의 도체를 지니므로 코일수 C는

$$C = \frac{Z}{2N} \tag{5-9}$$

총 도체수가 정해져 있을 때 코일당 턴수를 늘리면 코일 수를 줄일 수 있다. 코일당 코일변이 2개이고 2층권에서 각 도체홈에 2개의 코일변이 수용되며 코일의 단자 역할을 하는 정류자편 하나당 2개의 코일변이 접속되므로 코일 수 = 도체홈 수 = 정류자편 수이다. 따라서 전체 도체를 몇 개의 코일로 구분하는지에 따라 도체홈과 정류자편 개수가 정해진다. 여기서 코일 수를 얼마로 할지는 인접한 정류자편 사이의 전압인 **정류자 편간전압**(이하 '편간전압'으로 부름)에 관련된다.

5-2절에서 언급했듯이 편간전압은 섬락을 피하기 위해 어느 이하로 제한되어야 한다. 그림 5-24의 경우를 보면 양과 음의 브러시 사이에 세 개의 정류자편이 존재하는데, 편간전압이 20 V를 넘지 않아야 한다면 기기의 정격전압을 60 V보다 높일 수 없다. 정격전압을 높이려면 브러시 사이의 정류자편 수를 늘려야 하며, 이는 병렬회로당 코일 수가 그만큼 많아야 함을 뜻한다. 중권에서 편간전압 V_{seg}는 코일당 전압과 같으므로 정격전압 V에서 병렬회로당 코일 수는 V / V_{seg}이다. 병렬회로 수가 극수 P와 같으므로 총 코일 수는 다음과 같다. (다중권은 여기에 중복수가 곱해진다.)

$$C = P\left(\frac{V}{V_{seg}}\right) \tag{5-10}$$

초기 직류기

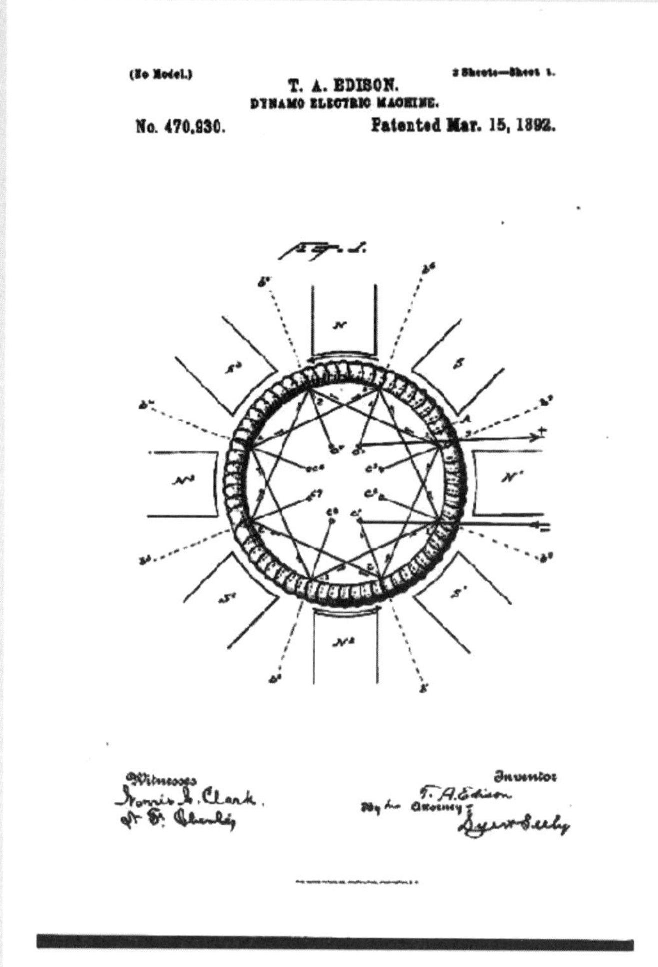

초창기의 직류기는 그림과 같이 토로이드 형태의 전기자로 고안되었다. 실제로 만들어질 때는 코일이 감겨진 회전자가 축방향으로 긴 실린더 모양을 띠게 된다. 이러한 형태의 권선을 환상권(環狀捲, 둥근 고리 모양이라는 뜻)이라 하고 고안자의 이름을 따서 Gramme winding이라고도 한다. 이에 반해 본문에서 설명하고 있는 형태의 권선을 고상권(鼓狀捲, 북처럼 생겼다는 뜻, drum winding)이라 한다. 전기자 표면에 배치된 도체가 북 옆면의 지그재그 모양의 의 끈을 연상시키기 때문이다. 환상권에서는 에너지변환이 자극과 대면하는 바깥쪽 도체들에서만 일어나고 안쪽 도체들은 바깥쪽 도체들 사이를 연결해주는 역할밖에 하지 못하므로 도체의 이용률이 낮다. 그리고 안쪽 도체들이 차지하는 공간 때문에 반경이 커야 하고 회전축에 고정시키기도 까다롭다. 따라서 오늘날 이러한 형태의 전기자는 사용되지 않는다. 그러나 전체 전기자권선이 직렬로 연결되어 하나의 폐루프를 이루고, 이를 구간별로 나누고 있는 단자들이 전기자와 함께 회전하면서 교대로 외부 단자에 접속된다는 점에 있어서는 현재의 직류기와 같다.

파권의 경우에는 주어진 코일 수에서 도체당 기전력과 편간전압, 도체당 기전력과 정격전압 사이의 관계로부터 편간전압과 정격전압 사이의 관계를 구할 수 있으며, 결과는 위와 같다.(증명은 연습문제로 한다.) 어떤 권선방식이건 정격전압과 극수가 주어져 있을 때 편간전압을 허용치 이하로 억제하려면 코일 수가 최소 어느 이상이 되어야 한다. 따라서 고압 기기일수록, 그리고 극수가 많을수록 도체들을 더 많은 수의 코일로 분산시켜야 하며 그만큼 도체홈과 정류자편 수도 많아진다.

직류기의 용량과 권선방식

직류기는 대략 100마력(또는 40 kW) 정도까지는 전류 용량을 줄일 수 있는 파권을 적용하는 경우가 많다. 그 이상의 용량에서는 정류자 편간전압의 제약 때문에 전압을 높이는 데에 한계가 있어서 대부분 중권으로 만들어진다. 중권에서도 병렬회로당 전류(개별 도체에 흐르는 전류)는 250 A 정도가 한계이므로 용량을 키우고자 하면 병렬회로수를 늘려야 한다. 따라서 극수를 늘려야 하는데, 5-2절에서 언급했듯이 전기자 철손의 억제 때문에 기기의 극수는 속도와 대략 반비례 관계를 갖는다. 즉 용량이 클수록 다극 저속기가 된다. 만일 설계상 정격속도를 낮추지 않으면서, 즉 극수를 키우지 않으면서 병렬회로 수를 늘려 더 큰 용량을 갖도록 해야 할 경우라면 다중권으로 만들어진다.(브러시당 전류 한계가 400 A 정도이므로 다중권에서 그보다 큰 전류를 취급하려면 정류자/브러시 세트를 추가로 설치하게 된다.) 그러나 실제 만들어지는 것은 2중권까지로, 3중권 이상은 매우 드물다. 요컨대 현실적으로 사용되는 직류기 권선방식을 소용량에서부터 용량이 커짐에 따라 나열하면 파권, 중권, 2중 중권 순이며(다중 파권은 실제로 적용되는 경우가 거의 없다), 대용량 기기들은 대부분 중파권을 채용하고 있다.

예제 5-1

4극 2중 중권 직류기의 전기자가 64개 코일로 이루어져 있다. 코일 턴수는 5이고 한 턴당 저항은 80 mΩ이다. (a) 전기자의 외부 단자에서 본 내부저항은 얼마인가? (b) 이 직류기가 어떤 속도로 회전할 때 각 도체에 1 V씩의 기전력이 유기된다. 외부단자에 나타나는 기전력은 얼마인가? (c) 도체당 최대 허용전류가 5 A, 코일 양단 최대 허용전압이 20 V라면 이 기기의 용량은 얼마인가?

(a) 총 도체수는 식(5-9)로부터

$$Z = 2NC = 2 \times 5 \times 64 = 640$$

병렬회로 수가 8이므로 병렬회로당 $640 / 8 = 80$개씩의 도체가 직렬로 연결된다. 한 턴당 80 mΩ이므로 도체 하나의 저항은 40 mΩ이다. 따라서 80개 도체의 저항은 $80 \times 40\ \text{m}\Omega = 3.2\ \Omega$ 이다. 이 저항값의 8개 회로가 병렬로 접속되어 있으므로 합성저항은 $3.2\ \Omega / 8 = 0.4\ \Omega$ 이다.

(b) 도체 하나에 1 V가 유기되므로 80개의 도체가 직렬로 연결된 병렬회로에 유기되는 기전력은 80 V이다. 출력단자에서 보았을 때 80 V의 8개가 병렬로 연결된 상태이므로 총 기전력 역시 80 V이다.

(c) 개별 도체에 흐르는 전류가 곧 각각의 병렬회로에 흐르는 전류이다. 따라서 전체 전류는 8개 병렬회로 전류의 합인 40 A이다. 한편 코일 하나가 10개의 직렬 도체로 이루어져 있으므로 코일당 최대 전압이 20 V라면 도체당 최대 전압은 2 V이다. 따라서 병렬회로 하나에 허용되는 최대 전압은 160 V이고 이것이 곧 기기의 최대 전압이다. 기기의 용량은 최대전압과 최대전류의 곱이므로

$$P = 40\ \text{A} \times 160\ \text{V} = 6.4\ \text{kW}$$

주: 이 값은 도체수 640에 도체당 허용전류 5 A와 허용전압 2 V를 곱한 것과 같다.

예제 5-2

4극 직류전동기의 전기자 반지름이 12.5 cm, 길이가 25 cm이다. 턴수가 3인 33개의 코일이 파권으로 결선되어 있다. 자극은 전기자 표면의 75 %만 덮고 있으며 극 아래의 자속밀도는 0.75 T이다. 전기자가 1,000rpm으로 회전하면서 코일에 25 A가 흐르고 있을 때 (a) 브러시 양단에 나타나는 기전력 (b) 토크 (c) 전기적 입력과 기계적 출력을 구하라. 도체의 손실은 무시한다.

주어진 회전속도에서 도체 하나당 유기기전력은

$$\omega = \frac{2\pi}{60} \times 1{,}000 = 104.7 \text{ rad/sec}$$

$$v = r\omega = 0.125 \times 104.7 = 13.09 \text{ m/sec}$$

$$e_{cond} = lBv = 0.25 \times 0.75 \times 13.09 = 2.454 \text{ V}$$

총 도체수는

$$Z = 2 \times 33 \times 3 = 198$$

(a) 병렬회로가 2이므로 병렬회로당 직렬도체수는 99이다. 자극이 전기자 표면의 75 %만 덮고 있으므로 전체 도체의 75 %만 기전력을 유기한다. 따라서

$$E = 0.75 \times \frac{Z}{2} \times e_{cond} = 0.75 \times 99 \times 2.454 = 182.2 \text{ V}$$

(b) 25 A가 흐를 때 도체 하나에서 유기되는 힘은

$$f_{cond} = lBi = 0.25 \times 0.75 \times 25 = 4.69 \text{ N}$$

전체 도체 중 75 %만 토크를 발생하므로

$$T = 0.75Z(rf_{cond}) = 0.75 \times 198 \times 0.125 \times 4.69 = 87.06 \text{ N-m}$$

(c) 전력은 두 병렬회로 전력의 합이다. 따라서

$$P_{elec} = 2Ei = 2 \times 182.2 \times 25 = 9.11 \text{ kW}$$

기계적 출력은

$$P_{mech} = T\omega = 87.06 \times 104.7 = 9.11 \text{ kW}$$

로서, 전기적 입력과 같은 것을 알 수 있다.

5-4 유기기전력과 유기토크

직류기의 전기자는 많은 코일로 이루어져 있어서 5-1절에서 보았던 개별 코일의 동작이 중첩되어 나타난다. 예제 5-2에서도 보았듯이 여러 도체에서 유기된 기전력이 더해져 큰 기전력이 되고, 여러 도체에서 유기된 토크가 더해져 큰 토크가 만들어진다.

그림 5-28(a)는 전기자를 단순화시켜 나타낸 것이다. 권선 방식에 상관 없이 어느 한 자극 아래를 지나는 도체들에 유기되는 기전력의 방향은 모두 같으며, 이들이 조합되어 브러시를 통해 전기자 양 단자 사이에 나타난다. 이를 전기자 **유기기전력**(induced emf)이라 하고 이하 E_a로 표기한다. 개별 도체들의 기전력 방향이 회전방향에 따라 달라지므로 이들이 조합된 유기기전력 역시 회전방향에 따라 달라진다. 반시계방향으로 회전할 때 위쪽 단자에 + 극성이 나타났다면 시계방향으로 회전할 때는 아래쪽 단자에 + 극성이 나타난다.

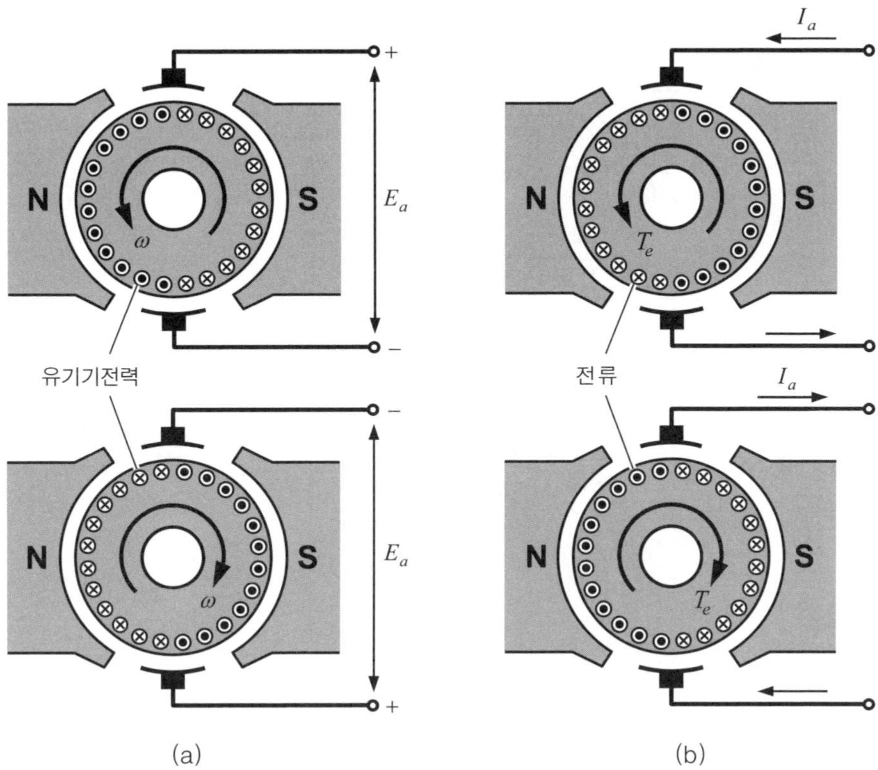

그림 5-28 (a) 도체들의 기전력과 전기자 유기기전력 (b) 도체들의 전류와 전기자전류

전류 역시 그림 5-28(b)에 보인 것처럼 자기적 중성점을 경계로 같은 자극 아래에서 모두 같은 방향이고, 같은 방향의 토크를 유기한다. 반대편 자극 아래에서 반대 방향 전류가 흐르는 도체들 역시 같은 방향으로 토크를 유기하므로 결국 모든 도체들의 토크는 한 방향으로 더해진다. 그 결과 나타나는 전체 토크 T_e 가 전기자의 **유기토크**(induced torque)이다. 이때 각 병렬회로 전류의 합이 브러시를 통해 전기자로 흐르는 전류 I_a 로서, 이를 **전기자전류**(armature current)라 한다. 전기자전류의 방향이 바뀌면 개별 도체의 전류 방향도 바뀌므로 유기토크의 방향은 그림에 보인 것처럼 전기자전류의 방향에 따라 달라진다.

각각의 자극 아래 여러 도체들이 동작이 동일하므로 그림 5-29와 같이 이들을 하나의 도체로 대표해서 나타낼 수 있다.(원은 기전력의 방향, 네모는 전류의 방향을 나타낸다.) 이렇게 놓고 보면 전기자가 많은 도체를 지니고 있다 해도 그 동작은 5-1절에서 설명하였던 단일 코일 기기와 다를 바 없다. 발전기 동작에서 원동기가 전기자를 회전시키면 기전력이 유기되고, 기전력의 방향으로 전류가 흐르면서 회전 반대 방향으로 역토크가 유기된다. 전동기 동작에서는 외부 전원에서부터 전류가 흘러 들어가면 토크가 유기되고, 토크의 방향으로 회전하면서 전류의 반대 방향으로 역기전력이 유기된다. 발전기 동작과 전동기 동작 각각에서 전류와 기전력의 상대적인 방향, 그리고 토크와 회전의 상대적인 방향은 전기자 전체로 보나 전기자를 구성하는 개별 도체에서나 마찬가지로 나타난다.

한편 전기자에 전류가 흐르면 전기자 자체도 하나의 전자석이 되며, 회전자가 그림에 나타낸 것과 같은 자극을 갖게 된다. 각각의 자극 아래 도체들의 전류방향이 모두 같기 때문에 이 회전자 자극은

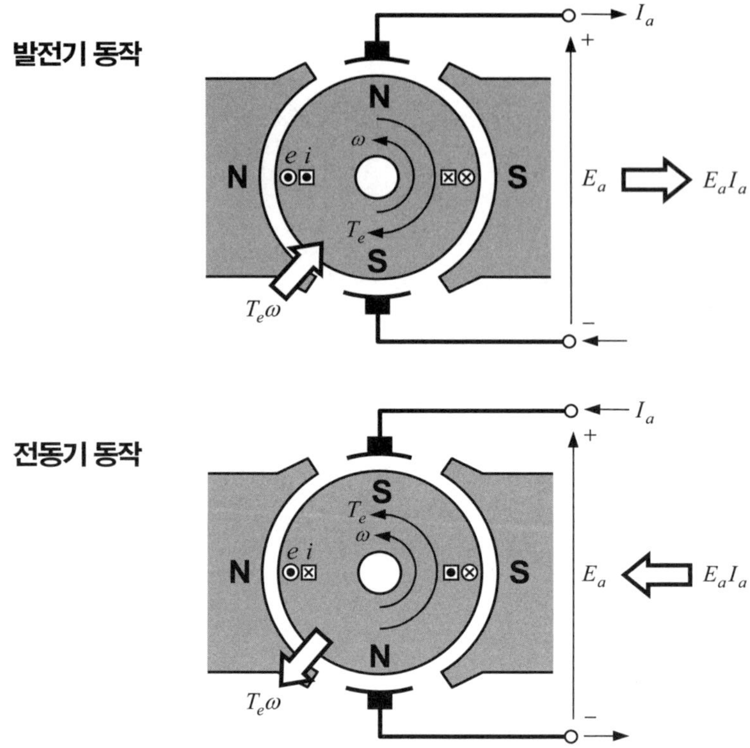

그림 5-29 한 개의 코일로 대표하여 나타낸 직류기의 발전기 동작과 전동기 동작

항상 계자 자속에 직각인 자기적 중성점 방향을 향한다. 회전자 개별 도체에 작용하는 힘이 합성되어 나타나는 토크는 이 회전자의 N, S극과 계자의 N, S극 사이의 밀고 당기는 힘에 의해 발생하는 토크로 볼 수도 있다. 이는 개별 도체 전류에 작용하는 힘을 합성한 것이 합성된 전류(기자력)로 만들어진 회전자 자극에 작용하는 힘과 같음을 뜻한다.

4장에서 서술하였듯이 기기의 회전이 기전력을 유기하는 발전작용과 기기의 전류가 토크를 유기하는 전동작용은 전기기계적 에너지변환의 두 축을 이룬다. 직류기에서 이 함수관계는 아래와 같이 개별 도체들에서 일어나는 동작의 중첩으로 구할 수 있다.

회전각속도 ω 에서 도체 하나에 유기되는 기전력 e_{cond} 은 다음과 같이 주어진다.

$$e_{cond} = Blv = rlB\omega \tag{5-11}$$

일반적으로 P극기에서 각각의 자극으로부터 제공되는 자속, 즉 극당 자속 ϕ 는 회전자 표면적을 극수로 나눈 극당 표면적에 자속밀도를 곱한 값이 된다. 즉

$$\phi = \frac{2\pi rl}{P} B \tag{5-12}$$

식 (5-12)를 적용하여 식 (5-11)의 자속밀도를 극당 자속으로 치환하면

$$e_{cond} = \frac{P}{2\pi}\phi\omega \tag{5-13}$$

이 기전력은 전기자의 모든 도체에서 같다. 총 도체 Z가 a개의 병렬회로에 Z/a 개씩 배분되므로 외부 단자 사이에 나타나는 유기기전력은[3]

$$E_a = \frac{Z}{a} e_{cond} = \frac{PZ}{2\pi a}\phi\omega \tag{5-14}$$

각속도를 rpm 단위의 속도 n으로 바꾸어 아래와 같이 쓰기도 한다.

$$E_a = \frac{PZ}{60a}\phi n \tag{5-15}$$

유기토크의 표현식도 마찬가지 방식으로 유도된다. 도체 하나에 흐르는 전류를 i_{cond} 라 하였을 때 이 도체에 의해 유기되는 토크는 다음과 같다.

$$T_{cond} = rf = rlBi_{cond} \tag{5-16}$$

여기에도 식 (5-12)를 적용하면

$$T_{cond} = \frac{P}{2\pi}\phi i_{cond} \tag{5-17}$$

모든 도체의 토크가 같은 쪽으로 작용하므로 전체 토크는 여기에 총 도체수를 곱하여 구해진다. 이 때 각 도체에 전체 전류 I_a 가 전기자 내부 병렬회로 수만큼 나뉘어 흐르므로 $i_{cond} = I_a / a$ 로 쓰면 전체 유기토크가 아래와 같이 표현된다.

$$T_e = \frac{PZ}{2\pi a}\phi I_a \tag{5-18}$$

식 (5-14)와 식 (5-18)을 비교해보면 두 식의 계수가 동일한 것을 알 수 있다. 즉 전기자에 유기되는 기전력과 토크는 아래와 같이 표현된다.

$$E_a = k\phi\omega \tag{5-19}$$

$$T_e = k\phi I_a \tag{5-20}$$

$$k = \frac{PZ}{2\pi a} \tag{5-21}$$

위의 관계를 5-1절의 기기에 적용해 보면 $P = 2$, $Z = 2$, $a = 1$ 이므로 $k = 2/\pi$ 가 되어 식 (5-4) 및 (5-6)으로 귀착됨을 확인할 수 있다. 또한 아래와 같이 전기기계적 에너지변환의 등식이 성립하는 것을 알 수 있다.

$$P_{em} = E_a I_a = T_e \omega \tag{5-22}$$

이하에서 이 P_{em} 을 전기기계적 **변환동력** 혹은 **변환전력**이라 부르도록 한다.

---

[3] 식 (5-12)는 자극이 전기자 표면을 완전히 덮고 있는 것으로 가정한 것이다. 실제로는 인접한 자극 사이에 전기자를 거치지 않고 귀환하는 자속(누설자속)이 생기지 않도록 간격을 두기 때문에 자기적 중성점 부근을 지나는 일부 도체들에는 기전력과 토크가 유기되지 않는다. 그러한 경우라도 자기장을 극당 자속 ϕ로 나타냈을 때는 유기기전력의 표현식 (5-14)에 변함이 없다. 토크의 표현식 (5-18)도 마찬가지이다. 극당 자속의 총량이 같을 때 자극의 폭이 작다는 것은 그만큼 자극 아래의 자속 밀도가 높다는 뜻이고, 결과적으로 자극 아래의 도체들에서 유기되는 기전력과 토크의 합은 마찬가지이기 때문이다. 한편 이들 표현식은 기기의 물리적 치수가 어떠하건 자속의 양이 같기만 하면 동등한 에너지변환 동작이 이루어짐을 뜻한다.

예제 5-3

예제 5-1에서 계자의 극당 자속이 0.02 Wb 이다. (a) 1,500 rpm으로 회전할 때 외부단자에 나타나는 기전력은 얼마인가? (b) 전기자에 40 A의 전류가 흐를 때 유기토크는 얼마인가? (c) 이 직류기가 전동기로 동작하면서 부하를 1,500 rpm으로 회전시킬 때 전원으로부터 전기자로 40 A의 전류가 흐른다. 기계적 손실이 없다고 가정하면 전동기의 출력은 몇 마력에 해당하는가? (d) (c)의 상태에서 전원으로부터 전기자에 공급되는 전력은 얼마인가? 브러시와 정류자 접촉 전압강하는 총 2V라고 가정한다.

(a) 예제 5-1에서 총 도체수는 640, 병렬회로수는 8이다. 식(5-21)과(5-19)로부터

$$k = \frac{PZ}{2\pi a} = \frac{4 \times 640}{2\pi \times 8} = \frac{160}{\pi} = 50.93$$

$$\omega = \frac{2\pi}{60} \times 1,500 = 157.1 \text{ rad/sec}$$

$$E_a = k\phi\omega = 50.93 \times 0.02 \times 157.1 = 160 \text{ V}$$

(b) 식(5-20)에서

$$T_e = k\phi I_a = 50.93 \times 0.02 \times 40 = 40.74 \text{ N-m}$$

(c) 유기토크는 (b)의 결과와 같다. 이때 기계적 출력은

$$P_{mech} = T_e\omega = 40.74 \times 157.1 = 6,400 \text{ J/sec} = 8.58 \text{ hp}$$

(d) 1,500 rpm이므로 유기기전력은 (a)의 결과와 같다. 따라서 전기자로 입력되는 전력은

$$P_{elec} = E_a I_a = 160 \times 40 = 6,400 \text{ W}$$

당연한 결과로, 이는 (c)에서 계산한 동력과 같다. 한편 전기자에 전류가 흐르면 전기자 저항에서 손실이 발생하고 브러시 접촉전압강하에 의한 손실이 발생한다. 전기자에서 일어나는 저항손실은 예제 5-1의 결과에서 $R_a = 0.4\ \Omega$ 이므로

$$P_R = R_a I_a^2 = 0.4 \times 40^2 = 640 \text{ W}$$

그리고 브러시 접촉전압강하에 의한 손실은

$$P_B = V_B I_a = 2 \times 40 = 80 \text{ W}$$

따라서 전원에서 공급되는 전력은

$$P = P_{elec} + P_R + P_B = 6,400 + 640 + 80 = 7,120 \text{ W}$$

직류기의 구조적 특징과 토크

여기서 직류기의 토크와 직류기의 구조사이의 연관성에 관해 살펴보고 넘어가기로 하자. 앞의 그림 5-29에 나타내었듯이 전기자전류에 의해 전기자도 N극과 S극을 갖는 전자석이 되며, 전기자 기자력은 계자의 기자력과 항상 직각을 이룬다. 그림 5-30에서 보듯이 다극기에서도 **전기자 기자력은 항상 계자 자속의 중심축에서 전기각으로 ±90° 위치에 있는 자기적 중성점을 가리킨다.** 발전기 동작에서는 전기자기자력이 자속에 앞서므로 뒤에서 끄는 회전 반대방향의 토크가 작용하고 전동기 동작에서는 전기자기자력이 자속에 뒤처지므로 회전방향으로 끌고 가는 토크가 작용한다.

전기자 기자력 $\mathfrak{I}_a$에 작용하는 토크는 4-5절의 식(4-22)로부터 다음과 같이 표현된다.

$$T = k\mathfrak{I}_a B \sin\delta \tag{5-23}$$

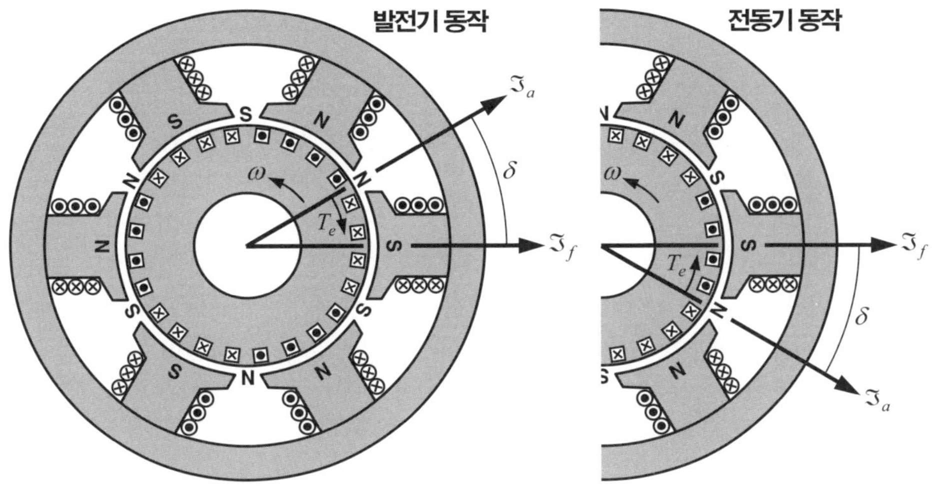

그림 5-30 다극기에서 한 쌍의 전기자 자극이 만들어내는 기자력과 한 쌍의 계자 자극이 만들어내는 기자력. 전기자의 기자력은 계자의 기자력과 항상 일정한 각도(전기각 90°)를 이룬다.

여기서 B를 계자의 자속밀도, δ를 계자자속과 $\Im_a$ 사이의 각도로 하면 토크의 크기가 $\Im_a$에 비례하며, 따라서 식 (5-20)의 전기자전류에 비례하는 표현식에 부합함을 알 수 있다. 단 여기에는 B와 δ가 $\Im_a$에 영향을 받지 않고 일정하게 유지된다는 전제가 있음에 유의할 필요가 있다.

일반적으로 B는 계자의 자속만을 뜻하지 않는다. 전기자전류 역시 자속을 만들어내므로 전기자 도체 주위에는 계자자속과 전기자가 만들어낸 자속이 함께 존재한다. 따라서 개별 도체들이 '실제 느끼는' 자속은 계자자속과 전기자자속이 합성된 자속이다. 이는 도체가 계자자속만이 아니라 자신이 스스로 만들어낸 자속에 의해서도 영향을 받음을 뜻한다.(마치 내가 느끼는 중력장이 지구만의 중력장이 아니라 나를 포함한 전체 지구의 중력장인 것처럼) 따라서 식 (5-23)의 B와 δ는 일정한 것이 아니라 전기자전류에 따라 $\Im_a$가 변할 때 함께 변한다. 이처럼 전기자전류에 의해 만들어진 자속이 주위 자속에 중첩됨으로 해서 도체에 유기되는 토크와 기전력에 영향을 미치는 현상을 **전기자반작용**(armature reaction)이라 한다.

전기자반작용은 뒤에서 다루게 될 교류기에서도 마찬가지로 나타난다. 그러나 교류기와는 달리 직류기에서는 이 전기자반작용이 어디까지나 '부작용'의 의미를 갖는다는 사실에 주목할 필요가 있다. **교류기에서는 전기자반작용이 정상적인 동작의 일부인 반면, 직류기에서는 전기자반작용이 적극 억제해야 할 대상으로 간주되며, 이 점이 직류기와 교류기의 가장 큰 차이점이라 할 수 있다.** 직류기의 고정자가 돌극 구조로 만들어지는 것은 이 때문이다. 그림 5-30에서 보듯이 전기자 기자력이 향하는 자기적 중성점 방향으로 공극이 매우 크기 때문에 전기자 기자력에 의해 만들어지는 자속은 계자자속에 비해 매우 작다. 결과적으로 직류기에서는 식 (5-23)의 B를 계자만의 자속으로 간주할 수 있고, δ 역시 전기각 90°로 일정한 것으로 보아도 무방하다. 요컨대 직류기는

(1) 전기자 기자력의 방향을 항상 일정하게 유지하는 정류자/브러시의 작용

(2) 전기자 기자력에 의한 자속을 최소화시키는 돌극구조의 계자

가 결합된 결과 토크가 전기자전류에 비례하는 특성을 지니게 된다.(한편 고정자의 돌극 구조로 릴

럭턴스토크도 작용할 수 있으나 전기자 기자력이 항상 두 인접한 돌극의 한가운데를 향하고 있기 때문에 양쪽으로 끌리는 힘이 상쇄되어 나타나지 않는다.)

실제로는 전기자반작용이 완벽하게 제거되는 것은 아니지만(잔류하는 전기자반작용의 영향에 대해서는 5-7절에서 다시 설명한다) 자속은 거의 계자전류에 의해서만 결정되며, 자속을 일정하게 유지하는 경우 토크가 전기자전류 I_a에 비례하게 된다. 이는 특히 직류전동기의 속도제어에 중요한 의미를 지닌다. 전기자전류만으로 전동기의 토크를 직접 제어할 수 있어서 전동기의 가속과 감속이 매우 간단해지기 때문이다. 예를 들어 전동기의 가속을 위해 토크를 2배로 키워야 할 경우, 전기자전류를 2배로 키우기만 하면 된다. 이에 비해 교류기에서는 전류에 따라 자속이 변할 뿐 아니라 기자력 사이의 각도 역시 변하기 때문에 토크가 단순히 전류의 크기에만 비례하지 않으며, 직류기와 유사한 특성을 얻기 위해서는 훨씬 복잡한 제어방법이 동원되어야 한다.(14장 참조) 이것이 과거 직류전동기가 속도제어용으로 널리 사용되어 왔던 이유이다.

5-5 직류기의 여자

직류기의 계자권선에 전류가 흐르게 하여 자속을 만들어내는 것을 **여자**勵磁(excitation)라 한다. 그림 5-31에 보인 것과 같이 다극기에서 모든 자극의 계자권선은 같은 턴수에 같은 전류가 흐르도록 직렬로 연결되며, N극과 S극이 교대로 나타나도록 접속된다. 여기서 계자전류가 흐르게 하는 전원이 어떻게 제공되는지에 따라 여러 가지 여자방식이 있다.

여자방식

그림 5-32의 (a)는 계자전류를 흘리기 위해 별도의 직류전원을 사용한 것으로, 이를 **타려식**(separately excited)이라 한다. 일반적으로 계자전류를 조절하기 위한 목적으로 수동 혹은 자동으로 저항값을 변경시킬 수 있는 가변 **계자저항기**(field rheostat)를 계자에 직렬로 삽입한 상태로 운전된다. 계자에 영구자석을 사용한 직류기도 타려식의 일종이라 할 수 있다. (b)는 계자가 전기자에 병렬로 접속된 형태로, **분권**(shunt field)이라 부른다. 전기자에 직류전원이 가해지는 전동기의 경우 계자가 전기자와 같은 전원을 공유하도록 한 것이다. 발전기로 동작할 때는 전기자의 기전력이 계자의 전원 역할을 하게 된다. 대부분의 경우 분권 직류기는 전기자와 계자의 단자가 따로 인출되

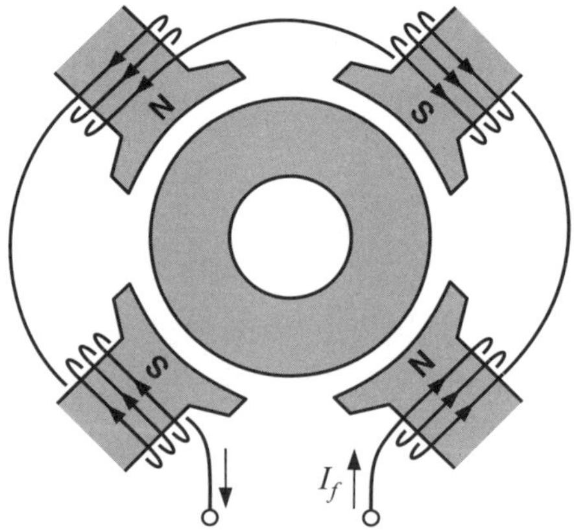

그림 5-31
다극기 계자권선의 접속

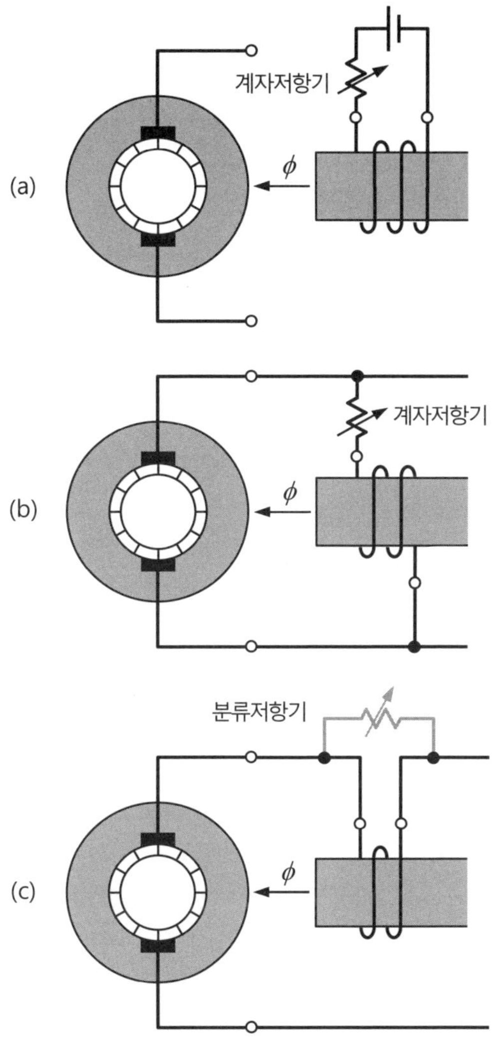

그림 5-32
직류기의 여자방식: (a) 타려식 (b) 분권 (c) 직권. 여기서 자극은 그림 5-31 과 같이 직렬로 연결되는 모든 자극들을 하나로 대표해서 나타낸 것이다.

어 있어서 사용자가 타려식으로 결선할 수도 있고 분권으로 결선할 수도 있다. 계자권선이 그림 (c)와 같이 전기자에 직렬로 접속되는 것을 **직권**(series field)이라 한다. 직권은 전기자전류가 곧 계자전류이므로 전기자전류가 변할 때 자속도 변한다. 따라서 전기자전류에 무관하게 일정한 자속을 유지하는 타려식 및 분권과는 특성상 현저한 차이를 보이게 된다. 계자전류를 변경시키고자 할 때는 계자에 병렬로 가변 분류저항기(diverter)를 설치한다.

분권과 직권 계자를 모두 지니고 있는 것을 **복권**이라 한다. 여기서 두 계자코일에서 만들어진 자속이 그림 5-33의 (a)와 같이 같은 방향일 수도 (b)와 같이 반대 방향일 수도 있다. 전자를 **가동복권**(cumulative compound), 후자를 **차동복권**(differential compound)이라 한다. 여기서도 분권 계자에는 직렬 계자저항기를, 직권 계자에는 병렬 분류저항기를 설치하여 자속을 조정해줄 수 있다. 그림처럼 분권계자가 전기자 쪽에 더 가까이 접속된 것을 내분권(short-shunt), 전기자에 직렬로 직권계자를 거친 뒤에 분권계자가 접속되는 것을 외분권(long-shunt)이라 하여 구별한다. 같은 자극에

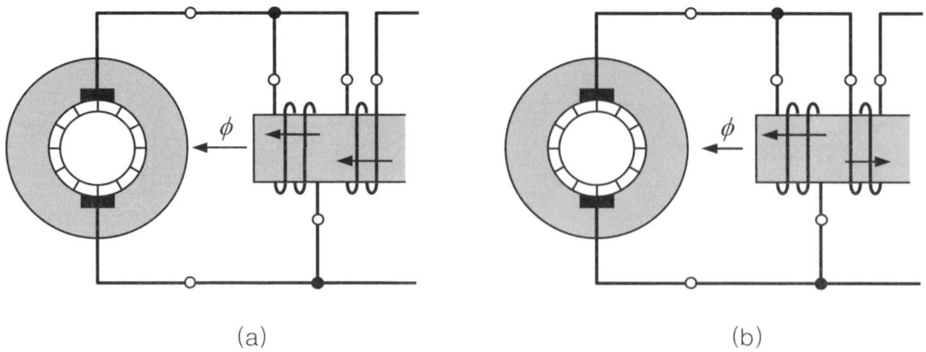

그림 5-33 복권 여자방식(내분권): (a) 가동복권 (b) 차동복권

분권과 직권 코일을 함께 감는데, 거의 일정한 전류가 흐르는 분권 코일을 안쪽에, 운전 상태에 따라 전류 변화가 큰 직권 코일을 바깥쪽에 둔다. 이는 직권 코일에서 열팽창이나 전자기력에 의한 변형이 상대적으로 더 크게, 그리고 더 자주 일어나기 때문이며, 단락사고나 과부하, 기동 등 직권 코일을 통해 큰 전류가 흐를 때 냉각이 더 잘 이루어지도록 하기 위해서이다.

분권계자권선과 직권계자권선

계자는 전기기계적 에너지변환 동작의 주인공이 아니라 에너지변환이 일어날 수 있는 환경(자기장)을 제공하는 보조적 역할을 위한 것이므로 자속을 만들어내기 위한 기자력을 공급하는 데에 있어 주 전압과 주 전류에 미치는 영향이 최소화되어야 한다. 따라서 전기자에 병렬로 접속되는 분권의 경우 계자전류가 전기자전류에 비해 훨씬 작아야 하고, 전기자에 직렬로 접속되는 직권의 경우 계자권선에서 일어나는 전압강하가 전기자의 기전력에 비해 훨씬 작아야 한다.

분권계자는 전류가 작은 대신 필요한 기자력을 얻기 위해 많은 턴수로 이루어진다. 따라서 가늘고 긴 도체로 이루어져 대개 수십 Ω 이상의 큰 저항값을 갖는다.(타려식 계자도 분권계자와 같다.) 반면에 직권계자에는 전기자전류가 직접 흐르므로 전기자도체의 단면적×병렬회로수 만큼의 굵은 도체가 사용된다. 전류가 큰 만큼 턴수가 많지 않아도 충분한 기자력을 얻을 수 있으므로 굵고 짧아서 저항이 수십 mΩ에 불과하다. 즉 분권과 직권은 같은 권선을 다른 방식으로 결선한 것이 아니라 애초에 권선 자체가 다르며, 따라서 직권 계자권선을 분권으로 결선한다거나 분권 계자권선을 직권으로 결선한다거나 하는 일은 있을 수 없다.

계자권선의 손실

계자전류가 흐를 때 계자 코일에서 전력손실이 발생한다. 분권계자는 저항이 크지만 전류가 작고 직권계자는 전류는 크지만 저항이 작다. 따라서 분권계자와 직권계자에서 일어나는 I^2R 손실에는 큰 차이가 없다. 내부 자기회로가 동등한 기기라면 어떤 여자방식을 사용하건 같은 자속을 얻기 위해 필요한 계자의 기자력은 같다. 기자력이 같다는 것은 여기에 사용되는 도체의 체적, 즉 동의 양이 같음을 뜻한다. 도체에 허용되는 최대 전류밀도에서 열적 손실의 총량은 도체의 체적에 비례한다. 따라서 체적이 같으면 열적 손실도 같다. 즉 분권으로 하건 직권으로 하건, 혹은 이들을 조합한 복권으로 하건 정격 자속을 유지하는 데에 계자에서 소모되는 전력은 대략 같다. 실제 직류기의 정격 계자손실은 기기 정격용량의 1~3% 정도로, 모든 여자방식에서 비슷한 수준으로 나타난다.

5-6 정류지연과 보극

정류작용은 직류기가 제대로 기능하는 데에 절대적으로 중요하다. 나아가 정류동작이 제대로 이루어지지 못하는 경우 유지관리상 여러 가지 문제를 일으키고 수명단축의 원인이 되기도 한다. 여기서는 앞서 5-3절에서 언급하였던 정류동작을 좀 더 자세히 살펴보고 원활한 정류동작을 방해하는 정류지연의 문제, 그리고 이와 관련하여 5-2절에서 설명하지 않았던 보극에 관해 알아보도록 한다.

정류과정

그림 5-34는 5-3절에서 보았던 6개의 코일을 지닌 2극 직류기에서 정류가 이루어지는 과정을 나타낸 것으로, 전기자가 반시계방향으로 회전하면서 브러시 p와 n에서 각각 정류자편 1과 4가 떠나고 정류자편 2와 5가 진입하는 과정을 단계별로 보여주고 있다. 코일변의 방향표시는 유기기전력을 나타내며, 편의상 전류와 유기기전력의 방향이 일치하는 발전기 동작상태를 가정하기로 한다.

그림의 오른편은 각 단계에 해당하는 정류자편과 코일의 접속상태를 단순화시켜 나타낸 것이다. 여섯 개 코일이 브러시 p와 n 사이에서 세 개씩 직렬로 접속되어 두 개의 병렬회로를 구성하고 각 병렬회로에서 코일의 유기기전력이 더해져 p에 양, n에 음의 극성이 나타난다. p에서 흘러나가 외부회로를 거쳐 n으로 되돌아오는 전기자전류를 편의상 100으로 놓는다면 두 병렬회로에 50씩의 전류가 흐르게 될 것이다. 전기자가 반시계방향으로 회전하여 전개도의 정류자와 코일들이 왼편으로 진행할 때, 단계별 정류과정은 다음과 같다.

(a) 정류자편 1과 4가 브러시 p와 n에 각각 접촉하고 있으면서 여기에 접속된 코일 1-1′와 4-4′가 자기적 중성점에 접근하고 있는 상태이다. 이때 전개도의 코일 1-1′에는 오른편에서 왼편으로 코일의 기전력과 같은 방향으로 50의 전류가 흐른다.

(b) 코일이 자기적 중성점 영역에 들어선 상태로, 정류자편 1이 브러시 p를 벗어나기 시작하고 정류자편 2가 진입하면서 일부 전류가 정류자편 2를 통해 브러시로 직접 흐르게 되고, 코일 1-1′를 거쳐 정류자편 1을 통해 흐르던 전류가 그만큼 줄어든다.

(c) 두 정류자편이 브러시에 반반씩 걸쳐 있는 상태로, 전류가 정류자편과 브러시 사이의 접촉면적에 비례한다면 양쪽 회로에서 흘러드는 전류가 정류자편 1, 2를 통해 흐르는 전류와 같아지면서 코일 1-1′에 전류가 흐르지 않게 된다.

(d) 더 진행하여 정류자편 1의 접촉면적이 줄어들어 이를 통해 흐르는 전류가 왼쪽 회로로부터 흘러드는 전류보다 작아지면 그 차이가 1-1′를 거쳐 브러시 2를 통해 흐르게 된다. 따라서 1-1′ 코일 전류의 방향이 아까와 반대가 된다.

(e) 정류자편 1이 브러시를 완전히 벗어나면 왼편 회로의 전류 전체가 코일 1-1′와 정류자편 2를 통해 흐르게 된다. 이때 코일은 자기적 중성점 영역을 통과하여 새로운 자극의 영향권 아래로 들어가면서 기전력의 방향도 반전된다.

브러시 n에서도 마찬가지로 정류자편 4가 떠나고 정류자편 5가 진입하면서 정류자편 사이의 전류 분담이 시간에 따라 변하고, 그 과정에서 자기적 중성점을 통과하는 코일 4-4′의 전류 방향이 반전되는 것을 볼 수 있다. 정류란 이처럼 어떤 브러시에 접촉하던 정류자편이 다음 정류자편으로 넘어가면서 인접한 두 정류자편 사이의 코일에서 전류 방향이 반전되는 과정에 해당한다.

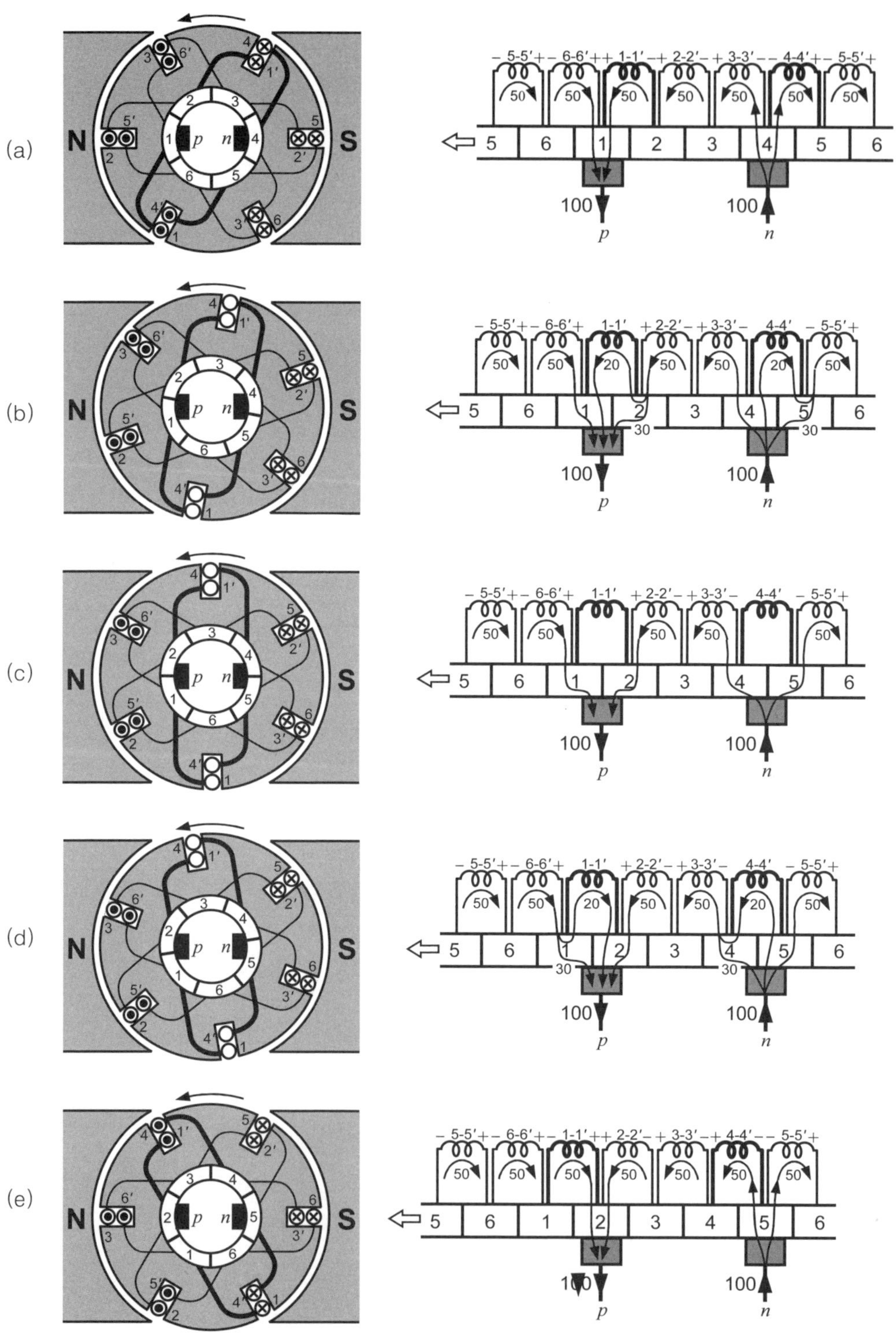

그림 5-34 정류과정 (발전기 동작)

유도성 정류지연

위 설명처럼 이탈하는 정류자편과 진입하는 정류자편이 브러시와 접촉하는 면적에 비례하여 전류분담이 이루어진다면 자기적 중성점을 통과하는 동안 코일의 전류는 그림 5-35의 점선과 같이 직선적으로 변할 것이다. 그러나 실제 이러한 이상적인 정류가 이루어지기는 어렵다. 코일의 인덕턴스가 전류의 변화를 방해하여 실선과 같이 전류의 변화가 지연되며, 이렇게 정류과정에서 인덕턴스 때문에 정류가 지연되는 현상을 **유도성 정류지연**(inductive commutation delay)이라 한다.

그림 5-35의 오른편은 그림 5-34의 코일 1-1′에 전류 지연이 일어난 경우 정류가 끝나는 시점 전후를 보여주고 있다. 이상적인 정류가 이루어지려면 정류자편 1이 브러시로부터 완전히 이탈하기 직전 코일 전류가 이미 –50에 도달해 있어야 한다. 그러나 그림에서처럼 아직 –20까지밖에 가지 못했다면 이탈 직후 더 이상 전류가 정류자편 1을 통해 흐르지 못하게 되는 순간 –50으로 변해야 한다. 인덕턴스를 지닌 코일의 전류가 이처럼 순간적으로 변할 수 없기 때문에 정류자편 1이 이탈한 직후 코일 전류는 아직 –20일 수밖에 없으며, 이때 그 차이에 해당하는 30은 맨 아래 그림에 보인 것과 같이 정류자편 1과 2 사이의 절연을 건너 불꽃방전을 통해 흐르게 된다. 이 불꽃방전은 코일 전류가 –20에서 –50으로 급변하는 과정에서 전류의 변화에 대항하는 큰 기전력 $e = L(di/dt)$ (이를 '리액턴스전압'이라 부른다)이 코일 양단 정류자편 사이에 유기되어 일어나는 것이다. 즉 유도성 정류지연은 브러시를 떠나는 정류자편과 새로 브러시를 차지한 정류자편 사이에 불꽃방전을 일으킨다.

그림 5-36의 (a)는 브러시 끝단에서 불꽃방전이 일어나는 모습을 보여주고 있다. 불꽃방전은 브러시의 마모를 촉진하고 정류자에 손상을 일으키며, 손상된 정류자 표면은 브러시의 진동을 유발하여 불꽃방전을 더욱 심화시킨다. 방전시 열로 정류자편이 과열되면 정류자편에 코일을 용접한 부위가 녹는다거나 정류자 표면의 탄화가 누적되어 모든 코일들이 단락되는 상태에 이를 수도 있다. 나아가 주위 공기가 이온화되면서 도전성 코로나가 발생하여 섬락(flashover)이 일어나고, (b)에서 보

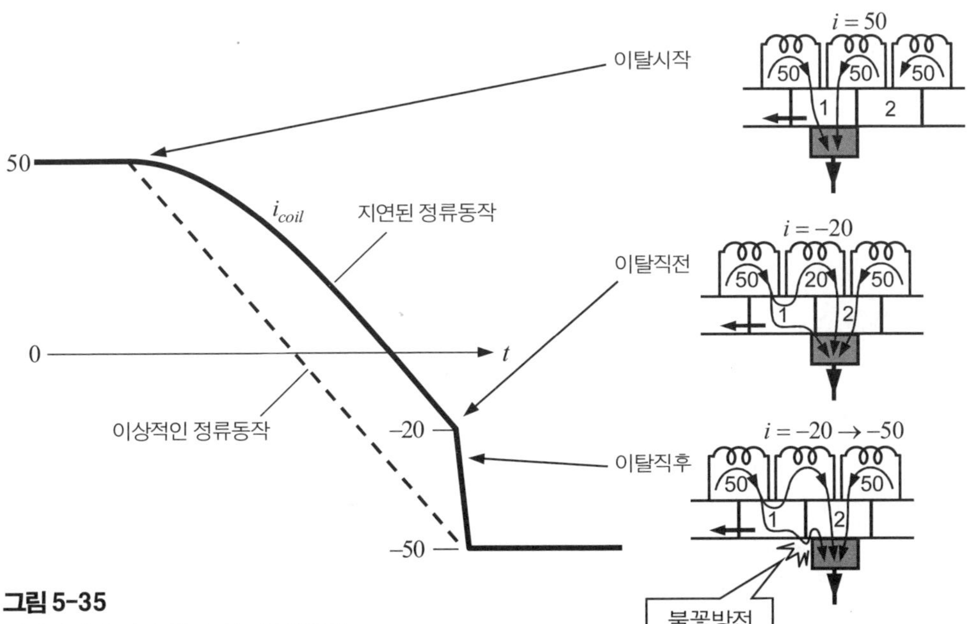

그림 5-35
정류지연에 의해 일어나는 불꽃방전

(a) (b)

그림 5-36 불꽃방전이 일어나고 있는 모습

듯이 코로나가 정류자 둘레를 따라 확장되어 양과 음의 브러시가 단락되는 사고로 이어질 수도 있다. 이러한 불꽃방전은 직류기에서 흔히 일어나면서도 직접적인 손상을 일으키는 중요한 문제이다.

정류지연의 억제

브러시와 정류자 사이의 접촉저항을 크게 해주면 정류 특성을 개선할 수 있다. 접촉저항이 크면 전류 변화의 시정수(L/R)가 짧아지는데, 이는 정류 과정에서 코일 인덕턴스의 에너지가 접촉저항에서 소모되는 효과 때문이다. 그 결과 전류변화의 지연이 완화되어 이상적인 정류동작에 더 가까워진다. 이를 **저항정류**라 한다. 대부분의 직류기에 동 브러시보다 접촉저항이 큰 탄소계열 브러시를 사용하는 이유가 여기에 있다.

탄소브러시는 정류자표면을 매끈하게 연마해주는 부수적 효과가 있고, 불꽃이 생긴다 해도 동 브러시만큼 손상이 일어나지 않는다. 그러나 브러시의 저항율이 크면 그만큼 손실이 커지고, 특히 저압 대전류의 기기일수록 그 영향이 현저해지므로 저항정류만으로 정류특성을 개선하는 데에는 한계가 있다. 그 외 브러시의 위치를 이동시켜주는 방식도 있으나 전류의 크기가 달라질 때마다 브러시의 위치를 바꿔야 하기 때문에 현실적인 방법이 되진 못한다. 따라서 대부분의 직류기(1kW 이상)는 정류지연현상을 상쇄시키기 위해 아래에서 설명하는 보극을 갖추고 있다.

보극

그림 5-34에서 아래쪽 코일변 1과 4′는 N극을 떠나 S극 영역으로 진입하는 과정에 있다. S극 영역에 들어가면 기전력이 이전과 반대가 되어 전류 방향을 반전시키는 힘으로 작용하겠지만 아직 자기적 중성점에 있는 동안에는 그 힘이 존재하지 않으므로 인덕턴스에 의한 전류 변화의 지연을 피할 수 없다. 따라서 전류가 자연스럽게 반전되기를 기다릴 것이 아니라 보다 적극적으로 전류의 반대방향으로 기전력이 유기되도록 할 필요가 있다. 즉 코일변 1과 4′가 자기적 중성점을 지날 때 미리 S극을 걸어주면 이전 전류방향을 계속 유지하려 하는 인덕턴스 효과를 상쇄할 수 있다. 마찬가지로 위쪽의 4와 1′가 S극에서 N극으로 넘어가는 중성점에서는 미리 N극을 걸어준다. 이렇게 자기적 중성점에서 리액턴스전압을 상쇄시키는 기전력이 유기되도록 그림 5-37에서 보듯이 주자극 사이에

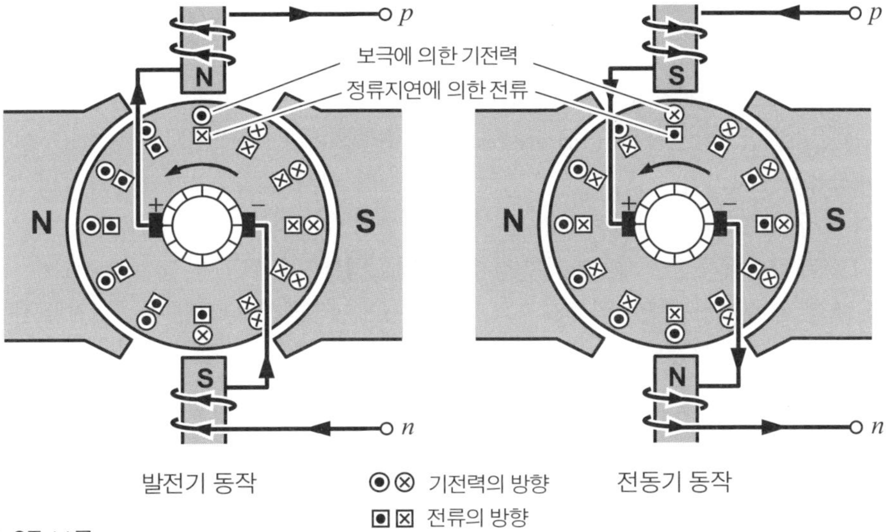

그림 5-37 보극

보조 자극을 설치한 것을 **보극**(interpole)또는 **정류극**(commutating pole)이라 한다.

위 설명은 발전기 동작을 전제로 한 것이다. 발전기 동작에서는 도체가 주자극 밑에 있을 때 기전력과 전류의 방향이 같기 때문에 보극의 극성은 도체가 떠나온 극과 반대의 극성, 즉 이제 진입하려고 하는 자극과 같은 극성이 되어야 한다. 이에 반해 전동기 동작상태에서는 이전 자극 밑에 있을 때 유기기전력이 전류의 방향과 반대로, 즉 애초에 전류를 반전시키려는 쪽으로 유기되고 있었기 때문에 자기적 중성점에서 이전 극성의 자극을 계속 걸어주는 것이 전류를 반전시키는 데에 도움이 된다. 요컨대 발전기의 경우에는 다가올 극을 미리 걸어주고 전동기의 경우에는 떠나온 극을 연장해서 걸어주는 것이 필요하다. 이렇게 했을 때 그림 5-37에서 **보극의 기자력이 항상 전기자전류에 의한 기자력의 반대 방향**이 되어야하는 것을 알 수 있다.

보극 코일은 전기자에 직렬로 접속되어 있어서 전기자전류가 브러시에서 나와 외부로 흐르면서 보극을 거치게 된다. 따라서 보극의 세기가 전기자전류에 비례하므로 부하가 증가하여 전기자전류가 증가했을 때 정류시 코일 인덕턴스의 기전력 $L(di\,/\,dt)$가 커진 만큼 보극에 의한 상쇄기전력도 함께 커짐으로써 자동적인 대응이 이루어지게 된다. 또 보극의 극성이 전기자전류의 방향에 따라 달라지므로 예컨대 발전기로 동작하다가 전동기로 동작하게 되더라도 극성이 자동으로 전환된다. 보극 철심은 보통 주강 강괴로 만들어지지만 전류 변화가 급격할 때는 철심에 와전류가 발생하여 보극의 세기가 전류에 비례해서 변하는 데에 지연이 일어날 수 있다. 따라서 부하변동이 심한 용도에서는 보극에도 성층철심이 사용된다.

한편, 보극의 세기가 지나치게 커도 문제가 될 수 있다. 그림 5-35와 같이 정류자편이 브러시를 떠날 때까지 정류가 완료되지 않은 것을 부족정류라 하고, 보극이 필요 이상으로 강해서 반전된 전류가 최종적으로 도달해야 할 전류를 넘어가는 경우 과정류라 한다. 이 경우에는 정류자편이 떠나는 쪽이 아니라 새로 진입하는 브러시 앞쪽에서 불꽃이 일어난다. 따라서 부족정류도 과정류도 아닌 불꽃 없는 이상적 정류동작이 이루어지려면 보극의 턴수가 적정해야 한다. 일반적으로 보극의 기자력은 정격 전기자전류에서 주자극 기자력의 30~40 %정도가 되도록 하고 있다.

5-7 전기자반작용

전기자에 전류가 흐르면 전기자 기자력에 의해 자속이 만들어져 계자 자속에 간섭을 일으키는 현상이 일어난다. 이를 전기자반작용(armature reaction)이라 부른다. 5-4절에서 설명하였듯이 전기자 기자력이 작용하는 자기적 중성점 방향으로는 공극이 매우 커서 전기자 기자력에 의해 발생하는 자속은 그리 크지 않다. 그러나 여전히 전기자 주위를 감싸고 있는 자극 표면의 자속 분포에는 영향을 미치며, 그 결과 기기의 특성을 왜곡시키고 정류동작에도 악영향을 끼친다.

그림 5-38에서 (a)는 전기자에 전류가 흐르지 않을 때 계자 자속을 나타낸다. 전기자에 전류가 흐르면 자속이 (b)와 같이 왜곡되고 그 결과 아래와 같은 부작용이 이 나타난다.

1. 전체적으로 자속의 방향이 바뀌면서 **자기적 중성점이 이동**한다. 그림은 유기기전력과 전류의 방향이 같은 발전기의 경우로, 위쪽으로 작용하는 전기자 기자력이 중첩된 결과 자기적 중성점이 회전방향으로 이동한 것을 볼 수 있다. 전동기로 동작할 때는 전류가 반대로 흐르므로 전기자 기자력이 아래쪽으로 작용하고, 회전 반대방향으로 자기적 중성점이 이동한다.
2. 자극 한쪽에서는 자속밀도가 높아지고 반대편에서는 낮아져 자속밀도가 높아진 쪽을 지나는 도체의 유기기전력이 커지고 자속밀도가 낮아진 쪽에서는 유기기전력이 작아진다. 자속밀도가 높아지는 쪽과 낮아지는 쪽의 변화량이 같다면 총 자속은 마찬가지일 것이고, 직렬 코일들의 합성 기전력에도 변화가 없을 것이다. 그러나 당초 자극이 자기포화 경계영역에 있기 때문에 자속밀도가 높아지는 쪽이 포화 영역으로 들어가 자속의 증가량이 자속밀도가 낮아지는 쪽의 감소량보다 작으며, 결과적으로 자속의 총량이 줄어든다. 이를 **감자효과**(field weakening effect)라 한다. 감자효과로 같은 속도에서 유기기전력이 줄어들고, 같은 전류에서 유기토크가 작아진다. 즉 기기의 출력이 저하된다.
3. 자속밀도가 높아진 부위를 통과하는 코일의 기전력이 커져 코일 양 끝 정류자편 사이에 허용치 이상의 과전압이 나타날 수 있다. 정류자 편간전압이 어느 이상을 넘으면 정류자편 사이에 불꽃방전이 일어나고, 섬락의 원인이 될 수 있다.

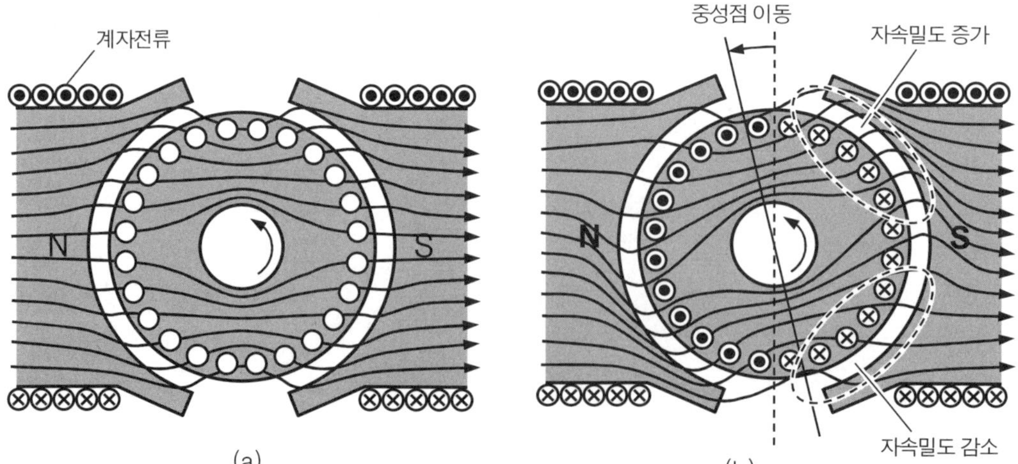

그림 5-38 전기자반작용(발전기 동작)

전기자반작용과 정류작용

전기자반작용으로 인한 자기적 중성점 이동은 정류에 문제를 일으킨다. 그림 5-38(b)에서 볼 수 있듯이 발전기 동작에서 자기적 중성점이었던 곳이 위쪽은 S극 영향권에, 아래쪽은 N극 영향권에 놓이게 됨으로 해서 중성점을 지나는 코일에 기전력이 유기되는데, 이 기전력은 5-6절의 인덕턴스 효과에 더해지는 방향, 즉 전류의 반전을 방해하는 방향으로 작용한다. 따라서 중성점 이동은 정류 지연을 더 크게 하는 결과를 낳는다. 전동기 동작에서도 마찬가지이다.

앞서 5-6절에서 언급했듯이 보극의 극성이 항상 전기자 전류의 기자력에 반대 방향으로 작용하므로 보극의 기자력을 키워주면 이 전기자반작용의 영향을 상쇄시켜줄 수 있다. 따라서 실제 보극의 턴수는 코일 인덕턴스에 의한 정류지연을 상쇄시키는 데에 필요한 것보다 더 크다. 그러나 보극의 영향이 중성점 부근에만 국한되므로 보극의 강화는 정류동작의 악화를 방지하는 역할을 할 뿐, 감자효과와 정류자 편간전압이 상승하는 문제에는 영향을 미치지 못한다.

자기적 중성점을 따라 브러시를 이동시키는 방법도 있는데, 이때 중성점보다 더 많이 이동시키면 인덕턴스에 의한 정류지연까지 보상하는 효과도 얻을 수 있다. 그러나 전기자반작용은 전기자 전류의 크기에 따라 달라지므로 전류가 변할 때마다 브러시의 위치를 일일이 조정해 주어야 한다는 점에서 전류가 항상 일정한 경우가 아니라면 현실적인 방법이라 보기 어렵다. 나아가 브러시의 이동은 유효자속을 감소시켜 감자효과를 심화시키는 문제를 지니고 있다. 따라서 비상시 임시방편으로만 적용된다. 브러시를 지지하는 구조물(그림 5-8)이 전체적으로 회전이 가능하게끔 만들어져 있긴 하지만 이는 보극의 턴수 조정만으로는 정류지연 보상이 정확히 이루어지기 어렵기 때문에 추가로 브러시의 위치를 미세하게 조정함으로써 불꽃방전을 최소화시키는 보조적 역할을 위한 것이다.

보상권선

전기자반작용을 제거하는 가장 확실한 방법은 **보상권선**(compensating winding)을 설치하는 것이다. 그림 5-39에서 보듯이 전기자 도체를 마주보는 주자극 표면에 전기자 도체와 평행하게 도체를 설치하고 이들을 전기자에 직렬로 연결하여 전기자전류의 반대 방향으로 전류가 흐르게 한 것을 말한다. 도체수를 적절히 설정하면 보상권선의 기자력으로 전기자전류의 기자력이 상쇄되어 전기

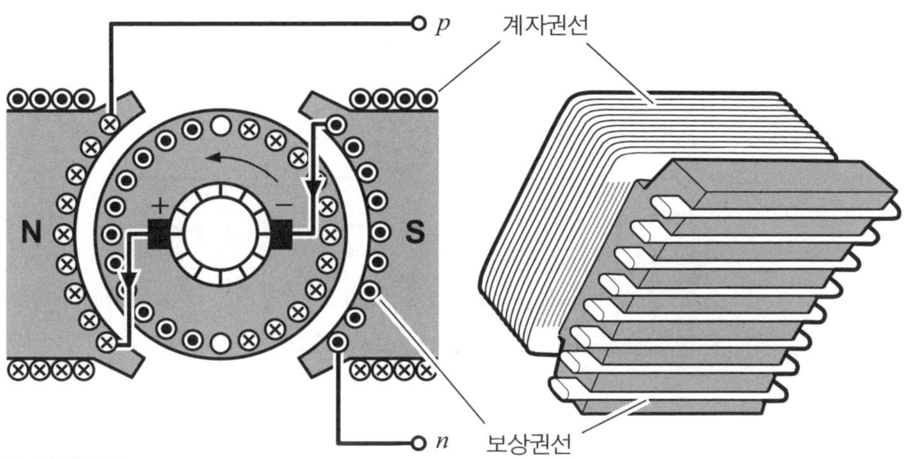

그림 5-39 보상권선

자반작용의 원인이 원천적으로 제거된다. 따라서 중성점 이동, 자속 감소, 정류자 편간 과전압의 문제들이 모두 해소된다. 그러나 보상권선은 5-6절에서 설명한 인덕턴스에 의한 정류지연에는 영향을 미치지 못한다. 따라서 보상권선이 있다 해도 보극을 생략할 수는 없다.

그림 5-40의 (a)에서 주자극 표면에 설치된 보상권선, 보상권선 사이를 연결하는 도체, 그리고 주자극 사이사이에 설치된 보극의 모습을 볼 수 있다. (b)는 전기자의 브러시에서 인출된 선로가 보상권선과 보극 권선을 거쳐 외부 단자에 이르는 과정을 보여준다. 보상권선을 사용하면 기기가 복잡해지고 제작비가 상승하므로 고가의 대형 기기에 적용되고 소형 기기들은 보극만 지니고 있다. 단 중소형 기기라도 부하변동이 큰 용도, 그리고 빠른 가속/감속이 이루어져야 한다거나 회전방향의 전환이 필요한 용도에서는 전기자전류가 급격히 변화할 때 정류자 편간전압의 상승으로 섬락이 일어나는 것을 방지하기 위한 목적으로 보상권선을 적용한다.

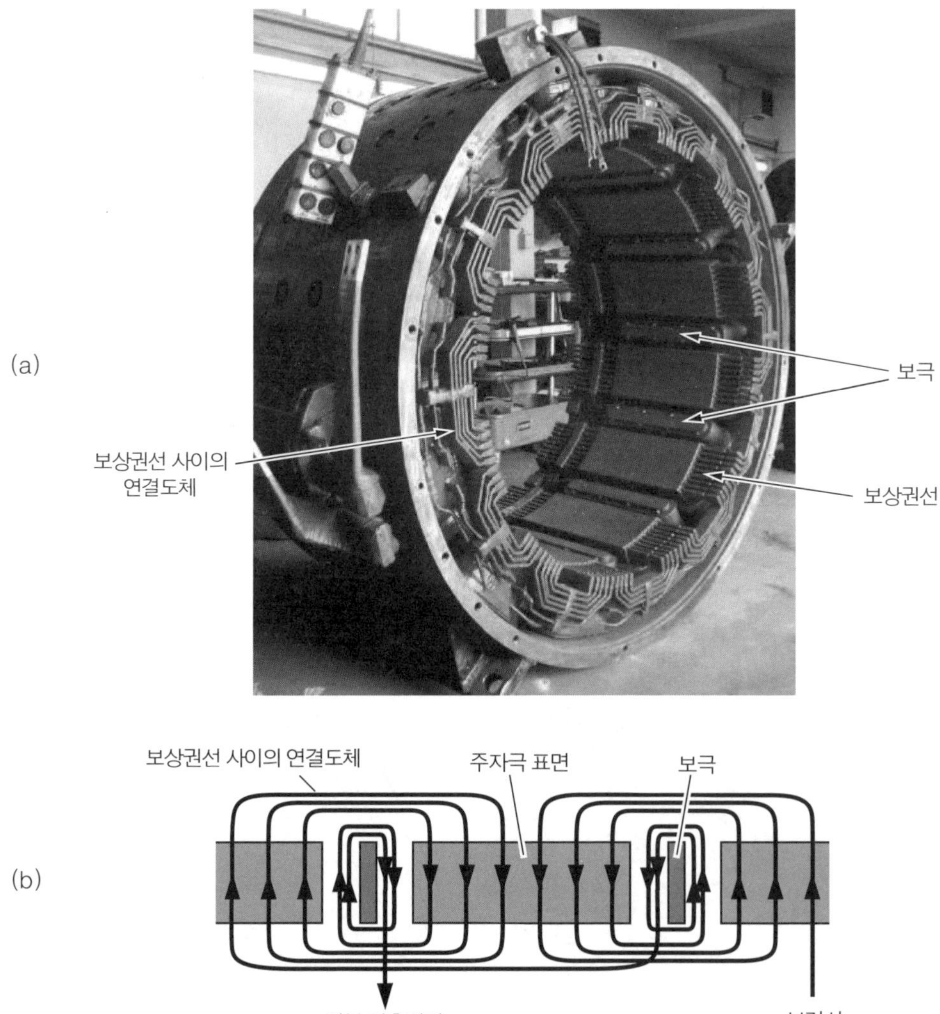

그림 5-40 보상권선과 보극의 (a) 외관과 (b) 코일접속

5-8 직류기의 손실과 정격

전동기나 발전기로 운전 중 직류기에서 일어나는 전력전달과정은 4-6절에서 설명했던 것과 같다. 직류기의 손실 특성과 효율, 정격에 관한 사항을 개략적으로 살펴보기로 한다.

직류기의 손실

직류기에서 일어나는 손실을 항목별로 살펴보면

동손: 동손은 전기자 권선과 계자권선의 도체에서 발생하는 I^2R 손실이다. 전기자동손은 전기자와 보극, 보상권선에서의 손실을 모두 포함하며 부하전류(전기자전류)에 따라 증가한다. 계자동손은 분권이나 타려식에서는 여자전류를 일정하게 유지하는 한 일정하지만 직권에서는 전기자동손과 마찬가지로 부하전류에 따라 증가한다.

철손: 히스테리시스손과 와전류손을 말한다. 자속이 일정한 계자에서는 철손이 거의 발생하지 않지만 자기장 안에서 회전하는 전기자의 철심은 자화방향이 계속 바뀜에 따라 손실이 발생한다. 철손은 자속의 크기와 주파수에 따라 변하는데, 여기서 주파수는 자화 방향의 교번회수를 말하므로 전기자의 회전속도에 의해 결정된다. 대략 자속밀도의 제곱에 비례하고 회전속도의 1.5승에 비례하는 것으로 간주된다.

브러시 손실: 브러시와 정류자 사이의 접촉면에 전류가 흐를 때 전압강하가 일어나는데 브러시 재질에 따라 차이가 있지만 가장 보편적인 탄소와 흑연 브러시는 1 V 정도로서 달리 명시되지 않는다면 양과 음 총 브러시 전압강하를 2 V로 잡는다. 여기에 전류를 곱한 것이 브러시의 접촉손실이다. 브러시 몸체에서 일어나는 손실은 일반 저항손실과 같으므로 전기자동손에 포함시킬 수 있다.

기계손: 기계손에는 마찰손(friction loss)과 풍손(windage loss)이 있다. 마찰손은 주로 베어링에서 일어나고 브러시와 정류자의 마찰 손실도 포함된다. 마찰손은 대략 속도의 1.5승에, 냉각날개 등에서 일어나는 풍손은 (손실토크가 유체이송부하처럼 속도의 제곱에 비례하므로) 속도의 3승에 비례한다. 일정 속도로 회전하는 기기는 기계손도 일정하다.

표유부하손: 위의 손실성분들 외에 전기자도체나 정류자편의 표피효과에 의한 손실, 전기자반작용으로 추가되는 철손, 전기자도체에서 일어나는 와전류손실 등 명확하게 구분하기 곤란한 것들을 뭉뚱그려 표유부하손漂遊負荷損(stray-load loss)이라 한다. 보통 전류의 제곱에 비례하는 것으로 간주하고 정격운전상태를 기준으로 정격출력의 1 % 정도로 잡는다. 보상권선이 있는 경우에는 정격출력의 0.5 %, 보상권선이 없는 경우에는 1 %로 구분하기도 한다.

직류기의 효율

위의 손실 성분들은 부하에 관계 없이 일정한 고정손과 부하에 따라 변하는 변동손으로 구분된다. 어떤 항목이 고정손이고 어떤 항목이 변동손에 속하는지는 기기의 운전방식에 따라 달라질 수 있다. 일정 속도로 운전되는 기기는 기계손과 철손이 고정손에 포함되고 분권과 복권 직류기의 분권계자에서 일어나는 동손도 거의 항상 일정하므로 고정손에 해당한다. 변동손은 전기자동손과 직권계자의 동손, 그리고 표유부하손이며 속도변동이 큰 용도에서는 전기자에서 일어나는 철손과 기계손도 변동손이 된다. 일반적으로 고정손도 부하 증가에 따라 다소 증가하는 경향을 보인다.

고정손을 상수로 간주하고 변동손이 근사적으로 전류의 제곱에 비례하는 것으로 본다면 2장에

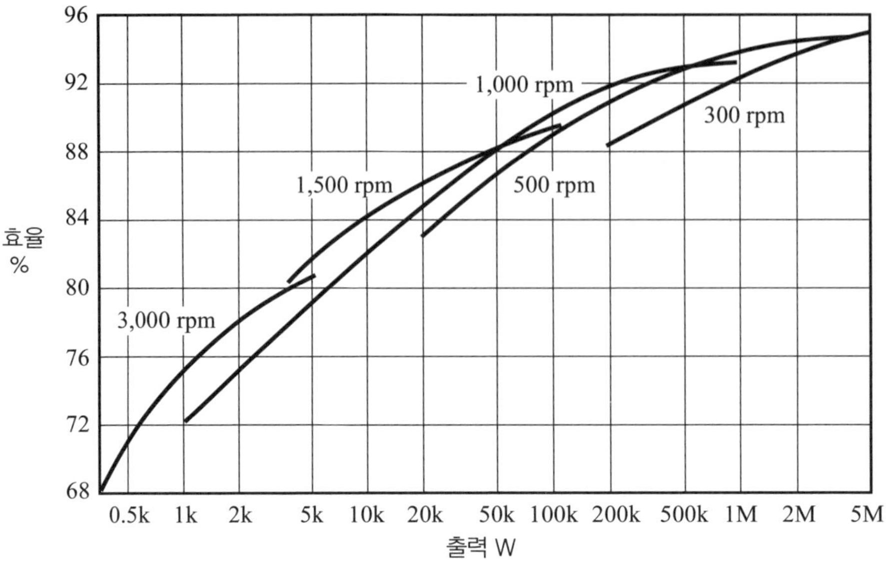

그림 5-41 직류기의 용량에 따른 전부하 효율

서 설명하였던 변압기의 고정손(철손)과 변동손(동손) 사이의 관계와 유사하다. 따라서 출력의 변화에 따른 효율의 변화도 변압기의 효율과 유사한 추이를 보이며, 변압기에서 동손과 철손이 같아졌을 때 최고 효율이 되는 것처럼 직류기도 대략 고정손과 변동손이 같아지는 부하율에서 최고 효율을 갖는다. 그러나 이는 대략적인 경향일 뿐, 손실 요소들의 변화 특성이 기기의 여자방식이나 운전방식에 따라 다르기 때문에 구체적인 양상은 개별 기기에 따라 상당한 차이를 보이게 된다.

그림 5-41은 직류기 용량에 따른 전부하효율의 추이로서, 소용량은 80 % 내외, 수백 kW급 대용량은 90 % 이상으로, 같은 용량에서는 극수가 많은 저속기보다 고속기의 효율이 높은 것을 볼 수 있다.

직류기의 정격

일반적으로 교류기는 표준 계통전압(220 V, 380 V, 6,600 V 등)에서 사용되므로 정격전압이 몇 단계로 확연히 구분된다. 그러나 직류에는 정해진 표준이 없으므로 직류기는 다양한 전압 정격으로 만들어진다. 단 전동기 용도의 직류기들은 교류를 정류한 전원에서 구동되는 경우가 많기 때문에 정류된 표준 교류전압에 대응하는 정격의 기기들이 많다.

대용량일수록 정격전압도 높아지는 것이 당연하지만 kV급 이상은 극히 드물며, 대개 600 V 이하이다. 정류자편 사이의 전압이 너무 높아지면 절연이 어렵고 제작비가 크게 상승하기 때문이다. 한편 소형에서는 6 V 정도가 정격전압의 하한선이 되는데 그 이유는 거의 일정한 크기인 브러시 접촉 전압강하가 차지하는 비중이 현저히 높아지기 때문이다. 즉 정류자와 브러시의 존재가 정격전압의 상한선과 하한선을 결정하는 요인으로 작용한다.

전압의 제한 때문에 대용량 직류기는 대부분 저전압 대전류 정격이다. 전류가 크다는 것은 토크가 크다는 뜻이고, 전압이 낮다는 것은 속도가 낮음을 뜻하므로 직류기는 일반적으로 저속 고토크이다. 이는 그림 5-41에서 대용량일수록 정격속도가 낮은 것에서도 볼 수 있다. 5-2절에서 언급했듯이 저속일수록 극수가 많으며, 기기의 크기가 토크에 대략 비례하기 때문에 대용량 직류기는 외형상으로도 대단히 크고 무겁다. 큰 전류가 흐르려면 많은 병렬회로수를 지녀야 하므로 대용량 직류기는 예외 없이 병렬회로수가 극수에 비례하는 중권 내지는 중파권으로 만들어진다. 그러나 브러시 전류밀도 제한으로 전류를 키우는 데에도 한계가 있어서 직류기의 용량은 최대 수 MW로 제한된다.

연습문제

5-1. 그림 5-3에서 브러시가 반시계방향으로 45° 돌아간 위치에 놓여 있다면 브러시 양 단자 사이에 나타나는 기전력의 파형은 어떻게 되는가? 90° 위치에 있을 때는 어떻게 되는가? 브러시의 폭이 충분히 좁아서 두 정류자편에 동시에 접촉하는 일은 일어나지 않는 것으로 가정한다.

5-2. 그림 5-5는 코일이 반시계방향으로 회전할 때의 발전기 동작과 전동기 동작을 나타내고 있다. 코일이 시계방향으로 회전할 때의 발전기 동작과 전동기 동작을 나타내라.

5-3. 그림 5-3의 단일코일 2극기의 전기자가 길이 30 cm, 반지름 5 cm이고 자속밀도가 1 T이다.

(a) 극당 자속은 얼마인가? 1,800 rpm으로 회전시킬 때 단자에 나타나는 기전력은 얼마인가?

(b) 코일 도체의 허용전류가 5 A이고 턴수가 5라면 이 기기의 에너지변환 용량은 얼마인가?

(c) (b)와 동일한 코일 6개가 같은 정류자를 공유하고 있다면 기기의 전압정격과 전류정격은 얼마인가? 최대토크는 얼마인가?

5-4. 800 rpm으로 회전하는 직류기가 2극기라면 전기자 철심의 자화방향이 교번하는 주파수는 몇 Hz인가? 이를 40 Hz 이내로 제한하고자 한다면 최대 몇 극까지 가능한가?

5-5. 그림 5-19의 전기자가 길이가 30 cm, 반지름이 5 cm이고 자속밀도가 1 T, 회전속도는 1,800 rpm이다. 코일의 턴수는 5이고 코일 도체의 허용전류가 5 A이다.

(a) 도체 하나에 유기되는 기전력은 얼마인가?

(b) 인접한 정류자편 사이에 나타나는 전압은 얼마인가?

(c) 브러시를 통해 양 단자 사이에 나타나는 전압은 얼마인가?

(d) 이 기기의 변환전력은 얼마인가?

(e) 최대 허용전류에서 코일 하나에 의해 유기되는 토크는 얼마인가?

(f) 전체 유기토크는 얼마인가?

(g) 기계적 동력은 얼마인가? (d)의 결과와 일치하는가?

5-6. 문제 5-5의 기기에서 극당 자속과 전체 도체수를 구하고 식 (5-19)와 식 (5-20)을 적용하여 기전력과 토크를 구하라. 문제 5-5의 결과와 일치하는가?

5-7. 문제 5-5의 기기에서 코일의 한 턴당 저항이 60 mΩ이다.

(a) 전기자저항은 얼마인가?

(b) 최대 허용전류에서 전기자의 저항손실은 얼마인가?

(c) 기계적 손실이 75 W라 하고 기계적 손실과 전기자권선의 손실 외 다른 손실은 없는 것으로 가정한다. 최대허용전류에서 전동기로 동작할 때와 발전기로 동작할 때 기기의 효율을 구하라.

5-8. 문제 5-5를 그림 5-24의 전기자에 적용하여 반복하라.

5-9. 문제 5-6을 그림 5-24의 전기자에 적용하여 반복하라.

5-10. 문제 5-7을 그림 5-24의 전기자에 적용하여 반복하라.

5-11. 파권에서 정류자 편간전압이 식 (5-10)으로 표현됨을 보여라.

5-12. 6극 직류기발전기의 전기자가 600개 도체로 이루어져 있다. 도체당 저항은 0.003 Ω이고 정격속도로 회전할 때 도체에 유기되는 기전력이 평균 0.48 V이다. 도체의 최대허용전류가 15 A라면 아래 각 경우

에 전기자저항, 유기기전력, 정격전류, 정격전류가 흐를 때의 전기기계적 변환전력을 구하라.

(a) 전기자를 단중 중권으로 결선하였을 때

(b) 전기자를 단중 파권으로 결선하였을 때

5-13. 어떤 6극 발전기가 300개의 도체를 가지고 있다. 회전속도는 1,800 rpm이고 극당자속은 0.01 Wb이다. 단중 중권일 때와 단중 파권일 때 각각 평균출력전압을 구하라.

5-14. 32극 발전기의 전기자가 파권으로 결선된 800개의 도체로 이루어져 있다. 60 rpm에서 120 V를 발전하기 위해 필요한 극당 자속을 구하라.

5-15. 4극 1,200 rpm 직류기에서 자극의 면적이 200 cm^2, 자극 아래 평균자속밀도는 0.78 T이다. 전기자는 턴수 2인 95개의 코일로 이루어진 단중파권이고 양 단자 사이에서 측정한 저항이 0.20 Ω이다.

(a) 전기자의 유기기전력은 얼마인가?

(b) 전기자 양단사이 전압이 250 V라면 이 직류기는 발전기로 동작하는가 전동기로 동작하는가?

(c) 위의 운전상태에서 전기기계적 변환전력과 유기토크는 얼마인가?

5-16. 10극 50 kW 120 V 직류발전기가 있다. 전기자는 2중 중권으로 10턴의 코일 120개로 이루어져 있다. 정격속도는 750 rpm이다.

(a) 전기자가 개방된 상태에서 정격전압을 발전하기 위해서는 극당자속이 얼마여야 하는가?

(b) 정격부하가 접속된 상태에서 각 병렬회로에 흐르는 전류는 얼마인가?

(c) 정격부하에서 유기되는 토크는 얼마인가?

(d) 몇 개의 브러시가 사용되어야 하는가? 브러시의 폭은 어떠해야 하는가?

(e) 전기자 권선의 저항이 턴당 0.006 Ω이라면 전기자저항은 얼마인가?

5-17. 전기자가 8개의 코일로 이루어진 소형 2극 직류전동기가 있다. 코일의 턴수는 4이고 극당 자속은 0.125 Wb이다. 전기자 양단에서 본 합성 저항은 0.05 Ω이다.

(a) 전동기의 축에 아무것도 연결하지 않은 상태에서 전기자 단자에 12 V의 배터리를 연결하면 어떤 동작이 일어나는지 설명하고 정상상태 속도를 구하라.

(b) (a)의 상태에서 회전 반대 방향으로 축에 50 N-m의 토크가 가해졌을 때 흐르는 전류는 얼마인가? 이때의 유기기전력과 회전속도는 얼마인가?

(c) (a)의 상태에서 회전 방향으로 축에 50 N-m의 토크를 가했을 때 흐르는 전류는 얼마인가? 이때의 유기기전력과 회전속도는 얼마인가?

5-3. (a) 0.0471 Wb, 5.66 V (b) 141 W (c) 28.3 V, 30 A, 4.5 N-m **5-4.** 13.33 Hz, 6 **5-5.** (a) 2.827 V (b) 28.27 V (c) 84.82 V (d) 848.2 W (e) 0.75 N-m (f) 4.5 N-m (g) 848.2 W **5-6.** 0.0471 Wb, 60, 84.82 V, 4.5 N-m **5-7.** (a) 450 mΩ (b) 45 W (c) 86.6%, 87.0% **5-8.** (a) 2.827 V (b) 28.27 V (c) 84.82 V (d) 1,696 W (e) 0.75 N-m (f) 9 N-m (g) 1,697 W **5-9.** 0.0236 Wb, 120, 84.82 V, 9 N-m **5-10.** (a) 225 mΩ (b) 90 W (c) 90.8%, 90.7% **5-12.** (a) 0.05 Ω, 48 V, 90 A, 4,320 W (b) 0.45 Ω, 144 V, 30 A, 4,320 W **5-13.** 90 V, 270 V **5-14.** 0.00938 Wb **5-15.** (a) 237.2 V (b) 전동기 (c) 15,181 W, 121 N-m **5-16.** (a) 0.008 Wb (b) 20.83 A (c) 636.6 N-m (d) 10 (e) 0.018 Ω **5-17.** (a) 90 rpm (b) 39.3 A, 10.04 V, 75.2 rpm (c) 39.3 A, 13.97 V, 104.7 rpm

6

직류발전기

19세기 후반 전기시스템이 처음 도입되었을 당시 전기에너지의 생산은 전적으로 직류발전기에 의해 이루어졌다. 그러나 오늘날에 와서는 교류계통으로부터 반도체 정류회로를 통해 직류를 얻는 편이 훨씬 간편하면서도 경제적이기 때문에 일반 산업용도의 직류발전기는 거의 사라졌다고 해도 과언이 아니다. 단 제어가 단순하고 과전류에 강인하다는 장점이 있어서 일부 속도제어 시스템에 직류전동기와 짝을 이루어 사용되는 경우가 있고, 비상용 발전기, 교류발전기 여자용 보조발전기, 맥동이 작은 직류전원을 필요로 하는 시험설비나 전기화학공정 등 특수 용도의 발전기로 적용되고 있다. 여자방식에 따라 타려식, 분권, 직권 및 복권으로 구분되며 각자 고유한 출력특성을 지닌다. 직류발전기의 현실적 비중이 낮긴 하지만 이들 직류발전기의 특성과 동작에 대한 이해는 발전기의 적용과 제어에 관련된 일반적인 개념을 습득하는 데에 중요하며, 7장에서 다루게 될 직류전동기의 속도제어 및 제동과도 밀접하게 연관된다. 그리고 자기여자와 병렬운전 등의 개념들은 뒤의 교류발전기에서 나타나는 유사한 동작을 이해하는 데에 기초가 된다.

1887년 경복궁에 증기엔진에 의해 구동되는 25kW 직류발전기와 조명등이 설치되었다. 이는 에디슨에 의해 최초의 상업발전이 시작된 1882년에서 불과 5년 후이며 아시아지역 최초의 전기설비로 기록되어 있다. 사진은 경복궁 내 건천궁 옥호루 뜰에 있었던 아크등의 모습이다.

6-1 직류발전기의 등가회로

직류기의 전기자권선은 많은 수의 코일로 이루어져 있으나 브러시를 통해 인출된 양 단자에서 보았을 때는 전기자 전체를 직류 기전력을 지닌 하나의 회로요소로 간주할 수 있다. 그림 6-1은 이를 등가회로로 나타낸 것이다. 왼편의 코일 기호는 계자권선으로, 계자전류 I_f가 흘러 극당 자속 ϕ의 자기장이 만들어지는 것을 나타내고 있다. 계자권선이 만들어낸 자기장 안에서 전기자를 ω의 속도로 회전시키면 기전력 E_a가 유기되고, 기전력의 방향으로 전기자전류 I_a가 흐른다. 이 전류는 회전 반대 방향으로 토크 T_e를 유기한다. 여기서 전기자의 전기적 변수 E_a, I_a와 기계적 변수 ω, T_e 사이의 관계는 5-4절에서 설명하였던 것과 같이 아래의 두 식으로 표현된다.

$$E_a = k\phi\omega \tag{6-1}$$

$$T_e = k\phi I_a \tag{6-2}$$

실제 전기자의 양 단자 사이에 나타나는 단자전압(terminal voltage) V_T는 아무것도 연결되지 않은 개방상태에서 E_a와 같다. 그러나 부하가 연결되어 전류가 흐르면 전기자권선에서 일어나는 내부 전압강하 때문에 $V_T < E_a$가 된다. 등가회로에서는 이 전압강하가 별도의 저항 R_a에서 일어나는 것으로 표현하고 전기자는 내부저항이 없는 이상적인 전압원인 것으로 간주한다. 이는 개방전압 E_a와 직렬 저항으로 이루어진 테브난 등가회로에 해당한다.

전기자저항 R_a는 전기자 개별 도체들의 저항이 합성된 값으로(예제 5-1 참조), 단자가 인출되는 과정에 보극과 보상권선을 거치는 경우 이들의 권선저항을 포함한 것이다. 전기자권선은 인덕턴스 성분 L_a도 지니고 있으며, 전기자전류의 변동을 억제하는 작용을 한다. 이하에서는 일정한 직류가 흐르는 정상상태만 다루므로 전기자 인덕턴스는 고려하지 않는다. V_B는 정류자와 브러시의 접촉 전압강하를 나타낸 것으로, 전류가 흐를 때 전류 크기에 무관하게 양쪽 브러시에서 1 V씩, 대략 2 V 정도의 일정한 크기를 유지한다. 브러시 전압강하는 항상 전류의 흐름을 방해하는 쪽, 즉 그림에서와 같이 유기기전력의 방향으로 전류가 흐를 때는 기전력을 상쇄시키는 방향으로 작용한다. 이하에서는 편의상 별도로 나타내지 않지만 손실을 계산할 때는 고려에 넣어야 한다.

자화특성곡선

등가회로의 기전력 E_a는 발전기의 회전속도에 비례하면서 계자자속 ϕ에도 비례한다. 따라서 주어진 속도에서 E_a는 I_f의 함수가 된다. 이 관계를 그래프로 나타낸 것을 직류발전기의 **자화특성곡**

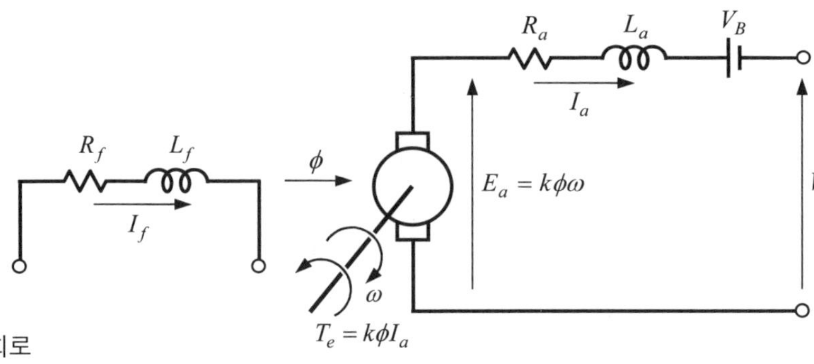

그림 6-1
직류발전기의 등가회로

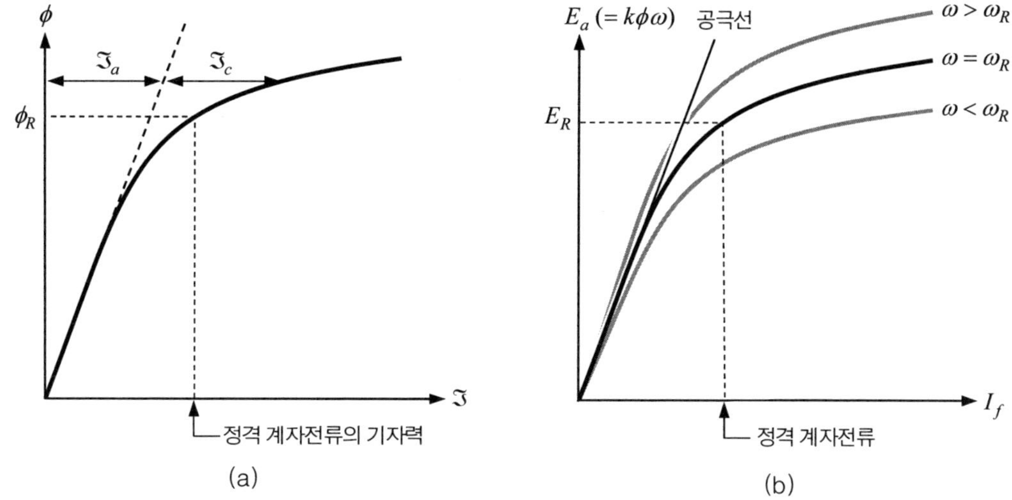

그림 6-2 (a) 기자력과 자속의 관계 (b) 직류기의 자화특성곡선

선(magnetization curve)이라 한다. 자화특성곡선은 발전기를 일정 속도로 회전시키면서 계자에 별도 전원을 가해 계자전류를 0에서부터 키워가며 개방 상태의 전기자 양단전압을 측정한 것으로, **개방전압특성**(open-circuit characteristic: OCC)이라고도 한다.

그림 6-2(a)는 계자권선의 기자력과 자속 사이의 관계로서, 점선은 내부 자기회로에서 철심의 자기저항을 무시하고 공극의 자기저항만 고려했을 때 기자력과 자속 사이의 관계를 나타낸다. 계자의 기자력은 공극의 기자력강하 $\Im_a$와 철심의 기자력강하 $\Im_c$의 합인데, 자속이 작을 때는 철심의 자기저항이 작아서 실제 자속이 점선에 거의 일치한다. 그러나 어느 이상의 자속에서 철심이 포화되기 시작하면 $\Im_c$가 급격히 증가하여 점선에서 현저히 벗어난 곡선을 그리게 된다. 특정 회전속도에서 E_a와 I_f 사이의 관계는 그림 (b)에 보인 것과 같이 (a)의 닮은꼴이 되며, 정격속도 ω_R일 때 측정한 것이 자화특성곡선의 기준이 된다. 여기서 (a)의 점선에 대응하는 직선부위의 기울기가 전적으로 공극의 크기에 좌우되므로 이 직선을 연장한 선을 **공극선**(airgap line)이라 부른다.

철심의 자화를 최대한 이용하기 위해 **정격자속**은 그림 6-2(a)에 ϕ_R로 나타낸 것처럼 자기포화 초입부로 설정된다. 이 정격자속을 얻기 위해 필요한 계자전류가 **정격 계자전류**이고 계자권선은 이 정격 계자전류가 지속적으로 흐를 수 있는 규격으로 만들어진다.

전기자와 계자의 pu저항

표 6-1은 일반적인 직류기의 전기자저항 및 계자저항의 개략적인 수준을 단위법으로 나타낸 것이다. 단위법의 기준전압은 정격전압, 기준전류는 전기자의 정격전류이다. 기준임피던스는 정격전

표 6-1 직류기의 pu임피던스

R_a	0.05~0.15 pu
R_f	20~200 pu
R_s	0.005~0.02 pu

압을 전기자 정격전류로 나눈 것으로 대략 발전기의 정격부하임피던스에 해당한다.

전기자저항은 기기의 용량과 정격전압에 따라 상당한 차이를 보이지만 단위법으로 나타내면 수백 kW급에서는 0.05 pu, 수십 kW급에서는 0.1 pu 정도의 값을 갖는다. R_f는 전기자에 병렬로 연결되는 분권계자의 저항을 나타낸다. 분권계자전류는 정격전류의 0.5 %~5 % 정도인데,(계자에 전기자와 같은 전압이 가해지는 것으로 보면) 이는 R_f가 20~200 pu 정도임을 뜻한다. 대개 가변 계자저항기를 직렬로 삽입하여 적정 범위에서 계자전류를 조절할 수 있도록 하기 위해 계자권선 자체 저항은 그 1/2~2/3 정도의 값이 되도록 만들어진다. R_s는 전기자에 직렬로 연결되는 직권계자의 저항을 나타내며, 통상 전기자저항의 수분의 1정도이다.

6-2 타려식 직류발전기

타려식은 발전기의 계자를 독립된 별도 전원으로 여자하는 방식이다. 여자 전원은 배터리일 수도 있고 교류전원을 정류한 것, 또는 여자기(exciter)라 불리는 다른 소형 발전기일 수도 있다. 타려식은 계자전류가 발전기의 출력전류에 영향을 받지 않고 일정하게 유지될 필요가 있는 경우에 적용된다.

출력전압특성

그림 6-3은 타려식 직류발전기의 등가회로이다. R_f는 계자권선의 자체 저항과 직렬 가변 계자저항기 저항의 합을 나타낸다. 계자저항기로 R_f를 어떤 값으로 조정하면 그림 6-2(b)의 자화특성곡선에서 그때의 계자전류 I_f 및 회전속도에 해당하는 E_a가 유기된다. 출력단자가 개방된 무부하상태($I_L = 0$)에서는 이 유기기전력이 그대로 출력전압으로 나타난다. 여기에 부하가 접속되면 부하전류 I_L이 흐르며, $I_L = I_a$ 이므로 출력전압 V_T와 부하전류 사이의 관계는 아래 식으로 표현된다.

$$V_T = E_a - R_a I_L \tag{6-3}$$

그림 6-4는 이 관계를 나타낸 발전기의 **외부특성곡선**(terminal characteristic curve)이다. E_a가 일정하다면 전류에 비례해서 전기자저항의 전압강하가 증가함에 따라 출력전압이 그림의 흐린 선과 같이 직선적으로 하락하게 될 것이다. E_a가 일정하다는 것은 I_f에 의해 만들어진 계자 자속이 항상 일정하게 유지되고 있음을 뜻한다. 그러나 보상권선이 없는 경우에는 전기자반작용에 의한 감자작용(5-7절) 때문에 전기자전류가 증가할수록 유효자속이 감소하여 유기기전력 E_a가 줄어든다. 따라서 실선과 같이 출력전압의 하락 추세가 더 크게 나타난다.

발전기의 무부하전압 V_0는 무부하상태에서의 E_a와 같고, 정격속도로 회전하면서 정격 계자전

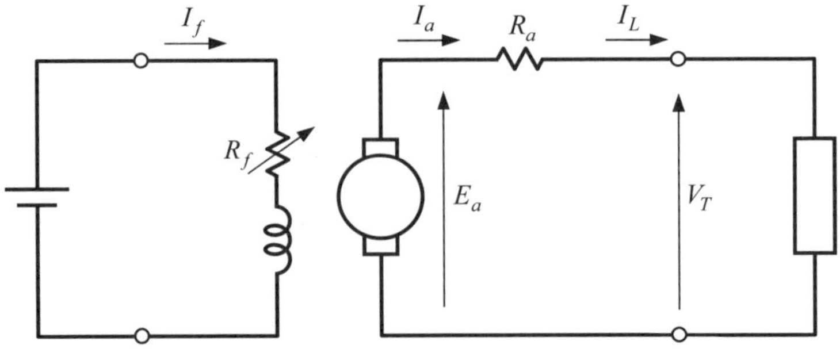

그림 6-3
타려식 직류발전기의 등가회로

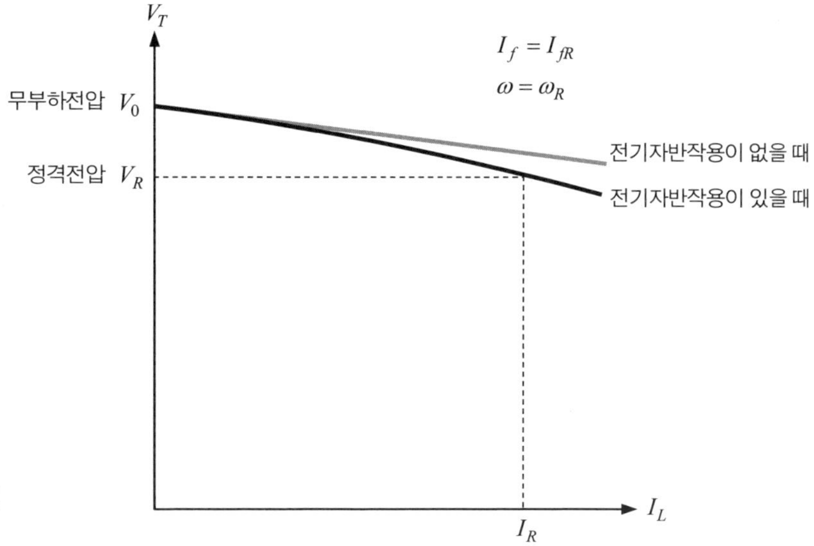

그림 6-4
타려식 발전기의
외부특성곡선

류인 상태라면 이는 그림 6-2(b)에 보인 자화특성곡선의 E_R이 될 것이다. 이 상태에서 부하로 정격전류 I_R이 흐를 때의 단자전압이 발전기의 정격전압 V_R이며, 이때의 출력 $V_R I_R$이 발전기의 정격용량이다. 부하가 정격부하 범위 내에서 변동할 때 발전기의 출력전압은 V_0와 V_R 사이에서 변동한다. 이 변동폭이 정격전압에 비해 어느 정도인지를 아래 식으로 정의되는 전압변동률로 표현한다.

$$\varepsilon = \frac{V_0 - V_R}{V_R} \tag{6-4}$$

표 6-1에서 R_a가 0.05~0.15 pu 라 한 것은 정격전류(1 pu)가 흐를 때 전기자에서 정격전압의 5~15 %에 해당하는 전압강하가 일어남을 뜻한다. 여기에 (보상권선이 없는 경우) 감자효과에 의한 유기기전력의 하락이 추가된다. 대부분의 타려식발전기에서 전압변동률은 10 % 이내이다.

출력전압의 제어

타려식 발전기는 정격부하 범위 내에서 출력전압 변동이 큰 편이 아니기 때문에 전압 변동에 그리 민감하지 않은 대부분의 부하에 적용할 수 있다. 그러나 전압을 일정하게 유지해야 할 필요가 있는 경우에는 부하의 증감에 따라 유기기전력을 조절함으로써 전압 변동을 억제한다.

그림 6-5의 (a)는 타려식 발전기에 R_A의 저항부하가 접속되었을 때 발전기의 외부특성곡선과 부하의 전압-전류특성 사이의 교점 A에서 동작이 이루어지는 것을 보여주고 있다. 이때 발전기의 유기기전력을 E_{a1}이라 하자. 부하저항이 R_A에서 R_B로 줄어들면(즉 부하가 증가하면) 동작점이 A에서 A′로 이동하면서 전압이 하락한다. 이 부하에서 출력전압을 이전 크기로 회복시키려면 그림 (b)에서 보듯이 동작점이 B가 되도록 발전기의 특성곡선을 이동시켜주어야 한다. 식 (6-4)에서 발전기의 유기기전력을 변경시키면 특성곡선이 위아래로 평행이동하므로 유기기전력을 E_{a1}에서 E_{a2}로 높여줌으로써 출력전압을 원래 전압으로 회복시켜줄 수 있다. 반대로 부하가 감소하여 전압이 높아졌을 때는 유기기전력을 줄여 전압을 일정하게 유지시킨다.

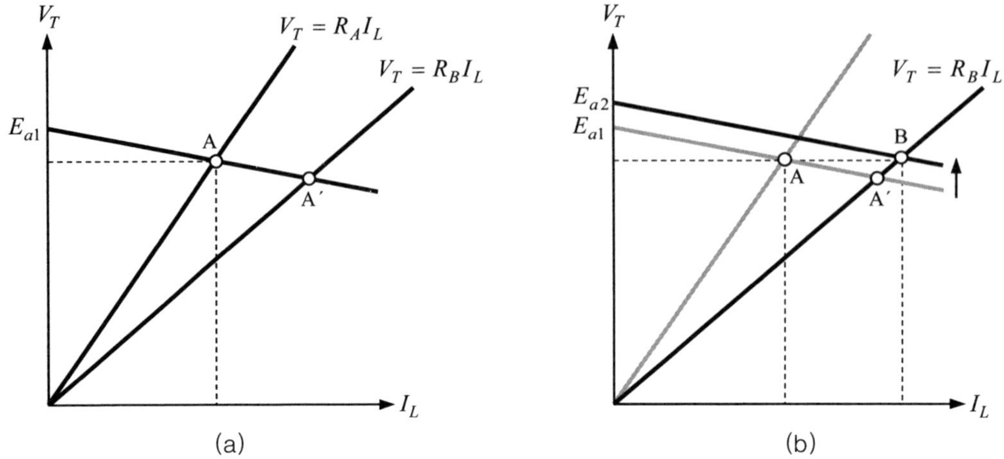

그림 6-5 타려식 발전기의 출력전압 제어

예제 6-1

215 kW, 430 V, 500 A, 1,800 rpm 정격의 보상권선을 가진 타려식 직류발전기가 있다. 전기자저항이 0.05 Ω, 계자권선저항이 20 Ω이고 계자는 430 V 전원에 직렬 계자저항기를 통해 접속되어 있다. 발전기의 자화특성곡선은 그림 6-6으로 주어져 있다. (a) 계자저항기를 60 Ω으로 조정하고 발전기를 1,500 rpm으로 구동할 때 무부하상태 출력전압은 얼마인가? (b) 이때 1.5 Ω의 부하를 접속하면 출력전압은 얼마가 되는가? (c) 같은 부하를 하나 더 병렬로 접속하면 출력전압이 얼마가 되는가? 출력전압을 이전 크기로 유지하려면 계자저항기를 얼마로 조정해야 하는가? 발전기의 속도는 일정하게 유지되고 있다고 가정한다.

(a) 계자회로의 총 저항은 80 Ω이다. 따라서 계자전류는

$$I_f = \frac{430}{80} = 5.4 \text{ A}$$

5.4 A의 계자전류에 대한 기전력을 주어진 자화특성곡선에서 구하면 약 435 V이고, 이것이 발전기의 무부하전압이다. 그러나 이 값은 1,800 rpm에서의 크기이므로 1,500 rpm에서는

$$E_a = \frac{1,500}{1,800} \times 435 = 363 \text{ V}$$

(b) 부하에 1.5 Ω이 접속되었을 때 부하전류와 단자전압은

$$I_L = \frac{E_a}{R_a + R_L} = \frac{363}{0.05 + 1.5} = 234 \text{ A}$$

$$V_T = E_a - R_a I_L = 363 - 0.05 \times 234 = 351 \text{ V}$$

(c) 같은 부하 두 개가 병렬로 접속되면 부하저항은 0.75 Ω이 된다. 이때 출력전압은

$$I_L = \frac{E_a}{R_a + R_L} = \frac{363}{0.05 + 0.75} = 454 \text{ A}$$

$$V_T = E_a - R_a I_L = 363 - 0.05 \times 454 = 340 \text{ V}$$

이 전압을 351 V로 끌어올리려면 그때의 유기기전력이 아래와 같아야 한다.

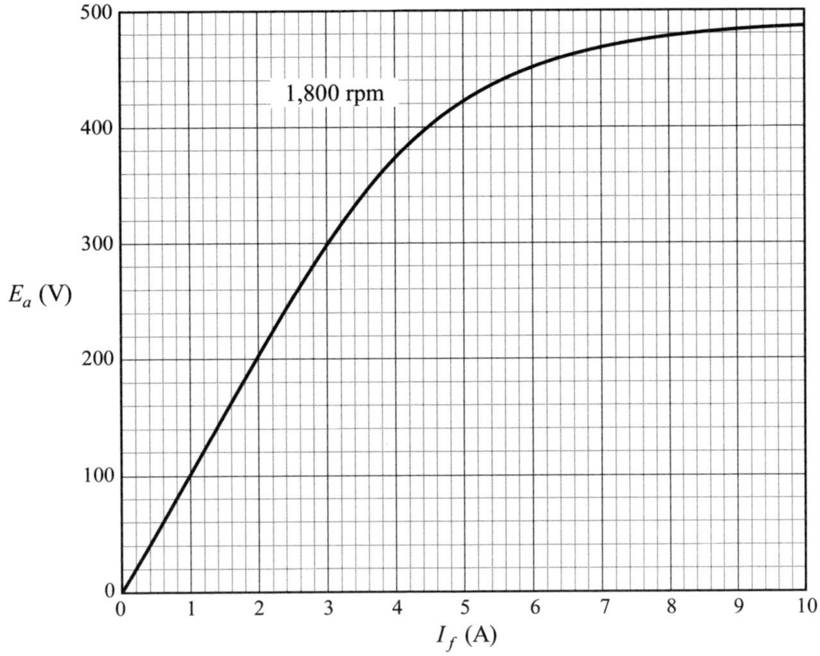

그림 6-6 직류발전기 자화특성곡선의 예

$$I_L = \frac{V_T}{R_L} = \frac{351}{0.75} = 468\ \text{A}$$

$$E_a = V_T + R_a I_a = 351 + 0.05 \times 468 = 374\ \text{V}$$

즉 1,500 rpm에서 유기기전력이 374 V가 되게 하는 계자전류를 구해야 한다. 주어진 자화특성곡선을 이용하기 위해 1,800 rpm에 대한 기전력으로 환산하면

$$E_a = \frac{1{,}800}{1{,}500} \times 374 = 449\ \text{V}$$

자화특성곡선에서 449 V에 대응하는 전류는 6 A이다. 따라서 계자회로가 430 / 6 = 71.7 Ω이 되도록 조정하면 된다. 계자의 자체저항이 20 Ω이므로 외부저항은 51.7 Ω이다. 즉 계자저항기를 60 Ω에서 51.7 Ω으로 줄여줌으로써 출력전압을 이전과 같은 크기로 유지할 수 있다.

자속제어와 원동기 입력 제어

E_a를 변화시키기 위해서는 원동기의 속도를 변경하거나 계자전류를 변경시켜야 하는데, 대개 발전기를 구동하는 원동기의 속도는 임의로 조정하기가 쉽지 않고 운전효율 등의 문제로 조정범위가 제한되는 경우가 많기 때문에 주로 계자전류를 조정하게 된다. 여기서 계자전류 조절의 결과로 일어나는 **발전기 출력의 변화는 전적으로 원동기로부터 전달되는 기계적 입력의 변화에 해당한다**는 점에 유의할 필요가 있다. 예컨대 계자전류를 키웠을 때 계자로 유입되는 전력이 증가한다 해서 그 증가한 전력의 전부 또는 일부가 발전기 출력으로 전달되는 것은 아니다. 계자에 유입되는 전력은 어디까지나 자속을 유지하기 위해 계자권선에 전류가 흐르면서 소모되는 자체 저항손실일 뿐, 전기기계적 에너지변환을 통해 전달되는 전력에는 무관하다.

Tachogenerator

변압기 중에 전력전달이 아니라 센서로서의 목적을 지닌 CT와 PT가 있는 것처럼 직류발전기에도 에너지변환의 목적이 아닌 센서로서의 기능을 갖는 발전기가 있다. 속도검출용 직류발전기(dc tachogenerator), 혹은 타코발전기라 불리는 기구로서, 회전기의 축에 장착되어 회전속도를 전기적 신호로 변환하는 신호변환기(transducer)의 일종이다.

타코발전기는 계자에 영구자석을 사용하여 자속이 항상 일정하게 유지되므로 타려식 발전기의 일종이라 할 수 있다. 속도에 비례하는 $E_a = k\phi\omega$ 의 기전력이 유기되므로 (회전방향이 바뀌면 기전력의 극성도 바뀐다) 출력단자에 전압계를 연결하고 눈금에 전압 대신 해당 속도를 표기하면 속도측정기구로 사용할 수 있다. 속도제어 시스템에서는 피드백제어를 위한 신호로 사용되며, 타코발전기의 출력을 A/D변환기를 통해 디지털 데이터로 변환하여 디지털 제어시스템 내에서도 사용할 수 있다.

전압계 등 타코발전기의 출력단에 접속되는 회로는 임피던스가 매우 크고, 또 일반적으로 속도측정장치는 CT나 PT처럼 여러 개의 측정기구에 연결되는 일도 없기 때문에 기기에 가해지는 부담(burden)이 매우 작다. 따라서 사실상 무부하상태로 운전되는 발전기라 할 수 있으며, 통상 정격출력 1 W 미만으로 만들어진다. 전기자전류가 매우 작으므로 전기자반작용이 없고 정류의 문제도 발생하지 않으며, 따라서 브러시의 마모가 작고 정류자의 수명도 길다. 단 출력전압과 회전수 사이의 비례관계가 정확하게 유지되도록 정밀하게 제작되어야 한다. 그리고 기계적 진동에 대해 견고해야 하며 온도와 습도 등 환경적 요인에 영향을 받지 않아야 한다. 한편 그 자체가 발전기이기 때문에 다른 종류의 속도센서들과 달리 신호 발생을 위한 별도 전원을 필요로 하지 않는다는 장점이 있다.

앞에서 자속을 키워 발전기 출력이 증가할 때 발전기 속도가 일정하다고 가정한 것은 발전기 출력이 증가하여 회전 반대 방향으로 작용하는 유기토크가 커지더라도 원동기의 토크도 그만큼 커짐으로써 더 큰 기계적 동력을 공급하는 대응 동작이 이루어지고 있음을 뜻한다. 만일 원동기에서 그만큼 동력을 공급해줄 수 없다면 속도가 일정하게 유지될 수 없고, 계자전류를 변화시킨다 해도 발전기의 출력 역시 커질 수 없다. 예를 들어 가솔린엔진과 같은 내연기관으로 발전기를 구동한다고 했을 때 투입되는 연료를 일정하게 유지하고 있다면 발전기로 전달되는 동력도 일정할 수밖에 없으므로 $P = T\omega$ 의 관계에서 토크와 속도가 반비례하게 될 것이다. 이런 상태에서 지속을 키우면 발전기의 유기토크 $T_e = k\phi I_a$가 상승할 때 원동기의 속도가 하락하여 결과적으로 $E_a = k\phi\omega$는 변하지 않는다. 기전력이 그대로이므로 전류 및 발전기 출력도 변하지 않는다.

요컨대 단순히 계자전류의 제어만으로 발전기의 출력을 변화시킬 수 있는 것은 아니며, 발전기 출력을 높이거나 낮출 수 있으려면 발전기 유기토크의 변화로 속도가 변하려 할 때 그에 대응하여 원동기의 동력을 증가 또는 감소시킴으로써 속도를 일정하게 유지시키는 제어가 동시에 이루어지고 있어야 한다. 이러한 역할을 하는 원동기 속도조절장치를 **조속기**(governor)라 하며, 대부분의 직류 및 교류 발전시스템은 이러한 조속기를 구비하고 있다. (혹은 원동기 자체가 교류전동기처럼 일정 속도를 유지하는 속성을 지니고 있어서 원동기가 구동하고 있는 발전기의 출력이 변하면 자동적으로 원동기 입력도 변하는 동작이 이루어져야 한다.) 이하 어떤 유형의 발전기건 일정 속도를 가정하는 것은 이와 같은 원동기의 제어가 배경에서 작동하고 있음을 전제로 한 것이다.

6-3 분권 직류발전기

분권 직류발전기는 타려식에서 별도 전원에 접속하였던 계자권선을 전기자 양단에 접속함으로써 자체 기전력을 여자에 사용하는 방식이다. 별도의 전원이 필요 없는 대신 계자 자속이 발전기 출력 전압에 영향을 받게 된다.

출력전압특성

그림 6-7(a)의 등가회로에서 보듯이 분권발전기의 계자는 부하와 병렬로 전기자에 접속된다. 만일 $R_a = 0$ 라면 두 병렬회로는 상호간에 영향을 미치지 않고 부하전류 I_L이 얼마이건 계자전류 I_f가 계자저항에 의해서만 결정될 것이다. 그러나 부하전류는 R_a에서 전압강하를 일으키며, 전압강하에 의해 I_f가 영향을 받게 되고, 이에 따라 출력전압도 변하게 된다.

발전기 출력단이 개방된 무부하상태에서 전기자 기전력이 E_{a0}라 하자. 무부하상태에서도 전기자에 계자전류가 흐르므로 약간의 전압강하가 일어나긴 하지만 $R_a << R_f$ 이므로(표 6-1) 출력단 전압은 사실상 E_{a0}와 같다. 여기에 부하가 연결되면 전기자에 계자전류와 부하전류가 함께 흐르는데, 계자전류가 정격전류보다 훨씬 작으므로 어느 이상의 부하율에서는 전기자전류가 부하전류와 거의 같은 것으로 보아도 무방하다. 만일 전기자 기전력이 E_{a0}로 일정하다면 부하전류가 증가할 때 출력단전압이 그림 (b)의 점선과 같이 직선적으로 하락하게 될 것이다. 이는 계자전류가 일정하게 유지되는 타려식 특성에 해당한다. 그러나 분권에서는 출력전압이 하락하면 계자전류도 같은 비율로 떨어지기 때문에 E_a가 일정하게 유지될 수 없으며, 따라서 출력전압의 하락이 타려식보다 더 크게 나타난다. 나아가 전기자반작용의 효과까지 더해지면 실선과 같이 하락폭이 더욱 커진다.

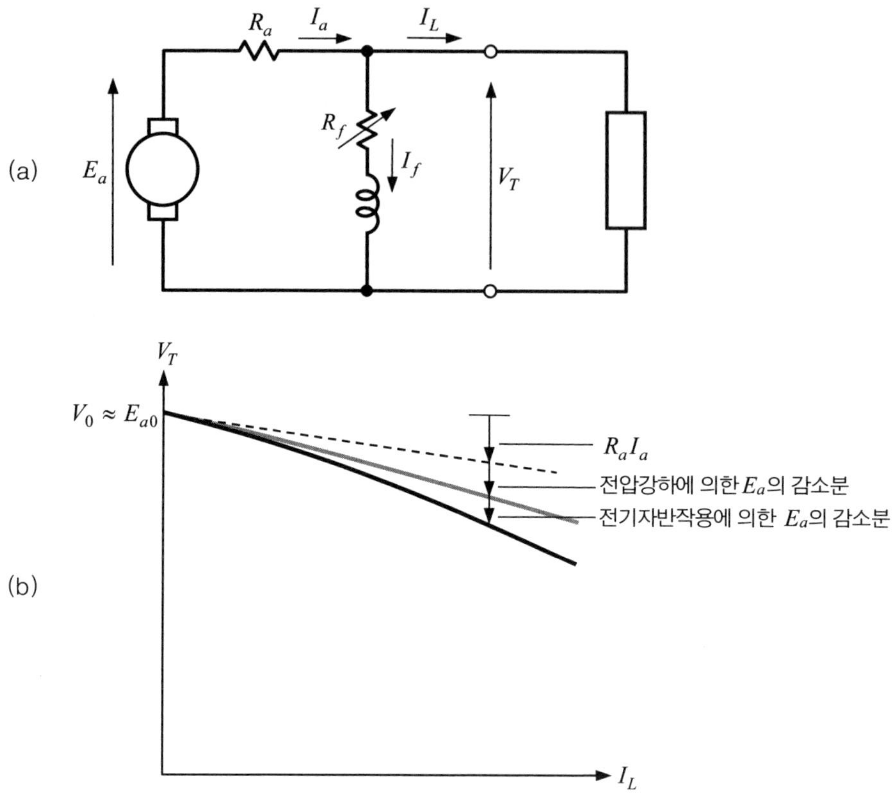

그림 6-7 분권발전기의 등가회로와 출력전압특성

이처럼 분권에서는 부하전류에 의한 내부 전압강하로 V_T 가 하락함으로 해서 I_f 가 줄어들고, I_f 의 감소는 다시 V_T 를 추가 하락시킨다. 이러한 상호작용의 결과로 V_T 의 크기가 어떻게 결정되는지 구체적으로 알아보기 전에 먼저 발전기의 자기여자에 대해 살펴보기로 한다.

분권발전기의 자기여자

발전기의 자체 기전력으로 여자가 스스로 이루어지는 것을 **자기여자**(self-excitation)라 한다. 자기여자 동작은 발전기의 실제 적용에 중요한 의미를 지닌다. 언제 어디서든 별도의 전원 없이도 원동기로 전기자를 돌려주기만 하면 발전이 이루어질 수 있기 때문이다. 그러나 여기서 기본적인 의문이 제기될 수 있다. 전기자에 기전력이 유기되려면 계자에 전류가 흘러 자속이 만들어져 있어야 하는데, 계자에 전류가 흐르려면 전기자 기전력이 있어야 한다. 즉 "닭이 먼저냐 달걀이 먼저냐"의 문제가 일어난다. 과연 그냥 전기자를 돌려주기만 한다고 해서 저절로 발전이 이루어질 수 있을까? 결론부터 말하자면, 발전이 이루어질 수 있다. 단, 몇 가지 조건이 맞아야 한다. 가장 기본적인 조건은 계자 철심에 잔류자속이 남아 있어야 한다는 점이다. 잔류자속 안에서 전기자를 회전시키면 미약하나마 기전력이 유기되고, 이 기전력에 의해 계자에 전류가 흐르게 된다. 이 전류에 의해 만들어진 자속이 잔류자속에 더해지면 자속이 더 커지고, 그 결과 기전력이 상승하여 계자전류가 더 커지게 된다. 이런 식으로 자속이 점점 강해져 자기여자가 이루어지게 된다.

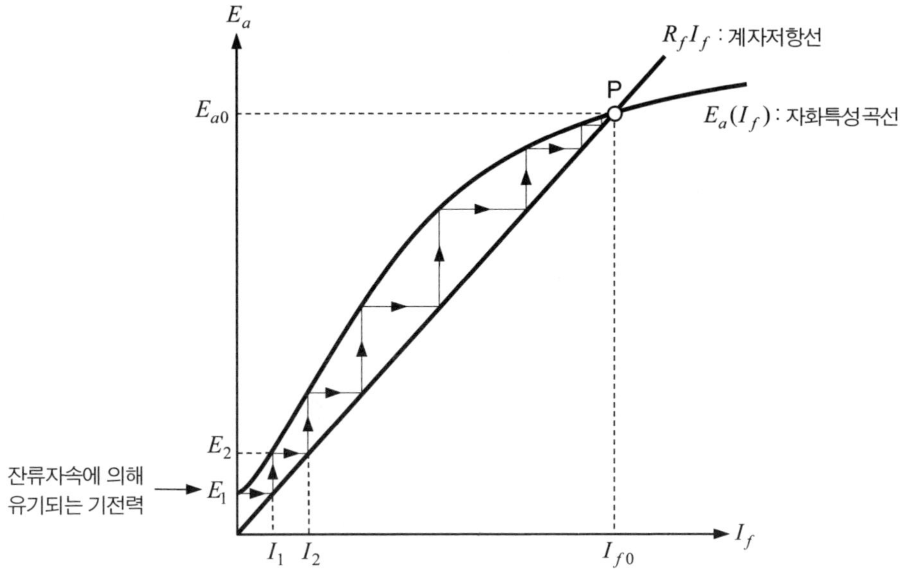

그림 6-8 분권발전기의 자기여자에 의한 전압확립

그 구체적인 양상을 살펴보기 위해 그림 6-7(a)의 발전기 출력단자가 개방된 무부하 상태를 가정한다. 개방상태에서는 위에서 언급하였듯이 전기자 기전력이 계자권선 양단에 거의 그대로 가해진다. 따라서 이때의 전압 평형식을 다음과 같이 쓸 수 있다.

$$E_a(I_f) \approx R_f I_f \tag{6-5}$$

좌변의 $E_a(I_f)$ 는 유기기전력이 계자전류의 함수임을 나타낸 것으로, 그림 6-8에 그려진 자화특성곡선에 해당한다. 우변은 기울기가 R_f 인 직선으로, 이를 계자저항선이라 부른다.

자화특성곡선 왼편 끝의 E_1은 $I_f = 0$ 에서 잔류자속에 의해 유기되는 기전력(잔류기전력)을 나타낸다. 처음 발전기를 회전시키면 이 기전력이 나타나 계자에 $I_1 = E_1 / R_f$의 전류가 흐르게 된다. 계자에 I_1 이 흐르면 잔류자속에 이 전류에 의한 자속이 더해지므로 전기자에 E_2가 유기되고, 그 결과 계자전류가 $I_2 = E_2 / R_f$로 상승한다. 상승한 전류는 더 큰 기전력을 유기하고, 더 큰 기전력은 전류를 더 상승시키는 과정을 통해 자속이 증가하는데, 자기포화 영역에 들어서면 I_f의 상승에 따른 E_a의 상승이 완만해지면서 P 지점에서 두 곡선이 만나게 된다. 이 지점에 이르면 계자에 전류가 흐르게 한 기전력과 그 계자전류에 의해 유기된 기전력이 같아져 식 (6-5)의 좌변과 우변이 일치하는 전기적 평형이 이루어지며, 이후 E_{a0}는 I_{f0}를 흐르게 하고 I_{f0}는 E_{a0}를 유기하는 자기여자 상태가 유지된다. 그림에서 여기에 이르는 전압확립(voltage buildup) 과정을 계단식 상승으로 표현한 것은 설명상 편의를 위한 것일 뿐 실제로는 기전력과 계자전류가 부드럽게 상승하면서 통상 수 초 이내에 동작점에 도달하게 된다.

자기여자가 이루어지기 위한 조건

자기여자를 일으키는 가장 기본적인 조건인 초기 잔류기전력은 브러시의 접촉강하(약 2 V)를 넘어서기만 하면 되므로 클 필요는 없다. 발전기를 정격속도로 회전시키면 대개 정격전압의 2~3 %정

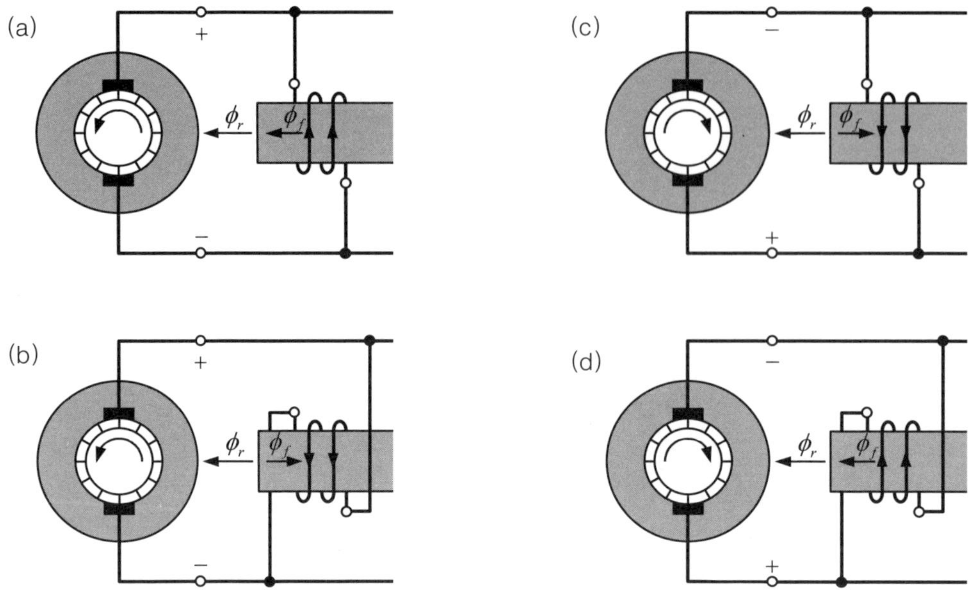

그림 6-9 계자의 접속과 회전방향에 따른 잔류자속 ϕ_r과 코일자속 ϕ_f의 관계

도의 잔류기전력이 나타나지만 만일 잔류자속이 없어서 잔류기전력이 유기되지 않는 상태라면 계자 코일에 별도 전원을 가해 잠시라도 전류를 흘려 자화시켜주고 나면 잔류자속이 만들어진다.

잔류자속이 있다 해도 잔류기전력에 의해 흐르는 계자전류가 만들어내는 기자력이 잔류자속과 같은 방향이어야 한다. 만일 반대 방향이라면 그나마 있던 자속을 상쇄시켜 버리므로 자기여자가 이루어질 수 없다. 그림 6-9는 계자코일의 접속방향과 전기자 회전방향에 따라 잔류자속 ϕ_r과 계자전류에 의해 만들어지는 자속 ϕ_f 사이의 상대적인 관계가 어떻게 달라지는지 보여주고 있다. 잔류자속이 그림과 같이 왼편을 향하고 전기자가 반시계방향으로 회전할 때 전기자 위쪽에 양의 극성이 나타나는 것으로 한다. ϕ_f가 ϕ_r과 같은 방향이 되는 (a)를 기준으로 했을 때 (b) 계자가 반대로 접속되거나 (c) 회전방향이 반대이면 자기여자가 될 수 없으며 (d) 둘 다 반대인 경우에는 전압확립이 반대 극성으로 이루어지는 것을 알 수 있다. 이로부터 자기여자가 되지 않을 때의 조처는

- 기전력 극성은 맞으나 전압확립이 되지 않을 때: 계자 접속을 반대로 한다.
- 기전력 극성이 반대이면서 전압확립이 되지 않을 때: 회전방향을 반대로 한다.
- 반대 극성으로 전압확립이 될 때: 계자 접속과 회전방향을 모두 반대로 한다.

한편 회전방향과 계자접속이 올바르다 해도 계자저항(계자권선 및 계자저항기의 합)이 지나치게 크거나 속도가 너무 낮으면 자기여자가 이루어지지 못한다. 그림 6-10에서 계자저항선이 D와 같다면 자화특성곡선과 만나는 지점이 초기 잔류전압 부근에 머무르게 된다. 따라서 계자회로 저항이 C(공극선)의 기울기보다 작아야 한다. 이때의 저항을 **임계저항**(critical resistance)이라 한다. 발전기의 속도가 떨어져 자화특성곡선이 점선과 같이 줄어든 경우에는 계자저항기 저항을 줄여 R_f를 B의 기울기보다도 작게 해주어야 한다. 그러나 계자권선 자체 저항보다 더 낮출 수는 없기 때문에 속도가 어느 이하로 떨어지면 자기여자가 원천적으로 불가능해진다.

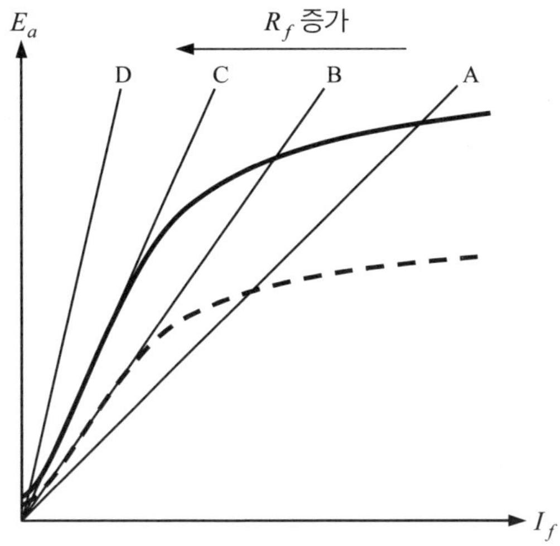

그림 6-10
자기여자에 계자저항의 크기가 미치는 영향

외부특성곡선

이제 부하전류가 흐를 때 출력전압이 어떻게 결정되는지 알아보기로 한다. 그림 6-11의 왼편 그림에서 P는 그림 6-8의 개방상태 동작점으로서, 이 지점의 유기기전력 E_{a0}가 발전기의 무부하전압에 해당한다. 부하가 접속되면 R_a에서 일어나는 전압강하로 V_T와 E_a 사이에 차이가 생긴다. 전기자전류에 포함되는 계자전류를 무시하여 $I_a \approx I_L$로 하면 이때의 전기적 평형식은 식 (6-5)의 우변에 전기자 전압강하를 추가하여 아래와 같이 쓸 수 있다.

$$E_a \approx R_f I_f + R_a I_L \tag{6-6}$$

위 식의 우변은 계자저항선을 $R_a I_L$ 만큼 위로 이동시킨 것이다. 따라서 부하전류가 흐를 때의 동작점은 그림에 보인 것과 같이 위로 평행이동한 계자저항선과 자화특성곡선 사이의 교점이 된다. 예

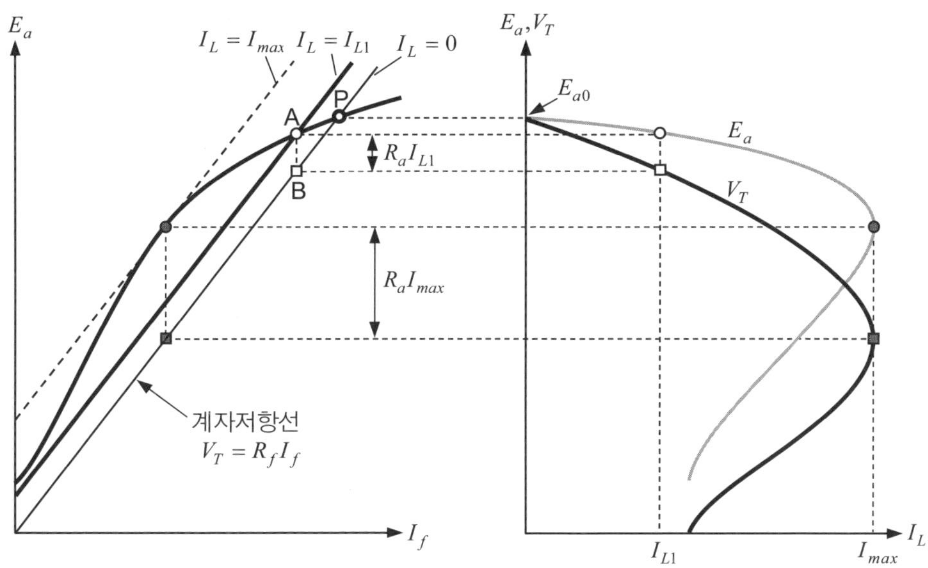

그림 6-11 분권발전기 외부특성곡선의 작도

를 들어 A는 $I_L = I_{L1}$ 일 때의 교점으로서, 이 지점의 I_f 와 E_a 가 전기자 전압강하의 결과로 줄어든 계자전류와 유기기전력을 나타낸다. 이때 출력단 전압 V_T 는 E_a 에서 전압강하 $R_a I_{L1}$ 만큼 아래에 있는 B로 표시한 계자저항선에서의 전압이다. 같은 방법으로 여러 단계의 부하전류에 따라 E_a 와 V_T 를 결정하여 오른편의 곡선을 얻을 수 있다.

한편 그림에서 평행이동한 계자저항선이 점선보다 위로 올라가면 교점이 생기지 않는 것을 알 수 있는데, 이는 점선에 해당하는 부하전류 I_{max} 이상에서는 발전기의 동작이 이루어질 수 없으며, I_{max}가 이 발전기가 출력할 수 있는 전류의 최대 한계임을 뜻한다. 외부특성곡선에서 여기에 해당하는 지점을 발전기의 항복점, 이때의 전류를 **항복전류**(breakdown current)라 부른다. 이상은 전기자반작용을 고려하지 않은 것으로, 전기자반작용의 효과가 추가된다면 부하전류가 증가할 때 E_a 의 하락이 더 크게 나타나고, 출력전압도 더 낮아지며, 항복점 역시 더 작은 전류에서 나타난다.

분권발전기의 운전특성

그림 6-12는 분권발전기에 저항부하 R_L 이 접속되었을 때 외부특성곡선상의 동작점을 보여주고 있다. 그림에 R로 표시된 지점이 발전기 출력전류가 정격전류 I_R 인 정격운전점이라 하자. 정상적인 운전상태라면 발전기 특성곡선과 부하저항선이 a와 같이 무부하상태와 정격운전점 사이에서 교차하여 동작이 이루어져야 한다. 앞서 그림 6-7(b)는 외부특성곡선에서 이 영역만을 나타낸 것이다. 이 범위에서 분권발전기의 전압변동률은 통상 15 % 정도이다.

부하저항이 작아져 동작점이 b와 같이 R을 넘어서면 과부하상태에 놓이게 된다. 이 영역에서 전류가 증가하면 전압의 하락이 점점 급격해지고, 부하전류가 항복전류 I_{max} 에 도달한 c점에 이르고 나면 부하저항을 더 줄였을 때 동작점이 d쪽으로 이동하면서 전류가 오히려 줄어든다. 출력단자가 완전히 단락된 ($V_T = 0$) e점의 전류는 I_{max} 보다 현저히 작고, 대개 정격전류보다도 작다. 이때는 잔류자속이 유기하는 잔류기전력에 의해서만 전류가 흐르게 된다. 예컨대 잔류기전력이 정격전압의 5%, 전기자저항이 0.05 pu라면 단락전류는 정격전류와 같은 수준이 된다.

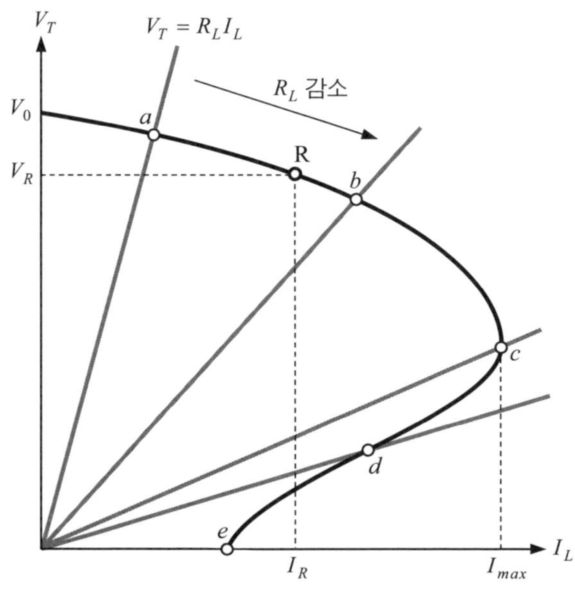

그림 6-12
순저항부하에서
분권발전기의 동작점

분권발전기는 기본적으로 타려식발전기와 같지만 자체 기전력을 계자 전원으로 사용함으로 해서 전기자 내부 전압강하에 계자전류가 영향을 받게 되어 전압변동률이 커지고 일정 전압원으로서의 성능은 떨어진다. 이 점만 본다면 분권발전기를 단지 '계자에 별도 전원을 사용하지 않아서 간편한 대신 성능이 좀 떨어지는 타려식' 정도로생각할 수 있다. 그러나 위에서 보듯이 과부하 내지 단락상태에 근접하게 되었을 때 자속이 줄어들면서 출력전류가 스스로 제한되는 '자기보호특성'을 지니고 있는데, 이는 타려식과 구별되는 분권발전기 고유의 중요한 특성이라 할 수 있다.

단락전류

유의할 점으로, 그림 6-12에서 e점의 단락전류가 정격전류보다 작다고 해서 분권발전기가 단락사고에 안전하다는 뜻은 아니다. 그림 6-13의 동작점들은 정상상태의 동작을 나타내는 것으로, 부하저항이 천천히 변하는 경우에는 동작점이 그림의 외부특성곡선을 따라 이동하게 될 것이다. e점의 단락전류 역시 '천천히 단락되었을 때'의 전류에 해당한다. 그러나 실제 단락사고가 이렇게 부하저항이 차츰 줄어들어 0이 되는 식으로 일어나는 일은 거의 없다. 단락사고란 보통 발전기가 정상적으로 동작하고 있는 상태에서 선로가 갑작스럽게 단락되면서 일어나게 마련이다.

그림 6-13과 같이 단락사고가 일어난 순간 발전기 출력단 전압이 즉각 0으로 떨어지면서 계자에 가해지는 전압 역시 0이 된다. 그러나 계자코일의 인덕턴스 때문에 I_f 는 바로 0이 되지 않고 단락 직후에도 단락 경로를 통해 단락 직전과 같은 계자전류가 흐른다. 이후 I_f 는 계자코일이 지니고 있던 자기에너지가 저항에서 주울열로 다 소진될 때까지 지수적으로 감쇄하며, 그 지속시간은 계자의 시정수(L_f / R_f, 통상 수 초)에 좌우된다. 그동안 전기자 유기기전력에 의해 큰 과도 단락전류가 흐르게 되는데, 단락 직후의 기전력이 단락 직전과 같으므로 예컨대 전기자저항이 0.05 pu라면 단락직후 전류는 정격의 20배에 달한다. 앞서 그림 6-12 e점의 단락전류는 이러한 과도전류를 거친 뒤 $I_f = 0$ 에 도달한 뒤의 전류로서, 이를 지속단락전류라 한다. 요컨대 분권발전기가 자체 전류제한 특성을 지닌다 해서 과도 단락전류까지 제한되는 것은 아니라는 점에 유의해야 한다.

한편 큰 과도 단락전류가 흐를 때는 열적 기계적 스트레스 외에도 보극이 완전히 포화되어 자기적 중성점을 통과하는 도체에 전류에 비례하는 기전력을 유기하지 못하므로 정류작용이 크게 악화되

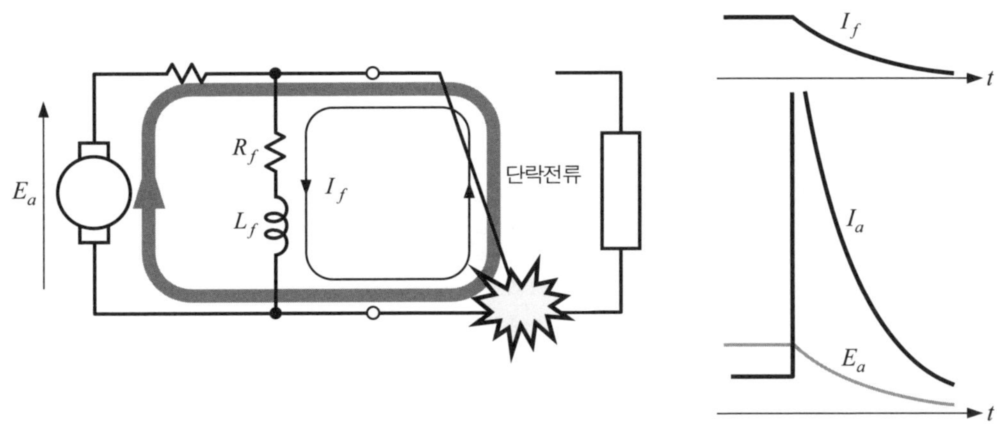

그림 6-13
분권발전기의 출력단에 단락이 일어났을 때 흐르는 단락전류

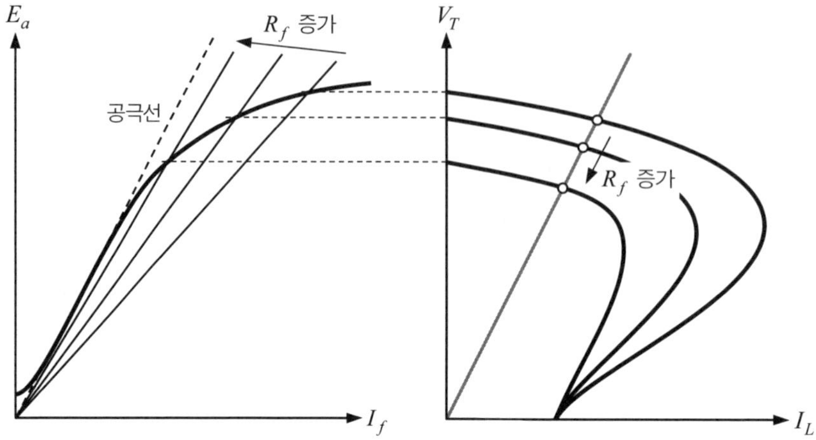

그림 6-14 분권발전기의 출력전압 제어

고, 불꽃 발생으로 정류자가 손상된다. 또 극심한 전기자반작용으로 강한 감자작용이 일어나 철심이 역방향으로 자화되어 잔류자속의 방향이 뒤바뀌는 일이 일어날 수 있다. 이러한 경우 발전기를 재기동하면 자기여자가 반대 방향으로 일어나 출력전압 극성이 뒤바뀌게 된다. 따라서 단락 내지 그에 준하는 사고에 노출되었던 분권발전기는 재기동하기 전 반드시 기전력의 극성을 점검해야 한다.

출력전압의 제어

타려식과 마찬가지로 분권에서도 계자저항기를 조정하여 출력전압을 제어할 수 있다. 그림 6-14의 왼편에서 보듯이 계자저항을 키우면 자기여자 동작점이 바뀌면서 무부하전압이 하락한다. 그 각각의 경우에 대한 외부특성곡선이 오른편에 그려져 있다. 저항부하를 가정했을 때, 동작전압이 계자저항을 키워줌에 따라 하락하는 것을 볼 수 있다. 반대로 계자저항을 줄이면 전압이 상승한다.

계자저항을 키워 출력전압을 낮추면 항복전류도 낮아지는데 이는 발전기가 일시적 과부하전류를 감당할 수 있는 능력이 그만큼 제한됨을 뜻한다. 나아가 계자저항선이 공극선에 일치하는 임계저항에 접근하면 약간의 변화에도 동작점의 이동이 커서 전압이 크게 변동하는 불안정한 특성이 나타나고, 그 이상에서는 자기여자가 해제되어버린다. 요컨대 분권발전기도 계자저항을 조절하여 출력전압을 제어할 수 있긴 하지만 타려식에 비해 제어범위가 현저히 제한된다.

예제 6-2

예제 6-1의 타려식 직류발전기를 분권으로 결선하였다. (a) 발전기를 1,800 rpm으로 구동할 때 임계저항은 얼마인가? (b) 계자저항기를 55 Ω으로 조정하였다면 자기여자가 이루어지기 위해 필요한 속도는 얼마인가? (c) 이 발전기가 자기여자가 가능한 최소의 속도는 얼마인가?

(a) 1,800 rpm에서의 자화특성곡선을 그림 6-15에 다시 나타내었다. 임계저항은 공극선에 해당하는 직선부위의 기울기로서 1 A에 100 V, 2 A에 200 V 등으로부터 약 100 Ω임을 알 수 있다.

(b) 계자저항기가 55 Ω일 때 총 계자저항은 75 Ω이다. 그림의 A가 이에 해당하는 계자저항선을 나타낸다. 공극선의 기울기가 이 계자저항선의 기울기와 같아지는 속도는

$$n \approx \frac{75}{100} \times 1,800 = 1,350 \text{ rpm}$$

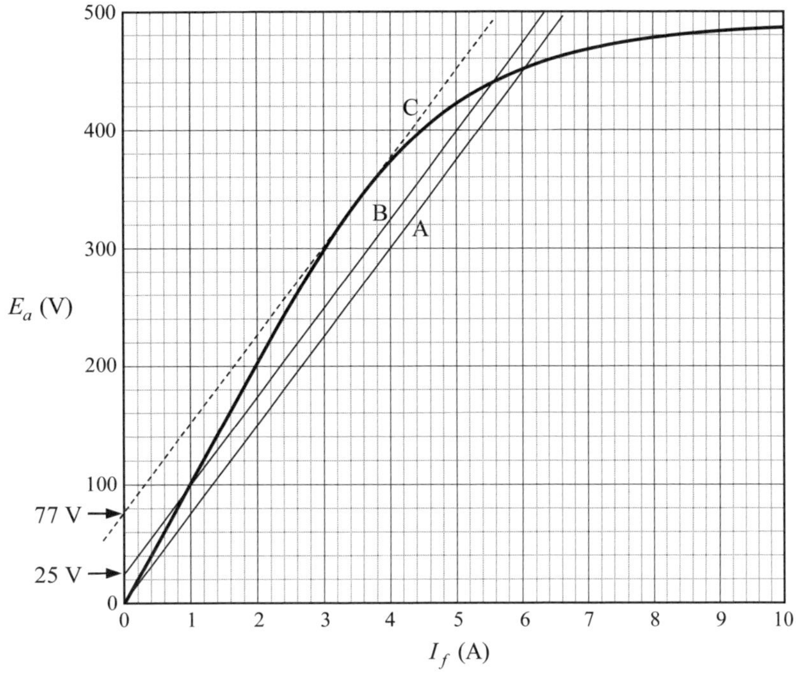

그림 6-15

(c) 계자저항기를 단락시키고 자체 계자저항 20 Ω만 남았을 때

$$n \approx \frac{20}{100} \times 1{,}800 = 360 \text{ rpm}$$

예제 6-3

예제 6-2의 발전기가 계자저항기를 55 Ω으로 조정한 상태에서 1,800 rpm으로 구동되고 있다. 다음 값들을 구하라. (a) 무부하전압 (b) 전부하전압 (c) 전압변동률 (d) 항복전류

(a) 계자회로의 총 저항 75 Ω에 해당하는 계자저항선은 그림 6-15의 A와 같다. 이 계자저항선과 자화특성곡선이 만나는 지점의 전압이 무부하전압이다. 따라서

$$V_0 \approx E_{a0} \approx 452 \text{ V}$$

(b) 전부하전류 500 A에서 전기자저항 전압강하는 (계자전류는 5~6 A 정도이므로 무시한다) 25 V이다. 그림의 A를 위로 25 V 이동시킨 B와 자화특성곡선의 교점으로부터

$$E_{a1} \approx 440 \text{ V}$$

$$V_{T1} = E_{a1} - 25 \approx 415 \text{ V}$$

(c) $$\varepsilon = \frac{V_{T0} - V_{T1}}{V_{T1}} = \frac{452 - 415}{415} = 8.9 \text{ \%}$$

(d) 그림 6-15의 C선이 발전기에 최대전류가 흐르는 상태를 나타낸다. C와 A 사이의 수직방향 거리 77 V가 항복전류에서 전기자 전압강하에 해당한다. 전기자저항이 0.05 Ω이므로

$$I_{max} \approx \frac{77}{0.05} = 1{,}540 \text{ A}$$

예제 6-4

예제 6-3(a)의 무부하 상태로 동작하고 있을 때 원동기가 47.1 N-m의 토크를 가하고 있었다. 이제 (b)에서의 상태와 같이 전부하전류로 운전될 때 (a) 발전기의 회전손실(기계적 손실 및 철손)은 얼마인가? (b) 동손은 얼마인가? (c) 발전기의 효율은 얼마인가? (d) 발전기의 유기토크와 원동기에서 가해지는 토크는 얼마인가? 발전기의 속도는 일정한 것으로 가정한다.

(a) 속도가 일정하므로 회전손실은 무부하상태였을 때와 같다. 무부하상태에서 원동기가 공급하는 동력에는 회전손실과 발전기 내부의 동손이 포함되어 있다. 동손은 전기자와 계자에 흐르는 전류에 의해 발생하는데 무부하상태에서 전기자동손은 수 W에 불과하므로 무시할 수 있다. 따라서 무부하상태의 기계적 입력에서 계자 동손을 빼면 회전손실이 구해진다.

$$P_{in} = T\omega = 47.1 \times 1{,}800 \times 2\pi / 60 = 8{,}878 \text{ W}$$

$$P_f = \frac{V_T^2}{R_f} = \frac{452^2}{75} = 2{,}724 \text{ W}$$

$$P_{rot} = P_{in} - P_f = 8{,}878 - 2{,}724 = 6{,}154 \text{ W}$$

(b) 동손은 계자의 손실과 전기자의 손실을 더한 것이다. 전부하상태에서

계자전류:	$I_f = V_T / R_f = 415 / 75 = 5.53 \text{ A}$
전기자전류:	$I_a = I_L + I_f = 500 + 5.53 = 505.5 \text{ A}$
계자동손:	$P_f = R_f {I_f}^2 = 75 \times 5.53^2 = 2{,}294 \text{ W}$
전기자동손:	$P_a = R_a {I_a}^2 = 0.05 \times 505.5^2 = 12{,}777 \text{ W}$
총 동손:	$P_R = P_f + P_a = 2{,}294 + 12{,}777 = 15{,}071 \text{ W}$

(c) 전부하상태에서 출력은

$$P_{out} = V_T I_T = 415 \times 500 = 207{,}500 \text{ W}$$

입력은 출력에 손실을 더하여 구한다. 표유부하손(P_{stray})을 출력의 1 %로 잡으면

$$P_{loss} = P_{rot} + P_R + P_{stray} = 6{,}154 + 15{,}071 + 2{,}075 = 23{,}300 \text{ W}$$

$$P_{in} = P_{out} + P_{loss} = 207{,}500 + 23{,}300 = 230{,}800 \text{ W}$$

$$\eta = \frac{P_{out}}{P_{in}} = \frac{207{,}500}{230{,}800} = 89.9 \text{ \%}$$

(d) 1,800 rpm은 188.5 rad/sec이므로 원동기에서 가해지는 토크는

$$T_M = \frac{P_{in}}{\omega} = \frac{230{,}800}{188.5} = 1{,}224 \text{ N-m}$$

유기토크는 전기적으로 변환되는 동력으로부터 구해진다. 변환동력은 출력에 발전기 내부 전기적 손실을 더한 것이다. 전기적 손실 중 철손은 위의 무부하손실에 포함되어 있으나 기계적 손실과 분리하기 곤란하다. 따라서 여기서는 동손만 고려한다.

$$P_{em} = P_R + P_{out} = 15{,}071 + 207{,}500 = 222{,}571 \text{ W}$$

$$T_e = \frac{P_{em}}{\omega} = \frac{222{,}571}{188.5} = 1{,}181 \text{ N-m}$$

6-4 직권 직류발전기

타려식 발전기의 자속은 부하전류에 무관하다. 분권발전기에서도 자속이 부하전류의 영향을 받기는 하지만 정격부하 범위 내에서는 대체로 일정한 크기를 유지한다. 이에 반해 직권발전기는 그림 6-16과 같이 계자를 부하에 직렬로 접속함으로써 부하전류가 커지면 자속도 커지게 한 것이다. 그 결과 출력전압이 부하전류의 상승에 따라 함께 상승하는 특성을 보이게 된다.

직권발전기 역시 자체 기전력으로 여자하는 자려식 발전기로서, 발전기로서 동작하기 위해서는 자기여자가 이루어져야 한다. 그러나 분권발전기가 무부하상태에서도 자기여자가 이루어지는 데 반해 직권발전기는 출력단자가 개방되면 계자에 전류가 흐를 수 없으므로 자기여자가 일어날 수 없다. 이때는 잔류자속에 의한 작은 기전력만 유기되며, 이것이 그대로 출력단에 나타나는 무부하전압이 된다. 즉 잔류기전력이 곧 무부하전압이다.

부하가 접속되어 전류가 흐르게 되면 부하전류가 곧 계자전류이므로 그림 6-17에 보인 것처럼 유기기전력과 계자전류 사이의 함수관계를 나타내는 자화특성곡선이 그대로 유기기전력과 부하전

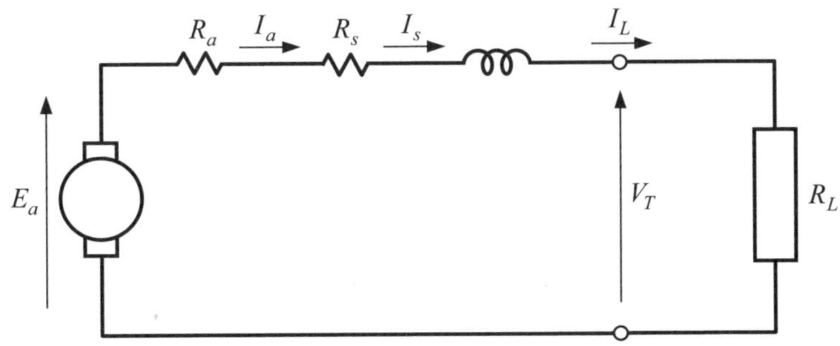

그림 6-16 직권발전기의 등가회로

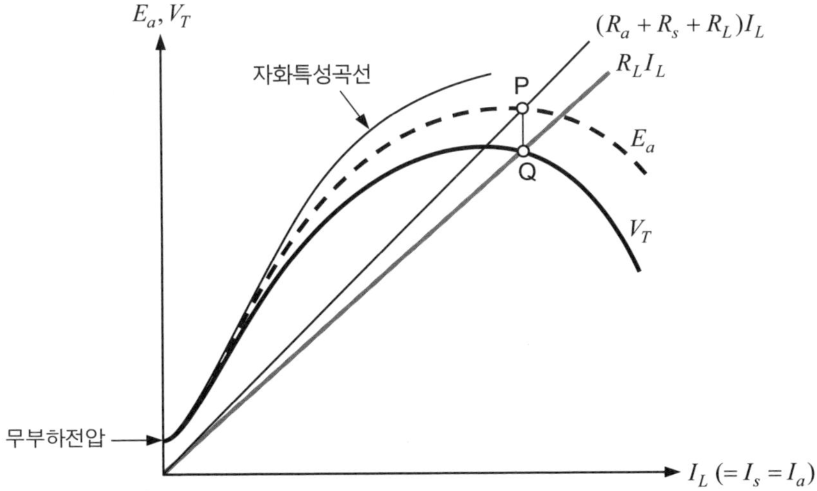

그림 6-17 직권 발전기의 유기기전력과 출력전압 특성

류 사이의 관계가 된다. 그러나 전기자반작용의 감자효과로 실제 유기기전력은 점선과 같은 곡선을 그리게 된다.(직권발전기는 감자효과를 보상할 필요가 없으므로 보상권선을 사용하지 않는다.) 실선의 출력전압은 여기서 전기자저항과 계자저항에서 일어나는 전압강하를 뺀 것이다. 즉

$$V_T = E_a - I_L(R_a + R_s) \tag{6-7}$$

전류가 작을 때는 전기자반작용과 전압강하가 작아서 출력전압이 자화특성곡선과 큰 차이가 나지 않는다. 그러나 전류가 어느 이상이 되면 자속이 포화되어 유기기전력의 상승이 둔화되는 반면 전기자반작용과 전압강하는 계속 커지므로 V_T 는 어느 부하전류에서 최고점에 이른 뒤 하락 추세로 돌아서게 된다. 일반적으로 정격전류가 자기포화 초입부로 설정되므로 정격전류 범위 내에서는 부하전류 증가에 따라 출력전압이 상승하는 특성을 갖지만 기기에 따라서는 최고점이 정격전류 이전에 나타나 정격운전점이 출력전압이 하락하는 영역에 놓일 수도 있다.

R_L의 부하가 접속된 경우 자기여자가 이루어지는 동작점은 그림 6-17에 보인 것과 같이 전기자와 계자, 부하에서 일어나는 전체 전압강하 $(R_a + R_s + R_L)I_L$ 이 유기기전력과 같아지는 지점 P이다. 이때 출력단 전압은 P점의 유기기전력에서 내부 전압강하를 뺀 크기로, 이는 부하의 전압-전류 특성 $R_L I_L$과 발전기 외부특성곡선 사이의 교점 Q의 전압에 해당한다. 이렇게 자기여자가 이루어지려면 분권 발전기와 마찬가지로 부하저항이 자화특성곡선의 임계저항보다 작아야 한다. 부하저항이 임계저항보다 클 때는 출력전압이 초기 무부하전압 부근에 머무르게 된다.

6-5 복권 직류발전기

분권 계자권선과 직권 계자권선을 함께 지닌 복권발전기는 두 계자권선의 상대적인 위치에 따라 그림 6-18에 보인 것과 같이 내분권과 외분권으로 구분된다. 내분권으로 하면 분권계자 전류가 직권계자를 통해 흐르지 않아 약간의 전압강하를 피할 수 있기 때문에 발전기로는 내분권이 선호되는 경향이 있다. 그러나 그 차이는 미미하다. 한편 두 계자의 기자력이 더해지는 방향인지 상쇄되는 방향인지에 따라 가동복권과 차동복권으로 구분되며, 이들 사이에는 특성에 큰 차이가 있다.

가동복권발전기

분권발전기는 부하 증가에 따라 전기자 전압강하, 계자전류의 하락, 전기자반작용으로 인한 감자효과로 출력전압이 하락한다. 여기서 계자에 직권코일을 수 턴 추가로 감아주면 부하전류가 증가할 때 분권계자의 기자력 하락을 직권코일의 기자력 상승으로 보충해줄 수 있다. 나아가 턴수를 적절히 더 늘려주면 전기자저항의 전압강하와 감자효과까지 보상하여 일정 전압원에 가까운 특성을 얻을 수 있다. 즉 가동복권발전기는 분권발전기의 출력전압 하락요인들을 상쇄시키기 위한 목적으로 직권계자를 추가한 것이다. 이중 전기자반작용은 보상권선으로도 상쇄시킬 수 있지만 직권권선 추가로 자속 감소를 보상해주는 편이 훨씬 경제적이다.(물론 정류작용의 개선과 정류자편간전압 상승 억제 등 보상권선의 다른 기능을 대신할 수는 없다.)

분권발전기의 전압하락 요인들이 부하전류에 직선적으로 비례하는 것은 아니기 때문에 고정 턴수의 직권 계자로 무부하에서 정격전류까지 전 범위에 걸쳐 출력전압이 일정하게 만들어주는 것은 불가능하다. 단 직권계자의 턴수를 적절히 선정하면 전부하전류가 흐를 때의 출력전압, 즉 전부하전

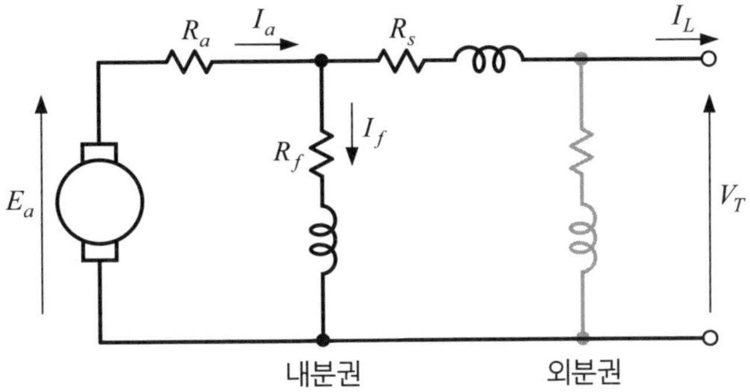

그림 6-18
복권 직류발전기

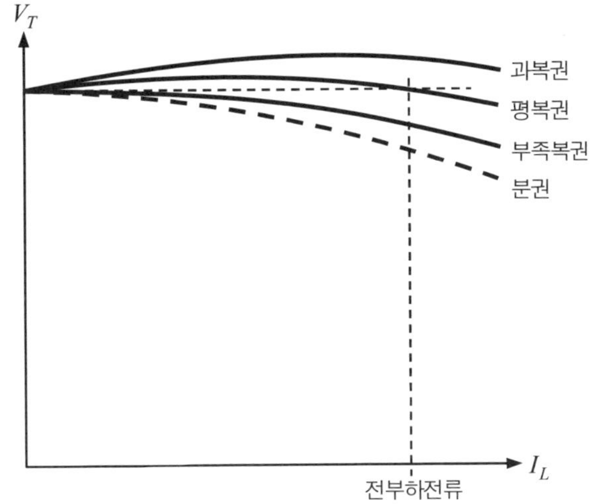

그림 6-19
가동복권 발전기의 출력전압 특성

압이 무부하전압과 같아지게끔(전압변동률 = 0) 해줄 수는 있으며 이를 **평복권**(flat-compounded)이라 한다. 그림 6-19에 보인 것처럼 직권계자 턴수를 평복권일 때보다 작게 하면 전부하전압이 무부하전압보다 낮은(전압변동률 > 0) **부족복권**(under-compounded)이 되고, 반대로 더 늘리면 전부하전압이 무부하전압보다 높은(전압변동률 < 0) **과복권**(over-compounded) 특성이 얻어진다.

예제 6-5

1 A의 계자전류가 흐를 때 무부하전압이 230 V인 분권발전기가 전부하전류 100 A에서도 출력전압을 230 V로 유지하기 위해서는 계자에 1.4 A의 전류가 흘러야 한다. 분권계자가 극당 3,000턴이라면 평복권 특성을 얻기 위해서는 극당 몇 턴의 직권 계자권선을 감아야 하는가?

전압하락을 상쇄시키기 위해 추가하여야 하는 분권계자전류 0.4 A에 해당하는 기자력은 1,200 A-t이다. 이를 전부하전류 100 A에서 직권계자로 얻기 위해서는 12턴이 필요하다.

예제 6-6

외분권 발전기가 출력전압 400 V, 출력전류 100 A로 동작하고 있다. 전기자저항 0.02 Ω, 직권계자저항 0.04 Ω, 분권계자저항 160 Ω이다. 발전기의 내부 유기기전력을 구하라. 전기자반작용은 무시한다.

그림 6-18에서 $V_T = 400$ V, $I_L = 100$ A이므로

$$I_f = \frac{V_T}{R_f} = \frac{400}{160} = 2.5 \text{ A}$$

$$I_a = I_L + I_f = 100 + 2.5 = 102.5 \text{ A}$$

$$E_a = V_T + (R_a + R_s)I_a = 400 + (0.02 + 0.04) \times 102.5 = 406.2 \text{ V}$$

가동복권발전기의 운전

무부하상태에서는 직권 계자가 자속을 거의 만들어내지 않으므로 무부하에서 복권발전기는 사실상 분권과 같고, 분권발전기와 마찬가지로 자기여자가 이루어질 수 있다. 자기여자가 이루어진 후 부하가 접속된 상태로 운전 중에 출력전압의 조정이 필요하다면 분권계자의 계자저항기를 조작하여 변경시킬 수 있다. 단 이때 분권과 직권의 비중이 달라져 외부특성곡선에 영향을 미치게 된다는 점에 유의할 필요가 있다. 극단적으로 분권계자저항을 무한대로 한다면 직권발전기가 되는 데에서 알 수 있듯이 분권계자전류를 줄이면 평복권 내지 부족복권 특성이었던 것이 과복권 특성 쪽으로 이동하는 경향을 보이게 된다. 원동기 속도가 줄어든 경우에도 출력전압이 낮아지면서 분권계자전류가 줄어들어 마찬가지 현상이 나타난다. 따라서 복권발전기의 출력 전압-전류특성을 일정하게 유지하기 위해서는 원동기 속도를 일정하게 유지하는 것이 중요하다.

발전기의 외부특성곡선을 바꿔줄 필요가 있는 경우에는 그림 6-20과 같이 직권계자에 병렬로 분류저항기(diverter)를 설치한다. 대개 복권 직류기는 과복권으로 제작되어 사용자가 필요에 따라 분류저항기로 특성을 조정할 수 있도록 하고 있다. 분류저항기 저항을 크게 하면 원래의 과복권 특성대로 운전되고, 저항을 줄이면 직권계자 전류가 줄어들어 평복권 내지는 부족복권의 특성을 얻을 수 있다. 한편 부하전류가 급격히 변동하는 경우 직권계자의 인덕턴스 때문에 전류가 분류저항 쪽으로 쏠리게 됨으로 해서 일시적으로 직권계자의 효과가 저하될 수 있다. 예를 들어 부하전류가 갑자기 상승했을 때 초기에는 전류의 증가분이 분류저항기로 다 흐르면서 직권계자 자속이 전류 증가분 만큼의 전압강하를 보상하지 못하게 되어 출력전압이 일시적으로 하락하는 현상이 나타난다. 반대로 부하전류가 갑자기 하락할 때는 출력전압이 일시적으로 상승한다. 따라서 부하전류의 변동이 특히 심한 용도에서는 분류저항기 쪽에도 인덕턴스 성분을 추가하여 직권계자권선과 비슷한 시정수를 갖도록 하기 위해 철심에 감겨진 형태의 저항기가 사용되기도 한다.

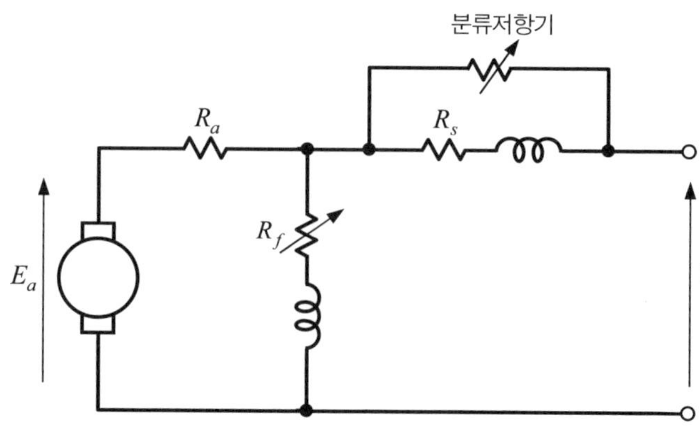

그림 6-20
분류저항기가 설치된 복권발전기

예제 6-7

240 V, 100 A 정격의 내분권 가동복권 발전기가 있다. 분권계자 전류는 3 A이다. 전기자 저항은 50 mΩ, 직권계자 저항은 10 mΩ이고 직권계자에 40 mΩ의 분류기가 장착되어 있다. 회전손실은 2 kW인 것으로 가정한다. 이 발전기가 30 mΩ의 저항을 갖는 선로를 통해 부하에 240 V를 인가하면서 전부하전류를 공급하고 있을 때 발전기의 효율을 구하라. 브러시의 전압강하는 2 V이다.

발전기 출력단 단자전압은 부하에 가해지는 전압에 선로의 전압강하를 더하여 구한다.

$$V_T = V_L + R_{line} I_L = 240 + 0.03 \times 100 = 243 \text{ V}$$

이로부터 발전기의 전기적 출력은 아래와 같이 계산된다.

$$P_{out} = V_T I_L = 243 \times 100 = 24,300 \text{ W}$$

발전기의 기계적 입력은 전기자의 전기기계적 변환동력에 기계적 손실, 즉 회전손실이 더해진 것이다. 전기기계적 변환동력은 전기자의 출력으로, 위에서 구한 발전기 출력에 발전기 내부에서 일어나는 전기적 손실, 즉 전기자 동손과 분권계자 및 직권계자에서 일어나는 손실을 더하여 구할 수 있다. 혹은 아래와 같이 먼저 유기기전력을 구한 다음 여기에 전기자전류를 곱하여 구할 수도 있다.

분권계자 전류: $I_f = 3 \text{ A}$

전기자전류: $I_a = I_L + I_f = 100 + 3 = 103 \text{ A}$

직권계자 합성저항: $R_s{}' = \dfrac{R_{div} R_s}{R_{div} + R_s} = \dfrac{40\text{m} \times 10\text{m}}{40\text{m} + 10\text{m}} = 8 \text{ m}\Omega$

유기기전력:
$$\begin{aligned} E_a &= V_T + R_s{}' I_L + V_B + R_a I_a \\ &= 243 + 0.008 \times 100 + 2 + 0.05 \times 103 = 250.95 \text{ V} \end{aligned}$$

변환전력: $P_{em} = E_a I_a = 250.95 \times 103 = 25,848 \text{ W}$

기계적 입력: $P_{in} = P_{em} + P_{rot} = 25,848 + 2,000 = 27,848 \text{ W}$

효율: $\eta = \dfrac{P_{out}}{P_{in}} = \dfrac{24,300}{27,848} = 87.3 \text{ \%}$

차동복권발전기

직권계자를 가동복권의 반대로 감아주면 부하가 증가할 때 분권계자의 자속을 상쇄시켜 자속이 더 줄어드는 차동복권이 된다. 따라서 전압 하락이 분권보다 더 크게 나타나며, 턴수를 어느 이상으로 하면 그림 6-21에서 보듯이 부하 증가에 따라 출력전압이 급격하게 떨어지는 특성을 지니게 된다. 외부특성곡선이 수평에 가까운 분권과 가동복권발전기가 전압원에 가까운 특성을 지녔다면 이처럼 수직으로 떨어지다시피 하는 차동복권발전기는 전류원에 더 가까운 특성을 지닌다. 부하 임피던스가 어느 이하가 되면 단락상태에 이르기까지 대체로 일정한 전류를 유지하기 때문이다. 따라서 차동복권발전기는 일반 전원공급용으로는 사용되지 않고, 낮은 부하에서 어느 정도 높은 전압을 공급하다가 전류가 어느 이상 상승하면 전압을 급격히 하락시켜 전류 상승을 억제할 필요가 있는 용도에 사용된다. 혹은 애초부터 부하에 대체로 일정한 전류를 공급하는 발전기로 사용될 수도 있다.

차동복권발전기도 직권계자에 병렬로 분류저항기를 설치하면 특성을 조정해줄 수 있다. 부하전류가 일부 분류저항을 통해 흐르면 직권계자 자속이 분권계자 자속을 상쇄하는 효과가 완화되므로

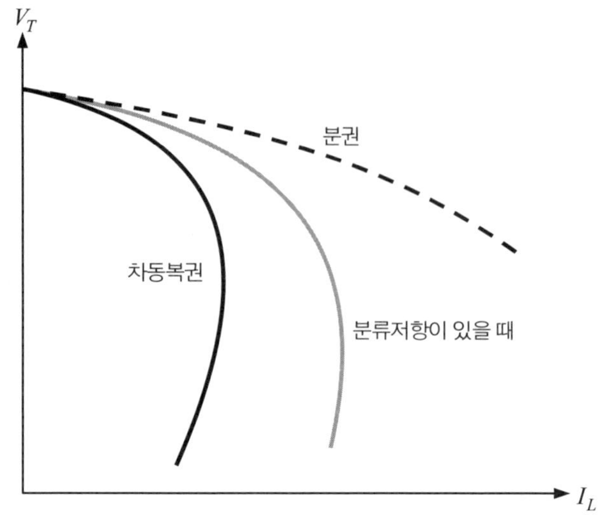

그림 6-21
차동복권 발전기의 출력전압 특성

그림 6-21에서 보듯이 분권특성에 좀 더 가까와진다. 가동복권에서는 분류저항기가 출력전압특성을 비교적 제한된 범위 내에서 조정하기 위한 것인 반면 차동복권에서는 항복전류를 조정하는 목적을 지니며, 그림에서 볼 수 있듯이 그 변화가 상대적으로 크게 나타난다. 이는 차동복권발전기를 일정 전류원 용도로 사용할 경우 출력전류를 상당히 큰 폭으로 변화시켜줄 수 있음을 뜻한다.

6-6 직류발전기의 용도

그림 6-22는 같은 전부하전류와 전부하전압을 갖는 타려식, 분권 및 가동복권발전기의 외부특성곡선을 직권 및 차동복권발전기의 특성과 함께 보여주고 있다. 이러한 특성의 차이에 따라 달라지는 직류발전기의 주요 용도는 아래와 같다.

타려식발전기는 광범위한 전압제어가 필요한 곳에 사용된다. 대표적인 것이 직류전동기의 속도제어이다. 직류전동기의 속도는 인가전압에 의해 제어되는데, 일정 속도의 원동기로 구동되는 타려식발전기를 접속하고 계자저항을 조절하여 발전기 출력전압을 변경시키면 전동기의 속도를 제어할 수 있다. 이러한 직류발전기-직류전동기 세트는 과거 압연기나 선박추진 등에 널리 사용되었고 현재도 일부 사용되고 있다.(이렇게 넓은 범위로 전압을 제어해야 하는 용도에는 전압 조정범위가 좁고 낮은 전압에서 출력전류가 제한되는 분권발전기는 적용할 수 없다.) 기타 시험설비 등 전압을 정확히 제어해야 할 필요가 있는 곳, 빠른 제어응답을 필요로 하는 곳에 적용된다.

분권발전기의 대표적 용도는 교류발전기, 즉 12장에서 다루게 될 동기발전기의 여자이다. 동기발전기도 직류발전기처럼 계자에 직류전류를 흘려주어야 하는데, 대용량 발전기는 계자에도 매우 큰 전류가 필요하므로 이를 위한 전용 발전기가 사용되며 이를 여자기(exciter)라 한다. 여자기는 전압의 극성전환이 필요 없고 제어범위가 넓지 않으면서 저전압 대전류를 공급해야 하므로 직류 분권발전기가 흔히 적용되어 왔다. 주발전기와 같은 축에 장착되어 있어서 원동기가 발전기를 회전시키면 자기여자로 발전이 이루어져 주발전기의 계자전류를 공급한다. 그 외 분권발전기는 과거 배터리 충전용으로도 많이 사용되었는데, 출력전압이 부하전류에 따라 하강하는 특성이 배터리의 전압-전류

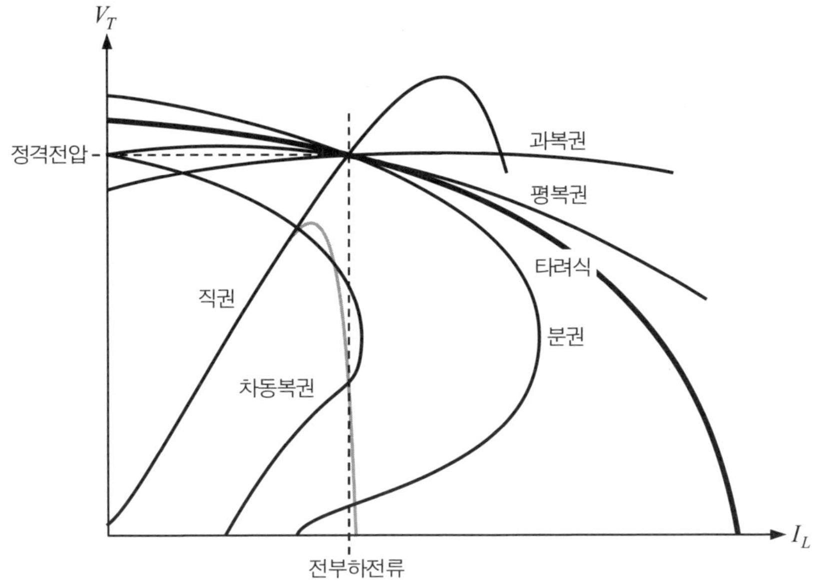

그림 6-22 직류발전기 외부특성곡선의 비교

특성에 잘 부합하기 때문이었다. 조명이나 전열을 위한 일반 용도 전원으로도 흔히 사용되지만 전압 변동률이 큰 편이어서 가동복권발전기에 비해 불리하다. 단 과부하에서 전류 상승의 억제가 중요한 경우에는 유리할 수 있으며, 다음 절에서 설명하듯이 다수 발전기를 병렬운전해야 할 경우에 적합하다. 대부분 반도체정류기로 대체되었으나 적용환경상 직류발전기가 전체 비용 측면에서 유리한 일부 소형 시스템이나 이동용 발전기, 복합형 신재생에너지 발전시스템 등에서 볼 수 있다. 그림 6-23은 배터리 충전이나 비상용 직류전원으로 사용되는 직류발전기의 예를 보여주고 있다.

직권발전기의 용도는 두 가지 유형, 즉 외부특성곡선이 상승하는 영역에서 운전되는 유형 1과 하락하는 영역에서 운전되는 유형 2가 있다. 유형 1은 직류 송전로에 사용되었던 승압기(booster)가 대표적이다. 선로에 직권발전기를 직렬로 삽입하여 전류가 증가할 때 전압이 높아지는 특성을 선로 전압강하의 보상에 이용한 것으로, 과거 직류철도 급전선과 같은 용도에 사용되었다. 유형 2의 직권

그림 6-23
가솔린엔진과 결합된
배터리 충전용 이동식 직류발전기

발전기는 일부러 전기자반작용이 크게 나타나도록 하여 그림 6-22의 흐린 선과 같이 정격전류 부근에서 전압이 급격히 하락하는 특성을 갖도록 만들어진다. 이 영역에서는 부하 임피던스가 변하더라도 전류의 변화가 작기 때문에 정전류특성이 필요한 부하에 적용된다. 대표적인 예가 아크용접이다. 발전기 한쪽 단자를 용접봉에, 다른 쪽 단자를 용접모재에 접속하고 용접봉을 모재에 접촉시켜 발전기 출력을 단락시키면 자기여자가 이루어지면서 단락전류가 흐른다. 이 상태에서 용접봉을 떼면 전압이 급격히 상승하면서 단락전류와 거의 차이가 나지 않는 일정한 전류의 아크가 발생하고, 그 열로 용접물을 녹이게 된다. 같은 방식으로 과거 아크등(arc lamp)의 전원으로도 사용되었다.

타려식이나 분권발전기로 급전할 때 전압을 일정하게 유지하고자 한다면 계자전류를 자동으로 조절하는 제어장치가 필요하다. 복권발전기를 사용하면 정밀하지는 않지만 대체로 일정한 출력전압이 유지되므로 저비용으로 그러한 복잡성을 피할 수 있다. 단 부하의 특성에 잘 부합하도록 선정할 필요가 있다. 평복권은 선로가 짧고 부하가 변동하더라도 전압 변화가 거의 없어야 할 경우에 사용된다. 소형 선박과 같이 제한된 시스템 안에서 조명설비가 다른 동력설비와 함께 사용되는 경우, 동력설비의 운전상태에 따라 전압변동이 심하면 전등이 점멸하는 플리커 현상이 나타난다. 이처럼 안정적인 전압이 필요한 부하들이 변동이 심한 부하와 함께 사용되는 곳에 평복권이 적합하다. 한편 과복권은 급전선로가 길 때 선로의 전압강하를 보상하기 위해 적용된다. 광산이나 건설현장 등 부하가 발전기에서 멀리 떨어져 가동되면서도 안정적인 전압을 공급받을 필요가 있는 경우가 여기에 속한다. 단 과복권이나 평복권발전기는 선로에 단락사고가 일어났을 때 큰 전류가 흘러 기기 자체가 손상을 입고 사고가 크게 파급될 수 있으므로 과전류 차단 등 보호에 유의해야 한다. 이에 비해 전압변동률이 큰 발전기는 상대적으로 덜 위험하며 다음 절에서 서술하듯이 병렬운전을 할 경우 안정적인 특성을 보인다. 이러한 용도에는 분권이나 특성을 절충한 부족복권 발전기가 사용된다.

차동복권발전기는 과부하나 단락시 전류의 제한이 특히 중요할 때 사용된다. 전동 채굴장비와 같이 운전 중 협착되어 움직이지 못하는 상태에 놓이게 될 가능성이 있는 부하가 대표적이라 할 수 있다. 직류전동기가 구동하는 채굴장비가 협착되면 전동기의 역기전력이 0이 되므로 매우 큰 전류가 흘러 전동기와 발전기 모두 소손될 수 있는데, 차동복권발전기로 급전하는 경우라면 스스로 전류가 제한되므로 차단기를 사용하지 않고도 이러한 위험을 피할 수 있다. 다른 용도로 정전류원 특성을 필요로 하는 아크용접이 있다. 직권발전기를 사용한 아크용접에서는 처음에 단락시켜 자기여자를 시키는 반면 차동복권발전기는 출력단자가 개방된 상태에서 분권계자를 통해 자기여자가 이루어져 전극 사이에 전압이 나타나고, 이들을 가까이 접근시켜 아크를 발생시킨다는 차이가 있다. 일단 아크가 발생하고 나면 임피던스가 뚝 떨어지는데, 이때 전류가 더 크게 상승하지 않고 전극과 용접봉 사이의 간격이 다소 변동하더라도 일정한 아크를 유지시키는 특성을 보인다.

오늘날 이상 대부분의 용도에서 직류발전기는 교류전원에서 동작하는 반도체정류기로 대체되었다. 교류전원이 닿지 않는 곳에서 직류전원이 필요한 경우에도 직류발전기를 사용하기보다는 교류발전기-반도체정류기 조합을 사용하는 경우가 많다. 아크용접 등 특정 발전기의 독특한 출력전압-전류 함수관계에 의존하던 용도는 비교적 오래 지속된 편이긴 하지만 전력전자기술의 발전으로 전력제어를 자유롭게 할 수 있는 설비로 대체되어 거의 사용되지 않게 되었다. 단, 고가이고 과부하에 취약한 반도체 전력제어장치에 비해 경제성이 확보될 수 있는 환경이나 과부하에 상대적으로 강인한 직류발전기의 장점이 부각될 수 있는 경우에 사용되는 예를 볼 수 있다.

6-7 병렬운전

발전기 하나로 부하를 감당할 수 없다면 두 대 이상의 발전기를 병렬로 운전한다. 그러나 오늘날 직류발전설비는 대개 제한된 영역에서 비교적 소규모 부하를 대상으로 하기 때문에 단지 용량상 문제로 직류발전기를 병렬운전해야 할 경우는 많지 않다. 그러함에도 직류발전기는 대형기 하나보다는 작은 용량 여러 대를 병렬로 사용하는 경향이 있다. 그 이유는

- 일반적으로 대형 직류발전기는 양산되지 않기 때문에 소규모 직류발전설비에는 전체 용량을 감당할 전용 발전기를 제작하기보다 소형 기성제품을 여러 대 사용하는 편이 유리하다.
- 직류발전기는 (특히 정류자와 브러시 때문에) 주기적인 점검과 수리를 받아야 한다. 발전기들을 병렬로 운용하면 전력공급에 지장을 주지 않고 여러 발전기를 돌아가면서 보수할 수 있다. 또 대형 직류발전기는 매우 크고 무겁기 때문에 취급이 용이한 소형기를 돌아가면서 보수하는 편이 비용이 절감된다.

즉 직류발전기는 초기 설비비와 설치 후 유지보수 두 측면 모두 병렬운전이 유리하다. 이러한 직류기 특유의 문제 외에 일반적으로 병렬운전을 통해 다음과 같은 이점들을 얻을 수 있다.

- 발전기 다중화로 고장 등 불의의 사고에 대비한 전원 신뢰성이 높아진다.
- 부하가 줄었을 때 일부만 가동하여 부하율을 높게 유지함으로써 운전효율이 향상된다.
- 설비용량을 증설할 필요가 있는 경우 쉽게 대응할 수 있다.

분권발전기의 병렬운전

그림 6-24(a)에 보인 것과 같이 두 대의 분권발전기 A와 B가 무부하전압 E_A와 E_B를 일치시킨 상태로 병렬운전되는 경우를 생각해보기로 한다. 부하가 접속되어 전류가 흐를 때 두 발전기의 전압-전류특성이 (b)의 A, B와 같다고 하자. 두 발전기의 출력전압은 같고, 출력전류의 합이 부하전류이므로 두 곡선을 전류축(횡축) 방향으로 더한 점선 C가 부하에서 본 전압과 전류 사이의 함수관계를 나타낸다. 이 합성 전압-전류특성이 부하의 전압-전류특성과 만나는 지점에서 동작전압 V_{bus}와 부하전류 I_L이 결정된다. 그리고 이 전압에 해당하는 전류 I_A, I_B가 발전기 각각에 흐르게 된다.

발전기를 병렬운전할 때 일단 어떤 부하분담이 이루어지면 그 상태가 안정적으로 유지될 수 있어야 한다. 그림 6-24에서 어떤 이유로 발전기 A의 전류가 상승했다고 하자. 전기자전류의 상승은 내부 전압강하로 출력전압의 하락을 초래하고, 이는 발전기의 출력전류를 다시 줄이는 쪽으로 작용한다. 반대로 전류가 줄어들었을 경우에는 출력전압이 상승하여 전류를 원래 전류로 끌어올린다. 즉 일시적으로 어떤 변동이 생기더라도 그 변동의 결과가 변동의 원인을 상쇄하는 쪽으로 작용함으로써 처음 상태로 되돌아가는 안정적인 운전이 이루어진다. 이러한 부궤환 효과는 발전기가 전류 증가에 따라 전압이 하락하는 특성을 지니고 있는 데에서 비롯된다. 만일 전류가 증가할 때 전압이 상승한다면 더 큰 전류의 증가를 초래하여 안정적인 동작이 이루어질 수 없다. 이 점에서 분권발전기는 병렬운전에 적합한 특성을 지니고 있다. 즉 개별 운전시 전압변동률이 비교적 크다는 단점이 병렬운전에서는 장점으로 작용한다. 타려식 발전기와 부족복권발전기 역시 안정적인 병렬운전에 필요한 전압하락특성을 갖고 있다. 반면에 전류 증가에 따라 전압이 상승하는 직권발전기와 과복권발전기는 기본적으로 병렬운전에 부적합하다.

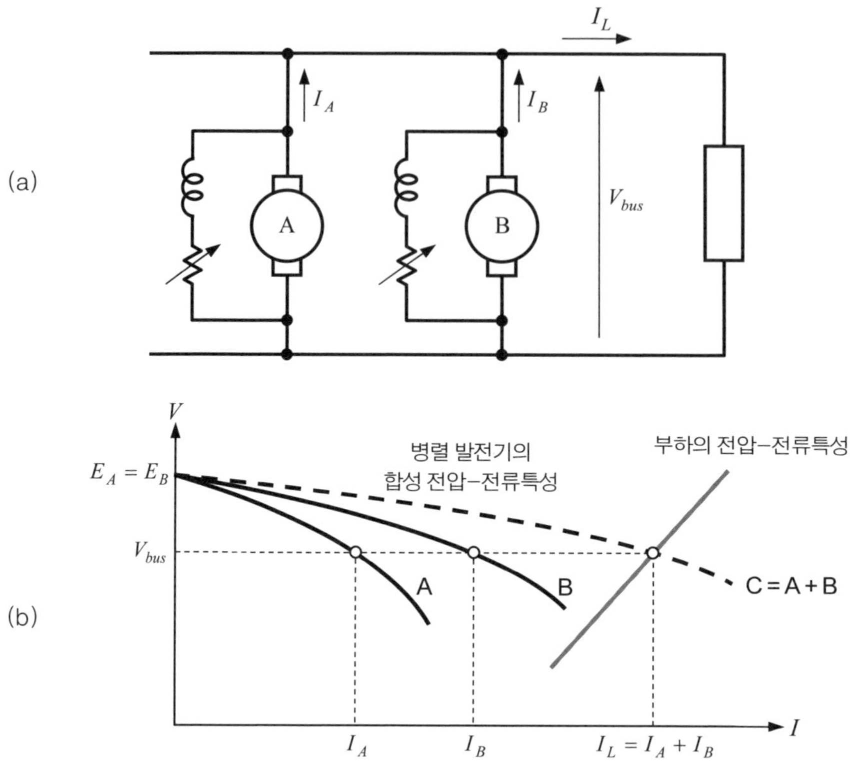

그림 6-24 분권발전기 2대의 병렬운전

부하분담의 제어

그림 6-24(b)에서 두 발전기 중 전압-전류특성이 더 평탄한 B쪽에 더 큰 전류가 흐르고 있음을 볼 수 있다. 두 발전기의 무부하전압이 같은 상태에서 부하가 가해지면 전압을 일정하게 유지하려는 경향이 강한 쪽, 즉 전압변동률이 작은 쪽이 더 큰 부하를 부담하게 된다. 만일 두 발전기의 용량이 같다면 이처럼 외부특성곡선에 차이가 나는 경우 균등한 부하배분이 이루어지지 못하게 된다. 그러나 B의 용량이 더 크다면 그림처럼 B쪽 전류가 더 큰 것이 바람직하다. 만일 그림의 I_A, I_B가 각각 두 발전기의 정격전류에 일치한다면 이상적인 부하배분이 이루어진 상태가 된다. 이는 두 발전기에 정격전류가 흐를 때 발전기 내부 전압강하(전압변동)가 같음을 뜻한다. 이로부터 알 수 있듯이 **병렬운전되는 발전기의 전압변동률이 같은 경우 무부하전압을 일치시키면 용량에 비례하는 부하배분이 이루어진다.** 3대 이상의 병렬운전에서도 마찬가지이다. 그러나 일반적으로 병렬운전되는 발전기들의 전압변동률이 반드시 같을 수는 없기 때문에 어느 한 상태에서 부하배분이 잘 이루어지고 있다 해도 부하가 변동하면 부하배분이 적절하지 않게 될 수 있다. 그러한 경우에는 아래와 같이 발전기들의 무부하전압, 즉 내부 유기기전력을 조절하여 부하배분을 조정해줄 필요가 있다.

그림 6-25의 (a)는 그림 6-24(b)를 다시 그린 것이다. 여기서 B의 전류를 더 키우고 A의 전류를 줄이려 한다고 하자. 부하전류는 일정한 것으로 가정한다. (b)는 E_B를 키웠을 때를 보여주고 있다. B 곡선이 위로 올라가고 합성 전압-전류특성 C도 올라가며, 주어진 부하전류에서 전압이 V_1에서 V_2로 상승한다. V_2에서 I_B는 이전보다 상승하고 그 상승분만큼 I_A가 하락한다. 즉 어느 한 발전기의

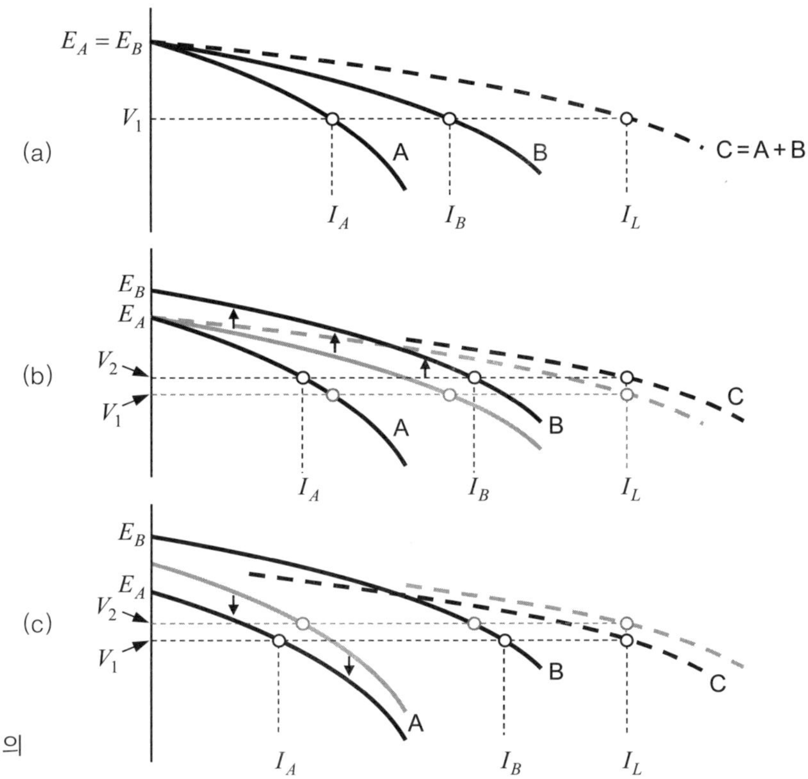

그림 6-25
병렬운전되는 발전기의 부하배분 조정

무부하전압을 높이면 부하분담이 커지면서 다른 발전기의 부하분담이 줄어들고 전압은 전체적으로 상승한다. 이 상태에서 (c)처럼 E_A를 낮추면 C가 다시 하락하여 전압이 V_2에서 V_1으로 돌아오면서 I_A가 더 하락하고 I_B는 더 상승한다. 같은 과정을 I_A와 I_B가 원하는 값이 될 때까지 반복한다.

이처럼 부하분담을 높이고자 하는 쪽의 기전력을 키우면서 부하분담을 낮추고자 하는 쪽의 기전력을 줄이면 부하 배분을 조정하는 동시에 전압을 일정하게 유지시킬 수 있다. 전압을 일정하게 유지한다는 것은 부하전류 $I_A + I_B$를 일정하게 유지함을 뜻한다. 이때 한쪽 전류가 결정되면 다른 쪽 전류도 결정되므로 부하분담 조정은 변수 두 개가 아닌 하나를 조정하는 것에 해당한다. 따라서 위의 조정과정은 결국 부하분담과 전압이라는 두 변수를 원하는 값으로 만들기 위해 두 개의 변수 E_A, E_B를 결정하는 문제이다. 일반적으로 N대의 발전기가 병렬운전될 때 $N-1$개의 전류가 결정되면 나머지 하나는 종속적으로 결정된다. 따라서 N개 발전기의 유기기전력을 적절히 조정함으로써 N개의 변수, 즉 전압 및 $N-1$개 변수에 해당하는 전류배분을 원하는 값으로 맞춰줄 수 있다.

예제 6-9

300 kW, 250 V, 전압변동률 3.0 %인 직류발전기 A와 400 kW, 250 V, 전압변동률 5.0 %인 직류발전기 B가 있다. 이들이 병렬로 운전되면서 250 V로 350 kW 부하를 균등하게 분담하고 있다. 발전기의 외부특성곡선은 직선으로 가정한다. (a) 두 발전기의 외부특성곡선을 그리고 동작점을 표시하라. (b) 부하전류가 2,500 A로 증가했을 때 모선전압과 두 발전기의 전류를 구하라. (c) 부하전류가 증가한 상태에서 전압을 250 V로 유지하면서 용량에 비례하는 부하배분이 이루어지도록 하려면 발전기의 무부하전

압을 어떻게 조정해야 하는가? 조정한 뒤의 외부특성곡선을 작도하라.

(a) 두 발전기의 정격전류는

$$I_{AR} = \frac{300\text{k}}{250} = 1,200 \text{ A}, \; I_{BR} = \frac{400\text{k}}{250} = 1,600 \text{ A}$$

350 kW 부하를 균등분담하고 있을 때 두 발전기의 전류는

$$I_A = I_B = \frac{1}{2} \times \frac{350\text{k}}{250} = 700 \text{ A}$$

A는 1,200 A에서 정격전압의 3%인 7.5 V의 내부전압강하를, B는 1,600 A에서 정격전압의 5%인 12.5 V의 내부전압강하를 갖는다. 따라서 700 A가 흐르고 있을 때 내부 유기기전력은

$$E_A = 250 + \frac{700}{1,200} \times 7.5 = 254.4 \text{ V}$$

$$E_B = 250 + \frac{700}{1,600} \times 12.5 = 255.5 \text{ V}$$

그림 6-26(a)는 이 상태에서 두 발전기의 외부특성곡선과 동작점을 보여주고 있다.

(b) 두 발전기의 전류를 I_A, I_B 라 하였을 때

$$I_A + I_B = 2,500 \text{ A} \qquad \text{(A)}$$

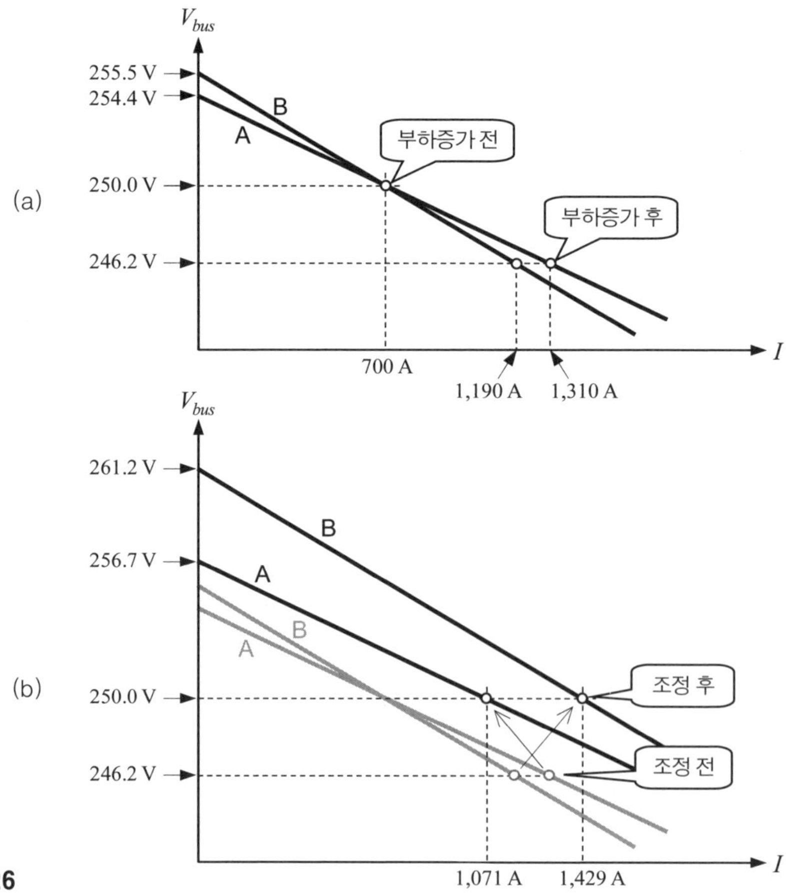

그림 6-26

모선전압이 두 발전기에서 같으므로

$$V_{bus} = E_A - \frac{I_A}{1,200} \times 7.5 = 254.4 - 0.00625 I_A \tag{B}$$

$$V_{bus} = E_B - \frac{I_B}{1,600} \times 12.5 = 255.5 - 0.00781 I_B \tag{C}$$

식(B)와(C)에서

$$0.00625 I_A - 0.00781 I_B = -1.1 \tag{D}$$

식(A)와(D)를 연립하여 전류를 구하고 이를(B)나(C)에 대입하여 모선전압을 구한다.

$$I_A = 1{,}310 \text{ A}, \ I_B = 1{,}190 \text{ A}$$

$$V_{bus} = 246.2 \text{ V}$$

(c) 발전기의 용량비로 배분되기 위해서는 $I_A : I_B = 3:4$ 여야 하므로

$$I_A = \frac{3}{7} \times 2,500 = 1,071 \text{ A}$$

$$I_B = \frac{4}{7} \times 2,500 = 1,429 \text{ A}$$

이 전류에서 모선전압이 250 V이기 위한 유기기전력은

$$E_A = 250 + \frac{1,071}{1,200} \times 7.5 = 256.7 \text{ V}$$

$$E_B = 250 + \frac{1,429}{1,600} \times 12.5 = 261.2 \text{ V}$$

그림 6-26(b)는 이 상태에서 두 발전기의 외부특성곡선과 동작점을 보여주고 있다.

직권 및 복권발전기의 병렬운전

전류가 증가할 때 출력전압이 상승하는 직권발전기는 안정적 병렬운전이 불가능하다. 그림 6-27에서 동일한 두 직권발전기가 병렬운전되면서 같은 전류를 부담하고 있다고 하자. 어떤 이유로 발전기 A의 기전력이 미소하게 커졌다면 양쪽 기전력의 차이로 발전기 사이에 작은 순환전류 i가 중첩된다. 그 결과 A의 계자전류가 커지고 B의 계자전류가 작아져 A의 기전력이 상승하고 B의 기전력은 하락한다. 따라서 순환전류가 더 커지고, 순환전류의 증가는 기전력의 차이를 더 벌어지게 만든다. 같은 과정이 누적되면 결국 순환전류가 당초 B의 전류보다 커지게 되고, 결국 맨 오른편과 같이 B의

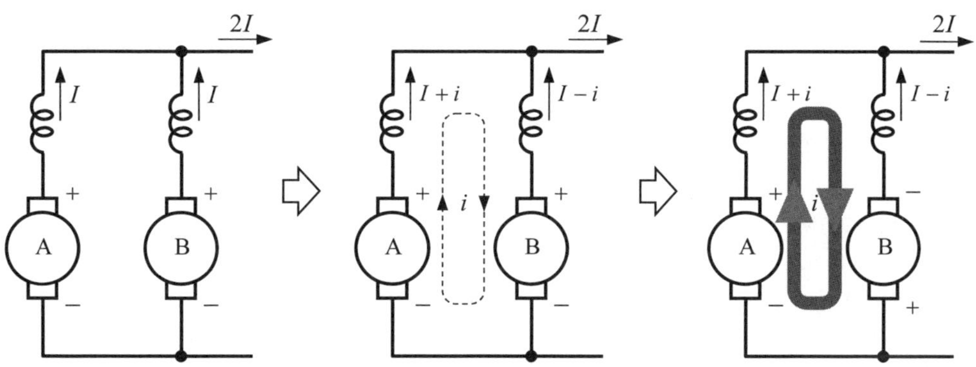

그림 6-27 병렬운전되는 직권발전기의 불안정한 동작

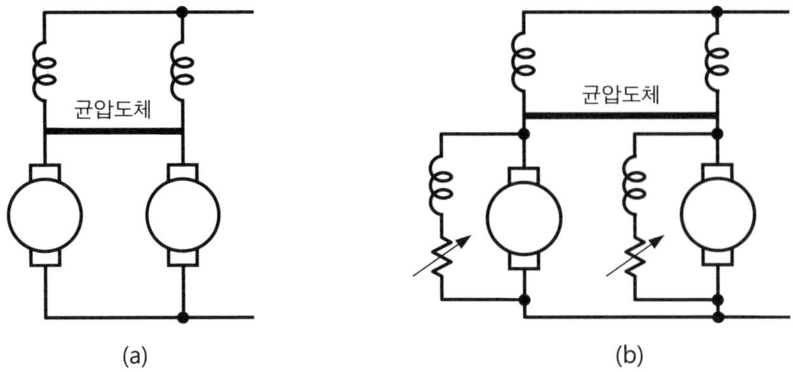

그림 6-28 병렬운전되는 직권발전기와 복권발전기에 설치되는 균압도체

기전력 극성이 반전되면서 두 발전기 사이에 큰 단락전류가 흐르는 상태에 이르게 된다.

이런 사태를 피하기 위해 직권발전기를 병렬운전할 때는 그림 6-28(a)와 같이 전기자와 계자 사이에 **균압도체**(equalizer)를 설치한다. 이렇게 하면 계자들이 병렬로 접속되므로 계자전류가 전기자전류에 무관하게 계자저항들의 상대적 비율에 의해 결정된다. 계자전류에 불평형이 생겨 기전력에 차이가 나타난다 해도 그 영향이 전기자 사이의 순환전류로 그칠 뿐, 전기자전류의 차이가 다시 계자전류에 영향을 미치는 상승작용(정궤환효과)이 일어나지 않는다. 이처럼 전기자전류와 계자전류 사이의 연관성을 차단함으로써 안정적인 병렬운전이 이루어질 수 있다. 단 차단효과를 확실히 하기 위해서는 균압도체의 저항이 계자권선들의 저항보다 훨씬 작아야 하므로(가장 작은 저항의 20 % 이하) 두꺼운 동막대를 사용한다. 평복권이나 과복권 발전기도 병렬운전을 위해서는 6-28(b)처럼 발전기들의 전기자 단자를 연결하는 균압도체를 설치하여 기기별 전기자전류와 직권계자전류 사이의 연관성을 차단해주어야 한다.

회로도에서 이 균압도체는 하나의 선에 불과하지만 실제 운전 현장에서 서로 떨어져 있는 발전기들 사이에 두꺼운 도체를 설치하는 일은 쉽지 않으며, 상당한 비용이 들 뿐 아니라 노출부위가 있을 경우 위험하기도 하다. 따라서 특별한 이유가 있지 않다면 이러한 번거로움을 감수하면서까지 직권발전기나 복권발전기를 병렬운전하는 일은 드물다.

연습문제

6-1. 타려식발전기가 1,200 rpm로회전하면서 출력전압 500 V로 일정 크기의 저항부하에 120 A를 공급하고 있다. 원동기 속도가 하락하여 출력전류가 60 A가 되었다면 속도는 얼마인가? 전기자저항은 0.012 Ω이고 브러시당 접촉전압강하는 1 V이다. 전기자반작용은 무시한다.

6-2. 출력전압 250 V로 동작하는 타려식 발전기의 부하가 250 kW에서 150 kW로 줄어들었다. 계자저항을 그대로 두고 속도를 변경시켜 출력전압을 일정하게 유지했을 때 속도 변동은 몇 %인가? 전기자저항은 0.012 Ω, 브러시의 총 전압강하는 2 V이다. 전기자반작용은 무시한다.

6-3. 240 kW, 240 V, 6극 600 rpm 타려식 발전기가 정격상태로 운전되고 있다. 전기자저항은 0.01 Ω, 자체저항 30 Ω인 계자권선이 계자저항기를 거쳐 120 V의 계자전원에 접속된다. 발전기의 자화특성곡선

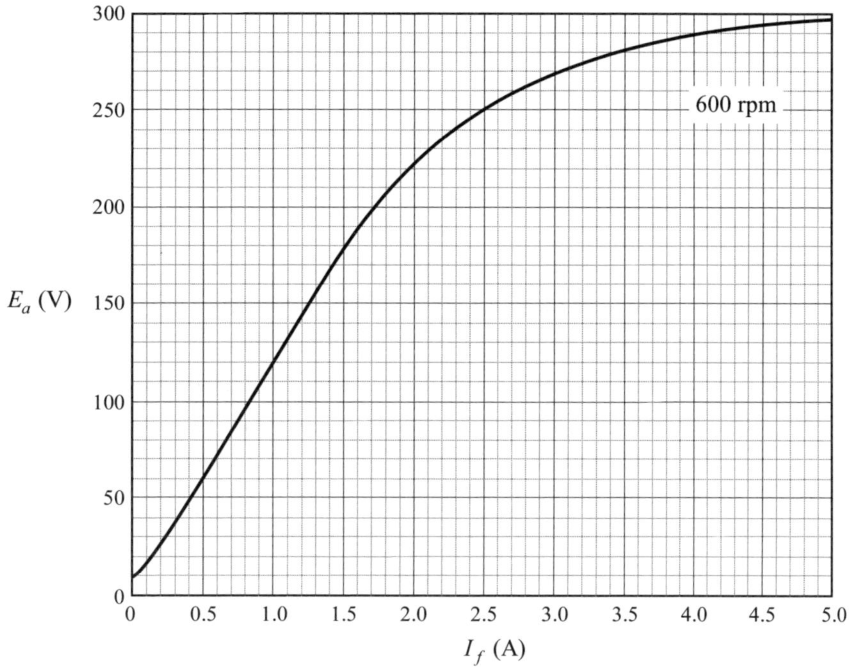

그림 6-29

은 그림 6-29와 같다. 회전손실은 10 kW이다. 전기자반작용이 없을 때 다음을 구하라.

(a) 전부하에서 유기토크와 원동기의 구동토크

(b) 계자전류와 계자손실

(c) 효율

6-4. 문제 6-3의 발전기 출력이 100 kW로 줄어들었을 때 출력전압을 그대로 유지하기 위해서는 계자저항기 저항값을 어떻게 조정해야 하는가? 발전기의 속도는 일정한 것으로 가정한다.

6-5. 분권 직류발전기가 500 V로 500 A를 부하에 공급하고 있다. 전기자저항은 0.04 Ω, 계자저항은 100 Ω이다. 유기기전력을 구하라.

6-6. 4극 분권발전기의 계자저항이 100 Ω, 전기자저항이 1 Ω이다. 전기자는 파권으로 결선된 378개의 도체로 이루어져 있다. 이 발전기를 1,000 rpm으로 회전시키면서 10 Ω의 부하저항을 접속하였을 때 극당 자속은 0.02 Wb이다.

(a) 출력전압과 전력을 구하라.

(b) 전기기계적 변환동력과 유기토크를 구하라.

(c) 발전기의 효율을 구하라. 회전손실은 120 W인 것으로 한다.

6-7. 분권발전기를 기동시켰을 때 계자전류 자속과 잔류자속의 방향이 반대여서 자기여자가 이루어지지 못하였다. 발전기를 정지하고 계자에 직류전류를 흘려주어 잔류자속의 방향을 반대로 바꾸었다. 발전기를 다시 같은 방향으로 회전시키면 자기여자가 이루어지는가? 그 이유를 설명하라.

6-8. 문제 6-3의 발전기를 분권발전기로 사용하려 한다.

(a) 정격속도에서 임계저항은 얼마인가?

(b) 자기여자가 이루어질 수 있는 최저 속도는 얼마인가?

6-9. 문제 6-3의 발전기를 분권발전기로 같은 전부하전압과 전부하전류에서 동작하게 하려 한다.

(a) 전부하상태에서 내부 유기기전력은 얼마인가?

(b) 무부하전압과 전압변동률은 얼마인가?

(c) 직렬 계자저항기의 저항값은 얼마인가?

6-10. 문제 6-9의 발전기에서 항복전류는 얼마인가? 부하전류 0에서 항복전류까지 발전기 출력전압의 변화를 그래프로 나타내라. 부하저항이 0.3 Ω, 0.2 Ω, 0.1 Ω일 때 출력전압은 얼마인가?

6-11. 어떤 직류발전기의 개방전압특성을 800 rpm에서 측정한 결과가 아래와 같다.

계자전류(A)	0	1	2	3	4	5
개방전압(V)	10	112	198	232	252	266

이 발전기를 분권으로 결선하고 계자저항 70 Ω에서 1,000 rpm으로 구동하였을 때 무부하전압을 구하라. 무부하전압을 270 V로 낮추기 위해서는 계자저항을 얼마로 해야 하는가?

6-12. 직권발전기가 400 V로 20 kW를 공급하고 있다. 전기자저항은 0.3 Ω, 직권계자 저항은 0.2 Ω이다. 전기자전류와 전기자의 유기기전력을 구하라. 브러시당 접촉전압강하는 1 V이다.

6-13. 어떤 직권발전기의 자화특성곡선에서 직선부분이 $E_a = 0.4 I_s$의 관계식으로 표현된다. 직권계자권선 저항은 0.03 Ω, 전기자저항은 0.02 Ω이다. 이 발전기를 240 V의 전원에 직렬로 접속하여 승압기로 사용하고 0.25 Ω의 선로를 통해 부하에 300 A를 공급하고 있다.

(a) 부하단 전압과 전원전압 사이의 차이는 얼마인가?

(b) 같은 전류에서 부하단의 전압이 전원전압과 같아지게 하려면 직권발전기의 계자에 몇 Ω의 분류저항기를 사용해야 하는가? 이때 발전기의 출력전압은 얼마인가?

6-14. 250 V, 50 kW 직류발전기의 분권계자가 극당 900턴이다. 무부하상태에서 계자에 3.5 A가 흐를 때 전압이 250 V이다. 전부하시 같은 전압을 얻기 위해서는 계자전류를 5 A로 키워야 한다. 이 발전기가 평복권특성을 갖도록 하기 위해 필요한 극당 직권계자권선의 턴수를 구하라.

6-15. 분권 직류발전기의 극당 계자 턴수가 1,000이다. 전부하전압이 무부하전압과 같아지게 하려면 계자전류를 0.2 A 키워야 한다. 극당 4턴의 0.05 Ω인 직권계자를 추가하여 외분권으로 했을 때 평복권특성을 얻기 위해서는 분류저항기의 저항이 얼마여야 하는가? 전부하전류는 80 A이다.

6-16. 전기자저항 0.06 Ω, 직권계자저항 0.03 Ω, 분권계자저항 110 Ω인 내분권 복권발전기가 250 V, 40 W 정격의 전등 100개에 전력을 공급할 때 유기기전력을 구하라. 브러시전압강하는 2 V이다.

6-17. 문제 6-16의 발전기가 외분권이라고 했을 때의 유기기전력을 구하라.

6-18. 유기기전력과 전기자저항이 각각 230 V, 0.05 Ω과 226 V, 0.04 Ω인 두 대의 타려식 발전기를 병렬로 하여 0.5 Ω의 저항부하에 전력을 공급하고 있을 때 두 발전기의 부하분담을 구하라.

6-19. 보상권선을 지닌 타려식발전기 A와 B가 병렬로 65 A의 부하전류를 분담하고 있다. A의 전압-전류특성은 0 A에서 260 V, 30 A에서 220 V이고 B는 0 A에서 270 V, 45 A에서 220 V이다.

(a) 두 발전기의 전류와 출력전압을 구하라.

(b) 출력전압 220 V에서 두 발전기 출력을 같게 하려면 계자전류를 어떻게 조정해야 하는가?

6-20. 아래의 두 발전기가 병렬운전되고 있다. 이들의 외부특성곡선은 직선인 것으로 한다.

무부하전압 240 V, 정격전압 230 V, 정격출력 500 kW

무부하전압 245 V, 정격전압 220 V, 정격출력 250 kW

이들이 부하에 650 kW를 공급하고 있을 때 단자전압과 두 발전기의 출력을 구하라.

6-1. 602.4 rpm **6-2.** 1.82 % **6-3.** (a) 3,979 N-m, 4,138 N-m (b) 2.5 A, 300 W (c) 92.2 % **6-4.** 21.1 Ω **6-5.** 520.2 V **6-6.** (a) 227 V, 5,154 W (b) 6,292 W, 60.1 N-m (c) 80.4 % **6-8.** (a) 120 Ω (b) 150 rpm **6-9.** (a) 250 V (b) 258 V, 7.5 % (c) 66 Ω **6-10.** 3,600 A, 243 V, 237 V, 217 V **6-11.** 327 V, 110.7 Ω **6-12.** 50 A, 427 V **6-13.** (a) 30 V (b) 0.081 Ω, 75 V **6-14.** 7 **6-15.** 0.0833 Ω **6-16.** 253.6 V **6-17.** 253.6 V **6-18.** 51.9 kW, 43.1 kW **6-19.** (a) 25.5 A, 39.5 A, 226 V (b) A: 1.27 % 높임, B: 5.15 % 낮춤 **6-20.** 230 V, 495 kW, 155 kW

7

직류전동기

과거 전동력 구동에서 일정 속도 용도에는 주파수에 의해 속도가 결정되는 교류전동기가, 자유로운 속도 제어가 필요한 용도에는 직류전동기가 사용되어 왔다. 이러한 역할 분담은 20세기 말 전력변환기술의 발전으로 큰 변화가 일어나게 되었다. 속도제어 분야까지 교류전동기의 적용범위가 넓어지면서 정류자/브러시의 구조상 약점을 지닌 데다 크고 무거운 직류전동기의 입지는 크게 축소되었다. 그럼에도 직류전동기는 일부 압연기나 전기철도, 크레인, 쇄빙선 등에 여전히 사용되고 있고 기타 계통에서 고립된 시스템이나 배터리에 의해 구동되는 소형 기기, 완구 등에서 흔히 볼 수 있다. 한편 서보제어 용도에서는 영구자석형 직류전동기 및 무브러시형으로 진화한 BLDC 전동기가 중요한 역할을 담당하고 있다. 직류전동기의 기본 동작은 에너지의 전달방향만 다를 뿐 6장에서 다루었던 직류발전기와 전적으로 같다. 여자방식별 직류전동기의 속도-토크 특성과 용도, 제어방법 등에 관하여 알아보도록 한다.

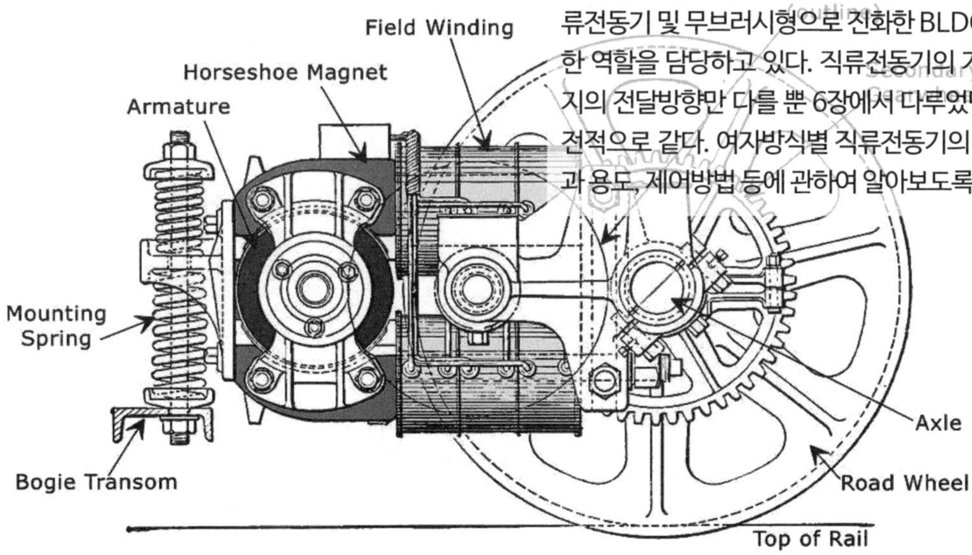

1890년대 철도견인용으로 고안된 초기 직류전동기 (Sprague's No.6 motor)
"The early history of the DC traction motor," www.railway-technical.com

7-1 타려식/분권 직류전동기

타려식 직류전동기는 계자에 별도 전원을 사용하므로 자속이 전동기의 운전상태에 상관 없이 일정하게 유지된다. 분권 직류전동기는 전기자에 가해지는 전원을 계자가 함께 사용한다는 차이가 있을 뿐, 전원전압이 일정하게 유지되는 한 타려식과 마찬가지로 자속이 일정하므로 전동기 동작에서 타려식과 분권을 구분하는 것은 의미가 없다. 단 인가전압을 변경시킬 때는 둘 사이에 차이가 나타나는데, 이에 관해서는 7-5절의 속도제어에서 따로 살펴보기로 한다.

속도-토크 특성

그림 7-1은 분권 직류전동기의 등가회로이다. 6장의 분권 직류발전기 등가회로와 동일하지만 전류의 양의 방향이 유기기전력의 양의 방향에 반대로 설정되어 있음을 볼 수 있다. R_f는 계자권선의 자체 저항과 계자에 직렬로 삽입되는 가변 계자저항기 저항의 합을 나타내고 전기자저항 R_a는 보극과 보상권선의 저항을 포함한다.

전동기에 V_T의 전압이 가해지면 계자전류 I_f와 전기자전류 I_a가 흐르고 이들의 합이 전동기 입력전류 I_L이 된다. 계자전류에 의해 만들어진 자기장 안에서 전기자에 전류가 흐르면 토크가 유기되고, 토크의 방향으로 전기자가 회전하면 전류의 반대 방향으로 기전력이 유기된다. 정상상태에서 이 전기자 유기기전력 E_a는 인가전압 V_T와 아래 식으로 표현되는 전기적 평형을 이룬다.

$$V_T = E_a + I_a R_a \tag{7-1}$$

위의 식은 주어진 전원전압 V_T에서 전동기의 전기적 변수 E_a와 I_a 사이의 관계를 나타내고 있다. 기계적 변수인 속도 ω와 유기토크 T_e는 이들 전기적 변수 E_a, I_a와 각각 아래의 관계를 갖는다.

$$E_a = k\phi\omega \tag{7-2}$$

$$T_e = k\phi I_a \tag{7-3}$$

이를 적용하여 전기적 변수들 사이의 관계인 식 (7-1)을 기계적 변수들 사이의 관계로 바꾸면

$$V_T = k\phi\omega + \frac{T_e}{k\phi} R_a$$

이고 이를 속도에 대해서 쓰면 아래와 같이 분권전동기의 속도와 토크 사이의 함수관계, 즉 **속도**

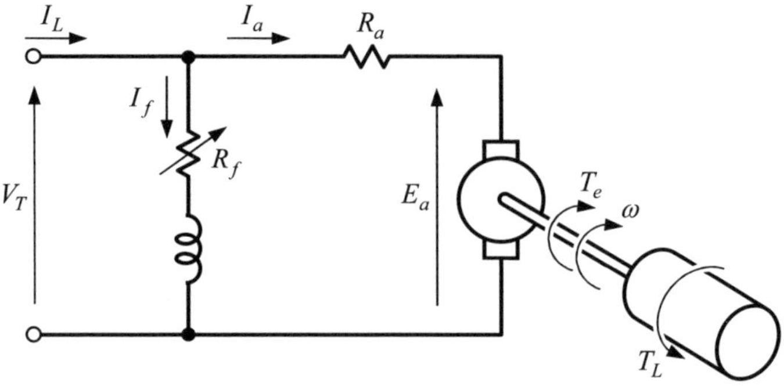

그림 7-1
분권 직류전동기의 등가회로

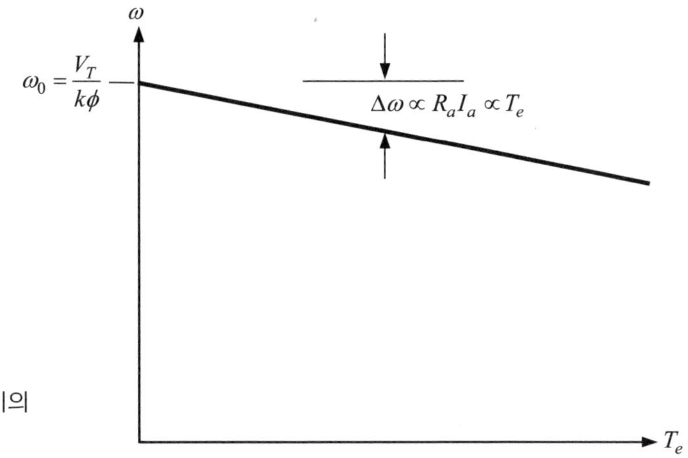

그림 7-2
타려식/분권 직류전동기의
속도-토크특성

-토크특성의 표현식이 얻어진다.

$$\omega = \frac{V_T}{k\phi} - \frac{R_a}{(k\phi)^2} T_e \tag{7-4}$$

그림 7-2는 이를 그래프로 나타낸 것이다. 4-6절에서 언급하였듯이 전동기의 속도-토크특성은 주어진 전기적 평형조건(식 (7-1))과 전동기 자체의 특성(식 (7-2)와 (7-3))을 만족하는 속도와 토크의 모든 조합을 나타낸다. 여기에 전동기의 회전 반대 방향으로 작용하는 부하토크와 기계적 평형 ($T_e = T_L$)이 만족되는 속도에서 동작이 이루어진다.

식 (7-4)의 첫 항은 부하토크가 0인 무부하상태에서의 속도, 즉 무부하속도에 해당한다. 즉

$$\omega_0 = \frac{V_T}{k\phi} \tag{7-5}$$

토크가 0일 때 식 (7-3)에서 전기자전류도 0이므로 이 무부하속도는 전기자에 전원전압과 같은 기전력이 유기되어($E_a = k\phi\omega = V_T$) 전기적 평형이 이루어지는 속도이다. 여기에 부하가 가해지면 회전에 저항하는 부하 때문에 속도가 떨어지고, 속도가 떨어지면 그에 비례해서 식 (7-2)의 유기기전력이 줄어든다. 따라서 전원전압과 유기기전력의 차이에 의해 전류가 흐르게 되고, 전류에 의해 식 (7-3)의 토크가 유기된다. 이 토크가 부하토크에 미치지 못하면 속도가 더 떨어지고, 유기기전력이 더 줄어들면서 전류가 커지고 토크도 더 커진다. 최종적으로 유기토크가 부하토크와 같아지는 기계적 평형상태에 이르면 일정한 전류와 속도를 유지하면서 회전하게 된다.

부하가 가해졌을 때 속도의 하락($\Delta\omega$)은 그림 7-2에나타내고 있듯이 토크에 비례한다. 식 (7-4)의 두번째 항이 이에 해당한다. 식 (7-3)에서 전류가 토크에 비례하고 이 전류에 의해 전기자에서 일어나는 전압강하 $R_a I_a$ 만큼 유기기전력 E_a가 하락하는데, 그에 비례해서 속도도 하락하기 때문이다. 이때 R_a가 클수록 같은 전류(같은 토크)에서 더 큰 전압강하가 일어나므로 E_a의 하락이 더 크고, 따라서 속도하락도 크다. 이는 식 (7-4)에서 T_e 항의 계수(그림 7-2의 기울기)가 $R_a / (k\phi)^2$ 인 데에서 알 수 있다. 즉 R_a가 큰 전동기일수록 부하가 걸렸을 때 속도하락이 크고, 역으로 R_a가 작으면 속도 하락이 작은, 보다 강인한 특성을 지니게 된다.

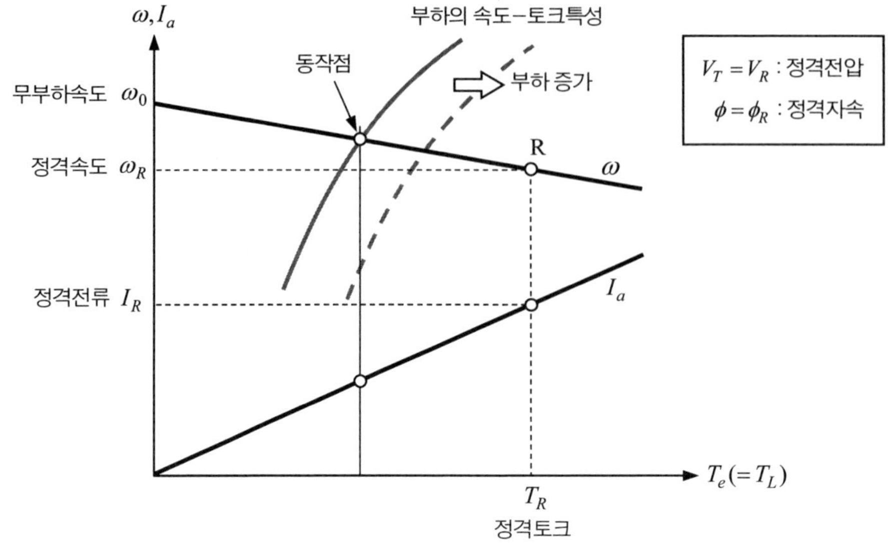

그림 7-3 분권 직류전동기의 정격운전점

정격운전점과 속도변동률

그림 7-3은 속도-토크특성과 함께 전기자전류와 토크 사이의 관계를 보여주고 있다. 전동기에 정격전압 V_R이 가해지고, 자속도 정격자속 ϕ_R인 것으로 한다. 전동기에 가해진 부하의 속도-토크특성이 흐린 곡선과 같이 주어졌다고 할 때 이 곡선과 전동기의 속도-토크특성이 교차하는 기계적 평형점에서 동작이 이루어지고, 동작점의 토크에 대응하는 전류가 흐른다. 부하가 증가하면 이 동작점이 오른편으로 이동하면서 속도가 떨어지고 전류는 증가한다. 이 전류가 정격전류 I_R에 도달한 지점 R이 전동기의 정격동작점이고 이때의 토크가 **정격토크**, 그리고 이때의 속도가 **정격속도**이다. 동작점이 이 지점을 넘어가면 전기자에 정격전류보다 큰 전류가 흐르는 과부하상태가 된다.

전동기에 부하를 가했을 때 속도가 얼마나 변동하게 되는지를 나타내기 위해 이 정격운전상태를 기준으로 하여 아래와 같이 정의되는 **속도변동률**(speed regulation)이 사용된다.

$$\varepsilon = \frac{n_0 - n_R}{n_R} = \frac{\omega_0 - \omega_R}{\omega_R} \tag{7-6}$$

여기서 n_0는 무부하속도, n_R은 정격부하일 때의 속도이다. 전기자에 정격전류가 흐를 때 전기자저항에서 일어나는 전압강하는 정격전압의 수 % 정도이다. 이는 정격부하에서 유기기전력이 무부하일 때에 비해 수 % 하락한다는 뜻이므로 유기기전력에 비례하는 속도 역시 수 % 의 변동률을 갖게 된다. 따라서 분권전동기는 전 부하 범위 내에서 대체로 일정한 속도를 유지하는 특성을 보인다.

계자자속의 영향

직류전동기의 속도는 자속에 크게 영향을 받는다. 식 (7-5)에서 보듯이 무부하속도는 자속 ϕ에 반비례한다. 자속이 줄어들면 속도가 상승하는데, 그만큼 더 빨리 회전해야 유기기전력이 인가전압에 전기적 평형을 이룰 수 있기 때문이다. 한편 부하가 걸린 상태에서는 자속이 줄어들면 같은 토크를 내기 위해 더 큰 전류가 흘러야 하므로 전기자 전압강하가 커지고, 더 낮은 유기기전력에서 전기적 평형이 이루어지므로 속도하락이 더 크게 나타난다. 즉 자속의 감소는 속도를 상승시키는 효과와 하락시키는 효과를 동시에 지니며, 그림 7-2의 속도-토크특성곡선이 무부하속도 (V_T / ($k\phi$)) 상승으로 전체적으로 위로 올라가면서 그 기울기(R_a / $(k\phi)^2$)가 커지는 모습으로 나타난다. 이는 자속을 줄이면 속도가 높아지긴 하지만 부하에 속도가 더 크게 영향을 받는(속도변동률이 커지는), 상대적으로 허약한 상태가 됨을 뜻한다. 반대로 자속을 키우면 속도는 낮아지지만 부하 변동에 영향을 덜 받는(속도변동률이 작아지는), 상대적으로 강인한 특성을 보이게 된다. 일반적으로 정격부하 범위 내에서는 무부하속도가 높아지는 효과가 속도하락이 커지는 효과보다 크기 때문에 **자속이 줄어들면 속도가 상승한다.**

만일 자속이 0에 접근하면 어떻게 될까? 식 (7-4)에서 분모의 ϕ가 0이 된다면 속도는 무한대가 되는 것을 알 수 있다. 이런 상황은 운전 중 계자회로가 단선되거나 했을 때 실제로 일어날 수 있다. 전기자에 전압이 인가된 상태에서 운전 중 어떤 원인에 의해 계자전류가 끊어지면 속도가 급격히 상승하여 베어링이 파손되거나 과도한 원심력으로 회전자도체가 이탈되는 등 심각한 손상이 일어나게 된다. 따라서 어떠한 경우에도 **직류전동기의 운전 중 계자회로가 개방되는 일이 없도록 해야 한다.** 이러한 이유로 직류전동기의 계자회로에는 퓨즈를 설치하지 않으며, 계자전류가 끊어지면 전기자에 가해지는 전원도 자동 차단되도록 보호장치가 부가되어야 한다.

전기자반작용의 영향

계자전류를 조정해주지 않더라도 운전상태에 따라 자속의 변화가 일어날 수 있다. 그림 7-4의 실선은 그림 7-3을 다시 그린 것으로, 자속이 운전상태에 상관 없이 일정할 때의 특성을 나타낸다. 그러나 보상권선을 지니지 않은 경우, 전기자전류가 커지면 전기자반작용으로 유효자속이 줄어든다(감자효과). 자속의 감소는 속도를 올리는 쪽으로 작용하므로 속도-토크 특성이 점선과 같이 부하 증가에 따라 위로 꼬부라지는 현상이 나타난다. 이는 속도변동률이 줄어든다는 측면에서 긍정적인 효과로 볼 수도 있다. 그러나 자속이 줄어들면 같은 토크를 유기하기 위해 더 큰 전류가 흘러야 하므로 전류-토크 특성 역시 점선으로 나타낸 것과 같이 더 커지고, 그 결과 전기자반작용이 없을 때보다 더

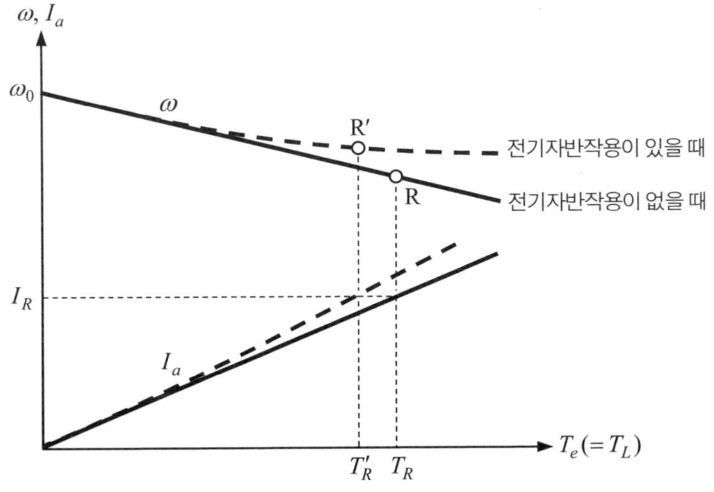

그림 7-4 분권 직류전동기에서 전기자반작용의 영향

작은 부하토크(T_R')에서 정격전류에 도달하게 된다. 따라서 정격전류가 흐르는 운전점이 R이 아닌 R′가 된다. 요컨대 전기자반작용이 있으면 전동기가 감당할 수 있는 최대 부하토크가 줄어든다.

나아가 전기자반작용은 경우에 따라 심각한 문제를 일으킬 수도 있다. 자속을 작게 조정한 상태에서 전기자반작용이 일어나면 감자효과의 비중이 상대적으로 크게 작용하여 속도가 현저히 상승할 수 있다. 대부분의 부하는 속도가 올라가면 더 큰 토크를 요구하고 이에 따라 전류가 증가하는데, 전류 증가로 전기자반작용이 커지면 자속이 더 줄어들고, 그 결과 속도가 더 상승하는 악순환으로 전동기가 폭주상태에 이르게 될 수 있다. 이에 대한 보완책으로 분권계자에 추가하여 전기자에 직렬로 연결된 코일을 수 회 감아줌으로써 부하가 증가할 때 전기자반작용으로 인한 자속 감소분을 보충해 주는 방법이 사용되기도 한다. 이를 안정화권선(stabilizing winding)이라 한다. 뒤에서 설명하는 복권전동기의 직권계자와 본질적으로 같은 것이긴 하지만 분권전동기의 안정화권선은 단지 전기자 반작용의 효과를 상쇄하기 위한 소극적 역할에 그친다는 차이가 있다.

예제 7-1

50마력 250 V, 1,200 rpm 정격의 직류 분권전동기가 있다. 전기자저항은 0.06 Ω, 계자저항은 50 Ω이다. 이 전동기의 무부하속도는 1,200 rpm이다. 전동기에 정격전압을 가한 상태에서 입력전류가 100 A일 때의 속도와 토크는 얼마인가? 브러시의 전압강하와 전기자반작용은 고려하지 않는다.

전동기 입력전류 100 A일 때 역기전력을 계산하면

$$I_a = I_L - I_f = 100 - \frac{250}{50} = 95 \text{ A}$$

$$E_a = V_T - R_a I_a = 250 - 0.06 \times 95 = 244.3 \text{ V}$$

역기전력을 알면 식 (7-2)의 역기전력과 속도 사이의 관계로부터 속도를 구할 수 있다. 여기서 $k\phi$의 값은 무부하속도가 1,200 rpm이라는 조건으로부터 식 (7-6)에서 구할 수 있다.

$$k\phi = \frac{V_T}{\omega_0} = \frac{250}{1,200 \times (2\pi / 60)} = 1.99 \text{ V-sec}$$

따라서 식 (7-2)와 (7-3)으로부터

$$\omega = \frac{E_a}{k\phi} = \frac{244.3}{1.99} = 122.8 \text{ rad/sec} = 1,173 \text{ rpm}$$

$$T_e = k\phi I_a = 1.99 \times 95 = 189 \text{ N-m}$$

한편 속도와 역기전력 사이의 비례관계를 적용하면 아래와 같이 $k\phi$를 계산하지 않고 더 간단히 속도를 계산할 수 있다. 무부하상태에서는 역기전력이 전원전압과 같으므로

$$\frac{n}{n_0} = \frac{E_a}{V_T}$$

$$n = \frac{E_a}{V_T} n_0 = \frac{244.3}{250} \times 1,200 = 1,173 \text{ rpm}$$

토크 역시 $k\phi$의 계산 없이 전기기계적 에너지변환의 등식을 적용하여 구할 수 있다.

$$E_a I_a = T_e \omega$$

$$T_e = \frac{E_a I_a}{\omega} = \frac{244.3 \times 95}{1,173 \times 2\pi / 60} = 189 \text{ N-m}$$

예제 7-2

보상권선을 가진 220 V 정격의 타려식 전동기가 부하를 구동하는 중 입력전류와 속도를 측정하였더니 20 A가 흐를 때는 1,120 rpm, 30 A가 흐를 때는 1,090 rpm이었다. (a) 전동기의 무부하속도는 얼마인가? (b) 두 측정점에서 토크는 각각 얼마인가? (c) 전기자회로의 저항은 얼마인가?

(a) 전동기의 속도 하락이 부하토크에 비례하고 토크와 전기자전류가 비례하므로 속도 하락은 전기자전류에 비례한다. 타려식이므로 입력전류가 곧 전기자전류이다. 전기자전류가 20 A에서 30 A로 10 A 증가할 때 속도 하락이 30 rpm이므로 무부하에서 20 A까지의 속도 하락은 60 rpm이다. 따라서 무부하속도는 1,120 rpm에 60 rpm을 더한 1,180 rpm이다.

좀 더 일반적인 방법으로, 20 A일 때를 첨자 1, 30 A일 때를 첨자 2, 무부하상태를 첨자 0으로 나타내고 무부하속도를 n_0라 하면 두 측정점에서 속도와 전류 사이의 관계를

$$n_1 = n_0 - cI_{a1}$$

$$n_2 = n_0 - cI_{a2}$$

로 쓸 수 있다. 여기서 c는 전류에 대한 속도 하락의 비례상수이다. c와 n_0를 미지수로 하고 두 식을 풀면 무부하속도를 구할 수 있다. 결과는 직접 확인해보도록 하라.

(b) 무부하상태에서 $E_a = k\phi\omega_0 = V_T$ 이므로

$$k\phi = \frac{V_T}{\omega_0} = \frac{220}{1{,}180 \times 2\pi / 60} = 1.78 \text{ V-sec}$$

$$T_{e1} = k\phi I_{a1} = 1.78 \times 20 = 35.6 \text{ N-m}$$

$$T_{e2} = k\phi I_{a2} = 1.78 \times 30 = 53.4 \text{ N-m}$$

(c) 전기자저항은 전기자에 전류가 흐를 때 인가전압과 역기전력 사이의 차이에 해당하는 전압강하로부터 구할 수 있다. 20 A, 1,120 rpm 에서

$$E_a = k\phi\omega_1 = 1.78 \times 1{,}120 \times \frac{2\pi}{60} = 208.8 \text{ V}$$

$$R_a = \frac{V_T - E_a}{I_a} = \frac{220 - 208.8}{20} = 0.56\ \Omega$$

예제 7-3

정격전압 240 V 정격속도 2,400 rpm 인 분권전동기의 전기자저항이 0.4 Ω, 계자저항이 160 Ω이다. 무부하상태에서 전류가 3.5 A이고 전부하상태에서 정격속도로 회전할 때 입력전류는 24 A이다. 다음을 구하라. (a) 전부하상태 효율 (b) 전부하상태 유기토크와 출력토크 (c) 무부하속도 (d) 속도변동률

먼저 무부하상태와 전부하상태의 관련변수들을 계산한다. 무부하상태의 값은 첨자 0을, 전부하상태의 값은 첨자 1로 구분한다. 무부하상태에서

계자전류: $I_f = \frac{V_T}{R_f} = \frac{240}{160} = 1.5 \text{ A}$

전기자전류: $I_{a0} = I_{L0} - I_f = 3.5 - 1.5 = 2 \text{ A}$

역기전력: $E_{a0} = V_T - R_a I_{a0} = 240 - 0.4 \times 2 = 239.2 \text{ V}$

기계적 변환동력: $P_{em0} = E_{a0} I_{a0} = 239.2 \times 2 = 478.4 \text{ W}$

무부하상태에서 변환동력은 회전에서 소비되는 전동기의 자체 기계적 손실에 해당한다. 분권전동기의 속도는 무부하에서 전부하까지 크게 변동하지 않으므로 전부하상태에서도 같은 기계적 손실을 갖는것으로 가정한다. 전부하상태에서

입력전력: $P_{in1} = V_T I_{L1} = 240 \times 24 = 5,760$ W

전기자전류: $I_{a1} = I_{L1} - I_f = 24 - 1.5 = 22.5$ A

역기전력: $E_{a1} = V_T - R_a I_{a1} = 240 - 0.4 \times 22.5 = 231$ V

기계적 변환동력: $P_{em1} = E_{a1} I_{a1} = 231 \times 22.5 = 5,198$ W

전동기 출력: $P_{out1} = P_{em1} - P_{em0} = 5,198 - 478.4 = 4,720$ W

(a) 이상에서 전부하상태 전동기 효율은

$$\eta = \frac{P_{out1}}{P_{in1}} = \frac{4,720}{5,760} = 81.9\ \%$$

(b) 전기자에서 유기되는 토크는 기계적 변환동력으로부터 계산되며 부하로 전달되는 출력토크(축토크)는 전동기의 출력으로부터 계산된다.

$$T_{e1} = \frac{P_{em1}}{\omega_1} = \frac{5,198}{2,400 \times 2\pi / 60} = 20.7\ \text{N-m}$$

$$T_{shaft1} = \frac{P_{out1}}{\omega_1} = \frac{4,720}{2,400 \times 2\pi / 60} = 18.8\ \text{N-m}$$

(c) 무부하상태와 전부하상태의 속도와 역기전력 사이의 비례관계로부터

$$n_0 = \frac{E_{a0}}{E_{a1}} n_1 = \frac{239.2}{231} \times 2,400 = 2,485\ \text{rpm}$$

(d) $$\varepsilon = \frac{2,485 - 2,400}{2,400} = 3.54\ \%$$

7-2 직권 직류전동기

직권 직류전동기는 그림 7-5에 보인 것과 같이 계자가 전기자에 직렬로 접속되어 있다. 따라서 전원전류가 곧 계자전류이고 계자전류가 곧 전기자전류이다. 분권 및 타려식 전동기에서는 부하의 변화에 따라 전기자전류가 변하더라도 일정한 자속을 유지하는 반면 직권전동기는 부하가 증가하면 더 큰 자속이 가해지도록 한 것으로, 분권전동기와 전혀 다른 특성을 보이게 된다.

속도-토크특성

그림 7-5에서 전기자 저항과 직권계자저항의 합을 R_{as}라 하면 전압평형식은

$$V_T = E_a + I_a R_{as} \tag{7-7}$$

계자의 결선방식에 무관하게 아래 두 식은 여전히 성립한다.

$$E_a = k\phi\omega \tag{7-8}$$

$$T_e = k\phi I_a \tag{7-9}$$

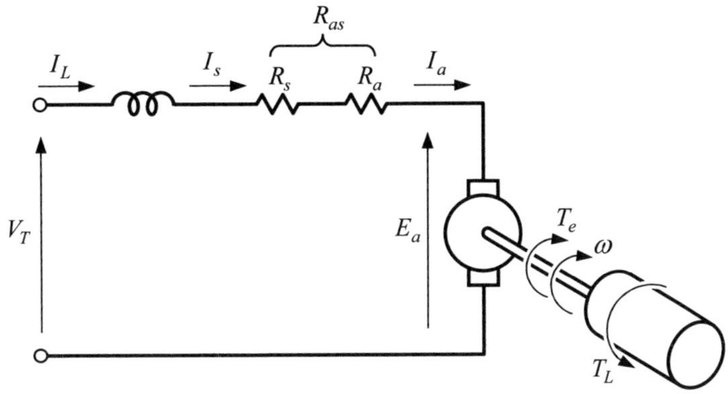

그림 7-5
직권 직류전동기의 등가회로

분권에서와 마찬가지로 식 (7-7)의 전기적 변수들을 식 (7-8)과 (7-9)를 이용하여 기계적 변수로 치환하면 속도-토크 특성의 표현식을 얻을 수 있다. 단 여기서는 자속 ϕ 역시 전기자전류의 함수라는 차이가 있다. 자속이 아래와 같이 전기자전류에 비례하는 것으로 가정하면

$$\phi = cI_a \tag{7-10}$$

식 (7-8)과 (7-9)는 다음과 같이 표현된다.

$$E_a = kc\omega I_a \tag{7-11}$$

$$T_e = kcI_a^2 \tag{7-12}$$

식 (7-12)로부터 전기자전류가 아래와 같이 토크의 함수로 표현된다.

$$I_a = \frac{\sqrt{T_e}}{\sqrt{kc}} \tag{7-13}$$

식 (7-11)의 유기기전력은 분권전동기처럼 속도만에 의해 결정되는 것이 아니라 전류, 즉 그때의 토크에 따라서도 달라진다. 식 (7-13)을 적용하면

$$E_a = \sqrt{kc}\,\omega\sqrt{T_e} \tag{7-14}$$

식 (7-13)과 (7-14)를 식 (7-7)에 대입함으로써 아래와 같은 속도-토크 관계식이 얻어진다.

$$\omega = \frac{V_T}{\sqrt{kc}}\frac{1}{\sqrt{T_e}} - \frac{R_{as}}{kc} \tag{7-15}$$

그림 7-6은 식 (7-15)로 표현되는 직권전동기의 속도-토크특성이다. 토크의 증가에 따라 속도가 급격하게 떨어지는 것을 볼 수 있는데, 이는 부하토크가 커져 전류가 상승하면 자속이 커지기 때문이다. 예를 들어 부하토크가 2배가 되면 식 (7-13)에서 전류는 $\sqrt{2}$ 가 된다. 따라서 자속도 $\sqrt{2}$ 배가 되므로 R_{as}의 전압강하를 무시한다면 속도가 그에 반비례하여 $1/\sqrt{2}$ 이 될 것이다. 식 (7-15)의 첫 항은 이러한 토크와 속도 사이의 상관관계를 보여주고 있다. 두번째 항은 R_{as} 에서 일어나는 전압강하 때문에 속도가 더 떨어지는 효과를 나타낸다. 이 효과가 어느 정도의 영향을 미치는지 보기 위해 위 식을 속도와 전류 사이의 관계로 고쳐 쓰면

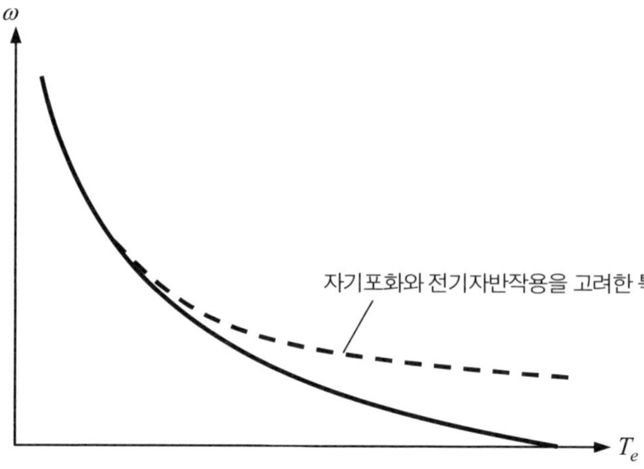

그림 7-6
직권 직류전동기의 속도-토크특성

$$\omega = \frac{V_T}{kc}\frac{1}{I_a} - \frac{R_{as}}{kc} = \frac{1}{kc}\left(\frac{V_T}{I_a} - R_{as}\right) \tag{7-16}$$

정격전류 이내 범위에서는 $V_T >> R_{as}I_a$ 이므로 뒤 항의 영향이 작다. 따라서

$$\omega \approx \frac{1}{kc}\frac{V_T}{I_a} \tag{7-17}$$

이로부터 직권전동기의 속도는 대략 전기자전류에, 또는 토크의 제곱근에 반비례한다.

이상은 식 (7-10)의 자속과 전류 사이 일정한 비례관계를 가정한 것이다. 실제로는 전류가 어느 이상으로 상승하여 계자가 자기포화 영역에 들어서면 자속이 더 이상 전류에 비례하지 않고 거의 일정해지므로 속도의 하락추세가 완만해지며, 자속이 일정한 분권전동기와 비슷한 특성을 보이게 된다. 그 결과 속도-토크 특성이 그림 7-6에 점선으로 그려진 것과 같이 나타난다. 전기자 반작용에 의한 감자작용 역시 자속의 증가를 상쇄하는 효과로 유사한 영향을 미친다.

직권전동기의 특성

직권전동기는 부하 변동에 따른 속도 변화가 크다. 부하가 증가하면 자속도 커져 속도를 더 낮추는 쪽으로 작용하고, 부하가 감소하면 자속도 줄어들어 속도를 더 높이는 쪽으로 작용하기 때문이다. 나아가 무부하상태에 근접하면 그림 7-6과 식 (7-15)에서 알 수 있듯이 속도가 무한대로 상승한다. 전류가 0에 접근하면서 자속도 0에 가까워져 분권전동기에서 계자전류가 끊어졌을 때와 마찬가지 상태에 놓이기 때문이다. 즉 직권전동기에서 무부하상태란 곧 무여자상태를 뜻하며, 달리 제지되지 않는 한 속도가 무제한 상승한다. 실제로는 전동기 자체의 기계적 손실 때문에 완전한 무부하상태가 되는 것은 아니지만 원심력으로 기계가 파손될 정도의 속도까지는 충분히 도달할 수 있다. 따라서 **직권전동기는 절대로 무부하상태로 운전하지 않도록 하여야 한다.** 혹은 무부하상태가 될 가능성이 있는, 예컨대 풀리나 체인 등으로 연결되어 부하의 결합이 풀릴 가능성이 있는 곳은 피해야 한다. 직권전동기는 직결축이나 기어를 통해 항상 부하와 단단히 체결되어 있는 용도에만 적용된다. 그래도 불가피 무부하상태에 놓이게 되는 경우 전동기 전원을 차단해야 하는데, 분권이나 복권은 계자가 끊어져 자속이 줄어들면 역기전력이 하락하면서 전기자전류가 급증하므로 퓨즈나 과전류차단기로 보호될 수 있는 반면 직권전동기의 무여자상태란 전류가 0에 가까운 상태이기 때문에 차단기로는 대처할 수 없다. 따라서 폭주에 대한 대비로 속도가 어느 이상을 넘어가면 (통상 정격속도의 150 %정도) 원심력으로 접속이 끊어지는 원심스위치를 사용한다.

직권전동기의 또 다른 중요한 특징은 식 (7-12)에서 보듯 **토크가 전류의 제곱에 비례한다**는 점이다. 이는 두 가지 상반된 측면을 갖는다. 같은 정격의 분권전동기와 비교했을 때 부하토크가 정격의 1/2로 줄었다면 분권의 경우 전기자전류도 1/2로 줄어드는 반면 직권은 $1/\sqrt{2}$ 로서 분권보다 크고, 따라서 동손이 더 크다. 이는 정격부하 이내에서 직권전동기의 효율이 상대적으로 떨어짐을 뜻한다. 반면에 부하토크가 정격토크의 2배로 커졌다면 분권의 경우 전기자전류도 2배로 증가하지만 직권은 $\sqrt{2}$ 배가 된다. 이는 과부하에서 직권전동기가 과열의 위험이 상대적으로 낮음을 뜻한다. 한편 전동기가 역기전력이 0인 정지상태에서 기동할 때는 정격보다 훨씬 큰 전류가 흐르는데, 같은 기동전류에서 분권전동기보다 직권전동기가 훨씬 큰 토크를 발생하므로 효과적인 기동이 이루어질 수 있다. 예컨대 기동전류가 정격전류의 2배라면 분권전동기는 정격의 2배, 직권전동기는 4배의 토크를 출력한다. 물론 큰 전류가 흐를 때는 자기포화 때문에 토크가 전류의 제곱에 그대로 비례하진 않지만 분권보다는 훨씬 큰 토크가 유기되어 빠른 가속이 이루어진다. 요컨대 직권전동기는 정격부하 이내에서 분권에 비해 효율이 떨어지는 반면 과부하를 견디는 능력과 기동 측면에서 유리하다.

예제 7-4

220 V, 전부하전류 20 A인 직권전동기가 전부하상태에서 700 rpm으로 회전하고 있다. 전기자저항 및 계자저항의 합이 0.5 Ω이고 자기포화는 없는 것으로 가정한다. (a) 부하토크가 44 % 증가했을 때의 속도는 얼마인가? (b) 전류가 10 A로 줄어들었을 때의 속도는 얼마인가?

(a) 부하토크 증가 전과 후를 첨자 1과 2로 구분한다. 직권전동기의 토크가 전류의 제곱에 비례하므로 부하토크가 1.44배가 되었을 때 전류는 $\sqrt{1.44} = 1.2$ 배로 증가한다. 이때의 역기전력을 구하면

$$I_{a2} = 1.2 \times I_{a1} = 1.2 \times 20 = 24 \text{ A}$$

$$E_{a2} = V_T - R_{as} I_{a2} = 220 - 0.5 \times 24 = 208 \text{ V}$$

한편 이전 상태의 역기전력은

$$E_{a1} = V_T - R_{as} I_{a1} = 220 - 0.5 \times 20 = 210 \text{ V}$$

역기전력 사이의 비례관계로부터

$$\frac{E_{a2}}{E_{a1}} = \frac{k\phi_2\omega_2}{k\phi_1\omega_1} = \frac{I_{a2}\omega_2}{I_{a1}\omega_1} = \frac{I_{a2}}{I_{a1}}\frac{n_2}{n_1}$$

$$n_2 = \frac{I_{a1}}{I_{a2}}\frac{E_{a2}}{E_{a1}} n_1 = \frac{1}{1.2}\frac{208}{210} \times 700 = 578 \text{ rpm}$$

(b) 위에서와 마찬가지로

$$E_{a3} = V_T - R_{as} I_{a3} = 220 - 0.5 \times 10 = 215 \text{ V}$$

$$\frac{E_{a3}}{E_{a1}} = \frac{I_{a3}}{I_{a1}}\frac{n_3}{n_1}$$

$$n_3 = \frac{I_{a1}}{I_{a3}}\frac{E_{a3}}{E_{a1}} n_1 = \frac{20}{10}\frac{215}{210} \times 700 = 1{,}433 \text{ rpm}$$

예제 7-5

10마력, 220 V 직권전동기의 1,200 rpm에서의 자화특성곡선이 그림 7-7과 같다. 전기자저항은 0.52 Ω, 직권계자저항은 0.35 Ω이다. 1,200 rpm에서 정격부하로 운전하고 있을 때 기계적 손실이 890 W라면 이때의 (a) 전기자전류 (b) 효율 (c) 자극당 계자권선의 턴수를 구하라. (d) 부하가 줄어들어 전기자전류가 20 A가 되었을 때의 속도와 토크를 구하라.

(a) 전기자전류를 구하기 위해 먼저 전기기계적 변환전력을 구하면

$$P_{em} = P_{out} + P_{fw} = 7,460 + 890 = 8,350 \text{ W}$$

이때 전류는 전력평형식 $V_T I_a = R_{as} I_a^2 + P_{em}$ 로부터 구할 수 있다. $R_{as} = 0.87\ \Omega$ 이므로

$$220 I_a = 0.87 I_a^2 + 8,350$$

$$I_a = 206.4 \text{ A}, 46.5 \text{ A}$$

206.4 A는 R_{as}에서의 전압강하가 $R_{as} I_a = 0.87 \times 206.4 = 179.5$ V로 전원전압에 근접하는 비현실적인 값이다. 따라서 46.5 A가 합당한 전기자전류가 된다.

(b)

$$P_{in} = V_T I_a = 220 \times 46.5 = 10,232 \text{ W}$$

$$\eta = \frac{P_{out}}{P_{in}} = \frac{7,460}{10,232} = 72.9\ \%$$

(c) 주어진 자화특성곡선에서 유기기전력을 알면 기자력을 알 수 있고 기자력은 전류에 턴수를 곱한 값이므로 턴수를 계산할 수 있다.

$$E_a = V_T - R_{as} I_a = 220 - 0.87 \times 46.5 = 179.5 \text{ V}$$

이 유기기전력에 해당하는 기자력은 약 185 A-t 이다. 따라서 직권계자의 턴수는

$$N = \Im / I_a = 185 / 46.5 = 3.98 \approx 4$$

(d) 4턴의 자극에서 제공하는 기자력은 $4 \times 20 = 80$ A-t 이다. .그래프에서 80 A-t 에 대한 1,200 rpm일 때의 유기기전력이 약 100 V이므로

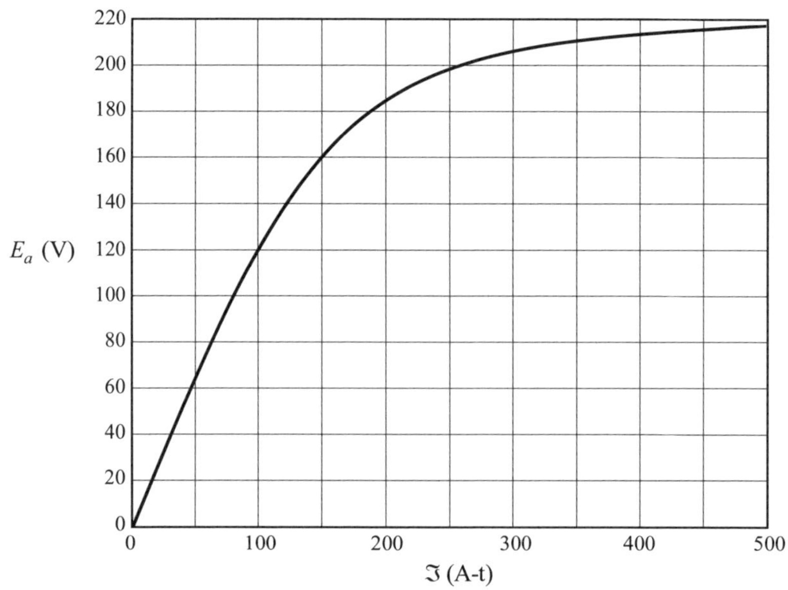

그림 7-7

$$E_a = 220 - 0.87 \times 20 = 202.6 \text{ V}$$

$$n = \frac{202.6}{100} \times 1,200 = 2,431 \text{ rpm}$$

토크는 에너지변환 등식으로부터

$$T_e = \frac{E_a I_a}{\omega} = \frac{202.6 \times 20}{2,431 \times 2\pi / 60} = 15.9 \text{ N-m}$$

7-3 복권 직류전동기

그림 7-8에 보인 복권 직류전동기는 분권과 직권 계자권선을 모두 가지고 있다. 두 계자권선의 접속 방식에 따라 외분권과 내분권이 있다. 외분권은 분권계자 전류가 전동기의 부하상태에 영향을 받지 않는 반면 내분권은 직권계자의 전압강하 때문에 분권계자전류가 다소 줄어든다. 그러나 그다지 큰 차이는 없다. 전동기에서는 외분권을 표준으로 하고 있다.

복권전동기의 특성은 직권계자 자속이 분권계자 자속에 더해지는 방향인지 반대 방향인지에 따라 큰 차이를 보인다. 자속이 더해지는 가동복권은 부하토크가 증가할 때 속도하락이 분권보다 더 크다. 무부하상태라도 자속이 0으로 되지 않기 때문에 직권처럼 폭주하지 않는다. 결과적으로 분권과 직권의 절충된 특성을 지닌다. 그림 7-9는 가동복권전동기의 속도-토크특성을 같은 정격 운전점을 갖는 분권 및 직권과 비교해서 보여주고 있다. 한편 정격전류보다 큰 전류에서 복권은 분권계자만 있을 때보다 직권계자 자속이 추가되어 자속이 더 커지지만 모든 자속이 직권계자에서 만들어지는 직권전동기만큼 커지진 않는다. 따라서 기동시 토크가 분권보다 크고 직권보다는 작다.

차동복권전동기는 부하가 커지면 자속이 줄어든다. 자속이 줄어들면 속도가 높아지므로 속도-토크특성곡선이 부하토크 증가에 따라 상승하는 형태로 나타난다. 이러한 경우 어떤 부하에서 기계적 평형을 이루면서 운전되고 있을 때 부하가 증가하여 속도가 상승하게 되면 속도 상승으로 출력이 증가함에 따라 전류가 커지고, 전류의 증가는 자속을 감소시켜 속도의 추가 상승으로 이어지므로 전동기가 폭주하는 결과를 낳게 된다. 이러한 불안정한 특성 때문에 일반적으로 차동복권전동기는 사용되지 않는다. 단 분권에 약한 차동 직권권선을 추가하여 부하전류 증가로 인한 속도 저하를 상쇄할 수 있을 정도로만 자속이 줄어들게 하면 그림 7-9의 점선과 같이 정격부하 범위 내에서 거의 일정한 속도-토크특성을 갖게 할 수 있으며, 부하에 무관하게 일정 속도가 필요한 용도에 적용할 수 있다. 그

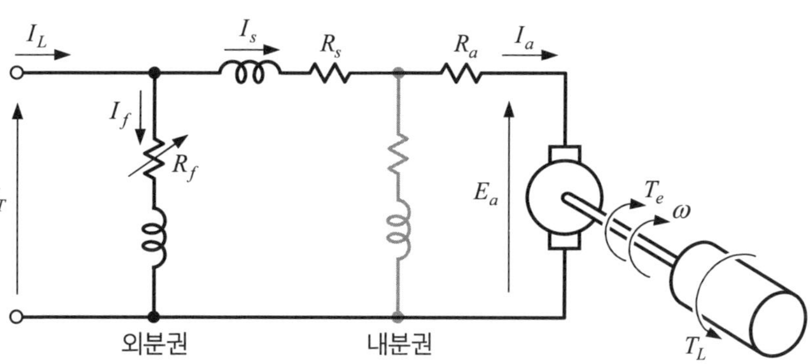

그림 7-8
복권 직류전동기의 등가회로

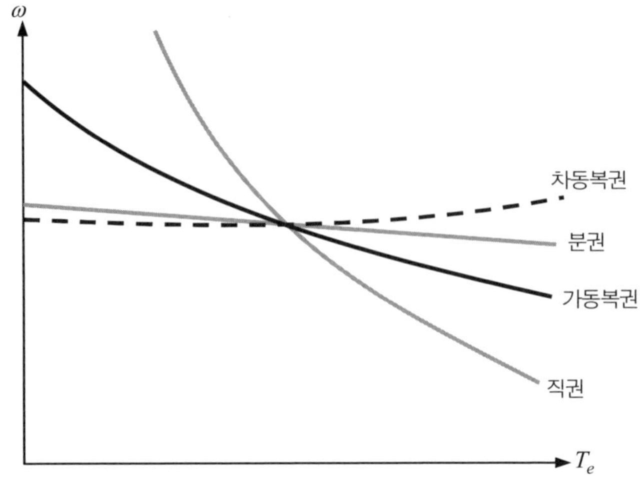

그림 7-9
복권전동기의 속도–토크특성

러나 이 경우에도 과부하영역에 들어서면 결국 속도-토크특성이 상승하게 될 수밖에 없으므로 과부하차단이 확실하게 작동하도록 해야 한다.

한편 복권 직류기가 전동기로 사용될 때와 발전기로 사용될 때 가동복권과 차동복권의 구분이 뒤바뀐다는 사실에 주의할 필요가 있다. 분권계자 전류는 전동기일 때나 발전기일 때나 같은 방향이지만 직권계자 전류는 전동기일 때와 발전기일 때 반대 방향이므로 자속도 반대 방향으로 만들어진다. 따라서 **가동복권 발전기가 전동기로 동작할 때는 차동복권이 되고 차동복권 발전기가 전동기로 동작할 때는 가동복권이 된다.** 이는 가동복권발전기가 운전 중 전동기 동작으로 전환되는 경우 문제가 될 수 있음을 뜻한다. 따라서 만일 가동복권발전기의 전류가 역전되면서 전동기로 동작하려 하는 것이 감지되면 전원을 차단해야 한다. 이러한 이유로 전동기-발전기 세트(MG세트)처럼 필요에 따라 전동기와 발전기 역할이 뒤바뀔 수 있는 시스템에는 복권을 사용하지 않는다.

예제 7-6

예제 7-3의 전동기에 0.1 Ω의 저항을 갖는 직권계자권선을 추가하여 외분권으로 결선하였다. 이렇게 함으로써 이전과 같은 크기의 부하토크에서 운전될 때 자속이 12.5 % 증가하였다. 이 전동기의 변환동력과 속도를 구하여라.

예제 7-3(b) 상태의 자속을 ϕ_1, 복권으로 결선한 뒤의 자속을 ϕ_2 라 할 때 $\phi_2 = 1.125\phi_1$ 이다. 토크가 이전과 같다면 토크는 전기자전류와 자속의 곱에 비례하므로

$$\phi_1 I_{a1} = \phi_2 I_{a2}$$

$$I_{a2} = \frac{\phi_1}{\phi_2} I_{a1} = \frac{1}{1.125} \times 22.5 = 20 \text{ A}$$

이로부터 아래와 같이 변환전력과 속도를 구할 수 있다.

$$E_{a2} = V_T - (R_a + R_s)I_{a2} = 240 - (0.4 + 0.1)20 = 230 \text{ V}$$

$$P_{em} = E_{a2} I_{a2} = 230 \times 20 = 4{,}600 \text{ W}$$

$$\omega = \frac{P_{em}}{T_e} = \frac{4{,}600}{20.7} = 222.2 \text{ rad/sec} = 2{,}122 \text{ rpm}$$

안정한 동작점과 불안정한 동작점

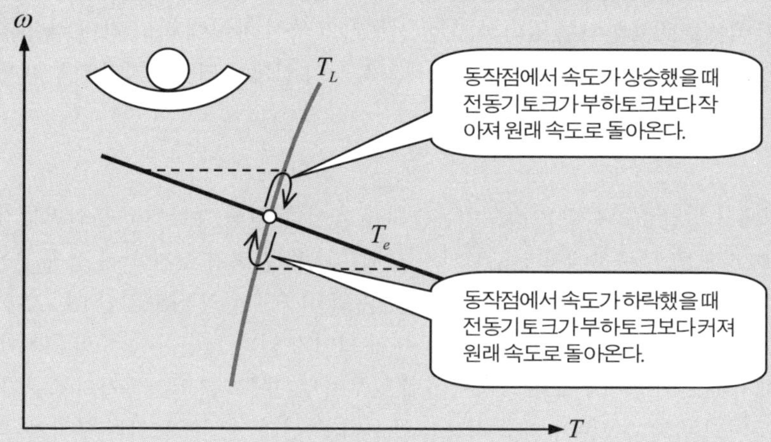

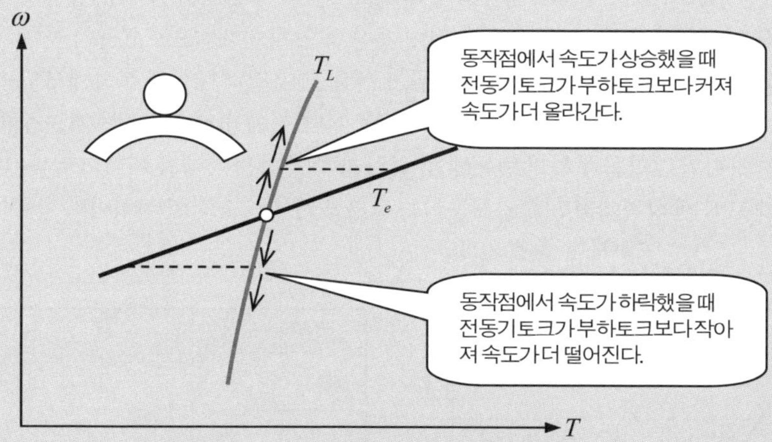

안정한 동작점이 되려면 속도 증가에 따라 부하토크가 전동기토크보다 작았다가 더 커지는 쪽으로 교차해야 한다. 이는 동작점에서 부하토크의 상승률($dT_L / d\omega$)이 전동기토크의 상승률($dT_e / d\omega$)보다 커야 함을 뜻한다. 즉

$$\frac{dT_L}{d\omega} > \frac{dT_e}{d\omega}$$

위 그림처럼 속도를 종축, 토크를 횡축으로 하였을 때는 속도가 올라가면서 부하토크곡선이 전동기토크곡선을 왼쪽에서 오른쪽으로(속도를 횡축, 토크를 종축으로 했을 때는 아래에서 위쪽으로) 교차해야 안정적인 동작이 이루어질 수 있다.

분권이나 가동복권전동기는 토크의 증가에 따라 속도가 하락한다. 그러나 차동복권전동기는 토크의 증가에 따라 속도가 상승하는 특성을 갖는다. 이런 경우 대부분의 부하에서 위의 조건을 만족시키는 안정한 동작점이 만들어질 수 없다.

7-4 직류전동기의 특성과 용도

그림 7-10은 이상에서 살펴본 세 가지 유형의 직류전동기 특성을 비교하여 보여주고 있다.(여기서 복권은 가동복권을 말한다.) 왼편은 전류에 대한 속도의 변화, 오른편은 전류에 대한 토크 특성으로 모두 정격값 기준 백분율로 표현되어 있다. 이러한 전동기의 특성 차이에 따라 각기 적합한 부하 유형이 결정된다. 정격부하 이내의 정상 운전범위에서의 특성이 일차적 기준이지만 과부하 특성과 기동특성 역시 전동기 선정에 중요한 요소가 된다.

특성비교

정격부하 이내에서 주된 고려사항은 속도변동률과 효율이다. 왼편 그림에서 분권전동기의 속도변동률은 5~10 % 정도로, 무부하에서 전부하까지 대체로 속도 변화가 크지 않은 정속 전동기로서의 특성을 갖는다. 복권전동기의 속도변동률은 직권계자의 비중에 따라 다르지만 15~25 % 정도이고 30 %에 이르기도 한다. 직권전동기는 속도변동률의 의미가 없다. 효율은 전류의 크기에 관련되며, 오른편 그림에서 보듯이 정격부하 아래에서는 같은 부하토크에서 분권전동기의 전류가 가장 작다. 이는 분권전동기의 전기자동손이 가장 작음을 뜻한다. 복권과 직권전동기는 부하가 줄어들 때 직권계자 손실이 줄어들기는 하지만 그 비중이 상대적으로 작아서 전체 효율에 큰 영향을 미치지 못한다. 즉 정격부하 이내에서는 분권전동기의 손실이 가장 작으며, 상대적으로 효율이 높다.

정격부하 이상에서는 반대로 분권전동기의 전류가 가장 크다. 정격 이상의 부하에서도 속도를 일정하게 유지하려는 경향이 강해서 큰 전류가 흐르기 때문이다. 이에 비해 복권전동기는 부하 변동시 속도 변화가 크긴 하지만 그만큼 부하의 변동에 '유연하게' 대응하는 특성을 지니고 있다.(비유하자면, 분권전동기가 고집 센 성격이라면 복권전동기는 상황 변화에 순응적인 성격이라 할 수 있다.) 복

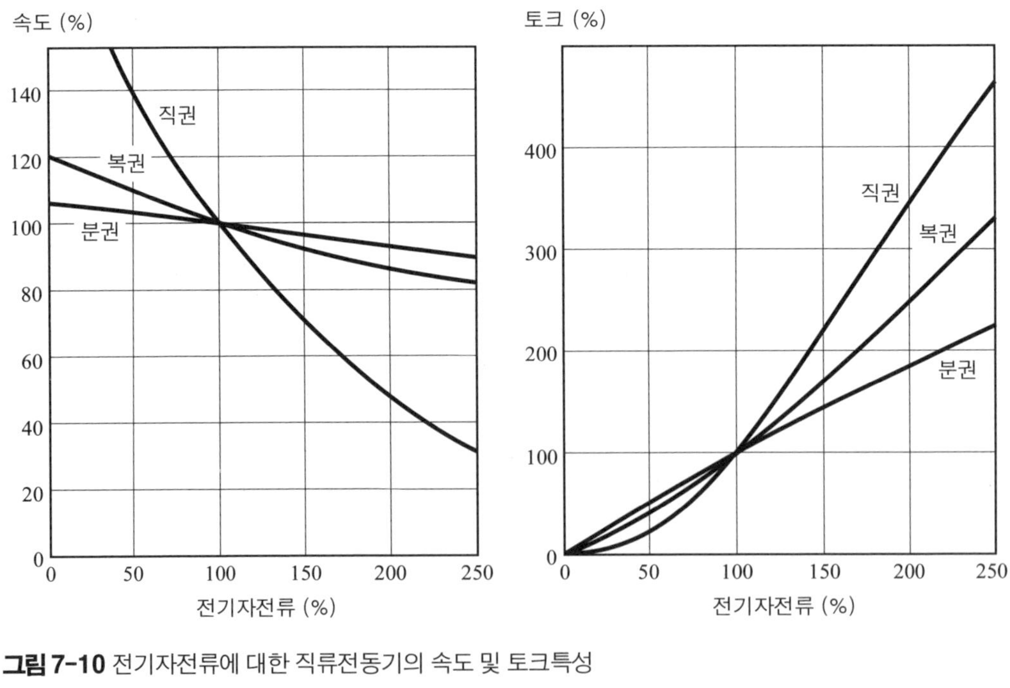

그림 7-10 전기자전류에 대한 직류전동기의 속도 및 토크특성

권전동기는 과부하로 전류가 증가하면 자속도 같이 증가하므로 같은 토크를 내기 위해 분권전동기 만큼 큰 전류가 흐르지 않는다. 따라서 과부하상태에 자주 놓이게 될 수 있는 용도에 복권을 사용하면 용량이 분권만큼 크지 않아도 되며, 전원측의 부담도 낮출 수 있다.

복권전동기의 이러한 특성은 특히 운전주기의 대부분 낮은 부하상태에 있다가 간헐적으로 짧은 시간 동안 큰 토크가 걸리는 맥동성 부하에 유리한 면으로 작용한다. 맥동성 부하에서 부하가 걸렸을 때를 정격전류로 하면 전동기가 지나치게 커져야 할 뿐 아니라 부하율이 낮은 구간 중 효율이 떨어져 지속적인 에너지 낭비가 일어난다. 따라서 전동기 정격을 적절히 낮춰 잡을 필요가 있는데, 이처럼 정상적 운전사이클 내에 정격보다 큰 전류가 흐르는 상태가 반복적으로 나타나게 될 수밖에 없을 경우 복권전동기를 사용하면 분권전동기에 비해 전류 맥동의 크기가 줄어드는 장점이 있다. 물론 이 점에 있어서는 직권전동기가 가장 유리하다고 할 수 있지만 속도변동이 지나치게 크고, 또 무부하상태에서 운전할 수 없다는 점이 결정적인 제약으로 작용한다.

정격전류 이상에서의 토크특성은 기동에 관련해서도 중요한 의미를 갖는다. 정지상태의 전동기에 전원을 투입하여 기동할 때는 전기자에 역기전력이 없는 상태이므로 정격보다 훨씬 큰 전류가 흐르게 된다. 큰 기동전류는 전동기에 큰 열적 기계적 스트레스를 주기 때문에 기동전류를 어느 한도 이내로 억제해야 하며(7-6절 참조). 통상 정격전류의 200~250 %로 제한된다. 전기자반작용이 없다고 할 때 250 % 전류에서 발생하는 기동토크는 그림 7-10에서 볼 수 있듯이 분권의 경우 정격토크의 250 %이며 복권은 직권계자의 비중에 따라 다르지만 대략 350 % 내외, 직권은 500 %에 달한다. 따라서 관성이 커서 가속이 오래 걸리는 부하, 초기 기동시 마찰이 큰 부하 등 기동이 어려운 부하들에는 정해진 전류 한계 내에서 훨씬 큰 토크가 유기되는 복권이나 직권전동기를 사용하는 것이 바람직하다. 기동 자체가 크게 어렵지 않다 해도 기동/정지가 자주 반복되는 경우도 마찬가지다.

요약하면, 정격부하 이내에서 속도변동률과 효율은 분권전동기가 가장 좋고 과부하특성과 기동측면에서는 복권전동기와 직권전동기가 유리하다. 특히 기동특성은 직권전동기가 월등하지만 무부하로 운전할 수 없다는 제약을 지닌다. 따라서 분권전동기는 대체로 일정한 속도를 유지하면서 효율이 높을 필요가 있고 특별히 큰 기동토크를 요구하지 않는 일반 용도에 적용되고, 이에 비해 복권과 직권전동기는 각자의 특성에 부합하는 다소 특수한 분야에 적용된다.

적용분야

분권전동기의 주된 용도는 원심펌프, 팬, 권선 릴, 컨베이어, 공작기구 등이다. 특히 타려식으로 여자하여 넓은 범위의 속도제어가 필요한 용도에 사용된다. 현재 생산되는 직류전동기는 대부분 속도제어용 타려식/분권 전동기로서 압연기, 제지기 등에서 볼 수 있다. 그 속도제어 방법에 관해서는 다음 절에서 설명한다. 한편 타려식전동기의 일종이라 할 수 있는 영구자석형 직류전동기는 빠른 응답특성을 요구하는 액츄에이터나 서보 시스템, 항공기의 제어시스템 등에 사용되고 있다. 영구자석형 직류전동기의 속도변동률은 일반적으로 타려식보다 크고, 계자 손실이 없으므로 효율은 더 높다. 영구자석 전동기에 관해서는 14장에서 다시 설명한다.

복권전동기는 위에서 언급하였듯이 단속적 혹은 반복적으로 큰 토크가 인가되는 맥동성 부하에 적합하다. 이러한 종류로는 압연기, 전단기, 펀칭프레스, 쇄광기 등이 있다. 그리고 크레인이나 엘리베이터 등 비교적 큰 기동토크를 필요로 하면서 자주 기동하는 부하, 갑작스럽게 변동하는 경향이 있으면서 운전 중 무부하상태로 이행하게 될 가능성 때문에 직권전동기를 쓸 수 없는 부하에 적용된다. 여기서도 용도에 따라 직권계자의 비중을 어느 정도로 할지가 달라진다. 일반적으로 복권전동기들은 직권계자가 상당히 크게 만들어져 있어서 사용자가 병렬 분류저항기를 부착하여 용도에 맞춰 특성을 조정할 수 있도록 하고 있다. 한편 중소형 전동기들은 대부분 보상권선을 갖추고 있지 않아서 과부하시 전기자반작용의 감자효과로 폭주할 위험이 있다. 따라서 통상 분권전동기의 적용대상이라 해도 심한 과부하가 일시적으로 가해졌을 때 전동기를 차단시키지 않고 과부하구간을 넘겨야 할 필요가 있는 용도에는 복권전동기가 사용된다.

직권전동기는 무부하시 속도가 무한정 상승하므로 부하의 정상적인 동작 사이클 내에 무부하상태가 포함되어 있거나 부주의나 사고로 무부하상태에 놓이게 될 가능성이 있는 부하에는 적용할 수 없다. 직권전동기는 놀고 있을 때도 최소한 정격부하의 15~20 % 이상 부하가 걸려 있어야 한다. 주된 용도는 전부하와 경부하 사이의 속도 차이가 크면서 큰 기동토크를 필요로 하는 부하, 그리고 관성이 매우 커서 기동이 힘든 부하이다. 엘리베이터, 크레인 같은 권상기 종류나 전기기관차가 대표적이고, 시추용 드릴 등에도 사용된다. 특히 전기기관차의 경우, 정상 속도로 운행중일 때 필요한 동력은 기차의 공기저항과 철로의 마찰손실을 공급하는 정도로 충분한 반면 관성이 커서 가속에 매우 큰 토크가 필요하고 기동정지가 빈번하기 때문에 기관차용 전동기는 용량에 비해 매우 큰 기동토크를 가져야 한다. 또 기관차는(탈선되지 않는 한) 무부하가 될 염려도 없어서 여러 모로 직권전동기의 특성에 잘 부합한다. 이러한 이유로 전기철도의 초창기부터 직권전동기가 기관차용 **견인전동기**(traction motor)의 대명사라 할 정도로 널리 사용되어 왔다. 그러나 근래에 와서는 보다 발전된 형태의 교류전동기 시스템으로 대체되고 있다.

한편 직권전동기는 원리상 직류만 아니라 교류에서도 동작할 수 있으며, 구조의 보완을 통해 교류용으로 만들어진 것을 교류직권전동기(ac series motor), 혹은 유니버설전동기(universal motor)라 한다. 대형은 과거 철도용 견인전동기로 사용되었고, 소형은 가전제품 등에 널리 사용되고 있다. 이에 관해서는 13장에서 다시 다루기로 한다.

직류전동기와 교류전동기

직류전동기는 크기, 무게, 가격, 유지보수 등 여러 면에서 교류전동기에 비해 불리하다. 또한 전력계통에서 고립된 설비나 배터리 등으로 직접 직류전력을 공급받는 경우가 아닌, 대부분의 일반 환경에서 직류전동기를 사용하기 위해서는 교류를 직류로 바꿔주는 정류장치가 구비되어야 한다. 따라서 일반 용도의 전동기로는 거의 교류전동기, 즉 9장에서 다루게 될 유도전동기가 사용되고 있다. 그러나 유도전동기는 기동할 때 역률이 낮아서 기동시 얻을 수 있는 토크에 비해 전류가 상당히 크다는 단점을 지니고 있다. 그리고 속도가 주파수에 의해 결정되므로 일정주파수 전원에서는 속도가 한 가지로 고정되며, 속도를 제어하려면 주파수를 변경시킬 수 있는 고가의 (통상 전동기보다 비싼) 구동장치가 필요하다. 반면에 직류전동기는 같은 전류에서 훨씬 큰 기동토크를 얻을 수 있고, 제약 없이 임의의 다양한 정격속도를 갖도록 만들어질 수 있으며, 속도제어도 용이하다. 따라서 이러한 이점이 현저하게 부각되는 용도에 직류전동기가 적용된다. 즉 (1) 정격마력 대비 큰 기동토크가 필요하거나 (2) 교류전동기로 얻을 수 없는 속도를 직접 (기어 등 기계장치를 거치지 않고) 얻어야 할 경우, 그리고 (3) 다양한 속도 조절이 필요한 부하 등이 직류전동기의 주된 적용대상이다.

맥동성 부하

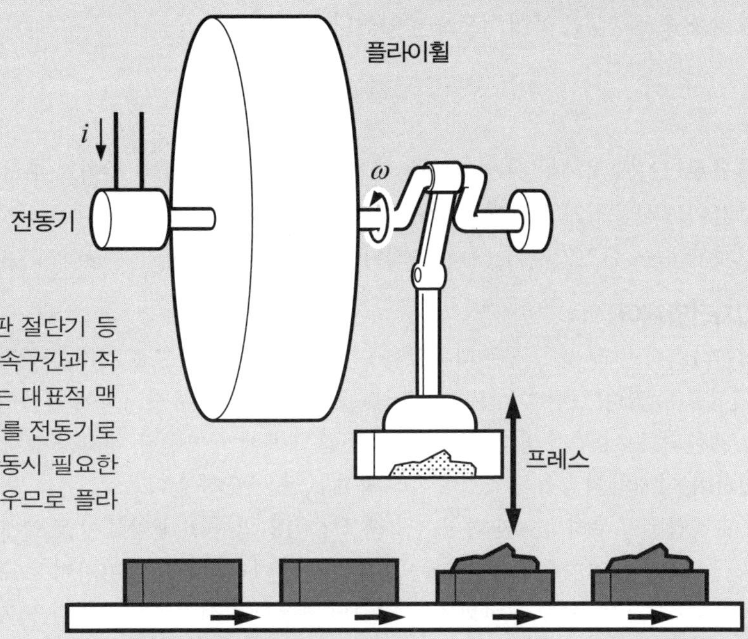

펀치프레스나 철판 절단기 등은 주기적으로 가속구간과 작동구간이 반복되는 대표적 맥동성 부하이다. 이를 전동기로 직접 구동하면 작동시 필요한 토크를 얻기 어려우므로 플라이휠이 사용된다.

가속구간 동안 플라이휠에 운동에너지가 축적되고 축적된 운동에너지가 짧은 작동구간 중에 방출된다. 작동에 소요되는 에너지만큼 플라이휠의 속도가 떨어졌다가 다음 가속구간 동안 전동기로부터 운동에너지를 공급받으면서 속도를 회복하는 동작이 반복된다.

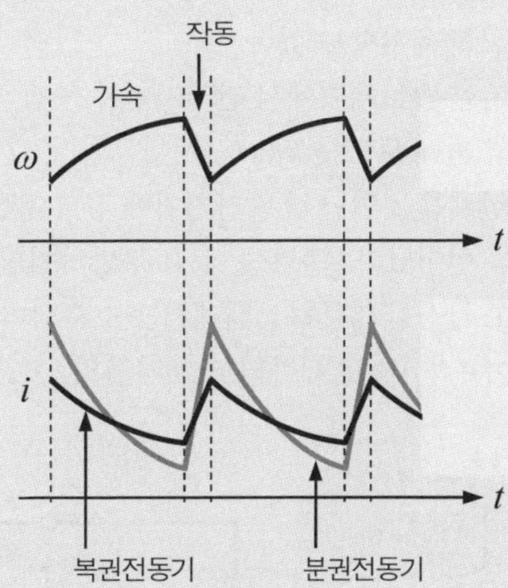

플라이휠은 작동구간에서 필요한 힘(토크)을 전동기가 직접 다 감당하지 않도록 하는 완충효과를 가지며 속도변동을 완화한다. 플라이휠이 충분히 크다면 전동기의 용량은 작동시 필요한 동력을 전체 동작주기로 평균한 것에 가깝게 된다. 그러나 플라이휠을 무한정 키울 수 없기 때문에 완충효과에는 한계가 있고 어느 정도의 속도변동은 불가피하다.

이러한 용도에 사용되는 전동기는 전류가 속도변동에 둔감한 것이 좋다. 작동시점에 속도가 불가피 떨어질 수밖에 없을 때 전류 변화가 작은 것일수록 전원에서부터 전달되는 전력의 맥동이 작다. 즉 전동기를 적절히 선정하면 에너지 전달과정에서 맥동을 한번 더 완충시키는 효과를 얻을 수 있다.

7-5 직류전동기의 속도제어

직류전동기의 가장 보편적 용도는 속도제어로서, 주로 타려식 전동기가 사용된다. 타려식 직류전동기의 속도-토크특성은 아래 식으로 주어진다.

$$\omega = \frac{V_T}{k\phi} - \frac{R_a}{(k\phi)^2} T_e \tag{7-18}$$

여기서 토크는 부하에 의해 결정되며, 사용자가 통제할 수 없다. 주어진 부하에서 원하는 속도로 제어하기 위해 사용자가 조정할 수 있는 항목은 V_T와 ϕ, 그리고 R_a이다. 따라서 타려식 직류전동기의 속도제어에는 (1) 전압제어, (2) 자속제어, (3) 저항제어의 세 가지 방식이 있다.

전기자전압제어

식 (7-18) 우변의 첫 항 무부하속도는 인가전압에 비례하므로 전기자 인가전압을 변화시켜 속도를 제어할 수 있다. 그림 7-11은 그 개념도를 나타내고 있다. 전기자에 인가하는 전압은 정격전압까지로 제한되므로 0부터 정격전압(V_R)의 범위 내에서 제어된다. 계자는 정격 계자전류(I_{fR}) 상태를 유지하며, 이때의 자속을 정격자속이라 하고 ϕ_R로 쓰도록 한다.

인가전압은 무부하속도만 바꾸어줄 뿐 식 (7-18)의 두번째 항에서 토크에 대한 속도변화의 기울기 $R_a / (k\phi)^2$에 영향을 미치지 않는다. 따라서 인가전압을 바꾸어가며 토크와 속도 사이의 관계를 그리면 그림 7-12에서 보는 바와 같이 일련의 평행한 직선들로 나타난다. 여기서 전동기에 부하 A로 표시된 속도-토크특성을 갖는 부하가 인가되었다고 할 때 전압을 낮은 값에서 단계적으로 높여주면 동작점이 a, b, c, d, e로 바뀌면서 속도가 올라간다. 전압을 정격전압 이상으로 높일 수 없으므로 e점의 속도가 이 부하에서 가능한 최고 속도가 된다. 부하가 B로 바뀌었다면 마찬가지로 f에서 j까지 속도를 제어할 수 있다.

이러한 속도제어에서 전기자전류는 정격전류 I_R을 넘지 않아야 한다. 따라서 정격자속에서 전동기의 최대 토크는 $k\phi_R I_R$로 제한된다. 그림의 점선이 이 토크 한계를 나타낸다면 동작점이 i나 j처럼 한계를 벗어난 경우 전기자에 정격 이상의 전류가 흐르는 과부하상태가 된다. 물론 일시적으로 한계를 벗어났다 돌아오는 것은 무방하지만 한계 밖에서 계속 운전한다면 전기자 과열로 수명이 단축되고 극심한 과부하상태에서는 소손되어버릴 수도 있다. 따라서 부하 B를 구동하는 경우에는 동작점이 P점까지로 제한되고 그 지점의 속도가 가능한 최고 속도가 된다.

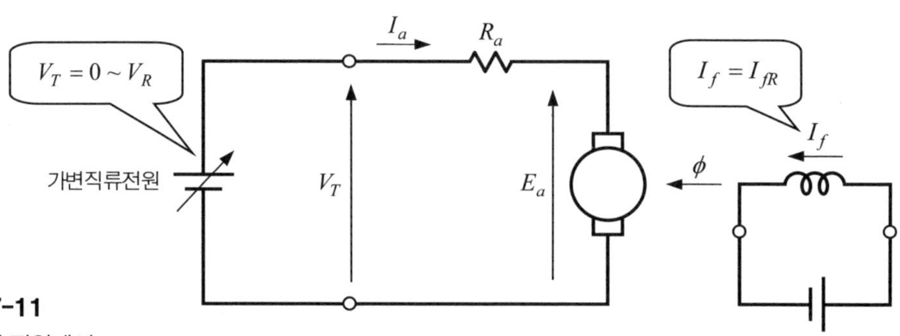

그림 7-11
전기자 전압제어

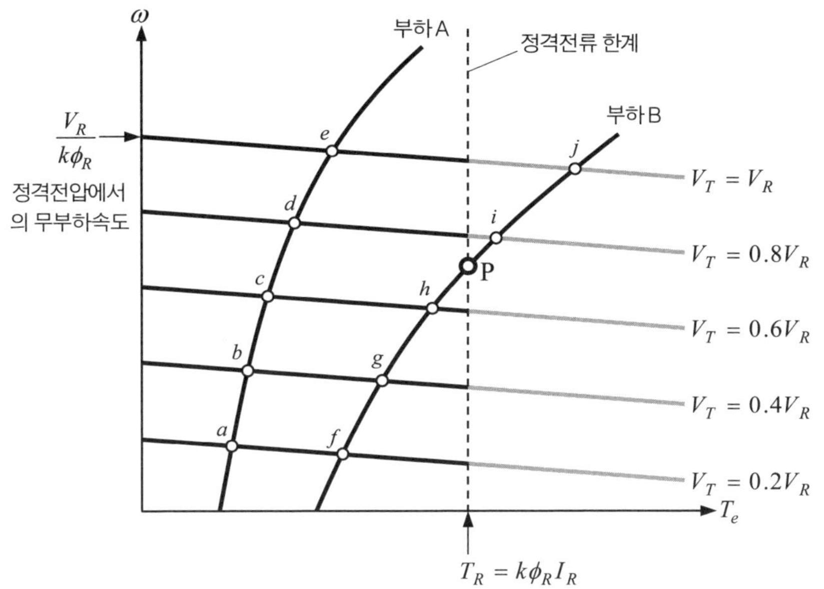

그림 7-12
전압제어에 의한 속도제어와 운전한계

자속제어

속도를 정격전압에 의해 제한되는 한계 이상으로 높이고자 할 때는 자속제어를 적용한다. 그림 7-13과 같이 전기자 전압을 정격으로 유지한 상태에서 직렬 계자저항기로 계자전류의 크기를 줄여준다. 가변저항기 대신 계자 전원전압의 크기를 조절할 수도 있다. 물론 계자전류는 정격 계자전류 이하여야 하므로 자속을 정격자속보다 줄이는 것만 가능하다. 이렇게 자속을 줄여줌으로써 전동기 속도를 높이는 방식을 **약계자제어**(field-weakening control)라 한다.

그림 7-14는 자속을 변화시켰을 때 속도-토크특성을 보여주고 있다. 자속을 줄이면 무부하속도는 높아지고 기울기가 커지면서 속도-토크특성이 전체적으로 위로 상승한다. 따라서 부하 속도-토크특성과 만나는 동작점의 속도도 올라간다. 이 때에도 역시 전동기의 전기자전류는 정격전류 이상이 될 수 없기 때문에 전동기의 최대 토크가 제한되어야 한다. 앞의 전압제어에서는 자속을 일정하게 유지하므로 정격전류에서의 토크가 일정하지만 자속을 줄여주었을 때는 자속이 줄어든 만큼 정격전류에서의 토크가 줄어든다. 예컨대 자속을 정격의 90 %로 낮춘다면 토크 한계도 90 %로 낮아

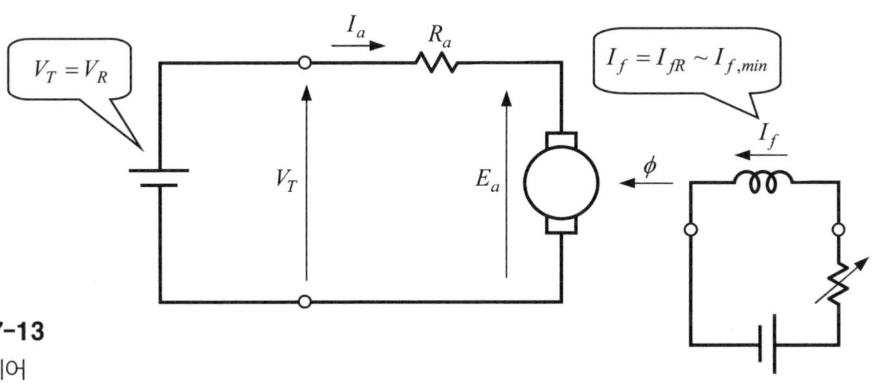

그림 7-13
자속제어

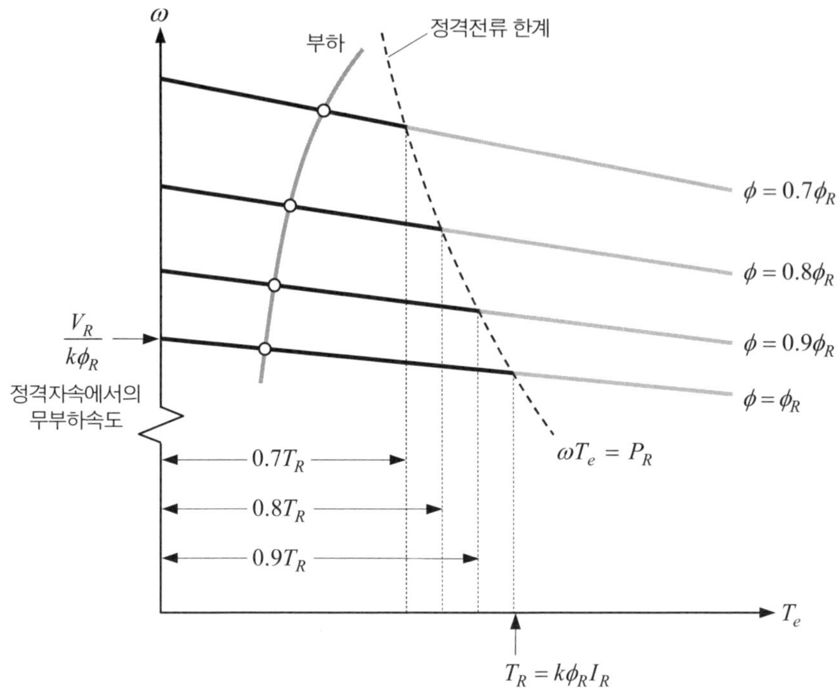

그림 7-14
자속제어시 속도-토크특성과 운전한계

진다. 따라서 그 운전한계는 그림에 점선으로 표시한 것과 같은 곡선으로 나타난다. 부하 특성곡선과 전동기 특성곡선이 교차하는 동작점은 항상 이 한계 안에 있어야 하며 동작점이 한계를 벗어나면 전기자에 정격전류보다 큰 전류가 흐르게 된다.

전동기가 운전한계($I_a = I_R$)상의 어느 지점에서 운전되고 있을 때 전동기의 입력은

$$P_{in} = V_R I_R \tag{7-19}$$

전동기의 손실을 무시한다면 이 값은 근사적으로 전동기의 정격출력 P_R과 같다. 따라서 운전한계에서 속도와 토크 사이에는 아래의 관계가 성립한다.

$$\omega T_e \approx P_R \approx V_R I_R \text{ (일정)} \tag{7-20}$$

이로부터 그림 7-14에 그려진 운전한계가 대략 속도와 토크 사이의 반비례관계임을 알 수 있다.

전압제어와 자속제어의 결합

전압제어와 자속제어는 상호보완적인 관계가 있다. 전동기에 어떤 부하가 가해진 상태에서 전기자에 정격전압을 가하고 정격 계자전류가 흐를 때의 속도를 **기준속도**(base speed)라 했을 때 전압제어는 기준속도 아래로 낮추는 것만 가능하고 자속제어는 기준속도 위로 높이는 것만 가능하다. 따라서 둘을 결합하면 기준속도 위 아래 넓은 영역에 걸쳐 속도를 제어할 수 있다.

그림 7-15는 전압제어와 자속제어가 결합된 속도-토크특성을 보여주고 있다. 여기서 부하의 속도-토크특성과 만나는 동작점이 그림의 운전한계 이내($I_a \le I_R$)에 있어야 한다. 전압제어에서는 이 운전 한계가 일정한 토크로 주어지므로 **정토크운전**(constant torque operation)이라 하고 자속제

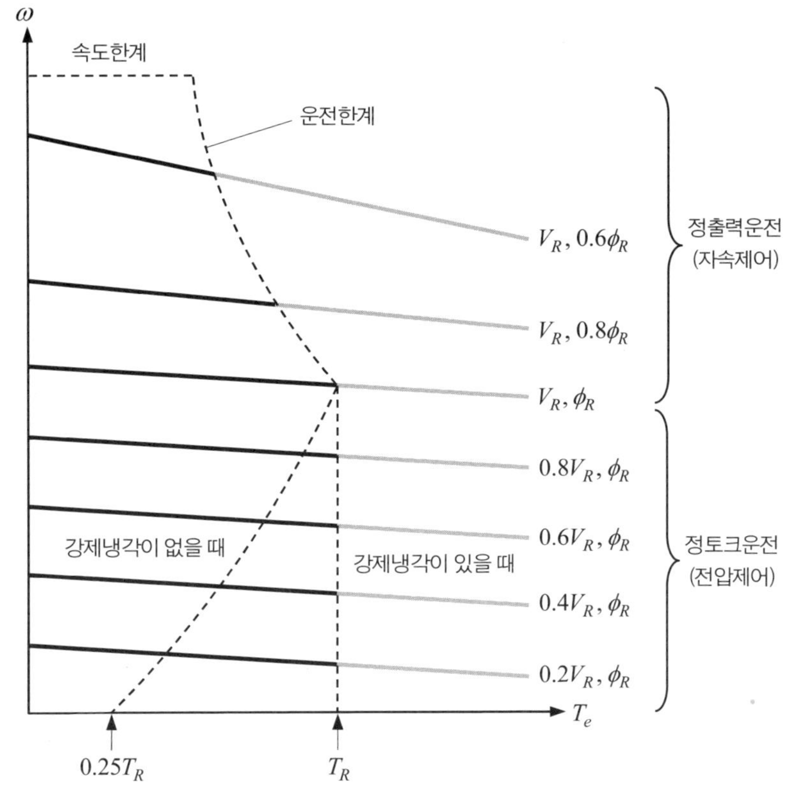

그림 7-15 전압제어와 자속제어를 결합한 직류전동기의 속도-토크특성과 운전한계

어에서는 식 (7-21)로 나타내었듯이 운전한계에 해당하는 전동기 출력이 일정하므로 **정출력운전**(constant power operation)이라 부른다. ('정토크'와 '정출력'의 표현이 토크나 출력이 항상 일정하다는 뜻이 아님에 유의하라.)

그림 7-15에서 정토크운전 영역의 운전한계가 일정한 것은 전동기에 일정한 속도의 별도 팬이 부착되어 있어서 강제로 냉각시켜주는 것을 전제로 한다. 속도제어용 직류전동기는 5장의 그림 5-17에서 보았듯이 대부분 강제냉각팬을 갖추고 있다. 강제냉각을 구비하지 않은 전동기는 속도를 낮췄을 때 자체 냉각팬의 속도도 낮아져 냉각능력이 떨어지므로 과열될 수 있다. 이러한 경우에는 그림에 나타낸 것과 같이 운전한계도 낮춰 잡아야 하며, 정지상태에 이르면 대략 정격토크의 1/4 이내로 부하토크를 제한해야 한다. 만일 부하의 토크-속도특성이 이 범위 안에 들어오지 않으면 더 큰 전동기를 사용하거나 별도의 냉각방안을 강구해야 한다.

정출력운전 영역에서는 동작점이 운전한계를 벗어나지 않더라도 베어링에 가해지는 스트레스와 전기자 도체에 가해지는 원심력 때문에 속도를 올리는 데에 한계가 있다. 또 고속에서는 브러시의 진동으로 정류동작에 문제가 생길 수 있으며, 나아가 자속이 지나치게 작으면 예기치 않게 부하가 급증했을 때 전기자반작용이 상대적으로 크게 작용하여 7-1절에서 언급했던 폭주현상이 나타날 수 있다. 따라서 통상 기준속도의 2배 정도를 상한선으로 한다. 기기에 따라서는 3~4배까지 가능하게끔 만들어지는 것도 있다.

전기자저항제어

복잡한 제어장치 없이 간단히 속도를 제어하고자 할 경우에는 그림 7-16과 같이 전기자에 직렬로 외부저항을 삽입하는 방법이 사용되기도 한다. 전기자 회로의 저항이 커지면 주어진 부하토크(전기자전류)에서 전압강하의 증가로 더 낮은 역기전력, 즉 더 낮은 속도에서 전기적 평형이 이루어진다. 따라서 전기자 저항의 크기를 가감함으로써 속도를 조정할 수 있다.

식 (7-19)에서 무부하속도는 전기자저항에 무관한 반면 부하토크가 가해졌을 때 속도하락의 기울기는 전기자저항의 크기에 비례한다. 따라서 전기자에 직렬저항을 추가하면 속도-토크특성이 그림 7-17과 같이 변화한다. 부하의 속도-토크특성이 그림과 같이 주어졌다면 외부저항이 0일 때의 동작점 a로부터 저항을 증가시킴에 따라 b, c, d 등으로 동작점이 이동하면서 속도가 떨어지게 된다. a점 이상으로 속도를 높이고자 할 때는 앞의 자속제어를 병행한다.

이 방식은 부하가 작을 경우에는 속도제어가 거의 이루어지지 않는다. 예컨대 무부하상태에서는 아무리 큰 저항을 삽입한다 해도 속도의 변화가 없다. 즉 부하 크기에 따라 속도제어 범위가 달라진다. 또한 전원에서 전동기로 전달되는 전력 일부를 저항에서 주울열로 소모시킴으로써 전동기의 출

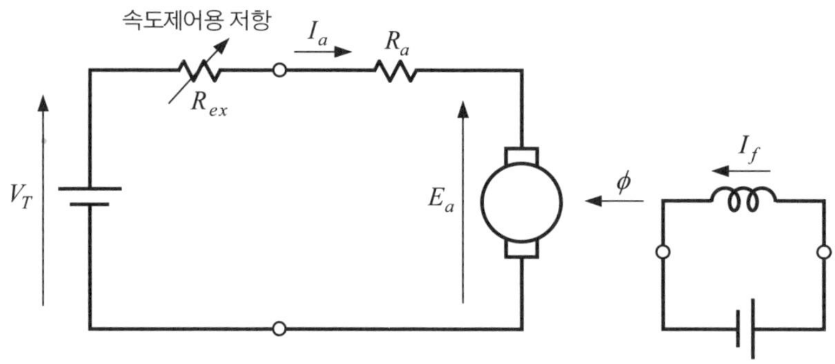

그림 7-16 전기자 저항제어

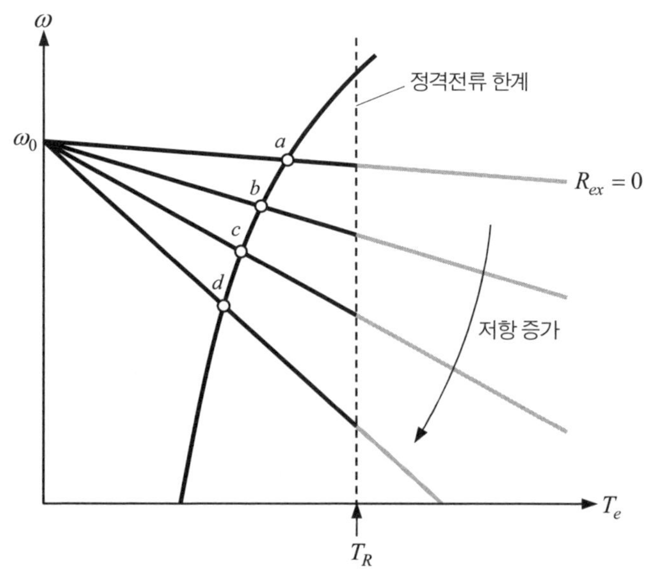

그림 7-17
저항제어에 의한 속도제어

력을 줄여주는 방법에 해당하므로 효율이 크게 저하될 수밖에 없다. 따라서 저항제어는 제어의 성능보다는 제어의 용이성과 단순함이 중요할 때만 사용된다. 간혹 다음 절에서 설명하는 기동전류 제한을 위한 저항을 속도제어용으로 겸하는 경우도 있는데, 일시적 속도변경을 위한 것이 아니라면 운전 중 지속적으로 발생하는 열을 견뎌야 하므로 기동 전용 저항기보다 훨씬 큰 열용량을 지녀야 한다.

직류전동기의 속도제어시스템

이상에서 본 바와 같이 직류전동기의 속도제어는 주로 전압제어와 자속제어를 통해 이루어진다. 자속제어는 계자저항기의 조절로 간단히 이루어지지만 전압제어를 위해서는 전압조정이 가능한 직류전원이 필요하다. 단순하게는 여러 단계의 전원을 구비하고 선택스위치 절환으로 인가전압을 변경시켜주는 방식이 있다. 탭 절환 단권변압기로 교류전압을 변경하고 이를 정류하는 방식도 가능하다. 각 단계의 중간 속도가 필요하다면 계자저항에 의한 자속제어를 병행한다. 그러나 넓은 범위에 걸쳐 부드러운 속도 변경이 필요한 경우에는 연속 조정이 가능한 직류전원을 사용해야 한다.

연속적 전압조정을 위해 그림 7-18에 보인 것처럼 전용 직류발전기를 사용하는 방식을 **워드-레너드 시스템**(Ward-Leonard system)이라 한다. 이는 한 쌍의 타려식 직류발전기와 직류전동기, 그리고 발전기를 구동하는 원동기로 구성된다. 원동기는 디젤엔진과 같은 내연기관이나 일정 속도로 돌아가는 교류전동기 등이다. 발전기의 출력전압은 계자의 가변저항기로 제어된다. 계자의 접속을 뒤집으면 기전력의 극성이 바뀌므로 전동기에 인가되는 전압을 양과 음 양방향으로 제어할 수 있고, 이에 따라 전동기의 속도가 정방향과 역방향 전 범위에 걸쳐 제어된다. 속도를 더 높이고자 하면 전동기 쪽 계자저항을 조절하여 자속제어를 행한다.

과거에는 직류전압을 쉽게 변경시킬 방법이 없었기 때문에 철도 추진, 선박 구동, 엘리베이터, 압연설비 등 다양한 용도에 워드-레너드 시스템과 같은 방식이 널리 사용되었으나 현재는 반도체 스위치들로 이루어진 전력변환장치들이 사용된다. 대표적으로 싸이리스터(thyristor) 소자를 사용한 **제어정류기**(controlled rectifier)가 있다. 제어정류기는 그림 7-19에 보인 것과 같이 단상 혹은 3상 교류전원에 접속되어 직류를 출력하는 장치로서, 싸이리스터 스위치가 그림 (b)의 단상브릿지 또는

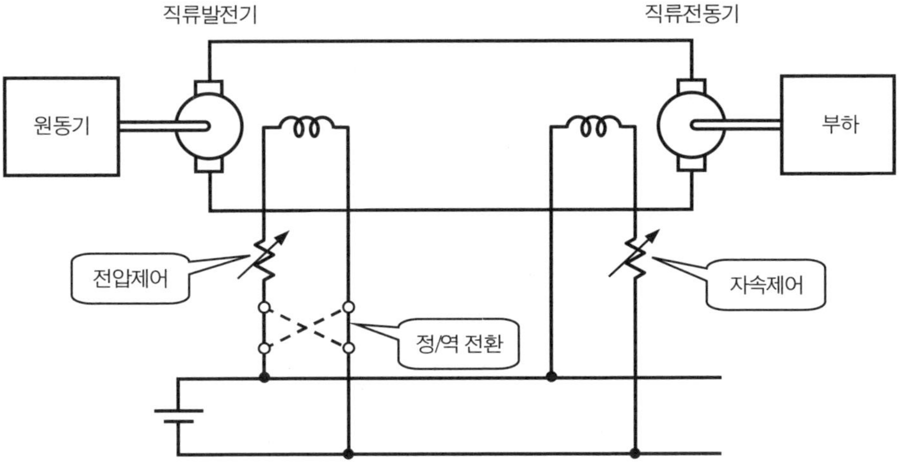

그림 7-18 워드-레너드 방식

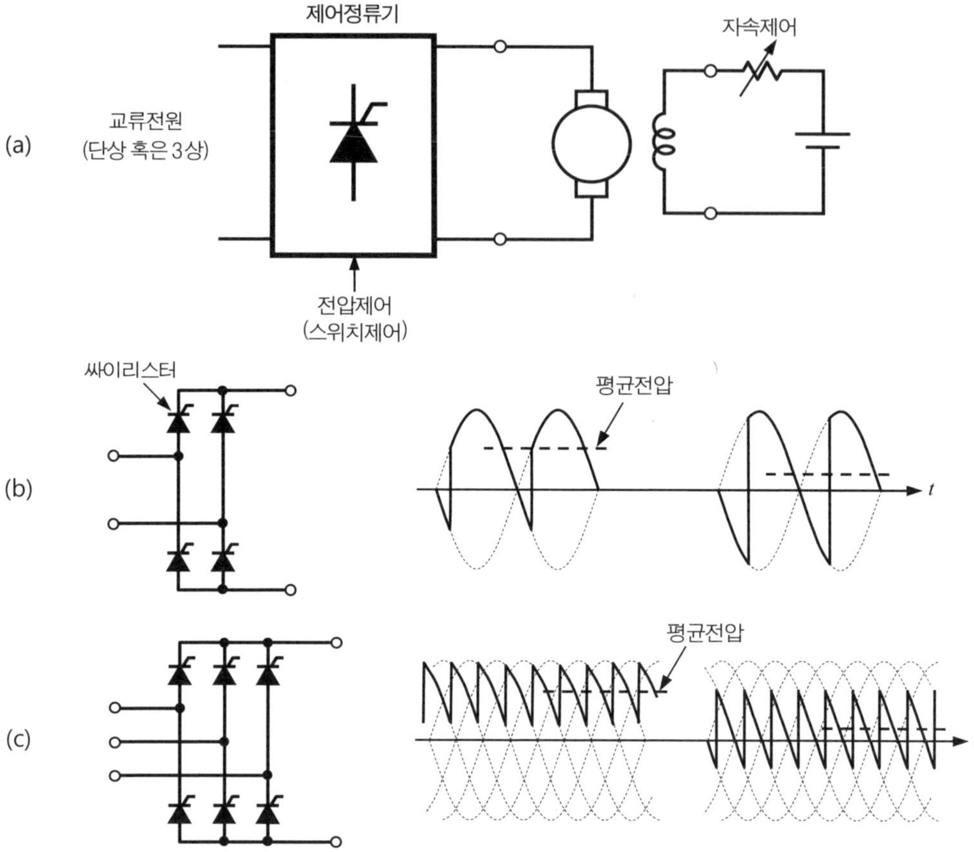

그림 7-19 제어정류기에 의한 속도제어: (a) 제어정류기의 가변 직류전압에 의해 구동되는 타려식 직류전동기 (b) 단상 및 (c) 3 상 싸이리스터 제어정류기의 회로 및 직류출력전압 파형

그림 (c)의 3상브릿지 형태로 결선되어 있어서 교류전원의 매 주기마다 스위치들이 켜지는 시점을 조절하여 출력전압의 평균치를 변경시킬 수 있다. 그림의 파형에서 보듯이 출력전압의 순시치가 평탄한 직류가 되지 못하고 맥동하지만 맥동주파수가 높으므로 (단상은 120 Hz, 3상은 360 Hz) 전동기의 속도는 맥동성분에 거의 반응하지 않고 평균 출력전압에 의해 결정된다. 자속의 제어에도 저항제어 대신 별도의 소형 전력변환장치를 사용할 수 있다.

예제 7-6

타려식 직류전동기의 계자전류를 3 A로 하고 무부하상태에서 전기자에 300 V를 가했을 때 1,200 rpm으로 회전하였다. 이 전동기에 일정 토크의 부하를 연결하였더니 속도가 1,150 rpm으로 하락하였다. 전기자반작용과 기계적 손실 및 자기포화는 없는 것으로 가정한다. (a) 인가전압을 200 V로 낮추면 속도는 얼마가 되는가? (b) 인가전압 300 V에서 계자전류를 2.4 A로 줄이면 속도는 얼마가 되는가?

(a) 식 (7-19)에서 우변 첫 항 무부하속도는 인가전압에 비례하고 우변의 두번째 항 부하토크에 의해 일어난 속도 하락은 인가전압에 무관하다. 따라서

$$n = \frac{200}{300} \times 1,200 - 50 = 750 \text{ rpm}$$

(b) 무부하속도는 자속에 반비례, 속도하락은 자속의 제곱에 반비례한다. 자속이 0.8배가 되었으므로

$$n = \frac{1,200}{0.8} - \frac{50}{0.8^2} = 1,422 \text{ rpm}$$

예제 7-7

정격전압 300 V, 전기자 정격전류 50 A, 계자 정격전류 2 A인 타려식 직류전동기가 있다. 정격전압 정격계자전류에서 무부하속도가 1,200 rpm이다. 전동기의 축에 일정 토크의 호이스트 부하를 연결하였더니 속도가 1,150 rpm, 전기자전류는 30 A가 되었다. 기계적 손실과 자기포화는 무시한다. (a) 정격토크는 얼마인가? 전동기에 가해진 부하 토크는 얼마인가? (b) 주어진 부하에서 속도를 900 rpm으로 낮추려면 어떻게 해야 하는가? (c) 속도를 1,350 rpm으로 높이려면 어떻게 해야 하는가? (d) 최대한 높일 수 있는 속도의 한계는 얼마인가? (e) 이상의 동작상태를 속도-토크특성상의 동작점으로 나타내라.

(a) 무부하 1,200 rpm에서 유기기전력이 300 V이므로

$$k\phi = \frac{E_a}{\omega} = \frac{300}{1,200 \times (2\pi / 60)} = 2.387 \text{ V-sec}$$

전기자에 정격전류 50 A가 흐를 때의 토크는

$$T_R = k\phi I_R = 2.387 \times 50 = 119.4 \text{ N-m}$$

전기자에 30 A가 흐를 때의 토크는 아래와 같고, 이것이 곧 부하토크이다.

$$T_e = k\phi I_a = 2.387 \times 30 = 71.62 \text{ N-m}$$

(b) 1,150 rpm 동작상태와 900 rpm 동작상태를 각각 첨자 1, 2로 구분한다. 1,200 rpm에서 유기기전력이 300 V이므로 1,150 rpm에서의 유기기전력은

$$E_{a1} = \frac{1,150}{1,200} \times 300 = 287.5 \text{ V}$$

E_{a1}과 전원전압의 차이 12.5 V가 전기자저항에서 일어나는 전압강하이다. 부하토크가 일정하므로 900 rpm에서도 같은 전류가 흐르고 전압강하도 같다. 900 rpm에서 유기기전력이

$$E_{a2} = \frac{900}{1,200} \times 300 = 225 \text{ V}$$

이므로 이때의 인가전압은 다음과 같이 되어야 한다.

$$V_{T2} = 225 + 12.5 = 237.5 \text{ V}$$

(c) 1,150 rpm 이상으로 높이기 위해서는 인가전압을 300 V로 유지하면서 계자전류를 줄여준다. 1,350 rpm에서의 동작을 첨자 3으로 표시하면 토크가 일정하므로 $k\phi_3 I_{a3} = k\phi_1 I_{a1}$이고, 자기포화를 무시했으므로 자속이 계자전류에 비례하는 것으로 놓을 수 있다. 따라서

$$I_{f3} I_{a3} = I_{f1} I_{a1} = 2 \times 30 = 60 \quad \text{(A)}$$

한편 유기기전력의 비례관계로부터

$$\frac{E_{a3}}{E_{a1}} = \frac{k\phi_3 \omega_3}{k\phi_1 \omega_1} = \frac{k\phi_3 n_3}{k\phi_1 n_1} = \frac{I_{f3} n_3}{I_{f1} n_1}$$

$$E_{a3} = \frac{I_{f3} n_3}{I_{f1} n_1} E_{a1} = \frac{I_{f3} \times 1,350}{2 \times 1,150} \times 287.5 = 168.8 I_{f3}$$

이 유기기전력이 $V_T = E_a + R_a I_a$의 전압평형식을 만족해야 한다. $V_T = 300$ V이고 30 A에서 전압강하가 12.5 V였으므로 $R_a = 12.5 / 30 = 0.4167\ \Omega$이다. 따라서 1,350 rpm에서의 전압평

형식이 아래 식으로 표현된다.

$$300 = 168.8I_{f3} + 0.4167I_{a3} \qquad \text{(B)}$$

식(A)와(B)는 I_{f3}와 I_{a3}의 연립방정식이다. (A)에서 $I_{a3} = 60 / I_{f3}$ 이므로(B)에 대입하면

$$68.75I_{f3}^2 - 300I_{f3} + 25.02 = 0$$

$$I_{f3} = 1.69 \text{ A 또는 } I_{f3} = 0.088 \text{ A}$$

여기서 0.088 A는 그에 대응하는 I_{a3}가 정격전류보다 훨씬 큰 비현실적인 값이다. 따라서 계자전류를 1.69 A로 조정해준다.

(d) 계자전류를 계속 줄이면 속도가 올라가는데, 토크는 일정하므로 식(A)와 같이 $I_f I_a = 60$ 의 관계가 유지되면서 계자전류에 반비례하여 전기자전류가 상승하며, 전기자전류가 50 A에 이르렀을 때가 속도상승 한계이다. 이 상태를 첨자4로 나타내면

$$I_{f4} = \frac{60}{I_{a4}} = \frac{60}{50} = 1.2 \text{ A}$$

이때의 유기기전력을 구하면

$$E_{a4} = V_T - R_a I_{a4} = 300 - 0.4167 \times 50 = 279.2 \text{ V}$$

이에 해당하는 속도는 아래의 비례식으로부터 계산된다.

$$\frac{E_{a4}}{E_{a1}} = \frac{I_{f4}n_4}{I_{f1}n_1} \text{ 즉 } \frac{279.2}{287.5} = \frac{1.2 \times n_4}{2 \times 1{,}150}$$

$$n_4 = 1{,}861 \text{ rpm}$$

다른 방식으로, 전기자 입력전류가 정격전류가 되었을 때의 변환전력으로 구할 수도 있다. 전기자 입력전력에서 전기자저항 동손을 빼면 아래와 같이 변환동력이 구해진다.

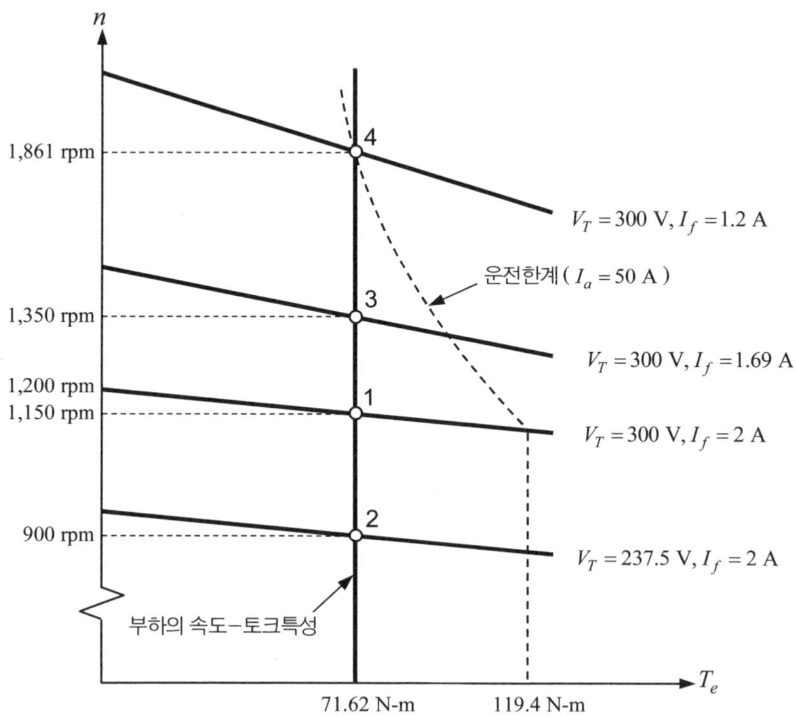

그림 7-20

$$P_{em} = V_T I_a - R_a I_a^2 = 300 \times 50 - 0.4167 \times 50^2 = 13,958 \text{ W}$$

이 변환동력이 $T_e\omega$ 와 같아야 한다. 이때 부하토크는 (a)에서와 같으므로

$$\omega = \frac{P_{em}}{T_e} = \frac{13,958}{71.62} = 194.9 \text{ rad/sec} = 1,861 \text{ rpm}$$

(e) 이상 동작상태들의 속도-토크특성과 동작점은 그림 7-20에 보인 것과 같다.

직권전동기의 속도제어

직권전동기의 속도-토크특성은 7-2절에서 설명하였듯이 아래 식으로 주어진다.

$$\omega = \frac{V_T}{\sqrt{kc}} \frac{1}{\sqrt{T_e}} - \frac{R_{as}}{kc} \tag{7-21}$$

여기서 속도제어를 위해 조절할 수 있는 변수는 전원전압 V_T 와 저항 R_{as}, 그리고 자속과 전기자전류 사이의 비례상수 c 이다($\phi = cI_a$).

그림 7-21(a)는 인가전압을 제어할 때 속도-토크특성의 변화이다. 식 (7-21) 우변에서 두번째 항의 비중이 작기 때문에 속도-토크특성 전체가 대략 전압에 비례하는 특성을 보인다. 물론 정격전압 이하로 속도를 낮추는 데에 적용된다. 전동기 여러 대가 같은 축에 연결되는 견인용 전동기에서는 인가전압제어의 한 방식으로 그림 7-21(b)와 같이 저속운전에서는 직렬로 연결하여 인가전압을 낮추고 고속운전에서는 병렬로 연결하여 전전압을 가하는 방식이 사용된다.

그림 7-22는 직렬저항 삽입에 의한 속도제어 방식을 보여주고 있다. 직렬저항을 삽입하면 식 (7-21)의 뒤쪽 상수항이 커짐으로 해서 속도-토크특성이 전체적으로 아래로 내려온다. 타려식 전동기

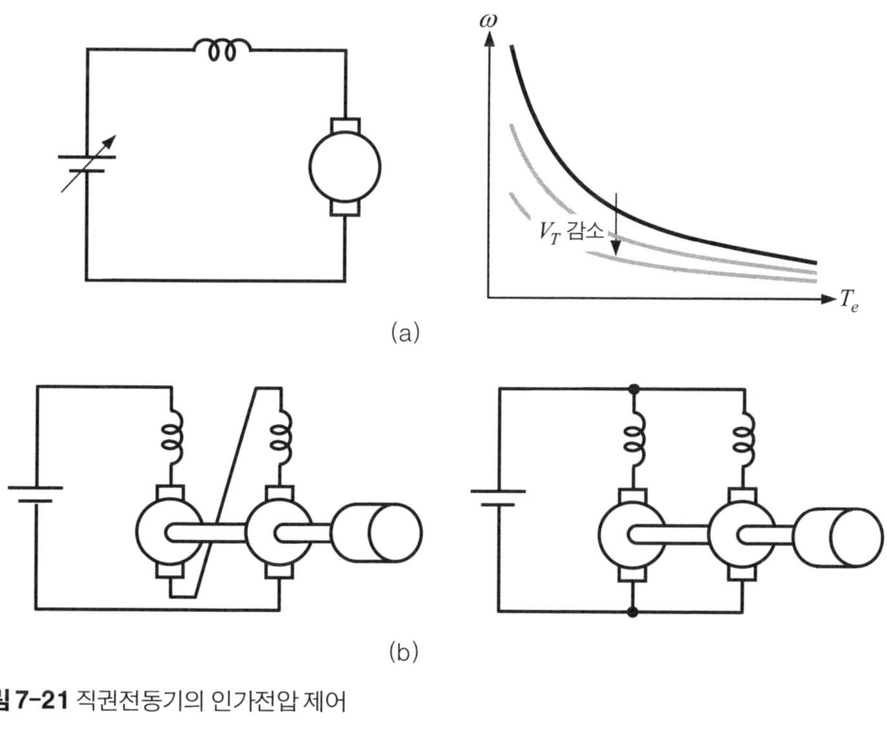

그림 7-21 직권전동기의 인가전압 제어

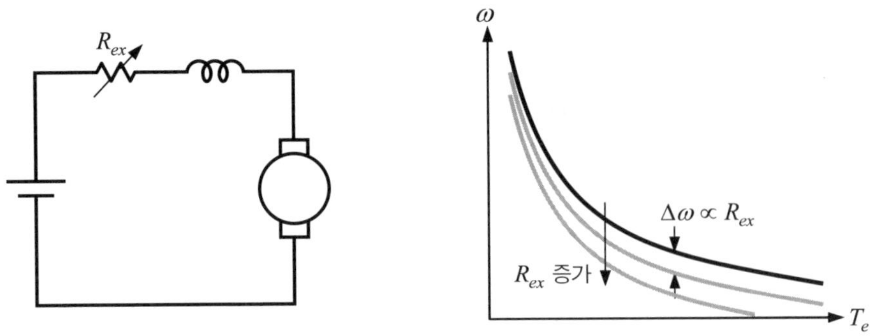

그림 7-22 직권전동기의 직렬저항에 의한 속도제어

에서 부하토크에 따라 직렬저항의 속도제어효과가 달라졌던 것과 달리 직권에서는 부하토크에 무관하게 속도 변화량이 삽입저항에 비례한다. 직렬저항에서 일어나는 손실은 속도제어가 간헐적으로 짧은 기간 동안 이루어지는 직권전동기의 용도상 대개 문제가 되지 않으며, 속도변동률이 커지는 것 역시 직권전동기에서는 의미가 없다.

그림 7-23은 직권전동기의 자속제어 방식이다. 그림 (a)와 같이 계자에 병렬로 분류저항기를 설치하면 전기자전류의 일부가 계자를 거치지 않게 되므로 $\phi = cI_a$에서 c를 줄이는 효과를 갖는다. 따라서 식 (7-21)의 첫 항이 커져 속도가 올라가게 된다. (두번째 항의 영향은 미미하다.) 반면에 분류저항기를 흐린 선으로 나타낸 것과 같이 전기자 양단에 설치하면 계자전류가 전기자전류보다 커지

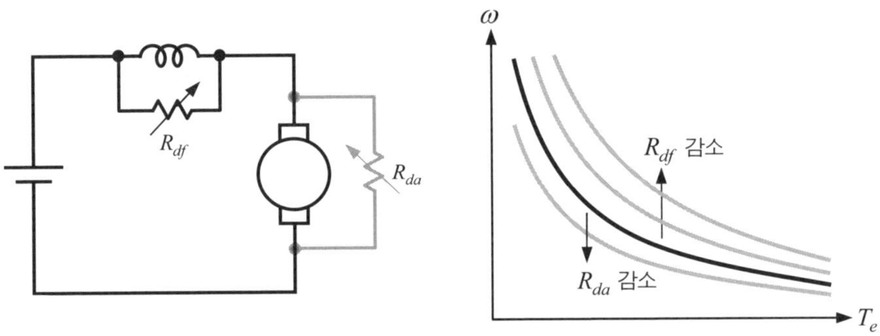

(a)

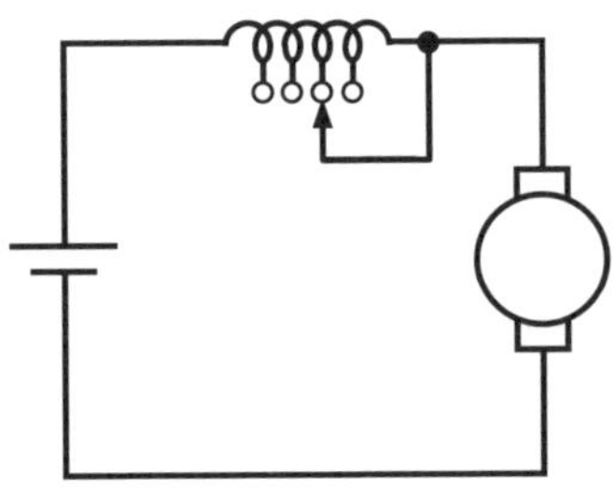

(b)

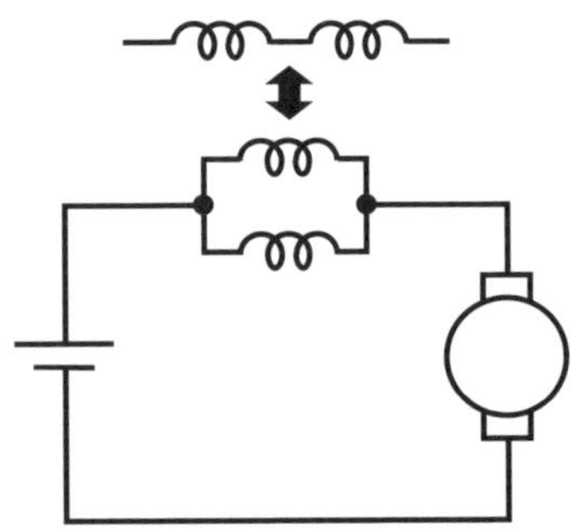

(c)

그림 7-23 직권전동기의 자속제어

게 되므로 c를 키우는 효과를 주어 속도가 떨어지게 된다. 단 계자전류가 정격전류를 넘지 않도록 경부하에서 적용해야 하고, 정격부하 부근에서는 일시적으로 속도를 낮출 때만 적용한다. 그림 (b)는 계자권선에 탭을 내어 일부만 사용하는 방식이다. c를 줄여 속도를 올린다는 점에서 계자 분류저항과 마찬가지 효과를 갖는다. 계자권선에 탭이 설치된 전용 전동기여야 하며, 견인전동기의 속도제어에 주로 적용되어 왔다. 그림 (c)는 계자권선을 분할해서 직렬/병렬 절환으로 속도를 제어하는 방식이다. 병렬로 하면 계자전류가 병렬회로수의 비율로 줄어들어 속도가 상승한다. 팬 구동 등에서 간단하게 속도를 변경하는 데에 적용된다.

7-6 직류전동기의 기동

직류전동기가 운전 중에 있을 때는 전기자 역기전력이 전원전압에 거의 근접한 상태에서 전기적 평형을 이룬다. 그러나 정지상태에서기동시킬 때는 역기전력이 0이기 때문에 정격전압을 직접 인가하면 매우 큰 전류가 흐른다. 예를 들어 전기자저항이 0.05 pu라면 정격전류의 20배에 달하는 전류가 흐른다. 소형 전동기는 pu전기자저항이 크고 또 관성이 작아서 금방 가속되므로 큰 문제가 되지 않지만 대형 직류전동기에 전전압을 직접 가하면 정격전류의 수십 배에 달하는 전류가 흐르고, 특히 부하의 관성이 큰 경우 그 지속시간이 길어져 심각한 문제가 발생한다. 큰 전류는 온도를 상승시킬 뿐 아니라 도체들 사이에 작용하는 급격한 기계적 응력과 열팽창을 일으켜 절연물에 심한 열적 기계적 스트레스를 가한다. 이로 인해 절연물의 수명이 단축되고, 소손될 수도 있다. 또 보극의 포화로 정류작용이 악화되면서 브러시와 정류자 사이의 불꽃으로 접촉면의 마모와 손상이 일어날 수 있으며, 전원측에서도 설비 손상이나 트립으로 인한 정전 등의 문제가 일어날 수 있다. 따라서 직류전동기의 기동전류는 전부하전류의 200~250 %로 제한된다.

수동식 기동기

그림 7-19에서와 같이 가변전원으로 속도제어를 하는 경우에는 기동할 때 낮은 전압에서부터 서서히 올려주기 때문에 이런 문제가 발생하지 않지만 가변전원에 의해 구동되지 않는 용도에서는 기동용 직렬저항을 삽입하여 전류를 제한하는 방법이 사용된다. 그림 7-24는 이를 위한 수동식 기동기를 보여주고 있다. 전기자에 연결되는 단자에 몇 단계로 구분된 저항이 있고 여기에 접촉하게 되어 있는 회전레버가 전원 쪽으로 연결된다. 평상시 레버는 스프링에 의해 당겨져 계자와 전기자 모두 개방된 상태에 있다. 레버에 부착된 손잡이를 잡고 회전시켜 레버 끝의 단자 M을 N에 접촉시키면 계자에 전류가 공급되는 한편 전기자에 기동기의 저항을 거쳐 전류가 흐르고 기동이 시작된다. 그 상태에서 속도가 일정해질 때까지 잠시 기다렸다가 다음 단계로 이동하면 저항이 한 단계 줄어들어 전류가 상승하고 전동기는 다시 가속된다. 속도가 일정해지면 다음 단계로 이동한다. 이렇게 해서 최종단계에 이르면 전기자가 저항을 거치치 않고 전원에 직접 연결된다.

기동이 완료된 상태에서 전자석으로 동작하는 걸쇠장치에 의해 회전레버는 그 자리에 고정된다. 여기서 전자석의 코일이 계자와 직렬로 연결되어 있음에 주목할 필요가 있다. 운전 중 정전이 일어나면 전자석이 해제되어 레버가 스프링에 의해 원위치로 돌아오므로 계자회로와 전기자회로가 모두 개방된다. 따라서 전원이 복구되더라도 다시 기동을 시키기 전에는 전기자에 전원이 인가되는 일이 일어나지 않는다. 그리고 운전 중 계자회로가 어떤 이유로 단선되었을 때도 전자석이 해제되어

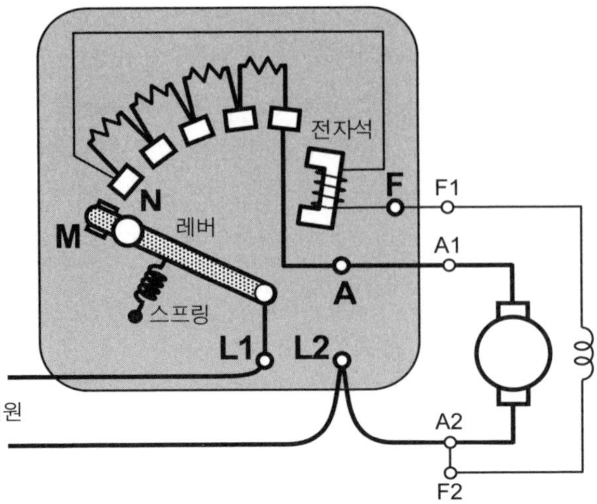

그림 7-24
직류전동기의 수동식 기동기

주전원이 개방상태로 돌아온다. 이는 전기자에 전원이 가해진 상태에서 계자회로가 개방되었을 때 전동기의 폭주를 방지하는 역할을 한다.

전동기의 기동이 이와 같이 수동조작으로 이루어지는 경우, 레버를 지나치게 빨리 회전시키면 기동전류를 충분히 억제할 수 없고, 반대로 지나치게 천천히 회전시키면 기동기 저항이 과열될 수 있다. 따라서 조작자의 숙련도에 크게 좌우되고 오차가 클 수밖에 없는 수동 기동방식은 오늘날 단순한 소형 설비 외에는 거의 사용되지 않으며, 대부분 아래와 같은 자동화된 기동회로가 적용된다.

기동시퀀스회로

그림 7-25는 계전기와 접점을 사용하여 기동 과정을 자동화시킨 예를 보여주고 있다. 두 개의 기동저항 R1과 R2를 전기자에 직렬로 삽입하여 기동이 3단계로 이루어지도록 한 것으로, R1, R2에 각각 병렬로 접점 3과 4가 접속되어 있어서 접점이 닫히면 해당 저항이 전기자전류의 경로에서 탈락된다. 기동저항을 포함한 전기자회로 전체는 접점 1을 통해 전원에 접속된다. 그림 위편에 나타내었듯이 접점들은 접점에 표기된 번호(k)와 같은 번호의 계전기에 의해 작동한다. 계전기가 어떤 조건에 의해 작동하면 계전기와 같은 번호로 표시된 접점들이 '평상상태'에서 '작동상태'로 바뀐다. 평상시 개방(Normal Open: NO) 상태라면 닫히는 상태로, 평상시 닫힌(Normal Close: NC) 상태라면 개방상태로 전환된다. 기동저항의 접점 3과 4를 동작시키는 계전기3과 계전기4는 전기자에 병렬로 연결되어 있다. 이들은 특정 전압 이상에서 동작하는 계전기로, 4의 동작전압이 더 높은 것으로 가정한다. 아래쪽 두 개의 푸시버튼 START와 STOP은 전동기의 기동 및 정지 스위치이다.

회로의 동작순서는 다음과 같다.

1. START 버튼을 누르면 계전기1에 전압이 가해져 START 버튼에 병렬인 접점1이 닫히므로 버튼에서 손을 뗀 뒤에도 계전기1의 작동이 유지된다.(이를 자기유지회로라 한다.)
2. 동시에 주접점 1이 닫혀 R1과 R2를 통해 전원이 전기자에 접속되고 기동이 시작된다. 이때 초기 전류는 전원전압을 전체 직렬저항 및 전기자저항의 합으로 나눈 값이 된다.
3. 속도가 올라가면 전기자 기전력이 나타나고, 전류가 줄어든다. 기전력이 계전기3의 동작전압(E_1)에 도달하면 접점3이 닫혀 R1이 탈락된다. 이에 따라 전류가 다시 커지고 토크도 커

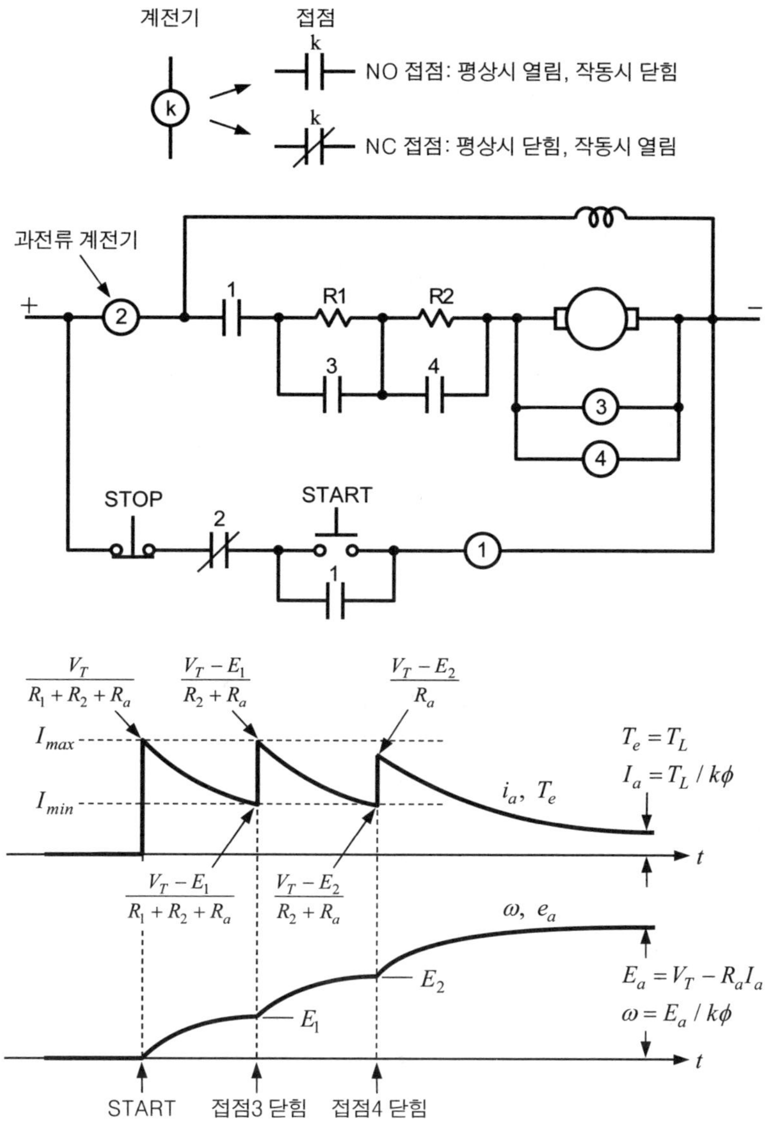

그림 7-25 계전기와 접점을 사용한 기동회로와 기동 과정에서 전류(토크)와 속도(기전력)

지면서 속도 상승률이 커진다.

4. 기전력이 계전기4의 동작전압(E_2)에 도달하면 접점4가 닫혀 R2도 탈락하고, 전기자가 직접 전원에 연결된다. 전류가 다시 커지면서 토크와 속도 상승률이 다시 커진다.
5. 이후 전기자전류는 토크가 부하토크에 기계적 평형을 이루는 전류로 수렴하고 그 전류에서 기전력이 전원전압과 전기적 평형을 이루는 속도에 도달하면 가속이 완료된다.
6. 운전 중 STOP 버튼을 누르면 계전기1이 해제되고 접점1이 개방되어 전기자가 전원에서 분리되고 전동기는 정지한다. 자기유지회로의 접점1도 개방되었으므로 푸시버튼에서 손을 떼도 정지상태가 유지된다.

기동저항 R_1, R_2와 계전기 3, 4의 설정치 E_1, E_2를 적절히 선정하면 그림에 나타낸 것과 같이 기동과정에서 전류를 정해진 I_{max}와 I_{min} 범위 내로 유지하면서 가속이 이루어지게 할 수 있다. 이를 위해서는 기동저항이 한 단계씩 탈락할 때마다 전기자저항을 포함한 전체 저항값이 등비급수로 변하도록 해야 한다. 예를 들어 기동 과정에서 전류가 정격전류에서 정격전류 2배까지의 범위에 있도록 ($I_{min} = I_R, I_{max} = 2I_R$) 하려면 매 단계에서 저항이 탈락한 직후의 합산저항이 탈락 직전의 절반으로 줄어야 한다. 맨 처음의 총 저항값을 R_{tot}라 했을 때 기동저항이 n단계로 구분되어 있다면 이 등비급수의 최종항이 전기자 자체저항과 같거나 작아야 하므로

$$\left(\frac{I_{min}}{I_{max}}\right)^n R_{tot} \le R_a \tag{7-22}$$

이로부터 필요한 기동단계 수(정수)는 아래의 식으로 주어진다.

$$n \ge \frac{\log(R_{tot} / R_a)}{\log(I_{max} / I_{min})} \tag{7-23}$$

I_{min}을 I_{max}에 근접시켜 전류의 변화폭을 좁히면 토크가 최대치 부근으로 유지되므로 가속이 더 빨리 이루어지는데, 그렇게 하기 위해서는 기동저항을 더 여러 단계로 나누어야 한다. 이렇게 정해진 단계별 저항값으로부터 그에 대응하는 $E_1, E_2, \cdots$를 결정할 수 있다.

그림 7-25에서 과전류계전기는 단락 등의 문제가 일어났을 때 차단시키기 위한 것으로, 기동전류보다 훨씬 큰 전류에서 작동한다. 과전류가 흘러 접점2가 개방되면 STOP 버튼을 누른 것과 마찬가지로 전동기가 정지한다. 그림에는 없지만 과부하계전기도 마찬가지 방식으로 포함시킬 수 있다. 과부하계전기는 정격전류보다 큰 전류가 어느 시간 이상 흐르면 내부에서 발생하는 열에 의해 작동하는 열동형 계전기로서, 기동 과정과 일시적 과부하상태에서는 작동하지 않도록 조정된다.

7-7 직류전동기의 제동

전동기는 전원을 차단하면 이내 멈추는 것으로 생각하기 쉽지만 대형 전동기로 관성이 큰 부하를 구동할 때는 정지하기까지 수십분 이상 걸리는 경우도 드물지 않다. 이러한 부하를 신속히 제동하고자 한다면 운동에너지를 브레이크의 마찰열로 소모시키는 대신 전동기를 발전기로 동작시켜 기계적 운동에너지를 전기적 에너지로 회수함으로써 제동시간을 단축시킬 수 있다.

발전제동

가장 간단한 방법은 그림 7-26에서 보듯이 전기자를 전원에서 분리시킨 후 외부 저항기에 접속하는 것이다. 이때 계자전류를 그대로 두면 계속 회전하고 있는 전기자에 이전과 같은 극성의 기전력이 유지된다. 그러나 이 기전력에 의해 외부 저항으로 흐르는 전류는 이전과 반대 방향이므로 회전 방향으로 작용하던 토크가 회전 반대 방향의 제동토크로 작용하게 된다. 전기자는 기계적 운동에너지를 흡수하면서 발전기로 동작하고, 발전된 에너지는 외부 제동저항에서 열로 소모된다. 제동저항에서 에너지가 소모되는 것은 기계적 브레이크에서 마찰열로 에너지가 소모되는 것과 마찬가지로, 이렇게 제동토크를 얻는 방법을 **발전제동**(dynamic braking)이라 한다.

최대의 제동효과를 얻기 위해 제동 초기 전류가 전동기가 감당할 수 있는 최대 전류가 되게 제동

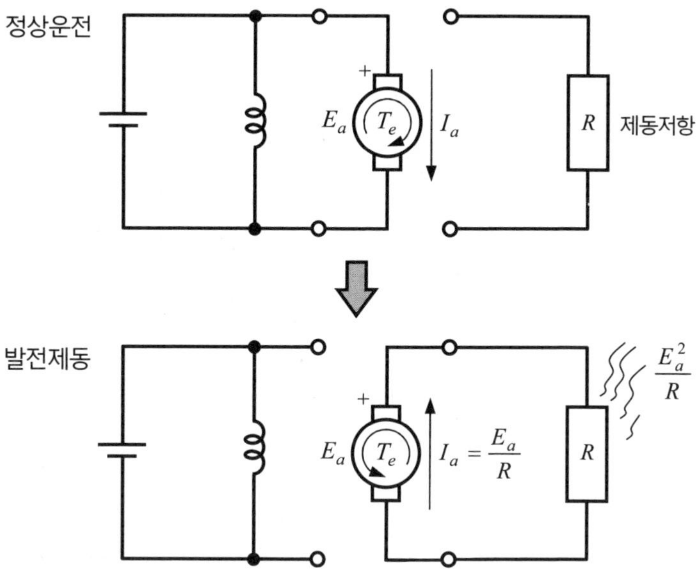

그림 7-26
발전제동

저항값을 정하며, 통상 정격전류의 2배 정도로 한다. 이렇게 했을 때 제동 초기 소모전력은 전동기 정격출력의 2배, 제동토크도 정격토크의 2배가 된다. 그러나 속도가 떨어짐에 따라 기전력이 하락하면 제동저항의 소모전력(E_a^2 / R)이 줄어들면서 제동효과도 떨어진다. E_a가 속도에 비례하므로 소모전력이 속도의 제곱에 비례하고, 따라서 그 시점의 운동에너지($W = J\omega^2/2$)에 비례한다. 즉 운동에너지 감소율이 그 시점의 운동에너지에 비례하며($dW/dt = kW$), 이는 운동에너지가 지수함수로 하락함을 뜻한다. 지수함수의 제곱근도 지수함수이므로 속도 역시 지수함수로 하락한다. 따라서 시간이 지나면서 하락추세가 완만해지므로 제동시간 단축을 위해 서는제동저항을 단계적으로 줄여나갈 필요가 있다. 구동하던 부하가 계속 연결되어 있다면 부하토크가 함께 제동토크로 작용하므로 더 빨리 제동이 이루어지게 된다. 대개 발전제동으로 어느 정도 속도가 떨어지고 나면 기계식 브레이크를 가해 정지시킨다.

역전제동

역전제동, 혹은 **플러깅**(plugging)이란 전동기 운전 중 인가전압의 극성을 뒤집어 접속하는 것을 말한다. 전압이 역전되면 전류가 반대로 흐르고, 따라서 반대 방향으로 토크가 유기되어 제동이 이루어진다. 그러나 운전 중에 단순히 전압을 뒤집어주었다가는 전동기가 소손되어버리고 만다. 전원전압과 전기자 기전력이 거의 같은 상태로 맞서면서 평형을 이루고 있다가 전원전압이 반전되면 둘이 더해져 정격의 거의 2배 전압을 가하여 기동하는 것이나 마찬가지 상태에 놓이기 때문이다. 이때 정격전류의 수십 배가 흐를 수 있으므로 반드시 전류제한 저항을 삽입해야 한다.

그림 7-27에서 전기자 접속을 플러깅 상태로 전환하면 전기자가 이전 반대 방향으로 접속되면서 그 경로에 제동저항이 직렬로 삽입된다. 제동저항은 플러깅 초기전류가 정격전류의 2배 정도가 되게 정한다. 이렇게 했을 때 초기에 전기자에서 방출되는 전력은 전동기 정격출력의 2배가 되며, 같은 전류가 흐르는 전원으로부터도 같은 전력이 유입되면서 그 합이 제동저항에서 소모된다.

역전제동은 발전기로서 동작하면서 기계적 에너지를 흡수한다는 점에서 발전제동과 같지만 속

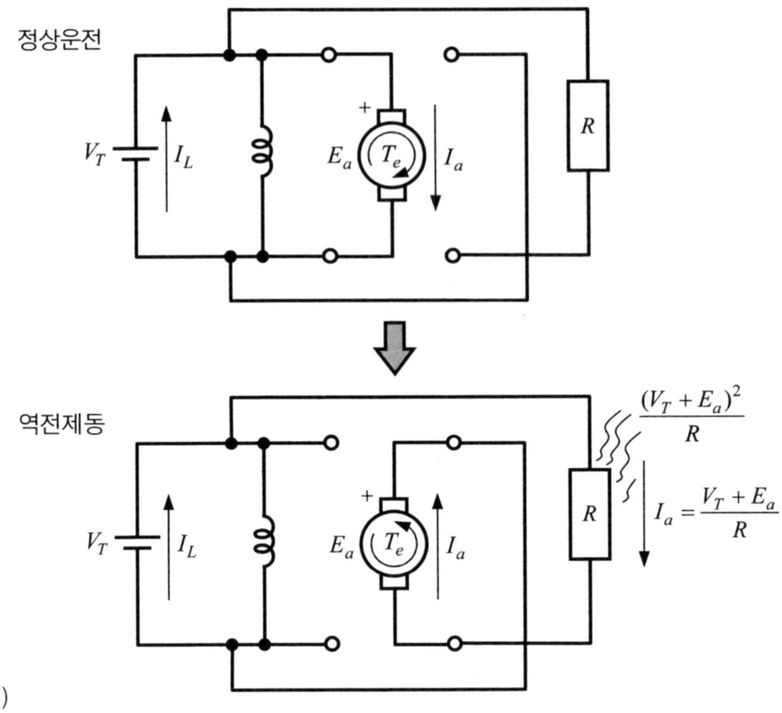

그림 7-27
역전제동(플러깅)

도가 떨어져 기전력이 하락하더라도 전원전압에 의해 계속 전류가 흐르면서 제동토크가 유지되므로 더 빠른 제동이 이루어진다. 그러나 그 과정에서 전원으로부터 계속 전력이 공급된다는 문제가 따른다. 전동기의 기전력은 속도에 따라 하락하지만 전원전압은 일정하므로 전류가 흐르면서 전원에서 유입되는 전력이 전기자가 방출한 전력보다 크다. 즉 운동에너지를 소모시키면서 그보다 더 많은 에너지를 전원이 소모하므로 에너지 낭비가 클 수밖에 없다. 따라서 역전제동은 비교적 간단한 방식을 써서 급속히 제동해야 할 경우에만 적용된다.

한편 역전제동시에는 전동기가 멈춘 뒤 반대방향으로 회전하는 것을 막기 위해 거의 정지상태에 이르면 회로를 개방하고 기계식 브레이크를 가해야 한다.

회생제동

전동기와 부하의 관성이 커서 운동에너지가 크고 또 기동/정지를 자주 반복해야 하는 경우에는 제동 과정에서 회수된 운동에너지를 저항에서 소모시켜버리면 에너지의 낭비가 크다. 전기기관차가 대표적인 예이다. 이런 부하에서는 회수된 에너지를 전원측으로 반환시킴으로써 운전효율을 높이는 방법이 사용된다. 이를 **회생제동**(regenerative braking)이라 한다.

회생제동의 개념은 단순하다. 그림 7-28에서 보듯이 평상시 V_T 가 E_a 보다 약간 높은 상태로 전원에서 전동기 쪽으로 전류가 흐르지만 V_T 보다 E_a 가 더 커진다면 전류가 반대 방향으로 흐르게 될 것이다. 그 결과 토크가 반대로 유기되어 제동토크로 작용하며, 전동기는 발전기로서 동작하면서 기계적 에너지가 흡수되고 전동기의 내부 손실을 제외한 에너지가 전원으로 반환된다. 이러한 회생동작은 다음 두 가지 경우에 일어날 수 있다: (1) 유기기전력이 전원전압보다 높아졌을 때 (2) 전원전압을 유기기전력 이하로 낮췄을 때.

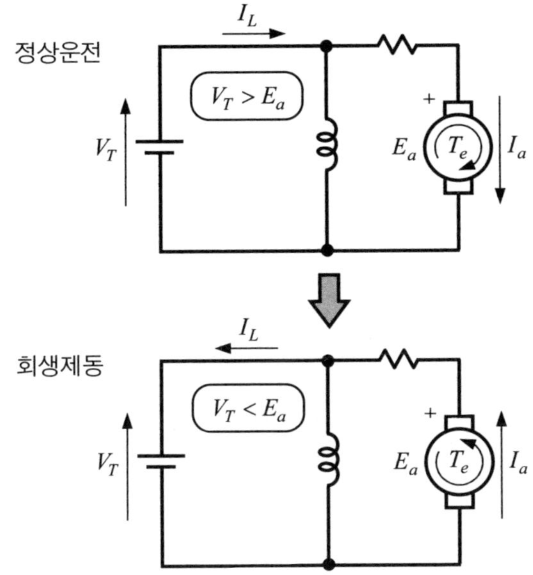

그림 7-28
회생제동

능동적 부하의 회생제동

먼저 유기기전력이 전원전압보다 높아지는 경우는 전동기의 회전에 저항하던 부하토크가 전동기의 회전방향으로 작용하게 되었을 때 일어난다. 그림 7-29에서 보듯이 동작점 A에서 전동기로 동작하는 상태에서 부하토크의 방향이 반전되어 회전방향으로 가해진다면 동작점이 B로 이동한다.

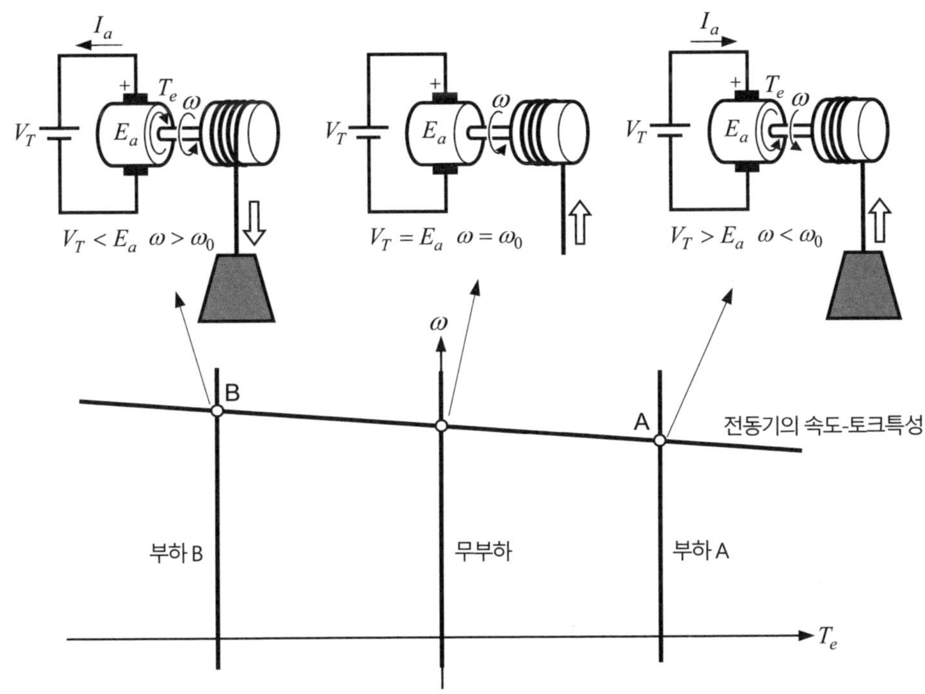

그림 7-29 능동적 부하에 의해 역방향 토크가 가해져 무부하속도보다 속도가 높아졌을 때의 회생제동

그 결과 속도가 무부하속도 ω_0 이상으로 상승하여 기전력이 전원전압보다 높아지고, 전류 방향이 반전된다. 따라서 토크가 회전 반대 방향으로 유기되므로 기계적 에너지를 흡수하여 전원측으로 전달하는 발전기 동작상태가 된다.

이러한 동작은 토크가 항상 회전 반대방향으로만 작용하는 수동적 부하에서는 일어날 수 없고, 스스로 토크를 발생하는 능동적인 부하에서만 일어날 수 있다. 이때 부하는 직류발전기에 기계적 에너지를 공급하는 원동기 역할을 하게 되며, 이 경우의 '제동'이란 전동기를 정지시키는 동작이라기보다는 역방향 토크를 가함으로써 속도가 어느 이상으로 상승하지 못하게 억제한다는 의미에 가깝다. 직류전동기로 구동되는 자동차가 경사가 큰 내리막길에 들어섰을 때가 이런 경우에 해당한다.

전원전압 변경에 의한 회생제동

전동기 운전 중 전원전압을 역기전력보다 낮춰주면 전류 방향이 반전되면서 마찬가지로 회생동작이 일어난다. 그림 7-30(a)에서 타려식 전동기의 속도-토크특성이 부하의 속도-토크특성과 만나는 지점 A에서 동작이 이루어지고 있다고 하자. 이 상태에서 전압을 천천히 낮추면 전동기의 속도-토크특성이 아래쪽으로 이동하고, 동작점이 그림의 A에서 C 쪽으로 이동하면서 속도가 떨어질 것

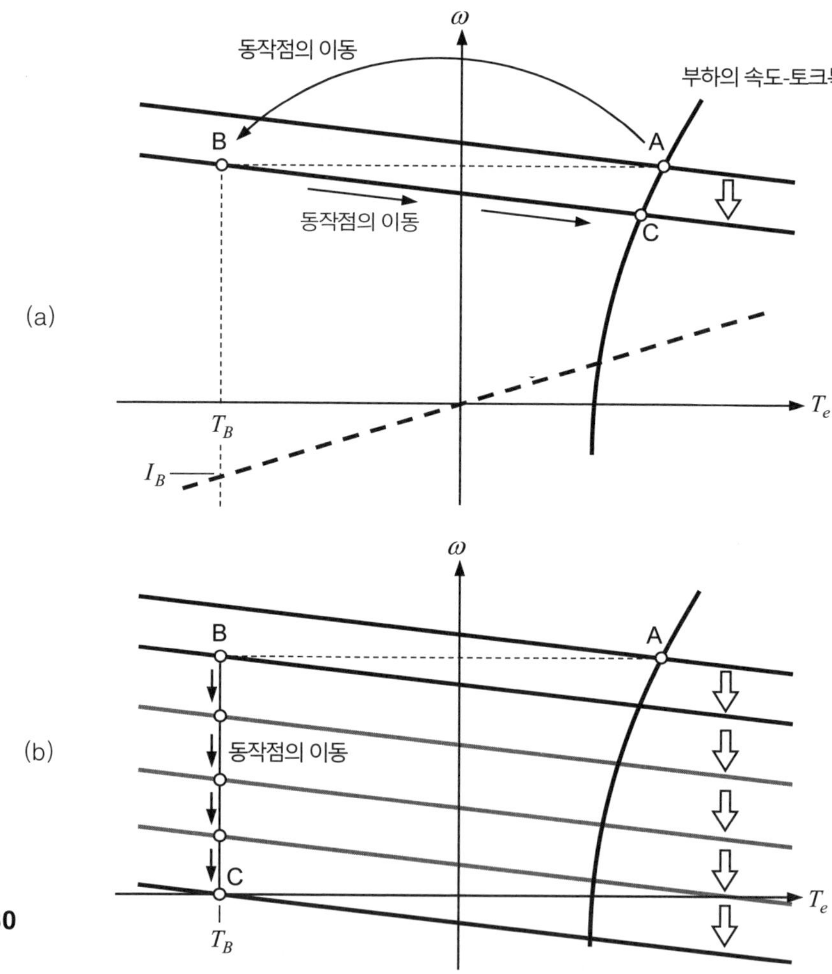

그림 7-30
회생제동

이다. 그러나 중간과정 없이 전압을 한번에 낮추면 속도-토크특성이 아래쪽 직선으로 바로 이동하며, 이때 전동기와 부하는 관성에 의해 여전히 이전 속도로 회전하고 있으므로 동작점이 B로 점프하고, 토크는 B점에서의 토크 T_B가 된다. 이는 역방향 토크로서 부하 토크에 더해져 함께 제동시키는 토크로 작용한다. 그림의 점선은 전동기의 전류를 나타낸 것으로, 동작점 B에서의 전류가 I_B 로 표시되어 있다.

만일 전압을 낮춘 뒤 이후 전원전압을 그 상태 그대로 둔다면 그림 (a)에 나타내고 있듯이 속도가 떨어지면서 동작점이 새로운 평형점 C로 이동하게 될 것이다. 그러나 만일 B 지점에서 속도가 떨어지면서 역기전력이 줄어들 때 인가전압도 같이 낮춰가면서 전압차 $E_a - V_T$ 를 일정하게 유지시킨다면 전류를 계속 I_B 로 일정하게 유지시킬 수 있고, 따라서 정지할 때까지 줄곧 일정한 제동토크가 가해지게 할 수 있다. 그림 7-30(b)는 이런 방식으로 인가전압을 연속적으로 낮춰 동작점이 C의 정지 상태에 도달할 때까지 제동하는 것을 보여주고 있다. 이때 I_B 를 전동기가 감당할 수 있는 최대 전류로 하면 최대의 제동효과를 유지할 수 있다.

이러한 방식으로 회생제동이 이루어지기 위해서는

1. 전압을 가변시킬 수 있는 가변 직류전원이 필요하다.
2. 이 가변 직류전원이 역방향 전류를 받아들이면서 전력을 흡수할 수 있어야 한다. 예컨대 그림 7-19에 보인 제어정류기의 경우에는 전류가 역방향으로 흐를 수 없다. 따라서 양방향 전력전달이 가능한, 보다 복잡한 형태의 구동시스템이 필요하다.
3. 전기자저항이 작기 때문에 전압의 작은 차이에도 자칫 과전류가 흐를 수 있다. 따라서 인가전압을 낮춰갈 때 전류가 어느 이상을 넘지 않도록 하락속도를 잘 조절해야 하는데, 전류를 검출하여 일정하게 유지되도록 인가전압을 제어하는 피드백 제어가 필요하다.

이러한 복잡성이 따르긴 하지만 애초에 가변전압 속도제어를 하고 있는 경우라면 큰 추가비용을 들이지 않고도 회생제동을 통해 에너지 이용효율을 높일 수 있다. 반드시 에너지 회수를 목적으로 하지 않더라도 효과적인 감속특성을 얻을 수 있다는 점에서 빠른 응답을 필요로 하는 전기철도나 전기자동차, 공작기계 등 고성능 속도제어 시스템에서는 회생제동 기능을 갖추고 있는 경우가 많다.

예제 7-8

정격전압 300 V, 정격전류 50 A, 전기자저항 0.3 Ω인 타려식 직류전동기가 정격전압에서 일정 토크 부하를 1,150 rpm으로 구동할 때 30 A의 전류가 흐른다. (a) 인가전압을 급속히 낮춰 전압변경 직후 역방향으로 정격의 2배 전류가 흐르게 하려면 전압을 얼마로 변경시켜야 하는가? (b) 인가전압을 변경시킨 상태 그대로 둔다면 속도는 최종적으로 얼마가 되는가? (c) (a)의 상태에서 전압변경 직후 제동토크는 얼마인가? 이후 인가전압을 연속적으로 낮춰가면서 전류를 일정하게 유지시킨다면 전동기가 정지하는 데에 얼마의 시간이 걸리는가? 전동기 회전자와 부하의 관성모멘트 합은 20 kg-m²이다. (d) 이와 같이 제동이 이루어졌을 때 전원을 차단하여 자연적으로 정지했을 때에 비해 얼마나 빨리 정지하는가?

(a) 전압을 변경시키기 전 전동기의 역기전력은

$$E_a = V_T - R_a I_a = 300 - 0.3 \times 30 = 291 \text{ V}$$

이 기전력에서 전기자에 역방향으로 100 A가 흐르게 하는 인가전압은

$$V_{T1} = E_a + R_a I_a = 291 + 0.3 \times (-100) = 261 \text{ V}$$

(b) 일정토크 부하이므로 인가전압을 위의 값으로 유지시키면 속도가 하락하여 다시 기계적 평형을 이루게 되었을 때 전류가 이전과 같은 30 A가 될 것이다. 이때의 유기기전력은

$$E_{a1} = V_{T1} - R_a I_a = 261 - 0.3 \times 30 = 252 \text{ V}$$

역기전력이 291 V일 때 1,150 rpm이었으므로 252 V일 때의 속도는

$$n_1 = \frac{252}{291} \times 1{,}150 = 996 \text{ rpm}$$

(c) 전압변경 전의 속도와 역기전력으로부터

$$k\phi = \frac{E_a}{\omega} = \frac{291}{1{,}150 \times (2\pi / 60)} = 2.416$$

이므로 전압 변경 후 역방향으로 100 A가 흐를 때의 토크는

$$T_e = k\phi I_a = 2.416 \times (-100) = -241.6 \text{ N-m}$$

이고 이 토크가 부하토크에 더해져 제동토크로 작용한다. 부하토크는 전압변경 전 30 A가 흐를 때의 토크와 같다. 따라서

$$T_L = 2.416 \times 30 = 72.49 \text{ N m}$$

$$T_{brake} = 241.6 + 72.49 = 314.1 \text{ N-m}$$

$$\frac{d\omega}{dt} = -\frac{T_{brake}}{J} = -\frac{314.1}{20} = -15.71 \text{ rad/sec}^2$$

$$\Delta t = \frac{1{,}150 \times (2\pi / 60)}{15.71} = 7.7 \text{ sec}$$

(d) 전원을 차단하면 부하토크만에 의해 제동이 이루어진다. 즉 $T_{brake} = 72.49$ N-m이므로

$$\frac{d\omega}{dt} = -\frac{T_{brake}}{J} = -\frac{72.49}{20} = -3.62 \text{ rad/sec}^2$$

$$\Delta t = \frac{1{,}150 \times (2\pi / 60)}{3.62} = 33.2 \text{ sec}$$

이에 비해 (c)의 경우 제동시간이 $7.7 / 33.2 = 1 / 4.3$ 로 단축되는 것을 알 수 있다.

연습문제

7-1. 어떤 직류전동기가 150 N-m의 토크를 유기하고 있는 상태에서 계자 자속을 10 % 줄였더니 전기자전류가 50 % 상승하였다. 이때 유기토크는 얼마가 되는가?

7-2. 120 V 타려식 직류전동기가 50 A가 흐를 때 속도가 1,045 rpm이었다. 부하가 변동하여 95 A가 흐를 때의 속도를 구하라. 전기자저항은 0.1 Ω이다.

7-3. 230V 분권 직류전동기의 정격 전기자전류가 60 A이다. 전기자저항은 0.15 Ω이다. 역기전력과 전기자에 공급되는 전력, 전기기계적 변환동력(마력)을 구하라.

7-4. 25마력 250 V 분권전동기의 전기자저항이 0.22 Ω, 계자저항 170 Ω이다. 무부하상태에서 정격전압을 가하였을 때 전기자에 3.0 A가 흐르고 회전속도가 1,200 rpm이었다. 전부하상태에서 입력전류는 55 A이다. 브러시의 전압강하는 무시한다.

(a) 계자자속이 일정하게 유지된다고 가정하고 전부하속도를 구하라.

(b) 전부하시 전기자반작용으로 자속이 6 % 줄어든다고 하였을 때 전부하속도를 구하라.

7-5. 240 V, 1,000 rpm, 10마력 분권전동기의 전부하효율이 85 %이다. 계자저항은 100 Ω, 전기자저항은 0.15 Ω, 브러시 전압강하는 2 V이다.

(a) 정격부하에서 이 전동기의 축토크는 얼마인가?

(b) 전부하 입력전류는 얼마인가?

(c) 전기자동손과 계자동손은 얼마인가?

(d) 전동기의 회전손실(전기자 철손 과 기계손의 합)은 얼마인가?

7-6. 250 V, 25마력 직권전동기의 전기자저항이 0.1 Ω이고 브러시전압강하가 3 V, 직권계자 저항은 0.05 Ω이다. 85 A가 흐를 때 회전속도가 600 rpm이었다. 전기자반작용과 자기포화의 영향은 무시한다.

(a) 전류가 100 A일 때와 40 A일 때의 속도를 구하라.

(b) 계자에 0.05 Ω의 분류저항기를 설치한 상태에서 100 A일 때와 40 A일 때의 속도를 구하라.

7-7. 예제 7-5의 직권전동기에서

(a) 전기자전류가 10 A, 20 A, 30 A, 40 A, 50 A, 60 A일 때의 속도와 토크를 각각 구하라.

(b) 위의 결과로부터 속도–토크곡선을 작도하라.

7-8. 온도가 올라가면 분권전동기는 속도가 올라가고 직권전동기는 속도가 하락하는 경향을 보인다. 그 이유를 설명하라.

7-9. 230 V, 10마력, 1,250 rpm 정격의 가동복권전동기의 전기자저항이 0.25 Ω, 보상권선과 보극 저항의 합이 0.25 Ω, 브러시의 전압강하가 5 V이다. 직권계자 저항이 0.15 Ω, 분권계자 저항은 230 Ω이다. 이 전동기를 분권계자만으로 동작시키는 경우 무부하상태에서 입력전류가 4 A, 회전속도가 1,810 rpm였다. 여기에 정격부하를 가했을 때 55 A가 흘렀다면 이때의 속도와 전기기계적 변환동력을 구하라.

7-10. 문제 7-9의 전동기를 외분권으로 결선하여 정격전류(55 A)로 동작시켰을 때 자속이 25 % 상승한다. 다음을 구하라.

(a) 무부하속도(입력전류 4 A)

(b) 전부하에서의 속도

(c) 전부하상태에서 유기토크

(d) 전부하상태에서 전기기계적 변환동력

(e) 위의 결과를 문제 7-9의 결과와 비교하여 어떠한 차이가 나타나는지 설명하라.

7-11. 120 V, 2,400 rpm의 분권 직류전동기의 전기자저항이 0.4 Ω, 계자저항이 160 Ω이다. 전부하에서 정격속도로 운전될 때 입력전류가 14.75 A, 무부하전류는 2 A이다. 회전손실이 속도에 비례한다면

(a) 전부하에서 회전손실을 결정하고 전동기의 효율을 구하라.

(b) 부하토크가 일정한 상태에서 전기자에 직렬로 3.6 Ω의 저항을 삽입하였다. 전동기의 속도와 직렬저항에서 소모되는 전력 및 전동기의 효율을 구하라.

7-12. 문제 7-11의 전동기에서 전기자 대신 계자에 80 Ω의 직렬저항을 삽입하였다. 전동기의 속도와 삽입된 저항에서 소모되는 전력 및 효율을 구하라. 계자의 자속이 계자전류의 제곱근에 비례하는 것으로 가정하고 자속이 감소하면서 속도가 상승할 때 전기자철손의 감소가 기계적손실의 증가를 상쇄하여 회전손실이 일정한 것으로 간주한다. 부하토크는 일정한 것으로 한다.

7-13. 정격전압 450 V, 전기자 정격전류 100 A, 전기자저항이 0.2 Ω인 타려식 직류전동기가 있다. 계자전류를 2 A로 하고 무부하상태에서 전기자에 정격전압을 가하였더니 1,200 rpm으로 회전하였다. 이 전동기에 일정토크 부하를 연결하였을 때

(a) 전기자전류가 40 A라면 이때의 속도는 얼마인가?

(b) 전동기의 속도를 600 rpm으로 낮추려면 전기자전압을 얼마로 해야 하는가?

(c) (a)의 상태에서 계자전류를 1.6 A로 줄였다면 속도는 얼마가 되는가?

(d) 주어진 부하상태에서 전동기의 속도를 최대 몇 rpm까지 높일 수 있는가?

7-14. 그림 7-18의 시스템에서 정격전압 750 V, 정격속도 955 rpm인 직류전동기로 속도의 제곱에 비례하는 토크특성을 지닌 부하를 구동하고 있다. 전동기는 보상권선을 가지고 있으며 보극 및 보상권선을 포함한 전기자저항이 0.00960 Ω이다. 전동기의 계자전류를 정격으로 유지한 상태에서 정격전압을 가하고 정격속도로 회전할 때 1,675 A의 전류가 흐른다. 다음을 구하라.

(a) 정격속도에서의 토크

(b) 정격 계자전류에서 정격속도 1/2 속도로 운전할 때의 전기자전압

7-15. 15마력, 240 V, 2,500 rpm 외분권 복권전동기가 정격부하에서 운전하고 있을 때 58.6 A의 전류가 흐른다. 전기자저항은 0.311 Ω, 직권계자는 극당 10턴에 0.322 Ω, 분권계자는 극당 1,360턴에 138 Ω이다. 전기자에 직렬로 1.6 Ω의 저항을 삽입하고 분권계자에 100 Ω의 직렬저항을 삽입하였더니 40 A의 전류가 흘렀다. 이때의 속도와 토크를 구하라. 브러시 전압강하와 자기포화는 무시한다.

7-16. 120 V 분권 직류전동기의 전기자저항이 0.2 Ω이고 브러시의 전압강하가 2 V이다. 전부하시 전기자전류는 75 A이다.

(a) 정지상태에서 전전압을 인가하였을 때 기동전류를 구하라.

(b) 기동전류를 정격전류의 200%로 제한하기 위해 전기자에 몇 Ω의 기동저항을 삽입해야 하는가?

7-17. 정격전압 120 V, 전기자 정격전류 75 A, 전기자저항 0.2 Ω인 전동기의 기동회로가 그림 7–25와 같다. 기동 중 $I_{min} = 75$ A , $I_{max} = 150$ A 가 되도록 R_1, R_2, 계전기 3과 4의 동작전압 E_1, E_2를 결정하라. 이로부터 접점 4가 닫혀 기동저항이 모두 탈락된 직후의 전류 $I_{a0} = (V_T - E_2) / R_a$ 를 구하라.

7-18. 문제 7-17을

(a) $I_{min} = 80$ A, $I_{max} = 150$ A의 조건에서 반복하고 I_{a0}를 구하라.

(b) $I_{min} = 70$ A, $I_{max} = 150$ A의 조건에서 반복하고 I_{a0}를 구하라.

(c) 위의 (a), (b)에서 구한 I_{a0}를 I_{max}와 비교했을 때 무엇을 알 수 있는가?

7-19. 정격전압 120 V, 전기자 정격전류 75 A, 전기자저항 0.2 Ω인 분권전동기가 무부하에서 1,200 rpm으로 회전하고 있다. 전동기의 GD^2은 0.8 kg-m²이다. 전동기를 발전제동시키고자 할 때 제동 초기전류가 정격전류의 2배가 되게 하려면 제동저항은 얼마인가? 이 상태에서 전동기의 속도가 초기 속도의 10%까지 감속하는 데에 걸리는 시간은 얼마인가? 기계적 손실과 브러시 전압강하는 무시한다.

7-20. 문제 7-19의 전동기가 초기에 50 N-m로 부하를 구동하고 있었다고 한다. 부하의 GD^2은 12 kg-m²이다. 아래 두 경우에 대해 같은 문제를 반복하라.

(a) 부하가 일정토크부하일 때

(b) 부하토크가 속도에 비례할 때

7-21. 정격전압 120 V, 전기자 정격전류 75 A, 전기자저항 0.2 Ω인 분권전동기가 50 N-m로 부하를 구동하고 있다. 역전제동으로 전동기를 제동하고자 할 때 제동 초기전류를 정격전류의 2배로 제한하기 위해 필요한 제동저항은 얼마인가? 브러시의 전압강하는 무시한다.

7-1. 202.5 N-m **7-2.** 1,004 rpm **7-3.** 221 V, 13,800 W, 17.77 hp **7-4.** (a) 1,147 rpm (b) 1,220 rpm **7-5.** (a) 71.24 N-m (b) 36.6 A (c) 175 W, 576 W (d) 497 W **7-6.** (a) 505 rpm, 1,311 rpm (b) 1,021 rpm, 2,634 rpm **7-7.** (a) 4,876 rpm 4.14 N-m, 2,431 rpm 15.9 N-m, 1,724 rpm 32.2 N-m, 1,331 rpm 53.2 N-m, 1,145 rpm 73.6 N-m, 1,033 rpm 93.1 N-m **7-9.** 1,603 rpm, 14.3 hp **7-10.** (a) 1,781 rpm (b) 1,230 rpm (c) 79.6 N-m (d) 13.7 hp **7-11.** (a) 143 W, 82.4 % (b) 1,343 rpm, 706 W, 46.1 % **7-12.** 2,907 rpm, 20 W, 84.9 % **7-13.** (a) 1,179 rpm (b) 233 V (c) 50 A, 1,467 rpm (d) 2,867 rpm **7-14.** (a) 12,289 N-m (b) 371 V **7-15.** 3,123 rpm, 18.23 N-m **7-16.** (a) 590 A (b) 0.587 Ω **7-17.** 0.4 Ω, 0.2 Ω, 60 V, 90 V, 150 A **7-18.** (a) 0.373 Ω, 0.227 Ω, 56 V, 85.8 V, 170.8 A (b) 0.426 Ω, 0.173 Ω, 64 V, 93.9 V, 130.6 A **7-19.** 0.6 Ω, 0.404 sec **7-20.** (a) 2.3 sec (b) 4.37 sec **7-21.** 1.33 Ω

8

교류기의 기초

교류기에는 유도기와 동기기 두 형태가 있다. 이들 교류기와 직류기 사이의 기본적인 차이점은 직류기가 정지상태의 자기장 안에서 전기기계적 에너지변환이 이루어지는 반면 교류기의 자기장은 회전운동을 한다는 데에 있다. 이를 회전자계라 한다. 직류기와 교류기의 또 다른 중요한 차이점은 고정자와 회전자의 역할에 있다. 직류기의 회전자는 전원에 접속되어 있으면서 동시에 축에 연결되어 있어서 전기적 에너지와 기계적 에너지의 상호 변환이 회전자에서 직접적으로 이루어지고, 고정자는 단지 에너지변환에 필요한 자계를 유지하는 역할을 할 뿐이다. 따라서 고정자와 회전자 사이에 전력의 전달이 일어나지 않는다. 반면에 교류기에서는 고정자가 전원에 접속되어 전기적 에너지의 출입을 담당하고, 회전자는 축을 통해 기계적 에너지의 출입을 담당하면서 전동기일 때는 고정자에서 회전자로, 발전기일 때는 회전자에서 고정자로 전력이 전달된다. 이처럼 고정자와 회전자 사이에 전력전달이 일어난다는 사실은 교류기의 전기기계적 에너지변환 동작이 1차권선과 2차권선 사이에서 자기장을 매개로 전력이 전달되는 변압기 동작의 연장선상에서 이해될 수 있음을 뜻한다. 이 장에서는 이러한 관점에서 유도기와 동기기에 공통적으로 적용되는 교류기의 동작원리를 설명한다.

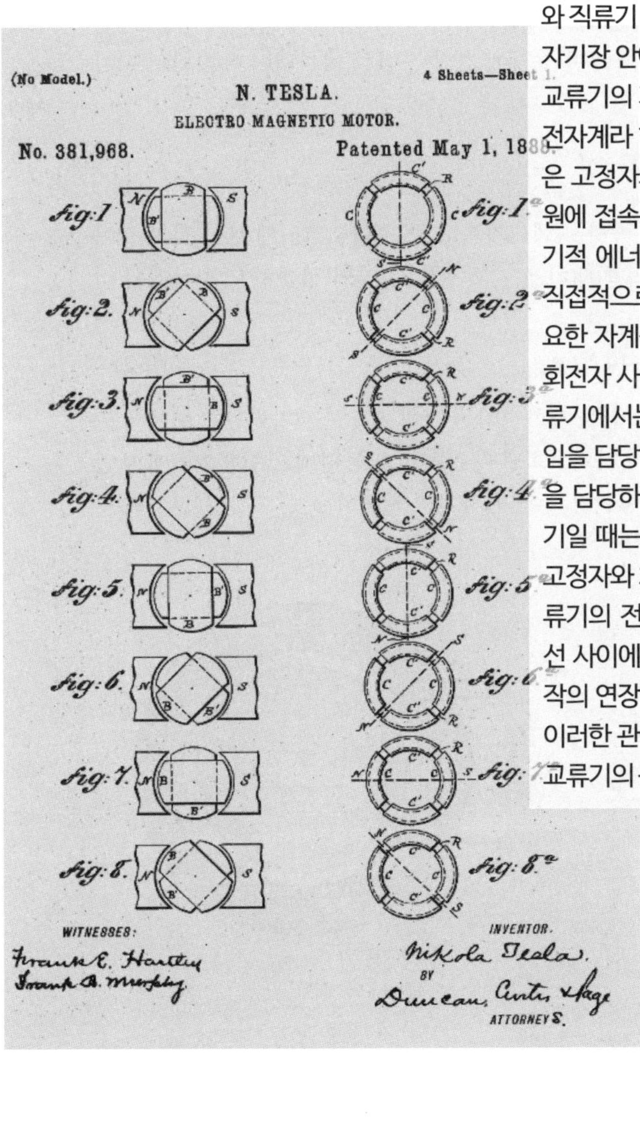

Nikola Tesla의 회전자계로 동작하는
전동기에 관한 특허 문서
U.S Patent 381,968 (1888)
Electro-magnetic motor

8-1 교류기의 코일과 자화특성

교류기의 고정자 철심은 그림 8-1에 보인 것과 같이 원통형으로 만들어진다. 철심 안쪽 표면에 많은 도체홈이 있고, 여기에 코일들이 설치되어 고정자권선이 이루어진다. 코일들은 몇 개의 상(phase)으로 구분되며, 한 상을 이루는 코일들은 모두 직렬로 접속된다. 설명의 편의상 코일 하나가 한 상을 대표하는 것으로 하고 먼저 단 한개의 코일만 있는 경우를 생각해 보기로 한다.

코일의 자속과 자화전류

그림 8-1(b)는 고정자 철심에 코일이 설치된 모습을 보여주고 있다. 외부로 인출된 단자 a와 a'는 각각 코일변 a와 코일변 a'에 연결되어 있다. 단자 a로 전류가 흘러 들어가 a'로 흘러 나올 때 아래쪽 코일변 a에 지면으로 들어가는 방향, 위쪽 코일변 a'에 지면에서 나오는 방향으로 전류가 흐르는 것으로 한다. 전류가 흐르면 주위 철심이 자화되어 자속이 만들어지고, 이 자속은 고정자의 한쪽 표면에서 나와 공극과 회전자 철심, 다시 공극을 거쳐 고정자의 반대쪽 표면으로 귀환한다. 고정자 철심에서 자속이 나오는 위치가 N극, 자속이 들어가는 위치가 S극이 된다.

1장에서 설명하였듯이 코일에 교류전압을 가하면 코일에 그와 동일한 기전력이 유기되어 인가전압과 전기적 평형을 이루게 된다. 즉

$$v = e = N\frac{d\phi}{dt} \tag{8-1}$$

인가전압이 정현파 교류일 경우, 식 (8-1)을 만족하는 쇄교자속 ϕ 는 그림 8-2(a)에 보인 것과 같이 전압에 90° 뒤진 정현파가 된다. 여기서 자속의 최대치 ϕ_{max} 는 인가전압의 실효치 V 와 아래의 비례관계를 갖는다.(1-6절)

$$V = 4.44Nf\phi_{max} \tag{8-2}$$

이 자속은 철심의 자화에 의해 만들어지고, 철심을 자화시키는 데에 필요한 기자력은 전원에서 코일로 흐르는 자화전류에 의해 제공된다. 철심의 자기포화를 생각하지 않는다면 그림 8-2(a)에 보인 것과 같이 자화전류 i_m 역시 자속에 비례하는 정현파가 된다. 자속의 최대치 ϕ_{max} 가 인가전압의 크

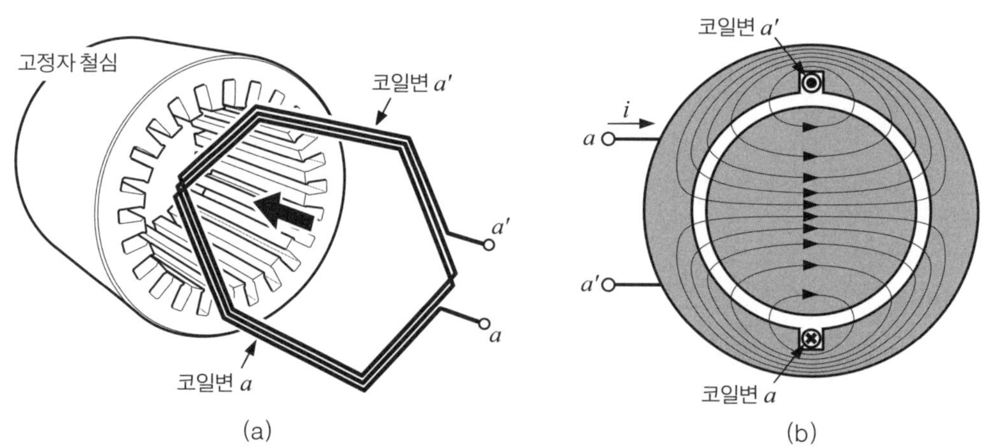

그림 8-1 교류기의 고정자 철심과 코일

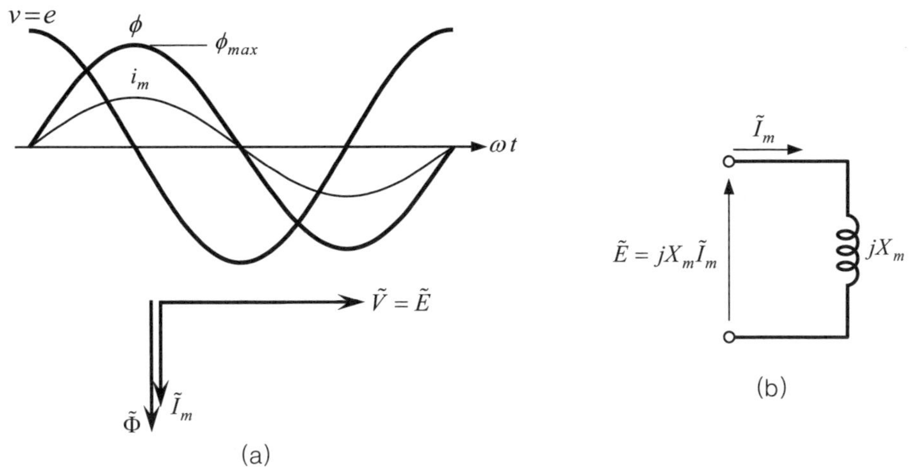

그림 8-2 코일에 정현파 교류가 인가되었을 때 (a) 인가전압, 자속, 자화전류의 파형과 페이서도 (b) 코일의 교류등가회로

기에 비례하므로 자화전류의 실효치 I_m 도 아래와 같이 인가전압에 비례한다.

$$I_m = \frac{V}{X_m} \tag{8-3}$$

여기서 X_m은 코일의 자화리액턴스이며, 이상의 관계를 그림 8-2(b)의 등가회로로 표현한다.

공극을 지닌 회전기의 자화전류

그림 8-3은 회전기의 고정자 코일을 변압기의 코일과 비교하고 있다. 양쪽 코일의 턴수가 같다면 같은 전압 같은 주파수의 정현파 교류를 가했을 때 양쪽에서 생성되는 쇄교자속은 동일하다. 식 (8-1)을 만족하는 자속이 자기회로에 무관하게 오로지 인가전압에 의해서만 결정되기 때문이다. 그러나 자속을 만들어내기 위해 두 코일에 흐르는 자화전류는 서로 다르다. 여기서 결정적으로 중요한 차이는 그림 (a)의 회전기에서는 자속이 필연적으로 공극을 거칠 수밖에 없다는 데에 있다. 공극 부

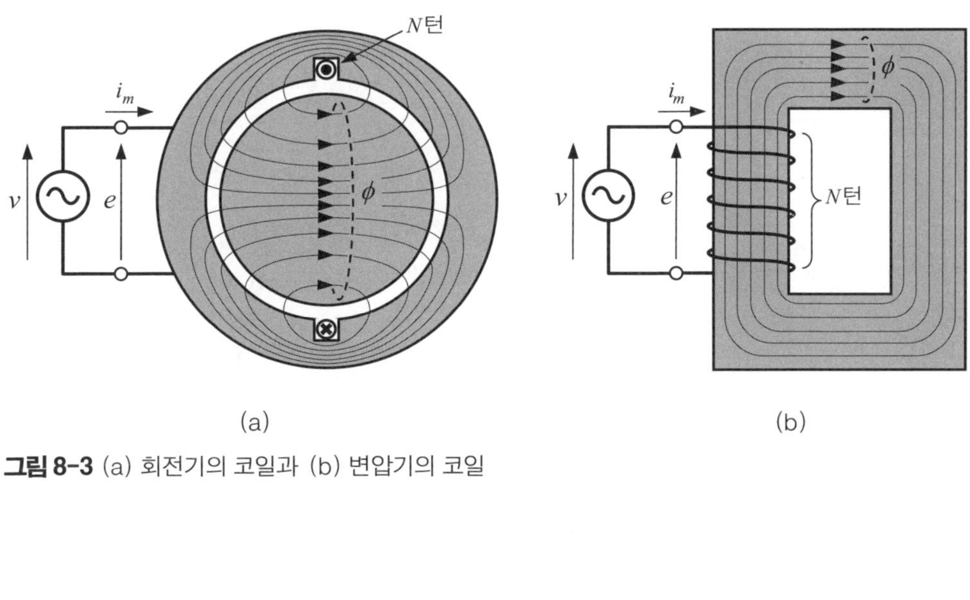

그림 8-3 (a) 회전기의 코일과 (b) 변압기의 코일

위의 투자율이 철심의 수천분의 1이기 때문에 공극의 크기가 예컨대 전체 경로의 1/100에 불과하더라도 공극의 자기저항이 철심의 수십 배에 달할 수 있다. 따라서 공극이 없는 그림 (b)에 비해 자기저항이 훨씬 크다. 자기저항이 크면 같은 자속을 만들어내는 데에 더 큰 기자력이 필요하므로 회전기의 자화전류는 변압기의 자화전류보다 훨씬 크다. 같은 전압에서 훨씬 큰 전류가 흐른다는 것은 식 (8-3)의 자화리액턴스가 훨씬 작음을 뜻한다.

그림 8-2(a)에서 자화전류 i_m 의 파형은 자속과 전류 사이의 선형적 비례관계를 가정한 것이다. 여기서 철심의 비선형적 자화특성이 반영된 회전기의 실제 자화전류 파형이 어떻게 나타나는지 살펴보기로 하자. 자기회로가 철심으로만 이루어진 경우, 자속과 전류 사이의 관계는 1장에서 설명하였듯이 히스테리시스곡선을 그린다. 그 결과 그림 8-4(a)와 같이 자속이 $+\phi_{max}$와 $-\phi_{max}$ 사이에서 정현파로 교번할 때 이 자속을 만들어내는 자화전류는 상당히 왜곡된 파형이 된다. 이 상태에서 철심의 자기회로에 공극이 삽입된다 해도 코일에 가해진 전압이 그대로라면 자속의 파형은 여전히 같은 $+\phi_{max}$와 $-\phi_{max}$사이에서 교번하는 정현파를 유지한다. 자속이 그대로 유지된다는 것은 공극 부위의 자기저항을 이겨낼 만큼의 기자력(공극 부위의 기자력강하)이 추가로 제공되고 있음을 뜻한다. 그 기자력에 해당하는 전류와 자속 사이의 관계가 그림 (b)의 직선 A와 같다고 하면 여기에 철심의 자화에 필요한 전류가 더해지므로 자속과 전류 사이의 관계가 수직축이 아닌 직선 A를 중심으로 하여 기울어진 히스테리시스 곡선을 그리게 된다. 이에 해당하는 자화전류 파형은 그 오른편 그림과

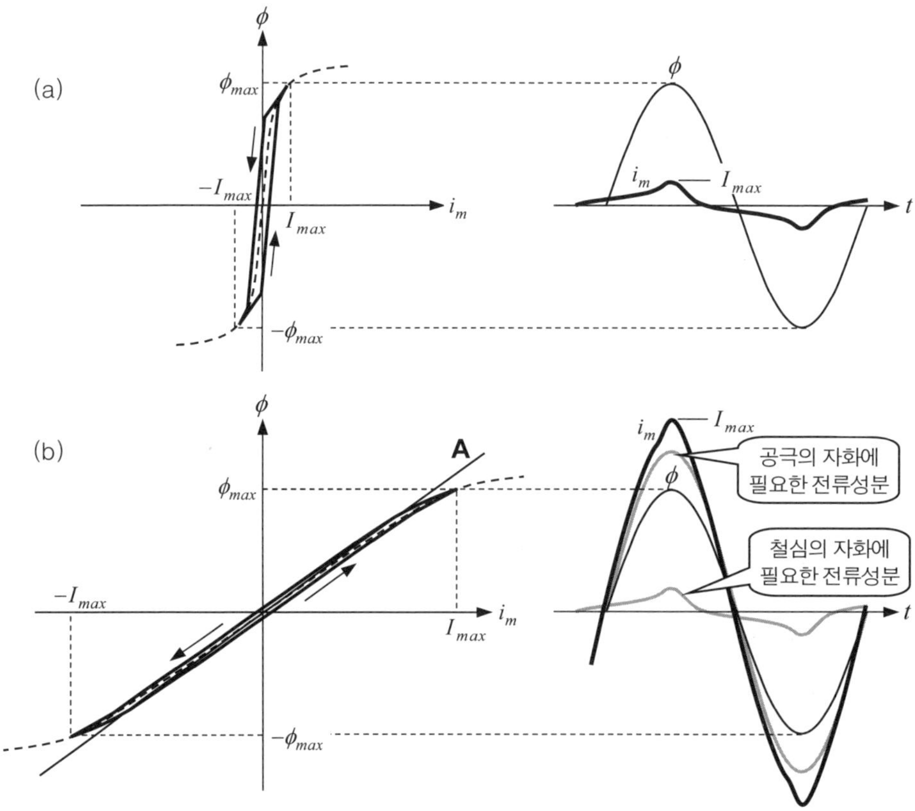

그림 8-4 자화전류의 파형: (a) 공극이 없는 변압기의 자화전류 (b) 공극이 있는 회전기의 자화전류

같이 철심의 자화에 필요한 성분(이하 '철심성분'이라 함)에 공극의 자화에 필요한 성분(이하 '공극성분'이라 함)이 더해진 것이다. 공극성분은 정현파 자속에 그대로 비례하는 정현파이고, 철심성분에 비해 훨씬 크다. 따라서 공극을 지닌 그림 8-3(a)의 코일에 흐르는 자화전류는 8-3(b)의 코일에 흐르는 자화전류에 비해 (1) 크기에 있어서 훨씬 클 뿐 아니라 (2) 그 모양에 있어서 상대적으로 왜곡이 작은, 거의 정현파에 가까운 파형으로 나타남을 알 수 있다.

자화특성곡선

자화전류에서 공극성분의 비중이 훨씬 크다고 한 것은 철심이 자기포화 영역에 들어가지 않았을 때만 성립한다. 그림 8-4의 ϕ_{max}는 식 (8-2)에서 보듯이 인가전압에 비례하는데, 일반적으로 철심의 자화능력을 최대한 이용하기 위해 정격전압에서 ϕ_{max}가 철심의 자기포화 초입 부근이 되도록 설계된다. 따라서 정격전압보다 높은 전압이 가해지면 ϕ_{max}가 자기포화 영역에 들어서게 됨으로 해서 자속이 최대치 부근에 이르렀을 때 철심의 자기저항이 크게 증가하고, 철심성분 전류가 급격히 커지게 된다. 예를 들어 전압이 정격전압에서 10% 상승했다면 그림 8-5(a)에 보인 것처럼 전압에 비례하

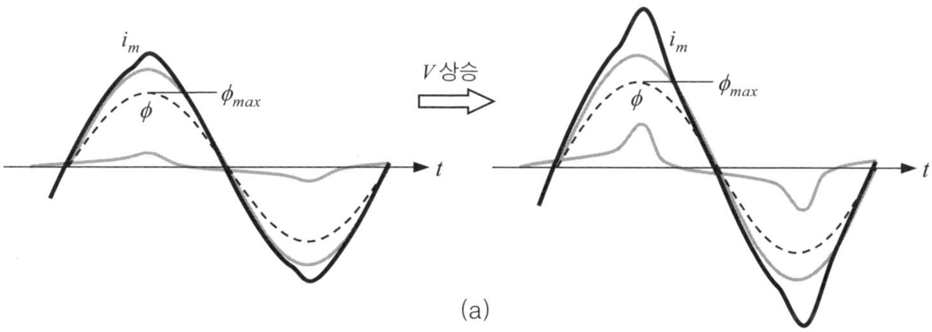

(a)

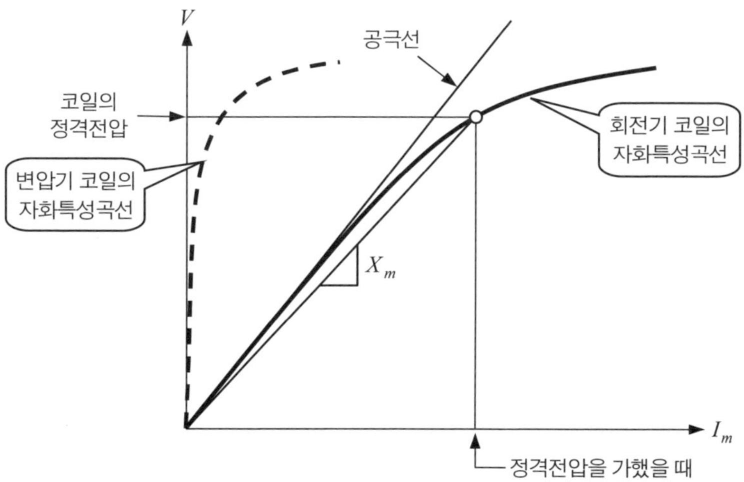

(b)

그림 8-5 (a) 전압이 정격전압 이상으로 상승했을 때 자속의 증가보다 전류의 증가가 훨씬 크게 나타난다. (b) 공극을 지닌 회전기 코일의 자화특성곡선

여 ϕ_{max}도 10% 상승한다. 이때 공극성분 전류는 10% 증가하는 반면 철심성분 전류는 20%나 30%, 혹은 그 이상 큰 폭으로 증가한다. 결과적으로 자화전류의 파고치가 전압보다 훨씬 큰 폭으로 상승하며, 파형의 왜곡도 커지는 것을 알 수 있다.

그림 8-5(b)는 이러한 회전기 코일의 인가전압과 자화전류 사이의 관계를 인가전압의 실효치 V와 자화전류의 실효치 I_m 사이의 관계로 나타낸 것이다. 이를 교류기 코일의 **자화특성곡선**이라 한다. (참고로 점선은 공극이 없는 변압기 코일의 자화특성곡선이다.) V가 작아서 ϕ_{max}가 포화영역 아래에 있을 때는 자화전류에서 철심성분의 비중이 작기 때문에 V와 I_m 사이의 관계가 거의 일정한 기울기의 직선으로 나타난다. 이 부위를 연장한 직선을 **공극선**(air-gap line)이라 부른다. 공극선의 기울기는 공극이 클수록 작아지므로 공극의 크기를 가늠하는 척도가 되며, 자기포화가 없는 이상적인 철심을 가정했을 때의 자화리액턴스에 해당한다. 일반적으로 정격전압에서 ϕ_{max}가 철심이 약간 포화된 지점에 놓이므로 정격전압을 인가한 상태에서 측정한 자화리액턴스는 그림에서 볼 수 있듯이 공극선의 기울기보다 다소 작은 값이 된다.

회전기의 코일에서 일어나는 전력전달

공극의 존재 때문에 자화전류에 상당한 차이가 나긴 하지만 교류기의 동작은 기본적으로 변압기의 동작과 유사하다. 2장에서 설명하였듯이 변압기의 2차측 코일에 전류가 흐르면 2차측 전류의 기자력이 자속에 간섭을 일으키게 되는데, 1차측 코일에서 전원과의 전기적 평형상태가 그대로 유지되기 위해서는 자속에 변화가 없어야 하므로 그림 8-6(a)에 나타낸 것과 같이 2차측 전류의 기자력을 상쇄하는 전류가 1차측에 추가로 흐르게 된다. 이 추가전류가 흐르면서 전원으로부터 코일로 유입된 전력은 이를 야기한 2차측 전류에 의해 부하로 전달되는 전력에 해당한다.

교류기의 동작도 이와 마찬가지이다. 앞서 보았던 그림 8-3(a)는 변압기의 무부하상태와 같이 전원과 전기적 평형을 유지하고 있는 상태인데, 여기서 어떤 원인으로 자속에 간섭이 일어나면 기존에 흐르던 자화전류 외에 코일 쇄교자속에 대한 간섭을 상쇄하는 전류가 전원으로부터 추가로 흘러 들

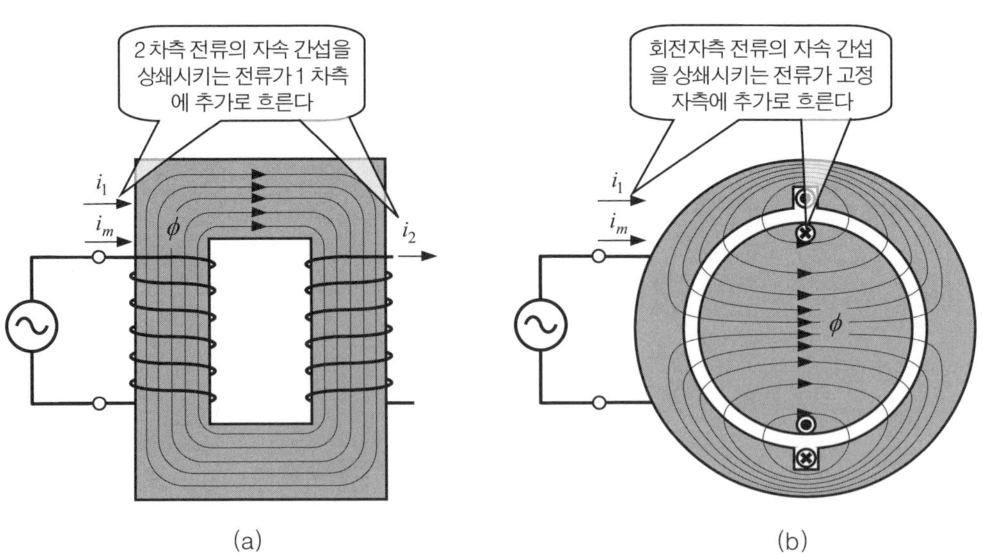

그림 8-6 자화전류 외에 추가로 흐르는 성분에 의해 전력전달이 이루어진다.

어온다. 예를 들어 그림 8-6(b)처럼 회전자에 코일이 있고, 여기에 전류가 흐른다면 이 전류의 기자력을 상쇄하기 위한 전류가 고정자에 추가로 흐른다. 이 추가전류에 의해 고정자 코일로 유입되는 전력은 그 원인을 제공한 회전자 쪽으로 전달된다. (이를 흔히 전력이 "공극을 건너 전달된다"고 표현한다.) 여기까지는 변압기와 같지만 변압기와 달리 회전기에서는 자속의 간섭이 전류가 흐르는 회전자 코일의 위치 변화, 즉 기계적 운동에 의해서도 일어날 수 있으며, 이 경우 회전자로 전달되는 전력의 전부 또는 일부가 운동을 통해 회전자가 외부 기계적 시스템과 주고받는 동력이 된다.

실제 기기는 고정자 코일이 여러 개의 상으로 이루어져 있어서 각 상의 코일이 각자 인가전압과 전기적 평형을 이루는 동시에 위와 같은 동작을 통해 회전자와 전력을 주고받으며, 이때 각 상에 흐르는 자화전류는 서로 협동하여 전력전달의 매개가 되는 자속을 유지하는 역할을 한다. 직류기에서는 고정자 코일이 자속을 유지하는 역할을 할 뿐 전력 전달에 개입하지 않는 반면 교류기에서는 이처럼 고정자 코일이 자속의 생성과 전력의 전달 두 가지 역할을 겸한다는 점에서 큰 차이가 있다.

8-2 회전자계

코일에 교류 전류가 흐르면 제자리에서 맥동하는 자계가 만들어지는데, 여러 개의 맥동자계를 중첩시키면 마치 자석을 회전시키는 것과 같은 **회전자계**(revolving magnetic field)의 효과를 얻을 수 있다. 맥동자계의 중첩이 어떻게 회전자계를 만들어내는지 2상과 3상에서 차례로 살펴본다.

단상 코일의 맥동자계

그림 8-7(a)의 단상 코일에서 아래쪽 코일변 a에 전류가 지면으로 들어가는 방향, 위쪽 코일변 a'에 지면에서 나오는 방향으로 흐르는 상태를 양의 전류로 한다. 이때 코일의 기자력으로 만들어진 자속은 코일 중심축을 따라 왼쪽에서 오른쪽으로 진행한다. 자속이 공극을 지날 때 자속밀도는 코일 중심축 위치에서 가장 높고 중심축에 직각인 위치(코일변이 있는 위치)에서는 0이다. 이러한 자속분포를 그림 8-7(b)와 같이 정현함수로 나타내고 코일 중심축 위치의 자속밀도를 $\hat{B}$라 하면 중심축에서 반시계방향으로 θ_e 위치의 자속밀도가 아래 식으로 표현된다.

$$B(\theta_e) = \hat{B}\cos\theta_e \tag{8-4}$$

코일에 교류 전류가 흐르면 이 공극자속은 그림 8-7(c)에 보인 것과 같이 정현 분포를 유지한 채 제자리에서 크기와 방향이 주기적으로 바뀌는 **맥동자계**(pulsating magnetic field)로 나타난다. 코일 전류가 최대치 I_{max}일 때의 중심축 자속밀도를 B_{max}라 하면 $\hat{B}$ 는 $+B_{max}$와 $-B_{max}$ 사이에서 교번한다. 이때 코일을 쇄교하는 자속 ϕ는 $+\phi_{max}$와 $-\phi_{max}$ 사이에서 맥동하며, 이 맥동자속이 코일에 유기하는 기전력이 코일에 인가된 전압과 전기적 평형을 이루면서 식 (8-2)의 관계를 갖게 된다.

여기서 ϕ와 $\hat{B}$ 사이에는 아래의 관계가 있다. 그림 8-8(a)에 보인 것과 같이 회전자의 반경을 r, 축방향 길이를 l이라 하고 식 (8-4)를 적용하면

$$\phi = \int_{-\pi/2}^{\pi/2} B(\theta_e)\, lrd\theta_e = 2rl\hat{B} \tag{8-5}$$

$2rl$이 코일의 면적이므로 코일 중심축 위치의 공극 자속밀도 $\hat{B}$ 는 그림 8-8(b) 보인 것처럼 전체자속 ϕ가 코일 안쪽 평면에 균일하게 분포되었을 때의 자속밀도에 해당함을 알 수 있다.

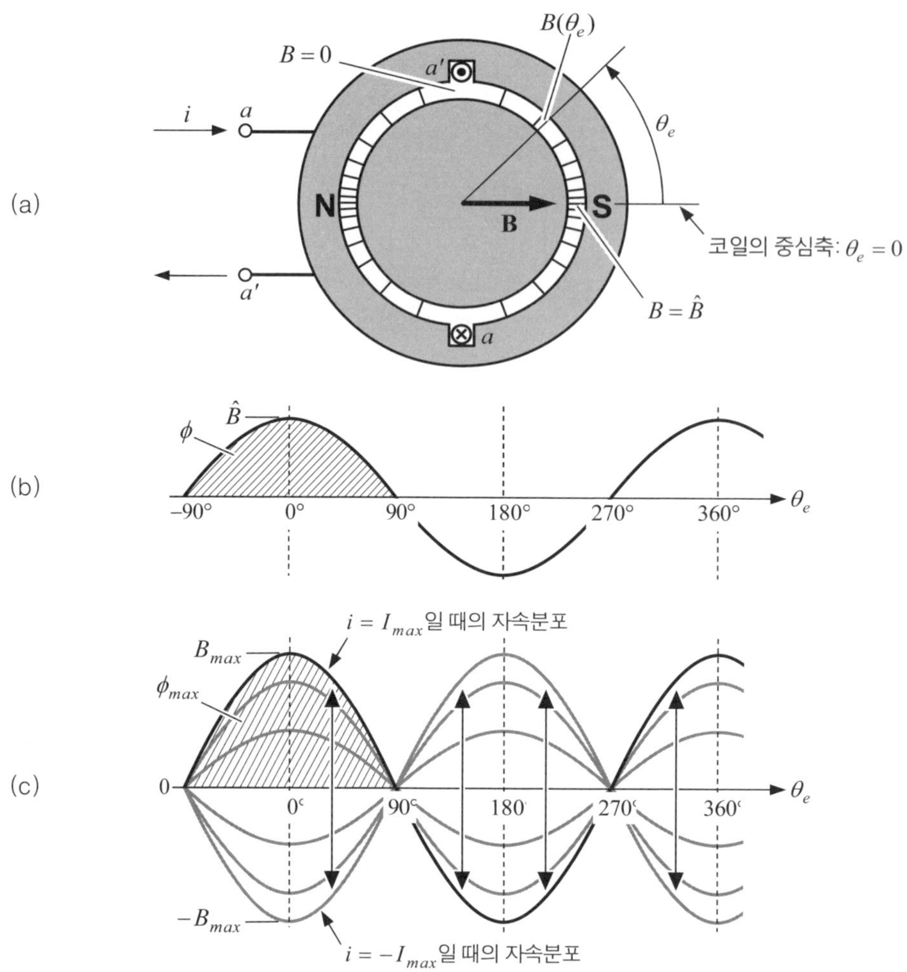

그림 8-7 (a) 코일 전류에 의해 코일 전류에 의해 고정자 내부에 만들어지는 자극 (b) 공극의 정현함수 자속 분포 (c) 코일에 교류 전류가 흐를 때 맥동하는 자속분포

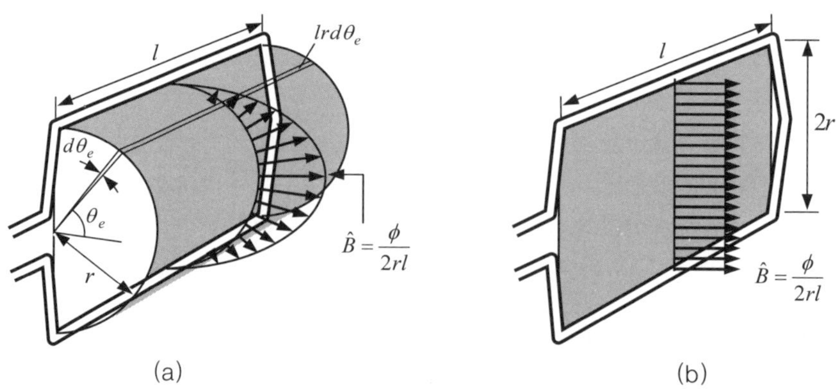

그림 8-8 (a) 원형 공극을 따라 정현함수로 분포된 자속과 (b) 코일 내부 평면에 일정한 밀도로 분포된 자속. 양쪽 자속의 총량이 같다면 (b)의 자속밀도는 (a)의 중심축 자속밀도와 같다.

2상 교류에 의한 회전자계

그림 8-9(a)는 고정자에 두 개의 코일 x-x'와 y-y'를 서로 직각이 되도록 설치한 것을 보여주고 있다. 이들을 각각 x상, y상이라 부르기로 한다. x상에 흐르는 전류 i_x는 x상 코일축 방향으로 맥동하는 자속 $\mathbf{B}_x$를, y상에 흐르는 전류 i_y는 y상 코일축 방향으로 맥동하는 자속 $\mathbf{B}_y$를 만들어낸다. 이들 자속벡터의 크기를 코일 중심축 자속밀도 $\hat{B}_x$, $\hat{B}_y$로 나타내기로 한다. x축과 y축 방향의 단위벡터를 $\mathbf{u}_x$와 $\mathbf{u}_y$로 쓰면 이들이 중첩된 합성자속은 아래 식으로 표현된다.

$$\mathbf{B} = \hat{B}_x \mathbf{u}_x + \hat{B}_y \mathbf{u}_y \tag{8-6}$$

두 코일에 매 순간 같은 전류가 흐른다면 $\hat{B}_x$와 $\hat{B}_y$가 동시에 커지고 동시에 작아지므로 합성된 자속 역시 대각선 방향으로 제자리에서 맥동하게 될 것이다. 그러나 두 상의 전류가 시간차를 두고 변한다면 합성자속의 방향이 시시각각 바뀌게 된다. 그림 8-9(b)와 같이 x상 전류와 y상 전류가 같은 크기에 90° 위상차를 갖는다면 두 상의 중심축 자속밀도를 아래와 같이 시간의 함수로 쓸 수 있다.

$$\hat{B}_x = B_{max} \cos \omega t \tag{8-7a}$$

$$\hat{B}_y = B_{max} \sin \omega t \tag{8-7b}$$

따라서 합성자속은 아래와 같이 표현된다.

$$\mathbf{B} = B_{max}(\cos \omega t \mathbf{u}_x + \sin \omega t \mathbf{u}_y) \tag{8-8}$$

(a)

(b)

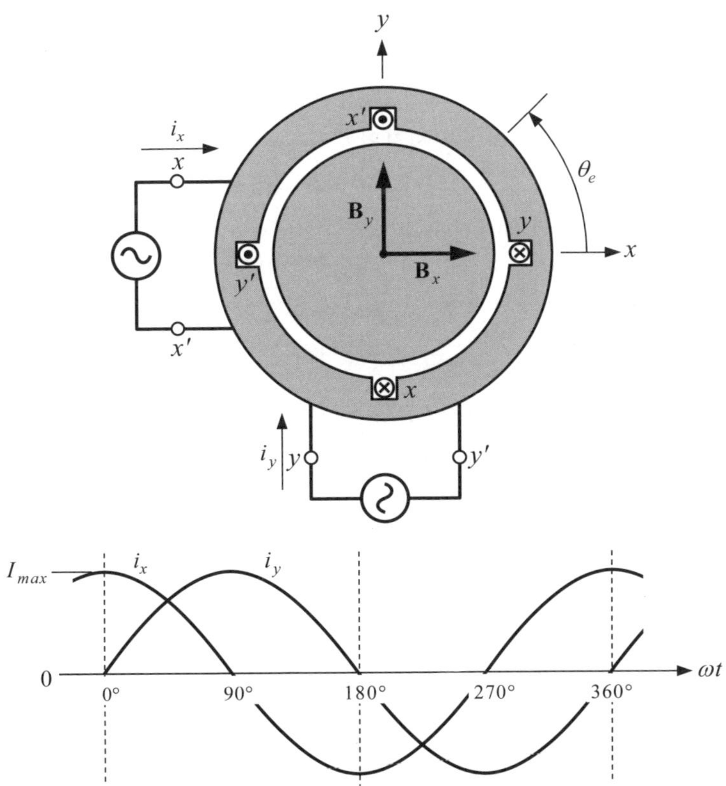

그림 8-9 2상 교류전원에 의해 여자되는 코일: (a) 전류와 자속의 기준방향 (b) 2상 전류파형

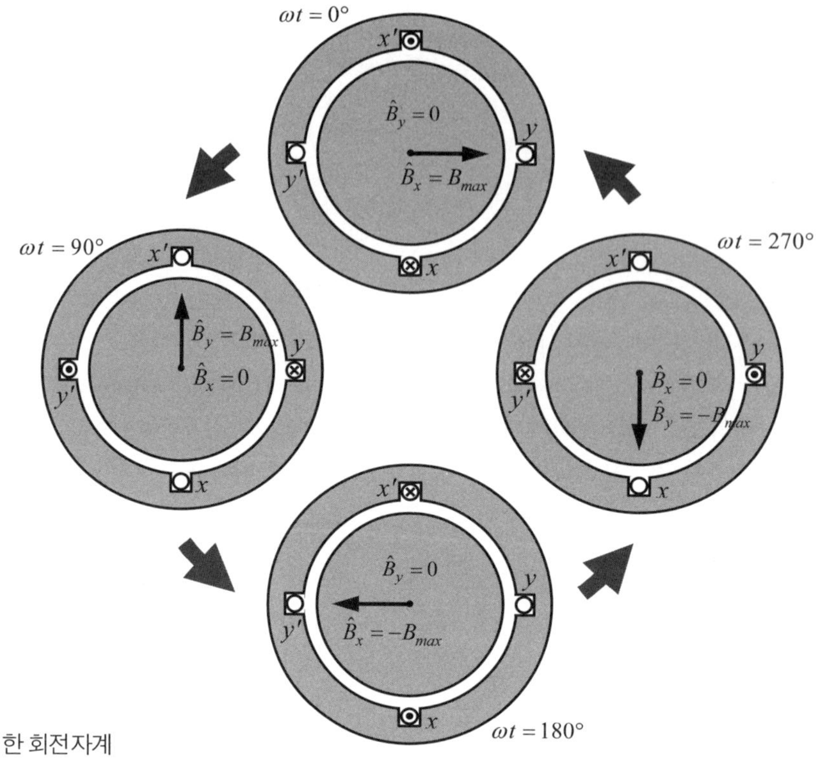

그림 8-10
2상 전류에 의한 회전자계

식 (8-8)의 괄호 안은 크기가 1이고 x축에 ωt의 각도를 이루는 벡터를 나타낸다. 따라서 식 (8-8)은 합성벡터가 일정한 크기 B_{max}를 유지하면서 시간의 경과에 따라 반시계방향으로 회전함을 말해준다. 그림 8-10이 전류의 한 주기 동안 합성벡터가 회전하는 과정을 보여주고 있다.

그림 8-10의 벡터는 매 순간 합성 자속밀도가 최대인 방향을 나타낸 것으로, 공극 자속밀도는 그 지점을 정점으로 한 정현함수 꼴로 분포된다. 이를 확인하기 위해 합성자속밀도를 공간적 위치 θ_e의 함수로 나타내보도록 한다. x상 코일의 중심축을 $\theta_e = 0$로 할 때 임의의 θ_e 지점에서 x상 전류에 의한 자속밀도와 y상 전류에 의한 자속밀도는 다음과 같다.

$$B_x(\theta_e) = \hat{B}_x \cos\theta_e \tag{8-9a}$$

$$B_y(\theta_e) = \hat{B}_y \cos(\theta_e - \pi/2) \tag{8-9b}$$

θ_e 위치의 자속밀도 $B(\theta_e)$는 위의 두 성분이 중첩된 것이다. 따라서

$$\begin{aligned} B(\theta_e) &= B_x(\theta_e) + B_y(\theta_e) \\ &= \hat{B}_x \cos\theta_e + \hat{B}_y \sin\theta_e \end{aligned}$$

여기에 식 (8-7)로 표현된 중심축 자속밀도 $\hat{B}_x$, $\hat{B}_y$의 시간적 변화를 적용하면

$$\begin{aligned} B(\theta_e) &= B_{max}\cos\omega t\cos\theta_e + B_{max}\sin\omega t\cos\theta_e \\ &= B_{max}\cos(\theta_e - \omega t) \end{aligned} \tag{8-10}$$

그림 8-11은 위의 식에 의해 시간에 따라 공극의 자속분포가 변하는 모습을 나타내고 있다. 점선

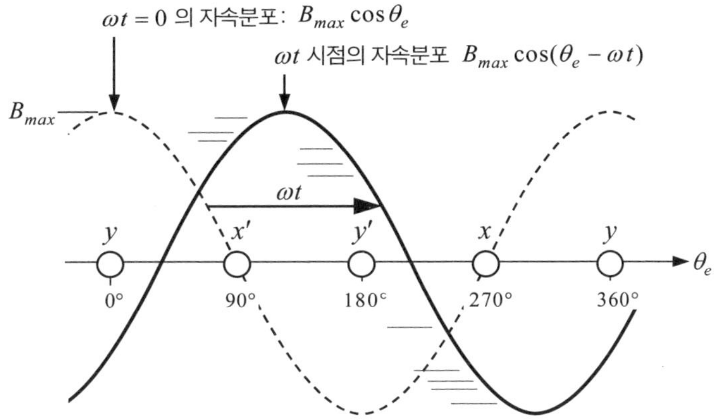

그림 8-11
시간의 경과에 따른 합성자속분포의 변화

은 $\omega t = 0$ 시점의 자속분포를 나타낸다. 시간이 경과하여 어떤 임의의 ωt 시점이 되었을 때 자속분포는 실선과 같이 변하는데, 마치 $\omega t = 0$ 일 때의 자속분포가 전체적으로 ωt 만큼 오른편으로 진행한 것과 같다. 앞의 식 (8-8)과 그림 8-10은 이렇게 시간에 따라 변하는 자속분포를 자속밀도가 최대인 중심점이 이동하는 모습으로 대표해서 나타낸 것이다.

요컨대 공간적으로 90° 떨어진 두 코일에 시간적으로 90°의 위상차를 갖는 2상 전류가 흐르게 하면 각자 그림 8-7(c)와 같이 맥동하는 두 자계가 합성된 결과 마치 실제의 N극과 S극을 회전시키는 것과 같은 자계가 만들어진다. 이는 제자리에서 위아래로 왕복하는 물 분자들의 시간차 운동에 의해 한 방향으로 진행하는 파도가 만들어지는 것과 흡사하다. 이 회전자계의 특성을 요약하면

1. **크기**: 합성자속의 자속밀도 최대치는 B_{max}로 일정하다. 여기서 B_{max}는 각 상 코일에서 만들어지는 맥동자속의 중심축 자속밀도 최대치이다.
2. **회전방향**: 그림 8-10에서 x상 전류가 최대인 $\omega t = 0°$ 시점에 합성자속이 $+x$축 방향을 향하고 y상 전류가 최대로 되는 $\omega t = 90°$ 시점에 $+y$축 방향을 향하는 것을 알 수 있다. 즉 x상 전류에 비해 y상 전류가 뒤지므로 $+x$축 → $+y$축 방향으로 회전한다. 만일 x상 전류가 y상 전류보다 뒤진다면 $+y$축 → $+x$축 방향으로 회전하게 될 것이다. 이와 같이 두 상 전류의 최대치가 나타나는 순서(상순)에 따라 합성자속의 회전방향이 결정된다.
3. **회전속도**: 그림 8-10의 합성벡터는 전류의 한 주기 동안 한 바퀴 회전한다. 따라서 f Hz의 교류에서는 1초에 f 바퀴씩의 속도로 회전한다.

3상 교류에 의한 회전자계

3상에서는세 개의 코일 a, b, c를 그림 8-12(a)와 같이 공간적으로 120° 간격을 두고 배치한다. 이렇게 배치된 코일에 그림 8-12(b)의 3상 전류가 흐르게 하면 각자의 중심축을 따라 맥동하는 세 개의 맥동자계가 나타나며, 이들이 시차를 두고 맥동하면서 앞에서와 같은 회전자계가 만들어진다.

세 상 코일 중심축 자속밀도는 전류에 비례하여 아래와 같이 변화한다.

$$\hat{B}_a = B_{max}\cos\omega t \tag{8-11a}$$

$$\hat{B}_b = B_{max}\cos(\omega t - 120°) \tag{8-11b}$$

$$\hat{B}_c = B_{max}\cos(\omega t + 120°) \tag{8-11c}$$

(a)

(b)

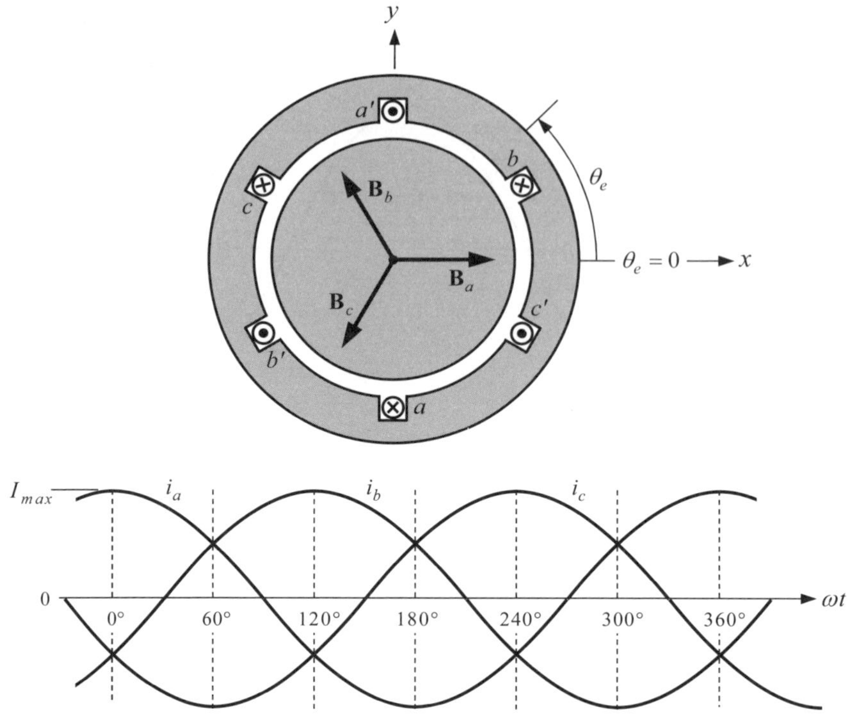

그림 8-12 3상 교류가 흐르는 고정자 코일: (a) 전류와 자속의 기준방향 (b) 3상 전류파형

그림에 나타낸 것과 같이 a상의 중심축을 x축, 그에 직교하는 축을 y축이라 하자. a상의 자속은 그대로 x축방향 성분이 되지만 x축에 120°씩 비틀어져 있는 b상과 c상의 자속은 x축방향 성분과 y축방향 성분을 함께 갖는다. 세 자속 벡터의 x축 방향 성분과 y축 방향 성분을 각각 합성하면

$$\begin{aligned}\hat{B}_x &= \hat{B}_a + \hat{B}_b \cos 120° + \hat{B}_c \cos(-120°) \\ &= \hat{B}_a - (1/2)\hat{B}_b - (1/2)\hat{B}_c\end{aligned} \tag{8-12a}$$

$$\begin{aligned}\hat{B}_y &= \hat{B}_b \sin 120° + \hat{B}_c \sin(-120°) \\ &= (\sqrt{3}/2)\hat{B}_b - (\sqrt{3}/2)\hat{B}_c\end{aligned} \tag{8-12b}$$

여기에 식(8-11)을 대입하면 아래와 같이 표현됨을 보일 수 있다.

$$\hat{B}_x = \frac{3}{2} B_{max} \cos \omega t \tag{8-13a}$$

$$\hat{B}_y = \frac{3}{2} B_{max} \sin \omega t \tag{8-13b}$$

따라서 합성벡터는

$$\mathbf{B} = \hat{B}_x \mathbf{u}_x + \hat{B}_y \mathbf{u}_y = \frac{3}{2} B_{max} (\cos \omega t\, \mathbf{u}_x + \sin \omega t\, \mathbf{u}_y) \tag{8-14}$$

이를 앞의 식(8-8)과 비교해 보면 크기만 (3/2)배일 뿐, 동일한 결과임을 알 수 있다.

그림 8-13은 편의상 B_{max}를 1로 놓고 합성벡터의 변화를 60°시간 간격으로 나타낸 것이다.

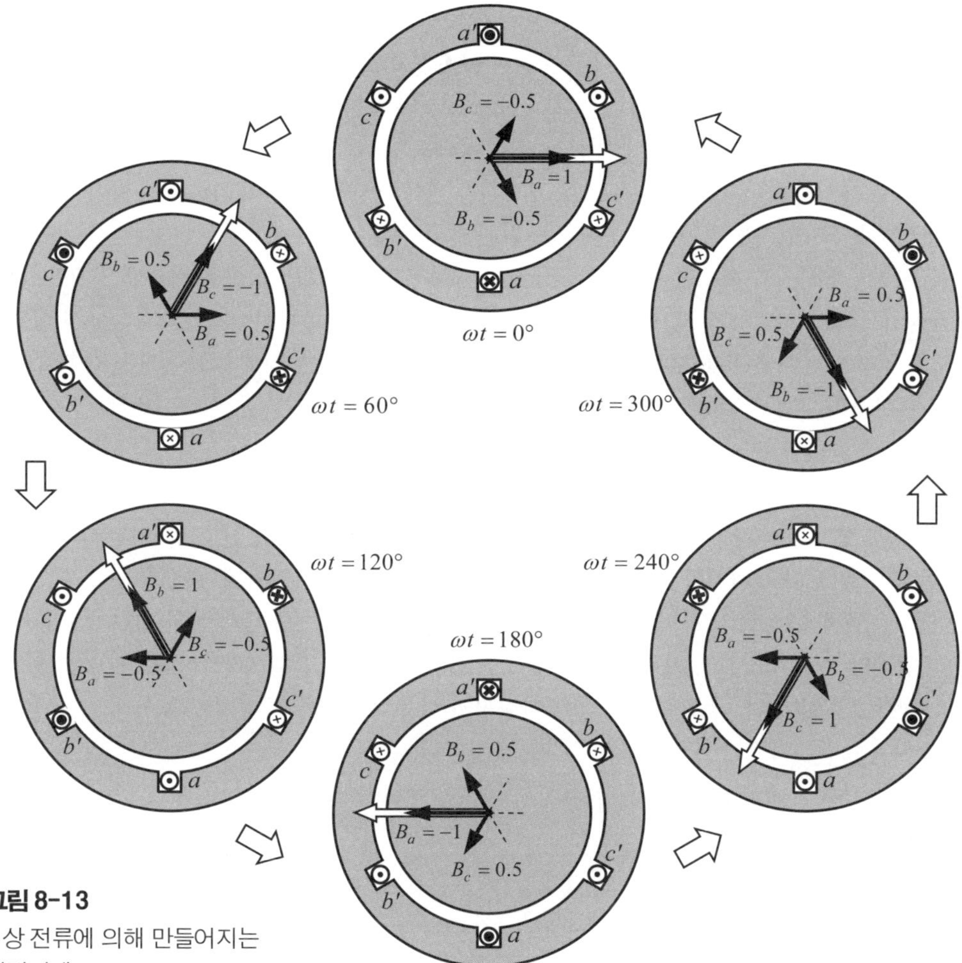

그림 8-13
3 상 전류에 의해 만들어지는 회전자계

$\omega t = 0°$ 시점을 보면, 그림 8-12(b)에서 $i_a = I_{max}, i_b = -I_{max} / 2, i_c = -I_{max} / 2$이므로 a상 전류는 a상 코일의 양의 축방향으로 최대 자속 1을 만들어낸다. 이때 b상과 c상은 각자 음의 방향으로 0.5의 자속을 만드는데 이들의 y축 성분은 서로 상쇄되지만 x축 방향으로는 더해져서 0.5가 된다. 그 결과 전체 자속은 a상 축방향으로 1.5가 된다. 다음으로 $\omega t = 120°$ 시점을 보면, 이때는 b상 전류가 최대이므로 b상 코일이 양의 축방향으로 최대 자속 1을 만들어내고 c상과 a상은 앞에서와 같이 b상 축방향으로 0.5의 자속을 만들어내 합계 1.5의 자속이 b상 축방향으로 나타난다. c상 전류가 최대가 되는 $\omega t = 240°$ 시점에서도 마찬가지로 c상 축방향으로 1.5의 자속이 만들어진다. 따라서 세 상의 맥동자계가 합성된 자속벡터는 1.5, 즉 $(3 / 2)B_{max}$의 일정한 크기를 유지하면서 a상 전류가 최대일 때는 a상 중심축을 향했다가 b상 전류가 최대일 때는 b상 중심축을, c상 전류가 최대일 때는 c상 중심축을 향했다가 다시 a상 중심축으로 되돌아오는 회전운동을 하는 것을 알 수 있다.

이러한 자계의 운동은 매 시점 여섯 개 코일변의 전류 방향으로도 알 수 있다. $\omega t = 0°$ 시점에 위쪽 세 코일변에는 지면에서 나오는 방향, 아래쪽 세 코일변에는 지면으로 들어가는 방향으로 전류가 흐름으로써 전체적으로 오른쪽 수평 방향으로 기자력이 작용하는 것을 알 수 있다. 즉 인접한 세 코일변에 같은 방향으로 전류가 흐르고 맞은편의 세 코일변에 그 반대 방향으로 전류가 흐름으로써 여섯 개 코일변이 마치 하나의 코일처럼 작용하여 자속을 만들어낸다. 그 다음 $\omega t = 60°$ 시점에서는 b상 코일의 전류 방향이 바뀌면서 지면에서 나오는 전류 그룹과 지면으로 들어가는 전류 그룹의 경계가 반시계방향으로 한 칸(60°) 이동하고, 합성자속도 같은 각도만큼 회전한다. 이와 같이 매 순간 세 상 전류가 협동하여 어느 한 방향으로 기자력을 만들어 내되, 이들이 차례차례 방향이 반전되면서 합성자계가 가리키는 방향이 지속적으로 변하게 되는 것을 볼 수 있다.

그림 8-13의 합성자속 벡터는 매 순간 공극에서 자속밀도가 최대인 방향을 나타낸 것으로, 실제 공극자속밀도는 그 지점을 정점으로 한 정현함수 꼴로 분포된다. 그 표현식은 앞의 2상에서 합성자속밀도 분포를 나타내는 식 (8-10)을 구하였던 것처럼 세 상의 전류에 의해 만들어지는 자속밀도 분포를 모두 더하여 구할 수 있다. 그 결과는 아래 식과 같다(유도과정은 연습문제로 한다).

$$B(\theta_e) = \frac{3}{2} B_{max} \cos(\theta_e - \omega t) \tag{8-15}$$

이 역시 2상에서 보았던 자속밀도의 분포와 크기만 다를 뿐 동일한 결과로서, 그림 8-14에 나타낸 것처럼 합성자속밀도가 최대치가 되는 지점이 공극을 따라 진행하는 회전자계가 된다.

3상에서 이러한 일정한 크기의 회전자계가 만들어지기 위해서는 (1) 3개 상의 코일이 공간적으로 120° 간격을 두고 배치되어 있어야 하며 (2) 3상 코일에 시간적으로 120° 위상차를 갖는 같은 크기의 전류가 흘러야 한다. 즉 코일의 공간적 대칭성과 전류의 시간적 대칭성이 동시에 만족되어야 한다. 그 결과로 만들어지는 회전자계의 특성을 요약하면,

1. **크기**: 회전자계의 크기는 각 상 코일이 만들어내는 맥동자속의 중심축 자속밀도 최대치 B_{max}의 1.5배로 일정하다.
2. **회전방향**: 세 상에서 자속밀도의 최대치가 나타나는 순서를 따라 a상 중심축방향($\omega t = 0°$) → b상 중심축방향($\omega t = 120°$) → c상 중심축방향($\omega t = 240°$)의 순서로 회전한다.
3. **회전속도**: $\omega t = 0°$ 에서 $\omega t = 360°$까지 전류의 한 주기 동안 한 바퀴 회전한다. 따라서 전류가 f Hz라면 1초에 f 바퀴씩 회전한다.

여기서 회전방향과 회전속도에 관하여 조금 더 자세히 살펴보기로 하자.

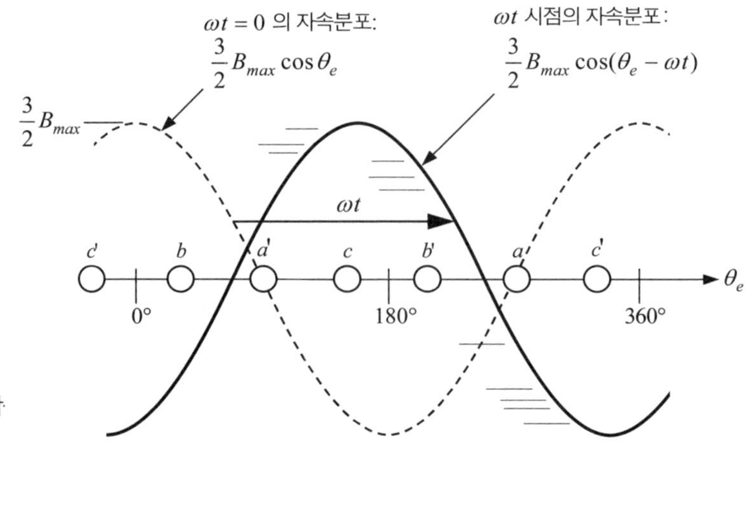

그림 8-14
시간의 경과에 따른 합성자속 분포의 변화

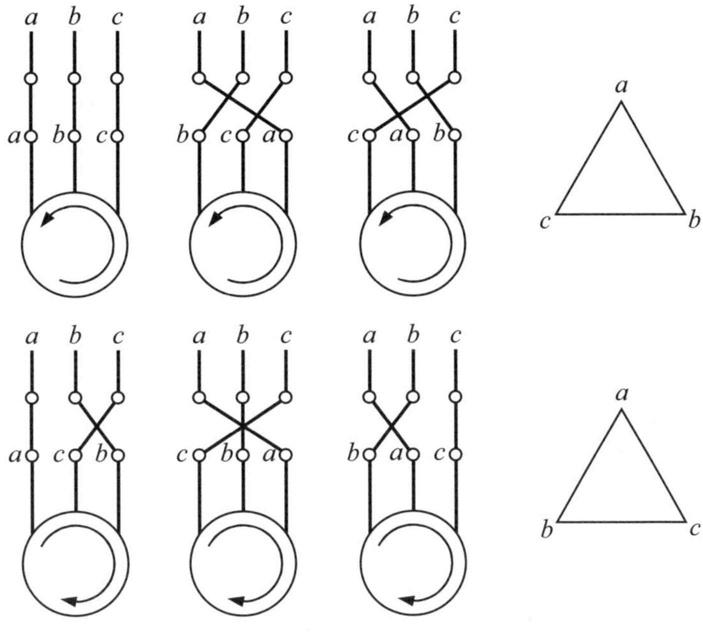

그림 8-15
3상 전원의 결선에 따른 회전자계의 방향

상순과 회전방향

그림 8-13에서 회전자계가 반시계방향으로 회전하는 것은 a상 전류에 뒤진 b상 전류가 흐르는 코일이 a상 코일에 대해 반시계방향으로 120°인 위치에 있기 때문이다. 만일 b상 전류를 시계방향으로 120°인 위치의 코일에 흐르게 한다면 자계가 시계방향으로 회전하게 될 것이다. 이는 b상 전류와 c상 전류가 흐르는 코일을 서로 뒤바꾸어 준 것에 해당한다. 이처럼 세 권선이 3상 전원에 어떻게 접속되는지에 따라 회전자계의 방향이 시계방향이 될 수도 있고 반시계방향이 될 수도 있다.

교류기의 3상 고정자 권선은 내부에서 Y 혹은 Δ로 결선되어 외부에 3개의 단자가 인출된다. 여기에 3상 a, b, c 전원단자를 연결하는 경우의 수는 모두 여섯 가지이다. 그림 8-15가 이를 두 그룹으로 나누어 보여주고 있다. 위쪽 그룹의 a-b-c, b-c-a, c-a-b 접속 모두 세 상에 흐르는 전류들 사이 상대적인 위상관계가 같기 때문에 회전자계의 방향이 같다. 아래쪽 그룹의 a-c-b- c-b-a, b-a-c 접속끼리도 세 상 전류들의 상대적 위상관계가 같으므로 회전방향이 같다. 위쪽 그룹의 세 그림 각각에서 a는 그대로 두고 b와 c의 접속을 뒤바꾸어준 것이 아래의 세 그림이므로 두 그룹의 회전자계는 서로 반대 방향이다. 위의 그룹을 정상 상순(positive sequence)이라고 하면 아래 그룹은 역상 상순(negative sequence)에 해당한다. 여기서 현재 어떤 방식으로 접속되어 있건, **아무 상이나 두 상의 접속을 뒤바꾸어 주면 정상이었다면 역상으로, 역상이었다면 정상으로 바뀌면서 회전방향이 반전**되는 것을 알 수 있다.(세 단자의 접속이 모두 바뀌는 경우에는 상순이 바뀌지 않는다.)

극수와 회전속도

그림 8-16은 2극기와 4극기를 보여주고 있다. 왼편의 2극기에서 코일변들은 맨 아래의 a부터 반시계방향으로 a-c'-b-a'-c-b'의 순서로 배치되어 있다. 그림 8-13에서 보았듯이 3상 전류가 흐를 때 코일변들은 전류 방향이 같은 것끼리 두 그룹으로 나뉘고, 그룹 사이 경계에 N극과 S극이 나타난다. 따라서 같은 배치를 한번 더 반복해주면 N극 S극이 한번씩 더 나타나 오른편 그림과 같이 총 네 개의

War of Currents

Thomas Edison (1847-1931)

에디슨은 1878년 백열전구의 개발에 성공하고 1880년 배전시스템의 특허를 취득했다. 1882년 처음으로 110 V 직류로 뉴욕의 맨하탄에 전기불을 밝히는 데에 성공하였다.

George Westinghouse (1846-1914)

철도용 공기브레이크를 발명한 기업가 웨스팅하우스는 에디슨의 직류 방식이 비효율적이라 생각하여 1885년 영국인 깁스 등의 변압기에 대한 발명을 사들이고 교류시스템의 실용화에 착수했다. 1886년 처음으로 스탠리와 함께 수력으로 500 V 교류를 발전하고 변압기로 3,000 V로 승압 송전한 다음 100 V로 낮추어 전기조명을 하는 교류시스템을 개발하였다.

전력시스템 초창기에는 에디슨의 직류시스템이 조명과 전동기 부하에 사용되었다. 이에 도전하여 웨스팅하우스는 교류시스템을 개발하였으나 에디슨의 직류전동기에 대적할 교류전동기가 없다는 것이 결정적인 걸림돌이었다. 이때 테슬라를 만난 웨스팅하우스는 테슬라가 지니고 있던 교류전동기의 권리를 사들이고, 나아가 테슬라의 아이디어를 받아들여 3상 60 Hz 교류시스템을 도입하였다.

교류의 보급이 확대되자 기존의 직류 전기사업자들에게 큰 위협이 되었고, 직류와 교류 사이에 격렬한 대립이 일어났다(War of Currents). 직류는 승압/강압을 할 방법이 없어서 저압으로 송배전이 이루어졌으므로 전압강하로 인해 송전거리가 수 km에 불과하다는 치명적인 약점을 지니고 있었다. 에디슨은 이를 수요처마다 인근에 발전시설을 두는 방식으로 해결할 수 있다고 주장했으나, 기술적 우열은 사실상 명백했기 때문에 세불리를 느낀 에디슨은 교류에 고압이 사용된다는 점과 교류 자체의 위험성을 부각시켜 공격하기 시작했다. 당시 사람과 말의 감전사고가 중요한 사회적 이슈이기도 했다. 웨스팅하우스는 에디슨의 공격에 고압의 위험성은 기술적으로 통제가능하며, 그 이점이 위험성보다 크다고 맞받아쳤다.

에디슨은 몇몇 주에서 송전전압을 800 V로 제한하는 법의 제정을 추진했지만 성공하지 못했다. 이후 대중을 선동하기 위해 공개적으로 동물을 감전사시키는(에디슨은 이를 'westinghousing'이라 불렀다) 공연을 한다든지, 로비를 통해 최초의 전기의자 처형에 교류를 채택하게 하는 등 극단적이고 저열한 양상까지 치달았으나 1893세계박람회와 1895년 가동된 나이아가라 폭포의 발전에 테슬라의 교류시스템이 채택됨으로써 결국 교류의 승리로 막을 내렸다. 이후 에디슨의 General Electric사에서도 교류 기기와 설비를 생산하게 되었다.

Nikola Tesla (1856-1943)

테슬라는 크로아티아 지방에서 태어난 세르비아인이다. 1882년 파리의 에디슨 지사에서 일할 즈음 회전자계의 개념을 만들어내고 유도전동기 등 회전자계를 이용한 여러 기구들을 고안하였다. 1884년 미국으로 가서 에디슨과 일하게 되었으나 일에 대한 충분한 보상을 받지 못하고 에디슨이 교류시스템의 아이디어를 받아들이지 않자 에디슨과 결별하였다. 1887년 처음으로 유도전동기를 만들었고, 이후 웨스팅하우스와 손잡고 다상 교류시스템을 현실화시킬 수 있었다. 테슬라는 매우 명석한, 당대의 천재라 불린 사람으로 현대 교류시스템을 실질적으로 창안하는 큰 성공을 거두었다. 그러나 이후 다양한 분야에서 많은 업적을 이루었음에도 제대로 인정받지 못하고 독특한 개성으로 평생을 독신으로 살면서 궁핍 속에 불우한 말년을 보냈다. 1960년 국제회의에서 그의 이름이 자속밀도의 단위로 채택되었다.

1909년 마르코니는 무선전신의 발명으로 노벨상을 받았다. 마르코니보다 앞서 무선전신을 실현했던 테슬라는 소송을 제기하였으나 생전에는 인정받지 못했다. 1915년에는 테슬라와 에디슨이 노벨 물리학상을 공동으로 수상하게 되었다는 보도가 있었으나 오보로 밝혀졌다. 한편 테슬라를 앞세워 에디슨과 대결했던 웨스팅하우스는 교류시스템의 보급에 기여한 공로로 1911년 AIEE(미국전기전자학회 IEEE의 전신)로부터 Edison Medal을 받았다.

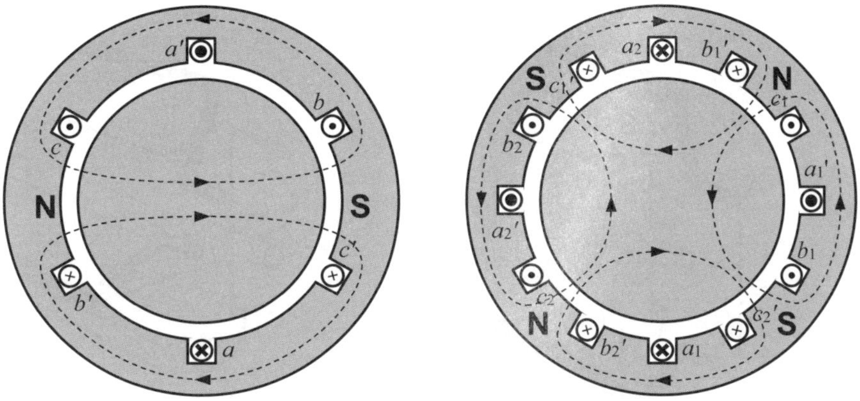

그림 8-16
2극기와 4극기

극을 갖게 된다. 마찬가지 방식으로 6극기, 8극기 등이 만들어질 수 있다. 이때 같은 상 권선끼리는 모두 직렬로 연결된다. 즉 그림의 4극기에서 $a_1 - a_1'$를 거친 뒤 직렬로 $a_2 - a_2'$의 코일이 연결된다.

그림 8-16에 보인 시점에서 반주기만큼 시간이 경과하여 전류 방향이 반대로 되면 N극과 S극이 뒤바뀌게 될 것이다. 2극기의 경우 이는 자극이 180° 회전한 것으로, 4극기에서는 90° 회전한 것으로 나타난다. 다시 반주기가 지나 처음 상태로 돌아오면 2극기에서는 자극이 온전히 한 바퀴를 회전한 것이 되지만 4극기에서는 반 바퀴 회전한 것이 된다. 한 주기 동안 4극기의 자극이 이동한 거리는 전기각으로 360°지만 실제 각도로는 2극기의 1/2이다. 6극기라면 1/3, 8극기라면 1/4이 된다. 즉 P 극기의 회전자계는 한 주기에 $2 / P$ 바퀴 회전한다. 따라서 1초에 f 주기가 지나가는 f Hz에서 초당 회전수는 $2 / P \times f$ 이고 여기에 60을 곱한 것이 아래의 분당 회전수이다.

$$n = \frac{120}{P} f \quad \text{rev/min} \tag{8-16}$$

60 Hz에서 2극기의 자계는 초당 60바퀴(3,600 rpm), 4극기는 초당 30바퀴(1,800 rpm), 6극기는 초당 20바퀴(1,200 rpm)**. . .** 등으로 회전한다. 앞의 2상 코일 회전자계의 속도도 이와 같다. 이를 **동기속도**(synchronous speed)라 부르며, 모든 교류전동기와 교류발전기 속도의 기준이 된다.

8-3 유기기전력과 자화전류

코일에 교류전원이 접속되면 (1) 전류가 흘러 코일 내부에 자속이 만들어지고 (2) 자속의 변화는 코일에 기전력을 유기하여 전원과 전기적 평형을 이룬다. 앞의 8-2절은 코일에 전류가 흐를 때 만들어지는 회전자계를 설명한 것으로, (1)에 해당한다. 이 절에서는 (2)에 해당하는, 회전하는 자계가 코일에 기전력을 유기하는 동작에 대하여 알아본다. 실제 기기에는 고정자 전류에 의한 자속과 회전자 자속이 함께 존재하므로 이들의 작용을 각각 나누어 살펴보기로 한다.

회전하는 자극에 의해 유기되는 기전력

먼저 회전자의 자속이 고정자 코일에 유기하는 기전력을 생각해보자. 그림 8-17(a)는 고정자 코일 안에서 자극을 가진 회전자가 회전하는 모습을 보여주고 있다. 자극이 회전하면서 회전자 자속이 코일변을 가로질러 지나가면 위 아래의 코일변에 각각 $\mathbf{e} = l(\mathbf{v} \times \mathbf{B})$ 의 기전력이 유기된다. 여기서

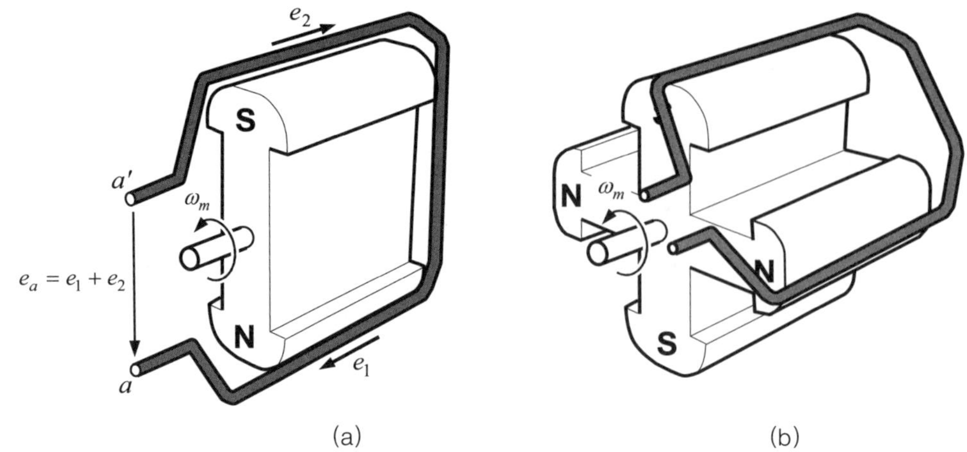

그림 8-17 코일 안에서 회전하는 자극

속도벡터 $\mathbf{v}$가 '자기장에 대한 도체의 상대적인 속도'로 정의되는 점에 유의하면 아래쪽 코일변의 기전력 e_1과 위쪽 코일변의 기전력 e_2가 각각 그림에 표시된 방향으로 유기되는 것을 알 수 있다. 이들이 더해져 코일 양 단자 사이에 나타나는 기전력이 된다.

회전자가 반 바퀴 회전하여 자극의 위치가 뒤바뀌면 기전력의 방향이 반대로 된다. 따라서 코일 양 단자 사이에는 자극이 반 바퀴 돌 때마다 극성이 바뀌는 교류가 나타난다. 자극의 한 바퀴 회전이 기전력의 한 주기에 해당하므로 n rpm이라면 초당 회전수 $n/60$ 이 곧 기전력의 주파수(Hz)가 된다. 그림 (b)와 같이 회전자가 4극인 경우에는 회전자가 한 바퀴 도는 동안 두 주기의 교류가 유기되며, 일반적으로 P극기의 주파수는 2극기의 $P/2$ 배가 된다. 따라서 n rpm에서 기전력의 주파수는

$$f = \frac{P}{2} \times \frac{n}{60} = \frac{P}{120} n \tag{8-17}$$

위의 주파수와 속도 사이의 상관관계는 식 (8-16)로 표현되었던 주파수와 회전자계 속도 사이의 관계와 같다. 예컨대 4극기의 경우, 고정자에 60 Hz 전류가 흐르면 1,800 rpm의 회전자계가 만들어지고, 역으로 1,800 rpm으로 회전하는 자계는 고정자 코일에 60 Hz의 기전력을 유기한다.

유기기전력의 표현식

회전자가 그림 8-18과 같이 원통형이고 자속 분포가 정현함수라면 회전자가 회전할 때 고정자의 코일변을 지나는 자속밀도가 시간에 따라 정현함수로 변하므로 유기기전력 역시 정현함수가 된다. 회전자 중심축이 향하고 있는 위치의 공극 자속밀도를 B_R, 각속도를 ω_m, 회전자 중심축이 코일 중심축에 일치하는 시점을 $t = 0$으로 하면 코일 중심축 위치의 자속밀도는 $B_R \cos \omega_m t$ 로 표현된다. 이때 아래쪽 코일변 a 위치의 자속밀도는 $B_R \cos(\omega_m t + 90°)$ 이므로 코일변에 이에 비례하는 기전력이 유기된다. 위쪽 코일변 a' 에도 반대 방향으로 같은 크기의 기전력이 유기된다. 따라서 이들이 더해져 코일의 양 단자 사이에 나타나는 기전력은 아래의 식으로 표현된다.

$$e_a = \hat{E} \cos(\omega_m t + 90°) \tag{8-18}$$

그림 8-19는 회전자가 한 바퀴 도는 동안 코일에 유기되는 기전력의 파형을 보여주고 있다. 회전

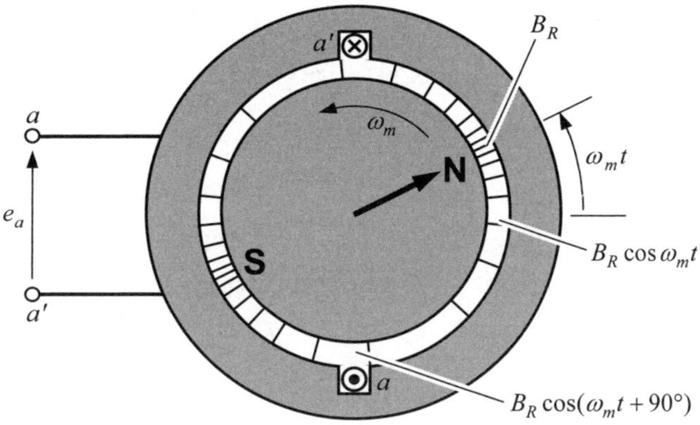

그림 8-18
정현분포 자속을 지닌 회전자가 회전할 때의 공극자속 (코일변의 방향표시는 유기기전력의 기준방향을 나타낸다)

자 자속이 아래쪽의 코일변 a를 향하고 있을 때 최대의 기전력 $\hat{E}$ 가 유기되고 코일의 축방향을 향하고 있을 때는 0, 위쪽 코일변을 향하고 있을 때 반대 방향으로 최대의 기전력 $-\hat{E}$ 가 유기된다. 여기서 이 최대 기전력의 크기는 다음과 같이 구해진다.

자속의 중심축이 코일변을 지나고 있을 때 유기되는 기전력이 lvB_R 이므로 한 턴의 기전력은 $2lvB_R$ 이다. 따라서 N턴의 코일 양단에 나타나는 기전력은

$$\hat{E} = 2NlvB_R = 2Nlr\omega_m B_R$$

8-2절의 그림 8-8에서 보였던 중심축 자속밀도와 자속 총량 사이의 관계를 적용하면 회전자 자속의 총량이 $\phi_R = 2rlB_R$ 로 표현된다. 따라서

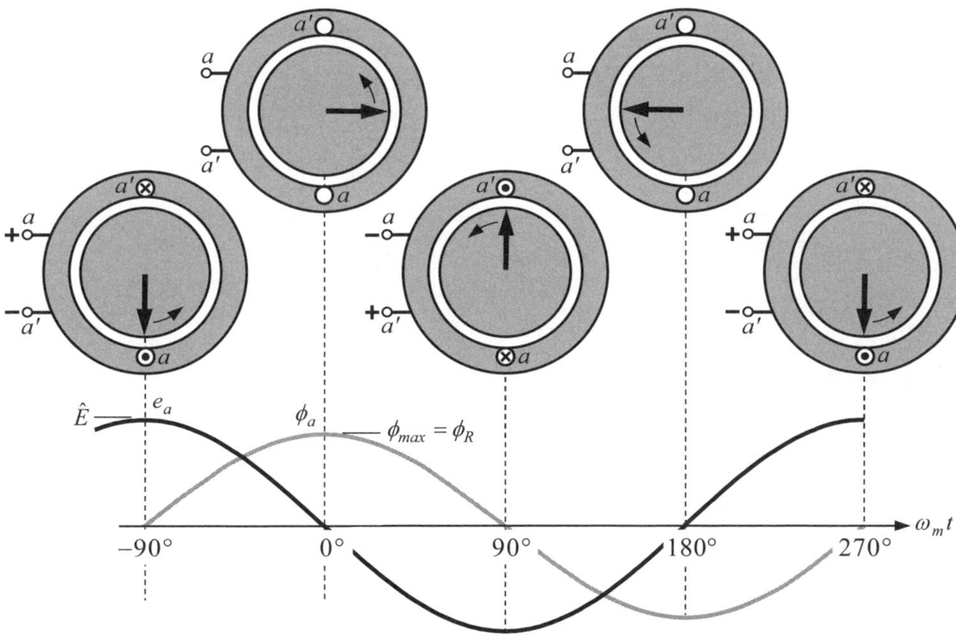

그림 8-19 자극을 지닌 회전자가 회전할 때 코일의 쇄교자속과 유기기전력의 파형

$$\hat{E} = N\omega_m \phi_R \tag{8-19}$$

가 되고, 식 (8-18)을 아래와 같이 쓸 수 있다.

$$e_a = N\omega_m \phi_R \cos(\omega_m t + 90°) \tag{8-20}$$

페러데이의 법칙을 적용하면 같은 표현식을 더 간단히 얻을 수 있다. 그림 8-18에서 회전자가 회전함에 따라 코일 *a-a'*의 쇄교자속 ϕ_a (회전자 자속의 코일축방향 성분)는 $+\phi_R$ 과 $-\phi_R$ 사이에서 맥동한다. 그림 8-19의 흐린 선은 이를 나타내고 있다. 수식으로 표현하면

$$\phi_a = \phi_R \cos \omega_m t \tag{8-21}$$

이로부터 아래와 같이 식 (8-20)과 동일한 기전력이 구해진다.

$$e_a = N\frac{d\phi}{dt} = -N\phi_R\omega_m \sin \omega_m t \tag{8-22}$$

그림 8-19의 e_a , ϕ_a 파형은 그림 8-2의 e , ϕ 파형과 같다. 이는 정현파 자속분포를 지닌 회전자가 회전할 때 코일 입장에서 보면 그림 8-7(c)와 같이 제자리에서 맥동하는 자속이나 다를 것이 없음을 뜻한다. 즉 쇄교자속이 시간에 따라 변하는 양상이 같고, 따라서 유기기전력도 마찬가지로 나타난다. 위의 표현식에서 ω_m 이 곧 유기기전력의 각주파수 $2\pi f$ 이고 이 경우 코일 쇄교자속의 최대치 $\phi_{max} = \phi_R$ 인 것으로부터 식 (8-19)의 유기기전력을 실효치로 나타내면

$$E = 4.44Nf\phi_{max} \tag{8-23}$$

로서 식 (8-2)과 같음을 알 수 있다.

3상 코일의 유기기전력

그림 8-20은 3상 코일을 지닌 고정자 안에서 자극을 지닌 회전자가 회전할 때 유기되는 기전력을 보여주고 있다. 세 코일이 공간적인 위치만 다를 뿐 나머지는 모두 같기 때문에 시간차를 두고 세 상에 똑같은 기전력이 유기된다. 그림은 *a*상에 최대의 기전력이 유기되는 시점을 나타낸 것으로, 이 시점에서 120°에 해당하는 시간이 경과한 후 *b*상의 기전력이 최대가 되고 또 120° 지난 후 *c*상의 기전

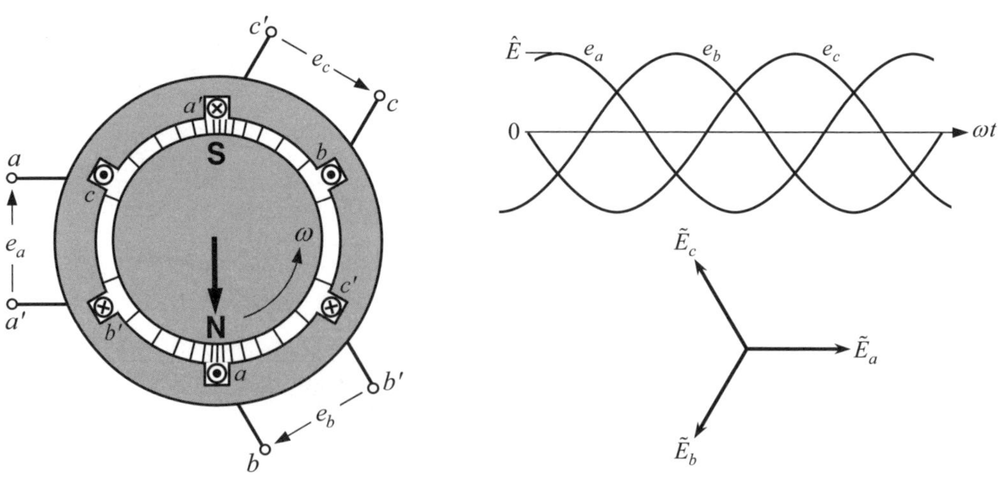

그림 8-20 3상 권선에 유기되는 기전력

력이 최대가 된다. 따라서 3상 코일의 기전력 e_a, e_b, e_c는 대칭 3상 정현파가 된다. 회전자가 반대 방향으로 회전하면 기전력의 상순이 a-b-c의 정상 상순에서 a-c-b의 역상 상순으로 바뀌게 될 것이다. 이는 그림 8-15에서 설명한 자계의 회전방향과 상순 사이에 나타나는 관계와 같다.

고정자전류의 회전자계에 의한 유기기전력

이제 고정자 코일의 3상 전류에 의해 만들어진 회전자계가 유기하는 기전력에 대해 살펴보도록 하자. 결론은 매우 단순한데, 일정한 크기를 유지하면서 회전하는 회전자계를 고정자 코일 입장에서 보면 자극을 가진 회전자가 회전하는 것과 다를 것이 없기 때문이다. 따라서 위에서 설명한 코일의 기전력과 쇄교자속 사이의 관계가 여기에도 그대로 적용된다. 그림 8-21은 회전자계를 만들어내는 3상 코일 중 a상 코일에 유기되는 기전력 e_a와 a상 코일의 쇄교자속 ϕ_a(회전자계의 a상 코일 축방향 성분)의 변화를 보여주고 있다. 복잡성을 피하기 위해 b상과 c상 코일은 나타내지 않았다. 여기서 쇄교자속의 최대치 ϕ_S는 회전자계의 N극에서 나와 S극으로 들어가는 자속의 총량을 나타낸다.

그림 8-21은 회전자계 방향에 해당하는 a상 코일변 전류의 방향을 함께 나타내고 있다. 그림 8-13에서 보았던 것과 같이 a상 전류 i_a가 최대인 시점에서 세 상의 합성 회전자계가 a상 코일의 축방향을 향하며 회전자계의 자속 ϕ_S 전체가 a상 코일의 쇄교자속이 된다. 이때 a상 코일의 유기기전력은 0이다. 코일의 기전력이 최대인 시점은 그보다 90° 이전 회전자계가 아래쪽 코일변을 향하고 있을 때이다. 따라서 코일 전류는 기전력에 90° 뒤진 위상을 갖는다. b상과 c상에서도 마찬가지이다. 여기서도 유기기전력의 크기와 쇄교자속의 최대치 $\phi_{max}(=\phi_S)$ 사이의 관계는 식 (8-2)와 같다.

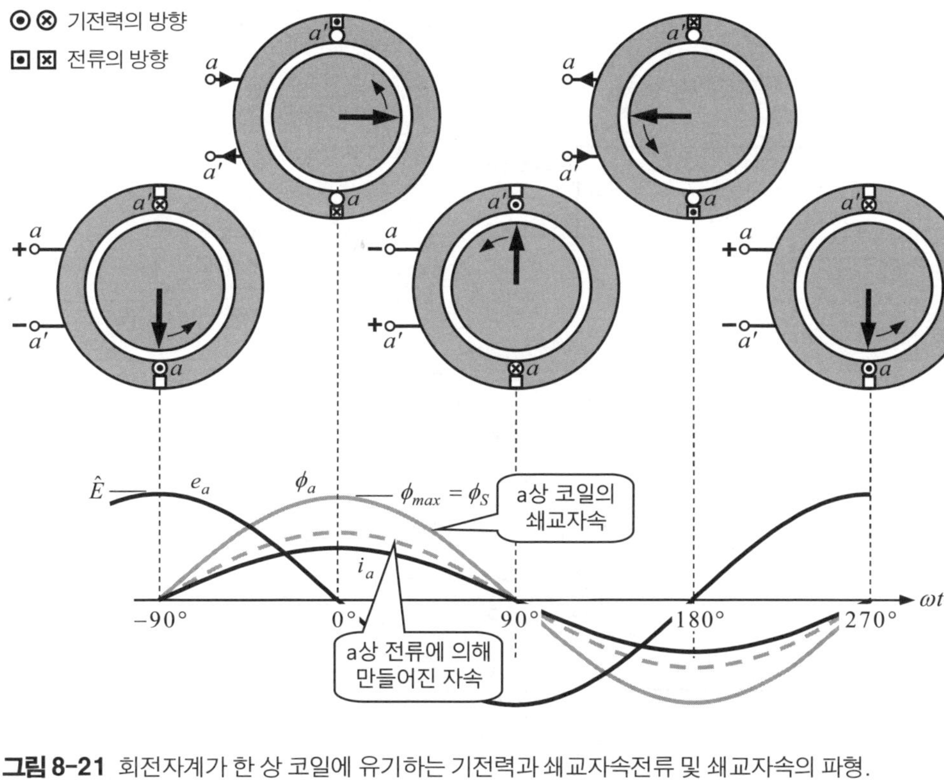

그림 8-21 회전자계가 한 상 코일에 유기하는 기전력과 쇄교자속전류 및 쇄교자속의 파형.

3상 코일의 자화전류와 자화특성곡선, 자화리액턴스

회전자 자속 없이 고정자 전류에 의해 만들어진 회전자계만 존재할 경우, 그림 8-21의 기전력이 코일의 인가전압과 전기적 평형을 이루게 되므로 이 기전력을 유기하는 자속 ϕ_a는 앞서 그림 8-2로 나타냈던 코일 하나만 있을 때의 자속과 같다. 그러나 회전자계의 자속은 세 상이 함께 만들어낸 것이기 때문에 이때 흐르는 전류는 코일이 개별적으로 있을 때와는 다르다. 8-2절에서 보았듯이 3상 회전자계의 크기는 개별 코일의 전류가 만들어내는 맥동자계의 1.5배이다. 이는 3상에서는 전류가 2/3만 흘러도 단상일 때와 같은 자계가 만들어짐을 뜻한다. 즉 그림 8-21에서 a상 쇄교자속 전부가 a상 전류로 만들어진 것이 아니라 그 2/3(점선)만 a상 전류가 만들어낸 것이고 1/3은 다른 두 상의 자속에서 a상 중심축방향 성분들이 더해진 것이다. 요컨대 각 상 코일은 혼자 있을 때 전기적 평형을 이루기 위해 만들어내는 자속의 2/3만 만들어내면 되며, 따라서 자화전류가 2/3로 줄어들게 된다.

예를 들어 그림 8-22의 (a)와 같이 3상 고정자의 한 상에만 220 V를 가했을 때 자화전류 30 A가 흘렀다고 하면 (b)와 같이 세 코일에 대칭 3상 전압이 가해졌을 때는 세 상에 각각 20 A씩의 전류가 흐르게 된다(위상각 표시는 생략). 이에 따라 8-1절의 그림 8-5에 보였던 단상 코일의 자화특성곡선이 3상에서는 그림 8-23에 보인 것과 같이 횡축방향으로 2/3 비율로 줄어든다. 이것이 뒤에 다루게 될

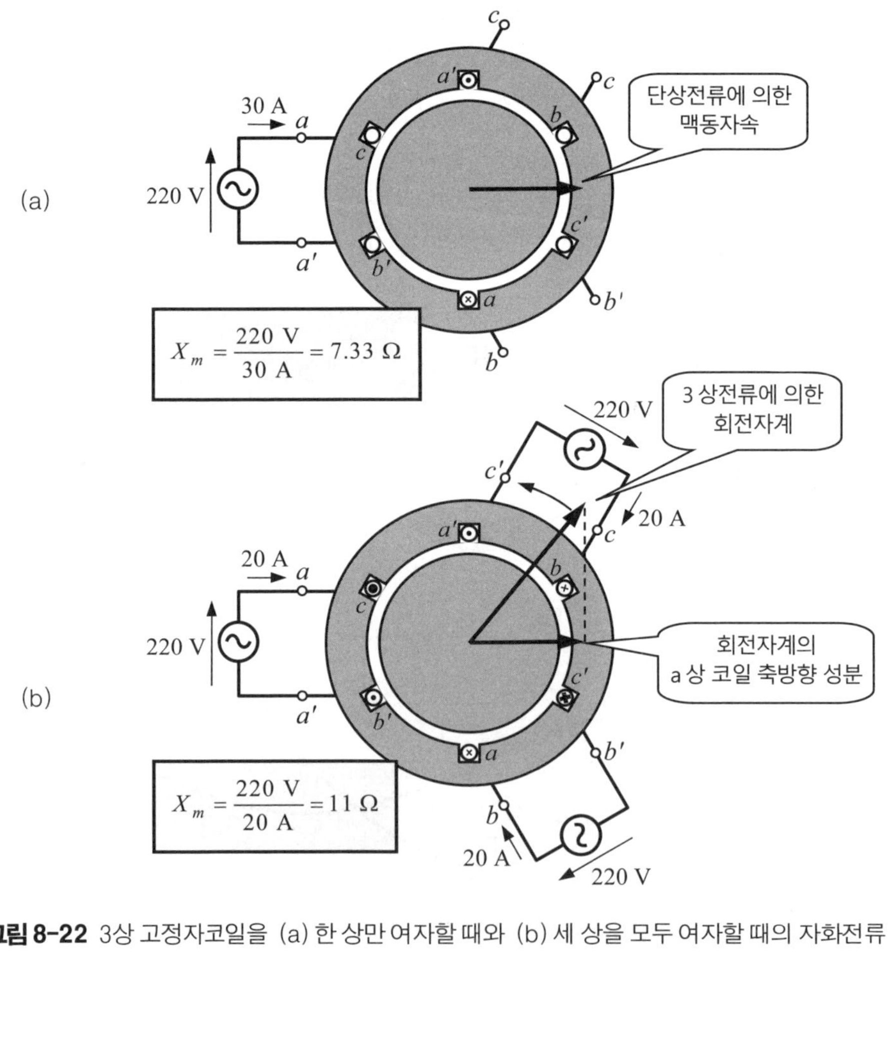

그림 8-22 3상 고정자코일을 (a) 한 상만 여자할 때와 (b) 세 상을 모두 여자할 때의 자화전류

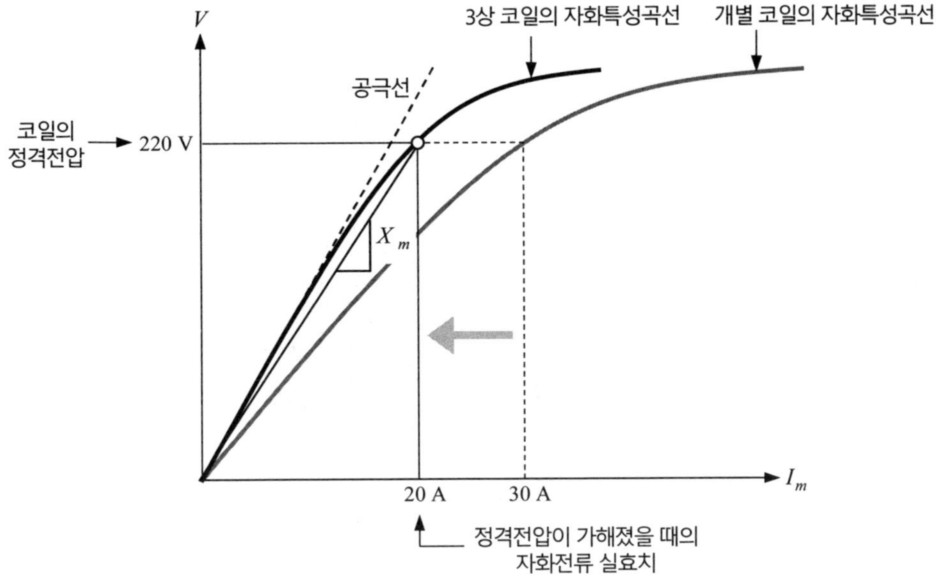

그림 8-23 3상 권선의 자화특성곡선

3상 유도기와 동기기에서 인가전압과 자화전류 사이의 관계를 나타내는 **자화특성곡선**이다.

같은 전압에서 자화전류가 2/3라는 것은 코일의 자화리액턴스 가 3/2배임을 뜻한다. 이러한 차이가 나타나는 것은 세 상 사이의 상호간섭 때문이다. 그림 8-9의 2상 권선의 경우에는 x상 코일과 y상 코일의 중심축이 90°를 이루기 때문에 x상에 어떤 전류가 흘러도 y상의 쇄교자속에 영향이 없고, 그 역도 마찬가지이다. 따라서 두 코일은 같은 철심을 공유하고 있다 해도 상호간섭 없이 각자 따로 있는 것이나 마찬가지이다. 즉 2상에서는 한 상에만 전압을 가할 때나 두 상에 동시에 전압을 가할 때나 자화전류에 차이가 없다. 반면에 3상에서는 코일들 사이의 각도가 직각이 아니므로 어느 한 상 코일의 자체 맥동자속에 다른 두 상의 자속성분이 더해져 코일 하나만 단독으로 여자될 때에 비해 쇄교자속이 1.5배가 되며, 이는 마치 각 상 코일의 인덕턴스가 1.5배가 된 것과 같은 효과를 낳게 된다.[1] 따라서 3상 코일을 상당 등가회로로 나타낼 때의 자화리액턴스는 코일 단독으로 있을 때의 자화리액턴스에 1.5를 곱한 크기가 된다.

8-4 공극자속과 전기기계적 에너지변환

위에서 회전자 자속에 의한 유기기전력과 회전자계에 의한 유기기전력을 따로 설명하였으나 실제 발전기나 전동기로 동작하고 있을 때는 회전자 자속과 고정자 전류에 의해 만들어진 회전자계가 항상 함께 존재한다. 따라서 고정자 권선에 두 자속 성분에 의한 유기기전력이 함께 나타나며, 또한 이들 두 자속성분 사이의 상호작용으로 토크가 발생하고, 전기기계적 에너지변환이 일어난다.

---

1 한 코일의 쇄교자속에 다른 두 상의 자속이 더해져 쇄교자속이 증가하는 것은 코일간의 상호인덕턴스 때문이다. 3상 권선에서 코일의 자화인덕턴스가 1.5배로 되는 것은 이 **상호인덕턴스 효과를 등가의 자기인덕턴스로 치환**한 결과이다. 이러한 관계는 3상 권선의 배치가 기하학적 대칭성을 유지하고 있다면 전류가 불평형이라 해도, 나아가 정현파가 아니라 해도, 3상 전류의 순시합이 0이기만 하면 항상 성립한다.

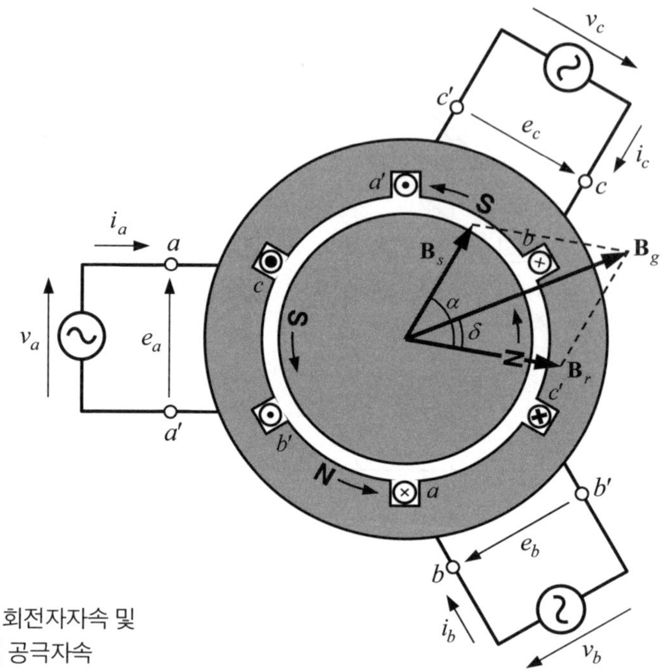

그림 8-24
고정자자속과 회전자자속 및 이들이 합성된 공극자속

공극자속

그림 8-24는 회전자자속 $\mathbf{B}_r$과 고정자 전류에 의해 만들어진 회전자계(이하 '고정자자속'이라 부름) $\mathbf{B}_s$가 함께 존재하는 상태를 보여주고 있다. 이 둘을 합성한 $\mathbf{B}_g$를 **공극자속**(air-gap flux)이라 한다. 공극 안에 '실제로 존재하는' 자속은 바로 이 공극자속이다. 만일 손가락으로 자속을 느낄 수 있다면, 공극 안에 손가락을 넣었을 때 느껴지는 자속은 $\mathbf{B}_s$도 $\mathbf{B}_r$도 아닌, 합성된 자속일 것이다. 그리고 느껴지는 자속에서 얼만큼이 $\mathbf{B}_s$이고 얼만큼이 $\mathbf{B}_r$인지 구분할 수도 없을 것이다. 고정자코일이 느끼는 자속 역시 이 합성자속이며, 이 합성 공극자속에 의해 고정자 코일에 기전력이 유기된다.

공극자속으로 유기된 기전력이 각 상 코일에 접속된 교류전원과 전기적 평형을 이루게 되는데, 세 코일에 일정 크기, 일정 주파수의 3상 대칭 교류전원이 인가된다면 공극자속에 의해 세 코일에 유기되는 기전력 역시 (인가전압과 유기기전력 사이에 다른 임피던스 요소가 없다고 가정하면) 일정 크기, 일정 주파수의 대칭 3상 교류이다. 이는 앞서 그림 8-20에서 일정한 크기의 자기장이 일정한 속도로 회전할 때 대칭 3상 교류가 유기되는 것과 같은 상태이다. 따라서 **3상권선에 대칭 3상전원이 가해졌을 때 공극자속은 항상 일정한 크기를 유지하면서 일정한 속도로 회전하며, 운전상태에 따라 고정자자속과 회전자자속이 달라진다 해도 (정상상태뿐만 아니라 과도상태에서도) 이들이 합성된 공극자속은 변하지 않는다.** 이는 변압기에서 부하의 변동으로 운전상태가 변한다 해도 교류전원이 일정하게 유지되는 한 철심 내의 자속 역시 일정하게 유지되는 것과 마찬가지이다. 이점을 확실히 이해하는 것이 이하 교류기의 동작을 이해하는 데에 매우 중요한 디딤돌이 된다.

공극자속이 유기하는 기전력의 주파수가 3상 전원의 주파수와 같으므로 공극자속은 식 (8-16)의 동기속도로 회전한다. 고정자자속 역시 동기속도로 회전하므로 공극자속이 일정한 크기를 유지한다는 것은 그림 8-24에서 $\mathbf{B}_g = \mathbf{B}_s + \mathbf{B}_r$의 관계를 항상 만족해야 하는 회전자자속 역시 같은 속

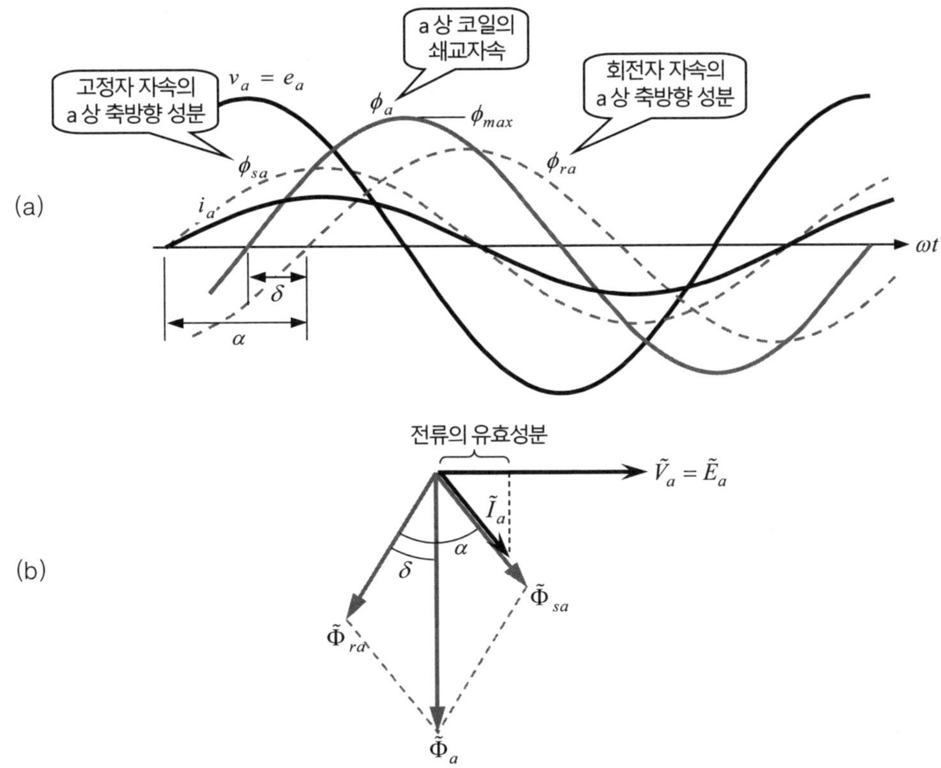

그림 8-25 그림 8-25에서 코일의 유기기전력, 쇄교자속 및 전류의 (a) 파형과 (b) 페이서도

도로 회전함을 뜻한다. 즉 $\mathbf{B}_s$, $\mathbf{B}_r$, 그리고 $\mathbf{B}_g$ 셋이 모두(정상상태에서) 같은 속도로 회전하면서 서로간에 일정한 각도를 유지한다. 이때 고정자3상 권선에는 $\mathbf{B}_s$를 만들어내는 전류가 흐르고, 회전자에는 $\mathbf{B}_r$에 작용하는 토크가 유기된다. 이 전류와 토크가 각각 고정자 단자를 통해 출입하는 전력과 회전자의 축을 통해 출입하는 기계적 동력을 결정한다.

고정자전류

그림 8-25(a)는 그림 8-24의 공극자속이 회전할 때 고정자의 3상 중 한 상(a상)에 나타나는 기전력과 자속, 전류의 파형을 보여주고 있다. 정현파 교류전압 v_a가 a상 코일에 가해졌을 때 코일에는 v_a와 동일한 e_a가 유기되어 전기적 평형을 이룬다. e_a는 a상 코일을 쇄교하는 자속 ϕ_a에 의해 유기된다. ϕ_a는 e_a에 90° 뒤진 정현파로서, 공극자속이 회전할 때 의 a상 코일 축방향 성분이 변화하는 모습을 나타낸다. ϕ_a는 점선으로 나타낸 ϕ_{sa}와 ϕ_{ra}, 즉 고정자자속과 회전자자속의 a상코일 축방향 성분이 합해진 것이다. 이들 사이의 위상차 δ와 α는 그림 8-24에 보인 자속벡터들 사이의 각도에 해당한다. 여기서 고정자자속 성분은 고정자전류에 의해 만들어진 것이므로 a상 코일에 ϕ_{sa}와 동상인 전류 i_a가 흐른다. 그림 8-25(b)는 이들 파형을 페이서도로 나타낸 것이다.

v_a가 주어지면 ϕ_a가 결정되며, v_a가 변하지 않는 한, 기기가 어떤 운전상태라 해도 ϕ_a 역시 변하지 않는다. 다른 두 상에서도 마찬가지이다. 운전상태에 따라 달라지는 것은 점선으로 나타낸 회전자 자속 성분과 고정자 자속 성분, 그리고 고정자 자속성분에 비례하는 전류이다. 만일 회전자자속이 없다면 고정자자속이 곧 공극자속이 되고($\phi_{sa} = \phi_a$) 이때 전류는 그림 8-21에서와 같이 전압에

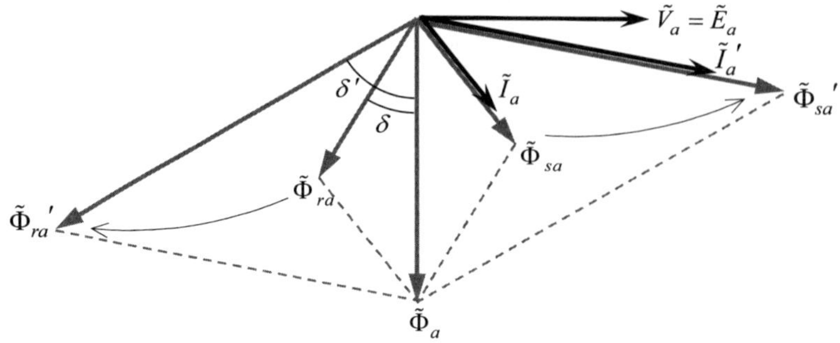

그림 8-26 회전자자속이 변하면 그에 대응하여 고정자자속 및 전류가 변한다.

90° 뒤진 순수한 자화전류가 될 것이다. 그러나 회전자자속이 있을 때는 전류가 전압에 직교하지 않게 되며, 그림 8-25(b)의 페이서도에서 보듯이 전류가 인가전압에 동상인 성분을 포함하게 된다. 이는 전원으로부터 코일로 유효전력이 전달되고 있음을 뜻한다. 다른 두 상에서도 동일한 동작이 일어나면서 세 상 코일에 유입되는 유효전력의 합이 회전자로 전달된다. 이러한 동작은 앞서 그림 8-6에서 회전자의 기자력에 의해 자속의 간섭이 일어날 때 이를 상쇄하기 위한 전류가 자화전류에 추가하여 흐르는 현상에 해당한다.

어떤 원인으로 이 회전자자속이 변하면 전달되는 전력도 바뀐다. 그림 8-24에서 회전자자속 $\mathbf{B}_r$의 크기나 방향(δ)이 변하면 그 변화량만큼 $\mathbf{B}_s$가 변하여 $\mathbf{B}_r$의 변화를 상쇄시킴으로써 $\mathbf{B}_g$가 그대로 유지된다. 그림 8-26은 이를 페이서도상에서 나타낸 것으로, 회전자자속의 변화($\tilde{\Phi}_{ra} \to \tilde{\Phi}_{ra}{}'$)로 고정자자속의 변화($\tilde{\Phi}_{sa} \to \tilde{\Phi}_{sa}{}'$)가 일어나고, 이에 따르는 전류의 변화($\tilde{I}_a \to \tilde{I}_a{}'$)에 의해 코일에 유입되는 전력이 변하게 되는 것을 보여주고 있다.

만일 $\mathbf{B}_r$이 $\mathbf{B}_g$보다 앞서게 되면 어떻게 될까? $\mathbf{B}_g$가 일정하므로 $\mathbf{B}_r$이 $\mathbf{B}_g$에 앞서는 경우 $\mathbf{B}_s$가 $\mathbf{B}_g$에 뒤처지게 된다. 이때는 8-25의 페이서도에서 $\tilde{\Phi}_{sa}$와 $\tilde{\Phi}_{ra}$가 자리를 뒤바꾸게 되며, $\tilde{\Phi}_{sa}$와 동상인 전류와 인가전압 사이의 위상차가 90°보다 커지게 된다. 따라서 전류의 유효성분이 음수가 되어 전력이 코일로 유입되는 것이 아니라 전원 쪽으로 빠져나가게 된다. 즉 **$\mathbf{B}_r$이 $\mathbf{B}_g$에 뒤처져 회전할 때 전동기동작, $\mathbf{B}_r$이 $\mathbf{B}_g$에 앞서 회전할 때 발전기동작이 일어난다.**

유기토크

그림 8-24에서와 같이 고정자자속과 회전자 자속이 서로 다른 방향을 향하고 있으면 회전자의 N극이 고정자의 S극에 끌리는 토크가 유기된다. 이는 4-5절에서 설명하였던 기자력토크로서, 기자력 $\mathbf{F}$인 코일이 자속밀도 $\mathbf{B}$의 자기장 안에 놓여 있을 때 코일에 작용하는 토크는 다음의 벡터곱 형태로 표현된다.(이하에서 k는 임의의 비례상수를 나타낸다.)

$$\mathbf{T} = k\mathbf{F} \times \mathbf{B}$$

그림 8-24에서 $\mathbf{F}$는 회전자의 기자력, $\mathbf{B}$는 회전자 주위에 실제로 존재하는 자속, 즉 공극자속에 해당한다. 원통형 대칭구조에서는 어떤 각도로도 자기저항이 일정하므로 회전자의 기자력과 회전자 자속 사이에 일정한 비례관계가 성립한다. 따라서 위의 식을 아래와 같이 쓸 수 있다.

$$\mathbf{T} = k\mathbf{B}_r \times \mathbf{B}_g \tag{8-24}$$

그림 8-24에 나타낸 것과 같이 두 벡터 $\mathbf{B}_r$ 과 $\mathbf{B}_g$ 사이의 각도를 δ 라 하면 토크의 크기는

$$T = kB_rB_g \sin\delta \tag{8-25}$$

이 토크는 항상 회전자자속을 공극자속에 일치시키려는 방향으로 작용한다. $\mathbf{B}_r$ 이 $\mathbf{B}_g$ 에 뒤처져 있을 때는 토크가 회전방향으로 작용하는 전동기 동작이 일어나고 $\mathbf{B}_r$ 이 $\mathbf{B}_g$ 에 앞서서 회전할 때는 토크가 회전 반대 방향으로 작용하는 발전기 동작이 일어난다. 이는 위의 코일전류 위상에 관한 설명에 부합하는 것을 알 수 있다.

전기적 평형과 기계적 평형

이상에서 보듯이 공극자속은 고정자권선에 기전력을 유기하면서 주어진 3상전원과 전기적 평형이 이루어지게 하는 한편 회전자에 토크를 유기하여 회전자의 축에 가해지는 외부 토크와 기계적 평형이 이루어지게 한다. 대칭 3상 전원에서 항상 일정한 크기와 속도를 유지하는 공극자속에서 기계적 평형이 이루어진다는 것은 외부 토크와 같은토크를 만들어내는 어떤 크기와 방향의 회전자자속이 존재해야 함을 뜻하고, 이 회전자자속에 대응하는 고정자자속을 만들어내기 위한 전류가 세 상에 흐르면서 고정자코일에 유입(또는 유출)되는 전력이 회전축을 통해 출력(또는 입력)되는 기계적 동력이 된다.

이러한 동작은 이후 다루게 될 교류기의 두 유형, 즉 유도기와 동기기에 공통적으로 적용된다. 그러나 회전자자속이 어떻게 만들어지는지에 있어서 두 기기에 차이가 있다. 그 구체적인 내용은 9장과 11장에서 각각 다루게 될 것이다.

8-5 교류기의 고정자권선

이상에서 고정자 각 상의 권선이 하나씩의 코일로만 이루어져 있는 것으로 가정하였다. 그러나 이는 설명의 편의를 위해 단순화한 것으로, 실제 교류기의 권선은 한 상의 권선이 여러 개의 코일로 이루어져 여러 개의 도체홈에 분산 설치된다. 그리고 개별 코일에서 코일변 사이의 간격에도 변화를 주어 특성의 향상을 꾀하고 있다. 이에 따라 위에서 설명한 유기기전력에도 차이가 나타나게 된다.

단절권

그림 8-27은 고정자에 코일변 1, 2로 이루어진 코일이 설치되어 있고 그 안에서 자극을 가진 회전자가 회전하면서 코일변에 기전력을 유기하는 상태를 보여주고 있다. 한 코일의 두 코일변 사이의 거리(전기각) ρ 를 **코일피치**(coil pitch)라 하는데 (a)와 같이 두 코일변이 정반대 자극 위치에 놓이도록 코일피치가 180°인 것을 **전절권**(full-pitch winding)이라 하고 (b)와 같이 코일피치가 180°보다 작은 것을 **단절권**(short-pitch winding, 또는 chorded winding)이라 한다.

전절권에서는 두 코일변의 기전력이 항상 같으므로 코일변 하나의 기전력을 e 라 하면 코일 전체 기전력은 $2e$가 된다. 그러나 단절권에서는 코일변 2가 전절권 위치에서 $180° - \rho$ 만큼 떨어진 곳에 놓여 있어서 회전자가 그 각도만큼 더 회전해야 코일변 2에 현재의 e_1 과 같은 기전력이 유기된다. 따라서 e_2 의 파형이 e_1 의 파형에 $180° - \rho$ 뒤지게 된다. 그 결과 그림의 페이서도에서 보듯이 $\tilde{e}_1$ 과 $\tilde{e}_2$ 가 더해진 코일기전력의 크기 e_{short} 가 전절권일 경우의 $e_{full} = 2e$ 보다 작다. 얼마나 작아졌는지 나타내는 비율을 **단절권계수**(pitch factor)라 하며, 다음과 같이 표현되는 것을 알 수 있다.

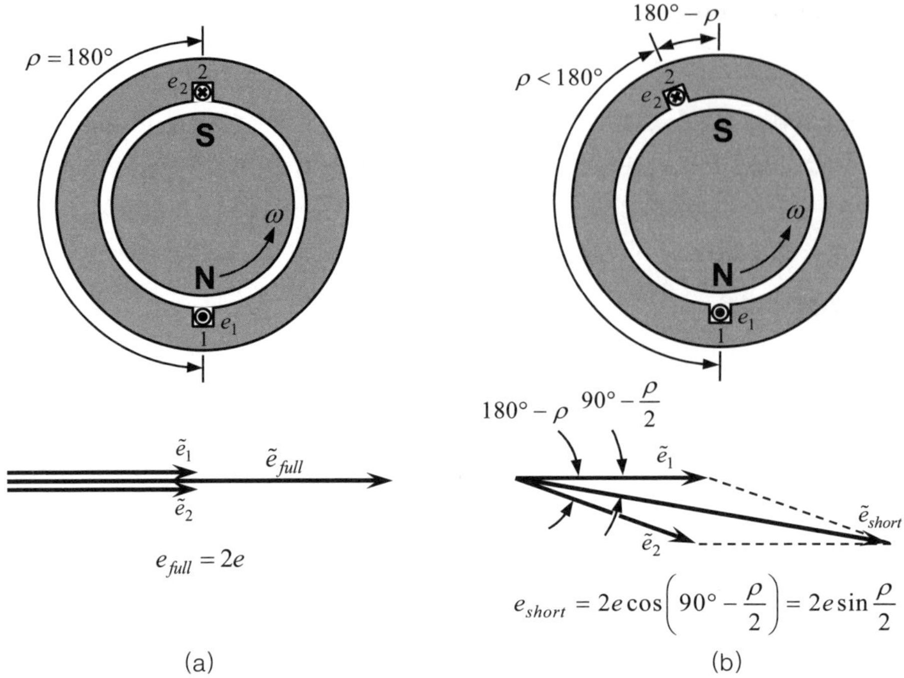

그림 8-27 (a) 전절권의 유기기전력 (b) 단절권의 유기기전력

$$k_p = \frac{e_{short}}{e_{full}} = \sin\frac{\rho}{2} \tag{8-26}$$

유기기전력이 줄어드는데 왜 굳이 단절권을 사용하는 것일까? 앞서 회전자 자극의 자속분포가 정현함수라 가정하였지만 실제 기계의 자속분포에는 상당한 왜곡이 존재한다. 왜곡된 자속이 회전하면 코일에 유기되는 기전력 역시 왜곡된 파형으로 나타나는데, 단절권으로 하면 이 기전력의 왜곡을 완화시킬 수 있다. 예를 들어 회전자 자극의 자속분포가 그림 8-28의 (a)와 같다고 하자. 여기서는 기본파성분에 5차 고조파 성분만 중첩되어 있는 것으로 가정한다. 자극이 회전하면 코일변에 유기되는 기전력에 자속분포의 왜곡이 그대로 반영된다. (b)의 위쪽은 e_1의 파형으로, 실선의 기전력 파형이 점선의 기본파성분 $e_{1(1)}$과 5차 고조파 성분 $e_{1(5)}$을 지니고 있다. 전절권이라면 $e_2 = e_1$이므로 전체 기전력은 $2e_1$으로 그림 (c)의 흐린 선과 같이 왜곡된 파형이 그대로 유지될 것이다. 그러나 만일 단절권이고 코일변 2가 전절권의 위치에서 30° 어긋나 있다면($\rho = 150°$) 그림 (b)에서 보듯이 e_2가 e_1보다 전체적으로 30° 뒤지게 된다. 그림 (c)의 굵은 실선이 e_1과 e_2를 더한 파형으로, 전절권일 경우에 비해 파형이 현저히 개선되는 것을 알 수 있다.

이처럼 파형이 개선되는 것은 기본파 성분은 줄어들었다 해도 전절권일 경우와 큰 차이가 없는 반면 5차 고조파성분이 훨씬 큰 폭으로 줄어들기 때문이다. 기본파의 30° 위상차를 5차 고조파 입장에서 보면 150°의 위상차인데, 두 성분이 서로 완전히 반대인 180° 위상차에 근접하므로 두 코일변의 5차 고조파성분이 더해지면 거의 상쇄에 가까운 결과를 낳게 된다. 이렇게 고조파성분이 줄어드는 비율은 고조파 차수를 h라 했을 때 식 (8-26)에서 ρ를 $h\rho$로 치환하여 계산할 수 있다.

(b)

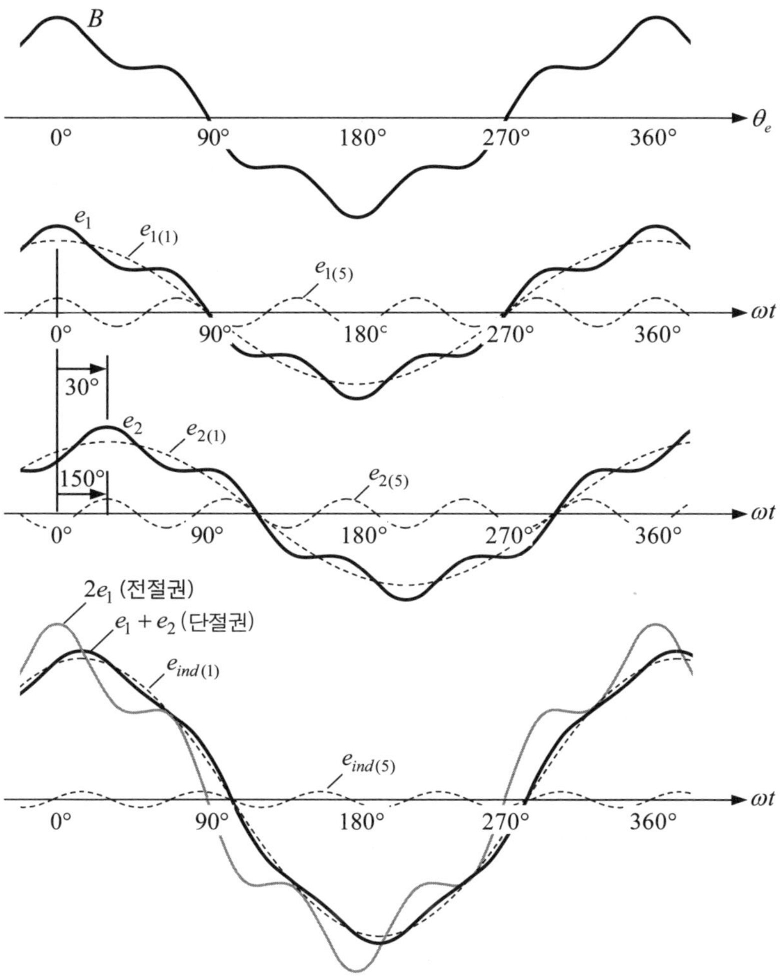

그림 8-28 (a) 왜곡된 자속분포 (b) 코일변에 유기되는 기전력 (c) 합성된 기전력

예제 8-1

어떤 3상 4극 고정자에서 코일이 5/6 피치로 만들어져 있다. 이 기계에서 코일에 유기되는 고조파성분들에 대한 단절권계수는 얼마인가?

5/6 피치라 함은 코일변 사이의 거리가 전절권의 5/6임을 뜻한다. 따라서 코일피치는

$$\rho = \frac{5}{6} \times 180° = 150°$$

일반적으로 짝수차 고조파는 존재하지 않으므로(부록 F 참조) 홀수차 성분들에 대한 단절권계수를 구하면 아래와 같다.

기본파: $k_p = \sin(150° / 2) = 0.966$

3차 고조파: $k_{p3} = \sin(3 \times 150° / 2) = -0.707$

5차 고조파: $k_{p5} = \sin(5 \times 150° / 2) = 0.259$

7차 고조파: $k_{p7} = \sin(7 \times 150° / 2) = 0.259$

9차 고조파: $k_{p9} = \sin(9 \times 150° / 2) = -0.707$

위 예제에서 보듯이 단절권에서 기본파는 약간 줄어드는 데 그치는 반면 고조파성분들은 큰 폭으로 줄어든다. (단절권계수는 크기의 비율이므로 부호는 의미가 없다.) 그 효과는 특히 5차와 7차 고조파에서 두드러진다. 한편 3상 기기에서는 Y결선일 경우 각 상에 3차, 9차 등 3배수고조파가 존재한다 해도 세 상에서 모두 동상이 되어 선간전압에는 상쇄되어 나타나지 않는다. 따라서 3배수고조파성분들을 억제해야 할 필요가 없고, 3배수 고조파성분에 대한 단절권계수도 큰 의미가 없다.

대부분의 교류기 권선은 2/3~1 피치로 만들어지며, 피치값을 적절히 선정하면 특정 고조파 성분을 완전히 제거할 수 있다. 예를 들어 4/5 피치를 사용하면 5차 고조파를, 6/7 피치를 사용하면 7차 고조파를 제거할 수 있다. 보통 고차 고조파는 크기가 작기 때문에 가장 문제가 되는 것이 5차와 7차 고조파로서 위에 예를 든 5/6 피치의 경우 5차와 7차 성분이 동시에 억제된다. 그 외 부수적 효과로, 코일변 사이를 연결하는 코일단부가 짧아져 도체의 양이 절약되며, 2극기의 경우 전절권은 2층권으로 조립하기가 매우 까다롭지만 단절권으로 하면 코일의 폭이 작아서 조립이 쉬워진다.

분포권

일반 전기기기의 공극자속밀도는 1 T 부근이고, 이 자속밀도에서 코일 한 턴당 유기되는 기전력은 매우 작기 때문에 필요한 만큼의 용량을 얻기 위해 고정자권선은 많은 턴수로 이루어진다. 이를 전부 한 쌍의 도체홈에 수용한 것을 **집중권**(concentrated winding)이라 한다. 지금까지는 편의상 집중권을 가정했으나 실제 기기에는 각 상 코일을 여러 개의 직렬 코일로 구분하고 이들을 여러 개의 도체홈에 나누어 배치한 **분포권**(distributed winding)이 사용된다. 분포권으로 하면 고정자 철심 안쪽 표면을 효율적으로 이용할 수 있을 뿐 아니라 단절권처럼 고조파억제 효과를 거둘 수 있다.

그림 8-29는 3상 2극기에서 2층권 구조로 만들어진 분포권의 예이다. 그림에 표시된 **상영역**(phase belt)은 각 상의 코일변에 할당된 영역을 나타낸다. (도체홈이 상영역당 하나씩만 있는 것이 집중권이다.) 그림의 2극기는고정자 철심이 여섯 개의 상영역으로 구분된다. 4극기라면 12개, 6극

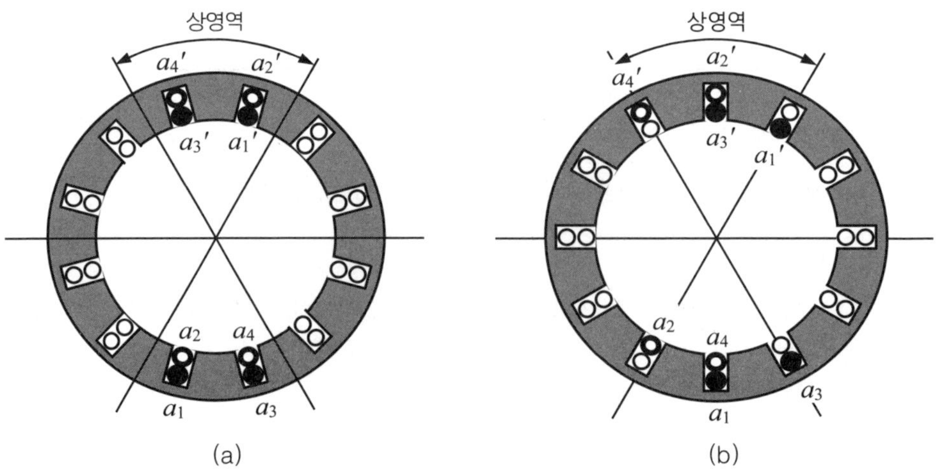

그림 8-29 2층권으로 배치된 분포권: (a) 전절권 (b) 단절권

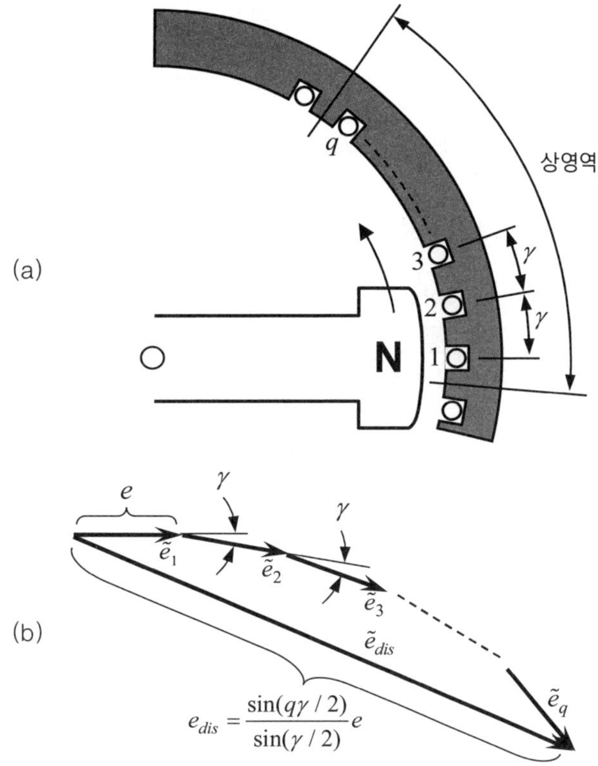

그림 8-30
(a) 상영역당 q개의 도체홈을 가진 고정자권선 (b) 분포권의 유기기전력

기라면 18개의 상영역을 갖게 되며 상영역의 폭을 전기각으로 나타내면 극수와 상관 없이 항상 60°이다. 그림 8-29(a)는 상영역당 두 개씩의 도체홈이 4개의 코일변을 수용하고 있는 모습으로, 한 상이 네 개의 코일로 이루어지고 단자결선을 통해 모두 직렬로 연결된다.

그림 8-29(b)는 여기에 코일피치가 5/6 (150°)인 단절권을 적용한 것을 보여주고 있다. (a)와 비교해 보면 1, 3번 코일변들과 2, 4번 코일변들이 서로 한 칸씩 어긋나게 설치된 것을 볼 수 있다. 그 결과 한 상의 코일변들이 세 개의 도체홈에 걸쳐 있게 되지만 상영역 사이의 경계에 놓이는 양쪽 도체홈에서는 도체홈의 절반씩만 차지하고 있으므로 상영역당 유효도체홈 수는 여전히 2이다. b상과 c상의 권선도 마찬가지 방식으로 배치된다.

이렇게 코일을 여러 도체홈에 분산시키면 코일변에 유기되는 기전력들 사이에 위상차가 나타난다. 그림 8-30(a)는 한 상영역에 q개의 도체홈이 있는 경우를 보여주고 있다. 여기서 코일들은 전절권이라 가정한다. 도체홈 사이의 전기각을 γ라 하면 인접한 코일변에 유기되는 기전력은 γ씩 위상차를 갖는다. 따라서 전체 기전력 페이서는 그림 8-30(b)에 보인 것과 같이 차례로 위상이 뒤처지는 일련의 기전력 페이서들을 합한 것이 된다. 그 크기 e_{dis}가 집중권일 경우의 기전력 $e_{con} = qe$에 비해 작은 것은 명백하다. 그 비율이 얼마나 되는지 나타내는 수치를 **분포권계수**(distribution factor)라 하며, 아래의 식으로 표현된다. (유도과정은 연습문제로 한다.)

$$k_d = \frac{e_{dis}}{e_{con}} = \frac{\sin(q\gamma/2)}{q\sin(\gamma/2)} \tag{8-27}$$

상영역의 폭이 60°인 일반적인 3상권선의 경우, $q\gamma = \pi / 3$이므로

$$k_d = \frac{0.5}{q \sin(\pi / 6q)} \tag{8-28}$$

로 간략히 표현되며 대부분의 교류기에서 $q = 1 \sim 6$이고 이에 해당하는 분포권계수는 1.0~0.956의 값을 갖는다.[2]

분포권 역시 고조파억제 효과를 가지고 있다. h차 고조파에 대한 분포권계수는 식 (8-27)의 γ를 $h\gamma$로 치환하여 구해진다. 단 $q > 3$ 이면 그 효과에 거의 차이가 나타나지 않는다.

예제 8-2

그림 8-29(a)의 권선에서 기본파와 5차, 7차 고조파에 대한 분포권의 영향은 어떠한가?

$q = 2$ 이고 $\gamma = 30°$이므로 식 (8-27)로부터 분포권 계수는

$$k_d = \frac{\sin(2 \times 30° / 2)}{2 \sin(30° / 2)} = 0.966$$

$$k_{d5} = \frac{\sin(5 \times 2 \times 30° / 2)}{2 \sin(5 \times 30° / 2)} = 0.259$$

$$k_{d7} = \frac{\sin(7 \times 2 \times 30° / 2)}{2 \sin(7 \times 30° / 2)} = -0.259$$

이로부터 집중권으로 했을 경우에 비해 기본파 유기기전력이 3.4 % 감소하며 5차 고조파와 7차 고조파는 각각 74 %씩 줄어드는 것을 알 수 있다.

권선계수와 유기기전력

식 (8-23)의 형태로 표현되는 유기기전력은 전절권에 집중권을 전제로 한 것이다. 그러나 단절권이면서 분포권인 실제 기계에서는 위에서 본 것과 같이 유기기전력이 줄어든다. 이 효과를 고려하여 유기기전력의 표현식이 다음과 같이 수정되어야 한다.

$$E = 4.44 k_p k_d N f \phi_{max} = 4.44 k_w N f \phi_{max} \tag{8-29}$$

여기서 단절권계수와 분포권계수를 하나로 묶은 $k_w = k_p k_d$ 를 **권선계수**(winding factor)라 부른다. 일반 3상 기기의 권선계수는 0.85~0.95의 범위에 놓인다. 주의할 점은, 식 (8-29)에서 N은 집중권으로 가정했을 때의 코일 턴수이므로 각 상을 이루는 코일들의 총 턴수, 즉 (상당 코일 수)×(코일당 턴수)를 나타낸다. 권선계수를 감안한 $k_w N$ 을 **유효턴수**라 한다.

예제 8-3

Y결선 3상 2극 교류발전기의 고정자권선이 2층권 상당 코일 수 4, 코일 턴수는 10이다. 코일피치는 전기각 150°이다. 회전자의 극당 자속이 0.019 Wb라면 (a) 고정자의 슬롯피치(도체홈 사이의 간격)는 기계각과 전기각으로 각각 몇 도인가? (b) 발전기가 3,000 rpm으로 회전할 때 출력전압은 얼마인가?

---

2 만일 도체홈 수를 무한히 늘린다면 어떻게 될까? 식 (8-28)에서 $x = 1/q$ 로 놓으면 분모가 $(\sin ax)/x$ 의 꼴로 표현된다 ($a = \pi / 6$). 따라서 $\lim_{x \to 0}[(\sin ax)/x] = a$로부터 분포권계수가 $0.5/a = 3/\pi \approx 0.955$에 수렴하는 것을 알 수 있다. 즉 $1 \geq k_d > 0.955$ 이다. 상영역당 도체홈 수가 6을 넘어가면 분포권계수는 사실상 변화가 없다.

(a) 2극기이므로 슬롯피치는 전기각과 기계각에서 동일하다. 상당 4개의 코일이 있으므로 코일 수는 12개, 코일변 수는 24개이다. 2층권이므로 총 도체홈 수는 12개이다. 따라서 슬롯피치는

$$\gamma = \frac{360°}{12} = 30°$$

(b) 유기기전력을 구하려면 식(8-31)에서 권선계수와 주파수를 알아야 한다. 주파수는

$$f = \frac{nP}{120} = \frac{3,000 \times 2}{120} = 50 \text{ Hz}$$

식(8-26)으로부터 단절권계수는

$$k_p = \sin\frac{\rho}{2} = \sin\frac{150°}{2} = 0.966$$

2극기이므로 상영역이 6개이다. 따라서 $q = 2$, $\gamma = 30°$이므로 분포권계수는 식(8-27)에서

$$k_d = \frac{\sin(2 \times 30° / 2)}{2\sin(30° / 2)} = 0.966$$

따라서 각 상에 유기되는 전압의 실효치는

$$E = 4.44 k_p k_d N f \phi_{max}$$
$$= 4.44 \times 0.966 \times 0.966 \times 4 \times 10 \times 50 \times 0.019 = 157.4 \text{ V}$$

Y결선이므로 발전기의 단자사이에 나타나는 출력전압(선간전압)은

$$V_T = \sqrt{3} \times 157.4 = 272.7 \text{ V}$$

고정자권선의 실예

교류기의 고정자권선 배치는 5장에서 보았던 직류기 전기자의 중권과 유사하다. 그러나 코일과 코일 사이의 결선에 있어서는 모든 코일이 정류자편을 통해 직렬로 접속되는 직류기와는 전혀 다른 방식으로 이루어진다. 3상 4극기 고정자권선의 한 예를 보기로 한다.

그림 8-31(a)는 24개의 도체홈을 지닌 고정자 철심에 24개 코일의 48개 코일변이 2층권으로 설치된 모습이다. 24개의 코일이 세 상에 균등하게 배분되므로 각 상은 8개씩의 코 일로 이루어진다. 4극기이므로 점선으로 나타낸 것과 같이 고정자 도체홈이 총 12개의 상영역으로 구분되며, 상영역당 도체홈이 두 개씩 할당된다. 한 상을 이루는 8개의 코일은 두 개씩 4개의 그룹으로 나뉘어 각 그룹의 양쪽 코일변이 한 상영역과 다음 번 해당 상영역에 설치된다. 그림 8-31(a)에서 a상 영역대에 속하는 도체홈 1의 하층 코일변은 다음번 a상 영역대에 있는 도체홈 6의 상층코일변으로 귀환하고, 도체홈 2의 하층코일변은 도체홈 7의 상층코일변으로 귀환한다. 마찬가지로 도체홈 7, 8의 하층코일변들은 다음 a상 영역대의 도체홈 12, 13의 상층코일변과 각각 짝을 이룬다. 이런 방식으로 그림에 굵은 원으로 그려진 a상의 네 코일 그룹이 순차적으로 배치된다. 이는 그림 8-29(b)에 보 였던 5/6피치 단절권의 2극기 권선배치를 두 번 반복하여 4극기로 확장한 것에 해당한다.

그림 8-31(b)는 한개 상을 구성하는 이들 네 그룹의 코일에 어느 한 방향으로 전류가 흐를 때 고정자에 나타나는 자극의 극성을 보여주고 있다. 각 그룹의 두 코일은 외부 단자를 통해 직렬로 연결되고 그룹과 그룹 사이도 단자에 화살표로 나타낸 전류 방향에 부합하도록 외부 점퍼선을 통해 모두 직렬로 연결된다. 여기서 인접한 그룹마다 코일 전류가 만들어내는 기자력의 방향이 반대가 되어 N극, S극이 교대로 나타나도록 결선되는 것을 볼 수 있다. 이렇게 하여 온전한 한 상의 권선이 이루어

(a)

(b)

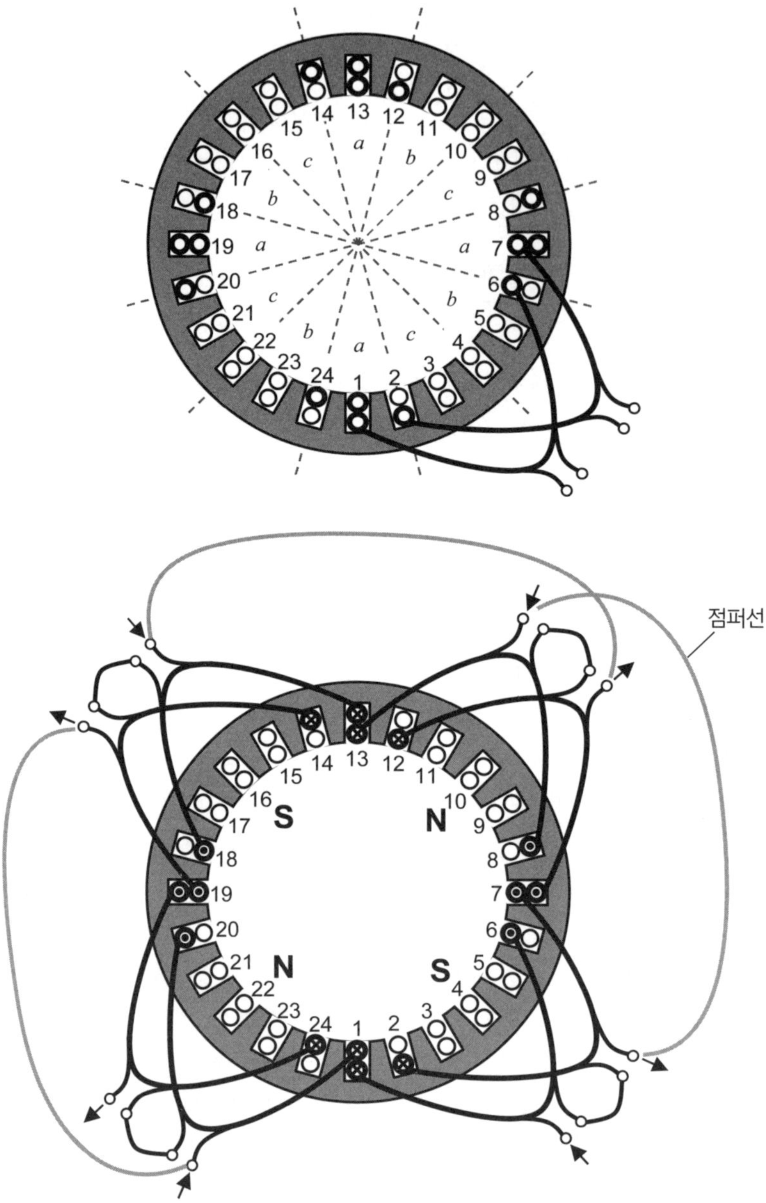

그림 8-31 3상 4극 고정자권선의 예

지며 b상과 c상도 전기각으로 120°씩 떨어진 위치에 마찬가지 방식으로 배치된다.

그림 8-32(a)는 그림 8-31(b)를 펼쳐놓은 형태로 나타낸 것으로, 네 그룹이 모두 직렬로 연결되고 양쪽 끝에 a상 권선의 단자 a_1과 a_2가 인출되는 것을 보여주고 있다. 그림 (b)는 전기각으로 120°(도체홈 4개) 이동한 위치에 b상 권선이 추가된 모습이다. 여기에 다시 전기각으로 120° 이동한 위치에 c상 권선을 추가하면 (c)와 같이 모든 도체홈이 채워지고 6개의 단자가 인출된다. 이들을 Y 또는 Δ로 결선하고 a_1, b_1, c_1을 3상 단자로 하면 고정자권선이 완성된다.

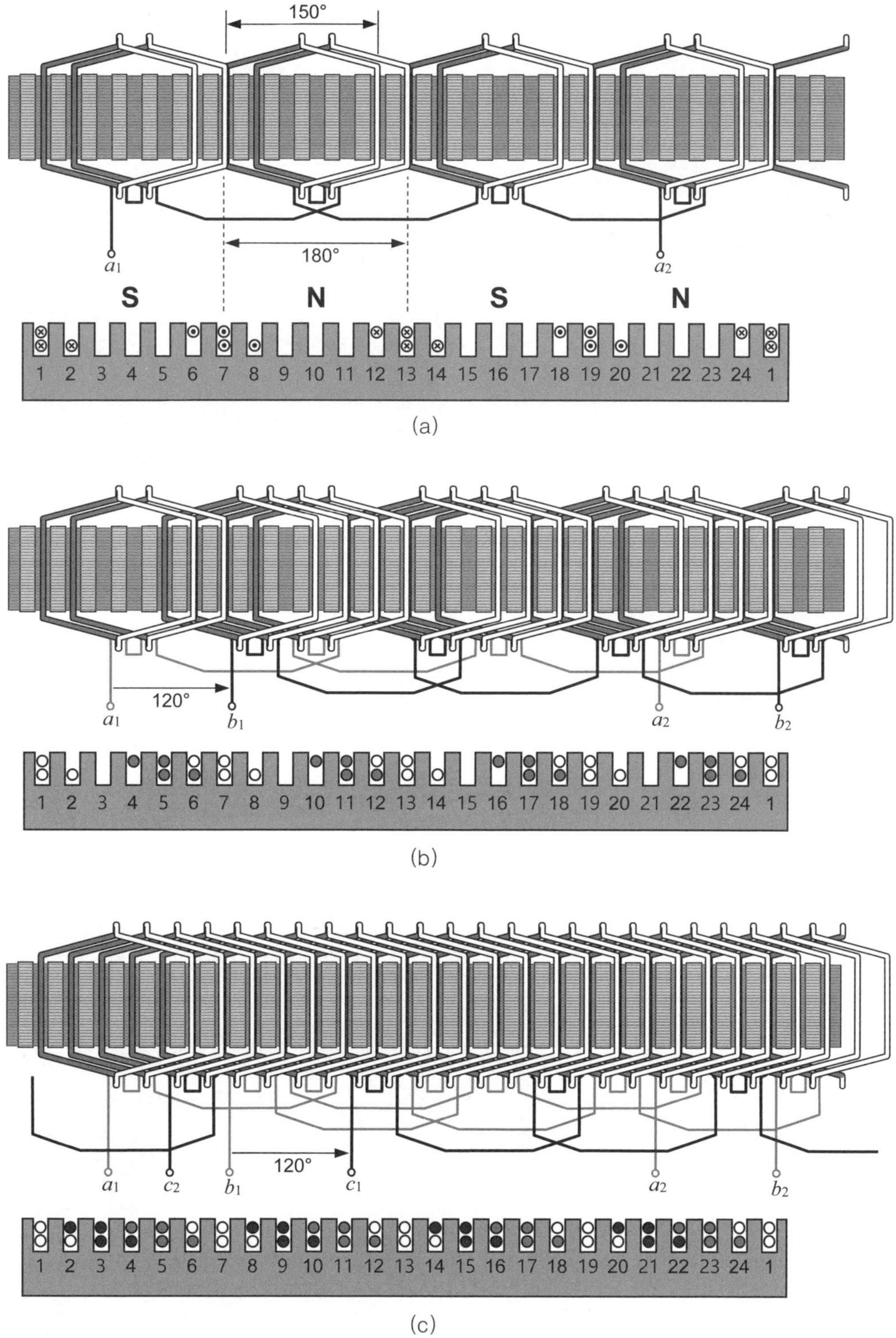

그림 8-32 (a) a상 코일이 배치된 모습 (b) b상 코일이 추가된 모습 (c) 3상 코일 전체가 배치된 모습

(a)

(b)

그림 8-33 고정자 도체홈에 코일을 설치하는 모습

고정자권선의 설치

실제 권선을 설치할 때는 그림 8-32에서처럼 상별로 차례차례 설치하지 않는다. 그림 8-32(c)에서 볼 수 있듯이 코일의 배치가 전체적으로 균일해지기 때문에 먼저 모든 코일들을 도체홈에 다 설치한 다음 서로 연결되어야 할 인접한 코일 단자들 사이는 직접 용접하고 간격이 떨어져 있는 코일 그룹 사이는 점퍼선을 용접하여 접속한다. 그림 8-33은 도체홈에 코일을 설치하는 모습이다. (a)는 중형급 기기로서 도체홈 입구가 좁은 반폐형인 것을 볼 수 있다. 반폐형에는 도체를 좁은 입구로 끼

그림 8-34
교류전동기의 고정자. 코일단부 외곽에 코일 그룹들 사이를 연결하는 도체(점퍼)의 모습을 볼 수 있다.

워 넣을 수 있도록 여러 가닥의 에나멜절연 동선 다발을 하나의 도체로 사용하며, 이 다발이 턴수만큼 반복되어 하나의 코일을 이룬다. 대형 기기에는 도체홈 내부 공간을 효율적으로 이용하기 위해 (b)에서 보듯이 성형코일을 사용하는데, 성형코일을 설치하기 위해서는 도체홈이 개방형이어야 한다. 성형코일은 여러 턴으로 이루어진 각도체를 구부려 절연한 것으로서, 양쪽 코일변이 두 도체홈의 각도 차이(코일피치)만큼 비틀어져 있도록, 그리고 철심 양쪽 바깥으로 노출되는 코일단부의 꺾이는 부위가 2층권으로 설치되었을 때 자연스럽게 겹쳐지는 형상이 되도록 만들어진다.

고압 기기에서는 코일이 설치된 후 코로나 발생을 방지하기 위해 에폭시 페인트를 도포한다. 그림 8-34는 완성되어 외부 프레임에 설치된 교류전동기용 고정자의 모습을 보여주고 있다.

연습문제

8-1. 2극기의 고정자 내경이 20 cm, 길이가 25 cm이다. 공극의 정현함수 자속분포를 가정했을 때 코일의 중심축 위치에서 공극의 자속밀도가 1 T라면 코일의 쇄교자속이 얼마인가?

8-2. 문제 8-1의 고정자에 턴수 10인 코일이 설치되어 있다. 60 Hz 전압을 인가했을 때 코일 중심축의 공극 최대자속밀도가 1.2 T이다.

(a) 코일의 인가전압은 얼마인가?

(b) 코일에 12 A의 전류가 흐른다면 코일의 자화리액턴스는 얼마인가?

8-3. 2상에서 어느 한 상의 전원을 뒤집어 연결하면 회전자계 방향이 반대가 되는 이유를 설명하라.

8-4. 식 (8-9b)가 $\hat{B}_y = B_{max}\cos(\theta_e + \pi/2)$ 라면 식 (8-10)이 어떻게 표현되는가? 그 결과는 무엇을 뜻하는가?

8-5. 식(8-15)를 유도하라.

8-6. 그림 8-12에서 b상 코일에 흐르는 전류와 c상 코일에 흐르는 전류가 서로 뒤바뀌었다면 식 (8-14)와 식 (8-15)는 각각 어떻게 표현되는가?

8-7. 60 Hz에서 동작하는 교류기의 회전자계가 1초에 한 바퀴씩 회전하게 하려 한다. 몇 개의 극으로 만들어져야 하는가? 주파수가 50 Hz라면 몇 개의 극이 필요한가?

8-8. 3상 60 Hz 교류기에서 자계가 1,500 rpm으로 회전하게 할 수 있는가? 800 rpm은 가능한가?

8-9. 그림 8-18에 보인 2극기의 고정자 내경이 20 cm, 길이가 25 cm이고 코일 턴수는 10이다. 극당 자속이 0.05 Wb인 2극 회전자가 3,600 rpm으로 회전하고 있다. 자속이 공극을 따라 정현함수로 분포되는 것으로 하고 회전자 자속이 코일 중심축을 향하는 시점을 $t = 0$ 으로 할 때

(a) 코일 중심축 위치에서 공극의 자속밀도를 시간의 함수로 나타내라.

(b) 코일 쇄교자속과 유기기전력을 시간의 함수로 나타내라.

(c) 코일의 유기기전력(실효치)은 얼마인가?

8-10. 내경 20 cm, 길이 25 cm인 2극 고정자에 상당 턴수 16인 3상 코일이 설치되어 있다. 세 상에 각각 실효치 220 V이고 3상 대칭을 이루는 60 Hz 정현파 교류전압을 가하였다.

(a) 기기 내부에 생성된 자속의 양과 공극의 최대자속밀도를 구하라.

(b) 회전자자속이 없는 상태에서 각 상에 12 A의 전류가 흐른다. 자화리액턴스를 구하라.

(c) 전압 $\tilde{V}$, 전류 $\tilde{I}$, 공극자속 $\tilde{\Phi}_g$, 고정자자속 $\tilde{\Phi}_s$ 를 페이서도로 나타내라.

8-11. 문제 8-10에서 회전자가 0.04 Wb의 자속을 지니고 있고 회전자자속이 공극자속에 30° 뒤진 상태로 공극자속과 같은 속도로 회전하고 있다고 할 때

(a) 고정자자속과 코일전류를 구하라.

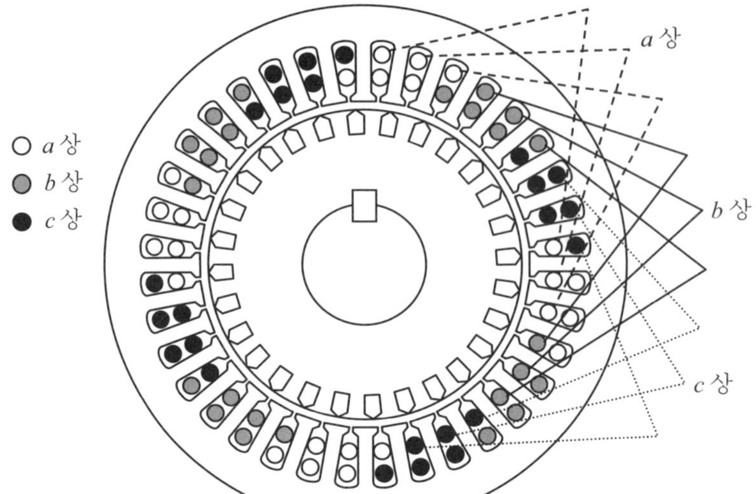

그림 8-35

(b) 전압 $\tilde{V}$, 전류 $\tilde{I}$, 공극자속 $\tilde{\Phi}_g$, 회전자자속 $\tilde{\Phi}_r$, 고정자자속 $\tilde{\Phi}_s$ 를 페이서도로 나타내라.

(c) 기기에 유입되는 전력을 구하라.

(d) 회전자에 작용하는 토크를 구하라.

8-12. 전절권으로 만들어진 어떤 기기의 회전자를 회전시켰을 때 코일의 유기기전력에 포함된 기본파성분이 300V, 3차 고조파성분이 40V, 5차 고조파성분이 50V, 7차 고조파성분이 35V였다. 이 기기를 4/5피치, 5/6피치, 6/7피치의 단절권으로 하였을 때 각각의 경우에 고조파성분들의 크기를 구하라.

8-13. 식(8-27)의 분포권계수 표현식을 유도하라.

8-14. 그림 8-32에 보인 고정자 권선에서 단절권계수와 분포권계수를 구하라.

8-15. 그림 8-35는 3상 380 V 60 Hz 유도전동기의 단면이다. 코일당 턴수는 4이다.

(a) 이 전동기는 몇극인가? 동기속도는 얼마인가?

(b) 단절권계수, 분포권계수, 권선계수를 구하라.

(c) 세 상 권선이 Y로 결선되어 있다면 공극자속의 크기는 얼마인가?

8-16. 3상 4극 동기기가 96개의 도체홈을 지니고 있다. 2층권, 코일당 턴수 4, 코일피치 19/24이다.

(a) 단절권계수, 분포권계수, 권선계수를 구하라.

(b) 이 기기에서 3차, 5차, 7차 및 11차 고조파 억제효과는 어떠한가? 각 차수별로 단절권과 분포권의 효과가 어떻게 작용하는가?

8-17. 3상 4극 교류기의 코일이 48개의 도체홈에 2층권으로 설치되어 있다. 코일피치는 5/6, 코일당 턴수는 10이다. 각 상의 코일들은 모두 직렬로 연결되고 세 상은 Δ로 결선된다. 기기 내부의 극당 자속은 0.054 Wb, 자계의 회전속도는 1,800 rpm이다.

(a) 권선계수는 얼마인가?

(b) 상전압과 단자간 전압(선간전압)은 얼마인가?

8-1. 0.05 Wb **8-2.** (a) 159.8 V (b) 13.3 Ω **8-4.** $B_{max}\cos(\theta_e + \omega t)$ **8-6.** $1.5B_{max}(\cos\omega t\,\mathbf{u}_x - \sin\omega t\,\mathbf{u}_y)$ $1.5B_{max}\cos(\theta_e + \omega t)$ **8-7.** 120, 100 **8-8.** 불가, 불가 **8-9.** (a) $\cos(120\pi t)$ T (b) $0.05\cos(120\pi t)$ Wb $-188.5\sin(120\pi t)$ V (c) 133.3 V **8-10.** (a) 0.0516 Wb, 1.03 T (b) 18.3 Ω **8-11.** (a) 0.0262 Wb, 6.09 A (c) 3,060 W (d) 8.12 N-m **8-12.** 4/5피치: 285.3 V, 23.5 V, 0 V, 20.6 V; 5/6피치: 289.8 V, 28.3 V, 12.9 V, 9.1 V; 6/7피치: 292.5 V, 31.3 V, 21.7 V, 0 V **8-14.** 0.9659, 0.966 **8-15.** (a) 4, 1,800 rpm (b) 0.9848, 0.9598, 0.9452 (c) 0.0182 Wb **8-16.** (a) 0.9469, 0.9556, 0.9049 **8-17.** (a) 0.9250 (b) 2.13 kV, 2.13 kV

9

유도전동기

유도전동기는 19세기 말 발명된 이래 개선을 거듭하여 현대사회의 동력원으로 중요한 역할을 담당하고 있다. 가전기기에서 산업용 설비까지 전동력이 필요한 전 범위에 걸쳐 마주치게 되는 전동기의 거의 대부분이 유도전동기라 해도 과언이 아니다. 전 세계에서 생산되는 전기에너지의 약 60%가 전동기에서 소모되고, 그 중 유도전동기의 비중이 80% 정도이므로 전체 발전량의 절반 가량이 유도전동기를 구동하는 데 쓰이고 있는 셈이다. 유도전동기가 이처럼 널리 사용되는 이유는 값싸고, 견고하고, 가볍고, 작고, 유지보수의 부담이 적기 때문이다. 회전속도가 전원의 주파수에 의해 결정되므로 오랜 기간 상용전원에서 정속 범용전동기로 사용되어 왔으나 20세기 말 이후 전력변환기술과 고성능 제어기술의 보급으로 직류전동기의 속도제어 성능을 능가하게 되면서 속도제어 용도에도 널리 사용되고 있다. 9장에서 3상 유도전동기의 원리와 특성을 알아보고 구체적 적용에 관련된 내용은 10장에서 다루기로 한다.

테슬라에 의해 만들어진 초기 유도전동기.
성층된 고정자철심에 코일이 환상권 형태로 감겨 있는 모습을 볼 수 있다.

9-1 유도전동기의 원리

그림 9-1(a)과 같이 사다리 모양의 도체에 N, S 한 쌍의 자석이 근접해 있는 상태를 생각해 보도록 하자. 동이나 알루미늄 등의 도체는 자성체가 아니므로 자석에 아무런 반응을 보이지 않을 것이다. 그러나 그림에 나타낸 것처럼 자극을 도체에 평행하게 옆으로 이동시키면 도체가 자극을 따라 움직이는 현상이 나타난다. 어떻게 해서 자성체가 아닌 도체가 자극에 끌려가는 것일까?

여기서 자석이 '움직일 때만' 도체가 반응한다는 점이 중요하다. 자석이 이동하면 자기장이 이동하는데, 이는 자기장 안에서 도체가 이동한 것과 같은 효과를 일으킨다. 그림 9-1(b)에 보인 것과 같이 N극에서 나온 자기력선이 왼쪽으로 도체를 가로질러 가면 도체에 기전력이 유기된다. 4-3절에서 설명한 플레밍의 오른손법칙($\mathbf{e} = l\mathbf{v} \times \mathbf{B}$, 여기서 $\mathbf{v}$가 '자기장에 대한 도체의 속도'를 나타냄에 유의하라)을 적용하면 이 기전력은 지면으로 들어가는 방향임을 알 수 있다. S극 아래에서는 그 반대 방향으로 기전력이 유기된다. 이렇게 유기된 기전력에 의해 도체와 양쪽 레일을 통해 전류가 흐르게 되는데, 이 전류에 플레밍의 왼손법칙($\mathbf{f} = l\mathbf{i} \times \mathbf{B}$)을 적용하면 N극 아래의 도체에 왼편으로 힘이 유기되는 것을 알 수 있다. S극 아래에서도 (자기장과 전류 둘 다 반대방향이므로) 같은 방향으로 힘이 작용한다.

요컨대 자기장이 도체를 가로질러 가면 도체에 기전력이 유기되고(유도기전력), 기전력에 의해

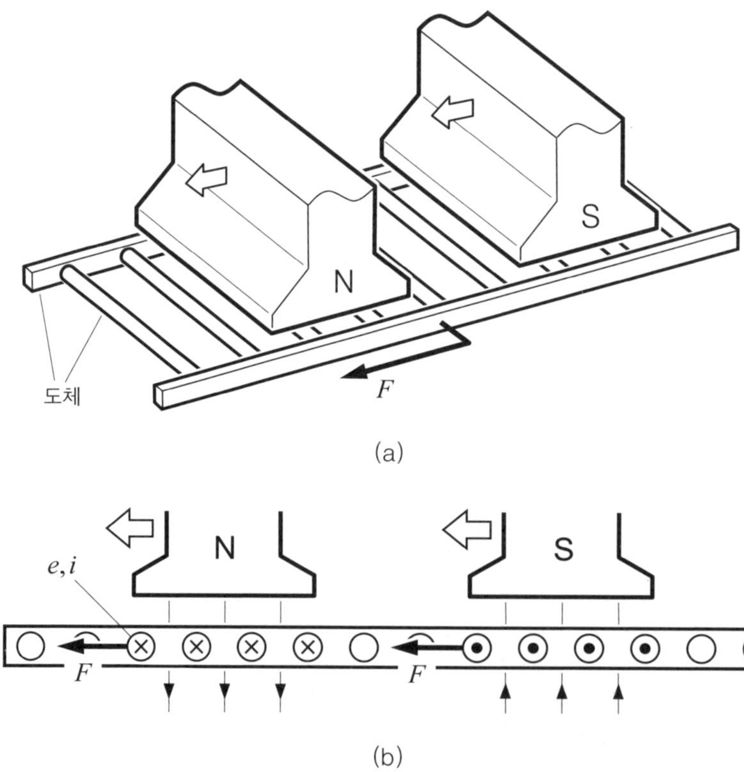

그림 9-1 (a) 사다리 모양의 도체 위를 이동하는 자극 (b) 도체에 유기되는 기전력과 전류의 방향 및 도체에 작용하는 힘의 방향

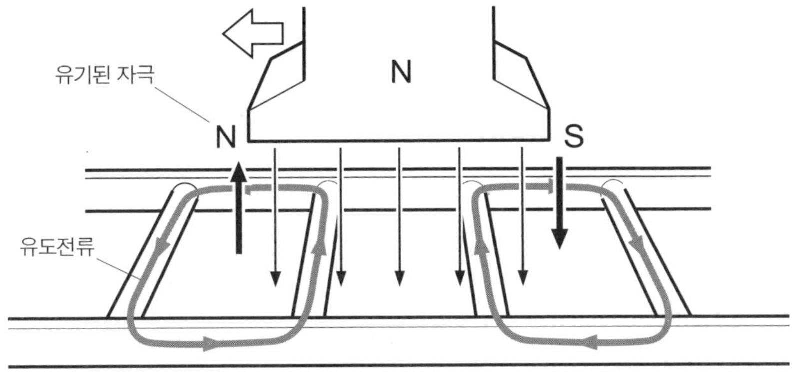

그림 9-2 렌쯔의 법칙에 의해 도체에 흐르는 전류와 유기되는 자극

전류가 흐르며(유도전류), 이 전류에 의해 힘이 발생한다. 그리고 이 힘의 방향은 자기장이 이동하는 방향과 같다. 자기장이 반대 방향으로 이동한다면 기전력의 방향이 반대가 되어 전류가 반대로 흐르므로 힘도 반대방향으로 작용한다. 결과적으로 그림 9-1의 도체는 자석이 어느 쪽으로 이동하건 자석을 따라 움직인다. 이는 항상 **자기장과 도체 사이의 상대적인 위치를 그대로 유지하려는 힘이 작용한다**는 사실을 말해준다.

상대적 위치를 고수하려 한다는 것은 변화를 방해하는 힘이 발생함을 뜻하고, 따라서 이를 렌쯔의 법칙으로 설명할 수도 있다. 그림 9-2에서 N극이 이동하면 자극 전방의 도체 루프를 통과하는 자속이 증가한다. 따라서 루프에 자속의 증가를 방해하는 방향으로 전류가 흐르며, 그 결과 자석과 같은 극성의 N극이 유기되어 다가오는 N극을 밀어내는 힘이 작용한다. 이때 자석 후방의 루프에서는 자속이 감소하기 때문에 자속의 감소를 방해하는 방향으로 전류가 흐르고, 그 결과 반대 극성의 S극이 유기된다. 이는 멀어져가는 자석을 붙잡으려는 힘이 나타남을 뜻한다. 즉 이동하는 자극 앞쪽 루프에는 밀려나는 힘이, 뒤쪽 루프에는 딸려가는 힘이 작용하고, 이 밀고 당기는 힘에 의해 도체가 자극을 따라 이동하게 된다. 기억해 둘 점은 **도체의 실제 이동속도에 상관 없이 자극의 전방 후방에 유기된 자극은 항상 이동하는 자극과 함께 같은 속도로 이동한다**는 사실이다.

이 사다리꼴 도체를 둥글게 말아 그림 9-3 (a)의 원통 형태로 만들어주고 (b)와 같이 그 주위에서 자극을 회전시키면 마찬가지로 도체들에 힘이 유기되어 자극을 따라 회전하는 힘, 즉 토크가 유기된다. 여기서 개별 도체들에 작용하는 힘이 합성되어 토크가 되는 것은 도체들에 흐르는 전류가 만들어낸 기자력에 의해 회전자가 자극을 갖게 되고, 이 자극이 주위를 회전하는 자극에 이끌려 토크를 발생하는 것으로 볼 수도 있다. 어떤 식으로 보건, 회전자가 따라 도는 것은 회전자 도체에 전류가 흐르기 때문이며, 별도 전원에 연결되어 있지 않은 회전자에 전류가 흐르는 것은 주위를 회전하는 자극에 의해 기전력이 유기되기 때문이다. 이처럼 회전자가 자체 자극을 갖고 있지 않지만 유도된 전류에 의해 토크가 발생하여 회전하는 전동기를 **유도전동기**(induction motor)라 한다.

실제로는 그림 9-4에 보인 것과 같이 회전자를 둘러싼 철심 안쪽에 3상 권선을 배치하고 3상 전류를 흐르게 하여 8-2절에서 설명하였던 회전자계를 만들어냄으로써 회전자 주위를 도는 자극의 역할을 대신한다. 회전자 도체 역시 강자성체로 이루어진 회전자 철심에 설치되며, 그림 9-3(a)와 같이

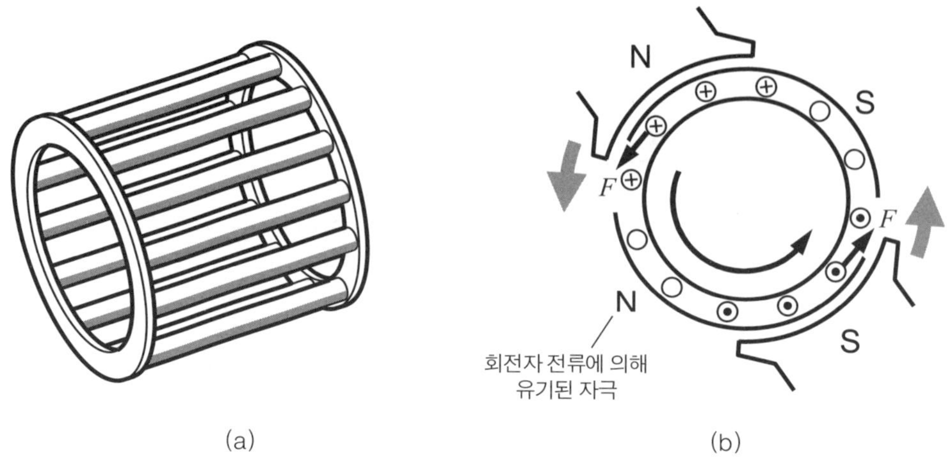

그림 9-3 (a) 원통형 회전자 도체와 (b) 회전자 주위를 회전하는 자극에 의해 발생하는 토크

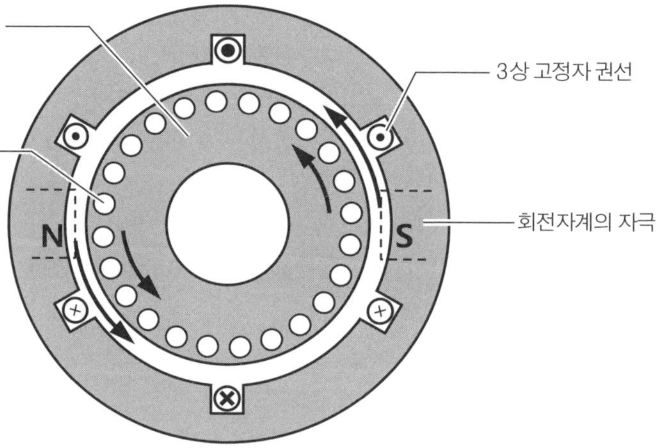

그림 9-4
유도전동기의 고정자와 회전자

도체들의 양 끝이 모두 단락되어 있어서 자유롭게 전류가 흐를 수 있다. 실제의 고정자 권선은 8-5절에서 설명하였듯이 많은 수의 도체홈에 분포되어 있고 여러 개의 극을 가질 수 있다. 고정자 극수가 몇개이건 매 자극과 자극 사이에 그림 9-2에서와 같이 유도전류에 의한 자극이 유기되므로 회전자에 유기되는 자극의 수는 항상 회전자계의 극수와 같다.

유도전동기의 이러한 구조가 갖는 가장 큰 장점은 **기계적 운동을 하는 회전자가 외부 회로에 전기적으로 접속될 필요가 없다**는 데에 있다. 직류기의 경우 회전자에 설치된 코일이 외부 회로에 정류자 및 브러시를 통해 접속되어야 하며, 뒤에서 다루게 될 동기기 역시 회전자의 코일이 슬립링 및 브러시를 통해 외부 회로에 접속된다. 이러한 기계적 접촉에 의한 접속은 기기를 복잡하고 비싸게 만들 뿐 아니라 여러 가지 부수적인 문제를 일으킬 수 있다. 유도전동기는 이러한 문제에서 자유로우며, 다른 기기에 비해 이른바 '막 굴려도 되는' 전동기로 간주될 정도로 강인하고 범용성이 높은 것은 기본적으로 그 구조적 단순성 때문이라 할 수 있다.

9-2 유도전동기의 구조

그림 9-5는 전형적인 중소형 및 대형 유도전동기의 모습을 보여주고 있다. 외관상 직류전동기와 두드러지는 차이점으로, 일단 중소형 전동기의 외피에 방열주름이 잡혀있는 것을 볼 수 있다. 이는 대부분의 열이 회전자에서 발생하는 직류기와는 달리 고정자에서 상당한 열이 발생하기 때문이다.[1] 그림에 보인 것은 전동기 내부로 공기가 드나들 수 없는 전폐형으로, 내부로 공기가 자유롭게 드나들 수 있는 개방형에는 방열주름이 없다.(외함 형식에 관련해서는 10장에서 다시 설명한다.) 대형 기기들에서는 표면의 열 방산만으로 냉각이 충분히 이루어질 수 없기 때문에 오른편 그림처럼 방열주름 없이 기기 내부로 공기를 강제순환 시키거나 수냉식 등 별도의 냉각시스템을 갖추고 있다.

유도전동기는 용도가 다양한 만큼 프레임의 고정방식이나 용량에 따라 다양한 외형으로 만들어지지만 기본 구조는 매우 단순하다. 그림 9-6은 중소형 3상 전폐형 유도전동기의 내부 구조를 보여주고 있다. 주철제 외부 프레임에 고정자 철심이 끼워져 있고 고정자 안쪽에 회전자가 베어링으로 지지되어 있는 것이 거의 전부라 할 수 있다. 회전자의 축은 한쪽(구동측)에만 인출되어 부하에 연결되고 반대편(비구동측)에는 팬이 달려 있고 덮개가 있다. 고정자 프레임의 옆이나 위에 고정자 코일단자가 인출되는 단자함이 부착된다.

고정자와 회전자 철심은 모두 성층철판으로 만들어진다. 그림 9-7에 보인 고정자 성층철판 두께는 0.3~ 0.6 mm 정도로 소형 전동기에는 약간 더 두꺼운 철판을 사용한다. 회전자는 회전자계와 거의 같은 속도로 회전하므로 철심의 자화방향이 바뀌는 주파수가 매우 낮아서 고정자보다 두꺼운 철판이 사용된다. 소형 전동기는 회전자 철판이 한 장의 규소강판을 펀칭한 것으로 만들어져 축에 직접 부착되지만 대형에서는 부채꼴 모양의 여러 조각이 스파이더에 끼움쇠를 통해 결합된다. 회전자

그림 9-5
유도전동기의 외관(Siemens)

[1] 직류기는 고정자가 계자로 되어 있고 계자권선에서 저항손이 있긴 하나 대부분의 손실(동손과 철손)은 전기자 역할을 하는 회전자에서 발생한다. 반면에 유도전동기에서는 모든 전류가 고정자를 통해 흘러야 하므로 손실의 상당부분이 고정자에서 발생하며, 따라서 고정자의 방열이 중요하다.

그림 9-6
농형 유도전동기의 구조 (ABB)

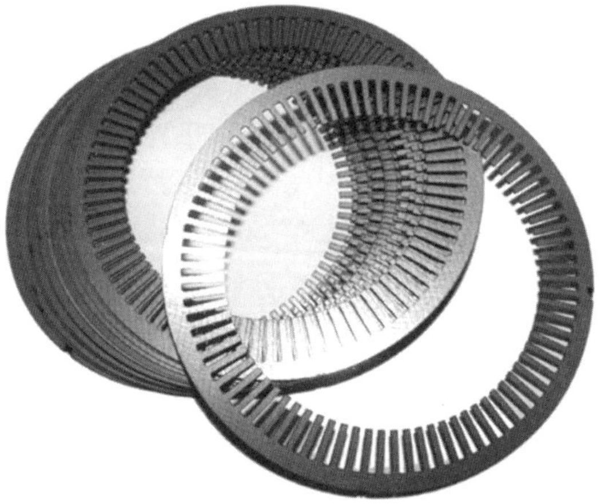

그림 9-7
유도전동기의 고정자 성층철심

양 끝에 내부 공기를 유동시켜 회전자도체의 열이 고정자철심 쪽으로 잘 전달되도록 하기 위한 냉각 날개가 붙어 있고 대형기는 공기를 통한 열전달이 잘 되도록 고정자 및 회전자 성층철판을 매 5~7 cm마다 간격을 띄워놓은 통풍덕트를 둔다. 고정자철심과 회전자철심 사이의 공극은 0.4 mm에서 4 mm 정도로, 직류기나 동기기보다 훨씬 작다.

그림 9-8은 프레임에 장착되기 전 고정자와 회전자의 모습을 보여주고 있다. 고정자권선은 8장에서 설명한 것과 같다. 그림은 성형코일을 사용하지 않은 소형 전동기로, 철심 앞뒤로 노출되어 있는 코일단부 및 연결선들이 끈으로 고정된 모습을 볼 수 있다. 회전자 도체는 그림 9-3(a)에 보인 것과 같은 구조를 이루도록 도체들이 회전자 표면의 도체홈에 설치되고 양 끝에서 둥그런 **단락환**(end ring)으로 모두 연결된다. 이러한 형태를 **농형회전자**(squirrel-cage rotor, 혹은 cage rotor)라 하고 농형회전자를 가진 유도전동기를 **농형유도전동기**라 부른다. '농형籠型'이란 도체와 단락환이 마치 대바구니와 같은 모양을 이루고 있음을 뜻한다.

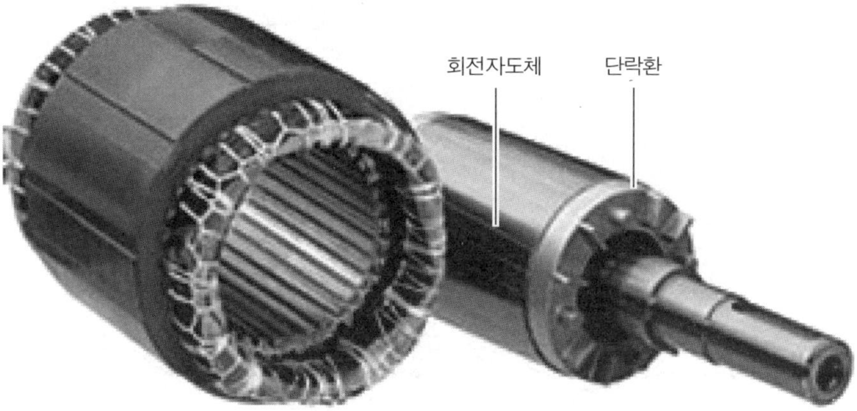

그림 9-8 농형 유도전동기의 고정자와 회전자 (Siemens)

회전자 도체로는 알루미늄이나 구리가 사용된다. 알루미늄은 구리보다 도전율이 낮지만 가볍고 싸기 때문에 가격과 무게가 중시되는 경우에는 알루미늄을, 효율이 중시되는 용도에는 구리를 사용한다. 특히 알루미늄은 용융점이 낮아 다이캐스팅(die casting)에 적용하기 쉬워서 중소형 농형유도전동기들은 대부분 알루미늄 회전자로 만들어진다. 다이캐스팅이란 미리 조립된 회전자철심의 도체홈에 녹은 알루미늄을 압입한 뒤 굳히는 방법으로, 단락환과 통풍날개까지 한꺼번에 한 덩어리로 만들 수 있으므로 제작이 간편하면서도 견고하다. 그림 9-8의 회전자가 다이캐스팅으로 만들어진 전형적인 모습이다. 근래 유도전동기의 고효율화에 대한 규제가 강화되고(10-3절 참조) 구리 다이캐스팅의 기술적 난관이 극복됨에 따라 중소형에도 구리를 적용한 기기가 늘고 있다. 다이캐스팅이 어려운 대용량에서는 알루미늄이나 구리 도체막대를 도체홈에 삽입하고 양 끝에 단락환을 용접한다. 그림 9-9는 그러한 대형 농형유도전동기 회전자의 모습이다.

한편 그림 9-8의 회전자에서 도체가 축에 평행하지 않고 약간 비스듬한 경사홈으로 되어 있는 것은 코깅(cogging)토크의 억제를 위한 것이다. 코깅은 회전자의 도체홈이 고정자 도체홈 아래를 지날 때마다 자기저항이 변하면서 자속밀도가 맥동하고, 그 결과 도체가 유기하는 힘이 맥동하면서 진동과 소음이 발생하는 현상을 말한다. 코깅토크는 고정자와 회전자의 철심 이빨끼리 서로 잡아당기는 일종의 릴럭턴스토크이므로 경사홈으로 되어 있으면 회전자와 고정자의 도체홈이 전체 길이에 걸쳐 동시에 겹쳐지는 일이 일어나지 않게 되어 이러한 현상이 완화된다. 특히 도체홈 수가 작은 소형기에서 효과가 크다. 도체홈 수가 많은 대형기에서는 코깅의 영향이 상대적으로 작고, 제작상 난점 때문에 경사홈을 쓰지 않는다. 경사홈을 쓰지 않더라도 고정자와 회전자 도체홈 수를 달리 하면서 공약수를 갖지 않도록 하면 여러 군데에서 동시에 도체홈이 겹쳐지는 일이 일어나지 않으므로 토크 맥동을 억제할 수 있다.

고정자나 회전자, 또는 양쪽 모두에서 입구가 반쯤 덮여 있는 반폐형 도체홈으로 하는 것도 자기저항의 변동을 완화시키는 데에 도움이 된다. 그러나 이 경우 코일을 한번에 삽입할 수 없고 좁은 입구로 한 턴씩 일일이 삽입해야 하며, 막대형 도체를 사용하는 대형 회전자는 도체를 옆쪽에서 삽입해야 하는 불편이 따른다. 또한 반폐형으로 하면 누설자속이 증가한다. 그렇긴 하나 회전자는 원심력에 대한 지지를 겸해 거의 반폐형으로 만들어지고, 고정자에는 개방형과 반폐형이 다 적용된다.

그림 9-9 회전자 도체를 조립하는 모습(현대중공업)과 완성된 대용량 농형 회전자

대부분의 유도전동기는 이상에서 설명한 농형 유도전동기이지만 **권선형**(wound rotor) **유도전동기**라 불리는 형태도 있다. 그림 9-10은 권선형 유도전동기의 회전자를 보여주고 있다. 권선형의 회전자는 고정자와 마찬가지로 3상 권선을 가지고 있으며, 각 상 권선이 고정자의 모든 극 아래를 다 거치는 파권(5-3절 참조)으로 만들어져 내부에서 Y로 결선된 다음 세 개의 단자가 인출된다. 이 단자들은 축에 고정되어 회전자와 함께 회전하는 슬립링(slip ring, 또는 collector ring)에 연결되어 슬립링에 접촉하는 브러시를 통해 외부 회로에 접속된다. 슬립링은 청동이나 스텐리스강으로 만들어지고(직류기의 브러시와 달리) 저항률이 낮은 흑연브러시가 사용된다.

권선형은 회전자가 외부 회로에 연결될 필요가 없는 유도전동기의 장점을 포기한 형태라 할 수 있다. 구조가 복잡해지고 크고 무거우며, 단가가 상승할 뿐 아니라 견고성도 떨어진다. 또 브러시를 주기적으로 교환해줘야 하는 등 유지보수의 부담이 따른다. 그러나 슬립링을 통해 회전자전류가 외부 저항을 거쳐 흐르도록 하면 회전자 임피던스가 증가한 것과 같은 효과를 얻을 수 있고, 이를 통해 전동기의 특성에 변화를 줄 수 있다.(브러시로 인출된 세 단자를 외부에서 바로 단락시키면 농형이나 마찬가지이다.) 나아가 저항 대신 3상 전원을 연결하여 전류를 주입한다던가 하여 다양한 제어특성을 얻을 수도 있다. 따라서 회전자 특성에 변화를 줄 필요가 있는 비교적 특수한 용도에 사용되며, 대형기가 많다. 근래에는 2~4 MW급 풍력발전기 용도에 많이 사용되고 있다.

그림 9-10 권선형 유도전동기의 회전자

9-3 유도전동기의 기본 동작

유도전동기의 회전자가 부하를 끌고 회전할 때 그 회전속도는 결코 회전자계의 속도와 같아질 수 없다. 만일 회전자가 회전자계와 같은 속도로 회전한다면 회전자 도체에 기전력이 유기되지 않고, 기전력이 없으면 전류가 흐르지 않고, 전류가 없으면 토크가 유기되지 않아서 부하를 끌고 갈 수 없기 때문이다. 이 회전속도의 차이가 유도전동기 동작의 핵심적 변수가 된다.

슬립

회전자계의 속도는 8장에서 설명한 아래의 **동기속도**(synchronous speed)로 주어진다.

$$n_s = \frac{120}{P} f \ \ \text{rpm} \tag{9-1}$$

유도전동기의 축에 아무것도 연결되어 있지 않은 무부하상태에서는 베어링의 마찰과 자체 냉각날개에서 작용하는 약간의 토크 외에는 회전을 방해하는 힘이 없으므로 기계적 평형을 위한 전동기의 토크가 0에 가깝다. 이는 회전자가 회전자계와 거의 같은 속도로 회전함을 뜻한다. 따라서 자체 기계적 손실로 인한 약간의 속도차이를 무시하면 **동기속도가 곧 무부하속도이다.**

축에 부하가 연결되어 부하토크가 가해지면 회전에 방해를 받아 회전자가 동기속도에서 벗어난다. 그 결과 회전자 도체에 회전자계와의 속도 차이로 기전력이 유기되고 전류가 흘러 토크가 발생한다. 속도 차이가 커질수록 기전력이 커지고 전류와 토크가 커지므로 유기토크가 부하토크와 같아지는 속도까지 떨어지고 나면 기계적 평형이 이루어져 일정한 속도로 회전하게 된다. 이때 아래의 회전자계 속도 n_s 와 회전자속도 n 사이의 차이를 **슬립속도**(slip speed)라 한다.

$$n_{sl} = n_s - n \tag{9-2}$$

이는 회전자가 회전자계를 그대로 추종하지 못하는 상태를 둘 사이의 '미끄러짐'으로 표현한 것이다. 이 미끄러짐이 없으면 부하를 끌고 회전하는 토크가 발생할 수 없기 때문에 **유도전동기에서 미끄러짐은 어떤 불완전성에서 비롯된 것이 아닌, 유도전동기 동작의 본질적인 속성이다.**

부하가 클수록 슬립속도도 커지므로 슬립속도는 전동기에 얼마나 큰 부하가 걸렸는지를 나타낸다. 그러나 같은 슬립속도라도 동기속도가 얼마인지에 따라 그 의미가 달라진다. 예컨대 동기속도 2,000 rpm에서 슬립속도 100 rpm인 경우에 비해 동기속도 200 rpm에서 슬립속도 100 rpm은 상대적으로 훨씬 큰 미끄러짐이 일어나고 있는 상태이다. 따라서 그 '미끄러짐의 정도'를 나타내기 위해 아래와 같이 슬립속도를 동기속도에 대한 비율로 나타낸 것을 **슬립**(slip)이라 한다.

$$s = \frac{n_{sl}}{n_s} = \frac{n_s - n}{n_s} \tag{9-3}$$

슬립은 동기속도를 기준으로 한 슬립속도의 pu 값으로, 흔히 % 단위로 표시된다. 동기속도가 1,000 rpm인 전동기가 800 rpm으로 회전하고 있다면 슬립은 0.2, 또는 20 %이다. 이는 동기속도를 1이라 했을 때 0.2만큼 미끄러짐이 일어나고 있음을 뜻한다. 이때 회전자 속도는 0.8, 동기속도의 80 %이다. 즉 회전자 속도의 pu 값은 $1-s$ 이다. rpm 단위로는

$$n = n_s - n_{sl} = (1-s)n_s \tag{9-4}$$

동기속도와 실제 속도를 모른다 해도 슬립을 알면 전동기에 어느 정도의 부하가 가해진 상태인지 가늠할 수 있다. 따라서 유도전동기의 운전상태를 나타내는 변수로 슬립 s가 사용되며, 전동기의 전류나 토크 등 유도전동기의 주요 특성들이 모두 이 슬립의 함수로 표현된다.

유도전동기의 운전상태 구분

그림 9-11은 유도전동기의 회전속도에 따른 동작상태 구분을 보여주고 있다. 슬립은 정지상태($n = 0$)에서 1, 동기속도($n = n_s$)에서 0, 정지상태와 동기속도 사이($0 < n < n_s$)에서 0과 1 사이의 값을 갖는다. 그 범위를 벗어나 동기속도보다 높아지면($n > n_s$) 음수가 되고, 회전자계 반대 방향으로 회전하는 경우($n < 0$)에는 1보다 커진다. 어떤 경우건 회전자에 유기되는 토크는 9-1절에서 보았듯이 이동하는 자계와 도체 사이의 상대적 속도 차이를 줄이려는 방향으로 작용한다. 즉 무부하 상태에서 회전하고 있는 회전자의 축에 어느 방향으로든 기계적 외력이 가해져 회전자계와 속도 차이가 생기면 **회전자 속도를 회전자계 속도에 일치시키려는 방향(외력의 반대 방향)으로 토크가 유기된다.** 이 토크와 축에 가해진 외력이 기계적 평형을 이루는 상태에서 동작이 이루어진다.

그림 중앙의 $0 < s < 1$인 상태에서는 회전자계를 쫓아가는 방향으로 토크가 발생하여 부하를 끌고 회전하면서 회전자에서 부하로 동력이 전달된다. 즉 **전동기동작**(motoring)이 일어난다. 부하를 줄여나가면 슬립이 줄어들면서 동기속도에 접근하며, 부하를 완전히 제거하면 $s = 0$인 **무부하상태**가 된다. 이때 회전자는 동기속도로 회전하지만 토크가 0이므로 기계적 동력 $T_e\omega$ 는 0이다. 여기서 축에 회전방향으로 힘을 가해 회전자계보다 빨리 돌려주면 $s < 0$ 가 되면서 맨 위 그림과 같이 회전 반대 방향, 즉 속도를 늦추어 회전자계와 같은 속도가 되게 하려는 방향으로 토크가 유기된다.[2] 외부에서 가해진 토크가 이 역방향 유기토크를 이겨내고 회전자를 돌려주면서 기계적 동력이 공급되고, 이 동력이 전기 에너지로 변환되어 전원으로 전달되는 **발전기 동작**(generating)이 일어난다.

---

[2] 그림 9-1에서 도체를 자극보다 더 빨리 이동시키면 기전력과 전류의 방향이 반대가 되면서 도체에 작용하는 힘의 방향도 반대가 된다. 이 경우 그림 9-2의 자극 앞쪽에 S극, 뒤쪽에 N극이 나타나 도체를 끌고 가는 외부 힘에 저항하는 힘이 작용한다.

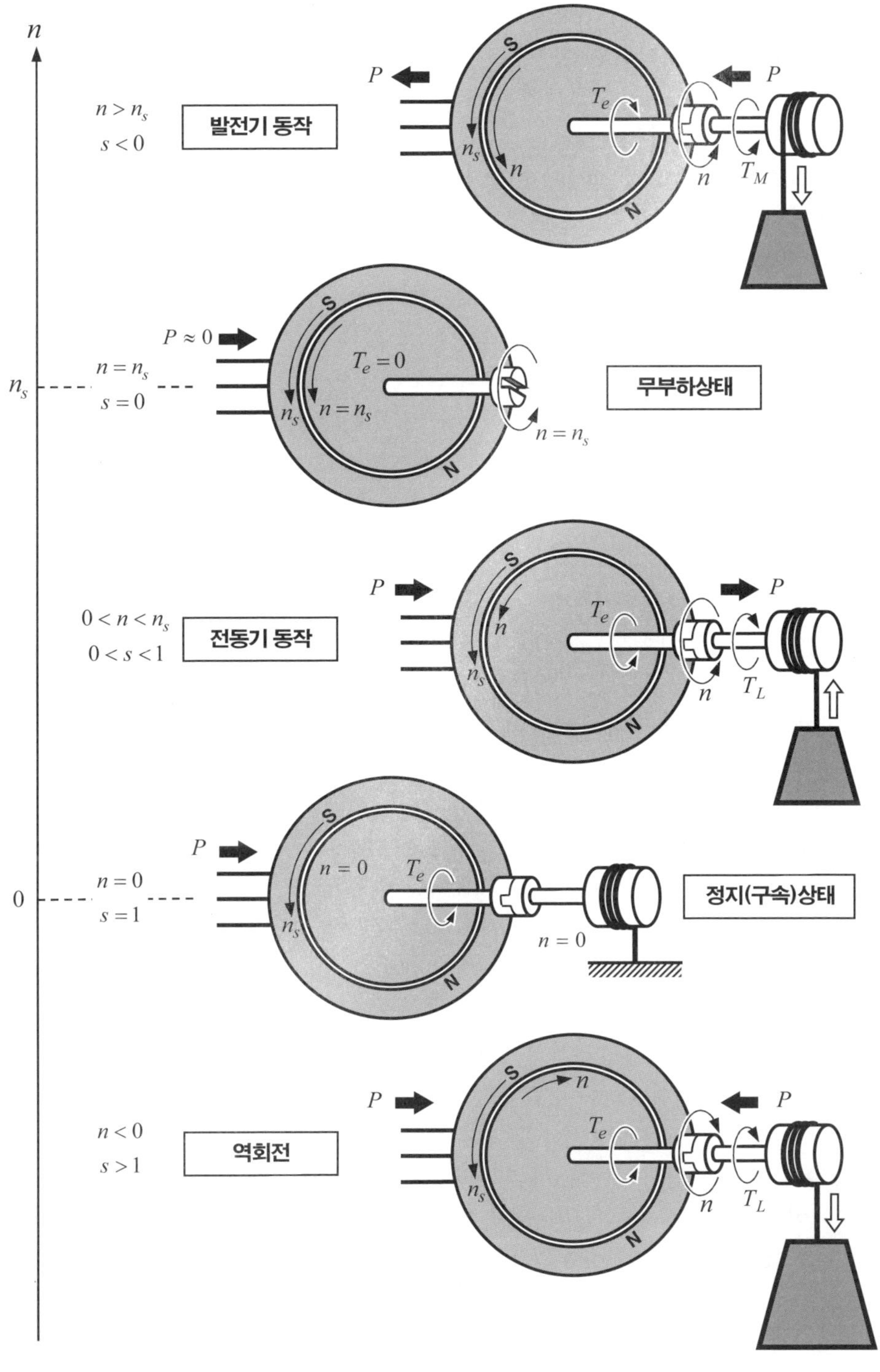

그림 9-11 유도전동기의 속도(슬립)에 따른 동작상태

전동기동작의 아래쪽 $s = 1$인 상태는 회전자계를 따라 돌고자 하는 토크가 발생하지만 회전자가 돌지 못하도록 외부에서 붙잡고 있는 **구속**(locked-rotor)상태이다. 또는 정지상태의 전동기에 전원을 투입하여 기동하는 맨 처음 순간 회전자가 아직 돌기 시작하기 전에도 일시적으로 이와 같은 상태에 놓이게 된다. 구속상태에서는 회전자계 방향으로 토크가 유기되지만 속도가 0이기 때문에 기계적 동력 $T_e\omega$ 가 0이다. 따라서 전원에서 공급되는 전력이 전부 전동기 내부에서 소모된다.

맨 아래는 **역회전**, 또는 **플러깅**(plugging)이라 한다. 부하가 회전자를 거꾸로 돌리고 있는 상태이다. 혹은 전동기 동작 중 인가전압 상순을 갑자기 바꾸어 회전자계의 방향을 반전시켰을 때도 이런 상태에 놓이게 된다. 토크는 회전자계 방향으로 유기되고, 그 반대 방향으로 회전자를 회전시키고 있는 외부 동력원으로부터 기계적 에너지가 공급되는데, 이 경우에는 공급된 에너지가 전원으로 전달되는 것이 아니라 오히려 전원 쪽에서도 전력이 공급되어 양쪽에서 유입된 에너지 가 모두 전동기 내부에서 소모되면서 큰 열이 발생한다. (이는 마치 접촉하고 있는 두 회전체를 서로 반대 방향으로 돌려줄 때 양쪽에서 공급되는 동력이 모두 접촉면에서 마찰열로 소모되는 것과 같다.)

이상 유도전동기의 동작은 전동기 동작, 발전기 동작, 역회전 세 영역으로 구분되며 정지(구속)상태는 전동기 동작과 역회전의 경계, 무부하상태는 전동기 동작과 발전기 동작의 경계에 해당한다.

정격부하와 정격슬립

그림 9-11에서 정지상태부터 동기속도까지 전체가 전동기동작 영역이지만 유도전동기가 취급할 수 있는 전력의 한계 때문에 전동기의 실제 운전 범위는 훨씬 좁다. 무부하 상태에서 동기속도로 회전하고 있을 때는 전동기에 입력되는 전력이 0에 가까우므로 전류도 작다. 여기에 부하가 가해져 속도가 떨어지면 회전자에 유도전류가 흐르며, 부하가 커져 속도가 많이 떨어질수록 유도전류도 커진다. 이에 대응하여 고정자에 흐르는 전류도 커지는데, 회전자와 고정자의 전류는 주울열을 발생하므로 부하가 커짐에 따라 전동기 내부에서 발생하는 열이 많아지고, 온도가 올라간다. 그 **온도상승이 정해진 한계에 이르렀을 때의 부하가 유도전동기의 정격부하**이다. 이때의 속도가 전동기의 **정격속도**이고 정격속도에서의 슬립을 **정격슬립**이라 한다.

만일 운전 중 슬립이 정격슬립보다 커졌다면(즉, 속도가 정격속도 아래로 떨어졌다면) 이는 전동기에 과부하가 걸렸음을 뜻한다. 일시적 과부하는 문제가 되지 않지만 그 상태로 운전이 지속된다면 과열로 절연물이 급격히 열화되어 전동기의 수명이 현저히 단축되거나 소손되어버릴 수도 있다. 따라서 유도전동기에 정격부하 이내의 부하가 가해진 정상적인 운전상태에서는 회전속도가 항상 정격속도와 동기속도 사이의 범위에 놓이며, 슬립은 정격슬립보다 작다.

대부분의 유도전동기는 정격슬립이 수 %를 넘지 않도록 만들어진다. 정격슬립이 특별히 큰 특수한 유형이라도 15~20 % 를 넘지 않는다. (예를 들어 동기속도가 3,600 rpm인 유도전동기의 정격속도가 2,000 rpm이라던가 하는 경우는 없다.) **수십마력 이하 유도전동기의 정격슬립은 3~4 % 정도, 수백마력급의 정격슬립은 1~2 % 정도이다.** 1,000 kW를 넘는 초대형에서는 0.5 % 미만이다. 따라서 유도전동기는 부하에 따라 속도가 변동하기는 하지만 정격부하 이내에서 운전되는 한 동기속도에서 크게 벗어나지 않으며, 대체로 일정한 속도를 유지하는 정속도 전동기로 간주된다.[3]

[3] 유도전동기의 속도가 동기속도에 매우 가깝긴 하지만 완전히 일치하는 것은 아니므로 부하에 관계 없이 항상 동기속도로 회전하는 동기전동기(synchronous motor)와 구별하여 비동기전동기(asynchronous motor)라 부르기도 한다.

예제 9-1

어떤 유도전동기의 명판에 3상 380 V, 60 Hz, 5 Hp, 1,725 rpm이라 기재되어 있다. 이 전동기가 정격부하상태에서 운전될 때의 슬립은 얼마인가?

전동기의 명판에 적혀 있는 속도는 정격속도를 뜻한다. 정격주파수가 60 Hz 이므로 동기속도는 식 (9-1)에 의해 2극기라면 3,600 rpm, 4극기라면 1,800 rpm, 6극기라면 1,200 rpm 등이다. 유도전동기의 정격속도는 동기속도와 큰 차이가 나지 않으므로 이 전동기는 동기속도가 1,800 rpm인 4극기임을 알 수 있다. 따라서 정격부하에서의 슬립은

$$s = \frac{n_s - n}{n_s} = \frac{1,800 - 1,725}{1,800} = 0.042$$

즉 4.2 %이다.

9-4 유도전동기의 등가회로

이상에서 유도전동기 동작의 개요를 설명하였다. 이제 유도전동기가 동작할 때 내부에서 일어나는 현상을 구체적으로 살펴보고 이로부터 유도전동기의 전기적 등가회로를 도출하도록 한다.

회전자자속과 회전자주파수

그림 9-12는 고정자의 3상 전류에 의해 만들어진 고정자자속 $\mathbf{B}_s$와 회전자도체에 흐르는 유도전류로 만들어진 회전자자속 $\mathbf{B}_r$, 그리고 이들이 합성된 공극자속 $\mathbf{B}_g$를 보여주고 있다. 8-4절에서 설명했듯이 공극에 실제 존재하는 자속은 공극자속이며, 이 공극자속이 고정자와 회전자의 도체에 기전력을 유기한다. 고정자 권선에 유기된 기전력이 대칭 3상 전원전압과 전기적 평형을 이루고 있을 때 공극자속의 크기와 회전속도는 항상 일정하다. 앞서 그림 9-2에서 이동하는 자석 앞뒤로 도체 전류가 유기하는 자극이 도체의 속도에 무관하게 자석과 같은 속도로 이동하는 것을 설명한 바 있는데, 이와 마찬가지로 공극자속의 회전으로 유기되는 회전자자속 $\mathbf{B}_r$은 회전자의 실제 속도에 무관하게 $\mathbf{B}_g$와 같은 속도(동기속도)로 회전한다. 따라서 $\mathbf{B}_g = \mathbf{B}_s + \mathbf{B}_r$의 관계를 만족하는 $\mathbf{B}_s$ 역

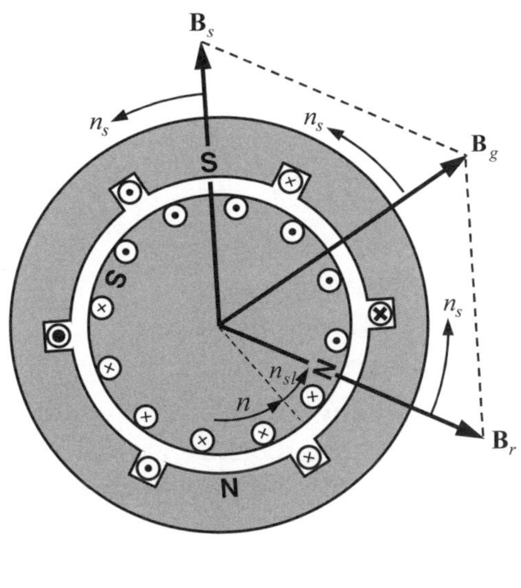

그림 9-12
고정자자속과 회전자자속 및 이들을 합성한 공극자속. 정상상태에서 이들은 모두 동일한 속도(동기속도)로 회전한다.

시 같은 속도로 회전한다.

공극자속이 회전자 도체에 유기하는 기전력의 주파수는 회전자의 속도에 따라 달라진다. 자계가 회전자 주위를 한 바퀴(다극기에서는 전기각 360°) 돌 때마다 회전자 도체에 한 사이클의 교류기전력이 유기되므로 회전자 기전력의 주파수는 공극자속과 회전자 사이의 상대적인 속도 차이, 즉 슬립속도에 비례한다. 정지상태($s = 1$)에서는 전원주파수와 같아지고 회전자가 동기속도에 근접하면 ($s \approx 0$) 0에 근접한다. 따라서 회전자 기전력의 주파수는 아래와 같이 표현된다.

$$f_r = sf \tag{9-5}$$

이를 회전자주파수 혹은 **슬립주파수**(slip frequency)라 한다. 그림 9-12에서 회전자자속이 동기속도로 회전하는 것은 이 슬립주파수로 흐르는 회전자전류가 회전자 주위를 슬립속도로 회전하는 회전자계를 만들어내기 때문이다. 즉 회전자속도에 슬립속도가 더해진 속도가 회전자자속의 속도이고, 이는 곧 동기속도와 같다.($n + n_{sl} = n_s$)

회전자주파수가 달라진다는 것은 회전자 도체에 전류가 흐를 때 임피던스로 작용하는 리액턴스가 달라짐을 뜻한다. 따라서 부하가 변하여 슬립이 변하면 주파수의 변화로 회전자전류의 크기만 아니라 위상도 달라지게 된다. 회전자전류의 크기는 그림 9-12에서 $\mathbf{B}_r$의 크기를, 회전자전류의 위상은 $\mathbf{B}_r$의 방향($\mathbf{B}_g$와 이루는 각도)을 결정한다.

운전상태에 따른 자속과 전류

공극자속이 일정하게 유지된다는 것은 회전자자속에 변화가 생겼을 때 그에 대응하여 고정자자속이 변화함으로써 회전자자속의 변동분을 상쇄시킴을 뜻하며, 고정자자속의 변화는 곧 고정자 전류의 변화를 뜻한다. 그 양상을 그림 9-13이 세 가지 운전상태로 구분하여 보여주고 있다.

그림 (a)는 슬립이 0인 무부하상태를 나타낸다. 슬립이 0일 때 회전자도체에 기전력이 유기되지 않고, 따라서 회전자에 전류가 흐르지 않는다. 회전자자속이 없으므로 고정자자속이 곧 공극자속이다. 그림에서처럼 공극자속이 코일변 A를 향하고 있는 시점에 A-A′ 코일에 최대 기전력이 유기된다. 이때 자속을 만들어내는 고정자 코일들의 전류를 B-B′ 코일의 전류로 대표하여 나타낼 수 있는데, B-B′는 이 시점에 최대 전류가 흐르는 코일의 위치를 나타낸다.[4] 이후 공극자속이 90° 회전하여 위쪽을 향하는 시점이 되면 최대 전류가 흐르는 위치가 A-A′로 바뀌게 된다. 이는 A-A′ 코일에 흐르는 전류가 기전력이 최대였던 시점으로부터 90° 시간이 경과한 뒤 최대가 됨을 뜻한다. 따라서 오른편에 페이서도로 나타내고 있듯이 코일의 전류가 기전력에 90° 뒤진 위상이 된다. 이러한 관계가 세 상 코일에서 모두 마찬가지로 나타나 세 상에 각각 인가전압에 90° 뒤진 전류가 흐르고, 이 전류가 공극자속을 만들어내는 자화전류 $\tilde{I}_m$이다. (이는 8장의 그림 8-21과 동일한 상태이다.)

(b)는 전동기에 약간의 부하가 가해져 슬립이 작은 상태로 동작하고 있을 때를 나타낸다. 회전자가 공극자속보다 늦게 회전하므로 회전자도체 C에도 A와 같은 방향으로 기전력이 유기된다. 그러나 상대속도가 작기 때문에 기전력의 크기는 작고, 주파수도 매우 낮다. 따라서 리액턴스 성분이 거의 작용하지 않으므로 회전자 도체에 기전력과 거의 동상인 전류가 흐르고, C-C′에 직각 방향으로 $\mathbf{B}_r$이 만들어진다. 이때 $\mathbf{B}_g$가 그대로 유지되려면 $\mathbf{B}_s$가 그림에 나타낸 것과 같아야 한다. 이 자속을

[4] 고정자 코일에서 기전력은 나오는 방향, 전류는 들어가는 방향을 양의 방향으로 한다. 이렇게 기전력의 양의 방향과 전류의 양의 방향을 반대로 설정한 것은 기기로 전력이 유입되는 전동기 동작을 기준으로 삼은 표기법이다.

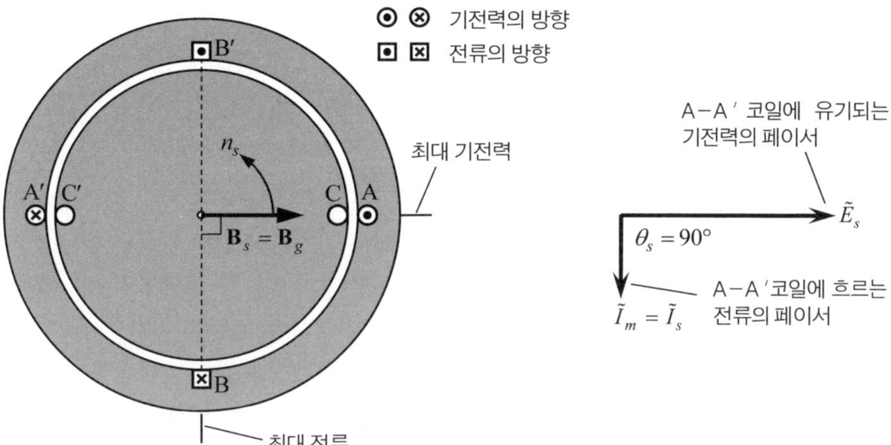

(a) 무부하상태

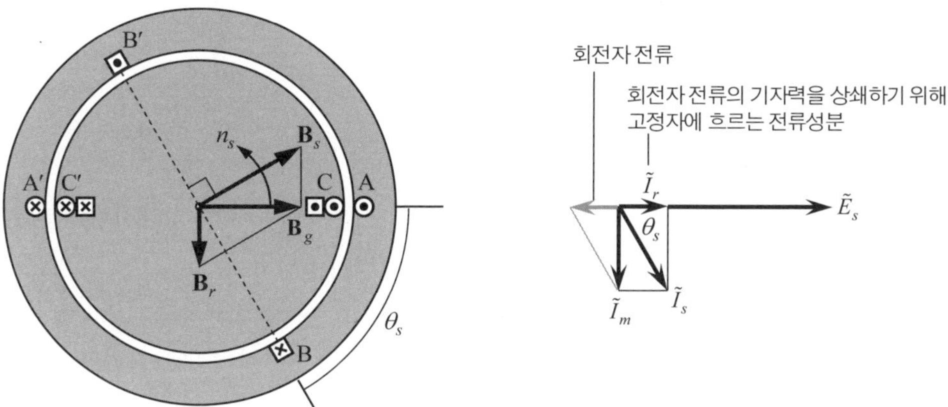

(b) 슬립이 작을 때

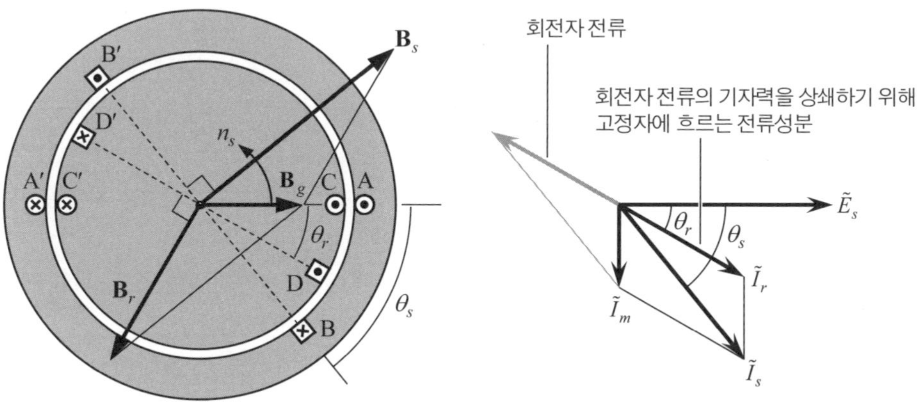

(c) 슬립이 클 때

그림 9-13 운전 상태에 따라 달라지는 유도전동기의 유기기전력과 전류

만들어내는 고정자전류는 $\mathbf{B}_s$에 직각인 B-B′ 위치에서 최대이다. B-B′ 코일이 A-A′에서 θ_s만큼 떨어진 위치에 있다면 이는 그림의 시점으로부터 θ_s에 해당하는 시간이 경과한 후 A-A′에 흐르는 전류가 최대가 됨을 뜻한다. 따라서 고정자 권선에 흐르는 전류는 페이서도에 나타냈듯이 기전력에 θ_s만큼 뒤진 위상이 된다. 이 고정자 전류 $\tilde{I}_s$는 공극자속을 만드는 자화전류 $\tilde{I}_m$에 회전자전류의 기자력을 상쇄시키는 성분 $\tilde{I}_r$이 더해진 것에 해당한다.

그림 (c)는 부하가 증가하여 슬립이 큰 상태로 운전하는 경우를 보여주고 있다. 이때는 회전자주파수가 높아져 리액턴스 성분이 작용하므로 회전자전류가 기전력에 뒤진 위상을 갖는다. 따라서 C에 최대 기전력이 유기되고 있는 시점에 최대 전류가 흐르는 지점은 공극자속이 조금 전에 지나쳐 온 D의 위치에 있으며, D-D′에 직각 방향으로 $\mathbf{B}_r$이 만들어진다. 이때는 회전자 기전력이 크고, 전류가 크므로 $\mathbf{B}_r$ 역시 크다. $\mathbf{B}_g$는 여전히 그대로이므로 $\mathbf{B}_s$가 그림과 같이 결정된다. 이에 해당하는 고정자 전류는 $\mathbf{B}_s$에 직각인 B-B′ 위치에서 최대가 되며 B-B′와 A-A′ 사이의 각도 θ_s가 고정자 코일의 기전력과 전류 사이의 위상차가 된다. 여기서도 고정자 전류 $\tilde{I}_s$는 공극자속을 만들어 내는 자화전류 $\tilde{I}_m$에 회전자 전류의 기자력을 상쇄시키는 성분 $\tilde{I}_r$을 더한 것과 같다.

등가변압기

위의 설명을 요약하면,

1. 무부하상태에서는 고정자전류가 공극자속을 만들어 내는 전류, 즉 자화전류가 되며 공극자속에 의해 유기된 기전력이 전원과 전기적 평형을 이룬다.
2. 부하가 가해져 회전자에 전류가 흐르면 회전자전류의 기자력을 상쇄시키는 전류가 고정자에 추가로 흘러 공극자속이 일정하게 유지된다.

이러한 동작은 무부하상태에서 여자전류만 흐르다가 2차측에 부하전류가 흐르면 1차측에 부하전류의 기자력을 상쇄하는 전류가 추가로 흐르는 변압기의 동작과 같다. 따라서 고정자를 1차측, 회전자를 2차측으로 한 변압기 형태의 등가회로로 표현될 수 있다.

그림 9-14(a)는 유도전동기를 변압기 형태의 상당 등가회로로 나타낸 것이다. $\tilde{E}_s$는 1차측에 유기된 기전력으로, 인가전압 $\tilde{V}_s$과 전기적 평형을 이룬다. $\tilde{E}_s$를 유기하는 공극자속은 자화전류 $\tilde{I}_m$에 의해 만들어지며 $\tilde{I}_m$은 자화리액턴스 jX_m을 통해 흐르는 것으로 표현된다. 공극자속은 2차측에도 기전력 $\tilde{E}_R$을 유기하고 이에 의해 2차측 전류 $\tilde{I}_R$이 흐른다. 여기서 R_R은 회전자도체의 저항, X_R은 회전자전류가 만들어낸 자속 중 고정자코일을 쇄교하지 않는(즉, 고정자에 상쇄기자력을 유기하지 않는) 성분에 해당하는 누설리액턴스를 나타낸다. $\tilde{I}_R$의 기자력은 1차측에 흐르는 $\tilde{I}_r$의 기자력에 의해 상쇄되며, $\tilde{I}_r$에 $\tilde{I}_m$이 더해진 것이 1차측 전류 $\tilde{I}_s$가 된다. 실제 고정자권선은 저항을 가지고 있고, 고정자전류가 만들어낸 자속 중에도 회전자를 쇄교하지 않는(즉, 회전자의 기자력을 상쇄시키지 못하는) 누설자속 성분이 있다. 이들 저항과 누설리액턴스를 포함시키고 자화리액턴스에 병렬 철손저항을 추가한 것이 그림 9-14(b)의 등가회로이다.

그림 9-14(b)는 변압기 등가회로 형태이긴 하지만 2차측 유기기전력 $\tilde{E}_R$의 크기가 회전자의 속도에 따라 달라지고, 그 주파수(슬립주파수)가 달라지면서 누설리액턴스 jX_R도 달라진다는 점에서 변압기의 등가회로와 차이가 있다. 유기기전력의 크기 E_R은 슬립에 비례한다. 식 (9-5)에서 보듯이 2차측 주파수가 슬립에 비례하므로 X_R 역시 슬립에 비례한다. 따라서 $s = 1$ 일 때 이들의 크기를

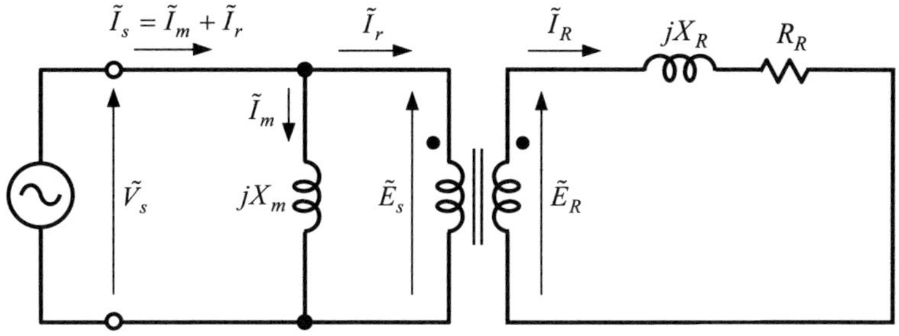

(a)

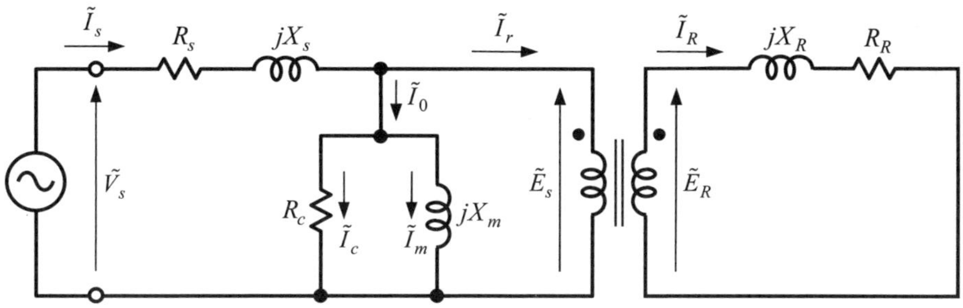

(b)

그림 9-14 유도전동기의 동작을 표현하는 등가변압기

E_{R0}, X_{R0}라 놓으면 슬립 s에서 이들의 크기는 다음과 같이 표현된다.

$$E_R = sE_{R0} \tag{9-6}$$

$$X_R = sX_{R0} \tag{9-7}$$

로이로부터 그림 9-15 왼편에 보인 2차측 회로에서 회전자전류는

$$\tilde{I}_R = \frac{\tilde{E}_R}{R_R + jX_R} = \frac{s\tilde{E}_{R0}}{R_R + jsX_{R0}} \tag{9-8}$$

위의 식에서 분모와 분자를 슬립으로 나누면 회전자전류를 아래와 같이 쓸 수도 있다.

$$\tilde{I}_R = \frac{\tilde{E}_{R0}}{R_R / s + jX_{R0}} \tag{9-9}$$

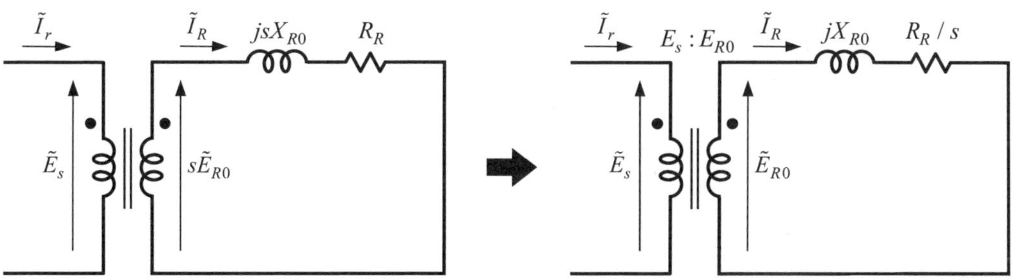

그림 9-15 회전자측 등가회로의 변형

그림 9-15의 오른편은 위의 표현식에 대응하는 회로로서, 슬립에 따라 변하는 기전력과 리액턴스를 일정한 크기로 고정시키고 대신 회전자저항이 슬립에 반비례하는 것으로 표현하고 있다. 이는 왼편 그림의 슬립 s 로 회전하는 2차측 코일을 $s=1$ 인 정지상태의 코일(항상 E_{R0}가 유기되는)로 나타낸 것으로, 슬립 s로 회전하는 3상 코일에 흐르는 주파수 sf 의 전류 $\tilde{I}_R$이 만들어내는 기자력이 정지해 있는 가상의 3상 코일에 흐르는 주파수 f 인 전류 $\tilde{I}_R$이 만들어내는 기자력과 같음을 뜻한다. 양쪽의 기자력이 같으므로 이 기자력을 상쇄하기 위해 1차측에 흐르는 $\tilde{I}_r$도 같다. 따라서 1차측에서 보았을 때 두 회로는 등가이다. 단, 오른편 회로는 1, 2차간 전압비가 일정($a = E_s / E_{R0}$)하고 양쪽의 주파수가 같은 보통의 변압기 등가회로 형태임을 알 수 있다.

유도전동기의 등가회로

그림 9-15에서와 같이 등가회로를 전압비가 일정한 변압기 형태로 바꿔주고 나면 아래와 같이 2차측 임피던스 요소들을 1차측으로 환산한 등가회로로 나타낼 수 있다.

$$R_r = a^2 R_R \tag{9-10a}$$

$$X_r = a^2 X_{R0} \tag{9-10b}$$

그림 9-16(a)는 이를 적용한 유도전동기의 상당 등가회로이다. 그림 9-16(b)는 등가회로에 대한 페이서도서, 작도의 편의상 $\tilde{E}_s$를 기준페이서로 취하고 있다. 이 페이서도는 그림 9-13(c)의 페이서도와 기본적으로 같으나 자화리액턴스에 병렬로 철손저항이 포함되어 여자전류 $\tilde{I}_0$ 가 자화전류 $\tilde{I}_m$ 보다 다소 앞서는 위상이 되고, 인가전압 $\tilde{V}_s$ 는 공극자속이 고정자권선에 유기하는 기전력 $\tilde{E}_s$에 고

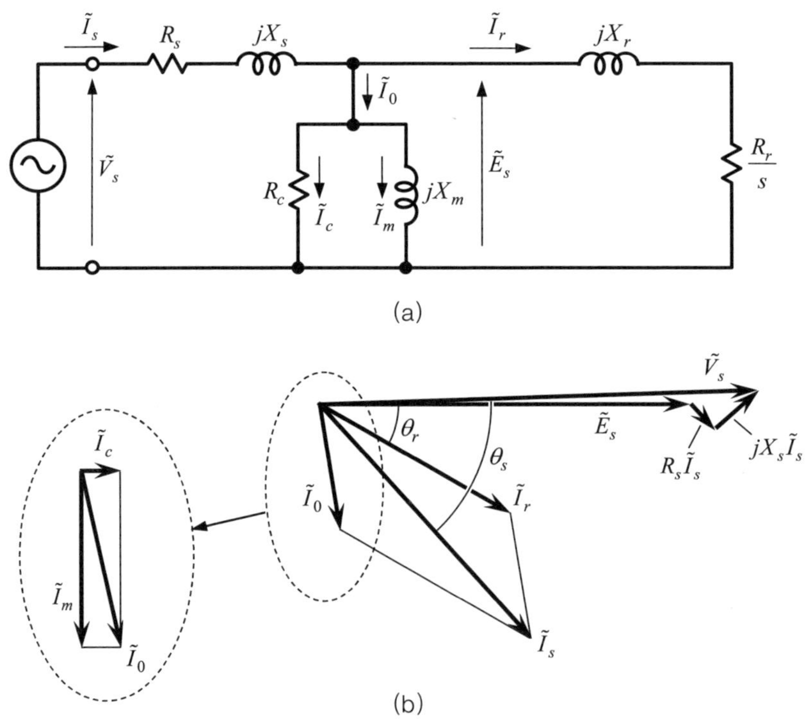

그림 9-16 유도전동기의 등가회로와 페이서도

정자저항과 누설리액턴스에서 일어나는 전압강하를 더한 것과 전기적 평형을 이루게 된다.

그림 9-16(a)에서 **전동기의 운전상태, 즉 얼만큼의 부하를 구동하고 있는지는 회전자 저항성분 R_r / s의 크기에 반영된다.** 무부하상태에서 동기속도로 회전하면서 회전자전류가 흐르지 않는 상태는 등가회로에서 $s = 0$일 때 R_r / s이 무한대가 되어 회전자전류가 흐르지 못하는 것으로 나타난다. 이때 고정자전류는 여자전류와 같아지고 이것이 유도전동기의 무부하전류이다. 부하가 인가되어 슬립이 생기면 회전자전류가 흐르고, 이 전류가 고정자에 여자전류와 함께 흐른다. 부하가 클수록 슬립이 커지면서 R_r / s이 줄어들어 더 큰 전류가 흐르며, 전원측에서 보았을 때 이는 R_r / s이 줄어들면서 등가회로의 전체 합성임피던스가 줄어드는 것으로 나타난다. 요컨대 슬립이 유도전동기의 운전상태를 나타내는 변수로서, 슬립이 주어지면 그림 9-16의 등가회로를 통해 그 운전상태에서 전동기에 흐르는 전류와 전력 등을 계산할 수 있다. 한가지 유의할 점은, 등가회로가 저항과 리액턴스 성분만으로 이루어져 있는 데에서 알 수 있듯이 슬립이 어떤 값이 되건 입력단에서 본 합성 임피던스가 항상 지상 역률각을 갖는다는 사실이다. 즉 **유도전동기는 어떤 운전상태에서건 전원측에서 보았을 때 항상 지상 무효전력을 소비하는 부하로 작용한다.**

예제 9-2

60 Hz, 15마력, 460 V, 3상 6극의 Y결선된 유도전동기가 있다. 고정자측으로 환산된 전동기의 상당 등가회로 정수는 아래와 같다.

$$R_s = 0.20\ \Omega,\ X_s = 1.20\ \Omega,\ R_r = 0.25\ \Omega,\ X_r = 1.29\ \Omega,\ R_c = 317\ \Omega,\ X_m = 42.0\ \Omega$$

이 전동기가 1,185 rpm으로 부하를 구동하고 있을 때 다음 값들을 구하라. (a) 슬립 (b) 선전류 및 역률 (c) 전동기가 소비하는 피상전력과 유효전력, 무효전력

(a) 6극기이므로 동기속도는 1,200 rpm이다. 따라서 슬립은

$$s = \frac{n_s - n}{n_s} = \frac{1,200 - 1,185}{1,200} = 0.0125$$

(b) 전동기 입력전류를 구하기 위해 전원측에서 본 전동기의 임피던스를 다음과 같이 구한다.

$$\tilde{Z}_r = \frac{R_r}{s} + jX_r = \frac{0.25}{0.0125} + j1.29 = 20 + j1.29 = 20.04\angle 3.69°\ \Omega$$

$$\frac{1}{\tilde{Z}_{0r}} = \frac{1}{R_c} + \frac{1}{jX_m} + \frac{1}{\tilde{Z}_r} = \frac{1}{317} + \frac{1}{j42} + \frac{1}{20.04\angle 3.69°}$$
$$= 0.05295 - j0.02702 = 0.05945\angle -27.04°\ \text{S}$$

$$\tilde{Z}_{0r} = \frac{1}{0.05945\angle -27.04°} = 16.82\angle 27.04° = 14.98 + j7.65\ \Omega$$

$$\tilde{Z}_{in} = \tilde{Z}_s + \tilde{Z}_{0r} = 0.20 + j1.20 + 14.98 + j7.65$$
$$= 15.18 + j8.85 = 17.57\angle 30.24°\ \Omega$$

Y결선이므로 상전압은 $460 / \sqrt{3} = 265.6$ V이다. 따라서 상전류는

$$I_s = \frac{V_s}{Z_{in}} = \frac{265.6}{17.57} = 15.11\ \text{A}$$

이고, 이것이 곧 선전류이다. 한편 입력임피던스의 임피던스각이 곧 역률각이므로

$$pf = \cos 30.24° = 0.864$$

(c)
$$S = \sqrt{3}V_T I_s = \sqrt{3} \times 460 \times 15.11 = 12.03 \text{ kVA}$$
$$P = S \cdot pf = 12.03\text{k} \times 0.864 = 10.40 \text{ kW}$$
$$Q = \sqrt{S^2 - P^2} = \sqrt{(12.03\text{k})^2 - (10.40\text{k})^2} = 6.06 \text{ kVAR}$$

등가회로 정수

그림 9-16의 등가회로에서 R_r과 X_r은 식 (9-10)으로 회전자의 저항 R_R과 정지상태 누설리액턴스 X_{R0}를 고정자측으로 환산한 것이다. 권선형 유도전동기라면 회전자의 상별 저항과 누설리액턴스를 직접 측정할 수 있고, 고정자와 회전자 사이의 권선비 역시 명확히 정의된다. 즉 구속상태에서 회전자 슬립링을 개방시켰을 때 고정자에 인가한 선간전압과 슬립링 사이에 나타나는 전압의 비율이 권선비이다. 그러나 농형 유도전동기의 경우, 회전자 표면에 균일하게 배치된 도체 막대들이 양 끝에서 단락되어 있을 뿐이기 때문에 상 구분도 없을 뿐더러 회전자저항과 누설리액턴스가 각각 몇 Ω인지 알 수 없고, 측정도 불가능하다. 당연히 권선비도 정의하기 어렵다.

그렇다면 농형 유도전동기의 회전자 임피던스 값들을 어떻게 결정할 수 있을까? 그 실제 값을 알 수 없다 해도 회전자에서 일어나는 물리적 현상의 속성상 임피던스가 저항과 누설리액턴스 성분으로 이루어져 있음은 자명하다. 이들을 고정자측으로 환산한 R_r과 X_r이 어차피 회전자 임피던스 성분들의 존재가 고정자 전류에 미치는 영향을 등가적으로 표현하기 위한 것이기 때문에 어떤 식으로든 고정자측에서 본 등가의 회로요소 값들을 알 수 있다면 굳이 이들의 실제 값을 알아야 할 필요는 없다. 뒤의 9-8절에서 설명하는 것과 같이 R_r과 X_r은 시험을 통해 구할 수 있고, 그 값들로 전동기의 제반 특성을 계산하는 데에 지장이 없다.

표 9-1은 저압 3상 유도전동기 회로정수의 예이다. 일반적으로 등가회로 정수들은 3장의 3상변압기에서 설명한 것과 같은 등가 Y결선 표현법을 적용하는 것이 편리하다. 이하에서도 달리 언급되지 않는 한 **상별 등가회로는 등가 Y결선의 등가회로로 간주한다.** 실제의 유도전동기들은 (특히 저압용은) 내부에서 Δ로 결선된 경우가 많으며, 이 때문에 등가회로 상수가 Δ결선의 상당 수치로 주어지기도 한다. 그러한 경우 모든 수치를 1/3로 한 것이 등가 Y결선의 회로정수이다. 그러나 표의 오른편에 있는 등가회로 정수의 pu값은 결선방식에 무관하게 같은 수치로 표현된다.

pu 임피던스는 3상 변압기에서와 마찬가지로 상당 용량과 상당 전압을 기준값으로 하여 계산된 기준임피던스에 대한 비율이다. 단 전동기에서는 통상 피상전력(kVA)이 아닌 전동기의 정격출력(kW)을 기준으로 한다. 이처럼 출력을 기준용량으로 삼았을 경우에는 1 pu 전류가 변압기에서처럼 기기의 정격전류를 뜻하는 것이 아니라는 점에 유의할 필요가 있다. 여기서 1 pu의 전류란 전동기가 1 pu 전압에서 1 pu의 출력을 내고 있을 때 '전동기의 효율이 100 %이고 역률이 1이라면 흐르게 될 전류(상전류)'의 의미를 갖는다. 따라서 정격부하에서 실제 전동기의 전류는 1 pu보다 크며, 대략 역률과 효율을 곱한 수치의 역수가 된다.

표 9-1에서 보듯이 모든 용량에서 고정자저항과 회전자저항은 대략 비슷한 pu값을 갖는다. pu누설리액턴스 성분끼리도 비슷하지만 용량이 클수록 회전자의 누설리액턴스가 더 커지는 경향을 보인다. 그리고 누설리액턴스가 저항성분보다 크고, 그 차이 역시 용량이 클수록 현저해진다. 철손저항과 자화리액턴스는 고정자 및 회전자의 저항과 누설리액턴스보다 훨씬 크지만 그 차이가 변압기

표 9-1 3상 4극 380 V 범용 유도전동기 등가회로 정수의 예 (효성)

kW	등가회로정수 (Ω)						등가회로정수 (pu)					
	R_s	R_r	X_s	X_r	R_c	X_m	R_s	R_r	X_s	X_r	R_c	X_m
2.2	3.290	3.557	3.514	3.979	23.0	83.12	0.050	0.054	0.053	0.061	0.35	1.27
3.7	1.770	1.275	2.659	3.070	28.1	56.68	0.045	0.033	0.068	0.079	0.72	1.45
5.5	0.941	0.747	1.666	2.676	29.8	36.02	0.036	0.028	0.063	0.102	1.14	1.37
7.5	0.587	0.512	1.159	2.000	31.2	28.23	0.030	0.027	0.060	0.104	1.62	1.47
11	0.338	0.252	0.908	1.560	34.4	22.46	0.025	0.019	0.069	0.119	2.62	1.71
15	0.227	0.191	0.677	1.226	37.6	18.31	0.024	0.020	0.070	0.127	3.91	1.90
18.5	0.205	0.115	0.526	1.080	37.6	14.09	0.026	0.015	0.067	0.138	4.82	1.81
22	0.463	0.289	1.263	2.689	42.5	35.10	0.071	0.044	0.192	0.410	6.48	5.35
30	0.300	0.224	0.871	1.409	40.9	24.22	0.062	0.047	0.181	0.293	8.50	5.03
37	0.216	0.157	0.766	1.069	47.8	21.22	0.055	0.040	0.196	0.274	12.25	5.44
45	0.180	0.140	0.677	1.021	54.3	22.64	0.056	0.044	0.211	0.318	16.92	7.06
55	0.134	0.103	0.493	0.797	63.6	14.78	0.051	0.039	0.188	0.304	24.22	5.63
75	0.084	0.068	0.463	0.923	56.4	18.11	0.044	0.035	0.240	0.479	29.29	9.41
90	0.060	0.056	0.361	0.822	63.5	18.15	0.037	0.035	0.225	0.512	39.58	11.30
110	0.047	0.037	0.259	0.630	78.6	11.25	0.036	0.028	0.197	0.480	59.88	8.57
132	0.034	0.028	0.198	0.510	77.4	9.26	0.031	0.026	0.181	0.466	70.75	8.46

만큼 크지 않다. 이는 8-1절에서 설명했듯이 공극 때문에 자화에 훨씬 큰 기자력(자화전류)이 필요하고, 따라서 자화리액턴스가 상대적으로 작기 때문이다. 표 9-1의 경우 자화리액턴스가 100마력(75 kW) 이상에서는 8~10 pu, 20마력 이하에서는 1.5 pu에 불과한 것을 볼 수 있다.

표 9-1은 일반적인 경향과 실제 수치의 개략 범위를 보여주기 위한 하나의 예일 뿐 전동기가 어떤 특성을 지니게 만들어졌는지에 따라 같은 정격이라도 회로정수에 상당한 차이가 나타날 수 있다. 특히 회전자저항에 큰 차이가 나타날 수 있으며, 이에 관해서는 뒤에서 별도로 설명한다.

9-5 전력손실과 기계적 출력

변압기에서는 1차측의 입력이 2차측 단자를 통해 전기에너지로 출력된다. 그러나 농형유도전동기는 회전자 도체들이 자체 폐회로를 구성하고 있어서 마치 변압기의 2차측이 단락된 것과 같고, 전기적 출력이 없다. 대신 출력이 기계적 동력의 형태로 나타나는데, 그림 9-16의 등가회로에서 전원으로부터 공급되는 전력에는 당연히 이 기계적 출력이 포함되어 있다. 등가회로에서 모든 전동기 입력이 저항에서 소모된다는 것은 기계적 동력으로 변환되는 전력이 저항에서 소모되는 전력의 형태로 표현되고 있음을 뜻한다.

유도전동기의 전력전달

그림 9-17은 유도전동기의 입력에서 출력까지 전력의 흐름을 보여주고 있다. 전동기의 입력 중 일부는 고정자 도체의 동손과 고정자 철심의 철손으로 소모된다. 부하의 변동에 따라 전류가 변하면 동손은 상당히 큰 폭으로 변화한다. 그러나 표 9-1에서 고정자 임피던스 성분 R_s와 X_s의 pu 값이 그

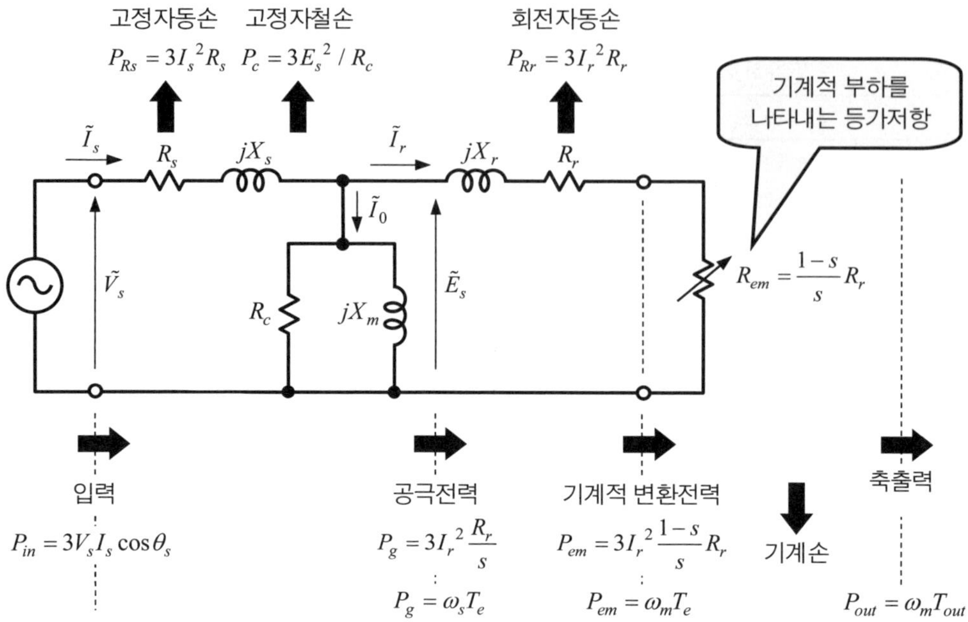

그림 9-17 유도전동기의 손실과 전력

리 크지 않기 때문에(즉 이들에서 일어나는 전압강하가 그리 크지 않기 때문에) 전류가 큰 폭으로 변하더라도 철손저항 양단의 E_s는 전원전압에서 크게 벗어나지 않는다. 따라서 철손은 부하에 상관없이 대체로 일정한 것으로 간주할 수 있다.

입력에서 고정자동손과 철손을 제외한 나머지가 공극을 건너 회전자로 전달된다. 이를 **공극전력**(air-gap power)이라 하고 P_g로 표기한다. 회전자로 전달된 전력 중 일부는 회전자도체에 유도전류가 흐르면서 발생하는 동손으로 소모된다. 회전자 철심에서도 손실이 발생하기는 하지만 회전자가 공극자속과 거의 비슷한 속도로 회전하므로 회전자 철심의 자화 방향이 매우 천천히 (슬립주파수로) 변하기 때문에 크기가 매우 작다. 따라서 회전자 철손을 무시하면 공극전력에서 회전자동손을 제외한 나머지가 기계적 동력으로 변환되는 성분 P_{em}에 해당한다.

기계적 동력으로 변환된 뒤에는 베어링 및 냉각팬에서 손실이 발생하고, 이를 제외한 것이 전동기의 최종 출력(축출력)이 된다. 부하가 변해도 속도에 큰 변화가 없기 때문에 기계적 손실은 철손과 마찬가지로 대체로 일정하다. 이처럼 부하가 있건 없건 거의 일정한 수준을 유지하는 손실들을 하나로 묶어 **무부하손실**(no-load loss)이라 하며, 등가회로상의 철손저항을 철손만이 아니라 무부하손실 전체를 나타내는 등가저항으로 취급하기도 한다. 기타 절연물에서의 손실 등을 포함한 표유부하손이 있으며, 상당 부분이 기계적 동력으로 변환되기 전에 발생하는 것이긴 하지만 명확하게 표현하기 곤란하므로 보통 한데 뭉뚱그려 기계적 에너지로 변환된 이후에 발생하는 것으로 간주한다.

기계적 출력을 나타내는 등가부하저항

앞서 그림 9-16의 등가회로에서는 회전자로 전달된 공극전력이 모두 회전자측 저항 R_r / s에서 소모되는 것으로 표현된다. 즉

$$P_g = 3I_r^2 \frac{R_r}{s} \tag{9-11}$$

이 중 실제로 회전자 저항에서 소모되는 손실이

$$P_{Rr} = 3I_r^2 R_r \tag{9-12}$$

이므로 기계적 동력으로 변환되는 전력은 다음과 같다.

$$P_{em} = P_g - P_{Rr} = 3I_r^2 \frac{1-s}{s} R_r \tag{9-13}$$

위의 식은 **기계적 동력으로 변환되는 전력이 $[(1-s)/s]R_r$의 저항에서 소비되는 전력의 형태로 표현**되고 있음을 보여준다. 그림 9-17은 그림 9-16의 회전자 저항 R_r/s을 실제 저항성분 R_r과 식 (9-13)의 기계적 동력에 해당하는 저항성분 $R_{em} = [(1-s)/s]R_r$ 로 분리해서 나타내고 있다. 이렇게 놓고 보면 마치 일정한 회로정수를 갖는 변압기 출력단에 R_{em}의 부하저항이 접속된 것과 같음을 알 수 있다. 즉 R_{em}은 전동기 축을 통해 기계적 부하로 전달되는 동력을 나타내는 **등가부하저항**으로, 기계적 부하의 변화가 등가회로에서 R_{em}의 변화로 나타난다.

슬립이 0인 무부하상태에서는 R_{em}이 무한대가 되므로 마치 변압기 출력단자가 개방된 상태와 같고, 기계적 출력이 0이다. 슬립이 커지면 R_{em}이 줄어들면서 출력이 상승한다. 그러나 슬립이 1인 정지상태에 이르면 R_{em}이 0이 되어 변압기의 출력단자가 단락되었을 때와 같이 출력이 0이 된다. 이는 슬립이 0에서 1까지 증가하는 동안 출력이 상승하다가 어느 이상에서는 다시 하락하게 됨을 뜻한다. 이 범위를 벗어나 슬립이 1보다 크거나(역회전 동작) 0보다 작은(발전기 동작) 경우에는 $R_{em} < 0$ 이므로 $I_r^2 R_{em}$ 역시 음수가 된다. 음의 전력을 소모한다는 것은 그만큼의 기계적 동력이 흡수되어 전기에너지로 변환되고 있음을 뜻한다.

회전자동손과 효율

식 (9-11), (9-12), (9-13)으로부터 회전자동손과 변환동력, 공극전력 사이에

$$P_{Rr} = sP_g \tag{9-14}$$

$$P_{em} = (1-s)P_g \tag{9-15}$$

의 관계가 있음을 알 수 있다. 즉 아래의 비례식이 성립한다.

$$P_g : P_{Rr} : P_{em} = 1 : s : (1-s) \tag{9-16}$$

이는 회전자로 전달되는 전력을 1이라 했을 때 그 중 s 만큼은 동손으로 소모되고 나머지 $1-s$ 만큼이 기계적 동력으로 변환됨을 뜻한다. **예컨대 슬립이 5%라면 공극전력 중 5%가 회전자동손으로 소모되고 95%가 기계적 동력으로 변환된다.**

위의 관계는 회전자에서 전기적 입력이 동력으로 변환되는 효율이 $1-s$ 임을 뜻한다. 만일 회전자동손 외에 다른 손실(고정자동손, 철손 및 기계손)이 전혀 없다면 $1-s$ 가 곧 전동기 전체의 효율이 될 것이다. 바꾸어 말하면 **슬립 s 에서 전동기가 가질 수 있는 이론적 최고효율이 $1-s$ 이다.** 예컨대 5 % 슬립에서 유도전동기의 효율은 손실을 줄이기 위한 어떤 방법을 동원한다고 해도 95 %를 넘을 수 없다. 토크를 발생하기 위한 회전자전류를 유지하는 데에 5 %의 손실이 불가피하기 때문이

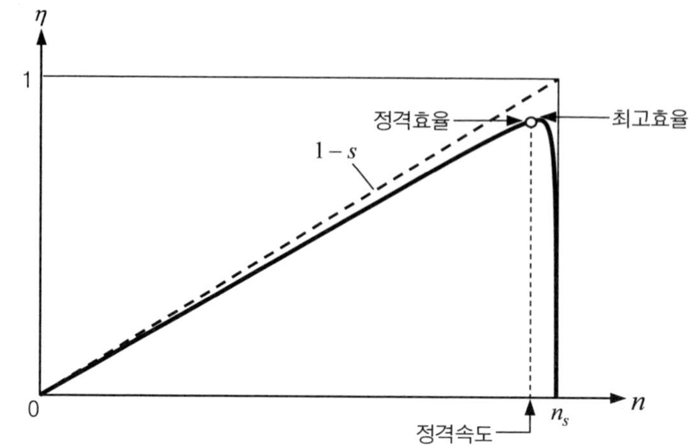

그림 9-18
유도전동기의 효율(실선)과 회전자효율(점선)

다. 따라서 정격부하상태를 기준으로 하면 정격슬립이 큰(정격속도가 낮은) 전동기는 효율이 낮을 수밖에 없다. 유도전동기가 가급적 작은 정격슬립을 갖도록 만들어지는 이유가 여기에 있다. 그리고 용량이 큰 전동기일수록 정격슬립이 작은 것은 손실로 버려지는 에너지의 양도 클뿐더러 대형 기기일수록 냉각이 어려워지므로 발열을 줄이기 위해 손실 억제의 중요성이 더욱 커지기 때문이다.

그림 9-18은 유도전동기의 효율을 속도의 함수로 보여주고 있다. 곡선의 양 끝 정지상태와 무부하상태에서는 기계적 출력이 0이므로 효율도 0이다. 그 사이 어느 속도에선가 최고 효율을 갖게 되는데, 정격속도 부근까지 $1-s$ 보다 약간 낮은 상태로 따라 올라가다가 최고효율점을 지나 동기속도에 접근하면서 다시 0으로 떨어진다. 실제 전동기는 정격부하보다 낮은 부하에서 운전될 때가 많기 때문에 보통 정격부하의 60~80%에서 최고효율을 갖도록 만들어진다. 따라서 최고효율점은 정격속도보다 약간 높으며, 정격속도에서의 효율은 최고효율보다 약간 낮다.

유의할 점은, 회전자효율 $1-s$ 가 회전자저항의 크기에 무관하다는 사실이다. 회전자저항이 어떤 값이건 식(9-16)의 관계가 항상 성립하기 때문이다. 그러나 회전자저항이 작으면 등가회로의 전체 합성임피던스가 줄어들어 회전자로 전달되는 전력 자체가 커지게 된다. 따라서 같은 용량의 전동기라면 더 작은 슬립에서 정격출력에 도달하므로 정격슬립이 작은, 효율이 높은 전동기가 된다. 이러한 이유로 효율이 높은 대용량 전동기일수록 pu 회전자저항이 작아지는 경향을 보인다.

공극전력과 토크

식(9-11)~(9-13)은 회전자의 전력성분들을 전기적 변수로 나타낸 것이다. 이들을 기계적 변수인 토크와 속도로 표현해보도록 하자. 우선 기계적 변환동력은 다음과 같다.

$$P_{em} = \omega_m T_e \tag{9-17}$$

여기에 식(9-15)의 $P_{em} = (1-s)P_g$와 $\omega_m = (1-s)\omega_s$의 관계를 적용하면 공극전력이

$$P_g = \omega_s T_e \tag{9-18}$$

로 표현됨을 알 수 있다. 이때 회전자동손은 공극전력과 기계적 변환동력 사이의 차이이므로

$$P_{Rr} = (\omega_s - \omega_m)T_e = \omega_{sl} T_e \tag{9-19}$$

로 표현된다. ω_{sl}은 rad/sec 단위의 슬립속도이다.

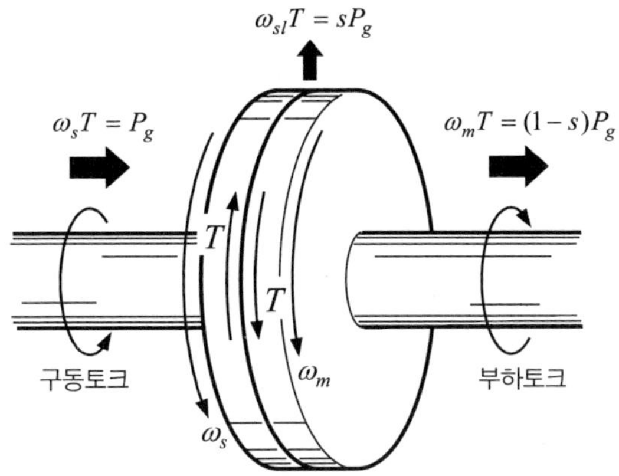

그림 9-19
미끄럼마찰에 의한 동력전달

위의 세 식으로 표현되는 유도전동기의 동작은 9-19에 보인 미끄럼마찰을 통한 동력전달과 흡사하다. 왼편의 구동측과 오른편 부하측이 미끄럼판을 통해 접촉하면서 동력이 전달될 때 양쪽 판 사이의 미끄러짐으로 발생하는 토크 T는 구동측에는 회전 반대방향으로, 부하측에는 회전방향으로 작용한다. 이 토크에서 구동측이 미끄럼판을 ω_s로 회전시키는 동력은 $\omega_s T$ 이고, 이것이 유도전동기의 공극전력에 해당한다면 ω_m으로 회전하는 부하측 미끄럼판이 부하로 전달하는 동력은 $\omega_m T$로, 이는 유도전동기의 기계적 출력에 해당한다. 구동측 입력과 부하측 출력의 차이 $(\omega_s - \omega_m)T$ 는 접촉면의 마찰열로 소모되며, 이는 회전자의 열손실에 해당한다.

부하를 끌고 회전하는 토크를 발생하는 데에 미끄러짐이 필연이고, 마찰손실이 불가피하듯이 유도전동기에서 토크를 만들어내기 위한 회전자전류를 유지하는 데에 손실이 불가피하고, 그 손실이 속도 차이에 비례하므로 손실로 출력이 떨어진 만큼 회전자 속도가 떨어진다. 이때 미끄럼판 사이의 마찰계수가 크면 작은 미끄러짐에도 큰 토크가 발생하므로 같은 부하를 구동하는 데에 미끄러짐이 줄어들고, 마찰손실이 줄어들면서 동력전달 효율이 높아진다. 유도전동기의 경우 회전자저항이 작으면 작은 속도 차이에도 큰 전류가 흘러 큰 토크가 발생하므로 같은 부하를 구동하는 데에 슬립이 줄어들고, 회전자 동손이 줄어들면서 효율이 높아진다. 즉 유도전동기에서 회전자저항이 작다는 것은 속도 차이에 더 민감하게 반응함을 뜻하고, 미끄럼판의 마찰계수가 큰 것에 비유할 수 있다.

한편 식 (9-18)에서 동기속도 ω_s가 상수값이므로 **토크가 공극전력에 비례**함을 알 수 있다. 이 관계는 유도전동기가 유기하는 토크에 관해 중요한 통찰을 제공한다. 토크가

$$T_e = \frac{P_g}{\omega_s} \tag{9-20}$$

로 표현되는데, 이는 **주어진 P_g에서 유도전동기가 실제 어떤 속도로 회전하건 그때의 토크가 '동기속도 ω_s로 회전하면서 P_g의 기계적 동력을 출력하는 가상적인 전동기'의 토크와 같다**는 사실을 말해준다.[5] 다시 말해 회전자로 전달되는 공극전력 P_g 만 알아낼 수 있다면 실제 회전속도가 얼마

[5] 11장에서 다루게 될 동기전동기의 경우에는 실제로 공극전력 전부가 회전자의 기계적 출력으로 변환되면서 동기속도로 회전한한다. 따라서 여기서 말하는 '가상적인 전동기'란 동기전동기를 의미한다고 할 수 있다. 예를 들어 어떤 유도전동기의 공극전력이 300 W로 측정 또는 계산되었다면 그때의 토크는 공극전력이 300 W인 동기전동기(동기속도가 같은)의 토크와 같다. 동기전동기가 동기속도로 회전하는 이유는 회전자가 자체 자극을 지니고 있어서 유도전동기처럼 회전자로 전달되는 공극전력 일부가 회전자 자극을 만드는 전류를 유지하기 위한 손실로 소모될 필요가 없기 때문이다.

인지, 기계적 손실이나 회전자 손실이 얼마인지 등 그 뒤에 어떤 일이 벌어지는지에 대해 알 필요 없이 단순히 동기속도로 나누기만 함으로써 토크를 구할 수 있다. 이러한 관점에서 공극전력을 나타내는 Watt 단위의 수치를 N-m 단위의 수치 대신 토크의 척도로 사용하기도 하며, 이를 **동기와트** (synchronous watt)라 부른다.

예제 9-3

예제 9-2의 전동기에서 마찰과 풍손, 표유부하손을 합한 것이 166 W라 한다. 다음의 값들을 구하라. (a) 고정자 동손 (b) 철손 (c) 공극전력 (d) 회전자 동손 (e) 전기기계적 변환전력 (f) 유기토크 (g) 전동기 출력 (h) 축토크 (i) 효율

(a) 예제 9-2의 결과로부터 고정자전류가 15.11 A이므로

$$P_{Rs} = 3I_s^2 R_s = 3 \times 15.11^2 \times 0.20 = 137.0 \text{ W}$$

(b) 철손을 구하기 위해서는 그림 9-16에서 고정자권선의 유기기전력 E_s를 구해야 한다. $\tilde{V}_s$ 를 기준 페이서로 취하면 고정자 전류가 상전압에 역률각만큼 뒤지므로

$$\begin{aligned}\tilde{E}_s &= \tilde{V}_s - \tilde{Z}_s \tilde{I}_s = 265.6\angle 0° - (0.20 + j1.20) \times 15.11\angle -30.24° \\ &= 253.9 - j14.15 = 254.3\angle -3.19° \text{ V}\end{aligned}$$

$$P_c = \frac{3E_s^{\ 2}}{R_c} = \frac{3 \times 254.3^2}{317} = 612 \text{ W}$$

(c) $$P_g = P_{in} - P_{Rs} - P_c = 10,400 - 137 - 612 = 9,651 \text{ W}$$

(d) 회전자 동손을 구하기 위해 회전자 전류를 계산해야 한다. 회전자전류는 위에서 구한 $\tilde{E}_s$ 로부터 $\tilde{I}_r = \tilde{E}_s / \tilde{Z}_r$ 로 계산하거나 아래와 같이 전류 배분법칙으로 구할 수 있다.

$$\tilde{I}_r = \frac{\tilde{Z}_0}{\tilde{Z}_0 + \tilde{Z}_r}\tilde{I}_s = \frac{41.63\angle 82.46° \times 15.11\angle -30.24°}{5.46 + j41.27 + 20 + j1.29} = 12.68\angle -6.89° \text{ A}$$

$$P_{Rr} = 3I_r^2 R_r = 3 \times 12.68^2 \times 0.25 = 120.6 \text{ W}$$

또는 회전자전류를 계산할 필요 없이 식 (9-14)의 관계로부터 직접 구할 수도 있다.

$$P_{Rr} = sP_g = 0.0125 \times 9,651 = 120.6 \text{ W}$$

(e) $$P_{em} = P_g - P_{Rr} = 9,651 - 120.6 = 9,530 \text{ W}$$

(f) 회전속도가 1,185 rpm = 124.1 rad/sec 이므로

$$T_e = \frac{P_{em}}{\omega_m} = \frac{9,530}{124.1} = 76.8 \text{ N-m}$$

또는 공극전력과 동기속도(1,200 rpm = 125.7 rad/sec)로부터 구할 수도 있다.

$$T_e = \frac{P_g}{\omega_s} = \frac{9,651}{125.7} = 76.8 \text{ N-m}$$

(g) $$P_{out} = P_{em} - P_{fw} - P_{st} = 9,530 - 166 = 9,364 \text{ W}$$

(h) $$T_{out} = \frac{P_{out}}{\omega_m} = \frac{9,364}{124.1} = 75.5 \text{ N-m}$$

(i) $$\eta = \frac{P_{out}}{P_{in}} = \frac{9,364}{10,400} = 0.900 = 90.0 \text{ \%}$$

9-6 전류 및 토크특성

전동기를 사용하는 사람 입장에서 일차적인 관심사는 다음의 두 가지라 할 수 있다.

(1) 전동기에 어떤 부하(토크)를 가했을 때 어떤 속도로 돌아가게 되는지

(2) 이때 전동기에 어떤 전류(크기와 위상각)가 흐르는지

이들은 각각 전기에 의해 구동되는 기계적 부하 입장에서 본 구동원으로서의 특성, 그리고 전동기에 전력을 공급하는 전원 입장에서 본 전기적 부하로서의 특성에 해당한다. 구동원으로서의 특성은 전동기의 토크와 속도 사이의 함수관계인 속도-토크특성으로, 전기적 부하로서의 특성은 전류와 속도 사이의 함수관계로 표현된다. 위에서 설명한 등가회로로부터 이들이어떻게 표현되는지 알아본다.

속도에 따른 전류 및 토크의 변화 추이

유도전동기의 토크는 슬립이 0인 동기속도에서 0이었다가 슬립이 커지면 상승한다. 회전자 도체에 슬립에 비례하는 기전력이 유기되어 전류가 흐르기 때문이다. 그렇다면 슬립이 계속 커졌을 때 토크도 무한정 커지게 될까? 결론부터 말하자면 토크는 상승하다가 어느 이상 커지지 못하고 다시 하락하는 추세로 돌아서게 된다. 그 이유를 보기 위해 그림 9-15로 되돌아가보자.

그림 9-15의 왼쪽 그림에서 기전력의 크기만 아니라 주파수 역시 슬립에 비례한다. 따라서 슬립이 작을 때는 리액턴스(sX_{R0})가 작아서 전류가 기전력과 같은 비율로 상승한다($I_R \approx sE_{R0} / R_R$). 그러나 슬립이 커짐에 따라 리액턴스의 비중이 커지면 전류가 기전력에 비례하지 못하고 상승률이 둔화되며, 슬립이 어느 이상이면 전체 임피던스가 거의 리액턴스와 같아져 전류는 일정한 크기에 수렴한다($I_R \approx E_{R0} / X_{R0}$). 동시에 임피던스각 θ_r이 커지면서 회전자역률 $\cos\theta_r$은 슬립이 작을 때 1이었다가 슬립의 상승에 따라 지속적으로 하락한다.

이 과정에서 공극전력, 즉 회전자로 전달되는 유효전력은 슬립이 작을 때는 전류에 비례해서 상승하지만 전류의 상승이 완만해지고 역률이 하락하면서 다시 줄어들게 된다. 식 (9-20)에서 보았듯이 토크가 공극전력에 비례하므로 토크 역시 같은 추세를 보이게 된다. 요컨대 유도전동기의 토크는 슬립이 커진다고 해서 무한정 상승하는 것이 아니라 어떤 한계를 가지며, (1) 회전자 누설리액턴스의 상승으로 전류의 크기가 제한되고 (2) 회전자 역률이 낮아져 유효한 동력으로 변환되는 전력이 줄어들기 때문에 슬립이 어느 이상이 되면 유기기전력의 상승으로 전류가 커지는 효과보다 회전자역률이 하락하는 효과가 더 크게 작용하면서 토크가 줄어들게 된다.

근사등가회로의 전류페이서 궤적

전류와 토크의 변화를 나타내기 위한 표현식을 구하는 데에 그림 9-16의 T형 등가회로를 적용하면 지나치게 복잡해지므로 그림 9-20에 보인 근사등가회로를 적용하기로 한다. 근사등가회로는 자화리액턴스와 철손저항을 앞쪽으로 옮겨놓은 것으로, 이렇게 하면 고정자전류를 구성하는 여자전류 성분 $\tilde{I}_0$ 와 회전자전류 성분 $\tilde{I}_r$이 서로 무관해져 표현식이 대폭 단순해진다.[6]

---

6 유도전동기의 근사등가회로는 변압기의 근사등가회로와 마찬가지로 고정자측 직렬 임피던스 성분보다 병렬임피던스성분이 훨씬 큰 것을 전제로 한다($R_c, X_m >> R_s, X_s$). 그러나 유도전동기에서는 공극 때문에 변압기보다 훨씬 큰 자화전류가 흘러야 하며, 이는 X_m 이 상대적으로 작음을 뜻한다. 따라서 직렬요소와 병렬요소간의 차이가 변압기만큼 현저하지 않기 때문에 근사등가회로를 적용했을 때 오차가 상당히 커질 수밖에 없다. 이러한 이유로 유도기의 근사등가회로는 변수들의 근사적인 표현식을 얻고자 할 때만 적용되며, 손실과 전력의 계산에는 원래의 T형 등가회로를 적용하는 것이 바람직하다.

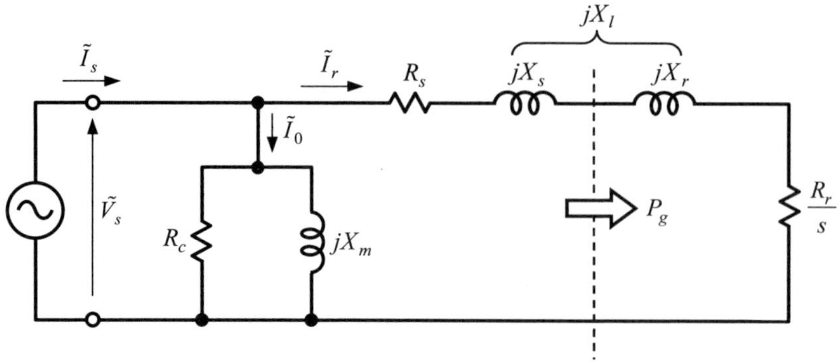

그림 9-20 유도전동기의 근사등가회로

그림에 나타낸 것과 같이 고정자와 회전자 누설리액턴스의 합을 X_l로 쓰기로 한다. 전동기 입력 전류는 아래와 같이 일정한 여자전류 $\tilde{I}_0$ 에 회전자전류성분이 더해진 것이다.

$$\tilde{I}_s = \tilde{I}_0 + \tilde{I}_r \tag{9-21}$$

$$\tilde{I}_0 = \left(\frac{1}{R_c} + \frac{1}{jX_m}\right)\tilde{V}_s \tag{9-22}$$

$$\tilde{I}_r = \frac{\tilde{V}_s}{R_s + R_r / s + jX_l} \tag{9-23}$$

일반적으로 직렬 R-X 회로에서 X가 일정한 상태에서 R이 변할 때 전류 페이서는 원의 궤적을 그린다. 따라서 식 (9-23)의 회전자전류 페이서 $\tilde{I}_r$은 슬립이 변함에 따라 그림 9-21에 점선으로 나타낸 반원의 궤적을 따라 변화한다.[7] 반원의 직경은 회전자전류가 가질 수 있는 최대치, 즉 저항성분이 0일 때의 크기인 V_s / X_l 이다. $X_l << X_m$ 이므로 그 크기는 그림에 나타낸 자화전류의 크기 V_s / X_m 보다 훨씬 크다. $s = 0$ 인 무부하상태에서 $\tilde{I}_r = 0$ 이므로 고정자전류는 여자전류와 같고 $\tilde{I}_s$ 는 N점에 놓인다. 부하가 증가하여 슬립이 상승함에 따라 $\tilde{I}_s$ 페이서는 점선의 궤적을 따라 이동하며, 여기서 관심의 대상이 되는 주요 지점이 R, T, S로 표시되어 있다.

R은 $\tilde{I}_s$ 의 크기가 정격전류 I_R이 되는 정격운전점을 나타낸다. 이때의 슬립이 정격슬립 s_R 이고, $0 \le s \le s_R$ 인 N과 R 사이가 전동기의 운전범위이다. 일반적으로 정격운전점의 $\tilde{I}_s$ 는 원점 O에서 반원에 그은 접선에 대략 일치한다. 즉 $\tilde{I}_s$ 의 위상각이 최소인 지점(역률이 최고인 지점)이 정격운전점이 된다. 이는 전동기로 기계적 동력을 얻고자 할 때 최소의 전류로 최대의 출력을 얻음으로써 전원의 부담을 최소화하고 전동기의 통전능력을 최대한 활용할 수 있도록 하는 데에 일차적인 전동기 설계의 기준을 두기 때문이다. 실제에 있어서 정격운전점과 최고역률점이 반드시 일치하는 것은 아니지만 대체로 정격부하에서의 역률이 최고역률이라 보아도 무리가 없다.

T는 토크가 최대치에 도달하는 지점을 나타낸다. 이때의 슬립을 이하에서 s_T 라 쓰기로 한다. 고정자저항을 무시($R_s = 0$)했을 경우, 이 지점은 회전자전류의 유효성분 $I_r \cos\theta_r$이 최대, 즉 공극전

---

[7] 슬립의 변화에 따라 회전자전류 페이서가 원의 궤적을 그리는 특성을 이용하여 과거 유도전동기의 제반 특성값들을 기하학적 작도를 통해 구하는 방법으로 **원선도**(circle diagram)가 널리 사용되었다. 오늘날 수치계산 용도로는 의미가 크게 퇴색되었으나 등가회로 정수들이 미치는 영향을 정성적으로 설명하기 위한 도구로서, 혹은 특성값들 사이의 상관관계를 직관적으로 파악하는 데에 있어서는 여전히 유용한 수단이 될 수 있다. 원선도에 관한 상세한 내용은 관련 문헌을 참고하라.

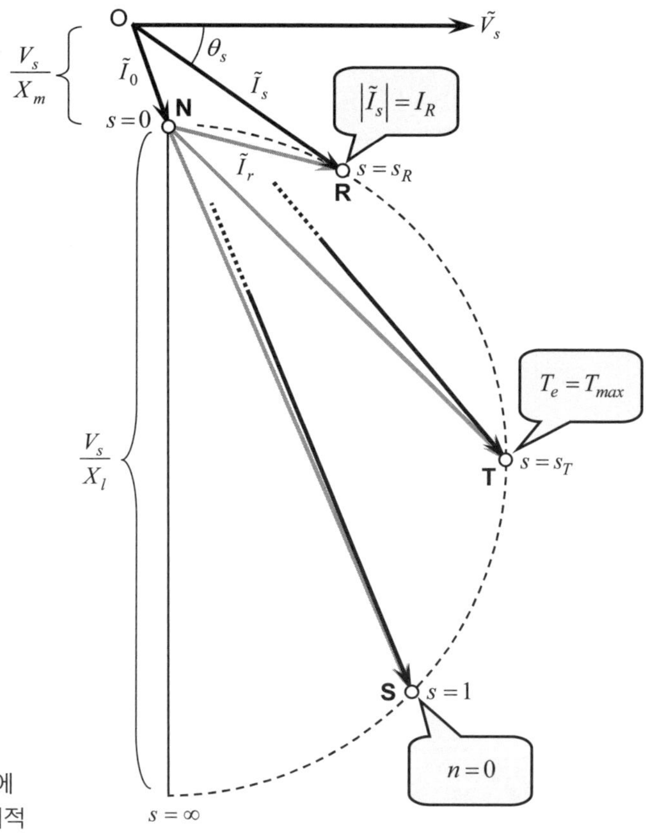

그림 9-21
근사등가회로에서 슬립의 변화에 따른 전동기 입력전류 페이서 궤적

력이 최대가 되는 반원의 한 가운데 지점이다.(실제로는 R_s 의 영향 때문에 그보다 위쪽에 놓인다.) 이 최대토크가 정격운전점의 토크에 비해 얼마나 큰지는 전동기 운전에서 중요한 요소이다. 최대토크가 충분히 커야만 일시적으로 과부하가 걸리더라도 전동기가 정지하지 않고 부하를 끌고 계속 운전할 수 있기 때문이다. T점의 횡축방향 위치가 원의 반지름에 의해 결정되므로 토크의 최대치는 원의 크기를 결정하는 누설리액턴스 X_l 의 크기에 거의 전적으로 좌우된다.

S는 슬립이 1, 즉 전동기 속도가 0인 구속상태를 나타낸다. 그림 9-20에서 $s=1$ 일 때 $\tilde{I}_r$의 위상각이 $\theta_r = -\tan^{-1}[X_l / (R_s + R_r)]$ 이므로 N점에서 그 방향으로 그은 직선이 원주와 교차하는 지점이 S이다. 이 지점의 토크는 전동기가 기동할 때의 토크로서, R 지점의 토크(정격토크)보다 클 수도 작을 수도 있다. 그리고 이 지점의 전류는 기동 초기에 흐르는 전류로서, 정격전류보다 훨씬 크며, 원이 클수록(X_l이 작을수록) 크다. 큰 전류가 흐르는데도 토크가 그리 크지 않은 것은 그림에서 알 수 있듯이 이 지점의 회전자역률이 정격운전점보다 현저히 낮기 때문이다.

속도-토크특성

유도전동기의 토크는 식(9-11)의 공극전력을 동기속도로 나누어 아래 식으로 표현된다.

$$T_e = \frac{P_g}{\omega_s} = \frac{3}{\omega_s}\frac{R_r}{s} I_r^2 \tag{9-24}$$

여기서 회전자전류의 크기는 그림 9-20의 근사등가회로에서 다음과 같이 주어진다.

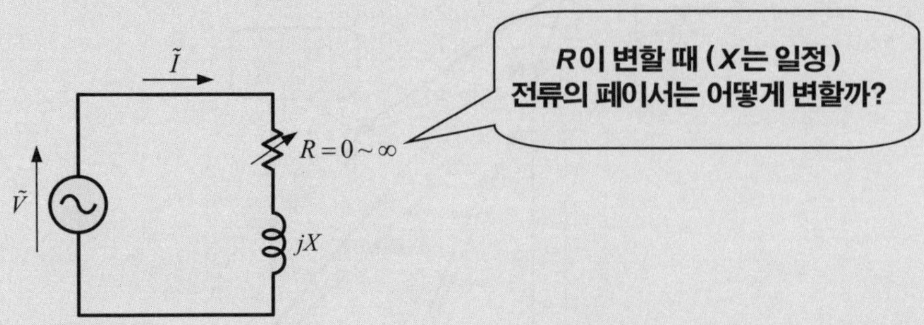

$R=0$ 일 때
전류가 최대이고 그 크기는 V/X이다.

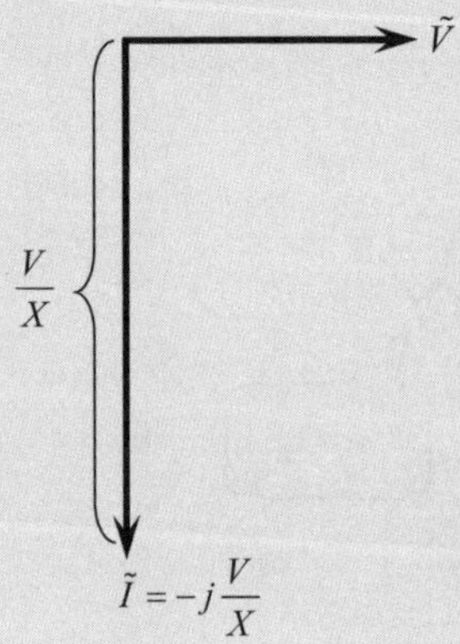

$R>0$ 일 때

$$\tilde{I}=\frac{V}{\sqrt{R^2+X^2}}\angle-\theta$$

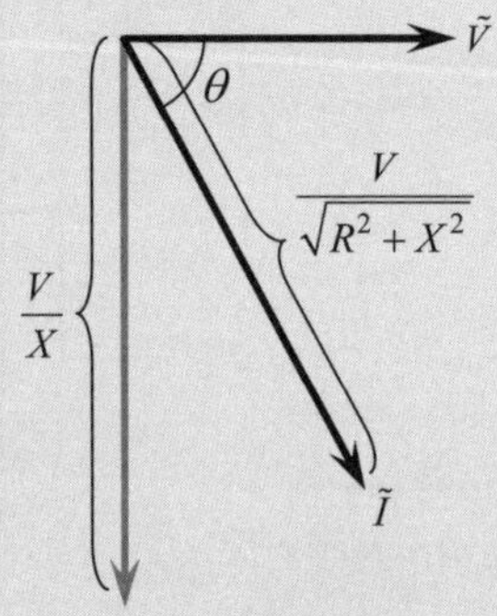

전류의 크기는 최대전류와 아래 관계를 갖는다.

$$\frac{V}{\sqrt{R^2+X^2}}=\frac{V}{X}\frac{X}{\sqrt{R^2+X^2}}=\frac{V}{X}\sin\theta$$

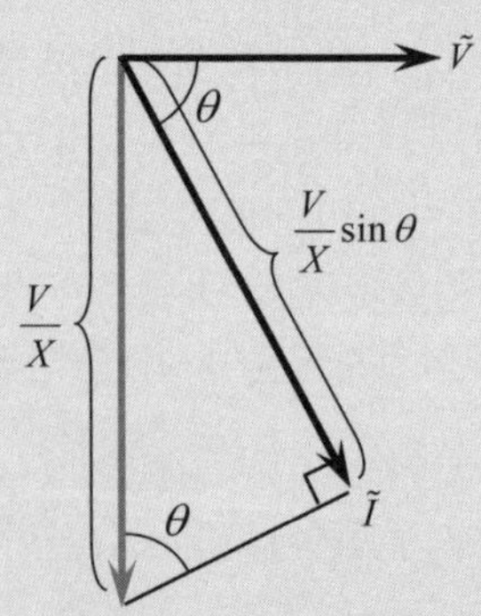

R 이 어떤 값이건 항상 항상 같은 관계가 성립한다. 이는 전류의 페이서가 V/X를 지름으로 한 원주상에 있음을 뜻한다.

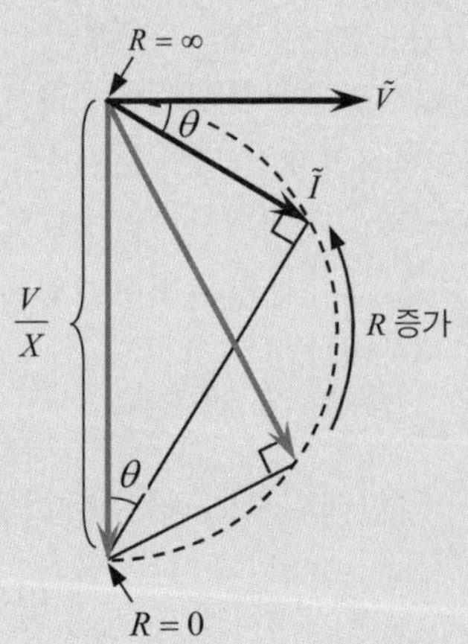

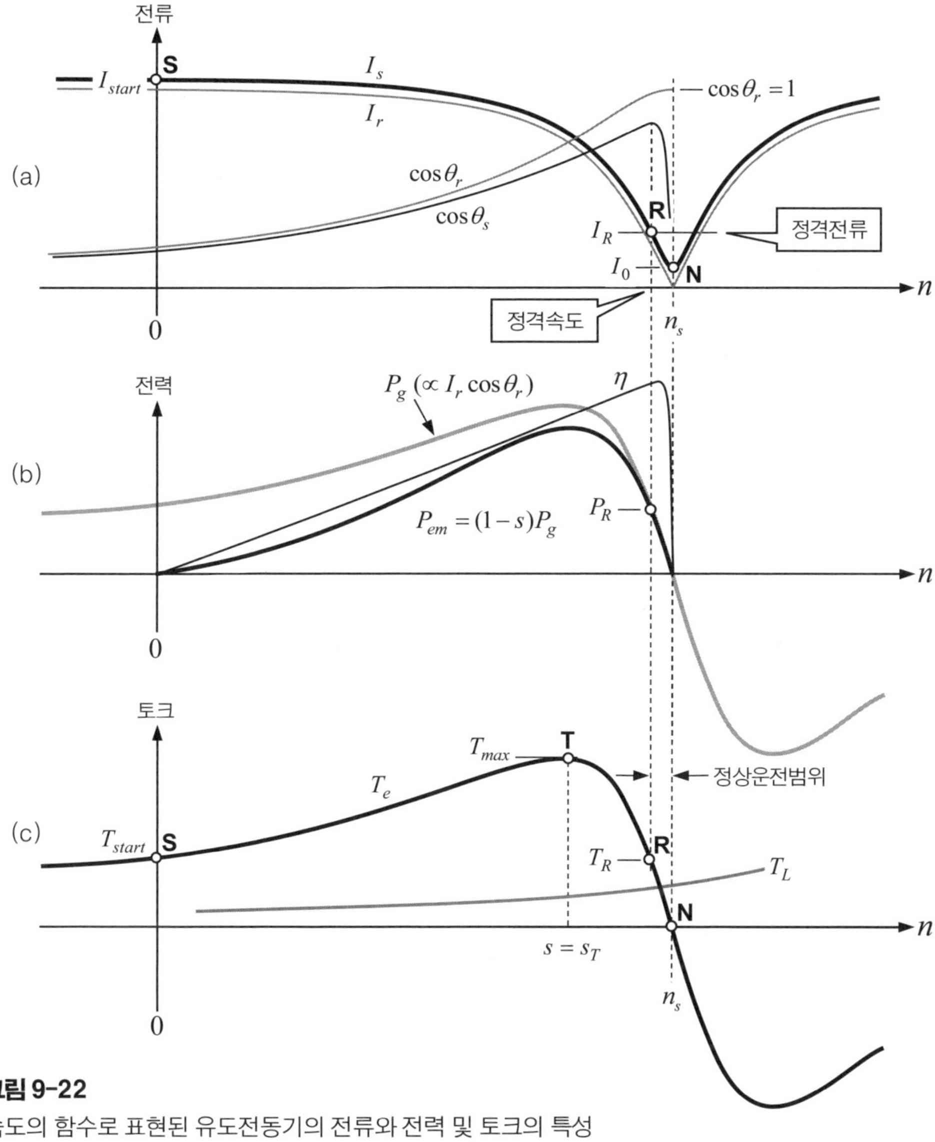

그림 9-22
속도의 함수로 표현된 유도전동기의 전류와 전력 및 토크의 특성

$$I_r = \frac{V_s}{\sqrt{(R_s + R_r / s)^2 + X_l^2}} \tag{9-25}$$

따라서 아래와 같이 토크가 슬립의 함수로 표현된다.

$$T_e = \frac{3V_s^2 R_r / s}{\omega_s \left[(R_s + R_r / s)^2 + X_l^2 \right]} \tag{9-26}$$

그림 9-22는 이렇게 구한 전류와 전력 및 토크의 변화를 보여주고 있다. 각 곡선에 표시된 N, R, T, S는 그림 9-21의 해당 지점들에 대응하여 각각 무부하, 정격부하, 최대토크, 구속상태를 나타낸다.

그림 (a)에서 전동기의 입력전류 I_s가 전동기의 정격전류 I_R이 되는 지점 R의 속도가 전동기의 정격속도이다. 이 전류의 위상각에 의해 결정되는 역률 $\cos\theta_s$ 는 앞서 언급했듯이 정격속도 부근에서 가장 높다. 그 값은 수 마력 소형기에서는 0.8 정도, 100마력 이상의 대형기에서는 0.9 내외이다. N 지점 무부하상태에서 동기속도로 회전할 때는 여자전류 I_0가 흐르며 이것이 무부하전류이다. 무부하전류의 크기는 상당히 큰 편으로, 수 내지 수십 마력 기기들에서는 정격전류의 30~40%에 이른다. 예컨대 전부하전류가 30 A인 유도전동기는 축에 부하가 연결되지 않은 상태로 공회전할 때도 10 A 이상의 전류가 흐른다. 이처럼 기계적 출력이 없는 대기상태에서도 상당히 큰 전류가 흐르는 것은 유도전동기의 단점 중 하나로, 유도기의 공극이 작은 것은 이 무부하전류를 줄이기 위한 것이다.

그림 (b)의 공극전력 P_g는 (a)에 흐린 선으로 나타낸 회전자전류 I_r과 회전자역률 $\cos\theta_r$ 의 곱에 비례한다. 여기에 $1-s$를 곱한 것이 변환전력 P_{em} 이다. 기계적 손실을 무시한다면 이것이 곧 전동기의 출력이 되고 정격속도에서의 출력 P_R 이 정격출력이다. 이때 효율은 9-5절에서 설명했듯이 출력이 P_R 의 60~80 % 정도가 되는 정격속도보다 높은 속도에서 가장 높은 값을 가지며 최고효율은 정격속도가 동기속도에 가까울수록, 즉 정격슬립이 작을수록 높다. 이 최고효율점은 변압기에서처럼 고정자 및 회전자의 동손이 철손과 같아지는 지점에 대략 일치한다.

그림 (c)에 그려진 전동기의 속도-토크 곡선은 (b)의 P_g 곡선을 그대로 옮겨놓은 것과 같다. 동기속도로 회전하는 N점에서는 0이고 정격속도 R 점에서의 토크가 정격토크 T_R이다. 그림에 함께 그려진 T_L 은 회전 반대방향으로 작용하는 임의의 부하토크를 나타낸 것으로 전동기의 속도-토크곡선이 이 부하의 속도-토크곡선과 만나는 지점에서 동작이 이루어진다. 정상적인 상황에서 동작점은 그림에서와 같이 N과 R 사이에 있게 된다. 만일 T_L 이 상승하여 R의 위쪽에서 동작이 이루어진다면 정격전류보다 큰 전류가 흐르는 과부하상태에 놓이게 된다. T_L 이 음수가 되어 N 아래 쪽에서 교점이 만들어지면 동기속도보다 빠르게 회전하면서 발전기로 동작한다.

항복토크

전동기가 과부하상태가 된다 해도 내부 온도가 허용한계를 넘기 전에 다시 정격부하 이내로 돌아온다면 문제가 되지 않는다. 그러나 부하토크가 전동기가 낼 수 있는 토크의 최대 한계치를 넘어서면 더 이상 부하를 끌고 회전할 수 없으므로 운전이 불가능해진다. 그림 9-22(c)에서 유기토크가 최대가 되는 T점의 T_{max} 를 **항복토크**(pull-out torque), 항복토크에 이르렀을 때의 슬립 s_T 를 **항복슬립**이라 부른다. 전동기가 돌발적인 과부하 상황에서도 정지하지 않고 운전을 계속할 수 있으려면 항복토크가 가급적 큰 것이 바람직하다. 보통 **항복토크는 정격토크의 2~3배 정도**이다.

항복토크는 식 (9-26)으로부터 구할 수 있으나 다음과 같이 구할 수도 있다. 그림 9-20에서 공극전력 P_g는 R_r/s 에서 소비되는 전력이고, 토크가 공극전력에 비례하므로 항복토크가 나타나는 지점이란 곧 R_r/s 로 전달되는 공극전력이 최대인 지점을 말한다. 최대전력전달조건에 의하면 이 지점에서 R_r/s 이 나머지 직렬 임피던스와 같다. 즉 항복슬립 s_T 에서 다음의 조건이 성립해야 한다.

$$\frac{R_r}{s_T} = \sqrt{R_s^2 + X_l^2} \tag{9-27}$$

위의 식을 식 (9-26)에 대입하면 항복토크가 아래와 같이 구해진다.

$$T_{max} = \frac{1}{2\omega_s}\frac{3V_s^2}{R_s + \sqrt{R_s^2 + X_l^2}} \tag{9-28}$$

일반적으로 $X_l >> R_s$ 이므로 위의 두 식은 근사적으로 아래와 같이 표현할 수 있다.

$$\frac{R_r}{s_T} \approx X_l \tag{9-29}$$

$$T_{max} \approx \frac{3V_s^2}{2\omega_s}\frac{1}{X_l} \tag{9-30}$$

식 (9-30)은 **항복토크가 거의 누설리액턴스 성분에 반비례**함을 보여주고 있다. 또한 식 (9-28)에서 볼 수 있듯이 **항복토크는 회전자저항의 크기에 무관하다**. 회전자저항은 항복토크가 나타나는 슬립에 영향을 줄 뿐이다. 이에 관해서는 다음 절에서 다시 설명한다.

기동전류와 기동토크

전동기가 운전 중 어떤 이유로 회전하지 못하는 정지상태에 놓이게 되었을 때 흐르는 전류를 **구속전류**(locked-rotor current)라 한다. 이는 전동기 기동 초기에 흐르는 **기동전류**(starting current)와 같다. 전동기가 기동할 수 있으려면 기동토크가 부하의 정지상태 토크보다 커야 하며, 기동토크가 클수록 기동이 신속히 이루어진다. 한편 기동 과정에서 과열되지 않도록 기동전류는 작을수록 좋다. 일반 범용 농형 유도전동기의 **기동전류는 정격전류의 5~7배 정도, 기동토크는 정격토크의 1~2배 정도**이다. 큰 전류가 흐르는 데 비해 토크가 그만큼 크지 않은 것은 기동시 역률이 10~30% 정도로 매우 낮기 때문이며, 이는 유도전동기의 주요 약점 중 하나이다.

기동전류와 기동토크는 식(9-25)와(9-26)에 $s = 1$ 을 대입하여 다음과 같이 구해진다.

$$I_{start} = \frac{V_s}{\sqrt{(R_s + R_r)^2 + X_l^2}} \tag{9-31}$$

$$T_{start} = \frac{3V_s^2 R_r}{\omega_s\left[(R_s + R_r)^2 + X_l^2\right]} \tag{9-32}$$

식 (9-31)은 고정자 전류가 아닌 회전자전류를 나타내고 있으나 전류가 큰 구속상태에서는 여자전류의 비중이 낮으므로 기동전류의 근사식으로 사용해도 무방하다. 여기서도 $X_l >> (R_s + R_r)$ 를 적용하면 아래와 같은 근사식이 얻어진다.

$$I_{start} \approx \frac{V_s}{X_l} \tag{9-33}$$

$$T_{start} \approx \frac{3V_s^2}{\omega_s}\frac{R_r}{X_l^2} \tag{9-34}$$

기동전류와 기동토크 역시 누설리액턴스에 크게 좌우된다. 위 두 식에서 알 수 있듯이 누설리액턴스를 1/2로 줄이면 기동전류가 2배로 커지면서 기동토크는 4배로 커지게 된다. 즉 같은 전류에서 더 큰 토크가 발생한다. 역으로, 누설리액턴스가 크면 기동전류가 줄어들긴 하지만 기동토크는 더 크게 줄어든다. 한편 식 (9-34)에서 기동토크가 대략 회전자저항에 비례하는 것은 회전자저항이 크면 기동시 역률이 높아져 같은 전류에서 토크로 변환되는 유효전력이 커지기 때문이다.

속도-토크 특성의 실예

이상에서 살펴본 토크와 전류 특성은 어떤 유도전동기라 해도 공통적이지만 그 구체적인 형태는 개별 전동기마다 상당히 차이가 날 수 있다. 모든 동물이 머리, 몸통, 다리로 이루어져 있지만 코끼리와 토끼가 전혀 다른 신체 비율을 지니고, 그러한 차이가 각자의 생태를 반영하고 있듯이 유도전동기도 용량에 따라 특성에 큰 차이를 보이고, 그러한 차이는 각자의 용도와 밀접한 관련을 지닌다. 한 예로 그림 9-23은 수 마력급 소형 전동기와 수천 마력급 대용량 전동기의 전형적인 속도-토크 특성을 비교하여 보여주고 있다.

가장 두드러지는 차이점으로 대용량의 경우 동기속도 부근에서 토크특성이 매우 가파른 것을 볼 수 있다. 이는 정격슬립이 작고, 따라서 상대적으로 효율이 높은 것을 뜻한다. 그리고 소용량은 기동토크가 정격토크와 비슷한 수준인 데 반해 대용량은 기동토크가 정격토크보다 훨씬 작다. 일반적으

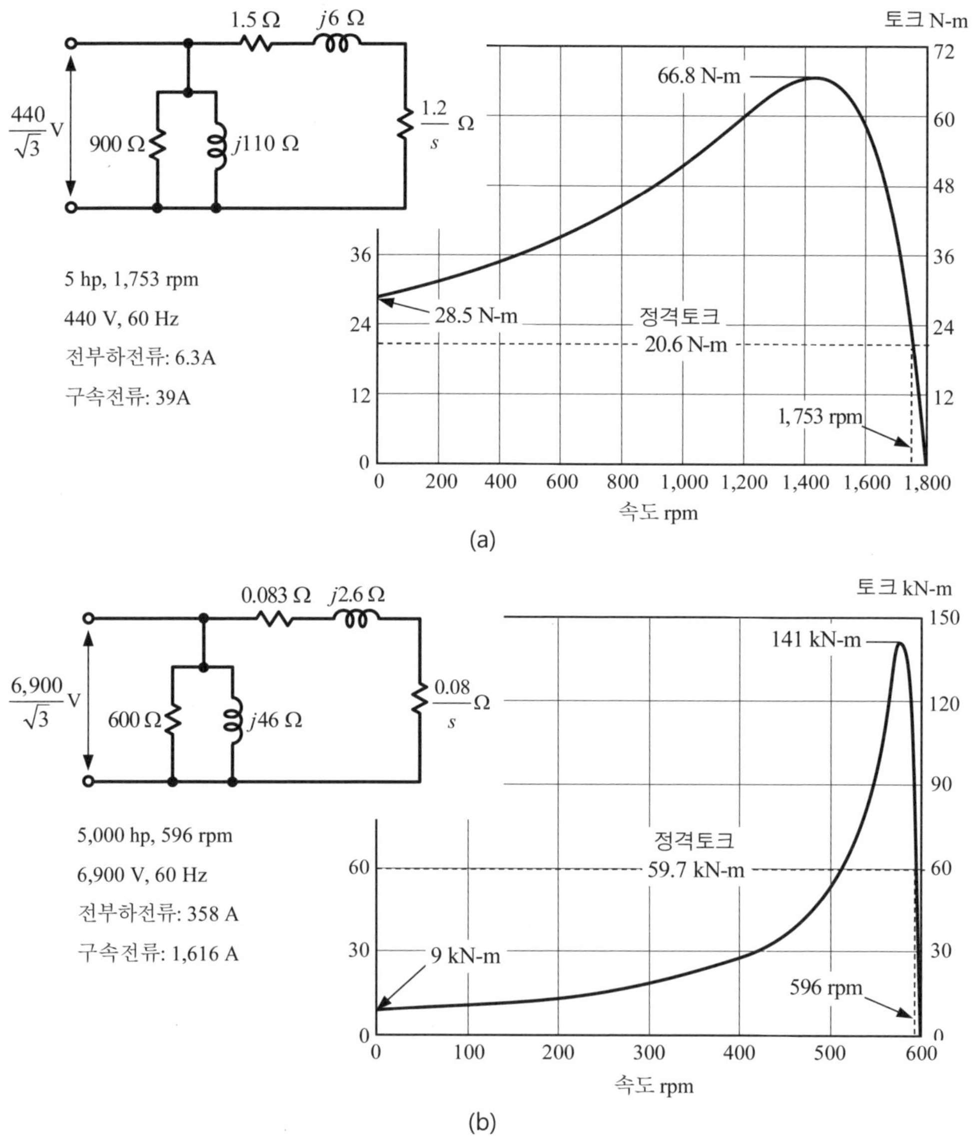

그림 9-23 (a) 저압 소용량 범용 유도전동기와 (b) 대용량 유도전동기의 토크-속도특성

로 대용량일수록 pu 누설리액턴스가 커서 식 (9-34)에서 보듯이 기동토크를 낮추는 역할을 하기 때문이다. 같은 이유로 정격토크 대비 항복토크 역시 대용량에서 낮아지는 경향을 보인다.

수 내지 수십 마력 범위의 유도전동기는 다양한 용도의 범용 전동기로 널리 사용된다. 따라서 웬만한 유형의 부하에는 다 대응할 수 있도록 기동토크가 비교적 클 필요가 있고, 사용 환경에 편차가 크므로 일시적 과부하에 운전이 멈추는 일이 일어나지 않도록 항복토크도 충분한 여유를 지니고 있어야 한다. 반면에 대용량 전동기는 대체로 면밀히 설계된, 우발적 변동의 소지가 적은 통제된 환경에서 사용되는 경우가 많기 때문에 부하토크가 항복토크 이상으로 급증하는 일이 일어날 가능성이 낮다. 그리고 대용량 유도전동기는 대형 팬이나 펌프를 구동하는 데에 사용되는 예가 많으며, 이러한 부하들은 속도의 제곱에 비례하는 토크 특성을 지니고 있어서 저속에서는 토크가 매우 작아지므로 큰 기동토크를 필요로 하지 않는다. 따라서 그림에 보인 소용량과 대용량 전동기의 특성은 각자의 적용 환경에 대체로 부합하는 것으로 볼 수 있다. 물론 이러한 비교는 전반적인 경향을 말하는 것일 뿐, 같은 마력수라도 개별 전동기의 특성에는 상당한 차이가 나타날 수 있다.

예제 9-4

그림 9-23의 5마력 전동기에서 다음 값들을 구하라. (a) 무부하전류 (b) 정격전류와 정격토크 및 정격출력 (c) 정격운전상태의 역률과 효율 (d) 항복토크와 항복토크점의 속도 (e) 기동전류와 기동토크, 기동시의 역률은 얼마인가? 그리고 기동토크와 기동전류는 각각 정격전류와 정격토크의 몇 배인가? 기계적 손실은 철손저항에 포함되어 있는 것으로 간주한다.

(a) $$\tilde{I}_0 = \frac{\tilde{V}_s}{R_c} + \frac{\tilde{V}_s}{jX_m} = \frac{254.0\angle 0°}{900} + \frac{254.0\angle 0°}{j110} = 0.28 - j2.31 = 2.33\angle -83.1°\ \text{A}$$

(b) 정격속도가 1,753 rpm이므로 동기속도가 1,800 rpm인 4극기이다. 따라서 정격속도에서 전류는

$$s = \frac{1{,}800 - 1{,}753}{1{,}800} = 0.0261$$

$$\tilde{Z} = R_s + \frac{R_r}{s} + jX_l = 1.5 + \frac{1.2}{0.0261} + j6 = 47.46 + j6 = 47.84\angle 7.20°\ \Omega$$

$$\tilde{I}_r = \frac{\tilde{V}_s}{\tilde{Z}} = \frac{254.0\angle 0°}{47.84\angle 7.20°} = 5.31\angle -7.20° = 5.27 - j0.67\ \text{A}$$

$$\begin{aligned}\tilde{I}_s &= \tilde{I}_0 + \tilde{I}_r = 0.28 - j2.31 + 5.27 - j0.67 \\ &= 5.55 - j2.98 = 6.30\angle -28.2°\ \text{A}\end{aligned}$$

따라서 정격전류는 6.3 A이다. 정격상태에서 토크는 위에서 구한 회전자전류로부터

$$T_e = \frac{3(R_r / s)I_r^2}{\omega_s} = \frac{3 \times (1.2 / 0.0261) \times 5.31^2}{1{,}800 \times 2\pi / 60} = 20.6\ \text{N-m}$$

기계적 손실이 이미 철손저항의 손실에 포함되어 있는 것으로 간주하므로

$$P_{out} = T_e\omega_m = 20.6 \times \frac{1{,}753}{60} \times 2\pi = 3{,}782\ \text{W} = 5.07\ \text{hp}$$

(c) $$pf = \cos(28.2°) = 0.881$$

$$P_{in} = \sqrt{3}V_T I_L \cos\theta_s = \sqrt{3} \times 440 \times 6.30 \times 0.881 = 4{,}230\ \text{W}$$

$$\eta = \frac{P_{out}}{P_{in}} = \frac{3{,}782}{4{,}230} = 0.894 = 89.4\ \%$$

(d) $$\frac{R_r}{s_T} = \sqrt{R_s^2 + X_l^2} = \sqrt{1.5^2 + 6^2} = 6.18\ \Omega$$

$$s_T = \frac{1.2}{6.18} = 0.194$$

$$n_T = n_s(1 - s_T) = 1{,}800 \times (1 - 0.194) = 1{,}451 \text{ rpm}$$

$$T_{max} = \frac{3V_s^2 R_r / s_T}{\omega_s\left[(R_s + R_r / s_T)^2 + X_l^2\right]} = \frac{440^2 \times 6.18}{188.5 \times \left[(1.5 + 6.18)^2 + 6^2\right]} = 66.8 \text{ N-m}$$

(e) $$\tilde{Z} = R_s + R_r + jX_l = 1.5 + 1.2 + j6 = 2.7 + j6 = 6.58\angle 65.8^\circ\ \Omega$$

$$\tilde{I}_r = \frac{\tilde{V}_s}{\tilde{Z}} = \frac{254.0\angle 0^\circ}{6.58\angle 65.8^\circ} = 38.60\angle -65.8^\circ = 15.82 - j35.21 \text{ A}$$

$$\tilde{I}_{start} = \tilde{I}_0 + \tilde{I}_r = 16.10 - j37.52 = 40.83\angle -66.8^\circ \text{ A}$$

$$T_{start} = \frac{3V_s^2 R_r}{\omega_s\left[(R_s + R_r)^2 + X_l^2\right]} = \frac{440^2 \times 1.2}{188.5 \times \left[(1.5 + 1.2)^2 + 6^2\right]} = 28.5 \text{ N-m}$$

기동시 역률은

$$pf = \cos(66.8^\circ) = 0.394$$

기동토크는 정격토크의 1.38배, 기동전류는 정격전류의 6.49배이다.

근사적 속도-토크특성

그림 9-23에서 볼 수 있듯이 동기속도에서 정격속도까지 정상 운전범위 내에서 유도전동기의 속도-토크 특성은 대체로 직선에 가깝다. 그림 9-24는 이 범위를 확대해 그린 것으로, 동작점 Q가 무부하 동작점 N과 정격부하 동작점 R 사이에서 변동할 때 부하토크가 2배로 되면 슬립도 대략 2배가 되는 근사적인 비례관계가 나타난다. 따라서 이 범위 안에서는 굵은 선으로 나타낸 전동기의 토크곡선을 직선으로 나타낸다 해도 큰 오차가 없다.

수 %의 정격슬립 범위 내에서는 $R_r / s >> R_s,\ X_s,\ X_r$ 이므로 식 (9-25)의 회전자전류를 근사적으로 다음과 같이 쓸 수 있다.

$$I_r = \frac{V_s}{\sqrt{(R_s + R_r / s)^2 + X_l}} \approx \frac{V_s}{R_r / s} \tag{9-35}$$

식 (9-35)를 식 (9-24)에 대입하면 아래와 같이 토크에 대한 근사식을 얻을 수 있다.

$$T_e = \frac{3}{\omega_s}\frac{R_r}{s} I_r^2 \approx \frac{3}{\omega_s}\frac{V_s^2}{R_r / s}$$

따라서 회전자전류와 유기토크 모두 다음과 같이 슬립에 비례하는 식으로 표현된다.

$$I_r \approx \frac{V_s}{R_r} s \tag{9-36}$$

$$T_e \approx \frac{3}{\omega_s}\frac{V_s^2}{R_r} s \tag{9-37}$$

그림 9-24의 근사적 토크특성은 위의 식 (9-37)을 나타낸 것이다. (식 (9-37)은 실제 속도-토크특성

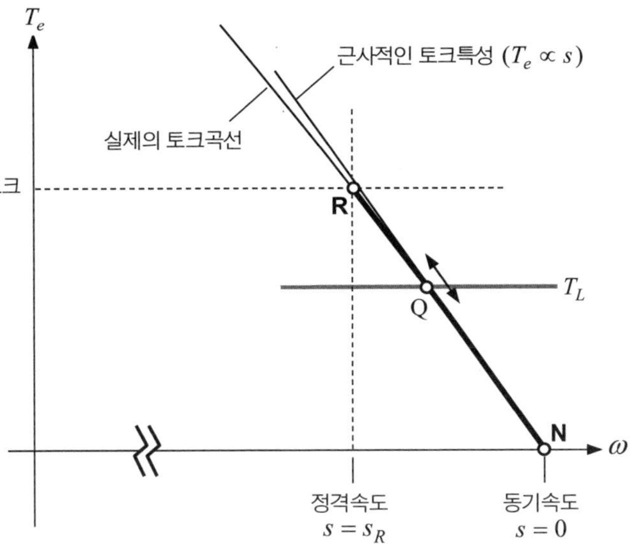

그림 9-24 정상운전 범위($0 < s < s_R$)에서 토크 곡선과 근사식의 비교

곡선의 N점에서 그려진 접선에 해당한다.)

위의 근사식은 유도전동기의 특성과 운전상태를 개략적으로 계산해야 할 경우 유용하다. 특히 아래 예제들에서 보듯이 전동기 회로정수들이 주어져 있지 않다 해도 특성을 근사적으로 계산할 수 있다. 단, R_r / s 을 제외한 임피던스 요소들을 무시한 결과 회전자전류가 다소 크게 계산되고 토크 및 전기기계적 변환동력도 실제보다 큰 값으로 나타난다는 점을 염두에 두고 있을 필요가 있다.

예제 9-5

어떤 2극 50 Hz 유도전동기가 20마력 출력으로 2,950 rpm으로 회전하고 있다. (a) 전동기의 유기토크는 얼마인가? (b) 부하토크가 2배로 증가한다면 속도는 어떻게 되는가? (c) 부하토크가 2배로 되었을 때 전동기에서 공급하는 동력은 얼마가 되는가?

(a) 기계적 손실의 크기가 따로 주어지지 않았으므로 부하로 전달되는 동력이 전기기계적 변환동력 $P_{em} = T_e \omega_m$ 과 같은 것으로 간주한다.

$$T_e = \frac{P_{em}}{\omega_m} \approx \frac{20 \times 746}{2{,}950 \times (2\pi / 60)} = 48.3 \text{ N-m}$$

(b) 2극 50 Hz이므로 동기속도는 3,000 rpm이고 슬립속도가 50 rpm이다. 부하토크가 2배로 증가하면 슬립, 또는 슬립속도 역시 대략 2배로 증가한다. 따라서 이때의 속도는 약 2,900 rpm이다.

(c) 위 (a)와 (b)의 결과로부터

$$P_{em} = 2 \times 48.3 \times 2{,}900 \times (2\pi / 60) = 29{,}336 \text{ W} = 39.3 \text{ hp}$$

예제 9-6

4극 60 Hz 380 V, 5마력 범용 농형유도전동기의 명판에 정격속도가 1,750 rpm으로 기재되어 있다. 이 전동기의 정격토크와 1차측으로 환산된 회전자저항의 대략적인 추정치를 구하라.

전동기의 정격토크는

$$T_{out} = \frac{P_{out}}{\omega_m} = \frac{5 \times 746}{1,750 \times (2\pi / 60)} = 20.35 \text{ N-m}$$

한편 토크가 식(9-37)로 표현되므로 $T_{out} \approx T_e$로 하면 회전자저항의 크기를 결정할 수 있다.

$$s = \frac{1,800 - 1,750}{1,800} = 0.0278$$

$$T_{out} \approx \frac{3}{\omega_s}\frac{V_s^2}{R_r}s = \frac{3}{(377/2)}\frac{(380/\sqrt{3})^2}{R_r} \times 0.0278 = \frac{21.30}{R_r} \text{ N-m}$$

$$R_r \approx \frac{21.30}{T_{out}} = \frac{21.30}{20.35} = 1.05\ \Omega$$

예제 9-7

4극 60 Hz 380 V, 5마력 농형유도전동기의 고정자측으로 환산된 회전자 저항이 1.5 Ω이다. 이 전동기가 3/4 부하로 운전될 때의 속도는 대략 어느 정도 되는가? 이 전동기의 전부하효율은 88 %이고 이때 전체 손실에서 기계적 손실의 비중이 10 % 정도라고 한다.

3/4 부하에서 전동기의 출력은

$$P_{out} = (3/4) \times 5 \times 746 = 2,798 \text{ W}$$

여기에 기계적 손실을 더한 것이 기계적으로 변환되는 동력이다. 기계적 손실이 전부하시 손실의 10 %이므로 먼저 전부하시 손실을 구해야 한다. 정격부하에서 효율이 88 %이므로

$$P_{loss} = P_{in} - P_{out} = \left(\frac{1}{\eta} - 1\right)P_{out} = \left(\frac{1}{0.88} - 1\right) \times 5 \times 746 = 509 \text{ W}$$

따라서 3/4 부하에서 전기기계적 변환동력은

$$P_m = P_{out} + 0.1P_{loss} = 2,798 + 50.9 = 2,849 \text{ W}$$

한편 전기기계적 변환동력은 식(9-37)을 적용, 아래와 같이 슬립의 함수로 표현되므로

$$P_{em} = T_e\omega_m \approx \frac{3V_s^2}{\omega_s R_r}s(1-s)\omega_s = \frac{3V_s^2}{R_r}s(1-s) = 96,267s(1-s) \text{ W}$$

아래의 2차방정식으로부터 슬립을 구할 수 있다.

$$2,849 = 96,267s(1-s)$$

$$s = 0.9695, 0.0305$$

0.9695는 해가 될 수 없다. 따라서 슬립은 0.0305이고 이에 해당하는 속도는

$$n = (1 - 0.0305) \times 1,800 = 1,745 \text{ rpm}$$

클로스의 근사식

유도전동기의 속도-토크 특성을 근사적으로 나타내는 한 방식으로 **클로스의 식**(Kloss formula)이라 불리는 아래의 표현식이 있다.

$$\frac{T}{T_{max}} \approx \frac{2s_T s}{s^2 + s_T^2} = \frac{2}{s/s_T + s_T/s} \tag{9-38}$$

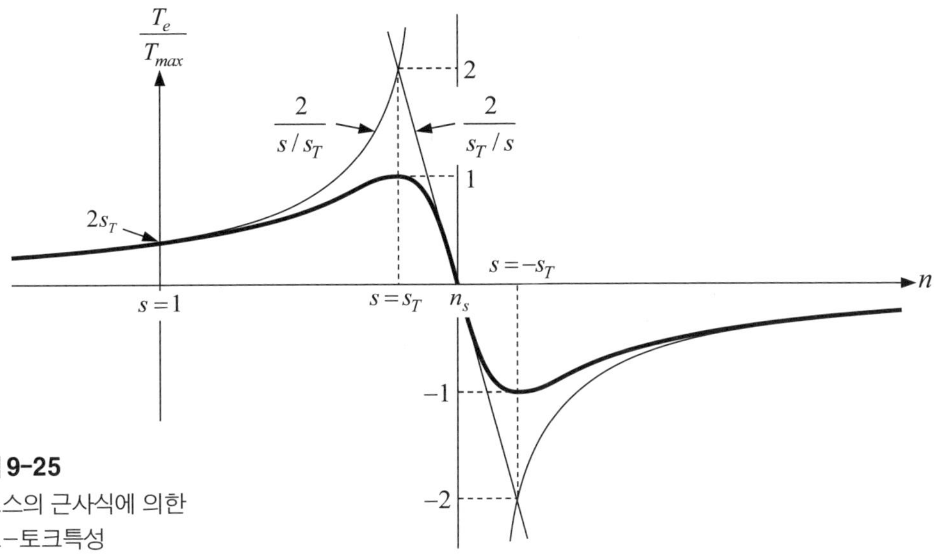

그림 9-25
클로스의 근사식에 의한
속도-토크특성

이는 그림 9-20의 등가회로에서 $R_s \approx 0$으로 놓은 근사식으로부터 얻을 수 있다.

그림 9-25는 위의 식으로 그려진 속도-토크곡선으로, $s_T = 0.2$인 경우를 보여주고 있다. 곡선은 $s = 0$인 지점을 기준으로 점대칭 형태로 나타난다. (R_s를 포함시키면 대칭이 되지 않고 발전기영역의 항복토크가 전동기영역 항복토크보다 20 % 이상 크다.) 상당한 오차가 있긴 하지만 그림의 곡선은 유도전동기 속도-토크곡선의 형태상 특징을 잘 보여준다. 즉 $|s| << s_T$ 영역에서는 슬립에 비례하는 직선에 접근하고(이 직선은 그림 9-24와 식 (9-37)의 근사식에 해당한다), $|s| >> s_T$ 영역에서는 슬립에 반비례하는 쌍곡선에 수렴한다. 이들 두 점근선은 $s = \pm s_T$에서 교차하고, 이 지점에서의 토크(항복토크)를 1로 놓았을 때 구속토크가 $s = 1$인 지점에서 쌍곡선의 값 $2s_T$에 근접한다. 예컨대 그림 9-23(a)의 경우, 예제 9-4의 결과로부터 $s_T = 0.194$인데, 구속토크 28.5 N-m와 항복토크 66.8 N-m 사이의 비율이 0.427로서 대략 $2s_T$와 비슷한 수치임을 확인할 수 있다.

클로스의 식은 유도전동기의 속도-토크곡선이 그 형태는 s_T에 의해, 그 크기는 T_{max}에 의해 결정됨을 말해준다. 즉 s_T와 T_{max}를 알고 있다면 전동기의 등가회로 정수들을 모른다 해도 모든 슬립에서 토크의 대략적인 값을 추정할 수 있다. 실제에 있어 회로정수 대신 s_T와 T_{max}가 주어지는 경우는 없기 때문에 실용상 그다지 쓸모가 있다고 할 수는 없지만 유도전동기 주요 특성값들 사이의 상관관계를 정성적으로 파악하는 데에 유용하다. 예를 들어 정격토크가 항복토크의 1/2이 되게 하고자 한다면 점근선으로부터 $2/(s_T/s_R) \approx 1/2$, 즉 $s_R \approx s_T/4$이어야 함을 알 수 있다. 그리고 이때 기동토크가 정격토크와 같은 수준이 되게 하려면 $2s_T \approx 0.5$로부터 $s_T \approx 0.25$이어야 하므로 $s_R \approx 0.06$이 된다. 이는 항복토크가 정격토크의 2배이면서 기동토크가 정격토크와 같은 유도전동기는 6% 내외의 정격슬립을 가지게 됨을 말해주고 있다. 이처럼 클로스의 근사식을 통해 최대토크와 정격토크, 기동토크 사이의 관련성을 대략 유추할 수 있다. 또한 그림 9-25는 s_T가 작은 전동기는 기동토크가 작을 수밖에 없고, 기동토크를 키우려면 s_T가 커져 속도변동률(정격슬립)이 커질 수밖에 없다는 특성상 제약을 보여주고 있다. 물론 이상은 일정한 등가회로 상수를 전제로 하므로 다음 절에서 설명하는 심구효과 등은 고려되지 않은 것이다.

9-7 회로정수의 영향과 유도전동기의 종류

등가회로 정수들은 모두 전동기의 특성에 영향을 미친다. 그러나 그 영향을 미치는 대상과 정도에 차이가 있다. 자화리액턴스와 철손저항은 전동기의 무부하전류를 결정한다. 그러나 속도-토크특성에는 거의 영향이 없다. 고정자저항 역시 영향이 크지 않다. 유도전동기의 운전특성에 현저한 영향을 미치는 요소는 고정자 및 회전자의 누설리액턴스, 그리고 회전자저항이다. 특히 슬립이 작은 정상운전 영역에서는 회전자저항의 영향이 절대적이다. 동기속도 부근에서는 회전자 누설리액턴스가 작아서 사실상 회전자저항에 의해 전동기의 전류 및 토크가 결정되기 때문이다. 반면에 슬립이 큰 상태에서 나타나는 항복토크와 기동토크 특성에는 누설리액턴스도 큰 영향을 미친다. 따라서 회전자저항과 누설리액턴스가 어떻게 조합되는지에 따라 유도전동기의 주요 운전특성이 결정된다.

비례추이

유도전동기 등가회로에서 운전상태의 변화는 회전자 등가저항 R_r / s 의 변화로 나타난다. 여기서 R_r 과 s 가 한데 묶여 있어서 마치 하나의 변수처럼 작용한다는 점에 주목할 필요가 있다. 이들 각자가 어떤 값이건, 둘 사이의 비율 R_r / s 가 같기만 하면 전동기 입력단에서 본 임피던스가 같으므로 고정자 전류가 같고, 회전자 전류, 공극전력 및 토크도 같은 값이 된다. 예컨대 $R_r = 1\ \Omega$ 인 전동기가 $s = 0.03$ 에서 유기하는 토크는 (다른 회로정수들이 같다고 했을 때) $R_r = 2\ \Omega$ 인 전동기가 $s = 0.06$ 에서 유기하는 토크와 같다.

그림 9-26은 유도전동기의 회전자저항에 따라 속도-토크 특성과 고정자전류 특성이 어떻게 변하는지 보여주고 있다. 회전자저항이 R_r 인 전동기가 슬립 s_1 에서 T_1 의 토크를 유기한다고 할 때 다른 회로정수들이 모두 같으면서 회전자저항이 $2R_r$ 인 전동기는 $2s_1$ 에서 같은 크기의 토크 T_1 을 유기한다. 이하 마찬가지로 회전자 저항이 k 배인 전동기는 k 배의 슬립에서 같은 토크를 유기한다. 그 결과 이들 일련의 곡선은 마치 동기속도점을 고정시킨 상태에서 곡선의 왼쪽 끝을 잡고 옆으로 당겨 늘인 것과 같은 모양이 된다. 이처럼 어떤 변수가 특정 값이 되는 슬립이 회전자저항의 크기에 비례하는 것을 **비례추이**(proportional shift)라 한다. 비례추이는 토크만이 아니라 등가회로에서 R_r / s 의 함수로 표현되는 모든 변수에 적용된다. 따라서 그림에 나타내었듯이 전동기의 입력전류 역시 비례추이 특성을 보인다.

회전자저항이 미치는 영향

그림 9-26으로부터 회전자저항이 전동기의 주요 특성에 미치는 영향을 요약하면

1. 무부하특성: 무부하상태는 회전자저항과 상관이 없다. 무부하에서는 회전자에 기전력이 유기되지 않고 전류도 흐르지 않기 때문이다.
2. 정격운전상태: 그림 9-26에서 T_1 이 정격토크, I_1 이 정격전류를 나타낸다고 하면 정격전류가 흐르는 정격슬립이 회전자저항에 비례하여 증가한다. 그러나 정격전류가 흐를 때의 토크는 회전자 저항이 달라져도 변하지 않는다.
3. 항복토크: 항복토크는 회전자저항에 무관하다. 이는 항복토크의 표현식 (9-28)에 회전자저항이 포함되지 않는 데에서 알 수 있다. 그러나 항복슬립은 회전자저항에 비례한다.
4. 기동특성: 기동토크는 회전자저항이 증가함에 따라 커지며, 항복토크까지 도달한 뒤에는 다

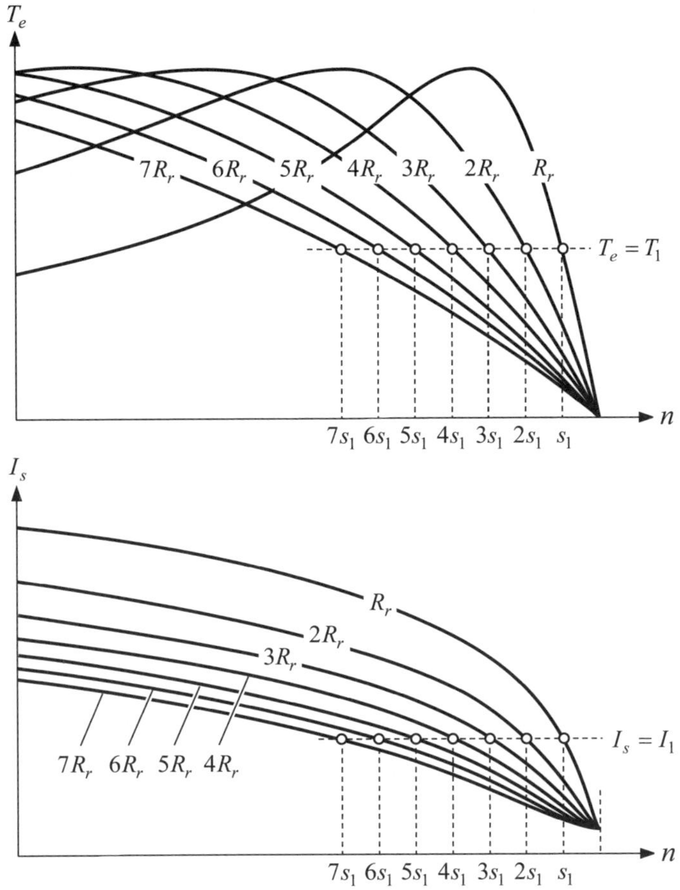

그림 9-26 속도-토크 특성곡선 및 고정자 전류의 비례추이

시 줄어든다. 기동전류는 회전자저항이 클수록 작아진다.

즉 회전자저항은 무부하전류와 항복토크에는 영향이 없고 기동특성과 정격운전특성에 영향을 미친다. 만일 회전자저항을 마음대로 키웠다 줄였다 할 수 있다면 회전자저항을 적절히 키움으로써 기동전류를 줄이면서도 오히려 기동토크는 커지는 효과를 얻을 수 있다. 구속상태에서는 저항의 증가로 회전자 전류가 줄어드는 효과보다 회전자 역률이 높아지는 효과가 더 크게 작용하기 때문이다. 기동토크는 클수록 좋고 기동전류는 작을수록 좋으므로 기동 측면에서는 회전자저항이 큰 것이 바람직하다. 그러나 일단 기동이 이루어지고 난 후, 정상 운전상태에서는 회전자저항이 큰 것이 불리하다. 정격슬립이 커짐으로 해서 속도변동률이 커지고, 전동기의 효율이 떨어지기 때문이다.

요컨대 기동할 때는 회전자저항이 큰 것이, 기동이 된 후 운전할 때는 회전자저항이 작은 것이 바람직하다. 따라서 유도전동기를 적용할 때 기동특성과 운전특성 중 어느 쪽에 더 비중을 두느냐에 따라 적정한 회전자저항값이 달라진다. **기동과 정지를 자주 반복하지 않고 장시간 연속적으로 운전해야 하는 전동기는 효율이 좋아야 하므로 회전자저항이 작은 것이 좋다. 반면에 기동과 정지가 자주 반복되는 단속적 혹은 간헐적 운전 용도에는 비교적 큰 회전자저항값을 갖는 것이 좋다.**

기동특성과 정격슬립의 상관관계

기동특성에는 회전자저항만이 아니라 누설리액턴스의 크기도 영향을 미친다. 따라서 회전자저항과 누설리액턴스의 크기를 적절히 조정함으로써 특성의 절충을 꾀할 수 있다. 그러나 두 회로정수를 어떻게 조합한다 해도 클로스의 식에 관한 설명에서도 언급했듯이 '고정된' 값의 등가회로정수로는 우수한 기동특성과 우수한 운전특성을 동시에 얻는 것은 불가능하다. 이는 아래의 기동전류와 기동토크가 정격슬립과 갖는 관계로부터 확인할 수 있다.(유도과정은 연습문제로 한다.)

$$\frac{T_{start}}{T_R} \approx \left(\frac{I_{start}}{I_R}\right)^2 s_R \tag{9-39}$$

예컨대 기동전류가 정격전류의 5배라 할 때, 정격슬립이 4%라면 기동토크가 정격토크와 같아진다. 만일 기동전류의 수준을 그대로 유지한 채 기동토크를 2배로 키우고자 한다면 정격슬립 역시 8 %로 커져야 한다. 즉 기동특성의 향상(즉, 같은 전류로 더 큰 토크가 얻어지는)은 필연적으로 정격운전특성의 저하를 초래하며, 그 역도 마찬가지이다.

권선형 유도전동기

권선형 유도전동기를 사용하면 기동시와 정상운전시의 상충되는 요구를 동시에 만족시켜 줄 수 있다. 권선형 유도전동기의 회전자권선은 자체 저항이 작지만 슬립링과 브러시를 통해 외부로 단자가 인출되어 있어서 그림 9-27과 같이 외부 저항을 접속하면 회전자저항을 키운 것과 같은 효과를 얻을 수 있다. 따라서 기동시에는 외부 저항을 크게 하여 작은 기동전류로 큰 기동토크를 얻고, 기동이 다 이루어지고 나면 외부 저항을 단락시켜 높은 운전효율을 얻을 수 있다. 이때 외부저항의 크기를 적절히 선정하여 $R_r \approx X_l$이 되도록 하면 식 (9-29)로부터 항복슬립이 1이 되어 기동토크를 최대화시킬 수도 있다. 보통은 기동과정에서 고정자 전류를 대략 정격전류의 2배 이내로 제한하면서 단계적으로 저항을 줄여나감으로써 토크가 계속 최대치에 가깝게 유지되도록 하는 방식이 사용된다.(이는 7장의 직류전동기 기동방식과 유사하다.)

권선형 유도전동기가 여러 면에서 농형에 비해 불리함에도 불구하고 사용되는 이유가 이처럼 회

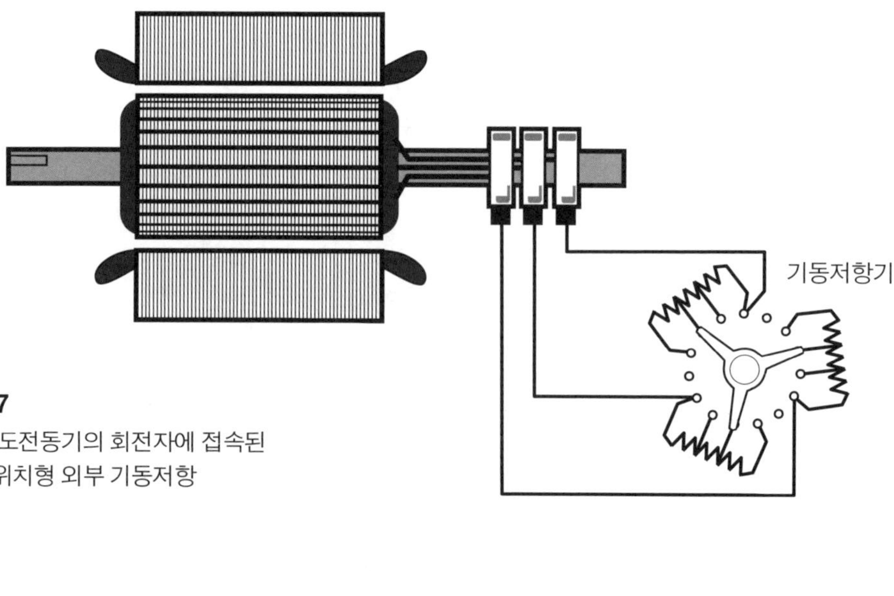

그림 9-27
권선형 유도전동기의 회전자에 접속된 로타리스위치형 외부 기동저항

전자 저항을 임의로 조정할 수 있다는 이점 때문이다. 따라서 지속적으로 운전되면서도 비교적 빈번하게 기동/정지를 할 필요가 있는 용도에서 종종 볼 수 있다. 특히 이러한 권선형 유도전동기 방식은 **기동 과정 중 회전자에서 발생하는 열의 상당부분이 전동기 외부 저항에서 방출**된다는 장점이 있어서 전동기 과열의 염려 없이 기동시키기가 매우 힘든 고관성 부하를 구동하는 용도에 적용할 수 있다. 대용량에서는 외부저항으로 일반 금속저항보다 열용량이 훨씬 큰 액체저항(전해액에 전극을 담가 전해질의 양으로 전극 사이의 저항값을 조정하는 저항)이 사용되기도 한다.

예제 9-8

예제 9-4의 전동기가 권선형이라 가정한다. 슬립링을 개방한 상태에서 전원을 인가하면 슬립링 사이에 220 V가 나타난다. (a) 기동토크를 최대화시키려면 외부에 상당 얼마의 저항을 접속해야 하는가? 이때 기동전류는 얼마인가? 외부저항 삽입 전후 기동전류와 토크를 비교하라. 외부저항은 Y결선으로 한다. (b) 기동전류를 정격전류의 2배로 제한하려면 기동저항은 상당 얼마가 되어야 하는가? 이때의 기동토크는 얼마인가? 외부저항 삽입 전후의 기동토크를 비교하라.

(a) 예제 9-4에서 $s_T = 0.194$이므로 $s_T = 1$이 되기 위해서는 회전자저항이 $1 / 0.194 = 5.15$ 배가 되어야 한다. 즉

$$R_r' = 5.15 R_r = 6.18\ \Omega$$

따라서 추가되어야 할 저항은

$$R = R_r' - R_r = 6.18 - 1.2 = 4.98\ \Omega$$

이는 고정자측으로 환산된 값이다. 고정자와 회전자 사이의 권선비가 $a = 440 / 220 = 2$이므로 실제 외부에 추가해야 할 상당 저항값은

$$R_{ex} = \frac{R}{a^2} = \frac{4.98}{2^2} = 1.25\ \Omega$$

이때 기동전류를 계산하면 다음과 같다.

$$\tilde{Z} = R_s + R_r' + jX_l = 1.5 + 6.18 + j6 = 7.68 + j6 = 9.75\angle 38.0°\ \Omega$$

$$\tilde{I}_r = \frac{\tilde{V}_s}{\tilde{Z}} = \frac{254.0\angle 0°}{9.75\angle 38.0°} = 26.05\angle -38.0° = 20.53 - j16.04\ \text{A}$$

$$\tilde{I}_s = \tilde{I}_0 + \tilde{I}_r = 20.81 - j18.35 = 27.74\angle -41.4°\ \text{A}$$

외부저항 삽입 전후를 비교하면,

삽입 전: 기동전류 40.8 A, 기동토크 28.5 N-m (0.7 N-m/A)

삽입 후: 기동전류 27.7 A, 기동토크 66.8 N-m (2.4 N-m/A)

(b) 기동전류가 정격전류 6.29 A의 2배 12.58 A이려면 기동시 입력임피던스가

$$Z_{start} = \frac{V_s}{I_s} = \frac{254.0}{12.58} = 20.19\ \Omega$$

이어야 한다. 기동시 여자회로의 임피던스를 무시하면

$$Z_{start} \approx \sqrt{(R_s + R_r')^2 + X_l^2} = \sqrt{(1.5 + R_r')^2 + 6^2} = 20.19\ \Omega$$

$$R_r' = \sqrt{20.19^2 - 6^2} - 1.5 = 17.78\ \Omega$$

따라서 추가되어야 할 저항은

양수발전소 발전전동기의 기동

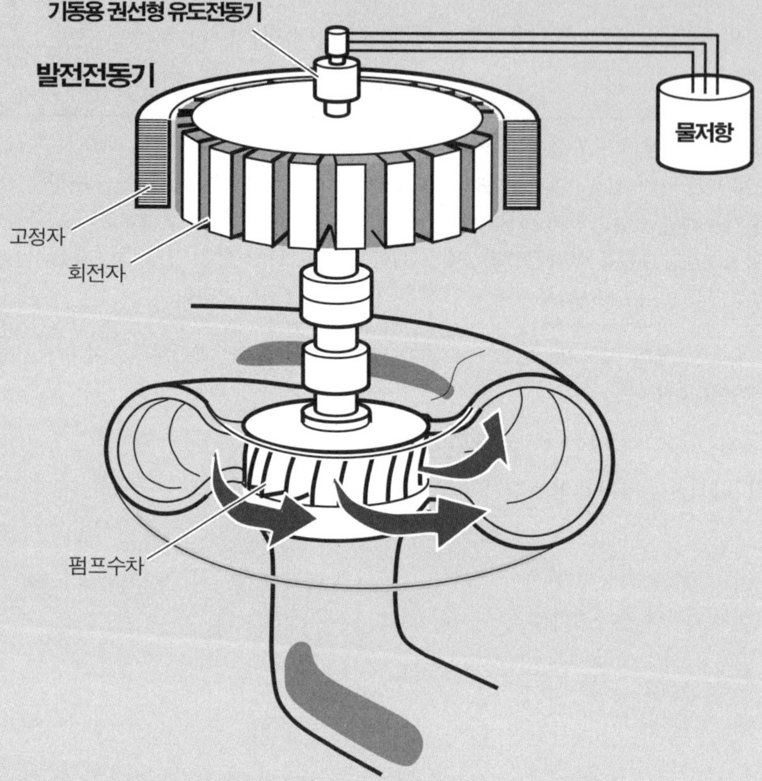

양수발전소의 동기발전기는 물을 퍼 올릴 때는 전동기로 동작한다. 이를 발전전동기(motor generator)라 부른다. 동기기는 그 자체만으로는 기동이 안되기 때문에 과거 양수발전소의 발전전동기를 기동하기 위해 별도의 기동용 전동기를 사용하였다. (현대식 양수발전소의 발전전동기는 주파수변환장치를 사용한 저주파수 기동방식을 사용하고 있다.) 이러한 발전전동기의 회전자 및 수차는 고관성 부하의 대표적인 예라 할 수 있다. 기동 과정에서 대단히 큰 에너지가 투입되어야 하므로 그만큼 기동용 전동기에서 소모되는 에너지양도 크고 기동에 걸리는 시간도 길다. 따라서 기동용 전동기로 권선형 유도전동기가 사용되고 회전자에 접속되는 외부 저항으로 물저항이 사용된다.

청평양수발전소는 우리나라 최초이자 아시아에서 두번째 양수발전소이다. 1980년 처음 가동을 시작하였으며 설비용량은 40만 kW 로서 200MW 용량의 발전전동기 2기가 설치되어 있다. 이들을 전동기모드로 기동시키는 데에 이러한 기동방식이 사용되고 있다. 발전전동기는 16극(450rpm)이며 기동용 전동기는 5,700V 정격의 14극 권선형 유도전동기가 이다. 기동용 유도전동기의 극수가 더 작은 것은 슬립에 의한 속도 하락을 감안한 것이다.

$$R = R_r' - R_r = 17.78 - 1.2 = 16.58\ \Omega$$

$$R_{ex} = \frac{R}{a^2} = \frac{16.58}{2^2} = 4.15\ \Omega$$

이때의 기동토크는 다음과 같이 계산된다.

$$T_e = \frac{3}{\omega_s}\frac{R_r'}{s}I_r^2 = \frac{3}{(377/2)}\frac{17.78}{1}12.58^2 = 44.8\ \text{N-m}$$

따라서 외부저항 삽입 전 정격토크의 1.4배였던 기동토크가 삽입 후 약 2.2배로 된다.

심구효과

농형유도전동기는 권선형처럼 회전자저항을 바꿔줄 방법이 없다. 그러나 회전자저항이 운전상태의 변화에 대응하여 스스로 바뀌게 함으로써 비슷한 효과를 얻을 수 있다. 도체에 교류가 흐를 때 낮은 주파수에서는 도체 단면 전체에 골고루 전류가 흐르지만 높은 주파수에서는 전류가 도체 표면쪽으로 쏠리면서 도체의 유효 단면적이 줄어들어 저항이 커지는데, 유도전동기의 회전자에서도 비슷한 현상이 나타난다. 그림 9-28은 회전자도체 단면의 전류밀도를 음영으로 나타낸 것이다. 기동초기 회전자전류의 주파수가 전원주파수와 거의 같을 때는 전류가 회전자의 표면 쪽에 몰리면서 도체의 유효단면적이 줄어들어 회전자저항이 커진다. 기동이 완료되고 나면 회전자 주파수가 1~2 Hz나 그 이하로 떨어지고 전류가 단면 전체에 고루 분포되면서 회전자저항이 줄어든다. 즉 **회전자저항이 기동시에는 커지고 정상운전시에는 작아져** 마치 권선형유도기에서 외부저항을 삽입하여 회전자 저항을 조절 한 것과 유사한 효과가 나타난다.

이러한 전류밀도의 불균형이 나타나는 것은 누설자속 때문이다. 회전자 도체를 상층부와 하층부로 구분해서 생각하면, 상층부 전류에 의해 만들어지는 자속에 비해 하층부 전류에 의한 자속에는 고정자 철심을 거치지 않고 되돌아오는 누설자속이 더 많이 생긴다. 누설자속이 많다는 것은 누설리액턴스가 크다는 것을 뜻하므로 주파수가 높을수록 상층부와 하층부 전류에 작용하는 임피던스의 차이가 커지게 되고, 하층부의 전류밀도가 상대적으로 낮아진다. 이러한 현상은 회전자 도체가 철심에 깊숙이 박혀 있을수록 더 현저하게 나타나므로 **심구효과**深溝效果(deep-bar effect)라 부른다.

심구효과에 의한 회전자 누설리액턴스의 상승과 회전자저항의 상승은 기동특성에 상반되는 효과를 지닌다. 저항의 상승은 기동전류를 줄이면서 기동토크를 키우는 긍정적 효과를 갖는 반면 누설리액턴스의 상승은 식 (9-33)과 (9-34)에서 보듯이 기동전류를 억제하긴 하지만 기동토크가 더 크

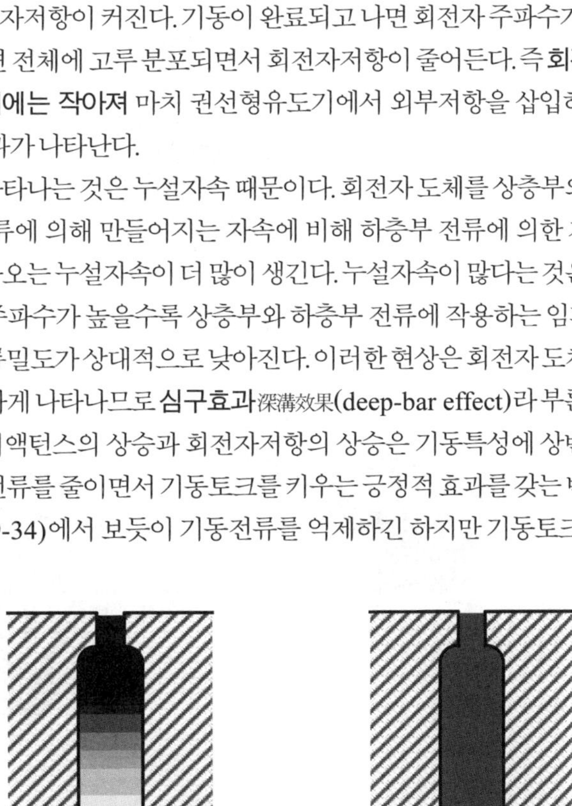

기동시
(회전자주파수가 높을 때)

정상운전시
(회전자주파수가 낮을 때)

그림 9-28
회전자도체의 전류밀도

게 억제되므로 기동특성에 부정적 영향을 미친다. 그러나 리액턴스 상승의 효과보다 저항증가의 효과가 더 크게 작용함으로 해서 결과적으로 기동특성이 향상된다.

농형유도전동기의 유형

농형유도전동기는 심구효과를 어느 정도 이용하는지에 따라 몇 가지 유형으로 나뉘어진다. 대표적으로 NEMA에서는 농형유도전동기를 A, B, C, D의 네 가지 **설계유형**(design class)으로 나누고 있다. 그림 9-29는 이들 네 유형의 토크-속도 특성과 회전자 단면의 모양을 보여주고 있다.

그림 9-29에서 기본 형태는 A형과 D형이다. A형은 도체 단면적이 커서 저항이 작고, 도체가 회전자 표면 가까이에 배치되어 있어서 심구효과의 영향을 크게 받지 않는다. 따라서 기동시나 정상운전시 회전자저항이 크게 차이나지 않으며, 운전효율이 높은 반면 기동전류가 크다. D형은 도체의 단면적이 작게 만들어져 회전자저항이 크다. 도체로 동이나 알루미늄보다 저항이 큰 황동(brass)이 사용되기도 한다. 매우 큰 슬립에서 항복토크가 나타나며, 기동토크가 크다. 대신 정상운전영역에서 토크특성의 기울기가 완만하여 속도변동이 크고 효율이 나쁘다.

유도전동기의 특성은 기동시에는 D형과 같고 운전시에는 A형과 같은 것이 바람직하다. 심구효과를 이용하여 이들 두 특성을 절충한 것이 B형과 C형이다. B형은 A형에 비해 도체홈이 깊어서 기동시 심구효과로 회전자저항이 커지게 되며 (3배 정도), A형에 비해 항복토크가 줄어든 것은 회전자 누설자속의 증가로 누설리액턴스가 커지기 때문이다. 기동토크는 기동저항의 증가와 누설리액

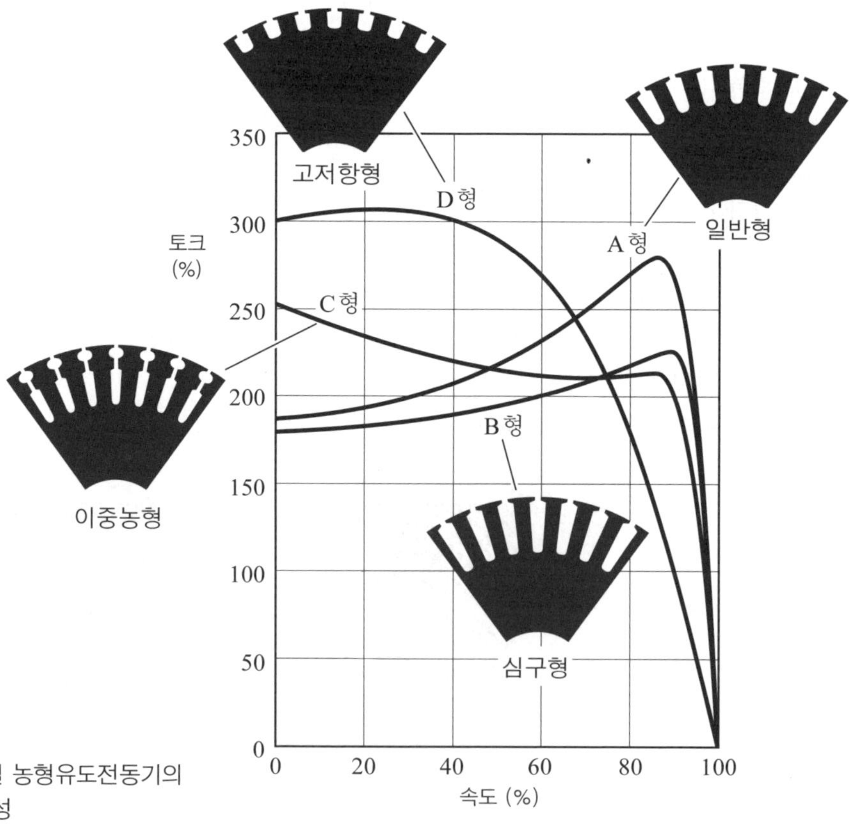

그림 9-29
NEMA 유형별 농형유도전동기의 속도-토크 특성

턴스 증가 효과가 상쇄되어 A형과 큰 차이가 나지 않지만 기동전류가 상당히 줄어든다. 이러한 유도전동기를 **심구형**(deep-bar)이라 부른다. C형은 B형보다 큰 기동토크를 갖도록 한 것으로, 회전자 도체가 표면 쪽과 안쪽 두 부분으로 확연히 구분되어 있어서 **이중농형**(double-cage) **전동기**라 한다. 이중농형에서는 심구효과가 더욱 현저하게 나타나 기동시 안쪽 도체에 거의 전류가 흐르지 않기 때문에 D형에 가까운 특성을 보이게 된다. 안쪽 도체의 누설자속 증가로 항복토크가 더 줄어든다.

유형별 특성과 용도

A, B, C형은 모두 전부하 슬립이 5 % 미만이다. 항복슬립은 20 % 미만이고 항복토크는 A형의 경우 전부하토크의 200~300 %, B형과 C형은 200 % 정도이다.

A형의 기동토크는 대형기의 경우 정격토크와 비슷하고 소형기는 정격토크의 200 % 이상이다. 기동전류가 정격전류의 5~8배 정도로 상당히 크기 때문에 10마력 이상에서는 기동시 인가전압을 낮춰 기동전류를 제한할 필요가 있다 (10-6절 참조). 펌프나 팬 등 기동시 부하토크가 작고, 관성이 크지 않아서 신속하게 기동이 이루어질 수 있는 부하에 사용된다.

과거에는 A형이 표준이었으나 오늘날 일반적으로 사용되는 범용 유도전동기는 B형이다. 기동토크는 A형과 비슷하지만 기동전류가 25 %가량 낮다 (정격전류의 6.4배 이내). 흔히 사용되는 20~200마력(15~150 kW) 범위에서는 기동토크가 정격토크의 130 %에서 170 % 정도이다. 적용대상은 송풍기, 펌프, 선반, 공작기계, 전동기-발전기 세트 등이며 기동토크가 커야 한다거나 부하 관성이 특별히 크지 않다면 거의 대부분의 부하에 적용할 수 있다.

C형은 B형과 비슷한 기동전류로 더 큰 기동토크를 출력한다. 소용량에서는 정격토크의 250 %, 20~200마력 범위에서는 200 % 정도로, 기동 초기에 큰 토크가 필요한 경우에 사용된다. 펌프나 피스톤식 콤프레서가 대표적이고, 분쇄기나 컨베이어 등에도 적용된다. 단, 관성이 큰 부하에는 부적합하다. 기동 중 회전자 동손이 바깥쪽 도체에만 집중되므로 기동이 오래 걸리는 경우 과열로 녹아버릴 수도 있기 때문이다. 즉 그렇게 무겁지는 않되 정지마찰이 큰, 소위 '빽빽한' 부하에 적합하다.

관성이 커서 기동이 오래 걸리는 부하에는 D형이 사용된다. 기동전류는 작고 기동토크가 정격토크의 300 %에 달한다. 항복슬립이 50 %, 혹은 그 이상이며 기동시 항복토크가 나타나도록 만들어지기도 한다. 정격슬립이 7~11 %, 경우에 따라서는 17 % 이상일 수도 있다. 효율이 낮기 때문에 높은 부하율로 장시간 운전하는 용도보다 단속적으로 동작하는 부하에 적용된다. 기동/정지가 빈번한 크레인이나 호이스트가 대표적이다. 또한 이렇게 부하 증가시 속도변동이 큰 전동기는 충격성 부하에 적합하다. 플라이휠을 가진 펀치프레스나 전단기 등이 이런 종류로서, 플라이휠에 축적된 에너지를 방출하면서 짧은 시간 동안 작동했다가 다시 전동기에 의해 가속되는 동작을 반복하는데, 작동시 속도가 일시적으로 떨어질 때 전류상승이 작은 편이기 때문에 전원에 주는 부담이 작다.[8]

요약하면, B형이 일반적으로 널리 사용되는 가장 보편적인 형태이며, C형은 기동토크가 크지만 고관성부하에는 적합하지 않다. D형은 기동특성이 좋고 고관성부하에 적합하지만 효율이 나쁘다. 기동토크가 커야 하고 고관성 부하를 구동하면서도 높은 효율로 연속운전이 필요한 용도에는 권선형이 사용된다. A형은 일반 용도보다는 주로 속도제어(10장 참조)용도에서 많이 볼 수 있다.

---

8 유도전동기의 이와 같은 특성의 차이는 7장에서 설명한 직류전동기의 유형별 차이와 유사하다. A, B, C형 유도전동기가 속도변동률이 작은 분권전동기 특성에 가깝다면 D형은 복권전동기 특성에 가깝다.

9-8 유도전동기의 정수측정

유도전동기 등가회로 정수는 시험을 통해 측정할 수 있다. 등가회로가 변압기와 같은 형태이므로 변압기의 무부하시험과 단락시험을 통한 정수측정과 기본적으로 같으나 고정자측과 회전자측 정수를 분리하고 기계적 손실을 감안하기 위한 단계가 추가된다.

고정자저항 측정

먼저 고정자권선저항을 측정한다. 그림 9-30에서와 같이 고정자의 두 단자 사이에 직류 전원을 연결하고 전류의 크기 I_{dc}와 두 단자 사이의 전압 V_{dc}를 측정한다. 직류에서는 고정자권선저항만 임피던스로 작용한다. 내부가 Y결선이라면(실제로는 델타라 해도 등가 Y결선으로 가정한다) 두 상의 저항이 직렬로 연결된 상태이므로 고정자저항이 다음과 같이 결정된다.

$$R_s = \frac{1}{2}\frac{V_{dc}}{I_{dc}} \tag{9-40}$$

저항값이 온도에 따라 달라지므로(10°C 상승할 때마다 약 4%씩 상승) 정격운전상태의 온도에서 측정해야 실제 운전상태에 부합하는 값을 얻을 수 있다. 따라서 전류가 정격전류가 되도록 전압을 조정하고, 충분히 가열이 이루어져 전류가 일정한 값으로 안정된 뒤에 측정한다.

구속시험

구속시험(locked rotor test)은 회전자가 돌지 못하도록 구속한 상태에서 측정하는 것을 말한다. 그림 9-31에 구속시험을 위한 결선과 구속시 등가회로를 나타내었다. 세 상의 전류를 모두 측정하는 것은 유도전동기의 경우 수% 전압불평형에도 10~20%의 비교적 큰 전류불평형이 나타날 수 있기 때문(10장 참조)으로, 그 평균치를 상전류로 한다. 구속상태는 회전자측에 비해 임피던스가 큰 여자회로의 영향을 무시할 수 있다. 따라서 측정된 상전압 V_{LR}, 상전류 I_{LR}, 상당 전력 P_{LR}로부터 다음과 같이 고정자와 회전자의 합성 저항성분과 리액턴스 성분이 계산된다.

$$R_{LR}(= R_s + R_r) = \frac{P_{LR}}{I_{LR}^2} \tag{9-41}$$

$$Z_{LR} = \frac{V_{LR}}{I_{LR}} \tag{9-42}$$

$$X_{LR}(= X_s + X_r) = \sqrt{Z_{LR}^2 - R_{LR}^2} \tag{9-43}$$

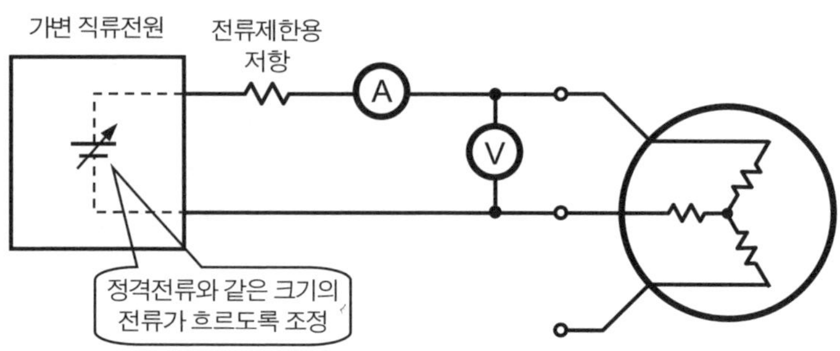

그림 9-30
고정자 권선저항의 측정

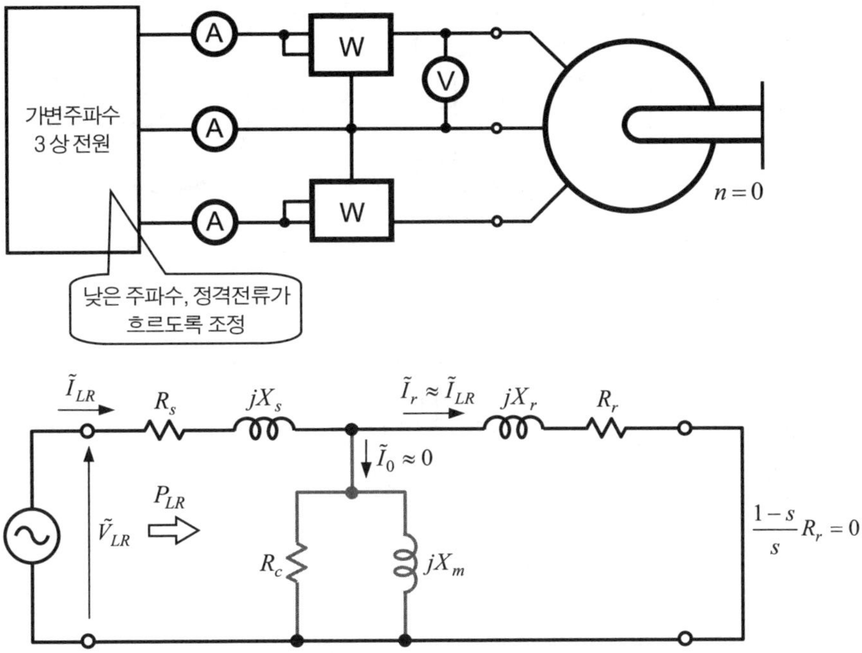

그림 9-31 유도전동기 구속시험의 결선과 등가회로

구속상태에서 정격전압을 가하면 전동기의 기동전류에 해당하는 큰 전류가 흐르므로 정격전류가 흐르도록 낮은 전압으로 조정한 상태에서 측정이 이루어져야 한다. 한편 구속상태에서는 심구효과로 회전자저항이 커지기 때문에 정상운전시의 저항값과 상당한 차이가 날 수 있다. 따라서 주파수 조정이 가능한 전원 장치를 사용하여 낮은 주파수에서 측정하는 것이 바람직하다.(IEEE에서는 구속시험을 정격의 25 % 주파수에서 행하도록 하고 있다.) 그렇게 한 경우 식 (9-43)에서 계산된 리액턴스를 실제 운전이 이루어질 주파수에서의 값으로 환산해주어야 한다.

식 (9-41)과 (9-43)으로 저항과 리액턴스를 구하고 나면 고정자와 회전자 성분을 분리한다. 고정자저항은 앞서 구하였으므로 쉽게 분리된다. 그러나 리액턴스는 달리 분리할 방법이 없으므로 통상 A형과 D형, 그리고 권선형 전동기의 경우에는 5:5의 비율로 나눈다. 회전자의 누설리액턴스가 큰 B형은 4:6, C형은 3:7의 비율을 적용한다.

무부하시험

무부하시험(no-load test)은 전동기의 축을 부하에서 분리, 공회전 상태에서 측정하는 것을 말한다. 그림 9-32의 (a)와 같이 결선하고 정격전압을 인가한다. 이는 변압기의 무부하시험에 해당하는 것이긴 하지만 전동기 자체의 기계손(마찰 및 풍손) 때문에 완전한 무부하가 될 수 없다. 그림 (b)는 이때의 등가회로로서, 슬립이 매우 작기 때문에(통상 정격슬립의 1/30 이하) 회전자측에는 이때의 기계적 출력에 해당하는 등가저항 R_{fw} 만 있는 것으로 보아도 무방하다. ($R_{fw} >> R_r, X_r$) 따라서 그림 (c)와 같이 R_c 와 R_{fw} 를 묶어 철손과 기계손을 하나의 등가저항 R_{cm} 으로 나타낼 수 있다.

측정된 상전압과 선전류, 그리고 상당 전력 V_{NL}, I_{NL}, P_{NL} 로부터 그림 9-32(c)의 R_{cm} 과 X_m 을

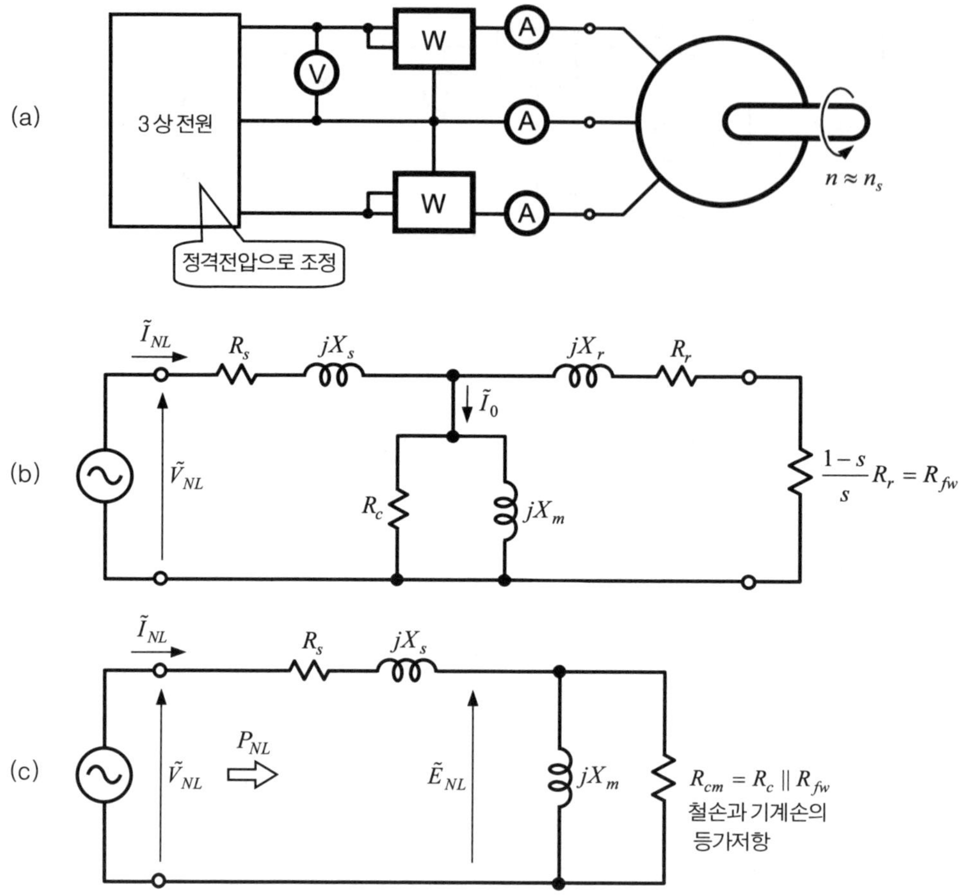

그림 9-32 무부하시험: (a) 측정을 위한 결선 (b) 등가회로 (c) 단순화된 등가회로

결정한다. R_s와 X_s의 영향을 무시한다면 변압기 무부하시험에서처럼 R_{cm}과 X_m을 계산할 수 있으나 X_m이 변압기만큼 크지 않기 때문에 고정자 임피던스의 영향을 무시하기 어렵다. 단 병렬저항 R_{cm}은 X_m보다 훨씬 크고 직렬저항 R_s는 X_m보다 훨씬 작아서 저항성분들이 임피던스에 미치는 영향이 매우 작다. 따라서 다음과 같이 쓸 수 있다.

$$\frac{V_{NL}}{I_{NL}} = Z_{NL} \approx X_s + X_m \tag{9-44}$$

X_s는 구속시험에서 구하였으므로 이로부터 X_m이 결정된다. 한편 R_{cm}은 아래와 같이 고정자 손실을 제외한 전력으로부터 구해진다.

$$P_{cm} = P_{NL} - I_{NL}^2 R_s \tag{9-45}$$

$$E_{NL} \approx \frac{X_m}{Z_{NL}} V_{NL} = X_m I_{NL} \tag{9-46}$$

$$R_{cm} = \frac{E_{NL}^2}{P_{cm}} \tag{9-47}$$

예제 9-9

4극 60 Hz 208 V, 정격전류 28 A인 A형 유도전동기의 시험결과가 아래와 같다. 이 전동기의 상당 등가회로를 그려라.

직류시험:	$V_{dc} = 13.6$ V	$I_{dc} = 28.0$ A
무부하시험(60 Hz):	$V_T = 208$ V	$I_a = 8.12$ A, $I_b = 8.20$ A, $I_c = 8.18$ A
	$P_{in} = 420$ W	
구속시험(15 Hz):	$V_T = 25$ V	$I_a = 28.1$ A, $I_b = 28.0$ A, $I_c = 27.6$ A
	$P_{in} = 920$ W	

직류시험결과로부터 고정자저항은

$$R_s = \frac{1}{2}\frac{V_{dc}}{I_{dc}} = \frac{1}{2} \times \frac{13.6}{28.0} = 0.243\ \Omega$$

구속시험 결과로부터

$$V_{LR} = 25 / \sqrt{3} = 14.43\ \text{V}$$

$$I_{LR} = \frac{28.1 + 28.0 + 27.6}{3} = 27.9\ \text{A}$$

$$R_{LR} = \frac{P_{LR}}{I_{LR}^2} = \frac{920 / 3}{27.9^2} = 0.394\ \Omega$$

$$R_r = R_{LR} - R_s = 0.394 - 0.243 = 0.151\ \Omega$$

$$Z_{LR} = \frac{V_{LR}}{I_{LR}} = \frac{14.43}{27.9} = 0.517\ \Omega$$

$$X_{LR} = \sqrt{Z_{LR}^2 - R_{LR}^2} = \sqrt{0.517^2 - 0.394^2} = 0.335\ \Omega$$

이는 15 Hz에서의 리액턴스이므로 60 Hz에서는

$$X_{LR} = (60 / 15) \times 0.335 = 1.340\ \Omega$$

A형 전동기이므로

$$X_s = X_r = 0.5 X_{LR} = 0.670\ \Omega$$

무부하시험 결과로부터

$$V_{NL} = 208 / \sqrt{3} = 120.1\ \text{V}$$

$$I_{NL} = \frac{8.12 + 8.20 + 8.18}{3} = 8.17\ \text{A}$$

$$Z_{NL} = \frac{V_{NL}}{I_{NL}} = \frac{120.1}{8.17} = 14.70\ \Omega$$

$$X_m = Z_{NL} - X_s = 14.70 - 0.67 = 14.03\ \Omega$$

$$E_{NL} = X_m I_{NL} = 14.03 \times 8.17 = 114.6\ \text{V}$$

$$P_{cm} = P_{NL} - R_s I_{NL}^2 = 420 / 3 - 0.243 \times 8.17^2 = 123.8\ \text{W}$$

$$R_{cm} = \frac{E_{NL}^2}{P_{cm}} = \frac{114.6^2}{123.8} = 106\ \Omega$$

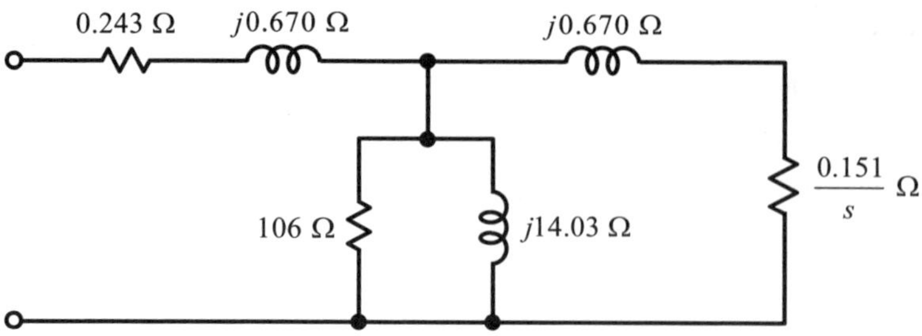

그림 9-33

이상의 결과로부터 상당 등가회로를 그리면 그림 9-33과 같다.

연습문제

9-1. 2극 60 Hz 유도전동기가 3,510 rpm으로 회전하고 있다. 슬립속도(rpm)와 슬립(%)을 구하라.

9-2. 4극 3상 유도전동기가 60 Hz 전원에서 3 % 슬립으로 동작하고 있다. 다음을 구하라.

(a) 회전속도

(b) 회전자 전류의 주파수

(c) 회전자자속과 공극자속 사이의 상대속도

9-3. 60 Hz 4극 3상 유도전동기의 회전자로 180 kW가 전달되고 있다. 회전자전류의 주파수는 3 Hz이다.

(a) 회전자의 속도와 전기기계적 변환동력 및 유기토크를 구하라.

(b) 고정자동손이 4.5 kW, 고정자철손이 2.6 kW, 기계손이 2 kW이다. 회전자철손은 무시한다. 전동기의 축출력과 효율을 구하라.

9-4. 60 Hz 6극 3상 유도전동기가 1,140 rpm으로 회전하면서 48 kW를 소모하고 있다. 고정자동손이 1.4 kW, 고정자철손이 1.6 kW, 기계손이 1 kW이다. 전동기의 효율을 구하라.

9-5. 20마력 380 V 60 Hz 6극 3상 유도전동기의 전부하슬립이 6 %이다. 전부하에서 운전될 때 마찰 및 풍손은 220 W이고 고정자동손은 270 W, 철손은 200 W이다. 전부하상태에서 다음을 구하라.

(a) 부하토크

(b) 유기토크

(c) 공극전력

(d) 효율

9-6. 동기속도가 900 rpm인 권선형 유도전동기의 회전자를 구속시킨 상태에서 어떤 전압을 가했을 때 193.6 A가 흐르면서 45 kW가 입력된다. 고정자권선의 상당 저항은 0.2 Ω이고 권선비는 2이다. 회전자권선의 상당 저항값을 구하고 이때 유기되는 토크를 구하라. 고정자와 회전자 모두 Y결선이다.

9-7. 6극, 230 V, 60 Hz, Y결선 3상 유도전동기의 상당등가회로 정수가 아래와 같다.

$R_s = 0.5\ \Omega,\ R_r = 0.25\ \Omega,\ X_s = 0.75\ \Omega,\ X_r = 0.5\ \Omega,\ X_m = 25\ \Omega,\ R_c = 100\ \Omega$

정격슬립은 2.5 %이다. 그림 9-16의 T형 등가회로에서 $\tilde{V}_s$를 기준페이서로 하고

(a) 무부하상태에서 $\tilde{I}_s,\ \tilde{E}_s,\ \tilde{I}_0,\ \tilde{I}_c,\ \tilde{I}_m$을 구하고 페이서도를 그려라. 무부하전류와 무부하역률은 얼마인가?

(b) 전부하상태에서 $\tilde{I}_s,\ \tilde{E}_s,\ \tilde{I}_0,\ \tilde{I}_c,\ \tilde{I}_m,\ \tilde{I}_r$을 구하고 페이서도를 그려라. 전부하전류와 전부하역률은 얼마인가?

9-8. 문제 9-7의 전동기가 마찰손 및 풍손이 150 W이다. 전부하운전상태에서 다음 값들을 구하라.

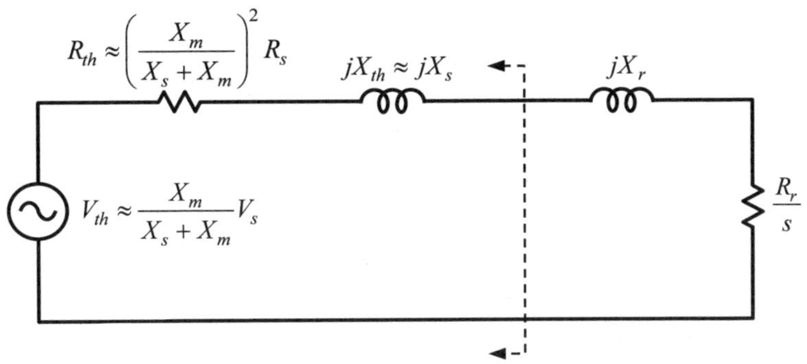

그림 9-34

(a) 고정자동손과 철손, 공극전력
(b) 회전자동손과 전기기계적 변환전력
(c) 전부하시 유기토크와 축토크
(d) 전부하 효율

9-9. 문제 9-7을 T형 등가회로 대신 그림 9-20의 근사등가회로로 반복하라.

9-10. 문제 9-8을 T형 등가회로 대신 그림 9-20의 근사등가회로로 반복하라.

9-11. 그림 9-34는 그림 9-16의 등가회로에서 R_c를 무시하였을 때 회전자측 회로에서 본(즉, 점선으로 표시된 위치에서 본) 고정자측 회로를 테브난 등가회로 형태로 나타낸 것이다. 테브난 등가전압과 직렬임피던스 성분들이 그림에 표현된 수식과 같음을 보여라.

9-12. 그림 9-34의 등가회로를 적용하여 문제 9-7의 전동기에서 전부하시 공극전력과 유기토크 및 출력토크를 구하라. 그 결과를 T형 등가회로를 적용한 문제 9-8의 결과 및 근사등가회로를 적용한 문제 9-10의 결과가 갖는 오차와 비교하라.

9-13. 최대전력전달조건을 적용하지 않고 토크 표현식의 미분을 통해 식 (9-27)과 식 (9-28)을 유도하라.

9-14. 그림 9-23(b)의 전동기에서 다음 값들을 구하라. 기계적 손실은 철손저항에 포함된 것으로 간주한다.
(a) 무부하전류 및 무부하역률
(b) 정격전류와 정격토크 및 정격출력
(c) 정격운전상태의 역률과 효율
(d) 항복토크와 항복속도
(e) 기동전류와 기동토크, 기동시 역률
(f) 기동토크와 기동전류는 각각 정격전류와 정격토크의 몇 배인가?

9-15. 식 (9-29)와 (9-30), 식 (9-33)과 (9-34)로 구한 근사값을 문제 9-14에서 구한 값들과 비교하라.

9-16. 예제 9-4의 결과를 참조하여 그림 9-23(a)의 전동기에서 슬립이 0에서 무한대까지 변할 때 전동기 입력전류의 페이서가 그리는 궤적을 그려라. 페이서 궤적상에 정격운전점과 항복토크점, 구속상태의 위치를 표시하라.

9-17. 문제 9-14의 결과를 참조하여 그림 9-23(b)의 전동기에서 슬립이 0에서 무한대까지 변할 때 전동기 입력전류의 페이서가 그리는 궤적을 그려라. 페이서 궤적상에 정격운전점과 항복토크점, 구속상태의 위치를 표시하라. 문제 9-16의 페이서궤적과 어떤 점에서 차이가 나타나는가? 차이의 이유를 등가회로 상수값과 연관지어 설명하라.

9-18. 4극 60 Hz 유도전동기가 1,700 rpm으로 회전하고 있다.
(a) 인가전압이 10 % 상승했을 때의 속도는 얼마인가? 자기포화는 없다고 가정한다.
(b) 인가전압이 10 % 하락했을 때의 속도는 얼마인가?
(c) 인가전압이 10 % 상승하고 부하도 10 % 상승했을 때의 속도는 얼마인가?

9-19. 식(9-38)을 유도하라.

9-20. 60 Hz 6극 3상 유도전동기의 항복속도가 780 rpm, 항복토크가 900 N-m이다. 고정자 및 회전자 누설리액턴스의 합이 상당 3Ω이다.

(a) Kloss의 근사식을 이용하여 5% 슬립에서 토크를 구하라.

(b) 회전자저항은 몇 Ω인가?

9-21. 고정자저항을 무시하고 유도전동기의 등가회로 상수들이 전동기의 속도에 무관하게 일정한 값을 유지하는 것으로 가정했을 때 기동토크가 항복토크의 k배($k \le 1$)가 되게끔 하기 위해서는 회전자저항과 누설리액턴스($X_l = X_s + X_r$)사이에 어떤 관계가 만족되어야 하는가?

9-22. 여자전류를 무시하고 회전자전류의 크기가 고정자 입력전류의 크기와 근사적으로 같은 것으로 보았을 때 식(9-39)의 관계가 성립함을 보여라.

9-23. 60 Hz 6,600 V, 250마력 8극 권선형 유도전동기가 있다. 정격속도는 873 rpm, 전부하전류는 17.5 A이고 고정자와 회전자 사이의 권선비는 2이다.

(a) 회전자저항의 추정치를 구하라.

(b) 50% 부하토크에서 속도를 구하라.

(c) (b)의 운전상태에서 회전자 슬립링을 통해 상당 5Ω의 외부저항을 접속했을 때의 속도를 구하라.

9-24. 문제 9-23의 전동기를 슬립링을 단락시킨 상태에서 기동시켰을 때 114 A가 흐른다고 한다.

(a) 기동토크를 추정하라.

(b) 누설리액턴스의 값을 추정하라.

(c) 기동토크를 최대로 하기 위해 필요한 상당 외부저항값을 구하라.

(d) 만일 기동이 이루어진 후에도 (c)의 외부저항을 그대로 두고 운전한다면 전부하속도는 얼마인가? 그리고 이때 회전자 동손은 얼마나 증가하는가?

9-25. 3상 유도전동기의 근사등가회로를 작성하기 위해 시험한 결과가 아래와 같다.

무부하시험: 상당 인가전압 120 V, 입력전류 5 A, 상당 입력 480 W

구속시험: 상당 인가전압 20 V, 입력전류 40 A, 상당 입력 480 W

마찰손과 풍손을 무시하였을 때 R_c, X_m, $R_s + R_r$, $X_s + X_r$의 등가회로 정수를 결정하라.

9-26. 40마력, 460 V, 60 Hz, 3상 Y결선 B형 유도전동기의 시험결과가 아래와 같다. 상당등가회로 상수를 결정하라.

무부하시험: 460 V, 32.7 A, 4,664 W

구속시험: 36.2 V (15 Hz), 58.0 A, 2,573 W

직류시험: 12.0 V, 59.0 A

9-1. 90 rpm, 2.5% **9-2.** (a) 1,746 rpm (b) 1.8 Hz (c) 0 **9-3.** (a) 1,710 rpm, 171 kW, 954 N-m (b) 169 kW, 90.3% **9-4.** 87% **9-5.** (a) 126.3 N-m (b) 128.2 N-m (c) 16.1 kW (d) 90.0% **9-6.** 0.05 Ω, 238.9 N-m **9-7.** (a) $5.29\angle-75.3°$ A, $128.3\angle0.7°$ V, $5.29\angle-75.3°$ A, $1.28\angle0.7°$ A, $5.13\angle-89.3°$ A, 5.3 A, 0.25 (b) $14.45\angle-25.4°$ A, $121.80\angle-3.15°$ V, $5.02\angle-79.2°$ A, $1.22\angle-3.15°$ A, $4.87\angle-93.2°$ A, $12.17\angle-6.0°$ A, 14.5 A, 0.90 **9-8.** (a) 313 W, 445 W, 4,423 W (b) 111 W, 4,312 W (c) 35.3 N-m, 34.0 N-m (d) 80.3% **9-9.** (a) $5.48\angle-76.0°$ A, $132.8\angle0°$ V, $5.48\angle-76.0°$ A, $1.32\angle0°$ A, $5.31\angle-90°$ A, 5.5 A, 0.24 (b) $15.75\angle-22.3°$ A, $132.8\angle0°$ V, $5.48\angle-76.0°$ A, $1.32\angle0°$ A, $5.31\angle-90°$ A, $13.27\angle-2.86°$ A, 15.8 A, 0.93 **9-10.** (a) 372 W, 529 W, 4,934 W (b) 132 W, 4,802 W (c) 39.3 N-m, 38.0 N-m (d) 79.7% **9-12.** 4,484 W, 35.7 N-m, 34.5 N-m **9-14.** (a) 86.9 A, 0.077 (b) 357 A, 59.5 kN-m, 3,716 kW (c) 0.90, 96.6% (d) 141.1 kN-m, 582 rpm (e) 1,616 A, 8.93 kN-m, 0.063 (f) 0.15, 4.5 **9-18.** (a) 1,717 rpm (b) 1,677 rpm (c) 1,709 rpm **9-20.** (a) 252 N-m (b) 1.05 Ω **9-21.** $R_r / X_l = (1-\sqrt{1-k^2})/k$ **9-23.** (a) 6.80 Ω (b) 887 rpm (c) 847 rpm **9-24.** (a) 2,597 N-m (b) 33.4 Ω (c) 6.65 Ω (d) 768 rpm, 4.9배 **9-25.** 30 Ω, 40 Ω, 0.3 Ω, 0.4 Ω **9-26.** $0.102 + j0.406\ \Omega$, $44.0\ \Omega \parallel j7.72\ \Omega$, $0.153/s + j0.610\ \Omega$

10

유도전동기의 운전과 응용

사용자 입장에서 유도전동기는 매우 단순하고 편리한 기기이다. 축에 부하를 체결하고 전원을 접속한 다음 스위치를 올리면 돌아간다. 과부하나 과전압이 지속적으로 가해지지 않는 한 웬만해서 큰 탈이 날 일도 없다. 유도전동기가 널리 사용되는 가장 큰 이유가 이런 편의성과 기기 자체의 강인성 때문이다. 그러나 전동기를 용도에 맞게 적절히 선정하고 이를 효율적으로 운전하면서 충분한 수명이 유지되도록 관리하기 위해서는 전동기의 특성과 부하 및 운전 환경에 대한 충분한 이해를 지니고 있을 필요가 있다. 이 장에서는 가장 기본이 되는 명판 기재사항과 전원의 변동이 유도전동기 특성에 미치는 영향, 그리고 근래 환경과 에너지 절감의 측면에서 중요한 문제로 부각되고 있는 유도전동기의 효율에 관련된 문제, 역률 특성과 역률보상의 유의점, 기동과 제동의 방법 등 유도전동기를 사용할 때 주요 관심사가 되는 사항들을 다루고 있다. 그리고 전력변환장치의 보편화와 함께 반드시 이해하고 있어야 할 유도전동기의 속도제어와 근래 신재생에너지 발전의 수단으로 새로이 조명받고 있는 유도발전기에 대해 개략적으로 살펴본다.

10-1 유도전동기의 명판

전동기를 실제 사용할 때 맨 처음 접하는 것이 전동기의 명판이다. 그림 10-1은 유도전동기 명판의 예를 보여주고 있다. 여기서 주어지는 정보만으로도 전동기의 사용이 가능하도록 하기 위해 KS, IEC 등의 규격에서는 명판에 기재되어야 할 최소한의 기본 항목들을 규정하고 있으며, 전동기 제작사에서는 그 항목들을 포함하여 사용자에게 참고가 될 수 있는 추가 정보를 제공하고 있다.

명판의 기재 내용은 크게 다음 네 가지 범주로 나뉘어진다.

식별정보: 기기의 명칭(모델명), 제작자명, 제조번호, 제작된 연도

기계적/전기적 규격: 프레임번호, 보호/냉각방식, 중량, 축과 베어링의 규격, 극수, 상수, 절연의 종류, 단자기호와 결선도

사용조건: 정격전압, 정격주파수, 정격부하(정격출력), 운전방식, 주위온도, 사용고도, 과부하율, 최대 역률보상 용량

운전특성: 정격전류, 정격회전속도, 역률, 효율, 기동계급, 설계유형

일반적으로 사용조건이란 전동기의 사용자가 지켜야 할 사항을 뜻한다. 그리고 운전특성이란 그 '사용조건이 지켜진다는 전제 하에서' 제작자가 보증하는 특성을 말한다. 이들 중 직관적으로 이해가 가능한 항목을 제외하고 몇몇 주요 항목들에 관해 살펴보도록 한다. 이하 유도전동기의 주요 명판 기재사항들은 직류기와 동기기 등 다른 기기들에도 공통적으로 적용된다.

프레임

프레임 번호(frame number)는 간단히 말해 '기계의 크기'를 나타낸다. 기계의 크기는 전동기를 축방향에서 바라본 단면의 크기, 그리고 옆에서 바라본 축방향 길이에 의해 결정된다. 회전기 단면의 크기는 대략 반지름으로 결정된다. 따라서 반지름과 길이를 어떤 약속체계에 따라 코드로 나타낸 것이 프레임 번호이다. 예를 들어 IEC 표준 프레임 번호가 112M으로 기재되어 있다면 앞의 숫자는 바닥에서 축의 중심까지의 거리가 112 mm임을 나타내며, 이 값에 의해 전동기의 폭과 높이를 가늠할 수 있다. 뒤의 영문자는 전동기의 축방향 길이를 나타낸 것으로, IEC 규격에서는 19개 영문자로

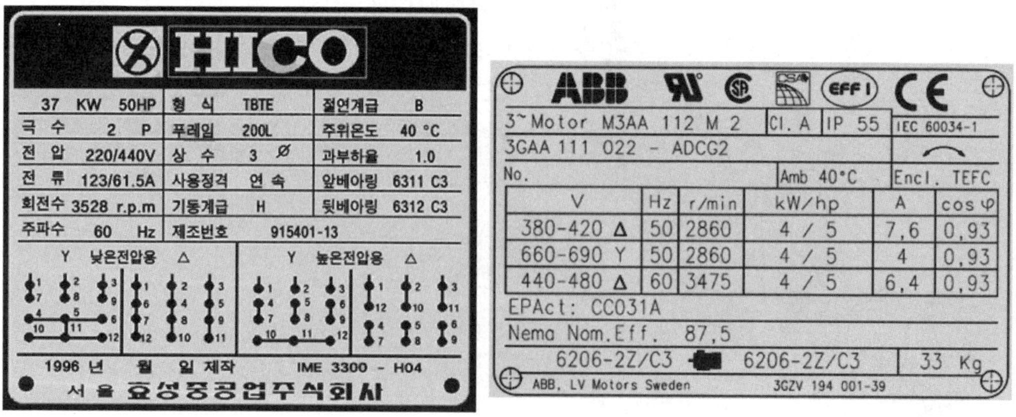

그림 10-1 유도전동기 명판의 예 (효성중공업, ABB)

자세히 구분하고 있으나 통상 S(짧은), M(중간), L(긴) 세 개가 사용된다. 프레임 번호마다 축의 길이와 직경, 축의 높이, 설치를 위한 체결용 구멍 등에 대한 표준이 정해져 있다. 따라서 전동기가 기계 설비에 사용될 때 프레임번호는 기기의 호환성을 판단하는 데에 일차적 기준이 된다. 이를테면 다른 제작사에서 만들어진 전동기라도 프레임 번호가 같으면 치수나 설계변경 없이 그대로 교체할 수 있다. 프레임 번호의 표준으로 mm 단위를 사용하는 IEC식과 인치 단위의 NEMA식이 있다. 우리나라에서는 IEC 표준을 따르고 있다.

외함과 보호형식

전동기의 외함(enclosure) 형식은 냉각방식과 주위 환경으로부터 보호하는 정도에 의해 구분된다. 외함의 형태로는 개방형과 전폐형이 있다. 개방형은 공기가 직접 전동기 내부로 드나들면서 냉각되는 방식을, 전폐형은 공기가 드나들 수 없도록 둘러싸여 있어서 외함만 냉각하는 방식을 말한다. 당연히 개방형이 냉각효과가 훨씬 좋아서 기기의 열용량을 크게 만들지 않아도 되므로 크기가 작고 가벼우며 단가도 낮다. 문제는 외부의 이물질이 공기와 함께 섞여 들어올 수 있다는 점이다.

개방형의 기본 형태는 방적형이라 불리는 ODP(Open Drip-Proof)형이다. 방적防滴이란 위에서 떨어지는(수직에서 15° 이내) 물방울에 대한 보호를 뜻한다. 즉 공기는 자유롭게 드나들되, 지붕에서 새는 물이 안에 들어가지 않을 정도로 최소한의 보호가 이루어진 형태를 말한다. 축에 부착된 팬으로 냉각되므로 습기가 없고 통풍이 잘 되는 실내에 적합하다.

전폐형에는 팬이 없는 전폐자냉형(TENV:Totally Enclosed, Non-Ventilated)과 외피 주름에 공기를 불어 냉각시키는 **전폐외선형**(TEFC:Totally Enclosed, Fan-Cooled)이 있다. TENV는 소용량에 국한되며, 흔히 볼 수 있는 수 마력 내지 수십 마력급 범용 유도전동기는 거의 TEFC형이다. 대용량에는 냉각능력을 높이기 위해 외함 위쪽에 튜브를 설치하여 공기를 통과시키는 방식(TEAAC: Totally Enclosed, Air-to-Air-Cooled), 외함에 냉각수 순환통로를 설치한 방식(TEWAC: Totally Enclosed, Water-to-Air-Cooled), 외함을 냉각시키면서 동시에 필터를 거친 공기를 내부에 불어넣는 방식(TEFV: Totally Enclosed, Forced Ventilated) 등이 있다.

전폐형의 특수 형태로 **방폭형**(Explosion-Proof: EXP)이 있다. 이는 석탄광산이나 정유공장 등 가연성이 높거나 폭발성이 있는 환경에서 사용된다. 기기 내부에서 폭발이 일어났을 때 압력을 견뎌낼 수 있고 바깥의 폭발성 가스에 인화되지 않는 구조로 만들어진다.

IEC 규격에서는 전동기 보호형식을 침입물에 대한 보호를 나타내는 두 자리 숫자의 IP코드(Ingress Protection code)로 표시한다. 첫째 자리는 인체 및 고형 이물질(손, 손가락, 공구, 와이어, 먼지)에 관한 보호등급을 0~6으로 나타내고 둘째 자리는 물에 대한 보호 등급을 0~8로 나타낸다. 양쪽 모두 0은 보호가 없는 상태를, 숫자가 클수록 높은 보호수준을 뜻한다. 예를 들어 IP 25는 '두께 12 mm 이상의 고형물(이를테면 손가락)이 침입할 수 없고 모든 방향에서 분사되는 물이 침입할 수 없도록' 만들어진 구조임을 나타낸다. 등급별 세부사항은 관련 자료를 참고하라.

전압과 주파수

정격전압은 수백~수천 V 범위로, 나라별 전압 표준에 따라 매우 다양하다. 우리나라에서 가장 흔히 볼 수 있는 정격전압은 220 V, 380 V, 6,600 V이다. 정격주파수는 통상 60 Hz나 50 Hz이다.

3상 유도전동기에는 사용자가 결선을 변경하여 두 가지 전압으로 운전할 수 있도록 만들어진 경우가 흔히 있다. 예를 들어 정격전압이 230/460 V라 기재되어 있다면 각 상 권선이 두 개씩으로 나뉘어 있어서 직렬로 460 V, 병렬로 230 V에서 운전할 수 있다. 그리고 와이결선과 델타결선을 선택할 수 있는 것도 있다. 보통 이러한 전동기의 명판에는 단자결선도가 함께 그려져 있다.

전압과 주파수의 변동이 전동기의 특성에 미치는 영향에 관해서는 10-2절에서 다룬다.

정격출력과 운전조건

정격출력(kW나 hp)은 정격 축출력으로서 기계적 부하에 공급할 수 있는 동력의 한계를 말한다. 즉 적정조건 하에서 전동기 내부 온도상승이 절연계급에 정해진 온도상승 한도를 넘지 않고 감당할 수 있는 최대 출력이다. 여기서 적정조건이란 전압과 주파수가 정격 부근으로 유지되고 주위온도가 허용한계(통상 40°C) 이하, 그리고 고도 등 주변여건이 통상적인 경우에서 크게 벗어나지 않은 상태를 말한다. 그러한 조건이 만족되었다 해도 정격출력 이상의 부하가 가해지면 내부 온도가 절연물의 허용치 이상으로 상승하는 과부하상태가 되고 수명이 단축된다. 운전환경이 불가피하게 조건을 벗어날 경우, 예컨대 전압과 주파수가 변동한다거나 주위온도가 어느 이상으로 올라가면 최대부하를 명판상 정격출력보다 낮춰 잡아야(derating) 한다. 공기가 희박해져서 냉각성능이 떨어지는 사용고도한계(통상 해발 3,300 ft, 즉 1,000 m)보다 높은 곳에서도 정격출력을 적절히 낮추어야 한다. 일반적으로 사용고도한계 이상에서는 100 m 높아질 때마다 출력을 1%씩 낮추도록 하고 있다.

절연계급

기기에 사용된 절연물이 견딜 수 있는 온도 한계를 몇 단계로 구분해놓은 것이 절연계급이다. 유도전동기에 가장 흔한 절연계급은 B종과 F종으로, B종은 주위온도 대비 온도상승의 한도가 90°C, F종은 110°C이다.(부록C 참고) 절연물의 수명을 일반적인 기대치로 유지하기 위해서는 운전 중 온도상승 한도를 넘지 않아야 한다. 전동기 사용자가 전동기 내부 온도상승을 측정하기는 어려우므로 과부하가 걸리지 않도록 하고 주위 온도나 사용고도, 그리고 전압과 주파수 변동에 대응하여 전동기의 최대 부하를 적절히 통제함으로써 간접적으로 온도상승을 억제하게 된다. 여기서 **F종 전동기가 B종 전동기보다 큰 과부하를 감당할 수 있다거나, 한계에서 벗어난 사용조건을 더 잘 견뎌낸다거나 하는 것이 아님에 유의해야 한다.** 같은 마력수에서 절연계급이 높다는 것은 기기의 열용량이 작아서 같은 부하에서 온도가 더 많이 올라가며, 대신 그 온도를 견딜 수 있는 절연물로 만들어져 있음을 뜻한다. 절연계급이 높은 전동기는 같은 용량에서 더 작고 가볍기 때문에(대신 더 비싸다) 구매시 고려사항이 될 뿐, 일단 설치되고 나면 절연계급에 따라 운전 및 유지관리에 달라지는 점은 없다.

운전유형(Duty)

운전유형은 시간정격(time rating), 혹은 정격의 종류라고 하며 전동기가 어떤 식으로 운전될 것을 전제로 만들어졌는지를 나타낸다. 대다수 일반 전동기는 **연속운전정격**('CONT'로 표시)이다. 이는 지정된 조건에서 전부하로 쉬지 않고 운전해도 무방(절연계급의 온도상승 한계를 초과하지 않음)하며, 통상적인 기대수명대로 사용할 수 있음을 뜻한다. 그러나 전동기의 사용 양태는 매우 다양하기 때문에 몇 가지 표준화된 운전방식을 상정하고 그에 맞추어 정격이 정해지기도 한다. 대표적으로 단시간정격과 반복정격이 있다.

단시간정격이란 어떤 정해진 시간(10분, 30분, 60분 등) 동안에는 온도상승한계를 초과하지 않는 부하용량을 말하며 **운전과 운전 사이에 충분한 휴지(냉각)기간을 갖는 간헐적 운전을 전제로 한다.** 전동기의 온도가 올라가는 데에는 어느 정도 시간이 걸리기 때문에 열이 많이 난다 해도 짧은 시간 동안에는 절연물을 열화시킬 정도의 온도에 이르지 않을 수 있다. 따라서 비교적 짧은 시간 동안 운전되는 단시간정격 전동기는 같은 크기의 연속정격 전동기보다 높은 출력을 갖는다. 이를테면 연속정격으로 10마력에 해당하는 전동기는 단시간정격으로 15마력이 될 수 있다.

반복정격은 운전 정지를 주기적으로 반복해도 온도상승 한계를 초과하지 않는 것을 말한다. 전동기가 기동할 때 정상 운전상태보다 훨씬 많은 열이 발생하므로 운전 후 정지한 뒤 미처 충분히 냉각되기 전 다시 기동되는 일이 반복되는 경우 같은 부하라 해도 연속운전 때보다 온도가 올라간다. 따라서 같은 크기의 전동기라면 반복정격은 연속정격보다 낮은 값이 된다. 이를테면 연속정격으로 10마력에 해당하는 전동기가 반복정격으로는 7.5마력이 된다거나 하는 식이다.

IEC에서는 이들을 포함하여 운전방식을 S1에서 S8까지 총 8가지로 구분해 놓고 있다. 구체적인 사항은 관련 자료를 참고하라.

과부하율(Service Factor: SF)

과부하율은 전압과 주파수가 허용범위 안에 있을 때 전동기가 작동(service)가능한 부하율을 나타낸다. 예를 들어 어떤 100마력 전동기의 과부하율이 1.15라면 115마력까지 부하가 걸려도 운전이 가능하다. 그러나 정상적인 운전이 가능하다 해서 전동기의 성능과 특성이 그대로 유지된다는 뜻이 아님에 유의해야 한다. 과부하에서 당연히 유도전동기의 속도는 더 떨어지고, 효율과 역률 역시 정격부하시보다 저하한다. 또한 정격부하일 때보다 온도가 올라가므로 현저한 수명단축을 초래하지는 않지만 전동기의 기대수명에 영향을 미칠 수 있다. 즉 전동기의 특성 저하와 어느 정도 수명이 단축될 가능성을 감수한다면 피치 못할 이유가 있을 때 그 정도의 과부하로 운전해도 지장이 없다는 뜻이며, 일반적으로 전동기의 부하와 사용환경이 늘 사용자의 통제 하에 놓인다는 보장이 없으므로 사용환경의 변동성에 대비한 용량의 여유분으로 간주하는 것이 바람직하다.

보통 개방형은 과부하율을 1.15, 전폐형은 1.0으로 하고 있으나 근래에는 전폐형도 1.15의 과부하율로 만들어지는 경우가 많다. 1마력 이하 소형에서는 과부하율이 1.25, 혹은 1.4 이상인 전동기도 있다. 과부하율이 1.0보다 큰 경우 명판에 표기하도록 규정하고 있으므로 따로 표시되어 있지 않다면 1.0으로 간주한다.

효율

명판에 기재되는 효율은 전부하상태에서의 효율로서 **공칭효율**(nominal efficiency)이라 한다. 이는 같은 모델명을 지닌 기기들의 전부하효율을 평균한 값으로, 생산된 모든 전동기마다 일일이 효율을 측정해서 표기할 수 없기 때문에 제작사에서는 공칭효율로 전동기의 효율을 대신한다. 따라서 제작상 오차나 재질의 편차 등으로 개별 전동기의 실제 효율은 공칭효율보다 높을 수도 낮을 수도 있다. 이러한 오차를 감안하여 제작사에서 보증하는 최저 효율인 **보증효율**(guaranteed efficiency)이 함께 기재되기도 한다. 예컨대 명판에 공칭효율 87 %, 보증효율 84 %라 기재되어 있다면, "이 전동기의 효율은 대략 87 % 내외일 것으로 추정되며 최소한 84 % 이상은 된다"는 뜻이다. 보증효율은 공칭효율보다 수 % 정도 낮으며 그 편차는 대량생산되는 소용량 전동기일수록 커지는 경향이 있다. 효율에 대한 상세한 사항은 10-3절에서 별도로 다룬다.

역률

명판의 역률 역시 전부하상태 역률로 0.7~0.9 정도이다. 통상 유도전동기는 전부하상태에서 최고 역률에 근접하게 만들어지므로 실제 운전시에는 항상 명판상 역률보다 낮은 상태라 보아야 한다. 간혹 명판에 최대 역률보상용량('MAX CORR KVAR' 등으로 표기)이 기재되어 있는 경우가 있다. 이는 전동기 입력단에 커패시터를 부착하여 역률 개선을 꾀할 경우 보상이 필요한 무효전력량의 최대치를 나타낸 것으로, 그 이상의 보상은 오히려 과전압 등 부작용을 일으킬 수 있으므로 피해야 한다. 역률보상에 관련된 문제는 10-4절에서 다룬다.

구속용량(Locked-Rotor kVA) 또는 기동계급

유도전동기가 기동할 때는 정격전류보다 훨씬 큰 전류가 흐른다. 이는 전동기 자체에도 문제가 될 수 있지만 전동기가 접속된 전원에 상당한 부담을 준다. 그로 인한 문제가 일어나지 않으려면 급전변압기의 용량(kVA)이 충분히 커야 한다. 따라서 전원측 설비의 용량과 견주어 기동전류의 크기가 어느 정도인지 가늠할 수 있도록 구속 상태에서 입력되는 피상전력을 kVA로 나타내거나 이에 해당하는 문자코드를 표기한다. 10-5절 유도전동기의 기동에서 별도로 다루도록 한다.

설계유형(Design)

설계유형은 전동기의 회전자 구조가 NEMA 유형 중 어떤 부류에 속하는지를 나타낸다(9-7절). 이로부터 사용자는 전동기의 기동토크와 항복토크가 정격토크 대비 대략 어느 정도 수준인지 추정할 수 있고 해당 전동기가 어떤 용도에 적합한지 판단할 수 있다. 설계유형이 표시되어 있지 않다면 대부분의 일반적 용도에 부합하는 B형 전동기로 간주해도 무방하다.

10-2 전압과 주파수

전원 계통에 특별한 문제가 없는 정상적인 상황에서도 수 % 정도의 전압변동은 일상적으로 흔히 나타난다. 그에 비하면 주파수의 변동은 미미해서 문제가 되는 일이 드물다. 그러나 섬이나 선박 등 독립된 소규모 계통에서는 전압뿐 아니라 주파수도 정격을 벗어나는 일이 흔히 일어날 수 있다.

유도전동기에 전압과 주파수의 변동이 어느 정도까지 허용될 수 있는지에 관해 NEMA에서는 (1)상하 10 %의 전압변동 (2)상하 5%의 주파수변동 (3) %주파수변동과 % 전압변동 절대치의 합이 10 % 이내(예컨대 전압이 8 % 상승하고 주파수가 4 % 하락했다면 합이 12 %이므로 한계를 넘어간다)에서 실용상 지장이 없어야 한다고 규정하고 있다. 여기서 '실용상 지장이 없다' 함은 혹시 그런 상황에 놓인다 해도 멈추거나 심각한 손상이 일어나지 않고 전동기로서의 기능이 지속될 수 있음을 뜻할 뿐, 정상적인 상태가 유지된다는 뜻은 아니다. 이 변동범위를 그래프로 나타내면 그림 10-2의 점선과 같다. IEC와 그에 따르고 있는 우리나라의 표준에서는 그림의 실선과 같이 연속운전을 하더라도 현저한 수명단축을 일으키지 않는 변동범위(A)와 단순 운전가능 범위(B)를 구분하고 있다.

이러한 전원의 상태 변화는 일차적으로 전동기의 전류에 반영된다. 그림 10-3에서 I_s는 부하에 상관 없이 항상 흐르는 여자전류 성분 I_0 와 부하에 따라 변하는 회전자전류 성분 I_r의 합이다. I_0 는 자속을 만들어내고, I_r은 그 자속 안에서 토크를 유기한다. 전압과 주파수의 변화가 이 여자전류에 미치는 영향과 회전자전류 성분 및 토크에 미치는 영향으로 나누어 살펴보기로 한다.

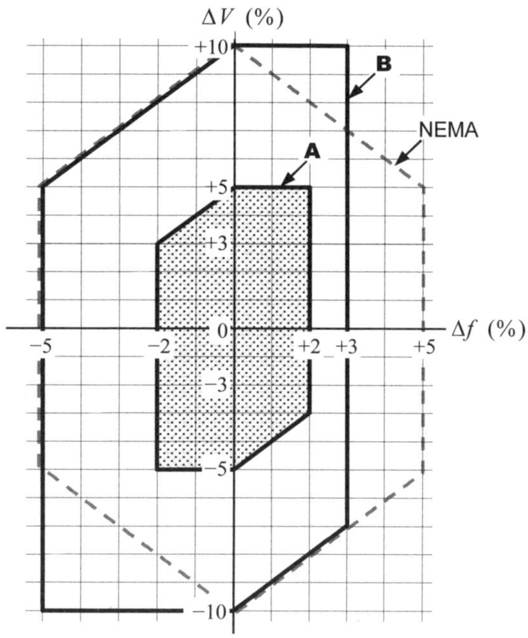

그림 10-2
KS C 4202:2019 [일반용 저압 3상 유도전동기]에서 규정하고 있는 전압과 주파수의 변동범위: A는 전동기가 정격토크에서 연속적으로 운전해서 실용상 지장이 있으면 안되는 범위를, B는 운전은 가능하되 장시간 연속운전이 바람직하지 않은 범위를 나타낸다.

여자전류에 미치는 영향

여자전류에 의해 만들어진 자속은 고정자권선에 기전력을 유기하여 인가전압과 평형을 이룬다. 8장에서 설명하였듯이 전기적 평형은 아래 식으로 표현된다.

$$V_s \approx 4.44 k_w N f \phi_{max} \tag{10-1}$$

따라서 자속의 최대치는 인가전압에 비례하고 주파수에 반비례한다. 즉

$$\phi_{max} \propto \frac{V_s}{f} \tag{10-2}$$

정격전압 정격주파수에서 이 최대자속은 자기포화의 경계 영역에 놓이므로 전압이 상승하거나 주파수가 하락하면 자기포화가 일어나게 되고, 이에 따라 여자전류가 크게 상승한다.

인가전압과 자화전류 사이의 관계는 그림 10-4와 같이 비선형적인 자화특성곡선으로 나타난다(8-1절). A는 정격주파수 정격전압에서의 동작점으로, 등가회로의 X_m은 A와 원점 사이를 잇는 직선의 기울기에 해당한다. 그림 오른편에서 보듯이 전압이 정격전압보다 높아지면 동작점이 B의 포

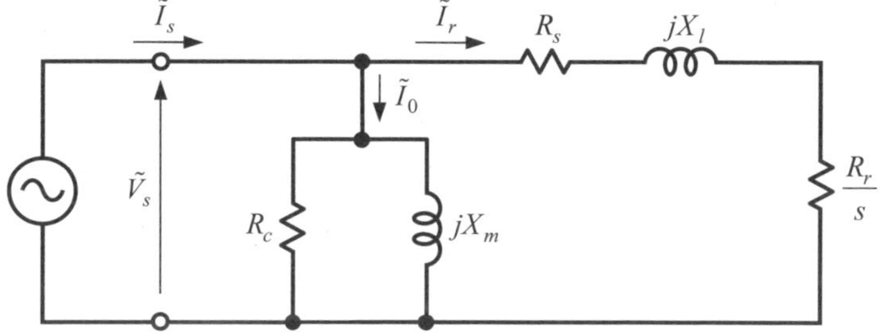

그림 10-3
유도전동기의 근사등가회로

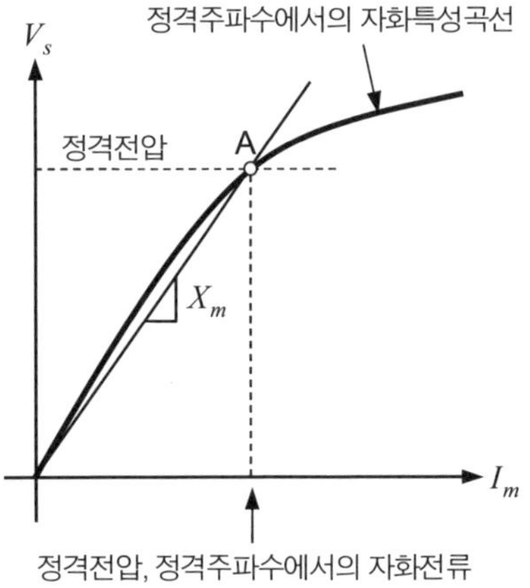

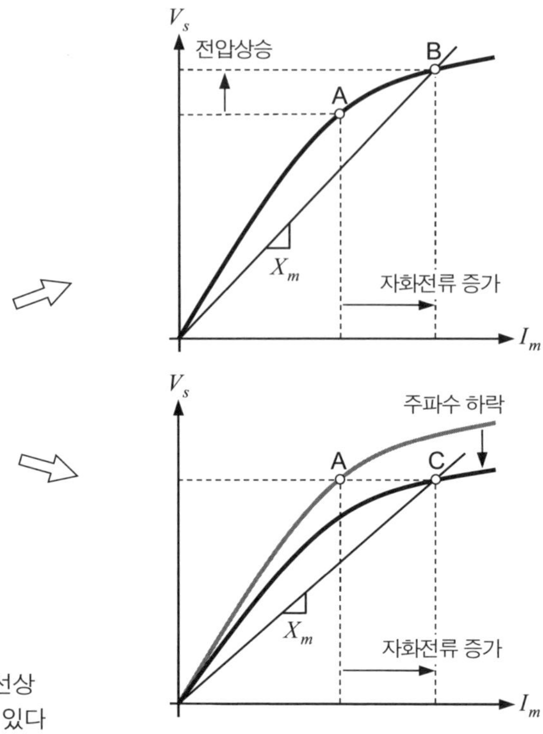

그림 10-4
전압이 상승하거나 주파수가 하락하면 자화곡선상 동작점 이동하면서 자화전류가 크게 증가할 수 있다

화영역으로 이동하면서 전압이 상승한 것보다 자화전류가 훨씬 큰 폭으로 증가한다. 주파수가 낮아지는 경우에도 자화곡선이 주파수에 비례하여 줄어들면서 동작점 C가 자기포화 영역에 놓이게 되므로 단순히 주파수에 반비례하는 것보다 큰 자화전류 증가가 나타난다. 반면에 전압 하락이나 주파수 상승으로 최대자속이 줄어들 때는 동작점이 선형영역에 놓이게 되므로 자화전류가 대략 전압에 비례하고 주파수에 반비례하는 특성을 보이게 된다.

자속이 정격자속 이하로 줄어들 경우 전동기가 제 성능을 발휘하지 못하게 됨으로 해서 간접적인 다른 문제들이 파생될 수 있긴 하지만 자속의 변동 그 자체가 직접적인 문제를 일으키지는 않는다. 반면에 자속이 정격상태보다 커져 자기포화가 일어나면 여자전류가 크게 상승하여 동손이 증가하고, 히스테리시스의 심화로 철손도 증가한다. 따라서 효율이 떨어지고 과도한 온도상승이 일어날 수 있다. 또 자기포화가 심해질수록 여자전류의 왜곡이 심해져 권선 도체들 사이에 작용하는 힘에 고조파성분에 의한 전자기력이 추가됨으로 해서 소음과 진동이 심해지는 현상이 따르게 된다.

회전자전류 및 토크에 미치는 영향

다음으로 전압과 주파수가 회전자전류 성분, 그리고 유기토크에 미치는 영향을 아래의 회전자전류와 토크의 표현식을 통해 알아본다.

$$I_r = \frac{V_s}{\sqrt{(R_s + R_r / s)^2 + (X_s + X_r)^2}} \tag{10-3}$$

$$T_e = \frac{3V_s^2 R_r / s}{\omega_s \left[(R_s + R_r / s)^2 + (X_s + X_r)^2 \right]} \tag{10-4}$$

위의 두 식은 주파수가 일정할 때 어떤 슬립에서건 전류는 전압에 비례하고 토크는 전압의 제곱에 비례하는 것을 보여준다. 반면 전압이 일정할 때 주파수 변화의 영향은 슬립에 따라 다르다. 슬립이 정격슬립 s_R보다 작은 정상운전상태에서는 R_r / s 이 매우 크기 때문에 두 식의 분모에서 리액턴스 성분을 무시할 수 있고, 슬립이 1에 가까운 기동상태에서는 리액턴스 성분보다 작은 저항성분을 무시할 수 있다. 따라서 슬립에 따라 운전상태를 정상운전상태, 항복토크, 그리고 기동특성으로 구분하여 전압과 주파수에 대한 관련성을 요약하면 아래와 같다.

1. 정상운전상태($s \le s_R$): 식(9-36)과(9-37)로부터

$$I_r \approx \frac{V_s}{R_r} s \quad \Rightarrow \quad I_r \propto Vs \tag{10-5}$$

$$T_e \approx \frac{3}{\omega_s} \frac{V_s^2}{R_r} s \quad \Rightarrow \quad T_e \propto \frac{V^2}{f} s \tag{10-6}$$

2. 항복토크($s = s_T$): 식(9-30)으로부터

$$T_{max} \approx \frac{3V_s^2}{2\omega_s X_l} \quad \Rightarrow \quad T_{max} \propto \left(\frac{V}{f}\right)^2 \tag{10-7}$$

3. 기동특성($s = 1$): 식(9-33)과(9-34)로부터

$$I_{start} \approx \frac{V_s}{X_l} \quad \Rightarrow \quad I_{start} \propto \frac{V}{f} \tag{10-8}$$

$$T_{start} \approx \frac{3V_s^2 R_r}{\omega_s X_l^2} \quad \Rightarrow \quad T_{start} \propto \frac{V^2}{f^3} \tag{10-9}$$

예제 10-1

75마력, 4극, 60 Hz, 240 V, 1,750 rpm 3상 유도전동기의 구속토크가 정격토크의 120 %이다. (a) 정상적인 상황에서의 기동토크를 구하고 (b) 전원전압이 230 V, 61 Hz로 변동하였을 때 기동토크를 구하라. (c) 기동전류는 그 이전에 비해 얼마나 변하였는가?

(a) $$T_R = \frac{P_R}{\omega_R} = \frac{75 \times 746}{1{,}750 \times (2\pi / 60)} = 305 \text{ N-m}$$

$$T_{start} = 1.2 T_R = 1.2 \times 305 = 366 \text{ N-m}$$

(b) 전압과 주파수 변동 전과 후의 값을 각각 첨자 1, 2로 구분하면 식(10-9)로부터

$$\frac{T_{start2}}{T_{start1}} = \frac{V_2^2 / f_2^3}{V_1^2 / f_1^3} = \frac{230^2 / 61^3}{240^2 / 60^3} = 0.874$$

$$T_{start2} = 0.874 \times T_{start1} = 0.874 \times 366 = 320 \text{ N-m}$$

(c) 기동전류도 마찬가지로 식(10-8)로부터

$$\frac{I_{start2}}{I_{start1}} = \frac{V_2 / f_2}{V_1 / f_1} = \frac{230 / 61}{240 / 60} = 0.943$$

전압변동에 의한 운전특성의 변화

전압 변동의 영향은 식 (10-5)~(10-9)에서 주파수를 일정하게 놓은 상태에서 추정할 수 있다. 먼저 전압의 변화가 전동기 속도에 미치는 영향을 아래 예제에서 보도록 한다.

예제 10-2

어떤 4극 유도전동기가 1,760 rpm으로 정격부하 이내의 부하를 구동하고 있다. 부하 토크가 일정한 상태에서 인가전압이 10 % 낮아졌다면 전동기의 속도는 어떻게 되는가? 반대로 전압이 10 % 높아졌다면 속도가 어떻게 되는가?

당초 전동기의 슬립속도는 40 rpm이다. 식 (10-6)에서 전동기의 토크는 전압의 제곱에 비례하면서 슬립에 비례한다. 전압이 변하기 전과 후를 첨자 1, 2로 구분하여 쓰면 토크가 변하지 않았으므로 다음 관계가 성립하여야 한다.

$$V_1^2 s_1 = V_2^2 s_2$$

주파수는 변하지 않았으므로 슬립은 슬립속도에 그대로 비례한다. 따라서

$$V_1^2 n_{sl1} = V_2^2 n_{sl2}$$

$$n_{sl2} = \left(\frac{V_1}{V_2}\right)^2 n_{sl1} = \left(\frac{1}{0.9}\right)^2 \times 40 = 49 \text{ rpm}$$

$$n_2 = n_s - n_{sl2} = 1{,}800 - 49 = 1{,}751 \text{ rpm}$$

전압이 10 % 상승하였을 때를 첨자 3으로 나타내면 마찬가지로

$$n_{sl3} = \left(\frac{V_1}{V_3}\right)^2 n_{sl1} = \left(\frac{1}{1.1}\right)^2 \times 40 = 33 \text{ rpm}$$

$$n_3 = n_s - n_{sl3} = 1{,}800 - 33 = 1{,}767 \text{ rpm}$$

예제에서 보다시피 부하토크가 일정할 때 전압이 낮아지면 속도가 떨어지고 전압이 높아지면 속도도 올라간다. 그림 10-5의 (a)가 그러한 변화를 보여주고 있다. 전동기의 유기토크가 전압의 제곱에 비례하기 때문에 전압이 낮아지면 일정한 부하토크와 만나는 동작점이 Q_1에서 Q_2로 이동하면서 슬립이 s_1에서 s_2로 커지게 된다. 그림 (b)는 여기에 대응하는 회전자전류의 변화를 나타내고 있다. 전류는 전압에 직접 비례하므로 토크가 줄어든 만큼 줄어들지 않는다. 그 결과 새로운 슬립 s_2에서 전류는 슬립이 s_1이었을 때보다 크다. 이는 **유도전동기의 인가전압이 낮아지면 전류가 상승한다**는 사실을 말해주고 있다.

전압이 낮아졌을 때 전류가 줄어드는 것이 아니라 커지는 것이 이상해 보일 수 있으나, 이는 유도전동기가 인가전압에 무관하게 일정한 전력을 소비하는 정전력부하의 속성을 지니고 있기 때문이다. 전압에 다소 영향을 받기는 하지만 기본적으로 교류전동기의 속도는 주파수에 의해 결정되며, 주파수가 일정한 한 큰 변화가 없다.(예제 10-2의 경우, 전압이 10 % 떨어질 때 속도 변화는 1,760 rpm에서 1,751 rpm으로 0.5 %에 불과하다.) 속도 변화가 미미하므로 기계적 출력의 변화 역시 미미하며, 대략 일정한 것으로 볼 수 있다. 전압이 하락했음에도 출력이 일정하다는 것은 그만큼 전류가 커졌음을 뜻한다. 전압이 하락하면 공극자속이 약해지므로($\phi_{max} \propto V$) 유기토크가 부하토크와 기계적 평형을 유지하기 위해 그만큼 더 큰 전류가 흐르게 된 것이다. 슬립이 변하면서 전동기의 역률

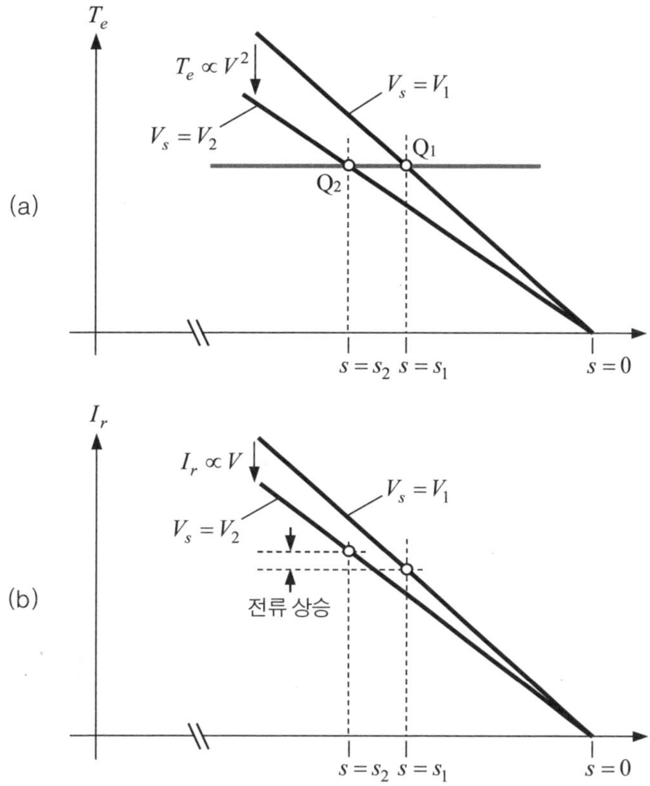

그림 10-5
인가전압이 줄어들었을 때 토크와 전류의 변화

도 변하기 때문에 전류가 전압에 그대로 반비례하지는 않지만 전압의 변화폭이 수% 정도로 작을 때는 근사적으로 반비례관계가 성립하는 것으로 볼 수 있다.

만일 이전에 정격전류가 흐르고 있는 상태였다면 전압이 낮아진 후에는 정격전류를 넘어서게 된다. 따라서 저전압 상태에서 계속 운전하는 경우 전동기의 과열이 초래될 수 있다. 이런 일은 실제 흔히 일어나므로 인가전압이 어느 이하로 낮아지면 전동기를 계통에서 차단시키는 **저전압보호** 계전기가 사용되어야 한다. 부득이 계속 운전해야 하는 상황이라면 아래 예제에서 볼 수 있듯이 정격전류를 넘지 않도록 **전압이 줄어든 비율만큼 전동기에 가해지는 최대 부하를 제한해야 한다.**

예제 10-3

4극 60 Hz, 380 V, 15마력 1,750 rpm의 유도전동기가 있다. 전동기 인가전압이 358 V로 낮아졌다면 이 상태에서 전동기에 가할 수 있는 부하는 최대 몇 마력까지인가?

380 V 정격부하상태를 첨자 1로, 358 V에서 최대부하 상태를 첨자 2로 구분한다. 전압변동에 따른 여자전류의 변화가 입력전류에 미치는 영향을 무시하면 358 V의 최대부하에서 회전자전류는 원래 정격 상태에서와 같아야 한다. 따라서 식 (10-5)로부터 다음 관계가 성립해야 한다.

$$V_1 s_1 = V_2 s_2$$

한편 두 상태에서 토크의 비는 식 (10-6)으로부터 다음과 같이 된다.

$$\frac{T_2}{T_1} = \frac{V_2^2 s_2}{V_1^2 s_1}$$

여기에 위의 조건 $V_1 s_1 = V_2 s_2$를 적용하면

$$\frac{T_2}{T_1} = \frac{V_2}{V_1}$$

속도 변화가 미미하다고 하면 출력은 근사적으로 토크의 변화에 비례한다. 따라서

$$\frac{P_2}{P_1} \approx \frac{T_2}{T_1} = \frac{V_2}{V_1} = \frac{358}{380} = 0.942$$

$$P_2 \approx 0.942 P_1 = 0.942 \times 15 = 14.1 \text{ hp}$$

그림 10-6은 전부하운전상태를 기준으로 인가전압이 정격에서 벗어났을 때 입력전류의 변화를 다른 특성들과 함께 나타내고 있다. 전압이 떨어지면 여자전류는 줄어들지만 부하토크에 평형을 이루기 위해 회전자전류가 상승하는 효과가 더 크게 작용하여 전동기 입력전류가 상승한다. 전압이 정격보다 높아지는 경우에는 슬립이 작아지면서 회전자전류가 줄어들어 입력전류가 줄어들지만 어느 이상에서는 자기포화로 인한 여자전류 상승이 회전자전류의 감소분을 넘어서 전류가 다시 상승하게 된다. 이러한 전류의 변화로 동손이 증가하며, 철손 역시 증가하므로 효율은 하락하게 된다. 한편 전압이 낮아질수록 전압에 90° 뒤지는 여자전류의 감소로 역률은 상승하는 특성을 보인다.

식 (10-7)의 항복토크는 전압의 제곱에 비례하므로 예컨대 전원전압이 10% 낮아지면 약 20% 하락한다. 따라서 전압이 낮아졌을 때 일시적 과부하에 버티는 힘이 줄어든다. 기동토크 역시 떨어지므로 기동시간이 길어지고, 만일 부하토크 아래까지 떨어지면 기동하지 못하게 되는 일이 일어날 수도 있다(기동실패). 저전압으로 기동하지 못한 경우 전동기에 구속전류가 흐르게 되는데, 정격전압일 때의 구속전류보다 는 작지만 여전히 정격전류보다는 훨씬 크기 때문에 그대로 두면 전동기가 타버리고 만다. 따라서 **전압 부족으로 기동실패가 일어나면 바로 전원을 차단해야 한다.** 보통 저전압보호나 과부하계전기 등의 장치가 그 역할을 겸하게 된다.

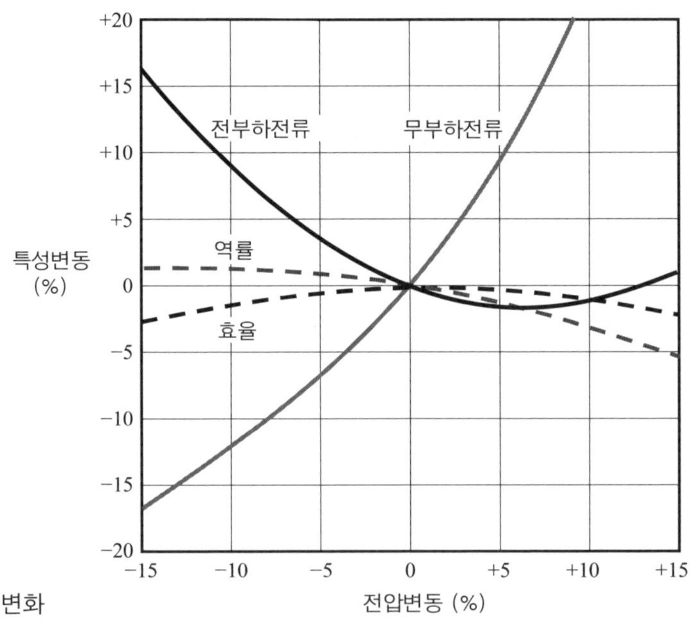

그림 10-6
전압 변동에 따른 특성변화

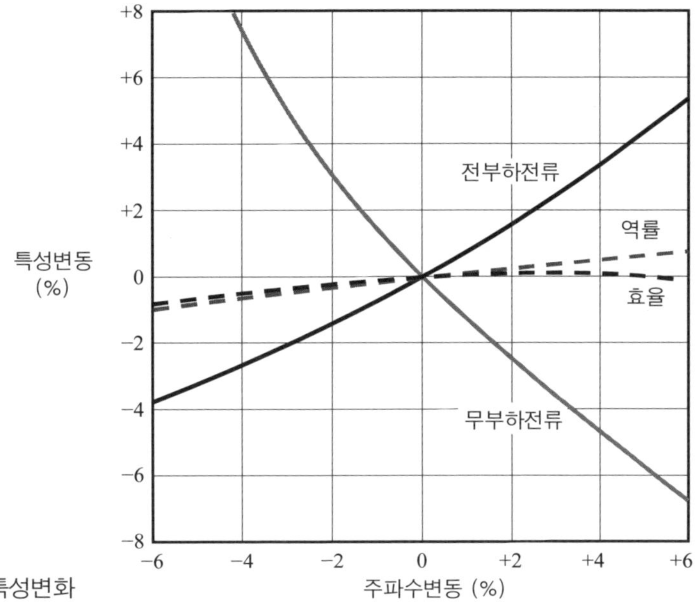

그림 10-7
주파수 변동에 따른 특성변화

주파수변동과 전동기의 운전특성

다음으로 전압은 일정하게 유지되면서 주파수가 변동하였을 때의 영향을 보도록 한다. 부하토크가 일정한 것으로 가정하면 식 (10-6)에서 같은 토크를 유기하기 위해서는 s / f 가 일정해야 하고, 이는 슬립이 주파수에 비례하게 됨을 뜻한다. 식 (10-5)에서 회전자전류가 슬립에 비례하므로 주파수가 높아짐에 따라 회전자전류도 커지게 된다. 이때 여자전류는 주파수 상승시 대략 주파수에 반비례하여 줄어들고 주파수가 하락할 때에는 자기포화가 일어나 더 큰 폭으로 상승한다. 이러한 회전자전류와 여자전류의 변화에 따라 전동기의 입력전류는 그림 10-7과 같은 변화를 보이게 된다.

주파수의 상승에 따라 전동기의 속도는 높아지며, 출력도 증가한다. 이때 입력전류 상승으로 동손은 증가하지만 여자전류의 하락(자속의 감소)으로 철손이 줄어들면서 손실의 변화는 상대적으로 크지 않으며, 효율은 그림에 나타낸 것과 같이 다소 상승하는 경향을 보이게 된다. 출력의 증가와 여자전류 하락으로 역률 역시 주파수 상승에 따라 상승하는 추세를 보인다.

유도전동기를 다른 계통 주파수에서 운전할 경우

전동기가 현저히 다른 주파수에서 운전되는 경우, 예컨대 60 Hz 전동기를 50 Hz 지역에서 사용하는 경우가 있다. 만일 전압은 그대로고 주파수만 50 Hz로 낮아졌다면 식 (10-2)에서 보듯이 공극자속이 6/5배로 증가하므로 자기포화가 일어나 여자전류가 크게 상승하여 동손과 철손이 증가한다. 동시에 전동기 속도가 5/6로 낮아지면서 팬의 냉각능력이 떨어지므로 과열이 일어난다. 이를 방지하기 위해서는 주파수와 같은 비율로 전압을 낮추어 **전압 대 주파수의 비를 일정하게 유지함으로써 자속이 일정하게 유지되도록 해야 한다.** 예를 들어 380 V 60 Hz 전동기를 50Hz에서 사용하려면 전압을 317V로 낮춰준다. 이렇게 했을 때 정격전류에서 전동기 입력은 전압이 낮아진 비율대로 5/6가 된다. 전동기의 출력 역시 같은 비율로 줄어든다. 따라서 60 Hz에서 60마력 전동기였다면 50 Hz에서는 출력을 50마력으로 제한하며, 팬의 냉각능력 저하까지 감안하면 더 낮은 값으로 제한할 필요가 있다. 전압 대 주파수 비를 일정하게 유지했을 때 식 (10-7)에서 보듯이 최대 토크는 변하지 않고, 식 (10-8)과 (10-9)에서 보듯이 기동전류는 이전과 같으며 기동토크는 6/5로 증가한다.

반대로 50 Hz 전동기를 60 Hz에서 사용할 때는 기본적으로 큰 문제가 발생하지 않는다. 단 전압을 정격전압 이상으로 높일 수 없으므로 주파수만 높이게 되는데, 주파수가 높아진 만큼 속도도 대략 6/5배로 상승한다. 속도가 상승한다 해도 전압이 그대로이므로 정격전류가 흐를 때의 입력은 변하지 않고, 출력도 마찬가지이다. 속도는 6/5배로 높아졌는데 출력이 그대로라는 것은 토크가 5/6로 줄어들었음을 뜻한다. 따라서 원래의 정격토크 부하를 가하면 과부하상태가 되므로 정격토크를 대략 5/6로 낮춰 잡아야 한다. 이때 식 (10-7)과 (10-9)에서 항복토크가 원래의 $(5/6)^2 \approx 0.7$배로, 기동토크는 $(5/6)^3 \approx 0.6$배로 줄어들기 때문에 일시적 과부하로 정지하거나 기동토크가 부족하여 기동실패가 일어날 가능성이 높아짐을 염두에 두어야 한다.

예제 10-4

40 hp, 460 V, 60 Hz, 4극 3상 유도전동기가 정격출력에서 1,770 rpm으로 회전한다. 이 전동기를 정격의 5/6 출력으로 385 V, 50 Hz의 전원에서 운전할 때 회전속도를 구하라.

식 (10-6)에서 $T_e \propto \dfrac{V^2}{f} s$ 이므로 $P_{out} \propto \dfrac{V^2}{f} sn$

$$\frac{5}{6} = \left(\frac{V_2}{V_1}\right)^2 \frac{f_1}{f_2}\frac{s_2 n_2}{s_1 n_1} = \left(\frac{385}{460}\right)^2 \frac{60}{50}\frac{s_2 n_2}{0.01667 \times 1,770} = 0.02849 s_2 n_2$$

$$\frac{5}{6} = 0.02849\frac{1,500 - n_2}{1,500} n_2 = 1.899 \times 10^{-5}(1,500 - n_2) n_2$$

$$n_2{}^2 - 1,500 n_2 + 43,875 = 0$$

$$n_2 = 1,470 \text{ rpm}, 29.84 \text{ rpm}$$

위에서 유효한 해는 1,470 rpm이다.

전압불평형

3상 유도전동기는 평형 3상전원에서 운전되는 것을 전제로 만들어지지만 실제 운전상황에서 전원이 평형상태를 유지하지 못하는 경우가 흔히 있다. 인가전압의 불평형이 어느 정도인지는 아래 식으로 정의되는 **전압불평형률**(voltage unbalance factor)로 표현된다.[1]

$$\%\mathrm{U} = \frac{\Delta V_{max}}{V_{avg}} \quad \% \qquad (10\text{-}10)$$

$$V_{avg} = \frac{V_{ab} + V_{bc} + V_{ca}}{3}$$

$$\Delta V_{max} = \max\left[\left|V_{ab} - V_{avg}\right|, \left|V_{bc} - V_{avg}\right|, \left|V_{ca} - V_{avg}\right|\right]$$

송전계통에서는 전압불평형이 1 %를 넘는 일이 극히 드물고, 말단 배전계통으로 갈수록 전압불평

[1] 엄밀한 전압불평형의 정의는 대칭좌표법에 의한 (역상분전압의 크기/정상분전압의 크기)이다. (부록E 참조) 그러나 수 % 정도의 불평형에서는 식 (10-10)으로 계산한 값과 대칭좌표법으로 계산한 값 사이에 거의 차이가 없다.

형이 커지긴 하지만 일반적으로 큰 문제가 없다면 통상 2 %를 넘지 않는다. 그러나 3상 4선식 배전계통에서 전동기가 단상부하들과 함께 사용되는 경우(그림 3-25), 세 상의 단상부하 배분에 불균형이 일어나면 선로 전압강하가 달라져 전압불평형이 꽤 크게 나타날 수 있다.

전압 불평형이 일어나면 전동기의 토크가 줄어든다. 따라서 속도가 떨어지지만 수 %의 불평형에서 속도의 변화는 미미하다. 기동토크가 낮아지므로 기동토크와 부하토크 사이에 약간의 여유밖에 없는 경우에 큰 불평형이 일어나면 기동하지 못하게 될 수도 있다. 항복토크도 낮아지므로 과부하토크에 대한 여유가 줄어든다. 그러나 이러한 운전특성상 변화들보다 실제적으로 중요한 문제는 불평형 전류가 흐를 때 일어나는 전동기의 온도상승이다.

단순한 일정 임피던스의 부하, 예컨대 저항과 리액턴스로만 이루어진 부하라면 전압의 불평형이 그대로 전류불평형에 반영된다. 그러나 유도전동기에서는 전압불평형보다 전류불평형이 훨씬 크게 나타난다. 그 관계는 아래의 근사식으로 표현된다.

$$\text{전류불평형률} \approx \frac{\text{기동전류}}{\text{정격전류}} \times \text{전압불평형률} \tag{10-11}$$

이는 기동전류가 큰 전동기일수록 전압 불평형에 민감하게 반응함을 뜻한다.[2] 일반 범용전동기의 기동전류가 정격전류의 6~10배이므로 전류불평형 역시 전압불평형의 6~10배에 이른다. 예컨대 3 % 전압불평형에서 전류불평형은 20 % 이상이 될 수 있다. 따라서 전류가 가장 큰 상에서 과열이 일어나고, 전동기 온도가 상승한다. 동손 증가로 효율이 떨어지는 것은 물론, 역률도 저하한다.

전압불평형으로 인한 전동기 온도의 추가상승율(%)은 아래의 근사식으로 표현된다.

$$\%\Delta T \approx 2(\%\text{U})^2 \tag{10-12}$$

예컨대 불평형이 없는 상태에서 정격부하를 구동할 때 주위온도 대비 온도상승이 100°C였다면 3 % 불평형에서는 식 (10-12)로부터 약 18 % 더해진 118°C 만큼 온도가 상승할 것으로 추정할 수 있다. 만일 이 상태가 지속된다면 전동기의 수명이 1/4 정도로 현저히 줄어들 것이다(부록 C 참조). 따라서 전압불평형을 바로잡을 수 없다면 전동기의 정격을 낮춰 잡는 용량차감(derating)이 필요하다. 일반적으로 적용되는 용량차감곡선은 그림 10-8과 같다. 여기서 보듯이 불평형이 1 % 이내라면 특별히 신경 쓸 필요가 없으나 1 %를 넘으면 적절히 용량을 낮춰 사용해야 하며, 5 % 이상에서는 운전하지 않는 것이 좋다.

결상

결상(single-phasing)이란 3상 선로 중 하나가 끊어진 상태로, 불평형의 극단적 형태라 할 수 있다. 결상이 일어나면 나머지 두 선로 사이의 선간전압이 전동기의 두 단자에 가해지므로 (영문 표현이 나타내고 있듯이) 단상전동기와 같은 상태에 놓이게 된다. 그 결과 회전자계가 만들어지지 않고 제자리에서 맥동하는 자계가 발생한다. 따라서 결상 상태에서는 기동이 이루어질 수 없다. 그러나 13

---

2 불평형 3상전압은 *a-b-c* 상순의 정상분에 *a-c-b* 상순의 역상분이 중첩된 것으로(부록 E 참조), 불평형전압이 인가되면 정상분전류에 역상분전류가 중첩되어 흐른다. 역상분전류는 정상분의 반대 방향으로 회전하는 회전자계를 만들어내는데, 슬립 s 로 회전하는 회전자를 역상분 회전자계 입장에서 보면 $2-s$ 의 슬립으로 역회전하는 것과 같다. 따라서 역상분에 대한 등가회전자저항은 $R_r\,/\,(2-s) \approx R_r\,/\,2$ 로, 정상분에 대한 $R_r\,/\,s$ 보다 훨씬 작다. 결과적으로 역상분에서 본 전동기 임피던스는 구속시의 임피던스와 거의 차이가 없고, 작은 역상분전압에 대해서도 큰 역상분전류가 흐른다.

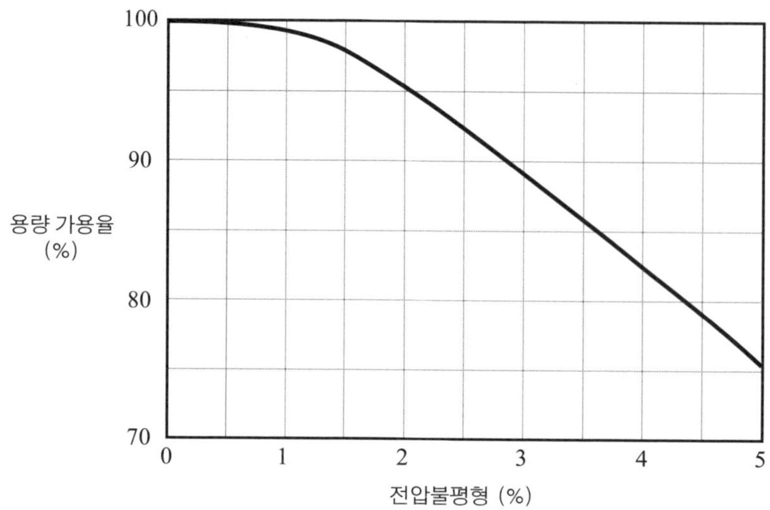

그림 10-8 전압불평형에 대한 유도전동기의 용량차감곡선 (NEMA)

장의 단상 유도전동기에서 설명하는 바와 같이 단상 전원에서도 어떻게든 일단 기동이 이루어지기만 한다면 토크가 발생하고, 지속적으로 회전이 이루어질 수 있다. 이는 전동기가 회전하는 중에 결상이 일어난 경우에는 전동기가 멈추지 않고 계속 회전함을 뜻한다. 즉 결상이 일어났을 때, 이전에 정지상태였다면 계속 정지해 있고 이전에 회전하고 있었다면 계속 회전한다.

정지상태에서 결상 전원이 가해졌을 때는 정상적인 3상전원이 가해졌을 때보다 약간 작긴 하지만 별 차이 없는(90 % 정도) 큰 구속전류가 흐른다. 이렇게 큰 전류가 흐르면서 기동을 못하고 있는 상태를 그대로 둔다면 이내 전동기가 타버리고 말 것이다. 한편 운전 중 결상이 일어났을 때는 운전이 지속될 수 있긴 하지만 나머지 두 선로의 전류가 이전의 거의 두 배로 뛰어오른다. 따라서 당초 부하가 정격의 50 % 미만이었다면 운전을 계속해도 무방하겠지만 그 이상이었다면 과전류가 흐르게 된다. 예를 들어 10 kW 전동기가 결상상태에서 5 kW 이상의 부하를 구동하면 과열 내지 소손될 수 있다. 그리고 결상이 일어나면 항복토크가 이전의 40 % 수준으로 떨어지므로 항복토크가 그리 크지 않은 전동기의 경우에는 결상이 일어나면 항복토크가 부하토크 아래로 떨어져 정지하게 되고, 결과적으로 큰 구속전류가 흐르는 상태에 놓이게 될 수 있다. 부하가 작아서 운전이 계속될 수 있다 해도 효율과 역률 저하, 진동과 소음의 문제가 나타나는 것은 물론이다. 따라서 부득이 운전을 계속해야 하는 상황이 아니라면 결상검출 계전기를 통해 전동기를 전원에서 분리하는 것이 바람직하다.

10-3 유도전동기의 효율

유도전동기는 전기에너지 소비에 가장 큰 비중을 차지한다. 우리나라의 경우 생산되는 전력의 40 % 가량이 3상 유도전동기에서 소비되고 있고, 산업체만 국한해서 보면 총 전력소비량의 70 %에 달한다. 대부분의 산업화된 국가들에서도 대략 비슷한 양상을 보이고 있어서 유도전동기의 효율은 에너지절감에서 매우 중요한 의미를 지닌다.

유도전동기의 효율이 관심사로 떠오른 것은 1970년대부터이다. 그 이전까지 유도전동기는 '그리나쁘지 않은 효율로 값싸고 편리하게 동력을 얻을 수 있는 기기'로 간주되어 그 개량과 개선은 얼마나 더 싸고, 더 작고 가벼우면서도 튼튼하게 만드느냐에 초점이 맞추어져 왔으며, 효율은 2차적인 문제였다고 할 수 있다. 그러나 중동지역 석유위기를 계기로 자원의 무기화와 화석에너지 고갈의 전망이 대두되면서 에너지 소비에 큰 비중을 차지하는 유도전동기의 효율 개선이 중요한 과제로 부각되었고, 고효율 유도전동기의 개발과 보급이 추진되었다. 이후 21세기에 들어서는 무렵부터 지구온난화 문제에 관한 인식이 전세계적으로 확산됨에 따라 CO_2 배출 억제를 위한 국제협약이 체결되었고 에너지 소비 비중이 큰 전동기의 효율 향상이 한층 더 중요한 과제로 떠올라 그간 다소 지지부진했던 전동기의 고효율화가 급진전되는 양상을 보이게 되었다. 이에 따라 과거의 '고효율전동기'가 표준형 전동기로 자리잡고 과거의 표준형 유도전동기는 시장에서 사라지는 과도기에 있다. 그러나 현재 운용중인 전동기의 상당수는 아직 기존의 유도전동기가 차지하고 있다.

유도전동기의 일반적 효율특성

기존의 저압 3상 농형전동기의 효율은 그림 10-9에서 보듯이 수십 마력까지 대략 80~90 %, 100 마력 이상에서는 90 %를 상회한다. 이는 전부하상태를 기준으로 한 효율로서, 부하율에 따라 효율이 달라지는 양상은 그림 10-10과 같다. 유도전동기의 효율은 부하율 50 % 이상 100%까지 범위에서 대략 일정하며, 부하율 30 % 이하에서 급격히 하락한다. 9장에서 언급하였듯이 최고 효율은 대략 2/3~ 3/4 부하 영역에서 나타난다. 뒤에서 설명하는 고효율 전동기도 전체적으로 효율이 높긴 하지만 부하율에 따라 효율이 변화하는 양상은 마찬가지로 나타난다.

여기서 보듯이 유도전동기는 항상 50 % 이상 부하율로 운전하는 것이 바람직하다. 일반적으로 부하의 최고 동력(명판상 동력)에 다소 여유를 두고 전동기의 용량을 선정하는 경우가 많기 때문에 실제의 부하 동력이 최고 동력보다 낮아질 때는 부하율이 현저히 떨어질 수 있다. 따라서 부하의 운전 패턴을 감안하여 평균 출력이 가급적 최고효율 영역에 놓이도록 전동기의 용량을 선정할 필요가 있다. 그러나 부하의 특성을 정확히 예측할 수 없어서 전동기 설치 당시 용량에 충분한 여유를 두어야

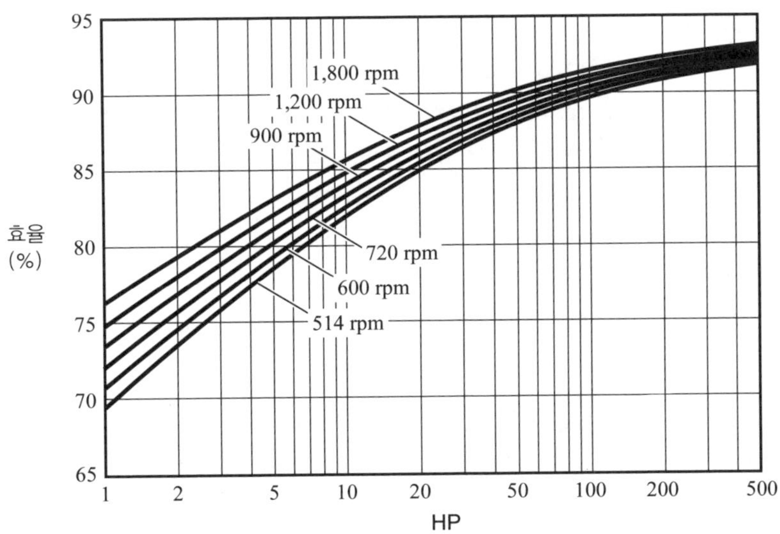

그림 10-9 3상 B형 농형유도전동기의 전부하효율

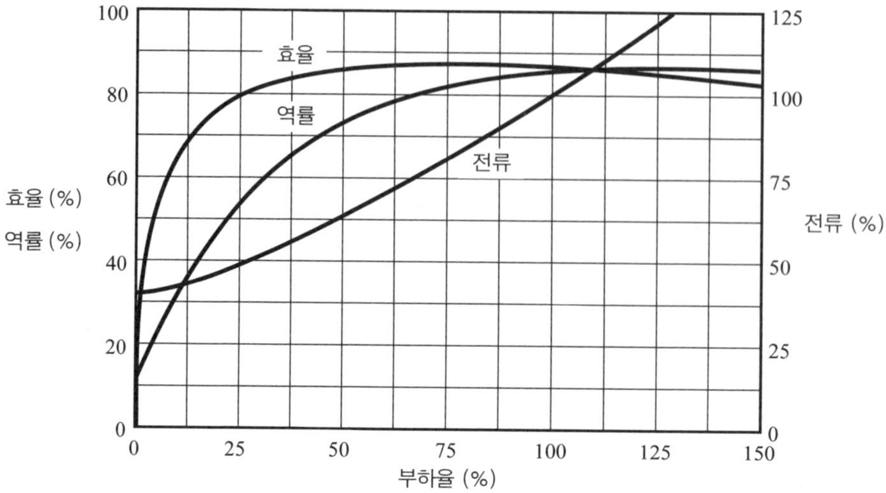

그림 10-10 10마력 유도전동기의 부하율에 따른 효율변화의 예

하는 경우에는 실제 운전에서 낮은 부하율로 효율이 떨어지는 것을 감수할 수밖에 없다. 그리고 부하 변동이 극히 커서 비상시에 전동기가 정지하는 일이 생기지 않도록 항복토크가 큰 전동기를 선정하여야 할 경우에도 효율은 2차적인 문제가 된다.

전동기의 극수도 효율에 영향을 미친다. 일반적으로 같은 용량에서 2극과 4극의 고속전동기는 극수가 많은 저속기보다 효율이 높다. 그림 10-9에서 보듯이 4극기(1,800 rpm)에 비해 12극기(600 rpm)의 효율이 수 % 정도 낮으며, 그 차이는 용량이 작을수록 크다. 일반적으로 전동력이 사용되는 부하의 상당부분은 초당 60회전이나 30회전의 빠른 속도를 필요로 하지 않는다. 이러한 부하를 유도전동기로 구동할 경우 낮은 효율을 감수하고 저속 유도전동기를 사용할 수도 있겠지만 효율이 높은 4극이나 6극 전동기를 감속기어나 풀리로 감속하는 방식이 선호된다. (고속전동기가 중량과 크기 면에서도 더 유리하다.) 그러나 동력전달계통의 손실과 유지보수의 문제를 감안하면 반드시 고속 전동기를 쓰는 것이 유리하다고 할 수는 없다.

전동기의 효율은 운전환경에도 상당히 영향을 받을 수 있다. 앞서 설명했듯이 전압과 주파수의 변동은 어떤 식이든 손실 증가와 효율저하의 원인이 된다. 전압 상승은 철손의 증가와 여자전류의 상승으로 효율을 떨어뜨리고, 전압 하락은 전류 상승에 따르는 동손의 증가로 효율을 떨어뜨린다. 전압불평형 역시 효율저하의 원인이 된다. 일반적으로 2 % 불평형에서 손실은 약 8 % 증가하고, 불평형이 5 %가 되면 손실이 무려 50 % 증가한다. 주위온도의 상승도 효율저하의 원인으로 작용하는데, 10°C 변화에 도체 저항이 3~4 % 변동하므로 주위 온도가 높을수록 효율이 떨어지는 현상이 나타난다. 그 외 전원전압의 고조파, 플리커(전압의 주기적 변동) 등도 효율저하의 원인이 된다.

고효율전동기

고효율전동기(high-efficiency motor)는 설계를 최적화하고 손실이 적게 발생하는 고급 자재를 써서 기존 전동기보다 효율이 높게 만들어진 유도전동기를 말한다. 기존 전동기와의 차이점은

- 고정자권선을 굵게 하여 동손을 감소시킨다.
- 공극자속밀도를 낮추어 자기포화를 억제함으로써 철손을 줄인다. 자속밀도가 낮아진 대신

필요한 출력을 내기 위해 축방향으로 길게 만든다.

- 고정자에 히스테리시스손실이 작은 우수한 특성의 전기강판을 사용한다.
- 성층철판을 얇게 하고 도전율을 낮추어 와전류손실을 줄인다.
- 회전자 팬의 설계를 최적화하여 풍손을 감소시킨다.
- 치수를 정밀하게 하여 공극이 일정하도록 함으로써 표유부하손을 낮춘다.
- 전동기 외부로 열전도가 잘 되도록 고정자에 철을 많이 사용한다.

표 10-1은 정격운전에서 과거 일반 전동기와 고효율전동기의 손실 차이의 한 예를 보여주고 있다. 일반 전동기의 경우 정격운전상태에서 고정자동손과 철손의 합이 대략 전체 손실의 50~60 % 정도를 차지한다. 고효율전동기에서는 손실이 전체적으로 약 40 %정도 줄어드는데, 철손이 일반형의 1/4로 대폭 줄어들고 표유부하손도 1/3 수준으로 줄어든 것을 볼 수 있다. 고정자 동손과 기계적 손실도 줄어들지만 회전자 동손만은 별 차이가 없다. 이는 9-5절에서 설명했듯이 정격슬립이 같다면 회전자 동손도 같기 때문이다. 다른 손실성분들은 전동기의 특성과 거의 무관하게 억제해줄 수 있는 반면, 회전자동손은 유도전동기의 고유한 특성에 밀접한 관련성을 가지고 있기 때문에 서로 다른 제작사에서 다른 재료와 다른 설계로 만들어졌다 해도 두 전동기의 기본 특성이 동등하다면(정격출력과 정격속도가 같다면) 회전자동손도 같은 수준이 될 수밖에 없다.

고효율 유도전동기가 모든 대상에 다 효과적인 것은 아니다. **고효율전동기는 장시간 연속운전 용도에 가장 효과적이다.** 어쩌다 한번씩 동작시키는 전동기, 자주 기동정지를 반복하는 밸브 구동용, 출입문 개폐용, 크레인이나 호이스트 같은 용도에서는 별다른 효과를 기대할 수 없다. 그러나 동작하지 않을 때 무부하상태로 회전하면서 장시간 대기해야 하는 경우라면 무부하손실의 대부분을 차지하는 철손의 저감을 기대할 수 있다. 한편 큰 기동토크가 필요한 곳이나 관성이 큰 부하를 기동해야 하는 곳, 즉 일반적으로 D형 전동기가 적합한 용도에는 사용되지 않는다. 이러한 이유로 고효율전동기는 일반 범용전동기의 적용분야에 적합한 B형이나 C형에 국한하여 만들어지고 있다.

고효율전동기는 전력소비 억제 외에 낮은 온도상승으로 수명이 길고, 풍손 저감의 부수적 효과로 통풍소음이 낮고, 전체적인 설계와 제작정밀도의 향상으로 철심과 도체에서 전자기력으로 일어나는 진동 소음과 베어링의 소음도 낮다. 역률에 있어서는 고효율전동기가 일반형보다 수% 정도 높은 경향이 있긴 하지만 그 상관관계는 기기에 따라 일정치 않다.

표 10-1 50마력 4극 전동기 손실의 예

	표준 50마력 손실 [kW] (비중)	고효율 50마력 손실 [kW] (비중)	손실 저감량 저감량 [kW] (저감율)
고정자동손	1.319 (33.7 %)	0.911 (38.9 %)	0.408 (31 %)
철손	0.725 (18.5 %)	0.180 (7.7 %)	0.545 (75 %)
회전자동손	0.646 (16.5 %)	0.668 (28.6 %)	- 0.022 (–)
마찰손/풍손	0.373 (9.5 %)	0.281 (12.0 %)	0.092 (25 %)
표유부하손	0.852 (21.8 %)	0.299 (9.8 %)	0.553 (65 %)
합계	3.915	2.339	1.576 (40 %)

Howard E. Jordan, Energy-Efficient Electric Motors and Their Applications, 2nd ed., Plenum Press, 1994.

효율등급과 최저소비효율기준

고효율 유도전동기가 효율 및 여러 측면에서 이점이 있음에도 불구하고 더 많은 양의 철과 동을 사용함으로 해서 단가가 높아질 수밖에 없기 때문에 값싼 전동기를 요구하는 시장 생리에 배치되는 속성을 지니고 있다. 이에 따라 미국과 캐나다에서는 1990년대부터 고효율전동기 생산과 보급 확대를 시장의 자율에 맡기는 데에 머무르지 않고 각종 기계 기구들의 에너지효율 최저 한계를 정해 놓은 에너지최저효율제(MEPS: Minimum Energy Performance Standards)를 도입하여 고효율 전동기의 생산과 판매를 의무화하고 기존 전동기의 생산과 판매를 금지했다. 이후 지구온난화 문제가 CO_2 배출 억제의 국제 협약으로 수렴되면서 세계 각국에서 에너지소비관리를 위한 법제화가 추진되었다. 한편 고효율전동기보다 한층 높은 수준의 프리미엄효율 전동기 및 슈퍼프리미엄 전동기가 등장하였고, 이러한 현실을 반영하기 위해 IEC에서 저압 범용 전동기를 대상으로 한 새로운 IE (International Energy-Efficiency Class) 효율기준을 제정하였다.

표 10-2는 2008년 공표되고 2014년 개정된 IEC 전동기효율 기준 중 60 Hz 전폐형에 대한 등급별 효율을 보여주고 있다. IE1은 기존 전동기의 효율등급, IE2는 기존 고효율전동기(high efficiency) 등급에 해당한다. IE3는 고효율전동기보다 효율이 수 % 높은 프리미엄효율(premium efficiency) 등급을 말한다. 2014년 슈퍼프리미엄(super premium efficiency) 등급의 IE4가 추가되었고, 한층 높은 울트라 프리미엄(ultra premium efficiency) 등급의 IE5 제정이 예고되어 있다. 대상이 되는 전동기는 50 Hz와 60 Hz 정현파 전원에서 동작하는 정격 1,000 V 이하, 1,000 kW 이하의 2, 4, 6, 8극의 단일속도형 유도전동기 또는 영구자석형 전동기(단상 및 3상)로서 연속운전용도(S1)인 것들이다. 따라서 10극 이상이거나 2중속도 전동기는 제외되며 펌프나 팬, 컴프레서, 주파수변환장치와 완전히 일체화되어 효율을 개별적으로 측정할 수 없는 전동기들도 대상에서 제외된다.

우리나라에서는 2008년 에너지최저효율제를 도입하여 국내에서 생산 및 유통되는 범용 유도전동기가 고효율전동기에 준하는 최저소비효율기준을 만족하도록 하였다. 2011년 IE2급을 최저소비효율기준, IE3급을 프리미엄효율기준으로 정하였고, 2015년 이후 대상 범위를 단계적으로 넓혀가면서 IE3급 전동기의 생산 및 판매를 의무화, 2018년 10월 IE3급으로 상향된 최저소비효율기준을 전면 시행하기에 이르렀다. 이로써 기준 미달 제품의 제조, 수입, 유통이 금지되고 IE3가 표준형, IE4가 고효율형의 기준이 되었다. IE3급의 단계별 의무화 사업은 미국과 캐나다가 2011년부터 가장 먼저 시작했고 EU와 중국에서도 2015년부터 시작되어 2021년에 이르러 대부분 주요 국가에서 강제시행이 이루어지게 되었다. 단 용량 범위나 대상의 세부사항들은 국가별로 다소 차이가 있다.

그림 10-11은 이 기준에 의한 4극 3상유도전동기의 용량별 효율(표 10-2의 굵은 글씨)을 보여주고 있다. 그림에 함께 나타낸 과거 KS규격에 비해 IE3급 효율은 중용량에서는 5 %, 소용량에서는 10 % 이상 크게 향상된 것으로, 손실로 보면 절반 이상의 절감에 해당한다. 이는 전동기 효율 향상만이 아니라 전동기의 다른 특성에까지 상당한 변화가 필요함을 의미한다. 예컨대 앞의 표 10-1의 고효율전동기(IE2급)는 회전자동손이 변하지 않은 데에서 알 수 있듯이 기존 전동기의 특성을 유지하면서 손실의 저감을 꾀한 것이다. 그 연장선상에서 효율을 더 높이기 위해서는 동의 점적률(도체홈에서 도체가 차지하는 비중) 향상, 더 얇은 철판과 향상된 철심특성(예컨대 아몰퍼스철심의 적용), 제작 정밀화와 공극 축소 등이 필요하지만 결국 더 많은 철과 동이 사용되어야 하며(예컨대 10마력 프리미엄급 전동기는 고정자에 동이 75 % 더 사용된다), 그만큼 전동기가 크고 무겁고 비싸진다.

표 10-2 IEC 60 Hz 저압(1,000 V 이하) 전폐형 전동기 최저효율기준 (IEC 60034-30-1: 2014, "Rotating electrical machines – Part 30-1: Efficiency classes of line operated AC motors")

	IE1				IE2				IE3				IE4			
kW	2극	4극	6극	8극	2극	4극	6극	8극	2극	4극	6극	8극	2극	4극	6극	8극
0.12	57.5	62.0	48.0	36.0	59.5	64.0	50.5	40.0	62.0	66.0	64.0	59.5	66.0	70.0	68.0	64.0
0.18	62.0	66.0	52.5	40.0	64.0	68.0	55.0	46.0	65.6	69.5	67.5	64.0	70.0	74.0	72.0	68.0
0.25	64.0	68.0	57.5	50.5	68.0	70.0	59.5	52.0	69.5	73.4	71.4	68.0	74.0	77.0	75.5	72.0
0.37	70.0	70.0	62.0	57.5	72.0	72.0	64.0	58.0	73.4	78.2	75.3	72.0	77.0	81.5	78.5	75.5
0.55	72.0	74.0	66.0	59.5	74.0	75.5	68.0	62.0	76.8	81.1	81.7	74.0	80.0	84.0	82.5	77.0
0.75	74.0	**77.0**	72.0	64.0	75.5	**78.0**	73.0	66.0	77.0	**83.5**	82.5	75.5	82.5	**85.5**	84.0	78.5
1.1	78.5	**79.0**	75.0	73.5	82.5	**84.0**	85.5	75.5	84.0	**86.5**	87.5	78.5	82.5	**87.5**	88.5	81.5
1.5	81.0	**81.5**	77.8	77.0	84.0	**84.0**	86.5	82.5	85.5	**86.5**	88.5	84.0	86.5	**88.5**	89.5	85.5
2.2	81.5	**83.0**	78.5	78.0	85.5	**87.5**	87.5	84.0	86.5	**89.5**	89.5	85.5	88.5	**91.0**	90.2	87.5
3.7	84.5	**85.0**	83.5	80.0	87.5	**87.5**	87.5	85.5	88.5	**89.5**	89.5	86.5	89.5	**91.0**	90.2	88.5
5.5	86.0	**87.0**	85.0	84.0	88.5	**89.5**	89.5	85.5	89.5	**91.7**	91.0	86.5	90.2	**92.4**	91.7	88.5
7.5	87.5	**87.5**	86.0	85.0	89.5	**89.5**	89.5	88.5	90.2	**91.7**	91.0	89.5	91.7	**92.4**	92.4	91.0
11	87.5	**88.5**	89.0	87.5	90.2	**91.0**	90.2	88.5	91.0	**92.4**	91.7	89.5	92.4	**93.6**	93.0	91.0
15	88.5	**89.5**	89.5	88.5	90.2	**91.0**	90.2	89.5	91.0	**93.0**	91.7	90.2	92.4	**94.1**	93.0	91.7
18.5	89.5	**90.5**	90.2	88.5	91.0	**92.4**	91.7	89.5	91.7	**93.6**	93.0	90.2	93.0	**94.5**	94.1	91.7
22	89.5	**91.0**	91.0	90.2	91.0	**92.4**	91.7	91.0	91.7	**93.6**	93.0	91.7	93.0	**94.5**	94.1	93.0
30	90.2	**91.7**	91.7	90.2	91.7	**93.0**	93.0	91.0	92.4	**94.1**	94.1	91.7	93.6	**95.0**	95.0	93.0
37	91.5	**92.4**	91.7	91.0	92.4	**93.0**	93.0	91.7	93.0	**94.5**	94.1	92.4	94.1	**95.4**	95.0	93.6
45	91.7	**93.0**	91.7	91.0	93.0	**93.6**	93.6	91.7	93.6	**95.0**	94.5	92.4	94.5	**95.4**	95.4	93.6
55	92.4	**93.0**	92.1	91.5	93.0	**94.1**	93.6	93.0	93.6	**95.4**	94.5	93.6	94.5	**95.8**	95.4	94.5
75	93.0	**93.2**	93.0	92.0	93.6	**94.5**	94.1	93.0	94.1	**95.4**	95.0	93.6	95.0	**96.2**	95.8	94.5
90	93.0	**93.2**	93.0	92.5	94.5	**94.5**	94.1	93.6	95.0	**95.4**	95.0	94.1	95.4	**96.2**	95.8	95.0
110	93.0	**93.5**	94.1	92.5	94.5	**95.0**	95.0	93.6	95.0	**95.8**	95.8	94.1	95.4	**96.2**	96.2	95.0
150	94.1	**94.5**	94.1	92.5	95.0	**95.0**	95.0	93.6	95.4	**96.2**	95.8	94.5	95.8	**96.5**	96.2	95.4
185	94.1	**94.5**	94.1	92.5	95.4	**95.4**	95.0	93.6	95.8	**96.2**	95.8	95.0	96.2	**96.5**	96.2	95.4
200-1000	94.1	**94.5**	94.1	92.5	95.4	**95.4**	95.0	93.6	95.8	**96.2**	95.8	95.0	96.2	**96.8**	96.5	95.4

이를 극복하기 위한 한 방안이 회전자도체로 기존의 알루미늄보다 훨씬 도전율이 높은 구리를 사용하는 것이다.[3] 기존 농형유도전동기 회전자에 알루미늄이 사용되어 온 것은 다이캐스팅을 통한 대량생산의 용이성 때문이었다. 동은 용융온도가 높아서 다이캐스팅이 어려웠지만 근래 기술적 난점들이 극복되면서 동 다이캐스팅회전자를 적용함으로써 범용 유도전동기의 효율이 IE3기준을 상회할 수 있게 되었다. 회전자도체의 도전율 향상은 단지 회전자손실의 저감만을 의미하는 것이 아니라 기존 유도전동기보다 정격슬립이 훨씬 작은 저슬립 유도전동기가 보편화됨을 뜻한다.

한편 이러한 개선을 통해서도 IE4급의 효율에 이르는 것은 유도전동기에서 거의 기술적 한계로 여겨지고 있으며, 그 이상의 IE5급효율은 회전자 손실이 0에 가까운 영구자석 동기전동기로 이루어져야 할 것으로 보인다. (IE5급은 IE4급의 손실에서 20% 수준의 절감을 목표로 하고 있다.) 따라서

[3] 구리의 도전율은 5.96×10^7 S/m, 알루미늄의 도전율은 3.5×10^7 S/m

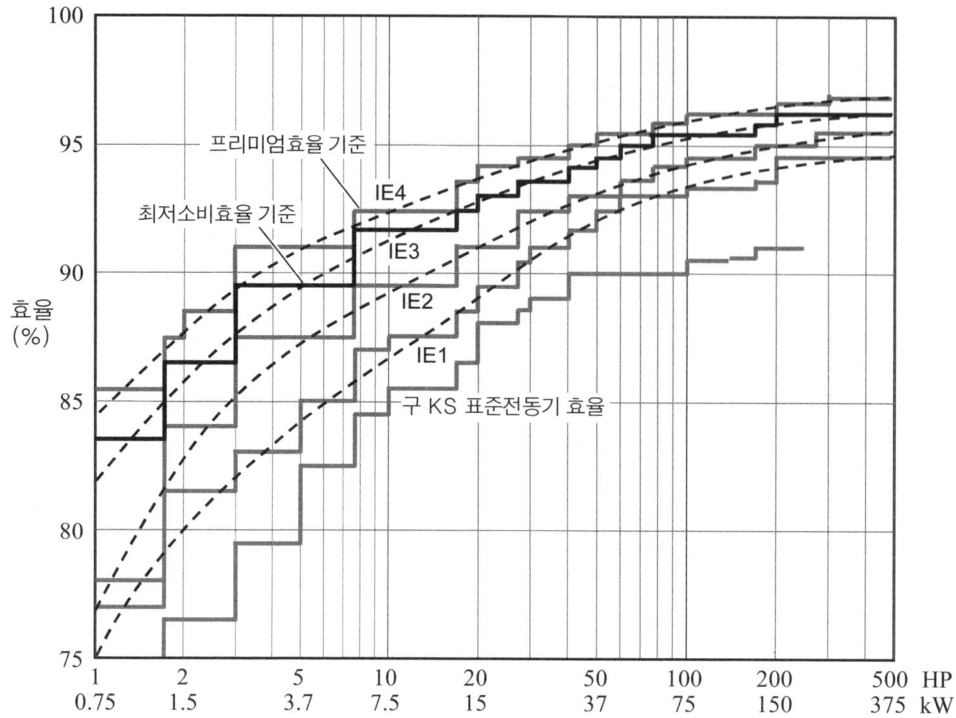

그림 10-11 60 Hz 4극 저압(600 V 이하) 전폐형 전동기의 효율기준

뒤의 14장에서 서술하고 있는 바와 같이 동기기로 운전하면서 상용전원에서 유도전동기로서 기동할 수 있는 영구자석형 범용전동기가 개발되고 있다.

10-4 역률과 역률보상

유도전동기에서는 자속을 만들어주기 위해 따로 여자를 하지 않기 때문에 고정자권선에 자속을 만들어주기 위한 여자전류 성분이 흘러야 한다. 여자전류에 철손 성분이 포함되긴 하지만 거의 순수한 지상 무효전류로서, 이 무효전력이 꽤 큰 편이기 때문에 한 수용가에 수십 대 이상의 유도전동기가 사용될 경우 전원에 상당한 무효전력 부담을 줄 수 있다.

유도전동기의 역률특성

그림 10-12는 저압 범용 유도전동기의 전부하역률을 보여주고 있다. 4극기의 경우 수 마력급은 0.8~0.9 정도, 수십 마력급은 0.9를 상회한다. 용량이 클수록 역률이 높은 것은 여자전류의 비중이 줄어들기 때문이다. 전압이 같고 상당 턴수가 같은 기기끼리는 공극자속이 같고, 같은 자기회로를 지니고 있다면 자화전류 역시 같다. 여기서 단지 더 굵은 도체를 쓰기만 하면 전동기 출력을 키울 수 있으므로 출력이 클수록 역률이 높다. 비유하자면, 식당 주인이 건물주에 지불하는 임대료가 여자전류에 해당한다면 식당에 설치된 좌석수가 도체의 굵기라 할 수 있다. 즉 같은 공간에서 매출(출력)이 많을수록 시설유지에 들어가는 고정비(여자전류)의 비중이 줄어드는 것과 같다. 등가회로에서 이는 pu 자화리액턴스가 커지는 것으로 나타난다.

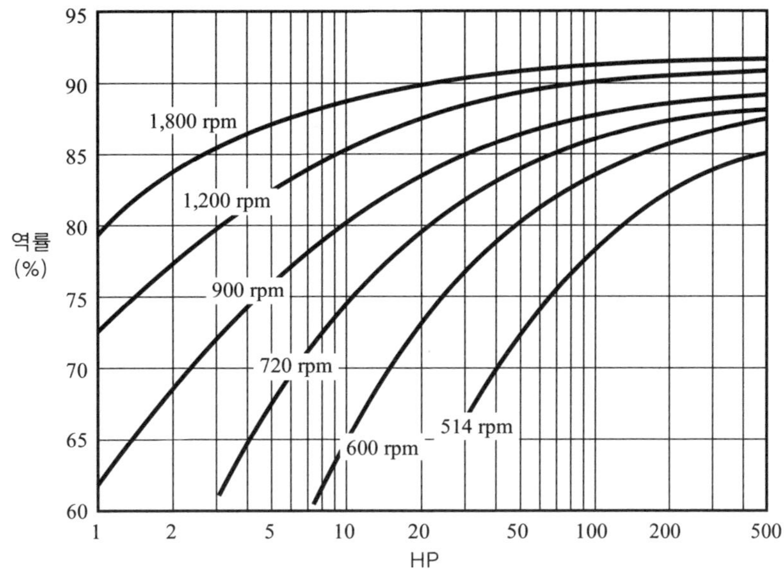

그림 10-12 B형 농형유도전동기의 전부하역률(220 V, 440 V, 개방형)

한편 그림 10-12에서 저속기일수록 역률이 낮은데, 그림 10-13은 그 이유를 보여주고 있다. 왼편이 2극기를 펼쳐놓은 것, 오른편은 코일을 두 그룹으로 나누어 4극기로 했을 때이다. 전체 권선에 같은 기전력이 유기되기 위해서는 4극기의 두 그룹이 각각 2극기와 같은 자속을 만들어내야 한다. 그러나 코일 수가 반으로 줄어들었기 때문에 두 배의 자화전류가 흘러야 한다. 결국 극수가 늘어난 만큼 생성되는 자속의 총량이 2배가 되어야 하므로 2배의 자화전류가 필요한 것이다. 일반적으로 P극기의 자화전류는 2극기의 $P/2$ 배이고, 극수가 늘어났다 해도 권선 굵기가 같으면 기기 용량은 마찬가지이므로 역률이 하락한다. 앞서 그림 10-9에서 다극기의 효율이 낮은 것도 자화전류가 커지면서 손실이 증가하는 것과 연관되어 있다. 즉 역률이 높은 기기가 대체로 효율도 높은 경향을 보인다.

한편 그림 10-10에 나타내었던 것과 같이 무부하상태에서는 역률이 매우 낮고, 부하가 증가하면

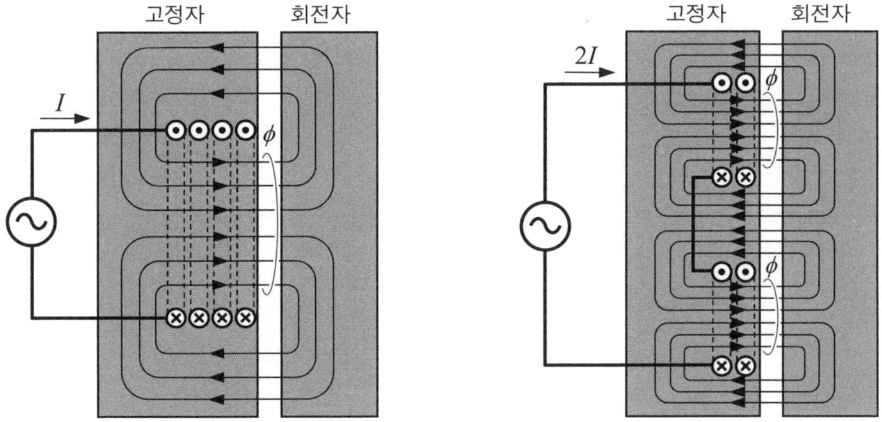

그림 10-13 2극기와 4극기 코일의 자화전류

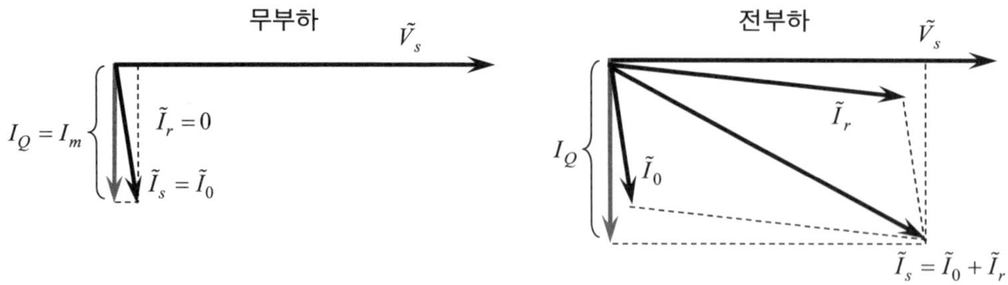

그림 10-14 유도전동기의 무부하상태와 전부하상태 페이서도

역률도 상승하여 전부하에서 거의 최대치에 도달한다. 따라서 유도전동기는 항상 명판상 전부하역률보다 낮은 역률에서 운전된다. 그림 10-14에서 보듯이 전동기 입력전류 I_s의 무효전류 성분 I_Q는 무부하상태나 전부하상태나 그다지 큰 차이를 보이지 않는다. 이는 정상 운전 범위 내에서 회전자 등가저항이 누설리액턴스보다 훨씬 커서($R_r / s >> X_r$) 회전자 역률이 높은 값을 유지하기 때문이다. 즉 부하가 증가하면 무효전력이 다소 커지긴 하지만 그다지 큰 영향을 미치지 않으며, 부하율에 따른 역률의 변화는 무효전력보다는 주로 유효전력의 변화 때문에 일어난다.

역률보상

전력회사는 전력전달 과정의 손실을 줄이고 설비의 효용성을 높이기 위해 수용가 역률에 제한을 두고 제한을 위배한 경우 추가요금을 부과한다.[4] 이는 kW 소비량만 아니라 kVA 사용량, 즉 계통설비 사용량에도 요금을 부과함을 뜻하는 것으로, 마치 카페에서 커피 한 잔 시켜놓고 하루 종일 자리를 차지하고 있는 사람에게 돈을 더 받는 것과 같다. 이 추가요금을 절감하기 위해서는 역률보상이 필요하다. 역률보상의 또 다른 목적은 전압강하 억제이다. 2-6절에서 설명했듯이 역률(지상)이 낮을수록 변압기 및 선로에서 더 큰 전압강하가 일어나므로 일정 전압을 유지하기 위해서는 역률이 높아야 한다. 단 역률보상이 지나쳐서 진상이 되는 경우 전압강하가 아니라 오히려 전압상승이 일어날 수 있음에 유의해야 한다. 과전압이 유발되면 역률보상을 하지 않느니만 못한 결과가 초래될 수 있으므로 역률보상의 목표치는 통상 0.90~0.95로 설정한다.

역률보상은 부하에 커패시터를 병렬로 접속하여 이루어지며, 무효전력 보상량은 3상 커패시터뱅크의 용량(VAR 또는 kVAR)으로 표현된다. 부하의 소비전력이 P(W)일 때 보상 전 PF_1 ($\cos\theta_1$)이었던 역률을 PF_2($\cos\theta_2$)로 개선하기 위해 필요한 커패시터뱅크의 용량 Q_C(VAR), 그리고 그에 해당하는 상당 커패시터 정전용량 C(F)는 아래 식으로 표현된다.

$$\begin{aligned}\frac{Q_C}{P} &= \tan\theta_1 - \tan\theta_2 \\ &= \sqrt{\frac{1}{{PF_1}^2} - 1} - \sqrt{\frac{1}{{PF_2}^2} - 1}\end{aligned} \tag{10-13}$$

$$C_Y = \frac{Q_C}{\omega V^2}, \quad C_\Delta = \frac{1}{3}\frac{Q_C}{\omega V^2} \tag{10-14}$$

[4] 한국전력의 경우, 역률이 90 %에 미달하면 미달분 1 %마다 기본요금의 1 %를 추가하며, 역률이 90 %를 넘으면 95 %까지 초과분 1 %마다 기본요금의 1 %씩 감액해주고 있다.

V는 선간전압, C_Y는 Y결선, C_Δ는 Δ결선일 때의 상당 커패시터 용량이다. 일반적으로 저압에서는 Δ결선 뱅크가 적용된다.[5]

예제 10-5

60마력 380 V 60 Hz 3상 유도전동기의 효율이 91.7 %, 역률이 87 %이다. 역률을 95 %로 개선하기 위해 필요한 3상 커패시터뱅크의 kVAR과 커패시터 용량을 구하라.

식(10-13), (10-14)로부터

$$P = \frac{746 \times 60}{0.917} = 48.8 \text{ kW}$$

$$\frac{Q_C}{P} = \sqrt{\frac{1}{0.87^2} - 1} - \sqrt{\frac{1}{0.95^2} - 1} = 0.238$$

$$Q_C = 0.238 \times 48.8 = 11.6 \text{ kVAR}$$

$$C = \frac{1}{3}\frac{Q_C}{\omega V^2} = \frac{1}{3}\frac{11.6\text{k}}{377 \times 380^2} = 71\ \mu\text{F} \quad (\Delta\text{결선})$$

주: 계산된 kVAR 바로 아래 단계의 표준 용량을 선정한다.

예제 10-6

어떤 유도전동기의 전부하 역률이 0.76이고 무부하전류가 전부하전류의 40 %이다. (a) 역률보상으로 무부하시 역률이 1이 되도록 했을 때 전부하상태 역률은 얼마가 되는가? (b) 무부하전류의 80 %를 커패시터가 보상한다면 전부하상태 역률은 얼마가 되는가?

(a) 그림 10-15는 전부하전류의 크기를 1로 놓고 그린 페이서도이다. (철손전류 성분은 무시한다.) $\tilde{I}_s$의 유효성분이 0.76이므로 무효성분은 $\sqrt{1-0.76^2} = 0.65$이다. 무부하시 역률이 1이 되도록 보상하였다면 자화전류가 전부 보상된 상태이므로 전원측에는 그림의 $\tilde{I}_r$ 만 흐르게 될 것이다. $\tilde{I}_r$ 의 무효성분은 $\tilde{I}_s$ 의 무효성분에서 자화전류를 뺀 $0.65 - 0.40 = 0.25$ 이다. 따라서 $\tilde{I}_r$ 의 크기가 $\sqrt{0.76^2 + 0.25^2} = 0.80$ 이므로 역률이 $0.76 / 0.80 = 0.95$ 가 된다.

(b) 무부하전류의 80 %가 보상되었다면 자화전류 0.4의 20 %인 0.08이 잔류하므로 여기에 $\tilde{I}_r$ 의 무

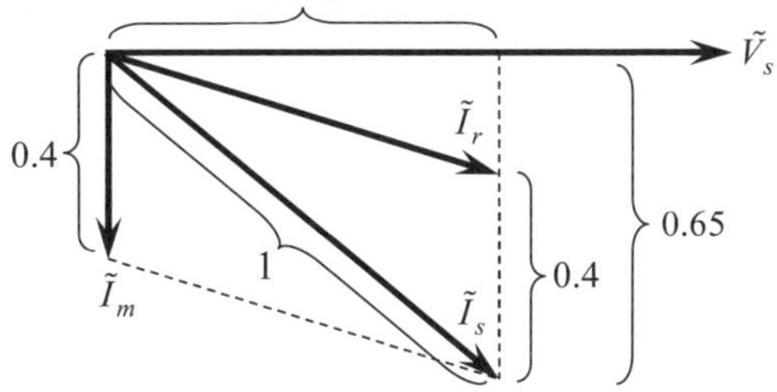

그림 10-15

[5] 같은 선로에서 같은 양의 무효전력(kVAR) 보상량을 얻는 데에 Y결선으로 하면 상당 커패시터의 전압정격이 선간전압의 $1/\sqrt{3}$ 로 낮아진다. Δ결선으로 하면 전압정격이 높은 대신 필요한 커패시터 용량이 1/3로 줄어든다. 일반적으로 저압(통상 2.4 kV 이하)에서는 커패시터 전압이 높거나 낮거나 단가에 큰 차이가 나지 않기 때문에 작은 용량으로 같은 효과를 얻을 수 있는 Δ결선이 선호된다. 또 커패시터가 열화되어 정전용량에 차이가 생겼을 때 Y결선에서는 커패시터에 가해지는 전압에 불평형이 일어나 특정 커패시터에 정격 이상의 전압이 걸리게 될 수 있다. 반면에 Δ결선에서는 어느 한 상의 커패시터에 문제가 생겨도 다른 상에 영향을 미치지 않는다는 점에서 더 안정적이다.

효성분 0.25가 더해진 0.33이 전원전류의 무효성분으로 흐르게 된다. 따라서 전원전류의 크기는 $\sqrt{0.76^2 + 0.33^2} = 0.829$ 이고 역률은 $0.76 / 0.829 = 0.917$ 이 된다.

일괄보상과 개별보상

여러 대의 유도전동기가 사용되고 있을 때 역률보상 커패시터를 적용하는 형태는 다양하다. 그림 10-16의 (a)는 전체를 하나의 커패시터 뱅크로 보상하는 일괄보상방식, (b)는 전동기마다 입력단 바로 앞에 커패시터를 접속하는 개별보상방식을 보여주고 있다. 절충안으로 전동기를 운용 양태가 비슷한 것들끼리 몇 개 그룹으로 나누어 보상하는 방식도 있다.

일괄보상방식은 간단하고 관리가 용이하며, 통상 모든 전동기가 동시에 운전되지 않으므로 합산 무효전력 기준 커패시터 용량이 줄어든다는 이점이 있다. 따라서 설비비가 낮다. 단점은 소내에서 무효전력으로 인한 선로손실이 제거되지 않으며, 전동기 일부를 정지시켰을 때 전체적으로 진상인 과보상 상태에 놓이게 될 수 있다. 따라서 커패시터 뱅크를 차단하거나, 혹은 부하 변동에 따라 몇 단계로 조절할 수 있도록 해야 한다. 이에 반해 개별보상방식은 개별 전동기를 멈추기 위해 차단시킬 때 커패시터도 함께 떨어져 나가므로 과보상의 염려가 없으며, 커패시터가 무효전력 발생원 가까이 접속되므로 보상효과 면에서는 가장 이상적이다. 그러나 커패시터 총 용량이 상대적으로 커지고, 분

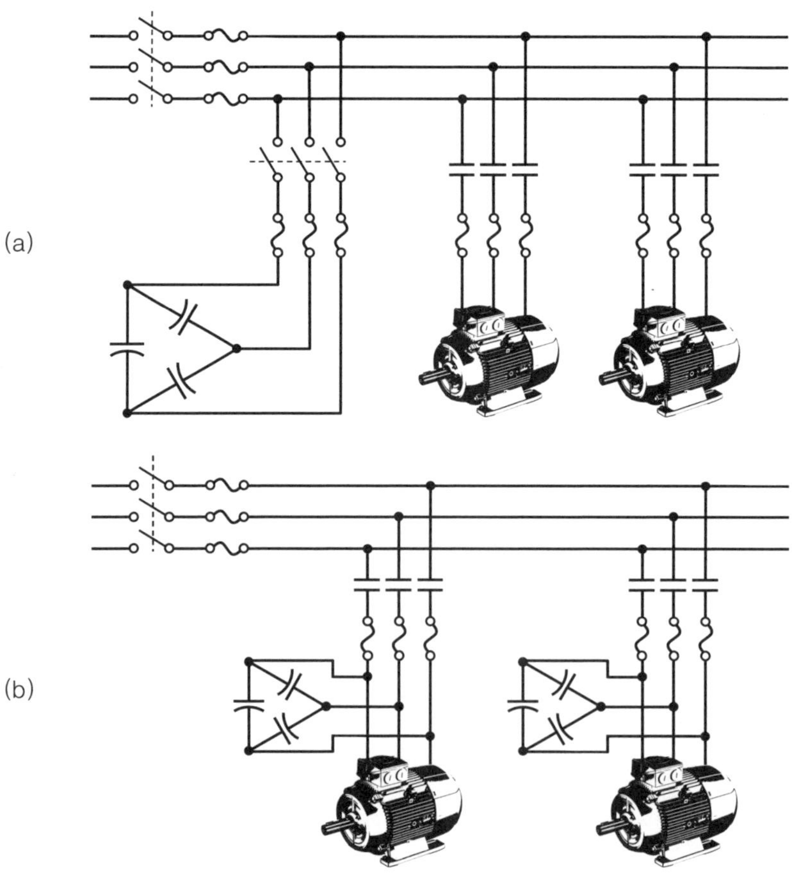

그림 10-16 유도전동기의 역률보상: (a) 일괄보상방식 (b) 개별보상방식

산되어 있어서 관리상 부담이 따르며, 개별 전동기 옆에 커패시터를 설치할 공간이 확보되지 않는 경우도 흔히 있다. 또한 전원에서 분리된 전동기와 커패시터가 아래에서 설명하는 **자기여자** 현상을 일으킬 수 있다는 점에 유의해야 한다.

역률보상 커패시터에 의한 자기여자

개별보상에서 전동기 차단 직전 커패시터에 충전되어 있던 정전에너지는 차단 직후 짧은 시간 안에 전동기 권선을 통해 방전된다. 그러나 경우에 따라서는 전압이 떨어지는 것이 아니라 오히려 상승하는 문제가 일어날 수 있다. 그림 10-17(a)는 유도전동기가 커패시터와 함께 전원에 접속된 상태를 나타내고 있다. 고정자 임피던스와 철손저항은 무시하고, 무부하상태 ($I_r = 0$)를 가정한다. 그림 10-17(b)는 전동기의 자화특성곡선과 함께 기울기 X_C의 직선으로 나타나는 커패시터의 전압-전류특성을 보여주고 있다. 전원전압 V_s에서 전동기에는 동작점 A의 전류 I_m이, 커패시터에는 B점의 전류 I_C가 흐른다. 그림은 I_C가 I_m보다 큰 경우를 나타내고 있다. (예컨대 그림 10-14에서 전부하상태 역률이 1이 되도록 커패시터 용량을 정하였다면 여기서와 같이 $I_C > I_m$일 것이다.)

그림 10-18의 (a)는 전동기가 운전 중 전원으로부터 차단된 상태를 나타낸다. 차단 직후 전동기가 지니고 있던 자속이 바로 소멸되지 않기 때문에 고정자 유기기전력 $\tilde{E}_s$는 차단 직전과 같다. $\tilde{E}_s$는 커패시터로 전류가 흐르게 하는데, 이 전류 $\tilde{I}_C$는 $\tilde{E}_s$에 90° 앞선 위상을 가지므로 그 반대 $\tilde{I}_m$ 방향으로는 $\tilde{E}_s$보다 90° 뒤진 위상, 즉 $\tilde{E}_s$를 만들어내는 데에 필요한 자화전류와 같은 위상이 된다. 이는 **공극자속이 유기한 기전력에 의해 흐르는 전류가 공극자속을 유지하는 쪽으로 작용**함을 뜻한다. (b)에서와 같이 차단 직후 유기기전력에 의해 흐르는 커패시터 전류(B점의 전류)가 차단 전의 자화전류(A점의 전류)보다 크다면 유기기전력이 이전보다 커진다. 따라서 커패시터 전류도 커지고, 이는

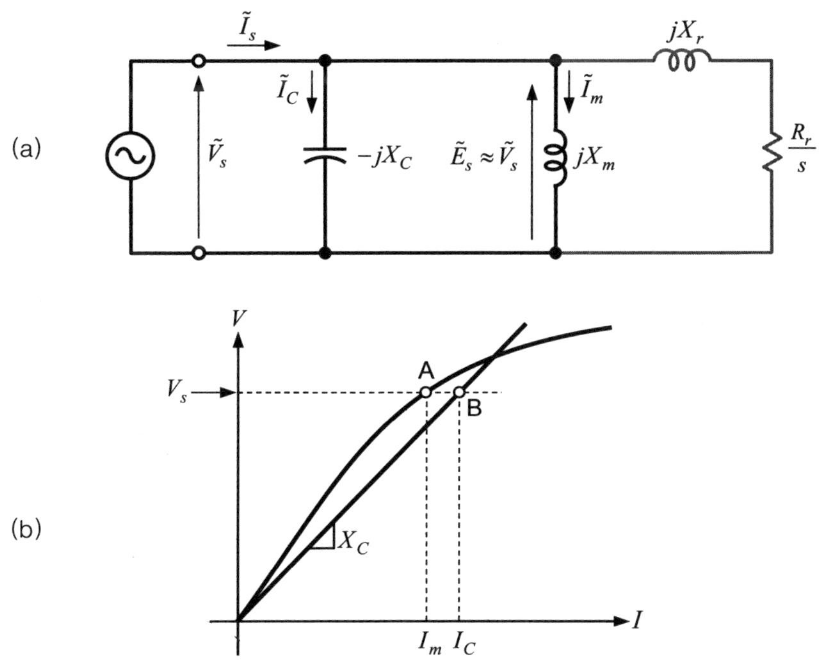

그림 10-17 역률보상 커패시터가 부착된 유도전동기의 (a) 등가회로와 (b) 전류 및 보상전류

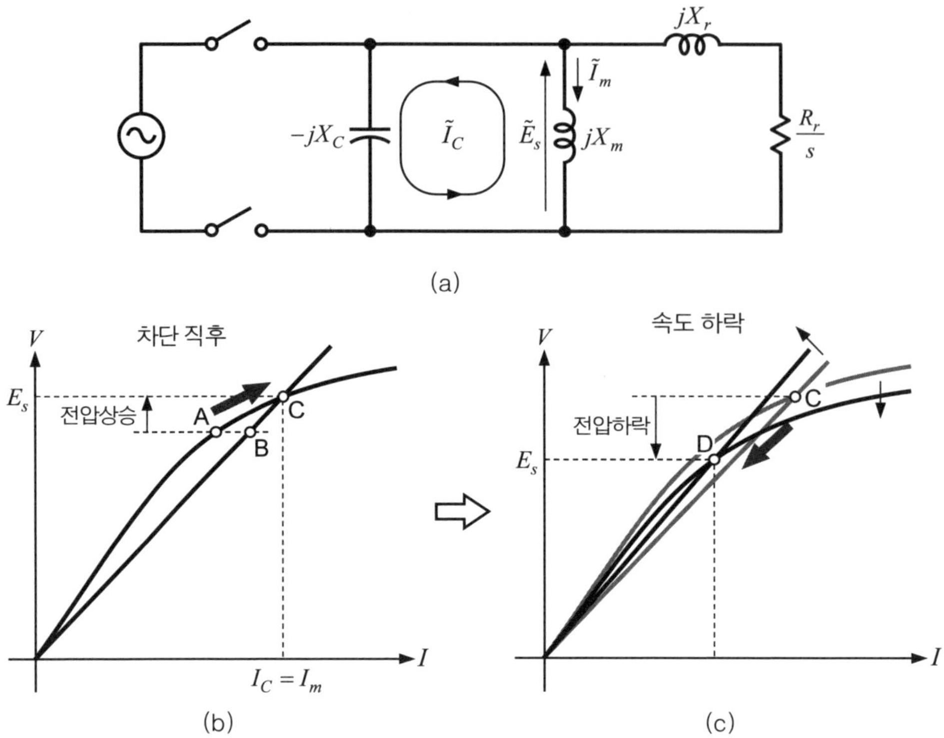

그림 10-18 전원 차단 후 (a) 등가회로 (b) 차단 직후 자기여자에 의한 전압상승 (c) 동작점의 이동

다시 기전력을 키우는 작용을 한다. 이런 과정을 거쳐 두 곡선이 만나는 점 C에 도달하면 커패시터로 전류를 흐르게 하는 기전력과 커패시터 전류가 유기하는 기전력이 같아져 기전력과 전류가 일정하게 유지되는 동작이 일어난다. 이렇게 전원이 차단된 뒤 커패시터에 의해 기전력이 유지되는 현상을 **자기여자**(self-excitation)라 한다.

자기여자 상태에서 전동기 내부손실은 회전자의 운동에너지로 충당된다. 즉 기계적 운동에너지가 전기적 손실을 공급하는 발전동작이 이루어진다. 이는 기전력의 주파수가 전동기의 회전수에 해당하는 주파수보다 약간 낮은 음의 슬립이 됨을 뜻한다. 운동에너지가 소모되면서 속도가 떨어지면 주파수도 (음의 슬립을 유지하면서) 함께 떨어진다. 주파수가 떨어지면 그림 10-18(c)에 보인 것과 같이 자화특성곡선의 크기는 줄어들고 커패시터 특성의 기울기($1/\omega C$)는 커지면서 동작점이 차단 직후의 C로부터 차츰 D 쪽으로 이동한다. 속도가 어느 이하로 떨어져 더 이상 두 곡선의 교점이 존재하지 않게 될 때까지 이러한 자기여자 현상은 지속된다. (자기여자에 관해서는 10-8절의 자립형 유도발전기 항목에서 다시 설명한다.)

개별보상시 보상용량과 유의점

전동기와 커패시터가 단둘이 남겨졌을 때 과전압이 나타나는 것은 그림 10-17(b)에서와 같이 커패시터 전류가 전동기의 자화전류보다 크기 때문이다. 커패시터 용량을 줄여 보상전류를 자화전류보다 작게 해 주면(B점이 A점의 왼쪽에 놓이도록 하면) 애초부터 자기여자가 일어나지 않거나, 일어난다 해도 정격전압보다 낮은 위치에서 동작점이 만들어지게 될 것이다. 따라서 자기여자를 피하기 위해서는 무부하 상태에서 역률이 1이 되게 하는 이상으로 보상을 하지 않아야 한다. 예제 10-6에서 보았듯이 무부하전류(자화전류)만 보상해도 대개 충분한 보상이 이루어지며, **일반적으로 보상전류를 전동기 무부하전류의 90% 정도로 하는 것이 무난하다.**

자기여자에 의한 과전압은 수용가 전체의 과보상으로 인한 과전압과는 별개 문제이다. 전동기 외 다른 부하들까지 포함한 수용가 전체로 보았을 때 과보상의 문제가 없다 해도 개별 전동기에 부착된 커패시터 용량이 과다하면 여전히 커패시터와 단둘이 남겨졌을 때 자기여자가 일어날 수 있기 때문이다. 한편 자기여자는 개별 전동기의 차단시에만 문제가 되는 게 아니라 소내 전체가 차단되는 경우, 이를테면 정전이 일어났을 경우에도 일어날 수 있다. 특히 관성이 큰 부하를 구동하던 전동기가 있다면 전동기 바로 옆의 커패시터가 아니라 다른 곳의 커패시터들까지 합산된 용량에 의해 자기여자가 일어나 발전기 노릇을 하면서 전압을 끌어올려 과전압을 일으킬 수 있다. 따라서 정전시에는 개별전동기들의 차단기도 함께 작동되어야 할 필요가 있다.

과전압에 이르지는 않는다 해도 자기여자가 일어나면 차단 후 전동기 단자에 나타나는 잔류전압의 지속시간이 상당히 길어질 수 있기 때문에 선로에서 분리된 후 이내 다시 투입한다거나 선로에 수시로 붙었다 떨어졌다 하는 동작이 필요한 용도에는 개별 역률보상을 사용하지 않는다. 차단되었다가 다시 접속되는 순간 순시전압 차이에 의해 큰 전류가 흐를 수 있기 때문이다(10-5절의 '차단 후 재투입' 항목 참조). 정역운전을 위해 전원선로를 절체하는 엘리베이터용 전동기나 역전제동(플러깅)을 사용하는 전동기, 조깅(jogging, 촌동寸動운전이라고 하며 전동기를 조금씩 회전시키는 동작), 극수변환에 의한 2단속도 전동기(10-7절) 등이 그러한 예이다. 그리고 10-6절의 와이-델타 기동이나 단권변압기 기동에서 전동기 단자가 일시적으로 개방되는 상태를 거치는 개방절환방식이 사용되는 경우에도 개별역률보상을 적용하지 않는다.

10-5 유도전동기의 기동

모든 3상 유도전동기는 전원을 투입하기만 하면 바로 기동이 이루어진다. 부하토크가 기동토크를 넘지 않는 한 기동 자체가 되지 않는 일은 없다. 문제는 기동전류인데, 정격전압을 가해 기동했을 때 기동 초기에 흐르는 전류가 적어도 정격전류의 4배 이상, 전동기에 따라서는 10배를 넘을 수도 있으며, 통상 6~7배 정도이다. 어떤 기기든 처음 기동할 때 큰 전류가 흐르기 마련이지만 유도전동기는 이렇게 큰 기동전류에 비해 토크가 크지 않다는 데에 문제가 있다. 직류전동기도 기동시 전류는 크지만 기동전류가 큰 만큼 기동토크도 크다. 즉 전류의 크기가 거의 그대로 토크에 반영된다. 그러나 유도전동기는 기동시 역률이 매우 낮아서 유효한 동력으로 변환되는 비율이 작다. 그 결과 기동전류 대비 기동토크, 즉 N-m/A가 상당히 작으며, 이는 유도전동기의 가장 큰 약점이라 할 수 있다.

큰 기동전류는 급전선로에 큰 전압강하를 일으켜 같은 선로를 공유하는 인근 부하들이 영향을 받을 수 있다. 전류의 크기만 아니라 위상도 중요한데, 기동시 역률이 낮으면 같은 크기의 전류라도 선로의 유도성 임피던스 및 급전변압기의 누설리액턴스에서 더 큰 전압강하를 일으킨다. 그 결과 전등이 어두워진다던가, 제어시스템의 차단으로 공정이 중단되거나, 컴퓨터가 꺼져 데이터를 잃을 수도 있다. 특히 계통이 허약한 경우, 대용량 전동기의 기동은 거의 일시적 정전에 준하는 문제를 일으킬 수 있다. 나아가 전동기 전류가 거치는 설비들과 변압기의 용량이 기동전류를 감당할 수 있을 만큼

표 10-3 유도전동기의 기동계급
(kVA/hp는 미국의 NEC(National Electric Code) 규정, 괄호 안에 병기된 kVA/kW는 KS 규정이다. 마력당 kVA를 kW당 kVA로 나타낸 것일 뿐, 양자는 사실상 같다.)

계급	kVA/hp (kVA/kW)	계급	kVA/hp (kVA/kW)	계급	kVA/hp (kVA/kW)
A	0–3.15 (0–4.2)	H	6.3–7.1 (8.4–9.5)	R	14.0–16.0 (18.8–21.5)
B	3.15–3.55 (4.2–4.8)	J	7.1–8.0 (9.5–10.7)	S	16.0–18.0 (21.5–24.1)
C	3.55–4.0 (4.8–5.4)	K	8.0–9.0 (10.7–12.1)	T	18.0–20.0 (24.1–26.8)
D	4.0–4.5 (5.4–6.0)	L	9.0–10.0 (12.1–13.4)	U	20.0–22.4 (26.8–30.0)
E	4.5–5.0 (6.0–6.7)	M	10.0–11.2 (13.4–15.0)	V	22.40– (30.0–)
F	5.0–5.6 (6.7–7.5)	N	11.2–12.5 (15.0–16.8)		
G	5.6–6.3 (7.5–8.4)	P	12.5–14.0 (16.8–18.8)		

충분히 커야 한다. 전동기 자체도 발열로 인한 온도상승과 권선간 밀고 당기는 힘으로 열적, 기계적 스트레스를 받아 절연물의 노화가 촉진되며, 피로가 누적되면 전동기의 수명단축으로 이어진다. 실제로 기동/정지가 잦은 전동기의 경우 그 수명은 사실상 기동회수에 의해 결정된다고 볼 수 있다.

기동계급

전동기 용량이 클수록 기동전류가 큰 것은 당연하다. 그러나 같은 용량이라도 전동기에 따라 기동전류가 달라질 수 있다. 예컨대 NEMA A형 전동기에는 같은 마력수의 D형 전동기보다 훨씬 큰 기동전류가 흐른다(9-7절 참조). 유도전동기의 **기동계급**(starting code)은 이렇게 개별 전동기마다 다른 기동전류의 수준을 가늠할 수 있도록 표 10-3에 보인 것과 같이 A에서 V까지(I, O, Q 제외) 문자코드로 나타낸 것을 말한다. (기동시 kVA를 명판에 직접 표기하기도 한다.) 코드별 수치는 기동시 전동기에 입력되는 피상전력(kVA)의 수치가 마력을 나타내는 수치의 몇 배나 되는지를 나타낸다. 뒤로 갈수록 기동에 요구되는 kVA가 크고 A에 가까울수록 기동에 부담이 적다. 흔히 볼 수 있는 기동계급은 F, G, H 정도이다. 여기서 기동전류 대신 기동시 용량으로 나타내는 것은 급전계통, 또는 급전용 변압기용량과 비교하기 편하게 하기 위해서이다. 급전계통이 이 표에서 구해진 kVA 요구량을 감당하기 어려운 것으로 판단될 경우(예컨대 해당 전동기 전용이 아닌 급전변압기의 용량이 기동 kVA의 10배 미만인 경우)에는 뒤의 10-6절에서 설명하는 별도의 기동방식을 강구해야 한다.

예제 10-7

기동계급이 F인 380 V 5마력 전동기가 있다. 이 전동기의 기동전류를 구하라.

기동계급 F에 해당하는 kVA/hp 값은 표 10-4에서 5.00~5.60이다. 따라서

$$S_{start} = (5 \sim 5.60) \times 5 = 25 \sim 28 \text{ kVA}$$

$$I_{start} = \frac{S_{start}}{\sqrt{3}V_T} = \frac{25\text{k} \sim 28\text{k}}{\sqrt{3} \times 380} = 38.0 \sim 42.5 \text{ A}$$

이 전동기의 기동전류는 40 A 내외, 최대 42.5 A로 볼 수 있다.

기동과 관성

기동상의 문제는 특히 관성이 큰 부하에서 현저하게 나타난다. 관성이 크면 기동시간이 길어지고 전원설비와 전동기에 가해지는 스트레스도 오래 지속된다. 관성이 크다는 것은 회전운동에너지가 크다는 뜻이므로 그만큼 많은 에너지가 투입되어야 함을 뜻하며, 에너지 전달과정에서 전동기에서 소모되는 에너지도 커지게 된다. 여기서 기억해 두어야 할 중요한 법칙이 있다.

> **기동 과정 중 회전자에서 소모되는 열에너지는 기동 과정에서 회전체(회전자 및 부하의 회전부)에 저장되는 총 운동에너지와 같다.**

예를 들어 어떤 4극 전동기의 회전자와 부하 관성모멘트를 합한 것이 5 kg-m^{2}이라 하자. 전동기에 전원을 가하여 정지상태에서부터 동기속도 1,800 rpm (188.5 rad/sec) 부근까지 기동했을 때 기동이 완료된 후 회전부의 운동에너지는 다음과 같다.

$$W = \frac{1}{2} J\omega^2 \approx \frac{1}{2} \times 5 \times (188.5)^2 = 88.8 \text{ kJ}$$

따라서 기동 중 회전자에서 소모되는 에너지 역시 88.8 kJ이며, 부하토크 때문에 기동시간이 길어지는 효과까지 감안하면 훨씬 더 커질 수 있다. 이는 어떤 전압이 가해졌건, 회전자저항이 얼마이건, 속도-토크 특성이 어떠하건 마찬가지이다. 권선형이라면 이 열에너지의 상당 부분을 외부저항에서 방출시킬 수 있으나 농형에서는 전부 내부에서 소모시켜야 하므로 과열을 막기 위해 부하의 관성에 제한을 두어야 한다. 표 10-4는 범용 4극 전동기에서 부하 관성 허용치의 한 예를 보여주고 있다.

표 10-4 4극 유도전동기의 용량별 GD^{2}과 최대로 기동할 수 있는 부하 GD^2 (LG OTIS)

전동기용량 kW	전동기의 GD^2 kg-m^2	최대부하 GD^2 kg-m^2	정격토크 kgf-m	기동토크 %	항복토크 %
0.75	0.0092	3.6	0.42	240	280
1.5	0.0714	6.0	0.84	250	280
2.2	0.0351	12.0	1.23	250	290
3.7	0.0600	15.3	2.07	250	280
5.5	0.106	22.2	3.11	250	280
7.5	0.143	29.3	4.25	250	280
11	0.287	37.8	6.07	230	260
15	0.376	48.0	8.28	230	260
18.5	0.655	65.0	10.19	230	260
22	0.745	78.7	12.12	240	280
30	0.862	97.5	16.65	230	270
37	1.63	117	20.53	210	250
45	1.82	123	24.84	220	270
55	2.69	143	30.61	230	270
75	4.65	175	41.74	220	260
90	6.64	195	52.87	210	240
110	7.23	240	61.22	250	280

기동 중 회전자 열손실

유도전동기의 기동이 $t = 0 \sim t_f$ 사이에 이루어진다면 기동 과정에서 회전자에서 소비되는 전력은 다음과 같이 회전자 동손을 적분하여 계산할 수 있다.

$$W = \int_0^{t_f} P_{Rr} dt$$

회전자의 동손은 다음과 같이 속도의 함수로 나타낼 수 있다.

$$P_{Rr} = sP_g = s\omega_s T_e = (\omega_s - \omega_m)T_e$$

부하에 관성 이외 다른 성분이 없다고 가정하면

$$P_{Rr} = (\omega_s - \omega_m)J\frac{d\omega_m}{dt}$$

이를 맨 위의 식에 대입하고 최종 속도를 $\omega_m(t_f) = \omega_s$ 로 놓으면

$$W = \int_0^{t_f}(\omega_s - \omega_m)J\frac{d\omega_m}{dt}dt = J\int_0^{\omega_s}(\omega_s - \omega_m)d\omega_m = \frac{1}{2}J\omega_s^2$$

이는 커패시터 충전 과정에서 소비되는 열손실과 유사하다. $t = 0$에 스위치를 닫아 $t = t_f$에 충전이 완료된다면 충전 과정에서 선로저항 R 에서 소모되는 손실은 다음과 같이 구해진다.

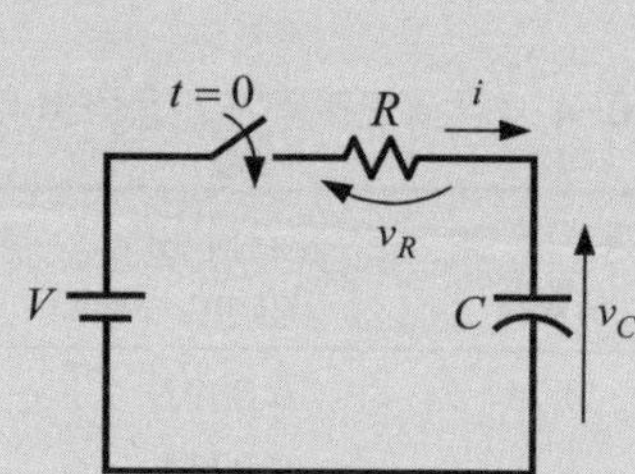

$$W = \int_0^{t_f} i^2 R\, dt$$

여기서 도체의 손실은 다음과 같이 커패시터 전압의 함수로 나타낼 수 있다.

$$i^2 R = v_R i = (V - v_C)i$$

커패시터의 전압-전류 관계식으로부터 위의 식은 다음과 같이 표현된다.

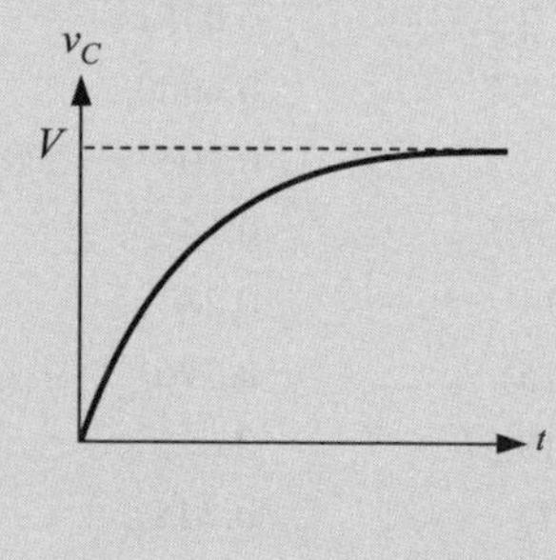

$$i^2 R = (V - v_C)C\frac{dv_C}{dt}$$

이 관계를 적용하면 최종 전압이 $v_C(t_f) = V$ 라 할 때

$$W = \int_0^{t_f}(V - v_C)C\frac{dv_C}{dt}dt = C\int_0^{V}(V - v_C)dv_C = \frac{1}{2}CV^2$$

여기서 보다시피 커패시터 충전 과정에서 소모되는 손실은 커패시터에 최종적으로 충전되는 에너지와 같다. 이 열손실은 선로의 저항값에 무관하다. 예를 들어 아주 작은 저항을 통해 충전한다고 해도 충전시간이 단축될 뿐, 충전과정에서 일어나는 손실의 총량은 변하지 않는다. (따라서 저항값에 무관하게 충전효율은 항상 50 %이다.) 이와 마찬가지로, 유도전동기의 기동과정 중 회전자에서 일어나는 총 손실은 회전자 저항값에 무관하다.

기동시간

전동기와 부하의 관성이 주어졌다고 할 때 전동기가 기동하는 데에 걸리는 시간은 다음의 관계식으로부터 계산할 수 있다.

$$T_{acc} = J\frac{d\omega}{dt} \approx J\frac{\Delta\omega}{\Delta t} \tag{10-15}$$

T_{acc}는 그림 10-19에 보인 것과 같이 전동기의 토크에서 부하토크를 뺀 가속토크를 말한다. 기동 과정에서 유도전동기의 토크와 부하토크는 일정하지 않으므로 정확한 기동시간은 전동기와 부하 토크의 속도에 대한 함수관계로부터 수치해석법으로 구해야 한다. 그러나 아래와 같은 방식으로 대략적인 기동시간을 추정할 수도 있다.

만일 기동 과정에서 가속토크가 일정하다면 식 (10-15)로부터 정지상태에서 동기속도 ω_s 부근까지 가속하는 데에 걸리는 시간 t_{acc}는 다음과 같이 계산된다.

$$t_{acc} = \frac{J}{T_{acc}}\omega_s \tag{10-16}$$

여기서 T_{acc}를 평균 가속토크로 보고 다음과 같은 근사식을 적용할 수 있다.

$$T_{acc} \approx T_M - k_L T_L \tag{10-17}$$

$$T_M \approx k_M \frac{T_{start} + T_{max}}{2} \tag{10-18}$$

$$k_L \approx \begin{cases} 1 & \text{호이스트} \\ 1/3 & \text{팬} \\ 1/2 & \text{피스톤식 펌프} \end{cases} \tag{10-19}$$

T_M은 기동 과정에 작용하는 전동기의 평균 토크로서 근사적으로 기동토크와 항복토크의 중간 값으로 취하며, 실제는 그보다 작으므로 $k_M = 0.8 \sim 0.9$ 정도의 보정계수를 적용한다. T_L은 그림 10-19에 나타낸 것과 같이 최종 속도에 이르렀을 때의 부하토크로서 $k_L T_L$은 가속과정에서 부하의 유형에 따라 달라지는 평균치를 나타낸다. 속도를 rpm 단위로 표현하고 J 대신 GD^2을, 그리고 토크

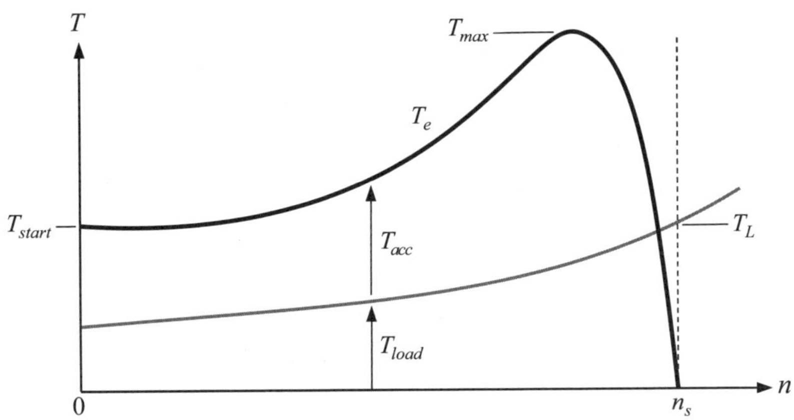

그림 10-19 유도전동기의 토크와 부하토크, 가속토크

를 N-m 대신 kgf-m 단위로 쓰는 경우에는 식(10-16)이 아래와 같이 표현된다.

$$t_{acc} = \frac{(GD^2 / 4)}{9.8T_{acc}} \frac{2\pi}{60} n_s \approx \frac{GD^2}{375T_{acc}} n_s \qquad (10\text{-}20)$$

아래는 가속시간 계산의 한 예이다. 단, 매우 거친 근사식이므로 상당히 큰 오차(20~30 %)를 가지고 있음을 감안하도록 하라.

예제 10-8

표 10-5의 4극 30 kW 전동기로 25마력의 팬을 기동한다. 팬의 GD^2은 50 kg-m²이다. 대략적인 기동시간을 계산하라.

표 10-5에서 전동기의 GD^2이 0.862 kg-m²이므로 전체 GD^2은 약 51 kg-m²이다. 가속이 완료된 후의 부하 토크는 다음과 같이 계산된다.(슬립은 무시한다.)

$$T_L \approx \frac{P}{\omega_s} = \frac{25 \times 746}{1{,}800 \times (2\pi / 60)} = 98.9 \text{ N-m} = 10.1 \text{ kgf-m}$$

팬 부하이므로 가속기간 중 작용하는 평균부하토크는

$$k_L T_L \approx \frac{1}{3} T_L = 3.36 \text{ kgf-m}$$

가속기간 중 전동기의 평균토크는 식(10-18)과 표 10-5로부터

$$T_M \approx 0.8 \times \frac{2.3 + 2.7}{2} \times 16.65 = 33.3 \text{ kgf-m}$$

따라서

$$T_{acc} = 33.3 - 3.36 = 29.9 \text{ kgf-m}$$

식(10-20)으로부터 가속시간은 다음과 같이 구해진다.

$$t_{acc} = \frac{51}{375 \times 29.9} \times 1{,}800 \approx 8.2 \text{ sec}$$

차단 후 재투입

간혹 유도전동기를 운전하는 도중 전원을 끊었다가 전동기가 완전히 정지하기 전에 다시 전원을 투입하여 재기동하는 경우가 있다. 전동기가 회전하고 있는 상태에서 기동하면 정지상태에서 기동할 때보다 전류가 작을 것으로 예상할 수 있고, 실제로도 그러하다. 그러나 잘못하면 오히려 정지상태에서 기동할 때보다 훨씬 큰 전류가 흐르게 될 가능성도 있다.

전원이 차단되었을 때, 고정자 전류는 0이 되지만 공극자속은 바로 0이 되지 않는다. 차단 시점에 전동기 내부의 자기에너지가 바로 소멸될 수 없으므로 고정자전류가 멈추는 순간 회전자에 대신 전류가 흘러 자속을 차단 직전과 같은 크기로 유지한다. 회전자는 이 순간의 전류를 유지한 채로 계속 회전하므로 회전자의 자속이 회전하면서 고정자권선에 회전속도에 해당하는 주파수의 기전력을 유기한다. 이를 **잔류전압**이라 한다. 회전자전류 및 그로 인해 나타나는 잔류전압은 그림 10-20에서 보듯이 자기에너지가 회전자 도체에서 주울열로 다 소모되어 사라질 때까지 지속된다. 지속시간은 시정수($\approx L_m / R_r$)가 큰 대용량 전동기의 경우 1~2초, 소용량에서는 수분의 일초 정도이다.

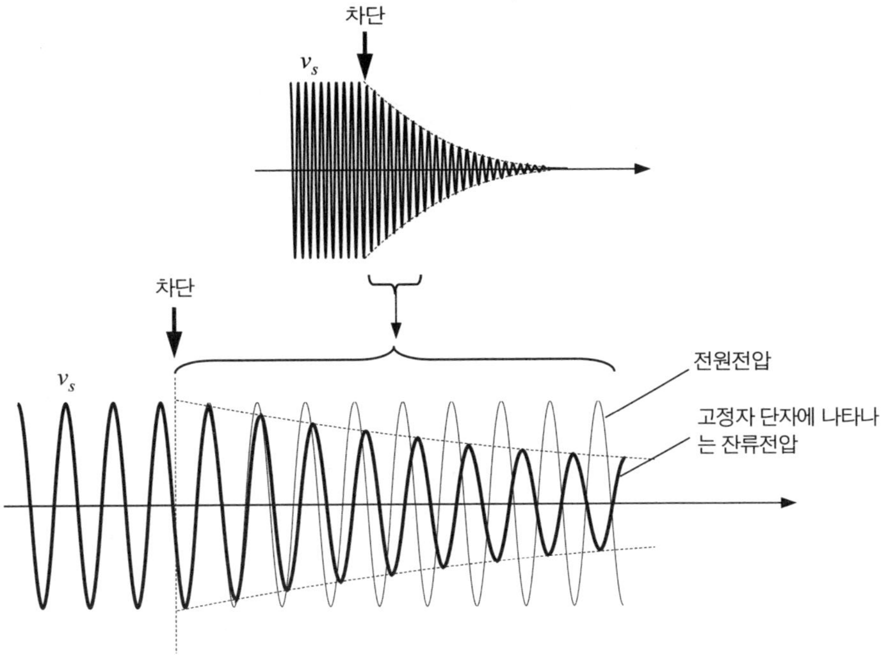

그림 10-20 유도전동기를 전원에서 차단한 직후의 잔류기전력

차단 후 잔류전압은 크기가 줄어드는 한편 회전속도가 떨어짐에 따라 주파수도 낮아지면서 전원전압과의 위상차가 점점 벌어진다. 잔류전압이 사라지기 전 전원을 다시 투입한다면 전류가 투입 시점의 전원전압과 잔류전압 사이의 차이에 의해 결정되는데, 최악의 경우 잔류전압의 크기가 아직 전원전압과 크게 차이가 나지 않으면서 위상은 180° 차이가 나는 시점에 재접속된다면 기동전류의 거의 두 배에 이르는 과도전류가 흐르게 된다. 그 결과 전동기가 손상되고, 대형 전동기의 경우 상위 계통의 차단기를 작동시켜 정전사고가 일어날 수도 있다. 전동기가 무부하상태였고, 또 회전자와 부하의 관성이 크다면 차단 후 속도 하락이 느리기 때문에 위상 이탈이 크지 않으며, 따라서 재투입시 순시전압의 차이가 크지 않아서 큰 문제가 되지 않을 수 있다. 그러나 부하가 연결되어 있을 경우에는 당초 슬립속도만큼 차이가 나는데다 부하에서 운동에너지가 소진되기 때문에 속도 하락이 크다. 따라서 위상이탈이 크고, 차단 후 재투입까지 시간이 아주 짧다고 해도 큰 과도전류가 흐를 수 있다. 관성이 작을 때도 마찬가지이다.

이런 문제를 피하기 위한 가장 간단한 방법은 차단 후 잔류전압이 사라질 만큼 충분한 시간(수 초 이상)이 지난 후 재투입하는 것이지만, 그렇게 할 수 없을 때는 전원전압과 잔류전압 사이의 위상차가 0°에 근접할 때 투입되도록 동상검출장치를 사용해야 한다. 한편 전동기 입력단에 역률보상 커패시터가 있는 상태라면 10-4절에서 설명한 자기여자 현상 때문에 (과전압이 유기되지 않는 경우라 해도) 잔류전압이 감쇄하는 데에 훨씬 오랜 시간이 걸리게 된다. 따라서 운전 중 일시적으로 전원이 차단되는 일이 생길 수 있는 용도에는 역률보상 커패시터를 사용하지 않으며, 부득이 사용해야 한다면 커패시터에도 차단기를 두어 전동기가 차단될 때 커패시터도 분리되도록 하거나 잔류전압이 정격전압의 20 % 미만으로 줄어든 뒤 재투입이 이루어지도록 해야 한다.

10-6 유도전동기의 기동방식

대형 전동기나 관성이 큰 부하를 구동하는 전동기, 그리고 기동 kVA가 급전변압기 용량의 10 %를 넘는 경우에는 기동시 전동기의 손상을 피하고 전압변동을 완화하기 위해 인가전압을 낮추어 기동전류를 줄여줄 필요가 있다.

직입기동

10마력 이하 소형은 대개 전전압으로 직접 기동한다. 대용량이라도 전원 용량이 충분하고 축 계통이 강인하면 직접 기동할 수 있다. 그림 10-21은 직입기동에서 주접점 1을 여닫기 위한 기본 시퀀스회로를 보여주고 있다. 그 오른편은 기동 과정에서 속도가 상승함에 따라 토크와 전류가 변하는 양상을 나타내고 있다. 단, 이는 평균치로서 실제 순시치는 기동 초기 평균치를 중심으로 큰 폭으로 요동한다(이하 다른 기동방식들도 마찬가지이다). 축 계통이 강인해야 한다는 것은 이러한 요동을 포함한 순간적인 토크의 변화를 충분히 감당할 수 있어야 함을 뜻한다.

과전류 차단에는 MCCB(molded case circuit breaker)와 같은 기구가 사용된다. 전동기 내부단락 등의 사고가 일어났을 때 신속히 차단하기 위한 것으로, 기동전류보다 훨씬 큰 전류에서 작동한다. 당연히 통상적 과부하에도 작동하지 않는다. 과부하 차단은 별도의 과부하 계전기가 담당하는데, 주로 **열동형 과부하계전기**(overload thermal relay)가 사용된다. 열동형이란 계전기 내부에 있는 저항의 주울열로 가열되어 온도가 어느 이상이 됐을 때 작동함을 뜻한다. 즉 일시적 과부하전류나 짧은 시간 흐르는 기동전류에서는 작동하지 않고 정격 이상의 전류가 상당 시간 지속되었을 때 작동한다. 또 어떤 이유로 기동에 실패해서 구속전류가 계속 흐르고 있는 경우에도 전동기를 차단하는 역할을 한다. 아래 기동방식들의 회로도에 따로 표시하지 않지만 과전류차단장치와 과부하계전기는 공통으로 적용된다.

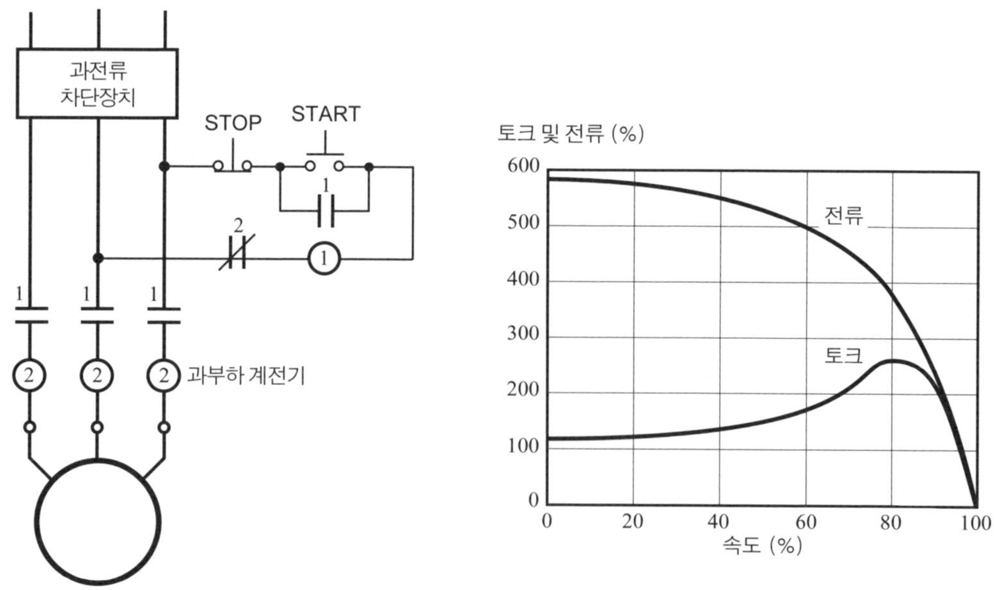

그림 10-21 직입기동

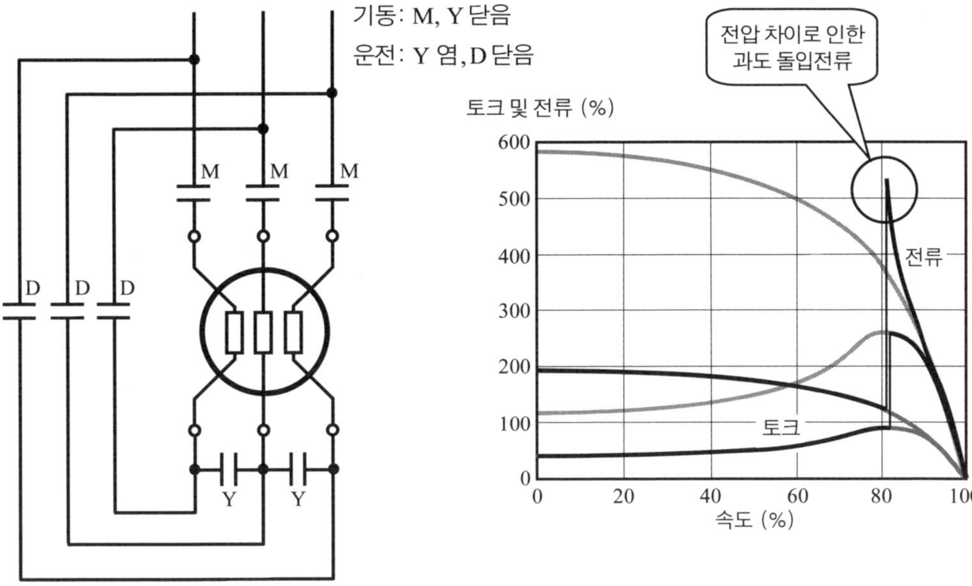

그림 10-22 Y-Δ기동

와이-델타 기동

저압전동기는 기본적으로 Δ결선으로 운전하되, Y결선으로 변경이 가능하도록 고정자권선의 6개 단자가 모두 인출되어 있는 경우가 많다. 이런 전동기들은 기동시 일시적으로 Y로 전환하여 기동전류를 줄여줄 수 있다. 일부 이중전압전동기를 저압에서 사용할 때, 예컨대 220 V/380 V 겸용 전동기를 220 V에서 사용할 경우에도 이 방식을 적용할 수 있다. Δ결선에서 전동기 각 상에 선간전압 V가 인가되었을 때 선로전류를 I라 하면 Δ결선 각 상의 전류는 $I/\sqrt{3}$이다. 결선을 Y로 하고 같은 전압을 가하면 각 상에 가해지는 전압이 $V/\sqrt{3}$로 줄어들므로 상전류도 $1/\sqrt{3}$로 줄어 $I/3$가 되며, Y결선에서는 이 전류가 곧 전원측 선전류이다. 따라서 Δ결선일 경우의 1/3로 줄어든다.

그림 10-22가 와이-델타 기동방식의 결선으로서, 기동시에는 주접점 M과 함께 Y를 닫아 Y결선으로 하였다가 기동이 진행되어 전류가 충분히 줄어든 뒤 Y를 열고 D를 닫으면 Δ로 전환된다. 오른편의 전류 특성에서 보듯이 전전압에서의 전류(흐린 선)가 동기속도의 60~70 %까지도 기동 초기 전류와 큰 차이가 없기 때문에 Δ로 전환은 속도가 충분히 상승한 후에 이루어져야 한다. 전환시 전류가 일시적으로 상승하는 것은 전환 순간 인가전압이 급변하면서 과도전류가 흐르기 때문이다.

그림 10-23의 (a)는 전환이 즉각 이루어질 때 전후 전압 차이를 보여주고 있다. 전환 직전 상전압의 크기가 1이었다면 전환 직후 공극자속과 속도는 아직 그대로이므로 고정자 권선의 기전력은 여전히 1에 가까운 상태이다. 여기에 크기 $\sqrt{3}$의 30° 앞선 선간전압이 가해지므로 이들 사이에 크기 1의 전압차가 발생하며, 그로 인해 상당히 큰 과도전류가 흐르게 된다. 실제로는 단락사고를 방지하기 위해 Y가 완전히 열린 뒤 D를 닫으므로 그 사이 전동기가 잠시 개방상태에 놓이게 되어 앞 절의 '차단 후 재투입'에서와 같은 문제가 발생한다. 즉 개방 중 속도 하락으로 기전력의 위상이 전원 위상에서 이탈하여 전압차이가 훨씬 커질 수 있다. 특히 관성이 작은 부하나 마찰성 부하는 위상이탈이

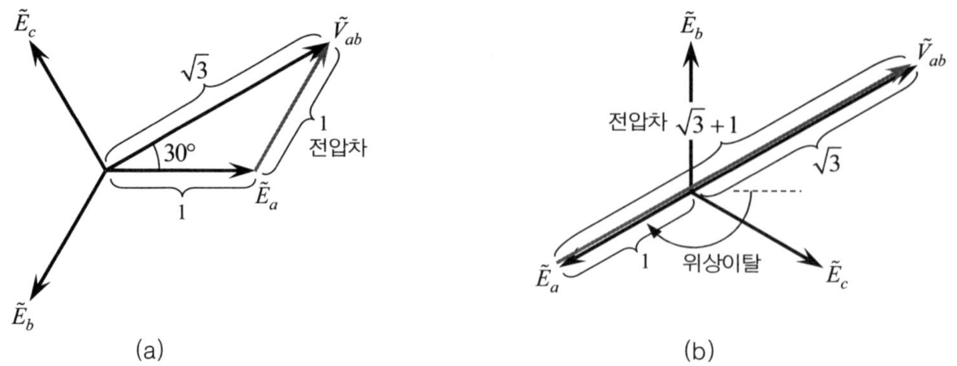

그림 10-23 Y 결선에서 Δ결선으로 전환할 때 권선에 가해지는 전압의 차이: (a) 즉시 전환시 (b) 위상이탈로 180° 의 위상차가 생겼을 때

크다. 최악의 경우 (b)와 같이 역기전력이 전원 선간전압 정 반대 위상이 되었을 때 접점이 닫히면 전압차가 (a)의 약 2.7배에 달할 수 있다. 부가회로를 추가하면 이런 급변동을 완충하는 비개방전환방식도 가능하지만 값싸고 간단한 방식이라는 장점이 퇴색되어 버리므로 대개 개방전환방식을 사용한다. 대형일수록 임피던스가 작아서 과도전류가 크므로 적용 대상은 수십 kW로 제한된다.

와이-델타 기동은 전동기 상전압이 $1/\sqrt{3}$ 로 낮아지면서 토크가 전압의 제곱에 비례하여 1/3 로 줄어든다. 따라서 부하가 클 때 기동하지 못하는 일이 생길 수 있기 때문에 무부하나 경부하 상태로 기동이 가능한 경우에만 사용되어야 한다. 일반적으로 비교적 긴 가속시간이 허용되는, 기동토크가 크지 않아도 되면서 기동전류는 작아야 하는 용도에 적합하고, 개방전환시 위상이탈이 크지 않은, 관성이 큰 부하에 적용하는 것이 바람직하다. 그리고 뒤의 단권변압기 기동방식에 비해 상대적으로 기동이 빈번한 용도에 적용된다. 전동기 자체가 결선 변경이 가능하면서 사용전압 조건이 맞아야 함은 물론이다. 엘리베이터나 냉각기, 대형 공기조화기, 원심분리기 등에서 볼 수 있다.

단권변압기 기동

단권변압기 기동[6]은 그림 10-24와 같이 Y결선 3상 단권변압기를 통해 전원전압을 낮추어 기동하는 방식이다. (V결선 방식이 사용되기도 한다.) 단권변압기에 몇 개의 탭이 나와 있어서 부하의 토크와 기동시간 등을 고려하여 선택할 수 있게 되어 있다. 주로 50 %, 65 %, 80 % 탭이 사용된다.

처음 S1, S2를 닫으면 선택된 탭의 전압이 전동기에 가해진다. 이 전압으로 충분히 가속된 후 S1, S2를 열고 R을 닫아 전전압을 인가한다. 이때 전동기 단자가 일시 개방되므로 Y-Δ기동에서와 같이 위상이탈로 인한 과도전류의 문제가 발생한다. 따라서 S1, S2를 다 열지 않고 S1만 열어 전동기가 단권변압기의 위쪽 직렬권선 부분을 통해 계속 전원에 접속되어 있도록 하면 직렬권선이 뒤의 리액터 기동에서와 같이 전류를 제한하는 역할을 하게 된다. 이 상태로 좀 더 가속이 이루어진 뒤 R을 닫으면 전환이 완료된다. 그림의 전류와 토크는 이 2단계 비개방 전환방식을 나타낸 것이다. 비개방 방식이 다소 비싸지만 단권변압기가 애초에 고가이므로 추가비용의 비중이 낮아 비개방 방식이 선호

---

[6] 단권변압기 기동을 기동보상기 방식이라 부르는 경우를 흔히 볼 수 있는데, 여기서 '보상기(compensator)'란 단권변압기가 선로 전압강하를 보상(compensate)하는 데에 주로 적용되면서 탭절환식 단권변압기를 보상기라 불렀던 데에서 비롯된 명칭이다. 따라서 기동에 쓰이는 단권변압기를 보상기라 하는 것은 맥락이 닿지 않는 잘못된 표현이다.

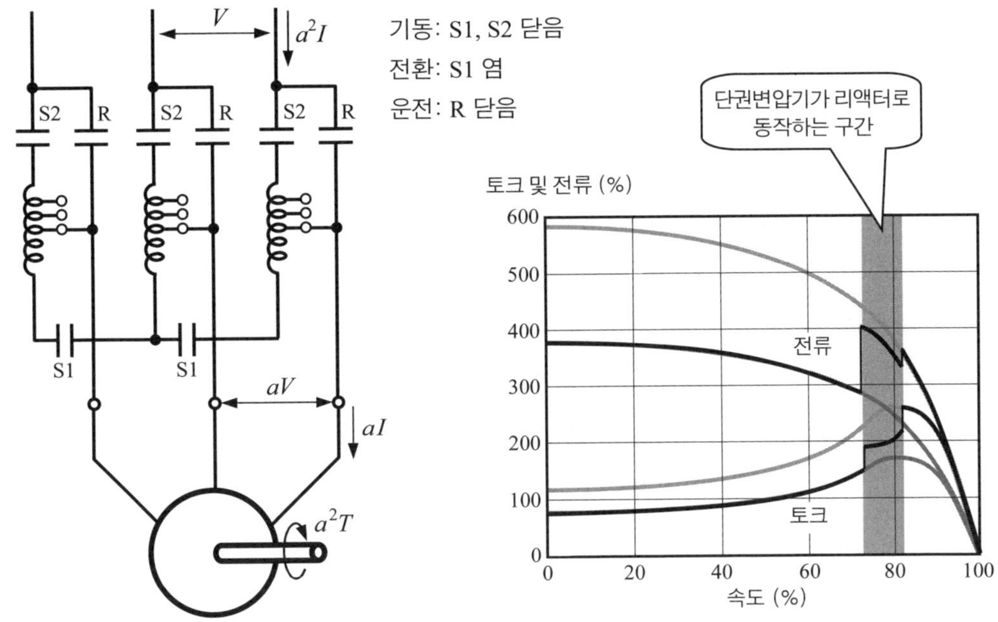

그림 10-24 단권변압기 기동

된다. 이를 콘돌퍼(Korndorfer)방식이라 부르기도 한다.

단권변압기를 통해 전동기에 가해지는 전압이 전원전압의 a배($a<1$)라면 전동기 입력전류 역시 직입기동의 a배가 된다. 단권변압기 1차측에는 여기에 다시 a배인 전류가 흐르므로 전원전류가 직입기동시의 a^2배가 된다. 기동토크는 인가전압의 제곱에 비례하므로 전류와 마찬가지로 직입기동시의 a^2배이다. 따라서 50 %, 65 %, 80 % 탭에서 각각 기동전류와 기동토크는 직입기동의 25 %, 42 %, 64 %가 된다.(단권변압기의 여자전류 때문에 실제 전류는 이보다 약간 크다.)

토크와 전류가 모두 인가전압의 제곱에 비례한다는 점에서 단권변압기 기동은 Y-Δ기동과 같다. 그러나 Y-Δ기동에서는 인가전압 비율이 $1/\sqrt{3}$ (58 %)로 고정되는데 비해 Y-Δ보다 더 큰 기동토크가 필요한 경우에는 65 %나 80 % 탭을, 기동전류를 더 낮춰야 하는 경우에는 50 % 탭을 선택할 수 있다. 이처럼 기동전압을 조정할 수 있고, 결선방식에 무관하게 모든 전동기에 적용할 수 있으며, 뒤의 임피던스 기동방식과 비교해서도 같은 토크를 내는 데 전류가 작기 때문에 성능은 가장 좋다. 그러나 고가이고, 크고 무거우며, 단권변압기의 발열 때문에 기동이 빈번한(시간당 4회 이상) 용도에는 적용할 수 없다. 주로 뒤의 리액터 기동에 비해 기동전류를 더 낮게 억제할 필요가 있는 곳에 적용되며, 직입기동을 해야 할 만큼 큰 기동토크를 필요로 하지 않는 경우라면 대형 유도전동기 기동에 가장 보편적으로 사용되고 있다. 주된 용도는 펌프나 팬, 송풍기, 컴프레서, 컨베이어 등이다.

예제 10-9

380 V, 50마력, 정격전류 72 A, 정격슬립 4 %, 기동계급 H인 3상 유도전동기를 단권변압기로 기동할 때 선로전류를 200 A로 제한하고자 한다. 단권변압기의 변압비가 얼마여야 하는가? 그리고 이때 기동토크는 정격토크의 몇 %인가?

기동계급이 H이므로 표 10-3에서 kVA/hp = 6.3 ~ 7.1이다. 중간값 6.7을 취하면

$$S \approx 6.7 \times 50 = 335 \text{ kVA}$$

$$I_{start} = \frac{S}{\sqrt{3}V} = \frac{335\text{k}}{\sqrt{3} \times 380} = 509 \text{ A}$$

단권변압기의 전압비가 a 일 때 선로전류는 위의 전전압 기동전류의 a^2 배이다. 따라서

$$a^2 = \frac{200}{509} = 0.393$$

$$a = \sqrt{0.393} = 0.627$$

이때의 기동토크는 전전압 기동토크의 a^2 배, 즉 0.393배이다. 여기서 원래 전전압으로 기동할 때 기동토크가 정격토크의 몇 배인지는 다음과 같이 구할 수 있다. 정격슬립을 s_R, 정격토크를 T_R 로 쓰면

$$T_R = \frac{3}{\omega_s}\frac{R_r}{s_R}{I_R}^2$$

$$T_{srart} = \frac{3}{\omega_s}R_r{I_{start}}^2$$

$$\frac{T_{start}}{T_R} = \left(\frac{I_{start}}{I_R}\right)^2 s_R = \left(\frac{509}{72}\right)^2 \times 0.04 = 2.0$$

따라서 단권변압기로 기동할 때의 토크는 정격토크의 $0.393 \times 2 = 78.6$ %이다.

직렬임피던스 기동

직렬임피던스 기동은 그림 10-25에 보인 것과 같이 선로에 직렬 저항이나 리액터를 삽입하여 기동전류를 억제하는 방법을 말한다. 직렬 임피던스와 전동기의 구속 임피던스($\approx X_s + X_r$)에 의해 분압된 전압이 전동기에 가해지고, 정격속도 부근에 도달하면 직렬임피던스를 우회하여 전전압을 인가한다. 통상 기동 초기 전동기의 입력단 전압이 정격의 70 %가 되도록 직렬 임피던스를 선정하는데, 이 경우 전원전류가 직입기동의 70 %, 기동토크는 50 %가 된다. 토크는 전압의 제곱에 비례하고, 전류는 전압에 단순 비례하므로 단권변압기 기동에 비해 같은 기동토크에서 더 큰 전류가 흐른다. 대신 개방전환의 문제가 없고 단순하다.

직렬리액터 기동은 기동 과정에서 속도가 상승하면서 전류가 줄어들 때 리액터에서 일어나는 전압강하도 줄어들기 때문에 전전압으로 전환할 때 거의 과도전류가 흐르지 않아서 부하에 가해지는 기계적 충격이 작다. 따라서 특히 부드러운 기동이 필요한 곳에 적합하다. 직렬리액터가 삽입되면 등가회로상의 누설리액턴스가 커진 것과 같아서 항복토크가 줄어들고, 따라서 평균 가속토크가 줄어들기 때문에 기동에 걸리는 시간은 다소 길다. 한편 전동기는 용량이 작을수록 pu임피던스가 큰데(표 9-1), 리액터의 임피던스도 그만큼 커져야 하므로 중소형에서는 리액터 기동이 V결선형 단권변압기 기동방식보다 오히려 고가가 될 수도 있다. 따라서 대개 고압의 대용량 전동기에 적용된다.

저항기동은 소용량(10마력 이하)에서 Y-Δ기동을 적용할 수 없거나 개방전환을 피해야 하는 용도에 사용된다. 보통 기동저항을 몇 단계로 나누어 기동시간을 단축시키는데, 단계를 나누지 않으면 기동시간이 길어지는 대신 기동특성은 부드러워진다. 리액터방식에 비해 훨씬 싸고, 기동 중 역률이 높아서 선로 전압강하가 작으며(선로 전압강하는 주로 지상 전류성분에 의해 일어난다), 항복토크가 더 커서 가속이 빠르다. 그러나 기동저항의 열손실 때문에 대용량에는 잘 사용되지 않는다.

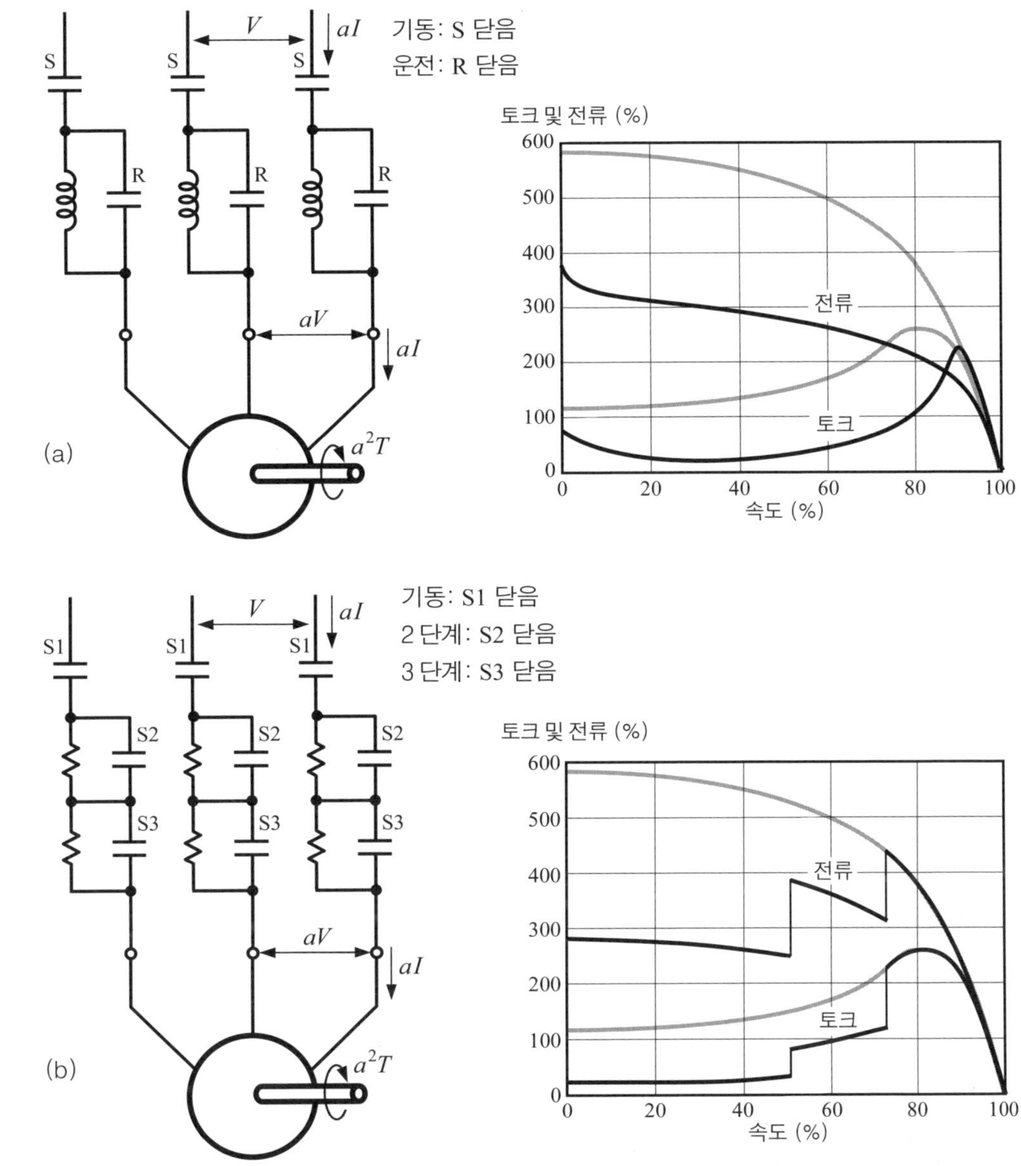

그림 10-25 직렬임피던스 기동: (a) 직렬리액터 기동 (b) 직렬저항 기동

예제 10-10

예제 10-9의 전동기를 직렬저항방식과 직렬리액터방식으로 기동하는 각각의 경우에 대해 선로전류를 200 A로 제한하는 데에 필요한 저항과 리액터 값을 구하라. 이때 전동기 단자전압과 기동토크는 정격토크 대비 몇 %인가? 전동기 구속시 역률각은 70°인 것으로 가정한다.

예제 10-9에서 구속전류가 509 A이므로 구속시 전동기 임피던스는

$$\tilde{Z}_{LR} \approx \frac{380/\sqrt{3}}{509}\angle 70° = 0.431\angle 70° = 0.147 + j0.405\ \Omega$$

기동전류가 200 A로 제한되기 위해 필요한 임피던스는

$$Z = \frac{380/\sqrt{3}}{200} = 1.097\ \Omega$$

따라서 직렬저항기동의 경우 상당 삽입해야 할 저항값은

$$\sqrt{(R+0.147)^2 + 0.405^2} = 1.097\ \Omega$$

$$R = \sqrt{1.097^2 - 0.405^2} - 0.147 = 0.873\ \Omega$$

직렬리액터기동의 경우 상당 삽입해야 할 리액터의 임피던스는

$$\sqrt{0.147^2 + (X+0.405)^2} = 1.097\ \Omega$$

$$X = \sqrt{1.097^2 - 0.147^2} - 0.405 = 0.682\ \Omega$$

두 경우 모두 전동기 단자전압은 아래와 같이 계산된다.

$$V_s = Z_{LR} I = 0.431 \times 200 = 86.2\ \text{V}$$

이는 등가 Y결선의 상전압이므로 선간전압은 $\sqrt{3}$ 배인 149 V이다. 기동토크는 입력단 전압의 제곱에 비례한다. 예제 10-9에서 전전압 380 V에서 기동토크가 정격토크의 2배였으므로 149 V일 때의 기동토크는 정격토크의 $(149/380)^2 \times 2 = 0.307$ 배, 즉 30.7 %이다.

부분권선 기동

유도전동기 중에는 고정자에 두 개의 동일한 권선을 가지고 있어서 직렬과 병렬접속을 선택할 수 있도록 만들어진 2중전압 전동기(예컨대 220/440 V 전동기)가 있다. 이러한 전동기를 병렬접속으로 낮은 쪽 전압에서 운전할 경우 그림 10-26에 보인 부분권선 기동방식을 적용할 수 있다. 먼저 접점 1을 닫아 한쪽 권선에만 급전하여 어느 정도 기동이 이루어진 후 접점 2를 닫아 두 권선 모두에 급전한다. 한쪽 권선만 사용했을 때 두 권선에 전압이 동시에 인가되는 직입기동에 비해 전류는 60-70 %, 기동토크는 50 %이다. 관성이 큰 부하, 자주 기동을 하는 곳, 완만한 기동이 필요한 용도에는 바람직하지 않지만 특정 형태의 전동기들에서는 간단히 적용할 수 있다는 장점을 지니고 있다.

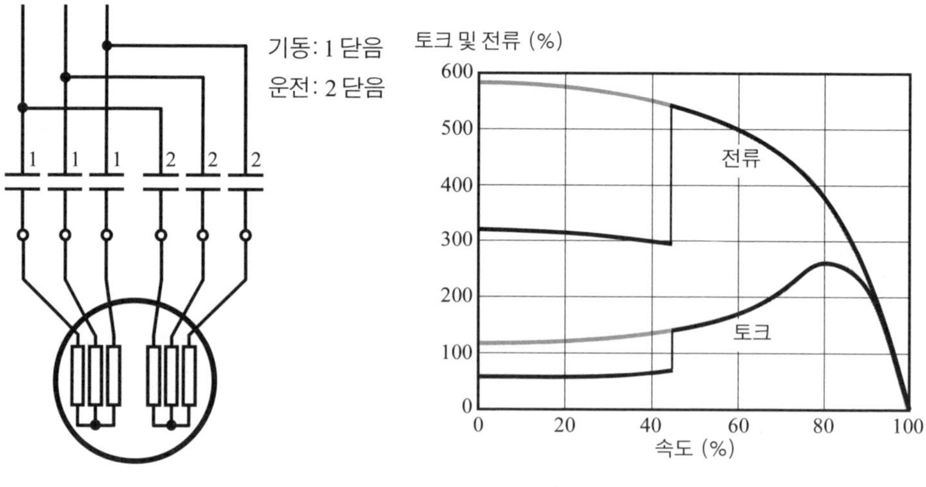

그림 10-26 부분권선 기동(고정자 권선은 델타결선일 수도 있다)

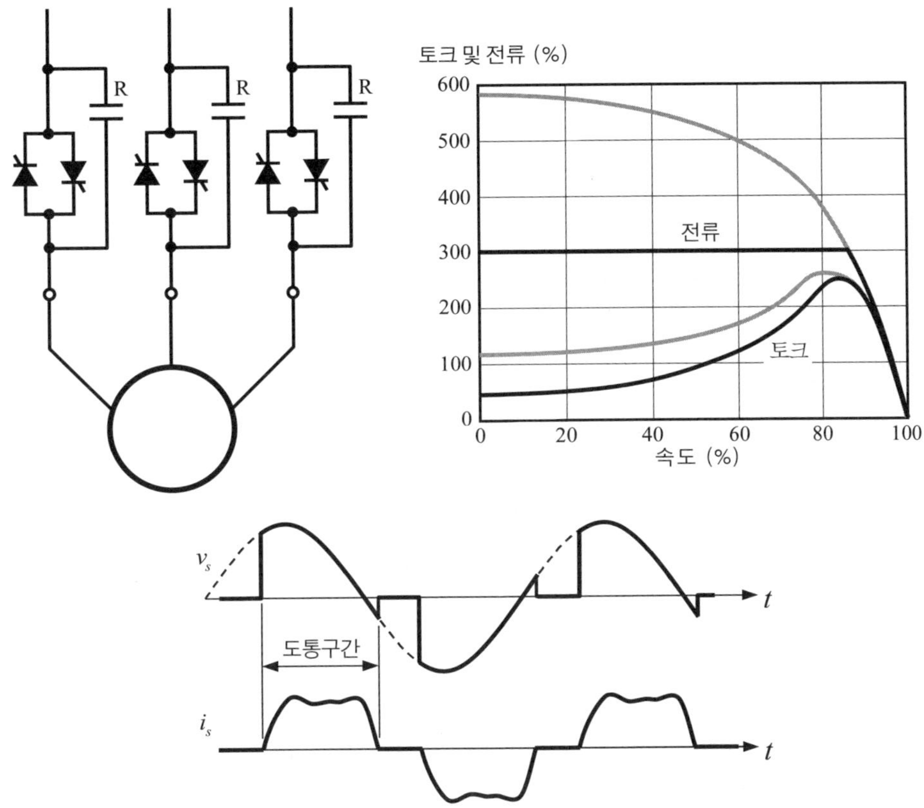

그림 10-27 정지형 기동회로와 전압 및 전류파형 (실제 파형은 상 사이의 간섭 때문에 다소 다르다.)

정지형 기동

정지형기동기(solid-state starter)란 그림 10-27에 보인 싸이리스터(thyristor) 반도체 스위치로 구성된 교류전압 조정기를 말한다. (정지형靜止形이란 스위치가 기계식 접점과 같은 움직이는 부위를 지니고 있지 않음을 뜻한다.) 싸이리스터는 도통하지 않다가 게이트 단자에 신호를 가하면 도통상태로 전환되므로 도통시점을 조절하면 그림의 파형처럼 전압이 매 주기 일부 구간에만 전동기에 가해지도록 할 수 있다. 기동 초기에는 전압 인가구간을 작게 했다가 차츰 늘려감으로써 인가전압이 서서히 증가하는 **유연기동**(soft start)이 이루어지도록 하는 것이 정지형기동기의 주된 기능이다. 기동 과정에서 그림에 나타낸 것과 같이 전류가 설정된 값으로 일정하게 유지되도록 피드백제어를 통해 전압을 조절하는 방법이 흔히 사용된다. 기동이 완료되고 나면 싸이리스터를 전구간 도통시켜 전동기에 전전압이 가해지도록 한다. 이때 싸이리스터 전압강하로 불필요한 손실이 계속 발생하는 것을 피하기 위해 그림에 보인 것과 같이 접점을 통해 기동기를 우회시키는 경우가 많다.

정지형 기동기는 다른 방식들에 비해 상대적으로 고가인 편이지만 전동기의 권선 구성 방식에 구애받지 않고, 기동 외에도 속도제어나 역률제어, 경부하이 감전압운전을 통한 효율개선, 과부하나 결상, 역상에 대한 보호, 역회전, 단상전원 인가에 의한 제동 등 다양한 부가적 기능을 포함시킬 수 있다는 장점이 있다. 단, 고조파 때문에 역률보상 커패시터가 있는 곳에는 사용을 피해야 한다.

10-7 유도전동기의 속도제어

유도전동기의 속도는 부하에 따라 다소 변동하기는 하지만 거의 동기속도

$$n_s = \frac{120f}{P} \tag{10-21}$$

에 의해 좌우된다. 일반적으로 극수와 주파수가 고정되어 있으므로 상용전원에서 유도전동기는 정속 전동기로 사용된다. 속도를 변경시키려면 (1) 극수를 변경하거나 (2) 주파수를 변경하여 동기속도를 변경시켜야 한다. 동기속도를 그대로 두고 (3) 슬립을 변경시켜 속도를 제어할 수도 있다.

극수 변경에 의한 속도제어

농형 유도전동기의 경우 회전자에는 항상 고정자 회전자계와 같은 수의 자극이 만들어지므로 고정자권선의 극수만 변경하면 된다. 여기에는 다중권선방식, 권선분할방식 등이 있다.

다중권선방식은 고정자에 극수가 다른 권선세트를 함께 설치한 것을 말한다. 예를 들어 4극 권선과 6극 권선을 함께 설치한다면 둘 중 어느 한쪽만 사용함으로써 1,800 rpm과 1,200 rpm을 선택할 수 있다. 이 방식은 늘 고정자 도체의 일부만 사용하기 때문에 기기가 크고 무거워질 수밖에 없으며, 당연히 가격도 상승하므로 특별한 경우 외에는 사용되지 않는다.

권선분할방식은 권선의 단자접속을 바꿔 극수를 변경한다. 그림 10-28은 한 상의 권선이 1-1′와 2-2′ 두 코일로 이루어진 것을 보여주고 있다. (a)는 두 코일이 병렬인 상태로, 두 코일 전류의 방향이 서로 반대여서 한쪽 코일에 N극이 만들어질 때 다른 쪽에는 S극이 만들어져 2극기가 된다. 결선을 (b)와 같이 직렬로 바꾸면 전류방향이 같아져 양쪽 코일 안쪽에 같은 극이 나타나는데, 이때 두 코일 사이에 반대의 극이 생성된다. 이를 논리극(consequent pole)이라 부른다. 결과적으로 극수가 두배

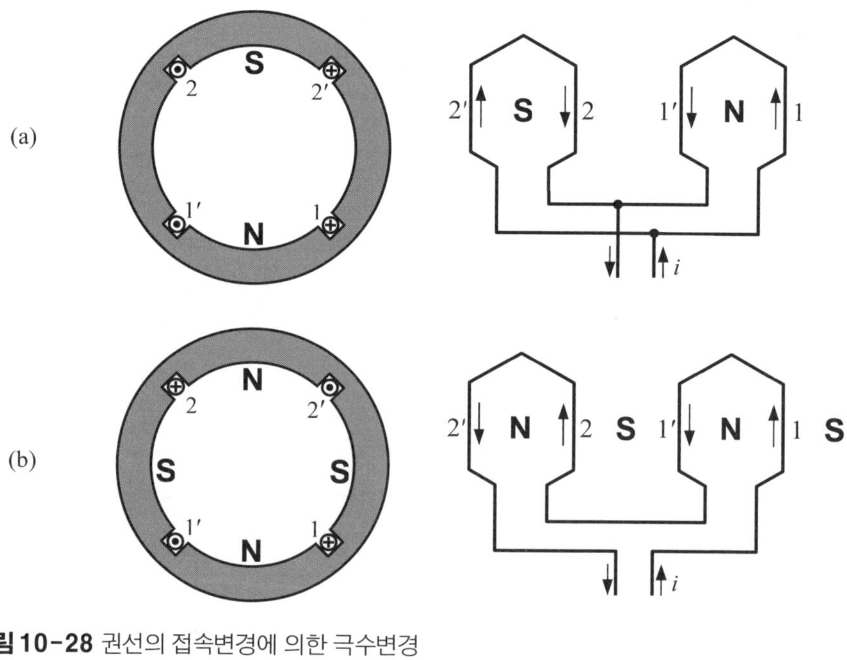

그림 10-28 권선의 접속변경에 의한 극수변경

로 늘어나며, 코일 수를 늘리면 2극/4극만 아니라 4극/8극, 6극/12극 등의 절환이 가능하다. 3상 권선을 모두 이와 같이 하여 속도를 2:1 비율로 변경할 수 있게 한 것을 2단속도전동기라 한다.

여기서 3상 결선방식에 따라 그림 10-29에 보인 세 가지가 있다. 셋 모두 각 상 권선의 한쪽 단자와 중앙 단자 총 6개의 단자가 주어진다. 여기서 1, 2, 3에 전원을 연결하고 4, 5, 6을 개방상태로 두면 저속결선, 4, 5, 6에 전원을 연결하고 1, 2, 3을 단락 또는 개방상태로 두면 고속결선이 되면서 각자 다른 출력특성을 갖는다. 왼편은 저속에서 토크가 0.7~0.8배 정도로 낮아지는 가변토크형, 중앙은 저속결선이 고속결선의 1.2~1.4배 정도로 큰 차이가 없는 정토크형, 오른편은 저속결선의 토크가 고속결선에 비해 1.6~1.8배로 커지는 정출력형이다. 이러한 권선분할방식을 2중권선 전동기와 조합하면 4단계의 속도를 얻는 것도 가능하다. 예컨대 1,200/1,800 rpm 2중권선 전동기에 극수변경을 적용함으로써 600, 900, 1,200, 1,800 rpm의 4단속도 전동기를 만들 수 있다.

이 외에 극변조(pole amplitude modulation: PAM) 방식도 있다. 한 상의 코일을 많은 수의 N극과

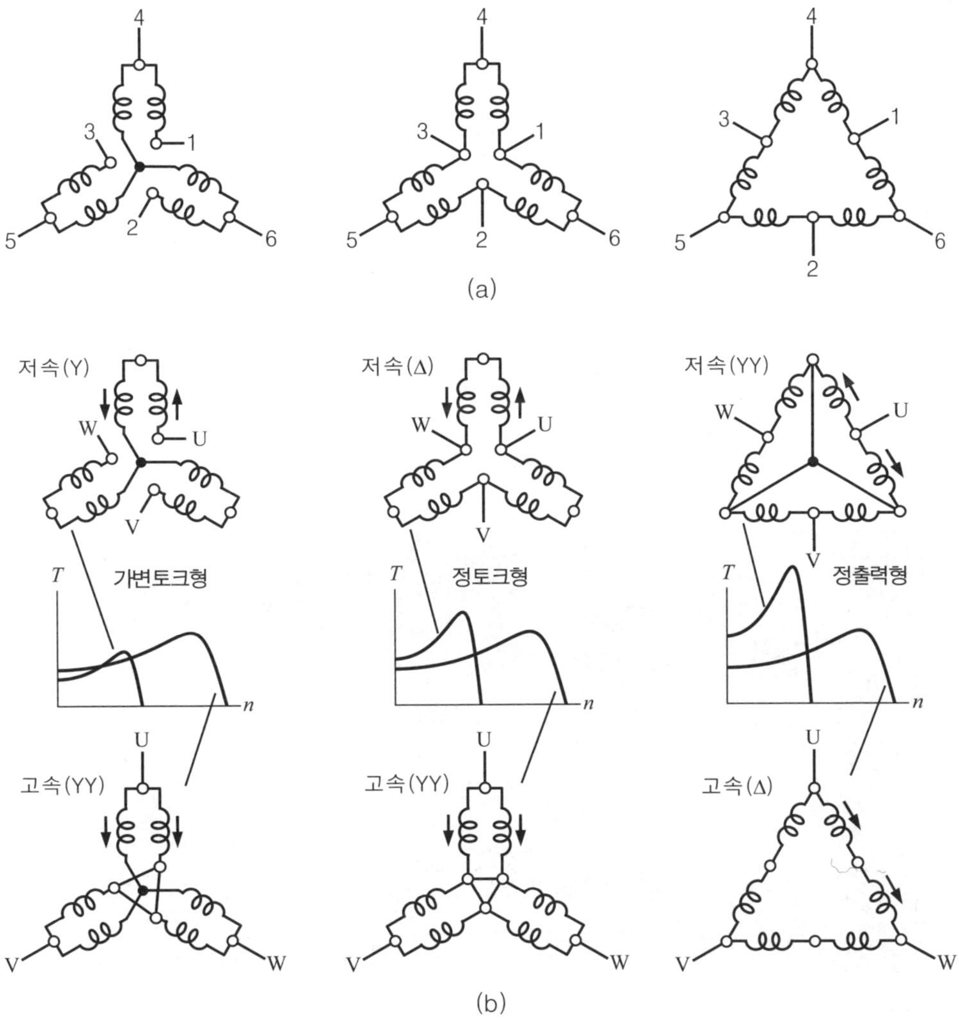

그림 10-29 극수변경 전동기의 3상 결선

S극을 만들도록 배치한 다음 이들을 그룹으로 나누어 그룹별로 전류 방향을 달리 함으로써 2:1 이외의 극수비를 얻는 방식이다. 이를 통해 극수비를 8:10이나 14:16, 26:28 등으로 변경시킬 수 있다. 구체적인 내용은 보다 상세한 문헌을 참고하라.

이러한 극수변경 방식들은 속도 변경이 몇 단계로 제한되고 효율과 역률이 떨어질 수밖에 없다. 과거 유도전동기의 속도를 달리 변경시킬 방법이 없었을 때는 흔히 볼 수 있었으나 주파수제어기술이 보편화되면서 사용빈도가 현저히 줄어들었다. 그러나 간단한 스위치 조작만으로 속도를 바꿀 수 있다는 장점 때문에 연속적 속도제어가 필요하지 않은 용도에 적용되고 있다.

주파수변환장치: 인버터

몇 단계로 정해진 속도가 아닌, 임의의 속도를 자유로이 얻고자 할 경우에는 그림 10-30에 보인 **인버터**(inverter)라 불리는 주파수변환장치가 사용된다. 과거에는 특수 설비에 국한되었으나 오늘날에 와서는 속도제어가 필요한 거의 전 영역에서 인버터-유도전동기 조합의 가변속구동(adjustable speed drive)이 산업의 표준이라 할 수 있을 정도로 널리 사용되고 있다. 그 적용범위는 분수마력에서부터 수천마력에 이른다. 인버터에는 여러 유형이 있으며, 그 구체적인 동작은 전력전자공학에서 다루어져야 할 내용이므로 여기서는 속도제어의 기본 사항만을 개략적으로 살펴보기로 한다.

그림 10-31에서 보듯이 인버터는 단상/3상 전원을 정류하여 직류로 바꾼 다음 이를 임의의 전압과 주파수의 단상/3상 교류로 변환하여 전동기에 가한다. 교류/직류 변환과 직류/교류 변환을 위한

(a)

(b)

그림 10-30 유도전동기 구동용 인버터: (a) 수 마력~수십 마력급 범용 유도전동기용 소용량 인버터(LG 산전) (b) 6,600 V, 4.5 MVA 대용량 전동기 구동용 인버터(현대중공업)

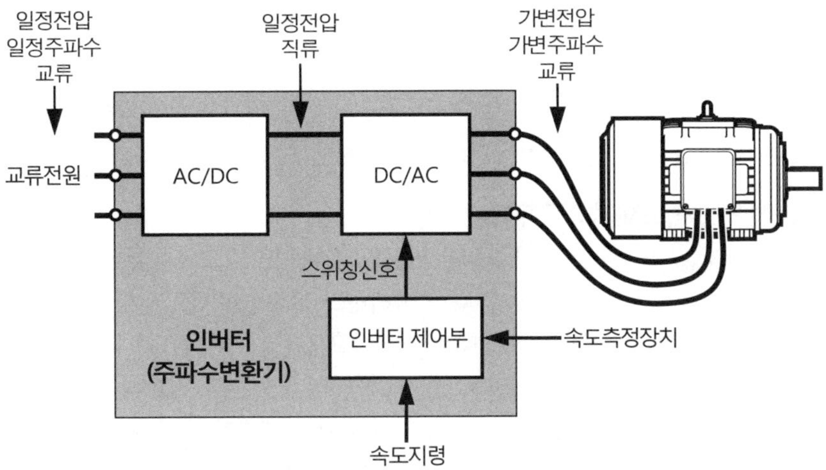

그림 10-31 유도전동기의 속도제어를 위한 인버터의 주요 구성요소

반도체 스위치회로가 전력회로를 이루고 반도체 스위치들을 ON, OFF 시키는 스위칭신호가 마이크로프로세서 제어부에서 만들어진다. 인버터는 상위 공정에서 주어지는 속도지령에 해당하는 주파수의 전압을 출력하는데, 속도를 정밀하게 제어해야 하는 용도에서는 검출된 실제 속도와 비교하여 전동기 속도가 지령치를 따르도록 주파수를 높이거나 낮추는 피드백제어를 행한다.

그림 10-32는 기본적인 형태의 3상 인버터 회로로서, 전력반도체 스위치들이 제어기에서 주어지는 스위칭신호에 따라 ON, OFF 되면서 인버터 출력단자들 사이에 그 아래 그림과 같이 $+V_d$ 구간, 0 구간, $-V_d$ 구간이 조합된 전압파형이 나타난다. 스위치들을 적절히 ON, OFF시켜 전압파형을 이루

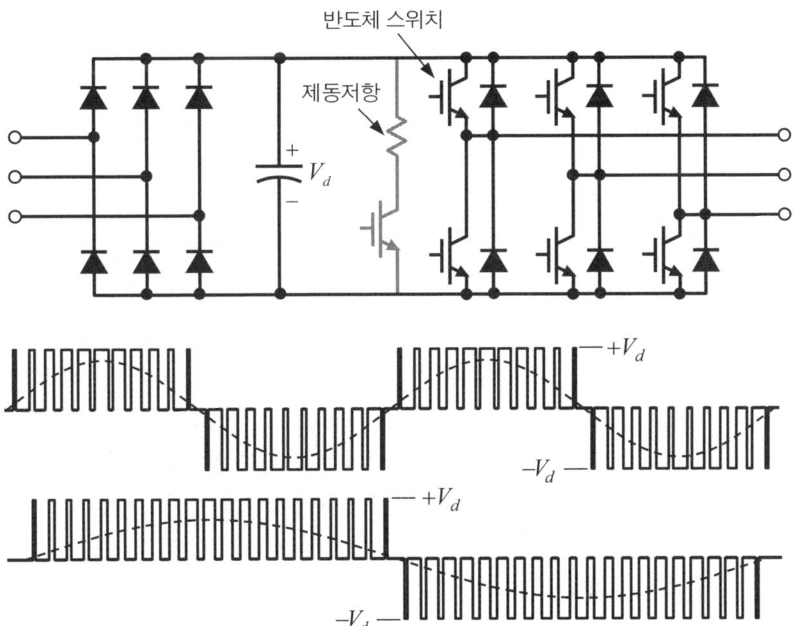

그림 10-32 인버터 회로와 출력단에 나타나는 선간전압의 파형

는 구형파 펄스들의 폭을 조정하면 구형파의 매 구간 평균치가 점선으로 나타낸 정현파의 모습을 따라 변하게 할 수 있으며, 제어기는 이 평균전압이 원하는 크기와 주파수의 교류가 되도록 제어한다. 그 결과 인버터는 임의의 크기와 주파수의 3상 전압을 출력하는 **가변전압가변주파수**(variable voltage variable frequency: 보통 VVVF라 함) 전원으로 동작한다.

주파수변경에 의한 속도제어의 운전특성

주파수를 제어할 때 가장 기본적인 조건은 전동기의 자속이 포화되지 않아야 한다는 것이다. 10-2절에서 설명했듯이 전동기의 자속은 전압에 비례하고 주파수에 반비례한다. 따라서 인버터로 유도전동기의 속도를 제어할 때는 V/f 비를 일정한 값으로 유지해야 한다. 즉 속도를 낮추기 위해 정격주파수 아래로 주파수를 줄일 때 전압도 그에 비례하여 줄여준다. 예컨대 380 V, 60 Hz 정격인 전동기를 30 Hz로 운전할 때는 전압이 190 V가 되도록 한다. 반대로 속도를 정격주파수의 동기속도 이상으로 높이기 위해 주파수를 키울 때는 전압을 정격 이상으로 올릴 수 없으므로 정격전압에 고정시킨다. 따라서 이때는 자속이 주파수에 반비례하여 낮아지게 된다.

이렇게 주파수를 변경시켰을 때 토크-속도 특성곡선의 변화는 그림 10-33과 같다. (굵은 선이 정격주파수 정격전압일 때를 나타낸다.) 이와 같이 토크특성이 변하게 되는 이유를 보기 위해 10-2절의 식 (10-5)와 (10-6)을 아래와 같이 바꿔 쓰도록 한다.

$$I_r \propto Vs \;\Rightarrow\; I_r \propto \left(\frac{V}{f}\right) sf \tag{10-22}$$

$$T_e \propto \frac{V^2}{f} s \;\Rightarrow\; T_e \propto \left(\frac{V}{f}\right)^2 sf \tag{10-23}$$

위에서 V/f 비가 일정할 때 전류와 토크는 모두 슬립주파수(sf), 즉 슬립속도에 비례하는 것을 알 수 있다. 예를 들어 60 Hz에서 1,750 rpm (슬립속도 50 rpm)일 때의 토크는 50 Hz에서 1,450 rpm(슬립속도 50 rpm)일 때의 토크와 같다. 이는 V/f 비를 일정하게 유지하면서 주파수를 낮추면 그림에서 보듯이 곡선이 그 모양을 그대로 유지하면서 왼편으로 평행이동하게 됨을 뜻한다. 한편 전압을 일정하게 유지하면서 주파수를 정격 이상으로 높였을 때는 식 (10-23)에서 같은 슬립속도에서의 토크가 주파수의 제곱에 반비례하므로 오른편으로 평행이동하면서 크기가 줄어드는 모양이 된다. 이렇게 정격주파수 위 아래로 토크 특성곡선이 변하여 부하의 토크곡선과 만나는 동작점의 위치가 달라지면서 속도제어가 이루어진다.

속도제어가 이루어지고 있을 때의 운전한계는 각각의 토크곡선마다 전류가 정격전류가 되는 지점을 연결한 것이다. V/f 비가 일정하게 유지될 때 전류와 토크가 모두 슬립속도에 비례하므로 토크와 전류 사이에도 비례관계가 성립한다. 따라서 정격전류에 해당하는 토크가 모두 같으므로 정격주파수 이하 운전에서 운전한계는 그림 10-34에 보인 것과 같이 수평의 직선이 된다. 운전한계 토크가 일정하므로 V/f 비를 일정하게 유지하는 정격주파수 이하의 운전영역을 **정토크운전영역**이라 한다. 한편 전압을 일정하게 유지하는 정격주파수 이상에서는 식 (10-22)의 왼편 식에서 전류를 정격전류로 놓았을 때 슬립이 일정한 값이 되어야 함을 알 수 있다. 이는 운전한계의 슬립이 정격주파수로 운전할 때의 정격슬립과 같음을 뜻한다. 예컨대 60 Hz에서 정격슬립이 4%인 전동기는 70 Hz나 80 Hz로 운전할 때도 슬립이 4%를 넘지 않아야 한다. 여기에 해당하는 토크는 식 (10-23)의 왼편

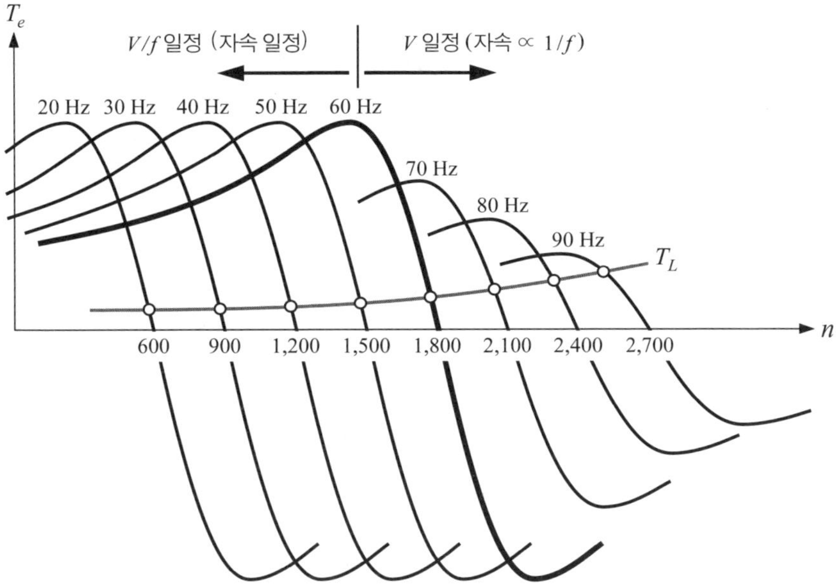

그림 10-33 유도전동기(4극)의 주파수 제어에 따른 속도-토크 특성곡선의 변화

식에서 알 수 있듯이 주파수에 반비례한다. 따라서 정격전류에서의 토크와 속도(주파수)의 곱이 대략 일정하고, 이는 출력이 일정함을 뜻하므로 **정출력운전영역**이라고 한다.

전동기와 부하의 토크곡선이 만나는 동작점이 항상 이 운전한계곡선 아래에 있어야만 하며, 한계를 벗어난 지점에서 동작점이 만들어진다면 과전류가 흐르는 상태에 놓이게 된다. 이러한 속도제어 특성은 7장에서 서술하였던 직류전동기의 속도제어 특성(그림 7-15)과 유사하다.(그림 10-34와 그림 7-15에서 속도와 토크의 축이 뒤바뀌어 있음에 유의하라.) 즉 정토크운전영역에서는 자속을 일정하게 유지하면서 속도(주파수)가 전압에 비례하여 제어되고, 정출력운전영역에서는 자속이 줄어들면서 속도가 높아진다. 이는 인버터로 운전되는 유도전동기가 직류전동기의 속도제어 특성을 그대로 대체할 수 있음을 보여준다.

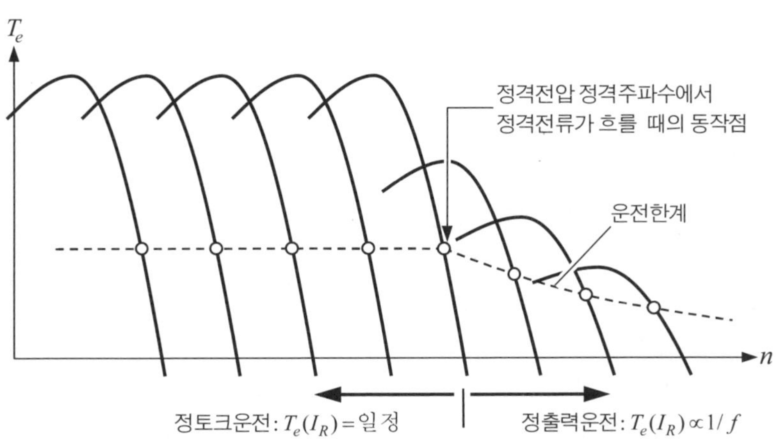

그림 10-34 유도전동기 주파수 제어에서의 운전한계

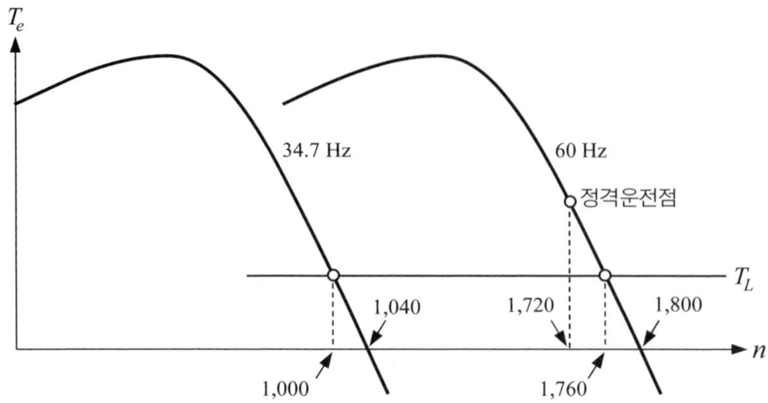

그림 10-35

예제 10-11

380 V, 60 Hz, 30마력 정격속도 1,720 rpm인 4극 유도전동기로 정격토크의 50 % 부하를 구동하고 있다. 전동기가 인버터에 의해 제어될 때 회전속도를 1,000 rpm으로 하려면 인버터의 주파수와 출력전압을 얼마로 설정하여야 하는가? 단 부하토크는 일정하다고 한다.

정격주파수 이하에서 V / f 비를 일정하게 유지할 때 식(10-23)에서

$$T_e \propto \left(\frac{V}{f}\right)^2 sf \propto n_{sl}$$

즉 토크는 슬립속도에 비례한다. 부하토크가 일정하므로 1,000 rpm으로 회전할 때의 슬립속도는 60 Hz로 운전하고 있을 때의 슬립속도와 같다. 4극 전동기이므로 60 Hz에서의 동기속도는 1,800 rpm이다. 전부하토크에서의 슬립속도가 $1,800 - 1,720 = 80$ rpm 이므로 50 % 토크에서의 슬립속도는 약 40 rpm이다. 따라서 같은 토크로 1,000 rpm으로 회전하고 있을 때 동기속도는 그림 10-35에서 보듯이 1,040 rpm이 되어야 한다. 이에 해당하는 주파수는

$$f = \frac{n_s P}{120} = \frac{1,040 \times 4}{120} = 34.7 \text{ Hz}$$

그리고 이때의 전압은

$$V = \frac{34.7}{60} \times 380 = 219.6 \text{ V}$$

인버터 구동방식의 또 다른 이점은 기동에 있다. 유도전동기의 기동전류가 큰 것은 정격주파수의 전압을 직접 가했을 때 슬립속도가 커서 회전자에 큰 기전력이 유기되기 때문이며, 큰 전류가 흐르면서도 회전자 역률이 낮아서 실제 동력으로 변환되는 토크는 작다. 그러나 인버터로 낮은 주파수를 인가하고, 전동기 속도가 상승함에 따라 주파수를 천천히 올려가면 회전자의 기전력을 적정 수준으로 억제하면서도 회전자 역률이 낮아지지 않게 할 수 있어서 효과적이면서도 부드러운 기동이 가능하다. 이렇게 기동상의 문제가 없기 때문에 속도제어용 유도전동기로는 주로 효율이 높고 항복토크가 큰 NEMA A형이 선호되는 경향이 있다. 물론 다른 유형이라도 문제될 것은 없다.

한편 속도가 낮을 때는 자체 팬의 냉각능력이 떨어지는 문제가 생길 수 있다. 팬, 펌프 등 2승저감형의 유체이송부하는 저속에서 토크가 줄어들어 무부하상태에 접근하기 때문에 냉각능력이 떨어

져도 문제가 되지 않는다. 그러나 권상부하 등 속도에 무관하게 일정한 토크가 필요한 부하는 저속에서도 계속 같은 크기의 전류가 흘러야 하므로 냉각이 문제가 된다. 다만 이런 종류의 부하들은 대개 운전지속시간이 짧아서 냉각에 특별한 고려를 하지 않아도 되는 경우가 많긴 하지만 저속에서 장시간 운전해야 한다거나 정격전류보다 큰 전류가 흐르는 빠른 가속/감속 동작이 빈번하게 일어나는 용도에서는 별도의 냉각수단을 갖추고 있어야 한다.

전압 변경에 의한 속도제어

이상에서 살펴본 극수 변경과 주파수 변경은 식 (10-21)의 동기속도를 바꿔줌으로써 속도를 제어하는 방식이다. 그러나 유도전동기의 속도는 동기속도에 일치하는 것이 아니라 슬립만큼 차이가 나므로 동기속도를 그대로 두고 전동기의 슬립을 조절함으로써 속도를 바꿔줄 수도 있다. 토크가 전압의 제곱에 비례하므로 전압을 낮추면 그림 10-36과 같이 속도-토크 특성이 변화하고, 부하의 토크 특성과의 교점이 이동하면서 속도가 떨어지게 된다. 이는 전압에 비례하는 공극자속을 줄여 전동기의 힘을 약화시킴으로써 부하토크로 인한 속도변동(슬립)을 의도적으로 키워주는 방식이다. 단 이 방식을 적용하기 위해서는 전동기와 부하가 각각 다음의 조건을 만족해야 한다.

1. 동기속도 부근에서 속도-토크곡선의 기울기가 큰 (정격슬립이 작은) 전동기는 전압을 변경시켜도 속도변동이 극히 좁은 범위에 국한된다. 따라서 속도-토크곡선이 완만한 NEMA D형에 가까운 전동기에 적용할 경우에만 속도제어의 효과를 볼 수 있다.
2. 부하 토크가 점선과 같이 큰 변화가 없는 경우 전동기의 항복토크가 그 이하로 떨어지면 전동기가 더 이상 부하를 구동하지 못하고 정지해 버리고 만다. 따라서 실선과 같이 속도가 떨어지면서 부하토크도 함께 줄어드는 유형의 부하에만 적용할 수 있다.

두 조건이 다 만족된다 해도 무부하상태에 근접했을 때는 전압을 바꿔도 속도가 동기속도 부근에서 거의 변하지 않는다. 즉 부하의 상태에 따라 속도제어 범위가 달라진다. 그리고 가장 큰 단점은 속도를 낮췄을 때 슬립의 증가로 효율이 떨어진다는 점이다. 회전자효율이 $1-s$ 로 속도에 비례하므로 예컨대 속도를 동기속도의 60 %로 떨어뜨렸다면 이때 전동기의 효율은 60 % 미만이 될 수밖에 없다. 따라서 이 방식은 팬이나 펌프 등 2승저감형토크 부하에서 효율 저하를 감수하고서라도 값싸게 속도를 제어하고자 할 때만 적용된다. 전압의 제어에는 여러 단의 탭을 가진 3상 단권변압기나 그림 10-26의 정지형 기동기와 같은 형태의 싸이리스터 교류전압제어기가 사용된다.

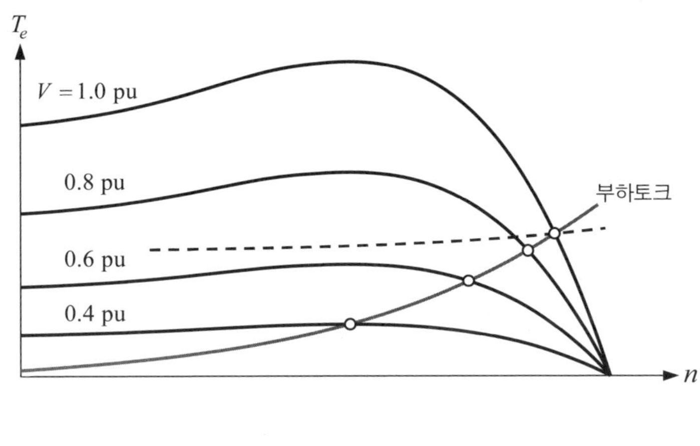

그림 10-36
전압변경에 의한 속도제어

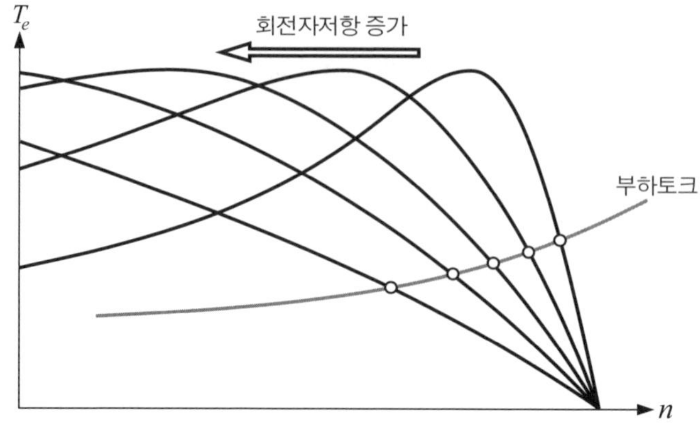

그림 10-37
권선형 유도전동기에서 외부 저항에 의한 속도제어

권선형 유도전동기의 속도제어

슬립 조절로 속도를 제어하는 방식을 권선형 유도전동기에도 적용할 수 있다. 그림 10-37은 권선형 유도전동기의 슬립링을 통해 접속된 외부저항을 단계적으로 변경시켰을 때 9-7절에서 설명하였던 비례추이에 따라 토크 특성곡선이 바뀌고, 이에 따라 운전점이 이동하는 것을 보여주고 있다. 위의 전압제어방식에 비해 항복토크 저하의 문제가 없어서 부하 유형에 대한 제약이 없고 속도제어 범위도 더 넓다. 그러나 속도제어범위가 부하의 크기에 따라 달라지고 저속에서 효율이 떨어진다는 점에 있어서는 마찬가지이다. 단 회전자의 열이 대부분 외부저항에서 발산되므로 일정토크 부하라 해도 과열의 염려가 없다는 장점을 지니고 있다.

이 회전자저항에 의한 속도제어는 고정자에서 회전자로 건너온 공극전력 일부를 회전자측에서 소모시켜 동력으로 변환되는 양을 줄여줌으로써 속도를 낮추는 방식으로, 직류전동기 전기자에 직렬저항을 삽입하여 속도를 제어하는 방식과 유사하다. 권선형 유도전동기는 대개 대용량 부하 구동에 적용되며, 수 MW급에서는 이렇게 회전자측 저항에서 열로 버려지는 전력 역시 막대하다. 따라서 외부저항에서 소모해버릴 전력을 재사용하거나 전원으로 반환함으로써 운전효율을 높이는 방식이 흔히 적용되는데, 이를 슬립전력회생(slip power recovery)이라 한다.

슬립전력회생방식의 속도제어

슬립전력회생에는 슬립전력으로 유도전동기와 같은 축에 연결된 전동기를 구동함으로써 축동력으로 재활용하는 크래머방식(Kramer drive)과 슬립전력으로 발전기를 구동하여 다시 전원측으로 반환해주는 셀비우스방식(Scherbius drive)이 있다. 현재는 회전기 대신 반도체 전력변환장치를 통해 슬립전력을 반환하는 방식이 사용되며, 이를 **정지형 셀비우스방식**이라 부른다.

그림 10-38이 그 대표적 형태이다. 슬립링 사이의 회전자 전압을 정류하여 직류로 만든 다음 이를 싸이리스터컨버터(그림 7-19 참조)를 통해 교류전원으로 전력을 반환한다. 슬립링 사이의 전압이 슬립에 비례하므로 이를 정류한 전압 역시 슬립에 비례한다. 즉 $V_d \propto s$ 이다. 이 전압이 싸이리스터 컨버터의 직류측 평균전압과 전기적 평형을 이루어야 하므로 싸이리스터 컨버터의 직류측 전압을 조절하면 슬립이 제어되고, 따라서 전동기의 속도가 제어된다. 그림에 나타냈듯이 $V_d = 0$ 일 때 전동기의 속도-토크 특성은 슬립링을 단락시켰을 때와 같고, V_d를 증가시킴에 따라 속도-토크특성이 이동하면서 동작점이 A에서 B로 바뀐다. 다이오드 정류기 입력전압과 전류는 거의 동상이기 때

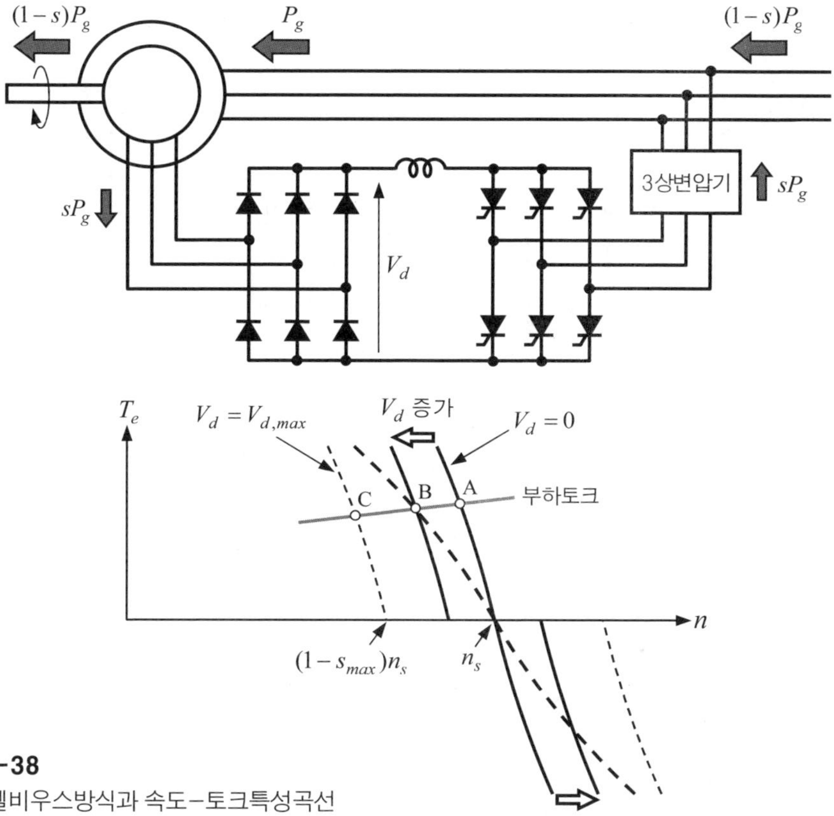

그림 10-38
정지형 셀비우스방식과 속도-토크특성곡선

문에 이는 마치 회전자에 외부저항을 접속하여 속도-토크특성을 점선처럼 변화시킨 것과 같다.

이 방식의 장점은 전력변환장치가 전동기 전체 용량을 다 감당할 필요가 없다는 데에 있다. 전동기와 전력변환장치의 모든 손실을 무시했을 때 고정자에서 회전자로 전달되는 공극전력 P_g 중 회전자에서 유출되는 전력은 sP_g이다. 따라서 속도를 어떤 정해진 범위 내에서만 제어하는 경우, 예컨대 슬립 0~30% 범위에서 제어한다면 필요한 전력변환장치 용량이 전동기 용량의 대략30%가 된다. 정류기 직류전압 정격 $V_{d,max}$는 최대 슬립에서 회전자 기전력에 의해 결정되며, $V_d = V_{d,max}$일 때 전동기와 부하 토크곡선이 교차하는 C까지가 제어범위가 된다. 이처럼 정지형 셀비우스 방식은 대용량 전동기의 속도를 비교적 좁은 범위 내에서 제어할 때 적용된다. '농형전동기+동일 용량의 인버터' 보다 '권선형전동기+작은 용량의 전력변환장치' 조합이 더 경제적일 수 있기 때문이다.

한편 전동기를 외부 동력으로 동기속도 이상으로 회전시키면 발전기로 동작하게 되는데, 슬립이 음수일 때도 정류된 직류전압은 마찬가지로 나타난다. 이 때에도 정류된 회전자 전압이 싸이리스터 컨버터의 직류측 전압과 전기적 평형을 이루어야 하므로 앞서와 마찬가지로 V_d를 조절함으로써 속도를 제어할 수 있다. V_d를 키우면 슬립이 증가하는 쪽으로 속도-토크곡선이 이동하여 속도가 제어되고, 그 한계 역시 전동기동작의 제어한계와 대칭적인 모양으로 나타난다.

슬립전력회생의 보다 발전된 형태로 그림 10-39는 두 대의 인버터가 등을 맞댄(back-to-back) 대칭형 인버터를 사용한 방식을 보여주고 있다. 회전자측 인버터가 그림 10-38의 다이오드 정류기와 달리 양방향으로 전력을 전달할 수 있기 때문에 회전자에서 전력이 유출되기만 하는 것이 아니라 회

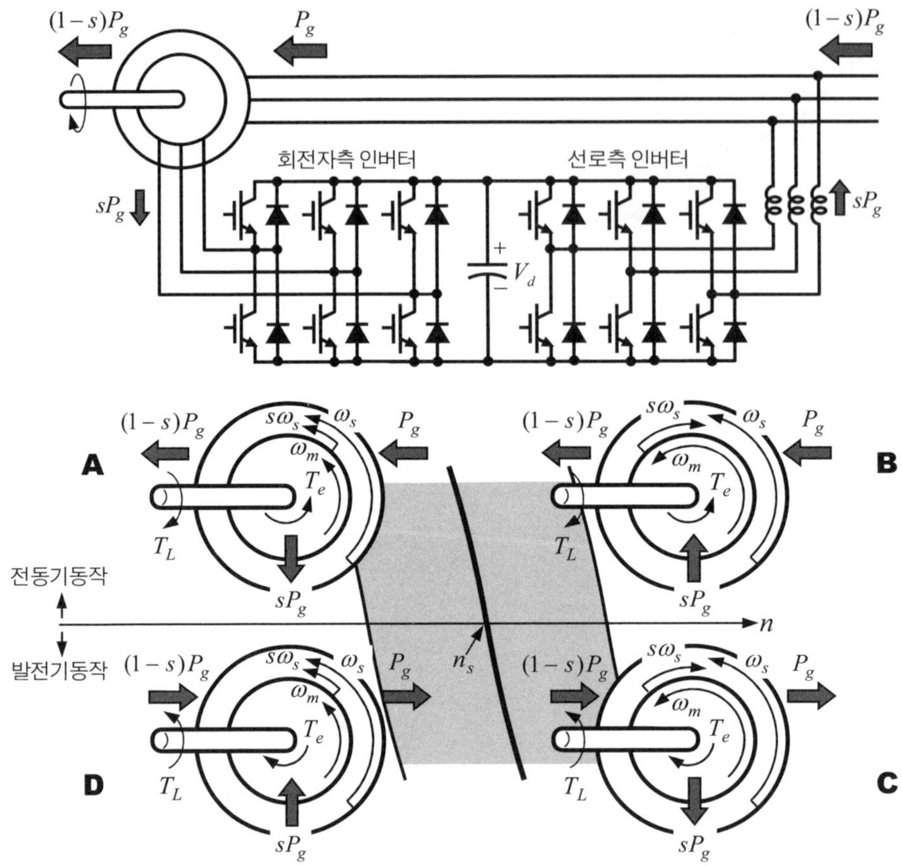

그림 10-39 양방향 컨버터를 사용한 정지형 셀비우스 구동

전자로 전력이 유입되게 할 수도 있다. 이러한 회전자전력의 제어는 회전자측 인버터의 교류측 단자 전압으로 3상 회전자 전류의 크기와 위상을 조절함으로써 이루어진다. 이때 선로측 인버터는 직류측 전압 V_d를 일정하게 유지시키는 역할을 담당한다.

아래쪽 그림은 이 양방향 셀비우스 구동의 네 가지 동작상태를 보여주고 있다. A처럼 회전자전력이 유출될 때는 그만큼 기계적 동력이 줄어들면서 속도가 떨어지지만 B와 같이 회전자로 전력이 유입되게 하면 고정자에서 전달되는 공극전력에 회전자 입력이 더해져 회전자가 동기속도 이상으로 회전하게 된다. 이때 회전자전류는 회전 반대 방향으로 회전하는 자계를 만들어냄으로써 공극자속에 밀려 그만큼 회전자가 더 빠르게 회전한다. 결과적으로 전동기는 동기속도 이하에서 이상까지 같은 최대 슬립, 즉 같은 용량에서 2배의 속도 변화폭을 갖는다. 예를 들어 전력변환장치 용량이 전동기의 30 %라면 대략 –30 % ~30 %의 슬립 범위 내에서 속도를 제어할 수 있다. 역으로 같은 속도변화폭이라면 전력변환장치의 용량을 약 절반으로 줄일 수 있다.

C 영역은 앞의 그림 10-38의 발전기동작상태와 같은데, 여기서 회전자로 전력이 유입되게 제어하면 D와 같이 동기속도 이하에서도 발전이 이루어지게 할 수 있다. 이처럼 슬립전력의 '회생'에 머무르지 않고 슬립전력을 주입할 수도 있게 한 일반화된 슬립전력제어는 전동기 속도제어에도 사용되지만 근래 풍력발전용 '가변속 발전기'에 많이 적용되고 있다.

10-8 유도발전기

유도전동기가 전동기의 절대 다수를 점하고 있는 것과 대조적으로 발전기에서 유도기의 비중은 매우 작다. 대부분의 발전은 12장에서 다루게 될 동기발전기에 의해 이루어지며, 유도발전기는 비교적 소규모의 발전에만 적용된다. 이는 수십 MW급 이상 대형에서는 유도기 고유의 장점이 부각되지 않고 동기기에 비해 상대적으로 효율이 떨어진다는 점 때문이기도 하지만 보다 근본적인 이유는 유도기가 대형 발전기에 요구되는 기능을 결여하고 있기 때문이다.

농형 유도기의 경우, 회전자를 단순히 돌려주기만 한다고 해서 고정자 코일에 기전력이 유기되지는 않는다. 도체에서 전기기계적 에너지변환 동작이 일어나려면 공극자속이 존재해야 하고, 이를 위해서는 고정자권선이 교류전원에 접속되어 자화전류가 흐르고 있어야 한다. 자화전류는 전원전압에 90° 뒤진 위상이므로 이는 전원으로부터 지상 무효전력이 유입됨을 뜻한다. 즉 **유도발전기가 계통에 유효전력을 공급하기 위해서는 계통으로부터 무효전력을 공급받아야 한다.** 일반적으로 교류계통의 발전기는 유효전력만이 아니라 계통에 접속된 부하들이 동작하는 데 필요한 무효전력을 공급할 수 있어야 하며, 나아가 무효전력의 양을 조절할 수 있는 능력을 지니고 있어야 한다. 따라서 무효전력을 소비하기만 하는 유도발전기는 전력계통의 유효 및 무효전력을 모두 조절하는 책무를 지닌 대단위 발전소용 발전기로 사용될 수 없다.

비록 전력계통의 기간발전기로 사용되지는 않지만 유도발전기는 다양한 에너지원으로부터 전력을 얻기 위한 보조발전용으로 사용되고 있다. 특히 근래 풍력발전 산업이 급격히 신장하면서 유도발전기의 적용이 크게 늘고 있으며, 여기에는 농형만 아니라 권선형 유도발전기도 큰 비중을 차지하고 있다. 이하에서 유도발전기의 세 가지 유형, 즉 계통에 접속된 상태로 운전되는 유도발전기, 계통에 무관하게 운전되는 자립형 유도발전기, 그리고 권선형 유도발전기에 대해 차례로 살펴본다.

계통에 연계된 유도발전기

농형 유도전동기가 교류전원에 접속되어 무부하상태로 회전하고 있을 때 축에 회전 방향으로 토크를 가하면 회전속도가 무부하속도(동기속도)보다 높아진다. 이때 회전자 도체에 흐르는 전류는 회전 반대 방향으로 토크를 유기하고, 이 토크가 원동기의 토크와 기계적 평형을 이루는 속도까지 올라가고 나면 일정한 속도로 회전하는 정상상태 동작이 이루어진다.

그림 10-40에서 발전기 영역의 속도-토크곡선은 동기속도를 기준으로 전동기 영역에 대략 점대칭 모양으로 나타난다.(발전영역의 역방향 항복토크가 전동기 영역의 항복토크보다 크다.) 이 속도-토크곡선이 원동기의 속도-토크곡선과 교차하는 지점에서 동작이 이루어지며, 원동기의 토크가 클수록 속도가 높아지면서 슬립이 커지고, 전류가 상승한다. 원동기 토크가 발전기의 항복토크를 넘어서면 발전기가 더 이상 원동기와 기계적 평형을 이루지 못하여 폭주하게 되므로 발전동작이 일어날 수 있는 범위는 동기속도에서 역방향 항복속도까지이다. 그 범위 안에서도 정격전류를 넘지 않는 속도까지가 실제 운전 가능영역이다. 전류의 변화 역시 동기속도를 기준으로 전동기동작과 거의 대칭이므로 예컨대 동기속도 1,800 rpm, 정격속도 1,750 rpm인 유도전동기를 발전기로 사용하는 경우 발전기로서의 정격속도는 대략 1,850 rpm 부근이 된다.

이상 교류전원에 접속된 상태에서의 발전기동작은 전동기 동작에서 회전 반대방향으로 작용하

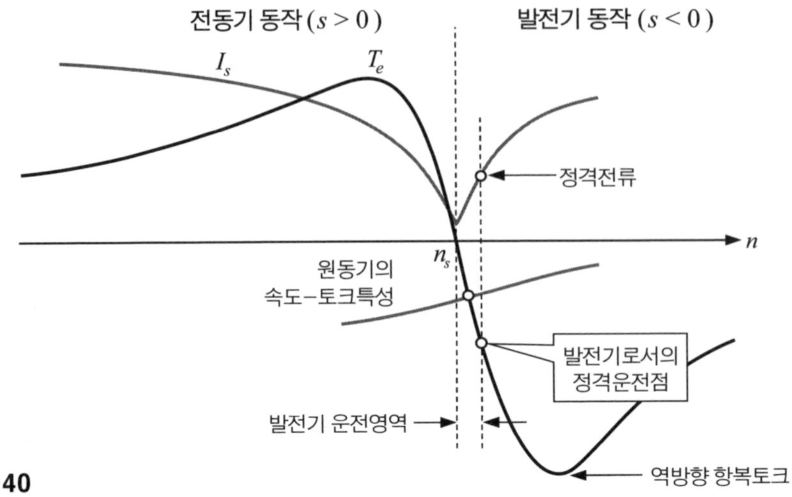

그림 10-40
유도발전기의 속도-토크특성

던 외부 토크가 회전 방향으로 작용한다는 점 외에는 다를 것이 없다. 따라서 아래 예제에서 보듯이 제반 운전특성을 전동기 동작에서와 마찬가지 방식으로 계산할 수 있다.

예제 10-12

그림 10-41(a)의 상당 등가회로로 표현되는 5마력 60 Hz, 1,753 rpm, 440 V 정격의 유도전동기를 1,843 rpm으로 회전시켰을 때 회전자동손, 고정자동손, 철손, 원동기에서 공급하는 동력, 공극전력, 전원으로 전달되는 전력, 그리고 발전기로서의 효율을 구하라. (기계적 손실은 무시한다.) 그리고 이때의 페이서도를 작도하라.

먼저 슬립을 구하면

$$s = \frac{1,800 - 1,843}{1,800} = -0.0239$$

따라서 전원측에서 본 발전기의 전체 등가 임피던스는 아래와 같이 구해진다.

$$\tilde{Z}_r = \frac{1.2}{-0.0239} + j6 = -50.21 + j6 = 50.57\angle 173.2°\ \Omega$$

$$\tilde{Z}_0 = \frac{900 \times j110}{900 + j110} = \frac{900 \times 110\angle 90°}{906.7\angle 6.97°} = 109.2\angle 83.0° = 13.25 + j108.4\ \Omega$$

$$\tilde{Z}_{0r} = \frac{\tilde{Z}_0 \times \tilde{Z}_r}{\tilde{Z}_0 + \tilde{Z}_r} = \frac{109.2\angle 83.0° \times 50.57\angle 173.2°}{13.25 + j108.4 - 50.21 + j6} = \frac{5,522\angle 256.2°}{-36.96 + j114.4}$$
$$= 45.93\angle 148.3° = -39.08 + j24.13\ \Omega$$

$$\tilde{Z}_{in} = 1.5 + j3 - 39.08 + j24.13 = -37.58 + j27.13 = 46.35\angle 144.2°\ \Omega$$

계산된 임피던스로부터 고정자전류와 회전자전류를 구하면

$$\tilde{I}_s = \frac{\tilde{V}_s}{\tilde{Z}_{in}} = \frac{254.0\angle 0°}{46.35\angle 144.2°} = 5.48\angle -144.2° = -4.44 - j3.21\ \text{A}$$

$$\tilde{E}_s = \tilde{V}_s - \tilde{Z}_s\tilde{I}_s = 254 - (1.5 + j3) \times (-4.44 - j3.21)$$
$$= 251.03 + j18.14 = 251.68\angle 4.1°\ \text{V}$$

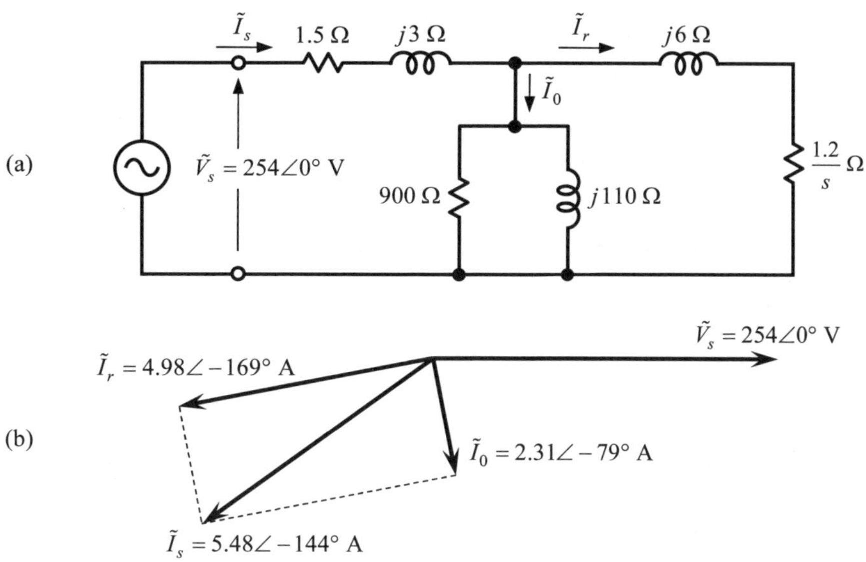

그림 10-41

$$\tilde{I}_0 = \frac{251.03 + j18.14}{900} + \frac{251.03 + j18.14}{j110} = 0.444 - j2.262 = 2.31\angle -78.9° \text{ A}$$

$$\tilde{I}_r = \tilde{I}_s - \tilde{I}_0 = -4.884 - j0.948 = 4.98\angle -169.0° \text{ A}$$

이로부터 페이서도는 그림 10-41(b)와 같다. 각 부분의 전력과 손실은

$$P_{Rr} = 3R_r I_r^2 = 3 \times 1.2 \times 4.98^2 = 89.1 \text{ W}$$

$$P_{Rs} = 3R_s I_s^{\ 2} = 3 \times 1.5 \times 5.48^2 = 135.1 \text{ W}$$

$$P_c = 3\frac{E_s^2}{R_c} = 3 \times \frac{251.68^2}{900} = 211.1 \text{ W}$$

$$P_{in} = 3V_s I_s \cos\theta_s = 3 \times 254 \times (-4.44) = -3{,}383 \text{ W}$$

$$P_g = 3\frac{R_r}{s} I_r^2 = 3 \times \frac{1.2}{-0.0239} \times 4.975^2 = -3{,}728 \text{ W}$$

$$P_{em} = (1-s)P_g = (1 + 0.0239) \times (-3{,}728) = -3{,}817 \text{ W}$$

발전기 내부의 기계적 손실을 무시했으므로 기계적 변환동력이 곧 원동기로부터 공급된 기계적 동력과 같은 것으로 간주할 수 있다. 따라서 발전기로서의 효율은

$$\eta = \frac{-P_{in}}{-P_{em}} = \frac{3{,}383}{3{,}817} = 88.6 \ \%$$

그림 10-41(a)에서 전류의 기준방향을 전압의 양의 단자에서 흘러 들어가는 방향으로 정의한 전동기식 표기법을 적용하고 있으므로 여기서 구한 P_{in}은 '전원에서 발전기로 유입되는' 전력을 뜻한다. 그림 10-41(b)에서 $\tilde{I}_r$이 $\tilde{V}_s$에 180°가깝게 뒤진, 거의 반대방향 전류인 것은 음의 슬립에서 $R_r / s < 0$이기 때문이다. 그 결과 $\tilde{I}_s$의 유효성분이 음수가 되는데, 이는 발전기에서 전원 쪽으로 전력이 전달되고 있음을 뜻한다. 그러나 무효전력 성분(발전기로 유입되는 무효전력)은 여전히 양수로서 전원측에서 보았을 때 지상 무효전력을 소비하는 부하로 작용함을 보여주고 있다.

농형 유도발전기는 동기발전기에 비해 아래와 같은 장점들을 지니고 있다.

- 작고 가벼우며, 슬립링/브러시가 없고 견고한 구조로 유지보수의 부담이 경감된다.
- 별도로 여자할 필요 없이 전원에 접속하는 것만으로 여자가 이루어진다.
- 원동기의 속도조정설비(조속기)를 갖추지 않아도 된다.
- 출력단 단락사고시 무여자상태가 되어 발전동작이 정지되므로 큰 단락전류가 흐르지 않는다. 즉 자체 단락보호특성을 갖는다.

그러나 앞서 언급했듯이 조상기능(무효전력을 공급하고 조절할 수 있는 능력)의 결여로 일반 화력이나 수력, 원자력 등 대단위 발전소에는 사용되지 않고 상대적으로 규모가 작은 풍력, 바이오매스 등 신재생에너지용 발전 시스템에 선호된다. 특히 소수력발전[7]에서는 유도발전기가 절대 다수를 점하고 있다. 그 외 폐열, 폐자재를 활용하는 자가발전설비나 계통에서 멀리 떨어져 급전선로가 취약한 장소의 보조발전용으로 활용된다.

자립형 유도발전기

유도기가 발전기로 동작하기 위해서는 여자전류를 공급해줄 교류전원이 필요하다. 그렇다고 해서 유도기를 계통에서 분리된 자립형(stand-alone) 발전기로 사용하는 것이 불가능한 것은 아니다. 6-3절에서 설명한 분권 직류발전기처럼 **자기여자**가 이루어진다면 교류전원에 기대지 않고도 스스로 발전하도록 할 수 있다. 자기여자는 발전기의 자체 기전력으로 여자전류가 흐르게 하여 자속을 생성함으로써 스스로 기전력이 유지되는 상태를 말하는 것으로, 자기여자가 이루어지기 위한 조건은 6장에서 서술하였던 분권 직류발전기의 자기여자 조건과 유사하다. 즉 회전자를 돌려주었을 때 (1) 고정자권선에 작은 기전력이라도 유기되도록 회전자 철심에 잔류자속이 남아있어야 하고, (2) 잔류자속이 유기한 기전력에 의해 전류가 흘러 잔류자속에 더해지는 방향의 자속을 만들어내야 한다. 유도기가 단 한번이라도 동작한 적이 있다면 (1)의 조건은 충족된다.(만일 잔류자속이 없다면 고정자에 직류 전류를 잠시 흘려 내부의 회전자 철심을 자화시켜 줌으로써 잔류자속을 생성시킬 수 있다.) (2)의 조건은 그림 10-42처럼 발전기 단자에 커패시터뱅크를 접속하여 충족시킬 수 있다.

유도전동기에 '흘러 들어가는' 방향의 자화전류는 그에 맞서는 방향의 고정자 유기기전력에 90°

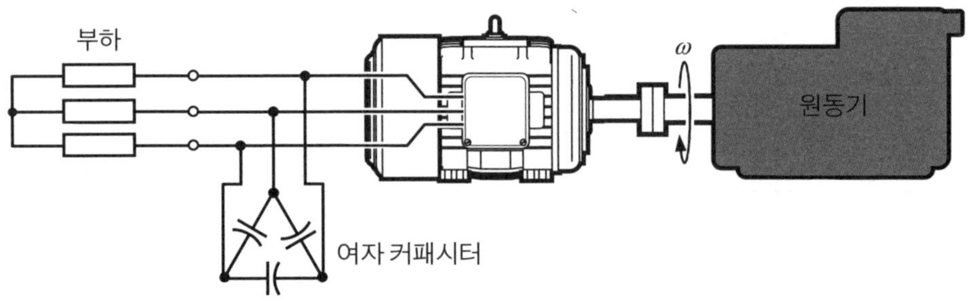

그림 10-42 커패시터에 의해 여자되는 자립형 유도발전기

---

7 우리나라에서는 10 MW 이하를 소수력(small hydropower)발전이라고 부른다.(미국의 경우 15 MW 이하, 중국은 25 MW 이하로 하고 있다.) 1 MW이하는 초소수력(mini hydropower), 100 kW 이하는 초초소수력(micro hydropower)이라 부른다. 국내 소수력발전의 약 85 %에 유도발전기가 사용되고 있다.

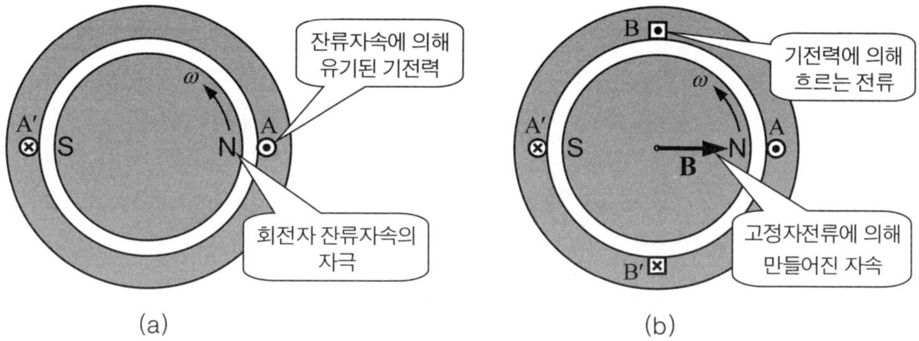

그림 10-43 유기기전력과 유기기전력에 의해 만들어지는 자속

뒤진 위상을 갖는다. 이는 자화전류가 기전력의 방향, 즉 '흘러 나가는' 방향으로는 90° 앞선 위상임을 뜻한다. 따라서 기전력에 의해 외부 회로로 90° 앞선 전류가 흐르도록 커패시터를 접속해 주면 이 전류가 자화전류로 작용, 기전력을 유지하는 역할을 하게 된다. 그림 10-43은 그 동작을 구체적으로 보여주고 있다. (a)는 회전자가 반시계방향으로 회전하면서 잔류자속의 N극이 코일변 A를 향하고 있는 순간을 나타낸다. 이때 코일변 A에는 지면에서 나오는 방향으로 기전력이 유기된다. 커패시터가 접속되어 고정자권선에 기전력보다 90° 앞선 전류가 흐른다면 그림 (b)와 같이 회전자의 N극이 90° 이후에 향하게 될 B 코일변에 현재 A 코일변 기전력의 방향(나오는 방향)으로 최대 전류가 흐르고 있을 것이다. 여기서 B-B′에 흐르는 전류에 의해 만들어지는 자속이 잔류자속과 같은 방향임을 알 수 있다. 이 자속이 잔류자속에 더해져 기전력이 더 커지게 되고, 더 큰 기전력은 더 큰 전류를 흐르게 하고, 더 큰 전류는 더 많은 자속을 만들어낸다. 이러한 상승작용으로 자속이 계속 증가하는데, 철심의 포화로 전류가 커져도 자속이 증가하지 않는 상태에 이르게 되면 자속의 상승이 멈추고 전류와 기전력도 일정한 값으로 수렴한다.

그림 10-44는 그 과정을 발전기의 자화특성곡선과 커패시터의 전압-전류특성(이하 '여자선'이라 부름)에서 나타낸 것이다. 처음 잔류자속에 의해 유기되는 기전력(A)이 커패시터 전류를 흐르게 하고(B), 이 전류에 의한 자속이 잔류자속에 더해져 더 큰 기전력을 유기하여(C) 커패시터 전류가 상승(D)하고, 이하 같은 과정을 거쳐 '전류가 유기하는 기전력이 전류를 흐르게 한 기전력과 같아지

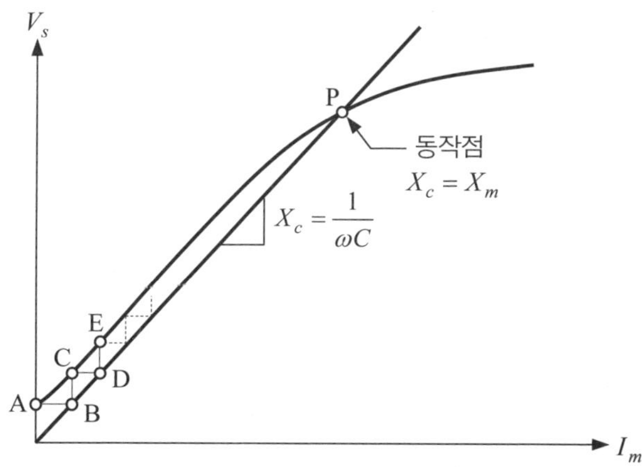

그림 10-44
유도발전기의 자기여자

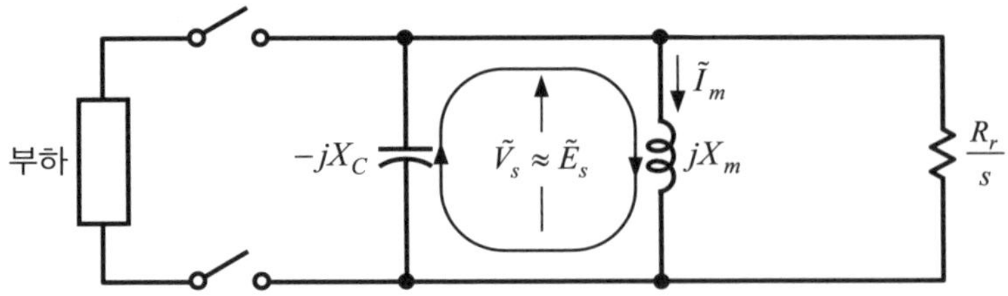

그림 10-45
자기여자 상태의 유도발전기

는' 동작점 P에 도달한다. P 지점에 이르면 발전기의 자화리액턴스 X_m이 커패시터의 리액턴스 $X_C(=1/\omega C)$와 같아진다. 따라서 위의 과정은 발전기의 자화리액턴스가 전압 상승에 따라 줄어들어 커패시터의 리액턴스에 일치하는 전압, 즉 발전기의 무효전력 요구량이 커패시터의 무효전력 공급량과 균형을 이루는 전압에 도달하는 과정이라 할 수 있다.

그림 10-45는 자기여자 상태를 다른 임피던스 요소들을 무시하고 단순화시킨 등가회로로 나타낸 것이다. 여기서 $X_m = X_C$일 때 자화리액턴스와 커패시터가 이루는 루프 임피던스가 0이 되는데, 루프 내에 손실요소가 없다면 루프 전류가 일정하게 유지되는 병렬공진이 일어나고 있음을 뜻한다. 즉 자기여자란 커패시터와 자화리액턴스의 병렬공진 상태에 해당한다. 실제로는 철손과 동손이 존재하므로 공진주파수가 발전기 회전속도보다 약간 낮고, 따라서 음의 슬립으로 발전 동작이 일어나면서 R_r/s 로부터 건너온 공극전력이 손실을 공급함으로써 공진상태가 유지된다. 손실이 작기 때문에 슬립도 작고(0.1% 이하), 주파수는 회전 동기주파수에 거의 일치한다.

자기여자의 동작점은 커패시터 용량과 발전기의 속도에 따라 달라진다. 그리고 항상 자기여자가 일어날 수 있는 것도 아니다. 그림 10-46의 (a)에서 점선은 자화특성곡선의 공극선으로서, 동작점이 만들어지려면 여자선의 기울기가 공극선의 기울기보다 작아야 하므로 여자선이 공극선에 일치할 때의 커패시터 용량(임계용량)보다 큰 커패시터를 사용해야 한다. 그러나 커패시터가 너무 크면 과전압이 될 수 있다. 한편 커패시터가 충분하다 해도 속도가 어느 이상 되어야 자기여자가 가능하다. 주파수가 발전기 속도에 좌우되므로 속도가 떨어지면 그림 (b)에서 보듯이 여자선의 기울기가 커지

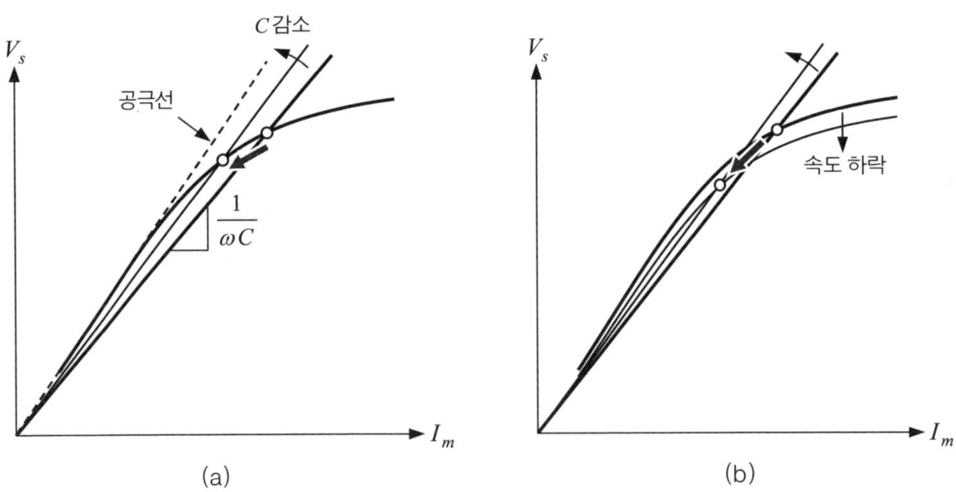

그림 10-46 운전조건에 따른 자기여자 동작점의 변화

고 자화특성곡선은 크기가 줄어들어 동작점이 아래 쪽으로 이동하고, 속도가 어느 이하로 떨어지면 동작점이 만들어지지 않게 된다. 반대로 속도가 너무 높으면 과전압이 유기된다. 요컨대 커패시터 용량과 속도의 조합이 적절해야 적정 전압에서 자기여자가 이루어질 수 있다.

이상의 무부하상태에서는 발전 전압의 주파수가 원동기의 회전주파수에 거의 일치한다. 여기에 부하가 가해지면 유효전력을 공급하기 위해 (음의) 슬립이 커져야 하므로 주파수가 하락한다. 그림 10-47(a)는 발전기 출력단에 저항부하가 접속된 경우를 보여주고 있다. 누설리액턴스를 무시하면 회전자측에 전압에 동상인 전류가 흐르며, 부하로도 전압에 동상인 전류가 흐르므로 유효전류 성분 $\tilde{I}_P$는 중앙부 자화전류에 무관하게 등가회로의 외곽 경로를 통해 흐르게 된다. 이 경로에 키리히호프의 법칙을 적용하면 $(R + R_r / s)\tilde{I}_P = 0$ 의 관계가 만족되어야 하므로 $s \approx -R_r / R$ 이 된다. 이는 R 이 작을수록, 즉 부하의 유효전력 요구량이 클수록 슬립이 커지고, 따라서 주파수가 하락함을 말해준다. 예컨대 정격슬립 4%인 유도발전기는 원동기 속도가 일정하다 해도 정격부하에서 4%의 주파수 변동을 보이게 된다. 수 %의 주파수 변동은 교류전원의 주파수 변동으로서는 매우 큰 값이며, 출력의 증가로 인해 원동기의 속도가 하락한다면 주파수의 변동은 더 커지게 된다. 한편 주파수가 하락하면 그림 10-46(b)에서와 같은 동작점의 이동으로 전압도 다소 하락한다.

그림 10-47(b)는 지상 부하가 추가된 상태를 나타낸다. 회전자측에는 여전히 전압에 동상인 전류만 흐르므로 부하의 무효전류 성분은 점선으로 나타낸 것처럼 커패시터를 통해 흐를 수밖에 없다. 따라서 커패시터는 발전기의 여자를 위한 무효전력만 아니라 부하의 무효전력도 함께 부담해야 한다. 발전기 입장에서 보면 커패시터의 용량성 리액턴스가 부하의 유도성 리액턴스로 일부 상쇄되어 여자 커패시터가 줄어든 것과 같으므로 그림 10-46(a)에서와 같이 동작점이 이동하면서 전압이 하락한다. (전압 하락은 유효전력에도 영향을 미치므로 주파수도 다소 변동한다.) 부하의 무효전력에 대응하여 커패시터 용량을 키워주지 않는다면 어느 지점에선가 등가 커패시터 용량이 임계용량에

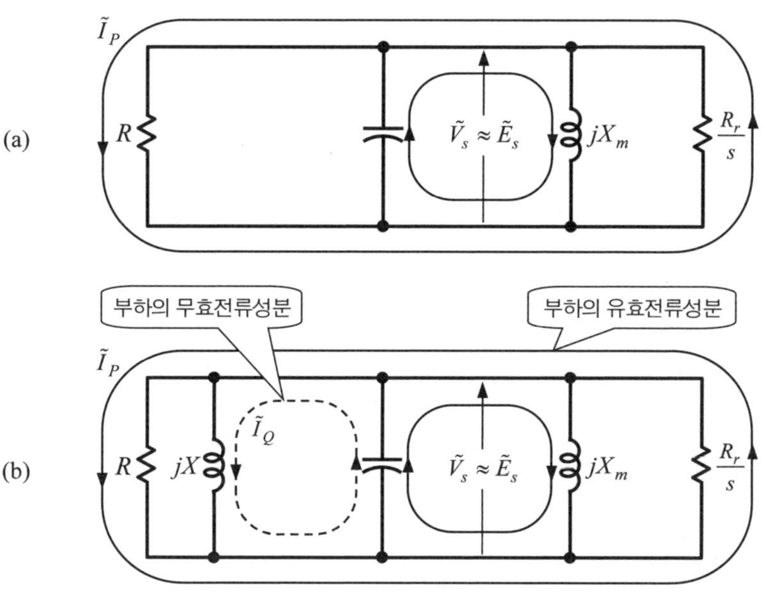

그림 10-47 부하가 접속되었을 때 자립형 유도발전기의 단순화된 상당 등가회로

미달하게 되고, 자기여자가 해제되어버린다.

요컨대 자립형 유도발전기에서 **부하의 유효전력은 주파수 하락을, 무효전력은 전압 하락을 일으킨다.** (이러한 유효전력과 주파수, 무효전력과 전압 사이의 관계는 동기발전기에서도 유사하게 나타난다.) 부하증가시 주파수를 일정하게 유지시키려면 원동기 속도를 올려주어야 하고(즉, 기계적 입력을 키워주어야 하고), 전압을 일정하게 유지시키려면 커패시터를 여러 단계로 조정할 수 있어야 한다(즉, 무효전력 공급을 조정할 수 있어야 한다). 그러나 일반적으로 유도발전기가 초기투자를 줄이기 위한 것이기 때문에 값비싼 원동기 속도조절 시스템을 적용한다는 것은 생각하기 어렵다. 그리고 커패시터 용량은 연속적으로 조정할 수 없으며, 조정 단계를 세밀하게 나눌 수는 있으나 비용이 상승한다. 또 역률이 낮은 부하에서 큰 커패시터로 운전하던 중 부하가 갑자기 떨어져나가면 과전압이 유발되는 문제도 따를 수 있다. 이처럼 자립형 유도발전기는 안정적 발전에 어려움이 있으나 부하가 적절히 통제되기만 한다면 주파수와 전압 변동에 크게 민감하지 않은 부하(전열부하 등)에 비교적 간단히 적용할 수 있는 유력한 발전수단이 될 수 있다.

풍력발전용 농형 유도발전기

현대식 풍력발전이 도입된 1980년대 수십 kW에 불과하였던 기기당 발전용량은 오늘날 10 MW를 상회하고 있으며, 다양한 발전방식들이 혼재하고 있다. 이 중 수백 kW에서 1 MW내외까지는 농형 유도발전기가 주종을 이루고 2~5 MW급에는 권선형 유도발전기가 적용되고 있다. 그 이상의 대형 풍력발전에는 동기발전기를 사용한다.

풍력발전용 발전기는 높은 탑 위의 비좁은 기계실(nacelle)에 수납되므로 가급적 작고 가벼워야 한다. 일반적으로 저속 다극 유도전동기는 크고 무거울 뿐 아니라 역률과 효율이 낮기 때문에 4극이나 6극기가 사용되며, 이를 수십 rpm 미만의 저속 풍차로 구동하기 위해 증속기어가 사용된다. 이렇게 발전기와 결합되어 운전되는 풍차의 회전속도는 앞서 그림 10-40에서 보았듯이 (바람의 속도가 아니라) 발전기의 주파수, 즉 동기속도에 의해 결정된다. 그림 10-48의 (a)와 같이 발전기 출력이 일정 주파수의 전력계통에 직접 접속되어 있으면 일정 속도로 회전하는 정속형, (b)와 같이 주파수를 변경할 수 있는 인버터를 통해 접속되어 있으면 가변속형이다.

정속형에는 거의 예외 없이 유도기가 사용되는데, 유도기는 주파수가 일정하다 해도 일정한 속도를 고수하는 것이 아니라 돌풍으로 바람의 속도가 급격히 변할 때 슬립만큼 약간의 속도변동(1~2 %)이 허용되는 것만으로도 기어 이빨에 가해지는 순시토크의 최대치가 낮아져 (냄비뚜껑을 살짝 열어두면 라면이 넘치지 않듯이) 기어의 마모와 파손율이 현저히 줄어들기 때문이다. 그러나 정속형은 돌풍 상황에서 계통으로 유입되는 전력의 요동을 막을 수 없고, 또 구조물에 가해지는 스트레스가 크다. 이에 비해 가변속형은 인버터의 주파수를 조절하여 돌풍시 풍차의 속도를 적절히 상승시킴으로써 구조물에 가해지는 스트레스(피로하중)를 경감시킬 수 있다. 날개와 탑이 바람에 밀려 휘어질 때 그 에너지 일부를 날개의 회전운동에너지로 전환시켜 완충역할을 할 수 있기 때문이다. 이는 전력의 요동을 완화시키는 효과도 갖는다. 통제할 수 없는 환경에 노출된 상태로 운전되는 풍력발전에서는 구조물의 안정성과 내구성의 확보가 일차적인 중요성을 갖기 때문에 1 MW급 이상에는 거의 가변속형이 적용된다.

정속형 중 풍차가 자체 기동되지 않는 유형은 발전기를 전동기로 동작시켜 기동한다. 풍력용 유도

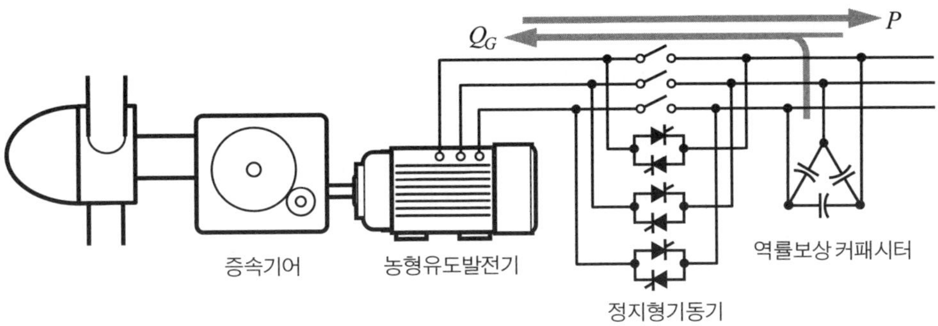

(a)

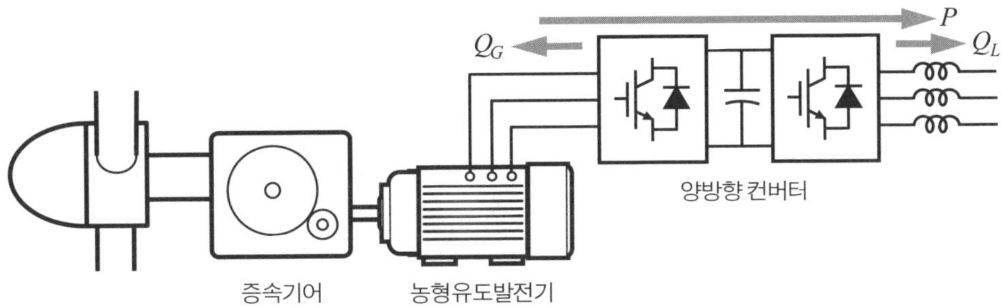

(b)

그림 10-48 농형 유도발전기를 사용한 풍력발전: (a) 정속형 (b) 가변속형

발전기가 발전기로서는 소형이라도 전동기로서는 대형이기 때문에 전전압 기동시 상당히 큰 기동전류가 흐른다. 게다가 풍차의 회전관성 때문에 기동시간도 길다. 따라서 그림에서 보듯이 정지형기동기를 통한 유연기동 방식을 적용한다. 바람에 의해 자체기동이 가능한 풍차라도 발전기를 투입할 때 돌입전류와 토크의 요동을 피하기 위해 대략 800 kW 이상에는 같은 방식이 적용된다. 역률보상 커패시터는 계통과의 연계 선로가 긴 경우가 많아서 지상 여자전류에 의한 전압강하를 피하기 위해 거의 항상 적용된다. 단 발전기가 정지하여 차단되었 때 과전압을 유발시킬 수 있고, 계통 쪽이 차단되어 발전기 속도가 올라가면 자기여자로 과전압이 나타날수 있어서 주의를 필요로 한다.

가변속형은 그림 10-39에서 보았던 것과 같은 양방향 전력전달이 가능한 대칭형 인버터 형태의 컨버터를 사용한다. 일반 전동기처럼 저주파수로 기동하고, 기동이 이루어진 후에는 발전기로부터 유효전력을 받아들여 직류측으로 전달한 다음 다시 인버터를 통해 계통측으로 전달한다. (발전기측 인버터에서 주파수제어를 통해 발전이 이루어지는 동작은 10-9절 '주파수제어시의 제동' 항목의 서술을 참고하라.) 가변속 농형유도발전기 방식은 컨버터가 발전용량의 전부를 감당해야 하므로 고가일 수밖에 없고, 컨버터 손실이 크다는 단점이 있다. 그러나 과도상태에서 동력전달계통을 보호하고 전력의 요동의 완충해줄 수 있으며 나아가 풍속의 변화에 대응하여 풍차 속도를 조절함으로써 동력변환 효율을 최대로 유지할 수 있다. 한편 이 방식은 발전기측과 선로측의 무효전력이 분리되어 서로 영향을 미치지 않는다. 발전기측 인버터가 발전기 여자에 필요한 무효전력을 공급하므로 자립형으로 사용사용하는 것도 가능하고, 선로측 인버터는 (필요에 따라) 출력전류의 위상각 조절로 부하 또는 계통측에 무효전력을 공급할 수 있다.

권선형 유도발전기

가변속 풍력발전의 용량이 수MW를 넘어서면 위의 농형발전기 방식에서 컨버터의 용량이 큰 부담이 된다. 따라서 그 대안으로 권선형 유도발전기 방식이 도입되었다. 여기에는 10-7절에서 설명했던 권선형 유도전동기의 속도제어에 사용되는 회전자저항 가변방식, 단방향 및 양방향 셀비우스 방식이 모두 적용 가능하다. 예를 들어 권선형 유도기를 동기속도보다 빠르게 회전시키면서 슬립링에 외부저항을 접속하면 그림 10-37에 보인 속도-토크곡선이 비례추이에 의해 완만해지는 특성이 발전 영역에서도 마찬가지로 나타나 슬립이 증가하고, 속도가 상승하게 된다.

그림 10-49는 앞서 그림 10-39에서 서술하였던 양방향 셀비우스방식으로, 이를 이중입력유도발전기, 또는 DFIG(doubly-fed induction generator)라 부른다. 발전기의 회전자 슬립링 단자에 접속된 양방향 컨버터로 회전자 3상 권선에 흐르는 전류의 주파수를 조절함으로써 발전기의 속도를 제어한다. 컨버터가 발전기의 슬립전력만을 취급하므로 그림 10-48(b)의 농형발전기 방식보다 훨씬 작은 용량의 양방향 컨버터로 가변속 풍력발전을 구현할 수 있다. 동기속도 이상과 이하에서 모두 발전이 가능하며, 그 운전상태는 그림 10-39 아래쪽의 C와 D에 보인 것과 같고, 그림 10-49는 그에 해당하는 전력의 흐름을 발전기 내부손실을 무시한 상태에서 보여주고 있다.

풍차가 동기속도 이상으로 회전하고 있을 때는 일반 일반 발전기 동작상태와 마찬가지로 음의 슬립으로 동작하는데, 이는 인버터에 의해 흐르는 회전자전류가 회전자 표면에 대해 회전반대방향의 회전자계를 만들어내고 있음을 뜻한다. 이때 슬립전력은 슬립링을 통해 외부로 유출된다. 풍차가 동기속도 이하로 회전할 때는 양의 슬립으로 동작하므로 회전자전류의 상순을 바꾸어 회전자 표면에 대해 회전방향의 회전자계를 만들어내도록 한다. 이렇게 했을 때 슬립전력은 슬립링을 통해 회전자로 유입된다. 동기속도 이상이나 이하 어느 쪽이건 인버터의 주파수를 높이면 슬립이 커지면서 회전자 기전력이 커지므로 슬립전력도 증가한다. 따라서 컨버터가 취급할 수 있는 용량의 한계에 의해 양과 음의 최대 슬립, 즉 최고속도 및 최저속도가 정해진다. 통상 발전기 30 % 용량의 컨버터로 동기속도 ±30 %의 범위에서 제어가 이루지도록 하고 있다.

한편 회전자측 인버터는 슬립전력을 제어하는 동시에 회전자에 여자를 위한 무효전력을 공급할 수 있다. 만일 발전기의 여자를 위한 무효전력이 전부 슬립링을 통해 공급된다면 고정자측으로는 무

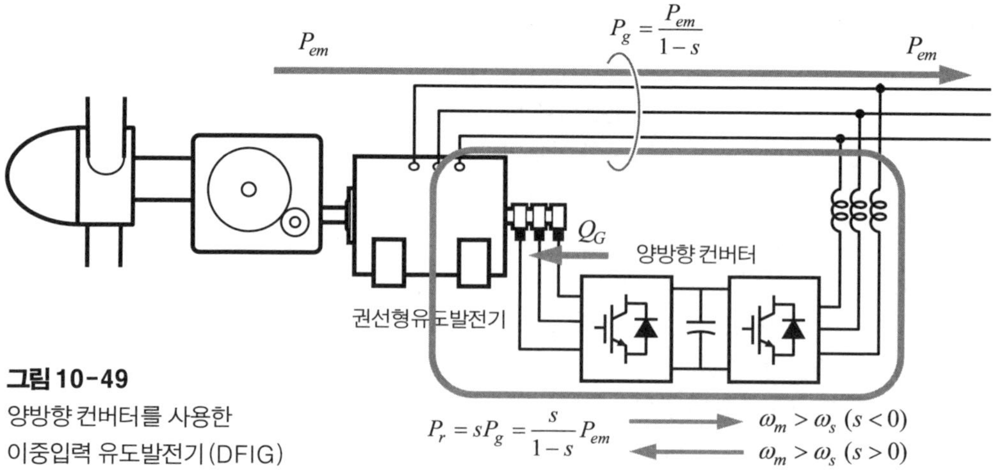

그림 10-49
양방향 컨버터를 사용한
이중입력 유도발전기(DFIG)

효전력이 공급될 필요가 없으며, 계통 쪽에서 보았을 때 무효전력의 출입이 없는 역률이 1인 상태로 동작한다. 나아가 여자전류를 더 키워 마치 동기발전기처럼 지상의 무효전력을 출력하는 조상기능을 가지게 할 수도 있다.(이러한 점에서 권선형 유도기는 직류만 흐르는 동기기의 회전자에 교류가 흐르게 만든 '일반화된 동기기'라 할 수 있다.) 물론 이러한 경우 컨버터의 용량은 더 커져야 한다.

DFIG 방식은 제어가 복잡하고 농형방식에 비해 단가가 높으며, 유지보수의 부담이 크다. 그러나 컨버터의 용량절감에서 오는 이득이 크고, 효율이 높고 필요에 따라 무효전력 제어도 가능하여 수 MW급 풍력발전기의 주류로 자리잡게 되었다. 앞으로도 영구자석이나 컨버터의 가격이 획기적으로 하락하지 않는 한 계속 중형 풍력발전의 중추를 담당할 것으로 예상된다.

10-9 유도전동기의 제동

제동이란 회전중인 전동기가 전원이 차단된 후 자연적으로 감속될 때보다 더 빨리 정지하도록 회전 반대방향으로 토크가 유기되도록 하는 것을 말한다. 유도기에서 토크는 항상 회전속도를 회전자계에 일치시키려는 방향으로 유기되므로 회전자계의 속도를 회전속도보다 낮추어 줌으로써 제동이 이루어질 수 있다.

주파수 제어시의 제동

먼저 그림 10-31과 같이 인버터로 유도전동기를 구동하고 있을 때는 단순히 인버터의 주파수를 낮춤으로써 제동토크를 발생시킬 수 있다. 그림 10-50에서 전동기를 f_1의 주파수로 구동하고 있을 때 동기속도가 n_{s1}이고 운전점 A에서 n_A의 속도로 돌고 있다고 하자. 이때 인버터의 주파수를 f_2로 낮춰 동기속도 n_{s2}가 n_A보다 낮아졌다면 n_A의 속도로 회전하는 전동기는 B점의 토크를 유기한다. 토크가 음수인 것은 회전 반대 방향으로 작용함을 뜻한다. 여기에 역시 회전 반대방향으로 작용하는 부하토크가 더해져 제동토크로 작용, 전동기를 감속시키게 된다.

만일 주파수를 f_2로 낮춘 뒤 그대로 둔다면 속도가 줄어들면서 새로운 동작점 C로 이동하게 될 것이다. 그러나 속도가 떨어질 때 주파수도 함께 낮춰가면서 동기속도와 회전자 속도의 차이(슬립속도)를 일정하게 유지해준다면 흐린 선으로 나타낸 것처럼 역방향 토크를 일정하게 유지하면서 원

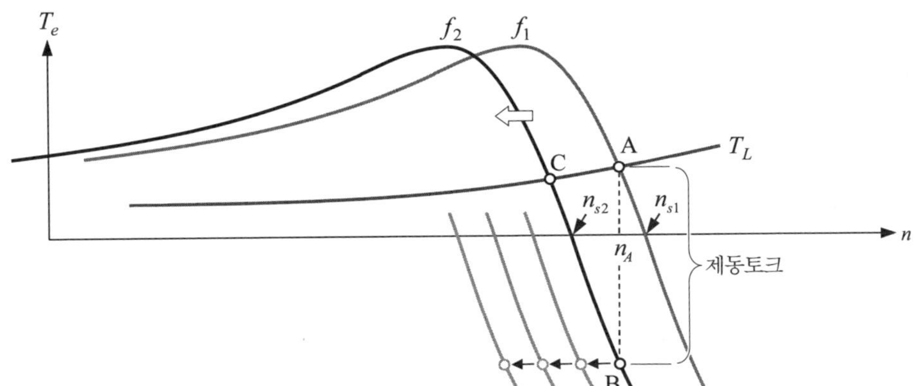

그림 10-50
주파수 변경에 의한 제동토크의 발생

하는 속도까지, 나아가 정지상태까지 떨어뜨릴 수 있다. 이때 주파수를 너무 빨리 낮추면 슬립속도의 증가로 전류가 너무 커질 수 있기 때문에 전동기에 무리가 따르지 않는 수준(통상 정격전류의 2배 이내)으로 유지되도록 주파수의 하강속도를 조절해준다.

이렇게 제동이 이루어지고 있을 때 전동기는 $s < 0$ 인 상태에서 발전기로 동작하면서 기계적 에너지를 흡수하며, 전압과 전류 페이서가 그림 10-41에서와 같은 관계를 유지하면서 인버터쪽으로 전력이 전달된다. 이 전력은 인버터를 거쳐 직류측으로 전달되며, 이는 그림 10-32의 직류측 커패시터에서 인버터 쪽으로 흐르던 전류(평균전류)가 인버터에서 커패시터 쪽으로 흐르게 됨을 뜻한다. 다이오드 정류기로는 역방향 전류가 흐를 수 없기 때문에 이 전류가 커패시터를 충전시켜 전압이 상승한다. 인버터는 그림 10-32에서 보듯이 직류측에 제동저항을 지니고 있어서 커패시터 전압이 너무 높아지면 제동저항의 직렬스위치를 켜서 커패시터를 방전시키고, 너무 낮아지면 스위치를 끄는 동작을 통해 전압을 어느 범위로 유지시킨다. 이 과정에서 회수된 운동에너지가 저항에서 주울열로 소모된다. 이처럼 인버터의 주파수 조절로 전동기를 발전기로 동작시킴으로써 운동에너지를 빼앗아 저항에서 소모시키는 방식을 **발전제동**(dynamic braking)이라 한다.

직류측으로 회수된 에너지를 소모시켜버리는 대신 전원으로 반환할 수도 있는데, 이를 **회생제동**(regenerative braking)이라 한다. 회생제동을 위해서는 그림 10-32의 다이오드 정류기를 직류측에서 교류측으로 전력을 전달할 수 있는 인버터로 교체해야 한다. 즉 그림 10-48(b)에 보인 가변속 유도발전기에서와 같이 양방향으로 전력을 전달할 수 있는 대칭형 인버터가 사용되어야 한다. 전원측으로 에너지를 전달하는 동작이 지속적으로 이루어지는 유도발전기와 달리 제동기간 동안 잠시 회생동작을 하기 위해 양방향 인버터를 적용하는 것은 경제성이 떨어지지만 철도의 견인전동기 구동이나 고층 엘리베이터 구동시스템 등 빠른 가감속이 필요한 용도, 또는 부하의 관성이 매우 커서 구동시 큰 운동에너지가 축적되면서도 운전 정지가 빈번한 용도에는 흔히 적용되고 있다.

발전제동이나 회생제동은 정지상태까지 제동이 아니라도 속도를 급격히 낮춰야 할 필요가 있을 때, 혹은 부하토크의 방향이 바뀌었을 때 속도상승을 억제하는 데에도 적용된다. 예를 들어 유도전동기로 구동되는 자동차가 내리막길로 들어서면 인버터의 주파수를 그대로 유지하고 있더라도 전동기의 속도가 동기속도를 넘어가 발전기로 동작하면서 제동토크가 유기되고, 위에서와 마찬가지 동작이 일어나 속도상승을 억제하게 된다.

커패시터 제동

커패시터 제동은 전원에서 분리한 다음 커패시터를 접속하여 유도발전기로 동작시키는 방식을 말한다. 그림 10-42에서와 같이 커패시터와 함께 부하저항을 접속하면 전동기는 자기여자 상태에서 발전하면서 발전된 전력이 부하저항 및 전동기 내부손실로 소모된다. 부하저항 없이 커패시터로 자기여자를 시키기만 해도 전동기 내부 손실로 상당한 제동효과를 얻을 수 있다. 이 방식은 속도가 높은 제동 초기에는 효과적이지만 속도가 어느 이하로 떨어지면 자기여자가 해제되어 제동 동작을 하지 못하게 된다. 따라서 아래의 직류제동과 함께 사용되는 경우가 많다.

직류제동

직류제동(DC injection braking)은 일반적으로 급속 제동이 필요할 때 사용한다. 그림 10-51이 직류제동 회로를 보여주고 있다. 접점 R을 개방하여 운전중인 전동기를 교류전원에서 분리한 다음

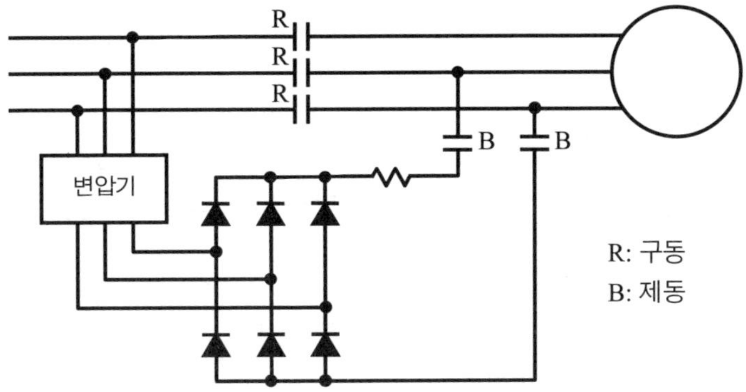

그림 10-51
직류제동

접점 B를 닫아 임의의 두 단자 사이에 직류전원을 연결한다. 고정자에 직류가 흐르면 안쪽에 정지된 N극과 S극이 만들어지는데, 이는 마치 돌고 있던 회전자계가 정지하여 동기속도가 0이 된 것과 같다. 따라서 회전자에 속도를 0으로 만들기 위한 토크가 유기된다.

이때 발생하는 제동토크는 고정자에 흐르는 직류전류의 제곱에 비례한다. 직류전류는 정격전류의 2~3배 정도로 하며 과열되지 않는 한도 안에서 그 이상으로 할 수도 있다. 속도가 낮아지면 제동토크가 줄어들어 속도하락이 완만해지므로 어느 정도 떨어지고 나면 브레이크로 정지시키는 경우가 많다. 따라서 제동 초기에는 앞의 커패시터 제동으로 외부 저항에서 열을 방출시키고, 중간에는 직류제동, 최종적으로 브레이크 제동을 단계적으로 적용하는 방식이 흔히 사용된다.

직류제동 중 회전자와 부하의 운동에너지는 모두 회전자의 열로 소모된다. 10-5절에서 언급했듯이 회전자와 부하의 운동에너지는 전동기를 기동할 때 회전자에서 발생하는 열의 양과 같으므로 **직류제동을 한 번 하면 대략 전동기를 한 번 기동시킨 것과 같다.** (고정자 직류전류의 크기와는 무관하다.) 따라서 기동과 직류제동을 자주 반복하면 전동기에 큰 스트레스가 된다.

역전제동

주파수 변경에 의한 제동이 회전자계의 속도를 천천히 낮춰가면서 부드럽게 제동하는 방법이라면 직류제동은 회전자계를 바로 정지시키는 방법에 해당한다. 좀 더 과격하게 회전자계를 반대로 회전시키는 방식을 역전제동(plugging)이라 한다. 회전자계를 반전시키려면 운전 중인 전동기의 세 입력단자 중 임의의 두 단자를 바꾸어 접속한다.

그림 10-52는 이때의 역방향 회전자계를 기준으로 토크와 전류특성을 그린 것이다. 회전자계가 반전된 직후, 역방향 회전자계 입장에서 보면 회전자가 정반대로 돌고 있으므로 슬립이 2에 가까운 상태가 된다. 이 슬립에서 큰 전류가 흘러 고정자와 회전자에서 많은 열이 발생한다. 이때 만일 회전자저항이 일정한 전동기라면 역방향으로 발생하는 토크가 점선과 같으므로 열적 스트레스에 비해 정작 제동효과는 신통치 않다. 그러나 일반 범용 전동기로 사용되는 심구형의 경우에는 실선과 같이 역방향 토크가 상승하는 특성이 있어서 상당히 큰 제동토크를 얻을 수 있다.

역전제동의 문제는 회전자에서 매우 큰 열이 발생한다는 데 있다. 그 열의 양은 제동 직전 회전부가 지니고 있던 운동에너지의 대략 3배에 해당한다. 즉 **역전제동 한 번은 전동기를 세 번 기동시킨 것과 같다.** 이렇게 많은 열이 발생하는 이유는 제동 과정에서 회수된 운동에너지가 회전자에서 소모되는 동시에 고정자 쪽에서도 계속 회전자로 전력이 전달되기 때문이다. 따라서 빈번한 역전제동은

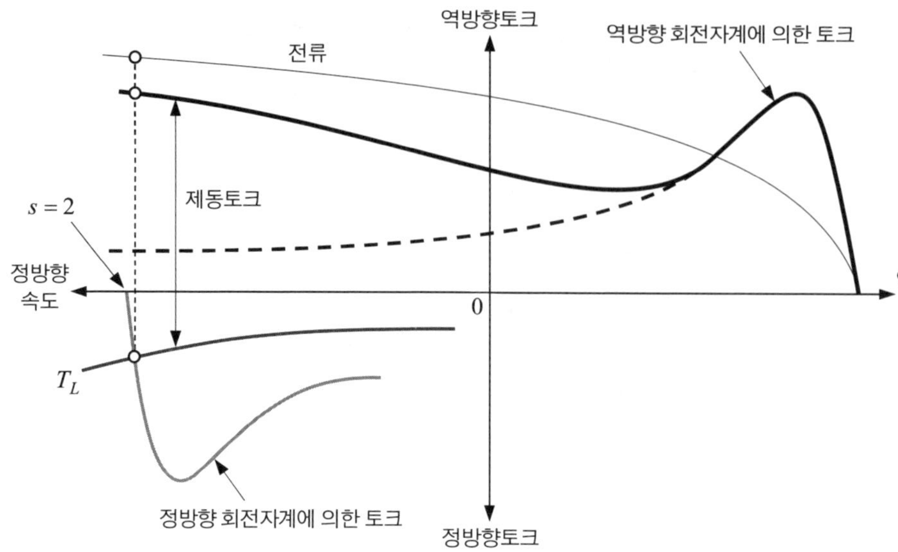

그림 10-52 역전제동시의 토크와 전류

큰 무리가 따르며, 회전자 도체가 녹아버리는 일이 일어날 수도 있기 때문에 다른 대안이 없거나 비상정지를 해야 할 상황이 아니라면 잘 사용하지 않는다. 단, 권선형의 경우에는 역전제동을 하더라도 회전자에 외부 저항을 연결하여 비례추이 특성을 이용, 전류를 줄이면서 제동토크는 크게 해줄 수 있고 또 대부분의 열을 기기 바깥에서 방출할 수 있으므로 효과적인 제동방법이 될 수 있다. 이는 6장에서 설명하였던 직류전동기의 플러깅제동과 유사하다.

역전제동은 전동기 속도가 0이 된 다음 자칫 반대방향으로 회전하게 될 수 있으므로 속도가 충분히 떨어지고 나면 반드시 전원을 차단하고 기계적 브레이크를 가해야 한다.

연습문제

10-1. 60 Hz, 230 V, 4극 20마력 B형 유도전동기를 정격전압에서 기동시 160 A가 흐른다. 이 전동기를 50 Hz, 220 V 전원에서 기동할 때 기동전류의 추정치를 구하라.

10-2. 220 V, 4극 10마력 농형 유도전동기가 정격속도 1,710 rpm으로 일정토크부하를 구동하면서 40.7 N-m의 토크를 출력하고 있다.

(a) 인가전압이 242 V가 되었을 때 슬립과 속도는 각각 몇 % 증가/감소하는가?

(b) 인가전압이 198 V가 되었을 때 슬립과 속도는 각각 몇 % 증가/감소하는가?

10-3. 60 Hz, 230 V, 6극 20마력 유도전동기가 정격 상태에서 일정토크부하를 1,175 rpm으로 구동하고 있다. 전압이 10 % 하락하고 주파수가 6% 하락했을 때 속도와 출력을 구하라.

10-4. 일정토크 부하를 구동하는 60 Hz 460 V 8극 유도전동기가 기동이 완료된 직후 속도가 873 rpm이었다가 몇 시간 후 863 rpm으로 하락하였다. 기동 전 주위온도는 23°C였다

(a) 운전 중 회전자저항값이 몇 % 상승하였는가?

(b) 회전자도체의 최종 온도 추정치를 구하라. 회전자도체는 구리이다.

10-5. 60 Hz, 440 V, 6극 25마력 유도전동기의 정격토크가 113 N-m, 기동토크가 152 N-m이다.

(a) 인가전압이 300 V로 줄어들었을 때의 기동토크는 얼마인가?

(b) 기동토크가 정격토크 이상이 되게 하기 위해 필요한 전압은 얼마인가?

(c) 50 Hz 전원에서 정격부하를 구동하려면 인가전압이 얼마가 필요한가?

(d) 정격전압에서 기동전류가 128 A이다. 300 V에서 기동할 때의 전류는 얼마인가?

(e) 기동전류가 정격전류 32 A를 넘지 않도록 하기 위해 인가해야 할 전압은 얼마인가?

10-6. 50 Hz, 460 V, 4극 20마력 유도전동기의 정격속도가 1,760 rpm이고 기동토크는 정격토크의 140 %이다. 전원전압이 정격의 90 %로 하락했을 때

(a) 속도를 이전과 같게 유지하려면 부하토크를 얼마나 줄여야 하는가? 이는 몇 %에 해당하는가?

(b) 전압이 줄어든 상태에서 기동토크의 추정치를 구하라.

10-7. 60 Hz, 460 V, 4극 30마력 전폐형 유도전동기가 있다. 절연계급은 F, 과부하율은 1.0이다. 이 전동기에 인가된 3상 선간전압이 460 V, 455 V, 440 V이다. 다음을 구하라.

(a) 전압불평형율

(b) 정격부하에서 동작할 때 온도상승

(c) 정상적인 전압에서 전동기의 기대수명이 20년이라 할 때 주어진 전압에서의 기대수명

(d) 전동기의 수명에 영향을 미치지 않기 위한 최대부하

10-8. 식(10-13)을 유도하라.

10-9. 60 Hz, 380 V, 4극 30 kW 유도전동기의 전부하운전시 속도는 1,746 rpm, 입력전류 56.2 A, 역률 90.0 %이고 무부하운전시 입력전류 17.3 A, 역률 13.5 %이다. 전부하 운전에서 기계손이 전체 손실의 25 %라 가정하고 기타 다른 손실은 없는 것으로 한다.

(a) 전부하효율을 계산하라.

(b) 전부하상태에서 회전자동손을 추정하라.

(c) 철손을 추정하라.

(d) 전부하상태에서 고정자동손을 추정하라.

(e) 전체 손실에서 고정자동손, 철손, 회전자동손, 기계손이 차지하는 비중을 구하라.

10-10. 문제 10-9의 전동기가 무부하시 역률이 0.97이 되도록 역률보상을 하고자 한다.

(a) 필요한 보상용량(kVAR) 및 커패시터의 정전용량(Δ결선)을 구하라.

(b) 이렇게 보상하였을 경우 전부하시 역률과 전원에서 흐르는 선전류를 구하라.

10-11. 그림 10-1 왼편에 보인 전동기의 기동전류를 구하라.

10-12. 60 Hz, 6,600 V, 4극 100마력 유도전동기의 정격속도가 1,740 rpm, 정격전류가 7.8 A, 기동계급이 G이다. 다음을 구하라.

(a) 정격토크

(b) 기동전류

(c) 기동토크의 최소값

10-13. 3상 4극 50 Hz 160 kW 유도전동기의 전부하속도가 1,475 rpm이다. 정격토크 대비 기동토크가 170 %, 항복토크가 280 %이고 회전자의 관성모멘트가 2.5 kg-m^{2}이다. 전동기 축으로 환산된 부하의 토크는 전부하속도에서 800 N-m이고 관성모멘트가 20 kg-m^{2}이다.

(a) 부하토크가 일정한 것으로 가정했을 때 기동시간을 구하라.

(b) 부하토크가 속도에 비례하는 것으로 가정했을 때 기동시간을 구하라.

(c) 부하토크가 속도의 제곱에 비례하는 것으로 가정했을 때 기동시간을 구하라.

(d) 부하토크가 0인 순수 관성체인 것으로 가정했을 때 기동시간을 구하라.

10-14. 3상 6극 50 Hz 유도전동기가 940 rpm의 전부하속도에서 60 A가 흐르고 150 N-m의 토크를 유기한다. 정격전압에서 기동전류는 300 A이다.

(a) 전전압 기동시의 기동토크를 구하라.

(b) Y-Δ기동시 기동토크와 기동전류를 구하라.

10-15. 전전압기동시 정격전류의 5배의 전류가 흐르는 정격슬립 6 %인 전동기가 있다. 인가전압을 낮추어 이 전동기를 기동시키고자 한다. 이때 기동토크가 전부하토크의 50 % 이상이어야 한다. 인가전압이 정격전압의 몇 %여야 하는가? 심구효과는 고려하지 않는다.

10-16. 기동전류가 전부하전류의 5배 전부하슬립 5 %인 유도전동기를 와이-델타 기동방식으로 기동했을 때와 50 % 탭의 단권변압기로 기동했을 때 기동토크가 각각 정격토크 대비 몇 %인가?

10-17. 인버터로 운전되는 4극 3상 유도전동기가 60 Hz에서 팬 부하를 1,760 rpm에서 38 kW 출력으로 구동하고 있다. 전압 대 주파수의 비율을 일정하게 유지하면서 팬의 속도를 1,250 rpm으로, 900 rpm으로 낮추고자 할 때 인버터의 주파수를 각각 구하라.

10-18. 4극 50 Hz 권선형 유도전동기의 슬립링을 단락했을 때 상당 회전자저항 0.2 Ω, 전부하슬립 4 %이다. 전부하토크에서 속도를 1,260 rpm으로 낮추기 위해 접속해야 할 상당 저항값을 구하라.

10-19. 권선형 유도전동기가 3 % 슬립으로 운전되고 있다. 회전자저항이 0.2 Ω이라면 전동기의 속도를 10 % 낮추고자 할 때 외부에 접속해야 할 상당 저항은 얼마인가?

10-20. 2.3 kV 60 Hz 110 kW 1,760 rpm 정격의 권선형 유도전동기가 있다. 고정자와 회전자의 권선비는 2이다. 일정한 정격부하토크 상태에서 전동기의 속도를 1,550 rpm으로 낮추고자 한다.

(a) 슬립링 외부에 상당 몇 Ω의 저항을 접속해야 하는가?

(b) 외부저항에서 소모되는 전력을 구하라.

10-21. 3상 6극 460 V 60 Hz 15마력 1,182 rpm 정격의 유도전동기를 1,215 rpm으로 구동하였다. 등가회로 상수는 다음과 같다: $R_s = 0.200\ \Omega$, $R_r = 0.250\ \Omega$, $R_c = 317\ \Omega$, $X_s = 1.20\ \Omega$, $X_r = 1.29\ \Omega$, $X_m = 42.0\ \Omega$. 전원측으로 전달되는 유효전력과 무효전력을 구하라.

10-22. 예제 10-12의 유도전동기를 자립형 유도발전기로 사용하고자 한다. 무부하 상태에서 1,800 rpm으로 회전시켰을 때 자기여자로 입력단자에 정격전압이 유기되고 있다고 한다.

(a) 유기기전력이 60 Hz인 것으로 가정하고 여자전류와 커패시터 용량을 구하라.

(b) 발전기에서 일어나는 손실을 구하라. 동손과 철손 외의 다른 손실은 무시한다.

(c) 슬립을 구하고 이로부터 실제 주파수를 구하라. (a)에서 가정한 주파수와 얼마나 다른가?

10-23. 예제 10-12의 유도전동기를 자립형 유도발전기로 하여 저항부하를 접속하였다. 원동기 속도와 여자커패시터 용량을 조정하여 발전기가 정격전압, 정격주파수로 그림 10-41의 페이서도와 동일한 상태에서 동작하고 있다고 한다.

(a) 여자커패시터의 전류를 구하라.

(b) 커패시터 용량을 구하라.

(c) 부하저항을 구하라.

10-1. 184 A **10-2.** (a) 17.4 % 감소, 0.92 % 증가 (b) 23.4 % 증가, 1.23 % 감소 41.6 V **10-3.** 1,101 rpm, 14.0 kW **10-4.** (a) 33 % (b) 108°C **10-5.** (a) 70.7 N-m (b) 379 V (c) 367 V (d) 87.3 A (e) 110 V **10-6.** (a) 38.5 N-m, 19 % (b) 229.6 N-m **10-7.** (a) 2.59 % (b) 124.7°C (c) 7.2년 (d) 27.6마력 **10-9.** (a) 90.1 % (b) 953 W (c) 714 W (d) 801 W (e) 24.3 %, 21.7 %, 29.0 %, 25.0 % **10-10.** (a) 10.9 kVAR, 66.7 μF (b) 98.8 %, 51.2 A **10-11.** 220 V: 816~922 A, 440 V: 408~461 A **10-12.** (a) 409.4 N-m (b) 49.0~55.1 A (c) 538 N-m **10-13.** (a) 2.7 sec (b) 2.0 sec (c) 1.9 sec (d) 1.7 sec **10-14.** (a) 225 N-m (b) 75 N-m, 100 A **10-15.** 57.7 % **10-16.** 41.7 %, 31.3 % **10-17.** 42.34 Hz, 30.35 Hz **10-18.** 0.6 Ω **10-19.** 0.65 Ω **10-20.** (a) 1.37 Ω (b) 13.1 kW **10-21.** 9.28 kW, −6.14 kVAR **10-22.** (a) 2.25 A, 7.82 μF (b) 238 W (c) −0.147 %, 59.91 Hz **10-23.** (a) 3.22 A (b) 11.2 μF (c) 57.3 Ω

11

동기전동기

동기전동기는 그 명칭대로 동기속도로 회전하는 전동기이다. 유도전동기의 경우 회전자에 자극이 만들어지기 위해서는 유도전류가 흘러야 하므로 회전자와 회전자계 사이에 속도 차이가 불가피하다. 반면에 동기기는 회전자가 자체 자극을 지니고 있어서 유도전류가 흐르지 않아도 회전자계에 이끌리는 토크가 유기되므로 회전자계와 같은 속도로 회전한다. 회전자는 영구자석일 수도 있고 코일을 지닌 전자석일 수도 있다. 이 장은 일반적 형태의 전자석형 동기전동기를 대상으로 한다. 유도전동기의 운전상태가 부하의 크기에 의해 전적으로 좌우되는 반면 전자석형 동기전동기는 사용자가 회전자 전자석의 세기를 조절하여 운전상태를 변화시킬 수 있으며, 회전자 자속을 적절히 제어하면 매우 높은 역률을 유지할 수 있다. 그러나 회전자의 코일이 외부 전원에 기계적 접촉을 통해 접속되어야 하므로 구조가 단순한 유도기에 비해 불리하다. 따라서 범용 전동기 용도로는 사용되지 않지만 높은 효율과 역률의 장점이 부각되는 비교적 특수한 용도의 대용량 구동에 주로 사용된다. 동기기는 다음 장에서 다루게 될 대형 교류발전기로 널리 사용되는데, 이 장에서 설명하는 동기전동기의 기본 구조와 동작원리는 발전기에도 그대로 적용된다.

1887년 F. A. Haselwander에 의해
만들어진 최초의 3상 동기전동기

11-1 동기기의 기본 동작

동기기는 그림 11-1에 보인 것과 같이 3상 권선이 설치된 고정자와 자체 자극을 지닌 회전자로 이루어져 있다. 고정자권선은 3상 교류전원에 접속되어 8장에서 설명한 것과 같은 회전자계를 만들어내고 회전자의 코일은 외부 직류전원에 접속되어 직류 전류로 일정 크기의 자계를 만들어낸다. 이들 두 자계의 상호작용에 의해 전동기 또는 발전기 동작이 일어난다.

전동기 동작과 발전기 동작

먼저 그림 11-2의 (a)와 같이 회전자 축이 개방된 무부하상태를 생각해보도록 한다. 회전자에 외부의 힘이 작용하지 않으므로 회전자 자극이 고정자 회전자계의 자극에 나란히 정렬된 상태를 유지하면서 동기속도 ω_s로 회전한다. 이때 토크는 0이고, 기계적 에너지의 출력도 입력도 없다. 따라서 다른 손실이 없는 것으로 가정한다면 기기와 전원 사이에 전기적 에너지의 출입도 없다. 즉 이 상태는 전동기도 발전기도 아닌, 전동기 동작과 발전기 동작의 경계에 해당한다.

무부하상태로 회전하는 기기에 (b)에서와 같이 기계적 부하가 연결되면 회전을 방해하는 부하토크 T_L에 의해 회전자가 회전자계보다 뒤처지게 된다. 둘 사이의 각도가 벌어지면 자극 사이에 당기는 힘이 발생하고, 회전방향으로 토크 T_e가 작용한다. 이 토크가 부하토크에 미치지 못하면 각도가 더 벌어지고, 각도가 벌어질수록 토크가 커진다. 최종적으로 T_e가 T_L과 같아지는 각도에 이르러 기계적 평형이 이루어지면 회전자는 그 각도를 유지하면서 회전자계와 같은 속도로 회전한다. 이때 동기기는 토크의 방향으로 부하를 끌고 가는 전동기로 동작하면서 부하에 $\omega_s T_e$의 동력을 출력한다. 이 동력은 고정자에 흐르는 전류에 의해 전원으로부터 유입된 전력이 회전자로 전달된 것이다.

다음으로 무부하상태의 회전자 축에 그림 (c)와 같이 구동엔진을 연결하여 회전방향으로 외부 토크 T_M을 가한다고 하자. 이 경우에는 회전자가 회전자계보다 앞서게 되고, 회전자계가 앞서가는 회전자 자극을 뒤에서 잡아당겨 회전 반대 방향으로 토크 T_e가 발생한다. 이 토크 역시 둘 사이의 각도가 벌어질수록 커지며, T_e가 T_M과 같아져 기계적 평형을 이루는 각도까지 벌어지고 나면 그 각도를 유지하면서 회전자계와 같은 속도로 회전한다. 이 상태에서 $\omega_s T_e$의 동력이 구동측으로부터 회전

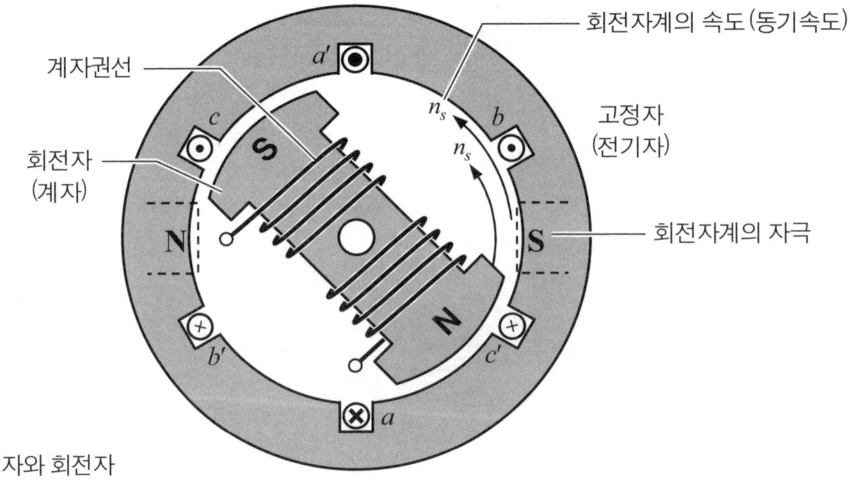

그림 11-1
동기기의 고정자와 회전자

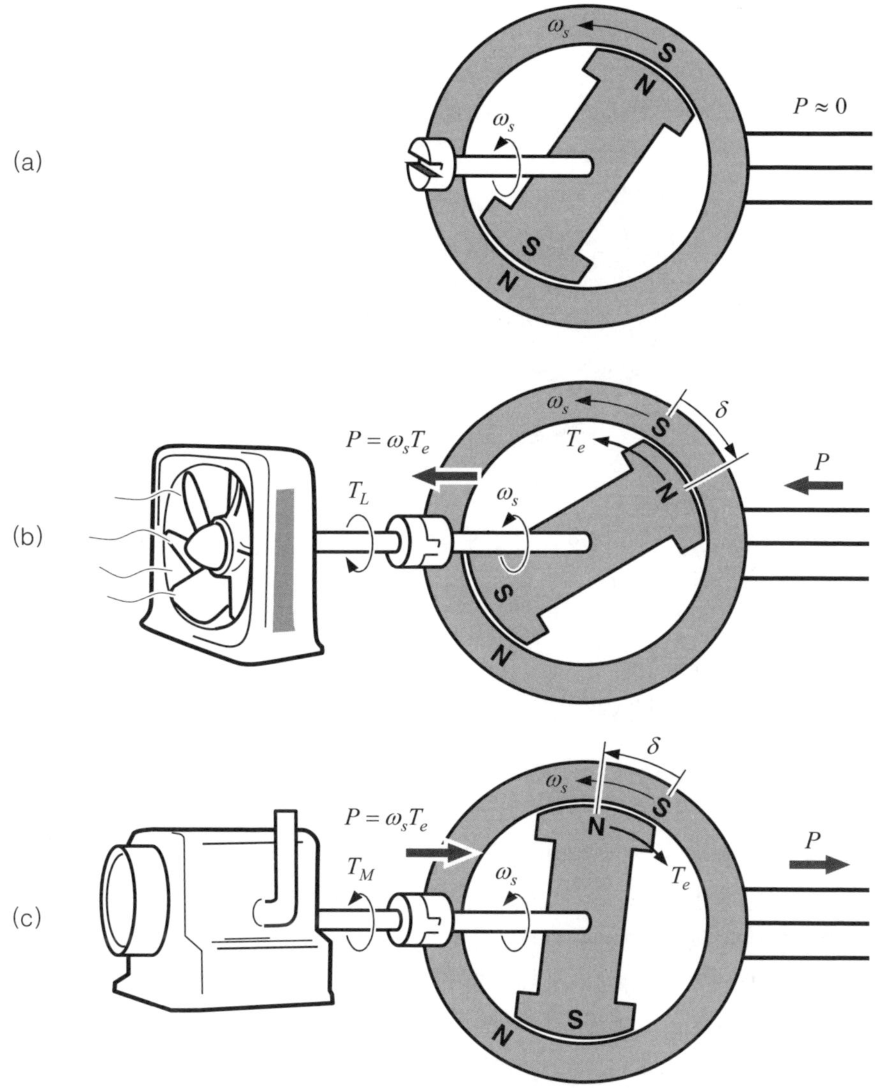

그림 11-2 동기기의 동작: (a) 무부하상태 (b) 전동기 동작 (c) 발전기 동작

자로 전달되고, 전달된 동력이 공극을 거쳐 고정자에서 전기적 에너지로 변환되어 전원으로 전달되는 발전기 동작이 이루어진다.

요컨대 전동기로 동작할 때는 회전자가 회전자계에 뒤처져 끌려가고 발전기로 동작할 때는 회전자가 회전자계를 앞서서 끌고 간다. 어느 경우건 정상상태 속도는 일정하지만 무부하상태, 전동기동작, 발전기동작 사이의 상대적 관계는 4장의 그림 4-21에 보였던 것과 같다.

부하각과 토크

8-4절에서 설명하였듯이 고정자전류에 의해 만들어진 자속과 회전자 자속이 함께 있을 때 공극에 실제로 존재하는 공극자속은 고정자자속과 회전자자속의 합성이다. 이 공극자속이 고정자코일

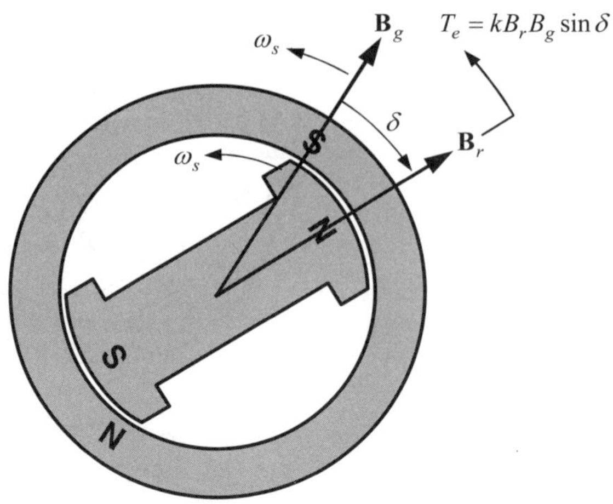

그림 11-3
부하각과 토크 (전동기 동작)

에 기전력을 유기하여 전원과 전기적 평형을 이루고 동시에 회전자자속과 상호작용으로 토크를 유기하여 축에 가해지는 외부 토크와 기계적평형을 이룬다. 이때 전원이 일정 크기 일정 주파수의 대칭 3상전원이라면 운전상태에 무관하게 공극자속의 크기와 속도는 일정하다.

그림 11-3은 전동기 동작에서 공극자속 $\mathbf{B}_g$와 회전자자속 $\mathbf{B}_r$을 보여주고 있다. 여기서 δ를 '회전자자속이 공극자속에 뒤지는 각도(전기각)'로 정의하면 회전자에 '회전방향으로 작용하는 토크'가 아래 식으로 표현된다.

$$T_e = kB_rB_g \sin\delta \tag{11-1}$$

회전자코일의 전류를 일정하게 유지하는 한 B_r은 일정하다. B_g 또한 일정하므로 위 식에서 토크는 δ에 좌우된다. 여기에 일정한 상수인 동기속도를 곱한 것이 기계적 동력이므로 δ는 동기기에서 일어나는 전기기계적 에너지변환의 크기를 결정한다. 에너지변환의 크기는 전동기라면 기계적 부하, 발전기라면 전기적 부하의 크기에 해당하며, 무부하상태에서는 δ가 0이고 부하가 커질수록 양, 혹은 음의 방향으로 증가한다. 이러한 맥락에서 δ를 **부하각**(load angle)이라 한다. (문맥에 따라 토크각(torque angle), 혹은 전력각(power angle)이라 부르기도 한다.) 유도전동기의 운전상태가 슬립으로 표현되었던 것처럼 동기기에서는 부하각이 기기의 운전상태를 나타내는 핵심 변수이다.

그림 11-4는 식 (11-1)의 부하각과 토크 사이의 관계로서, $\delta > 0$인 전동기동작에서는 양(회전방향)의 토크, $\delta < 0$인 발전기동작에서는 음(회전반대방향)의 토크가 유기되어 이 토크가 축에 가해진 외부 토크와 일치하는 δ에서 동작이 이루어진다. 전동기로 동작할 때 흐린 선으로 나타낸 부하토크 T_L이 가해졌다면 A 지점이 동작점이 된다. B 지점에서도 유기토크와 부하토크가 같아지기는 하지만 그 지점은 어떤 이유로 부하각이 벌어지면 $T_L > T_e$이 되어 더 벌어지고, 줄어들면 $T_e > T_L$가 되어 더 줄어드는, 즉 원래 원래 상태로 되돌아오지 못하는 불안정한 평형점으로서 정상적 운전이 이루어질 수 없다. 따라서 $-90° < \delta < 90°$의 실선 영역이 실제 운전 가능한 범위가 된다.

9장에서 유도전동기의 동작을 두 원판 사이에서 미끄러짐이 일어나면서 마찰토크에 의해 동력이 전달되는 것에 비유한 바 있는데(그림 9-19), 그에 반해 위와 같은 동기전동기의 동작은 구동측이 스프링으로 연결된 피구동측을 끌고 회전하는 것에 비유할 수 있다. 회전을 방해하는 부하가 가해지

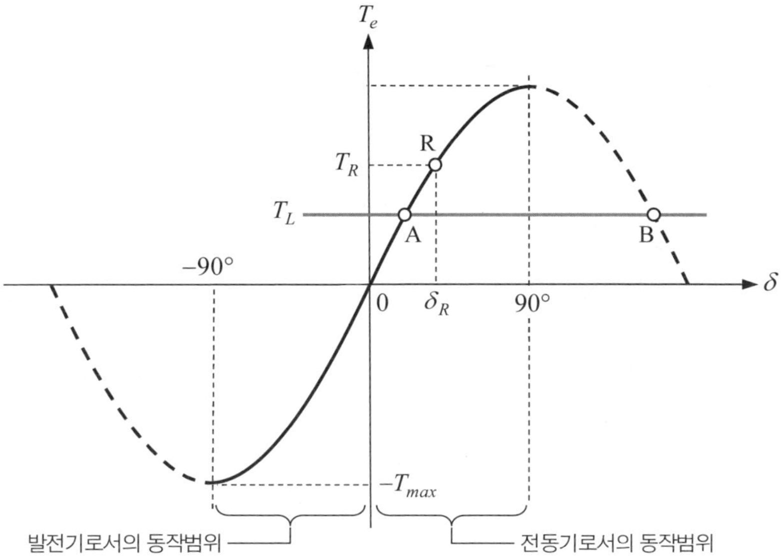

그림 11-4 동기기의 부하각에 따른 토크.

면 스프링이 늘어나 토크가 발생하고, 그 늘어난 상태를 유지하면서 같은 속도로 회전한다. 이 스프링이 늘어난 길이가 동기기의 부하각 δ 에 해당한다. 유도전동기와 달리 구동측과 피구동측 사이에 미끄럼이 발생하지 않으므로 동력전달 과정에 손실이 발생하지 않고, 구동측 동력이 그대로 피구동측에 전달된다. 따라서 동기전동기는 유도전동기보다 동력변환 효율이 높다.

항복토크와 최대토크, 정격토크

그림 11-4에서 보듯이 동기기의 토크는 부하각이 +90°와 −90°일 때 각각 양과 음의 방향으로 최대치에 도달한다. 이를 **항복토크**, 혹은 탈출토크(pull-out torque)라 한다. 전동기 동작에서 부하토크가 항복토크를 넘어서면 회전자가 더이상 회전자계를 따라가지 못하고 동기속도에서 이탈하게 되는데, 이를 **탈조**脫調, 또는 **동기이탈**(out of synchronism)이라 한다. 발전기 동작에서도 원동기의 토크가 과도하여 한계를 넘어서면 더이상 기계적 평형을 유지하지 못하고 원동기가 폭주하게 된다. 따라서 어느 방향으로든 회전자에 가해지는 외부 토크가 항복토크 이내여야 한다. 항복토크는 회전자전류를 증가시켜 키워줄 수 있으나 허용전류 한계를 넘을 수 없으므로 정격 회전자전류일 때의 항복토크가 동기기에서 얻을 수 있는 **최대토크**(maximum torque)가 된다.

동기전동기의 정격토크는 이 최대토크보다 훨씬 작다. **정격토크는 정격 회전자전류에서 고정자에 정격전류가 흐를 때의 토크**를 말한다. 그리고 정격토크에 속도(동기속도)를 곱한 것이(다른 손실요소를 무시했을 때) 정격출력이다. 그림 11-4에서 R이 정격토크 지점이라면 동작점 A는 항상 그 아래쪽에 있어야 한다. 부하토크가 정격토크 범위를 벗어난다 해도 탈조가 되지 않는 한 운전이 이루어지긴 하지만 고정자에 정격 이상의 전류가 흐르는 과부하상태에 놓이므로 그 상태가 지속된다면 수명단축이나 소손으로 이어진다. 발전기 동작에서도 마찬가지로 정 격운전점이 있고, 그 이내에서 동작이 이루어져야 한다. 일반적으로 일시적 과부하에 탈조되지 않도록 **최대토크가 정격토크의 1.5~2.5배** 정도가 되게 만들어지며, 정격토크에서 부하 각은 25°~40° 범위에 놓인다.

직류기와 동기기의 유사점과 차이점

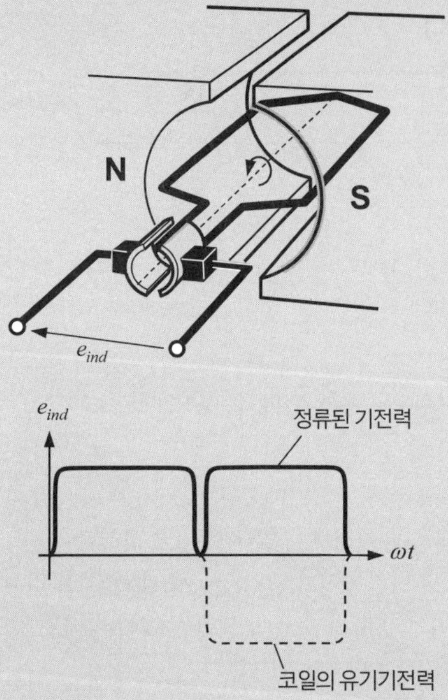

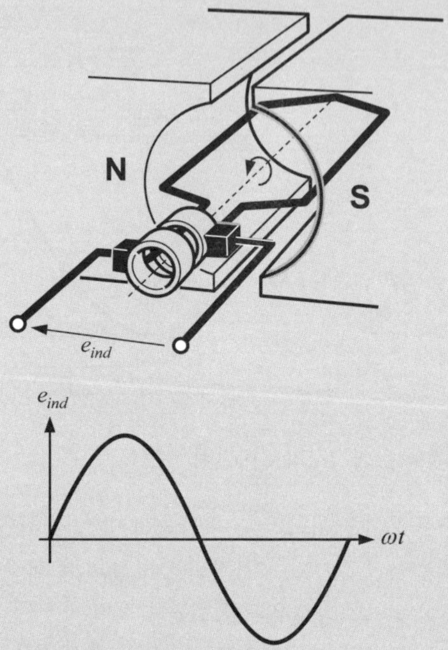

직류기의 전기자 코일이 회전할 때 코일에 유기되는 기전력은 교류이다. 그러나 유기기전력의 극성이 바뀌는 지점(자기적중성점)을 통과할 때 브러시와 정류자 사이의 접속이 뒤바뀌면서 외부 단자에 나타나는 기전력이 이전의 극성을 그대로 유지하는 기계식 정류동작이 일어난다. 직류기에서는 이렇게 정류된 파형이 가급적 직류에 가깝게 되도록 코일의 위치와 상관 없이 계자 자속밀도의 크기가 일정하게 만들어진다.

직류기에서 정류자 대신 슬립링을 통해 외부 단자에 접속하면 코일의 교류기전력이 단자에 그대로 나타난다. 이 형태는 회전전기자형 동기기에 해당하며, 정현파 기전력을 얻으려면 주위의 계자가 정현함수 자속분포를 가져야 한다. 여기서 전기자코일을 고정시켜 놓고 대신 자극을 회전시키면 회전계자형 동기기가 된다. 이때 자극이 전기자코일 바깥쪽이 아닌 안쪽에서 회전하도록 위치를 바꾸어놓은 것이 일반 형태의 동기기이다.

직류기와 동기기는 전기자코일에 교류가 유기되는 점에서는 같으나 직류기는 정류자/브러시를 통해 외부 직류회로에 접속된다는 점에서 차이가 있다. 직류기에서 자속밀도를 일정하게 하고 동기기에서 자속밀도를 정현분포로 하는 것은 두 기기의 본질적 차이라기보다는 직류기는 일정 직류회로에, 동기기는 정현파 교류회로에 접속되어야 한다는 필요성에서 비롯된 부수적인 차이점일 뿐이다.

동기기나 마찬가지로 직류기도 전기자를 고정자로 하는 것이 유리하다. 그러함에도 불구하고 직류기가 회전전기자형인 이유는 전기자가 회전하면서 기계식 정류동작을 이용할 수 있기 때문이다. 즉 회전하는 코일을 고정된 외부 회로에 접속하는 일과 정류동작이라는 기능적 필요성이 동시에 해결되기 때문이다.(따라서 외부 회로에 접속하는 데에 정류동작이 필요하지 않은 동기기를 굳이 불리함을 감수하고 회전전기자형으로 할 이유가 없다.) 여기서 정류동작을 별도 스위치로 대신하고 회전계자형으로 한 것이 14장에서 다루게 될 브러시리스직류전동기(BLDC)이다.

전기자와 계자

동기기의 회전자는 회전자계와 같은 속도로 회전하므로 회전자 도체에 속도 차이로 인한 기전력이 발생하지 않고 유도전류도 흐르지 않는다. 전기기계적 에너지변환은 자기장과 도체 사이의 상대적 속도 차이로 기전력이 유기되면서 일어나는 것이기 때문에 동기기의 회전자코일에서는 전기기계적 에너지변환이 일어나지 않는다. 에너지변환이 이루어지는 **전기자**(armature)의 역할은 전적으로 고정자 권선이 담당하며, 회전자는 에너지변환에 필요한 자기장을 만들어주는 **계자**(field)로서의 역할을 할 뿐이다. 외부 전원에서 회전자 코일로 전류가 흘러 유입되는 전력은 전적으로 회전자 코일에서 일어나는 주울열일 뿐, 그 전력이 전기기계적 동력으로 변환되는 일은 일어나지 않는다. 따라서 이하의 설명에서 전기자는 고정자권선을 지칭하고 계자는 회전자권선을 지칭한다.

동기기는 유도기와 함께 교류기로 분류되지만 이처럼 전기자와 계자가 분리되어 있다는 점에 있어서는 직류기와 유사하다. 그러나 직류기가 고정자에 설치된 계자 안에서 전기자가 회전하는 회전전기자형인데 반해 동기기는 전기자가 고정자에 있고 계자가 회전하는 **회전계자형**이다. 단 동기기가 반드시 회전계자형이어야 하는 것은 아니며, 직류기처럼 회전전기자형으로 만들어질 수도 있다. 동기기가 회전계자형인 것은 동작원리상 어떤 불가피한 이유가 있어서라기보다는 다음과 같은 현실적 제약요인들 때문이다.

회전자 권선을 외부 회로에 접속하기 위해서는 필연적으로 기계적 접촉을 통한 전기적 접속이 이루어져야 하는데, 만일 전기자를 회전자에 둔다면 3상 전기자권선에서 3개의 단자를 슬립링과 브러시를 통해 인출해야 한다. 고압 대전류 회로를 이러한 기계식 접촉을 통해 접속하는 것은 바람직하지 않으며, 용량을 키우는 데 제약이 된다.(직류기의 용량이 제한되는 것도 이 때문이다.) 또한 전기자는 복잡한 구조에 크고 무거워질 수밖에 없고, 도체와 철심에서 많은 열이 발생한다. 따라서 원심력에 의한 기계적 스트레스를 받지 않고 방열이 잘 되도록 전기자를 고정자에 두는 것이 유리하다. 반면에 계자는 단순하고 튼튼해서 원심력을 잘 견뎌낼 수 있고, 발열이 작고, 저압에 전류가 작아서 브러시/슬립링을 통한 접속이 용이하고 접촉손실도 작다. 나아가 영구자석을 쓰는 경우 아예 슬립링이 필요하지 않다. 이러한 이유로 동기기는 일부 특수형 외에는 전부 회전계자형으로 만들어진다.

11-2 동기기의 구조

동기기의 고정자는 기본적으로 유도기와 동일하다. 회전자는 직류전류가 흐르는 대형 전자석으로서, 이하의 설명은 전동기와 발전기에 모두 적용된다. 단 대용량 동기발전기들은 용량을 최대한으로 키우기 위해 좀 더 특별한 요소들을 포함하게 되는데, 이에 관해서는 12장에서 다루기로 한다.

원통형 회전자와 돌극형 회전자

동기기는 회전자의 형상에 따라 두 가지 유형으로 구분된다. 그림 11-5의 (a)와 같이 원통 형태의 회전자 표면에 도체홈을 만들고 여기에 계자권선을 설치한 것을 **원통형**(cylindrical type), 또는 **비돌극형**(non-salient type)이라 하고 (b)와 같이 회전자 동체(계철)에 코일이 감겨진 자극을 부착하여 자극이 돌출한 모습으로 만들어진 것을 **돌극형**(salient-pole type)이라 한다.

회전자 구조의 기본적인 제약조건은 외곽의 선속도이다. 도체에 작용하는 원심력과 소재의 강성 한계 때문에 외곽 선속도가 음속의 1/2 정도로 제한되며, 돌극형은 공기 마찰로 인한 손실과 소음 때

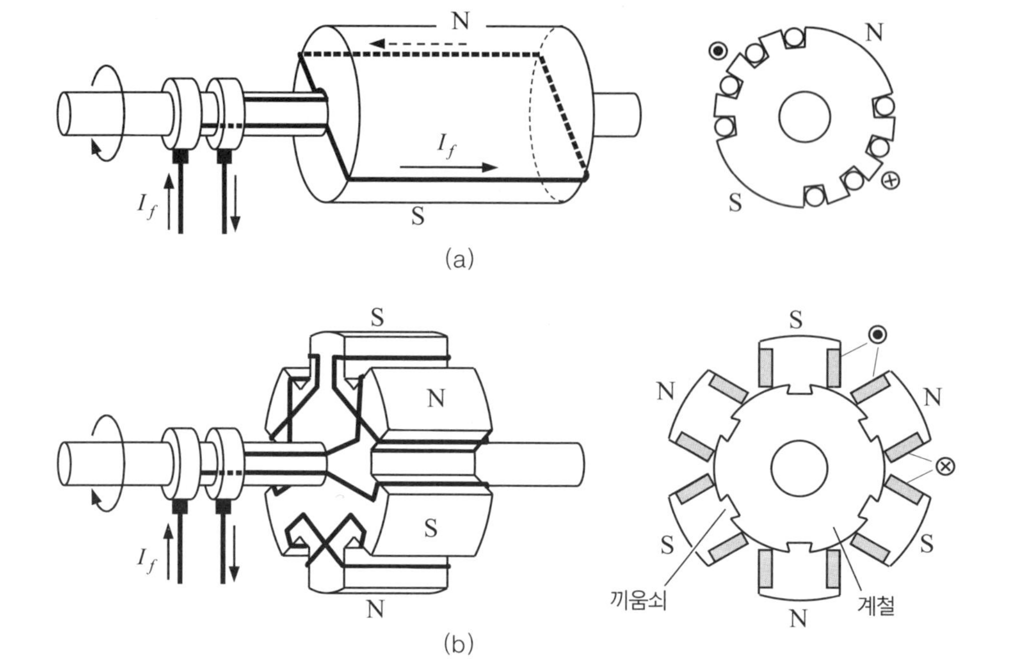

그림 11-5 동기기 회전자의 형태 : (a) 원통형 (b) 돌극형

문에 제한속도가 더 낮다(원통형은 175~180 m/sec, 돌극형은 140~150 m/sec). 이 제약 안에서 회전자 직경과 회전속도는 반비례 관계를 갖는데, 극수도 회전속도(동기속도)에 반비례하므로 직경과 극수는 비례한다. 즉 직경이 클수록 회전속도가 낮고, 극수가 많다.

도체를 표면에 분산 배치하는 원통형은 형태상 많은 극수를 만들기 어렵기 때문에 극수가 작은 고속기에 사용되고 극수가 많은 저속기는 돌극형으로 만들어진다. 모든 2극(3,600 rpm) 동기기는 원통형이고 6극 이상(1,200 rpm 이하)은 돌극형이다. 4극기(1,800 rpm)는 원통형도 있고 돌극형도 있다. 기기의 용량이 회전자 표면적에 비례하므로[1] 같은 용량에서 둘레가 긴 돌극형은 축방향 길이가 짧고, 원통형은 직경이 작은 대신 축방향으로 긴 형상을 갖게 된다.

제한된 직경에서 원통형의 길이는 용량에 비례하며, 길이가 어느 이상이면 비틀림 때문에 성층철심을 사용할 수 없다. 또 회전자가 회전자계와 같은 속도로 회전하므로 성층철심을 사용할 필요도 없다. 따라서 대용량 기기는 축과 회전자 전체를 한 덩어리의 단조 합금강으로 제작한다. 그림 11-6(a)에서 보듯이 회전축의 일부 부위를 굵게 만들어 여기에 절삭가공으로 도체홈을 파낸 다음 코일을 설치한 것을 회전자로 사용한다. 그림 11-6(b)는 회전자 코일이 설치된 모습이다.

코일의 각 턴은 납작한 띠 모양의 동대로서, 도체홈 안에 층층이 쌓은 다음 원심력으로 튀어나가

---

[1] 회전속도가 직경에 반비례한다면 회전자 표면의 도체 속도는 어느 기기나 같다. 자속밀도 역시 철심의 자화 한계 때문에 어느 기기나 비슷하므로 기전력이 도체의 길이에 의해 결정된다. 한편 어떤 굵기의 도체가 전기자 표면에 놓일 수 있는 개수는 전기자 둘레에 비례한다. 따라서 개별도체의 용량(기전력과 전류의 곱)을 모두 더한 기기 용량은 전기자 길이와 둘레의 곱, 즉 표면적에 비례한다. 일반적으로 회전기의 물리적 치수와 출력 사이의 관계는 Esson's formula 라 불리는 $P = KD^2 ln$ 의 식으로 표현되는데(K : 비례상수, D : 전기자 직경, l : 전기자 길이, n : 회전속도) 여기서 $D^2 l$ 이 회전자 체적에 비례하므로 **속도가 같다면 용량이 회전자 체적에 비례한다**. 그러나 $n \propto 1 / D$ 라면 이 식을 $P = K'Dl$ 로 쓸 수 있다. 여기서 Dl 은 회전자 표면적에 비례한다. 즉 **속도가 직경에 반비례한다면 용량이 회전자의 표면적에 비례한다**.

(a)

(b)

그림 11-6 2극 원통형 회전자: (a) 절삭가공된 도체홈 (b) 도체홈에 코일이 설치된 모습

지 않도록 도체홈 입구에 알루미늄이나 강철제 쐐기를 삽입하여 고정한다. 도체홈이 깊이 파여 있는 것에서 알 수 있듯이 필요한 자속을 만들어내기 위해 많은 턴수의 도체가 사용된다. 따라서 코일단부가 두꺼워 서로 겹쳐질 수 없으므로 맴돌이 형태의 쇄권으로 설치된다. 쇄권은 그림 11-6(b)에서 보듯이 코일단부가 축방향으로 길게 노출될 수밖에 없기 때문에 원심력으로 변형되지 않도록 주위에 고강도의 **구속환**(retaining ring)을 끼워 한꺼번에 고정시킨다. 구속환은 회전자 누설자속의 경로가 되지 않도록 비자성 재질의 특수 합금강으로 제작된다. 그림 11-7이 완성된 원통형 회전자로서, 양 끝에 구속환의 모습과 팬이 부착된 것을 볼 수 있다. 이러한 2극 또는 4극 원통형 회전자는 전동기에 사용되기도 하지만 주로 대용량 증기터빈이나 가스터빈용 발전기에 적용된다.

그림 11-7 고속 동기기의 원통형 회전자

그림 11-8 중속기용 돌극형 회전자 (VATech Hydro)

저속 수차터빈용 발전기와 소형 발전기, 그리고 대부분의 동기전동기는 돌극형이다. 4극부터 많게는 100극이 넘는 것도 있으며 극수가 많을수록 축방향 길이가 상대적으로 짧다. 그림 11-8이 전형적인 돌극형 회전자의 모습을 보여주고 있다. 그림 11-9는 자극의 모습으로, 2 mm 정도의 두꺼운 철판을 성층하고 주위에 절연된 동대나 동선 코일을 설치한 것이다. 코일에 작용하는 원심력은 권선이 감겨진 부위보다 폭이 넓은 자극 머리(pole shoe)에 의해 지지된다. 방열이 잘 되도록 표면적을 늘리기 위해 일부러 권선의 폭을 교대로 키웠다 줄였다 하여 옆면이 우둘투둘하게 만들기도 한다. 약 500 kW까지는 자극 철심과 계철 부위 전체가 한 장으로 펀칭된 철심을 사용하지만 그 이상에서는 자극을 따로 만들어 계철에 결합한다. 소형에서는 자극이 축의 동체에 새꼬리형 끼움쇠(dovetail)나 볼트 체결로 직접 고정되고, 직경이 어느 이상이면 그림 11-8에서 보듯이 중간에 계철을 두고 스파이더를 통해 축에 연결한다. 돌극형이라도 기계적으로 큰 강성이 요구되는 고속의 4극이나 6극기는

그림 11-9 돌극형 회전자의 자극

그림 11-10 일체형 단조강으로 가공된 돌극형 회전자 철심

성층철심을 쓰지 않고 그림 11-10에서 보는 것처럼 일체형 단조강으로 만들어지기도 한다.

원통형과 돌극형은 기자력 분포에 상당한 차이가 있다. 그림 11-11은 기기를 옆으로 펼쳐놓았다고 했을 때 계자권선의 전류가 만들어내는 기자력(점선)과 기자력에 의해 만들어지는 자속밀도의 분포(실선)를 보여주고 있다. 원통형은 분포권 형태로서 각 턴의 기자력이 단계적으로 중첩되면서 중앙 자극 부위를 정점으로 정현파에 가까운 모양이 되며, 자속 분포 역시 정현파에 가깝다. 반면에 돌극형은 자극과 자극 사이의 공간을 하나의 큰 도체홈으로 보면 여기에 모든 권선이 감겨 있는 집중권 형태이다. 이러한 집중권에서는 기자력이 구형파 형상이므로 자속 분포에 상당한 왜곡이 생긴다. 따라서 자극머리의 가장자리를 더 가늘게 하는 방식으로 공극의 폭을 조정함으로써 자속 분포를 정현파에 가깝게 만들어준다. 결과적으로 돌극형의 유효공극은 원통형보다 크고, 같은 자속을 얻는 데에 더 큰 기자력(더 많은 양의 도체)을 필요로 한다.

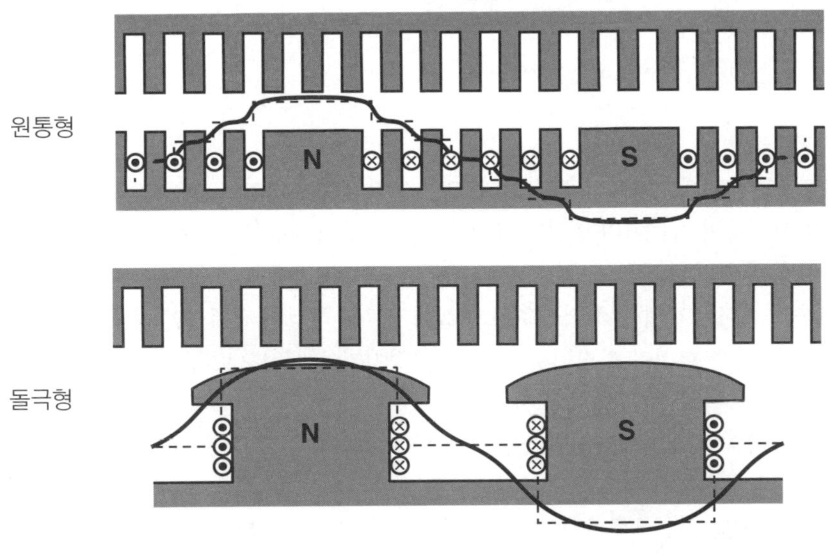

그림 11-11 원통형 회전자와 돌극형 회전자의 기자력(점선)과 자속분포(실선)

그림 11-12 전기자권선이 설치된 동기기의 고정자

그림 11-13 고정자 철심을 조립하는 모습

고정자 및 프레임

그림 11-12는 대형 동기기 고정자의 모습이다. 고정자 철심은 두께 0.5 mm 내외, 규소 함유량 2~4 %의 규소강판을 성층하여 만들어지고 일정 간격으로 냉각을 위한 통풍덕트를 둔다. 어느 이상의 크기에서는 성층판을 한 장으로 만들 수 없으므로 그림 11-13에서 보듯이 부채꼴 철판들로 조립된다. 극수가 작은 고속기는 다극기에 비해 자기회로가 길어지므로 철심이 반지름 방향으로 더 두꺼워져야 한다. 따라서 원통형은 회전자 직경이 작은 대신 고정자가 상대적으로 두껍고 돌극형은 회전자 직경이 큰 대신 고정자철심이 얇은 형상을 지니게 된다.

도체홈은 냉각이 용이한 개방형이지만 소용량에는 반폐형이 사용되기도 한다. 일반 용도의 동기전동기들은 A종이나 B종, 고압 대용량 발전기는 F종 절연을 사용한다. 전기자권선은 8장에서 설명한 것과 같고, 기본적으로 유도전동기의 고정자 권선과 동일하다. 단, 동기기는 회전자가 자극을 가지고 있어서 발전기는 물론이고 전동기로 동작할 때도 선로에 단락이 발생하면 전기자에 유기된 기

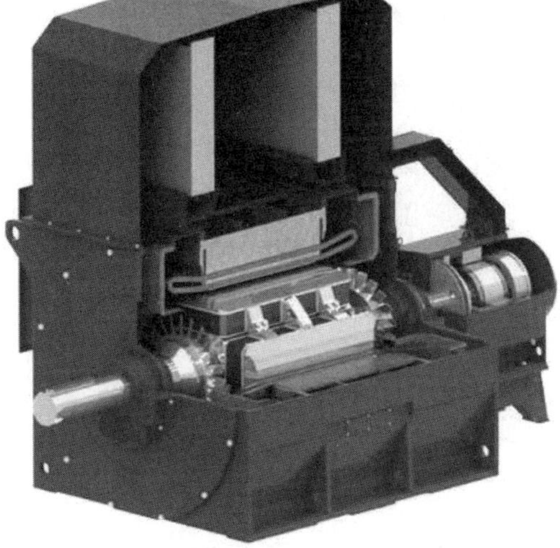

그림 11-14
35 MW 동기전동기 (WEG)

전력에 의해 외부 회로로 큰 과도전류가 흐를 수 있다. 이때 발생하는 기계적 응력으로 코일단부가 변형되지 않도록 그림 11-12에서 볼 수 있듯이 견고한 지지구조(bracing)를 갖추고 있다.

그림 11-14는 수십 MW급 컴프레서 구동용 동기전동기의 프레임과 내부를 보여주고 있다. 고정자를 지지하는 프레임은 주물과 용접으로 제작되고, 수평축 방식인지 수직축 방식인지, 베어링이 프레임에 포함되는지 별도 지지대에 설치되는지에 따라 베어링의 종류와 배치, 급유설비의 수용여부가 달라진다. 또 사용 환경과 용량에 따라 냉각방식(공냉식, 가스냉각방식, 수냉식 등)별 구성요소들과 보조설비를 수용한다. 일반적으로 대형 기기들은 철심의 전자기력이나 회전자의 편심 등으로 진동이 생겼을 때 이를 흡수하고 기계적 공진이 일어나지 않도록 하는 등 구조 설계에 면밀한 주의를 기울여 제작된다.

부하각의 진동과 제동권선

앞서 언급했듯이 동기전동기는 회전자계가 회전자 자극을 눈에 보이지 않는 스프링으로 끌고 회전하는 것과 같다. 부하가 증가하면 마치 스프링이 늘어나듯이 부하각이 커지게 되는데, 부하가 천천히 변한다면 부하각도 천천히 변하겠지만 부하가 갑자기 변하는 경우에는 그림 11-15에 보인 것처럼 부하각이 이전의 각도 δ_1에서 새로운 각도 δ_2로 바로 수렴하지 못하고 새로운 부하각을 중심으로 하여 앞뒤로 진동하는 현상이 일어난다.

부하토크가 커지면 일시적으로 속도가 떨어지면서 부하각이 벌어지는데, δ_2에 도달했을 때 관성 때문에 속도가 즉각 동기속도로 회복될 수 없다. 따라서 각도가 더 벌어진 뒤에야 동기속도로 회복되며, 이때는 토크가 부하토크보다 커진 상태이므로 반대로 가속되면서 동기속도보다 빨라지게 되고, 이번에는 반대 방향으로 δ_2 위치를 지나치게 된다. 그 결과 유기토크가 부하토크보다 작아지면 다시 속도가 떨어지면서 부하각이 벌어지고 하는 식의 동작이 반복된다. 그림에 보인 것처럼 이는 마치 스프링에 매달린 추의 무게가 갑자기 변했을 때 진동이 일어나는 것과 같다. 부하각의 진동은 시간이 지나면 사라지지만 그 과정에서 토크와 전류가 맥동하게 되는데, 만일 맥동 주파수가 기계적 공진주파수나 전원측 전기적 공진주파수에 근접하면 진동이 상당히 오래 지속되고, 경우에 따라

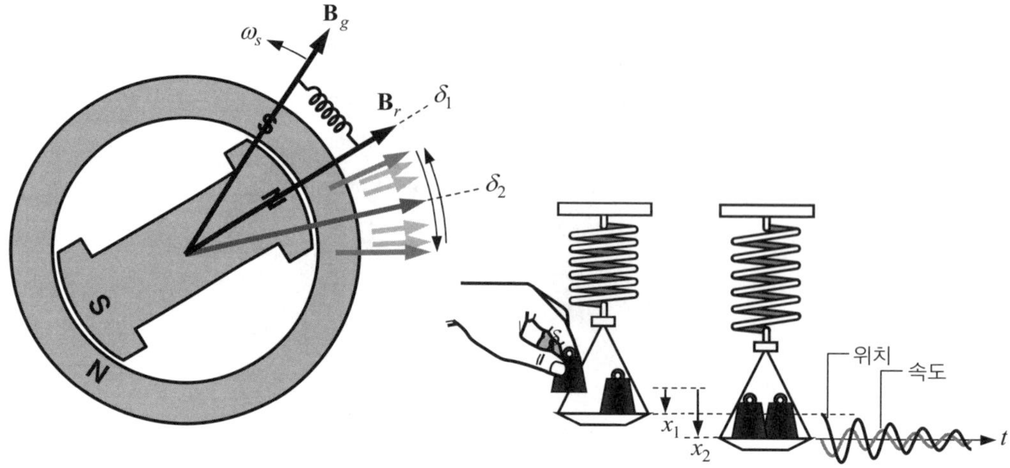

그림 11-15
부하가 갑자기 변했을 때 스프링에 매달린 추의 무게가
갑저기 변했을 때처럼 부하각이 진동한다.

서는 진동이 확대되면서 큰 요동을 초래할 수도 있다. 이를 **난조**亂調(hunting)라 한다.

난조를 방지하기 위해 회전자 자극에 **제동권선**(damper winding 또는 amortisseur winding)이 설치된다. 제동권선은 그림 11-16에서 보듯이 자극 위에 축방향으로 도체를 설치하고 이들을 양 끝에서 단락시킨 것으로, 마치 계자 자극에 유도기의 농형 회전자를 덧씌워놓은 것과 같다. 동기속도로 회전할 때는 자계와 회전자 사이에 속도 차이가 없기 때문에 제동권선은 아무 역할도 하지 않는다. 그러나 부하각이 진동하면서 동기속도 위 아래로 변동할 때는 제동권선에 기전력이 유기되고, 유도전류가 흘러 토크를 발생한다. 이 토크는 회전자가 동기속도보다 빠르건 늦건 상대속도를 줄이는 쪽으로, 항상 회전자를 동기속도에 일치시키려는 방향으로 작용한다(9-1절). 따라서 속도 차이를 억제하여 진동을 빨리 감쇠시키는 효과를 갖는다. 그 과정에서 진동에너지는 제동권선에서 유도전류가 흐르면서 발생하는 주울열로 소모된다. 이는 마치 진동성분에만 선택적으로 작용하는 브레이크의 마찰열과 같으며, '제동'이란 표현은 여기서 비롯된 것이다.

그림 11-16
돌극형 회전자의 자극
표면에 설치된 제동권선

제동권선은 동기기의 전기기계적 에너지변환에 직접 간여하는 것이 아니라 보조적인 역할을 할 뿐이지만 동기기의 안정적인 동작에 매우 중요하다. 따라서 모든 돌극형 회전자는 자극의 머리에 제동권선을 지니고 있다. (그림 11-8에서도 제동권선의 모습을 볼 수 있다.) 한편 성층되지 않은 강철 덩어리인 원통형 회전자는 속도 차이가 생겼을 때 철심 내부에 와전류가 흘러 동체 자체가 제동권선의 역할을 한다. 그러나 일반적으로 확실한 제동효과를 얻기 위해 도체홈 입구의 쐐기를 도전성이 좋은 재질로 만들어 제동권선을 겸하게 하며, 이때 회전자 양 끝의 구속환이 단락환 역할을 한다. 일체형 철심으로 된 돌극형의 경우에도 자극 위에 도전성이 좋은 철편을 부착한다. 한편 제동권선은 동기전동기를 기동시키는 역할을 겸할 수도 있다. 이에 관해서는 11-8절에서 다시 설명한다.

동기기의 여자

여자勵磁(excitation)란 회전자의 계자코일에 전류를 흘려 자속을 만들어주는 것을 말한다. 계자코일이 가할 수 있는 최대 기자력은 (코일 전체가 가늘고 길게 만들어지건 굵고 짧게 만들어지건) 코일에 사용된 도체의 양에 비례한다. 도체에 정격 전류밀도의 전류가 흐를 때 주울열의 총량이 도체의 양에 비례하므로 자속을 얻기 위해 필요한 기자력이 클수록 계자의 소모전력도 크다. 이것이 동기기를 여자시키는 전원이 공급해야 할 여자용량으로, 중소형의 경우 기기 용량의 수 %, 수백 MVA 이상의 대형에서는 0.5 % 정도이다. 계자권선의 절연 부담을 낮추기 위해 수백 V(125 V~600 V)의 저압으로 여자되므로 수백 MVA급 대형 동기기의 계자전류는 수천 A에 달한다. 예컨대 500 MVA 동기발전기에서 여자용량은 2.5 MW 정도로, 여자 전원이 500 V라면 계자전류는 5,000 A이다.

이처럼 큰 용량이 필요하기 때문에 대형 동기기에는 그림 11-17(a)에서 보는 것처럼 여자를 위한 전용 발전기를 사용한다. 이를 **여자기**(exciter)라 한다. 별도의 원동기로 구동하는 경우도 있지만 대부분 그림에서 보듯이 주기기의 축에 직결하여 함께 회전시킨다. 그림은 타려식 직류발전기를 여자기로 사용한 것으로, 여자기의 계자전류로 출력전압을 조정하여 주기기의 계자전류를 제어한다. 타려식 대신 분권발전기를 사용하면 여자기의 여자를 위해 외부 선로를 끌어올 필요 없이 주기기를 회전시키기만 하면 분권발전기의 자기여자(6-2절 참조)로 스스로 발전이 시작되어 주기기의 여자가 이루어진다. 혹은 그림에 나타냈듯이 같은 축에 영구자석 회전자를 갖는 소형 교류발전기를 하나 더 설치하고 그 출력을 정류하여 여자기를 여자하는 데 사용하기도 한다. 이를 부여자기(pilot exciter)라 하며, 용량은 주여자기의 3~10 % 정도이다.

브러시/슬립링을 통한 여자는 브러시의 점검과 관리가 필요하고 접촉면에서 전압강하와 마찰로 손실이 일어나며, 브러시가 마모되면서 도전성 미세분진이 발생하는 등의 문제가 따른다. 이를 피하기 위한 방법이 그림 11-17(b)에 보인 **무브러시여자**(brushless excitation) 방식이다. 여기 사용되는 여자기는 계자를 고정자로 하고 그 안에서 전기자가 회전하는 회전전기자형 동기발전기이다. (회전전기자형 동기기가 실제 적용되는 거의 유일한 예라 할 수 있다.) 3상권선을 지닌 전기자가 주기기의 계자와 함께 회전하고, 전기자에 유기된 3상 교류의 출력이 축에 장착되어 함께 회전하는 정류기에 접속된다. 여기서 정류된 직류 출력이 주기기 계자에 접속된다. 이 방식은 그림 (a)의 직류발전기 방식에서 (발전기 출력에 접속되는 회로가 발전기의 전기자와 함께 회전하고 있기 때문에) 회전부-고정부간 접속을 위한 정류자/브러시를 없애버리고 정류자의 기계식 정류기능을 반도체 정류기로 대체한 것에 해당한다. 여기서도 여자기의 여자를 위해 부여자기가 사용될 수 있다.

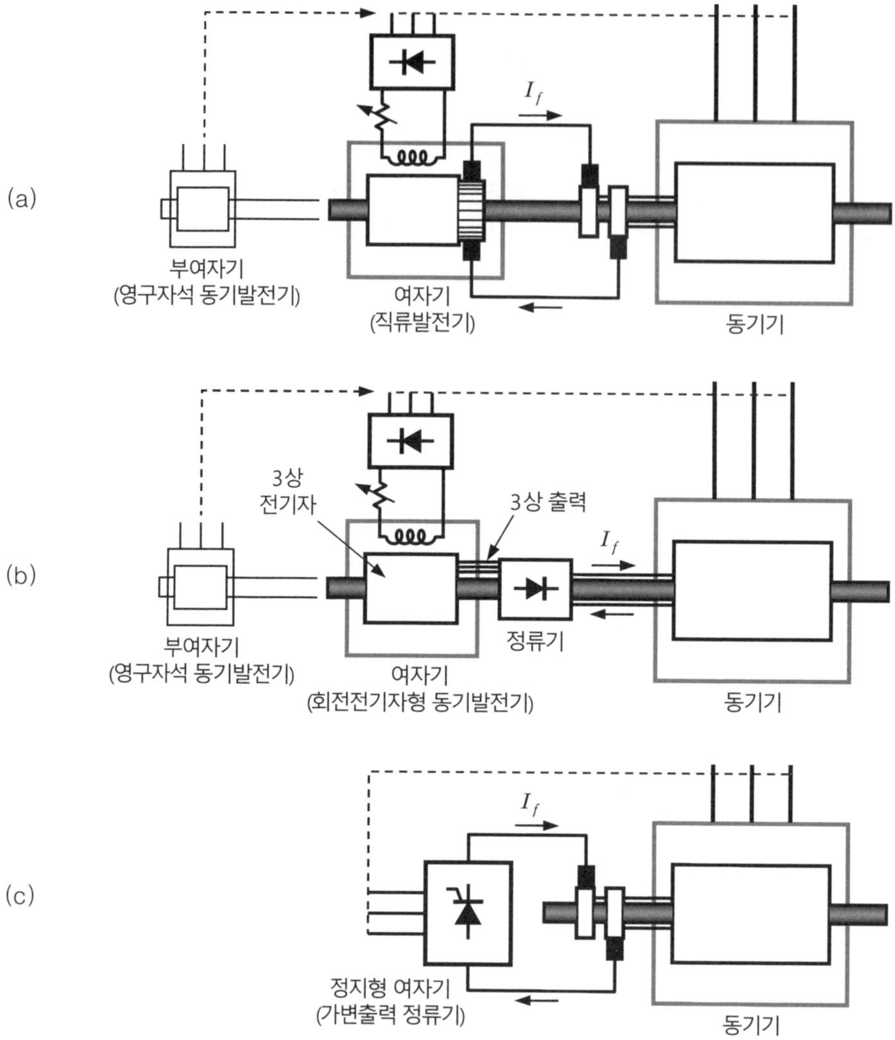

그림 11-17 동기기의 여자: (a) 직류발전기 여자방식 (b) 무브러시여자방식 (c) 정지형여자방식

무브러시여자를 사용하면 전기적 접속이 기계적 접촉을 통해 이루어지는 데에서 일어나는 문제들이 해소되고 비용도 절감되므로 대다수 대형 동기기들은 애초부터 여자기와 일체형으로 제작된다. 그림 11-18은 그 한 예로, 여자기의 전기자와 내벽에 부착된 정류소자들의 모습을 볼 수 있다. 정류된 전압에 맥동성분이 나타나지만 동기기 계자코일의 인덕턴스 때문에 계자전류는 일정한 직류에 가까워진다. 맥동주파수가 높을수록 인덕턴스의 전류맥동 억제 효과가 크므로 여자기 극수를 주기기의 2배나 3배로 하여 여자기 출력전압 주파수를 높이는 방식이 흔히 적용된다.

계자전류는 전압을 변경했을 때 즉각 변하는 것이 아니라 계자코일의 인덕턴스 때문에 변하는 데 시간이 걸린다. 이를 이겨내고 동기기의 계자전류를 신속히 변화시키려면 여자기가 평상시보다 훨씬 큰 전압을 순간적으로 출력할 수 있어야 한다. 이는 다시 여자기의 계자전류를 순간적으로 키울 수 있어야 함을 뜻하는데, 여자기의 계자 역시 큰 인덕턴스를 지니고 있어서 시간지연이 일어날

그림 11-18 회전자 축에 장착된 무브러시여자용 발전기의 전기자와 정류부 (ABB)

수밖에 없다. 여자용 발전기 방식은 이렇게 2중으로 지연이 발생하므로 응답속도를 높이는 데 한계가 있다. 그림 11-17(c)에 보인 것처럼 싸이리스터 정류기를 여자에 사용하면 그러한 시간지연 없이 계자에 가해지는 전압을 거의 즉각적으로 변경시킬 수 있다. 이를 정지형여자기(static exciter)라 한다. 속도제어용 동기전동기나 발전소의 대형 동기발전기 등 빠른 응답이 중요한 용도에는 브러시와 슬립링을 통해야 하는 불리함을 감수하고 정지형여자 방식이 사용된다.

11-3 동기기의 등가회로

등가회로는 전원 입장에서 본 기기의 운전상태를 전기적 회로요소로 표현한다. 유도전동기의 경우 등가회로가 저항과 리액턴스의 수동적 회로요소만의 조합으로 표현되는 것은 회전자전류가 고정자 자속에 의해 피동적으로 유기되기 때문이다. 반면에 동기기는 회전자(계자)에 고정자자속에 무관한 전류가 흐르며, 이를 전원측에서 보면 전류원이나 전압원 형태의 능동적 회로요소로 나타난다.

무부하상태에서의 동작

그림 11-19는 무부하상태의 동기기에서 계자전류를 변경시켰을 때의 영향을 보여주고 있다. 동기기가 어떤 상태에서 동작하건 공극자속이 회전하면서 고정자권선에 유기하는 기전력은 (고정자권선의 저항과 누설리액턴스를 무시했을 때) 항상 인가전압과 동일한 전기적 평형상태를 유지하며, 따라서 공극자속의 크기와 속도는 일정하다. 무부하상태에서 회전자, 즉 회전자자속은 이 공극자속의 방향에 일치된 상태로 회전한다.

먼저 그림 (a)는 계자전류가 0인 (혹은 0에 가까운) 무여자상태로서, 이때 공극자속 $\mathbf{B}_g$는 전적으로 고정자전류에 의해 만들어진다. 그림에서와 같이 $\mathbf{B}_g$가 코일변 A를 지나면서 A-A' 코일에 최대의 기전력을 유기하고 있는 시점에 $\mathbf{B}_g$를 만들어내는 고정자 코일들의 전류를 코일 B-B'의 전류로 대표하여 나타낼 수 있다. B-B'는 이 시점에 최대 전류가 흐르는 코일의 위치를 나타낸다. 코일변 A에서 지면에서 나오는 방향의 기전력을 양의 기전력, 지면으로 들어가는 방향의 전류를 양의 전류로 하면[2] 이는 A 코일변에 최대 기전력이 유기되고 있는 현재 시점에서 공극자속이 90° 회전한 후 A 코

[2] 기전력의 양의 방향과 전류의 양의 방향이 서로 반대로 설정된 것은 기기로 전력이 유입되는 전동기 동작을 기준으로 한 표기법이다.

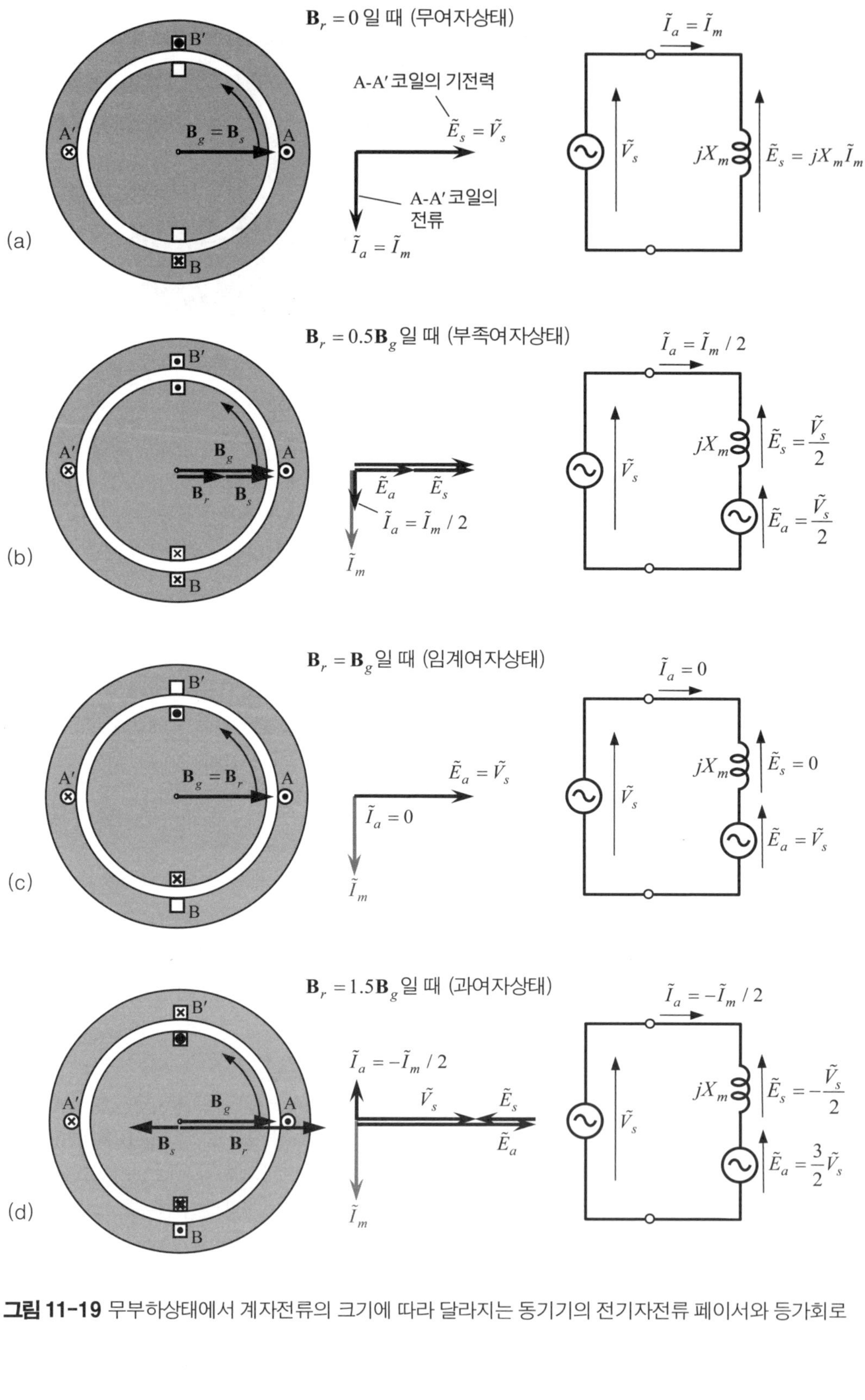

그림 11-19 무부하상태에서 계자전류의 크기에 따라 달라지는 동기기의 전기자전류 페이서와 등가회로

일변에 최대전류가 흐르게 될 것임을 뜻한다. 즉 A-A′ 코일에 흐르는 전류는 기전력에 90° 뒤진 위상이 된다. 옆의 페이서도가 그 관계를 나타낸다. 고정자권선에 유기되는 기전력 $\tilde{E}_s$는 전원의 상전압 $\tilde{V}_s$와 같고, 이때 전기자 전류 $\tilde{I}_a$는 공극자속 $\mathbf{B}_g$를 만들어내는 자화전류 $\tilde{I}_m$에 해당한다. 따라서 전원측에서 본 동기기는 오른편 그림과 같이 자화리액턴스 jX_m으로 표현되고, 이 등가회로에서 전기자 유기기전력은 $\tilde{E}_s = jX_m\tilde{I}_m$, 즉 자화리액턴스를 통해 자화전류가 흐를 때 일어나는 전압강하로 표현된다.(이 무여자상태는 그림 9-13(a)에 보인 유도기의 무부하상태와 전적으로 같다.)

계자전류를 흘려주면 회전자자속 $\mathbf{B}_r$이 만들어지며, 무부하상태에서 이 자속은 $\mathbf{B}_g$와 같은 방향을 향한다. 공극자속은 일정하므로 $\mathbf{B}_r$ 만큼 $\mathbf{B}_s$가 줄어들고, 따라서 고정자전류가 줄어든다. 예컨대 (b)에 나타냈듯이 회전자자속이 공극자속의 절반이라면 고정자전류가 $\mathbf{B}_g$를 만드는 데 필요한 자화전류($\tilde{I}_m$)의 절반만을 충당하게 된다. 이때 고정자 권선에 유기되는 기전력은 고정자자속에 의해 유기되는 성분 $\tilde{E}_s$와 회전자자속에 의해 유기되는 성분 $\tilde{E}_a$로 구분할 수 있고, 이들의 합이 $\tilde{V}_s$에 평형을 이루게 된다. 따라서 오른편 그림처럼 두 성분이 직렬인 등가회로로 표현할 수 있다. 요컨대 계자에 전류가 흘러 공극자속 일부를 만들어내면 그만큼 전기자전류가 줄어든다. 이는 등가회로에서 $\tilde{E}_a$의 출현으로 $\tilde{V}_s$에서 jX_m을 통해 흐르는 전류가 줄어든 것으로 표현된다.

계자전류를 더 키우면 전기자전류가 더 줄어드는데, 계자전류가 어느 크기에 이르면 $\mathbf{B}_r$에 의해 유기되는 기전력만으로도 전원전압과 전기적 평형이 이루어지면서($\tilde{E}_a = \tilde{V}_s$) 고정자에 전류가 흐르지 않게 된다. 그림 (c)가 이러한 상태로, 계자전류가 공극자속 전체를 만들어냄으로써 (a)에서 전기자전류가 했던 역할을 대신하고 있다. 즉 계자전류가 기기의 자화전류 전체를 공급한다. 계자전류를 여기서 더 키워주면 (d)에서 보듯이 회전자자속이 공극자속보다 커지고(그림은 공극자속의 1.5배인 것으로 하고 있다) 공극자속을 일정하게 유지하기 위해 고정자에 아까와 반대 방향으로 전류가 흐르게 된다. 그 결과 고정자전류는 자화전류의 반대 위상, 즉 전원전압에 90° 앞선 전류가 된다. 이때 고정자자속에 의해 유기되는 기전력 $\tilde{E}_s$는 $\tilde{E}_a$에 반대 위상이므로 전원전압보다 커진 $\tilde{E}_a$를 일부 상쇄함으로써 전기적 평형상태를 유지한다.

전기자반작용

그림 11-19에서 계자가 공극자속 전체를 담당($B_r = B_g$)하는 그림 (c)를 **임계여자** 상태라 하고 $B_r < B_g$인 (b)를 **부족여자**, $B_r > B_g$인 (d)를 **과여자** 상태라 한다. 부족여자상태에서 전기자전류는 자속의 부족분을 보충하기 위한 자화전류로서 전원전압에 90° 뒤진 위상을 갖는다. 이때 전동기는 지상 무효전력을 소비한다. 반면에 과여자상태에서는 자속의 초과분을 상쇄하기 위해 자화전류의 정 반대 위상으로 전원전압에 90° 앞선 전류가 흐른다. 따라서 동기기는 진상 무효전력을 소비한다. 일반적으로 그냥 '무효전력'이라 하면 지상 무효전력을 뜻하므로 흔히 **부족여자상태에서는 동기기가 '무효전력을 소비'하고 과여자상태에서는 '무효전력을 공급'한다**고 말한다.

이와 같이 부족여자상태에서 동기기에 흘러드는 지상 전류는 회전자자속에 자속을 보태는 '증자작용'을 하고 과여자상태에서 동기기에 흘러드는 진상 전류는 회전자자속 일부를 상쇄시키는 '감자작용'을 한다. 이를 고정자의 전기자전류가 계자 자속에 영향을 미치는 현상이라는 의미로 **전기자반작용**이라 한다. 그림 11-19에서 고정자자속에 의해 유기되는 $\tilde{E}_s$가 전기자반작용에 의한 기전력 성분을 나타내며, 등가회로상에서 이는 자화리액턴스에서 일어나는 전압강하 형태로 표현되고 있다

($\tilde{E}_s = jX_m\tilde{I}_a$). 이러한 동기기의 전기자반작용은 직류기의 전기자반작용과 본질에 있어서 같다. 그러나 직류기에서는 전기자반작용이 정상적인 동작을 방해하는 부작용으로 간주되어 억제해야 할 대상인 반면 동기기에서는 기기의 정상적인 동작의 일부라는 점에 중요한 차이가 있다.

내부유기기전력과 등가전류

그림 11-20의 왼편은 그림 11-19의 등가회로를 다시 그린 것으로, 회전자자속에 의해 유기되는 기전력 $\tilde{E}_a$와 고정자자속에 의해 유기되는 기전력 $\tilde{E}_s$ 두 성분이 더해져 공극자속에 의해 유기되는 기전력 $\tilde{E}_g$가 되고, 이것이 전원전압과 전기적 평형을 이루고 있음을 보여준다. 여기서 $\tilde{E}_a$를 동기기의 **내부유기기전력**이라 부른다. 이 등가회로는 전원측에서 본 동기기를 $\tilde{E}_a$의 기전력과 여기에 직렬접속된 임피던스 jX_m로 표현한 테브난 등가회로 형태임을 알 수 있다. 테브난 등가회로는 오른편에 그려진 노튼 등가회로로 치환할 수 있다. 테브난 등가회로 각 요소의 의미는 위에서 설명하였다. 그러면 이 노튼 등가회로의 표현은 어떤 의미를 지니고 있을까?

회전하는 계자코일의 직류전류는 회전하는 자속을 만들어낸다. 이 점에서 계자전류는 회전자계를 만들어내는 고정자전류와 같은 효과를 갖는다. 즉 **회전자의 직류전류는 고정자의 교류전류와 등가**이고, 고정자측에서 본 등가회로에 $\tilde{I}_F$의 등가 교류전류원으로 표현된다. 이는 마치 고정자코일이 $\tilde{V}_s$ 외에 다른 전원에도 양다리를 걸치고 있어서 그쪽으로부터 $\tilde{I}_F$가 주입되고 있는 것과 같다. 전원전압 $\tilde{V}_s$에 전기적 평형을 이루기 위해 흘러야 할 자화전류는 $\tilde{I}_m = \tilde{V}_s / jX_m$인데, 회전자전류가 없는 상태에서는 그 전부가 $\tilde{V}_s$로부터 흘러야 하지만 $\tilde{I}_F$가 있으면 그 차이 $\tilde{I}_a = \tilde{I}_m - \tilde{I}_F$ 만큼만 흐르게 된다. 만일 $\tilde{I}_F = \tilde{I}_m$라면 $\tilde{I}_a = 0$가 되고, 이 상태가 임계여자상태에 해당한다. 달리 보면, 공극자속을 유지하는 데 필요한 성분($\tilde{I}_m$)을 제외한 나머지, 즉 자속에 간섭을 일으키는 성분($\tilde{I}_F - \tilde{I}_m$)을 상쇄하는 전류가 전기자에 흐르는 것이라 할 수 있다.

노튼 등가회로에서는 9장의 유도전동기 등가회로처럼 자화리액턴스가 전원전압에 병렬 접속된 형태로 표현되고 있다. 단 유도기에서는 회전자측이 수동 회로요소로 표현되는 반면 여기서는 회전자에 외부로부터 주입되는 계자전류가 능동적 전류원으로 표현된다는 차이가 있다. 등가회로를 어느 방식으로 나타내도 무방하지만 동기기의 표현에는 전통적으로 왼편의 테브난 등가회로 형태가 널리 사용되어 왔으므로 이하의 설명에서도 이를 따르기로 한다.

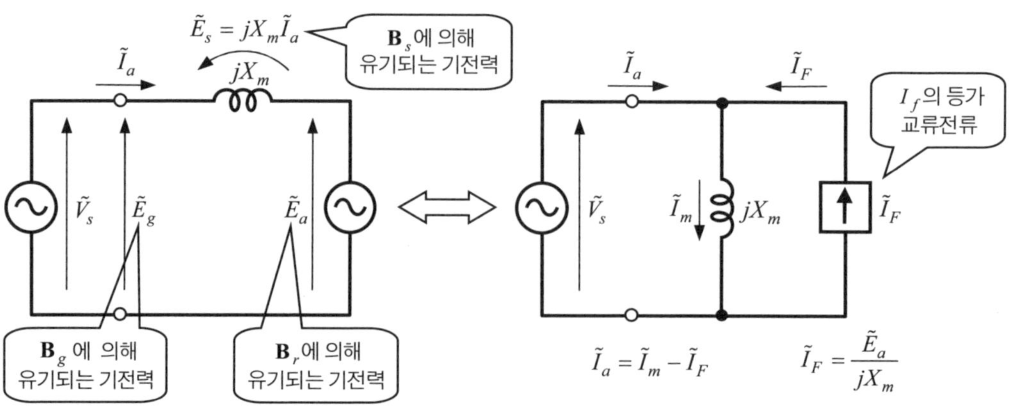

그림 11-20 동기기 등가회로의 두 가지 표현방식

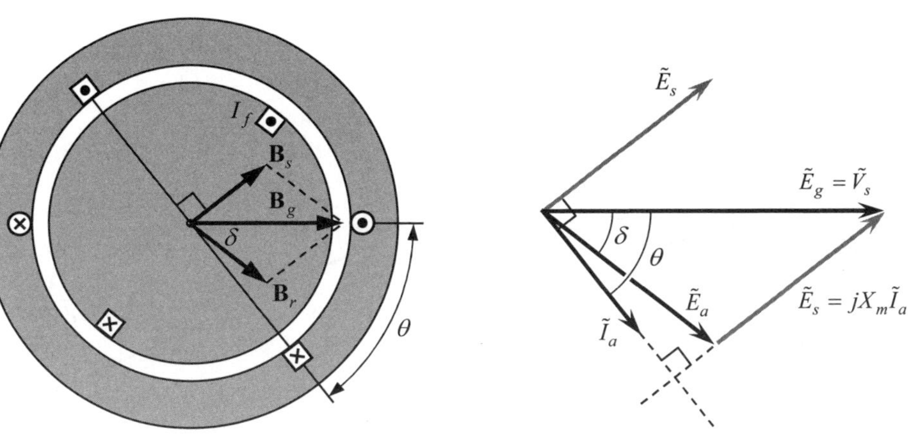

그림 11-21 부하가 인가되었을 때 동기전동기의 자속과 페이서도 (부족여자 상태)

부하가 있는 상태에서의 동작

그림 11-19의 무부하상태에서는 회전자자속의 방향이 공극자속과 같지만 부하가 가해지면 회전자자속이 공극자속에 뒤쳐지면서 그림 11-21에 보인 것과 같이 $\mathbf{B}_r$과 $\mathbf{B}_g$ 사이에 각도 차이가 생긴다. 공극자속은 여전히 일정하므로 고정자자속 $\mathbf{B}_s$는 두 자속벡터 사이의 차이가 되고, 이 자속을 만들어주기 위한 전류가 고정자에 흐르게 된다. 앞에서와 마찬가지로 $\mathbf{B}_s$를 만드는 전류는 $\mathbf{B}_s$에 직각인 위치에서 최대이다. 이 위치와 기전력이 최대로 유기되고 있는(공극자속 $\mathbf{B}_g$가 향하는) 위치 사이의 각도 θ가 전기자 유기기전력과 전기자 전류 사이의 위상차가 된다.

$\mathbf{B}_g$, $\mathbf{B}_r$, $\mathbf{B}_s$의 크기와 이들 사이의 각도는 이들 각각에 의해 전기자 권선에 유기되는 기전력 $\tilde{E}_g$, $\tilde{E}_a$, $\tilde{E}_s$ 의 페이서에 그대로 반영된다. 따라서 $\mathbf{B}_g$와 $\mathbf{B}_r$ 사이의 각도 δ는 페이서도에서 인가전압 $\tilde{V}_s\,(=\tilde{E}_g)$와 $\tilde{E}_a$사이의 위상차가 된다. 전동기 동작에서는 $\mathbf{B}_r$이 $\mathbf{B}_g$를 뒤쫓아 가므로 $\tilde{E}_a$도 $\tilde{V}_s$에 뒤진 위상을 갖는다. 앞의 무부하상태와 비교해 보면, 이러한 위상차가 나타날 뿐 $\tilde{E}_a$에 $\tilde{E}_s$를 더한 것이 $\tilde{E}_g$가 된다는 점에서 다를 것이 없다. 따라서 그림 11-20의 등가회로가 그대로 적용된다.

무부하상태에서는 회전자자속 전체가 공극자속 방향으로 작용하지만 방향이 달라지면 그림 11-22에 보인 것과 같이 공극자속방향 성분과 공극자속에 직교하는 성분으로 나뉘게 된다. 이 직교성분 때문에 공극자속과 회전자자속 사이의 각도가 벌어지고, 그 결과 토크가 발생하므로 직교성분을

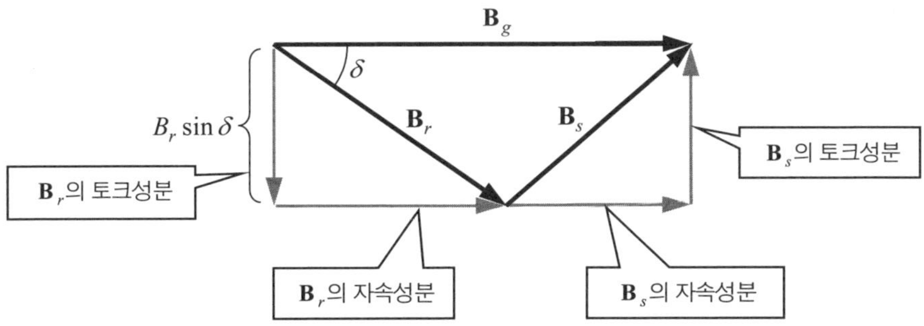

그림 11-22 회전자자속과 고정자자속의 자속성분과 토크성분

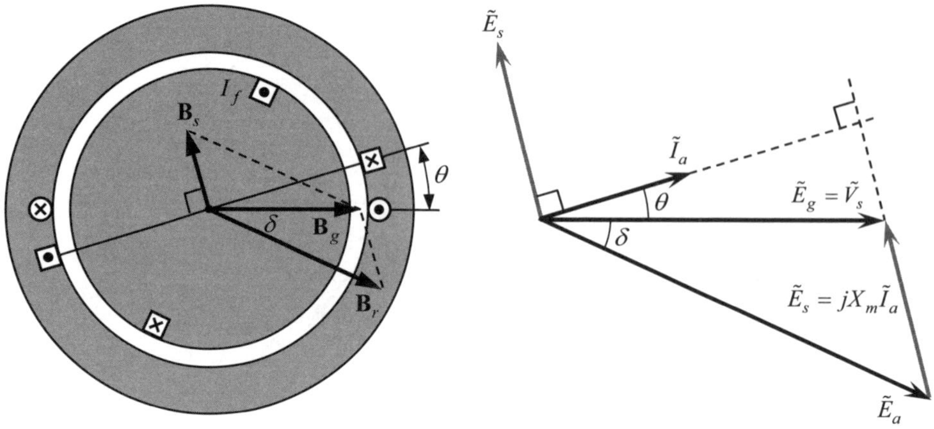

그림 11-23 부하가 인가되었을 때 동기전동기의 자속과 페이서도 (과여자 상태)

회전자자속의 '토크성분'이라 하고 공극자속 방향의 성분을 '자속성분'이라 부른다. $\mathbf{B}_r$의 토크성분 크기는 $B_r \sin\delta$ 이며, 토크는 여기에 공극자속의 크기를 곱한 값에 비례한다. 11-1절의 식(11-1)은 이를 나타낸 것이다. 한편 $\mathbf{B}_r$의 자속성분은 전기자전류에 의해 만들어지는 $\mathbf{B}_s$의 자속성분과 합해져 $\mathbf{B}_g$가 되고 $\mathbf{B}_r$의 토크성분은 $\mathbf{B}_s$의 토크성분에 의해 상쇄됨으로써 $\mathbf{B}_g$가 일정하게 유지된다. 무부하상태에서는 $\tilde{I}_a$가 $\tilde{V}_s$에 직교하지만 이처럼 $\mathbf{B}_s$에 토크성분이 포함되면 그림 11-21에서 볼 수 있듯이 $\tilde{I}_a$가 $\tilde{V}_s$에 직교하지 않고 $\tilde{V}_s$에 동상인 유효전류 성분이 나타난다. 즉 부하가 인가되면 회전자자속이 뒤쳐지면서 토크성분이 생기고, 그에 해당하는 기자력을 상쇄시키는 전류가 전류의 유효성분이다. 따라서 $\tilde{I}_a$의 유효성분은 토크성분, 무효성분은 자속성분(자화전류 성분)이다. 요컨대 **전기자전류의 무효전류 성분은 계자전류와 함께 공극자속을 만들어내고 유효전류 성분은 토크를 만들어 부하를 구동한다.**

그림 11-23은 계자전류를 키워 $\mathbf{B}_r$의 자속성분이 공극자속보다 커졌을 때를 보여주고 있다. 그림 11-21과 비교하면 $\mathbf{B}_s$의 자속성분이 그 초과분을 상쇄하는 작용을 하고, 이때 $\tilde{I}_a$가 $\tilde{V}_s$에 앞서는 진상 역률이 되는 것을 알 수 있다. 앞의 경우가 부족여자라면 이 경우는 과여자상태로서, **부족여자에서는 전기자전류의 무효성분이 지상으로 되면서 자화전류를 보충하는 증자작용을 하고 과여자에서는 전기자전류 무효성분이 진상으로 되면서 자화전류를 상쇄하는 감자작용을 한다.** 항상 지상 역률인 유도전동기와 달리 동기전동기는 이처럼 같은 부하상태라도 계자전류에 따라 지상 역률이 되기도 하고 진상 역률이 되기도 한다. 물론 계자전류를 잘 조절하면 역률이 1인 임계여자상태로 동작하게 할 수도 있으며, 그때는 전기자전류 전체가 토크성분이 된다.

등가회로와 동기임피던스

이상에서 전기자 권선을 이상적인 것으로 가정하였지만 실제 전기자권선에는 저항성분이 있고, 또 전기자권선에서 만들어지는 자속 중에는 전기자권선 자체만 쇄교할 뿐 공극자속에는 기여하지 않는(즉 회전자자속과 상호작용 하지 않는) 누설자속 성분도 있다. 따라서 공극자속에 의한 유기기전력 $\tilde{E}_g$에 저항의 전압강하, 그리고 누설자속에 의한 기전력을 합한 것이 전원전압에 전기적 평형을 이루게 된다. 이들을 포함하여 등가회로와 페이서도를 다시 그리면 그림 11-24(a)와 같다. 여기서

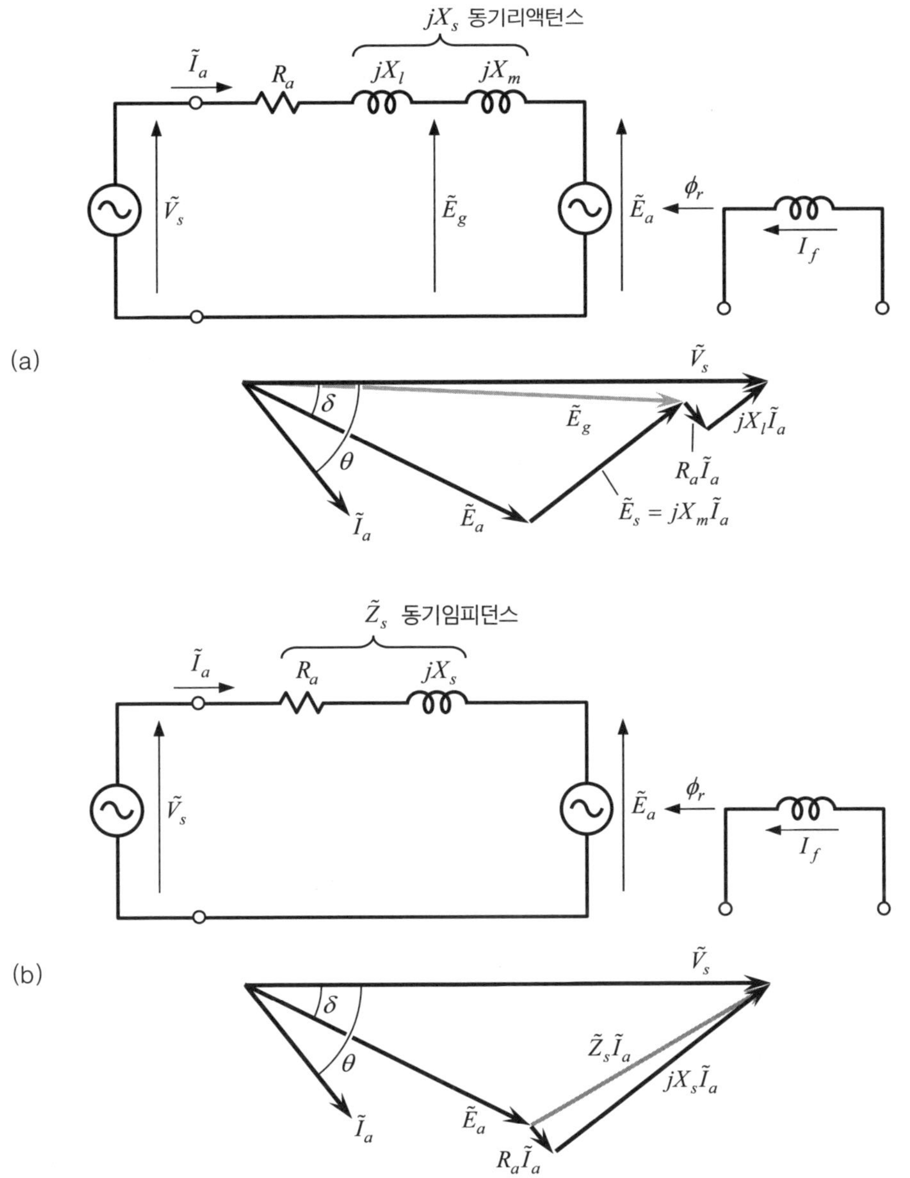

그림 11-24 동기전동기의상당 등가회로와 페이서도

자화리액턴스 X_m과 그에 직렬인 누설리액턴스 X_l을 묶어 그림11-24(b)와 같이 하나의 리액턴스 X_s로 나타낸 것을 **동기리액턴스**(synchronous reactance)라 부른다. 여기에 전기자저항 R_a 를 포함시킨 전체 임피던스 $\tilde{Z}_s$ 를 **동기임피던스**(synchronous impedance)라 한다. 이렇게 했을 때 등가회로의 전압방정식(전기적평형식)은 아래와 같다.

$$\begin{aligned}\tilde{V}_s &= \tilde{E}_a + \tilde{Z}_s\tilde{I}_a \\ &= \tilde{E}_a + R_a\tilde{I}_a + jX_s\tilde{I}_a\end{aligned} \quad (11\text{-}2)$$

표 11-1 동기기의 등가회로 정수

	소형 (수십 kVA)	대형 (수십 MVA)
R_a pu	0.05~0.02	0.01~0.005
X_l pu	0.05~0.08	0.1~0.15
X_s pu	0.5~0.8	1.0~1.5

등가회로 정수

동기기의 등가회로 정수를 pu 값으로 표현했을 때 그 범위는 대략 표 11-1에 보인 것과 같다.(정수 측정 방법은 12장에서 설명한다.) 변압기나 유도기와 마찬가지로 용량이 클수록 pu 저항이 작고, 이는 대용량일수록 용량대비 전기자 동손이 작고 효율이 높음을 뜻한다. 반면에 리액턴스 성분은 대용량일수록 크다. 리액턴스 성분이 저항보다 훨씬 크기 때문에 동기임피던스는 동기리액턴스와 거의 같고($Z_s \approx X_s$), 대형기의 경우 실제 계산에서 저항성분을 무시해도 큰 오차가 없다. 물론 전동기의 손실과 효율에 관련된 계산에서는 저항성분을 포함시켜야 한다.

표에서 누설리액턴스와 자화리액턴스의 합인 동기리액턴스가 0.5~1.5 pu인 데에서 알 수 있듯이 **동기기의 자화리액턴스는 대략 1pu 부근이다.** 이는 동기기의 자화전류가 대략 1 pu, 즉 정격전류와 비슷한 수준임을 뜻한다. 유도전동기의 자화리액턴스는 3 pu 이상으로, 여자전류가 중소용량에서 정격전류의 30~40 %, 대용량에서는 10~20 % 미만인 데 비해 동기기는 자화에 훨씬 큰 전류가 필요함을 알 수 있다. 즉 그림 11-19(a)와 같이 계자전류가 0인 무여자상태(유도전동기의 무부하상태와 같은)에서 전기자에 흐르는 전류가 거의 정격전류와 비슷하거나 심지어 더 클 수도 있다. 동기기의 자화전류가 이처럼 큰 것은 동기기의 공극이 유도전동기보다 크고, 따라서 같은 수준의 공극자속을 얻기 위해 훨씬 더 큰 기자력이 필요하기 때문이다.

동기기의 공극이 큰 것은 기본적으로 여자가 별도의 계자전류에 의해 이루어지기 때문이다. 유도전동기에서는 부하에 동력을 공급하기 위한 전류성분만 아니라 자속을 만들어내는 자화전류 성분도 전원으로부터 공급되어야 하기 때문에 여자전류를 억제하여 역률을 높이기 위해 공극을 가능한 한 작게 만 든다. 반면에 동기기에서는 별도의 계자에서 기자력을 제공하므로 공극의 크기에 제약을 덜 받는다. 물론 동기기도 공극을 줄이면 계자가 만들어내야 할 기자력이 작아지고, 따라서 계자의 크기와 전력소모도 줄일 수 있으나 대신 전기자반작용이 지나치게 커질 수 있으므로(즉, 전기자 전류가 공극자속에 미치는 영향 $\tilde{E}_s = jX_m\tilde{I}_a$ 가 지나치게 커질 수 있으므로) 이를 적절한 수준으로 억제하는 선에서 공극의 크기가 정해진다.

한편 그림 11-24의 등가회로에서 철손저항이 포함되지 않은 것을 볼 수 있다. 동기기의 철손은 고정자에서만 발생하는데, 유도기에서도 회전자의 철손이 작기 때문 에 동기기의 철손은 동등 정격의 유도기와 거의 같고, 따라서 철손저항의 pu값도 거의 같은 것으로 볼 수 있다. 이를 등가회로에 포함시킨다면 그림 11-24(a)의 자화리액턴스에 병렬로 삽입된다. 유도기에서도 철손저항은 자화리액턴스보다 훨씬 큰데, 자화리액턴스가 작은 동기기에서는 그 차이가 매우 크다. 따라서 병렬 철손저항을 삽입한다 해도 그 영향이 미미하므로 통상 동기기의 등가회로에는 철손저항을 포함시키지 않는다. 대신 뒤에서 설명하듯이 기계적 손실, 표유부하손과 함께 회전손실로 함께 묶어 취급한다.

유도전동기와 동기전동기

유도전동기

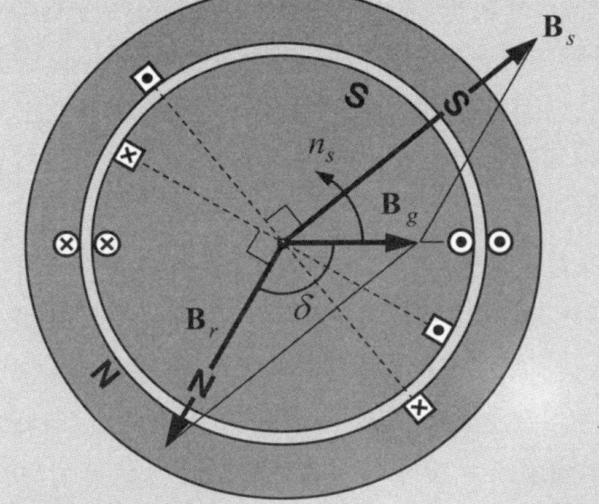

동기전동기

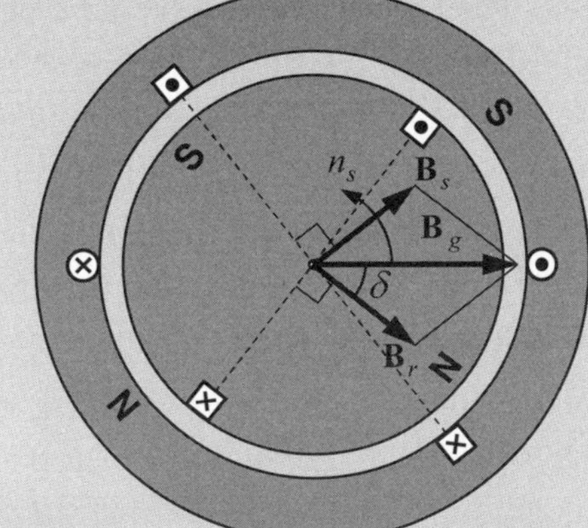

위 그림에서 고정자에 표시된 N극 S극은 합성 공극자속이 아닌 고정자자속의 자극을 나타낸 것이다. 동기전동기에서는 회전자자속이 공극자속과 같은 쪽을 향하지만 유도전동기에서는 회전자자속이 공극자속의 반대편을 향하는 것을 볼 수 있다(그림 9-13(c) 참조). 이로부터 다음과 같은 사실을 알 수 있다.

1. 동기전동기의 회전자 자극이 고정자의 반대 극성 자극에 '끌려서' 회전한다면 유도전동기는 같은 극성의 자극에 의해 '밀려서' 회전한다.

2. 동기전동기에서와 마찬가지로 유도전동기도 회전자자극과 합성 공극자속 사이의 각도가 부하각에 해당한다. 동기전동기는 부하각이 90°를 넘으면 탈조되지만 **유도전동기는 항상 90° 이상의 부하각에서 동작한다.** 유도전동기가 탈조되지 않는 이유는 부하각이 벌어지면 회전자전류가 증가하여 자속의 크기가 커짐으로 해서 토크가 상승하는 효과가 부하각의 증가로 토크가 줄어드는 효과보다 더 크게 작용하기 때문이다. 반면에 동기전동기는 회전자전류가 일정하므로 90° 이상으로 부하각이 증가하면 토크가 줄어든다. 물론 유도전동기도 어느 이상의 부하각에서는 탈조될 수 있으며, 그 한계가 유도전동기의 최대토크 지점에 해당한다.

3. 동기전동기는 회전자자속이 공극자속을 만드는 데에 힘을 보태는 역할을 하지만 유도전동기의 회전자전류 기자력은 항상 공극자속 형성을 방해하는 쪽으로 작용한다. 따라서 같은 공극자속을 만들기 위해 유도전동기에서는 동기전동기보다 고정자자속의 공극자속방향 성분이 훨씬 커야 한다.즉 회전자 전류의 방해를 이겨내기 위해 더 큰 전류가 흘러야 한다. 바꿔 말하면 동기전동기의 공극이 더 크다 해도 같은 고정자전류로 유도전동기에서와 같은 크기의 공극자속이 만들어질 수 있다.

11-4 전력과 토크

그림 11-24의 등가회로에서 전원전압 $\tilde{V}_s$로부터 $\tilde{I}_a$가 흘러들면서 유입되는 전력은 공극을 건너 회전자로 전달된다. 등가회로에서 공극전력은 $\tilde{E}_a$로 $\tilde{I}_a$가 흘러 들어가면서 전달되는 전력으로 표현된다. 공극전력 일부가 회전자동손으로 소모되는 유도전동기와 달리 동기전동기에서는 이 **공극전력 전부가 기계적 동력으로 변환된다**. 즉 공극전력이 곧 전기기계적 변환동력이다.

회전자에서 일어나는 동손(계자손실)은 계자가 별도 전원으로 여자될 경우 공극전력에 무관하다. 그러나 그림 11-17의 (a), (b)처럼 전동기 축에 직결된 여자용 발전기(여자기)에서 계자전류를 공급받는 경우에는 기계적 동력으로 변환된 전력 일부가 다시 전기에너지로 변환되어 계자에서 소모되므로 공극전력에 여자를 위한 전력이 포함된다. 단 이때의 계자손실은 동력으로 변환된 후 여자기를 구동하는 데 소모되는 기계적 손실 형태로 나타난다.

철손은 전부 고정자에서 발생한다. 철손이 자계의 회전으로 인해 고정자 철심의 자화방향이 바뀌면서 일어나는 것이고, 또 공극자속이 대부분 계자코일에서 만들어지므로 철손은 계자코일의 회전 때문에 일어나는 것으로 볼 수 있다. 예컨대 계자를 회전시키려면 다른 기계적 손실이 없다 해도 계자자속이 회전할 때 고정자 철심에서 일어나는 손실만큼 기계적 동력이 공급되어야 한다. (계자코일이 회전하면 고정자철심에 와류가 발생하고 이는 회전자를 뒤에서 잡아당기는 토크를 유기한다. 히스테리시스현상 역시 유사한 효과를 갖는다.) 이는 고정자의 철손 역시 회전자를 회전시키는 데에 들어가는 기계적 손실과 같은 속성을 지니고 있음을 뜻한다. 임계여자가 아닌 상태에서는 공극자속 일부가 고정자자속으로 충당되므로 다소 모호해지지만 통상 동력변환 이전과 이후의 철손을 구분하지 않고 기계적 손실과 철손을 하나로 묶어 **회전손실**이라 부른다. 철손이 거의 일정하고, 일정 속도로 회전하는 동기기에서 기계적 손실도 일정하므로 회전손실은 일정한 상수로 취급된다.

이상 기계적 동력변환 이후에 나타나는 손실을 제외하면 등가회로에 포함되는 손실은 고정자동손뿐이다. 전원에서 전동기로 유입되는 전력은 그림 11-24의 등가회로에서 다음과 같이 표현된다.

$$P_{in} = 3V_s I_a \cos\theta \tag{11-3}$$

여기서 전기자동손을 뺀 공극전력, 즉 전기기계적 변환동력은 $\tilde{E}_a$와 $\tilde{I}_a$ 사이의 위상차를 γ라 할 때

$$P_{em} = 3E_a I_a \cos\gamma \tag{11-4}$$

만일 전기자 저항손실을 무시한다면 식 (11-3)과 식 (11-4)의 전력은 같다. 그림 11-25는 그림 11-24(b)에서 전기자저항을 생략한 간이등가회로로서, 이처럼 전기자저항을 생략한 경우, 페이서도에서 $V_s \cos\theta = E_a \cos\gamma$ 이므로 $P_{in} = P_{em}$임을 확인할 수 있다.

전기기계적 변환동력을 다른 형태로 표현할 수도 있다. 그림 11-26은 그림 11-25의 페이서도를 다시 그린 것으로, $\tilde{I}_a$가 수평선에 θ의 각도를 이루므로 이를 90° 회전시킨 $jX_s\tilde{I}_a$는 수직선에 θ의 각도를 이룬다. 따라서 $jX_s\tilde{I}_a$의 수직방향 성분의 크기는 $X_s I_a \cos\theta$이다. 이는 $\tilde{E}_a$의 수직방향 성분과 같다. 즉 아래의 등식이 성립한다.

$$X_s I_a \cos\theta = E_a \sin\delta \tag{11-5}$$

E_a가 B_r에 비례하므로 위 식의 우변은 그림 11-22에 나타내었던 B_r의 토크성분에 비례한다. 따

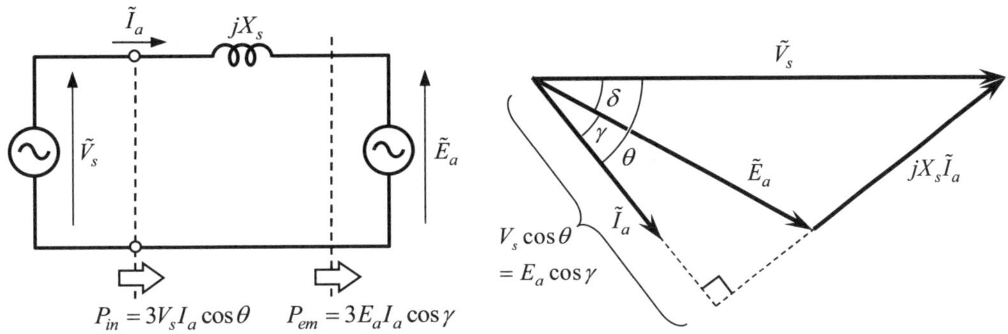

그림 11-25 전기자저항을 무시한 간이등가회로와 페이서도

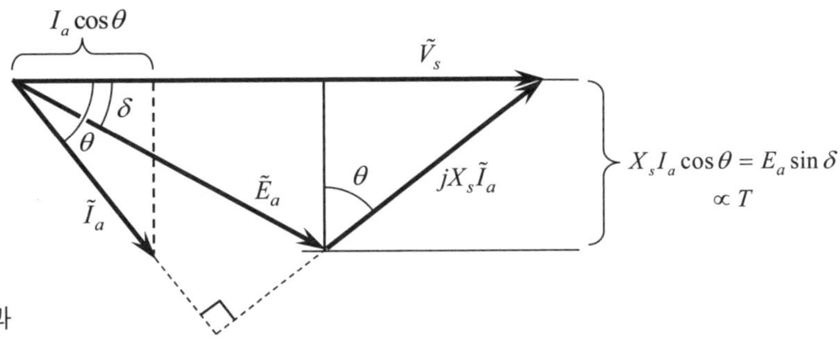

그림 11-26
전기자전류의 유효성분과 부하각 사이의 관계

라서 위의 관계는 전기자전류의 유효성분 $I_a \cos\theta$가 토크에 비례함을 뜻한다. 이 관계를 식 (11-3)에 적용하면 전기기계적 변환동력을 다음과 같이 표현할 수 있다.

$$P_{in} \approx P_{em} = 3\frac{V_s E_a}{X_s}\sin\delta \tag{11-6}$$

식 (11-6)은 동기기의 전기기계적 변환동력을 인가전압의 크기와 유기기전력의 크기, 그리고 이들 사이의 각도(부하각)로 표현한 것으로,[3] 주어진 전압에서 동기전동기의 운전상태를 좌우하는 두 변수인 계자전류 및 부하의 영향을 각각 계자전류에 비례하는 내부 유기기전력과 부하각이라는 변수로 분리하여 나타내고 있다. 예컨대 계자전류를 일정하게 유지한 상태에서 부하가 변하였을 때 식 (11-3)이나 (11-4)에서는 전류의 크기와 위상각 두 변수가 동시에 변하지만 식 (11-6)에서는 부하각 한 개 변수만의 변화로 나타난다.

토크는 위의 기계적 변환동력을 회전각속도(동기속도)로 나누어 구해진다.

$$T_e = 3\frac{V_s E_a}{\omega_s X_s}\sin\delta \tag{11-7}$$

유도기에서 토크가 슬립의 함수로 표현되듯이 위 식은 동기기의 토크를 부하각의 함수로 나타내고

---

[3] 일반적으로 유도성 리액턴스 X 의 선로를 통해 V_1, V_2의 크기를 갖는 두 교류전원이 연결되어 있고 이들 사이의 위상차가 δ 일 때 선로를 통해 전달되는 유효전력은 $V_1 V_2 \sin\delta / X$ 로 표현된다. 이때 위상이 앞선 쪽에서 뒤진 쪽으로 전력이 전달된다. 그림 11-25 역시 그와 같은 형태임을 알 수 있다.

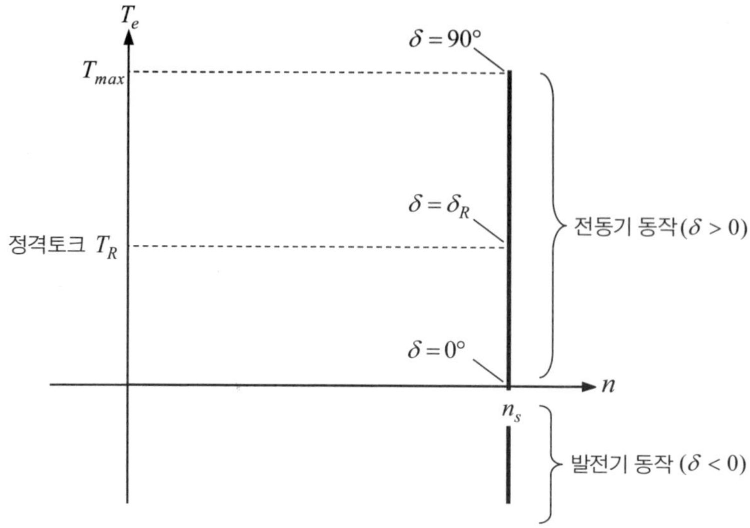

그림 11-27 동기전동기의 속도-토크특성

있다. V_s는 공극자속 B_g에, E_a는 회전자자속 B_r에 비례하므로 앞서 식(11-1)의 관계가 그대로 반영되어 있음을 알 수 있다. 그림 11-27은 동기전동기의 속도-토크 특성으로서, 속도가 토크에 무관하게 일정하므로 단순한 수직선으로 표현된다. 수직선의 최대 한계가 주어진 전원전압과 계자전류에서 토크의 최대치인 **항복토크**로, 부하각 δ가 90°일 때에 해당한다. 즉

$$T_{max} = 3\frac{V_s E_a}{\omega_s X_s} \tag{11-8}$$

일반적으로 항복토크는 정격 계자전류에서 대략 정격토크의 2배 전후로 상당한 여유를 가지고 있지만 만약 부하 토크가 항복토크를 넘어가면 회전자가 더 이상 부하를 끌고 공극자속을 뒤쫓아가지 못하는 동기이탈이 일어난다. 동기이탈 상태가 되면 회전자계의 자극이 회전자 자극을 스쳐 지나갈 때마다 토크가 뒤로 작용했다가 앞으로 작용했다가 하면서 전동기에 심한 진동이 나타나 축과 베어링에 큰 기계적 스트레스를 준다. 동시에 전기자에 펄스에 가까운 파형의 큰 전류가 흐르며, 회전자의 계자권선과 제동권선에도 큰 유도전류가 흐르면서 심각한 과열이 일어난다. 따라서 동기이탈을 방지하기 위해서는 항복토크가 가급적 큰 것이 바람직하다. 식(11-8)에서 항복토크가 E_a에 비례하므로 회전자자속이 클수록 전동기에 가해지는 과도적 부하변동에 대한 안정성을 높여줄 수 있다. 또 X_s가 작을수록(즉, 자화리액턴스가 작을수록) 항복토크가 커지게 된다.(이는 동기기의 공극을 너무 작지 않게 하는 이유 중의 하나이다.)

예제 11-1

150 kW, 1,200 rpm, 460 V 3상 동기전동기의 동기리액턴스가 0.8 Ω이다. 내부 유기기전력 E_a가 300 V로 고정되어 있을 때 다음을 구하라. 전기자저항과 기계적 손실은 무시한다. (a) 항복토크 (b) 120마력 부하를 구동할 때의 부하각과 전기자전류 및 역률 (c) 동작상태를 나타내는 페이서도

(a) $\omega_s = 1,200 \times \frac{2\pi}{60} = 125.7 \text{ rad/sec}$

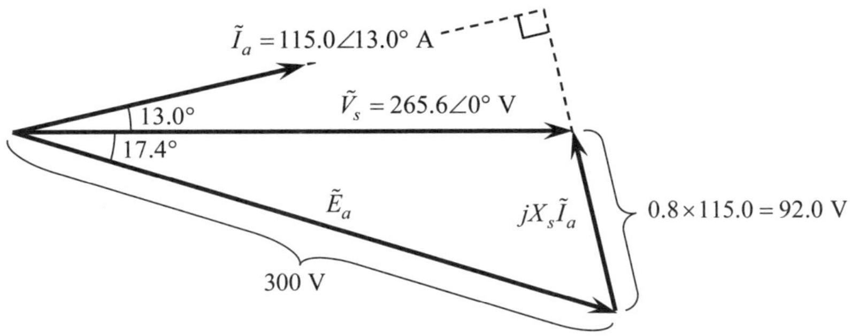

그림 11-28

$$V_s = \frac{460}{\sqrt{3}} = 265.6 \text{ V}$$

$$T_{max} = 3\frac{V_s E_a}{\omega_s X_s} = 3\frac{265.6 \times 300}{125.7 \times 0.8} = 2{,}377 \text{ N-m}$$

(b) 120마력의 부하에 해당하는 토크는

$$T_e = \frac{P_{out}}{\omega_s} = \frac{120 \times 746}{125.7} = 712 \text{ N-m}$$

$T_e = T_{max} \sin\delta$ 이므로

$$\delta = \sin^{-1}\frac{T_e}{T_{max}} = \sin^{-1}\frac{712}{2{,}377} = 17.4°$$

전원전압을 기준페이서로 하면

$$\tilde{V}_s = 265.6\angle 0° \text{ V}$$

$$\tilde{E}_a = E_a\angle -\delta = 300\angle -17.4° = 286.3 - j89.7 \text{ V}$$

$$\tilde{I}_a = \frac{\tilde{V}_s - \tilde{E}_a}{jX_s} = \frac{265.6 - 286.3 + j89.7}{j0.8}$$
$$= 112.1 + j25.9 = 115.0\angle 13.0° \text{ A}$$

$$pf = \cos 13.0° = 0.97 \quad \text{(진상)}$$

(c) 이상의 결과로부터 페이서도를 그리면 그림 11-28과 같다.

예제 11-2

400 V, 60 Hz, 6극 동기전동기의 상당 동기임피던스가 $0.2 + j1.5\ \Omega$이다. 이 전동기가 효율 92 %, 축출력 18마력으로 0.9 지상역률에서 동작하고 있을 때 (a) 내부 유기기전력과 부하각을 구하라. (b) 전기기계적 변환동력을 구하라. (c) 회전손실을 구하라.

(a) 축출력과 효율 및 역률이 주어져 있으므로 이로부터 입력전류를 구하고 동기임피던스의 전압강하로부터 내부 유기기전력을 구할 수 있다.

$$V_s = \frac{400}{\sqrt{3}} = 230.9 \text{ V}$$

$$I_a = \frac{18 \times 746 / 0.92 / 0.9}{\sqrt{3} \times 400} = 23.41 \text{ A}$$

$$\tilde{I}_a = 23.41\angle -\cos^{-1}0.9 = 23.41\angle -25.8° = 21.07 - j10.20 \text{ A}$$

$$\begin{aligned}\tilde{E}_a &= \tilde{V}_s - (R_a + jX_s)\tilde{I}_a = 230.9 - (0.2 + j1.5)(21.07 - j10.20)\\ &= 211.4 - j29.6 = 213.5\angle -7.96° \text{ V}\end{aligned}$$

내부 유기기전력은 214 V, 부하각은 8.0°이다.

(b) 전기기계적 변환동력은 입력전력에서 전기자동손을 제외한 값이다.

$$P_{in} = 3V_sI_a\cos\theta = 3\times 230.9\times 23.41\times 0.9 = 14,596 \text{ W}$$

$$P_{em} = P_{in} - 3R_aI_a^{\,2} = 14,596 - 3\times 0.2\times 23.41^2 = 14,267 \text{ W}$$

(c) 전기기계적 변환동력과 출력의 차이가 회전손실이다.

$$P_{out} = 18\times 746 = 13,428 \text{ W}$$

$$P_{rot} = P_{em} - P_{out} = 14,267 - 13,428 = 839 \text{ W}$$

예제 11-3

예제 11-2의 전동기가 어떤 부하를 구동하고 있을 때 계자전류를 조정하여 상당 내부 유기기전력이 250 V가 되도록 하였다. 이때 전기자에 30 A가 흐른다면 (a) 전동기의 역률과 부하각을 구하라. (b) 전동기의 출력과 부하토크를 구하라. 회전손실은 일정한 것으로 한다.

(a) 동기임피던스와 전류의 크기가 주어져 있으므로 동기임피던스에서 일어나는 전압강하의 크기 $\left|\tilde{Z}_s\tilde{I}_a\right|$ 를 바로 알 수 있다. 페이서도에서 $\tilde{V}_s$ 와 $\tilde{E}_a$ 그리고 $\tilde{Z}_s\tilde{I}_a$ 가 이루는 삼각형의 세 변이 주어진 상태이므로 삼각형의 기하학적 특성으로부터 세 변을 이루는 페이서들의 위상을 구할 수 있다. 그 전에 페이서 관계식의 계산을 통해 구하는 방법을 먼저 보도록 하자. 전류의 위상각 θ 를 미지수로 놓고 유기기전력이 250 V가 되는 θ 값을 구하도록 한다.

$$\tilde{I}_a = 30\cos\theta + j30\sin\theta \text{ A}$$

$$\begin{aligned}\tilde{E}_a &= \tilde{V}_s - (R_a + jX_s)\tilde{I}_a\\ &= 230.9 - (0.2 + j1.5)(30\cos\theta + j30\sin\theta)\\ &= 230.9 - 6\cos\theta + 45\sin\theta - j(6\sin\theta + 45\cos\theta)\end{aligned}$$

$$\begin{aligned}250^2 &= (230.9 - 6\cos\theta + 45\sin\theta)^2 + (6\sin\theta + 45\cos\theta)^2\\ &= 55,376 - 2,771\cos\theta + 20,781\sin\theta\end{aligned}$$

$$20,781\sin\theta - 2,771\cos\theta = 7,124$$

$$20,965\sin(\theta - 7.60°) = 7,124$$

$$\theta = \sin^{-1}\left(\frac{7,124}{20,965}\right) + 7.60° = 27.46°$$

이로부터 $\cos\theta = 0.8873$, $\sin\theta = 0.4612$ 이므로

$$\tilde{I}_a = 30\cos\theta + j30\sin\theta = 26.62 + j13.84 \text{ A}$$

$$\begin{aligned}\tilde{E}_a &= 230.9 - (0.2 + j1.5)(26.62 + j13.84)\\ &= 246.3 - j42.7 = 250.0\angle -9.83° \text{ V}\end{aligned}$$

역률은 $\cos 27.46° = 0.89$ (진상), 부하각은 9.8°이다.

위의 결과는 그림 11-29에 보인 페이서삼각형에 삼각형의 기하학적 특성으로부터 구할 수도 있

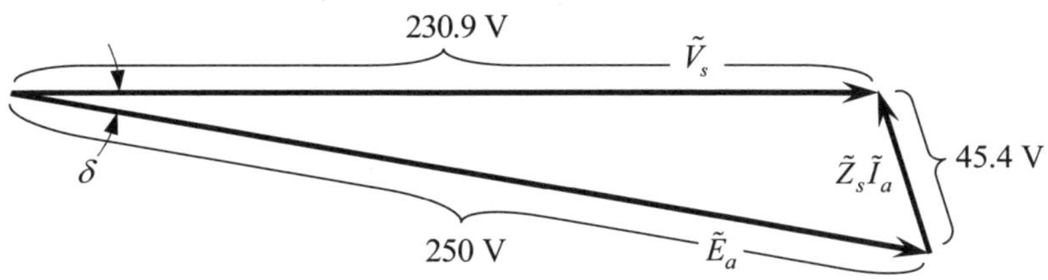

그림 11-29

다. 동기임피던스의 전압강하가 $Z_s I_a = \sqrt{0.2^2 + 1.5^2} \times 30 = 45.40$ V 로 계산되므로 삼각형의 세 변의 길이가 주어진 상태이다. 여기서 코사인법칙을 적용하여 부하각을 다음과 같이 먼저 구하고, 이로부터 $\tilde{E}_a$가 정해지면 역으로 $\tilde{I}_a$를 계산할 수 있다.

$$\cos\delta = \frac{V_s^2 + E_a^2 - (Z_s I_a)^2}{2V_s E_a} = \frac{230.9^2 + 250^2 - 45.40^2}{2 \times 230.9 \times 250} = 0.9853$$

$$\delta = \cos^{-1} 0.9853 = 9.84°$$

(b) 전기기계적 변환동력은 입력전력에서 전기자동손을 빼서 구할 수 있다.

$$P_{in} = 3V_s I_a \cos\theta = 3 \times 230.9 \times 30 \times 0.8873 = 18,439 \text{ W}$$

$$P_{em} = P_{in} - 3R_a I_a^2 = 18,439 - 3 \times 0.2 \times 30^2 = 17,899 \text{ W}$$

회전손실은 예제 11-2에서 구하였으므로 이를 적용하면

$$P_{out} = P_{em} - P_{rot} = 17,899 - 839 = 17,060 \text{ W}$$

$$T_L = T_{out} = \frac{P_{out}}{\omega_s} = \frac{17,060}{377/3} = 135.8 \text{ N-m}$$

11-5 동기전동기의 운전특성

유도전동기는 부하의 크기에 의해 운전상태가 유일하게 결정되지만 동기전동기는 같은 부하라도 계자전류가 얼마인지에 따라 운전상태가 달라진다. 겉으로 드러나는 운전상태는 전동기로 흘러들어가는 전류, 즉 전기자전류의 크기와 위상각이다. 부하와 계자전류의 변화에 전기자전류가 어떤 영향을 받는지, 그리고 전동기의 유효전력과 무효전력에 어떤 변화가 나타나는지 살펴보기로 한다. 단순화를 위해 전기자저항을 무시한 그림 11-25의 간이등가회로를 기준으로 한다.

부하 변동의 영향

계자전류가 일정한 상태에서 부하가 증가하는 경우, 회전자자속이 공극자속에 더 많이 뒤쳐지면서 부하각이 커진다. 이때 회전자자속이 일정하므로 유기기전력 $\tilde{E}_a$의 크기는 일정하고, 따라서 그림 11-30의 페이서도에 보인 것과 같이 $\tilde{E}_a$의 페이서는 일정한 반지름의 원주를 따라 이동한다. 그림 11-26에서 보았듯이 **전동기의 토크, 또는 출력은 $E_a \sin\delta$에 비례한다**. 예컨대 부하가 2배로 증가했다면 부하각이 δ_1에서 δ_2로 커지면서 유기기전력 페이서가 $\tilde{E}_{a1}$에서 $\tilde{E}_{a2}$로 바뀔 때 수직방향 성분 $E_{a2}\sin\delta_2$가 $E_{a1}\sin\delta_1$의 2배가 된다. 따라서 처음의 페이서 $\tilde{E}_{a1}$의 크기를 반지름으로 한 원을 그리고, 이 원과 당초 $E_{a1}\sin\delta_1$의 2배에 해당하는 수평선 사이의 교점이 출력이 2배로 증가한

페이서삼각형

동기기의 계산은 대부분 페이서삼각형의 기하학적 관계로부터 이루어질 수 있다.
(전기자저항을 무시하는 경우 $\alpha = \pi/2$)

진상동작

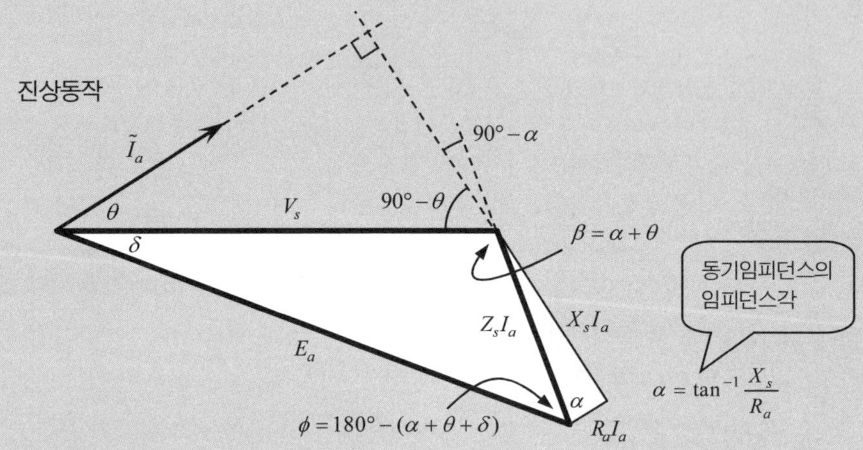

지상동작

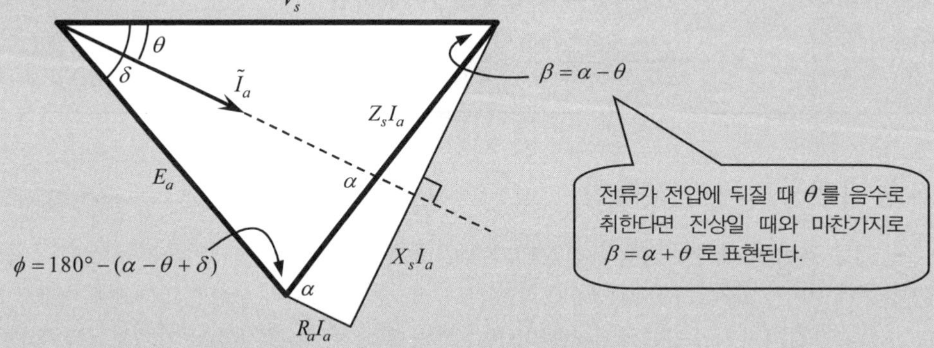

삼각형의 사인법칙

$$\frac{V_s}{\sin\phi} = \frac{E_a}{\sin\beta} = \frac{Z_s I_a}{\sin\delta}$$

삼각형의 코사인법칙

$$V_s^2 + E_a^2 - 2V_s E_a \cos\delta = (Z_s I_a)^2$$

$$V_s^2 + (Z_s I_a)^2 - 2V_s (Z_s I_a)\cos\beta = E_a^2$$

$$E_a^2 + (Z_s I_a)^2 - 2V_s (Z_s I_a)\cos\phi = V_s^2$$

세 변의 길이를 알 때 → 코사인법칙으로 사잇각 계산
두 변의 길이와 사잇각을 알 때 → 코사인법칙으로 나머지 한 변의 길이를 계산
한 변의 길이와 두 개의 각을 알 때 → 사인법칙으로 두 변의 길이를 계산

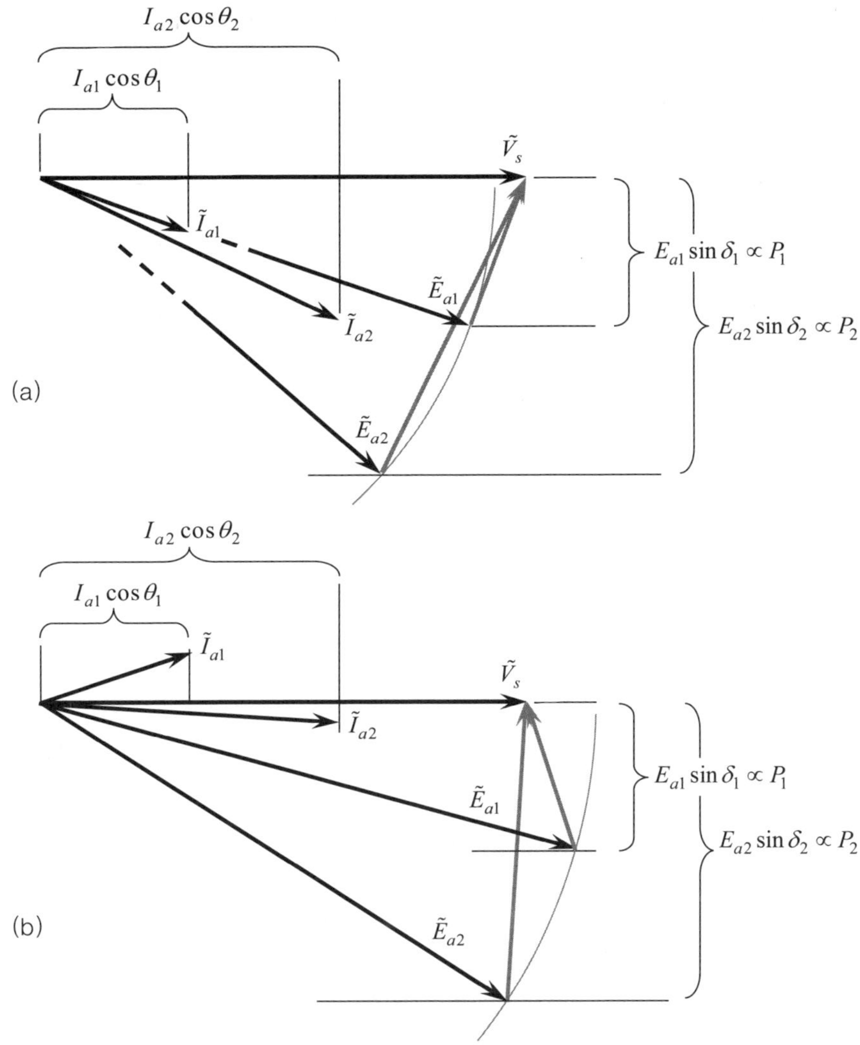

그림 11-30 부하가 변동할 때 페이서도의 변화: (a) 부족여자일 때 (b) 과여자일 때

후의 페이서 $\tilde{E}_{a2}$의 위치이다.

$\tilde{E}_a$가 변할 때 페이서도에 흐린 선으로 나타낸 $\tilde{V}_s$와 $\tilde{E}_a$ 사이의 차이 $jX_s\tilde{I}_a$의 크기와 위상이 달라진다. $\tilde{I}_a$의 페이서는 $jX_s\tilde{I}_a$를 시계방향으로 90° 회전시킨 방향이므로 크기의 비례관계로부터 그림의 $\tilde{I}_{a1}$과 $\tilde{I}_{a2}$로 작도할 수 있다. 그림 (a)는 처음 전기자전류가 지상이었을 때, 그림 (b)는 진상이었을 때를 나타낸다. 어느 경우든 $\tilde{I}_a$의 수평방향 성분이 $jX_s\tilde{I}_a$의 수직방향 성분에 비례하므로 전동기 입력전류의 유효성분이 부하가 증가한 것과 같은 비율로 증가한다.

그림 (a)에서 $\tilde{I}_a$의 수직방향 성분(무효전류 성분) 역시 증가하는 것을 볼 수 있는데, 이렇게 부하가 증가할 때 무효전력도 증가하는 것은 일정한 크기의 회전자자속이 공극자속에 더 많이 뒤처짐에 따라 토크성분의 비중이 커지는 대신 자속성분이 줄어들기 때문이다. 회전자자속의 자속성분이 줄어들면 공극자속을 유지하기 위해 전기자에 자화전류 성분이 추가로 흘러야 하므로 무효전력이 증가하게 된다. 그림 (b)에서와 같이 당초 회전자자속이 충분히 큰 과여자상태여서 처음 전기자전류가 진상이었다 해도 부하가 증가하면 과여자상태가 부족여자상태 쪽으로 변하면서 진상이었던 전류가 지상 쪽으로 이동하게 되는 것을 볼 수 있다.

예제 11-4

220 V, 60 Hz 3상 동기전동기의 상당 동기리액턴스가 2.8 Ω이고 전기자저항은 무시할 수 있을 정도로 작다고 한다. 기계적 손실(마찰 및 풍손)은 1 kW이고, 철손은 무시한다. (a) 이 전동기가 부하에 7.5마력의 동력을 공급하면서 1.0 역률로 운전되고 있다. 이 운전상태에서 전압, 전류, 내부 유기기전력의 페이서도를 그려라. (b) 계자전류를 그대로 유지한 상태에서 부하가 15마력으로 증가하였을 때의 페이서도를 그려라. 이때의 전동기 역률은 얼마인가?

(a) 전기기계적 변환동력은 전동기의 출력에 기계적 손실을 더하여 구해진다.

$$P_{em} = 7.5 \times 746 + 1{,}000 = 6{,}595 \text{ W}$$

전기자의 동손과 철손을 무시하였으므로

$$P_{in} = 3V_s I_a \cos\theta \approx P_{em} = 6{,}595 \text{ W}$$

$$I_a = \frac{P_{in}}{3V_s \cos\theta} = \frac{6{,}595}{3 \times 127 \times 1.0} = 17.3 \text{ A}$$

상전압을 기준페이서로 취하면

$$\tilde{V}_s = 127\angle 0° \text{ V}$$

$$\tilde{I}_a = 17.3\angle 0° \text{ A}$$

$$\tilde{E}_a = \tilde{V}_s - jX_s\tilde{I}_a = 127\angle 0° - j2.8 \times 17.3\angle 0°$$
$$= 127 - j48.4 = 135.9\angle -20.9° \text{ V}$$

이로부터 페이서도는 그림 11-31(a)와 같다.

(b) 위에서는 전류를 구한 뒤 이로부터 내부유기기전력을 구했으나 부하가 증가한 뒤에는 역률이 얼마인지 모르므로 전류를 알 수 없다. 대신 위에서 구한 내부 유기기전력의 크기를 알고 있고, 그 위상(부하각)은 출력으로부터 구할 수 있다. 따라서 앞의 경우와 반대로 유기기전력으로부터 전류를 구한다.

$$P_{em} = 15 \times 746 + 1{,}000 = 12{,}190 \text{ W}$$

$$P_{em} = 3\frac{V_s E_a}{X_s}\sin\delta = 3 \times \frac{127 \times 135.9}{2.8}\sin\delta = 18{,}498\sin\delta \text{ W}$$

$$\delta = \sin^{-1}\frac{12{,}190}{18{,}497} = 41.2°$$

따라서

$$\tilde{E}_a = 135.9\angle -41.2° = 102.2 - j89.6 \text{ V}$$

$$\tilde{I}_a = \frac{\tilde{V}_s - \tilde{E}_a}{jX_s} = \frac{127 - (102.2 - j89.6)}{j2.8}$$
$$= 32.0 - j8.9 = 33.2\angle -15.5° \text{ A}$$

$$pf = \cos 15.5° = 0.96 \text{ (지상)}$$

페이서도는 그림 11-31(b)와 같다.

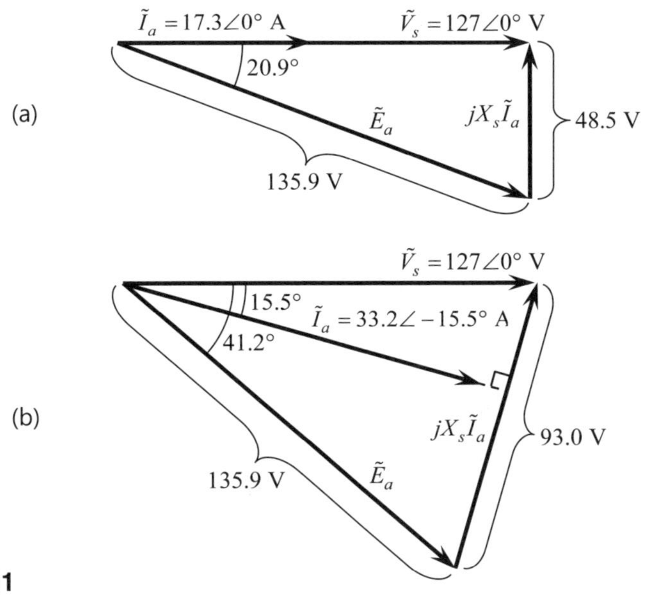

그림 11-31

계자전류 변동의 영향

다음으로 부하는 일정하게 두고 계자전류를 조절하였을 때 페이서도에 어떤 변화가 나타나는지 보도록 한다. 계자전류를 키우면 그에 비례해서 $\tilde{E}_a$의 크기가 커진다. 그러나 부하가 변하지 않고 있는 상태라면 $\tilde{E}_a$의 수직방향 성분 $E_a \sin\delta$가 일정하게 유지된다. 따라서 그림 11-32에 보인 것처럼 계자전류를 키워감에 따라 유기기전력의 페이서가 $\tilde{E}_{a1}$에서 $\tilde{E}_{a2}$로, 그리고 $\tilde{E}_{a3}$로 수평의 궤적을 따라 이동하게 된다. 즉 $\tilde{E}_a$의 위치는 계자전류에 비례하는 반지름의 원과 특정 출력에 해당하는 수평선 사이의 교점이 된다.

그림에서 $\tilde{E}_a$가 커짐에 따라 부하각이 줄어드는 것을 볼 수 있는데, 이는 계자전류를 키워 회전자 자극이 강해질수록 더 작은 부하각으로 같은 부하토크를 감당할 수 있기 때문이다. 반대로 계자전류를 줄여나간다면 회전자 자극이 약해지면서 부하각이 커지며, 부하각이 90°에 도달했을 때가 주어진 부하에서 탈조되지 않고 운전 가능한 계자전류의 최저 한계이다. 그림에 점선으로 표시된 페이서가 이 탈조한계에 도달했을 때의 $\tilde{E}_a$를 나타낸다.

전기자 전류의 변화를 보면, $\tilde{V}_s$와 $\tilde{E}_a$ 사이의 차이인 $jX_s\tilde{I}_a$(흐린 선)로부터 $\tilde{E}_{a1}, \tilde{E}_{a2}, \tilde{E}_{a3}$에 대응하는 전기자전류 $\tilde{I}_a$의 페이서를 각각 $\tilde{I}_{a1}, \tilde{I}_{a2}, \tilde{I}_{a3}$로 그릴 수 있다. 유기기전력이 수평 궤적을 따라 움직일 때 전기자전류는 수직의 궤적을 따라 움직이며, 계자전류를 변화시킨다 해도 전류의 유효성분 $I_a \cos\theta$가 일정하게 유지된다. 이는 부하가 일정하므로 당연한 결과이다. 여기서 유기기전력이 작을 때(부족여자) 전기자전류는 지상이었다가 유기기전력이 커짐에 따라 위상이 앞으로 이동하여 유기기전력이 어느 이상으로 커지면(과여자) 진상이 되는 것을 볼 수 있다. 이는 계자전류의 증가로 회전자 자속이 커지고, 또 부하각이 줄어들면서 회전자자속 중 공극자속 성분이 증가함에 따라 이에 대응하여 전기자전류의 자속성분이 변하기 때문이다.

그림에서 $\tilde{E}_{a2}$와 $\tilde{I}_{a2}$는 진상과 지상의 경계가 되는 역률이 1인 상태를 나타내고 있다. 이때 전기자전류의 크기는 주어진 부하에서 최소가 된다. 이 상태는 그림 11-22에서 계자가 공극자속 전체를

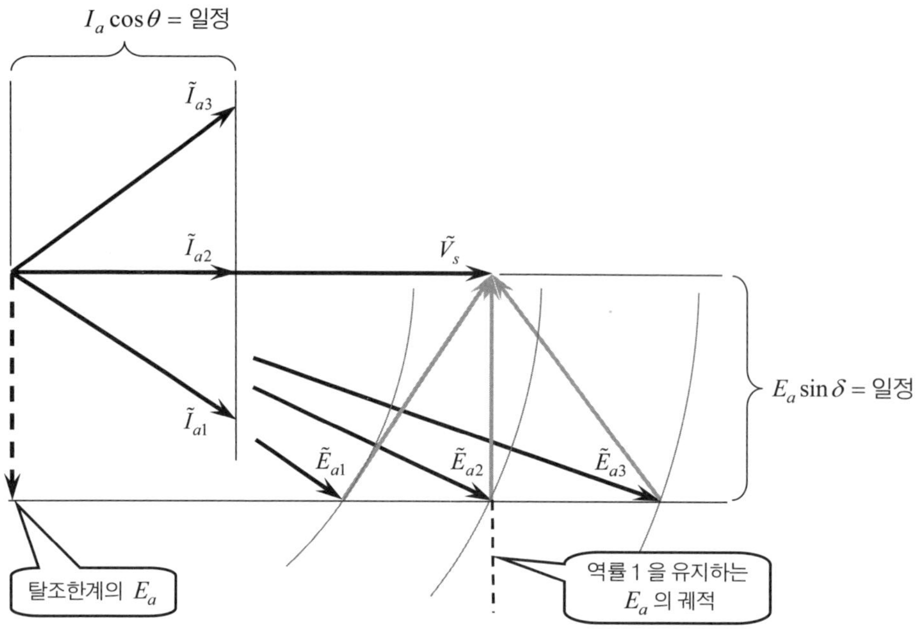

그림 11-32 계자전류가 변동할 때 페이서도의 변화

만들어내는($B_r \cos\delta = B_g$) 임계여자상태이므로 전기자전류에 자속성분이 없고, 순전히 동력으로 변환되는 유효전력만 전달한다. 만일 부하가 변하더라도 계자전류를 적절히 조절하여 $\tilde{E}_a$가 항상 그림의 점선상에 놓이도록 한다면 전동기의 역률을 계속 1로 유지할 수 있다. 요컨대 계자전류의 조절로 주어진 부하에서 전동기 역률의 제어가 가능하다.

예제 11-5

220 V 3상 동기전동기의 상당 동기리액턴스가 4 Ω이고 전기자저항은 무시할 수 있을 정도로 작다. 운전 중 전동기 전류와 역률을 측정하였더니 20 A, 지상 0.8이었다. 부하를 그대로 둔 채 계자전류를 50 % 증가시켰을 때 전류와 역률을 구하라. 자기포화의 영향은 무시한다.

계자전류를 증가시키기 전과 후를 각각 첨자 1, 2로 구분한다. 처음 운전상태에서의 내부 유기기전력을 구하면

$$V_s = 220 / \sqrt{3} = 127 \text{ V}$$

$$\tilde{I}_{a1} = 20(0.8 - j0.6) = 16 - j12 \text{ A}$$

$$\begin{aligned}\tilde{E}_{a1} &= \tilde{V}_s - jX_s\tilde{I}_{a1} = 127 - j4 \times (16 - j12) \\ &= 79 - j64 = 101.7\angle -39.0° \text{ V}\end{aligned}$$

계자전류를 증가시킨 후 내부유기기전력의 크기는 $E_{a2} = 101.7 \times 1.5 = 152.6$ V 가 된다. 이때 유기기전력의 위상각, 즉 부하각은 부하가 일정하다는 조건으로부터 구해진다. 부하가 일정할 때 $E_{a1} \sin\delta_1 = E_{a2} \sin\delta_2$ 이므로

$$E_{a2} \sin\delta_2 = 64$$

$$\delta_2 = \sin^{-1}(64 / 152.6) = 24.8°$$

$$\tilde{E}_{a2} = 152.6\angle -24.8° = 138.5 - j64.0 \text{ V}$$

$$\tilde{I}_{a2} = \frac{\tilde{V}_s - \tilde{E}_{a2}}{jX_s} = \frac{127 - 138.5 + j64.0}{j4}$$
$$= 16 + j2.9 = 16.3\angle 10.4° \text{ A}$$

전류는 16.3 A, 역률은 진상 $\cos 10.4° = 0.98$ 이다.

예제 11-6

예제 11-5의 처음 운전상태에서 부하가 50 % 증가하였다. 운전역률을 1로 만들어주기 위해서는 계자전류를 몇 %나 증가시켜야 하는가? 자기포화의 영향은 없는 것으로 가정한다.

부하가 50 % 증가하면 전류의 유효성분이 50 % 증가한다. 예제 11-5에서 전류의 유효성분이 16 A이므로 부하가 증가한 후에는 24 A가 된다. 이때 역률이 1이라면

$$\tilde{I}_a = 24\angle 0° \text{ A}$$

이러한 전류가 흐르는 상태에서 내부 유기기전력은

$$\tilde{E}_a = \tilde{V}_s - jX_s\tilde{I}_a = 127 - j4 \times 24$$
$$= 127 - j96 = 159.2\angle -37.1° \text{ V}$$

유기기전력의 크기는 처음 상태의 159.2 / 101.7 = 1.57 배이다. 자기포화를 고려하지 않는다면 유기기전력이 계자전류에 비례한다. 따라서 계자전류를 57 % 키워야 한다.

V 곡선

이상에서 전기자전류가 부하에 따라 어떻게 변하는지, 그리고 계자전류에 따라 어떻게 변하는지를 따로 살펴보았는데, 부하와 계자전류 두 변수에 대한 전기자전류의 함수관계를 하나의 그래프 세트로 나타낸 것이 그림 11-33에 보인 V**곡선**이다. 그림에서 각각의 곡선은 동기전동기의 출력(부하)을 어느 한 값에 고정시키고 계자전류 I_f 를 작은 값에서부터 증가시켜 나갈 때 전기자전류 I_a 의 변화추이를 나타낸다. 이를 I_f 에 비례하는 회전자자속에 의한 유기기전력 E_a와 I_a 에 비례하는 고정자자속에 의한 유기기전력 E_s 사이의 관계로 볼 수도 있다.

그림의 맨 아래 꺾인 직선이 무부하상태에서의 V곡선이다. 그 왼쪽 끝은 계자전류가 0이고 전기자전류만으로 자화되는($I_a = I_m$) 그림 11-19(a)의 무여자상태에 해당한다. 아래쪽 꼭지점은 내부 유기기전력이 전원전압과 같아져서 전기자전류가 0이 되는 임계여자상태, 즉 그림 11-19(c)의 상태를 나타낸다. 임계여자점 왼편이 지상 전류가 흐르는 부족여자상태, 오른편이 진상 전류가 흐르는 과여자상태에 해당한다. 전동기에 부하가 가해지면 곡선이 전체적으로 위로 올라가는데, 부하가 있는 상태에서 탈조되지 않으려면 계자전류가 최소 어느 이상이 되어야 하며, 각 곡선의 왼편 끝이 그 최저 한계를 나타낸다. 부하가 커지면 이 최소 계자전류도 커지며, 이 부하별 한계점들을 연결한 것이 **탈조한계곡선**이다. 역률이 1이 되게 하는 계자전류 역시 부하가 클수록 커지므로 곡선의 최저점이 부하의 증가에 따라 오른편으로 이동한다. 이들을 연결한 것이 **임계여자곡선**이다.[4] 전동기 출력

---

[4] 전기자저항을 무시했을 때 그림 11-33에 나타낸 탈조한계곡선의 페이서도에서 $\tilde{E}_a$ 와 $\tilde{E}_s$ 의 역할을 뒤바꾸면 임계여자시의 페이서도가 된다. 따라서 탈조한계곡선과 임계여자곡선은 그림의 두 축 중앙 대각선을 기준으로 대칭이다.

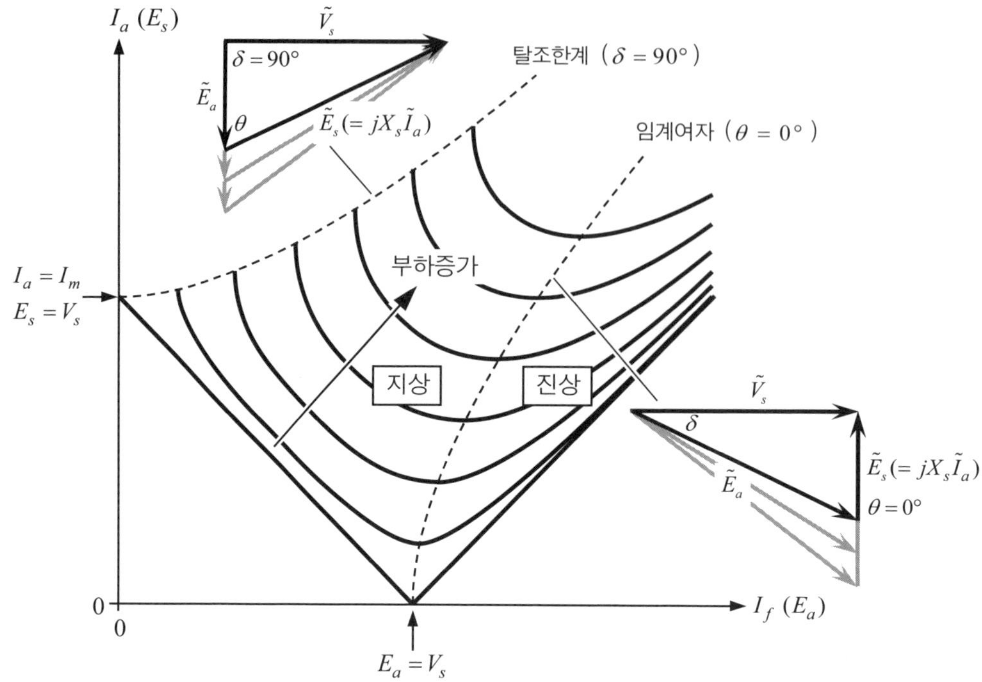

그림 11-33 동기전동기의 V곡선

과 계자전류에 의해 정해지는 동작점이 탈조한계곡선과 임계여자곡선 사이에 있을 때 부족여자 지상역률로, 임계여자곡선의 오른편에 놓이면 과여자 진상역률로 동작한다.

그림 11-33이 여러 단계의 일정 출력 조건에서 I_a와 I_f 사이의 함수관계를 보여주고 있듯이 일정 역률각 조건, 또는 일정 부하각 조건에서 I_a와 I_f 사이의 관계를 나타낼 수도 있다. 그림 11-34(a)와 같이 $\tilde{V}_s$, $\tilde{E}_a$, $\tilde{E}_s$ 의 페이서로 이루어진 삼각형의 꼭지점 P가 수평의 점선을 따라 움직이는 상태가 출력이 어떤 특정 값에 고정된 일정출력 조건에 해당한다. 한편 부하각을 어떤 특정 값에 고정시키고 P점이 그 궤적을 따라 이동할 때 $\tilde{E}_a$와 $\tilde{E}_s$ 의 크기 사이의 관계를 구하면 일정부하각 조건에서 I_a와 I_f 사이의 관계가 된다. 일정 역률각조건에 대한 관계도 마찬가지로 구할 수 있다. 여기서 전원 상전압의 크기를 1로 놓고 $\tilde{E}_a$의 크기를 x, $\tilde{E}_s$ 의 크기를 y로 하면 이들 각 조건에 대한 함수관계가 그림 (b)에서와 같이 나타난다.

그림 11-34(b)에서 x와 y는 각각 V_s를 기준으로 단위화된 E_a와 E_s이다. 이 곡선들을 I_f와 I_a 사이의 관계로 볼 경우에는 y가 전동기의 자화전류 I_m을 1로 했을 때의 전기자전류를, x가 $E_a = V_s$가 되는 계자전류를 1로 했을 때의 계자전류를 나타낸다. 굵은 실선의 일정출력곡선들은 이렇게 단위화된 전기자전류의 유효성분(토크성분) $I_T (= I_a \cos\theta)$가 일정할 때를 기준으로 그려진 것으로 그림 11-33의 V곡선에 해당한다.[5] 점선들은 일정부하각 곡선과 일정역률각곡선을 나타 낸 것으로, 일정부하각 곡선들 중 $\delta = 90°$에 해당하는 곡선이 탈조한계곡선, 일정역률각 곡선들 중 $\theta = 0°$에 해당하는 곡선이 임계여자곡선이다.

---

[5] 전기자저항의 영향을 포함한 전기자전류와 계자전류 사이의 관계는 일반적으로 폐곡선 형태로 나타나며, V곡선은 그 폐곡선의 일부이다. 이에 관해서는 보다 상세한 문헌을 참고하라.

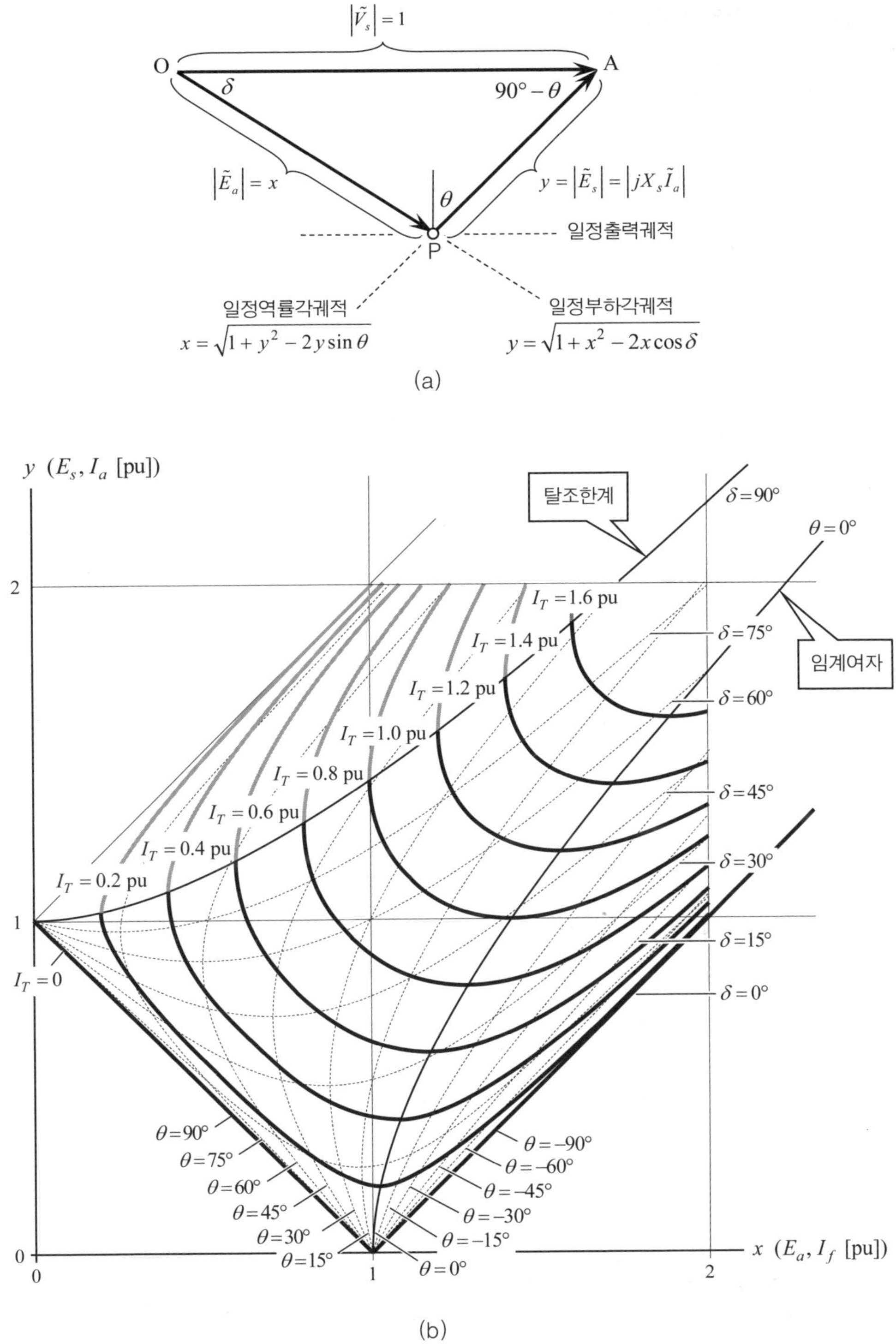

그림 11-34 일정출력, 일정부하각, 일정역률각 조건에서 전기자전류와 계자전류 사이의 관계

동기전동기의 조상기능과 역률보상

동기전동기는 계자전류의 가감을 통해 전기자전류의 위상을 조절할 수 있다. 이를 동기기의 **조상** 調相**기능**이라 한다. 역률을 1, 또는 그에 가깝게 유지할 수 있다는 것은 항상 지상 역률인 유도전동기에 비해 동기전동기가 지닌 큰 장점이다. 나아가 진상역률로 운전하면 인근 지상 부하의 무효전력을 상쇄시키는 역률보상의 역할을 할 수도 있다. (과여자 상태에서는 항복토크가 커져서 과부하시 탈조의 가능성이 낮아지는 효과도 따른다.) 예를 들어 유도전동기가 많이 사용되는 곳에서 일부 부하에 동기전동기를 사용하고, 과여자로 운전하면 역률보상의 부수적인 효과가 얻어진다.

경우에 따라서는 동기전동기를 무부하로 운전하면서 순전히 역률보상의 목적으로만 사용하기도 한다. 무부하상태에서 계자전류에 따라 전기자전류가 변하는 양상은 그림 11-35와 같다. 전기자전류가 0인 임계여자상태를 기준으로 이보다 작은 계자전류에서는 전원전압에 90° 뒤진 지상의 자화전류가 흐르는데, 계자전류를 조절하여 이 지상 전류의 크기를 키웠다 줄였다 할 수 있다. 따라서 이 영역에서 동기기는 계자전류에 의해 제어되는 순수한 가변리액터처럼 동작한다. 반대로 임계여자보다 큰 계자전류에서는 전기자에 90° 앞선 진상의 전류가 흐르고, 이 영역에서 동기기 는 계자전류에 의해 제어되는 순수한 가변 커패시터처럼 동작한다.

애초부터 이러한 역률보상 전용으로 만들어진 특수 형태의 동기기가 있는데, 이를 **동기조상기**라 부른다. 대부분의 경우 역률보상이란 지상 무효전력을 보상하기 위한 것으로, 커패시터의 역할을 대신하는 데에 적용되므로 동기커패시터(synchronous capacitor), 또는 동기콘덴서라 부르기도 한다. 동기조상기는 본질적으로 동기전동기지만 부하를 구동할 일이 없으므로 축이 보통의 전동기보다 가늘고 밖으로 나와있지도 않다. 커패시터 역률 보상이 단순한 투입/차단이나 몇 단계로 구분된 계단식 동작으로 이루어지는 데 비해 동기조상기는 계자전류의 조정으로 보상수준을 연속적으로 조절할 수 있다. 그리고 일시적 과전류를 견딜 수 있는 과전류내량이 크고, 신뢰성이 높다. 그러나 높은 설치비와 유지관리 부담 때문에 일반 산업체에서 동기조상기(또는 무부하로 운전되는 동기전동

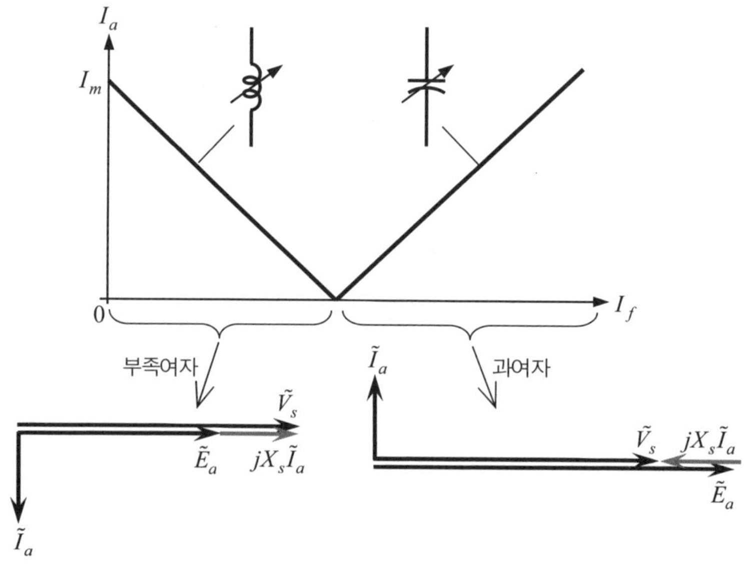

그림 11-35 무부하상태에서 계자전류에 대한 전기자전류의 크기 변화와 페이서도

기)를 사용하는 일은 드물다. 동기조상기는 주로 송전계통에서 지상 무효전류를 억제함으로써 송전손실과 지상전류에 의한 선로 전압강하를 줄이기 위한 용도에 사용된다. 간혹 장거리 송전선로의 수전단 측에서 선로의 정전용량으로 인한 전압상승(페란티효과)을 억제하기 위한 전압 안정화용 가변리액터 역할로 사용되기도 한다.

예제 11-7

어떤 공장에서 평상시 사용전력이 5,000 kVA이고 역률은 지상 0.75이다. 여기에 1,000 kW의 동력부하를 추가하면서 이를 동기전동기로 구동함으로써 공장 전체의 역률을 높이고자 한다. (a) 동기전동기를 진상 0.8 역률로 운전할 때 공장 전체의 역률을 구하라. (b) 만일 전체 역률을 지상 0.90으로 맞추고자 한다면 동기전동기를 어떻게 제어해야 하는가?

(a) 당초 공장에서 소비하는 전력을 복소전력으로 나타내면

$$\tilde{S}_0 = P_0 + jQ_0 = 5,000(0.75 + j\sqrt{1-0.75^2}) = 3,750 + j3,307 \text{ kVA}$$

추가된 동기전동기의 피상전력은 $1,000 / 0.8 = 1,250$ kVA 이므로

$$\tilde{S}_m = P_m + jQ_m = 1,250(0.8 - j0.6) = 1,000 - j750 \text{ kVA}$$

따라서 동기전동기가 추가된 후 전체 전력과 역률은

$$\tilde{S}_t = \tilde{S}_0 + \tilde{S}_m = 4,750 + j2,557 = 5,395\angle 28.3° \text{ kVA}$$

$$pf = \frac{4,750}{5,395} = 0.880 \quad (\text{지상})$$

(b) 역률을 0.90으로 높일 경우, 유효전력은 변화가 없어야 한다. 이때의 무효전력을 계산하면

$$Q_t = \sqrt{\left(\frac{4,750}{0.90}\right)^2 - 4,750^2} = 2,300 \text{ kVA}$$

이때 전원에서 동기전동기로 유입되는 무효전력과 역률은 아래와 같이 계산된다.

$$Q_m = Q_t - Q_0 = 2,300 - 3,307 = -1,007 \text{ kVA}$$

$$\tilde{S}_m = P_m + jQ_m = 1,000 - j1,007 = 1,419\angle -45.2° \text{ kVA}$$

$$pf = \frac{P_m}{S_m} = \frac{1,000}{1,419} = 0.705 \quad (\text{진상})$$

따라서 진상 0.8 역률에서 진상 0.705 역률이 되도록 계자전류를 더 키워주어야 한다.

11-6 동기전동기의 정격과 운전한계

동기전동기의 정격은 (1) 전원에 대한 조건으로 정격전압과 정격주파수, (2) 부하에 대한 조건으로 정격출력이 정해져 있다. 그리고 (3) 기기 자체의 운전 한계로 전기자 정격전류와 계자선류 정격이 있고 (4) 정격역률이 명시되어 있다. 여기서 **정격출력은 계자전류를 정격으로 유지하고 있는 상태에서 정격 전기자전류가 흐를 때의 출력**, 즉 계자와 전기자권선을 최대한으로 이용하고 있을 때의 출력이다. 그리고 그 상태에서의 역률이 정격역률이다. 대부분의 동기전동기는 정격역률이 1.0이고, 무효전력 공급능력을 갖는 것들은 0.8(진상)이 많고, 0.9나 0.95인 경우도 있다.

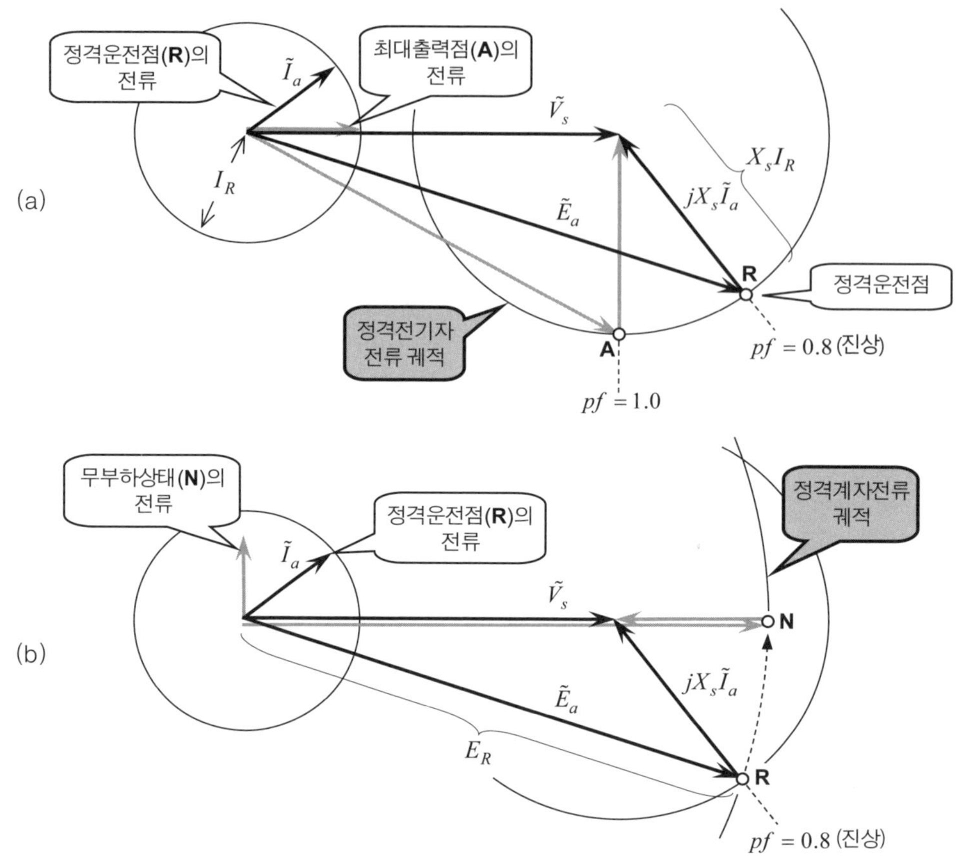

그림 11-36 정격역률 0.8인 동기전동기가 정격운전상태에서 (a) 최대출력 상태(역률 1.0)로 이행할 때 및 (b) 최대 무효전력 공급상태(무부하상태)로 이행할 때 페이서도의 변화

정격운전점과 최대출력

유도전동기의 경우 정격출력이란 전동기에 가할 수 있는 부하의 최대치, 즉 최대출력이다. 그러나 동기기에서는 정격출력이 반드시 최대출력을 뜻하는 것은 아니다. 그림 11-36(a)은 정격전류가 흐를 때의 페이서도이다. 정격 전기자전류를 I_R이라 하면 전기자전류 페이서는 I_R을 반지름으로 하는 원주상에 있고 이때 $\tilde{V}_s$, $\tilde{E}_a$, $jX_s\tilde{I}_a$로 이루어진 페이서삼각형의 꼭지점은 $\tilde{V}_s$의 끝점을 중심으로 한 반경 X_sI_R인 원주상에 놓인다.(전기자저항은 무시한다.) 정격역률이 1인 전동기라면 이 원주의 A지점이 정격운전점이 되고, 정격역률 0.8인 전동기라면 R이 정격운전점이 될 것이다.

정격역률이 1인 전동기는 정격출력이 곧 최대출력이다. $\tilde{E}_a$의 수직방향 성분 $E_a \sin\delta$가 A지점에서 최대이기 때문이다. 그러나 정격운전점이 R인 전동기는 부하가 정격출력 이상으로 증가하더라도 계자전류를 적절히 줄여준다면 A 지점에이르기까지 부하를 구동할 수 있다. 예를 들어 R지점에서 출력 800 kW, 역률 0.8로 동작하고 있는 전동기의 피상전력은 1,000 kVA이고 전원으로 600 kVAR의 무효전력을 공급한다. 이 전동기의 계자전류를 적절히 줄여 역률 1로 운전한다면 A 지점에서 최대 피상전력과 같은 1,000 kW까지 출력할 수 있다. 즉 정격역률이 1이 아닌 전동기는 전동기의 무효전력 공급능력을 활용하지 않는다면 정격출력 이상의 부하를 가할 수 있다.

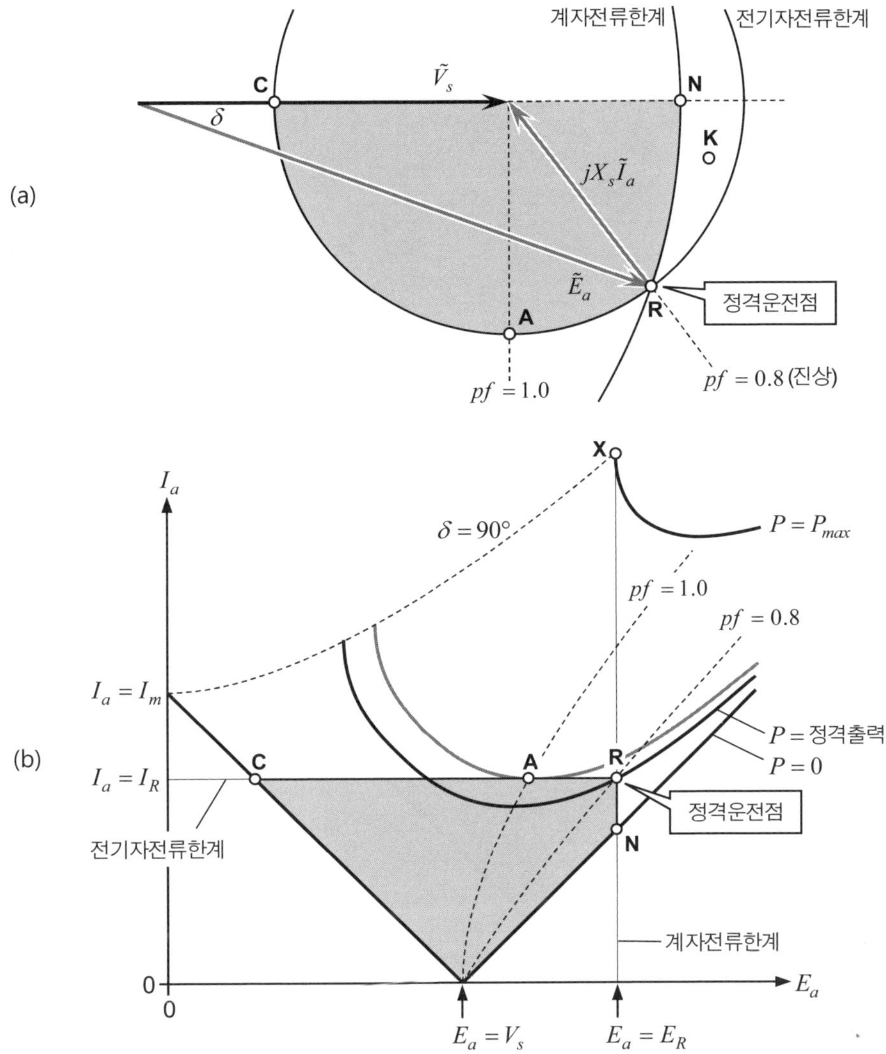

그림 11-37 동기전동기의 운전범위 ($X_s < 1$ pu, 즉 $I_m (\approx V_s / X_s) > I_R$ 인 경우)

마찬가지로, 유효전력(전동기의 출력)을 줄이면 무효전력 공급량을 늘릴 수 있다. 11-36(b)의 정격운전점 R에서 계자전류를 그대로 유지한 상태에서 부하가 줄어들면 반경 E_R 인 정격계자전류 궤적을 따라 운전점이 이동한다. 동작점이 무부하상태를 나타내는 N지점에 이르면 전기자전류가 순수한 진상이 되고 무효전력이 최대치로 증가한다. 이 최대 무효전력 공급능력은 전기자전류 정격에 무관(동작점이 정격전기자전류궤적 안쪽에 있으므로)하게 계자전류 정격에 의해 결정된다.

운전한계

동기전동기의 운전점(페이서삼각형의 꼭지점)은 그림 11-37(a)에 보인 정격전기자전류 궤적의 안쪽에 있어야 하면서 동시에 정격계자전류 궤적의 안쪽에 있어야 한다. 따라서 음영으로 나타낸 두 원의 교집합이 전동기의 운전영역이 된다. 예컨대 K로 표시된 지점은 전기자전류가 정격 이내지만

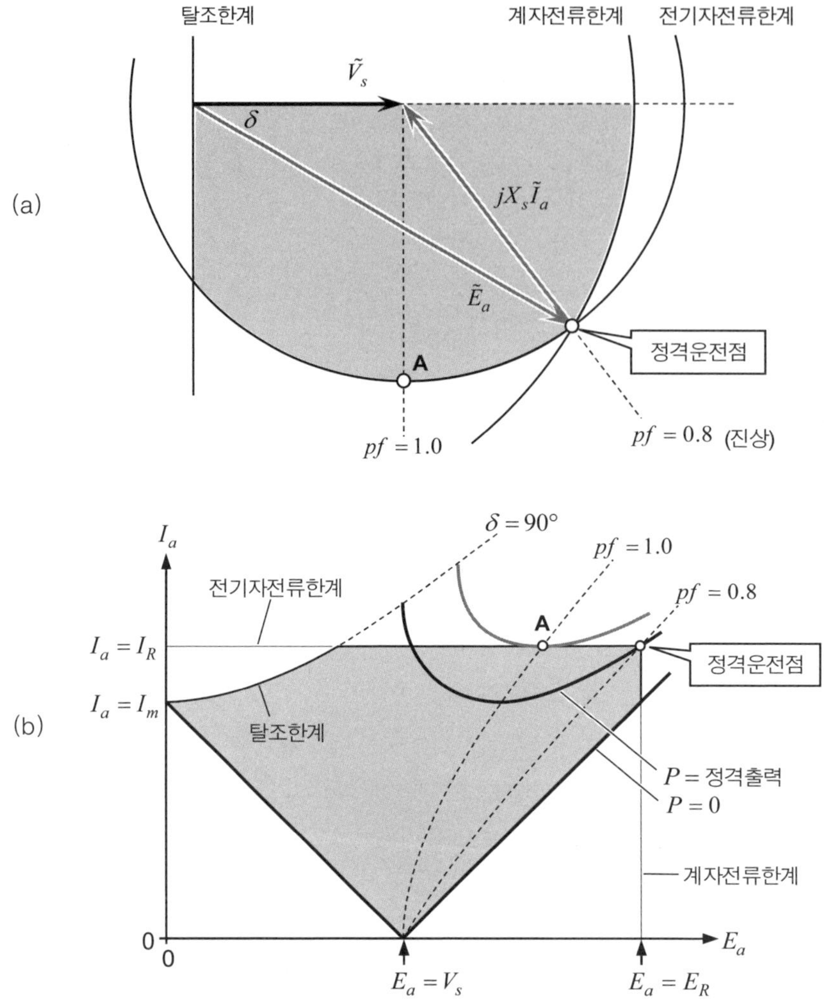

그림 11-38 동기전동기의 운전범위 ($X_s > 1$ pu, 즉 $I_m (\approx V_s / X_s) < I_R$ 인 경우)

계자전류 한계 바깥이므로 계자전류를 정격 이상으로 올리지 않는 한 도달할 수 없다. 그림 11-37(b)는 이 운전한계를 V곡선에서 나타낸 것으로, 편의상 횡축을 I_f 대신 E_a로 하고 있다. 운전범위는 맨 아래 무부하 V곡선의 위쪽 전기자전류한계와 오른쪽 계자전류한계로 둘러싸인 영역이다. 정격전기자전류와 정격계자전류가 교차하는 오른쪽 위 모서리가 정격운전점, 이 지점을 지나는 V곡선에 해당하는 출력이 전동기의 정격출력이다. 정격역률 1인 기기라면 전기자전류한계가 임계여자곡선과 만나는 A가 정격운전점이고, A를 지나는 V곡선에 해당하는 출력이 정격출력이다.

전기자전류한계의 반경 $X_s I_R$은 동기리액턴스의 크기에 따라 달라진다. $X_s < 1$ pu인 기기는 $X_s I_R < V_s$ 이므로 그림 11-37(a)에서 보듯이 페이서도의 원점이 전기자전류한계 바깥에 놓인다. 그러나 $X_s > 1$ pu인 기기는 $X_s I_R$이 V_s보다 크므로 11-38(a)에서와 같이 페이서도의 원점이 전기자전류한계의 원 안에 들어오게 된다. 그림 11-37에서는 운전점이 운전범위를 벗어나지 않는 한 부하각이 항상 90°보다 작고, 따라서 계자전류를 줄이더라도 전기자전류가 정격전류를 넘지 않는 범위에서 탈조가 일어나는 일은 없다. 그러나 그림 11-38의 경우 전기자전류가 정격 이내라도 계자전류가 어느 이하로 줄어들면 부하각이 90°인 탈조한계에 이르게 되는 것을 알 수 있다. 따라서 운전가능영역이 그림 11-38(a)에 수직선으로 나타낸 탈조한계 오른편으로 제한된다. 그림 (b)의 V곡선에서 이 탈조한계는 왼쪽 위편의 탈조한계곡선으로 나타나는 것을 볼 수 있다.

예제 11-8

4,000마력(3,000 kW), 6,600 V, 60 Hz, 200 rpm 동기전동기의 정격역률이 진상 0.8이고 상당 동기리액턴스는 10 Ω이다. (a) 정격운전상태의 페이서도를 그리고 운전한계영역을 작도하라. (b) 정격운전상태에서 전동기가 공급하는 무효전력은 얼마인가? (c) 정상적인 운전 범위에서 전동기의 최대 가능한 출력은 몇 마력인가? (d) 최대 공급 가능한 무효전력은 얼마인가? (e) 정상적인 운전 범위에서 나타날 수 있는 부하각의 최대치는 얼마인가?

(a) 먼저 정격운전상태에서의 전기자전류를 구한다.

$$S = \frac{P}{pf} = \frac{3,000}{0.8} = 3,750\ \text{kVA}$$

$$I_a = \frac{S}{\sqrt{3}V} = \frac{3,750\text{k}}{\sqrt{3} \times 6,600} = 328\ \text{A}$$

전원전압을 기준페이서로 취하면

$$\tilde{V}_s = \frac{6,600}{\sqrt{3}}\angle 0° = 3,815\angle 0°\ \text{V}$$

$$\tilde{I}_a = 328\angle \cos^{-1}0.8 = 328\angle 36.9°\ \text{A}$$

$$jX_s\tilde{I}_a = j10 \times 328\angle 36.9° = 3,280\angle 126.9°\ \text{V}$$

$$\tilde{E}_a = \tilde{V}_s - jX_s\tilde{I}_a = 3,815 - 3,280\angle 126.9° = 6,351\angle -24.4°\ \text{V}$$

페이서도는 그림 11-39와 같다. 원점을 중심으로 반지름 $E_R = 6,351$ V 인 원이 계자전류한계, $\tilde{V}_s$ 끝점을 중심으로 반지름 $|jX_s\tilde{I}_a| = X_sI_R = 3,280$ V 인 원이 전기자전류 한계이다.

(b) $$Q = \frac{3,000}{0.8} \times 0.6 = 2,250\ \text{kVAR}$$

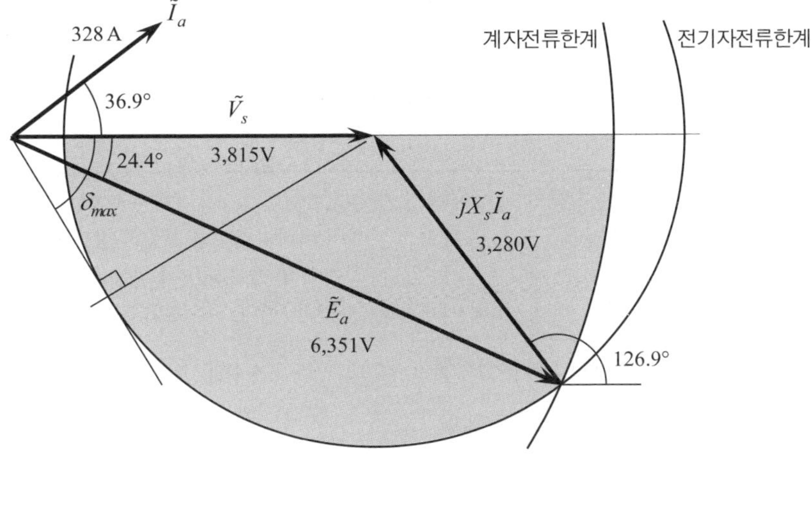

그림 11-39

(c) 정격 전기자전류로 역률이 1일 때 출력이 최대이다.(이는 정격운전시 피상전력과 같다.)

$$P = 3 \times 3{,}815 \times 328 = 3{,}750 \text{ kW}$$

(d) 무부하상태에서 계자전류를 정격으로 했을 때 진상 무효전력이 최대이다.

$$I_a = \frac{6{,}351 - 3{,}815}{10} = 253.6 \text{ A}$$

$$Q = 3 \times 3{,}815 \times 253.6 = 2{,}900 \text{ kVAR}$$

(e) 최대부하각은 페이서도의 원점에서 전기자전류한계에 그은 접선의 각도이다.

$$\delta_{max} = \sin^{-1}\frac{X_s I_R}{V_s} = \sin^{-1}\frac{3{,}280}{3{,}815} = 59.3°$$

탈조한계와 최대토크

동기전동기가 운전 중 일시적으로 운전 한계를 벗어날 수는 있으나 그러한 경우라도 항상 탈조한계 이내에 있어야 한다. 탈조는 (1) 계자전류가 너무 작거나 (2) 부하가 너무 크거나 할 때 일어난다. 먼저 그림 11-37(a)에서 동작점이 운전한계 안에 있을 때 계자전류를 줄여나가면 동작점이 왼쪽으로 수평이동하면서 어느 지점에선가 정격전류를 넘게 되며, 계속 줄여나가면 결국 탈조한계까지 접근한다. 그림 11-38의 경우에는 정격전류 이하에서 탈조한계에 먼저 도달할 수 있다. 한편 계자전류가 일정한 상태에서 부하가 증가하면 동작점이 원의 궤적을 따라 시계방향으로 이동하면서 전기자전류한계를 지나 탈조한계에 접근하게 된다. 그림 11-37(b)에 X로 표시된 지점은 정격계자전류에서 전동기가 탈조되지 않고 운전할 수 있는 한계이고, 그 지점을 지나는 V곡선의 해당 출력이 전동기의 최대 가능출력, 그때의 토크가 최대토크이다. 그 크기는 식 (11-8)의 T_{max} 이며, 그 이상의 과부하시에는 전원을 차단하거나 임시조처로 계자전류를 정격 이상으로 키워 탈조를 막아야 한다.

그림 11-37(b)와 11-38(b)에서 무부하 V곡선의 왼쪽 끝은 계자전류가 0인 무여자상태에서 흐르는 전기자전류 V_s / X_s로서, $X_s \approx X_m$이므로 대략 전동기의 자화전류 I_m과 같다. $X_s < 1$ pu인 경우에는 이 자화전류가 정격전류보다 크고, $X_s > 1$ pu인 경우에는 정격전류보다 작다. 자화전류가 크다는 것은 공극이 크다는 것이고, 같은 수준의 공극자속을 만들어내기 위해 계자의 기자력이 그만큼 커야 함을 뜻한다. 즉 공극이 큰 만큼 회전자 자극이 강하다는 뜻이며, 이러한 전동기는 웬만해서 잘 탈조가 일어나지 않는다. 이는 식 (11-8)에서 T_{max} 가 X_s에 반비례하는 데에서도 알 수 있다. 일반적으로 돌극형 동기기가 원통형보다 공극이 크고, 정격토크 대비 최대토크가 크다. 동기전동기는 대부분 돌극형으로서, 그림 11-38보다 11-37 쪽에 더 가까운 특성을 갖는다.

예제 11-9

예제 11-8의 전동기에 정격의 70 % 부하가 가해지고 있다. (a) 정격계자전류에서 전기자전류를 구하라. (b) 전기자전류가 정격을 넘지 않게 하기 위해서는 계자전류가 최소한 정격의 몇 %가 되어야 하는가? (c) 탈조하지 않으려면 계자전류가 최소한 정격의 몇 %가 되어야 하는가? (d) 정격 계자전류에서 탈조한계토크를 구하라. 자기포화와 기계적 손실은 무시한다.

(a) 그림 11-40은 예제 11-8의 운전한계이다. 70 % 부하의 A점에서 출력이 2,100 kW이므로

$$\frac{3V_s E_a}{X_s}\sin\delta = 2{,}100 \text{ kW}$$

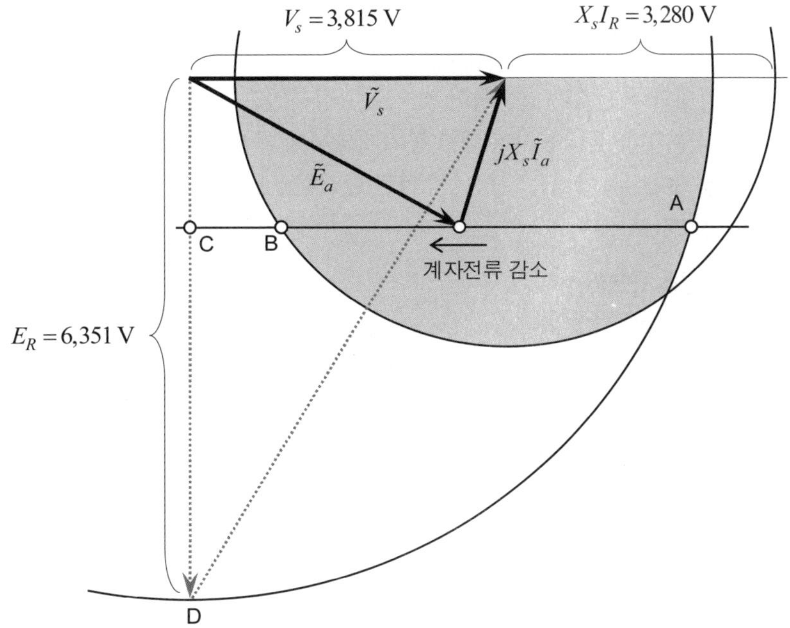

그림 11-40

$$\delta = \sin^{-1}\left(2,100\text{k} \times \frac{X_s}{3V_s E_a}\right) = \sin^{-1}\left(2,100\text{k} \times \frac{10}{3 \times 3,815 \times 6,351}\right) = 16.9°$$

$$\tilde{E}_a = 6,351\angle -16.9° = 6,077 - j1,846 \text{ V}$$

$$\tilde{I}_a = \frac{\tilde{V}_s - \tilde{E}_a}{jX_s} = \frac{3,815 - (6,077 - j1,846)}{j10} = 292.0\angle 50.8° \text{ A}$$

(b) 계자전류를 줄여나가면 A에 있던 동작점이 왼편으로 수평이동한다. 그 과정에서 전기자전류가 하락하다가 다시 상승하여 B지점에서 정격전류 $I_a = 328$ A 에 도달한다. 이때 전류의 위상각은

$$\theta = \cos^{-1}\frac{2,100\text{k}}{3V_s I_a} = \cos^{-1}\frac{2,100\text{k}}{3 \times 3,815 \times 328} = 56.0°$$

$$\tilde{I}_a = 328\angle -56.0° = 183.4 - j271.9 \text{ A}$$

$$\tilde{E}_a = \tilde{V}_s - jX_s\tilde{I}_a = 3,815 - j10(183.4 - j271.9) = 2,137\angle -59.1° \text{ V}$$

따라서 계자전류가 정격의 2,137 / 6,351 = 33.6 % 이상이어야 한다.

(c) C점이 탈조한계지점이다. 이 지점에서 $\delta = 90°$ 이므로

$$\frac{3V_s E_a}{X_s} = 2,100 \text{ kW}$$

$$E_a = \frac{X_s}{3V_s} \times 2,100\text{k} = \frac{10}{3 \times 3,815} \times 2,100\text{k} = 1,835 \text{ V}$$

따라서 계자전류가 정격의 1,835 / 6,351 = 28.9 % 이상이어야 한다.

(d) $$T_{max} = \frac{3V_s E_R}{\omega_s X_s} = \frac{3 \times 3,815 \times 6,351}{200 \times 2\pi / 60 \times 10} = 347 \text{ kN-m}$$

(페이서삼각형이 점선과 같이 되는 D점이 정격 계자전류일 때의 탈조한계지점을 나타낸다.)

11-7 돌극형 동기기

이상에서는 동기기의 회전자가 원통형인 것으로 가정하였으나 실제 동기전동기는 대부분 저속의 다극기로서, 돌극형이다. 돌극형이라 해서 동기기로서의 기본 특성이 달라지는 것은 아니지만 4-5절에서 설명하였듯이 원통형에는 나타나지 않는 릴럭턴스토크 성분이 작용한다. 그 차이가 어떻게 표현되는지 알아보기로 한다.

*q*축리액턴스와 *d*축리액턴스

그림 11-41은 돌극형 2극 동기기를 나타내고 있다. 여기서 회전자 철심이 돌출한 방향, 즉 회전자 자속이 가리키는 방향을 d축(direct axis, 직축), 그에 직교하는 방향을 q축(quadrature axis, 횡축)이라 부른다. d축 방향으로는 공극이 작지만 q축 방향으로는 공극이 크다. 따라서 그림에서와 같이 고정자에 흐르는 전류에 의해 d축과 q축 방향으로 동시에 같은 기자력이 작용한다고 할 때, 원통형 회전자였다면 자속이 흐린 벡터로 나타낸 합성기자력의 방향을 향하겠지만 돌극형에서는 q축 방향 자속이 억제되어 합성자속이 d축 쪽으로 치우치게 된다. 즉 전기자전류 기자력의 방향과 그 결과로 나타나는 고정자자속의 방향이 일치하지 않는다. 이처럼 돌극형에서는 기자력이 작용하는 방향에 따라 자속이 달라지므로 d축 방향으로 작용하는 기자력과 q축 방향으로 작용하는 기자력 성분을 분리해서 취급할 필요가 있다. 따라서 전기자전류에서 이들 두 기자력 성분을 만들어내는 전류를 각각 d축 전류, q축 전류라 하고 $\tilde{I}_d$, $\tilde{I}_q$ 로 나타낸다. 즉

$$\tilde{I}_a = \tilde{I}_d + \tilde{I}_q \tag{11-9}$$

$\tilde{I}_d$ 는 d축 방향의 고정자자속을 만들어내고 $\tilde{I}_q$ 는 $\tilde{I}_d$ 보다 90° 앞선 위상으로 q축 방향의 고정자자속을 만들어낸다. 여기서 q축 방향의 자기저항이 크기 때문에 전류가 자속을 만들어내는 능률을 나타내는 인덕턴스가 d축 방향에 비해 작다. 따라서 원통형에서 X_s 로 썼던 리액턴스를 X_d, X_q 라 구분하여 쓰고 이들 사이의 비율 X_d / X_q를 돌극비라 한다. 이 값이 1에서 크게 벗어날수록 현저한 돌극기의 특성을 보이게 된다. 일반 돌극형 동기기에서 $X_d : X_q \approx 1 : (0.5 \sim 0.8)$ 정도이다.

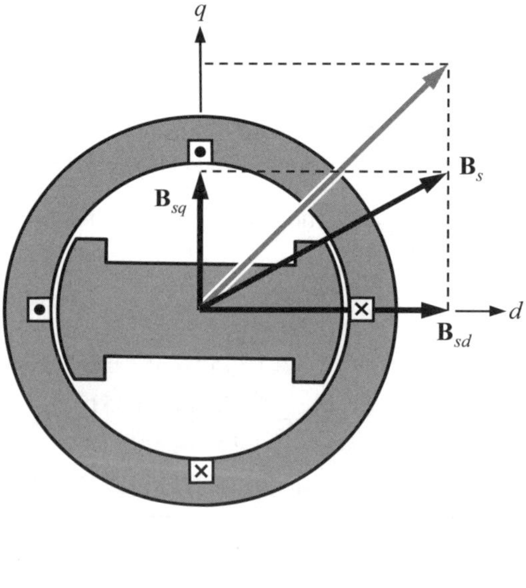

그림 11-41
같은 크기의 고정자 전류의 기자력이 *d*축 방향과 *q*축 방향으로 작용할 때 각 방향으로 만들어지는 자속과 합성자속

돌극형 동기전동기의 페이서도

원통형에서 전기자전류 $\tilde{I}_a$ 에 의해 만들어진 자속이 전기자에 유기하는 기전력을 $jX_s\tilde{I}_a$ 로 표현하였듯이 돌극형에서 $\tilde{I}_d$ 와 $\tilde{I}_q$ 가 유기하는 기전력이 각각 $jX_d\tilde{I}_d$, $jX_q\tilde{I}_q$ 로 표현된다. 따라서 돌극형 동기기에서는 전압평형식(11-2)를 다음과 같이 고쳐 써야 한다.

$$\tilde{V}_s = \tilde{E}_a + R_a\tilde{I}_a + jX_d\tilde{I}_d + jX_q\tilde{I}_q \tag{11-10}$$

위 식에 대응하는 페이서도를 그리기 위해서는 전기자전류에서 $\tilde{I}_d$ 와 $\tilde{I}_q$ 성분을 구분해내야 하는데, $\tilde{I}_d$ 는 회전자자속과 같은 방향의 자속을 만들어내므로 $\tilde{I}_d$ 에 의한 유기기전력 $jX_d\tilde{I}_d$ 가 회전자자속에 의해 유기된 $\tilde{E}_a$ 와 같은 위상이 된다. 따라서 $\tilde{I}_d$ 는 $\tilde{E}_a$ 에 90° 뒤진 위상을 갖는다. $\tilde{I}_q$ 는 $\tilde{I}_d$ 에 90° 앞서므로 $\tilde{E}_a$ 와 동상이 된다. 이러한 위상관계를 고려하여 동기전동기의 페이서도를 그리면 그림 11-42와 같다.

만일 $\tilde{E}_a$ 의 위상을 알고 있고 $\tilde{E}_a$ 와 $\tilde{I}_a$ 사이의 위상차를 알고 있다면 $\tilde{I}_d$, $\tilde{I}_q$ 를 쉽게 결정할 수 있다. 그러나 실제 상황에서는 $\tilde{E}_a$ 가 주어지는 것이 아니라 외부에서 측정 가능한 $\tilde{V}_s$ 와 $\tilde{I}_a$ 가 주어지고 이로부터 $\tilde{E}_a$ 를 알아내야 하기 때문에 문제가 다소 복잡해진다. 원통형이었다면 $\tilde{I}_a$ 만 알고 있으면 전원전압에서 동기임피던스의 전압강하를 빼 $\tilde{E}_a$ 를 바로 구할 수 있으나, 돌극형의 경우 $\tilde{E}_a$ 의 위상을 모르면 $\tilde{I}_a$ 안에서 $\tilde{I}_d$ 와 $\tilde{I}_q$ 성분이 각각 얼마인지 알 수 없기 때문이다.

$\tilde{V}_s$ 와 $\tilde{I}_a$ 의 크기 및 위상차 θ 가 주어졌을 때 이들로부터 $\tilde{E}_a$ 의 크기와 위상각 δ 를 구하는 방법은 다음과 같다. 단순화를 위해 전기자저항의 전압강하를 무시하면 그림 11-42에서 삼각형 OAB가 직각삼각형이라는 점을 이용하여 부하각을 결정할 수 있다.(R_a 를 고려한 일반적 표현은 더 상세한 문헌을 참고하라.) $\tilde{V}_s$ 를 $\tilde{E}_a$ 에 동상인 성분(OB)과 직교하는 성분(AB)으로 나누어 쓰면

$$V_s \cos\delta = E_a + X_d I_d \tag{11-11}$$

$$V_s \sin\delta = X_q I_q \tag{11-12}$$

그림에서 $I_q = I_a \cos(\theta - \delta)$ 이므로 이를 식(11-12)에 대입하면

$$\begin{aligned} V_s \sin\delta &= X_q I_a \cos(\theta - \delta) \\ &= X_q I_a \cos\theta \cos\delta + X_q I_a \sin\theta \sin\delta \end{aligned}$$

양변을 $\cos\delta$ 로 나누어 정리하면 아래와 같이 $\tilde{E}_a$ 의 위상각(부하각)이 결정된다.

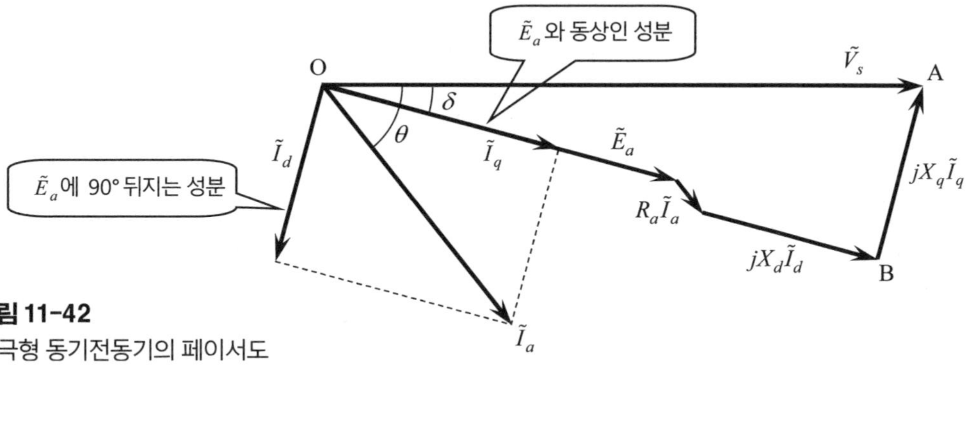

그림 11-42
돌극형 동기전동기의 페이서도

$$\tan\delta = \frac{X_q I_a \cos\theta}{V_s - X_q I_a \sin\theta} \tag{11-13}$$

$\tilde{E}_a$의 위상이 결정되었으므로 $\tilde{I}_a$를 $\tilde{I}_d$ 와 $\tilde{I}_q$ 성분으로 나눌 수 있다. 식 (11-13)에서 구한 δ를 식 (11-12)에 대입하면 $\tilde{I}_q$가 구해지고, 그에 직교하는 $\tilde{I}_d$ 도 결정된다. 그리고 $\tilde{E}_a$의 크기는 식 (11-11)로부터 계산된다. 이상의 관계는 전류가 지상일 경우에 대한 것으로, 진상일 때는 적절히 부호가 바뀌어야 한다. 진상일 때의 표현식은 연습문제로 남겨 두도록 한다.

전력과 토크

그림 11-42에서 $\tilde{I}_q$ 와 $\tilde{V}_s$ 사이의 각도가 δ이고 $\tilde{I}_d$ 와 $\tilde{V}_s$ 사이의 각도는 $90° + \delta$이다. 따라서 이들 두 성분의 전류가 흐를 때 전원으로부터 유입되는 전력이 다음과 같이 표현된다.

$$\begin{aligned} P &= 3V_s I_d \cos(90° + \delta) + 3V_s I_q \cos\delta \\ &= -3V_s I_d \sin\delta + 3V_s I_q \cos\delta \end{aligned} \tag{11-14}$$

여기서 d축 및 q축 전류는 식(11-11)과 (11-12)로부터 다음과 같이 쓸 수 있다.

$$I_d = \frac{V_s \cos\delta - E_a}{X_d} \tag{11-15}$$

$$I_q = \frac{V_s \sin\delta}{X_q} \tag{11-16}$$

위 두 식을 식 (11-14)에 대입하면 전력이 다음과 같이 전원전압과 유기기전력, 그리고 부하각의 함수로 표현되며, 전기자손실을 무시했을 때 이는 곧 기계적 변환동력을 나타낸다.

$$P = 3\frac{V_s E_a}{X_d}\sin\delta + \frac{3}{2}\left(\frac{1}{X_q} - \frac{1}{X_d}\right)V_s^2 \sin 2\delta \tag{11-17}$$

이를 동기속도로 나누면 토크가 구해진다.

$$T_e = 3\frac{V_s E_a}{\omega_s X_d}\sin\delta + \frac{3}{2\omega_s}\left(\frac{1}{X_q} - \frac{1}{X_d}\right)V_s^2 \sin 2\delta \tag{11-18}$$

위 두 식을 식 (11-6), (11-7)과 비교해 보면 뒤편에 $\sin 2\delta$ 항이 추가된 것을 알 수 있다. $X_d = X_q$인 원통형에서는 $\sin 2\delta$ 항이 0이 되므로 이는 $X_d \neq X_q$ 인 돌극기에서만 나타난다. 즉 식 (11-18)의 첫 항은 계자자속과 공극자속 사이에 작용하는 기자력토크를, 두번째 항은 돌출한 회전자의 모양에서 비롯된 릴럭턴스토크를 나타낸다.

릴럭턴스토크는 회전자의 돌출부가 공극자속의 N극이나 S극 어느 쪽이건 가까운 쪽으로 당겨짐에 의해 발생한다. 그림 11-43에 보인 것처럼 회전자가 공극자속에 나란한 $\delta = 0°$일 때는 릴럭턴스토크가 나타나지 않지만 이 상태에서 벗어나면 원 상태로 돌려 놓으려는 토크가 작용한다. 시계방향으로 틀어져 있으면($0° < \delta < 90°$) 반시계방향(회전방향)으로, 반시계방향으로 틀어져 있으면 ($-90° < \delta < 0°$) 시계방향(회전 반대방향)으로 작용하며, 45°에서 가장 크고 90°가 되면 양쪽에서 잡아당기는 힘이 같아져 다시 0이 된다. 즉 릴럭턴스토크는 $-90° \sim +90°$ 범위에서 양과 음의 한 주기를 다 가지므로 $\sin 2\delta$ 에 비례하는 것을 알 수 있다. 릴럭턴스 성분이 중첩된 토크와 부하각 사이

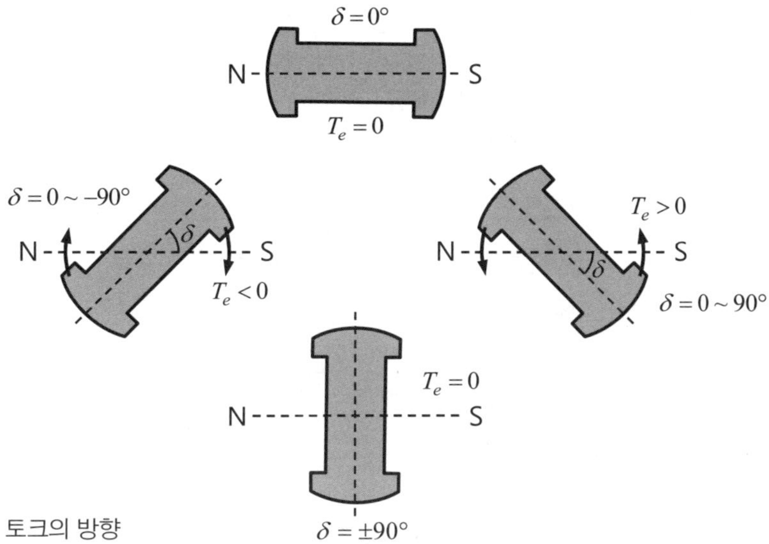

그림 11-43
부하각에 따른 릴럭턴스 토크의 방향

의 관계는 그림 11-44와 같다. 릴럭턴스토크가 더해짐으로 해서 항복토크가 다소 증가하고 항복토크가 나타나는 부하각이 90°보다 작아진 것을 볼 수 있다.

일반 동기전동기에서 릴럭턴스토크는 정격 계자전류에서 기자력토크의 1/4 정도인데, 통상적 운전상태에서는 정확한 계산이 필요한 경우가 아니라면 원통형으로 간주해도 큰 지장이 없다. 단 계자전류를 현저히 줄였을 때는 릴럭턴스토크의 비중이 커지므로 릴럭턴스토크를 무시했을 때 상당한 오차가 나타날 수 있다. 계자전류를 0으로 하면 릴럭턴스토크만 남게 되는데, 부하토크가 매우 작은 경우 이 릴럭턴스토크만으로도 회전이 가능할 수 있다. 애초부터 릴럭턴스토크만으로 회전하도록 만들어진 전동기도 있으며, 이를 릴럭턴스전동기라 한다. 이에 관해서는 14장에서 다루기로 한다.

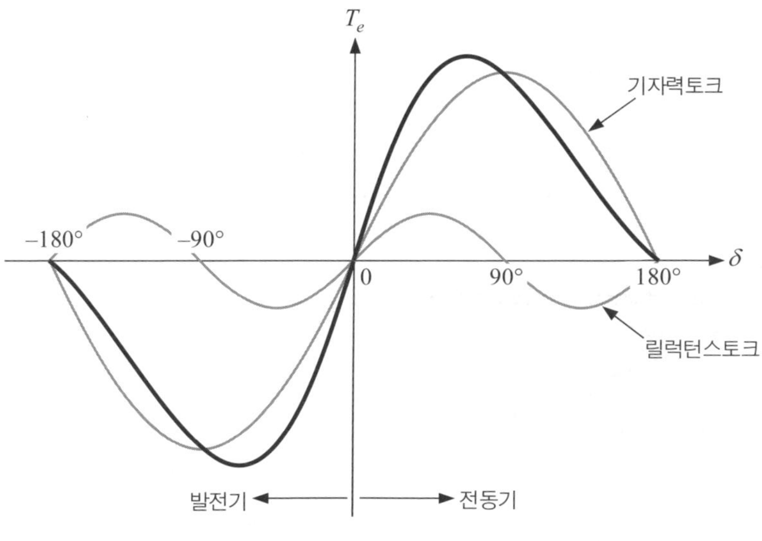

그림 11-44 릴럭턴스토크가 중첩된 돌극형 동기기의 부하각에 대한 토크 특성

예제 11-10

3,300 V, 1.5 MW, Y결선된 동기전동기의 상당 동기리액턴스가 $X_d = 4\ \Omega$, $X_q = 3\ \Omega$ 이다. 모든 손실을 무시하고 (a) 전동기가 역률 1로 정격부하를 구동하고 있을 때 내부 유기기전력을 구하고 이때의 페이서도를 그려라. (b) 같은 계자전류에서 전동기가 출력할 수 있는 최대 동력은 얼마인가?

(a)
$$\tilde{V}_s = 3{,}300 / \sqrt{3}\angle 0° = 1{,}905\angle 0°\ \text{V}$$
$$I_a = \frac{S}{\sqrt{3}V\cos\theta} = \frac{1{,}500\text{k}}{\sqrt{3}\times 3.3\text{k}\times 1} = 262\ \text{A}$$

식(11-13)에서
$$\tan\delta = \frac{X_q I_a \cos\theta}{V_s - X_q I_a \sin\theta} = \frac{3\times 262}{1{,}905 - 3\times 262\times 0} = 0.413$$
$$\delta = \tan^{-1} 0.413 = 22.5°$$
$$I_d = I_a \sin(\theta-\delta) = 262\times\sin(0-22.5°) = -100\ \text{A}$$
$$I_q = I_a \cos(\theta-\delta) = 262\times\cos(0-22.5°) = 243\ \text{A}$$

식(11-11)에서
$$E_a = V_s\cos\delta - X_d I_d = 1{,}905\times\cos 22.5° - 4\times(-100) = 2{,}161\ \text{V}$$

이로부터 페이서도를 그리면 그림 11-45와 같다.

(b) 식(1-17)에 해당 수치들을 대입하면 전동기 출력이 아래와 같이 표현된다.
$$P = 3\times\frac{1{,}905\times 2{,}161}{4}\times\sin\delta + \frac{3}{2}\times\left(\frac{1}{3}-\frac{1}{4}\right)\times 2{,}161^2\times\sin 2\delta\ \ \text{W}$$
$$= 3{,}089\sin\delta + 453.6\sin 2\delta\ \ \text{kW}$$

이 값이 최대가 되는 부하각을 구하여 최대 동력을 계산한다.
$$\frac{d}{d\delta}P = 1{,}814\cos^2\delta + 3{,}089\cos\delta - 907.2$$

이므로 $dP/d\delta = 0$ 인 $\cos\delta$ 를 구하면
$$\cos\delta = 0.2555$$
$$\delta = \cos^{-1} 0.255 = 75.2°$$
$$P_{max} = 3{,}089\sin 75.2° + 453.8\sin(2\times 75.2°) = 3{,}210\ \text{kW}$$

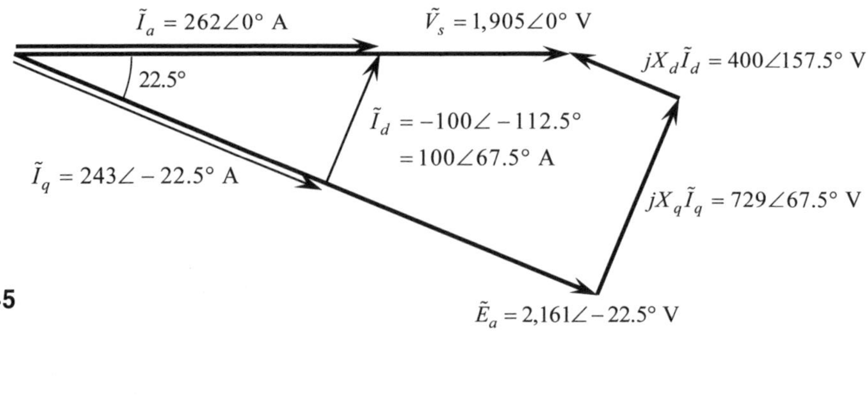

그림 11-45

11-8 기동 및 제동

순수한 동기전동기는 스스로 기동할 수 없다는 중대한 문제를 지니고 있다. 정지 상태의 동기전동기에 전원을 가하면 고정자에서 만들어진 회전자계가 회전자 주위를 동기속도로 회전한다. 이때 토크는 어느 한쪽으로 작용했다가 회전자가 관성 때문에 미처 따라가지 못하고 있는 사이 회전자계가 반 바퀴 돌아 N, S극의 위치가 뒤바뀌면 반대 방향으로 작용한다. 다시 또 반주기 후에는 처음 방향으로 토크가 작용한다. 결과적으로 회전자는 기동을 하지 못하고 제자리에서 진동하게 될 뿐이다. 이는 운전 중 탈조된 상태나 마찬가지로, 그대로 둔다면 전동기는 이내 과열 내지 소손되어 버린다. 전동기의 성능이 아무리 좋아도 애초에 기동이 되지 못하면 아무 소용이 없으므로 기동의 문제는 동기전동기의 실제 적용에서 매우 중요한 측면이다.

저주파수 기동

동기전동기가 기동하지 못하는 것은 회전자계가 너무 빨리 돌기 때문이다. 따라서 회전자가 따라갈 수 있을 만큼 자계를 아주 천천히 회전시키면서 차츰 속도를 높여간다면 무리 없이 기동이 이루어질 수 있다. 이렇게 기동하기 위해서는 수분의 일 Hz 정도의 매우 낮은 주파수에서 출발하여 정상 운전 주파수까지 연속적으로 올려줄 수 있는 가변주파수 전원이 필요하다. 여기에는 10장 유도전동기 속도제어에서 설명했던 인버터가 사용되거나 인버터로 감당할 수 없는 대용량에서는 싸이클로컨버터(cycloconverter)라 불리는 주파수변환장치가 사용된다. 주파수변환장치들은 고가이기 때문에 저주파수 기동은 비용이 많이 드는 방법이지만 애초에 주파수변환장치로 속도제어를 하는 경우라면 부수적 효과로 따라오는 것이라 할 수 있다. 평상시 속도제어가 필요 없는 경우라도 용도에 따라서는 저주파수 기동방식을 채용하기도 한다. 예컨대 근래 건설되는 양수발전소에서 동기발전기를 전동기(펌프)모드로 기동할 때 대부분 이러한 저주파수 기동방식을 사용하고 있다.

기동용 보조전동기에 의한 기동

대용량 동기전동기 기동에는 주로 기동용 보조전동기(pony motor)가 사용된다. 먼저 동기전동기의 전기자와 계자를 모두 개방한 다음 부하가 가해지지 않은 상태로 보조전동기로 동기속도 부근까지 가속한다. 동기속도 부근에 이르면 계자에 전원을 접속하여 고정자 권선에 유기되는 기전력에 의해 전기자 단자에 나타나는 전압이 전원전압과 같아지도록 계자전류를 조정한 다음 전압 위상이 전원과 같아지는 시점에 전원을 투입한다.(이 과정은 12장에서 설명하는 동기발전기의 계통투입 절차와 유사하다.) 전원 투입 후 보조전동기를 분리시키면 동기기는 무부하상태의 전동기로 동작하며, 이 상태에서 기계적 부하를 인가한다.

보조전동기는 부하가 연결되지 않은 상태에서 기계적 손실 및 회전관성만 이겨내고 가속하면 되므로 동기기의 용량보다 훨씬 작다. 주로 유도전동기가 사용되며, 슬립 때문에 속도가 동기속도보다 조금 떨어지게 될 것을 감안하여 지극수를 주기기보다 작게(예컨대 16극 동기기에 14극 유도전동기) 한다. 여자용 전용발전기(여자기)를 지닌 전동기들 중에는 여자용 발전기를 기동용 전동기로 사용하는 경우도 있다. 20 MVA이상의 초대형 동기전동기들은 아래에서 설명하는 자체기동을 전원이 감당할 수 없는 경우가 많기 때문에 이러한 보조전동기 기동방식이 사용된다. 양수발전소의 전동발전기를 권선형 유도전동기로 기동하는 것도 여기에 해당한다.

그림 11-46 자체 기동권선을 지닌 동기전동기의 회전자

제동권선에 의한 기동

동기전동기 기동에 가장 흔한 방법은 제동권선에 의한 기동이다. 주파수제어를 하지 않으면서 보조전동기를 써야 할 만큼 용량이 크지 않은, 대부분의 동기전동기가 여기 해당된다. 11-2절에서 설명한 제동권선은 유도기의 농형 회전자가 동기기의 회전자에 덧씌워진 것과 같으므로 전원을 인가하면 유도전동기와 마찬가지로 기동토크를 유기한다. 그러나 용량이 부족한 제동권선으로 기동을 시도하면 심각한 손상이 일어날 수 있다. 자체기동을 겸한 제동권선은 그림 11-46에서 보듯이 단순히 부하각의 요동을 억제하기 위한 제동권선보다 훨씬 크며, 사실상 동기전동기와 유도전동기가 결합된 복합형 전동기라 할 수 있다. 전원이 기동전류를 감당하기 어려울 경우 단권변압기 기동이나 직렬 리액터 기동 등 10-6절에서 설명하였던 유도전동기의 감전압기동방식들이 적용된다.

제동권선에 의해 기동되는 동안에는 계자권선에 전류를 흘리지 않는 상태에서 무부하로 동기속도 부근까지 가속시킨다. 이 과정에서 계자권선에도 회전자계와의 속도 차이 때문에 기전력이 유기되는데, 턴수가 워낙 많기 때문에 기동 초기 슬립링 사이에 높은 전압이 나타난다. 이 전압을 제한하기 위해 슬립링 사이를 직접, 혹은 외부저항을 통해 단락시켜 둔다. (이때 계자권선의 유도전류도 기동토크에 일부 기여한다.) 동기속도 부근까지 가속되고 나면 회전자계가 회전자 주위를 상대적으로 아주 천천히 (슬립속도로) 회전하게 되는데, 적절한 시점에서 계자에 전원을 투입하면 회전자에 자극이 나타나 회전자계의 반대 극에 이끌리는 토크에 의해 가속되면서 동기속도로 고정된다. 이렇게 회전자가 동기속도로 고정되는 동작을 **동기인입**이라 한다.

동기인입이 성공적으로 이루어지려면 계자전류가 흘러 회전자에 자극이 나타나는 시점에 전방의 고정자에 반대 극성의 자극이 있어야 한다. 만일 반대 극성이 아닌 같은 극성의 자극이 있는 상태라면 회전자를 끌어당기는 것이 아니라 밀쳐내므로 회전자가 급속히 감속하면서 큰 기계적 충격이 발생한다. 동시에 회전자자속이 고정자자속을 상쇄하면서 공극자속이 순간적으로 감소하고, 그 결과 고정자코일의 기전력이 급격히 떨어져 전기자에 펄스에 가까운 큰 전류가 흐른다. (대개 이러한 경우 전원이 트립된다.) 이러한 문제를 피하기 위해 실제의 동기전동기 기동장치는 회전자에 여자하는 적절한 시점을 자동으로 검출하는 기능을 갖추고 있다.

여자전류 투입시점이 적절하다 해도 관성이 너무 커서 전방에 반대 극성의 자극이 있는 동안 회전자가 동기속도까지 미처 따라붙지 못하면 뒤이어 그 자리에 같은 극성의 자극이 오게 되므로 마찬가지 일이 일어난다. 이렇게 회전자계와의 속도차이가 극복되지 못하여 자극 사이에 미끄러짐(pole-slipping)이 일어나면 인력과 척력이 반복되는 큰 토크 맥동으로 축 계통에 기계적 손상이 일어나고, 전기자전류도 크게 요동하면서 심각한 과열로 이어진다. 따라서 동기인입에 실패하지 않으려면 관성에 제한을 두어야 한다. 속도가 충분히 올라가지 않은 상태에서 계자전류를 투입했을 때도 마찬가지 상황에 놓일 수 있다. 이처럼 동기전동기는 제동권선으로 자체 기동을 하는 경우에도 유도전동기처럼 단순히 전원만 투입하면 되는 것이 아니라 꽤 까다로운 절차와 보조설비를 필요로 한다.

속도제어

동기전동기는 유도전동기처럼 슬립 조절로 속도를 제어하는 방법은 있을 수 없으며, 속도를 제어하기 위해서는 동기속도를 바꿔주는 방법밖에 없다. 동기속도를 바꾸는 데 있어서도 유도전동기와 같은 방식으로 고정자 극수는 바꿔줄 수는 있으나 회전자 극수를 바꾸는 것이 불가능하기 때문에 극수변환도 적용할 수 없다. 따라서 주파수 변경이 동기전동기 속도제어의 유일한 방법이다. 주파수를 변경할 때는 유도전동기를 제어할 때와 마찬가지로 공극자속이 포화되지 않도록 전압도 주파수에 비례하여 변경해 주어야 한다(10-7절). 따라서 전압과 주파수를 동시에 제어할 수 있는 인버터나 싸이클로컨버터와 같은 반도체 전력변환장치를 통해 속도제어가 이루어진다.

제동

동기전동기는 회전자가 자체 자극을 가지고 있기 때문에 전원이 분리되고 난 뒤에도 회전이 계속되는 동안 고정자에 기전력이 나타난다. 여기에 외부저항을 접속하면 기전력에 의해 전류가 흐르면서 발전기 동작을 하게 된다. 발전기로 동작하는 동안 회전 반대 방향 토크가 발생하여 회전자를 감속시키며, 운동에너지가 전기적 에너지로 바뀌어 외부 저항에서 소모된다. 이때 제동효과를 크게 하기 위해 계자전류는 최대로 유지한다. 외부 저항 없이 단순히 전기자 단자들을 단락시켜 제동하기도 한다(아래의 예제 참조).

주파수변환장치로 속도제어를 하고 있을 때는 주파수를 낮춰 공극자속의 회전속도를 늦추면 공극자속에 이끌려 뒤따라가던 회전자가 공극자속에 앞서게 되면서 역방향 토크가 작용하는 발전기 동작이 이루어진다. 이 상태로 정지할 때까지 주파수를 연속적으로 낮춰가는데, 이때 너무 급하게 낮추면 전기자전류가 너무 커지거나 부하각이 –90°인 역방향 탈조 한계에 접근할 수 있으므로 주파수 하강속도를 조절하여 일정한 제동토크(일정한 부하각)가 유지되도록 한다. 이때 회수된 운동에너지를 10-9절에서 설명했던 것과 같이 전력변환장치 내부에서 소모시키거나(발전제동) 양방향 전력전달이 가능한 장치를 통해 전원으로 회수(회생제동)하게 된다.

예제 11-11

1,500 kW, 4,600 V, 600 rpm, 60 Hz 동기전동기의 상당 동기리액턴스가 16 Ω이고 전기자저항이 0.2 Ω이다. 운전 중 제동을 위해 전원을 분리하고 계자전류를 일정하게 유지한 상태로 고정자의 세 단자를 단락시켰다. 제동을 시작한 시점에 상당 내부 유기기전력은 2,400 V이다. 전동기와 부하의 관성모멘트는 275 kg-m^{2}이다. (a) 속도가 600 rpm일 때와 150 rpm으로 떨어졌을 때 전기자에서 소모되는 전력을 구하라. (b) 600 rpm과 150 rpm에서의 운동에너지를 각각 구하라. (c) 600 rpm에서 150 rpm으로 감

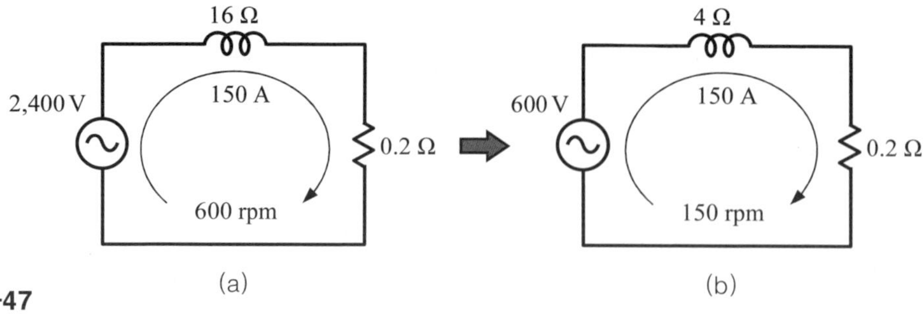

그림 11-47

속하는 데에 걸리는 시간을 구하라.

(a) 그림 11-47(a)는 600 rpm에서 고정자를 단락한 상당 등가회로이다. 동기리액턴스가 전기자저항보다 훨씬 크기 때문에 전류는 거의 리액턴스에 의해 결정된다. 즉

$$I_a = \frac{2,400}{16} = 150 \text{ A}$$

$$P = 3R_a I_a^2 = 3 \times 0.2 \times 150^2 = 13.5 \text{ kW}$$

계자전류가 일정하므로 자속이 일정하고, 유기기전력은 속도에 비례한다. 따라서 속도가 150 rpm으로 1/4로 떨어지면 유기기전력도 1/4로 떨어진 600V가 된다. 기전력의 주파수 역시 회전자 속도에 비례하므로 동기리액턴스가 1/4로 줄어 4 Ω이 된다. 그림 11-47(b)는 이 상태의 등가회로이다. 여전히 전기자저항에 비해 동기리액턴스가 훨씬 크므로 전류는 거의 전적으로 리액턴스 성분에 의해 결정되는데 기전력과 임피던스가 모두 같은 비율로 줄어들었으므로 전류는 이전과 변함이 없고, 전기자에서 소모되는 전력 역시 이전과 같은 13.5 kW이다.

(b)
$$W_{600} = \frac{1}{2}J\omega^2 = \frac{1}{2} \times 275 \times \left(600 \times \frac{2\pi}{60}\right)^2 = 542.8 \text{ kJ}$$

$$W_{150} = \frac{1}{2} \times 275 \times \left(150 \times \frac{2\pi}{60}\right)^2 = 33.9 \text{ kJ}$$

(c) 위의 결과에서 두 속도에서의 운동에너지 차이는

$$\Delta W = 542.8 - 33.9 = 508.9 \text{ kJ}$$

(a)에서 보듯이 감속 과정에서 소모되는 전력이 일정하므로 감속에 걸리는 시간은

$$\Delta t = \frac{\Delta W}{P} = \frac{508.9\text{k}}{13.5\text{k}} = 37.8 \text{ sec}$$

직류전동기나 유도전동기의 발전제동에서는 속도가 떨어질 때 유기기전력이 줄어들면서 전력 소모도 작아져 후반으로 갈수록 제동효과가 떨어진다. 그러나 동기전동기에서는 위 예제에서 보듯이 속도가 떨어지면서 기전력이 줄어들 때 주파수도 떨어지면서 리액턴스가 같은 비율로 줄어들기 때문에 전류가 일정하게 유지되고, 운동에너지가 일정한 비율로 소모된다. 따라서 거의 정지상태에 이르기까지 제동효과가 일정하게 유지된다. 또한 동기리액턴스가 상당히 크기 때문에 전기자에 외부 저항을 연결할 경우 저항값이 웬만큼 크지 않다면 전류에 거의 영향이 없다. 예컨대 위 예제에서 전기자 단자를 바로 단락시키지 않고 상당 0.2 Ω의 저항을 삽입하여 저항값을 두 배인 0.4 Ω으로 늘

린다 해도 전류에 거의 변화가 없다. 따라서 소모전력 I^2R 이 두배로 증가하여 제동시간이 절반으로 단축된다. 만일 1Ω을 삽입한다면 거의 1/6로 단축될 것이다.

직류전동기의 발전제동에서는 외부저항이 클수록 제동효과가 떨어지는 데 비해 이처럼 외부저항이 클수록 제동효과가 커지는 것은 제동과정 중 직류전동기의 전기자는 전압원으로 작용하는 반면 동기전동기는 내부의 큰 동기임피던스 때문에 외부에서 보았을 때 전류원에 가깝기 때문이다. (전압원에서는 부하저항이 작을수록 부하가 크고 전류원에서는 부하저항이 클수록 부하가 크다.) 이때 전류는 (동기리액턴스가 1 pu 전후이므로) 직접 단락시킨다 해도 정격전류와 큰 차이가 나지 않으며, 정격전류보다 크다 해도 비교적 짧은 제동기간 중에만 흐르므로 무리가 따르지 않는다. 이러한 제동특성은 동기전동기에서만 볼 수 있는 독특한 측면이다.

11-9 동기전동기의 적용분야

같은 교류 시스템에서 사용되는 전동기라는 점에서 동기전동기는 유도전동기와 경쟁관계라고 볼 수 있는데, 동기전동기의 장점은 아래 세 가지로 요약할 수 있다.

1. **속도가 일정하다.** 부하가 변하거나 전압이 변해도 항상 동기속도를 유지한다.
2. **효율이 높다.** 정격효율이 중소용량 기기라도 90 %를 넘으며 대용량에서는 95 %를 상회한다.
3. **역률을 제어할 수 있다.** 계자전류의 조절로 높은 역률로 운전이 가능하며 인근 부하의 무효전력을 보상할 수도 있다.

동기기의 효율이 높은 것은 회전자 손실(계자손실)이 작기 때문이다. 유도전동기는 동작원리상 회전자동손을 피할 수 없는 반면 동기전동기는 회전자로 전달되는 공극전력이 그대로 기계적 동력으로 변환되므로 이론적인 회전자효율이 100 %이다. 동기기의 회전자손실은 공극전력과 무관하게 회전자의 계자전류를 유지하는 데에 소모되는 전력으로, 일반적으로 정격부하에서는 동기전동기의 회전자손실이 동급의 유도전동기에 비해 현저히 작으며, 따라서 효율도 높다. 그러나 부하율이 낮을 때는 오히려 동기전동기의 효율이 유도전동기보다 떨어질 수도 있다. 그림 11-48(a)는 수천 마력(수 MW)급 동기전동기와 유도전동기의 부하율에 따른 효율 변화를 함께 보여주고 있다. 유도전동기는 부하율이 낮아짐에 따라 슬립이 줄어들면서 회전자 동손도 줄어드는 데 비해 동기전동기의 계자손실은 일정하기 때문에 그림에서 볼 수 있듯이 부하율이 어느 이하로 떨어지면 동기전동기의 효율이 유도전동기보다 오히려 낮아지게 된다. 이러한 특성은 동기전동기가 운전효율이 중요한 대용량에, 그리고 높은 부하율로 연속 운전이 이루어져야 하는 용도에 적합함을 뜻한다.

역률을 높게 유지할 수 있다는 것도 대용량에 적합한 이유가 된다. 일반적으로 단일 기기 용량이 클수록 플랜트의 역률제한 요건을 충족시키기 위해 역률을 높게 유지해야 할 필요성이 커지기 때문이다. 또한 급전변압기의 전압강하가 주로 지상전류에 의해 일어나므로 전압변동을 억제하는 측면에서도 역률을 높게 유지할 수 있는 동기전동기가 유리하다. 급전선로가 긴 고립된 지역에서 운용되는 경우 그러한 측면이 더욱 중요해진다. 당연히 동기전동기에는 별도 역률보상이 필요치 않으며, 과여자로 하면 부하를 구동하면서도 공장의 역률을 개선할 수 있기 때문에 효율이 높은 것 이상의 추가적 이점을 기대할 수 있다. 물론 이 역시 대용량일수록 큰 효과를 볼 수 있다. 단, 효율 측면에서는 1.0 역률의 동기기가 더 바람직하다. 그림 11-48(b)에서 보듯이 0.8(진상) 역률 동기전동기는 상대적

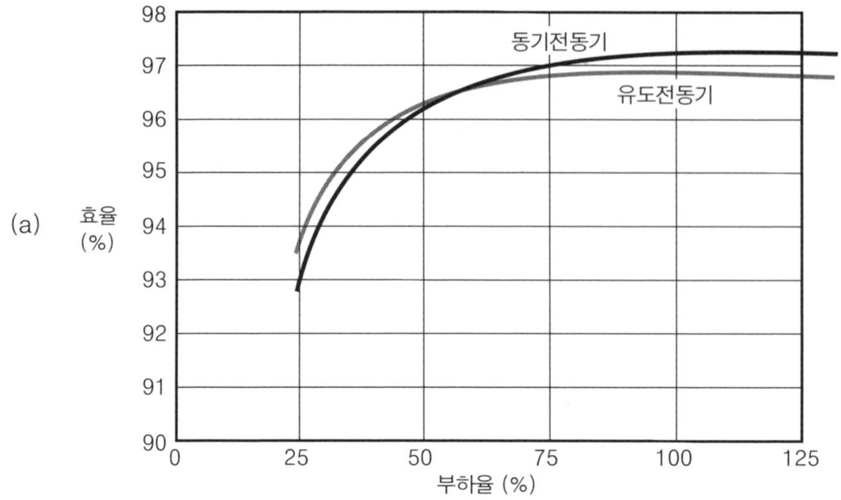

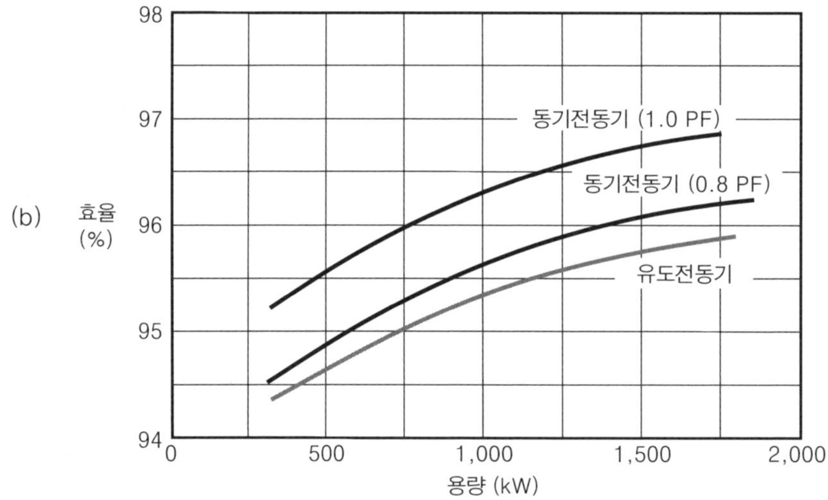

그림 11-48 동기전동기와 유도전동기의 효율특성

으로 효율이 낮아서 유도전동기와 큰 차이가 나지 않기 때문이다. 또 같은 정격에서 0.8 역률 동기기에 비해 1.0 역률 동기기는 고정자동손이 작아서 크기도 더 작다. 따라서 동기전동기를 역률개선 용도에 적용하고자 하는 경우에는 효율과 설비비 측면에서 어느 정도 희생을 감수해야 한다.

한편 농형권선으로 자체기동을 하는 동기전동기의 경우, 기동토크를 유도전동기보다 훨씬 크게 만들 수 있다. 기동이 이루어진 후에는 농형권선에 전류가 흐르지 않기 때문에 유도전동기에서처럼 운전효율이나 속도변동을 고려할 필요 없이 농형권선 저항을 충분히 키워 NEMA D형에 가까운 특성을 갖도록 해줄 수 있기 때문이다. 그림 11-49는 그러한 자체기동형 대용량 동기전동기의 속도-토크특성의 한 예로서, 같은 용량의 농형유도전동기에 비해 기동토크가 훨씬 큰 것을 볼 수 있다. 단, 농형권선 저항이 크면 동기속도 부근에서 슬립이 커서 동기인입에는 불리하다(예를 들어 회전관성의 제약이 더 크다). 따라서 부하의 용도와 특성에 따라 기동특성은 다양하게 만들어진다. 일반적으로

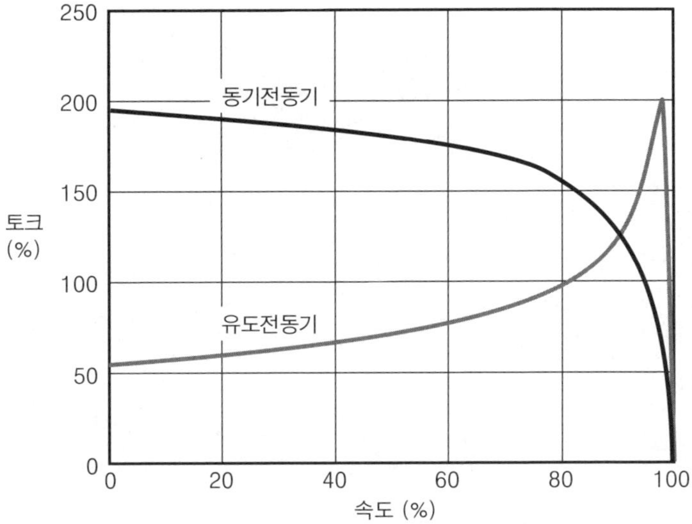

그림 11-49 자체기동형 동기전동기와 유도전동기의 속도-토크특성

유도전동기의 정격토크 대비 기동토크가 대용량일수록 낮아지는 점을 감안하면 동기전동기 기동특성의 설계상 자유도가 높다는 점은 대용량에서 유리한 점으로 부각된다. 예컨대 철광산과 시멘트 공장의 대형 볼밀(쇠구슬이 들어있는 통 안에 광석 등 재료를 넣고 돌려주어 분쇄하는 기계)과 컴프레서같은 장치들은 큰 기동토크(정격토크의 150-200 %)를 필요로 하며, 급전선로가 긴 고립된 지역에 설치되는 경우가 많기 때문에 기동시 전압강하를 제한하기 위해 기동전류가 가급적 작아야 할 필요가 있다. 따라서 유도전동기보다 적절하게 설계된 자체기동형 동기전동기가 적합할 수 있다.

이상의 이점에도 불구하고 동기전동기는 구조가 복잡하고, 크고 무거우며 유지관리의 부담 때문에 일반 용도의 범용 전동기로는 사용되지 않는다. 또 가격 때문에 대략 50마력 이하에는 적절치 않다. 한편 유도전동기는 고속(600 rpm 이상)에서는 우수한 특성을 가지고 있으나 극수가 많은 저속기는 무겁고 비싸며, 역률과 효율이 낮다. 즉 저속에서는 유도전동기가 갖는 이점이 상대적으로 줄어들면서 특성상의 약점은 더 커진다. 이에 비해 동기전동기는 극수에 무관하게 효율이 높고, 역률을 항상 높게 유지할 수 있기 때문에 저속구동 용도에 적합하다. 제작이 더 복잡하긴 하지만 저속, 특히 300 rpm 이하에서는 무게와 가격이 같은 용량의 유도전동기보다 오히려 낮아질 수도 있다.

요컨대 동기전동기는 대용량에서, 그리고 저속 기기에서 유리하다. 이러한 점에서 동기전동기와 유도전동기는 사실 경쟁관계라기보다는 상호보완적인 관계라 할 수 있다. 요약하면,

1. 수백 rpm 이하에는 동기전동기가, 1,800 rpm 이상에는 유도전동기가 적합하다.
2. 1,000 rpm 내외 중간속도에서는 50~100마력까지는 유도전동기가, 1,000 마력 이상 대용량에는 동기전동기가 사용된다. 수백 마력 범위에서는 용도와 사용 환경에 따라 유도전동기가 사용되기도 하고 동기전동기가 사용되기도 한다.

동기전동기의 주된 용도는 전동기-발전기 세트, 공기압축기, 원심펌프, 송풍기, 분쇄기 및 연속형 압연기 등 정속도 연속운전, 그리고 대형 펌프나 압연기, 선박 추진, 시멘트 혼합기나 펄프 분쇄기 등 수 MW급 대용량 부하의 구동 등이다. 특히 수십 rpm의 초저속 구동에 수십 극 동기전동기를 적용

그림 11-50 무기어 직접구동방식의 볼밀용 동기전동기(28 MW)를 설치하는 모습

하면 감속기어를 생략한 직접구동(direct drive)이 가능해진다. 그림 11-50은 대형 볼밀의 몸통 바깥에 계자 철심과 자극을 장착하고 그 주위를 고정자가 에워싸고 있는 형태로 만들어진 동기전동기를 보여주고 있다. 낮은 주파수의 대용량 전력변환장치에 의해 구동되는 이러한 저속 직접구동방식은 동력전달계통의 단순화로 신뢰성이 높고 효율도 높아서 대형 분쇄기, 회전가마, 볼밀, 가변속 압연기 등에 적용되고 있다.

연습문제

11-1. 60 Hz 380 V 동기전동기의 상당 동기리액턴스가 1 Ω이다. 이 전동기가 40 kW의 부하를 구동하고 있다. 전동기가 진상역률 0.8로 동작할 때, 역률 1로 동작할 때의 유기기전력을 각각 구하고 페이서도를 그려라. 전기자저항과 모든 손실은 무시한다.

11-2. 문제 11-1에서 계자전류를 조정하여 유기기전력을 290 V로 하였을 때 전동기의 역률과 전원으로 전달하는 무효전력을 구하라.

11-3. 문제 11-1의 전동기의 정격전류가 150 A이고 정격역률이 진상 0.8, 정격속도가 1,200 rpm이라면

(a) 정격 계자전류에서 내부 유기기전력은 얼마인가?

(b) 입력전류로부터 전기기계적 변환동력을 구하라.

(c) 식(11-6)으로부터 전기기계적 변환동력을 구하라.

(d) 정격운전상태에서 유기토크와 최대 항복토크를 구하라.

11-4. 100마력 3상 60 Hz 460 V 4극 원통형 동기전동기가 정격상태에서 진상 0.8 역률로 운전되고 있다. 계자와 고정자 손실을 제외한 효율이 96 %, 동기리액턴스가 상당 2.72 Ω이다. 유기토크와 전기자전류, 내부유기기전력 및 부하각을 구하라. 그리고 이 전동기로 구동 가능한 최대부하는 얼마인가?

11-5. 15마력 400 V, 60 Hz 4극 Y결선 동기전동기의 전부하효율이 90 %, 전부하역률은 진상 0.8이다. 상당

동기리액턴스는 3 Ω이고 전기자저항은 0.2 Ω이다.

(a) 전부하에서 내부 유기기전력과 부하각을 구하라.

(b) 전부하에서 입력전류의 최소치와 이때의 유기기전력을 구하라. 전기자저항은 무시한다.

11-6. 문제 11-5의 전동기에서 전기자저항을 무시하고

(a) 내부 유기기전력 280 V, 전기자전류 25 A일 때 전기기계적 변환동력과 역률을 구하라.

(b) 내부 유기기전력 220 V, 전기자전류 25 A일 때 전기기계적 변환동력과 역률을 구하라.

11-7. 문제 11-5의 전동기에서 전기자저항을 고려에 넣고

(a) 내부 유기기전력 280 V, 전기자전류 25 A일 때 전기기계적 변환동력과 역률을 구하라.

(b) 내부 유기기전력 220 V, 전기자전류 25 A일 때 전기기계적 변환동력과 역률을 구하라.

11-8. 2,300 V, 60 Hz, 6극 Y결선 동기전동기의 상당 동기임피던스가 $j2\ \Omega$이다. 전동기가 과여자 상태에서 부하각 21°로 동작하고 있을 때 전동기 입력전류가 350 A이다. 전동기의 역률과 유기기전력, 전기기계적 변환동력을 구하라.

11-9. 문제 11-8을 동기전동기의 상당 동기임피던스가 $0.1 + j2\ \Omega$인 것으로 하고 반복하라.

11-10. 전기자저항의 영향을 포함시켰을 때 원통형 동기전동기에서 전기기계적 변환동력이 아래와 같이 표현된다. 여기서 α는 동기임피던스의 임피던스각을 나타낸다.

$$P_{em} = \frac{3V_s E_a}{Z_s}\cos(\alpha - \delta) - \frac{3E_a^{\ 2}}{Z_s^{\ 2}} R_a$$

(a) 위의 표현식을 유도하라.

(b) 위의 표현식을 문제 11-9에 적용하여 전기기계적 변환동력을 구하라.

11-11. 15마력, 400 V, 60 Hz 4극 동기전동기의 전부하효율이 90 %이고 상당 동기리액턴스는 3 Ω, 전기자저항은 0.15 Ω이다. 전동기가 전부하로 진상 0.8 역률로 동작하고 있다. 계자전류와 상당 내부 유기기전력 사이의 관계는 그림 11-51과 같다. 부하각과 계자전류를 구하라. 역률 1로 동작하게 하려면 계자전

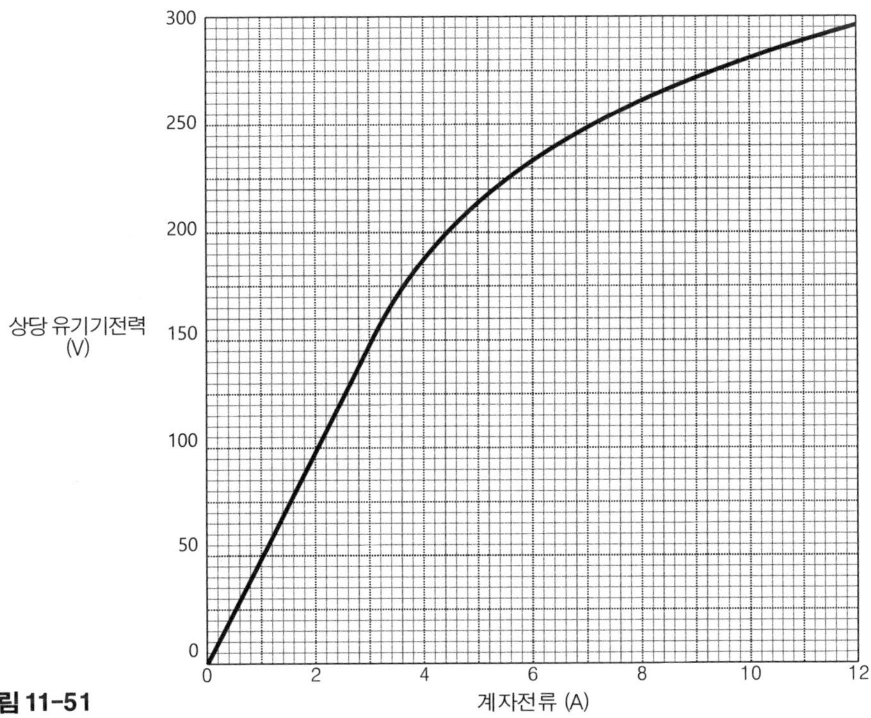

그림 11-51

류를 얼마로 조정해야 하는가? 전기자저항은 무시한다.

11-12. 문제 11-11의 전동기에서 계자전류가 10 A일 때 전동기 입력전류가 25 A라면 유기토크와 역률을 구하라. 전기자저항은 무시한다.

11-13. 4,000마력 13,200 V 60 Hz, 2극 Y결선 원통형 동기전동기가 0.84 진상 역률로 정격운전상태에 있다. 계자손실과 전기자저항손실을 무시했을 때 효율이 96.5 %이다. 상당 동기리액턴스는 49.33 Ω 이다. 페이서도를 그리고 정격토크, 전기자전류, 유기기전력, 부하각, 항복토크를 구하라.

11-14. 6극 50마력 440 V 60 Hz 동기전동기의 전기자저항이 0.1 Ω이고 동기리액턴스가 2.4 Ω이다. 전동기의 부하각이 20°라 할 때

(a) 내부유기기전력이 240 V라면 전기자전류 및 역률, 전기기계적 변환동력은 얼마인가?

(b) 내부유기기전력이 290 V라면 전기자전류 및 역률, 전기기계적 변환동력은 얼마인가?

11-15. 20극 200마력 660 V 60 Hz Y결선 3상 동기전동기가 무부하상태로 운전되고 있다. 유기기전력이 전기자에 인가되는 상전압과 같은 크기로 조정된 상태에서 회전자가 공극자속에 기계각으로 0.5° 뒤쳐져 있다. 동기리액턴스는 10 Ω이고 전기자저항은 1 Ω이다. 부하각, 전기자전류, 상당 전력 및 전체 입력전력, 전기자 동손과 회전손실을 구하라.

11-16. 3상 1,200마력 2,300 V 60 Hz 동기전동기의 동기임피던스가 $0.2 + j5.6$ Ω 이다. 무부하상태에서 계자전류를 조정하여 전기자전류를 최소로 했을 때 전류가 22.1 A, 입력전력이 18.1 kW로 측정되었다. 이때 계자전압은 276 V, 계자전류는 53.2 A였다.

(a) 전동기의 회전손실(철손 및 기계손)을 구하라.

(b) 계자전류를 그대로 유지하고 600마력의 부하를 가했을 때 입력전류, 역률, 효율을 구하라.

11-17. 6,600 V, 3상 돌극형 동기전동기의 d축과 q축 동기리액턴스가 각각 10 Ω, 5 Ω이다. 계자전류가 0이 되었을 때 전동기에 가할 수 있는 최대 부하는 얼마인가? 이때의 d축과 q축 전기자전류 및 전체 전기자전류를 구하라. 전기자저항은 무시한다.

11-18. 200마력 60 Hz 2,300 V, 900 rpm 돌극형 동기전동기의 d축 동기리액턴스와 q축 동기리액턴스가 각각 36.66 Ω, 23.33 Ω이다. 손실을 무시했을 때

(a) 내부유기기전력이 인가전압의 2배로 조정되어 있고 부하각이 18°일 때 기자력토크와 릴럭턴스토크, 그리고 전체토크를 구하라.

(b) 부하가 증가하여 릴럭턴스토크가 최대가 되었을 때 릴럭턴스토크와 전체 토크를 구하라. 이들은 각각 정격토크의 몇 %인가?

(c) 정격토크가 출력될 때 부하각은 얼마인가? 이때 릴럭턴스토크는 기자력토크의 몇 %인가?

11-1. 271.9 V, 227.7 V **11-2.** 0.688 진상, 42.2 kVAR **11-3.** (a) 331.9 V (b) 79.0 kW (c) 79.0 kW (d) 628.5 N-m, 1,738 N-m **11-4.** 412.2 N-m, 121.9 A, 535.5 V, 29.7°, 153.8 kW **11-5.** (a) 273.7 V, 11.9° (b) 17.95 A, 237.2 V **11-6.** (a) 14.35 kW, 0.828 진상 (b) 16.50 kW, 0.952 진상 **11-7.** (a) 13.34 kW, 0.791 진상 (b) 16.44 kW, 0.970 지상 **11-8.** 0.898 진상, 1,753 V, 1,251 kW **11-9.** (a) 0.874 진상 (b) 1,754 V (c) 1,182 kW **11-11.** 11.7°, 9.3 A, 6.2 A **11-12.** 76.2 N-m, 0.829 **11-13.** 7,915 N-m, 161 A, 13,670 V, 16.8 kN-m **11-14.** (a) 36.2 A, 0.96 지상, 26.0 kW (b) 42.0 A, 0.974 진상, 30.6 kW **11-15.** (a) 5° (b) 3.31 A (c) 1,261 W, 3,783 W (d) 33 W, 3,750 W **11-16.** (a) 17.8 kW (b) 120.7 A, 0.976 지상, 95.4 % **11-17.** 2,178 kW, 269.4 A, 538.7 V, 602.3 A **11-18.** (a) 946 N-m, 257 N-m, 1,203 N-m (b) 437 N-m, 2,602 N-m, 27.6 %, 164 % (c) 24.2°, 26.4 %

12

동기발전기

동기발전기는 현대 사회에서 전기에너지 공급의 주역이다. 수력, 화력, 원자력발전소등 기간발전소에 설치되어 있는 수백 MVA에서 1,000 MVA 이상의 거대용량 발전기들은 모두 동기발전기이다. 나아가 풍력, 소수력 등 신재생에너지원이나 분산전원에 사용되는 상대적으로 작은 용량의 발전, 기타 소형의 자가용 엔진발전기 및 자동차, 항공기, 선박 등 전기에너지를 사용하는 거의 모든 설비에 크고 작은 동기발전기들이 사용되고 있다. 동기발전기의 기본적 구조나 원리는 11장에서 다룬 동기전동기와 같다. 이 장에서는 동기발전기의 주된 유형과 용도를 살펴보고 발전기 용도로서 동기기의 특성은 어떠한지, 이러한 특성이 발전기의 제어 및 운전방식, 그리고 전력계통의 전력제어와 어떻게 관련되는지를 이해하도록 한다. 그리고 전력시스템의 운용상 중요한 동기발전기의 과도응답특성을 3상단락의 경우를 통해 살펴본다.

1940년 압록강에 세워진 수풍발전소(총 설비용량 60만 kW)에 설치된 10만 kW 용량의 발전기

12-1 동기발전기의 종류

동기발전기는 동작원리가 같다 해도 구체적인 구조나 구성요소는 용량과 용도, 그리고 원동기의 속성에 따라 상당한 차이를 보인다. 발전기의 용량별, 구동원별 특징을 개략적으로 살펴보기로 한다.

대용량 발전기

일반적으로 화력발전소와 원자력발전소의 발전기들은 최대한 크게 만들어진다. 수력발전에서도 주어진 입지조건에서 개별 발전기는 가급적 크게 만들어진다. 대용량이 선호되는 이유는 효율과 제작비 때문이다. 다른 기기들과 마찬가지로 동기발전기도 용량이 클수록 효율이 높다. 수 MW급의 효율이 90 % 정도인 데에 비해 1,000 MW급은 99 %에 달한다.[1] 또 대형일수록 발전기의 단위중량당 출력(W/kg)이 높다.[2] 이는 같은 출력을 내기 위해 작은 용량의 발전기 여러 대보다 큰 용량의 발전기 하나가 유리함을 뜻한다. 중량이 작으면 크기도 작고 제작비용, 설치면적, 건설비가 절감된다. 요컨대 설치 후 운용비용에 관련되는 효율뿐만 아니라 초기투자비용에 있어서도 대형 발전기가 유리하다. 이러한 기간발전소용 대용량 발전기들의 주요 특징을 살펴보면

냉각: 발전기 용량이 클수록 냉각이 중요한 문제로 대두된다. 발전기의 용량 대비 손실, 즉 발열이 대용량일수록 상대적으로 작아지기는 하지만 단위용량당 표면적(m^2/W)이 더 크게 줄어들기 때문에 대형 기기들은 자체 자연냉각능력이 떨어진다. 따라서 대용량일수록 효과적인 냉각을 위해 정교하고 복잡한 냉각시스템을 필요로 한다. 결국 냉각능력 향상에 들어가는 추가비용이 대용량화에서 얻어지는 이점을 넘지 않는 선에서 용량이 결정된다.

정격전압: 대용량화에는 필연적으로 고압화, 대전류화가 따르게 되는데, 대전류화와 고압화는 상충되는 측면을 지닌다. 전압이 높아지면 도체홈 안에서 절연물이 차지하는 공간이 늘어나므로 도체에 할당되는 공간이 줄어들고, 어느 전압 이상에서는 전압을 높인 효과보다 허용전류가 줄어드는 효과가 더 커져서 정격용량이 오히려 줄어들게 된다. 이러한 이유로 동기발전기의 정격전압은 아무리 큰 용량이라 해도 25 kV를 넘지 않는다.

전기자: 대형 3상 동기발전기의 전기자는 예외 없이 Y로 결선되고 중성점이 접지된다. 각 상의 정격전압이 낮고, 또 중성점 접지로 대지절연의 부담을 낮추어 출력을 키우는 데에 유리하기 때문이다. Y결선은 발전기 유기기전력의 3차고조파 성분을 상쇄하는 역할도 한다. 동기발전기의 계자자속은 정현분포가 되도록 만들어지지만 어느 정도 왜곡은 불가피하다. 이로 인한 기전력 왜곡의 3배수(3차, 9차, 15차 등) 고조파성분은 세 상에서 모두 동상이므로 Y로 결선하면 선간전압에 상쇄되어 나타나지 않는다. (Δ결선으로 해도 선간에 3배수고조파가 나타나지는 않지만 결선 내부에서 한 방향으로 더해져 순환전류가 흐른다. 부록 F 참조)

계자: 대형 발전기의 계자전류 공급에는 여자용발전기를 사용한 무브러시여자방식이 경제적이다. 그러나 전력시스템의 안정적 운영을 위해 높은 제어성능을 갖추어야 하는 기간발전소용 발전기들은 속응성이 매우 중요하기 때문에 여자용발전기에서 일어나는 시간지연을 피하기 위해 싸이리스

---

[1] 대형발전기의 효율이 높은 주된 이유는 계자손실이 상대적으로 작기 때문이다. 1 MVA 발전기에서는 계자의 여자에 소모되는 전력이 약 25 kW로 용량의 2.5 % 정도, 500 MVA 발전기에서는 2,500 kW, 로 용량의 0.5 % 정도이다.

[2] 수 kW급 발전기의 단위중량당 출력은 50 W/kg, 10 MW급 발전기에서는 500 W/kg 정도이다.

터 정류기 등 가변직류전원으로 슬립링을 통해 직접 여자하는 경우도 흔히 있다. 어느 방식이건 계자 인덕턴스에 의한 지연을 이겨내고 계자전류를 신속하게 조절할 수 있으려면 여자용 전원이 과도적으로 정상운전시보다 훨씬 큰 전압을 출력할 수 있어야 한다.

구조: 대형 발전기는 계통의 단락사고 등 비정상적 상황에서 발생할 수 있는 큰 전기적, 기계적 스트레스를 견딜 수 있어야 한다. 큰 고장전류가 흐르는 과도기간 중 권선들 사이에 작용하는 전자기력과 도체의 발열로 인한 열팽창 때문에 대단히 큰 기계적 응력이 발생하므로 강한 지지구조를 갖추고 있어야 한다.

이러한 대형 발전기들에는 크게 수차발전기와 터보발전기 두 유형이 있다.

수차발전기

수력발전용 수차는 회전력을 얻는 원리상 충동형과 반동형으로 구분된다. 그림 12-1에서 보듯이 충동형은 수차 날개로 물의 진행을 노골적으로 가로막아 물의 진행방향 운동량을 일부 빼앗는 방식을 말한다. 반면에 반동형은 물이 지나갈 때 날개에 의해 방향이 꺾이도록 하고 이때 생기는 직각방향 운동량의 변화에 대한 반작용으로 회전력을 얻는 방식이다. 이렇게 얻어진 운동량이 수차 회전의 접선방향으로 작용해야 하므로 충동형은 회전축이 물의 진행방향에 수직인 물레방아 형태, 반동형은 회전축이 물의 진행방향에 나란한 바람개비 형태가 된다.

대표적인 수차로 펠튼(Pelton), 카플란(Kaplan), 프란시스(Francis) 수차가 있다. 펠튼수차는 고압의 물줄기를 수차 주위에 부착된 강철 물받이에 분사하여 회전시키는 충동형 수차이다. 물의 운동량이 수압에서 비롯되므로 큰 낙차(50 m~1,000 m)로 충분한 수압을 얻을 수 있는 곳에 사용된다. 이에 반해 낙차가 작은 곳(수 m~수십 m)에는 반동형의 카플란수차가 사용된다. 압력이 낮은 대신 유량이 많은 곳에 사용되는 프로펠러형 수차로서, 날개의 각도를 조절할 수 있게 되어 있다. 프란시스수차는 양자를 절충한 형태로, 물이 수차의 주위에서 (충동형처럼) 회전축에 직각 방향으로 돌아 들어와 날개를 밀면서 아래쪽 배출구를 통해 (반동형처럼) 축방향으로 빠져나간다. 적용낙차 범위가 넓어서(10 m~수백 m) 가장 흔히 볼 수 있는 수차이다. 유체의 동력은 $P = kQH$ (k: 비례상수, Q: 유량, H: 압력)이므로(이는 전력이 전기적 압력과 전하 유량의 곱으로 표현되는 것과 유사하다) 필요한 만큼 동력을 얻기 위해서는 유량이 작더라도 압력이 높거나(고낙차 소수량) 압력이 낮

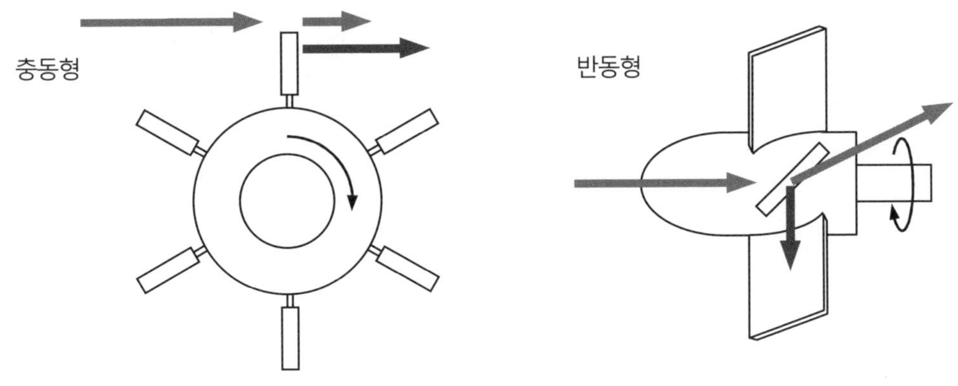

그림 12-1 수차의 유형

더라도 유량이 많거나(저낙차 대수량) 양쪽 다 적당히 크거나(중낙차 중수량) 해야 한다. 위 세가지 수차는 순서대로 이들 각 유형에 부합하는 대표적 수차이다. 어떤 형태든 현대의 수차는 최고 동력변환 효율이 90 %를 상회한다.

프란시스수차와 카플란수차는 유입구에 각도 조정이 가능한 수문을 설치하여 동력을 조절하며, 펠튼수차는 분사노즐의 출구에 장착된 밸브로 물 분사량을 조절한다. 이를 통해 수력발전은 부하 변동에 대응하여 출력을 신속하게 조절할 수 있다. 원자력발전은 부하의 단시간 변동에 사실상 대처가 불가능하며, 화력발전은 출력 조절에 4~5시간이 걸리는 데 비해 수력은 불과 1~2분만에 조정이 이루어진다. 따라서 수력발전은 그 비중이 높지 않다 해도 전력계통의 운용에 중요한 역할을 한다.[3]

그림 12-2는 수차발전기의 회전자를 설치하고 있는 모습이다. 수차발전기는 대부분 50~300 rpm의 저속이므로 그림에서 보듯이 많은 극수의 돌극형이고 직경이 크다. 이처럼 외형이 큰 발전기는 기계적 구조상 제약 때문에, 그리고 낙차를 최대한 이용하기 위해 보통 축을 수직으로 세운 수직축형으로 만들어진다. 단, 큰 낙차에 적용되는 펠튼수차는 수평축인 경우도 흔히 있다. 수직축 구조는 수평축에 비해 다소 복잡하지만 조립과 분해가 용이하고 수차의 위쪽에 발전기가 설치되므로 홍수에 침수될 우려가 상대적으로 작다.

수평축형에서는 축의 양 끝에 설치된 베어링이 중량을 지지하는 동시에 축의 중심을 잡아주는 역할을 하지만 수직축형에서는 그림 12-3에서 보듯이 아래 방향으로 작용하는 무게는 쓰러스트베어링(thrust bearing)으로 지지하고 축의 좌우 요동을 막기 위한 안내베어링(guide bearing)이 따로 있

그림 12-2 수직축형 수차발전기(103MW)를 조립하고 있는 모습

[3] 한국의 발전설비는 화력(석탄, 석유, 천연가스 등)이 2/3, 원자력이 1/4 정도를 차지하고 있다. 양수발전을 포함한 수력 및 기타 신재생에너지원 발전의 비중은 10 % 미만이다.

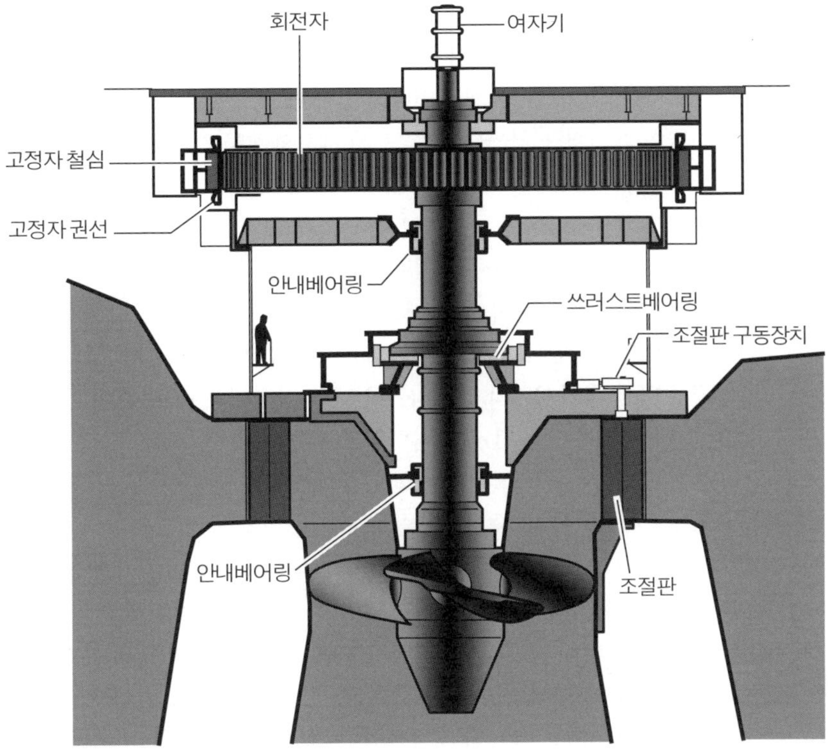

그림 12-3 수차발전기의 구조 (Siemens)

어야 한다. 쓰러스트베어링은 발전기 및 터빈 회전부의 무게와 터빈에 작용하는 수압의 축방향 성분을 동시에 지지해야 하므로 대단히 큰 압력을 견딜 수 있도록 만들어진다. 일반적 구조는 쓰러스트베어링을 회전자의 상부에 두고 안내베어링을 축의 위 아래에 설치한, 위에 걸쳐놓은 형태이다. 그러나 저속(240 rpm 이하) 기기에서는 회전자 아래쪽에 쓰러스트베어링과 안내베어링을 일체형으로 하여(마치 우산을 받치듯이) 아래에서 붙잡고 있는 형태가 널리 사용되며, 이를 우산형(umbrella type) 발전기라 한다. 우산형은 축방향 길이가 짧아서 높이가 낮아지며, 가볍고, 싸고, 조립도 용이하기 때문에 저속 발전기는 대부분 우산형으로 제작된다. 우산형이면서 상부에도 안내베어링을 설치한 형태도 있으며 이를 준우산형이라 한다.

양수발전소에는 전동기의 역할을 겸하는 **발전전동기**(motor generator)가 사용된다. 수차는 펌프로 전환이 가능한 가역식 수차로, 대부분 프란시스형이다. 발전전동기는 양수발전소의 운용목적상 매일 기동과 정지가 반복되고 출력 조절이 잦은 가혹한 운전환경을 견딜 수 있도록 만들어진다. 대체로 인공호수 유량의 한계 때문에 필요한 출력을 얻기 위해 낙차가 크고, 일반 수차발전기에 비해 회전속도가 높은 편이다.

수차용 발전기의 용량은 수십 MVA~수백 MVA로, 최대 용량은 1,000 MW에 이르고 있다.[4]

---

[4] 세계 최대의 수력발전소인 중국의 산샤댐(총 발전용량 22,500 MW)에 설치된 800 MW(80만kW)급 발전기가 최대 용량이었으나 2021년 가동이 시작된 바이허탄댐의 1,000 MW(100만kW) 24 kV 발전기가 단위기로는 세계 최대용량을 갱신하였다. 미국의 Grand coulee와 브라질 Itaipu 발전소에도 800 MW(80만kW)급 발전기가 설치되어 있다.

터보발전기

터보발전기(turbo-generator)란 가스터빈이나 증기터빈에 의해 구동되는 고속 발전기를 말한다. 가스터빈은 공기를 흡입, 압축한 다음 연소실에서 연료와 함께 태워 열팽창으로 만들어진 고압의 연소가스를 터빈 날개에 내뿜어 회전력을 얻는다.(항공기의 제트엔진도 가스터빈의 일종이다.) 가스터빈이 연소가스의 운동에너지를 직접 사용하는 내연기관인 데 반해 증기터빈은 연소체와 운동에너지 전달체가 분리된 외연기관에 해당한다. 증기터빈은 보일러에서 연료를 태운 열, 혹은 원자로의 핵반응에서 발생한 열로 물을 끓여 만든 고압 수증기에 의해 회전한다.

증기터빈은 보일러와 복수기(증기가 다시 물로 바뀌는 장치)로 구성되는 물 순환 사이클이 필요하므로 구조가 복잡하지만 가스터빈보다 효율이 높고 대용량화가 용이하며 터빈 날개에 고열이 직접 가해지지 않기 때문에 값비싼 내열재료가 필요하지 않다는 장점이 있다. 따라서 거의 모든 대용량 발전기에는 증기터빈 방식이 채용되어 전 세계 전력의 80 % 정도가 증기터빈 발전기로 생산되고 있다. 가스터빈은 중앙집중식 대단위 발전설비보다 분산발전용 소용량 발전에 적용되며, 가스터빈에서 1차 발전을 한 다음 배출가스의 열로 증기를 만들고 증기터빈을 돌려 발전함으로써 열효율을 높이는 복합화력발전(combined-cycle) 방식도 있다.

일반적으로 터빈은 고속일수록 크기가 작고 효율이 높다. 따라서 일반 화력발전소에서는 2극 발전기를 사용하여 터빈을 60 Hz의 최대 속도인 3,600 rpm(50 Hz에서는 3,000 rpm)으로 회전시킨다. 원자력발전의 경우에는 수증기의 양이 많은 대신 온도와 압력이 화력발전에 비해 현저히 낮기 때문에 1,800 rpm(50 Hz에서는 1,500 rpm)의 4극기가 사용된다. 개별 발전기 용량은 화력발전용으로는 50~1,300 MVA, 원자력발전용으로는 최대 2,000 MVA에 이르고 있다.[5]

이와 같은 대용량 발전기가 고속으로 회전하기 위해서는 회전자의 기계적 강도가 매우 높아야 하므로 11-2절에서 설명하였듯이 축과 회전자가 한 덩어리인 원통형으로 제작한다. 그러나 재질의 한계 때문에 회전자 최대 직경이 제한되므로(2극기의 경우 1.2 m 정도) 축방향으로 길게 만들어지는데, 축의 비틀림과 휨에 의해 일어나는 진동 문제로 축방향 길이 역시 어느 이상으로 키울 수 없다. 고속 화력발전기에서는 이러한 발전기의 기계적 한계요소들에 의해 시스템의 용량이 제한된다. 한편 속도가 그 절반인 원자력에서는 발전기보다는 증기터빈에 의해 시스템 용량 한계가 결정된다. 그림 12-4는 대형 터보발전기의 고정자와 회전자의 모습을 보여주고 있다.

이러한 기계적, 열역학적 제약조건 아래에서 발전기의 용량을 키우기 위해서는 자속밀도와 전류를 높여야 한다. 그러나 자속밀도는 철심재료 때문에 한계가 정해져 있으므로 결국 발전기의 용량은 전류의 크기에 좌우된다. 발전기에 얼마나 큰 전류가 흐를 수 있는가는 냉각능력에 좌우된다. 특히 터보발전기와 같이 좁고 긴 구조는 냉각이 극히 어렵기 때문에 효과적인 냉각이 터보발전기 기술의 핵심이라 할 수 있다. 실제로 터보발전기의 용량 증대는 냉각기술 향상에 의해 이루어져 왔다고 해도 과언이 아니다. 그 과정에서 가장 큰 영향을 미친 것이 **수소냉각**과 **직접냉각** 방식의 도입이다.

수소를 냉각매체로 사용하는 경우, 수소가스의 밀도가 낮아서(공기의 약 7 %) 냉매 순환에 소모되는 풍손이 1/10 수준으로 줄어드는 반면 열전도율은 훨씬 높아서(공기의 약 7배) 냉각효과가 크다.

---

[5] 한국형 원자로는 돔 1개당 100만 kW(1 GW)가 표준이었으나 140만 kW(1.4 GW)로 증대될 예정에 있다. 화력발전소에서는 50만 kW(500 MW)가 1기당 표준 용량이었으나 2000년대 들어 1기당 발전용량이 80만 kW(800 MW)급으로 증대되었으며 2010년대 중반 이후 100만 kW급이 설치되어 가동중에 있다.

그림 12-4 원자력발전소용 터빈발전기(1,000 MVA)의 고정자와 회전자. 원통형 회전자에 구속환이 끼워지기 전 계자코일 단부가 노출된 모습을 볼 수 있다. (두산중공업)

공기가 섞여 들어가지 않도록 축 인출부위를 밀봉하기 위한 복잡한 설비가 필요하고 만일의 경우에 대비하여 방폭구조를 갖춰야 하지만 공기냉각에 비해 기계의 크기를 약 25 %가량 줄일 수 있다. 또 밀폐되어 불순물 침입이 없고 소음이 현저히 줄어들며, 자체로 불활성인 수소 안에서는 섬락이 생겨도 연소되지 않고 기타 화학적 작용을 일으키지 않으므로 절연수명이 연장되는 효과도 따른다.

직접냉각이란 고정자와 회전자 도체에서 발생하는 열이 절연물과 철심을 지나 냉매에 전달되는 간접냉각방식(이 경우 절연물이 열전달에 큰 장애요소로 작용한다)과는 달리 도체의 열이 냉매로 직접 전달되게 하는 것을 말한다. 이를 위해 도체홈에 수소가스가 통과하는 통풍관을 설치하거나 도체 가운데가 빈(중공형) 코일에 증류수를 채워 순환시킨다.(증류수는 절연체이다.) 대략 50 MVA까지는 공기에 의한 냉각, 수백 MVA까지는 수소냉각, 그 이상에서는 수소냉각과 수냉식이 함께 사용된다. 그림 12-5는 수소냉각형 증기터빈 발전기의 내부 구조를 보여주고 있다.

초전도 발전기

대형 터보발전기는 첨단기술의 집합체로서, 기존 소재와 기술로는 거의 한계에 접근했다고 할 수 있다. 이를 넘어서기 위해 초전도발전기(cryoturbogenerator)가 도입되고 있다. 이는 계자코일을 초전도체로 한 것으로, 발열 없이 계자전류를 매우 크게 할 수 있어서 철심의 자화로 얻어지는 자속밀도보다 훨씬 큰 수 T의 고자속밀도를 얻는다. 이렇게 높은 자속밀도에서는 철심이 무의미하므로 회전자만이 아니라 고정자에도 철심을 사용하지 않으며, 따라서 크기와 무게가 현저히 줄어들고 철손도 없다. 대신 계자코일을 극저온으로 유지하는 데에 에너지가 소모되지만 이를 감안해도 총 손실이 기존 발전기의 절반 수준으로 줄어들어 효율이 99 %를 넘게 된다.

초전도발전기는 회전하는 계자에 액체헬륨을 주입, 순환시키면서 증발한 헬륨을 회수하는 설비

그림 12-5 수소냉각형 수백 MVA급 터보발전기(Alstom)

가 필요하다. 냉각에 소모되는 에너지를 최소화하기 위해 열의 차단이 중요하므로 원동기에 연결되는 상온부위와 전류가 흐르는 저온부위가 결합되어 있으면서도 열적으로는 분리된 구조를 갖춰야 한다. 이를 위해 저온부와 상온부 사이에 공간을 두고 진공을 유지하며, 열복사 차단막이 설치된다. 이러한 구조상 복잡성과 부수설비에도 불구하고 초전도발전기는 기존 발전기에 비해 소형경량화할 수 있고, 단가도 낮아진다. 아직 본격적으로 적용되고 있지는 않지만 교류용 초전도 선재가 개발됨에 따라 머지않아 전기자코일까지 포함한 전초전도 발전기도 실용화될 것으로 예상된다.[6]

풍력발전기

풍력발전은 구동원인 바람의 변동성과 높은 탑 위에 설치되어야 한다는 구조적 제약 때문에 잘 통제된 환경 안에서 이루어지는 일반 발전소의 발전방식과 많은 차이가 있다. 풍력발전의 세 가지 주요 요소는 풍차, 발전기, 그리고 풍차와 발전기를 연결하는 동력전달장치이다.

풍차: 풍차에는 여러 형태가 있으나 수백 kW~수 MW의 상업발전에는 날개가 3개인 바람개비형 수평축 풍차가 사용된다. 바람에너지의 속성상 풍차에서 유입되는 동력이 발전기의 정격용량 이하에서 이상까지 큰 폭으로 변동하는데, 발전기 용량에 해당하는 정격풍속 이상이 되면 동력이 더 상승하지 않도록 제한해야 한다. 그 방법으로 실속제어와 피치제어가 있다. 실속失速(stall)제어는 풍속이 어느 이상을 넘으면 날개 뒤편에 난류가 생겨 동력이 더 이상 상승하지 못하는 상태(실속상태)에 놓이게끔 날개 형상을 설계하는 방식을 말한다. 피치(pitch)제어는 그와 반대로 바람이 더 수월하게 통과할 수 있도록 날개의 각도를 조정함으로써 동력의 초과분을 흘려 보내는 방식을 말한다. 피치를 제어하되, 실속이 생기는 쪽으로 조정하는 방식(능동실속제어)도 있다. 일반적으로 MW급 이상에서는 제어성능이 우수한 피치제어가 적용된다.

발전기: 발전기가 계통에 직접 연결된 경우 풍차는 바람에 무관하게 일정 속도로 회전한다. 이를 정

[6] 발전기 외에도 선박이나 잠수함을 구동하기 위한 대형 동기전동기, 그리고 변압기, 한류기 등 각종 전력설비에 초전도기술을 적용하기 위한 노력이 꾸준히 이루어지고 있다.

속형이라 한다. 정속형에는 10-8절에서 설명했듯이 거의 농형유도발전기가 사용된다. 인버터를 통해 연결되는 경우에는 발전기 주파수를 변경시켜 속도조정이 가능하다. 이를 가변속형이라 한다. 가변속형은 일시적 돌풍에서 풍차의 속도 상승을 허용함으로써 구조물에 가해지는 기계적 스트레스를 경감시키는 데에 일차적 목적이 있고, 풍속이 정격속도 아래로 내려갔을 때는 속도를 적절히 낮춰 줌으로써 피치제어와 연동하여 동력변환 효율을 끌어올릴 수 있다. 1MW급 이상은 거의 예외 없이 가변속형으로 만들어진다.

동력전달: 풍차는 출력이 클수록 바람을 많이 받기 위해 반경이 커질 수밖에 없는데, 날개 끝 선속도의 제한 때문에 대형일수록 회전속도가 낮다(수백 kW급은 100 rpm 내외, 수 MW급은 20 rpm 이하). 일반적으로 저속기는 크고 무거우므로 높은 탑 위의 비좁은 기계실(nacelle)에 수납하기 위해 증속기어로 속도를 높여 4극이나 6극 발전기를 구동하는 방식이 사용되어 왔다. 그러나 증속비가 수십에서 100에 이를 정도로 상당히 높아야 하는 만큼 기어의 손실과 소음, 무게 등의 문제가 있다. 무엇보다 증속기어의 내구성이 시스템의 기대수명을 저하시키고 유지보수의 부담을 크게 증가시킨다.

수백 kW급 풍력발전에는 농형유도발전기의 정속형이, 2~4 MW급에는 권선형유도기 방식이 보편적으로 적용되고 있다. 동기발전기는 그 이상의 대형 풍력발전에 주로 적용된다. 11장에서 설명했듯이 동기기의 장점은 대용량에서, 그리고 저속 다극기에서 두드러진다. 이는 발전기 용도에서도 마찬가지로, 용량이 클수록 저속이 될 수밖에 없는 풍력발전의 속성에 잘 부합한다. 단 크기와 중량의 문제를 극복하기 위해 영구자석이 사용된다.

그림 12-6은 동기발전기를 사용하는 풍력발전 방식을 보여주고 있다. (a)는 양방향 인버터를 사용하여 발전기 주파수를 낮추고 다극 동기발전기를 사용함으로써 기어 증속비를 10 내외까지 줄인 방식이다. 전자석형과 영구자석형 모두 가능하지만 발전기가 계통의 무효전력을 직접 제어해야 할

(a)

(b)

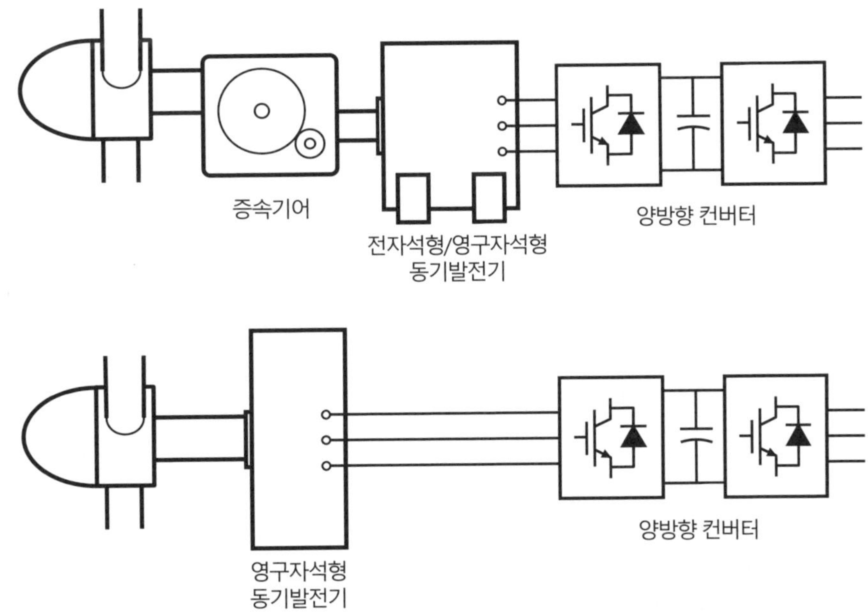

그림 12-6 동기발전기를 사용하는 가변속 풍력발전시스템: (a) 기어방식 (b) 직접구동방식

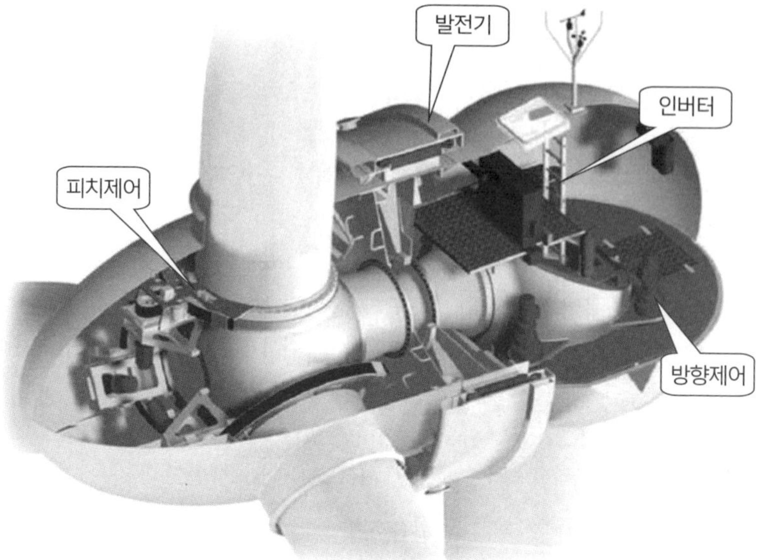

그림 12-7
발전기의 고정자가 외곽 구조물과 일체화된 직접 구동형 풍력발전기

필요가 없으므로 주로 영구자석 계자로 하여 무게를 줄이고, 높은 효율을 갖도록 만들어진다. 값비싼 영구자석과 발전기 전체 용량을 감당해야 하는 인버터 때문에 설치비가 높지만 높은 효율과 운용상 이점으로 수 MW급에 적용되고 있다. 한편 최근 건조되는 해상풍력용 5 MW급 이상 초대용량에는 (b)와 같이 기어를 아예 생략한 직접구동 방식이 적용되고 있다. 인버터 주파수 10~15 Hz 정도에 100극이 넘는 대형 영구자석 동기발전기가 사용된다. 발전기가 큰 대신 시스템 구성을 최대한 단순화시켜 무게를 줄이고 유지보수부담을 최소화하는 데에 주안점을 두고 있으며(특히 해상풍력에서는 유지보수비용의 절감이 중요하다), 기계실 안에 발전기를 설치하는 것이 아니라 그림 12-7과 같이 기계실 외곽 구조물을 발전기 고정자와 일체화시킨 형태로 만들어진다.

이상에서 보듯이 풍력발전에서는 유도발전기와 동기발전기가 혼용되고 있으나 대형에는 주로 동기발전기가 적용되며, 영구자석형이 주류라는 점, 그리고 계통에 전력변환장치를 통해 접속된다는 점에서 일반 발전소용 발전기와는 큰 차이가 있다. 대형 영구자석 동기발전기의 가장 큰 문제는 영구자석 재료의 수급이다. 이 문제의 극복을 위해, 그리고 발전기의 무게를 줄이기 위해 풍력발전기에도 초전도기술을 적용하는 방안이 추진되고 있으며 이를 통해 현재 기술적 한계로 여겨지고 있는 10 MW 이상의 풍력발전기도 현실화될 수 있을 것으로 예상된다.

엔진발전기

엔진발전기는 디젤이나 가솔린, 천연가스 등을 연소시키는 기관에 의해 구동되는 발전기를 말한다. 정전에 대비한 병원이나 통신설비, 대형 건물 등의 비상용 전원, 선박이나 섬과 같이 전력계통에서 고립된 지역의 발전기, 트레일러에 장착되는 이동용 발전기 등으로 사용된다. 회전속도 300~1,200 rpm, 수십 kVA~1,000 kVA 정도의 용량으로, 대개 개방형 자유통풍방식으로 냉각된다. 엔진발전기에서는 피스톤의 왕복운동에 의한 동력이 크랭크를 통해 토크로 변환되기 때문에 회전 중 토크가 균일하지 않고 맥동하는 문제가 나타날 수 있다. 따라서 그 영향을 완화하기 위해 회전자의 관성이 큰 것이 바람직하다. 따라서 대부분 돌극형이고, 플라이휠을 추가하는 경우도 흔히 있다.

차량용 소형 발전기와 발톱형 회전자

흔히 얼터네이터(alternator)라 부르는 차량용 발전기는 대표적인 소형 동기발전기이다.

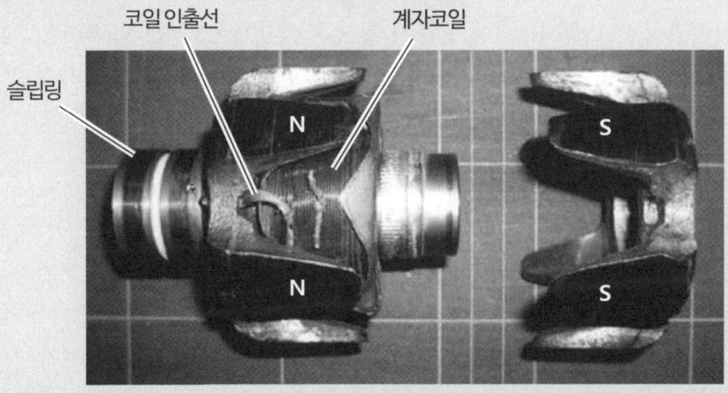

회전자는 소위 **발톱형 회전자**(claw pole rotor) 형태로 만들어진다. 축에 끼워진 원통형 철심에 코일이 감겨 있고, 철심의 N 극과 S 극 양 끝으로부터 연장된 자극이 교대로 코일 바깥쪽을 덮고 있어서 마치 맹금류의 발톱이 양쪽에서 계자코일을 움켜쥐고 있는 것과 같은 모습을 하고 있다. 발톱(finger)의 수가 곧 극수가 되며, 극수가 몇 개이건 계자코일은 하나만 있으면 되므로 작은 공간에 많은 극을 만들어야 할 때에 효과적이다. 또한 구조적으로 견고하고 조립이 간단하여 대량생산이 용이하다. 그러나 자기회로가 길어지고 누설자속이 많이 생긴다는 단점이 있다.

원통코일 전자석을 영구자석으로 대신하면 기본적 형태의 자석 하나만으로 간단히 여러 개의 극을 만들어낼 수 있다. 이러한 형태는 소형 전동기에 흔히 사용된다.

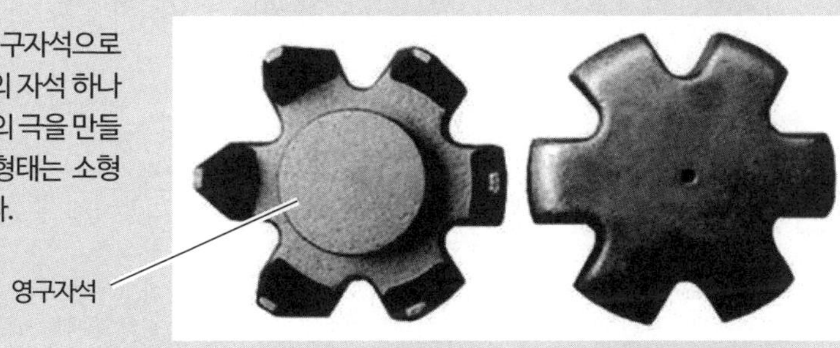

12-2 동기발전기의 기본 동작과 등가회로

동기발전기의 동작은 기본적으로 동기전동기의 동작과 다르지 않다. 11-1절에서 설명했듯이 외부의 원동기에 이끌려 돌아가는 회전자의 자속이 공극자속에 앞서면서 토크가 회전 반대 방향으로 나타나고 기계적, 전기적 에너지의 전달방향이 반대가 될 뿐, 변수들 사이의 상관관계는 본질적으로 동일하다. 따라서 등가회로 역시 그대로 적용된다.

동기기의 발전기 동작

동기기의 회전자(계자)를 회전시키면 고정자의 3상 권선에 3상 교류기전력이 유기된다. 유기기전력의 주파수와 크기는 8-4절에서 설명한 바와 같이 아래 식으로 주어진다.

$$f = \frac{P}{120} \tag{12-1}$$

$$E_a = 4.44 k_w f N \phi_r \tag{12-2}$$

여기서 ϕ_r은 회전자자속(극당 자속)의 크기를 나타낸다. 고정자 권선이 개방된 상태에서는 고정자 단자에 이 유기기전력이 그대로 나타나 발전기의 **무부하전압**이 된다.

발전기에 부하를 연결하면 고정자에 3상 전류가 흘러 회전자계, 즉 고정자자속을 만들어내며, 그 회전속도는 식 (12-1)의 주파수에 해당하는 동기속도로 회전자 속도와 같다. 따라서 회전자자속과 고정자자속은 일정한 각도를 유지하며, 이들의 합성이 공극자속이다. 합성 공극자속의 크기를 ϕ라 하면 고정자권선에 유기되는 3상 기전력의 크기는 아래와 같다.

$$E_g = 4.44 k_w f N \phi \tag{12-3}$$

그림 12-8은 발전기 동작에서 내부 자속성분들과 이에 대응하는 유기기전력과 전류의 페이서도를 보여주고 있다. 이들 사이의 관계는 11-3절의 동기전동기 동작에 관한 설명과 다를 것이 없다. 전동기 동작에서와 다른 점은 회전자자속 $\mathbf{B}_r$이 공극자속 $\mathbf{B}_g$에 앞서서 회전하며, 따라서 회전자의 뒤쪽에서 잡아끄는 회전 반대방향의 토크가 유기된다는 점이다. 이 유기토크가 회전자를 회전시키는 원동기의 토크와 기계적 평형을 이룬다.

그림 12-8에서는 고정자자속 $\mathbf{B}_s$를 만들어내기 위해 흐르는 고정자전류의 기준방향(양의 방향)을 유기기전력과 같은 방향으로 취하고 있다. 이는 발전기에서 선로 쪽으로 전력이 전달될 때 양의 전류가 흐르는 것으로 표기하기 위해서이다.(전동기동작에서처럼 유기기전력에 반대인 방향으로 흐를 때를 양으로 한다면 그림의 상태에서 $\tilde{I}_a$가 흐린 색으로 그려진 페이서로 표현되어야 한다.) 이렇게 유기기전력의 방향으로 '흘러나가는' 전류가 최대인 코일과 최대 기전력이 유기되는 코일 사이의 각도 θ가 기전력과 전류 사이의 위상차이다.

그림 12-8(a)는 진상의 전류가 흐르는 상태로, $\mathbf{B}_s$와 $\mathbf{B}_r$의 $\mathbf{B}_g$ 방향 성분이 서로 더해지는 증자작용이 일어나는 상태임을 알 수 있다. 반면에 지상 전류가 흐르는 (b)에서는 $\mathbf{B}_s$의 $\mathbf{B}_g$ 방향 성분이 $\mathbf{B}_r$의 $\mathbf{B}_g$ 방향 성분 일부를 상쇄시키는 감자작용이 일어난다.[7] 이렇게 전기자전류가 공극자속에

[7] 전동기식 표기법으로 지상 전류는 발전기식 표기법으로 진상이고, 전동기식 표기법으로 진상 전류는 발전기식 표기법으로 지상이다. 11장의 전동기동작에서 '흘러드는' 전류가 지상일 때 증자작용, 진상일 때 감자작용을 한다고 한 것은 발전기동작에서 '흘러나가는' 전류가 진상일 때 증자작용, 지상일 때 감자작용을 한다는 것과 표현의 차이일 뿐, 전적으로 동일하다.

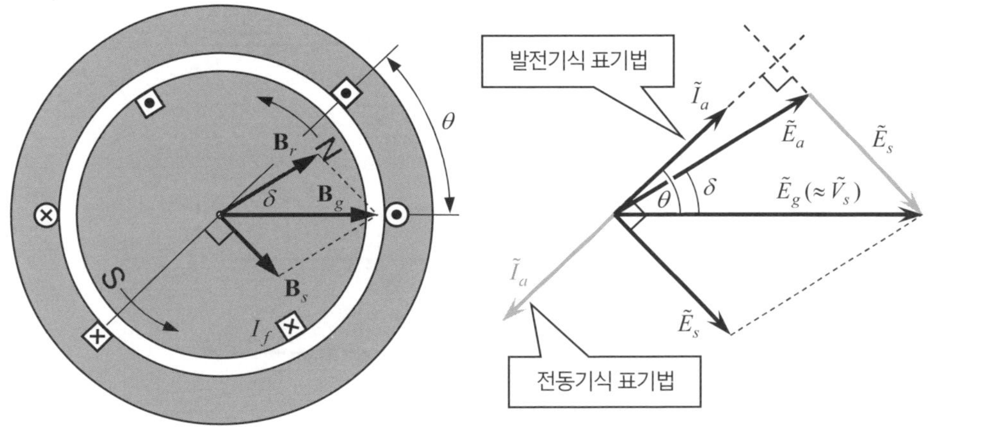

(a)

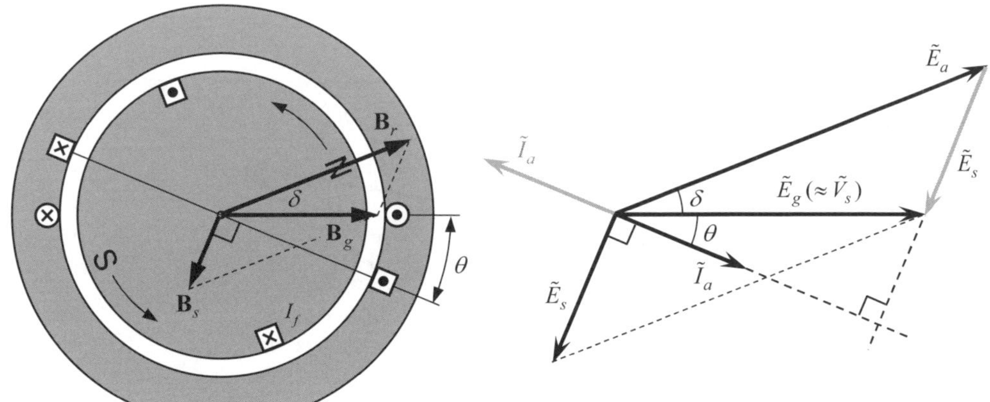

(b)

그림 12-8 동기발전기 내부의 자속과 이에 대응하는 페이서도: (a) 진상 전류일 때 (b) 지상 전류일 때

영향을 미치는 전기자반작용의 결과 증자작용이 일어나는 진상에서는 $V_s > E_a$, 감자작용이 일어나는 지상에서는 $V_s < E_a$가 된다. 어느 경우건 기전력의 방향으로 흘러나가는 전류의 유효성분이 기전력과 같은 방향이 되는 것은 외부 회로로 유효전력을 방출하고 있음을 뜻한다.(전동기식 표기법에서는 발전기로 음의 유효전력이 유입되는 것으로 표현된다.)

등가회로

그림 12-8에서 발전기식 표기법을 따르면 $\mathbf{B}_s$에 의한 기전력이 $\tilde{E}_s = -jX_m\tilde{I}_a$로 표현된다. 따라서 공극자속에 의한 유기기전력은

$$\tilde{E}_g = \tilde{E}_a + \tilde{E}_s = \tilde{E}_a - jX_m\tilde{I}_a \tag{12-4}$$

즉 전기자반작용이 자화리액턴스에서 일어나는 전압강하의 형태로 나타난다. 여기에 전기자저항 및 누설리액턴스에서 일어나는 전압강하를 추가한 것이 그림 12-9(a)의 상당 등가회로이다. 그림 12-9(b)는 자화리액턴스와 누설자속을 묶어 동기리액턴스 X_s로 나타낸 것이다. 이 등가회로에서

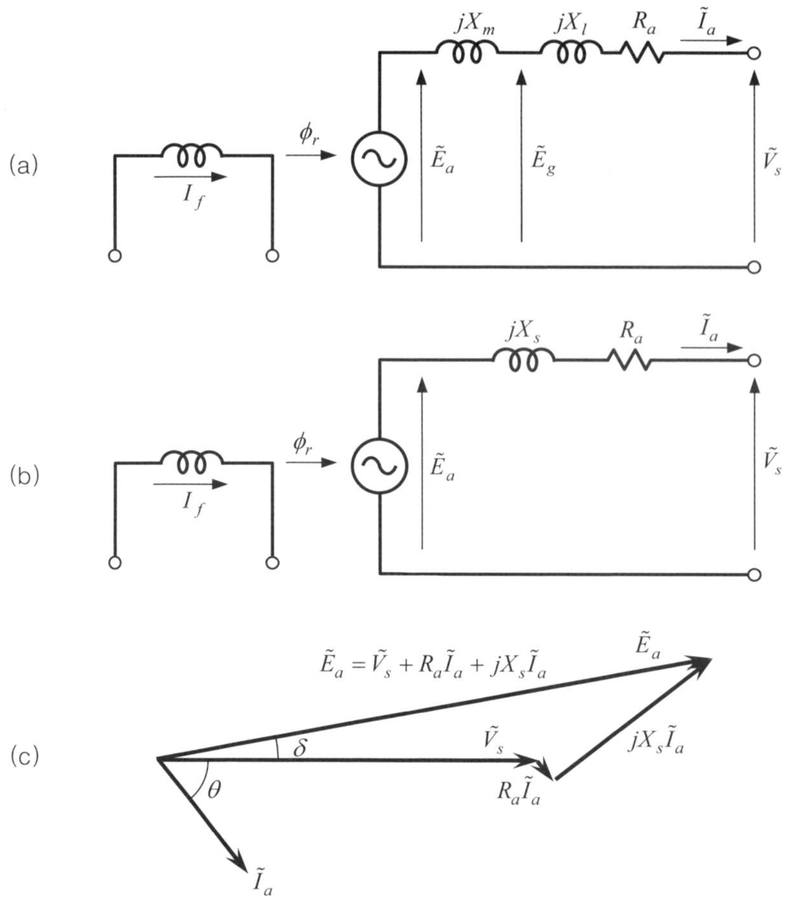

그림 12-9 (a) 동기발전기의 상당 등가회로 (b) 자화리액턴스와 누설리액턴스를 묶어 동기리액턴스로 표현한 등가회로 (c) 지상전류가 흐를 때 동기발전기의 페이서도

전압평형식은

$$\tilde{V}_s = \tilde{E}_a - R_a\tilde{I}_a - jX_s\tilde{I}_a \tag{12-5}$$

그림 12-9(c)는 발전기에 지상 부하가 접속되어 단자전압 $\tilde{V}_s$ 에 θ 만큼 뒤진 전류가 흐르고 있는 경우 $\tilde{V}_s$ 를 기준페이서로 하고 식(12-5)에 의해 $\tilde{E}_a$ 를 작도한 페이서도를 보여주고 있다.

12-3 동기발전기의 전력

발전기동작에서 전력 관계식은 전력의 방향만 다를 뿐 11-4절에서 설명한 전동기동작에서와 같다. 그림 12-9에서 전기자저항의 손실을 무시하면 전기기계적 변환동력이 곧 출력전력이 된다. 전기자저항의 전압강하를 무시한 그림 12-10의 페이서도에서 $E_a \cos\gamma = V_s \cos\theta$ 이므로

$$P_{em} = 3E_aI_a\cos\gamma \approx 3V_sI_a\cos\theta \tag{12-6}$$

여기서 $E_a \sin\delta = X_sI_a\cos\theta$ 이므로 발전기 출력과 유기토크가 다음과 같이 표현된다.

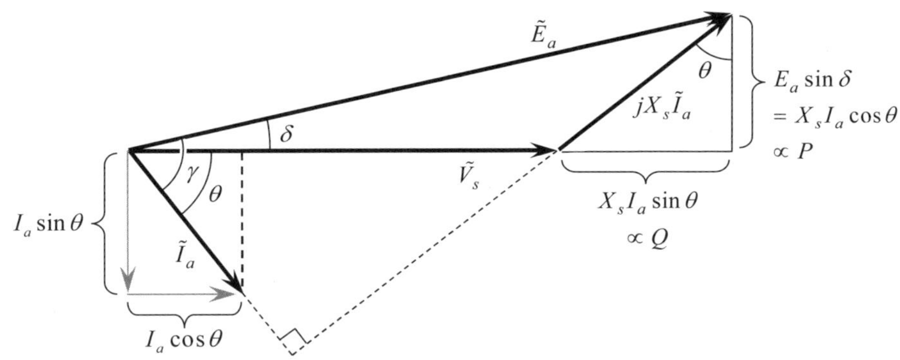

그림 12-10 전류의 유효, 무효성분과 부하각 사이의 관계

$$P = 3\frac{V_s E_a}{X_s}\sin\delta \tag{12-7}$$

$$T_e = 3\frac{V_s E_a}{\omega_s X_s}\sin\delta \tag{12-8}$$

전류의 기준방향을 전동기에서와 반대로 한 것처럼 부하각 δ도 $\tilde{E}_a$ 가 $\tilde{V}_s$ 보다 앞설 때 양의 값을 갖는 것으로 한다. 이렇게 하면 유기토크도 회전 반대 방향으로 작용할 때 양의 값으로 표현된다.

그림 12-11은 식 (12-7)의 유효전력과 부하각 사이의 관계를 나타내고 있다. 주어진 V_s 와 E_a 에서 발전기가 출력할 수 있는 최대전력은 부하각이 90°일 때 아래 식과 같다.

$$P_{max} = 3\frac{V_s E_a}{X_s} \tag{12-9}$$

전력계통에 접속되었을 때 V_s 는 계통전압으로 주어진다. 그리고 E_a 는 식 (12-2)에서와 같이 계자

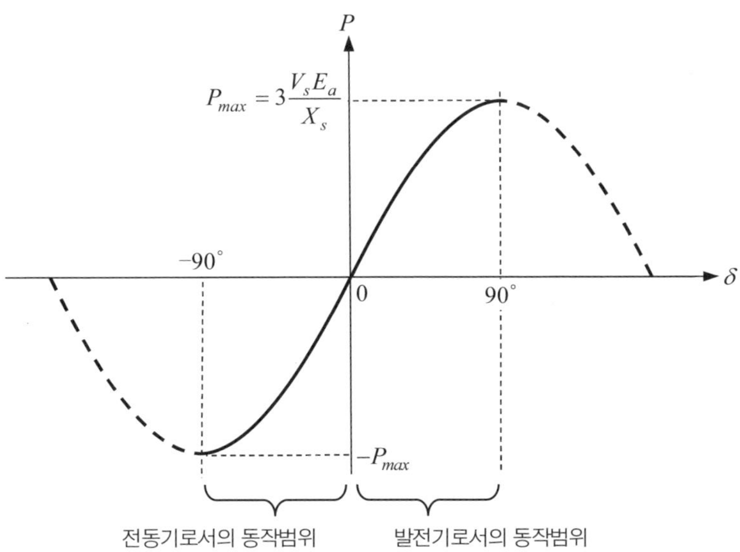

그림 12-11 동기발전기의 부하각과 유효전력 사이의 관계

의 자속, 즉 계자 전류에 의해 결정된다. 계자전류를 허용 최대치로 했을 때의 P_{max} 가 발전기가 출력 가능한 최대 전력이며, 이는 발전기 정격출력보다 훨씬 크다. 만일 원동기로부터 전달되는 동력이 이 최대전력을 넘어서면 부하각이 90°보다 커지고, 발전기가 더 이상 원동기의 토크에 대항해 기계적 평형을 이루지 못하므로 회전자가 폭주하는 탈조상태에 이르게 된다. 따라서 동기발전기는 항상 그림 12-11에 실선으로 나타낸 안정운전 범위에서 운전되도록 기계적 입력이 제한되어야 한다. 돌극형인 경우에는 11-7절에 설명했듯이 돌극효과에 해당하는 $\sin 2\delta$ 항이 추가되어 최대전력 및 최대토크가 다소 상승하고 부하각의 한계가 90°보다 작아진다.

한편 발전기가 부하에 공급하는 무효전력은 그림 12-10에서 $jX_s\tilde{I}_a$ 를 빗변으로 한 직각삼각형 밑변의 길이에 비례한다. 이 무효전력 역시 유효전력의 표현식처럼 내부유기기전력과 부하각의 함수로 나타낼 수 있다. 삼각형 밑변의 길이가

$$X_s I_a \sin\theta = E_a \cos\delta - V_s \tag{12-10}$$

이므로 이로부터 무효전력은 다음과 같다.

$$\begin{aligned} Q &= 3V_s I_a \sin\theta \\ &= \frac{3}{X_s} V_s E_a \cos\delta - \frac{3}{X_s} V_s^2 \end{aligned} \tag{12-11}$$

위의 식은 **발전기가 부하로 공급하는 지상 무효전력**을 나타낸다. 즉 그림 12-10에서와 같이 발전기에서 흘러 나가는 전류가 상전압보다 뒤질 때, 즉 발전기가 부하에 지상 무효전력을 공급하는 상태에서 Q가 양의 값을 갖는다.[8] $E_a \cos\delta = V_s$일 때 $Q = 0$인 역률 1의 임계여자상태이고 이를 기준으로 $E_a \cos\delta > V_s$ 이면 발전기가 지상 무효전력을 공급($Q > 0$)하는 과여자상태, $E_a \cos\delta < V_s$ 이면 진상 무효전력을 공급($Q < 0$)하는 부족여자상태가 된다.

예제 12-1

2.5 MVA, 6,600 V, 60 Hz 3상 동기발전기의 동기리액턴스가 10 Ω이다. 발전기 출력단자를 개방하고 측정한 선간전압이 7,260 V였다. (a) 발전기를 6,600 V 선로에 접속하였을 때 100 A의 전류가 흘렀다면 이때 발전기가 출력하는 유효전력 및 무효전력은 얼마인가? (b) (a)의 운전상태에서 부하각은 얼마인가? (c) 이 발전기가 최대로 공급 가능한 전력은 얼마인가? 전기자저항은 무시하는 것으로 한다.

(a) 개방상태에서 단자전압이 내부 유기기전력이다. 따라서

$$E_a = 7,260 / \sqrt{3} = 4,192 \text{ V}$$

전류의 크기만 주어져 있으므로 전류의 위상(뒤진 각도) θ를 페이서 관계식으로부터 구한다.

$$V_s = 6,600 / \sqrt{3} = 3,811 \text{ V}$$

$$\tilde{I}_a = 100(\cos\theta - j\sin\theta) \text{ A}$$

$$\begin{aligned} \tilde{E}_a &= \tilde{V}_s + jX_s\tilde{I}_a = 3,811 + j10 \times 100(\cos\theta - j\sin\theta) \\ &= 3,811 + 1,000\sin\theta + j1,000\cos\theta \end{aligned}$$

---

8 "지상 무효전력을 공급한다"는 것은 발전기의 전압과 같은 방향으로 정의된 전류(발전기식 표기)가 전압에 뒤진 위상이라는 뜻으로, "진상 무효전력을 소비한다"는 말과 같다. 즉 전압과 반대 방향으로 정의된 전류(전동기식 표기)가 전압에 앞선 위상이라는 뜻이다. 이처럼 '공급'한다는 표현은 발전기식 표기법을, '소비'한다는 표현은 전동기식 표기법을 전제로 한다. 지상 진상을 명시하지 않고 그냥 무효전력을 소비, 또는 공급한다고 하는 경우에는 지상 무효전력을 뜻한다.

$$E_a^2 = (3,811 + 1,000\sin\theta)^2 + (1,000\cos\theta)^2$$

$$4,192^2 = 3,811^2 + 1,000^2 + 7,622,000\sin\theta$$

$$\sin\theta = 0.270$$

$$\cos\theta = \sqrt{1 - 0.270^2} = 0.963$$

이로부터 3상 전력은 아래와 같이 계산된다.

$$P = 3V_s I_a \cos\theta = 3 \times 3,811 \times 100 \times 0.963 = 1,101 \text{ kW}$$

$$Q = 3V_s I_a \sin\theta = 3 \times 3,811 \times 100 \times 0.270 = 309 \text{ kVAR}$$

(b) 부하각은 $\tilde{E}_a$의 위상각이므로 위의 $\tilde{E}_a$표현식으로부터

$$\delta = \sin^{-1}\frac{1,000\cos\theta}{4,192} = 13.3°$$

혹은 식(12-7)로부터 다음과 같이 구할 수도 있다.

$$\delta = \sin^{-1}\left(\frac{X_s}{3V_s E_a}P\right) = \sin^{-1}\left(\frac{10}{6,600 \times 7,260} \times 1,101\text{k}\right) = 13.3°$$

(c) 식(12-9)로부터

$$P_{max} = \frac{3V_s E_a}{X_s} = \frac{6,600 \times 7,260}{10} = 4.79 \text{ MW}$$

이상에서는 발전기의 손실을 고려하지 않았으나 실제의 동기발전기는 전기자에서 동손과 철손이 발생하고 계자에서도 손실이 일어난다. 계자를 별도 전원으로 여자할 때는 발전기 전체 입력이 원동기에서 공급되는 기계적 동력에 계자손실을 더한 것이지만 계자가 축에 직결된 여자용 발전기로 여자되는 브러시리스여자방식의 경우에는 계자의 소모전력도 원동기가 공급하는 기계적 동력에 포함된다. 11-4절에서 설명했듯이 고정자 철손도 기계적 손실의 형태로 나타나며, 전체 입력에서 계자손실과 기계적 손실 및 철손을 제외한 나머지가 전기에너지로 변환되는 동력 P_{em}이고 이것이 그림 12-9에서 E_a가 방출하는 전력이다. 여기서 전기자 동손 및 기타 손실을 제외한 것이 발전기의 출력이다. 발전기가 교류계통에 접속된 경우 전압과 주파수가 일정하므로 철손은 일정하고, 또 속도가 일정하므로 기계적 손실도 일정하다. 따라서 보통 이들을 한데 묶어 회전손실로 취급한다.

예제 12-2

9 kVA, 208 V, 1,200 rpm, 3상 60 Hz Y결선 동기발전기가 있다. 계자권선의 저항은 4.5 Ω, 동기임피던스는 상당 0.3+ j5 Ω이다. 발전기가 정격전압으로 지상 0.8 역률의 정격부하에 전력을 공급하고 있을 때 계자전류는 5 A이다. 계자전류는 별도의 직류전원에서 슬립링을 통해 직접 공급되며 회전손실은 500 W이다. (a) 발전기의 효율과 (b) 원동기에서 가해지는 토크를 구하라.

(a) 발전기의 상전압 $V_s = 208/\sqrt{3} = 120 \text{ V}$

정격 전기자전류 $I_a = \dfrac{9,000/3}{120} = 25 \text{ A}$

발전기 출력 $P_{out} = 3V_s I_a \cos\theta = 3 \times 120 \times 25 \times 0.8 = 7,200 \text{ W}$

전기자동손 $P_R = 3I_a^2 R_a = 3 \times 25^2 \times 0.3 = 562.5 \text{ W}$

변환동력 $P_{em} = P_{out} + P_R = 7,200 + 562.5 = 7,763 \text{ W}$

원동기 입력 $P_M = P_{em} + P_{fw} = 7,763 + 500 = 8,263\ \text{W}$

총 입력 $P_{in} = P_M + I_f^2 R_f = 8,263 + 5^2 \times 4.5 = 8,376\ \text{W}$

따라서 발전기의 효율은

$$\eta = \frac{P_{out}}{P_{in}} = \frac{7,200}{8,376} = 86.0\ \%$$

(b) 계자손실이 별도로 공급되므로 원동기로부터 전달되는 입력에는 포함되지 않는다. 따라서

$$T_M = \frac{P_M}{\omega_s} = \frac{8,263}{1,200 / 60 \times 2\pi} = 65.8\ \text{N-m}$$

12-4 동기임피던스와 단락비

그림 12-9의 등가회로는 E_a와 그에 직렬인 임피던스 ($R_a + jX_s$)로 구성된 테브난 등가회로의 형태이다. 일반적으로 테브난 등가회로 요소들은 개방시험과 단락시험을 통해 결정할 수 있다. 단자를 개방시키고 개방전압을 측정하면 E_a가 구해지고, 단자를 단락시킨 상태에서 단락전류를 측정한 다음 개방전압을 단락전류로 나누면 동기임피던스가 구해진다. 그러나 동기기에서는 내부 기전력이 일정한 것이 아니라 계자전류에 따라 달라지며, 단락전류 역시 계자전류에 따라 다르다. 따라서 개방전압과 단락전류를 각각 계자전류를 변화시켜가면서 측정해야 할 필요가 있다.

특성시험과 동기리액턴스의 결정

그림 12-12의 (a)는 정격속도로 회전하는 발전기의 개방전압을 계자전류를 0에서부터 증가시켜가면서 측정한 것이다. 개방전압은 곧 유기기전력 E_a이므로 이 곡선은 계자전류와 유기기전력 사이의 함수관계를 나타내는 동기발전기의 **자화특성곡선**이다. 개방전압은 직선적으로 증가하다가 어느 이상 커지면 자기포화로 증가율이 둔화되는데, 포화되기 전 직선부위를 연장한 선을 **공극선** (air-gap line)이라 부르며, 이는 철심이 포화되지 않는다고 가정했을 때의 유기기전력을 나타낸다. 공극이 큰 기기일수록 이 공극선의 기울기가 작다.

단락전류특성은 발전기의 세 단자를 단락시키고 계자전류를 0에서부터 올려가면서 전기자전류를 측정하여 구한다. 개방전압과 달리 단락전류는 그림 (b)에서 보듯이 계자전류에 줄곧 비례하는 직선으로 나타나는데, 이는 **단락상태에서는 자기포화가 일어나지 않기 때문이다.** 발전기 단자가 단락된 상태에서 단자전압은 0이고, 이는 고정자 권선을 쇄교하는 공극자속이 0임을 뜻한다. 즉 단락상태에서 흐르는 전류가 만들어낸 고정자자속이 회전자자속을 완전히 상쇄한다. (실제로는 전기자저항과 누설리액턴스의 전압강하만큼의 기전력을 유기하는 약간의 자속이 남아있기는 하지만 그 크기가 매우 작다.) 철심의 자기포화는 공극 내에 '실제로 존재하는' 자속에 의해 일어나는 것이기 때문에 이처럼 공극자속이 매우 작은 상태에서는 자기포화가 일어나지 않고, 회전자자속과 고정자자속 역시 포화되지 않는다. 따라서 단락상태에서 회전자자속에 의해 유기되는 기전력은 그림 (a)에서 실선이 아닌 공극선의 기전력이며, 따라서 단락전류는 이 직선에 비례하는 모습으로 나타난다.

개방전압특성을 단락전류특성으로나누면 동기임피던가 구해진다. 전기자저항이 작기 때문에 이 값을 그대로 동기 리액턴스로 취해도 실용상 문제가 없다. 그림 12-12(c)는 이렇게 구해진 동기리

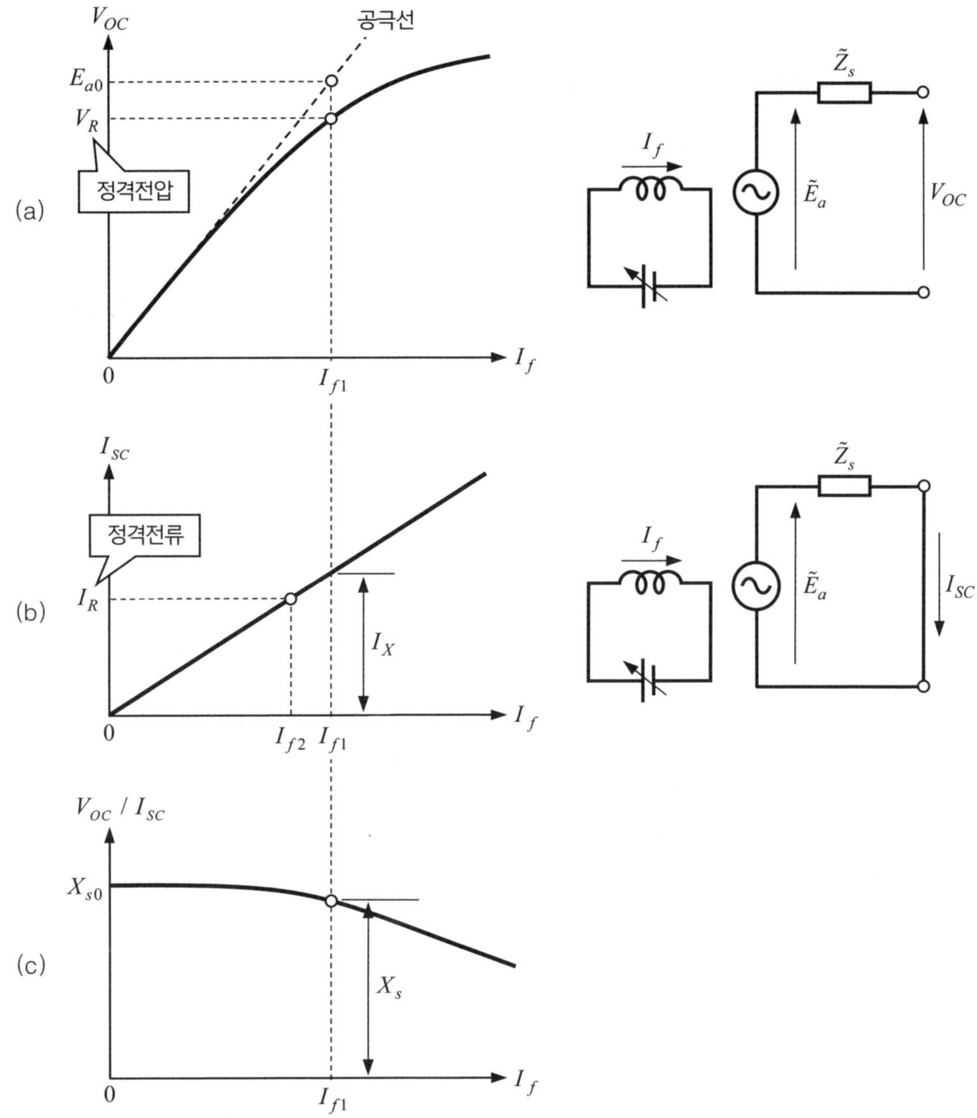

그림 12-12 (a) 개방전압특성 (b) 단락전류특성 (c) 동기리액턴스

액턴스를 나타낸 것으로, 개방전압이 직선인 영역에서는 거의 일정한 값(X_{s0})을 유지하며, 이를 포화전동기리액턴스라 한다. 이후 개방전압이 포화됨에 따라 동기리액턴스는 점차 하강하는 모습을 보인다. 발전기가 운전 중 정격전압일 때의 공극자속은 개방전압이 정격전압일 때의 공극자속과 큰 차이가 없으므로 정상적 운전상태에서 작용하는 동기리액턴스로 개방전압이 정격전압일 때의 값을 취하며, 이를 **포화동기리액턴스**라 한다. 즉 그림의 개방전압이 발전기의 정격전압 V_R이 되는 계자전류 I_{f1}에서 단락전류가 I_X로 측정되었다면 동기리액턴스는 아래 식으로 계산된다.

$$X_s \approx \frac{V_R}{I_X} \tag{12-12}$$

비선형 코일에서 기자력의 합성과 자속

코일의 전류-자속간 함수관계가 오른편 그림과 같다고 했을 때

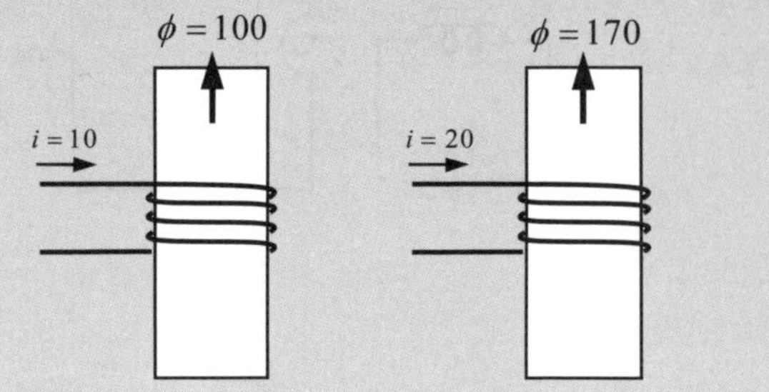

코일에 10의 전류가 흐르면 100의 자속이 생성된다.

20의 전류가 흐르면 170의 자속이 생성된다.

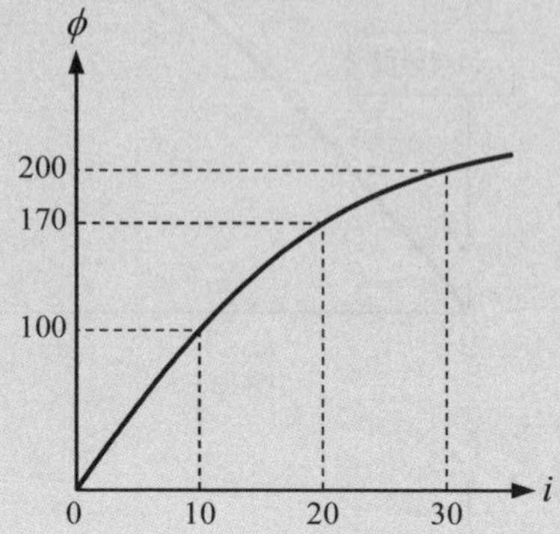

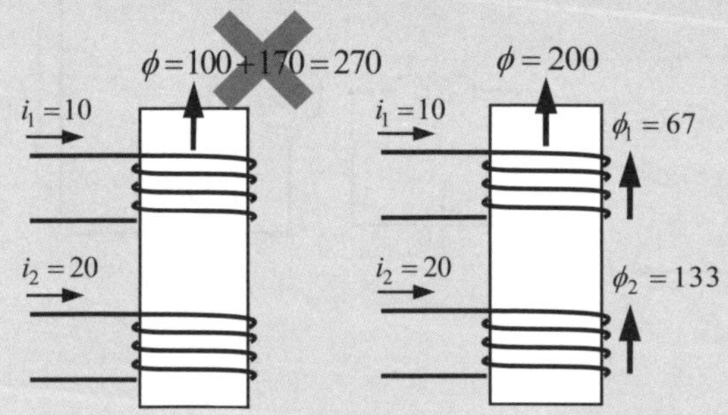

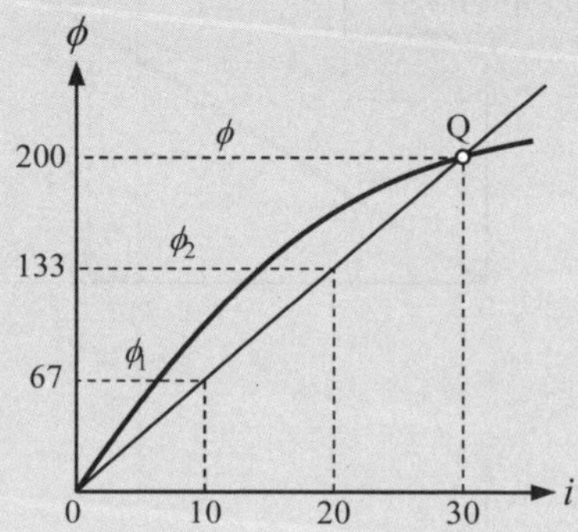

두 전류가 함께 흐르면 자속이 100+170=270이 될까? 이때의 자속은 두 코일의 합성기자력 30에 해당하는 자속 200이다. 즉 $\phi(i_1+i_2) \neq \phi(i_1)+\phi(i_2)$ 이다. 이처럼 비선형 관계에서는 중첩의 원리가 적용되지 않는다.

이때 전체 자속 중 두 코일이 각자 만들어내는 자속은 전류의 비율대로 67, 133이다. 즉 **실제 동작점 Q에서 정의된 전류와 자속 사이의 관계에 의해 두 자속성분이 결정된다.**

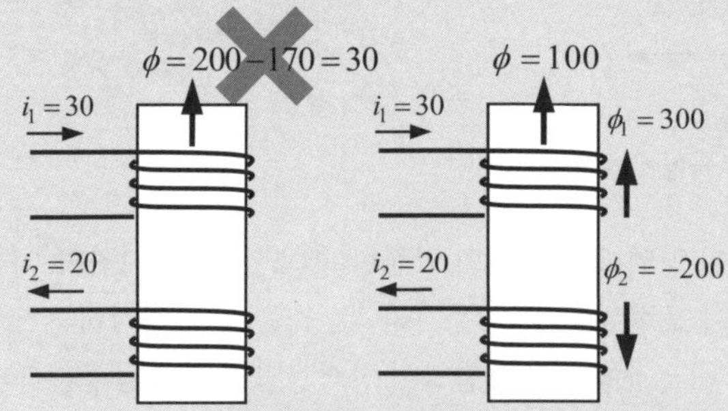

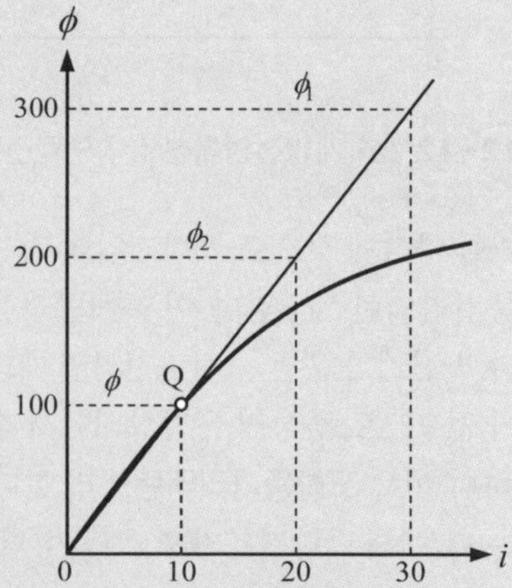

두 기자력이 반대 방향으로 합성되었을 때도 마찬가지이다. 이 경우 자속은 합성기자력 10에 의해 100이 되며, 이때 두 코일이 각자 만들어낸 자속은 실제 동작점 Q에서 정의된 전류와 자속 사이의 관계에 의해 결정된다. Q가 포화영역에서 벗어나 있으므로 각 코일에서 만들어진 자속도 포화되지 않은 자속이다.

유의할 점은, 식 (12-12)가 '자기포화가 일어난 상태'의 개방전압을 '자기포화가 일어나지 않은 상태'에서 흐르는 단락전류로 나눈 값이라는 점이다. (단락상태에서는 자기포화가 일어나지 않기 때문에 I_{f1}에서 단락전류가 흐르도록 작용하는 기전력은 V_R이 아니라 공극선상의 E_{a0}이며, 이때 작용하는 리액턴스는 포화전동기리액턴스 X_{s0}이다.) 그러나 실제 측정에서 개방상태의 포화된 기전력이 그대로 유지되도록 하면서 동시에 단락전류가 흐르게 할 수 있는 방법이 없기 때문에 식 (12-12)로 계산된 값을 일반적으로 동기리액턴스의 '근사적인 대표값'으로 사용한다.[9]

단락비

동기발전기의 특성을 나타낼 때 **단락비**(short-circuit ratio, SCR)라는 용어가 종종 사용된다. 그림 12-12는 개방된 단자에 정격전압이 나타나는 상태($I_f = I_{f1}$)에서 단자들을 단락시키면 I_X의 단락전류가 흐름을 말해주는데, 단락비는 이 단락전류가 정격전류의 몇 배나 되는지를 나타내는 수치이다. 여기서 단락전류 특성이 직선이라는 점에 유의하면 굳이 이 단락전류를 직접 측정하지 않고도 단락비를 계산할 수 있다.[10] 그림 12-12(b)에 나타낸 것과 같이 단락상태에서 정격전류 I_R이 흐르게 하는 계자전류를 I_{f2}라 한다면 아래의 비례식이 성립한다.

$$\frac{I_X}{I_R} = \frac{I_{f1}}{I_{f2}} \tag{12-13}$$

이로부터 단락비 K_S 는 다음과 같이 정의된다.

$$K_S = \frac{\text{개방전압이 정격전압인 계자전류}}{\text{단락전류가 정격전류인 계자전류}} \tag{12-14}$$

단락전류가 동기임피던스에 반비례하므로 단락비 역시 동기임피던스에 반비례한다. 만일 동기임피던스가 1 pu 라면 개방전압 E_a가 정격전압과 같을 때 단락전류도 정격전류와 같아지므로 단락비가 1이 될 것이다. 동기임피던스가 2 pu라면 단락비는 0.5가 된다. 즉 **단락비는 pu 동기임피던스의 역수이다**. 수식으로 표현하면,

$$K_S = \frac{V_R / Z_s}{I_R} = \frac{V_R / I_R}{Z_s} = \frac{Z_B}{Z_s}$$

따라서

$$K_S = \frac{1}{Z_{s,pu}} \approx \frac{1}{X_{s,pu}} \tag{12-15}$$

이상에서 I_{f1}과 I_{f2}를 측정하고 이들로부터 단락비를 구하면 pu 동기임피던스가 바로 결정된다.

단락비는 단락사고가 일어났을 때 얼마나 큰 전류가 흐르는지를 나타낸다. 단락비가 클수록 (동기임피던스가 작으므로) 단락사고에서 더 큰 전류가 흐른다. 그러나 **단락비가 실제 단락전류를 그대로 반영하는 것은 아니다**. 예컨대 정격전류 1,000 A 단락비 1.2인 동기발전기가 있다고 하자. 이 발전

---

9 동기임피던스는 상수가 아니라 발전기의 운전상태에 따라 달라지기 때문에 동기임피던스를 일정한 상수로 취급하는 것은 어떤 방식이건 근사적일 수밖에 없다. 특정 운전상태에서 동기리액턴스의 정확한 값을 구하기 위해서는 자화특성곡선상에서의 작도법 또는 수치해석법이 적용되어야 한다. 이에 관해서는 보다 상세한 문헌을 참고하라.

10 동기기의 단락전류는 정격전류보다 클 수도 작을 수도 있다. 단락전류가 정격전류보다 작을 경우에는 직접 측정해도 무방하지만 정격전류보다 클 경우, 특히 고가의 대형 발전기인 경우 직접 측정은 현실적으로 어렵다.

기에 단락사고가 일어났을 때 내부 유기기전력이 정격전압과 같은 크기였다면($E_a = V_R$) 실제로 단락전류가 정격전류에 단락비를 곱한 1,200 A가 될 것이다. 그러나 단락이 일어나기 직전 출력전압이 정격전압이었다 하더라도 E_a 는 정격전압보다 클 수도 있고 작을 수도 있다. 따라서 실제 단락전류도 1,200 A보다 클 수도 작을 수도 있다. 이러한 점에서 동기발전기의 단락비는 단지 '단락전류가 대략 어느 정도 크기일지 가늠하기 위한 하나의 지표'란 의미로 받아들여야 한다.

일반적으로 동기리액턴스의 크기는 1 pu에서 크게 벗어나지 않기 때문에(표 11-1) 단락비도 1 부근의 값이 된다. 수차발전기의 단락비는 0.8~1.2 정도이고 터보발전기의 단락비는 0.6~1.0 정도이다. 이러한 차이는 아래에서 설명하는 것과 같이 발전기의 구조와 관련되어 있다.

단락비와 발전기의 유형

동기기의 자화리액턴스는 공극의 크기에 좌우된다. 공극이 클수록 더 큰 기자력이 필요하므로 자화전류가 크고, 자화리액턴스는 작다. 따라서 **공극이 크면 단락비도 크다**. 이와 관련하여 동기발전기를 '공극이 작은 발전기'와 '공극이 큰 발전기' 두 유형으로 구분할 수 있다.

공극이 작으면 자속을 만들어내기 위한 철을 절약할 수 있어서 가볍고 크기가 작으며, 제작단가가 낮다. 철이 적게 사용되는 만큼 철손이 작고, 효율이 높다. 그러나 동기임피던스가 크기 때문에 부하전류의 변화에 따른 전압변동이 크다.(즉 전기자반작용이 크다.) 그리고 식 (12-9)의 최대출력이 낮아서 일시적 과부하상태에서 탈조되지 않고 버티는 능력, 즉 과도안정도가 떨어진다. 상대적으로 철보다 동의 비중이 높으므로 **동기계**(copper machine)라 부른다.

공극을 크게 만들면 큰 기자력을 공급하기 위해 계자가 커지고 자속을 생성하기 위한 철심의 크기도 커져야 한다. 따라서 기계가 전체적으로 크고 무거우며, 제작단가도 높아진다. 그리고 철손과 기계손의 증가로 효율이 떨어진다. 단락사고시 전류가 큰 대신 평상시 전압변동률은 작고, 자화리액턴스가 작은만큼 식 (12-9)의 최대토크가 커서 안정도가 향상된다. 앞의 경우에 비해 상대적으로 철이 많이 사용되므로 **철기계**(iron machine)라 부른다.

수차발전기는 공극이 큰(단락비가 큰) 철기계에 가깝고 터빈발전기는 공극이 작은(단락비가 작은) 동기계에 가깝다. 일반적으로 수차발전기처럼 외형이 큰 기계일수록 공극이 크고, 단락비가 커진다.공극을 작게 만들려면 전체 둘레에 공극에 편차가 생기지 않도록 정밀하게 제작되어야 하고, 통풍이 어려워지므로 냉각에 주의를 기울여야 한다. 즉 공극이 작은 것이 더 경제적이긴 하나 까다롭다. 반면에 공극을 크게 만들 경우 설계상 여유가 있고 안정성이 높은 반면 제작비가 상승한다. 최근에는 보호기술의 발전과 여자전류 제어의 고속화로 발전기 제어의 안정도가 전반적으로 향상되었기 때문에 단락비를 작게 하여 제작비를 줄이는 데에 주안점을 두는 경향을 보이고 있다.

단락비와 발전기의 자기여자

동기발전기가 무부하 상태의 긴 송전선에 연결되어 있을 경우 선로의 정전용량 때문에 유도발전기의 **자기여자**(10-8절)와 같은 현상이 일어날 수 있다. 계자전류가 흐르지 않는 무여자상태라도 잔류자속에 의해 유기되는 기전력에 의해 선로에 진상의 충전전류가 흐르면 이로 인한 증자작용으로 전기자 전압확립이 일어나고, 나아가 멀리 떨어진 선로 말단 쪽에 상당히 높은 전압이 나타날 위험성이 있다(페란티효과). 이때 단락비가 큰, 즉 공극이 큰 발전기는 자화전류가 많이 필요하므로 자기여자가 일어나기 위해서는 정전용량이 상당히 커야 하고, 자기여자가 일어날 가능성이 상대적으로 낮다. 따라서 휴지상태에 있던 장거리 송전선로를 충전할 때(정전, 보수 등으로 사용이 중지되었던 선로에 다시 발전기를 연결하는 경우)는 단락비가 큰 발전기가 사용된다. 선로 정전용량이 특히 큰 경우에는 자기여자를 피하기 위해 단락비가 1.5~1.8에 달하는 것이 사용되기도 한다. 이러한 이유로, 전체적으로는 경제성에서 유리한 작은 단락비의 발전기가 주종을 이룬다 해도 일부는 큰 단락비를 가지고 있을 필요가 있다. 수차발전기가 경제성이 떨어짐에도 불구하고 전력계통 운용에서 중요한 이유는 (원동기의 특성상) 출력을 신속하게 제어할 수 있다는 점만이 아니라 (발전기의 특성상) 단락비가 커서 선로의 초기충전용으로 적합한 특성을 지니고 있기 때문이다.[11]

12-5 동기발전기의 단독운전

대부분의 동기발전기는 전력계통에 연결되어 일정 전압, 일정 주파수 상태에서 운전되지만 단독으로 운전되기도 한다. 비상용 발전기, 도서나 벽지 등 애초에 전력계통에서 고립된 지역의 발전기, 그리고 선박이나 항공기, 차량의 발전기 등이 여기에 속한다. 단독운전에서는 전압의 크기와 주파수가 고정되지 않고 운전 조건에 따라 변할 수 있다. 운전 조건이란 (1) 원동기의 입력, (2) 계자전류, (3) 부하의 크기를 말한다. 전력공급자는 부하 변동에 대응하여 원동기 입력과 계자전류를 제어하여 발전기 출력전압의 크기와 주파수를 적정값으로 유지시켜야 한다.

자립형 발전기의 전압-전류특성

교류발전기에서는 부하전류의 크기와 출력전압의 크기 사이의 관계를 나타내는 전압-전류특성이 하나의 함수관계로 표현되지 않는다. 같은 전류라도 위상각(부하의 역률각)에 따라 내부 전압강하의 위상이 달라지고, 출력 전압의 크기도 달라지기 때문이다. 즉 부하전류가 커질 때 지상부하인지 진상부하인지에 따라 출력전압이 더 낮아질 수도 있고 오히려 높아질 수도 있다.

동기발전기가 부하에 1:1로 전력을 공급하고 있는 그림 12-13에서 E_a가 일정하다고 하자. 부하의 임피던스가 변하면 전류가 변하고 발전기의 출력전압 V_s가 변하게 된다. 내부 전압강하를 일으키는 동기리액턴스가 유도성이므로 순수한 유도성 부하라면 출력단 전압은 동기리액턴스와 부하리액턴스의 비율로 분압된 전압이 되므로 무부하전압보다 낮아질 것이다($V_s < E_a$). 반대로 부하가 순수한 용량성이라면 전류 위상이 반대가 되므로 전압강하가 반대로 나타나고, 따라서 출력단 전압이 무부하전압보다 높아지게 된다($V_s > E_a$). 이는 12-2절에서 서술한 전기자전류의 증자작용 및 감자작용을 등가회로상의 내부 전압강하로 표현한 것이다.

순수한 유도성이나 용량성이 아니라도 유사한 결과가 나타난다. 일반적인 부하 변동의 영향을 보기 위해 임피던스각은 그대로이면서 임피던스 크기만 변하여 전류의 크기가 2배가 되었다고 가정하자. 편의상 $\tilde{V}_s$를 기준페이서로 삼아 방향을 고정시켜 나타내면 일정한 부하 역률각에서 전류 $\tilde{I}_a$의 위상도 고정된다. 운전상태가 변함에 따라 $\tilde{V}_s$와 $\tilde{I}_a$의 크기가 변할 때 $\tilde{E}_a$는 일정한 반경의 원주상 어느 곳엔가에 놓이게 된다. 전류의 크기가 변하면 원주상의 $\tilde{E}_a$와 수평선상의 $\tilde{V}_s$ 사이를 잇는 $jX_s\tilde{I}_a$가 방향을 그대로 유지하면서 평행 이동한다. 따라서 전류의 크기가 2배가 되면 평행이동한 $jX_s\tilde{I}_a$의 길이가 이전의 2배가 되는 지점에서 새로운 $\tilde{E}_a$와 $\tilde{V}_s$가 결정된다. 그림의 페이서도에서

[11] 한국전력의 경우 100 MW 이상의 터보발전기는 0.35 이상, 수차발전기는 1.0 이상의 단락비를 갖도록 규정하고 있다.

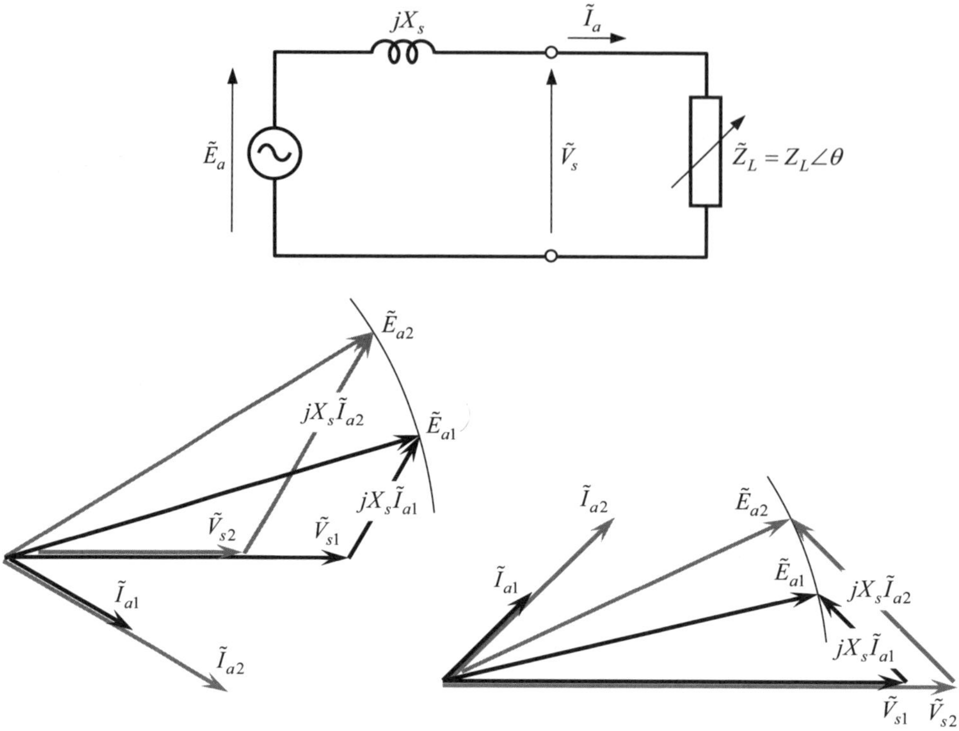

그림 12-13 단독운전시 부하전류의 변동에 대한 페이서도의 변화

전류가 증가할 때 왼편의 지상부하에서는 출력전압이 떨어지는 반면 오른편 진상부하에서는 출력전압이 높아지는 것을 볼 수 있다.

그림 12-14의 실선은 이런 식으로 결정된 발전기의 전압-전류 특성을 서로 다른 부하역률에 대해 보여주고 있다. 실제의 특성은 이와는 달리 점선으로 나타나는데, 그 이유는 E_a가 일정한 것이 아니라 실제로는 운전상태에 따라 달라지기 때문이다. 지상 전류에서 전압이 하락하는 것은 전기자반작

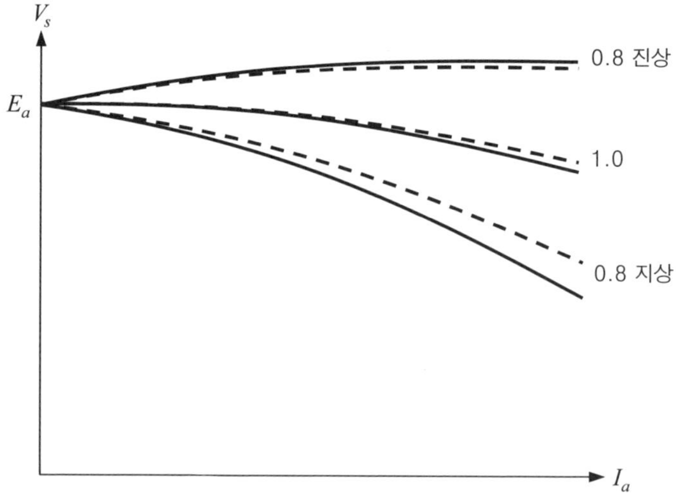

그림 12-14
부하전류 증가에 따른 출력전압의 변화를 나타내는 전압-전류특성

용의 감자작용으로 공극자속이 줄어들기 때문이다. 자속이 줄어들면 자기포화가 완화되므로 계자자속 성분이 커지고, E_a가 상승한다.(12-4절의 단락시험시 단자전압이 0이 되었을 때 내부 유기기전력이 공극선 전압이 되는 것이 그 극단적인 경우에 해당한다.) 따라서 출력전압의 하락이 일부 상쇄된다. 반대로 진상 전류에서는 증자작용으로 공극자속이 증가하면서 자기포화가 심화된다. 따라서 계자자속 성분이 줄어들어 E_a가 하락하고 출력전압의 상승이 일부 상쇄된다. 결과적으로 지상이나 진상 어느 경우건 **전기자반작용이 계자의 자기포화 정도에 영향을 미쳐 전압 변동을 완화시키는 쪽으로 작용**함을 알 수 있다.

전압변동률

위의 전압변동 특성은 아래의 **전압변동률**(voltage regulation)로 표현된다.

$$\varepsilon = \frac{V_0 - V_R}{V_R} \tag{12-16}$$

여기서 V_R은 전부하상태에서의 전압, V_0는 무부하상태에서의 전압을 나타낸다. 일반적으로 전압변동률은 그림 12-14처럼 무부하전압을 같이 놓는 것이 아니라 그림 12-15에서 보듯이 전부하 출력전압이 정격전압인 상태를 기준으로 계산된다. 일반적으로 동기발전기의 전압변동률은 부하역률 1.0에서 20 % 내외, 지상 0.8 역률에서는 30~40 % 정도이다.

전압변동률을 구하는 가장 확실한 방법은 먼저 정격전류에서 발전기 출력단자에 정격전압이 나타나도록 계자전류를 조정한 다음 부하를 차단하고 그때 나타나는 무부하전압을 측정하는 것이다. 직접 측정이 어려울 때는 정격부하 상태를 기준으로 E_a를 계산하여 이를 무부하전압으로 취할 수

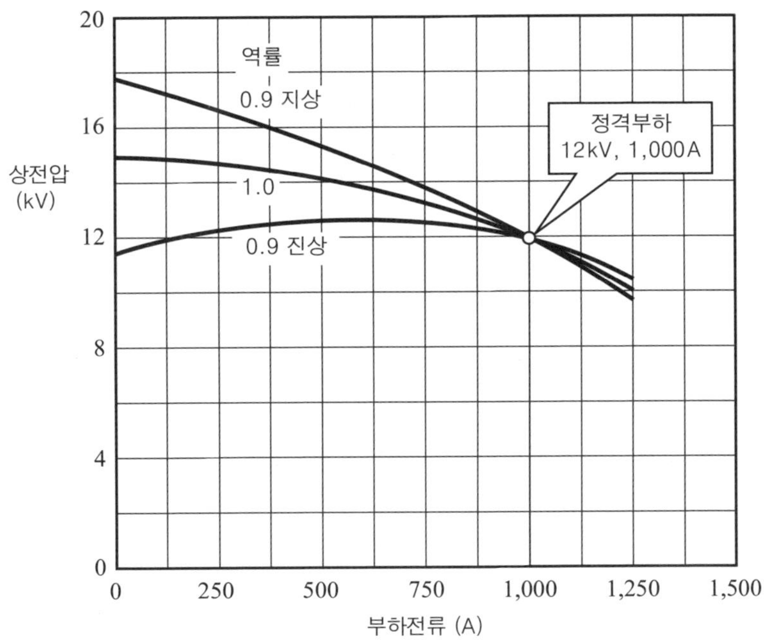

그림 12-15 정격 상전압 12kV, 정격전류 1,000A인 동기발전기를 서로 다른 역률의 전부하전류에서 정격전압이 되도록 조정한 전압-전류 특성

도 있다. 그러나 위에서 설명했듯이 실제 동작에서는 전기자반작용이 자기포화에 영향을 미쳐 전압의 변동폭이 줄어들기 때문에 그 효과를 고려하지 않고 계산을 통해 구한 전압변동률은 실제의 전압변동률보다 상당히 큰 값이 될 수 있음을 염두에 두어야 한다.

예제 12-3

480 V, 60 Hz, Y결선 6극 동기발전기의 상당 동기리액턴스가 1.2 Ω이다. 전부하 전기자전류는 지상 0.8 역률에서 60 A이다. 발전기의 개방전압(선간전압) 특성은 그림 12-16과 같고 계자전류는 무부하상태에서 단자전압이 480 V가 되도록 조정되어 있다. 전기자저항은 무시한다. (a) 지상 0.8 역률의 정격전류가 흐를 때 출력전압은 얼마인가? (b) 위의 정격부하 상태에서 출력전압이 정격전압이 되게 하기 위해서는 계자전류를 얼마로 하여야 하는가? (c) 0.8 지상역률에서의 전압변동률을 구하라.

(a) 전류의 크기와 위상을 알고 있을 때 단자전압이 주어진다면 $\tilde{E}_a = \tilde{V}_s + jX_s\tilde{I}_a$의 관계로부터 내부 유기기전력을 구할 수 있다. 역으로 지금과 같이 내부 유기기전력(개방전압)이 주어졌을 때는 단자전압을 $\tilde{V}_s = \tilde{E}_a - jX_s\tilde{I}_a$로 구해야 한다. 그러나 이때 역률로 주어진 전류의 위상이 구하고자 하는 $\tilde{V}_s$에 대한 각도이지 $\tilde{E}_a$에 대한 각도가 아니기 때문에 이렇게 해서는 직접 답을 얻을 수 없다. 대신 그림 12-17의 페이서도에 아래의 기하학적인 관계를 적용하여 단자전압을 결정할 수 있다. 즉

$$E_a^2 = (V_s + X_sI_a\sin\theta)^2 + (X_sI_a\cos\theta)^2$$

개방시 선간전압이 480 V일 때 내부 유기기전력은 $480/\sqrt{3} = 277$ V 이다. 따라서

$$277^2 = (V_s + 1.2\times 60\times 0.6)^2 + (1.2\times 60\times 0.8)^2$$
$$= (V_s + 43.2)^2 + 3{,}318$$

이로부터 V_s를 계산하면 227.7 V이고 선간전압은 394.5 V이다.

(b) 이 경우에는 출력전압이 주어져 있으므로 이로부터 내부 유기기전력을 구하고 개방전압 곡선으

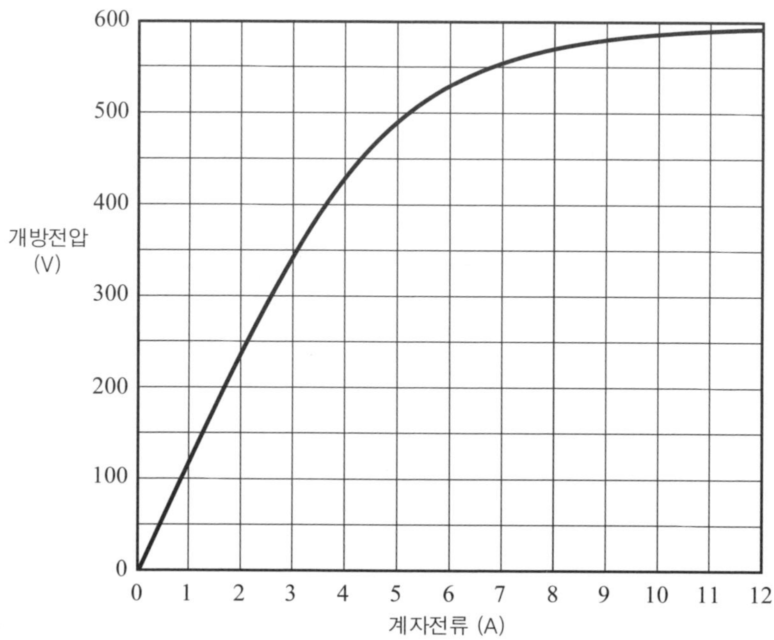

그림 12-16

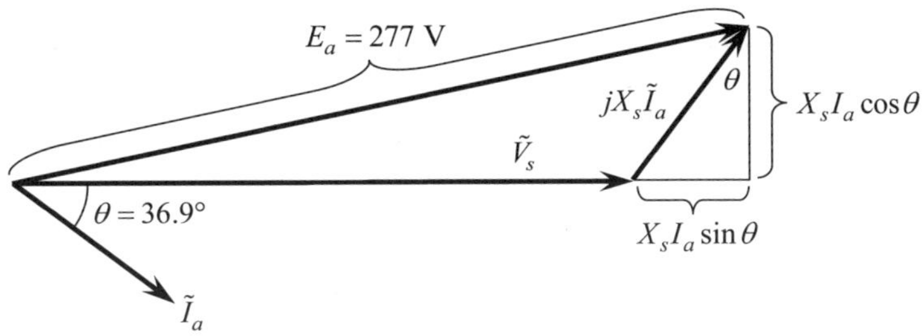

그림 12-17

로부터 유기기전력에 해당하는 계자전류를 구할 수 있다.

$$\tilde{E}_a = \tilde{V}_s + jX_s\tilde{I}_a = 480/\sqrt{3} + j1.2 \times 60(0.8 - j0.6)$$
$$= 320.3 + j57.6 = 325.5\angle 10.2°$$

그림 12-16으로부터 선간전압 $325.5\sqrt{3} = 564$ V에 해당하는 계자전류는 약 7.5 A이다.

(c) 식(12-16)의 정의식에 의해

$$\varepsilon = \frac{564 - 480}{480} = 0.175 = 17.5\ \%$$

전압 및 주파수와 출력전력 사이의 상관관계

동기발전기의 동기임피던스는 1 pu 내외로, 전압원의 내부 임피던스라기에는 지나치게 크고, 그 결과 전압변동률 역시 상당히 크다. 특히 동기임피던스가 유도성 리액턴스이므로 전압강하가 부하전류의 무효성분에 의해 크게 좌우되며, 유효성분에 의한 전압강하 효과는 상대적으로 작다. 이는 발전기 출력전압이 주로 발전기가 공급하는 무효전력에 의해 변동함을 뜻한다.

한편 출력전압의 주파수는 원동기의 속도에 의해 결정된다. 출력이 커지면 발전기가 원동기의 회전에 저항하는 토크 역시 커지는데, 이에 따라 원동기 속도가 떨어지면 주파수가 하락하게 된다. 여기서 토크는 유효전력에만 비례하고 무효전력에 무관하다. 따라서 주파수는 유효전력에 좌우된다. 무효전력도 출력전압의 변동을 야기하여 부하로 전달되는 유효전력에 변화를 일으킴으로써 주파수 변동의 간접적인 원인이 될 수 있지만 그 효과는 상대적으로 작다.

요컨대 **발전기의 유효전력은 출력전압의 주파수에 영향을 미치고 무효전력은 출력전압의 크기에 영향을 미친다.** 그림 12-18은 그 상관관계를 나타낸 것이다. 동기발전기의 제어와 운용에 있어서 이 관계는 매우 중요한 의미를 지닌다.

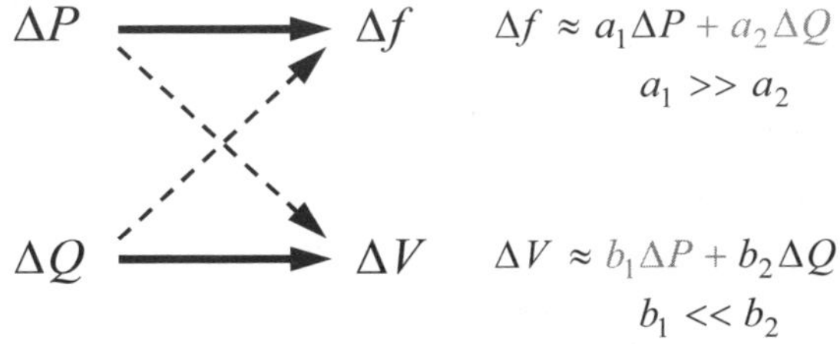

그림 12-18 발전기의 출력전력 변동과 발전전압의 크기 및 주파수 변동 사이의 상관관계

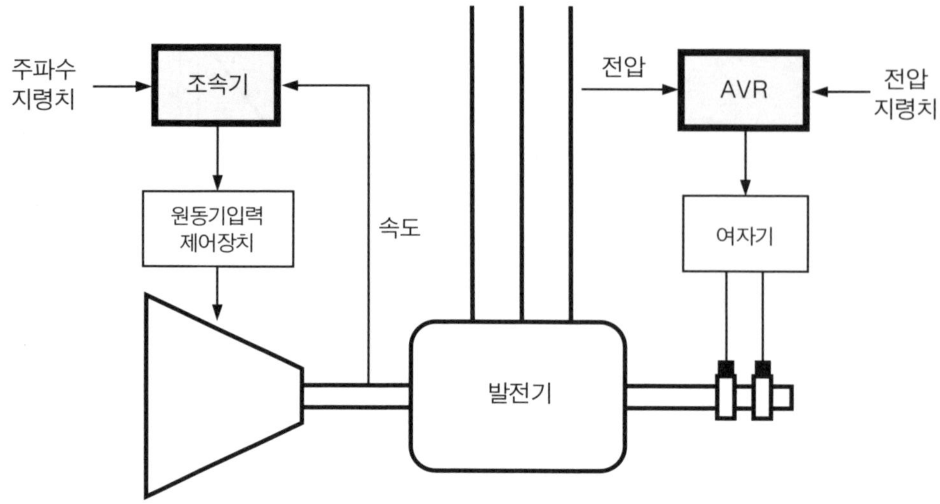

그림 12-19 동기발전기의 전압제어와 주파수제어

발전기의 제어

동기발전기는 큰 전압변동률 때문에 단지 발전기를 회전시켜주면서 계자에 일정한 전류를 흘려주는 것만으로는 안정적인 전원으로서의 동작을 기대할 수 없다. 동기발전기를 전원으로 사용하려면 출력전압을 유지하기 위해 부하 변동에 따라 계자전류를 끊임없이 키워주거나 줄여주는 제어가 이루어지고 있어야 한다. 여기에 사용되는 장치가 **자동전압조정기**(Automatic Voltage Regulator, AVR)이다. 자동전압조정기는 그림 12-19에 보인 것과 같이 발전기 출력단 전압을 검출하여 전압 지령치(정격전압)를 유지하도록 발전기의 여자장치를 통해 계자전류를 조정하는 제어기이다.

주파수 역시 일정하게 유지되어야 하는데, 이를 위해서는 부하의 유효전력이 변동한 만큼 원동기 입력을 변화시켜 속도를 일정하게 유지하는 제어가 이루어져야 한다. 수차발전기라면 유량조절용 수문이나 밸브를 조절해 주어야 하고, 화력발전에서는 투입되는 연료와 공기로, 원자력 발전에서는 감속제 조절로 열량을 제어함으로써 터빈에 공급되는 증기를 조절해 주어야 한다. 이와 같이 원동기의 동력을 제어함으로써 발전기의 주파수를 제어하는 장치를 **조속기**(governor)라 부른다.

모든 발전기들은 자동전압조정기와 조속기로 구성된 피드백 제어시스템을 갖추고 있다. 여기서 조속기와 전압조정기가 주파수와 전압을 부하 변동에 무관하게 항상 일정한 값으로 제어한다면 부하에서 본 발전기는 마치 일정전압 일정주파수의 이상적 교류전원인 것처럼 동작하게 될 것이다. 원동기가 항상 일정한 속도를 유지하도록 제어하는 조속기를 **등속조속기**(isochronous governor)[12] 라 하며, 발전기를 단독으로 운전할 때는 등속조속기 특성을 갖도록 하는 것이 바람직하다. 그러나 다른 발전기와 함께 병렬운전하거나 전력계통에 연결되어 운전될 때는 다음 절에서 설명하는 것과 같이 적절한 속도변동 특성을 갖도록 할 필요가 있다. 전압조정기도 마찬가지이다.

---

[12] Isochronous는 '등시성等時性'으로 번역되므로 isochronous governor를 통상 '등시조속기'라 부른다. 등시성이란 원래 진폭과 무관하게 일정한 주기를 유지하는 진자운동을 나타내는 용어이다. 시계에서 태엽이 풀리면서 느슨해지더라도 진자운동의 주기를 일정하게 유지시키는 보조장치를 등시조속기라 한 데서 유래한다. 회전운동에서는 매 회전주기가 일정하다는 뜻으로 해석할 수 있긴 하나, 발전기의 조속기에 합당한 용어라 보기 어려우므로 이 책에서는 등속조속기로 표현한다.

12-6 동기발전기의 병렬운전

두 대 이상의 발전기를 병렬로 운전할 때 요체는 적절한 부하분담이다. 직류발전기와는 달리 교류발전기에서는 유효전력만이 아니라 무효전력의 분담도 이루어져야 하며, 이는 조속기와 전압조정기의 제어특성과 밀접하게 관련된다. 실제 대부분의 발전기는 전력계통 모선에 접속되어 운전되는데, 이때 나타나는 제어특성도 병렬운전의 연장선상에서 설명할 수 있다.

발전기의 병입

병렬운전에는 운전 중인 시스템에 새로운 발전기를 **병입**(paralleling)하는 일이 따르게 된다. 그림 12-20(a)는 발전기 G1이 부하에 전력을 공급하고 있는 상태에서 G2를 병입하는 것을 보여주고 있다. 병렬운전을 위해서는 두 발전기의 전압과 주파수, 그리고 상순이 같아야 한다. 그러나 단순히 전압과 주파수가 같다 해서 무작정 병입했다가는 심각한 문제를 일으킬 수 있다. 두 발전기를 병렬로 운전하기 위해서는 양쪽의 '순시전압'이 같아야 한다. 순시전압이 같기 위해서는 기전력의 크기와 주파수만 아니라 위상도 일치해야 한다. 그러나 실제 순시전압이 완벽하게 같아지기는 불가능하므로 투입 과정에서 일어날 수 있는 문제를 최소화하기 위해 병입절차에 주의를 기울여야 한다.

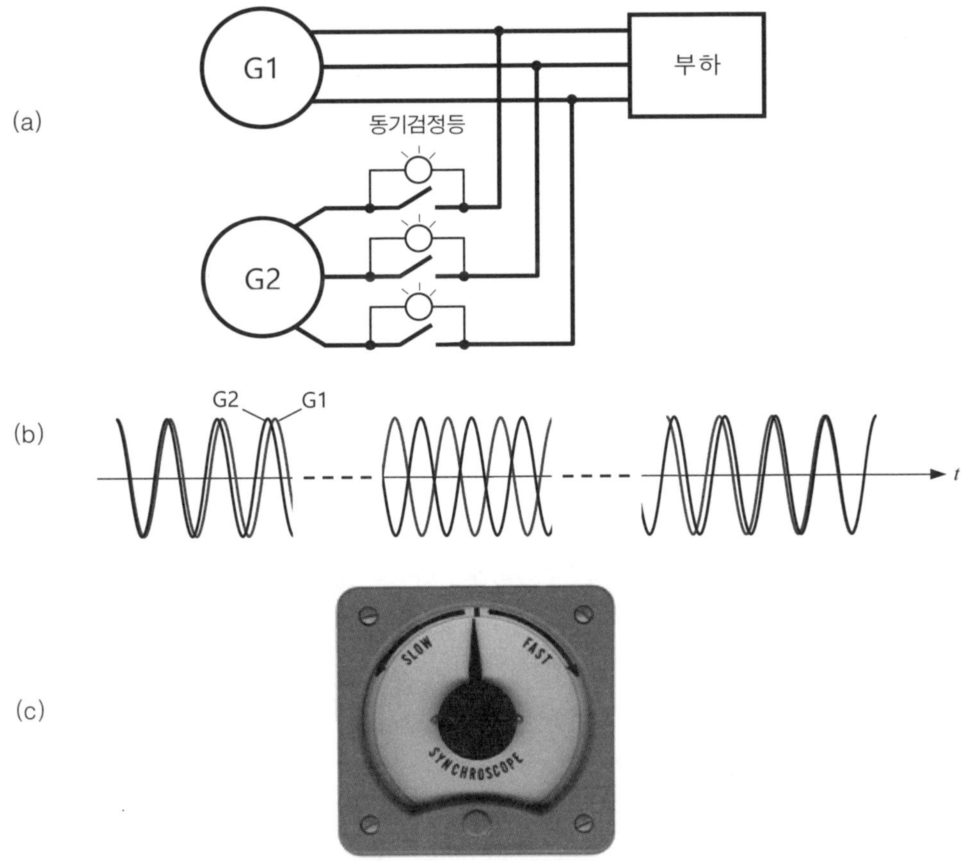

그림 12-20 (a) 병입되는 발전기와 동기검정등 (b) 전압파형 (c) 동기검정기

G2를 병입하기 위해서는 먼저 원동기를 정격속도 부근으로 올린 다음 계자전류를 투입한다. 그리고 전압이 계통전압과 같아지도록 계자전류를 조정한다. 그 다음 상순을 점검하는데, 소형 3상 유도전동기를 계통 쪽에 연결했다가 G2 쪽으로 전환하여 같은 방향으로 회전하는지 보고 상순이 같은지 판단할 수 있다. 혹은 그림에 보인 것과 같은 동기검정등을 사용하기도 한다. 양쪽 주파수에 차이가 날 때 (b)와 같이 위상이 일치했다 벌어졌다 하면서 전등이 어두워졌다 밝아졌다 하는 점멸동작이 일어나는데(예컨대 G1이 60 Hz, G2가 61 Hz라면 전등은 1 Hz로 점멸한다), 상순이 같다면 세 전등이 동시에 점멸한다. 만일 교대로 점멸한다면 상순이 잘못된 것이므로 G2의 세 단자 중 두 단자의 접속을 바꿔준다.

다음으로 원동기 속도를 조정하여 주파수를 계통 주파수에 근접시킨다. 이때 병입 직후 G2가 전동기로 동작하지 않도록 계통 주파수보다 약간(수분의 1 Hz 정도) 높게 설정한다. 주파수가 거의 같아지면 두 전압 사이의 위상차가 천천히 변하게 되며, 0°에 근접했을 때 스위치를 닫는다. 동기검정등을 사용한다면 전등이 가장 어두워졌을 때가 위상차 0°인 시점이다.[13] 그러나 육안에 의존하는 방법은 매우 부정확하므로 보통 (c)에 보인 동기검정기(synchroscope)를 사용한다. 동기검정기는 위상차가 0°일 때 위쪽 정중앙을 가리킨다. 투입발전기의 주파수가 더 높은 경우 위상차가 커지면서 바늘이 시계방향(FAST)으로 회전하고, 낮으면 반대(SLOW)로 회전한다. 따라서 바늘이 천천히 시계방향으로 회전하게끔 조절한 상태에서 중앙에 도달한 순간 접점을 닫는다. 이때 접점의 동작시간을 감안하여 약간 앞서서 닫는다. 일반적으로 투입 순간 위상차가 10°를 넘지 않아야 한다.

이러한 수동 투입절차는 작은 계통에서 작은 용량의 발전기를 병입할 때만 가능하며, 대형 발전기에서는 각 단계별 동작이 자동제어시스템에 의해 이루어진다.

발전기 병입시 부하분담

만일 그림 12-20에서 G2의 기전력과 주파수가 기존 발전기와 정확하게 일치하였다면 병입 직후 G2에는 전류가 흐르지 않고, 기존 발전기에 아무 영향을 미치지 않는 부유(floating)상태에 놓이게 된다. 이 상태에서 G2의 계자전류와 원동기 입력을 조절하여 G1이 공급하고 있던 부하의 유효 및 무효전력 일부를 분담하게 된다.

부유상태에서 G2의 계자전류를 조절하여 유기기전력을 키우거나 줄이면 11-5절에서 설명한 동기조상기와 같은 동작을 한다. 전류를 키워 과여자로 하면 커패시터 동작을, 전류를 줄여 부족여자로 하면 리액터 동작을 한다. G1에 지상 부하가 접속되어 있었다고 할 때 G2를 과여자로 하면 부하 무효전력의 일부를 상쇄하는(즉 대신 공급하는) 효과를 주어 G1이 공급하는 무효전력이 줄어든다. 지상 무효전력이 줄어들면 전압이 높아지므로 원래 전압으로 낮추려면 G1의 계자전류를 줄여야 한다. 반대로 G2를 부족여자로 한 경우에는 지상 무효전력을 소비하면서 G1에 더 큰 무효전력 부담이 가해지므로 전압이 떨어진다. 이때는 G1의 계자전류를 키워야 원래 전압으로 돌려놓을 수 있다. 요컨대 새로 투입한 발전기의 기전력을 높이거나 낮추면 그 영향으로 계통의 전압이 올라가거나 내려

---

13 검정등을 그림 12-20처럼 각각 같은 상 사이, A1-A2, B1-B2, C1-C2로 접속한 경우 동기되었을 때 모두 꺼진다. 이를 동시소등방식(dark lamp method)이라 한다. 차례로 한 상씩 어긋나게 A1-B2, B1-C2, C1-A2로 접속하면 동기되었을 때 모두 같은 밝기로 켜지는 동시점등방식(bright lamp method)이 된다. 하나는 같은 상 사이에, 둘은 서로 엇갈리게 하여 A1-A2, B1-C2, C1-B2 식으로 접속하는 방식을 교차점등방식(rotating lamp method)이라 하며, 이 경우에는 동기되었을 때 하나는 꺼지고 두 개는 같은 밝기로 켜진다. 교차점등방식이 주로 사용된다.

가며, 이를 다시 되돌리기 위해 기존 발전기의 계자전류를 조정해 주는 과정에서 무효전력의 배분이 이루어진다. 일반적으로 **발전기의 계자전류를 키울수록 무효전력 부담이 증가한다.**

한편 발전기의 유효전력은 계자전류에 상관 없이 원동기 입력에 의해 결정된다. G2가 다시 부유 상태에 있는 것으로 가정하자. 이때 G2의 회전자는 회전자계와 일치된 상태로 회전한다. 원동기 입력을 증가시키면 원동기의 토크로 회전자가 가속되어 공극자속보다 앞서게 된다. 그 결과 전기자에 전류가 흐르면서 회전자에 회전 반대 방향의 토크가 작용하고, 이 토크가 원동기 토크와 같아지는 각도에서 일정한 속도를 유지하게 된다. 이때 원동기 입력에 해당하는 일정한 동력이 공급되고, 전기자전류를 통해 계통에 유효전력이 유입된다. G2가 부하의 유효전력 일부를 부담함에 따라 G1의 유효전력 부담이 줄어들면 G1을 구동하는 원동기 속도가 올라가고, 따라서 주파수가 높아진다. 주파수를 이전 값으로 낮추려면 G1의 원동기 입력을 줄여야 한다. 즉 투입한 발전기를 통해 시스템에 공급되는 동력이 증가하면 계통의 주파수가 높아지는 효과가 나타나며, 이를 상쇄하기 위해서는 기존 발전기의 입력을 줄여야 한다. 결과적으로 기존 발전기의 유효전력 일부가 병입된 발전기로 전가됨으로써 유효전력 분담이 이루어진다.

일반적으로 발전기들은 각자 그림 12-19에 보인 조속기와 전압조정기를 지니고 있어서 투입된 발전기의 계자전류와 원동기 입력을 조정하면 기존 발전기의 전압조정기와 조속기가 선로의 전압과 주파수 변동에 반응하여 동작함으로써 부하 부담량을 조정하는 동작이 자동적으로 이루어지게 된다. 이때 **조속기는 유효전력의 분담에, 전압조정기는 무효전력의 분담에 관여한다.** 구체적인 부하 배분은 아래에 설명하듯이 조속기와 전압조정기의 특성에 의해 결정된다.

조속기 및 전압조정기로 제어되는 발전기의 특성

개별 발전기의 특성은 출력전압의 크기 및 주파수가 발전기의 운전상태, 즉 발전기가 부담하고 있는 부하의 크기에 어떤 함수관계를 갖는지에 의해 표현된다. 앞서 언급했듯이 출력전압의 크기는 무효전력에 좌우되고 주파수는 유효전력에 좌우된다. 따라서 전압의 크기는 무효전력의 함수로, 주파수는 유효전력의 함수로 나타낼 수 있으며, 이것이 발전기(및 원동기)의 특성이 된다. 그러나 조속기와 전압조정기에 의해 제어되고 있는 상태에서는 이러한 발전기 자체의 원래 특성이 아닌, 제어기에 설정되어 있는 함수관계가 곧 발전기의 '겉보기 특성'이 된다.

일반적으로 조속기는 그림 12-21에 보인 것과 같이 유효전력이 증가함에 따라 주파수가(즉, 원동기의 회전수가) 직선적으로 하락하는 특성을 갖도록 설정된다.(직선의 기울기가 0일 때가 등속조속기에 해당한다.) 이렇게 하는 이유는 발전기가 다른 발전기와 병렬로 운전될 때 부하분담이 안정적으로 이루어지도록 하기 위해서이다. 같은 계통에 접속된 발전기들은 모두 같은 주파수로 운전되므로 모두 같은 속도로 회전하게 된다. 만일 이들 각자가 등속조속기에 의해 제어되면서 서로 다른 속도(주파수)를 고수한다면 일종의 다툼(competition)이 일어나 병렬운전이 불가능해진다. 따라서 각 발전기의 주파수가 부담하는 전력에 어떤 상관관계를 가지면서 변동할 수 있도록 함으로써 여러 발전기가 함께 운전될 때 어떤 공통의 주파수에서 타협점이 만들어질 수 있도록 한 것이다.

조속기는 기본적으로 그림 12-21의 실선과 같이 발전기가 정격출력 P_R에서 정격주파수 f_R로 운전되고 무부하상태에서는 이보다 높은 f_0로 운전되도록 설정된다. 아래 식으로 표현되는 이 직선의 기울기를 **조속기울기**(governor droop, GD)라 한다.

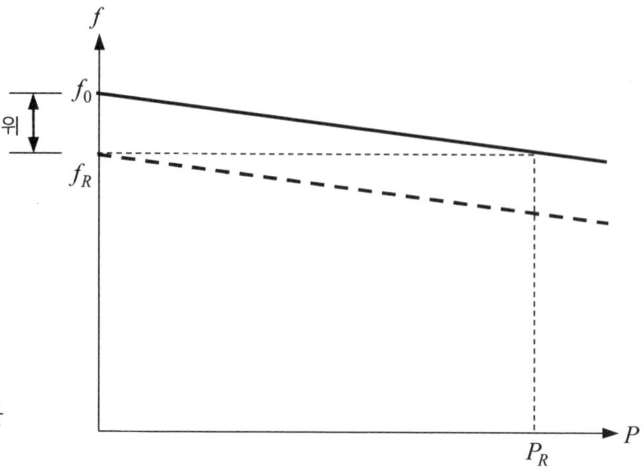

그림 12-21
조속기의 유효전력에 대한 속도 및 주파수 특성

$$GD = \frac{f_0 - f_R}{P_R} \text{ Hz/kW 또는 Hz/MW} \tag{12-17}$$

이 기울기는 고정되어 있지만 무부하주파수는 상위의 제어시스템에 의해, 혹은 수동으로 조정이 가능하다. 조정 범위는 그림의 실선에서부터 무부하주파수를 정격주파수에 일치시킨 점선까지이다. 그 조정범위의 폭이 정격주파수 대비 어느 정도 되는지를 아래의 **조속기 속도변동률**(governor speed regulation, GSR)로 나타낸다.

$$GSR = \frac{f_0 - f_R}{f_R} \tag{12-18}$$

발전기가 단독으로 운전되고 있을 때 그림 12-22에 보인 것처럼 처음 발전기가 정격주파수 f_R에서 정격 유효전력 P_R을 공급하고 있다고 하자(A점). 부하가 P_1으로 줄어들면 조속기의 목표주파수는 f_1이 되고, 따라서 조속기는 원동기에 투입되는 동력을 조절하여 f_1에 해당하는 속도로 원동기 속도를 끌어올리게 될 것이다(B점). 이 상태에서 주파수를 원래 주파수로 낮추고자 한다면 운전원(또는 상위 제어시스템)이 조속기의 무부하주파수 f_0를 줄여 곡선을 아래의 흐린 선으로 이동시킨다. 이에 따라 조속기는 해당 전력에서 주파수를 다시 f_R로 제어하게 된다(C점). 주파수를 일정

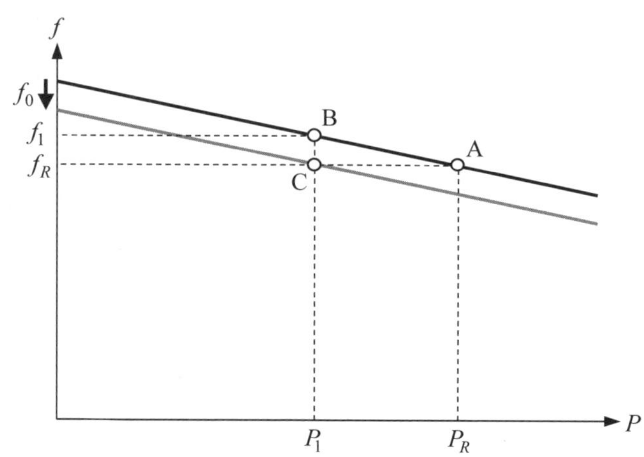

그림 12-22
유효전력 변동시 조속기의 제어

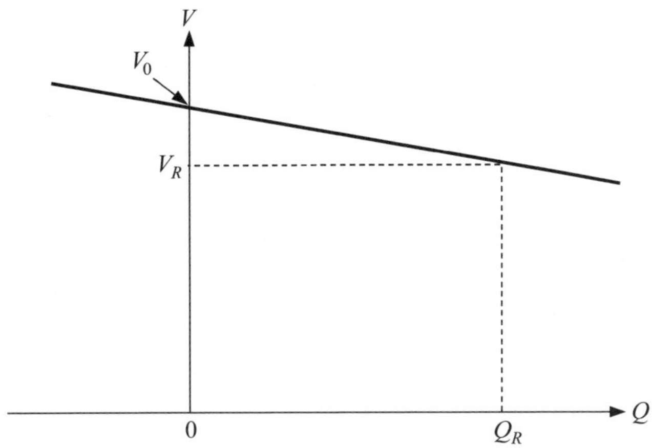

그림 12-23 전압조정기에 의해 제어되는 발전기의 무효전력에 대한 전압 특성

하게 유지하려면 이와 같이 유효전력의 증감에 따라 조속기의 무부하주파수 설정치(set point)를 조정해준다. 발전기가 단독으로 운전될 경우, 조속기 자체가 등속조속기 특성을 갖도록 한다면 굳이 이처럼 하락특성의 조속기를 사용하면서 일일이 설정치를 조정할 필요가 없다. 그러나 여러 대가 함께 운전될 때는 이들 사이의 부하 배분을 적절히 통제하기 위한 상위 제어시스템이 있어야 하고, 여기서 각 발전기의 조속기마다 무부하주파수를 조절해 줌으로써 제어가 이루어지게 된다.

예제 12-4

단독 운전되는 발전기의 조속기울기가 1 Hz/MW이고 무부하주파수가 61 Hz로 설정되어 있다. 1,000 kVA 지상 0.8 역률의 부하가 접속되어 있다면 (a) 출력주파수는 얼마인가? (b) 추가로 800 kW 지상 0.7 역률의 부하가 접속된다면 주파수는 어떻게 되는가? (c) 부하가 추가된 후 60 Hz로 맞추기 위해서는 어떤 조치를 취해야 하는가? 전압은 일정하게 유지되고 있는 것으로 가정한다.

(a) 부하의 유효전력은 800 kW이다. 주파수가 1 MW당 1 Hz의 비율로 떨어지므로 동작주파수는 무부하주파수보다 0.8 Hz 낮은 60.2 Hz이다.

(b) 부하가 추가된 후 총 유효전력이 1,600 kW이므로 무부하주파수보다 1.6 Hz 낮은 59.4 Hz가 된다.

(c) 주파수를 59.4 Hz에서 60 Hz로 높이기 위해서는 조속기 특성곡선을 전체적으로 0.6 Hz 위로 이동시켜야 한다. 따라서 무부하주파수 설정치를 61 Hz에서 61.6 Hz로 높여준다.

조속기가 발전기의 유효전력에 대응하여 동작하듯이 전압조정기는 발전기의 무효전력의 변화에 대응한다. 즉 그림 12-23과 같이 발전기가 공급하는 무효전력의 증가에 따라 출력전압이 직선적으로 떨어지는 함수관계를 갖도록 만들어진다. 여기서의 제어특성은 V/kVAR 또는 V/MVAR 단위의 직선의 기울기와 무부하전압 설정치 V_0에 의해 결정된다. 무효전력이 변할 때 출력전압의 제어는 앞의 조속기 제어와 마찬가지로 무부하전압 설정치의 조절을 통해 이루어진다.

병렬운전의 부하분담

병렬운전에서의 부하분담이 제어기의 특성과 구체적으로 어떻게 연관되는지 먼저 아래의 예제를 통해 살펴보기로 한다.

예제 12-5

병렬운전하고 있는 60 Hz, 500 kW 발전기 A와 60 Hz, 250 kW 발전기 B가 있다. 두 발전기의 속도변동률은 모두 4%이다. 두 발전기가 60 Hz에서 400 kW의 전력을 균등분담하고 있다. 부하가 600 kW로 증가하였다면 새로운 운전상태에서 주파수와 각 발전기가 분담하는 부하는 얼마가 되는가?

속도변동률이 4 %이므로 주파수변동폭이 $60 \times 0.04 = 2.4$ Hz이다. 이에 해당하는 하락율은

$$GD_A = \frac{2.4 \text{ Hz}}{0.5 \text{ MW}} = 4.8 \text{ Hz/MW}$$

$$GD_B = \frac{2.4 \text{ Hz}}{0.25 \text{ MW}} = 9.6 \text{ Hz/MW}$$

따라서 처음 두 발전기가 각각 0.2 MW로 동작하고 있으므로 무부하주파수 설정치는

$$f_{0A} = 60 + 4.8 \times 0.2 = 60.96 \text{ Hz}$$

$$f_{0B} = 60 + 9.6 \times 0.2 = 61.92 \text{ Hz}$$

그림 12-24의 Q는 이 상태의 동작점을 나타내고 있다. 여기서 부하가 증가하면 두 발전기의 유효전력이 증가하면서 주파수가 하락한다. 그림의 A와 B는 부하가 600 kW로 증가한 후의 동작점을 나타낸다. 이때 주파수를 f 라 하였을 때 다음의 관계가 성립하는 것을 알 수 있다.

$$P_A : 200 = (60.96 - f) : 0.96$$

$$P_B : 200 = (61.92 - f) : 1.92$$

따라서

$$P_A = \frac{(60.96 - f)}{0.96} \times 200 = 208.3(60.96 - f) \text{ kW}$$

$$P_B = \frac{(61.92 - f)}{1.92} \times 200 = 104.2(61.92 - f) \text{ kW}$$

두 전력의 합이 600 kW여야 하므로

$$\begin{aligned} P_A + P_B &= 208.3(60.96 - f) + 104.2(61.92 - f) \\ &= 19{,}150 - 312.5 f = 600 \text{ kW} \end{aligned}$$

$$f = 59.36 \text{ Hz}$$

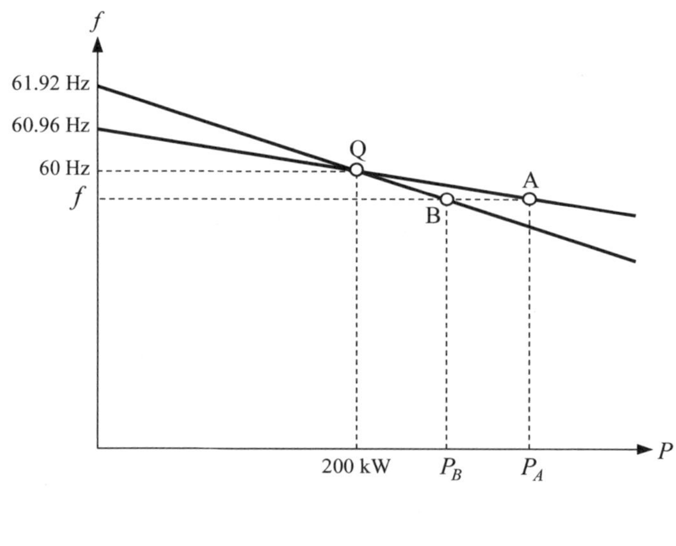

그림 12-24

이 주파수를 앞의 식에 다시 대입하면

$$P_A = 208.3(60.96 - 59.36) = 333.3 \text{ kW}$$
$$P_B = 104.2(61.92 - 59.36) = 266.7 \text{ kW}$$

위 예제에서와 같이 두 발전기의 조속기 속도변동률이 같다면 용량이 큰 쪽의 조속기울기 (Hz/MW)가 작다. 일반적으로 부하가 증가하면 기울기가 작은 쪽, 즉 **주파수를 일정하게 유지하고자 하는 경향이 강한 쪽이 더 많은 부하를 부담한다.** 따라서 용량이 큰 쪽이 부하를 더 많이 분담하게 된다. 예제의 경우 부하 증가량 200kW 중 2/3인 133.3kW가 발전기 A에, 1/3인 66.7kW가 발전기 B에 배분된 것을 알 수 있다. 이는 두 발전기 정격용량에 비례한다. 만일 두 발전기의 무부하주파수가 같게 설정되어 있었다면 전체 부하 600kW가 용량 비율대로 배분되었을 것이다. 이처럼 **두 발전기의 속도변동률이 같은 경우 무부하주파수를 일치시킨다면 자연스럽게 용량에 비례하는 부하분담이 이루어진다.** 물론 발전기들의 조속기 속도변동률은 일반적으로 같지 않으며, 필요한 만큼의 부하분담을 위해서는 각자의 무부하주파수 설정치를 개별적으로 조절해 주어야 한다.

예제 12-6

예제 12-5에서 부하가 600 kW가 된 후 발전기 A를 정격출력(500 kW)으로 끌어올리면서 동작주파수를 60 Hz로 맞춰주려면 어떻게 해야 하는가?

조속기울기는 앞의 예제에서와 같다. 따라서 두 발전기의 무부하주파수 설정치를 f_{0A}, f_{0B}라 하면 주파수가 60Hz가 되었을 때

$$GD_A = 4.8 \text{ Hz/MW} = \frac{f_{0A} - 60}{P_A}$$

$$GD_B = 9.6 \text{ Hz/MW} = \frac{f_{0B} - 60}{P_B}$$

여기서 $P_A = 500 \text{ kW} = 0.5 \text{ MW}$, $P_B = 100 \text{ kW} = 0.1 \text{ MW}$ 가 되어야 하므로

$$f_{0A} = GD_A \times P_A + 60 = 4.8 \times 0.5 + 60 = 62.4 \text{ Hz}$$
$$f_{0B} = GD_B \times P_B + 60 = 9.6 \times 0.1 + 60 = 60.96 \text{ Hz}$$

즉 발전기 A의 무부하주파수는 60.96 Hz에서 62.4 Hz로 높여주고 발전기 B의 무부하주파수는 61.92 Hz에서 60.96 Hz로 낮춰주어야 한다.

위 예제는 주어진 부하 600 kW를 두 발전기에 500 kW:100 kW로 배분하면서 동시에 주파수를 원하는 값으로 제어하는 것을 보여주고 있다. 즉 두 개의 변수 f_{0A}, f_{0B} 를 조정함으로써 주파수 f 와 전력배분비율 두 개의 변수가 제어된다. 발전기가 3대라면 주어진 부하에서 배분비율 조정은 발전기 2대의 출력 조정에 해당하고 여기에 주파수까지 3개의 변수가 세 발전기의 무부하주파수로 제어된다. 일반적으로 N대의 발전기가 병렬운전되는 계통에서 주파수 및 $N-1$개의 발전기 출력, 총 N개의 변수가 N개의 무부하주파수에 의해 제어된다. 발전기 출력전압의 크기와 무효전력의 배분 역시 전압조정기의 무부하전압 설정에 의해 같은 방식으로 이루어진다.(이러한 발전기 부하배분은 6-7절의 직류발전기 병렬운전에서 설명하였던 것과 같다.)

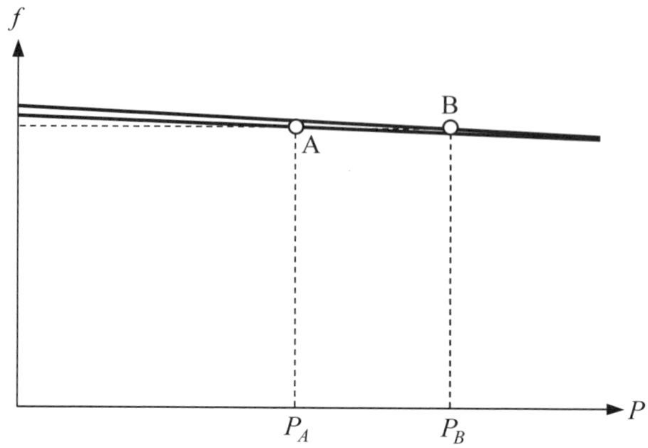

그림 12-25
하락율이 매우 작은 발전기의 병렬운전

부하배분이 안정적으로 이루어지기 위해서는 조속기와 전압조정기의 특성이 적절한 기울기를 가지고 있어야 한다. 그림 12-25와 같이 병렬운전되는 두 발전기의 조속기울기가 매우 작은 경우, 어느 한쪽의 무부하주파수를 조금만 변화시켜도 전력의 배분이 급격히 변하게 된다. 이처럼 작은 차이에 큰 영향을 받는 상태는 예컨대 자동차의 조향이 지나치게 민감하여 핸들을 조금만 돌려도 진행방향이 크게 변할 때와 같아서 안정적인 운전이 어렵게 된다. 따라서 속도변동률이 0에 가까운 등속조속기는 (지나치게 고집이 센 사람이 협동작업에 바람직하지 않은 것처럼) 병렬운전에 바람직하지 않으며, 너무 둔감하지도, 지나치게 민감하지도 않은 적정한 기울기를 지니고 있어야 한다. 일반적으로 병렬운전시 발전기의 조속기는 대략 3~5 % 정도의 속도변동률을 갖도록 하고 있다.

무한모선에서 운전되는 발전기

전력계통에는 수많은 발전기가 접속되어 있기 때문에 계통에 새로 발전기를 병입하여 유효전력과 무효전력을 추가로 투입하더라도 개개 발전기에서 전력의 변화가 미미하고, 주파수와 전압도 거의 영향을 받지 않는다. 등가회로 관점에서 보면, 선로를 공유한 수많은 발전기들을 하나로 묶어 테브난 등가회로로 표현했을 때 테브난 임피던스가 모든 발전기의 동기임피던스를 병렬합성한 것이므로 발전기 대수가 많아질수록 0에 근접한다. 즉 내부임피던스가 0인 이상적인 전원에 수렴한다. 이상적인 전원에는 새로운 발전기가 투입되거나, 투입된 발전기의 운전상태가 변화한다 해도 전압과 주파수가 변동하지 않고 일정한 값을 유지한다. 이를 **무한모선**(infinite bus)이라 부른다. 개별 발전기 입장에서 보면 이는 마치 일정주파수 일정전압의 발전기와 병렬운전하는 것과 같다.

그림 12-26은 주파수 f_{bus} 전압 V_{bus}인 무한모선에 접속된 발전기에서 조속기의 무부하주파수 설정치를 높였을 때 일어나는 변화를 보여주고 있다. 처음 발전기가 출력(유효전력)이 P_1인 A 지점에서 동작하고 있었다고 하자. 조속기의 설정치를 높여 곡선을 위로 이동시키면 조속기는 계통의 주파수를 B점의 주파수에 해당하는 속도로 끌어올리기 위해 원동기 입력을 증가시킨다. 이에 따라 원동기의 토크가 커지고 회전자가 가속되어 $\tilde{E}_a$의 페이서가 원주를 따라 이동하면서 위상(부하각)이 이전보다 더 앞서게 된다. $\tilde{E}_a$와 $\tilde{V}_s$ 사이의 차이가 커짐에 따라 전기자전류가 커지고, 출력이 증가한다. 출력이 증가하면 조속기의 목표주파수가 B점에서 오른쪽으로 이동하며 하락한다. 이때 계통의 주파수는 여전히 그대로이므로 조속기는 계속 원동기에 투입되는 입력을 증가시키고, 부하각이 더 커지면서 발전기 출력도 증가한다. 이에 따라 조속기의 목표주파수는 더 하락하고, 최종적으로 출력

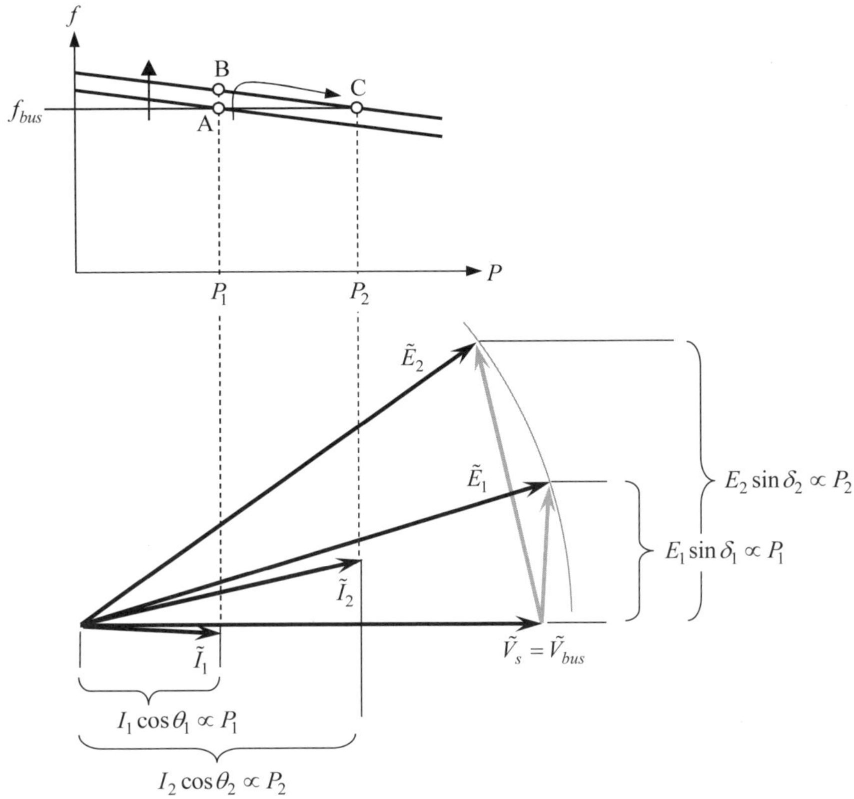

그림 12-26 무한모선 운전에서 조속기 무부하주파수 설정치를 높였을 때 유효전력의 변화

이 P_2 인 C 지점에 이르러 목표주파수가 계통주파수와 같아지면 원동기 입력의 증가가 멈추고 발전기는 P_2의 출력상태를 유지하게 된다. 결과적으로 $\tilde{E}_a$가 $\tilde{E}_1$에서 $\tilde{E}_2$로, $\tilde{I}_a$는 $\tilde{I}_1$에서 $\tilde{I}_2$로 변하면서 $E_a \sin\delta$ 성분과 $I_a \cos\theta$ 성분이 유효전력이 증가한 비율과 같은 비율로 커진다. 즉 주파수가 변동하지 않는 무한모선에서 조속기의 무부하주파수 설정치를 상승시키면 발전기의 유효전력 출력이 증가하는 것을 알 수 있다.

그림 12-27은 전압조정기의 무부하전압 설정치를 변경시켰을 때의 동작을 보여주고 있다. 발전기가 어떤 무효전력을 출력하고 있을 때, 무부하전압 설정치를 높여 전압조정기 특성을 위로 올려주면 전압조정기가 단자전압을 상승시키기 위해 계자전류를 증가시켜 유기기전력이 커진다. 이때 원동기에서 공급되는 동력은 일정하게 유지되고 있으므로 유효전력에 비례하는 $E_a \sin\delta$ 역시 일정하게 유지된다. 따라서 $\tilde{E}_a$는 수평의 궤적을 따라 이동하고 이에 대응하여 전류의 위상각이 변하면서 무효전력이 달라진다. 발전기가 출력하는 무효전력이 증가하면 전압조정기의 전압제어 목표치가 줄어든다. 모선전압은 변하지 않으므로 전압조정기는 계속 계자전류를 키우고, 그 결과 무효전력이 증가하면서 전압조정기의 목표치가 더 줄어들어 목표치가 모선전압과 같아지게 되면 계자전류가 더 증가하지 않고 무효전력량도 고정된다. 그림에서 무부하전압 설정치가 높을수록 $\tilde{E}_a$가 커지면서 전류의 위상각이 진상에서 지상 쪽으로 이동하고, 발전기가 부담하는 무효전력(지상의 무효전력)이 처음 음의 값이었다가 양의 값 쪽으로 증가하는 것을 볼 수 있다.

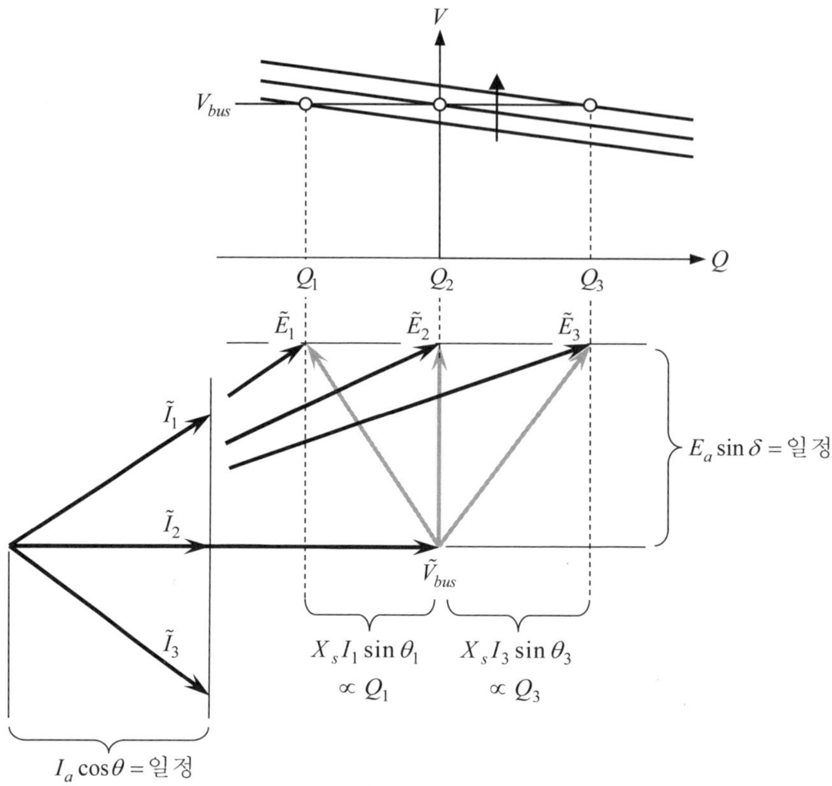

그림 12-27 무한모선 운전에서 전압조정기의 설정치를 높였을 때 무효전력의 변화

이처럼 주파수와 전압이 고정되어 있는 무한모선에 연결되어 운전되는 발전기에서는 조속기의 설정치를 조정하여 기계적 입력을 증가시켜도 주파수가 변하지 않고, 또 전압조정기의 설정치를 조정하여 계자전류를 증가시켜도 전압이 변하지 않는다. 대신 발전기가 계통으로 공급하는 유효전력과 무효전력이 변화한다. 요컨대 **무한모선에서 운전되는 발전기에서 조속기는 유효전력 제어기로서 동작하고, 전압제어기는 무효전력제어기로서 동작한다.**

12-7 동기발전기의 정격과 용량

동기발전기 정격의 주요 항목은 전압, 주파수, 속도, 피상전력, 역률, 계자전류, 과부하율 등이다. 비정상 운전상황에 관해서는 뇌서지 등을 견딜 수 있는 최대 내전압 한계, 갑자기 계통에서 분리되었을 때 원동기의 폭주를 방지하기 위한 최대 속도 한계 등이 있다. 기본적 정격사항은 11장에서 설명한 동기전동기와 같지만 발전기에서 특히 중요한 사항은 최대 유효/무효전력 공급능력이다.

정격운전점과 운전한계

11-6절에서 설명하였던 동기전동기와 마찬가지로 동기발전기 역시 정격 전기자전류와 정격 계자전류에 의해 운전범위가 제한된다. 그림 12-28은 동기발전기의 페이서도에서 정격 전기자전류와 정격 계자전류에 의해 결정되는 운전한계를 보여주고 있다. $\tilde{V}_s$, $\tilde{E}_a$, $jX_s\tilde{I}_a$가 이루는 페이서삼

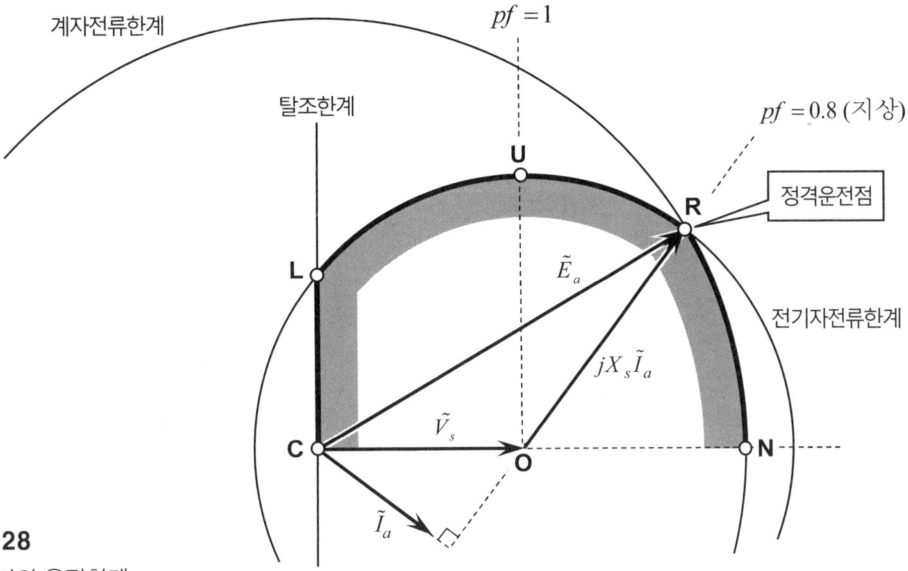

그림 12-28
동기발전기의 운전한계

각형의 꼭지점은 항상 이 범위 안에 있어야 하며, 그림에서와 같이 두 원이 교차하는 점 R에 놓였을 때가 정격운전상태에 해당한다.

정격운전점에서의 역률이 발전기의 정격역률로, 그림은 정격역률 0.8(지상)인 경우이다. 동기전동기는 정격역률 1인 것이 많지만 동기발전기는 무효전력 공급능력을 갖도록 0.8이나 0.85, 0.9의 정격역률로 만들어진다. 계자전류를 줄여 무효전력 공급능력을 사용하지 않으면 유효전력 출력을 정격보다 높일 수 있으며, U점이 유효전력을 최대로 공급하는 지점을 나타낸다. 유효전력 없이 무효전력만 최대로 공급하는 상태는 그림의 N점이다.

L점은 부하각이 탈조 한계 90°에서 최대로 전력을 공급하는 상태를 나타낸다. 그림은 전기자전류 한계의 반경이 정격전압보다 큰 $X_{s,pu}>1$ pu 인 경우를 나타낸 것으로, $X_{s,pu}<1$ pu 인 발전기의 경우에는 이 탈조한계가 존재하지 않는다. 즉 계자전류와 전기자전류가 정격을 벗어나지 않는 한 탈조가 일어나지 않는다.

용량곡선

교류발전기는 전력계통에서 요구하는 유효전력과 무효전력을 공급하는 데에 그 목적이 있으므로 최대로 공급할 수 있는 유효전력과 무효전력의 한계가 어떠한지가 주된 관심의 대상이 된다. 이를 그림으로 나타낸 것이 동기기의 **용량곡선**(capability curve)이다. 용량곡선은 본질적으로 그림 12-28의 운전한계와 같다. 그림 12-29의 페이서도에서 $jX_s\tilde{I}_a$를 빗변으로 한 직각삼각형의 세 변에 $3V_s/X_s$를 곱하면 유효전력과 무효전력, 그리고 피상전력으로 이루어지는 전력삼각형이 되는 것을 알 수 있다. 따라서 페이서도 전체를 $3V_s/X_s$배 해주고 $\tilde{V}_s$의 끝점(그림 12-28의 O점)을 좌표축의 원점으로 삼으면 횡축이 무효전력, 종축이 유효전력을 나타낸다. 이렇게 하였을 때 그림 12-28의 운전한계는 곧 발전기의 유효, 무효전력 한계가 된다. 이를 통상적인 관행에 따라 횡축을 유효전력, 종축을 무효전력으로 다시 그린 것이 그림 12-30의 용량곡선이다.

V_s를 정격전압 V_R로 놓고, 정격운전점에서의 E_a를 E_R로 나타냈을 때 그림 12-30에서 전기자

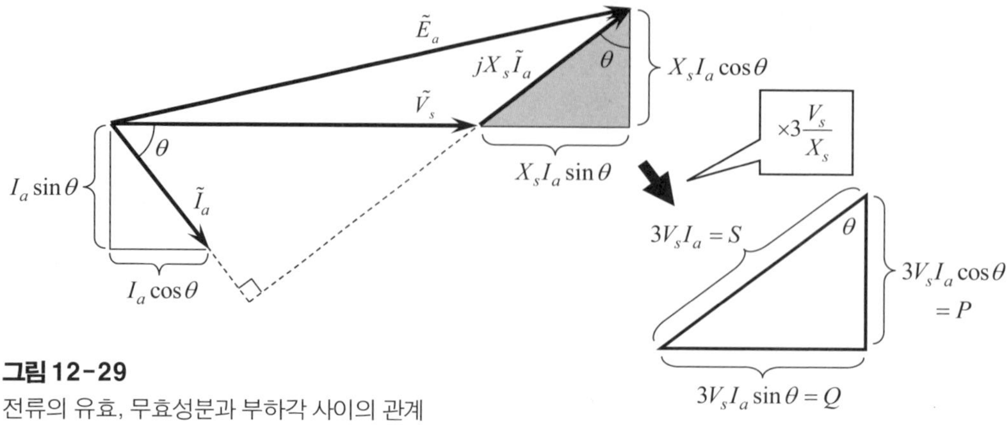

그림 12-29
전류의 유효, 무효성분과 부하각 사이의 관계

전류한계의 반경은 $3V_RI_R$로 발전기의 정격용량(정격 피상전력)이 되고 계자전류한계의 반경은 $3V_RE_R / X_s$로 발전기가 정격 계자전류에서 이론적으로 출력 가능한 최대 유효전력에 해당한다(식 (12-9)). 계자전류한계의 중심점 C는 계자전류가 0인 무여자상태를 나타낸다. 따라서 그 Q축상 좌표 $-3V_R{}^2 / X_s$는 계통전압에 의해 발전기에 여자전류가 흐르면서 유입되는 지상 무효전력(발전기가 계통에 공급하는 진상 무효전력)이다. 그 크기와 발전기 정격용량 사이의 비율($\overline{OC} / \overline{OD}$)은

$$\frac{3V_R^2 / X_s}{3V_RI_R} = \frac{V_R / X_s}{I_R} = \frac{Z_B}{X_s} = \frac{1}{X_{s,pu}} \tag{12-19}$$

로서 pu동기리액턴스의 역수, 즉 발전기의 단락비와 같음을 알 수 있다(식 (12-15)). 그림 12-30은 단락비가 1보다 작은($X_{s,pu} > 1$ pu) 경우로, 단락비가 1보다 큰($X_{s,pu} < 1$ pu) 발전기는 C점이 전기자전류한계를 벗어나 D로 표시된 지점의 아래쪽에 놓이게 된다.

발전기가 정격전류를 넘지 않고 최대로 출력할 수 있는 유효전력은 피상전력과 같으며(역률 1인 상태) 그때의 동작점은 U이다. 대개 원동기가 이 최대출력을 공급할 수 있도록 만들어지지만 원동기의 동력 한계가 정격출력점 R의 유효전력에 비해 약간의 여유밖에 가지고 있지 않은 경우라면 그림에서 보듯이 동작범위는 원동기 동력한계를 나타내는 직선에 의해 추가로 제한된다.

발전기가 계통에 공급할 수 있는 무효전력의 한계는 지상과 진상이 다르다. N점은 최대 지상 무효전력을 나타내는데, 항상 전기자전류한계 안쪽에 놓일 수밖에 없으므로 정격운전점의 무효전력량보다는 크지만 발전기의 정격용량보다는 작다. 즉 **동기발전기는 자신의 정격 피상전력만큼 지상 무효전력을 공급할 수 없다.** 한편 발전기가 공급할 수 있는 진상 무효전력의 최대치는 그림과 같이 단락비가 1보다 작은 경우 C점의 좌표에 해당한다. 이 값은 식 (12-19)에서 알 수 있듯이 정격 피상전력량에 단락비를 곱한 값이다. 단락비가 커질수록 최대 진상 무효전력이 증가하며, 단락비가 1보다 큰 발전기는 C점이 전기자전류한계를 벗어나므로 D점의 정격 피상전력으로 제한된다.

발전기의 탈조한계는 $\delta = 90°$인 C-L로 주어지는데, 이는 발전기가 무한모선에서 동작할 때 탈조되지 않고 운전할 수 있는 **안정도 한계**(stability limit)를 나타낸다. 그러나 발전기가 변압기를 통해 계통에 연결되는 경우(발전소의 발전기들은 체승변압기를 통해 고압 송전선로와 연결된다) 변압기의 누설리액턴스가 발전기의 동기리액턴스에 직렬이 되므로 마치 X_s가 증가된 것과 같은 효

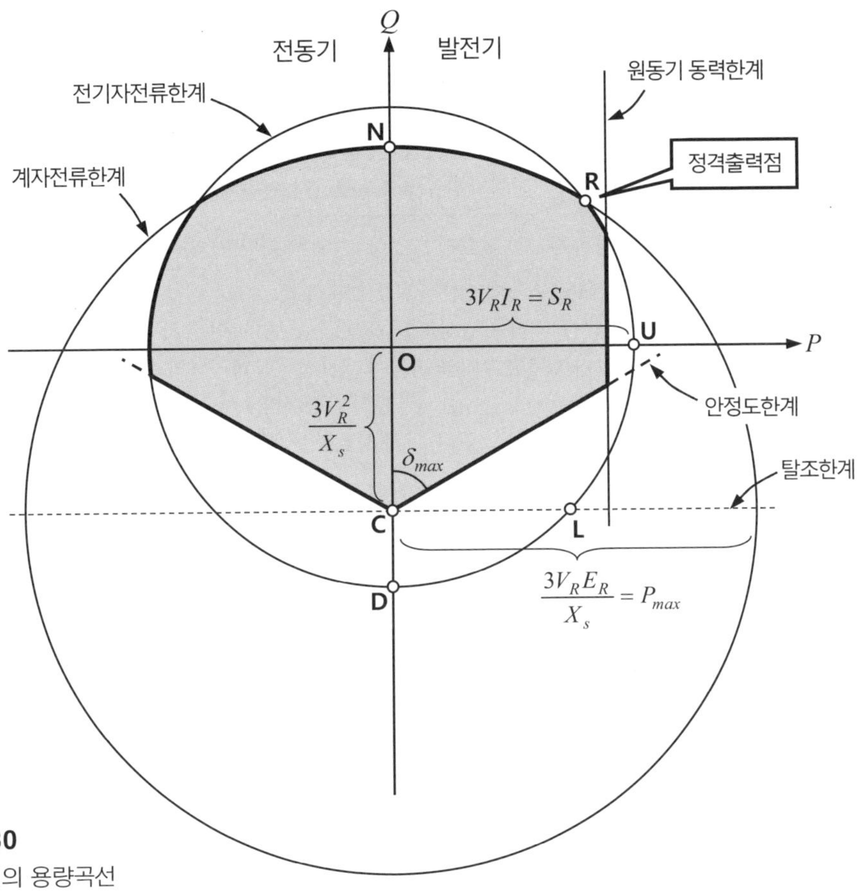

그림 12-30
동기발전기의 용량곡선

과를 주어 식 (12-9)에서 발전기가 취급할 수 있는 최대전력을 감소시킨다. 따라서 안전한 운전을 위해서는 부하각에 여유를 두고 그림에 나타낸 것과 같이 안정도 한계를 90°보다 작은 δ_{max}로 제한할 필요가 있다. 단락비가 1보다 커서 C점이 전기자전류한계 아래로 충분히 내려가 있는 경우라면 이 안정도 한계는 문제되지 않을 수 있다.

단시간정격과 과부하율

이상의 운전한계는 정상적인 연속운전을 전제로 한 것이다. 수 초 정도로 짧은 시간이라면 대부분의 발전기는 정격의 약3배에 이르는 과도적인 유효, 무효전력 출력을 감당할 수 있게 만들어진다. 그리고 수 분 정도까지는 과열로 인한 심각한 손상을 입지 않고도 정격 이상의 전력을 공급하는 것이 가능하다. 물론 전력량이 클수록 제한시간은 짧아진다. 이를 발전기의 단시간정격이라 한다.

발전기에 따라서는 1보다 큰 과부하율(service factor)을 가진 것이 있다. 예를 들어 과부하율이 1.15인 발전기는 명판에 표시된 정격의 115 %에 해당하는 전력(피상전력)을 큰 무리 없이 연속적으로 공급할 수 있다. 물론 원동기가 그만한 동력 공급이 가능함을 전제로 한다. 지정된 과부하율 이내에서 운전한다면 발전기가 손상되는 일은 일어나지 않지만 그렇다 해도 발전기는 항상 정격용량 범위 내에서 사용되어야 하며, 과부하율은 부하예측상의 오차나 예상치 못한 부하변동 등에 대비한 여유분으로 간주해야 한다.

예제 12-7

10 MVA, 정격역률 0.8, 단락비 0.85인 동기발전기가 무한모선에 접속되어 있다. 이 발전기의 정격 전기자전류와 정격 계자전류 범위 내에서 최대 유효전력 공급가능량, 최대 지상 무효전력 공급가능량 및 최대 진상 무효전력 공급가능량을 구하라. 그리고 정격 계자전류에서 발전기가 탈조하지 않고 최대로 공급 가능한 유효전력과 이때의 전기자전류(pu)를 구하라. 원동기의 동력한계는 고려하지 않는다.

---

10 MVA를 1로 놓고 용량한계곡선을 그리면 그림 12-31과 같다. 작도 순서는 다음과 같다.

1. 원점을 중심으로 반경 1인 전기자전류한계를 그린다.
2. 전기자전류한계 위에서 P축 좌표 정격역률 0.8, Q축 좌표 0.6인 위치가 정격운전점 R이다.
3. Q축의 원점에서 단락비 0.85만큼 아래 지점이 계자전류한계곡선의 중심 C이다.
4. C와 R 사이의 거리 1.66이 계자전류한계곡선의 반경이다.
5. C를 중심으로 R을 지나는 원을 그린다. 이 계자전류한계곡선이 Q축과 교차하는 지점 N의 좌표를 구하면 0.81이다.

굵은 선으로 표현된 용량곡선으로부터
최대유효전력 공급가능량(U): 10 MW
최대 지상 무효전력 공급가능량(N): 8.1 MVAR
최대 진상 무효전력 공급가능량(C): 8.5 MVAR
탈조한계 최대전력(M): 16.6 MW
M점의 원점으로부터 거리가 $\sqrt{1.66^2 + 0.85^2} = 1.86$이므로 이 지점에서 전기자전류는 1.86 pu이다.

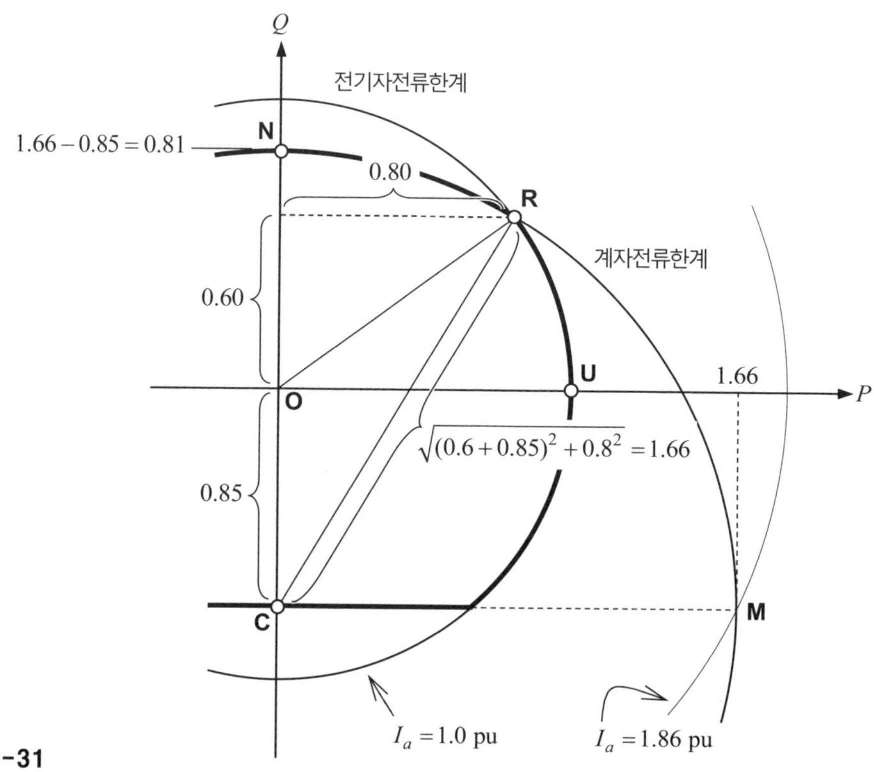

그림 12-31

12-8 단락 과도현상

교류발전기는 운전 중 여러 가지 비정상적인 상황에 놓이게 될 수 있다. 그 중 가장 중요한 문제가 되는 것이 단락사고이다. 단락사고도 여러 가지 유형으로 일어날 수 있으나 여기서는 3상 대칭단락에서 나타나는 과도현상을 개략적으로 살펴보기로 한다.

발전기 출력이 단락되면 단락전류가 흐른다. 동기발전기는 내부 임피던스로 작용하는 동기임피던스가 1 pu 내외로 상당히 크기 때문에 단락전류가 그렇게 크지 않을 것이라 생각하기 쉽다. 그러나 이는 단락 후 어느 정도 시간이 지나 정상상태에 이른 뒤의 전류, 즉 **지속단락전류**를 말하는 것이다. 실상은 단락사고 직후 그림 12-32에 보인 것과 같이 지속단락전류보다 훨씬 큰, 정격전류의 5~10배에 이르는 큰 전류가 흐른다. 이렇게 큰 과도전류가 어떤 이유로 흐르게 되는 것일까?

먼저 그림 12-33의 교류회로에서 스위치를 닫았을 때를 생각해 보자. 오른편의 그림에 흐린 선으로 그려진 i_{ac}는 스위치가 닫힌 후 최종적으로 흐르게 되는 정상상태 전류를 나타낸다. 처음 스위치가 닫힌 직후에는 회로의 인덕턴스 때문에 전류가 바로 이 정상상태 전류가 되지 못하고 0에서 시작된다. 따라서 초기 전류에 그림에 나타낸 것과 같이 I_0 만큼 차이가 생기고, 그 차이가 정상상태 교류전류에 중첩되는 직류성분이 된다. 이후 이 직류성분이 지수함수적으로 감쇠하여 사라지는 기간은

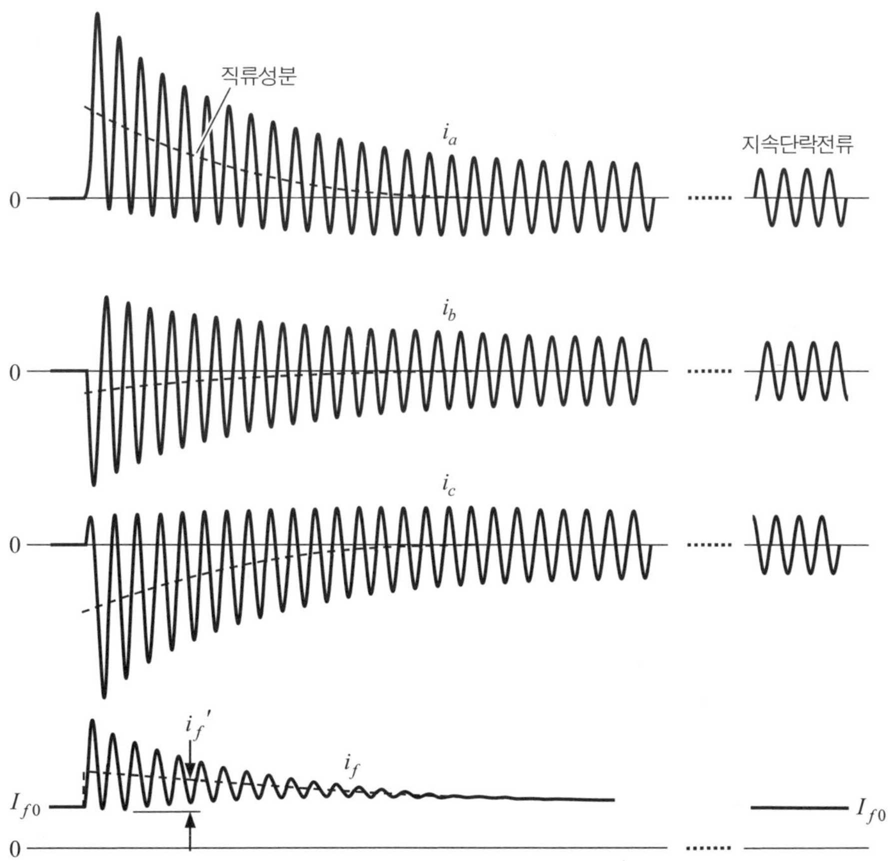

그림 12-32 3상단락이 일어났을 때 동기발전기 상전류와 계자전류의 과도현상

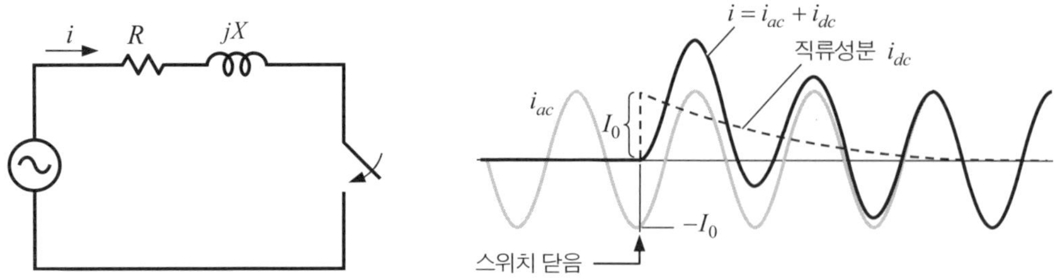

그림 12-33 직류과도성분의 발생

회로의 시정수(L / R [sec] 또는 X / R [rad])에 의해 좌우된다.

그림 12-32에 점선으로 나타낸 직류성분도 이와 같다. 단락 직후 전기자전류가 단락 직전 전류와 같으므로 그 시점에서 흘러야 할 정상상태 단락전류와의 차이만큼 직류성분이 중첩된다. 세 상 권선에 흐르는 이들 직류전류 성분은 지속기간 중 고정자 내부 어떤 위치에 고정된 정지자계 성분을 만들어내 회전자계의 중심점이 어느 한쪽으로 치우친 것과 같은 효과를 주게 된다. 회전자가 이 안에서 회전하면 정지자계 성분에 의해 계자권선에 교류기전력이 유기되고, 그 결과 계자에 교류성분 전류가 중첩된다. 따라서 그림 12-32에서 볼 수 있듯이 전기자전류의 직류성분과 계자전류의 교류성분이 서로 대응한다. 이들은 각자 전기자와 계자에서 저항손실을 일으켜 초기 직류성분이 지니고 있던 자기적 에너지가 소모됨에 따라 감쇠하여 사라진다.

그림 12-32를 보면 이 과도 직류성분 외에도 지속단락전류보다 훨씬 큰 교류성분이 중첩되어 있는데, 이에 대해서는 그림 12-34의 상당 등가회로를 통해 설명하기로 한다. 편의상 단락 직전 발전기가 개방상태였던 것으로 가정한다. 개방상태에서 단자전압 V는 계자자속 ϕ_0가 유기하는 기전력 E_0와 같다. 등가회로에서 동기리액턴스를 자화리액턴스 X_m과 누설리액턴스 X_l로 분리해서 나타내고 있음에 유의하라. 여기서 누설리액턴스의 자속성분을 제외한, 공극자속에 의해 유기되는 기전력이 E_g이고, 처음개방상태에서는 E_g 역시 E_0이다. 이 상태에서 단락이 일어나면 단락 직후 공극자속이 그대로 유지되므로 E_g가 단락 직전과 같은 크기를 유지하고, 따라서 전기자에 E_0 / X_l의 전류가 흐르게 된다(전기자저항은 무시한다). 즉 단락 직후에는 누설리액턴스 X_l만에 의해 전류가 제한되므로 지속단락전류 E_0 / X_s 보다 훨씬 큰 전류가 흐른다.

단락 직후 큰 전기자전류에도 불구하고 공극자속이 일정하게 유지되는 것은 계자에 기존의 계자전류 I_{f0}에 중첩하여 i_f'의 유도전류(그림 12-32에서 계자전류의 직류성분)가 흘러 전기자전류의 기자력을 상쇄하기 때문이다. (등가회로상에서 이는 계자전류의 증가로 내부 유기기전력이 이전보다 훨씬 커져서 jX_m에서 일어나는 전압강하에도 불구하고 E_g가 그대로 유지되는 것으로 표현된다.) 이후 유도전류가 흐르면서 일어나는 손실로 자기에너지가 소모되면서 공극자속이 줄어들면 E_g가 줄어들고, 전기자전류와 그에 대응하는 계자의 i_f'도 줄어든다. 최종적으로 전류는 정상상태 지속단락전류 I_{ss}에 수렴하고 계자전류도 처음 상태(I_{f0})로 돌아간다. 그 과정이 그림 12-32에서 전기자전류의 교류 과도성분과 그에 대응하는 계자전류의 직류 과도성분 i_f'의 변화로 나타난다.

위에서 단락직후 전기자전류가 누설리액턴스 X_l에 의해 제한된다고 하였으나, 계자권선의 누설리액턴스 X_{fl} 역시 단락전류를 억제하는 역할을 한다. 전기자전류의 급증에 반응하여 전기자전류

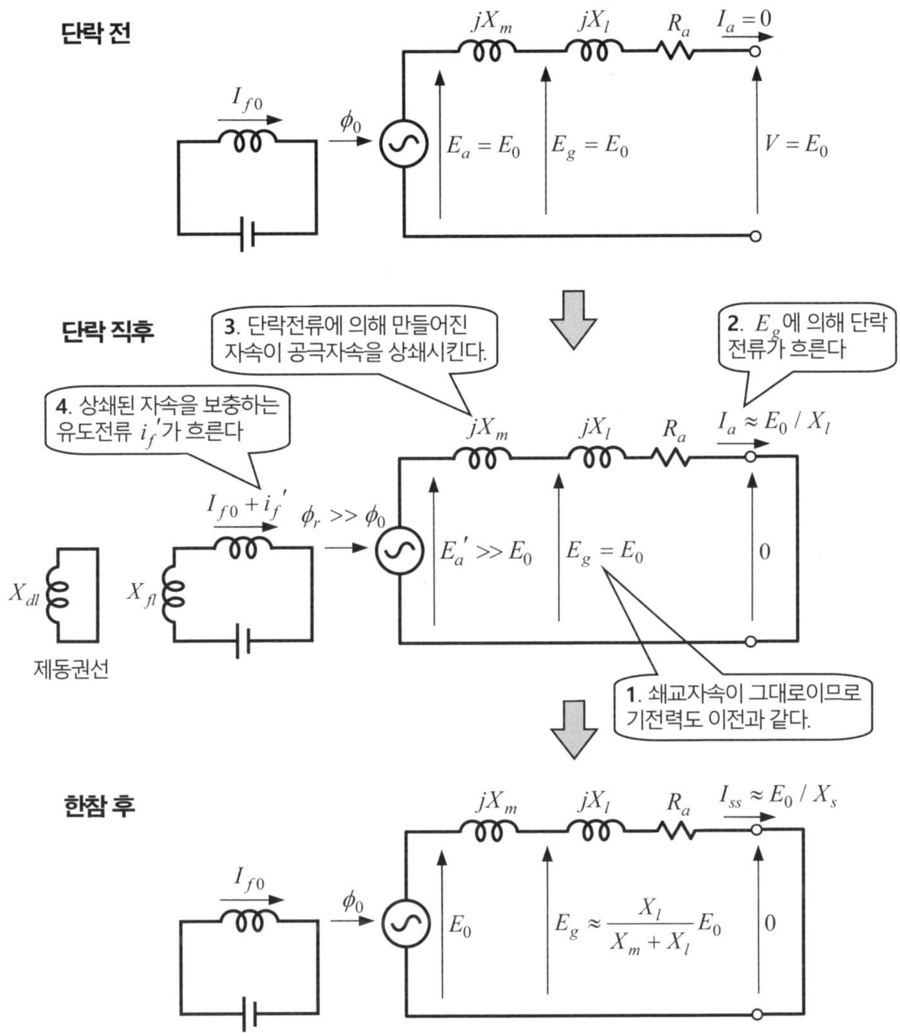

그림 12-34 무부하상태에서 단락사고가 일어났을 때 단락 전후의 상당 등가회로

의 기자력을 상쇄시키는 계자전류 역시 급증할 때 계자의 누설리액턴스가 전류의 증가를 방해한다. 전기자와 계자 양쪽의 기자력이 항상 평형을 이루어야 하므로 계자전류의 흐름을 방해하는 작용은 전기자전류의 흐름을 방해하는 것과 마찬가지 효과를 갖는다. 결과적으로 실제 단락전류에 작용하는 임피던스는 아래와 같이 된다.

$$X' \approx X_l + X_{fl} \tag{12-22}$$

이를 발전기의 **과도리액턴스**(transient reactance)라 한다. 이를 감안하면 그림 12-34에서 단락직후 전류는 E_a / X_l가 아니라 그보다 작은 E_a / X'이다. 한편 단락 순간 계자권선만이 아니라 회전자 표면의 제동권선에도 유도전류가 흐르며, 이는 전기자 기자력을 상쇄하는 전류경로가 계자회로 외에 하나 더 병렬로 추가된 것과 같다. 제동권선에도 누설리액턴스 X_{dl}이 있어서 유도전류를 제한하므로 이 효과를 포함한 과도리액턴스는 다음과 같이 된다.

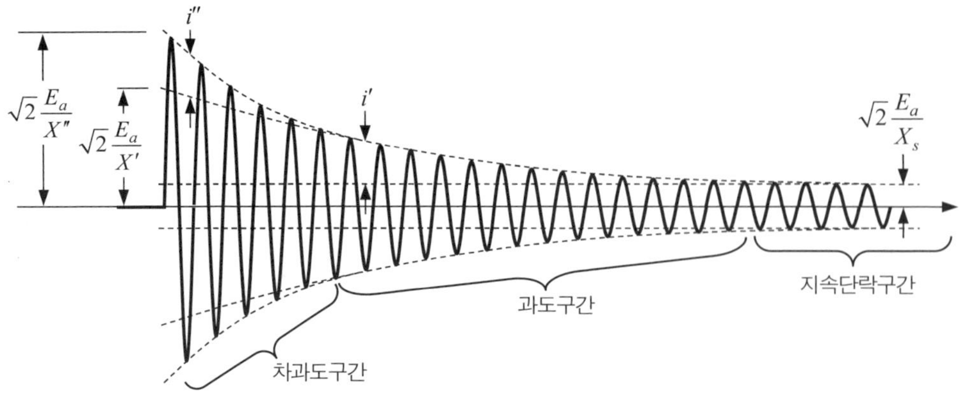

그림 12-35 단락전류의 교류성분

$$X'' \approx X_l + X_{fl} \parallel X_{dl} \tag{12-23}$$

이를 발전기의 **차과도리액턴스**(subtransient reactance)라 한다.[14] 제동권선까지 감안한 단락직후 전류는 E_a / X''로 E_a / X'보다 크며, 이는 제동권선의 유도전류가 추가됨으로써 그에 대응하는 단락전류가 더 쉽게 흐를 수 있음을 뜻한다. 즉 제동권선은 단락전류가 커지는 원인이 된다. 그러나 제동권선 전류는 매우 빨리 감쇠되어 사라지므로 식 (12-23)의 차과도리액턴스는 단락 초기에만 잠시 작용하고 그 이후의 단락전류는 식 (12-22)의 과도리액턴스에 의해 결정된다.

그림 12-35는 그림 12-32에서 직류성분을 제외시키고 교류성분만 나타낸 것이다. 교류성분이 변하는 양상은 대략 수 주기만에 끝나는 차과도리액턴스가 작용하는 구간, 그 이후 과도리액턴스가 작용하는 구간, 그리고 정상상태에 도달하여 지속단락전류가 흐르는 구간으로 구분된다. 이러한 변화는 지속단락전류에 과도성분 i', 차과도성분 i''가 중첩된 것으로 볼 수 있고, 이들은 각자 고유의 시정수 T', T''에 의해 지수함수적으로 감쇠한다. 따라서 단락전류 교류성분의 크기(실효치)가 변화하는 양상을 다음과 같이 쓸 수 있다.

$$I_{ac} = I_{ss} + I' e^{-t/T'} + I'' e^{-t/T''} \tag{12-24}$$

$$I_{ss} = \frac{E_a}{X_s} \tag{12-25}$$

$$I' = \frac{E_a}{X'} - \frac{E_a}{X_s} \tag{12-26}$$

$$I'' = \frac{E_a}{X''} - \frac{E_a}{X'} \tag{12-27}$$

단락 직후 실제 전류의 크기는 위의 교류성분에 맨 앞에 설명한 직류성분을 더한 것이다. 직류성분의 초기치는 각 상마다 다르고 단락이 일어난 시점에 따라 다르지만 최악의 경우 대략 교류성분의 50~60 % 정도의 크기에 시정수는 0.15초 정도이다.

---

14 과도리액턴스와 차과도리액턴스의 정확한 표현식은 $X' = X_l + X_m \parallel X_{fl}$, $X'' = X_l + X_m \parallel X_{fl} \parallel X_{dl}$ 이다. 그러나 X_m이 누설성분들에 비해 훨씬 크기 때문에 병렬합성에서 무시해도 무방하다.

터보발전기의 차과도리액턴스는 0.1~0.15 pu, 과도리액턴스는 0.2 pu 정도이다. 수차발전기는 차과도리액턴스가 0.2 pu, 과도리액턴스가 0.3 pu로서 터보발전기보다 크다. 이는 수차발전기의 공극이 커서 계자권선과 제동권선의 누설리액턴스가 상대적으로 더 크기 때문이다. 따라서 수차발전기의 단락과도전류가 상대적으로 더 작다. 터보발전기나 수차발전기 모두 차과도시정수는 0.03~0.06초이다. 과도시정수는 1~2초 내외로, 100 kVA 이하에서는 수분의 1초로 짧지만 1,000 MVA급에서는 10초에 달하기도 한다.

예제 12-8

100 MVA, 16 kV, 3상 60 Hz 동기발전기가 개방상태에서 정격전압을 출력하고 있다가 3상단락이 일어났다. 발전기의 상수는 다음과 같다.

$X_s = 1.0$ pu, $X' = 0.3$ pu, $X'' = 0.2$ pu

$T'' = 0.03$ sec, $T' = 1.00$ sec

직류성분의 초기치가 교류성분의 50 %라 가정하고 (a) 단락직후 직류성분을 포함한 전류의 크기를 구하라. (b) 2주기 경과 후와 10초 경과 후의 교류성분 전류를 구하라.

먼저 단위법의 기준전류를 구하면

$$I_B = \frac{S_B}{\sqrt{3}V_B} = \frac{100\text{M}}{\sqrt{3}\times 16\text{k}} = 3.61 \text{ kA}$$

(a) 개방상태에서 정격전압을 출력하고 있었으므로 내부 유기기전력이 정격전압과 같은 1 pu이다. 이 전압에 의해 흐르는 단락 초기전류는

$$I_{pu}(0) = \frac{1}{X''} = \frac{1}{0.2} = 5 \text{ pu}$$

$$I_{ac}(0) = 5\times 3.61 = 18.05 \text{ kA}$$

직류성분을 포함한 초기전류의 크기는

$$I(0) = 1.5 I_{ac}(0) = 27.1 \text{ kA}$$

(b) 각 전류성분을 단위법으로 나타내면

$$I_{ss} = \frac{1}{1.0} = 1 \text{ pu}$$

$$I' = \frac{1}{0.3} - \frac{1}{1.0} = 2.33 \text{ pu}$$

$$I'' = \frac{1}{0.2} - \frac{1}{0.3} = 1.67 \text{ pu}$$

따라서

$$I_{pu}(t) = 1 + 2.33e^{-t/1} + 1.67e^{-t/0.03}$$

2주기($t = 2/60$ sec)후의 전류는

$$I_{pu}(0.0333) = 1 + 2.33e^{-0.0333} + 1.67e^{-1.11} = 3.80 \text{ pu}$$

$$I_{ac}(0.0333) = 3.80\times 3.61 = 13.72 \text{ kA}$$

10초 후의 전류는

$$I_{pu}(10) = 1 + 2.33e^{-10} + 1.67e^{-333} = 1.0001 \text{ pu}$$

$$I_{ac}(10) = 3.61 \text{ kA}$$

단락사고가 일어나면 3~6주기 안에 발전기를 선로에서 분리해야 하는데, 차단기의 용량을 결정하기 위해서는 얼마나 큰 전류를 차단하여야 할지 추정해야 하므로 위와 같은 단락전류의 계산이 필요하다. 부하전류가 흐르고 있는 상태에서 단락이 일어났을 경우에는 다소 차이가 있긴 하지만 결과는 크게 다르지 않다. 한편 3상단락이 아닌 2상 단락이나 상별지락 등 비대칭적 사고에서는 양상이 다소 복잡하며, 이에 관해서는 대칭좌표법(부록 E 참조)을 적용한 해석이 이루어져야 한다.

초기 단락전류가 크다 해도 지속기간이 비교적 짧고, 상당히 큰 동기임피던스 때문에 지속단락전류가 정격전류보다 현저히 큰 것은 아니므로 3상 단락이 일어났다 해서 발전기의 열 발생이 치명적인 문제가 되는 일은 드물다. 그보다 실제적으로 더 중요한 문제는 큰 과도전류가 흐를 때 도체 사이에 발생하는 힘에 의한 기계적 충격이다. 기계적 충격은 절연물에 손상을 가해 수명단축의 원인이 되고, 특히 철심에서 벗어나 있는 권선단부는 충분히 견고하게 지지되어 있지 않으면 심하게 뒤틀려 버릴 수 있다. 이러한 문제는 발전기에서만 아니라 전동기 동작에서 전원측 선로에 단락사고가 일어났을 때도 마찬가지로 일어날 수 있다.

전기자전류가 급격히 변동할 때 계자권선과 제동권선에 기자력의 변화를 상쇄시키는 유도전류가 흘러 공극자속을 그대로 유지시키려 하는 작용은 단락사고만이 아니라 모든 과도상태에서 마찬가지로 나타난다. 특기할 점은 단락사고에서는 회전자측 유도전류가 단락전류를 키우는 부정적인 효과를 갖지만 **정상적 운전상황에서는 긍정적인 효과로 작용**한다는 사실이다. 예를 들어 부하가 급증했을 때, 전기자전류의 증가에 대응하여 계자권선과 제동권선에 과도적인 유도전류가 흘러 계자전류를 증가시킨 것과 같은 효과를 주기 때문에 일시적으로나마 동기리액턴스에서 발생하는 전압강하(전기자반작용)의 증가분이 일부 상쇄됨으로써 (즉, 공극자속의 변화가 지연되어) 출력전압의 변동이 지연된다. 따라서 제어시스템이 부하변동에 대응하여 계자전류를 키워주는 데에 필요한 시간을 벌게 해 주므로 계통의 안정적 운전에 도움이 된다. 부하가 급감했을 때도 마찬가지이다.

연습문제

12-1. 3상 60 Hz 460 V 2극 동기발전기의 상당 동기리액턴스가 1.26 Ω이다. 무한모선에 접속되어 112 kW의 전력을 공급하고 있을 때 부하각이 25°이다. 손실을 무시하고 다음을 구하라.

(a) 원동기 토크

(b) 내부 유기기전력

(c) 피상전력과 무효전력

(d) 이때의 페이서도를 그려라.

12-2. 3상 동기발전기의 상당 동기리액턴스가 190 Ω이고 무부하상태 선간전압이 35 kV이다. 이 발전기를 35 kV 모선에 접속하였다.

(a) 이론적으로 가능한 발전기의 최대 유효전력은 얼마인가?

(b) 부하각을 45°로 제한한다고 할 때 최대 유효전력은 얼마인가?

12-3. 3상 Y결선 원통형 동기발전기의 상당 전기자저항이 0.4 Ω, 동기리액턴스가 1.2 Ω 이다. 발전기의 자화특성곡선은 그림 11-51과 같다. 발전기가 220 V에서 지상 0.8 역률로 부하에 30 kVA를 공급하고 있다. 부하각과 계자전류를 구하라.

12-4. 500 kVA, 6극, 60 Hz, 500 V 3상 Y결선 동기발전기의 상당 동기임피던스가 $0.1 + j1.8$ Ω이다. 발전

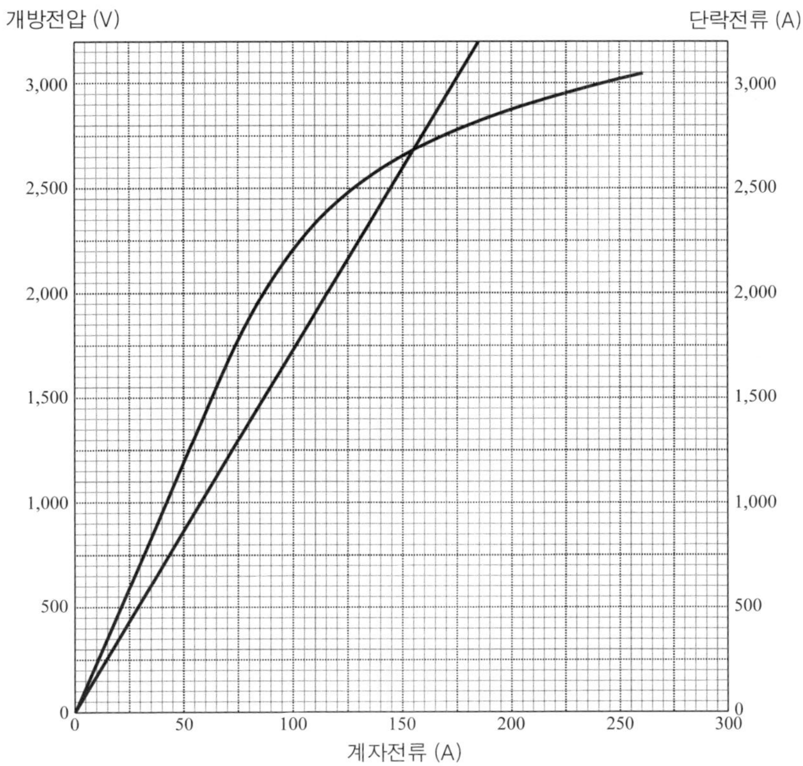

그림 12-36

기를 1,000 rpm으로 구동할 때 발전기의 주파수는 얼마인가? 이때 발전기가 전부하전류 지상 0.8 역률로 동작할 때 내부 유기기전력과 부하각을 구하라.

12-5. 그림 12-36은 9,375 kVA, 60 Hz, 2,400 V 3상 2극 Y결선 동기발전기의 개방전압(선간전압) 특성과 단락전류 특성을 측정한 결과를 나타내고 있다.

(a) 포화전 동기임피던스를 구하라.

(b) 포화동기임피던스를 구하라.

(c) 단락비를 구하라.

12-6. 150 MW 12.6 kV 정격역률 0.85, 1,800 rpm 동기발전기가 있다. 각 상 권선의 저항은 1.535 mΩ이다. 개방상태에서 측정한 전압은 아래 표와 같다.

계자전류, A	200	300	400	500	600	700	800	900
선간전압, kV	3.8	5.8	7.8	9.8	11.3	12.6	13.5	14.2

단락전류시험 결과 계자전류 700 A에서 정격전류가 흘렀다.

(a) 포화전 동기임피던스를 구하라.

(b) 포화동기임피던스를 구하라.

(c) 정격부하 0.85지상역률 운전상태에 대한 페이서도를 작도하라.

(d) 정격부하 0.85진상역률 운전상태에 대한 페이서도를 작도하라.

(e) 위의 두 페이서도를 비교하여 관찰한 바를 서술하라.

12-7. 25 kVA, 400 V 3상 Y결선 동기발전기의 상당 동기임피던스가 $0.05 + j1.6\ \Omega$이다. 무부하상태에서 정격전압을 출력하고 있을 때 부하를 접속하여 정격전류가 흐르게 하였다. 부하 역률이 지상 0.8, 1.0, 진상 0.8일 경우 각각에 대하여 출력전압과 부하각, 전압변동률을 구하라. 자기포화는 무시한다.

12-8. 문제 12-7의 발전기가 정격 출력전압에서 정격전류가 흐를 때 역률이 지상 0.8, 1.0, 진상 0.8인 경우 각각에 대하여 내부 유기기전력, 부하각, 전압변동률을 구하라.

12-9. 10 kVA 230 V 3상 동기발전기의 상당 동기리액턴스가 1.2 Ω, 전기자저항은 0.5 Ω이다.

(a) 전부하 지상역률 0.8에서 정격전압을 출력하고 있을 때 내부 유기기전력과 전압변동률을 구하라.

(b) 전부하 진상역률 0.8에서 정격전압을 출력하고 있을 때 내부 유기기전력과 전압변동률을 구하라.

(c) 전부하에서 발전기의 전압변동률이 0이 되게 하는 부하역률을 구하라.

12-10. 37.5 kVA, 480 V, 60 Hz 동기발전기의 상당 동기임피던스가 $1.47+j7.68\ \Omega$이다. 동기임피던스를 pu 값으로 나타내라.

12-11. 100 MVA 동기발전기의 동기임피던스가 1 pu이다. 정격전류에서 부하각 30°로 동작할 때

(a) 기하학적 작도에 의해 페이서도를 그려라.

(b) 유기기전력은 몇 pu인가?

(c) 전기자저항을 무시했을 때 역률은 얼마인가? 유효전력과 무효전력 출력은 얼마인가?

(d) 전기자저항이 0.01 pu라면 역률은 얼마인가? 유효전력과 무효전력 출력은 얼마인가? 전기자동손은 얼마인가?

12-12. 문제 12-11을 동기임피던스가 0.8 pu라 하고 반복하라.

12-13. 100 MVA 20 kV, 60 Hz, 정격역률 0.8인 동기발전기의 상당 동기임피던스가 4.44 Ω이다. 전기자저항은 무시한다. 발전기가 공급가능한 최대 유효전력을 구하고 무효전력의 범위를 구하라.

12-14. 100 MVA 정격역률 0.8 단락비 1.2인 발전기가 공급가능한 최대 유효전력을 구하고 무효전력의 범위를 구하라.

12-15. 동일한 3상 동기발전기 G1과 G2가 33 kV 0.8 지상역률로 10 MW의 부하를 균등하게 분담하고 있다. 동기리액턴스는 6 Ω이고 전기자저항은 무시한다. G2의 계자를 조정하여 전류가 125 A가 되게 하였다면 G1의 전류는 얼마가 되는가? 두 발전기의 원동기 입력은 일정하다.

12-16. 460 V, 500 kW, 60 Hz 동기발전기 A와 B가 정격전압 정격주파수로 병렬운전하면서 300 kW 부하를 A가 100 kW, B가 200 kW로 분담하고 있다. 두 발전기의 속도변동률은 2.0 %이다. A가 모선에서 차단되었다고 가정했을 때 두 발전기의 주파수를 구하라.

12-17. 아래의 동기발전기 A와 B가 에서 부하를 균등하게 분담하고 있다.

A: 500 kW, 60 Hz, 2,300 V, 속도변동률 2.43 %

B: 300 kW, 60 Hz, 2,300 V, 속도변동률 2.43 %

(a) 60.5 Hz 에서 400 kW 부하를 균등하게 분담하고 있을 때 부하가 500 kW 로 증가하였다. 주파수와 부하분담을 구하라.

(b) 부하가 증가한 후 주파수를 60 Hz로 하면서 용량비율대로 부하를 분담하게 하려면 두 발전기의 무부하주파수 설정치를 얼마로 변경해야 하는가?

12-1. (a) 297 N-m (b) 419 V (c) 133.3 kVA, 72.2 kVAR **12-2.** (a) 6.44 MW (b) 4.56 MW **12-3.** 15.2°, 5.2 A **12-4.** 50 Hz, 1,079 V, 37.6° **12-5.** (a) 0.80 Ω (b) 0.69 Ω (c) 0.89 **12-6.** (a) 0.97 Ω (b) 0.900 Ω **12-7.** 190.4 V, 11.26°, 21.3 % 221.8 V, 14.47°, 4.1 %, 259.2 V, 11.82°, −11.3 % **12-8.** 270.8 V, 9.59°, 17.5 %, 239.8 V, 13.93°, 3.8 %, 203.3 V, 13.45°, −12.0 % **12-9.** (a) 161.8 V, 21.8 % (b) 128.7 V, −3.1 % (c) 0.869진상 **12-10.** $0.239+j1.251$ pu **12-11.** (b) 1.731 pu (c) 0.866지상, 86.6 MW, 50 MVAR (d) 0.871지상, 87.1 MVA, 49.1 MVAR, 1 MW **12-12.** (b) 1.491 pu (c) 0.932지상, 93.2 MW, 36.4 MVAR (d) 0.936지상, 93.6 MW, 35.2 MVAR, 1 MW **12-13.** 100 MW, −90.1~80.0 MVAR **12-14.** 100 MW, −100~76.9 MVAR **12-15.** 97.0 A **12-16.** 60.24 Hz, 59.76 Hz **12-17.** (a) 60.31 Hz, 262 kW, 238 kW (b) 60.91 Hz, 60.91 Hz

13

단상전동기

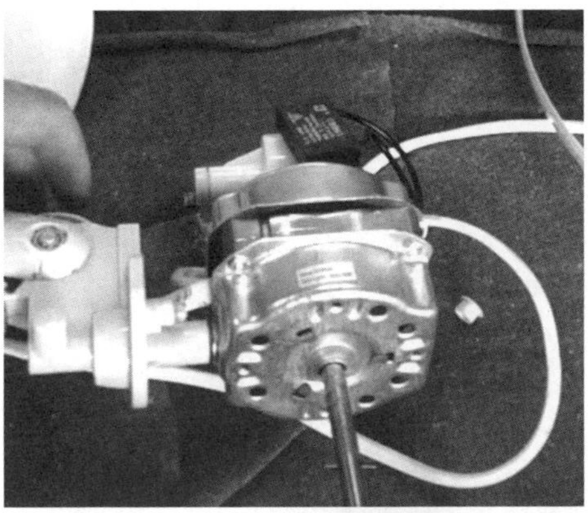

가정, 사무실, 소규모 작업장 등 단상 교류전원만 주어지는 환경에서는 단상전동기를 사용해야 한다. 단상전동기는 전체 전기에너지 소모량에서 차지하는 비중이 크진 않으나 사용 개소에 있어서는 압도적으로 많으며, 그만큼 직접적 의존도도 높은 중요한 기기이다. 단상전동기에는 유도기형, 동기기형, 직류기형 세 가지 유형이 있다. 단상유도전동기는 단상 전원으로 회전자계를 만들어내기 위해 2상 권선을 지닌 분상전동기 형태로 만들어진다. 분상의 방법에 따라 각자 고유한 특성과 용도가 있으며, 분수마력(1/2마력, 1/3마력 등 1마력 이하) 전동기의 절대다수를 차지한다. 지연코일전동기도 유사 회전자계에 의해 동작하는 유도전동기의 일종이다. 동기기형 단상전동기로는 히스테리시스 전동기가 있다. 영구자석 동기전동기와 유사하지만 유도전동기의 특성도 지니고 있어서 자체 기동이 가능한 독특한 특성을 지니고 있다. 직류기형 단상전동기인 유니버설전동기는 직류 직권전동기를 교류에 적합하게 개선한 것으로, 유도기로는 얻을 수 없는 직권특성을 지니고 있고 고속 회전이 가능해서 다양한 용도에 쓰이고 있다.

선풍기용 단상유도전동기와
세탁기용 유니버설전동기

3-1 단상유도전동기의 원리

단상 코일에 교류가 흐르면 코일의 중심축을 따라 맥동하는 자계가 나타난다. 그림 13-1은 이러한 맥동자계 안에 놓인 농형회전자를 보여주고 있다. 자속이 맥동하면 회전자 도체에 자속의 변화를 방해하는 방향으로 기전력이 유기된다. 그림은 자속이 위의 N극에서 아래의 S극으로 진행하면서 크기가 커질 때와 작아질 때 회전자 도체들에 유기되는 기전력의 방향을 보여주고 있다. 기전력에 의해 전류가 흐르면 도체들에 힘이 유기되는데, 그러나 이들이 좌우대칭의 서로 맞서는 방향으로 작용하여 어느 쪽으로도 회전하지 못하는 것을 알 수 있다. 전류가 어느 쪽으로 흐르건 회전자 전류가 만들어내는 자극이 항상 고정자 자극과 일직선상에 있기 때문에 회전자의 접선 방향으로 토크를 만들어내지 못하며, 회전자는 정지상태에 머무르면서 마치 변압기의 2차측과 같이 동작할 뿐이다.

그러나 이 힘의 평형상태는 불안정한 평형상태이다. 만일 손으로 회전자 축을 어느 쪽으로든 돌려주면 평형이 깨져 돌려준 방향으로 계속 회전하는 현상이 나타난다. 나아가 저절로 가속되면서 이내 3상전동기의 동기속도에 해당하는 속도 부근까지 올라간다. 즉 스스로 돌지는 못하지만 외부에서 기동을 시켜주어 움직이게 되면 움직인 방향으로 스스로 회전력을 만들어내면서 회전이 이루어진다.(3상 유도전동기가 회전 중 한 선이 끊어졌을 때 계속 회전하는 것도 같은 현상이다.) 어떻게 제자리에서 맥동하는 자계 안에서 회전력이 발생하게 되는 것일까? 이를 설명하기 위한 방식으로 소위 **이중회전자계이론**(double revolving field theory)과 **교차자계이론**(cross field theory)이 있다.

이중회전자계이론이란 그림 13-2에 나타낸 것처럼 제자리에서 맥동하는 자계를 서로 반대 방향으로 회전하는 두 회전자계의 합성으로 보는 것이다. 그림 13-1의 코일 중심축에서 위 아래 수직방향으로 맥동하는 자계의 최대 크기를 B_{max}라 하면 중심축 위치에서 자속밀도의 시간적 변화를 $B_{max}\cos\omega t$로 쓸 수 있다. 코일 중심축 위치를 $\theta_e = 0$이라 하고 자속이 공극을 따라 정현함수로 분포되어 있다고 하면 전기각 θ_e 위치의 자속밀도는 다음과 같이 표현된다.

$$B(\theta_e) = (B_{max}\cos\omega t)\cos\theta_e \qquad (13\text{-}1)$$

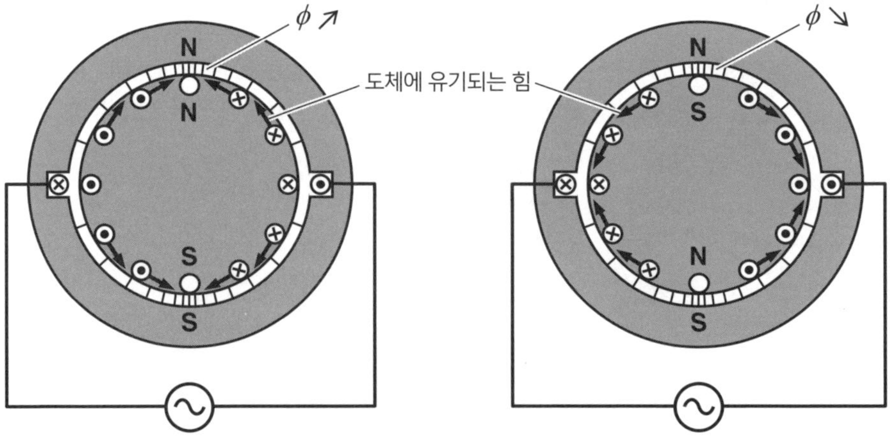

그림 13-1 단상코일의 고정자에서 농형회전자에 흐르는 전류와 도체에 유기되는 힘

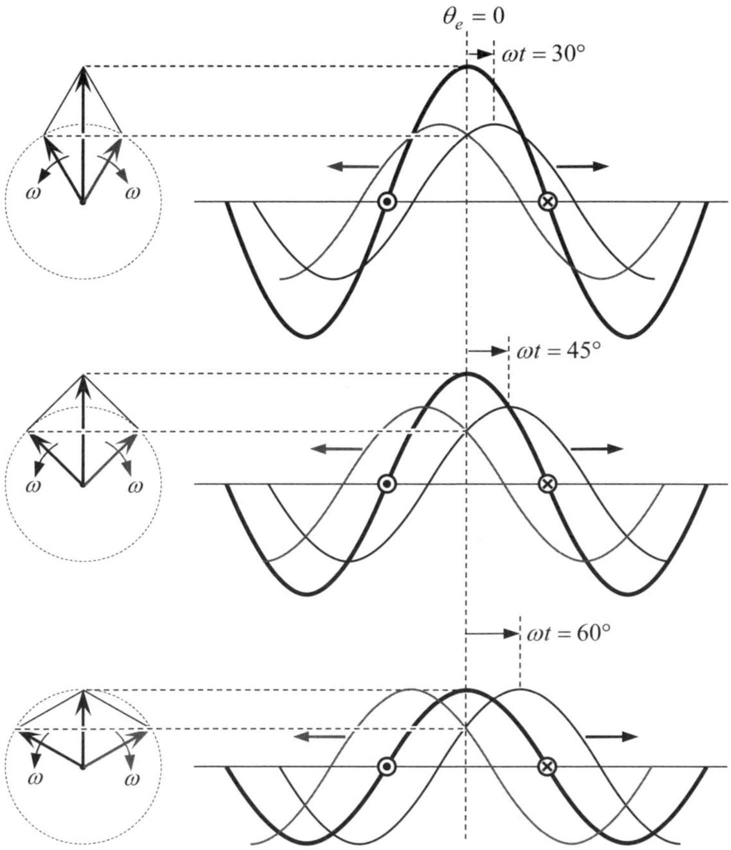

그림 13-2 반대방향으로 진행하는 두 회전자계에 의해 만들어지는 맥동자계

이 식은 다음과 같이 두 개 항으로 분해된다.

$$B(\theta_e) = \frac{B_{max}}{2}\cos(\theta_e - \omega t) + \frac{B_{max}}{2}\cos(\theta_e + \omega t) \qquad (13\text{-}2)$$

우변의 첫 항은 ω의 각속도로 회전하는 회전자계를 (8장의 식 (8-10) 참조), 뒤의 항은 $-\omega$ 의 각속도로 회전하는 회전자계를 나타낸다. 이는 그림 13-2에서 보는 것과 같이 동일한 정현파 자속분포의 두 자계가 서로 반대 방향으로 이동하면 이들의 합이 제자리에서 맥동하는 자계(굵은 선)가 되는 것에서 알 수 있다. 여기서 한쪽을 정방향 회전자계라 하면 다른 쪽은 역방향 회전자계이다. 맥동의 한 주기 동안 이들 회전자계는 각기 공극을 한 바퀴(4극 이상인 경우 전기각 360°) 회전한다. 즉 **이들 회전자계의 속도는 3상전동기의 회전자계 속도(동기속도)와 같다.**

만일 두 회전자계 중 하나만 존재한다면 9장에서 설명했던 3상 유도전동기와 같이 동작할 것이다. 그러나 둘 다 존재한다면 두 회전자계에 의한 토크 성분이 동시에 나타난다. 그림 13-3은 이들 성분을 함께 보여주고 있다. 정방향 회전자계가 회전자를 정방향으로 끌고 가려 하는 토크를, 역방향 회전자계는 회전자를 역방향으로 끌고 가려 하는 토크를 만들어내며, 두 토크 성분이 원점을 기준으로 점대칭 모양으로 나타난다. 굵은 선은 이들을 합성한 것으로, 속도가 0일 때는 정방향과 역방향 토크

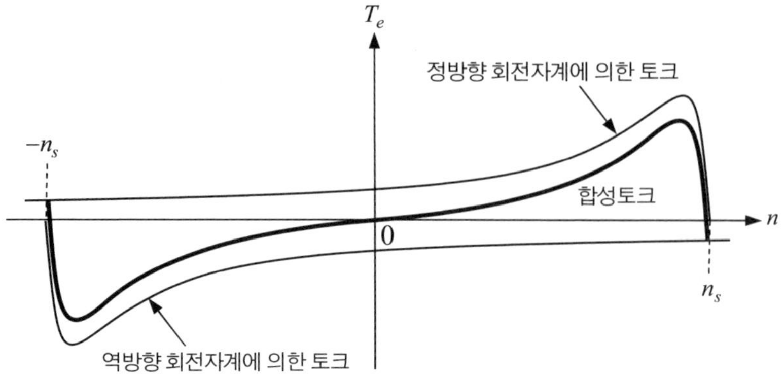

그림 13-3 두 회전자계에 의해 발생하는 정방향 토크와 역방향 토크 및 합성토크

가 상쇄되어 토크가 나타나지 않는다. 그림 13-1에서 양방향의 회전력이 팽팽히 맞서 회전하지 못하는 것은 이러한 이유에서다. 그러나 일단 양이나 음 어느 한쪽으로 회전하면 양쪽 토크에 차이가 생기고, 회전방향으로 토크가 나타나 스스로 회전이 지속될 수 있음을 알 수 있다.

위의 설명이 명쾌해 보이긴 하지만 실은 맹점을 지니고 있다. 그림 13-3은 정방향과 역방향 회전자계가 회전속도에 상관 없이 일정한 크기를 유지하는 것으로 가정하고 있지만 실은 그렇지 않기 때문이다. 두 회전자계가 일정하게 유지되려면 정방향 회전자계를 만들어내는 권선과 역방향 회전자계를 만들어내는 권선이 전원에 병렬로 접속되어 서로 간섭하지 않으면서 전류가 흘러야 한다. 그러나 하나의 코일에 의해 자속이 만들어지는 상태에서 두 회전자계가 서로 무관할 수 없다. 정방향 회전자계가 고정자 코일에 유기하는 기전력과 역방향 회전자계가 고정자 코일에 유기하는 기전력이 더해져 고정자 코일에 인가된 전원전압과 전기적 평형을 이루어야 하므로 이들은 병렬이 아닌 직렬로 연결된 것과 같으며, 양쪽 회전자계가 같다는 가정은 오직 그림 13-1처럼 회전자가 정지해 있는 상태에서만 성립한다. 전동기가 회전할 때는 회전방향 쪽으로 자속이 쏠리면서 정방향으로 회전할 때는 정방향 회전자계가 더 강해지고 역방향으로 회전할 때는 역방향 회전자계가 더 강해져 결과적으로 회전방향으로 작용하는 토크가 그림 13-3에 보인 것보다 더 크게 나타난다. 이에 관해서는 뒤의 13-3절에서 등가회로를 통해 서술한다.

한편 교차자계이론에서는 맥동자계 안에서 회전자를 돌려주었을 때 토크가 발생하는 이유를 회전자 도체에 흐르는 전류에 의해 고정자코일 중심축에 직교하는 방향의 자속 성분이 나타나기 때문인 것으로 설명한다. 도체의 기전력은 쇄교자속의 변화로 유기되는데 그림 13-1에서와 같이 정지해 있을 때는 공극자속의 변화가 곧 회전자 쇄교자속의 변화로서, 이때 유기되는 기전력을 변압기기전력이라 한다. 그러나 회전자가 움직이고 있을 때는 도체의 이동 역시 쇄교자속의 변화를 일으킨다. 이로 인해 유기되는 기전력을 속도기전력이라 한다. 그림 13-4에서 회전자를 반시계방향으로 돌려주었다면 $\omega t = 0°$ 시점에 회전자도체에 그림에 나타낸 방향으로 속도기전력이 유기된다. 이 시점에 공극자속이 최대라면 회전자도체의 기전력 역시 최대이다. 회전자 전류는 이 기전력에 거의 90° 뒤지므로 $\omega t = 90°$ 즈음에 최대가 된다. 이때는 공극자속이 0이 된 상태이고, 회전자의 속도가 동기속도에 비해 매우 느려서 그 기간 중 도체의 위치에 큰 변화가 없다고 가정하면 고정자자속에 대략 직교하는 방향의 회전자자속만 존재한다. 결과적으로 처음 아래를 향하던 기기 내부 자속이 회전자

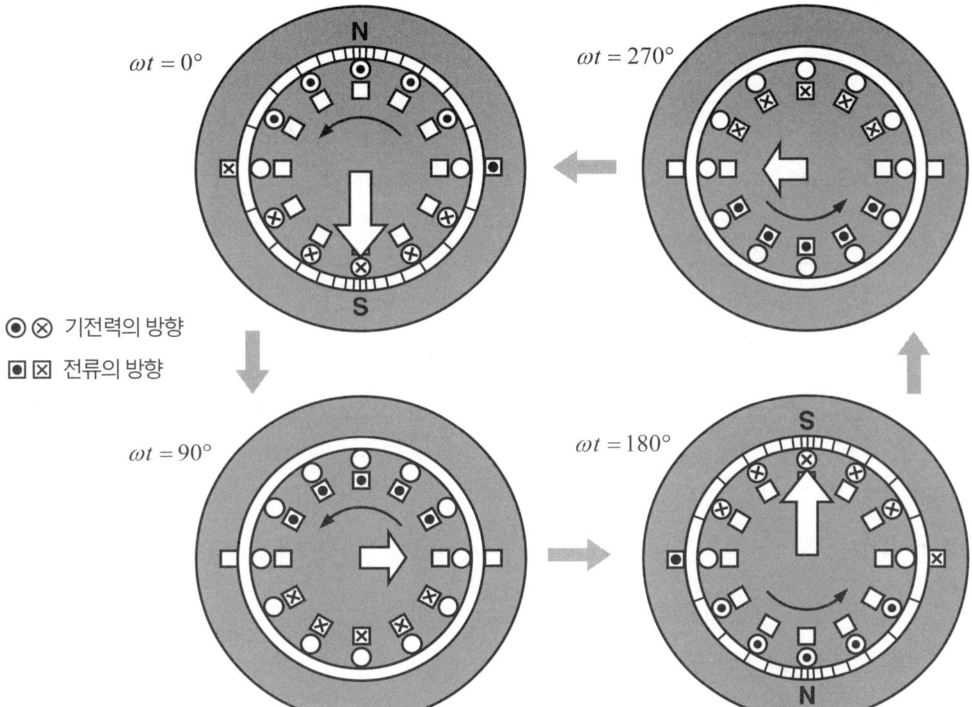

그림 13-4 회전자가 회전하고 있을 때 회전자 도체에 유기되는 속도기전력과 전류

의 회전방향으로 회전한 것과 같은 효과가 나타난다. 이후의 반주기에서도 마찬가지이다.

이 속도기전력의 크기는 회전속도에 비례해서 달라지며 속도기전력에 의해 흐르는 전류가 최대가 되는 공간적 위치 역시 회전속도에 따라 달라진다. 즉 속도기전력에 의한 회전자자계의 크기와 방향이 회전속도에 따라 다르다. 한편 앞의 변압기기전력에 의해 흐르는 전류도 누설인덕턴스 때문에 기전력에 뒤처져 흐르므로 회전자가 회전할 때는 고정자코일 중심축에서 벗어나 회전방향으로 기울어진 축상에서 맥동하는 자계를 만들어내며, 그 기울어지는 각도 역시 회전속도에 따라 달라진다. 이러한 속도기전력과 변압기기전력의 효과가 중첩하여 일어나는 현상은 상당히 복잡한데, 결론적으로 정지상태에서 단순한 맥동자계였던 공극자속이 회전상태에서는 그림 13-5에 보인 것처럼 타원 궤적을 그리는 회전자계로 나타난다.

회전자의 맥동자속도 회전방향과 회전 반대방향의 회전자계로 분해되며, 타원형 회전자계가 나타난다는 것은 고정자와 회전자의 회전방향 자계끼리는 더해지는 쪽으로 합성되고, 회전 반대방향 자계끼리는 상쇄되는 쪽으로 합성됨을 뜻한다. 그 결과 회전방향 쪽으로 자속이 쏠리면서 속도가 높아져 동기속도에 접근할수록 점점 원형 회전자계에 가까워지고, 양방향 자계가 일정하다고 가정했을 때(흐린 선)보다 훨씬 큰 토크가 나타나게 된다.

타원 회전자계 안에서 회전자 도체에 유기되는 토크는 일정한 크기를 유지하지 못하고 한바퀴 회전할 때마다 커졌다 작아졌다 하는 주기가 두번씩 나타난다.(이는 어느 한 방향 회전자계에 이끌려 회전하는 동안 반대방향 회전자계를 두번씩 스쳐지나가기 때문인 것으로 생각할 수도 있다.) 따라

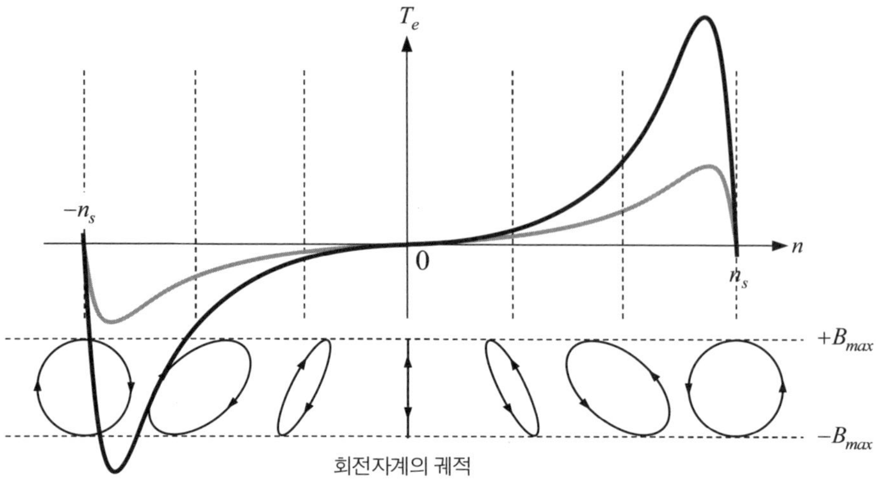

그림 13-5 회전자전류의 자속이 합성된 결과로 나타나는 타원형 회전자계에 의해 유기되는 토크

서 60 Hz 단상전동기의 토크에는 120 Hz의 맥동성분이 중첩되며, 그 림 13-5는 이 맥동성분을 제외한 평균 토크를 나타낸다. 맥동토크는 자계가 원형 궤적에서 멀어질수록 커지며 3상 전동기에서는 나타나지 않는 진동과 소음을 일으킨다.

이처럼 토크가 발생하기는 하지만 정지상태에서 정방향과 역방향 토크가 평형을 이루어 기동이 시작되지 못한다는 것은 순수한 단상 코일만 지닌 전동기가 전원 투입시 스스로 기동이 되어야 하는 실제 용도에 쓰일 수 없음을 뜻한다. 보통 그런 불안정한 평형상태는 지속되기 어렵지만 그림 13-5에서 볼 수 있듯이 정지상태 전후로 토크가 매우 작기 때문에 실제 상황에서 정지마찰력을 이겨내고 (특히 부하가 연결되어 있는 상태에서) 저절로 회전이 시작되는 일은 일어나지 않는다.

13-2 분상유도전동기

순수한 단상 전동기의 기동토크는 0이지만 일단 어느 쪽으로든 회전이 시작되기만 하면 스스로 토크를 발생하여 회전할 수 있기 때문에 맨 처음 기동을 어떻게 시켜줄 것인가가 관건이 된다. 이를 위해 단상 유도전동기는 그림 13-6(a)에 보인 것과 같이 고정자에 2상 권선을 지니고 있다.

2상 권선에 크기가 같고 위상차 90°인 평형 2상 전류가 흐르면 8-2절에서 설명하였듯이 원형 궤적을 그리는 회전자계가 만들어질 것이다. 그러나 전동기를 단지 기동시키기 위한 목적만이라면 반드시 완벽한 원형 회전자계여야 할 필요는 없다. 그림 13-6(b)에 보인 것처럼 두 상의 전류가 크기가 다르고 위상차도 90°가 아닐 경우 두 상의 맥동자계가 합성된 자계는 타원 궤적의 회전자계로 나타난다. 그림은 y상 전류가 x상 전류보다 크기가 작고 위상이 α 만큼 뒤진 경우의 합성자계의 궤적으로서, i_x가 최대인 시점의 자속벡터 $\mathbf{B}(0)$와 i_y가 최대가 되는 시점의 자속벡터 $\mathbf{B}(\alpha)$가 그려져 있다. 두 전류의 위상차가 줄어들수록 타원의 폭이 좁아져 위상차가 0°가 되면 $\mathbf{B}(0) = \mathbf{B}(\alpha)$가 되고, 합성자속은 점선으로 나타낸 일직선상에서 맥동하게 된다. 일반적으로 회전자계가 만들어지기 위해서는 공간적으로 떨어진 위치에 있는 복수의 권선에 시간적으로 위상차를 가진 전류가 흘러야 한

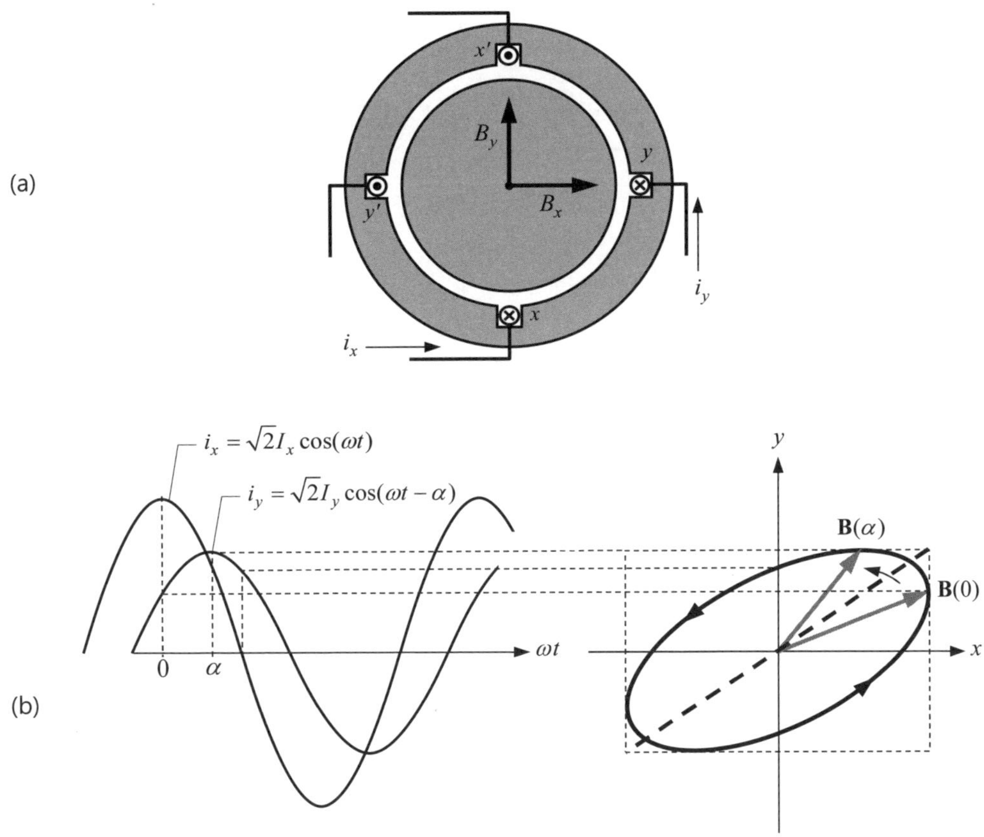

그림 13-6 2상권선에 의한 회전자계: (a) 2상권선과 (b) 합성자계의 궤적

다. 이 경우 2상 권선이 공간적으로 90° 떨어져 있으므로 **두 상 전류 사이에 위상차가 있기만 하다면 항상 회전자계가 나타난다.** 궤적이 어떤 형태를 그리건 한 방향으로 회전하는 자계는 회전자 도체에 유도전류를 흐르게 하고, 토크가 유기된다.

그림과 같이 두 상에 흐르는 전류가 I_x, I_y 이고 이들 사이의 위상차가 α 라면 이 유기토크(평균치)는 아래의 비례식 형태로 표현된다.

$$T_e = k I_x I_y \sin\alpha \tag{13-3}$$

따라서 그림 13-6의 2상 권선이 같은 전원에 접속되더라도 양쪽 전류에 위상차가 생기도록 해주기만 한다면 기동이 이루어질 수 있다. 이처럼 단상 전원을 사용하되 서로 위상차를 갖는 두개 상으로 분리함으로써 기동이 이루어질 수 있도록 한 것을 **분상**分相(split-phase)**전동기**라 한다.

저항기동 분상전동기

저항기동 분상전동기(resistor-start split-phase motor)는 분상전동기의 가장 기본적인 형태이다. 그림 13-7에 보인 것처럼 **주권선**(main winding)과 그에 직교하는 **보조권선**(auxiliary winding)으로 이루어져 있다. 저항기동이란 기동토크를 얻기 위해 보조권선이 주권선보다 큰 저항값을 갖도록 만들어졌음을 뜻한다. 페이서도에서 보듯이 저항이 큰 보조권선의 전류 $\tilde{I}_A$ 가 주권선전류 $\tilde{I}_M$ 에 비

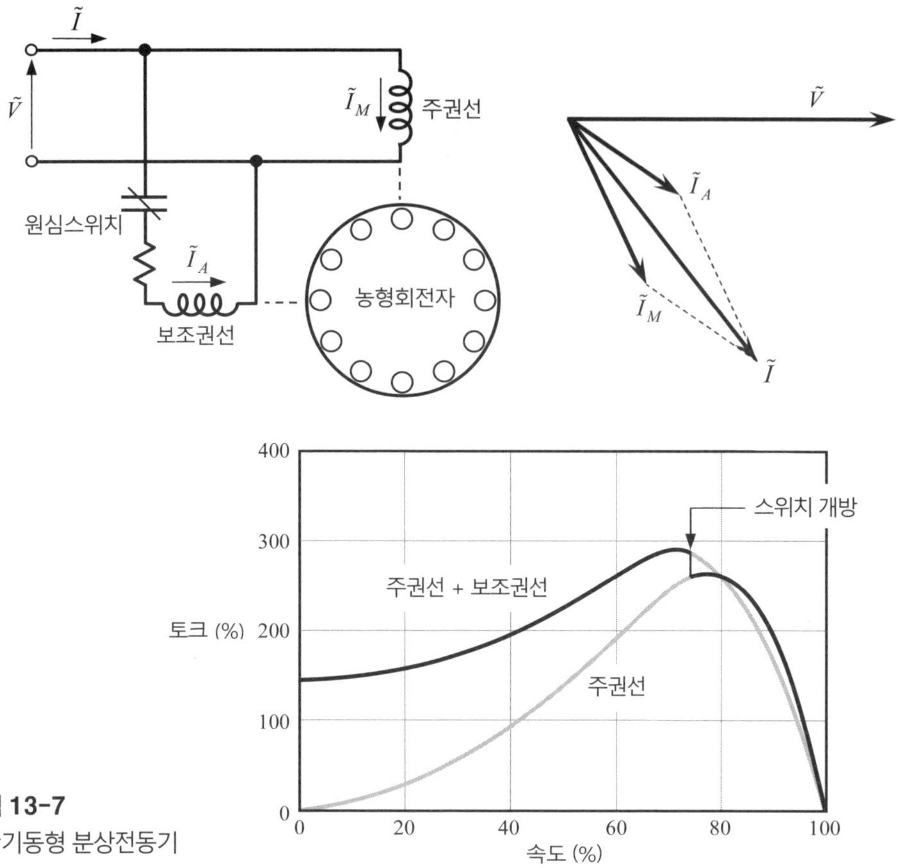

그림 13-7
저항기동형 분상전동기

해 위상지연이 작으므로 둘 사이에 위상차가 발생하고, 그 결과 회전자계가 만들어져 기동이 이루어진다. 보조권선 전류가 앞서기 때문에 자계는 보조권선 중심축에서 주권선 중심축 쪽으로 이동하면서 회전한다. 따라서 주권선과 보조권선의 상대적 위치에 따라 전동기의 회전방향이 결정된다.

기동이 이루어지고 나면 보조권선에서 일어나는 손실을 피하기 위해 내장 스위치를 개방하여 보조권선 없이 주권선만으로 운전한다. 그림의 속도-토크 특성에 나타내고 있듯이 최대토크가 나타나는 지점을 넘어선 동기속도의 70-80 % 정도에서 스위치가 개방된다. 스위칭 기구로는 특정 속도에 이르면 원심력에 의해 자동 개방되는 **원심스위치**(centrifugal switch)가 주로 사용된다. 원심스위치는 축에 부착되어 회전하는 부분과 스위치를 여닫는 고정부를 지니고 있어서 전동기가 복잡해지고 단가를 상승시킨다. 그림 13-8은 저항기동형 전동기의 예를 보여주고 있다. 내부 구조는 3상 농형과 크게 다르지 않으며, 회전자의 비구동측에 원심스위치가 부착되어 있는 것을 볼 수 있다.

저항기동형의 문제는 두 상 전류 사이의 위상차가 작다는 데에 있다. 식 (13-3)에서 기동토크를 키우기 위해서는 주권선과 보조권선 전류 사이의 위상차가 충분히 커야 하지만 이를 위해 보조권선의 저항을 어느 이상으로 키우면 위상차가 커진 효과보다 임피던스 상승으로 보조권선 전류가 줄어드는 효과가 더 크게 작용하여 기동토크가 다시 줄어든다. 즉 보조권선의 저항 크기만으로 기동토크를 키우는 데에 한계가 있다. 일반적으로 기동토크를 최대로 키웠을 때 위상차는 25°~30° 정도이고, 속도-토크 특성에서 보듯이 전부하토크의 100~175% 정도의 기동토크가 얻어진다. 반면에 기동전류

그림 13-8
환풍기용 저항기동 전동기
(115 V, 60 Hz, 1/2 HP, 1,725 rpm)

는 상당히 커서 정격전류의 6~7배를 상회한다.

보조권선은 발열이 커서 수초 이내에 기동이 완료되지 않으면 과열되기 시작하고, 이내 타버릴 수도 있다. 따라서 저항기동형은 관성이 큰 부하나 자주 기동을 하는 용도에는 적합하지 않다. 대체로 1/20~1/2마력 정도의 소형에서 선풍기, 소형 송풍기, 원심펌프 등 기동토크가 크지 않아도 되는 부하에 적용된다.

커패시터기동 전동기

보조권선의 저항을 키우는 대신 직렬로 커패시터를 삽입하면 전류의 위상을 앞으로 끌어당길 수 있을 뿐 아니라 권선의 유도성 리액턴스를 상쇄시켜 전류의 크기도 키워줄 수 있다. 그 결과 기동시 회전자계가 이상적인 2상 전동기의 원형 회전자계에 가까워짐으로 해서 큰 기동토크를 얻을 수 있다. 그림 13-9는 이러한 **커패시터기동 전동기**(capacitor-start motor)의 회로와 기동상태의 페이서도를 보여주고 있다. 커패시터 용량을 적절히 선정하면 전류 사이의 위상차를 90°에 가깝게 만들어 줄 수 있고, 통상 80° 정도이다. 그 결과 정격토크의 300 %를 넘는 큰 기동토크가 얻어진다. 나아가 같은 토크를 내기 위해 흘러야 하는 보조권선 전류가 저항기동형의 절반 정도에 불과하므로 기동전류가 정격전류의 4~5배 정도이다. 즉 더 작은 전류로 더 큰 기동토크를 얻을 수 있다. 그러나 기동이 완료된 후에는 지나치게 큰 커패시터 때문에 오히려 운전특성이 나빠지므로 저항기동형과 마찬가지로 동기속도의 70~80 % 정도에서 보조권선을 분리하고 주권선만으로 운전한다. 그림 13-10에서 보듯이 등에 부착된 보호커버 안에 기동을 위한 교류용 전해커패시터가 들어있다.[1]

커패시터기동형은 커패시터의 추가로 저항기동형보다 비싸지만 작은 기동전류에 큰 기동토크로 용도는 훨씬 넓다. 주로 초기 기동토크가 커야 하는 곳에 사용되며 부하가 연결된 상태에서 기동하는 장치나 관성이 큰 부하에 적합하다. 적용대상은 컴프레서, 펌프, 에어컨, 세탁기, 탈수기, 소형 공작기계, 소형 컨베이어 등이다. 1마력에서 10마력 정도까지 웬만한 부하에 다 적용할 수 있는, 단상 전동기의 대표격이라 할 수 있다.

---

[1] 커패시터기동 전동기가 널리 사용된 것은 값싸고 신뢰성 있는 소형 전해커패시터가 개발된 이후부터이다. 그 전에는 큰 기동토크가 필요한 곳에 반발기동형 유도전동기(repulsion induction motor)가 사용되었다. 반발기동형은 유도기임에도 직류기처럼 정류자와 브러시가 있는 특이한 구조를 지니고 있다. 지금은 사용되지 않으므로 이 책에서도 다루지 않는다.

원심스위치

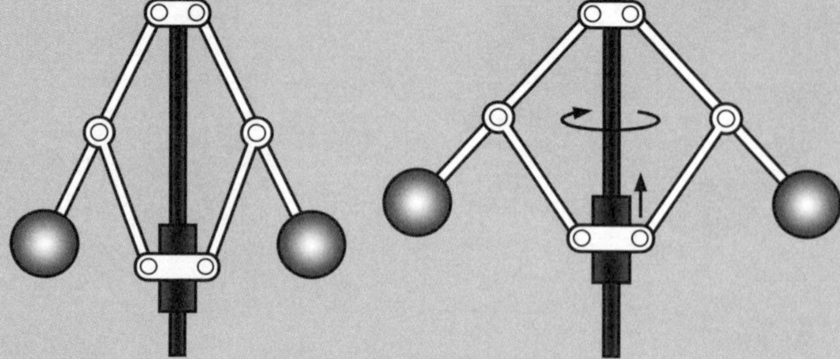

18세기 산업혁명의 계기가 되었던 와트(J. Watt)의 증기기관에서 핵심적인 장치가 원심력을 이용한 조속장치(centrifugal governor)였다. 축의 회전속도에 따라 막대에 연결된 파이프가 위 아래로 움직이는 것을 증기의 양을 조절하는 밸브를 여닫는 데에 이용함으로써 기관의 회전속도를 일정하게 제어할 수 있었다. 속도가 빠르면 밸브가 닫히는 쪽으로, 속도가 느리면 밸브가 열리는 쪽으로 움직이는 부궤환(negative feedback) 동작을 통해 스스로 안정화시키는 작용이 이루어지도록 한 것이다. 이 간단한 장치가 증기기관의 발전에 결정적으로 공헌하였다. 회전속도를 직선상의 위치로 바꾸어주는 일종의 변환기구(transducer)로서, 자동 피드백 제어장치의 효시라 할 수 있다.

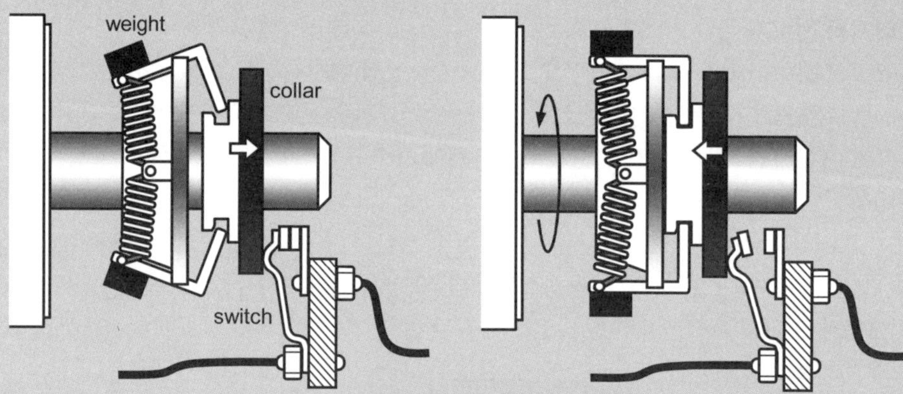

단상 전동기의 원심스위치도 축에 부착되어 회전하는 추(weight)가 원심력에 의해 움직이면서 회전부의 미끄럼판(collar)에 접촉하고 있는 스위치의 가동부를 조작해 열어주는 형태로 만들어져 있다. 중력 대신 스프링을 이용한다는 차이가 있을 뿐 그 기본 구조는 증기기관의 원심조속기와 같다.

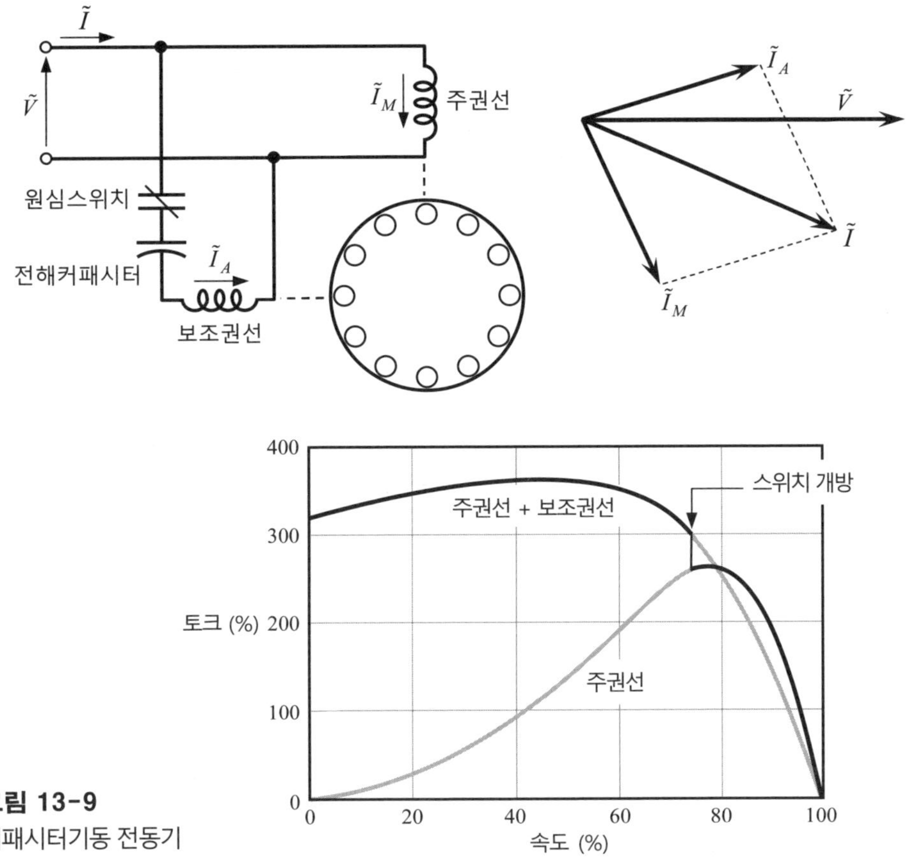

그림 13-9
커패시터기동 전동기

그림 13-10
커패시터기동전동기 (1HP, 1725 rpm)

영구분상커패시터 전동기

영구분상커패시터 전동기(permanent-split capacitor motor)는 그림 13-11에서 보듯이 보조권선에 직렬커패시터가 삽입된 점은 커패시터기동형과 같으나, 기동 후에도 보조권선이 분리되지 않고 계속 연결되어 있는 것을 말한다. 보통 간단히 **영구분상전동기**라 부르기도 한다.

일반적으로 기동이 이루어진 후의 정상 운전상태 특성을 최적으로 유지하기 위해 필요한 커패시터 용량은 기동특성을 최적화하기 위한 용량보다 훨씬 작다. 따라서 영구분상전동기의 커패시터 용량은 양자를 절충한 값이다. 절충의 정도에 따라 기동토크가 정격토크의 30~150 % 정도로 편차가

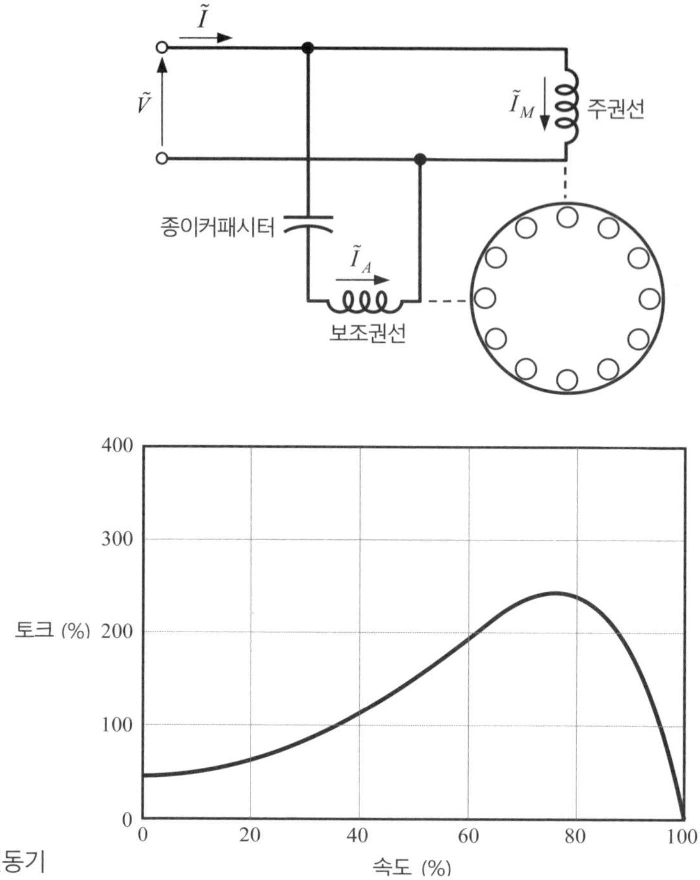

그림 13-11
영구분상커패시터전동기

크며, 기동특성보다 운전특성에 주안점을 둔 경우에는 기동토크가 커패시터를 사용하지 않는 저항기동형보다도 작다. 그러나 기동전류도 작아서, 대체로 정격전류의 2배 이내이다. 따라서 빈번한 기동/정지가 필요한 용도에 적합하다. 최대토크도 설계에 따라 편차가 크나 대체로 커패시터 기동형보다 작다. 커패시터로는 종이커패시터가 사용된다.

영구분상전동기는 기동토크는 작지만 정상운전상태에서 보조권선과 주권선 사이에 평형이 비교적 잘 이루어지는 편이므로 회전자계가 원에 가까워 운전효율과 역률이 높고 소음과 진동이 작다.

그림 13-12
냉장고 팬 구동용 소형 영구분상전동기
(5, 9, 16 W) (General Electric)

그리고 기계적 스위치가 없어서 작고 싸며, 고장률이 낮아서 단상전동기들 중 신뢰성이 가장 높다. 기동토크가 크지 않아도 되는 소형 팬이나 송풍기, 단속적인 반복운전이 필요한 위치조정기구나 출입문 개폐용, 그리고 냉장고 등 소음의 억제가 중요한 용도에 사용된다. 용량은 수 W에서 500 W 정도이다. 그림 13-12는 냉장고용 소형 영구분상전동기의 예이다.

2단커패시터전동기

우수한 운전특성과 기동특성을 동시에 얻기 위해 그림 13-13과 같이 기동용과 운전용 커패시터를 모두 사용한 것을 **커패시터기동-운전형 전동기**(capacitor-start capacitor-run motor), 또는 **2단커패시터전동기**(two-value capacitor motor)라 한다. 기동용 커패시터는 가속이 된 후 원심스위치로 분리되고 운전커패시터만으로 운전된다. 두 커패시터가 각자 기동상태와 정상운전상태에서 최선의 특성이 나타나도록 선정되기 때문에 역률과 효율이 영구분상형보다 높고 정격토크 대비 최대토크도 크다. 기동커패시터는 100~1,000 μF의 교류용 전해커패시터로서 단시간 정격을 기준으로 하므로 전압이 너무 오래 가해지면 파손되거나 수명이 현저히 짧아질 수 있어서 주의할 필요가 있다. 운전커패시터로는 유입식 커패시터가 사용된다. 연속정격이며 기동커패시터보다 전압정격이 높

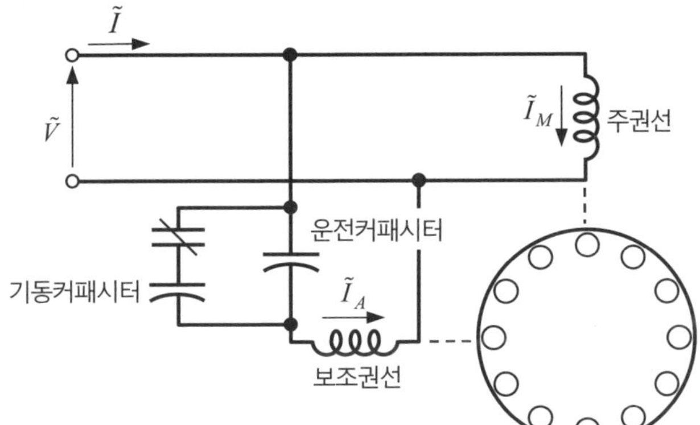

그림 13-13
2단 커패시터 전동기

(a) (b)

그림 13-14 2단커패시터전동기: (a) 개방형 (115/230 V, 60 Hz, 2 HP, 3450 rpm) (b) 전폐형 (230 V, 50 Hz, 1 HP, 2835 rpm)

다. 용량은 기동커패시터의 10~20%로, 통상 수십 μF 정도이다.

2단커패시터전동기는 두 개의 커패시터와 스위치 때문에 단가가 높을 수밖에 없다. 따라서 비교적 큰 용량에만 적용된다. 용량이 클수록 이들 추가부품의 가격이 전체에서 차지하는 비중이 낮고, 전동기 선택시 가격의 중요성이 상대적으로 줄어들기 때문이다. 1~10마력으로 단상전동기중 가장 크며, 큰 기동토크가 필요하면서도 특히 지속적 장시간 운전 때문에 역률과 효율이 높아야 하는 용도에 사용된다. 통상 3상전동기가 필요한 부하를 구동하는 데에 단상전원만 제공되는 환경에서 3상전동기 대용으로 쓰이는 경우가 많다. 컴프레서, 고압펌프, 진공펌프, 목공기계 등이 주된 적용대상이다. 그림 13-14가 그 외관을 보여주고 있다.

분상전동기의 권선

분상전동기의 고정자권선은 3상 전동기와 다른 형태로 만들어진다. 그림 13-15 (a)는 그 한 예이다. 위쪽 그림은 주권선이 고정자 철심의 도체홈에 배치된 모습이다. 권선이 맴돌이 모양으로 회전하면서 하나의 극을 만들고 그 옆 다음 극의 맴돌이 권선에 직렬로 연결되는 식으로 결선된 것을 볼 수 있다. 맴돌이 방향이 교대로 바뀌므로 앞의 맴돌이가 S극을 만들어낼 때 다음 맴돌이는 N극을 만들어낸다. 따라서 두 권선 중심 사이의 거리는 전기각으로 180°가 된다. 그림은 이런 방식으로 총 4개의 극이 만들어진 것으로, 예시된 코일 턴수는 자속분포를 정현함수꼴에 가깝게 해주기 위한 것이다. 이런 식으로 하나의 극을 만드는 코일 그룹이 다음 극의 코일 그룹과 중첩되지 않으면서 쭉 연결되는 형태의 권선을 **쇄권**鎖捲(chain winding)이라 한다. (3상에서 이러한 쇄권 대신 중권 방식을 쓰는 이유는 코일들을 모두 균일한 형태로 할 수 있어서 제작이 용이하기 때문이다.) 아래쪽 그림은 주권선에 90° 어긋나도록 보조권선을 배치한 것을 보여주고 있다. 보조권선을 기동에만 사용하는 경우에는 보조권선의 자속분포가 중요하지 않지만 영구분상전동기나 2단커패시터전동기처럼 운전 중에도 보조권선이 사용되는 것들은 주권선처럼 정현파에 가까운 자속분포를 갖도록 턴수를 조정한다. 그림 13-15(b)는 이런 식으로 만들어진 고정자권선의 모습을 보여주고 있다.

분상유도전동기의 제어

앞서 언급했듯이 분상전동기는 보조권선 전류의 위상이 항상 앞서므로 회전자계가 보조권선 중심축에서 주권선 중심축 쪽으로 회전한다. 두 중심축의 상대적 위치에 따라 회전방향이 결정되므로 두 권선 중 하나를 반대로 접속한 뒤 전원을 연결하면 이전과 반대 방향으로 회전한다. 그러나 일단 기동이 이루어지고 나서 운전중일 때는 보조권선이 분리되어 있으므로 보조권선의 접속을 바꾸는 것은 의미가 없고, 주권선의 접속을 뒤집어도 회전하던 방향으로 계속 회전한다. 요컨대 보조권선을 기동용으로만 쓰는 전동기는 운전 중 방향을 바꿔줄 수 없다. 그러나 보조권선이 연결된 상태로 운전되는 영구분상전동기 및 2단커패시터전동기는 운전 중 회전방향 변경이 가능하다. 영구분상형 중 매우 작은 용량은 그림 13-16과 같이 절환스위치를 사용하여 주권선과 보조권선의 역할을 뒤바꿈으로써 역전시킬 수 있게 만들어지기도 한다. 물론 이 경우 두 권선은 동일해야 한다.

단상전동기는 3상 유도전동기와 마찬가지로 (1) 주파수제어 (2) 극수변환 (3) 인가전압 변경을 통해 속도제어가 가능하다. 보통 저가의 단상전동기에 고가의 주파수제어를 적용하는 경우는 드물며, 극수변환은 10-7절에서 설명한 3상 유도전동기에서와 마찬가지로 특별한 구조의 전동기에만 가능하다. 인가전압 변경은 주로 팬과 같은 2승저감형 부하를 구동하는 용도에서 회전자저항이 큰 유형

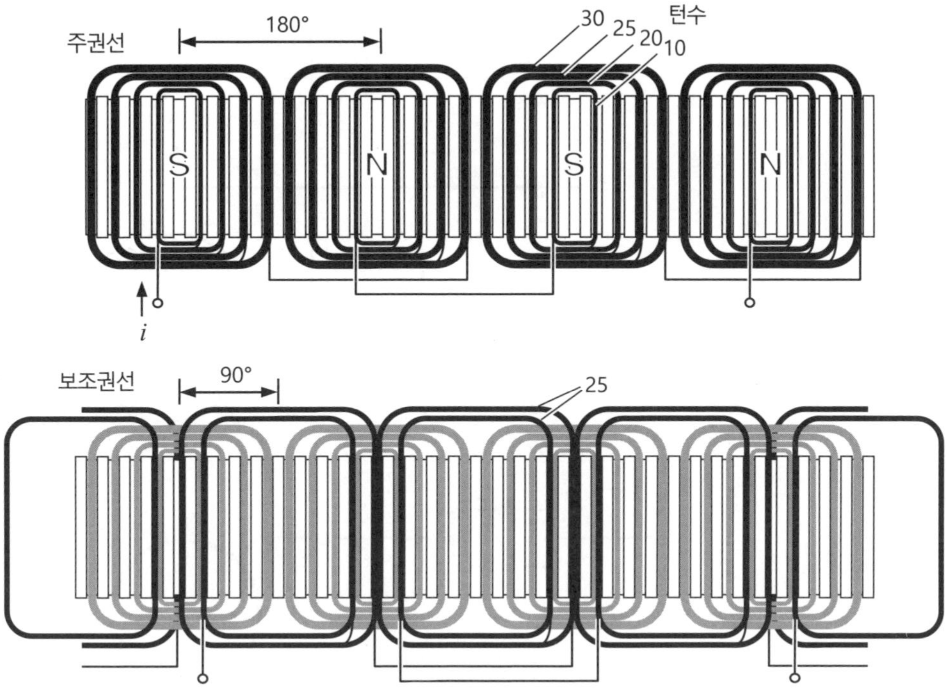

(a)

(b)

그림 13-15 (a) 분상전동기의 주권선과 보조권선 (b) 분상권선을 지닌 고정자 (2단커패시터형)

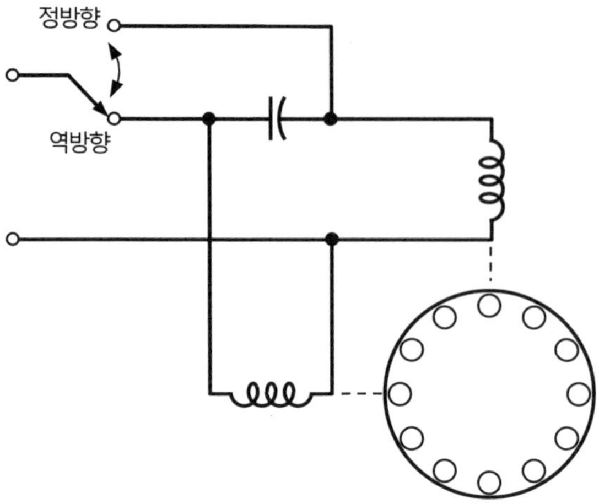

그림 13-16
전환스위치에 의해 역전시킬 수 있는 영구분상커패시터전동기의 결선

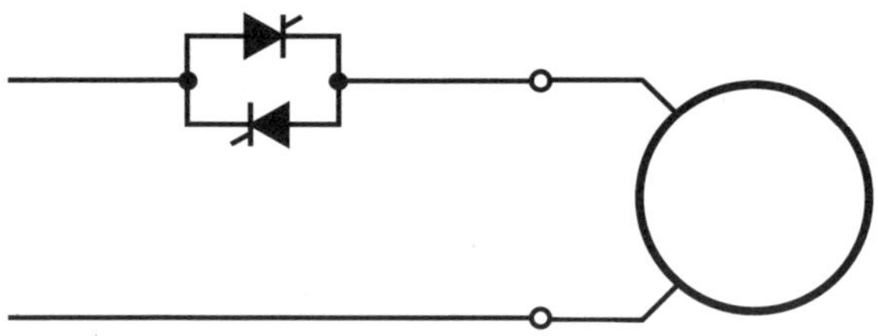

그림 13-17
SCR 반도체 스위치에 의한 인가전압 제어

에 적용된다. 전압을 변경시켰을 때 특성 변화는 10-7절의 '전압에 의한 속도제어' 항목 에서 설명한 3상 전동기와 유사하다.

전압 변경 방식에는 (1) 단권변압기를 사용하는 방법, (2) SCR이나 TRIAC 등 반도체 스위치로 전압의 일부 구간만 인가하는 방법, (3) 직렬저항을 삽입하는 방법이 있다. 직렬저항은 가장 값싸고 간단하지만 손실이 커서 잘 사용되지 않는다. 단권변압기는 부드러운 속도제어가 장점이지만 비싸다. 따라서 다소 소음과 진동이 증가하기는 하지만 그림 13-17에 보인 반도체 스위치를 사용한 전압조정기가 가장 흔히 적용된다. 간혹 이 전압조정기는 속도제어와 상관 없이 무부하 내지는 경부하 상태에서 인가전압을 낮춰 철손을 줄임으로써 효율을 높이기 위한 목적으로 사용되기도 한다.

13-3 단상유도전동기의 등가회로와 토크

13-1절에서 설명한 단상 유도전동기의 등가회로와 속도-토크특성의 계산에 관해 살펴보기로 한다. 주권선과 보조권선이 함께 동작하는 상태의 단상 전동기 해석은 두 권선의 비대칭성 때문에 3상전동기보다 복잡하므로 다루지 않고, 주권선만 동작하는 정상운전상태에 한정하기로 한다.

먼저 전동기가 멈춰 있는 상태를 생각해보면, 이때는 그림 13-1에서 보았듯이 전동기의 고정자와 회전자 사이의 관계가 2차측이 단락된 단상 변압기와 같다. 따라서 그 등가회로도 그림 13-18(a)와 같이 변압기의 등가회로로 나타낼 수 있다.(철손저항은 생략한다.) 단상 전원에 의한 맥동자계가 정방향 회전자계와 역방향 회전자계로 분해되었을 때 이들 각각은 회전자에 기전력을 유기하고, 유도전류가 흐르게 한다. 두 성분이 하나의 전류로 회전자 저항과 리액턴스에 흐르므로 두 회전자계가

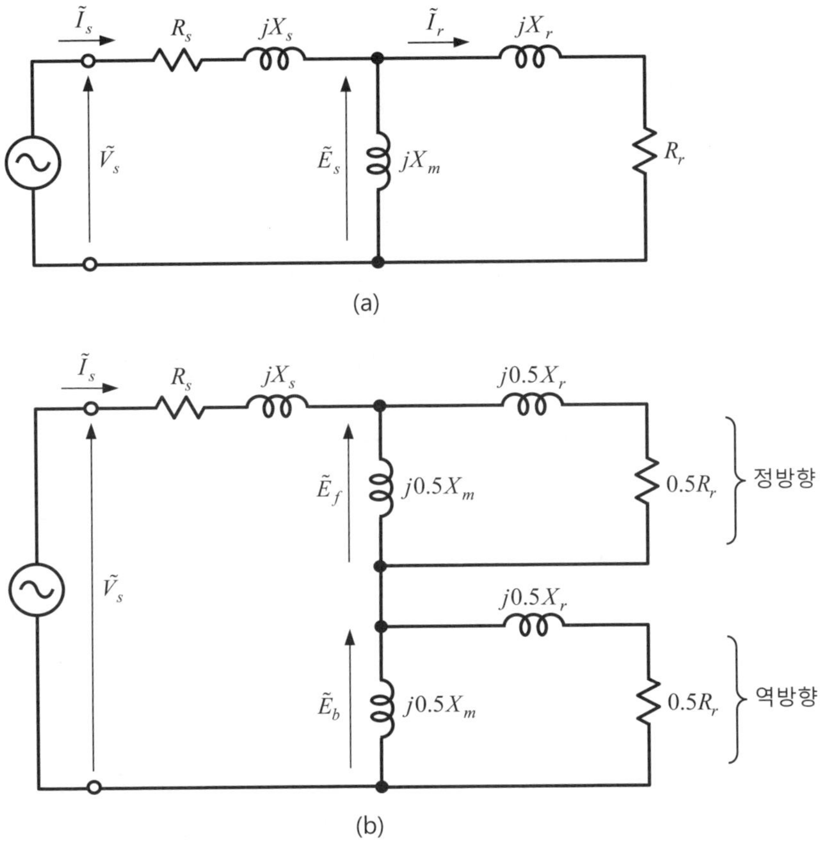

그림 13-18 정지상태에서 단상유도전동기의 등가회로: (a) 등가 변압기회로 (b) 정방향 회전자계와 역방향 회전자계의 영향을 분리해서 나타낸 등가회로

저항과 리액턴스의 전압강하를 반씩 분담한다. 따라서 그림 13-18의 (a)에서 회전자를 정방향과 역방향으로 나누면 (b)와 같다. 여기서 두 회전자계에 대한 등가회로가 병렬이 아닌 직렬로 표현되고 있음에 유의하라. 그림에 나타낸 $\tilde{E}_f$ 와 $\tilde{E}_b$ 는 각각 정방향 회전자계와 역방향 회전자계가 회전함에 따라 고정자 코일의 쇄교자속이 맥동하면서 유기하는 기전력으로, 이들의 합이 전체 맥동자계에 의해 유기되는 기전력 $\tilde{E}_s$ 이다.

다음으로 회전자가 어떤 속도로 돌고 있는 상태를 생각해 보면, 회전자가 정방향 회전자계 방향으로 슬립 s로 회전할 때 역방향 회전자계에 대한 슬립은 $2-s$ 이다. 그림 13-19의 (a)는 이를 나타낸 것으로, 회전자측이 정방향과 역방향으로 구분되어 있을 뿐 3상 유도전동기와 다르지 않다. 따라서 3상 유도전동기에서와 마찬가지 방법으로 정방향과 역방향 각각에 대해 전력과 토크를 구할 수 있다. 여기서 $0.5R_r\,/\,s > 0.5R_r\,/\,(2-s)$ 이므로 정방향회로의 합성 임피던스가 역방향회로의 합성임피던스보다 크고, 따라서 $E_f > E_b$ 가 된다. 이는 13-1절에서 설명했듯이 정방향 회전자계 쪽으로 자속이 쏠리면서 정방향 회전자계가 유기하는 기전력이 더 커지는 현상을 나타내고 있다.

정방향과 역방향 등가저항에서 소비되는 전력은 회전자로 전달되는 공극전력에 해당하며, 이들을 각각 동기속도로 나눈 것이 정방향 토크 T_f 와 역방향 토크 T_b 이다. 이들이 서로 반대 방향으로 작

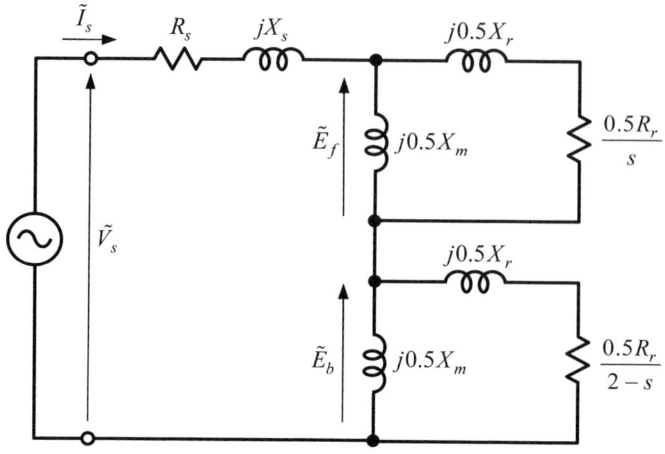

(a)

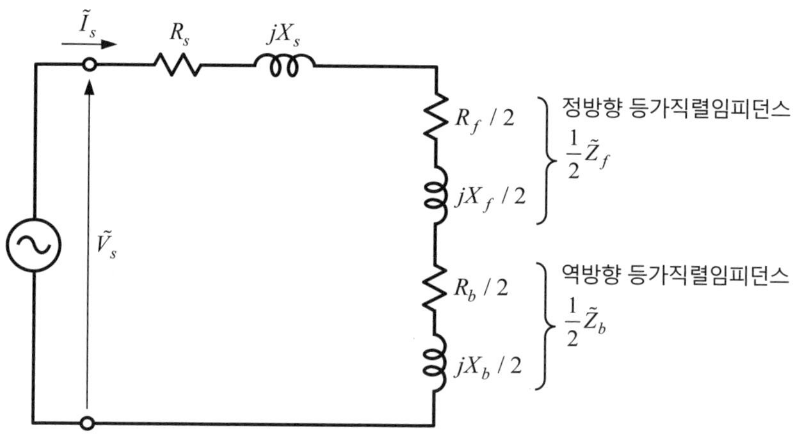

(b)

그림 13-19 슬립 s에서 회전할 때의 등가회로

용하므로 실제 토크는 $T_f - T_b$가 된다. 이는 **전동기의 출력이 정방향 공극전력과 역방향 공극전력의 차이에 비례**함을 뜻한다. 역방향 회전자계 입장에서는 전동기가 역회전(플러깅)상태에 있으며, 역회전상태에서는 기계적 부하로부터 동력을 흡수하는 동시에 전원으로부터도 전력이 유입된다. 즉 역방향 회전자계에 의한 공극전력은 전부 회전자에서 소모되며, 그에 해당하는 동력이 거꾸로 유입되면서 정방향에서 출력하는 동력의 일부를 상쇄시킨다.

그림 13-19의 (b)는 (a)를 아래의 합성 임피던스로 단순화시킨 것이다.

$$\tilde{Z}_f = R_f + jX_f = jX_m \parallel \left(\frac{R_r}{s} + jX_r \right) \tag{13-4}$$

$$\tilde{Z}_b = R_b + jX_b = jX_m \parallel \left(\frac{R_r}{2-s} + jX_r \right) \tag{13-5}$$

이렇게 해도 등가저항에서 소비되는 전력은 바뀌지 않는다. 즉 (a)의 $0.5R_r / s$의 소모전력은 (b)의

$R_f/2$ 의 소모전력과 같다. 역방향 쪽에서도 마찬가지이다. 따라서 이렇게 단순화된 회로에서 전체 전류 I_s 를 구하고 나면 정방향, 역방향 공극전력과 토크를 아래와 같이 구할 수 있다.

$$P_{gf} = I_s^2(R_f/2) \tag{13-6}$$

$$P_{gb} = I_s^2(R_b/2) \tag{13-7}$$

$$P_g = P_{gf} - P_{gb} \tag{13-8}$$

$$T_e = \frac{P_g}{\omega_s} \tag{13-9}$$

아래 예제에서 구체적인 계산 예를 보기로 한다.

예제 13-1

다음의 상수를 지닌 1/4 마력 110 V 60 Hz 4극 저항기동형 단상 유도전동기가 있다.

$R_s = 2.02\ \Omega$ $X_s = 2.79\ \Omega$ $R_r = 4.12\ \Omega$ $X_r = 2.12\ \Omega$ $X_m = 66.8\ \Omega$

철손 및 기계손은 37 W이다. 이 전동기가 5 % 슬립에서 운전되고 있다고 할 때 고정자 전류와 역률, 유기토크, 축출력, 축토크 및 효율을 구하라.

고정자전류를 구하기 위해 그림 13-18의 전체 직렬 임피던스를 구하면

$$\begin{aligned}\tilde{Z}_f &= R_f + jX_f = jX_m \,||\, (R_r/s + jX_r)\\ &= j66.8 \,||\, (4.12/0.05 + j2.12) \approx j66.8 \,||\, 82.4\\ &= 51.9\angle 51^\circ\ \Omega = 32.7 + j40.3\ \Omega\end{aligned}$$

$$\begin{aligned}\tilde{Z}_b &= R_b + jX_b = jX_m \,||\, [R_r/(2-s) + jX_r]\\ &\approx R_r/2 + jX_r = 2.06 + j2.12\ \Omega\end{aligned}$$

$$\begin{aligned}\tilde{Z} &= R_s + jX_s + \tilde{Z}_f/2 + \tilde{Z}_b/2\\ &= 2.02 + j2.79 + (32.7 + j40.3)/2 + (2.06 + j2.12)/2\\ &= 19.4 + j24.0\ \Omega = 30.9\angle 51.1^\circ\ \Omega\end{aligned}$$

따라서 고정자 전류와 역률은

$$I_s = \frac{V}{Z} = \frac{110}{30.9} = 3.56\ \text{A}$$

$$pf = \cos 51.1^\circ = 0.63\ (\text{지상})$$

회전자로 전달되는 전력으로부터 토크는 다음과 같이 계산된다.

$$P_{gf} = I_s^2(R_f/2) = 3.56^2 \times (32.7/2) = 207\ \text{W}$$

$$P_{gb} = I_s^2(R_b/2) = 3.56^2 \times (2.06/2) = 13.1\ \text{W}$$

$$P_g = P_{gf} - P_{gb} = 207 - 13.1 = 194\ \text{W}$$

$$T_e = \frac{P_g}{\omega_s} = \frac{194}{377/2} = 1.03\ \text{N-m}$$

이때 축출력과 축토크 및 효율은

$$P_{out} = (1-s)P_g - P_{loss} = 0.95 \times 194 - 37 = 147\ \text{W}$$

$$T_{shaft} = \frac{P_{out}}{\omega_m} = \frac{147}{0.95 \times 377 / 2} = 0.82 \text{ N-m}$$

$$\eta = \frac{P_{out}}{P_{in}} = \frac{147}{110 \times 3.56 \times 0.63} = 59.6 \text{ \%}$$

단상유도전동기에서도 회전자저항은 전동기의 특성에 큰 영향을 미친다. 그러나 단상유도전동기는 3상유도전동기와 달리 비례추이 특성을 지니지 않는다. 어떤 변수가 비례추이 특성을 갖기 위해서는 R_r / s만의 함수로 표현될 수 있어야 하는데, 앞의 등가회로에서 볼 수 있듯이 $R_r / (2-s)$ 항이 포함되기 때문이다. 그림 13-20은 단상유도전동기의 속도-토크 특성(보조권선이 없는 상태)이 회전자저항에 따라 달라지는 것을 보여주고 있다. 회전자저항이 커지면 토크 특성이 완만해지면서 항복슬립이 증가한다는 점은 3상과 같으나 최대토크가 줄어드는 것을 볼 수 있다. 이는 저항이 클수록 역방향 전력성분이 커지면서 출력이 하락하기 때문이다. 나아가 회전자저항이 어느 이상이면 토크가 전체적으로 음수가 되어 버린다. 보조권선이 접속된 기동상태에서는 회전자저항이 3상 유도전동기에서와 같이 기동토크를 키우면서 기동전류를 줄이는 효과를 갖는다. 그러나 기동이 완료된 후에는 이처럼 특성저하가 훨씬 현저하게 나타나므로 회전자저항의 크기로 특성을 조정하는 데에 제약이 크다.

한편 13-1절에서 언급했듯이 단상전동기는 토크가 전원의 2배 주파수로 맥동한다. 단상 교류에서 전압에 전류를 곱한 순시전력이 120 Hz로 맥동하므로 단상전동기의 입력 역시 120 Hz로 맥동하며, 토크의 맥동은 그 자연스러운 결과라 할 수 있다. 토크의 맥동은 진동을 유발하고, 이에 따라 소음이 발생하므로 단상전동기는 원천적으로 3상전동기보다 소음이 클 수밖에 없다. 또한 역방향 회전자계의 영향으로 같은 부하에서 슬립이 더 크고, 그만큼 회전자 손실도 더 크다. 역방향 유효 및 무효전력 때문에 피상전력(전류)이 크고, 그만큼 고정자동손도 크다. 전류가 3상에 분산되지 않고 한 상에 다 흘러야 하므로 손실은 더욱 커진다. 따라서 효율은 낮고 온도상승이 크므로 열용량을 키우기 위해 같은 정격의 3상전동기보다 더 크게 만들어진다. 그럼에도 불구하고 일반적으로 범용 단상전동기는 대량생산의 이점 때문에 같은 정격의 3상전동기와 대체로 비슷한 가격대로 생산된다.

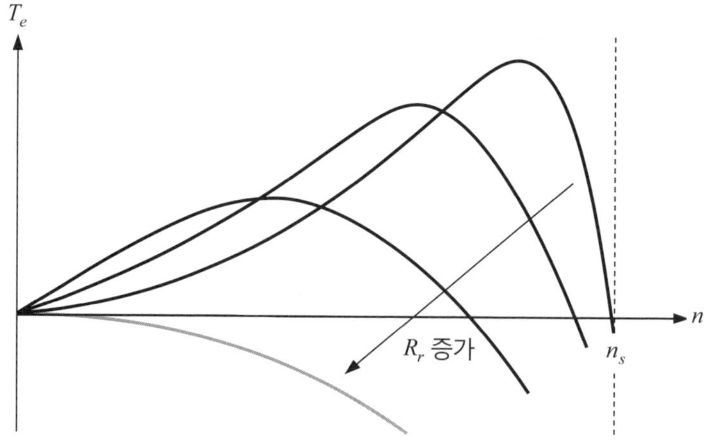

그림 13-20 회전자저항의 크기가 단상 유도전동기의 속도-토크 특성에 미치는 영향

13-4 지연코일 전동기

지연코일 전동기(shaded-pole motor)는 일반 농형과 동일한 회전자를 지닌 단상유도전동기의 일종이다. 그러나 위에서 설명한 분상전동기들과는 달리 기동을 위한 보조권선을 따로 두고 있지 않다. 대신 기동을 위해 독특한 구조를 지니고 있는데, 고정자가 그림 13-21에서 보듯이 직류기의 계자처럼 돌극형으로 만들어져 있다. 그리고 모든 극의 한쪽 부위에 전류가 자유로이 흐를 수 있는 도체 루프가 끼워져 있다. 이것을 **지연코일**, 또는 **쉐이딩코일**(shading coil)이라 한다. 고정자권선은 N극, S극이 교대로 나타나도록 권선 방향만 다를 뿐 모두 직렬로 연결되어 있다. 따라서 교류 전류가 흐를 때 자극에서 만들어지는 자계는 맥동자계에 불과하므로 그 자체로는 회전력이 발생하지 않는다. 그러나 지연코일이 있으면 자계가 맥동할 때 자속의 변화를 지연시키는 작용이 일어나면서 마치 자계가 회전하는 것과 같은 효과가 나타난다.

그림 13-22는 고정자 전류의 양의 반주기 동안 인접한 두 극에서 지연코일이 어떻게 작용하는지 보여주고 있다. 먼저 전류가 커지는 동안에는 지연코일에 자속의 증가를 방해하는 방향으로 전류가 흐른다. 그 결과 지연코일이 둘러싼 부분에서 자속의 증가가 늦춰지고,반대쪽에 자속이 집중된다. 이후 전류가 정점을 지나 자속이 줄어드는 구간에 들어서면 지연코일에 전류가 반대로 흐르면서 자속의 감소를 방해하므로 지연코일 쪽으로 자속이 집중된다. 따라서 자극의 중심이 지연코일의 반대편 쪽에 있다가 지연코일 쪽으로 이동하는, 회전자계와 비슷한 움직임을 보이게 된다. 자속의 변화를 지연시키는 지연코일이 자극 중심이 이동하는 효과를 일으킨 것이다. 그 이동방향이 항상 지연코일 반대쪽에서 지연코일 쪽이므로 지연코일이 자극의 어느 쪽에 있느냐에 따라 회전방향이 결정되며, 회전방향을 바꿀 수 없다. 지연코일을 극 양쪽에 설치하고 스위치로 개폐하여 회전방향을 선택하는 것이 가능하긴 하지만 이러한 저가형 전동기에 적용하기에는 현실성이 없다.

지연코일전동기는 별도의 기동용 권선이 없고 스위치도 커패시터도 없기 때문에 구조가 단순하고 값이 싸다. 그러나 기동토크를 키우기 위해 회전자저항값을 키워준다 해도 기동토크가 전부하토크의 25~75 %에 불과하다. 그리고 정격슬립이 10 % 내외로 속도변동이 크며, 운전 중에도 늘 지연코일에 전류가 흐르기 때문에 효율과 역률이 매우 낮다. 효율이 보통 20 % 에도 미치지 못하므로 지

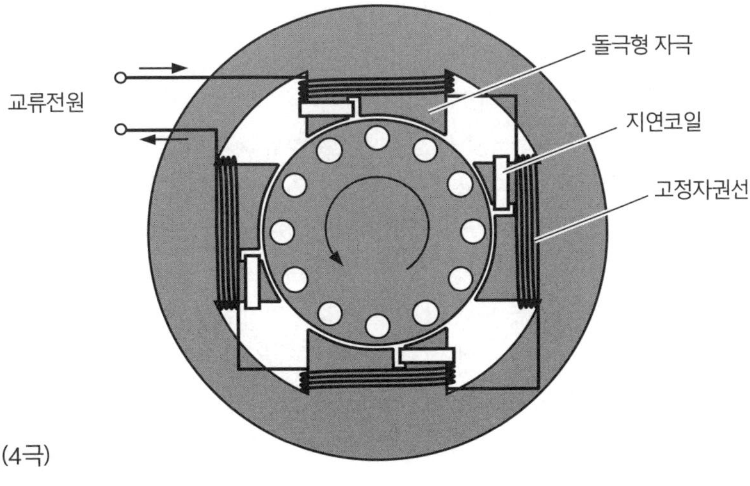

그림 13-21
지연코일 전동기(4극)

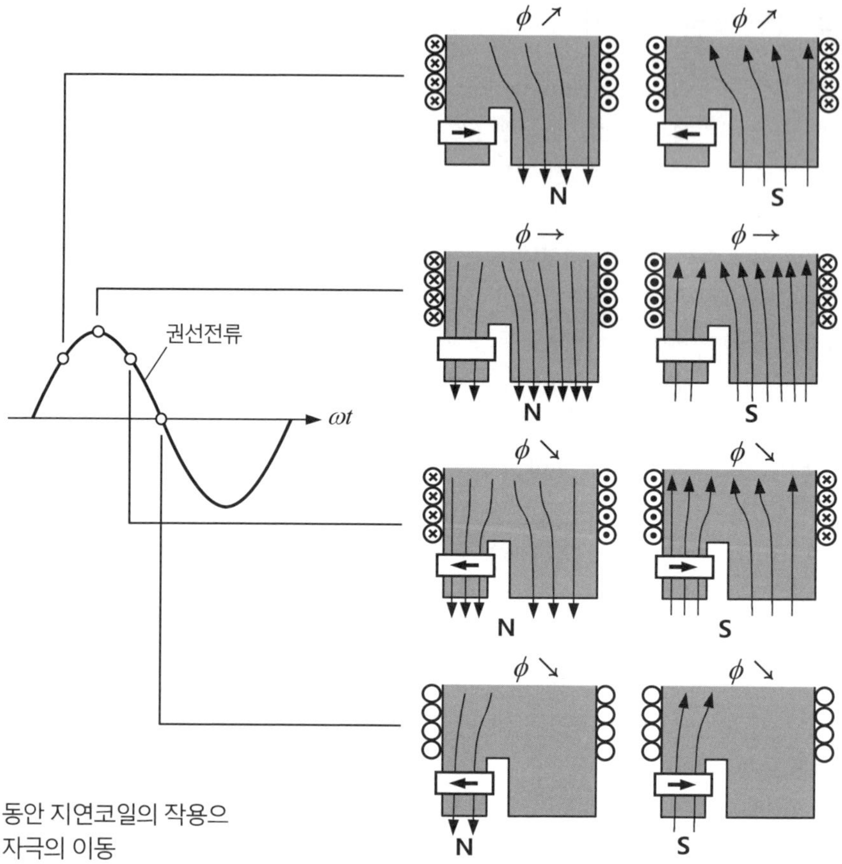

그림 13-22
전류의 반주기 동안 지연코일의 작용으로 이루어지는 자극의 이동

속적으로 운전되는 곳에는 적합하지 않다. 따라서 냉각이 문제가 되지 않을 만큼 용량이 작거나 운전율이 높지 않은 곳에 사용되며, 사용빈도가 높거나 연속운전이 필요한 산업용이나 업무용 기기에서는 찾아보기 어렵고 소형 팬이나 시계, 레코드 플레이어 같은 가정용 기구나 완구에서 흔히 볼 수 있다. 용량은 수 W에서 50 W 정도까지이며, 특히 소형은 대량생산이 용이하므로 고장났을 때 수리하기보다는 다른 것으로 교체하는 게 싸게 먹히는, 일종의 '일회용 전동기'처럼 사용되는 경향이 있다. 그림 13-23은 소형 2극 지연코일 전동기를 보여주고 있다. (a)는 고정자에 C형 철심을 사용하고 철심 한쪽에 고정자코일을 감은 형태로, 고정자 권선이 간단하여 대량생산이 용이하고 냉각에 유리하다. (b)는 일반적 형태의 고정자 구조로 만들어진 1 W급 소형의 예로서, 옆에 기재된 특성에서 무부하나 전부하전류에 거의 차이가 없고 전부하효율이 수 %에 불과한 것을 볼 수 있다.

지연코일전동기도 전압제어로 속도를 변경시킬 수 있다. 단 별도의 단권변압기를 사용하는 대신 고정자 코일 자체를 단권변압기처럼 사용한다. 고정자코일 중간에 탭을 내어 코일 일부에만 전압을 인가하면 마치 체승 단권변압기를 통해 더 높은 전압을 인가한 것과 같은 효과를 낼 수 있다. 코일의 일부에만 전압을 가하면 더 작은 턴수에서 전원전압과 같은 기전력이 유기되기 위해 철심 내부 자속이 더 커지게 되는데, 자속이 커지면 전동기의 토크가 커지고, 따라서 슬립이 줄어들면서 속도가 높아진다. 이 방식은 코일의 중간탭과 스위치만 추가하면 되므로 간단한 팬 구동에 종종 적용된다.

(a)

120 V, 60 Hz
무부하: 3,420 rpm, 0.481 A
전부하: 3,226 rpm, 0.489 A
전부하출력: 3.66 mN-m, 1.23 W
전부하효율: 3.7 %

(b)

그림 13-23 지연코일 전동기 (a) 6 W급 (b) 1 W 냉각팬용

13-5 히스테리시스전동기

히스테리시스전동기(hysteresis motor)는 강자성체의 히스테리시스 성질을 이용한 동기전동기의 일종이다. 단상에 주로 사용되지만 3상도 가능하다. 3상용의 고정자는 일반 3상 전동기와 같고, 단상용은 자속분포가 정현파에 가까운 영구분상형으로 만들어진다. 효율이 중요치 않은 수 W급에는 앞에서 본 지연코일형이 사용되기도 한다. 회전자는 그림 13-24에서 보듯이 매끈한 원통형으로, 강한 히스테리시스 특성을 갖는 준경자성(semi-hard) 알니코나 페라이트(14-1절 참조) 소재의 자성체로 둘러싸여 있고, 알루미늄과 같은 비자성체 지지물 또는 성층철심을 통해 축에 고정된다.

동작원리

히스테리시스전동기의 회전자 자성체는 상당히 큰 보자력을 지니고 있어서 어느 한 방향으로 자화되고 나면 그 자화상태를 그대로 유지하면서 고정자의 회전자계에 끌려가는 동기전동기로 동작한다. 이 점에 있어서 히스테리시스전동기는 영구자석형 동기전동기와 유사하다. 그러나 아래에서 설명하듯이 별다른 장치 없이도 스스로 기동이 이루어지는, 자체기동능력을 지니고 있다는 점에서 영구자석형 동기전동기와 큰 차이가 있다.

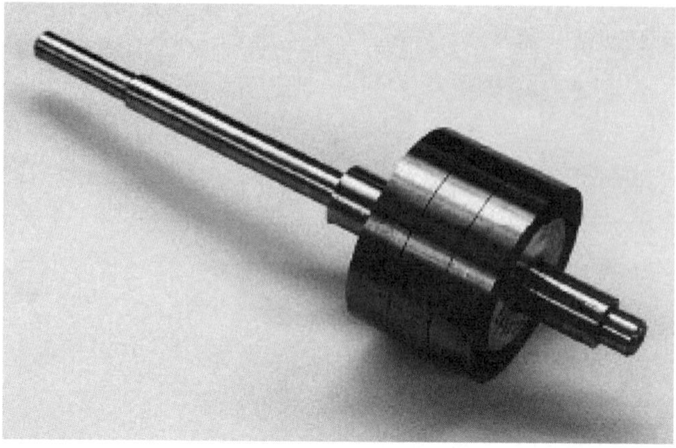

그림 13-24
히스테리시스전동기의 회전자

그림 13-25(a)는 히스테리시스전동기에 사용되는 자성체의 특성을 나타내고 있다. 자계강도가 $+H_c$ 이상으로 커지면 양의 방향으로 자화되었다가 자계가 다시 줄어들더라도 $-H_c$가 될 때까지는 자화상태가 그대로 유지된다. 또 자계강도가 $-H_c$ 이하가 되면 반대 방향으로 자화되었다가 다시 $+H_c$를 넘어서기 전까지는 음의 방향으로 자화상태를 유지한다. 이처럼 일단 한쪽으로 자화되고 나

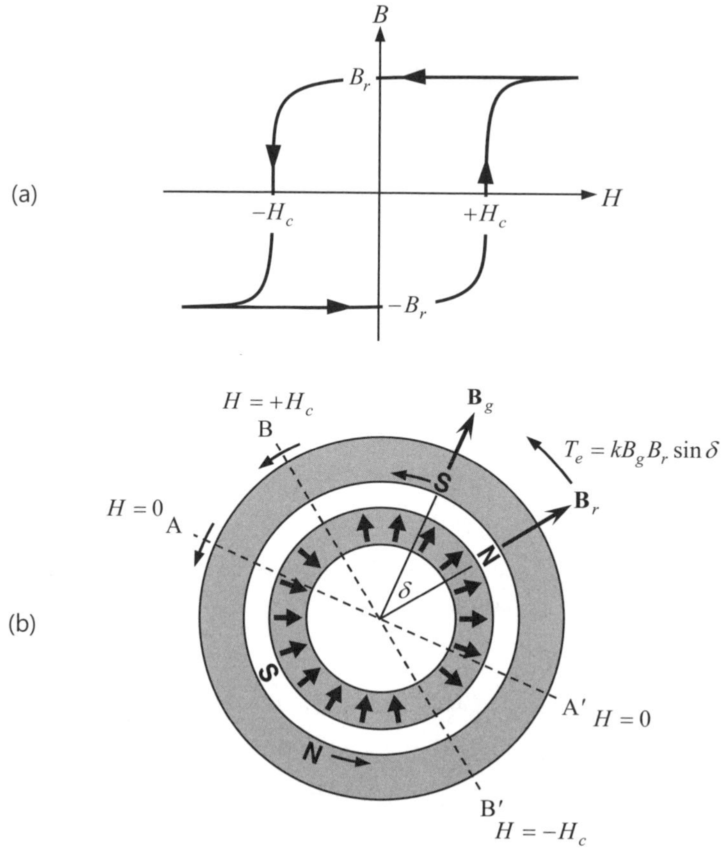

그림 13-25 (a) 히스테리시스 특성 (b) 회전자계에 의해 자화되는 회전자 자성체

면 외부 자기장이 반대쪽으로 상당히 커진 뒤에야 자화방향이 바뀌기 때문에 자화상태의 변화가 외부 자기장의 변화에 뒤처지게 된다. 따라서 그림 13-25(b)와 같이 회전자계 안에 놓였을 경우, 회전자계의 방향대로 자화되지 못하고 뒤처져 자화됨으로 해서 회전자자속의 방향이 회전자계에 뒤처지고, 그 결과 회전자계에 이끌리는 토크가 발생한다.

이때 나타나는 현상을 좀 더 구체적으로 살펴보기로 하자. 먼저 그림 13-25(b)에서 회전자가 정지상태라 가정하고 공극자속 $\mathbf{B}_g$ 가 반시계방향으로 회전하고 있는 것으로 한다. $\mathbf{B}_g$ 의 중심축에 직각인 A 지점은 회전자 자성체에 작용하는 자계가 0인 위치를 나타낸다. 자계가 바깥쪽을 향할 때를 양의 값으로 한다면 A의 후방 어딘가에 자계가 $+H_c$ 에 도달한 지점이 존재한다. 그 지점을 B라 했을 때 그 뒤편의 $H > +H_c$ 인 영역의 회전자가 양의 방향으로 자화된다. 이렇게 회전자계가 지나쳐오면서 양의 방향으로 자화시킨 부위는 자계가 다시 0으로 줄어든 반대편의 A′지점을 지나 자계가 $-H_c$ 에 이르는 B′까지 양의 자화상태를 유지한다. 마찬가지로 나머지 절반, 즉 $H < -H_c$ 인 자계가 가해지기 시작하는 B′부터 다시 $+H_c$ 에 도달하는 B까지는 음의 자화상태가 된다. 이렇게 자화된 회전자의 자속 $\mathbf{B}_r$ 은 $\mathbf{B}_g$ 에 A와 B사이의 각도 δ 만큼 뒤처지게 된다.

여기서 주목할 점은 공극자속이 회전자의 자성체를 반시계방향으로 스쳐 지나가고 있는 한 회전자의 자화상태가 매 시점 공극자속의 공간적 분포에 의해서만 결정된다는 사실이다. 이는 설령 회전자가 회전하고 있다 해도 $\mathbf{B}_g$ 가 그보다 빨리 회전하고 있기만 한다면 정지상태였을 때와 동일한 자화상태가 그대로 유지되며, 따라서 $\mathbf{B}_g$ 와 $\mathbf{B}_r$ 사이의 각도 δ 가 일정하게 유지됨을 뜻한다. B_r 은 일정하므로 B_g 가 일정하다고 가정하면 $B_g B_r \sin\delta$ 에 비례하는 토크 역시 일정하다. 요컨대 동기속도 이하에서는 **회전자 속도에 무관하게 일정한 토크가 유기된다**.

이로부터 히스테리시스전동기의 속도-토크 특성을 그리면 그림 13-26과 같다. 전동기에 전원을 인가했을 때 처음 정지상태에서 유기되는 토크가 회전자가 가속되는 과정, 그리고 동기속도에 이를 때까지도 그대로 유지된다. 동기속도에 도달하고 난 다음에는 $\mathbf{B}_r$이 $\mathbf{B}_g$ 쪽으로 접근하면서 δ 가 줄어드는데, 이때는 자계와 자성체 사이 상대속도가 이전의 반대가 되므로 동기속도에 도달하였던 순간의 회전자 자화 상태가 그대로 유지된다. 즉 영구자석 동기전동기처럼 동작한다. 따라서 가속기간 중 줄곧 일정하게 유지되던 $\mathbf{B}_g$ 와 $\mathbf{B}_r$ 사이의 각도 δ 가 동기속도에 이르고 나면 유기토크가 부하의

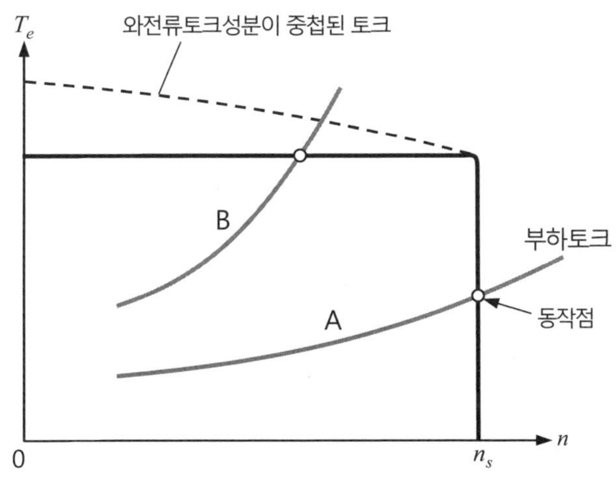

그림 13-26
히스테리시스 전동기의 속도-토크 특성

토크와 같아지는, 기계적 평형을 이루는 각도로 줄어들고, 이후 그 각도를 유지하면서 동기속도로 회전한다. 이는 그림 13-26에서 수직선으로 표현된 동기전동기의 속도-토크특성과 부하의 속도-토크특성 A가 교차하는 동작점으로 표현되고 있다.

유기토크와 전기기계적 변환동력

위에서 설명한 토크 외에 회전자 내부에 와전류가 발생하여 유기되는 토크가 추가되고, 기타 회전자계 왜곡의 영향 등이 중첩됨으로 해서 실제의 토크는 그림 13-26에 점선으로 나타낸 것처럼 일정하지는 않다. 이러한 부수적 효과들을 무시했을 때 순수한 히스테리시스 작용으로 유기되는 이론적인 토크를 다음과 같이 구할 수 있다.

유도전동기나 동기전동기에서와 마찬가지로 히스테리시스전동기의 고정자에서 회전자로 전달되는 공극전력은 아래의 식으로 표현된다.

$$P_g = \omega_s T_e \tag{13-10}$$

전동기가 정지한 상태에서는 이 공극전력이 전부 회전자의 히스테리시스 손실로 소모된다. 1장에서 설명했듯이 히스테리시스 한 주기 동안의 손실은 히스테리시스 루프의 면적에 자성체의 양을 곱한 것과 같다. 이를 W_h J이라 하자. 전원의 한 주기가 경과하는 동안 정지 상태의 회전자 자성체 모든 부분이 (극수에 무관하게) 자화의 온전한 한 주기를 거치게 될 것이다. 따라서 f Hz에서 회전자 손실은 fW_h W이고, 이것이 곧 식 (13-10)의 공극전력과 같으므로

$$fW_h = \omega_s T_e \tag{13-11}$$

따라서 동기속도가 $\omega_s = 2\pi f / (P/2)$ 인 P극기에서 정지상태 토크는

$$T_e = \frac{P}{2}\frac{W_h}{2\pi} \tag{13-12}$$

고정자 자계가 회전자를 온전히 한 바퀴 회전할 때의 손실이 $W_r = (P/2)W_h$ 이므로 이를 적용하면 아래와 같이 더욱 간단히 쓸 수 있다.

$$T_e = \frac{W_r}{2\pi} \tag{13-13}$$

식 (13-13)의 토크는 정지상태부터 동기속도까지 일정하다. 따라서 식 (13-10)의 공극전력도 일정하다. 그림 13-27은 속도에 따라 회전자로 전달되는 공극전력과 기계적 출력 및 히스테리시스 손실의 변화를 나타낸 것이다. 토크가 일정하므로 전기기계적 변환동력이 속도에 비례해서 증가하며, 속도가 높아지면 회전자와 회전자계 사이의 상대속도가 줄어들면서 히스테리시스 손실은 줄어든다. 이는 유도전동기에서 회전자와 회전자계의 속도 차이로 일어나는 회전자 손실과 유사하다. 유도전동기의 회전자 동손이 여기서는 철손으로 대치되었을 뿐 공극전력 중 슬립 s 만큼이 회전자손실로 소모되고 나머지 $1-s$ 만큼이 동력으로 변환된다는 점은 유도전동기와 전적으로 같다. 이는 동기속도 이하에서 히스테리시스전동기가 유도전동기와 유사한 특성을 지니고 있음을 말해준다.

특성과 용도

이상에서 보듯이 히스테리시스전동기는 동기전동기이면서도 (마치 회전자가 농형 기동권선을

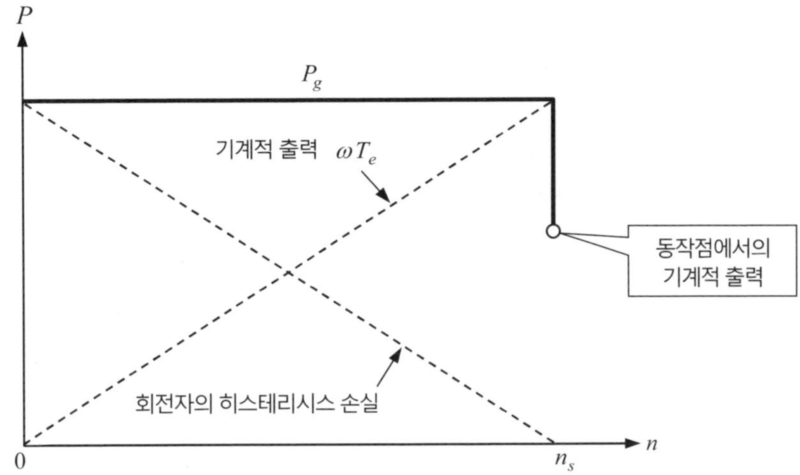

그림 13-27 기동 과정에서 히스테리시스 전동기의 출력, 회전자손실, 공극전력의 변화

지니고 있는 것처럼) 스스로 기동토크를 유기한다. 기동전류의 크기도 전부하전류의 1.5~2배로 상당히 작다. 이처럼 초기 기동특성이 우수할 뿐 아니라 기동의 완료까지도 매우 부드럽고 자연스럽게 이루어진다는 데에 히스테리시스전동기의 중요한 특징이 있다. 기동용 농형권선을 지닌 동기전동기들의 경우, 기동 마지막 단계에서 동기속도로 도약하는 동기인입이 이루어져야 하며, 부하의 관성이 크면 동기인입에 실패할 수도 있다. 이는 농형권선의 토크가 동기속도에 근접하면서 0으로 줄어들기 때문이다. 반면에 히스테리시스전동기는 동기속도에 이르기까지 줄곧 일정한 토크를 유지하면서 자연스럽게 동기속도에 도달할 뿐 아니라 부하의 관성이 아무리 커도 동기인입에 실패하는 일은 일어나지 않는다. 부하가 최대토크를 넘어가는 경우에는 동기속도에 도달하지 못할 수 있지만 예컨대 부하특성이 그림 13-26의 B와 같다 해도 전동기의 속도-토크특성과 교차하는 지점에서 계속 동작이 이루어지며, 일반 동기전동기가 탈조되었을 때처럼 기계적 진동이나 과전류가 나타나지 않는다. 나아가 회전자가 구속 상태에 이른다 해도 과열의 염려가 낮다.

구조 측면에서는 회전자에 도체홈이 없어서 코깅토크가 발생하지 않으므로 소음과 진동이 거의 없고, 회전자 권선이 없어서 원심력의 영향을 받지 않는다. 같은 회전자에 고정자 극수를 많이 늘려 저속으로 만들 수 있으며, 유도전동기처럼 극수 변경이 가능하다. 또 구조가 단순해서 소형으로 제작하기 용이하다. 효율이 낮고 토크가 작아서 작은 용량에 국한되지만 새로운 소재들의 개발로 1마력 이상도 만들어지고 있다. 요컨대 히스테리시스전동기는 약하지만 조용하고, 상황 변화에 순응적이어서 과부하에 스트레스를 받지 않으면서도 결코 포기하지 않는, 끈질긴 성격의 전동기라 할 수 있다. 그림 13-28은 지연코일 고정자 구조로 만들어진 소형 히스테리시스전동기의 예로, 토크 증대를 위해 감속기어 유닛과 결합되어 있는 모습을 볼 수 있다.

히스테리시스전동기는 과거 전축의 턴테이블 구동에 널리 사용되었다. 일정 토크로 유연하게 기동되고 부드럽게 동기속도에 도달하므로 음반이 미끄러지는 일이 일어나지 않으며, 동기속도에 도달하고 나면 일정한 속도를 유지하면서도 진동과 소음이 없어 턴테이블 구동에 최적의 특성을 지니고 있었기 때문이다. 이러한 무진동 무소음 특성으로 테이프레코더 등 음향 녹음 및 재생장치에 사

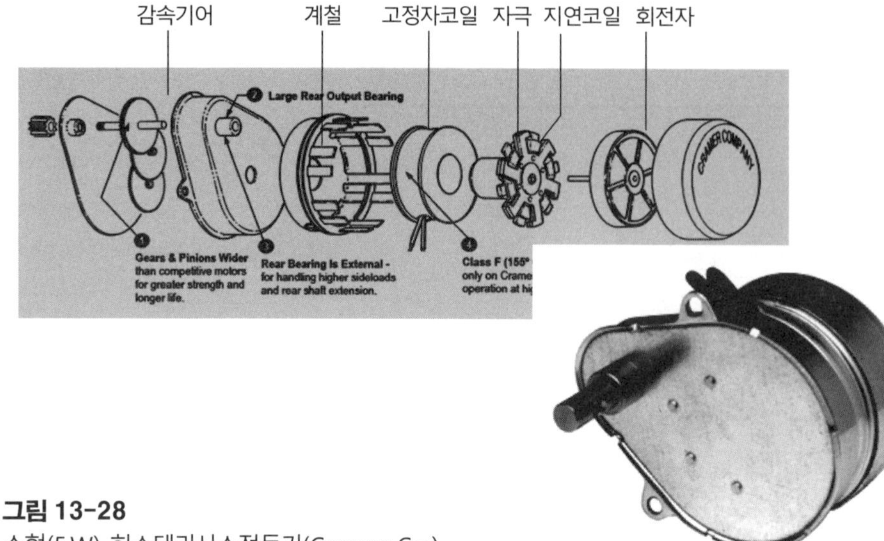

그림 13-28
소형(5 W) 히스테리시스전동기(Cramer Co.)

용되고 있고 에어컨과 밸브 구동 등에서도 볼 수 있다. 그 외 동기기를 썼을 때 동기인입 순간 일시적 속도 변동이 제품에 손상을 일으킬 수 있는 섬유 생산공정, 그리고 시계나 각종 타이밍 기구들처럼 동기전동기의 정속특성을 지녀야 하면서도 스스로 기동해야 할 필요가 있는 용도에 사용된다.

13-6 교류직권전동기(유니버설 전동기)

교류직권전동기는 통상 **유니버설(universal)전동기**란 이름으로 더 잘 알려져 있다. 여기서 '유니버설'이란 직류나 교류 어디서든 동작할 수 있는, 직류/교류 겸용이라는 의미이다. 대개 전동기는 어떤 한 장소에서 한가지 전원으로만 구동되므로 직류 교류 양쪽에서 모두 동작되어야 할 필요는 없다. 그러나 평상시 교류전원을 사용하다가 전원이 주어지지 않는 환경에 놓였을 때 배터리를 사용해야 하는 경우라면 이러한 전동기가 필요할 수 있다. 대표적인 예가 휴대용 공구로, 그림 13-29는 전동드릴에 사용되는 유니버설전동기를 보여주고 있다.

그림 13-29에서 전동기의 회전자가 정류자를 지닌 전형적인 직류전동기 형태인 것을 볼 수 있는데, 실제로 유니버설전동기는 직류 직권전동기와 기본적으로 같은 구조를 지니고 있다. 어떻게 해서 직류전동기가 교류에서 동작할 수 있을까? 직류전동기의 토크가 $T_e = k\phi I_a$ 로 주어지는 데에서 알 수 있듯이 계자전류와 전기자전류의 방향이 모두 바뀐다면 토크의 방향은 바뀌지 않는다. 이는 분권 직류전동기나 직권 직류전동기에서 인가전압의 극성을 뒤집어도 전동기의 회전방향이 그대로임을 뜻한다. 그러나 양과 음이 빠르게 교번하는 일반 교류전원에 접속했을 때는 계자와 전기자가 병렬로 접속되는 분권전동기의 경우 양쪽 전류의 위상이 달라서 (분권계자의 리액턴스가 훨씬 크다) 자속과 전기자전류의 방향이 동시에 바뀔 수 없다. 반면에 전기자와 계자가 직렬인 직권전동기는 전류의 방향전환이 항상 동시에 일어나므로 그림 13-30에서 보듯이 토크가 전류 방향에 무관하게 한쪽 방향으로만 유기된다. 즉 직권전동기는 원래부터 직류와 교류 어디서건 동작할 수 있는 유니버설전동기의 속성을 지니고 있다.

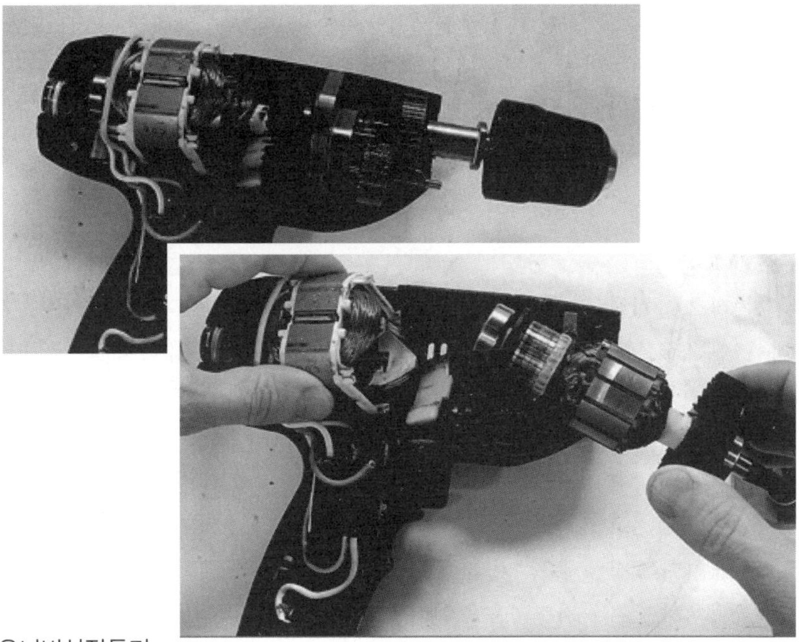

그림 13-29
전동드릴에 사용되는 유니버설전동기

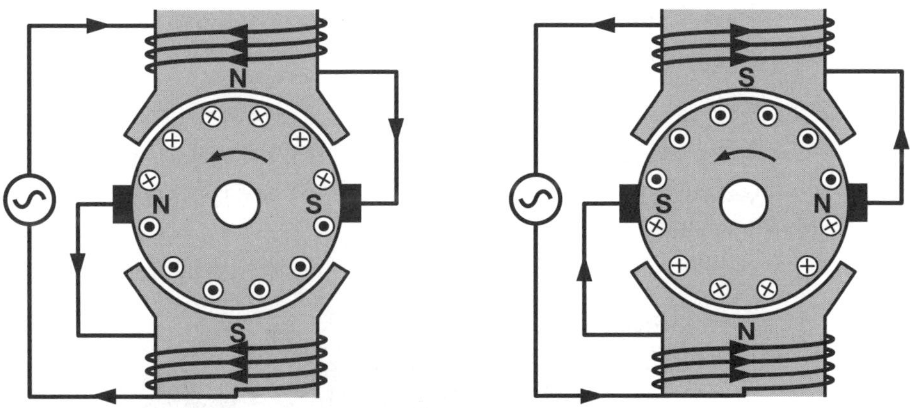

그림 13-30 교류전류가 흐를 때 직권전동기의 토크

그러나 사실 유니버설전동기로 직권전동기가 사용되는 것은 직류/교류 병용의 목적 때문은 아니다. 예컨대 배터리 없이 항상 교류전원에서만 사용하는 교류전용 드릴에도 유도전동기가 아닌 유니버설전동기가 사용된다. 이처럼 직류/교류 겸용이 필요하지 않은 곳에도 직권전동기 형태의 유니버설전동기가 사용되는 것은 아래와 같이 직권 직류전동기 구조가 지닌 고유의 특성 때문이다.

1. 직권전동기는 전류가 증가하면 자속도 증가하므로 토크가 전류의 제곱에 비례하며, 따라서 기동토크가 매우 크다. 일반 형태의 교류전동기에서는 공극자속이 인가전압에 의해 결정되므로 이처럼 전류의 증가에 따라 자속도 커지는 소위 **'직권특성'**을 얻을 수 없다. (유도전동기의 등가회로에서 자화리액턴스가 회전자측 회로에 병렬로 접속되어 있음을 상기하라.)

2. 유도전동기는 회전수가 전원의 주파수에 의해 결정되지만(60 Hz에서 최고 3,600 rpm) 유니버설 전동기는 회전자계에 의존하지 않기 때문에 속도가 주파수에 무관하다. 따라서 주파수의 제약을 받지 않고 매우 높은 속도로 회전시킬 수 있다.

요컨대 단상 교류에서 동작해야 하면서도 고속회전이 필요하거나 큰 기동토크를 필요로 하는 용도에 유니버설전동기가 사용되며, 직류/교류 병용의 특성은 덤으로 따라오는 것이라 할 수 있다.

구조와 특성

이론적으로 직권 직류전동기를 그대로 유니버설전동기로 사용하는 것이 가능하긴 하지만 이를 유니버설전동기라 부르지는 않는다. 교류용 직권전동기인 유니버설전동기와 직류용 직권전동기는 동작원리가 동일하다 해도 실제 구조에 있어서는 아래의 몇 가지 점에서 중요한 차이가 있다.

1. 직류 직권전동기는 고정자를 적층철심으로 만들 필요가 없다. 그러나 계자에도 교류가 흐르는 유니버설전동기는 와전류 억제를 위해 고정자 전체에 적층철심이 사용된다.
2. 계자 자속이 계속 변하기 때문에 자기적 중성점을 지나는 코일에 변압기작용으로 기전력이 유기되어 정류작용이 악화된다. 이를 완화하기 위해 전기자 코일의 턴수를 줄여 인덕턴스를 억제하고, 유기기전력을 줄인다. 대신 코일 수가 늘어나 도체홈과 정류자편수가 많아진다.
3. 유도성 정류지연을 억제하기 위해 저항이 큰 브러시를 사용하거나 전기자코일이 정류자편에 접속되는 부위의 저항을 크게 만든다.
4. 계자코일의 리액턴스를 줄이고 역률을 향상시키기 위해 계자코일의 턴수를 줄인다. 대신 투자율이 높은 철심을 사용하여 자속을 유지한다.

즉 직류 직권전동기에 교류가 흐를 때 일어나는 추가손실을 억제하고 정류동작의 악화를 방지하기 위해 개량한 것이 유니버설전동기라 할 수 있다. 그림 13-31은 그 전형적인 외관을 보여주고 있다.

전기적 기계적 특성에도 차이가 있는데, 크기가 계속 변하는 교류가 흐르므로 그림 13-32의 (a)

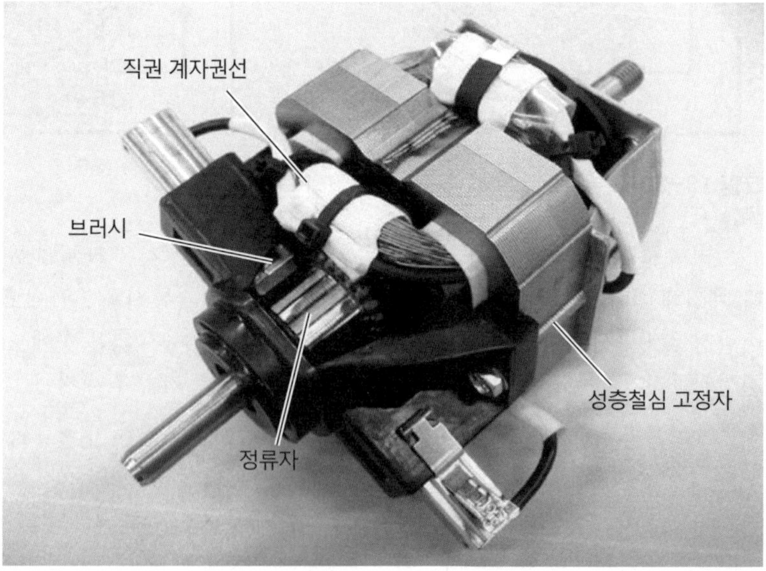

그림 13-31
유니버설전동기:
100-230 V, 305W,
10,000 rpm

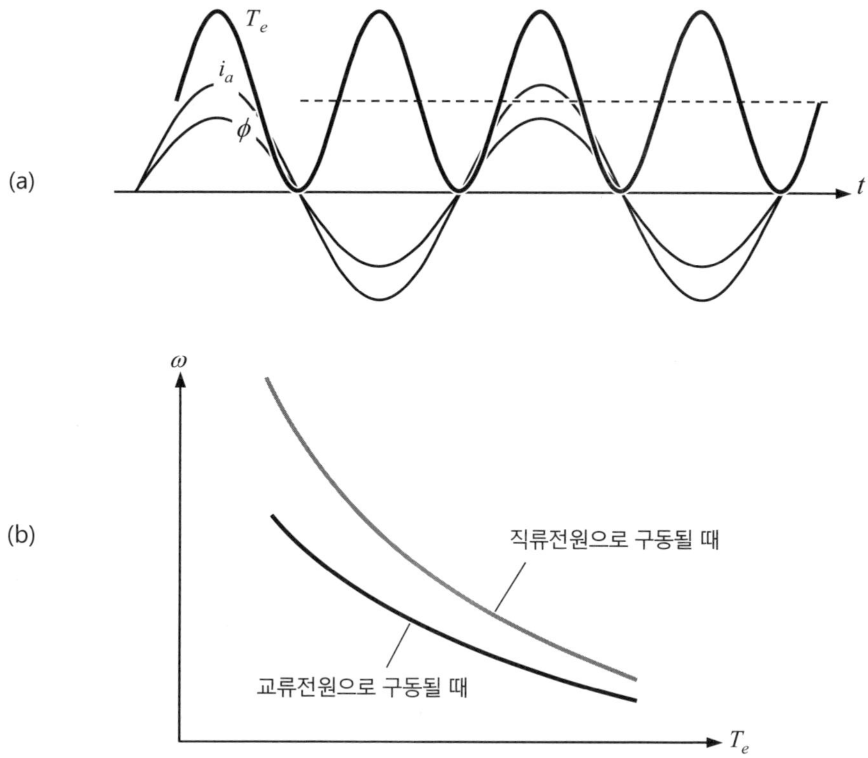

그림 13-32 유니버설 전동기의 (a) 토크 및 (b) 구동 전원에 따른 속도-토크 특성의 비교

에 보인 것과 같이 토크가 전원의 2배 주파수로 맥동한다. 그 평균 토크(점선)와 속도 사이의 관계는 직류 직권전동기와 유사하긴 하지만 (b)에서 보듯이 상당한 차이가 나타난다. 그 이유는

1. 계자와 전기자의 내부 리액턴스 성분 때문에 직류로 구동할 경우에 비해 전압강하가 크고, 역기전력이 작다. 따라서 같은 전류(토크)에서 속도가 낮다.
2. 교류전류의 최대치 부근에서 자기포화가 일어나 자속이 전류에 비례하지 않으므로 같은 실효치의 직류가 흐를 때에 비해 자속이 작고, 따라서 토크가 줄어든다. (그러나 자속의 저하는 속도를 상승시키므로 1항의 속도하락을 일부 상쇄하는 효과가 있다.)

즉 직류로 구동될 때에 비해 같은 토크에서는 속도가 낮고, 같은 속도에서는 토크가 작아서 출력이 줄어들고, 효율도 떨어진다. 일반적으로 같은 최대자속과 최대전류에서 토크가 30 % 정도 작다.

이처럼 유니버설전동기의 속도가 직권 직류전동기에 비해 낮긴 하지만 일반 교류전동기보다는 훨씬 높은 속도로 회전할 수 있다. 속도 범위는 1,500~15,000 rpm으로, 30,000 rpm에 이르는 것도 있다. 고속이므로 같은 출력에서 크기가 작고 가볍다는 데에 중요한 이점이 있다. 또 단상 유도전동기에 비해 같은 전류에서 큰 토크를 낼 수 있고, 일반적으로 **1마력 이하 소형 교류전동기 중에서는 가격 대비 출력이 가장 크다.** 기동토크가 크고(정격토크의 2~3배) 전부하시 역률이 90 % 정도로 단상 유도전동기에 비해 높다. 한편 무부하시에도 자체 손실이 상당히 큰 편이어서 속도가 높아진다 해도 직류 직권전동기만큼 폭주하지는 않는다.

용도

위에서 설명한 구조적 개선에도 불구하고 일반적으로 유니버설전동기는 브러시에서 불꽃이 일어나기 쉽고 이로 인한 전파장해가 일어나며, 브러시/정류자의 수명이 짧다. 또 효율이 낮기 때문에 연속운전보다 가끔 사용되는 용도에 적합하다. 정류자의 섬락은 간헐적 운전에서 실용상 큰 문제가 되지 않지만 정류자와 브러시의 최대전류 제한 때문에 대략 1kW 이내의 소형기로만 사용된다.

주된 응용분야로는 큰 기동토크가 필요하면서도 가벼워야 하며 간헐적으로 사용되는 전기톱이나 드릴, 그라인더 등 휴대용 공구, 믹서, 블렌더 등 주방용품, 헤어드라이어, 벌초기와 잔디깎기, 진공청소기의 고속 원심송풍기 등이다. 대개 토크를 키우기 위해 감속기어가 함께 장착되는 경우가 많고, 이러한 경우 기어가 그 자체로 어느 정도 부하가 걸린 효과를 주어 무부하상태에서 폭주를 막는 역할을 한다. 용량이 큰 것들은 무부하상태에 대비하여 적절한 보호기구를 갖추고 있어야 하며, 팬을 달아 냉각을 겸해 무부하속도를 제한하는 방법이 흔히 사용된다.

속도제어에는 단상 유도전동기처럼 SCR이나 TRIAC 등 반도체 스위치를 통해 전원전압을 매 주기의 일부 구간만 인가함으로써 인가전압 실효치를 바꿔주는 방식이 주로 사용된다. 속도를 연속적으로 제어할 필요 없이 몇 개 단계로만 변경할 경우에는 계자코일에 탭을 내어 절환하는 방식을 사용한다. 그리고 계자코일의 접속을 반대로 하면 회전방향을 바꿀 수 있다.

견인전동기용 교류직권전동기

유니버설전동기는 일반 산업용으로 큰 용량을 거의 볼 수 없으나 예외적으로 전기철도용 견인전동기로 교류 직권전동기가 오랜 기간 사용되어 왔다. 5장에서 설명했듯이 직권 직류전동기가 여러모로 견인전동기에 부합하는 특성을 갖고 있어서 전기철도 초창기부터 적용되었는데, 철도에 고압 교류급전 시스템이 도입되면서부터[2] 고정자를 성층한 교류용 직권전동기를 사용하게 되었다. 이러한 견인용 교류직권전동기는 소형 유니버설전동기의 친척뻘이라고 할 수 있으나 수백 마력에서 2,000 마력에 달하는 대형인데다가 연속운전 용도라는 점 때문에 여러 면에서 차이가 있다.

우선 대용량 연속운전에서는 효율이 중요하므로 변압기에 쓰이는 것과 같은 저손실 고투자율 철심재료가 사용된다. 그리고 대형기에서는 정류자의 섬락이 중요한 문제로 부각되는데, 특히 가감속이 빈번한 견인전동기 용도에서는 정류자 편간전압 상승으로 섬락의 가능성이 더욱 높아지기 때문에 전기자반작용을 제거하기 위해 보상권선을 설치한다. 직류/교류 겸용일 경우에는 5장에서 설명한 것과 같이 보상권선이 전기자에 직렬로 연결되지만 교류 선로에서만 운전되는 경우에는 보상권선을 외부 회로에 연결하지 않고 자체 단락시켜 전기자의 기자력이 변동할 때 변압기 작용으로 상쇄전류가 흐르게 만들어준다. 이는 전기자 기자력의 변동분만 보상함으로써 정류의 악화를 막되, 전기자전류가 항상 흐르면서 손실이 발생하는 것을 피하기 위해서이다.

이렇게 한다 해도 여전히 일반 계통주파수로 운전하기에는 여러 측면에서 무리가 따랐기 때문에 주파수를 16⅔ Hz나 25 Hz로 낮춘 전용선로가 사용되었다.[3] 이는 기본적으로 정류에 악영향을 미

---

[2] 철도가 대형화되면서 선로손실을 줄이기 위해 철도전용선로의 고압화가 필요했으나 직류전동기의 구동전압을 수백 V 수준에서 더 높일 수 없기 때문에(5장 참조) 변압기로 전압을 낮출 수 있는 교류급전시스템이 도입되었다.

[3] 유럽의 독일어권과 북유럽 국가들의 철도전용선로에는 표준주파수 50 Hz의 1/3인 16⅔ Hz가 사용되고 있다. 이는 철도계통 전용발전기를 일반 계통용 발전기와 같은 회전수의 원동기로 구동하면서 극수를 정수배로 줄여(예컨대 12극을 4극으로) 주파수를 낮춘 데에서 비롯되었다(현재 일부 국가에서는 16.7 Hz로 변경됨). 한편 25 Hz 계통도 사용되고 있는데, 이는 반드

치는 리액턴스전압을 제한하기 위한 것이지만 철손이 줄어들어 전동기의 효율을 향상시키는 효과도 가지며, 급전선로의 리액턴스에서 일어나는 전압강하도 줄어든다. (대신에 송전용 변압기와 차량에 탑재되는 강압용 변압기의 무게는 대략 주파수에 반비례해서 증가한다.) 이러한 개선을 통해 대용량 교류직권전동기의 역률은 약 95%, 효율은 약88% 정도에 이르게 되었다.

견인용 교류직권전동기는 전압이 300~400 V로 제한되고 직권 직류전동기에 비해 1.5~2배 무거우며 기동전류가 큰 편이지만 가격은 오히려 직류전동기보다 낮으며 직류계통과 교류계통을 비교적 자유로이 넘나들 수 있다는 이점도 있다. 속도제어에 간단한 변압기 탭 절환방식을 적용할 수 있긴 하지만 전반적으로 직류전동기에 비해 제어의 유연성이 떨어진다. 오늘날에 와서는 직류-교류 변환이 용이해지고 교류전동기 구동기술이 비약적으로 발전함에 따라 교류직권전동기의 상대적 이점이 사라져 거의 모든 신규 철도차량에 주파수변환장치로 구동되는 3상 유도전동기나 동기전동기가 적용되고 있다. 그러나 급전시스템과 견인전동기 사이의 상관관계가 긴밀하고, 투자비용이 커서 시스템의 변경이 워낙 느리게 진행되는 철도산업의 특성상 몇몇 국가에서 여전히 교류직권전동기가 직류직권전동기와 함께 사용되고 있다.

연습문제

13-1. 120 V, 60 Hz 분상전동기의 주권선과 보조권선이 구속상태에서 아래와 같은 임피던스를 가지고 있다.

주권선: $R_m = 2.00\ \Omega$, $X_m = 3.50\ \Omega$

보조권선: $R_a = 9.15\ \Omega$, $X_a = 8.40\ \Omega$

(a) 구속전류와 역률을 구하라.

(b) 두 권선 전류 사이의 위상차를 30°로 하기 위해 필요한 보조권선의 직렬저항을 구하라.

(c) (b)와 같이 했을 때 구속전류와 역률은 얼마인가? 이때 기동토크는 이전의 몇 배인가?

13-2. 문제 13-1의 분상전동기를 커패시터기동형으로 만들고자 한다.

(a) 보조권선 전류가 주권선 전류에 90° 앞서게 하는 데에 필요한 보조권선의 직렬 커패시터 용량을 구하라.

(b) 커패시터를 추가한 후 구속전류와 역률은 얼마인가? 이때 기동토크는 이전의 몇 배인가?

13-3. 1/4마력, 115 V, 60 Hz 4극 커패시터기동 전동기의 등가회로 정수가 다음과 같다.

$R_s = 1.9\ \Omega \quad X_s = 2.6\ \Omega \quad R_r = 3.6\ \Omega \quad X_r = 2.6\ \Omega \quad X_m = 56\ \Omega$

보조권선이 분리된 후 0.05 슬립에서 동작할 때 입력전류, 역률, 출력 및 효율을 구하라. 총 회전손실은 25 W라 가정한다.

13-4. 230 V 단상 유도전동기가 아래의 정수를 가지고 있다.

$R_s = R_r = 8\ \Omega \quad X_s = X_r = 12\ \Omega \quad X_m = 200\ \Omega$

이 전동기가 정상적 운전상태에서 1,728 rpm으로 회전하고 있을 때 입력전류, 입력전력, 기계적 변환동력, 유기토크를 구하라.

13-5. 슬립이 작을 때 계산을 단순화하기 위해 그림 13-19(a)에서 $\tilde{Z}_b$를 계산함에 있어 $0.5X_m$을 무시하고 회전자저항을 $0.25R_r$로 한 근사식을 적용할 수 있다. 이를 문제 13-4에 적용하여 그 결과를 비교하라.

시 견인전동기 때문이라기보다는 전기철도가 도입될 당시 2상 25 Hz가 계통 표준이었던 것을 철도에서 그대로 쓰고 있기 때문이다.

13-6. 문제 13-4에서 인가전압을 210 V, 190 V로 하였을 때 토크를 구하라. 인가전압과 유기토크 사이에 어떤 관계가 있는가?

13-7. 32극 시계용 소형 히스테리시스전동기에서 회전자계가 회전자 주위를 한 바퀴 도는 동안 회전자에서 일어나는 히스테리시스 손실이 0.8 J로 측정되었다. 다음을 구하라.

(a) 탈출토크

(b) 구속시 전동기 입력

13-8. 4극 60 Hz 단상 히스테리시스전동기가 1,500 rpm으로 회전하면서 0.678 N-m의 토크를 출력하고 있다. 회전자에서 소모되는 손실은 얼마인가?

13-9. 60 Hz에서 그림 13-28에 보인 히스테리시스전동기의 속도는 몇 rpm인가?

13-1. (a) 39 A, 0.56 지상 (b) 5.22 Ω (c) 36.1 A, 0.58, 1.23배 **13-2.** (a) 195 μF (b) 31.9 A, 0.77, 3.88배 **13-3.** 4.36 A, 0.60지상, 196 W, 65.3 % **13-4.** 2.60 A, 384 W, 294 W, 1.62 N-m **13-5.** 2.59 A, 383 W, 291 W, 1.61 N-m **13-6.** 1.35 N-m, 1.11 N-m, 전압의 제곱에 비례 **13-7.** (a) 0.127 N-m (b) 3 W **13-8.** 21.3 W **13-9.** 1,200 rpm

14

영구자석전동기와 릴럭턴스전동기

영구자석을 사용한 전동기는 고밀도 영구자석 재료가 개발된 이래 큰 발전을 이루어 오늘날 각종 첨단설비에 필수적인 기기로 자리잡게 되었다. 그 기본 형태는 영구자석 직류전동기(PMDC)와 영구자석 동기전동기(PMSM)이고, 이들은 효율이 높고 소형화, 경량화에 유리하며, 계자에 전류를 공급해야 하는 구조상 제약에서 벗어나 다양한 형태로 진화하고 있다. 대표적으로 영구자석으로만 가능한 브러시리스직류전동기(BLDC)가 있다. 한편 별도의 계자 없이 돌극형 회전자에 작용하는 릴럭턴스토크만으로 동작하는 전동기가 릴럭턴스전동기이다. 여기에는 일반 동기기와 유사한 동기릴럭턴스전동기(SynSRM)와 펄스형 입력에 의해 동작하는 스위치드릴럭턴스전동기(SRM)가 있다. 회전자자속이 없어서 출력밀도가 낮지만 단순한 회전자의 장점을 살려 적용분야가 확장되고 있다. 위치제어에 사용되는 스테핑전동기는 기본적으로 스위치드릴럭턴스전동기의 변형으로, 영구자석과 결합된 복합형이 널리 사용되고 있다. 이 장에서 다루는 이들 전동기는 대개 전용 구동회로 및 제어기와 함께 사용되기 때문에 전력전자 기술의 이해가 선행될 필요가 있다. 그러나 이에 관한 내용은 최소한으로 국한하고 동작 원리와 고유한 특성의 이해에 주안점을 두기로 한다.

14-1 영구자석

영구자석은 자연상태에서 스스로 자성을 띠고 있는 물질을 말한다. 그러나 사실, '영구'자석이란 존재하지 않는다. 어떤 자석이든 반대 방향으로 기자력을 가하면 자성을 잃어버리게(탈자) 할 수 있기 때문이다. 일반 규소강판의 경우 자화되고 나면 잔류자속이 남지만 반대 방향으로 조금만 기자력을 가해도 잔류자속이 없어져 버린다. 이런 것을 **연자성체**(soft magnetic material)라 부른다. 그러나 탈자시키기 위해서는 아주 강한 역방향 자계를 가해야 하는 물질이 있는데 이러한 것을 **경자성체**(hard magnetic material)라 하고, 영구자석이란 이 경자성체를 가리킨다.

그림 14-1은 연자성체와 경자성체의 히스테리시스 곡선을 보여주고 있다. 연자성체는 완전히 포화되었을 때에 비해 $H = 0$ 에서의 잔류자속밀도 B_r이 상당히 낮아지는 반면 경자성체는 포화상태의 자속밀도와 잔류자속밀도 사이에 그다지 큰 차이가 없다. 이는 포화되었을 때의 자화상태가 외부 자계가 없을 때도 거의 그대로 유지됨을 뜻한다. 자성체가 이 자화상태를 보존하려는 힘을 **보자력**保磁力(coercive force)이라 하며, 잔류자속을 0으로 만드는 데 필요한 역방향 자계강도 H_c로 정의된다. 자성체를 한쪽으로 강하게 자화시켜 잔류자속밀도를 최대한으로 키워준 상태에서 대략 보자력이 1 kA/m 미만이면 연자성체, 30 kA/m 이상이면 경자성체로 분류된다. 실제 전기기기에 사용되는 영구자석의 보자력은 수백 kA/m에 이른다.

감자곡선과 동작점

그림 14-1에서 히스테리시스 곡선이 수직축과 만나는 $H = 0$ 지점은 단순히 외부 자기장이 가해지지 않은 상태를 나타내는 것이 아니라 그림 14-2(a)와 같이 자석 양단을 자기저항이 매우 작은 자기회로를 통해 단락시킨 상태에 해당한다. 단락철심의 자기저항이 0이라 가정하면 자석에서 만들어진 자속은 아무런 방해를 받지 않고 철심을 통해 되돌아온다. 이때 철심을 자화시키기 위해 자석에서 철심에 작용하는 기자력은 0이고, 따라서 자계강도(단위길이당 기자력) H 역시 0이다. 전기회로에 비유하면 이는 마치 전류원 양단을 전기저항이 0인 도체로 단락시켰을 때 양 단자 사이의 전압이 0인 것과 같다. 따라서 철심으로 단락되어 일정한 자속을 발생시키는 영구자석은 그림 오른편에 보인 자기회로에서 전류원과 같은 형태로 나타낼 수 있다.

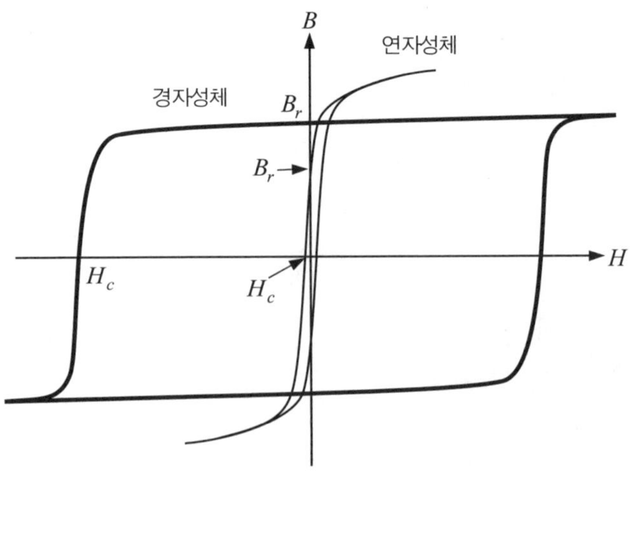

그림 14-1
연자성체와 경자성체의 히스테리시스곡선

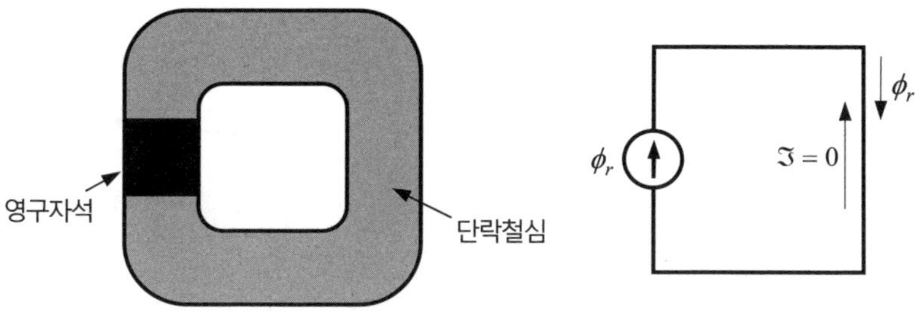

(a)

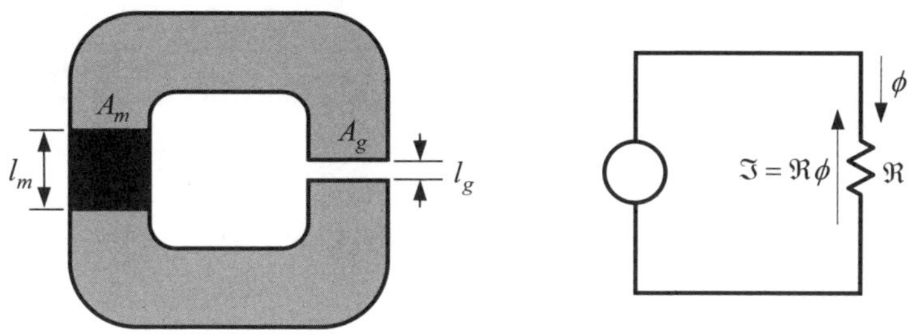

(b)

그림 14-2 영구자석 양단이 (a) 연자성체 철심으로 단락된 경우와 (b) 공극이 있는 경우의 자기회로

실제 전기회로에서 이상적인 전류원은 존재하지 않으며, 전류에 대항하는 회로의 저항이 커지면 전류가 줄어든다. 마찬가지로, 영구자석도 항상 일정한 자속을 유지하는 이상적인 자속 발생원일 수 없기 때문에 그림 14-2(b)와 같이 철심에 공극을 삽입하여 자기저항을 키우면 자속이 줄어든다. 전기저항에 전류가 흐를 때 저항 양단에 나타나는 전압이 전원에 역방향으로 작용하듯이 그림 14-2(b)에서 자속이 자기저항을 통과할 때의 기자력강하가 영구자석에 역방향 기자력으로 작용한다. 따라서 자석에 작용하는 자계강도 H가 더 이상 0이 아니며, 자속의 진행 반대 방향으로 자계가 가해진다($H < 0$). 이는 영구자석이 그림 14-1의 히스테리시스 곡선의 2상한 어느 지점에선가 B_r보다 작은 자속을 만들어내고 있음을 뜻한다. 이때의 자속밀도를 어떻게 결정할 수 있을까?

자석의 히스테리시스 곡선에서 역방향으로 작용하는 자계강도와 자속밀도 사이의 관계를 나타내는 2상한의 곡선을 **감자곡선**(demagnetization curve)이라 한다. 이는 자속 발생원으로서 자석의 특성을 나타낸다. 전기회로에서 전원의 전압-전류특성과 부하의 전압-전류특성 사이의 교점에서 동작전압과 전류가 결정되듯이 그림 14-2(b)에서도 자속 발생원의 특성을 나타내는 자석의 감자곡선과 '자기적 부하'에 해당하는 자기회로의 특성 사이의 교점에서 자속이 결정된다. 자기적 부하의 특성을 나타내는 B와 H 사이의 함수관계를 **부하선**(load line)이라 한다. 자석이 B_m의 자속을 만들어 낼 때 이 자속이 자기회로를 통과하면서 자석에 역방향으로 작용하는 자계강도 H_m은 B_m에 비례한다. 따라서 부하선은 그림 14-3에 보인 것과 같이 직선으로 나타나며, 자기저항이 클수록 그 기울기 B_m / H_m이 줄어들면서 감자곡선과 교차하는 동작점이 1에서부터 2, 3, 4로 이동하게 된다.

그림 14-2(b)의 경우 이 부하선은 다음과 같이 구해진다. 영구자석의 길이와 단면적을 l_m, A_m이라 하고 공극의 길이와 단면적을 l_g, A_g라 하면 영구자석의 자속밀도 B_m과 공극의 자속밀도 B_g

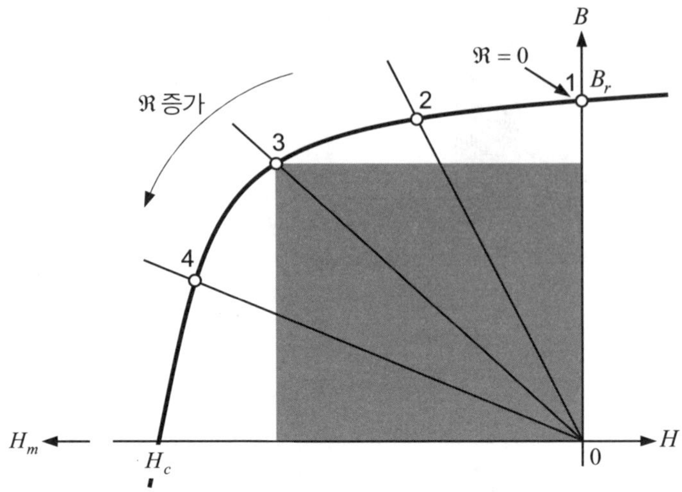

그림 14-3
자화곡선의 제2상한(감자곡선)에서 동작점의 이동

사이에 아래 관계가 성립한다.(이하 공극의 단부효과(fringing effect)와 누설자속은 무시한다.)

$$A_m B_m = A_g B_g \tag{14-1}$$

철심 부위의 자기저항을 0이라 하면 공극의 자계강도 H_g 에 공극의 길이를 곱한 것이 자석에 역방향으로 작용하는 기자력이므로 자석에 작용하는 역방향 자계강도 H_m과 아래의 관계를 갖는다.

$$l_m H_m = l_g H_g \tag{14-2}$$

식(14-1)의 양변을 식(14-2)의 양변으로 나누고 $B_g = \mu_0 H_g$ 의 관계를 적용하면

$$\frac{A_m}{l_m}\frac{B_m}{H_m} = \frac{A_g}{l_g}\frac{B_g}{H_g} = \mu_0 \frac{A_g}{l_g}$$

따라서

$$\frac{B_m}{H_m} = \mu_0 \frac{A_g}{A_m}\frac{l_m}{l_g} \tag{14-3}$$

혹은 공극 부위의 자기저항을 $\Re_g$라 했을 때 아래와 같이 쓸 수도 있다.

$$\frac{B_m}{H_m} = \frac{l_m}{A_m}\frac{1}{\Re_g} \tag{14-4}$$

주어진 공극에서 이 식의 우변은 상수이며, 이것이 곧 그림 14-3에 나타낸 부하선의 기울기이다.

최대에너지곱

식(14-1)과(14-2)의 좌변과 우변을 각각 곱하면 아래 등식이 성립한다.

$$B_m H_m (A_m l_m) = B_g H_g (A_g l_g)$$

여기서 양변의 괄호는 각각 영구자석과 자석의 체적을 나타낸다. 이를 Q_m , Q_g 로 쓰고 다시 $B_g = \mu_0 H_g$ 를 적용하면

$$(B_m H_m) Q_m = \frac{1}{\mu_0} B_g^2 Q_g \tag{14-5}$$

어떤 주어진 기기의 형상에서 공극의 체적 Q_g 는 상수이다. 여기서 기기의 동작에 필요한 공극자속밀도 B_g가 어떤 값으로 정해져 있다면 우변 전체가 상수가 된다. 따라서 $B_m H_m$과 Q_m 사이에 반비례 관계가 성립한다. 이는 **자석의 동작점을 $B-H$곱($B_m H_m$)이 최대인 지점으로 했을 때 자석의 체적이 최소가 됨**을 뜻한다. 예컨대 그림 14-3의 경우, 동작점 3이 최대의 *B-H*곱(음영부분의 면적)을 갖는 최적의 동작점이 된다. *B-H*곱의 단위는 J/m^{3}로서[1] 단위체적당 에너지량의 의미를 지닌다. 이를 자성재료의 에너지곱이라 하고 어떤 자석에서 얻을 수 있는 *B-H*곱의 최대치 $(BH)_{max}$를 **최대에너지곱**이라 부른다. 자성재료마다 감자곡선이 다르므로 이 최대에너지곱은 개별 자성재료마다 고유한 특성이다. 일반적으로 영구자석 기기는 *B-H*곱이 최대인 지점 부근에서 동작하도록 설계되며, $(BH)_{max}$가 클수록 기기를 소형화/경량화할 수 있다.

되돌이선과 감자

실제 기기가 동작할 때는 감자곡선상의 동작점이 한 곳에 고정되어 있지 않다. 회전 중 회전자와 고정자의 돌극과 도체홈 때문에 공극이 변할 뿐 아니라 자기회로에 존재하는 코일에 전류가 흘러 그 기자력이 가해짐으로 해서 동작점이 이동할 수도 있다. 공극이 변할 때는 그림 14-3에 보인 것처럼 부하선의 기울기가 변하지만 기자력이 가해진 경우에는 부하선 전체가 가해진 기자력만큼 좌우로 평행이동한다. 이러한 동작점의 이동 과정에서 자속이 증가할 때와 감소할 때 궤적이 달라지는 히스테리시스 특성으로 인해 자속이 줄어드는 현상이 일어날 수 있다.

그림 14-4에 보인 것처럼 코일을 지닌 어떤 자기회로 내에 자화되지 않은 영구자석 재료가 놓여 있다고 하자. 처음 (a)와 같이 코일에 전류를 흘리면 자석에 기자력이 가해지고, 전류를 키워 기자력을 증가시켜주면 (c)에 나타낸 것처럼 원점에서부터 초기 자화곡선을 따라 자화된다. 자석이 이 방향으로 완전히 포화상태에 도달하고 난 뒤 다시 기자력을 줄여가면 히스테리시스곡선을 따라 자속이 감소하는데, 코일의 기자력이 0이 되었을 때 자석은 감자곡선과 자기회로의 부하선이 교차하는 A의 동작점에 놓이게 된다. 이 상태에서 이번에는 그림 (b)와 같이 코일에 이전 반대 방향으로 전류를 흘려 자속 반대방향으로 기자력 $\mathfrak{I}_d$ 를 가한다. 이 기자력이 자기회로의 기자력강하에 더해지므로 그림 (c)에 나타낸 것처럼 부하선 전체가 왼편으로 $H_d = \mathfrak{I}_d / l_m$만큼 이동하고, 동작점이 A에서 B로 이동한다. 이 상태에서 기자력이 다시 사라졌을 때, 부하선은 원래 위치로 돌아간다. 그러나 동작점은 A로 되돌아가지 않는다. B에서 출발하여 자속이 다시 상승할 때의 궤적은 당초 히스테리시스곡선의 $H = 0$ 지점에서 그려진 접선(점선)에 대략 평행하며, 그 결과 새 동작점은 C가 된다. 이후 코일 전류를 다시 흘렸다 줄였다 반복하여 코일에 의한 역방향 자계가 0과 $-H_d$ 사이를 왕복하게 한다면 동작점은 B와 C 사이에서 새끼 히스테리시스 루프를 그리게 된다.[2] 그 경로를 근사적으로 B와 C 사이의 직선으로 나타낸 것을 **되돌이선**(recoil line)이라 한다. 이는 마치 애초에 잔류자속밀도가 B_r이 아닌, B-C의 연장선상에 있는 D점의 자속밀도 B_r'로 줄어든(감자된) 것과 같다.

여기서 보다시피 감자곡선이 꺾이는 경계영역을 지난 어떤 지점까지 일단 어느 정도 감자되고 나면 자석의 잔류자속이 원래대로 회복되지 못하고 이전보다 낮아진 자속밀도에서 동작한다. 그리고

---

[1] *H*의 단위는 A/m이다. *B*의 단위는 Wb/m^{2}이지만 자속의 단위 Wb가 패러데이의 법칙 $e = d\phi / dt$ 에서 보듯이 V-sec에 해당하므로 V-sec/m^{2}이 된다. 따라서 *B-H*곱의 단위는 V-A-sec/m^3, 즉 J/m^{3}이다.

[2] 실제로는 작은 히스테리시스 루프가 몇 차례 반복되면서 B-C 사이의 루프보다 약간 더 낮은 위치에 만들어지는 히스테리시스 루프로 수렴한다.

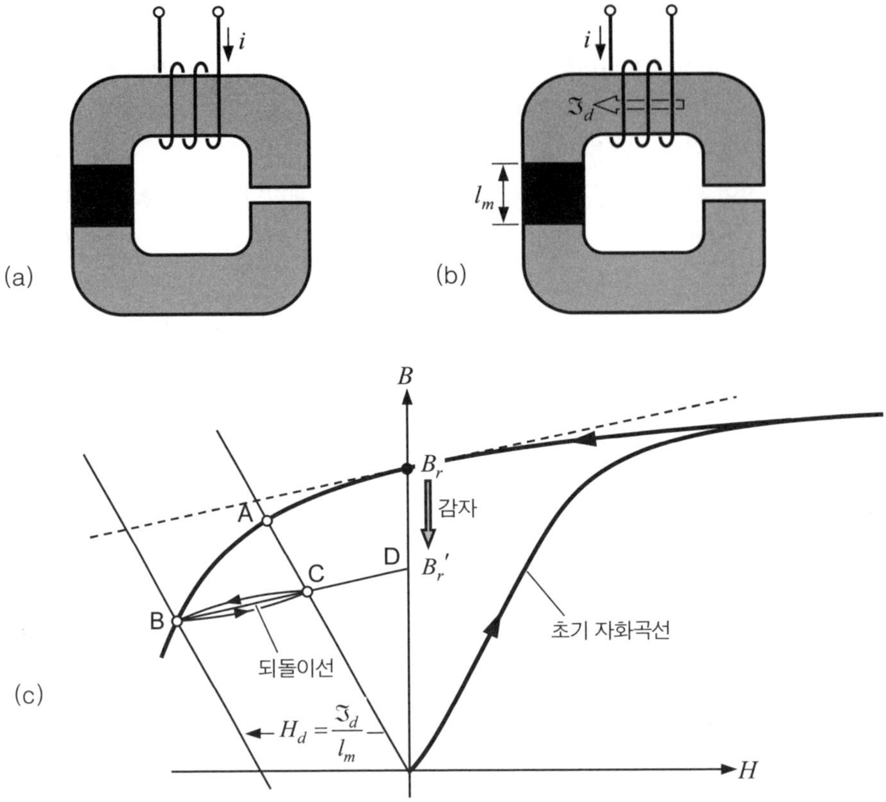

그림 14-4 자기회로에 기자력이 가해졌을 때 자화곡선의 동작점의 이동에 의해 일어나는 감자

그 동작점은 최대로 감자되었던 동작점에 의해 결정되는 되돌이선상에 놓인다. 만일 그림 14-4(c)의 B-D선상에서 동작하고 있을 때 단 한번이라도 B점보다 더 왼쪽으로 동작범위를 벗어난다면 다른(더 낮은) 되돌이선으로 이동하게 될 것이다. 이렇게 운전 중 자속밀도가 변하고 그 결과 기기의 특성이 변하는 일이 일어나지 않도록 하기 위해 일부 영구자석 기기는 처음 만들어지고 난 다음 일부러 역방향 기자력을 가해 운전 중 자석이 최대로 감자될 수 있는 지점까지 미리 감자시키는, 소위 '안정화(stabilization)' 과정을 거친다. 이렇게 하면 잔류자속 일부는 희생되지만 기기는 처음부터 항상 일정한 되돌이선상에서 일정한 특성을 유지하게 된다.

만일 자석을 개방상태로 둔다면 어떻게 될까? 개방상태란 공극이 대단히 큰 상태에 해당하므로 자석의 동작점이 감자곡선의 왼쪽으로 크게 치우친 위치에 나타나게 된다. 그 결과 되돌이선이 현저하게 아래로 내려가 영구자석으로서의 성능이 크게 저하되어 버린다.[3] 그러나 만일 그림 14-4에서 B에 이르기까지 감자곡선이 꺾이지 않고 점선에서 거의 벗어나지 않았다면 되돌이선 역시 점선과 매우 가까울 것이고, 감자도 거의 일어나지 않을 것이다. 마찬가지로 개방상태의 동작점에 이르기까지 감자곡선이 계속 직선이라면 개방상태로 두어도 감자가 일어나지 않는다. 물론 이런 자석을 사용한 기기라면 의도적인 감자, 즉 안정화 절차도 필요치 않다.

---

[3] 이렇게 감자되는 것을 방지하기 위해 일부 자석들은 보관할 때 그림 14-2(a)와 같이 자기저항이 낮은 자속경로 안에 끼워 둔다. 이를 키퍼(keeper), 또는 보관철이라 부른다.

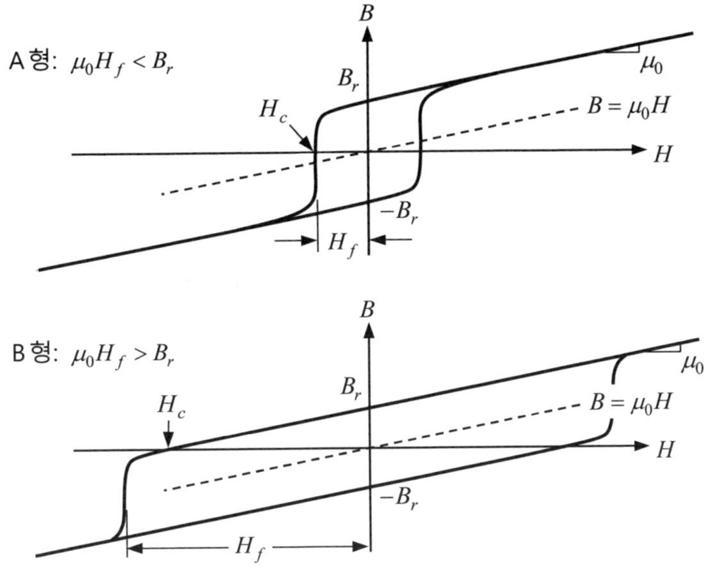

그림 14-5
히스테리시스 곡선의 두 유형

영구자석의 유형

영구자석의 자속은 자석의 자화로 만들어진 자속 B_r에 외부에서 가해진 자기장의 자속이 더해진 것이다. 따라서 모든 히스테리시스 곡선은 그림 14-5에서 보듯이 점선으로 나타낸 외부 자기장의 자속밀도가 더해져 삐딱한 모습을 띠게 된다. 자석이 어느 쪽으로든 완전히 자화된 상태에서는 히스테리시스 곡선이 이 점선에 평행한 기울기 μ_0의 직선이 된다. 자화된 방향의 반대 방향으로 자계가 가해졌을 때도 기존 자화상태를 유지하면서 대략 그 직선을 따라 자속이 감소하다가 반대방향 자계가 어느 이상이 되면 더 버티지 못하고 급격히 반대 방향으로 자화된다. 이 자화의 반전이 일어나는 역방향 자계강도 H_f 와 B_r 사이의 관계에 따라 자석은 두 가지 유형으로 구분된다.

그림 14-5의 A형은 H_f 에서 외부자계의 자속(점선)이 B_r보다 작은, 즉 외부의 자속이 자석의 잔류자속을 완전히 상쇄하기 전에 반전이 일어나는 유형으로, H_f 가 곧 자석의 보자력 H_c가 된다. 반면에 B형은 보자력이 매우 강해서 외부 자속이 기존 자화상태의 자속을 완전히 상쇄할 때까지도 반전이 일어나지 않는 유형이다. 이 유형에서는 2상한의 감자곡선 전체가 거의 일정한 기울기의 직선이 된다. 자석의 자화상태가 자속이 0이 될 때까지도 거의 영향을 받지 않으며, 감자곡선 상에서 동작점이 이동한다 해도 자속밀도 변화가 자석의 자화상태 변화로 일어나는 것이 아니기 때문에 그림 14-4에서와 같은 새끼히스테리시스도 나타나지 않고, 되돌이선은 감자곡선과 거의 일치한다.

영구자석 재료의 특성

일반적으로 널리 사용되는 영구자석 재료에는 알니코, 페라이트, 희토류 세 종류가 있다. 알니코자석은 그림 14-5의 A형, 희토류자석은 B형에 속한다. 페라이트자석은 소재에 따라 차이가 있으나 대체로 B형에 가깝다. 그림 14-6이 대표적인 영구자석 재료들의 감자곡선을 보여주고 있다.

알니코(Alnico)자석은 철과 알루미늄, 니켈, 코발트의 합금으로, 여기에도 여러 종류가 있다. 이중 알니코5는 잔류자속밀도가 크고, 수직축 교차점에서 감자곡선의 기울기는 $3\mu_0$ 정도, 최대에너지곱은 약 40 kJ/m^{3}이다. 보자력이 작은 것이 단점인데, 같은 계열의 다른 소재, 예컨대 알니코8은 보

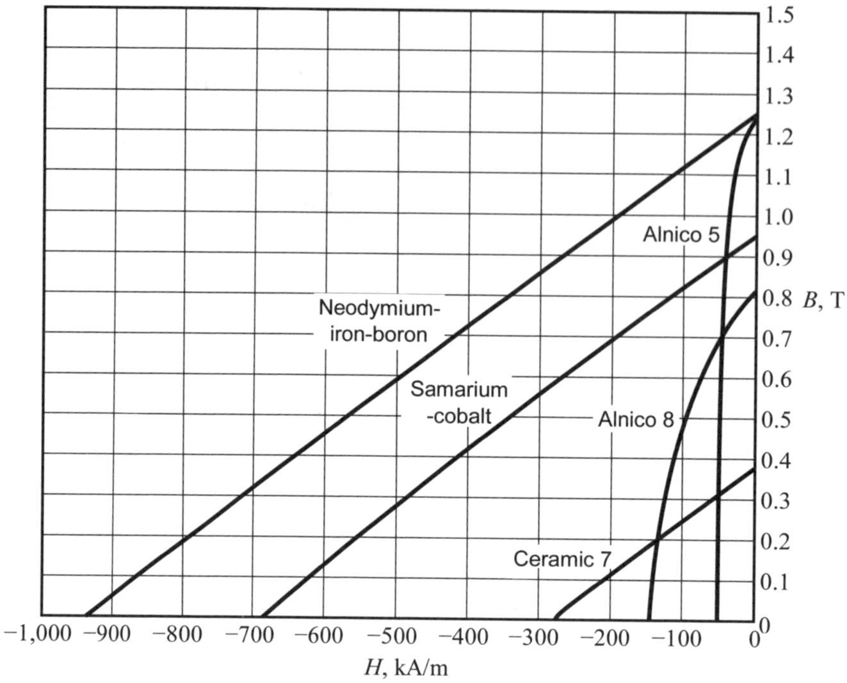

그림 14-6 대표적인 영구자석 재료의 감자곡선

자력이 더 크지만 잔류자속밀도가 낮다. 이 자석들은 자화 후 앞서 설명한 안정화 과정을 거쳐야 한다. 또한 자기적으로 강하면 경도도 높아서 깨지기 쉽기 때문에 가공이 까다롭다는 단점이 있다.

페라이트(ferrite)자석(세라믹자석)은 산화철과 바륨 또는 스트론튬 탄화물의 분말을 소결한 다음 자기장 안에서 압착 성형하여 만든 것이다. 잔류자속밀도는 낮지만 보자력이 크고, 최대에너지곱은 20~30 kJ/m^{3}이다. 그림 14-6에 보인 세라믹7의 경우 감자곡선이 기울기가 1.05μ_0 정도인 직선에 가까워서 감자효과가 거의 없으므로 안정화가 필요 없고, 개방상태로 두어도 자성 저하가 일어나지 않는다. 일반적으로 페라이트 자석은 제작이 쉽고 싸서 가장 널리 사용되고 있으나 낮은 자속밀도 때문에 크기가 커지고 무거워지는 단점이 있다. 그리고 견고성이 떨어져 기계적 스트레스가 가해지는 구조물로 사용될 수 없다. 산화화합물이므로 절연체이다.

1960년대 영구자석 기술에 획기적인 진전을 가져온 **희토류**(rare earth materials)자석은 철, 니켈, 코발트에 한두 가지 희토류 원소들이 첨가된 화합물이다. 대표적인 것이 사마륨(Sm-Co)자석으로, 잔류자속밀도는 알니코와 비슷한 수준이면서 보자력이 월등히 크다. 최대에너지곱이 약 160 kJ/m^{3}으로 알니코의 4배에 이른다. 이후 개발된 네오디뮴(Nd-Fe-B)자석은 더 큰 잔류자속밀도와 보자력 및 최대자속밀도를 지니고 있다. 희토류자석의 감자곡선은 기울기 1.06μ_0 정도인 직선으로, 개방상태로 두더라도 감자의 염려가 없다.

표 14-1은 영구자석 재료들의 주요특성지표들을 보여주고 있다. 잔류자속과 보자력, 최대에너지곱이 영구자석의 기본 성능 지표인데, 그 값이 온도에 따라서 달라질 수 있다. 영구자석은 온도가 높아지면 잔류자속밀도와 보자력이 줄어들며, 어느 이상의 고온이 되면 다시 온도가 떨어지더라도 자성이 회복되지 않는 불가역감자가 일어난다. 따라서 동작온도가 매우 중요한 고려사항이 된다.

표 14-1 영구자석의 종류별 특성지표 (음영 표시는 해당 자석의 취약점을 나타낸다.)

지표	NdFeB	SmC	AlNiCo	Ferrite
B_r (T)	0.7~1.41	0.55~1.15	0.7~1.35	0.22~0.42
H_c (kA/m)	310~1,500	360~820	44~151	151~254
$(BH)_{max}$ (kJ/m³)	35~385	56~246	11~59	9~33
$dB / dH\|_{H=0} / \mu_0$	1.05~1.25	1.02~1.1	1.5~4	1.05~1.35
최고허용온도 (°C)	100~200	250~350	540	400
B_r 의 온도계수(%/°C)	-0.11	-0.035	-0.02	-0.18
H_c 의 온도계수(%/°C)	-0.6	-0.3	-0.015	+0.4
도전율 σ (S/m)	0.63×10^6	1.25×10^6	2×10^6	1×10^{-6}
가격	$$$	$$$$	$$	$

알니코는 동작온도한계가 높아서 문제가 되는 일이 드물고, 페라이트와 사마륨자석도 비교적 높은 편이지만 네오디뮴 자석은 온도한계가 현저히 낮다. 온도 변화에 대한 잔류자속밀도 변화 특성에 있어서는 알니코는 변화가 미미하여 매우 안정하고 사마륨도 안정하지만 네오디뮴과 페라이트 자석은 변화가 크다. 특히 이들은 온도가 변하면 보자력이 줄어든 결과 그림 14-5의 B형에서 A형으로 바뀌면서 동작점의 위치에 따라서는 상당한 감자가 일어날 수 있다. 그림 14-7이 그 한 예를 보여주고 있는데, 상온에서 네오디뮴자석의 동작점이 A였던 것이 온도 상승으로 감자곡선이 변하여 경계 영역 아래의 B 지점에서 동작점이 만들어지게 되었다면 되돌이선이 점선으로 바뀌는 감자가 일어난다. 이렇게 감자되고 나면 다시 상온으로 돌아가도 감자된 효과가 그대로 유지되어 원래 동작점

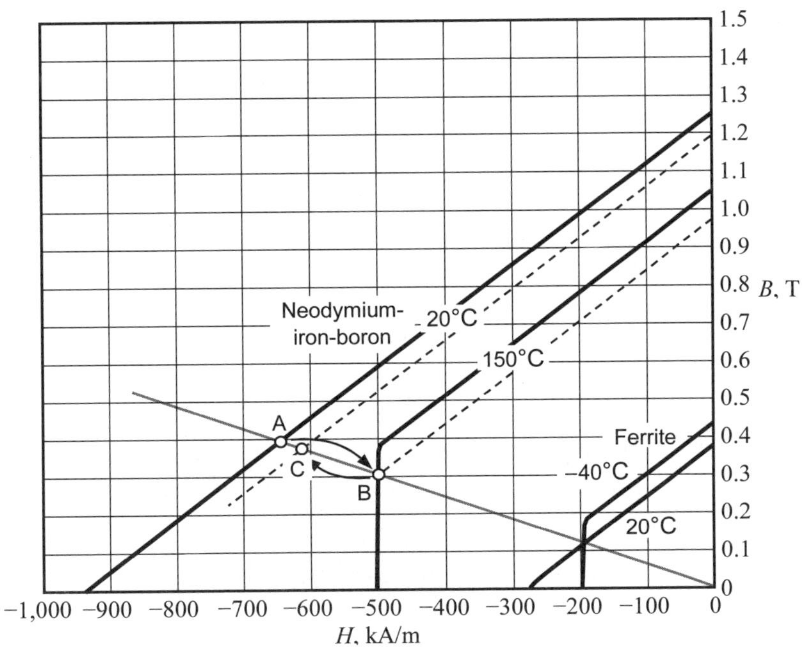

그림 14-7 온도변화에 따른 감자곡선의 변화와 동작점의 이동

이 아닌 C에서 동작하게 된다. 페라이트자석의 경우에는 반대로 저온에서 이러한 문제가 일어난다.

예제 14-1

그림 14-6에 보인 네오디뮴 자석의 감자곡선의 기울기를 구하고 자유공간 투자율과 비교하라. 그리고 최대에너지곱을 구하라.

$B_r \approx 1.25$ T, $H_c \approx 940$ kA/m이므로

$$\frac{B_r}{H_c} \approx \frac{1.25}{940\text{k}} = 1.330 \times 10^{-6} \ \text{H/m}$$

이는 대략 $1.058\mu_0$에 해당한다. 이렇게 감자곡선이 직선인 경우에는 최대에너지곱이 직선의 중앙에서 나타난다. 따라서

$$(BH)_{max} \approx \frac{B_r}{2}\frac{H_c}{2} = \frac{1}{4} \times 1.25 \times 940\text{k} = 294 \ \text{kJ/m}^3$$

전동기에 사용되는 영구자석

과거 알니코자석이 전동기에 널리 사용되었으나 현재는 특별히 높은 온도에서 동작해야 하는 용도 외에는 거의 사용되지 않고, 대부분 페라이트와 희토류자석을 사용한다. 희토류자석이 훨씬 비싸기 때문에(희토류자석 중에서도 자원이 풍부한 네오디뮴자석이 희귀원소 코발트가 필요한 사마륨자석보다 싸다) 일반 용도에는 주로 페라이트자석이 사용되고 희토류자석은 소형화, 경량화가 필요한 소형 기기나 특수 기기에 사용되었으나 근래에 와서는 수 MW급 대형기에도 적용되고 있다. 12장에서 설명한 직접구동형 대형 풍력발전기가 대표적인 예이다.

일반적으로 영구자석의 동작점은 최대에너지곱이 나타나는 지점 부근으로 설계되므로 앞의 예제에서도 보듯이 기기의 자속밀도는 기기에 사용된 영구자석 잔류자속밀도의 1/2 정도이다. 따라서 페라이트자석 기기의 공극자속밀도는 0.2 T 내외, 사마륨자석은 0.4~0.5 T, 네오디뮴자석은 0.5~0.7 T 정도로, 1 T 내외인 일반 기기에 비해 상당히 낮은 편이며, 이는 아직까지 영구자석이 함께 사용되는 연자성 철심의 자화능력을 충분히 활용하지 못하고 있음을 뜻한다.

영구자석은 일정한 직류가 흐르는 전자석 코일을 대신하는 역할을 하기 때문에 유도기에는 적용될 일이 없고 직류기와 동기기의 계자를 대신하는 용도로 사용된다. 영구자석 기기의 장점은

- 계자권선을 갖지 않으므로 구조가 단순해진다.
- 계자손실이 일어나지 않으므로 효율이 높다.
- 계자권선보다 공간을 덜 차지하므로 기기를 작게 만들 수 있다.

따라서 대체로 일반형 전동기보다 작고, 가볍고, 효율적이다. 단 영구자석 때문에 대체로 비싸지만 다른 재료의 절감으로 경우에 따라서는 더 싸질 수도 있다. 단점으로는 위에서 설명했듯이 온도상승에 의한 감자의 문제가 일어날 수 있는데, 특히 영구자석에 자성 분진이 들러붙지 않도록 밀폐형으로 만들어지므로 온도가 상당히 올라갈 수 있다는 점에 유의해야 한다.

한편 영구자석은 자성체이긴 하지만 이미 포화된 상태이기 때문에 자기장의 변화에 대한 자속밀도 변화가 매우 작다. 그림 14-5의 B형은 감자곡선의 어느 지점에서건 $\Delta B \approx \mu_0 \Delta H$ 이므로 자계강도의 변화에 대한 자속밀도의 변화량이 공극에서와 거의 차이가 나지 않는다. A형이라 해도 표 14-1

의 $dB / dH|_{H=0}$로 표현되는 되돌이선의 기울기가 포화상태의 기울기와 크게 차이나지 않는다. 즉 전동기 내부에서 **영구자석이 차지하고 있는 공간은 공극이나 마찬가지이다.** 따라서 영구자석의 존재는 단지 계자가 영구자석으로 대체된다는 데에 그치는 것이 아니라 일정한 공간을 차지하고 있으면서 내부 자기회로에 큰 영향을 미치며, 그 결과 일반 기기와 상당히 다른 특성을 보이게 된다.

14-2 영구자석 직류전동기(PMDC)

영구자석 직류전동기(permanent magnetic dc motor, PMDC)는 계자에 영구자석을 사용한 타려식 직류기이다. 그림 14-8은 전형적인 소형 PMDC의 구조를 보여주고 있다. 영구자석은 원통형 외피 안쪽에 접착제로 부착되며 그림 14-9에서 보듯이 반지름 방향으로 자화되어 있어서 자극표면 수직방향으로 일정한 자속밀도를 유지한다. 외피는 영구자석을 지지하면서 계철의 역할을 겸한다.

PMDC에서 문제가 되는 것은 전기자반작용에 의한 감자이다. 과거 많이 사용되었던 알니코 자석의 경우, 기동시와 같이 큰 전류가 흐를 때 전기자반작용으로 계자 표면의 자속밀도가 불균일해지면 자속밀도가 낮아지는 쪽의 동작점이 그림 14-4에서 설명하였던 안정화된 되돌이선의 범위를 벗어날 수 있다. 한번 그렇게 감자되고 나면 전류가 줄어들어도 자속이 불균일한 상태가 그대로 유지된다. 따라서 전기자반작용을 상쇄하기 위한 보상권선을 사용하는 등의 조처가 필요하므로 영구자

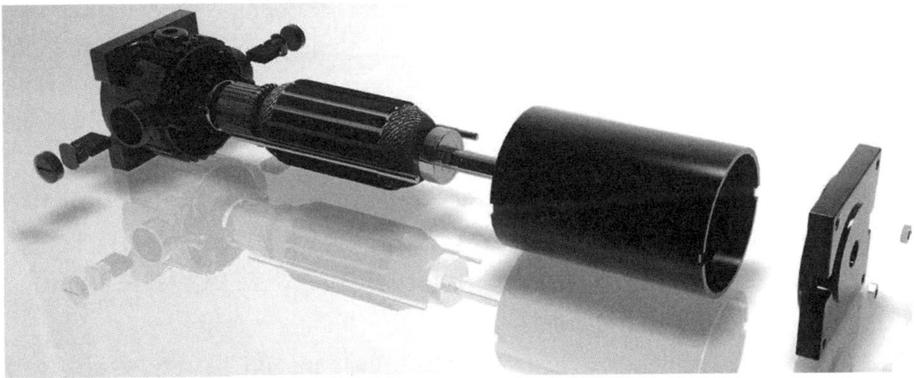

그림 14-8 영구자석 직류전동기의 구조(Bison Gear & Engineering)

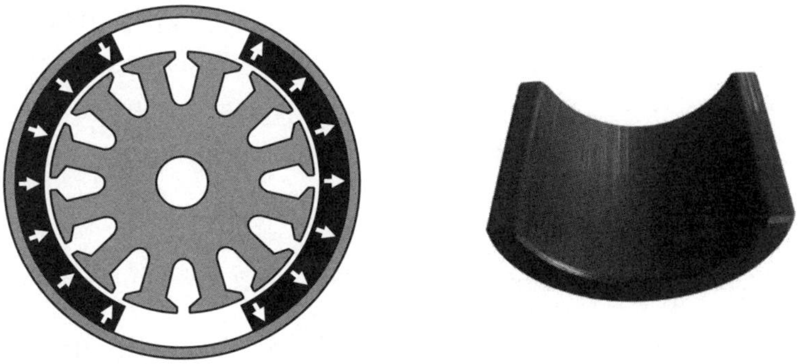

그림 14-9 영구자석 직류전동기의 단면과 원주형으로 제작된 페라이트 영구자석

석을 사용하는 데에서 오는 단순성의 이점이 상당부분 희석되어 버린다.[4]

페라이트나 희토류자석을 사용한 경우에는 전기자반작용에 의한 감자의 염려 없이 큰 전류가 흐를 수 있으므로 정격토크의 10배가 넘는 매우 큰 순간 토크와 기동토크를 얻을 수 있다. 그러나 이때에는 온도에 의한 감자가 문제가 된다. 큰 전류가 어느 이상 지속되면 온도상승으로 자석이 회복 불가능한 감자가 될 수 있기 때문이다. 그리고 교류전원을 정류한 직류로 구동되는 경우, 정류기 출력의 맥동도 온도상승의 원인이 된다. 맥동의 크기는 평균치 대비 실효치의 비율로 정의되는 파형률로 표현되는데, 순수한 직류의 파형률은 1이고 단상 교류를 전파정류한 경우 파형률은 1.4 정도이다. 전동기의 (평균)토크는 전류의 평균치에 비례하는 반면 전기자 손실은 실효치에 좌우되므로 파형률이 큰 전원에서 운전하면 같은 출력에서 온도가 더 올라간다. 따라서 대부분의 PMDC 제작사에서는 인가전압의 파형률에 일정한 제한(통상 1.4)을 두고 있다.

PMDC의 제어

PMDC의 특성은 자속이 일정하게 고정된 타려식 전동기와 같다. 따라서 역기전력과 토크를다음과 같이 쓸 수 있다.

$$E_a = k\phi\omega = k_E\omega \tag{14-6}$$

$$T_e = k\phi I_a = k_T I_a \tag{14-7}$$

여기서 k_E를 기전력상수, k_T를 토크상수라 하며 SI 단위계에서 같은 값을 갖는다.[5] 이들로부터 속도-토크 관계식을 구하면 다음과 같다.

$$\omega = \frac{V_T}{k_E} - \frac{R_a}{k_E k_T} T_e \tag{14-8}$$

그림 14-10은 인가전압에 따른 속도-토크 특성의 변화를 보여주고 있다. 페라이트나 희토류 PMDC는 전기자반작용으로 인한 감자효과가 나타나지 않으므로 속도-토크 특성이 무부하상태에서 구속상태에 이르기까지 줄곧 일정한 기울기의 직선으로 나타난다. 또 전류와 토크 사이에도 식 (14-7)의 직선적 비례관계가 유지된다.

PMDC의 속도는 타려식 직류전동기와 같이 인가전압에 의해 제어된다. 단 계자 자속을 조절할 수 없으므로 정격전압에서의 속도 이상으로 높일 수는 없다. 일반적으로 그림 14-11에 보인 피드백 제어를 통해 전동기의 속도가 지령치에 일치하도록 구동장치의 출력전압을 제어한다. 보통은 속도제어기가 직접 구동장치에 전압지령을 내리기보다 그림에서 보듯이 내부에 전류제어루프를 포함시킨다. 이 경우 속도제어부는 측정된 회전자 속도를 속도지령에 일치시키기 위해 토크가 얼마나 필요한지를 계산하여 토크지령을 출력한다. 속도가 지령값에 미달하면 전동기를 가속시키기 위해 토크를 키우고, 지령값을 상회하면 전동기 속도를 낮추기 위해 토크를 줄이거나 음의 토크지령을 출력한다. 토크가 전류에 비례하므로 이 토크지령은 곧 전류의 크기를 뜻하며, 전류제어기는 전동기 전

[4] 이 외에도 알니코자석은 전동기를 분해했을 때 자로가 개방상태가 되면서 크게 감자되어 버리므로 조립한 뒤 다시 자화시키기 위한 보조코일을 설치해야 하는 등의 문제가 따른다.

[5] SI 단위계에서 k_E의 단위는 V/(rad/sec), 즉 V-sec 이지만 대부분의 제작사에서 역기전력계수를 직관적으로 이해하기 쉬운 V/rpm 단위로 나타내고 있다. 마찬가지로 k_T는 SI 단위계의 N-m/A 대신 통상 kgf/A(또는 lbf/A) 단위로 표기된다. 이렇게 SI단위계에서 벗어난 단위를 사용할 경우 k_E와 k_T는 서로 다른 수치가 된다.

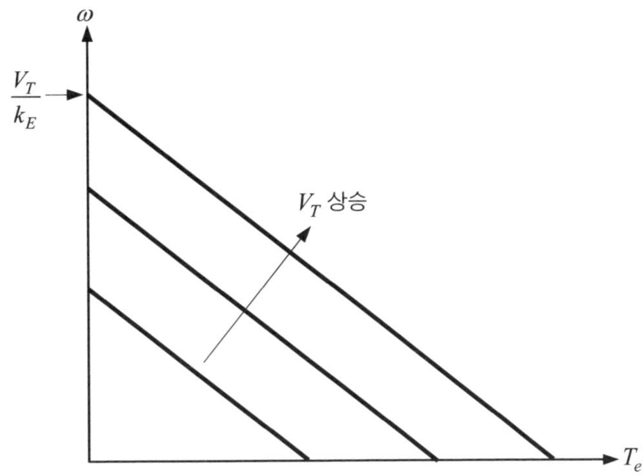

그림 14-10
영구자석 직류전동기의
전압제어시 속도-토크특성의 변화

류가 이 지령값을 추종하도록 구동장치의 전압을 높이거나 낮추는 역할을 하게 된다. 여기서 전류와 토크 사이의 선형적 비례관계가 제어의 단순화와 특성향상에 유리한 점으로 작용한다.

PMDC는 구동장치도 간단하고 단순한 제어로 우수한 특성을 얻을 수 있기 때문에 위치제어나 속도제어를 위한 서보(servo)전동기로 널리 사용된다. 저속에서 큰 토크를 낼 수 있어서 기어전동기의 대용으로 사용되기도 한다. 그러나 정류자에서 발생하는 불꽃과 전기자의 원심력에 대한 취약성 때문에 속도가 최고 5,000 rpm 정도로 제한되고, 폭발성 환경에는 사용할 수 없다. 주요 용도는 배터리에 의해 구동되는 휠체어나 공구류에서부터 컨베이어, 문 개폐장치, 용접설비, X레이나 단층

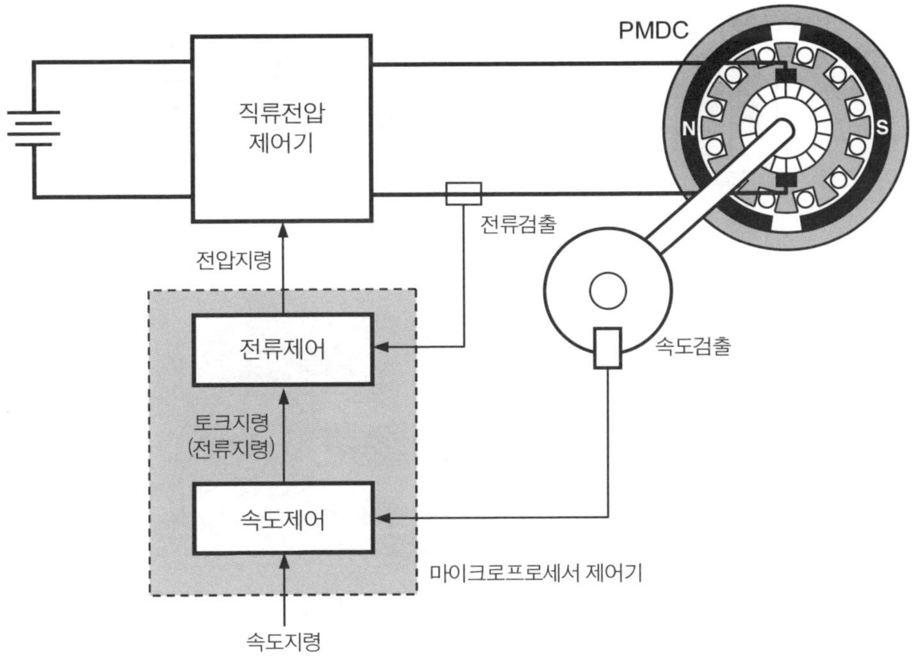

그림 14-11 PMDC의 속도제어

촬영시스템, 펌프 설비 등 다양하다. 용량은 1/50마력에서 1/2마력의 소형이 주종을 이루지만 수 마력 급도 흔히 볼 수 있으며 수백마력 급도 만들어지고 있다.

무철심전동기

서보제어에서는 지령치 변화에 대한 전동기의 응답특성이 좋아야 한다. 즉 전압을 변경했을 때 전류가 신속하게 변해야 하며, 전류의 변화로 토크가 바뀌었을 때 속도도 빨리 변해야 한다. 전류가 빨리 변하려면 전기자의 인덕턴스가 작아야 하고, 속도가 빨리 변하려면 회전자 관성이 작아야 한다. 만일 전기자에 철심을 사용하지 않는다면 전기자의 인덕턴스가 대폭 줄어들고, 관성도 줄어들어 두 요구조건을 동시에 만족시켜줄 수 있다. 그러나 기존 직류기 형태를 그대로 유지하면서 전기자에 철심을 사용하지 않는 것은 불가능하다. 전기자 철심이 없더라도 자기저항이 현저히 커지지 않게 하려면 전기자도체가 자기회로의 공극 안에서 회전하는 구조를 취할 필요가 있다. 일반 전자석형 직류기에서 그러한 형태를 실현하기는 매우 어렵지만 영구자석을 사용한 PMDC는 계자권선에 전류를 공급해야 한다는 제약에서 벗어나 비교적 자유롭게 다양한 형태로 제작할 수 있어서 무철심전동기를 구현할 수 있다. 대표적인 것으로 디스크형 전동기와 컵형 전동기가 있다.

디스크형 전동기의 전기자는 그림 14-12에서 보듯이 비자성/비전도성의 디스크 양쪽에 도체를

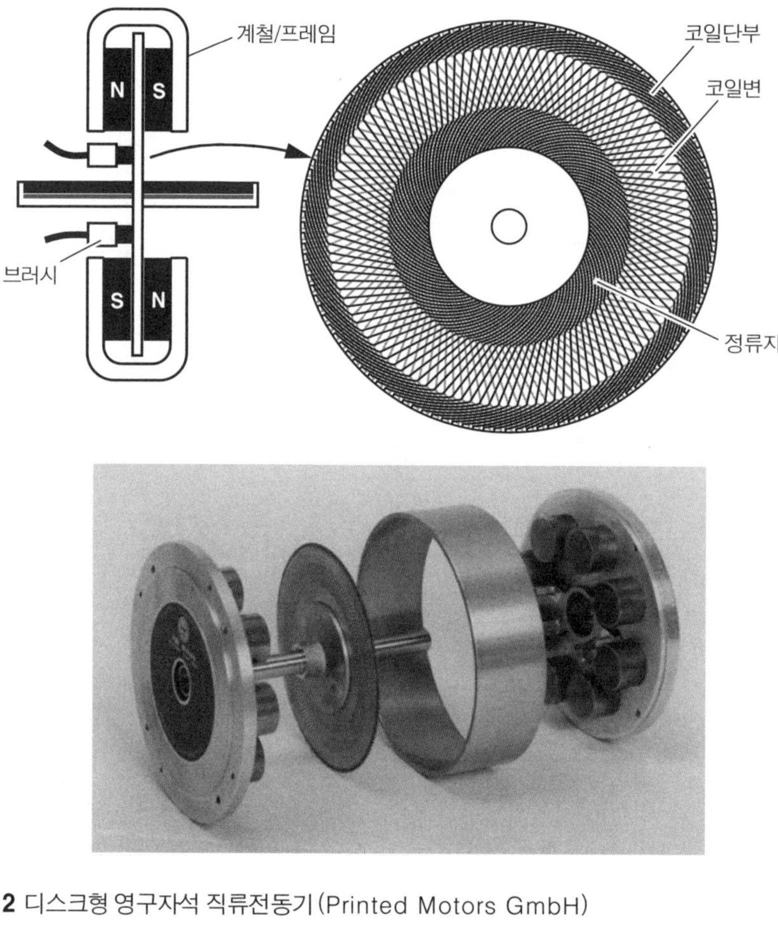

그림 14-12 디스크형 영구자석 직류전동기(Printed Motors GmbH)

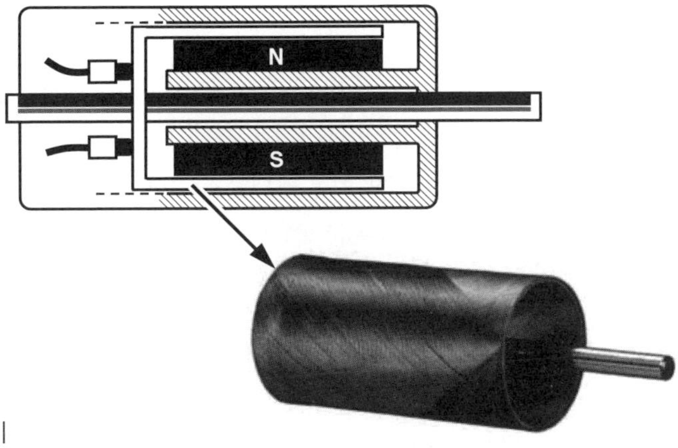

그림 14-13
컵형 영구자석 직류전동기

프린트한 형태로 만들어진다. 앞면 도체는 디스크의 외곽에서 관통홀을 통해 뒷면으로 연결되고 뒷면 도체는 디스크 중심 쪽에서 다시 관통홀을 통해 앞면의 다음 도체에 연결되며, 양쪽 코일변들이 전기각으로 180° 떨어진 위치에 놓이도록 패턴이 구성된다. 정류자의 역할은 코일과 코일 사이를 연결하는 디스크 중심 쪽 패턴이 담당한다. 전기자 디스크를 가운데 두고 양쪽 원판에 영구자석이 설치되어 자속이 축에 평행한 방향으로 작용하고, 그 사이에서 반지름 방향으로 흐르는 전기자 전류에 의해 토크가 발생하여 회전한다.

그림 14-13은 컵형 전동기이다. 컵 모양의 전기자 권선이 전동기 안쪽의 영구자석과 바깥쪽 프레임 사이에서 회전하는 구조이다. 전기자 권선이 컵의 안팎을 교대로 거치면서 비스듬하게 감겨져 있는 것을 볼 수 있는데, 이렇게 함으로써 서로 반대 극 위치에 놓여 있어야 하는 바깥쪽 도체와 안쪽 도체가 별도의 권선단부를 거치지 않고 직접 연결된다. 전기자가 권선으로만 이루어져 기계적으로 취약하므로 적정 수준의 강도를 갖도록 에폭시로 고정된다. 소형에서는 플라스틱 지지물에 전기자권선이 프린트된 필름을 부착하는 방식으로 만들어지기도 한다.

인덕턴스와 관성이 작다는 것 외에도 무철심전동기는 여러 가지 장점을 지닌다. 코깅토크가 없기 때문에 수 rpm의 초저속에서도 매끄럽게 회전할 수 있고 위치제어에 사용될 경우 정지위치의 정확도가 높다. 철손이 없고, 무부하손실이 작아서 배터리 전원을 사용하면서 무부하 대기상태가 긴 용도에 적합하다. 그리고 유도성 정류지연으로 인한 불꽃이 생기지 않으므로 고속회전이 가능하고 브러시의 마모가 작으며, 불꽃방전으로 인한 전자기 잡음이 발생하지 않으므로 잡음에 취약한 각종 휴대용 기구에 적합하다. 약점은 전기자가 기계적으로 약하다는 점, 그리고 쉽게 과열될 수 있다는 점이다. 구조적으로 전기자의 열용량이 작을 수밖에 없고, 권선을 지지하는 소재의 열전도율이 낮기 때문에 온도상승은 무철심전동기의 원천적 약점으로, 용량을 키우는 데에 제약이 된다.

디스크형은 대략 수백 W, 컵형은 수 kW급까지 만들어지고 있다. 주로 과부하가 걸리는 일이 없고 전기자의 열이 잘 발산될 수 있거나 간헐적으로 짧은 시간 동안 동작하는 용도에 사용된다. 높은 응답성과 정확성이 필요한 각종 서보시스템과 의료용 기구에 적용되는데, 특히 디스크형은 납작한 형태의 전동기가 필요한 곳, 예를 들어 산업용 로봇의 주축 구동용 등에서 볼 수 있다. 소형 경량화가 필요하면서 배터리에 의해 구동되는 항공 및 군용 장비, 휴대용 공구류, 그 외 호출기나 휴대전화 진동발생용, 모형자동차 같은 완구류 등에 적용된다.

14-3 영구자석 동기전동기(PMSM)

영구자석 동기전동기라는 용어를 넓은 의미로 받아들인다면 영구자석을 가지고 있으면서 자계의 이동과 회전자의 운동이 동기상태를 유지하는 모든 전동기들을 포괄한다고 할 수 있다. 그러나 보통은 11장에서 설명했던 일반 동기전동기의 기본 형태를 유지한 채 회전자의 계자를 영구자석으로 대체한 것을 가리키며, 이를 **PMSM**(permanent magnet synchronous motor)이라 부른다.

그림 14-14는 전형적인 PMSM의 외관과 내부 구조를 보여주고 있다. 고정자는 일반 동기전동기와 같은 3상 분포권선으로 되어 있어서 정현파 3상 전류가 흐를 때 공극 내에 정현분포의 회전자계가 만들어진다. 영구자석에 의한 회전자자속 역시 정현분포에 가깝게 만들어지므로 회전자가 회전하면서 고정자권선에 유기하는 기전력 역시 정현파에 가깝다. 이러한 기본적 특성은 일반 동기전동기와 같지만 계자 자속을 조절할 수 없다는 점, 그리고 영구자석의 장착방식에 따라 자기회로의 특성에 상당한 변화를 줄 수 있다는 점에서 차이가 있다.

PMSM의 회전자

PMSM의 회전자에 자석을 장착하는 방식은 매우 다양하며, 크게 **표면형**(SPMSM: Surface PMSM)과 **매입형**(IPMSM: Interior PMSM)으로 구분할 수 있다. 그림 14-15가 몇 가지 기본 형태들을 보여주고 있다.

그림의 1이 표면형의 대표적 형태로서, 원호 모양으로 가공된 영구자석을 에폭시 접착제로 회전자 철심 표면에 붙인 것이다. 제작이 간단하지만 원심력으로 자석이 떨어져나갈 수 있으므로 최고속도가 정격속도의 1.1~1.2배 정도로 제한된다. 회전자를 화이버글라스 띠로 묶거나 스테인리스강 원통으로 둘러싸서 고속 용도에 사용하기도 한다. 2는 철심에 홈을 파서 자석을 끼운 형태로, 더 견고한 대신 자석 양 끝의 자속 일부가 공극을 건너가지 않고 자석 사이의 철심을 통해 바로 귀환해 버리는 누설자속이 발생한다. 표면형은 자석의 모양에 자유도가 높은데, 예컨대 3은 자속을 정현분포

그림 14-14 서보제어용 PMSM의 외관 및 구조(Baldor)

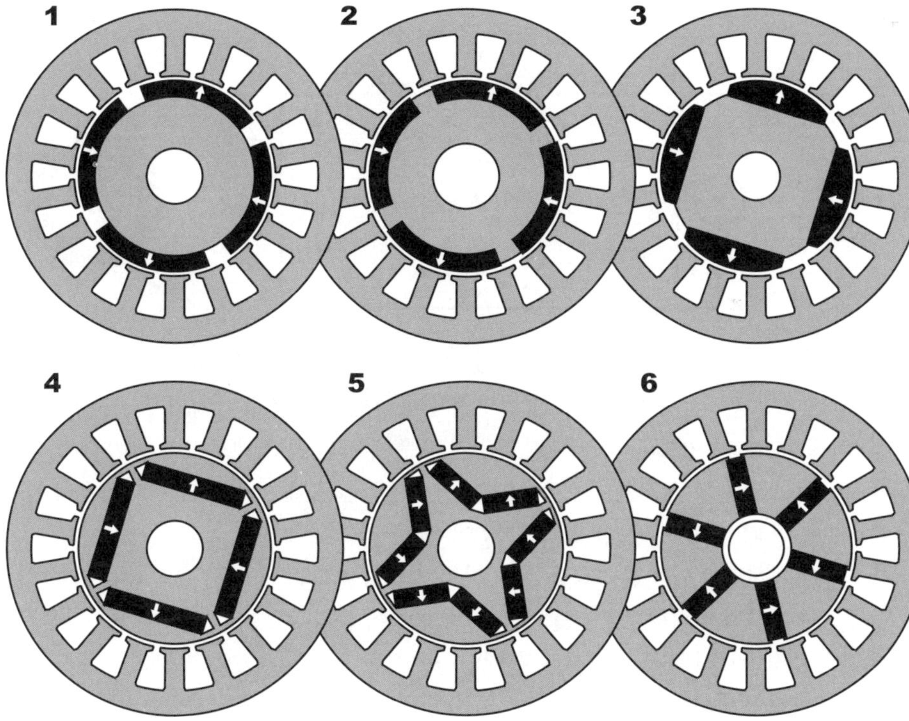

그림 14-15 PMSM의 회전자

에 가깝게 만들어주기 위해 자석의 모양을 가공한 것을 보여주고 있다.

4의 매입형은 표면부착형에 비해 제작은 복잡하지만 고속회전에 적합하다. 단순한 형태의 평평한 자석을 사용할 수 있고, 전기자권선과 떨어져 있어서 열에 의한 감자의 염려가 작다. 자석이 마모나 침식으로부터 보호되는 반면 재활용에는 불리하다. 그리고 주위 철심을 통해 누설자속이 발생하지 않도록 자석 양 끝에 빈 공간이나 비자성체로 채워진 자기장벽을 두어야 한다. 자석의 폭이 제한되므로 자속밀도를 높이고 자속분포를 조정하기 위해 5와 같이 V자형, 혹은 W자형으로 배치하는 방식도 흔히 사용된다. 6의 바퀴살(spoke)형은 자석을 옆으로 돌려놓음으로써 자석 사이의 철심에 자극이 나타나도록 한 것이다. 표면의 자극 폭보다 영구자석을 크게 할 수 있어서 자속압축(flux concentration) 효과를 가지므로 (특히 극수가 많은 경우) 높은 자속밀도를 얻고자 할 때 사용된다. 중앙 부위에서 누설자속이 생기지 않도록 축을 비자성체 재질로 하거나 자기장벽을 두어야 한다.

PMSM의 토크특성

그림 14-15의 1번 표면부착형은 영구자석의 두께만큼 전체적으로 공극이 커지므로 전기자전류의 기자력이 공극자속에 미치는 영향(전기자반작용)이 매우 작다. 그림 14-16에 보인 동기기 등가회로에서 전기자반작용은 자화리액턴스 X_m에서의 전압강하에 해당한다. 공극이 크면 자화리액턴스가 작고, 따라서 동기리액턴스가 작다. 이는 그만큼 전원과 유기기전력 사이에 전력전달의 방해요소가 작음을 뜻한다. 그 결과 식 (11-8)로 표현되는 최대토크가 큰 값이 된다. 즉 PMSM은 '같은 공극자속밀도라면' 일반 동기기에 비해 큰 부하토크가 가해지더라도 탈조되지 않고 버티는 힘이 더

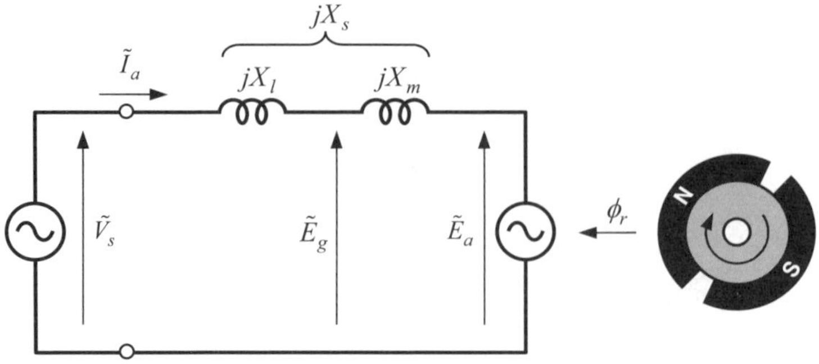

그림 14-16
PMSM의 등가회로

강하다. 실제 PMSM의 공극자속밀도는 일반 동기기보다 낮지만 일반 동기기의 동기리액턴스가 1 pu 내외인 데 비해 PMSM은 0.2 pu 정도에 불과하기 때문에 훨씬 큰 최대토크가 얻어진다. 요컨대 영구자석은 전동기의 동작에 필요한 자속을 제공하면서 공극자속에 미치는 전기자전류의 영향을 억제하는 효과를 주어 더 큰 출력밀도를 얻을 수 있다.

표면부착형이 전체적으로 일정한 공극을 갖는 원통형 특성을 갖는 데 비해 그림 14-15의 2와 3은 회전자자속의 축방향, 즉 d축 방향으로는 공극이 크지만 이에 전기각으로 90°를 이루는 q축 방향으로는 공극이 작은 돌극기로서의 특성을 지닌다. 매입형에서도 그림 14-17에서 보듯이 d축방향으로 작용하는 전기자 기자력에 의해 만들어지는 자속이 q축 방향 기자력에 의한 자속에 비해 더 큰 자기저항을 거치게 된다. 이에 따라 회전자 q축이 전기자 기자력에 나란해지려 하는 릴럭턴스토크 성분이 나타난다. 단, 11장의 일반 돌극형 동기기에서는 돌극이 회전자자속과 같은 d축 방향인 반면 여기서는 q축 방향으로 돌극성을 지니므로(역돌극성) 그림 14-18에서 보듯이 기자력토크와 릴럭턴스토크 사이의 상대적인 관계가 반대로 나타난다. 이 릴럭턴스토크의 중첩으로 최대토크가 한층 더 커지며, 매입형의 경우 30% 정도까지 증대된다.

한편 동기전동기를 정격주파수 이상의 높은 주파수로 운전할 경우에는 공극자속을 줄여주어야 하는데, 표면부착형은 전기자전류로 공극자속에 영향을 미치기 힘들기 때문에 고속운전에 한계를 갖는다. 반면에 역돌극성을 갖는 매입형은 q축 방향 자기저항이 작은 점을 이용하여 공극자속을 조절할 수 있어서 고속운전에 유리하다. 이에 관한 자세한 내용은 보다 전문적인 문헌을 참고하라.

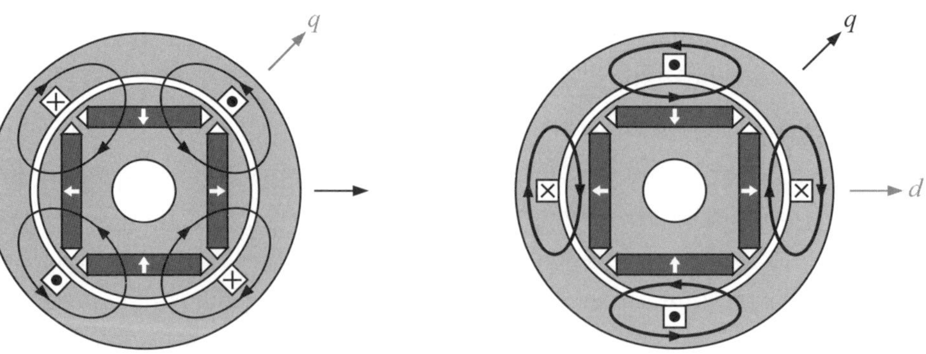

그림 14-17 매입형 회전자에서 회전자의 d축 및 q축 방향으로 작용하는 전기자 기자력에 의한 자속

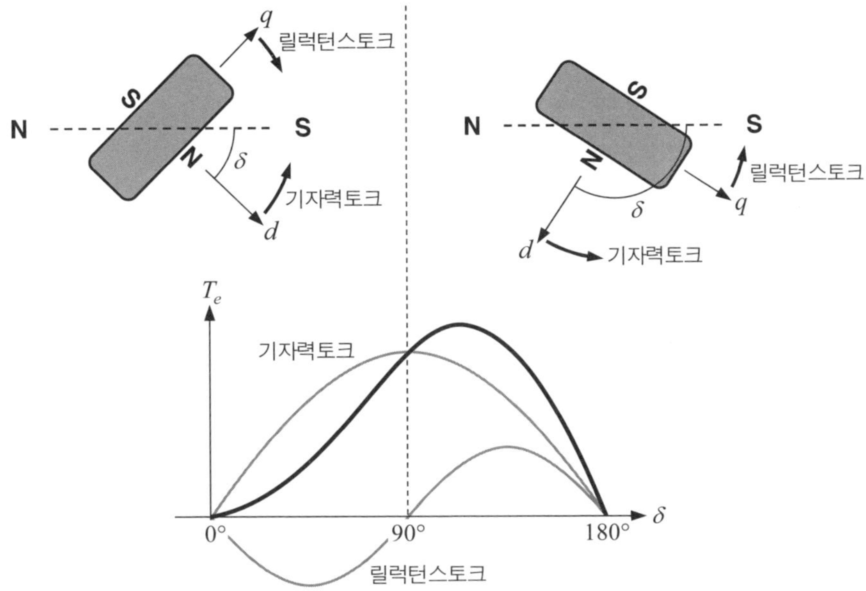

그림 14-18 역돌극성을 갖는 PMSM의 토크특성: $\delta < 90°$일 때는 릴럭턴스토크가 기자력토크를 상쇄하는 쪽으로, $\delta > 90°$일 때는 더해지는 쪽으로 작용한다.

정속(선로기동형) PMSM

PMSM은 주로 인버터에 의해 구동되는 가변속 용도에 사용되지만 상용전원에서 일정 속도로 운전되는 범용전동기 용도로 만들어지는 것들도 있다. 전자석형 동기전동기는 이러한 용도에서 유도전동기의 대안이 될 수 없으나, 영구자석을 사용하면 높은 효율과 역률의 장점을 살릴 수 있다. 특히 CO_2 배출억제와 관련하여 중소형(1~125 hp) 범용전동기의 고효율화 필요성이 커짐에 따라 고효율 유도전동기보다 한층 높은 효율의 PMSM이 부각되고 있다. 그러나 영구자석만으로는 상용전원에서 기동이 불가능하기 때문에 농형 회전자에 영구자석이 매입된 구조로 만들어지며, 이를 선로기동형(line-start) PMSM, 약어로 LSPMSM이라 한다. 그림 14-19는 바퀴살형 LSPMSM의 회전자, 그리고 값싼 페라이트자석으로 필요한 자속을 얻기 위해 자속압축형으로 설계된 회전자의 예이다.

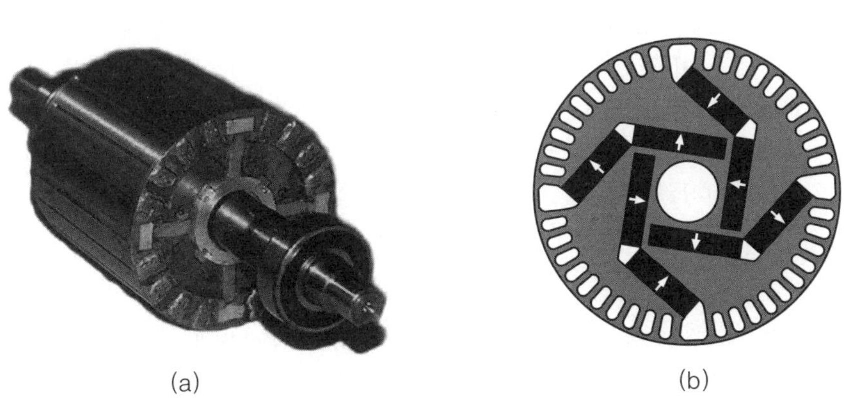

(a) (b)

그림 14-19 선로기동형 PMSM의 회전자

LSPMSM은 영구자석과 제작공정의 추가로 단가가 높아질 수밖에 없지만 회전자 손실이 없으므로 효율이 유도전동기는 물론 전자석형 동기전동기보다 높다. 손실이 작은 만큼 온도상승이 작아서 절연등급을 낮출 수 있고 냉각팬을 줄여 풍손과 소음을 낮출 수 있다. 일반적으로 같은 출력에서 유도전동기보다 작고 가벼우며, 이는 가격상승요인의 상당부분이 다른 요소들의 절감으로 상쇄됨을 뜻한다. 그리고 여자전류가 흐르지 않으므로 역률보상이 필요 없다.

약점은 기동인데, 기동 중 영구자석의 자계를 회전자계가 스쳐가면서 상당히 큰 맥동토크가 중첩되어 기계적 스트레스가 크고, 또 유도전동기보다 기동전류가 큼에도 불구하고 기동토크는 더 작아서 기동시간이 길고 온도상승이 크다. (이러한 이유로 11장에서 설명했던 자체기동 전자석형 동기전동기는 기동 중 계자전류를 흘리지 않는다.) 기동이 거의 완료된 뒤에도 회전자가 최종적으로 동기화되기 위해서는 부하의 회전관성이 전동기 회전관성의 대략 2~5배 이내여야 한다. 부하토크가 클수록 그 제한치는 더 낮아진다. 이러한 제약 때문에 LSPMSM은 큰 기동토크를 필요로 하지 않고 기동이 빈번하지 않으며 높은 부하율로 장시간 운전하는 공기조화용 팬이나 펌프 등에 적용된다.

가변속 PMSM

PMSM을 인버터로 구동할 경우, 주어진 주파수에서 부하율에 상관 없이 일정 속도로 회전하므로 주파수의 조절만으로도 정확한 속도 제어가 가능하다. 따라서 속도센서의 설치나 연결이 곤란한 곳에서 피드백 없이 개루프(open-loop)제어만으로 정확한 속도를 유지해야 할 필요가 있는 곳에 적용할 수 있다. 또 섬유공장에서와 같이 전동기 여러 대를 같은 속도로 운전해야 할 경우에도 PMSM의 개루프 제어방식이 선호된다. 유도전동기를 사용한다면 각자 부하율이 다른 전동기들의 속도를 일치시키기 위해 전동기마다 개별적으로 인버터로 구동하면서 피드백제어를 해야 하지만 PMSM을 사용하면 인버터 하나만으로 피드백 없이 모두 같은 속도로 운전할 수 있으므로 시스템이 대폭 간단해진다. 이러한 개루프제어용 PMSM은 부하변동 등 과도상태에서 부하각의 진동을 억제하기 위해 농형권선 형태의 제동권선을 지니고 있어야 한다. 단 인버터로 저주파수에서부터 기동되므로 LSPMSM의 농형권선만큼 클 필요는 없다.

개루프형 가변속 PMSM은 비교적 한정된 용도에서만 볼 수 있으며, 대부분의 PMSM은 피드백제어를 사용하는 고성능 속도제어용 내지는 빠른 응답이 필요한 서보전동기로 적용된다. PMSM은 같은 중량과 부피에서 큰 출력을 낼 수 있어서 소형화에 유리하고 관성 대비 토크가 커서 제어용 전동기로 적합한 속성을 갖추고 있기 때문이다. 이러한 용도에서는 전동기의 속도나 위치를 검출하여 매 순간 전압과 전류를 제어하는 폐루프(closed-loop) 피드백제어를 통해 과도상태에서 부하각의 변동을 최소화하여 빨리 정상상태에 수렴하도록 제어가 이루어지므로 대개 제동권선이 없다. 또한 제어용 전동기로서의 성능을 최대화시키기 위해 높은 출력밀도를 갖도록 고자속밀도의 희토류 자석을 사용한다. 그 제어방식의 개요를 간략히 살펴보기로 한다

PMSM의 제어(벡터제어)

서보제어에서 전동기의 속도를 자유로이 제어하기 위해서는 매 순간 전동기의 토크를 임의로 제어할 수 있어야 한다. 역시 서보제어용으로 많이 사용되는 PMDC의 경우에는 14-2절에서 보았듯이 전기자전류의 크기를 제어하는 것만으로 토크를 간단히 제어할 수 있다. 그러나 3상 교류전동기인 PMSM에서 토크를 제어하기 위해서는 전기자의 세 상 전류를 동시에 제어하여야 하므로 직류전동

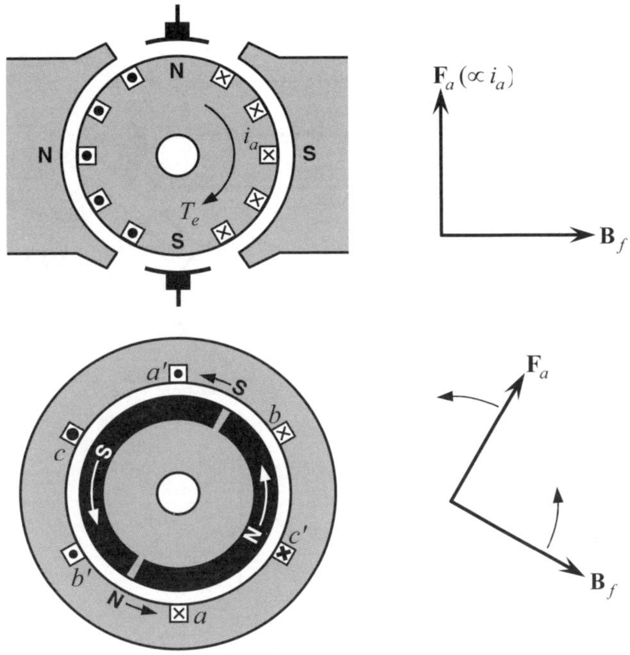

그림 14-20 (a) 직류전동기와 (b) 전기자와 계자의 자속이 직각을 이루도록 제어된 PMSM

기에 준하는 제어성능을 얻기 위해서는 훨씬 복잡한 제어가 필요하다.

직류전동기에서는 그림 14-20(a)에 보인 것과 같이 전기자전류에 의해 만들어지는 기자력 $\mathbf{F}_a$ 는 계자자속 $\mathbf{B}_f$ 에 직교한다. 전기자가 회전하하더라도 정류자/브러시의 작용으로 전류의 방향이 바뀜으로 해서 직교 상태가 일정하게 유지된다. 그 결과 토크는 $\mathbf{F}_a$ 의 크기, 즉 전기자전류에 비례한다. 마찬가지로 PMSM에서도 계자자속과 전기자자속이 항상 직각을 유지하도록 제어한다면 토크가 전기자전류에 비례하게 할 수 있다. 즉 그림 14-20(b)처럼 3상 코일에 의해 만들어지는 기자력 $\mathbf{F}_a$ 가 계자자속 $\mathbf{B}_f$ 에 직각 방향이 되게 하는 것을 말한다.

3상 권선에서 **$\mathbf{F}_a$의 방향은 세 상 전류 사이의 비율에 의해 정해진다.** 따라서 매 순간 회전자의 위치(방향)에 따라 상전류 사이의 비율을 적절히 조절해주면 항상 직교상태를 유지시킬 수 있다. 그리고 그 비율을 유지하면서 전체적으로 전류의 크기를 얼마로 하는지에 따라 $\mathbf{F}_a$의 크기, 즉 토크가 결정된다. 이러한 제어가 가능하기 위해서는 다음 두 조건이 만족되어야 한다.

- 회전자 자속이 가리키는 방향, 즉 회전자의 위치를 알 수 있어야 한다.
- 세 상 전류를 매 순간 임의로 제어할 수 있어야 한다.

따라서 PMSM의 구동에는 그림 14-21에 보인 것과 같이 매 순간 3상 전류를 원하는 대로 제어할 수 있는 인버터와 회전자의 위치를 검출하는 센서가 함께 사용되며, 이들과 함께 마이크로프로세서 제어기가 전체 제어시스템을 구성하게 된다.

제어는 통상 그림에서와 같이 3단계로 이루어진다. 속도제어부는 측정된 회전자 속도를 속도지령에 일치시키기 위해 토크를 얼마나 키우거나 줄여야 할지 계산하여 토크지령을 출력한다. 이 토크지령은 곧 전류의 크기를 뜻한다. 토크제어부에서는 센서로부터 회전자의 위치정보를 받아들여 전

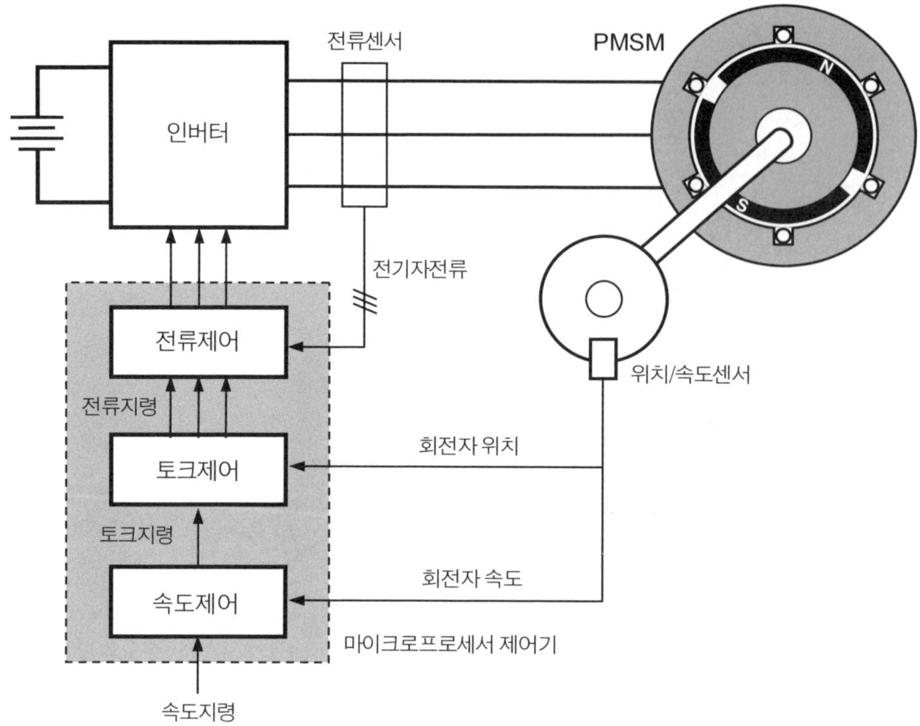

그림 14-21 PMSM 의 제어

기자자속이 계자자속에 직각 방향이 되도록 하는 세 상 전류의 비율을 계산한 다음 그 비율을 유지하면서 속도제어부로부터 주어진 토크지령에 비례하는 크기의 세 상 전류 값을 계산하고, 전류제어기에 3상전류 지령치를 전달한다. 맨 하위의 전류제어부에서는 전동기 전류가 이 전류지령을 추종하도록 인버터 출력전압을 조정하는 신호를 내리게 된다.

이러한 회전자위치 피드백 제어가 이루어지고 있을 때 회전자에 토크가 유기되어 회전자 자속이 전기자 자속을 쫓아가면 전기자 자속이 그만큼 달아나면서 둘 사이에 항상 일정한 간격이 유지되며, 토크는 속도제어부에서 주어지는 지령값에 비례한다. 속도제어기 입장에서 보았을 때 이는 그림 14-11의 직류전동기 제어와 마찬가지이고, 실제 그 응답특성도 직류전동기와 유사하다. 앞서 언급한 개루프 속도제어에서는 회전자가 잘 따라오건 말건 회전자계가 일방적으로 인버터 주파수에 의해 정해진 속도로 회전하기 때문에 부하가 갑자기 증가하여 속도가 순간적으로 느려진 경우 전기자 자속과 회전자 자속 사이의 각도가 지나치게 벌어져 이후 부하각의 진동이 생기고, 진동이 감쇠하는 과정은 전적으로 제동권선에 의존하게 된다. 그러나 여기서는 회전자 속도가 느려지면 직교상태를 유지하기 위해 전기자자속도 함께 느려지면서 부하각이 지나치게 커지는 일이 일어나지 않으며, 따라서 불필요하게 큰 과도상태를 거치지 않게 된다. 결과적으로 직류전동기에 준하는 빠른 응답특성이 얻어진다. 부하가 감소해서 속도가 높아질 때도 마찬가지이다.

이처럼 두 자속이 직교하는 제어가 이루어지는 상태에서는 그림 14-20(b)에서 볼 수 있듯이 회전자자속에 의해 최대 기전력이 유기되는 코일(회전자자속이 가리키는 방향에 놓인 코일)에 최대 전류가 흐르게 된다. 이는 그림 14-22(a)의 페이서도로 보인 것과 같이 내부 유기기전력 $\tilde{E}_a$와 전기자

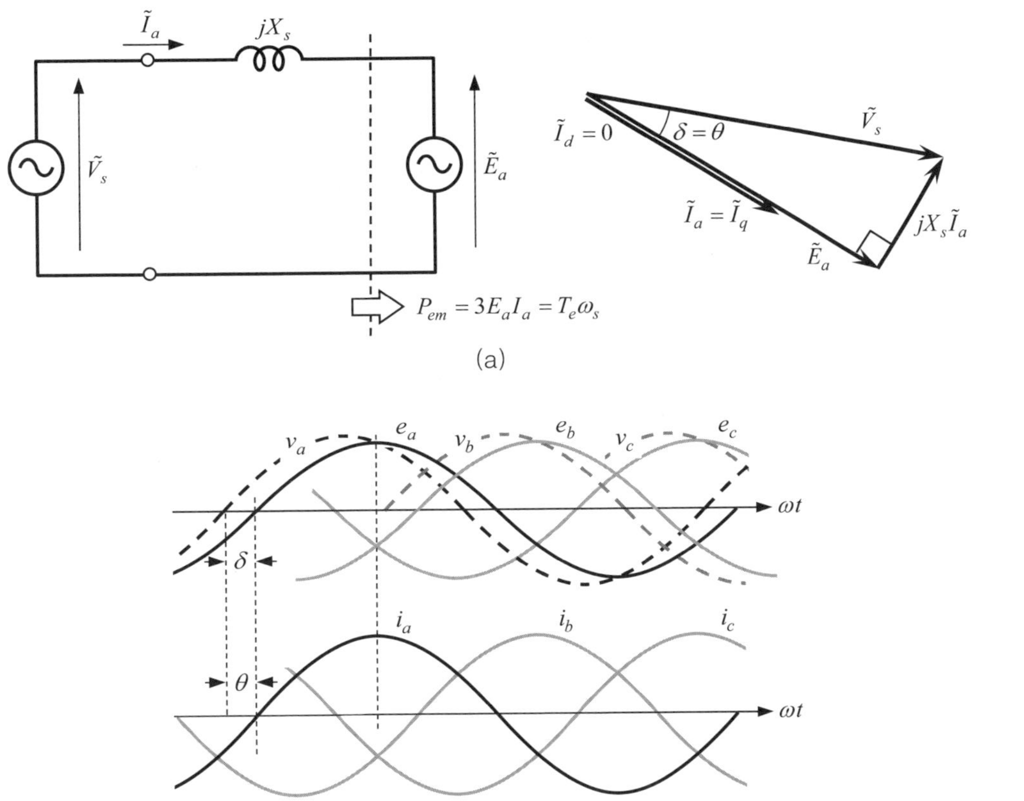

그림 14-22 벡터제어가 이루어지고 있을 때 (a) 정상상태 상당등가회로 및 페이서도 (b) 인버터에서 PMSM에 인가되는 전압(점선)과 유기기전력, 그리고 전류의 파형

전류 $\tilde{I}_a$가 동상임을 뜻한다. 즉 **직교제어는 회전자위치 정보를 사용하여 $\tilde{I}_a$가 항상 $\tilde{E}_a$에 동상이 되도록 인가전압 $\tilde{V}_s$를 제어하는 방식을 말한다.** $\tilde{I}_a$에서 $\tilde{E}_a$에 동상인 성분은 계자자속에 직교하는 q축 방향의 자속을 만들어내므로 $\tilde{I}_a$ 전체가 q축 전류성분이고 계자자속과 같은 방향의 자속을 만들어내는 d축 성분은 0이 된다. 이때 $\tilde{E}_a$로 유입되는 전력, 즉 회전자로 전달되는 전력은 $\tilde{I}_a$의 크기에 비례하고, 이는 또 토크에 비례한다. 그림 14-22(b)는 페이서도에 해당하는 3상 전압과 전류의 파형으로, 상별 유기기전력이 실선과 같을 때 유기기전력과 동상인 전류가 흐르게 하기 위해서는 그림 14-21의 인버터가 전동기에 점선과 같은 전압을 가해야 함을 나타내고 있다.

이처럼 회전자자속의 방향에 맞추어 전류를 제어하는 방식을 **자속기준제어**(field-oriented control), 또는 매 순간 전기자 기자력의 크기와 방향, 즉 벡터를 제어한다는 의미로 **벡터제어**(vector control)라 한다.[6] 이를 통해 PMSM은 기존 직류서보전동기에 동등한 성능을 지니면서도 브러시/정류자가 없는 구조상 이점으로 고급 서보전동기를 대표하게 되었다. 인버터와 비교적 복잡한 연산, 회전자위치 검출이 필요하지만 인버터 가격의 하락과 고성능 마이크로프로세서의 보편화로 제어의 복잡성과 구동장치의 가격은 더 이상 문제가 되지 않고 있다. 나아가 회전자 위치를 위치센서에

6 벡터제어는 PMSM만 아니라 일반 동기전동기 및 유도전동기의 속도제어에도 적용되며, 현대 교류전동기 고성능 제어의 표준이라 할 수 있다. 여기서의 설명은 기본적인 이해를 위해 지극히 단순화된 것으로, 자세한 내용은 관련 문헌을 참고하라.

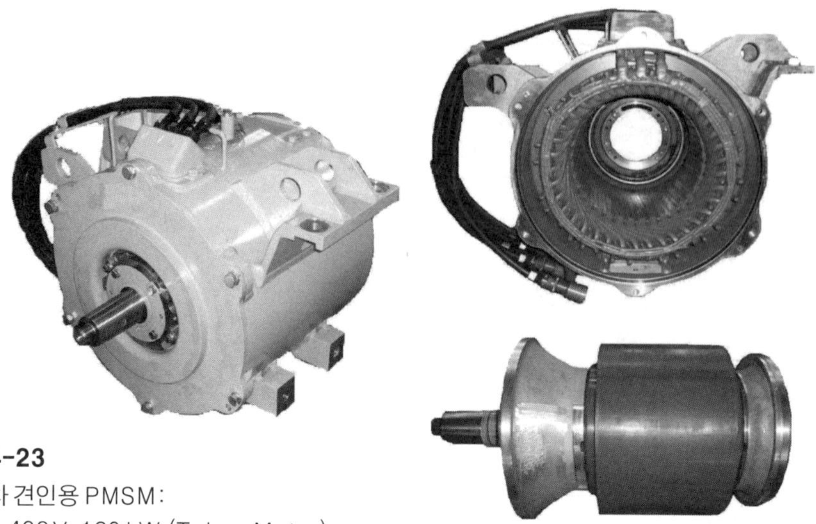

그림 14-23
전동열차 견인용 PMSM:
3상 4극 400 V, 120 kW (Tokyo Metro)

의존하지 않고도 상당히 높은 정확도로 추정할 수 있는 센서리스(sensorless)제어 방식도 적용되고 있다. 응용분야는 로봇, 공작기계 등 각종 정밀기기로부터 엘리베이터, 항공/우주용 동작기구, 정밀과학 실험기구, 의료용 기구, 냉장고나 에어컨 등 가전제품에 이르기까지 극히 다양하다. 용량의 증대에 따라 자동차나 전동열차의 견인전동기, 대형 선박이나 잠수함의 추진전동기로도 사용되고 있다. 그림 14-23은 전동차 견인용 PMSM의 예를 보여주고 있다.

직접구동과 PMSM

기존의 전동력 이용에서는 그림 14-24의 왼편에서 보듯이 4극이나 6극의 유도전동기로 회전력을 얻고, 감속기어나 풀리를 통해 부하 운전에 필요한 속도로 낮추는 방식이 흔히 사용되어 왔다. 그러나 근래 많은 분야에서 그림의 오른편과 같이 동력전달계통을 생략한 **직접구동**(direct drive) 방식을 사용하는 예가 늘고 있다. 직접구동은 시스템의 단순화로 신뢰성 향상, 유지관리 부담의 경감, 동력전달 손실 제거, 진동 및 소음 저감, 기계적 유격 문제의 해소 등 많은 장점을 지니고 있다. 그림에

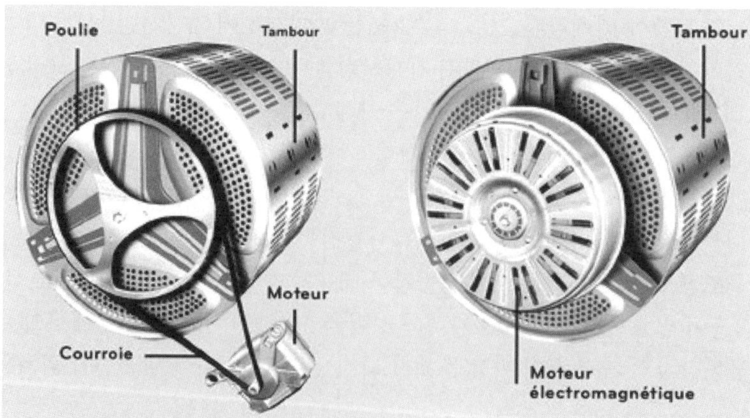

그림 14-24 드럼세탁기의 기존 구동방식과 직접구동방식 (LG)

도 직접구동이 사용되지 않았던 것은 저속 다극의 유도전동기가 크고 무거울 뿐 아니라 효율과 역률이 크게 떨어지기 때문이다. 이 점에 있어서 동기전동기가 적합하지만 기동이 어렵고 계자를 여자해야 하는 번거로움 때문에 대형기기 외에는 경제성을 확보할 수 없었다. 그러나 PMSM 및 다음 절에서 설명하는 BLDC 전동기의 발전으로 중소용량에서도 속도제어가 필요한 용도에 직접구동방식이 중요한 추세로 자리잡아가고 있다.

직접구동은 전동기가 부하에 일체형으로 장착되는 경우가 많은데, 영구자석 전동기는 고정자와 회전자를 동시에 여자해야 하는 이중여자기의 제약에서 해방되어 구조설계상 자유도가 높기 때문에 부하의 다양한 형태에 적응하기 용이하다. 또한 영구자석은 크고 무거운 저속 전동기의 중량과 크기를 줄이는 데에 효과적이다. 여기서 출력밀도를 한층 높여 크기와 중량을 줄이고 소재 및 원가의 절감을 꾀하기 위해 영구자석 전동기들은 특히 직접구동용 저속기에서 근래 많은 발전을 보이고 있다. 아래에서 설명하는 집중권의 채용도 그 연장선상에 있다.

비중첩형 집중권 구조의 PMSM

그림 14-25의 A는 2극기에서 3상의 각 상 코일을 2개조씩의 도체홈에 나누어 설치한 분포권을 보여주고 있다. 점선은 코일변들 사이를 연결하는 코일단부를 나타낸다. 통상적인 의미에서 집중권이란 이 코일들을 B와 같이 상별로 한 조의 도체홈에 몰아놓은 것을 말한다. B는 각 코일에서 코일변

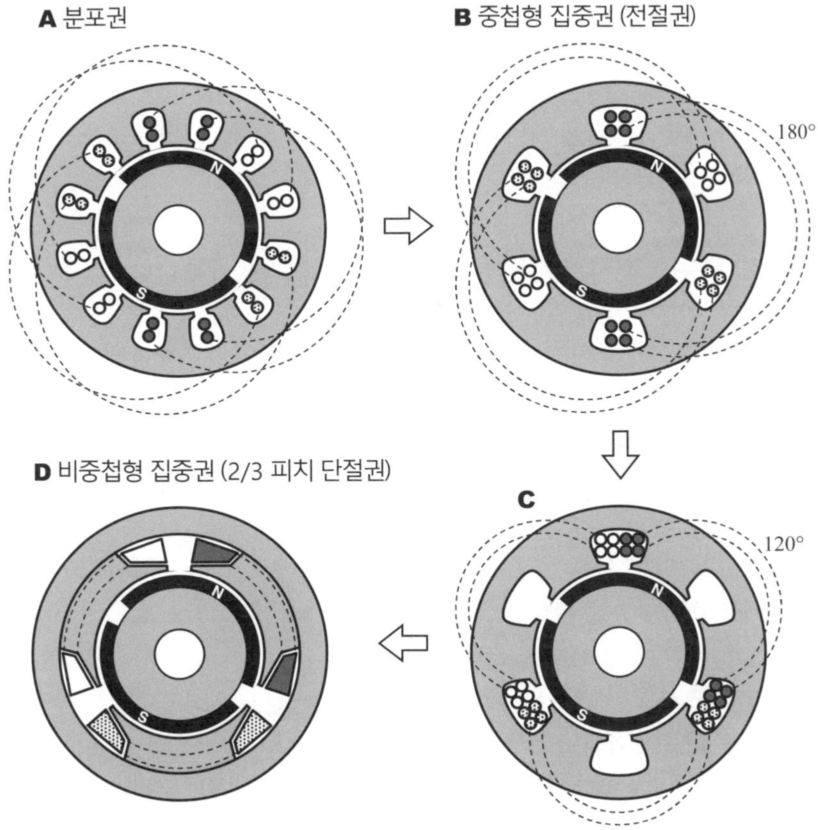

그림 14-25 2극기 전기자의 권선방식

그림 14-26
하이브리드 전기자동차(HEV)에 장착된 집중권 PMSM (Toyota)

들 사이의 거리, 즉 코일피치가 전기각으로 180°인 전절권으로, 코일피치가 상 사이의 거리 120°보다 크기 때문에 세 상의 권선들이 서로 중첩하면서 코일단부들이 겹치게 된다. 따라서 코일피치를 120° (2/3피치)로 줄이면 C에서와 같이 코일단부들이 겹쳐지지 않게 할 수 있다. 이때 인접한 상의 코일변들이 같은 도체홈을 공유하면서 그 사이의 도체홈들은 사용되지 않게 되므로 이들을 생략하면 D와 같이 세 상이 각자 독립적인 돌극 형상의 고정자로 귀착된다. 이러한 형태를 **비중첩형 집중권**이라 한다. PMSM에는 A의 분포권과 함께 B의 중첩형 집중권, D의 비중첩형 집중권이 모두 적용되며, 통상 PMSM에서 집중권이라 함은 비중첩형 집중권을 가리킨다. 그림 14-26은 차량 구동부에 장착된 집중권 PMSM의 한 예이다.

집중권의 이점은

- 제작의 편의성: 균일한 형상의 돌극에 코일을 감은 뒤 계철에 부착하는 방식으로 만들어질 수 있으므로 제작공정이 단순화된다.
- 점적률 향상: 도체홈 수가 작은 만큼 도체가 철심과 접하는 면이 줄어들어 절연물이 차지하는 비중이 줄어든다. 즉 도체의 점적율이 높아진다. 따라서 출력밀도를 높일 수 있다.
- 코일단부의 절감: 코일단부가 짧아서 동이 절감되어 무게가 줄어들고 가격이 낮아진다.[7] 또 그만큼 동손이 줄어들어 효율이 향상된다. 특히 축방향 길이가 짧은 저속 다극기는 코일단부가 차지하는 비중이 크기 때문에 그 이점이 더욱 현저하다.
- 코일단부가 중첩되지 않으므로 전기자철심 앞뒤로 돌출하지 않는다. 따라서 전동기의 길이에 제약이 가해지는 용도에 적합하다.

그러나 코일피치가 120°인 비중첩형 집중권은 권선계수가 작기(0.866) 때문에 같은 자속을 얻기 위해 더 큰 전류가 흘러야 하고, 그만큼 동손이 커진다. 또한 자속분포의 왜곡으로 토크에 맥동이 생기고 철손이 증가한다. 이를 보완하기 위해서는 자극의 형상이나 영구자석의 형태와 배치 등 여러 요소들을 최적화한 설계가 필요하다. 즉 집중권은 외관상 단순해 보이지만 오히려 상당히 까다로운

---

7 동의 원재료 가격이 철의 6배에 달하기 때문에 일반적으로 동량의 절감이 단가 하락에 일차적인 중요성을 갖는다.

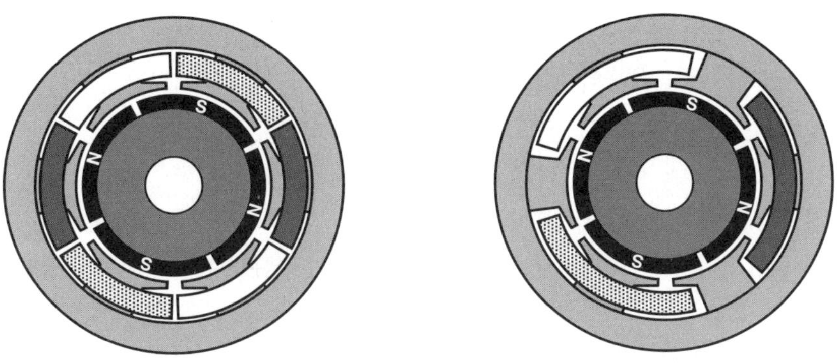

(a) (b)

그림 14-27 4극기의 집중권: (a) 전체권선방식 (b) 교대권선방식

설계 과정을 필요로 한다. 기본 형태인 2/3피치 집중권에서는 회전자 극수와 전기자 자극수(도체홈수)가 2:3의 비율을 갖는다. 여기서 변형된 여러 가지 집중권 방식이 시도되고 있는데, 도체홈수를 기본형보다 줄여 출력밀도를 높이면서도 권선계수가 향상되고 토크 맥동도 억제하는 방식들이 제시되고 있다. 예컨대 16극 회전자의 경우, 2/3피치 집중권은 24개 도체홈을 갖지만 18개나 15개, 12개로 하는 방식도 있다. 도체홈이 짝수일 경우에는 그림 14-27에서 보듯이 모든 자극에 권선을 감는 것이 아니라 하나씩 건너뛰어 감는 방식도 있다. 2/3피치 방식을 포함하여 이러한 방식들을 통칭하여 **분수홈 집중권**(fractional slot concentrated winding)이라 하며, 기본파성분만이 아니라 여러 주파수 성분들 사이의 상호작용으로 토크가 발생하게 된다. 이에 관한 설명은 이 책의 수준을 넘어서므로 생략한다.

내전형과 외전형

이상은 계자가 전기자 내부에서 회전하는 **내전형**(inner-rotor type) 구조로, 이를 뒤집어 그림 14-28과 같이 전기자를 안쪽에 두고 계자가 바깥에서 회전하게 한 것을 **외전형**(outer-rotor type)이라 한다. 외전형 역시 3상 분포권이나 중첩형 또는 비중첩형 집중권이 모두 적용될 수 있다. 회전자의 반경이 커진 만큼 회전관성이 커서 서보제어용으로는 다소 불리하지만 토크 맥동에 대한 속도변동

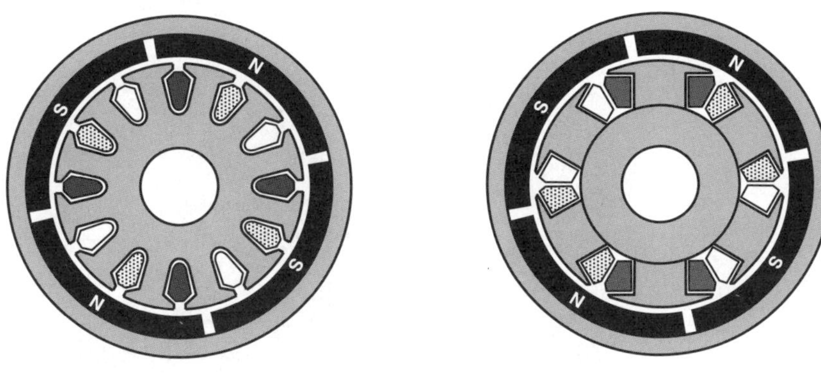

(a) (b)

그림 14-28 외전형 PMSM (a) 중첩형 집중권 (b) 비중첩형 집중권

이 작아야 하는 용도에는 유리하다. 또 자석의 폭을 키울 수 있어서 같은 외형치수에서 내전형보다 큰 출력이 얻어지며, 극수가 많을수록 회전자 계철을 얇게 만들 수 있어서 토크가 발생하는 안쪽 면적을 더 키울 수 있다. 그러나 전기자가 안쪽에 있기 때문에 방열에는 불리하다. 원심력으로 자석이 이탈할 염려가 없으므로 대개 제작이 간단한 표면부착형으로 만들어진다.

디스크형 PMSM

영구자석 직류전동기와 마찬가지로, 전동기의 축방향 길이가 짧아서 회전자 외곽 표면보다 단면 쪽에서 더 큰 토크를 얻을 수 있는 경우에는 PMSM도 디스크 형태로 만들어진다. 디스크형 PMSM은 그림 14-29에 보인 것과 같이 방사상으로 코일이 배치된 전기자와 영구자석이 부착된 원판으로 이루어진다. 자속이 축방향으로 진행하여 원주방향의 경로를 따라 되돌아오므로 전기자 철심이 동심원으로 적층되어야 하며, 통상 그림에 보인 것과 같은 두루마리 형태의 권철심이 사용된다. 전기자권선은 분포권으로 할 수도 있고 그림에 보인 중첩형 또는 비중첩형 집중권 모두 가능하다.

그림 14-30은 전기자와 계자(회전자) 배치의 몇 가지 방식을 보여주고 있다. (a)에 보인 전기자와 회전자가 1:1로 마주보는 기본형의 경우 대략 길이가 직경의 1/3 이하이면 같은 크기의 일반형 전동기보다 높은 출력밀도를 얻을 수 있는 것으로 알려져 있다. 이 형태에서는 고정자와 회전자 사이에 서로 잡아당기는 힘이 상당히 강하게 작용하므로 고정자와 회전자가 붙어버리지 않도록 베어링이 축방향 힘을 지지할 수 있어야 하며, 따라서 주 베어링 외에 별도의 쓰러스트 베어링이 사용된다. 대개 기본형을 2중으로 결합하여 그림 (b)의 내전형이나 (c)의 외전형으로 한 형태가 많이 사용되는데, 이렇게 하면 축방향 힘을 상쇄시키는 동시에 능률적으로 출력을 키울 수 있다.

내전형에서 회전자 원판은 양쪽 면에 부착된 자석 사이에서 자속이 통과하는 경로일 뿐 서로 다른 자극 사이의 배후경로를 연결하는 계철로서의 역할을 하지 않으므로 (즉, 자속이 원주 방향으로 진

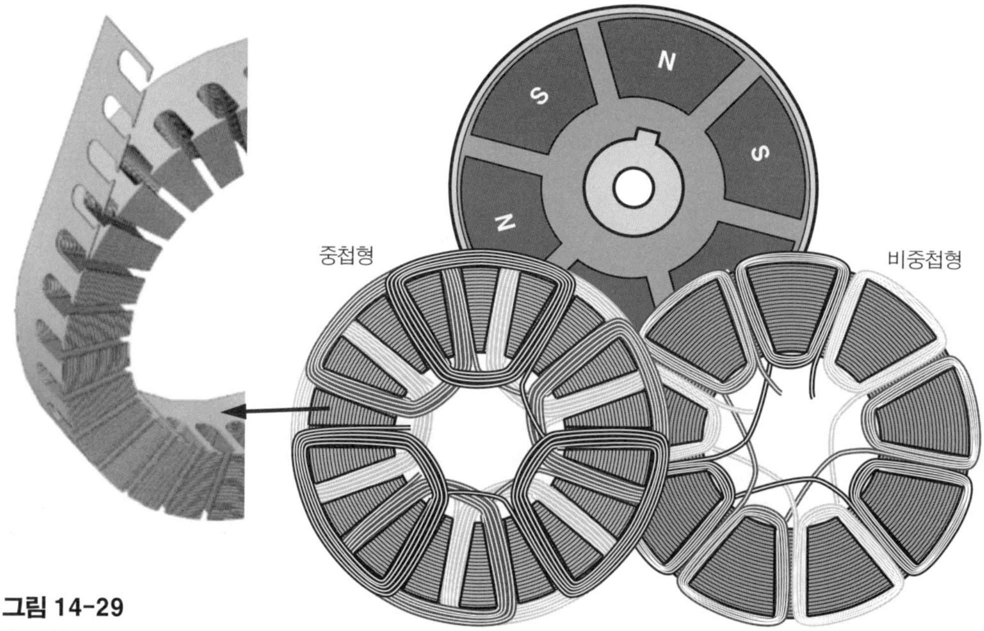

그림 14-29
축방향 자속의 원판형 PMSM

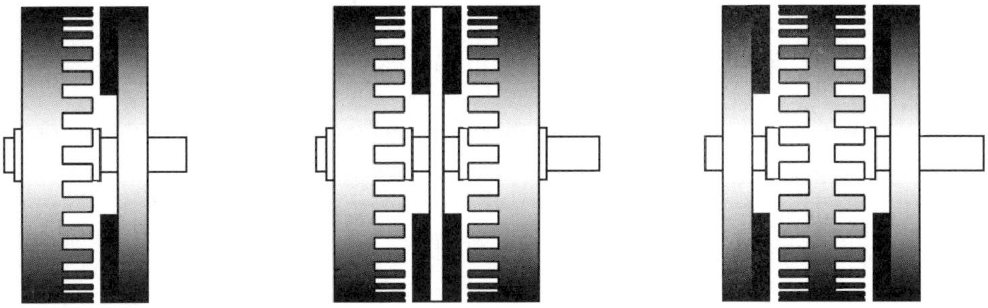

그림 14-30 축방향 자속 PMSM: (a) 대향형 (b) 내전형 (c) 외전형

행하지 않으므로) 기계적 강도가 허용하는 한 얇게 만들 수 있어서 회전관성을 줄이는 데에 유리하다. 자석이 원판을 관통하는 형태로 하면 회전자 프레임 전체를 더 가벼운 비자성체 재질로 만들 수 있다. 마찬가지 이유로 외전형은 전기자철심의 두께를 절약할 수 있으며 아예 철심을 사용하지 않고 그림 14-31(a)에 보인 것과 같이 에폭시수지로 강화된 전기자 권선을 프레임에 고정시킨 형태도 가능하다. 이 경우 전기자의 두께만큼 공극이 커지므로 적정 자속밀도를 유지하기 위해 더 큰 영구자석이 필요하다.

디스크형 PMSM의 문제 중 하나는 전기자 철심의 적층이다. 그림 14-29에서 보듯이 도체홈 사이의 거리가 권철심 안쪽에서 바깥쪽으로 진행함에 따라 연속적으로 달라져야 하므로 제작이 상당히

(a)

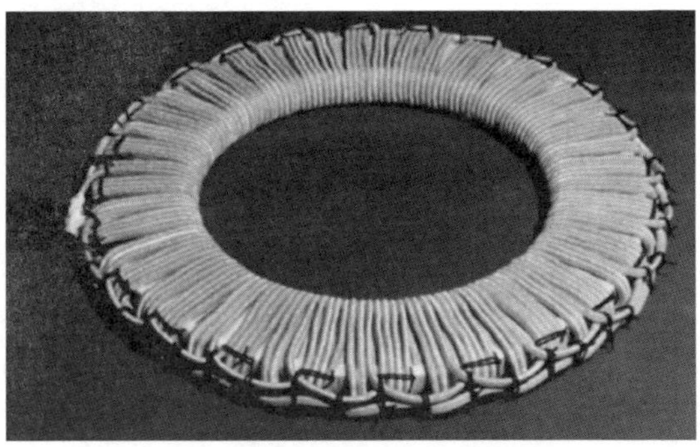

(b)

그림 14-31
디스크형 PMSM의 (a) 무철심 전기자 (b) 분할철심을 사용한 집중권 전기자

까다롭다. 그러나 그림 14-30(c)의 외전형에서는 전기자 철심이 원주방향으로 연결되어야 할 필요가 없으므로 비중첩형 집중권 방식을 적용하면 그림 14-31(b)에서 보듯이 각 코일별로 독립된 분할 철심을 사용함으로써 전기자의 제작을 대폭 단순화시킬 수 있다. 적층철심 대신 도전율이 낮은 분말 철심을 소결압착하는 방식도 사용된다.

이 외에도 토로이드 형태의 전기자, 원형 자석과 코일을 사용한 형태, 도체홈이 없는 구조 등 다양한 변형이 있으며 각자의 특징을 살려 자동차 바퀴의 직접구동, 소형 풍력발전, 펌프, 팬, 밸브제어, 원심펌프, 공작기계, 로봇 등에 적용되고 있다.

횡단자속형 PMSM

자속이 진행하는 경로를 기준으로 회전기의 형태를 구분하면 그림 14-32에 보인 세 가지 유형이 있다. 자속이 회전자 단면 상에서 진행하는 (a) 형태를 **방사상자속**(radial flux) 기기라 하고 대부분의 일반 회전기가 여기에 속한다. (b)는 자속이 축에 평행한 평면상에서 진행하는 것으로, 앞의 디스크형 전동기와 같은 형태가 여기에 해당한다. 이를 **축방향자속**(axial flux) 기기라 한다. 3차원 공간에서 (a)와 (b)의 두 자속 평면에 직교하는 세번째 평면은 (c)와 같다. 앞의 두 유형에서는 자속이 그리는 루프가 회전자의 회전방향에 평행한 반면 (c)는 회전방향에 직각이 되는 것을 알 수 있는데, 자속과 회전방향이 이처럼 서로 가로지르는 구조인 것을 **횡단자속**(transverse flux)형이라 부른다.

그림 14-32(c)로부터 유추할 수 있듯이 횡단자속 기기는 자속을 만들어내는 전기자 전류가 회전자 축을 중심으로 한 동심원의 경로를 따라 흐른다. 그림 14-33의 (a)가 그 기본 형태를 보여주고 있다. 전기자권선이 회전자 주위를 원형으로 둘러싸고 있고 그 주위로 고정자 철심과 회전자의 영구자석 및 계철이 자속의 경로를 형성한다. 코일에 교류가 흐르면 고정자 철심 양 끝에 교번 자극이 나타나고 회전자 영구자석에 힘을 가해 회전력이 발생한다. 이러한 구조가 그림 14-33 (b)에서 보는 것과 같이 여러 개 옆으로 연결되어 다상 전동기로 동작한다.

그림 14-34는 횡단자속형의 구조상 특징을 일반적인 방사상자속기와 비교하고 있다. 그림(a)는 방사상자속형을 옆으로 펼쳐놓은 모습이다. 이 형태는 자속의 경로가 되는 철심과 전류의 경로인 전기자 도체가 회전자 둘레의 공간을 분할하게 된다. 따라서 전기자 전류용량을 키우려면 코일이 차지하는 공간이 커져서 자속이 지나가야 할 경로가 협소해지고, 자속 경로를 넓히려면 도체에 할애할 공간이 줄어들어 전류용량에 제한이 가해질 수밖에 없다. 따라서 둘 사이에 타협이 이루어져야 한다.

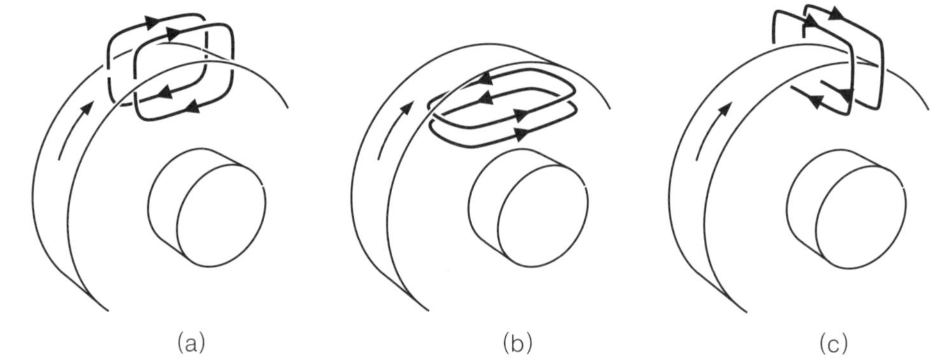

그림 14-32 자속 경로에 따른 구분: (a) 방사상자속형 (b) 축방향자속형 (c) 횡단자속형

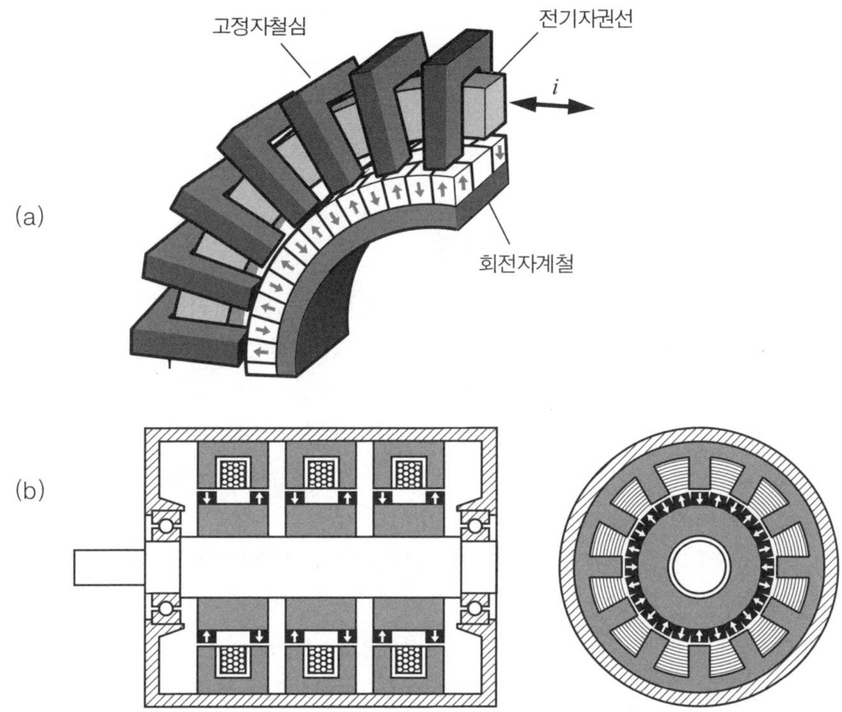

그림 14-33 횡단자속 전동기의 (a)기본 형태와 (b) 3상 전동기의 예

축방향자속형도 마찬가지이다. 반면에 그림 (b)의 횡단자속형에서는 도체와 철심 사이에 자리다툼의 문제가 없다. 즉 자속의 경로에 영향을 주지 않고 전기자의 전류용량을 키울 수 있다. 그리고 이론적으로는 자속밀도를 희생하지 않고도 극수를 제한 없이 늘려 토크를 키울 수 있다. 이러한 특징 때문에 횡단자속형은 출력밀도를 유도전동기의 5~10배까지도 높일 수 있다. 그러나 구조적으로 누설자속이 많이 발생할 수밖에 없어서 누설인덕턴스의 비중이 크고, 그 결과 역률이 통상 0.5 이하로 매우 낮다는 원천적 문제를 지니고 있다.

기타 횡단자속형은 전기자코일이 지극히 단순하고 총 길이가 짧으며, 전기자의 각 상이 자기적으로 완전히 독립적이어서 서로 간섭하지 않기 때문에 제어가 용이하다는 장점이 있다. 대신 구조가

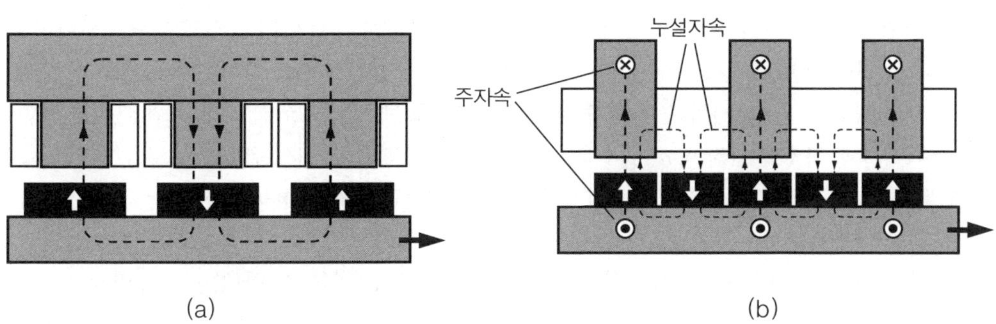

그림 14-34 (a) 방사상자속형과 (b)횡단자속형의 자속 경로와 도체의 관계

복잡하여 제작이 어렵고 3차원 구조에서 자기장분포를 다루어야 하는 데에서 오는 설계상 어려움이 따른다. 그리고 자속 경로의 복잡성 때문에 값싼 적층철심을 사용하는 데에 제약이 있다. 아직까지는 항공우주용 구동장치와 같이 특별히 높은 출력밀도를 필요로 하는 용도에만 적용되고 있으나 새로운 소재의 개발과 설계 및 제작기술의 향상으로 발전가능성이 높은 기기 형태라 할 수 있다.

14-4 브러시리스 직류전동기(BLDC)

어떤 전동기이건 회전자가 외부 전기회로와 연결되어야 한다면 브러시를 통해 접속될 수밖에 없다. 유도전동기(농형)는 애초에 브러시가 필요 없는 브러시리스 전동기이다. 반면에 일반 전자석형 직류기와 동기기는 전기자와 계자가 모두 외부 회로에 연결되어야 하는 이중입력기(doubly-fed machine)이기 때문에 브러시를 필요로 한다. 이 중 회전계자형인 동기기는 계자코일을 영구자석으로 대체함으로써 브러시를 없앨 수 있지만 회전전기자형인 직류기는 계자를 영구자석으로 한다 해도 전기자의 접속에 여전히 브러시가 필요하다.

브러시는 기기의 복잡성과 가격상승 요인이 될 뿐 아니라 마찰에 의한 기계적 손실과 접촉전압강하에 의한 전기적 손실로 효율을 떨어뜨리고, 주기적으로 교체해주어야 하며, 소음 및 도전성 미세 분진의 원인이 된다. 브러시 전류밀도 한계와 접촉전압강하가 출력을 키우는 데에 제약이 되며, 불꽃이 발생하여 접촉면 손상으로 수명이 단축될 수 있고 폭발/인화성 환경이나 전자기 잡음에 민감한 기기에 적용할 수 없다. 속도가 높을수록 브러시의 진동과 정류지연으로 불꽃이 심해지므로 회전속도에도 제한이 따른다. 따라서 직류기의 우수한 제어특성을 살리면서도 전기적 접속을 기계식 접촉에 의존하는 데에서 탈피하고자 한 것이 **브러시리스 직류전동기**(brushless dc motor)이다. 통상 **BLDC**라 부르며, 이하에서도 그 명칭을 따르기로 한다.

동작원리

브러시를 없애기 위해서는 기본적으로 전기자를 고정자에 두고 영구자석 계자가 회전하는 회전계자형 구조를 지녀야 한다. 문제는 직류기의 브러시/정류자가 단순히 회전부와 정지부 사이의 접촉을 유지하기 위한 기능만 하는 것이 아니라 기계식 스위치로서의 기능을 지닌다는 데에 있다. 따라서 전기자를 고정자에 두려면 그 기능을 대신하는 방법이 강구되어야 한다. 이를 그림 14-35에서 하나의 전기자 코일로 이루어진 직류전동기를 통해 살펴보기로 한다.

그림 14-35의 (a)에서 코일변 1과 2는 정류자와 브러시를 통해 외부 직류전원단자 p와 n에 접속되며 반 바퀴 돌 때마다 자기적 중성점을 통과하는 시점에 1, 2와 p, n 사이의 접속이 뒤바뀐다. 따라서 전기자 코일에 반 바퀴마다 극성이 바뀌는 구형파의 교류전류가 흐르면서 지속적으로 한 방향으로 토크가 유기된다. 만일 (b)와 같이 정류자를 슬립링으로 대체하고 코일이 반 바퀴 회전할 때마다 외부 스위치를 통해 전원단자 p, n 과의 접속을 뒤바꿔준다면(실선에서 점선으로, 점선에서 실선으로) (a)와 동일한 동작이 이루어질 수 있다. 이는 정류자/브러시의 고정부-회전부간 접속의 기능과 스위칭 기능을 분리한 것이다. 이렇게 하기 위해서는 코일변이 자기적 중성점을 지나는 시점에 스위칭이 이루어져야 한다. 따라서 회전자의 위치를 검출하는 장치가 있어야 한다. 여기서 반시계방향으로 회전하던 코일을 고정시키고 대신 계자를 시계방향으로 회전하게 한다면 (c)에 나타낸 것과 같이 슬립링과 브러시가 필요 없게 된다. 이 경우에는 계자가 회전하면서 자기적 중성점이 전기자 코

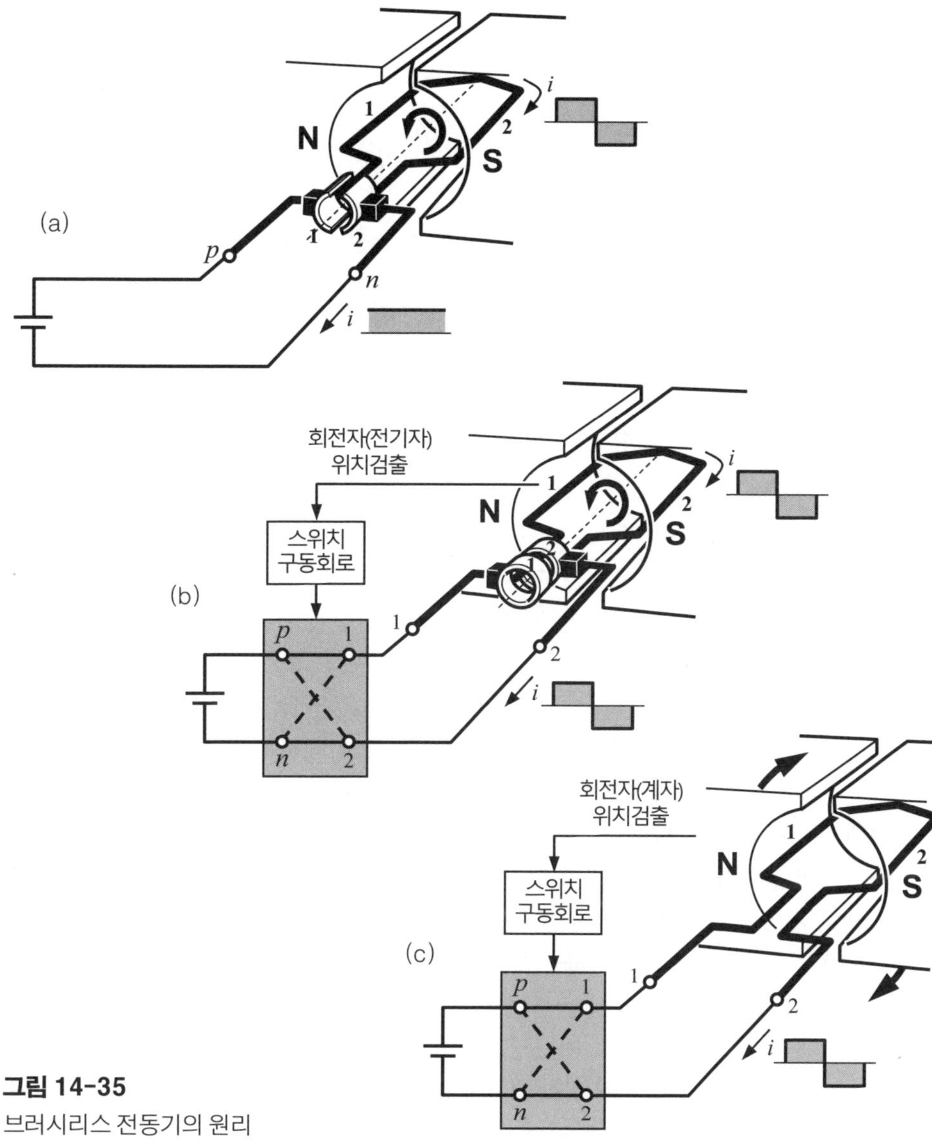

그림 14-35
브러시리스 전동기의 원리

일변을 지나는 순간에 스위칭이 일어나도록 계자의 위치를 검출하는 장치가 필요하다.

그림 14-35(c)는 회전전기자형인 영구자석 직류전동기를 회전계자형으로 바꾸고 전기자의 회전을 통해 자동적으로 이루어졌던 기계식 스위칭 동작을 회전에 동기화된 외부 스위치로 대신한 것으로, 이것이 BLDC의 기본 구조이다. 여기서 알 수 있듯이 BLDC에는 (1) 전기자와 전원 사이의 스위칭 장치와 (2) 스위칭 시점을 알아내기 위한 회전자위치 검출장치가 필수 요소로 포함된다.

BLDC의 구조

실제 직류전동기는 5장에서 설명했듯이 전기자에 많은 수의 코일을 지니고 있다. 여기에 위 방식대로 매 코일마다 스위치와 구동회로, 그리고 중성점센서를 일일이 연결해주려면 지나치게 복잡해진다. 따라서 대부분의 BLDC는 2극기 기준으로 3개의 코일만 갖는 단순화된 형태로 만들어진다.

(a) (b)

그림 14-36 2극 BLDC: (a) 외전형 (b) 내전형

그림 14-36의 (a)는 전기자 철심에 3개의 코일이 설치된 2극 BLDC를 보여주고 있다. 이는 영구자석 계자가 바깥쪽에서 회전하는 외전형으로, 코일을 바깥에 두고 계자가 안쪽에서 회전하도록 하면 (b)의 내전형이 된다. 이처럼 세 코일을 120° 간격으로 배치해놓고 보면 형태상 14-3절의 3상 PMSM과 같은 모양이 되는 것을 알 수 있다. 즉 BLDC는 직류전동기로 기능하게 만들어진 것이긴 하지만 기기 자체로는 동기전동기와 흡사한 구조를 갖는다.

그림 14-36은 PMSM의 집중권(코일피치가 180°인 중첩형 집중권)과 같은 형태인데, PMSM에서는 이를 더 많은 도체홈을 갖는 분포권으로 할 수도 있으나 BLDC에서는 일반 직류기처럼 애초에 분포권의 개념이 존재하지 않는다. 그러나 120° 피치의 비중첩형 집중권이나 분수홈 집중권 방식은 BLDC에도 그대로 적용될 수 있다. 회전자로는 PMSM의 여러 유형이 그대로 사용될 수 있으나 PMSM에서는 계자가 정현파 자속분포를 가져야 하는 반면 BLDC에서는 직류전동기에서와 같이 **자극 표면 수직방향 자속밀도가 일정**해야 하므로 대부분 반지름방향으로 자화된 표면부착형이 적용된다. 여기서 자속밀도를 일정하게 유지하는 것이 일정한 토크를 얻는 데에 중요하기 때문에 자석의 폭이 전기각 180°에 가깝게 회전자 둘레를 꽉 채운 형태로 만들어지는 경향이 있다. 그림 14-37에서 12극 BLDC의 회전자와 36개 도체홈을 지닌 중첩형 집중권 전기자의 모습을 볼 수 있다.

BLDC에는 자기적 중성점을 검출하기 위한 센서가 일체형으로 장착되며, **홀센서**라 불리는 소자가 가장 흔히 사용된다. 홀센서는 자기장 안에서 도체에 전류가 흐를 때 전자가 어느 한쪽으로 쏠리면서 도체 양쪽 옆면 사이에 전위차가 나타나는 홀효과(Hall effect)를 이용한 것으로, 이 전위차의 극성으로 자기장의 방향을 알 수 있다. 그림 14-37처럼 전기자권선 옆에 장착하여 회전자 옆으로 새나오는 누설자속을 검출하는 방식이 사용되기도 하고 전기자코일의 발열을 피해 축의 별도 위치에 작은 자석을 홀센서와 함께 부착하기도 한다. 홀센서는 극수와 상관 없이 전기각 120° 간격으로 3개만 설치하면 되며, 단순하고 싸서 고급 센서를 사용하는 PMSM에 비해 유리하다. 근래에는 센서를 사용하지 않는 센서리스 방식도 만들어지고 있다.

이처럼 3권선 BLDC는 3상 PMSM과 흡사하고, 특히 센서리스형은 외부로 3상 전기자단자만 인출되므로 외관상으로도 PMSM과 거의 차이가 없다. 그러나 BLDC는 계자자속이 양과 음의 방향으로 각각 일정하므로 회전할 때 전기자권선에 구형파 기전력을 유기한다. (실제로는 자기적 중성점 부근의 누설자속 때문에 자속밀도가 칼로 자른 듯 변할 수 없으므로 대략 사다리꼴 파형이 된다.) 코

그림 14-37 BLDC전동기의 고정자와 회전자

일에 흐르는 전류 역시 그림 14-35에 나타내었듯이 구형파 형상이다. 따라서 흔히 BLDC와 PMSM을 같은 종류의 기기로 취급하되, 각각 **구형파 브러시리스전동기**, **정현파 브러시리스전동기**라 하여 구별한다. 혹자는 BLDC라는 명칭에 대응시켜 PMSM을 BLAC라 부르기도 한다.

BLDC의 동작

그림 14-38은 3상 2극 BLDC에서 스위칭 동작을 보여주고 있다. 세 코일 입력단자에 $+V$ 혹은 $-V$의 전원이 접속되고 반대편 단자들은 접지로 표시된 공통접속점에 Y결선으로 묶여 있는 것으로 가정한다. 그리고 각 코일마다 한쪽 도체홈 위치에 자속센서가 있어서 회전자의 N극이 지나갈 때는 +1, S극이 지나갈 때는 −1의 신호를 출력하고 +1일 때는 스위치를 통해 코일에 $+V$를, −1일 때는 코일에 $-V$를 가해주게 되어 있는 것으로 가정한다.

맨 위 그림 회전자자속이 오른쪽을 향하고 있을 때 각 코일의 센서 출력과 그에 대응하는 인가전압이 표시되어 있다. 그 결과로 여섯 개 코일변 전류가 회전자 N극 영역에서는 모두 들어가는 방향, S극 영역에서는 나오는 방향이 되어 전체적으로 위쪽을 향하는 기자력이 만들어진다. 따라서 회전자는 그쪽을 향해 회전한다. 회전하면서 두번째 그림과 같이 자기적 중성점이 한 센서를 지나게 되고, 센서의 출력이 바뀌어 스위치를 작동시키면 해당 코일의 인가전압이 반전되고 전류 방향도 바뀌게 된다. 그 결과 맨 아래 그림에서 보듯이 전기자의 기자력이 이전 위치에서 60° 회전하는 결과를 낳는다. 이후에도 마찬가지 방식으로 회전자가 60° 회전할 때마다 두 자기적 중성점이 교대로 세 개의 센서 중 하나를 통과하게 되고, 그때 일어나는 스위칭 동작으로 전기자 기자력 역시 60°씩 회전하여 회전자에 지속적인 토크가 유기된다.

회전자 자속밀도가 일정하므로 모든 코일 전류의 크기가 같다면 6개 코일변 전류에 의해 유기되는 토크는 모두 같다. 따라서 자기적 중성점이 통과할 때 자속의 방향이 순간적으로 바뀌고, 동시에 전류도 반전된다면 토크는 변하지 않을 것이다. 그러나 실제로는 자속이 순간적으로 바뀌지 않기 때문에 자기적 중성점이 코일변을 지날 때마다 토크에 변화가 생겨 60° 주기의 맥동토크가 발생한다.

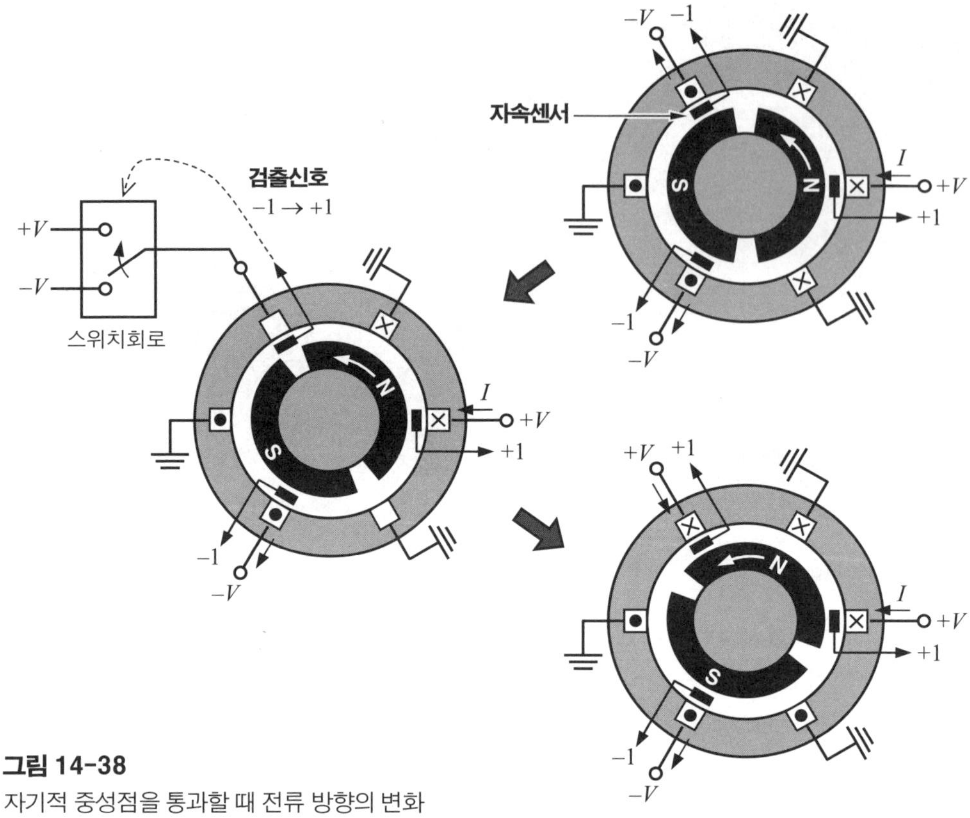

그림 14-38
자기적 중성점을 통과할 때 전류 방향의 변화

코일 수가 많다면 그 비중이 작겠지만 단 3개일 경우 상당히 큰 영향을 미친다. 이러한 문제를 피하기 위해 실제 BLDC에서는 세 코일 중 자기적 중성점에 가까이 있는 코일을 개방시켜 버리고 항상 두 개 상에만 전류가 흐르도록 한다. 그림 14-39(a)와 같이 센서를 코일변 사이의 중간 위치에 설치하고 센서 신호들의 조합으로 자기적 중성점이 여섯 개의 60° 구간 중 어디에 있는지 판단하여 해당 영역의 코일을 개방시킨다. 예컨대 그림에서처럼 자기적 중성점이 *b*상 코일의 ±30° 범위를 지나는 동안 *b*상을 개방한다. 그림 14-39(b)는 이를 위한 스위치 회로로서, 그림 (a)가 나타내고 있는 시점의 스위칭 상태를 보여주고 있다. 즉 *b*상은 개방되어 있고 *a*상이 직류전원 양의 단자에, *c*상이 음의 단자에 접속되어 전류가 *a*상으로 흘러 들어와 *c*상에서 흘러나가는 경로가 구성된다. 이후 자기적 중성점이 여섯 개의 구간을 차례로 거치면서 그에 해당하는 여섯 가지의 스위칭 상태가 나타난다.

이렇게 했을 때 한 주기 동안 세 상에 흐르는 전류의 변화를 나타내면 그림 14-40과 같다. (구간 1이 그림 14-39에 해당한다.) 흐린 선의 파형은 코일에 유기되는 기전력으로, 이는 곧 코일변을 지나는 계자 자속밀도의 변화와 같다 ($e = lBv$). 자기적 중성점이 통과하면서 이 자속밀도가 양에서 음으로, 그리고 음에서 양으로 반전될 때마다 각 상의 전류는 60°씩 휴지기간을 거치므로 양과 음의 반주기에서 각각 자속밀도가 일정한 크기를 유지하는 120° 구간 동안에만 전류가 흐른다. 따라서 전류가 흐르는 동안 각 코일에 유기되는 힘($f = lBi$)은 일정하며, 매 60° 구간에서 2개 상에 작용하는 힘이 더해져 유기되는 토크는 맨 아래 나타낸 것처럼 전 주기에 걸쳐 일정하다. 그 크기는 일반 직류전동기에서와 마찬가지로 전류의 크기에 비례한다.

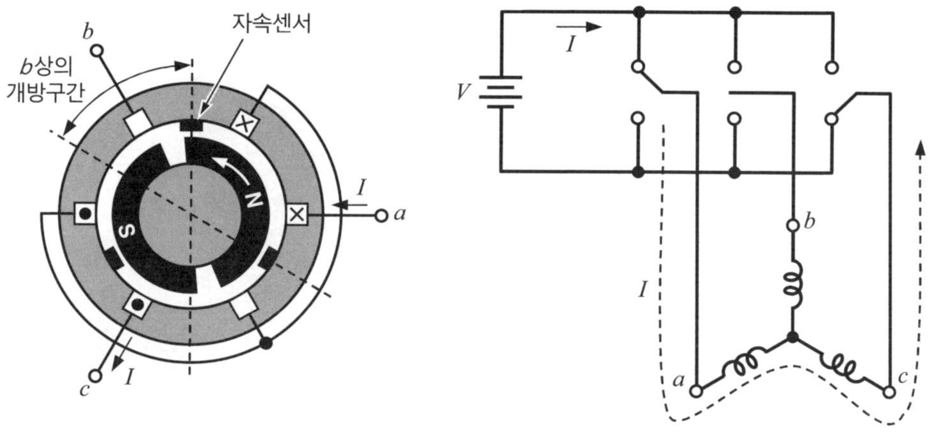

그림 14-39 (a) 120° 통전방식 (b) 3상 브릿지 회로에 의한 구동

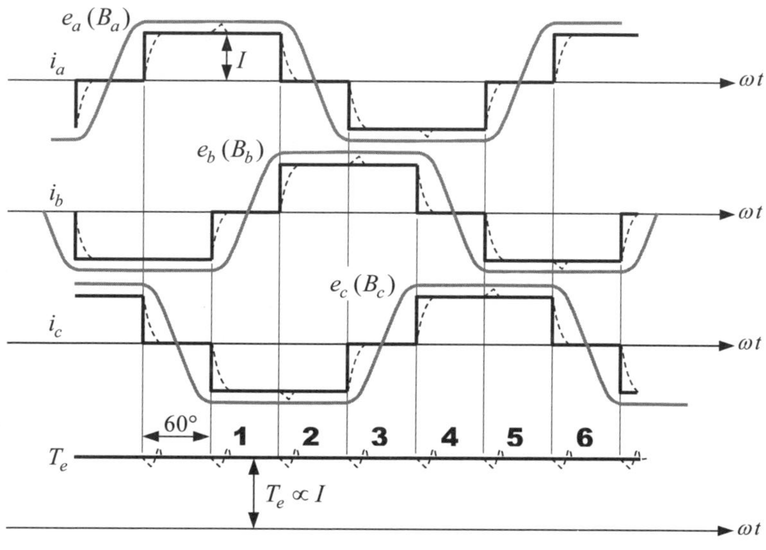

그림 14-40 전류, 유기기전력 및 토크의 변화

그림 14-41은 그림 14-40 각 구간별 전원의 접속상태를 나타낸다. 화살표는 전기자전류의 기자력으로, 이 기자력으로 만들어진 회전자계를 회전자가 쫓아간다는 점은 일반 동기전동기와 같다. 그러나 여기서는 자계가 연속적으로 회전하는 것이 아니라 한 자리에 가만 있다가 회전자가 60° 회전할 때마다 다음 위치로 '점프'한다는 차이가 있다. 따라서 계자자속과 이루는 각도도 항상 직각인 것이 아니라 90°±30° 범위로 변동한다. 그럼에도 불구하고 토크가 일정한 것은 계자 자속밀도가 각도에 무관하게 평탄한 구형파 형상이기 때문이다. 단, 이는 전류 역시 그림 14-40의 실선처럼 이상적 구형파인 것을 전제로 한다. 실제로는 코일의 인덕턴스 때문에 점선으로 나타낸 것과 같이 전류 변화에 지연이 일어나 자계의 점프가 순간적으로 이루어지지 못하고, 이로 인해 토크에 맥동성분이 끼어든다. 이 토크 맥동이 BLDC의 약점으로, 적용분야를 제약하는 주된 요인으로 작용한다.

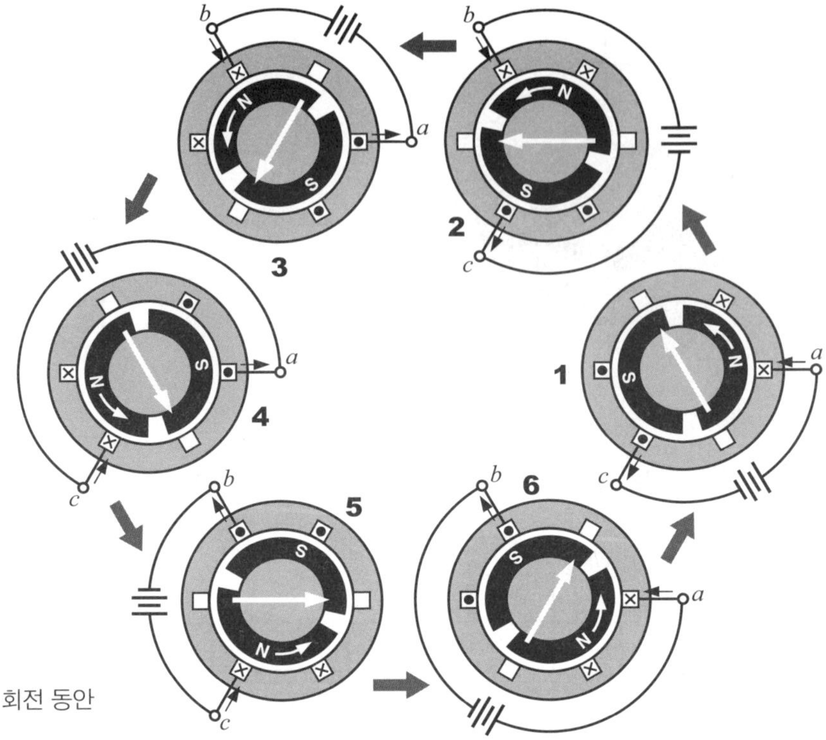

그림 14-41
120° 도통방식의 1회전 동안 전원과의 접속상태

BLDC의 속도제어

그림 14-39(b)의 스위치들은 정류자/브러시의 기계식 스위칭 기능을 대신하므로 직류전원 입장에서 보면 구동회로와 결합된 BLDC 전체가 직류전동기나 마찬가지이다. 따라서 구동회로에 가해지는 직류 전원전압의 크기를 조절해줌으로써 속도를 제어할 수 있다. 그러나 BLDC를 구동하는 반도체스위치 회로는 단순히 브러시/정류자의 동작을 흉내내는 데에 머무르지 않고 그 자체로 전압을 제어하는 기능을 할 수 있다. 예컨대 그림 14-39(b)에서 동작구간 내내 a상과 c상 사이에 전압을 일정하게 가하는 상태를 유지하는 것이 아니라 양쪽 스위치를 높은 주파수로 교번하여 $+V$와 $-V$를 교대로 가함으로써 그 시간 비율로 코일에 가해지는 평균전압이 달라지게 할 수 있다. 나아가 이러한 전압제어를 통해 전류(토크)의 크기를 조정할 수 있다. 이는 스위칭회로가 브러시/정류자의 기능에서 더 나아가 속도제어를 위한 가변 직류전원의 기능까지 대신할 수 있음을 뜻한다. 직류전동기의 속도를 제어하기 위해서는 어차피 그림 14-11에서 보듯이 전력변환장치가 필요하다는 점을 감안하면 BLDC에 전용 스위칭회로가 필요하다는 것이 약점이 되지 않음을 알 수 있다.

그림 14-39(b)의 회로는 유도전동기나 동기전동기 속도제어에 사용되는 인버터와 같은 구조이므로 BLDC는 인버터에 의해 구동되는 PMSM과 다를 바 없다. 단 BLDC의 인버터는 자속센서에서 주어지는 회전자위치 신호에 따라 그림 14-40과 같이 정해진 패턴대로 전류를 스위칭하는 동작을 하게끔 프로그램되어 있다는 차이가 있다. 이 패턴을 따름으로써 전기자 기자력이 계자자속에 직교하는 상태가 유지되므로 전류의 크기 I만 제어하면 PMSM의 벡터제어에 준하는 제어가 이루어지게 된다. 즉 그림 14-42에 나타낸 것과 같이 속도제어기로부터 전동기의 가속 혹은 감속을 위해 필요

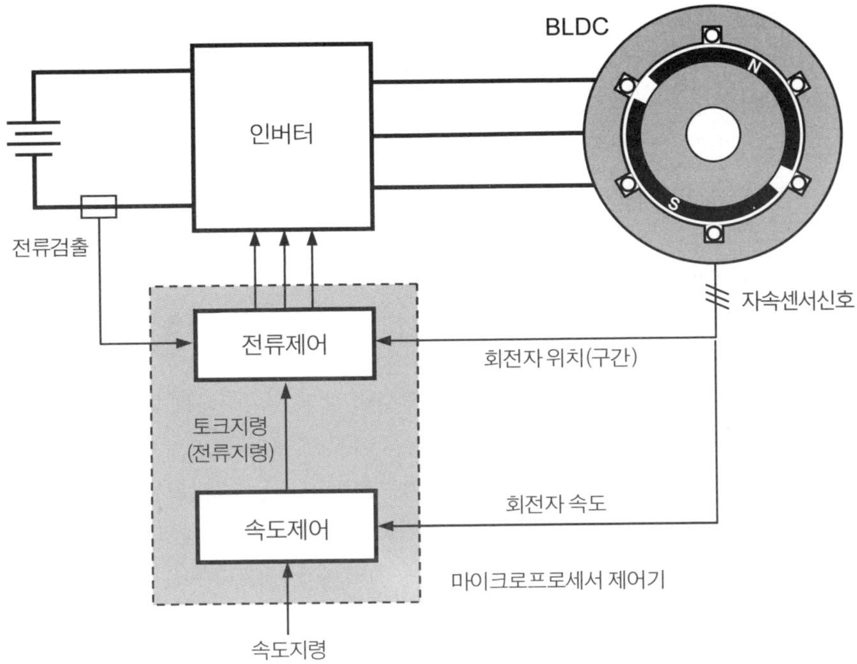

그림 14-42 BLDC의 속도제어

한 토크로 전류지령이 주어지면 전류제어기는 전동기의 자속센서 신호로부터 검출된 회전자 위치에 따라 그림 14-40의 어느 구간인지 판단하고, 해당 구간에서 전류가 흘러야 할 두 상에 가해지는 전압을 위에서 말한 방식으로 조절함으로써 전류가 전류지령치에 일치하도록 제어한다.

그림 14-42의 BLDC 제어를 그림 14-21의 PMSM 벡터제어와 비교해 보면, PMSM 제어에서는 전기자기자력의 방향이 계자자속에 직교하도록 하기 위해 회전자 위치정보로부터 3상 전류 사이의 비율을 실시간으로 계산해야 하지만 BLDC 제어는 회전자가 위치한 구간별 자속센서 신호에 따라 단순히 정해진 패턴을 따르기만 하면 되므로 이러한 계산이 필요 없다. 그리고 PMSM 제어에서는 세 상의 전류가 계산된 전류를 추종하도록 3상 전류의 피드백제어가 이루어져야 하지만 BLDC에서는 항상 한 상은 개방되고 나머지 두 상이 직렬로 전원에 연결되므로 전원측 직류전류의 크기만 제어하면 된다. 이처럼 BLDC의 제어가 훨씬 단순한 것은 BLDC가 직류전동기의 변형된 형태이기 때문에 그림 14-11에 보였던 직류전동기 제어가 갖는 단순성이 그대로 반영된 결과라 할 수 있다.

회전자의 속도를 검출하는 데에는 회전자가 60° 회전할 때마다 자속센서의 출력이 변하므로 그 변화주기를 측정하여 속도를 계산하는 방식이 사용된다. 그러나 정밀한 속도/위치제어용도에서는 속도 측정만을 위해 별도의 펄스엔코더 같은 검출기구를 추가로 부착하기도 한다. 위치검출센서를 사용하지 않는 센서리스방식도 있는데, 이는 BLDC의 한 상이 항상 개방되고, 개방된 상에 나타나는 기전력이 자속밀도에 비례한다는 점을 이용하여 자속센서의 기능을 대신하도록 한 방식이다. 단 정지상태에서는 이 기전력이 유기되지 않기 때문에 맨 처음 기동할 때는 개루프로 기동했다가 이후 폐루프제어로 전환하는 과정을 거쳐야 하며, 제어를 위한 연산량이 많아진다. 그리고 정확한 위치제어가 필요한 곳에는 적용하기 곤란하다.

BLDC의 특성과 용도

BLDC는 직류전동기가 진화한 것이지만 형태상 PMSM과 차이가 없다. 이러한 점에서 벡터제어 PMSM을 **'직류기처럼 행동하는 동기기'**라 한다면 BLDC는 **'동기기처럼 생긴 직류기'**로서, PMSM의 구조상 장점에 제어가 간단한 직류기의 장점이 결합된 것이라 할 수 있다. 나아가 PMSM보다 높은 출력밀도를 얻을 수 있다. 정현파가 아닌 구형파 전류가 흐름으로써 매 순간 도체의 통전능력을 꽉 채워 최대한 활용하면서 토크를 발생하기 때문에 동손이 같다면 PMSM보다 출력이 15 % 정도 더 크고, 같은 최대전류에서 토크가 30 %가량 크다.

코일의 전류 방향이 주기적으로 변해야 하는 기기가 이처럼 '매 순간 최대한으로' 동작하려면 전류의 변화가 계단식으로 이루어져야 한다. 그러나 코일의 인덕턴스 때문에 전류가 결코 순간적으로 변할 수 없으며, 이때문에 전류가 변하는 과도기간 중 토크에 요동이 일어나게 된다. 즉 정현파로 부드럽게 변하는 PMSM에서 나타나지 않는 토크의 맥동이 따르게 된다. 코일의 인덕턴스를 어느 정도 줄여줄 수는 있으나 완전히 제거하는 것은 불가능하므로 토크맥동 역시 완전히 제거할 수 없다. 즉 **BLDC의 토크맥동은 높은 출력밀도를 얻기 위해 불가피 지불할 수밖에 없는 대가이다.**

맥동토크의 크기는 정격토크의 10~15 % 정도로, 운동에너지가 큰 고속에서는 그다지 큰 영향을 미치지 않지만 저속에서는 속도의 미세한 변동을 유발하여 진동과 소음의 원인으로 작용한다. 따라서 PMSM이 고도의 정밀한 제어가 필요한 곳에 적용된다면 BLDC는 상대적으로 높은 출력밀도(작은 크기와 무게)와 낮은 가격이 중시되는 용도에 선호된다.

BLDC의 높은 출력밀도가 적합한 용도로는 구동장치의 소형화와 경량화가 중요한 로봇, 컴퓨터 디스크 구동, VCR, 레이저프린터나 스캐너 같은 사무기기, 그리고 항공우주용 제어기구 등이다. 효율과 역률이 높고 유지보수가 필요 없으며 가격이 높지 않아서 믹서 등 주방용품 및 각종 가전제품과 장시간 연속구동되면서 속도제어가 필요한 난방, 환기, 에어컨 등에도 널리 이용된다. 근래에는 100,000 rpm에 달하는 고속기도 만들어지고 있어서 그림 14-43에 보인 것과 같이 각종 산업용 기기에 적용되고 있으며, 저속 직접구동용으로도 적용되고 있다. 그림 14-44는 세탁기 직접구동용 외전형 BLDC로서, 전동자전거나 휠체어, 소형 풍력용 발전기도 이와 유사한 유형에 속한다. 그 외 자동차의 동력조향이나 능동현가장치 등에 사용되어 왔으며 근래에는 추진전동기로도 적용되고 있다. 상수를 15 이상으로 늘린 MW급 대형 BLDC가 선박이나 잠수함 추진에 적용되기도 한다.

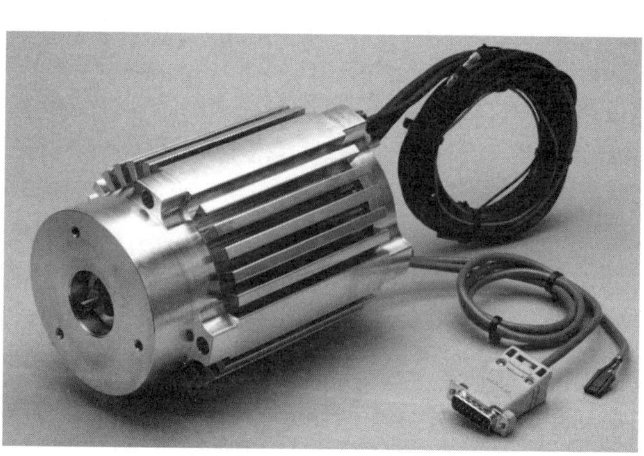

그림 14-43
공작기계 스핀들용 BLDC
(370 V, 21,000 rpm)

그림 14-44 그림 14-24의 세탁기에 사용되는 직접구동용 외전형 BLDC (LG)

그림 14-45
디스크 구동용 원판형 BLDC

BLDC 역시 원판형이 가능하며, 그림 14-44는 디스크 구동용 원판형 소형 BLDC의 예이다. 전기자철심 역할을 하는 철판에 비중첩형 집중권에 해당하는 맴돌이 코일을 부착한 형태로서, 도체홈이 없어서 코깅토크가 나타나지 않는다. 전기자코일과 함께 세 개의 구동스위치가 제어기판에 일체형으로 장착된 것을 볼 수 있다. 소형은 기판에 전기자권선을 프린트한 방식으로 만들어지기도 한다.

14-5 동기릴럭턴스전동기(SynRM)

릴럭턴스전동기는 쇠붙이가 자석에 끌려가는 현상을 그대로 이용한 전동기로서, 전동기의 가장 원초적인 형태라 할 수 있다. 그 동작원리의 직관적 호소력 때문에, 그리고 회전자가 코일을 지니고 있지 않은 데에서 오는 단순성의 매력 때문에 릴럭턴스전동기는 전동기의 초창기부터 꾸준히 실용화가 시도되어 왔다. 그러나 막상 실제에 있어서는 성능과 경제성이 떨어져 주류를 형성하지 못하였다. 릴럭턴스전동기가 다른 유형의 전동기와 경쟁할 수 있을 만큼 실용성을 갖추게 된 것은 비교적 최근으로, 전력전자기술의 발전과 함께 가변속 용도로 주목받게 되면서부터이다.

릴럭턴스전동기는 일반적으로 아래 두 가지 유형으로 구분된다.

- 동기릴럭턴스전동기(synchronous reluctance motor: SynRM)
- 스위치드릴럭턴스전동기(switched reluctance motor: SRM)

SynRM은 정현파 전류에 의해, SRM은 구형파 전류에 의해 구동된다. 이러한 점에서 이들 사이의 관계는 앞에서 본 PMSM과 BLDC 사이의 관계와 유사하다. 릴럭턴스 토크에 의해 구동된다는 점만 같을 뿐 둘 사이에 구조와 제어 측면에서 현격한 차이가 있기 때문에 여기서는 SynRM에 대해 설명하고 SRM에 관해서는 다음 절에서 별도로 다루기로 한다.

돌극비

SynRM은 11-7절에서 설명한 돌극형 동기전동기에서 계자권선을 제거한 것과 같이 생각할 수 있다. 고정자는 동기기/유도기의 고정자와 동일하며 3상 정현파전류가 흘러 정현분포 회전자계가 만들어진다. 그림 14-46에서 보듯이 회전자의 돌극 방향을 d축, 그에 전기각으로 90°인 방향을 q축이라 한다. d축이 회전자계에 일치하려는 힘에 의해 토크가 유기되며, 무부하상태에서는 d축이 회전자계와 이루는 각도 δ가 0°에 근접하고 부하가 커질수록 각도가 벌어진다. 릴럭턴스토크는 회전자계의 자극 극성에 무관하므로 δ가 45°일 때 최대토크가 나타난다.

직관적으로 알 수 있듯이, 릴럭턴스토크는 d축과 q축 방향 공극의 차이가 현저할수록, 즉 릴럭턴스의 차이가 클수록 강해진다. 그 차이는 11-7절에서 설명하였던 d축방향과 q축방향 리액턴스, 혹은 인덕턴스 사이의 비율인 **돌극비**(salience ratio)로 표현된다. 즉

$$\xi = \frac{X_d}{X_q} = \frac{L_d}{L_q} \tag{14-9}$$

d축 방향과 q축 방향 공극의 차이가 클수록 돌극비가 커지며, 따라서 토크도 커진다. 그 표현식은 11장의 식(11-18)에서 돌극효과에 의한 토크 성분에 해당한다. 즉

$$T_e = \frac{3}{2}\frac{X_d - X_q}{X_q X_d}\frac{V_s^2}{\omega_s}\sin 2\delta \tag{14-10}$$

이로부터 돌극으로 얻을 수 있는 최대 토크를 아래의 비례식 형태로 표현할 수 있다.

$$T_{max} = K\frac{L_d - L_q}{L_q L_d} = K\frac{\xi - 1}{L_d} \tag{14-11}$$

11-7절에서 언급하였듯이 일반 돌극형 동기기의 돌극비는 최대 $\xi = 2$ 정도이고 이때 릴럭턴스토

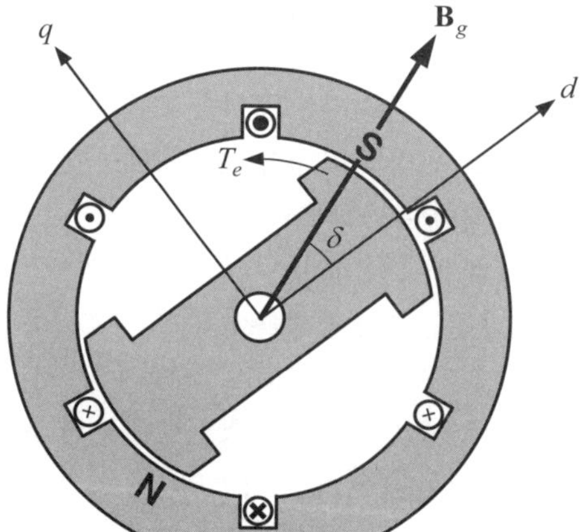

그림 14-46
동기릴럭턴스 전동기

크의 최대치는 기자력토크 최대치의 1/4 정도이다. 따라서 릴럭턴스토크만으로 기자력토크에 버금가는 토크를 얻기 위해서는 일반 돌극형 동기기에 비해 릴럭턴스토크가 4배 정도 되어야 한다. 식 (14-11)에서 $\xi = 2$ 일 때의 4배 토크를 얻기 위해 필요한 돌극비는 $\xi = 5$임을 알 수 있다.

한편 자속 일부 또는 전부가 회전자에서 제공되는 일반 동기기나 영구자석형과 달리 SynRM에서는 유도전동기처럼 자속이 전적으로 고정자에 흐르는 자화전류 성분에 의해 만들어져야 한다. 나아가 유효공극이 큰 돌극 형상에서는 유도기보다 큰 자화전류가 필요하므로 역률이 상당히 낮을 수밖에 없다. 이는 것은 같은 출력을 내기 위해 전류용량이 큰, 더 비싼 구동장치(인버터)가 필요함을 뜻한다. 또 고정자 동손의 증가로 효율이 떨어지게 된다. 따라서 SynRM에서는 역률특성이 중요한 고려사항이 되는데, 역률 역시 돌극비가 클수록 좋아진다. 돌극비가 크면 같은 토크를 내는 데에 공극자속과 돌극 사이의 각도 δ가 줄어들고 자속이 지나는 경로의 유효공극이 작아져 자화전류가 줄어들기 때문이다. 돌극비 ξ에서 이론적으로 가능한 SynRM의 최고 역률은 아래 식으로 표현된다.

$$pf_{max} = \frac{\xi - 1}{\xi + 1} \tag{14-12}$$

식 (14-12)에 의하면 $\xi = 5$일 때의 역률은 0.67을 넘지 못하며, 유도전동기 수준인 0.8 정도의 역률을 얻기 위해서는 돌극비가 9 이상이어야 함을 알 수 있다.

요컨대 SynRM의 토크가 일반 전동기와 경쟁할 수 있는 수준이 되려면 상당히 큰 돌극비가 필요하며, 나아가 역률까지 높이려면 훨씬 큰 돌극비가 구현되어야 한다. 돌극비를 높이기 위해서는 일차적으로 d축 방향 공극을 최대한 줄여야 한다. 초기 릴럭턴스전동기는 상용전원에서 자체 기동이 이루어질 수 있도록 돌극 표면에 농형권선을 지니고 있었으며, 농형도체가 차지하는 공간 때문에 돌극비를 높이는 데에 한계가 있었다. 이후 인버터를 사용한 가변속구동에서 농형권선이 필요 없게 되었지만 그 경우에도 그림 14-46과 같이 자극이 노골적으로 돌출한 형태로 얻을 수 있는 돌극비는 의외로 작아서, 3~4를 넘기 어려운 것으로 밝혀졌다. 이는 고정자에서 만들어진 정현분포의 자속을 수용하기 위해서는 자극의 폭이 충분히 확보되어야 하는데, q축 자기저항을 키우기 위해 극과 극 사이를 깎아내면 자극의 폭이 줄어들어 L_d도 함께 작아지기 때문이다. 즉 자극의 폭을 유지하면서 돌극비를 키우는 것이 관건이 된다.

동기릴럭턴스전동기의 회전자

그림 14-47은 SynRM의 대표적인 두 가지 회전자 유형을 보여주고 있다. (a)는 철판을 U나 V자로 구부려 축에 평행한 방향으로 성층하고 철판 사이사이에 철판과 비슷한 두께의 절연성 비자성체를 끼워 볼트로 축에 고정시킨 것이다. 이 형태는 회전자 표면 전 범위에 걸쳐 정현 자속분포를 수용하면서도 자기장벽으로 d축과 q축 자기저항이 현저한 차이를 갖게 함으로써 10 이상의 큰 돌극비를 얻을 수 있다. 그러나 제작공정이 복잡하여 대량생산에 부적합하다. 또한 철심 손실이 큰 편이고, 코깅토크를 억제하기 위해 회전자를 삐딱하게 비트는 구조로 만들기 어렵다.

그림 14-47(b)는 일반 전동기처럼 회전자를 축에 직각인 방향으로 겹쳐 성층하되, 철심 내부에 자속이 지나가는 길을 안내하기 위한 자기장벽을 만들어준 방식이다. (a)만큼 큰 돌극비를 얻을 수는 없으나 자기장벽의 형상을 잘 설계하면 거의 근접하게 할 수 있으며, 철판을 단순 펀칭으로 제작할 수 있어서 제작이 용이하므로 현재 주종을 이루는 방식이다. 철판의 연결부위(rib)를 통해 q축 자속

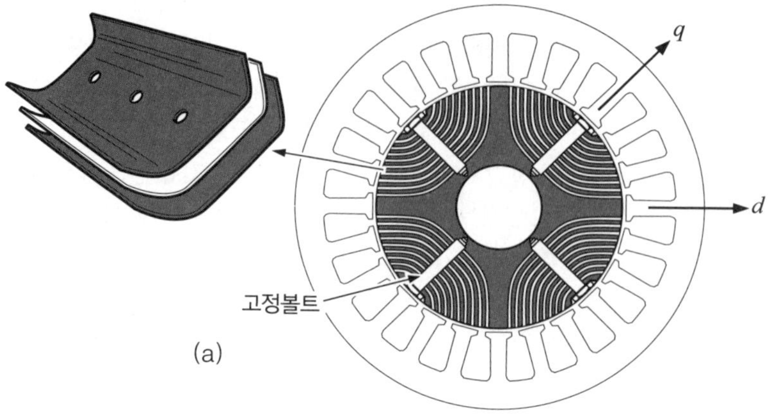

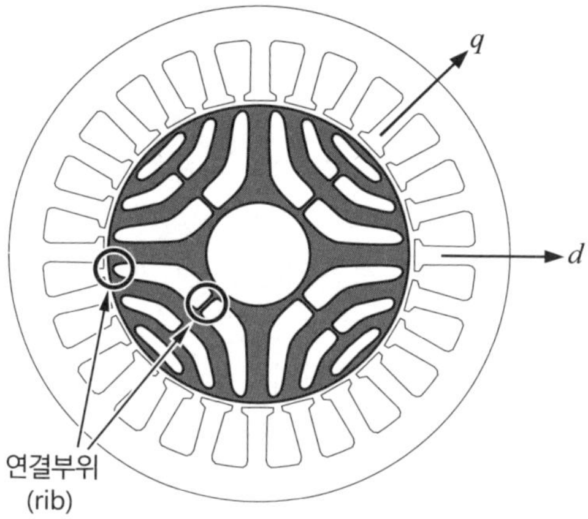

그림 14-47
동기릴럭턴스전동기의 유형:
(a) 축방향성층형 (b) 단면성층

의 경로가 생길 수 있으나 기계적 강도가 허용하는 한 가늘게 만들어 작은 자속에도 포화되도록 하면 자기장벽과 마찬가지 효과를 얻을 수 있다. 자기장벽은 빈 공간으로 두기도 하고 기계적 강도를 높이기 위해 플라스틱이나 에폭시계열 물질로 채워지기도 한다.

그림 14-47의 (a), (b) 어느 형태든 극수를 늘리면 돌극비를 키우는 데에 제약이 생기며 일반적으로 최대로 얻을 수 있는 돌극비가 극수에 반비례하는 특성을 갖는다. 따라서 그림에 보인 4극기가 주종을 이루고 6극기나 2극기도 간혹 볼 수 있지만 8극 이상인 경우는 없다.

동기릴럭턴스전동기의 제어와 용도

인버터로 구동되는 가변속 SynRM의 제어는 14-3절에서 설명한 PMSM의 벡터제어와 기본적으로 같다. 즉 회전자 위치를 검출하여 회전자계가 회전자 d축과 어떤 각도를 유지하도록 제어한다. 이 각도를 어떤 값으로 하느냐에 따라 전류대비 토크를 최대화하거나 역률을 최대화한다거나 하는 방식들이 있다. 구동력을 최대화시킬 필요가 있는 곳에서는 앞의 방식이, 구동장치의 경제성이 중시되는 곳에서는 뒤의 방식이 적용된다. (자세한 내용은 보다 전문적인 문헌을 참조하라.) 자기포화의 비선형성을 고려해야 하는 점 외에는 상대적으로 단순해서 연산 부담이 작은 편이다.

SynRM의 출력밀도는 PMSM이나 BLDC에는 미치지 못하지만 가격이 싸고, 유도전동기보다 출력밀도와 효율이 좋기 때문에 수 마력에서 수백마력까지 범위에서 팬이나 펌프의 가변속구동 등

그림 14-48
영구자석보조형
동기릴럭턴스전동기의 회전자

에 사용되고 있다. 근래에는 자동차나 철도의 견인전동기로 적용되기도 한다.

PM 릴럭턴스전동기

SynRM에 영구자석을 추가하면 토크와 역률 특성을 상당히 향상시킬 수 있다. 그림 14-48은 단면성층형의 자기장벽 내부에 영구자석을 장착한 것을 보여주고 있다.(축방향성층형에도 마찬가지로 적용할 수 있다.) 형태상 매입형 PMSM의 일종이라 할 수도 있지만 여기 사용되는 영구자석은 보조적 역할을 위한 것이기 때문에 자속밀도가 낮은 값싼 페라이트자석이 사용되며, 릴럭턴스토크가 영구자석에 의한 토크보다 크다. 이를 **영구자석보조형 릴럭턴스전동기**라 한다. 적정한 설계로 영구자석과의 조합을 최적화함으로써 일부 용도에서 값비싼 희토류자석 PMSM을 대체할 수 있고, 특히 고효율 가변속 용도에서 유도전동기의 유력한 대안이 될 수 있다.

선로기동형 릴럭턴스전동기

일정속도 범용 유도전동기를 대신할 고효율 범용전동기 용도로 선로기동형 PMSM이 주목받고 있는 것과 같은 이유로 동기릴럭턴스전동기 역시 선로기동형이 있다. 앞서 언급했듯이 이러한 시도는 릴럭턴스전동기의 초기부터 이루어졌으나 표면에 농형권선을 지닌 방식으로는 성공적인 결과를 얻을 수 없었다. 근래에는 그림 14-47의 자기장벽 내에 알루미늄 도체를 채워 넣고 회전자 양쪽에서 단락시키는 방식을 통해 상당한 진전을 보이고 있다. 나아가 보조 영구자석을 함께 사용하는 방식도 있다. 이러한 농형-릴럭턴스-영구자석 복합형 전동기는 다양한 조합이 존재하기 때문에 사실 어떤 전동기에 속하는지 분류하기 모호한, 앞으로 발전가능성이 주목되는 유형이라 할 수 있다.

14-6 스위치드릴럭턴스전동기(SRM)

SRM은 SynRM과 달리 고정자가 돌극 집중권 형태로 만들어진다. 따라서 회전자가 넓은 범위의 정현분포 자속을 수용해야 할 필요가 없으므로 회전자 역시 노골적인 돌극 형상으로 만들어진다. 그림 14-49가 이러한 SRM의 기본 형태를 보여주고 있다. 고정자 코일은 정 반대 위치에 있는 두 극의 코일이 직렬로 연결되어 한 개 상을 이루며, 그림은 A, B, C, D의 4개 상을 갖는 경우이다. 여기서 회전자의 돌극 수가 고정자의 극수와 같지 않은 것을 볼 수 있다. 만일 고정자와 회전자의 극수가 같다면 양쪽 모든 극들이 동시에 정렬된 위치에서는 고정자의 여자상태를 바꿔도 토크가 발생하지 않는 교착(locking) 상태에 빠져버린다. 이러한 일이 일어나지 않도록 극수를 달리 하는데, 회전자가 더 작

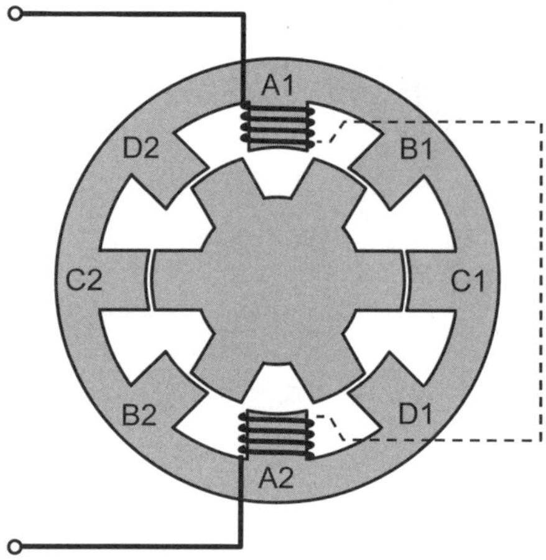

그림 14-49
4상 8/6극 스위치드릴럭턴스전동기

을 수밖에 없고 또 극수를 늘릴수록 돌극비가 저하하는 경향이 있기 때문에 회전자 극수를 고정자 극수보다 2개 적게 하는 방식이 많이 적용된다. 가장 흔히 볼 수 있는 고정자극수/회전자극수 조합은 3상 6/4, 4상 8/6, 5상 10/8이다.

기본 동작

SRM의 고정자 어느 한 상에 전류가 흐르면 가장 가까이 있는 회전자의 돌극이 여자된 상의 극에 당겨지는 릴럭턴스토크가 발생하며, 고정자의 상에 순차적으로 전류를 흘림으로써 지속적인 회전이 이루어진다. 그림 14-50은 4상 8/6극 SRM의 한 주기 동작이 이루어지는 과정을 보여주고 있다. A-B-C-D 순으로 시계방향으로 고정자 코일을 여자하면 회전자의 자극도 그 방향으로 차례로 자화되면서 극수의 차이에서 비롯된 각도의 차이를 메꾸기 위해 반시계 방향으로 회전하게 된다. (회전자 극수가 더 많은 경우에는 고정자 자계와 같이 시계방향으로 회전한다.) 그리고 여자 순서를 A-D-C-B로 바꾸면 회전방향도 반전된다.

유의할 점은, 회전자가 자체 극성을 가지고 있지 않기 때문에 고정자 자극의 극성에 무관하게 동작이 이루어진다는 사실이다. 즉 코일을 여자했을 때 만들어지는 **토크의 방향이 코일에 흐르는 전류의 방향에 무관하다.** 따라서 그림 14-50의 경우 회전자 입장에서 보았을 때 서로 구분되는 고정자 자계의 상태는 4개 뿐이며, 고정자 자계가 반 바퀴 회전한 것처럼 보이지만 이를 회전자 입장에서 보면 4개 상태를 모두 거친 한 주기에 해당한다. 회전자는 이 한 주기 동안 한 개의 자극 피치만큼 회전하는 것을 볼 수 있다.

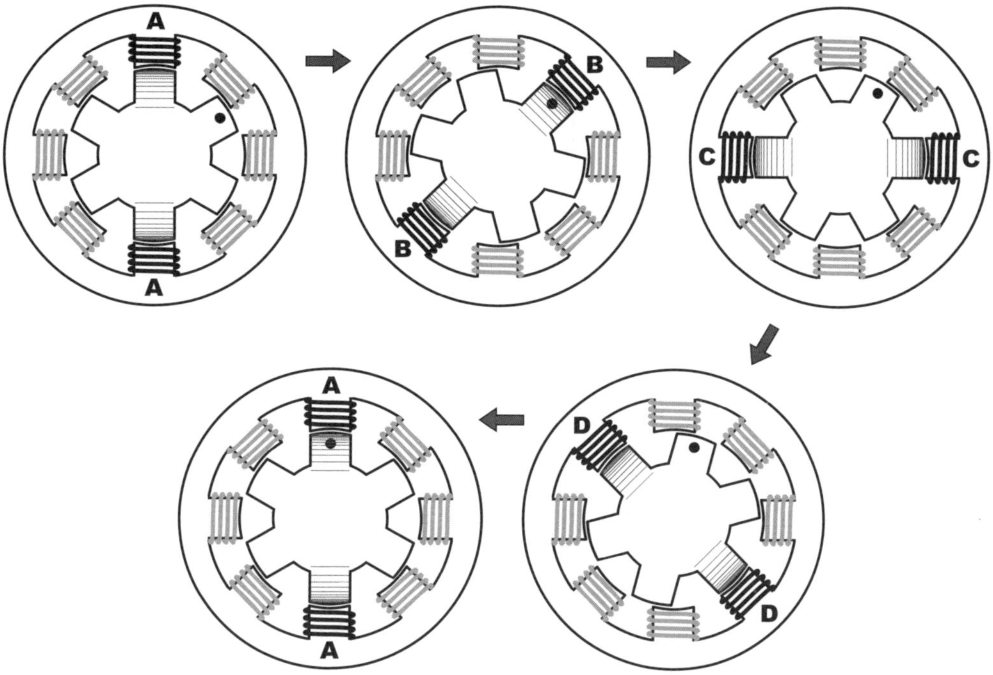

그림 14-50 4상 SRM의 한 주기 동작

SRM 구동회로

토크가 전류 방향에 무관하기 때문에 SRM의 각 상 전류는 한 방향으로만 흐르면 되며, 따라서 단순히 각 상 코일을 직류전원에 연결했다 끊었다 하는 방식으로 구동이 가능하다. 단, 코일의 여자에 들어간 에너지가 손실로 소모되어 버리지 않도록 전류를 끊을 때 코일의 자기에너지를 전원측으로 회수할 수 있어야 한다. 여기에 몇 가지 방식이 있으나 그림 14-51(a)의 회로가 가장 흔히 사용된다. 이 회로는 각 상의 코일을 여자하는 데에 두 개씩의 스위치와 다이오드가 사용된다.

그림 (b)는 두 스위치의 ON, OFF 상태에 따라 나타나는 네 가지 경우를 보여주고 있다. 둘 다 ON이면 전원전압이 코일에 가해지고 전류가 흐른다. 이렇게 전류가 흐르고 있을 때 둘 다 OFF하면 코일의 인덕턴스 때문에 전류가 계속 흐르면서 다이오드를 통해 앞의 경우와 반대 방향으로 전원에 접속된다. 따라서 코일에 음의 전압이 가해지는 상태가 되어 코일이 갖고 있던 자기적 에너지가 전원으로 반환되면서 전류가 하락한다. 그리고 둘 중 하나만 OFF하면 아직 켜져 있는 스위치와 다이오드를 통해 전류가 흐르면서 코일 양단이 단락된 상태가 된다. 즉 스위치의 ON, OFF를 통해 코일에 $+V$, $-V$, 혹은 0 전압을 가해줄 수 있다. 따라서 전류를 키워주고자 할 때는 둘 다 ON, 전류를 현 상태로 유지하고자 할 때는 둘 중 하나를 OFF, 전류를 하락시키고자 할 때는 둘 다 OFF시킨다. 이들의 조합으로 각 상 코일 전류를 제어할 수 있다.

SRM의 전류 및 토크제어

그림 14-50의 각 단계가 연속적으로 이어지면서 부드러운 회전이 이루어지게 하려면 코일에 전류가 흐르기 시작하는 시점과 끊는 시점을 정확히 잘 조절하는 것이 중요하다. 회전자 극이 다가올

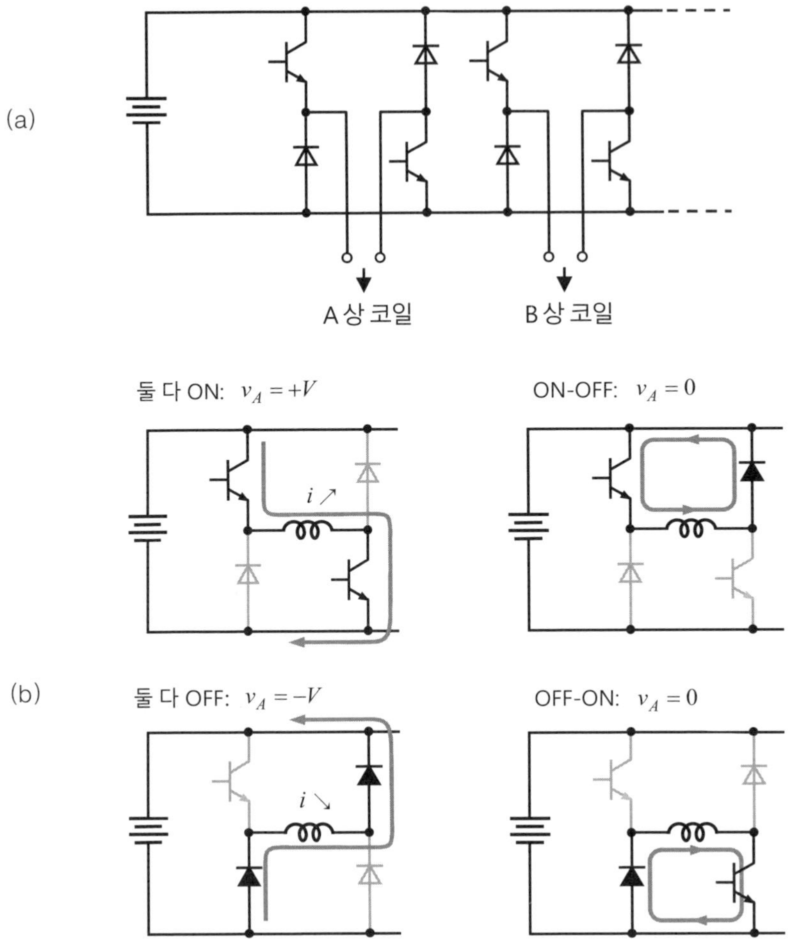

그림 14-51 SRM 구동회로

때 적절한 시점에서 전류를 흘려 자극을 끌어당겼다가 끌려온 자극이 고정자 자극을 지나쳐 벗어나려 할 즈음 전류를 끊어 자극을 놓아주고, 동시에 다음 상을 적절한 시점에 여자해주는 동작이 반복되어야 한다. 이는 회전자 위치에 따라 스위치가 제어되어야 함을 뜻한다.

그림 14-52는 어느 한 상의 코일에서 본 인덕턴스가 회전자 위치에 따라 어떻게 달라지는지 나타내고 있다. 인덕턴스는 자기저항에 반비례하므로 회전자의 돌극이 고정자 자극에 나란해진 완전정렬 위치에서 최대가 되고, 완전비정렬 위치에서 최소가 된다. 코일에 전류를 흘려야 하는 시점은 인덕턴스가 최소치에서 증가(자기저항이 감소)하기 시작할 때이다. 그 시점에서 전류를 흘려야만 회전자가 자기저항이 줄어드는 쪽으로 계속 회전하려고 하는 릴럭턴스토크가 작용하기 때문이다. 그림에서 이는 $\theta = \theta_1$인 시점으로, 회전자 돌극이 고정자의 돌극과 겹쳐지기 시작하려는 지점에 해당한다. 이후 전류를 일정하게 유지하다가 자극이 완전히 겹쳐져 인덕턴스가 최대인 지점 $\theta = \theta_2$에 도달하고 나면 전류가 계속 흘러도 토크가 발생하지 않으므로 전류를 끊어준다. 즉 $\theta_1 \sim \theta_2$ 구간 동안만 전류가 흐르게 함으로써 효과적으로 토크를 유기할 수 있다. 이때 유기되는 토크는 아래 식으

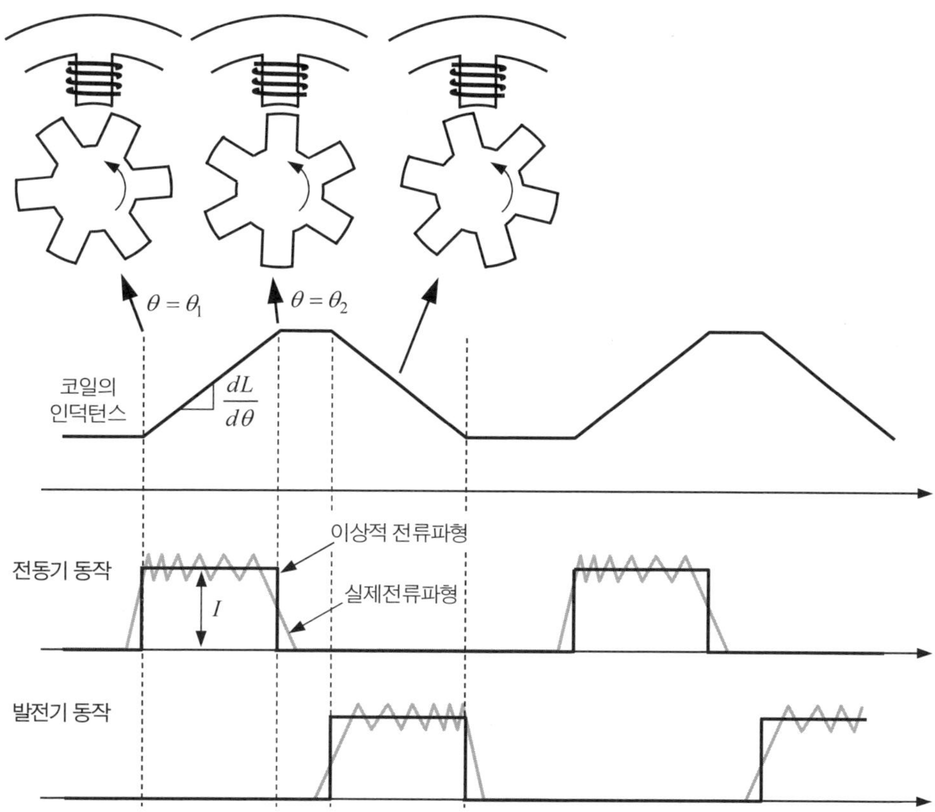

그림 14-52 회전자 위치에 따른 인덕턴스의 변화와 전류제어

로 표현된다.

$$T_e \approx \frac{1}{2} I^2 \frac{dL}{d\theta} \tag{14-13}$$

이 토크는 전류의 방향에 무관하며, 인덕턴스의 변동폭이 클수록, 즉 돌극비가 클수록 커진다.

실제 전류를 완벽하게 구형파 형태로 제어할 수는 없으며 그림에 흐린 선으로 나타낸 것과 같이 그림 14-51의 스위칭상태들을 조합하여 구형파에 가깝게 제어한다. 이때 코일의 인덕턴스가 전류 상승을 방해하므로 토크 발생구간에 진입하는 시점에서 전류가 목표치에 이미 도달해 있도록 약간 앞서서 통전을 시작한다. 또 인덕턴스 하강 구간에 진입하기 전에 전류가 완전히 0이 되도록 역시 조금 앞서서 스위치들을 꺼 줄 필요가 있다. 이렇게 한 상에서 토크가 작용하고 나면 다음 상에서 같은 과정을 이어받아 토크가 연속적으로 유지되도록 한다.

한편 그림 14-52의 맨 아래와 같이 회전자 자극이 고정자 자극을 벗어나는 $dL / d\theta < 0$ 구간 동안 전류를 흘려준다면 회전 반대 방향으로 토크가 작용하게 된다. 따라서 통전구간을 이와 같이 변경함으로써 회전중인 전동기의 속도를 낮추거나 제동할 수 있으며, 전류가 제어되는 과정에서 운동에너지가 전원측으로 반환된다. 이때 만일 전동기를 계속 회전시켜주는 외부 동력이 작용하고 있다면 SRM은 발전기로 동작하게 된다.

특성과 용도

SRM은 가장 큰 특징은 구조의 단순성이다. 단순한 만큼 가격이 싸고, 원심력에 영향을 받지 않는 견고한 구조로 수만rpm의 초고속에도 무난히 동작할 수 있다. PMSM이나 BLDC에는 미치지 못하지만 회전관성대비 토크가 크고 효율도 높다. 구동회로도 일반 가변속용 인버터보다 단순하고 안정성이 높으며 스위칭 회수가 작아서 손실이 작다. 상 권선들이 서로 분리되어 있어서 일부 상에 문제가 생긴다 해도 계속 운전이 가능하고, 회전자가 자체 자극을 지니고 있지 않아서 스스로 기전력을 유기하지 않으므로 회전 중 입력측에 단락이 일어나도 단락전류를 야기하지 않는다. 그리고 영구자석을 사용하지 않으므로 감자의 염려 없이 고온에서 동작할 수 있다.

이처럼 장점이란 장점은 다 갖추고 있는 것처럼 보이지만 결정적으로 SRM은 토크 맥동과 소음이 매우 크다는 문제를 지니고 있다. 상과 상 사이에 매끄럽게 인수 인계가 이루어지기가 쉽지 않기 때문에 전류의 상승/하락 과정에서 토크의 맥동이 발생한다. 또 이 상승/하락 구간의 길이가 일정해서 고속으로 갈수록 한 주기 파형에서 차지하는 비중이 높아져 토크 맥동이 심해진다. 토크 맥동을 억제하기 위해서는 통전 시작과 종료시점을 잘 조절해야 하는데, 그 최적 위치가 속도에 따라 다르고 자기포화 및 여러 설계요소들의 비선형적 특성에 좌우되므로 이를 적절히 조절하기가 쉽지 않다. 지금까지 살펴보았던 여러 다양한 전동기들 중에서 SRM은 겉보기에 가장 단순무식한 유형이라 할 수 있는데, 실상 그 내면은 이처럼 꽤 복잡하기 때문에 고유의 장점들을 잘 살려내기 위해서는 상당히 정교한 제어를 필요로 한다.

소음의 주된 원인은 집중권인 고정자의 돌극과 회전자 돌극 사이에 작용하는 반지름 방향의 힘이다. 양쪽이 서로 잡아당기는 힘이 매 순간 고정자 철심의 특정 부위에 집중되므로 철심의 왜곡(찌그러짐)이 생겨 반지름 방향의 진동이 일어난다. 회전자 쪽에서는 약간의 편심으로도 회전자를 양쪽에서 잡아당기는 힘에 불균형이 크게 나타나 축의 중심이 흔들리면서 베어링의 소음을 일으킨다. 진동과 소음 문제를 완화하기 위해서는 고정자 철심을 더 두껍게 하거나 공극을 키워 공극의 상대적 편차를 줄여야 하지만 이는 출력밀도의 저하를 초래한다. 토크의 맥동과 함께 이러한 진동 및 소음은 펄스형 전류에 의해 격렬한 동작의 연속으로 회전하는 SRM의 원천적 속성일 수밖에 없으므로 정숙성이 필요한 곳, 진동이 적어야 하는 곳, 특히 저속에서 부드러운 회전을 해야 하는 용도에서는 사용하기 곤란하다. 상대적으로 비싼 회전자위치 검출장치가 필요하다는 것도 약점이다.

SRM은 일반 산업용 가변속 구동장치 중 넓은 속도범위와 고효율 및 강인성이 요구되는 용도에 사용된다. 가감속과 정속운전, 회생제동 등이 용이하여 차량 견인용으로 적합한 특성을 지니고 있어서 소음과 진동이 문제가 되지 않는 광산 등의 중장비에 적용되고 있다. 그림 14-53은 그 한 예이며, 근래 다양한 개선방안이 등장하면서 일반 차량으로도 적용범위가 확장되고 있다. 한편 SRM은 매우 높은 속도와 높은 출력밀도, 가혹한 운전환경에서 작동할 수 있는 능력으로 항공우주용도에도 적합하다. 제트엔진 기동용 발전전동기가 대표적인 예로, 초기에 제트엔진을 기동시켜 구동시킨 뒤 엔진이 점화하여 기동이 완료되면 항공기 내부에 전력을 공급하는 발전기로 동작하게 되는데, 그 속도범위는 수만 rpm에 달하며 용량은 수십~수백 kW 정도이다. 이러한 고속 용도의 정 반대인 저속 고토크 용도로도 사용되며, 컨베이어나 분쇄기, 컴프레서, 압출기 등에 적용된다. 그 외 일반용도에서도 소음과 진동이 문제되지 않는다면, 특히 가격이 우선시되는 경우라면 저가 고효율로 BLDC의 거의 모든 제어성능을 제공할 수 있는 SRM이 상당히 매력적인 대안이 될 수 있다.

그림 14-53
중장비차량용 360 kW SRM

14-7 스테핑전동기

스테핑전동기(stepping motor)는 스테퍼(stepper)전동기, 혹은 스텝전동기 등 다양한 이름으로 불린다. 펄스형태의 입력전류에 의해 한 펄스당 한 스텝씩 정해진 각도만큼 전진하는 전동기이다. 펄스를 연속적으로 가하면 다른 전동기들처럼 수백 rpm 이상의 속도로 회전시킬 수도 있긴 하나 본연의 목적은 한 정지상태에서 다른 정지상태로 이동하는 위치제어에 있다. 펄스 개수만으로 회전각도가 한 스텝 오차범위로 제어되므로 고가의 피드백 장치 없이도 원하는 만큼 회전시킬 수 있어서 큰 구동력을 필요로 하지 않는 이송장치용 액츄에이터로서 프린터나 플로터, 디스크 드라이버, 공작기계, 레이더나 대포 포신 제어, 로봇 구동 등 다양한 분야에 적용된다.

그림 14-54는 스테핑전동기 제어의 구성요소를 보여주고 있다. 상위 제어시스템으로부터 회전

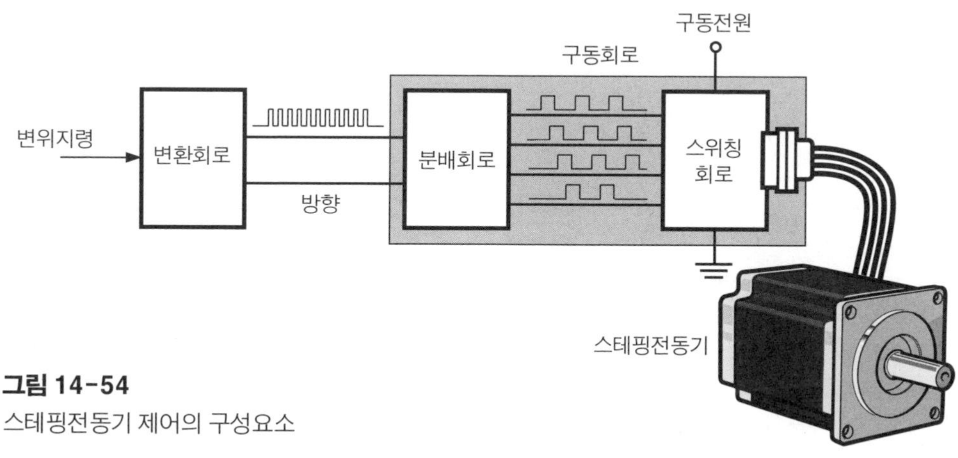

그림 14-54
스테핑전동기 제어의 구성요소

해야 할 각도(변위지령)가 주어지면 변환회로에서 해당 개수의 펄스열로 바꾸어준다. 예컨대 스텝당 1.8°씩 회전(이하에서 '스텝각'이라 부름)하는 스테핑전동기에 60°의 변위지령이 주어졌다면 변환회로는 60° / 1.8° ≈ 33개의 펄스열을 출력한다. 이 펄스열이 회전방향을 지시하는 디지털 신호와 함께 스테핑전동기의 구동회로로 전달되고, 구동회로에서는 펄스가 하나씩 입력될 때마다 전동기의 각 상 코일에 접속된 스위치를 정해진 순서대로 조작하여 전동기가 한 스텝씩 진행하도록 한다. 일반 스테핑전동기의 구동회로는 전용 IC 형태로 생산되고 있다.

스테핑전동기는 릴럭턴스토크에 의존하는 가변릴럭턴스(variable reluctance)형, 회전자에 영구자석을 사용하여 기자력토크에 의해 동작하는 영구자석형, 그리고 이 둘을 조합한 복합(hybrid)형으로 구분된다. 이하에서는 이들을 각각 VR형, PM형, HB형이라 부른다.

가변릴럭턴스형 스테핑전동기

VR형은 기본적으로 앞 절에서 설명한 SRM과 같다. 이를테면 4상 8/6극기의 경우, 구동회로에 펄스 하나가 입력될 때마다 그림 14-50에서와 동일한 방식으로 한 단계씩 여자상태를 진행시킴으로써 스테핑전동기로 동작시킬 수 있다. 즉 같은 전동기를 사용하되 토크가 발생하는 구간에서만 잠깐씩 전류를 흘리면서 연속적 회전이 이어지도록 한 것이 SRM이라면 다음 단계로 넘어가기 전까지 줄곧 코일에 전류를 흘려줌으로써 회전자를 붙잡고 있도록 한 것이 VR스테핑전동기이다.

그림 14-55는 4상 8/6극의 A상에 전류가 흐르고 있는 상태를 보여주고 있다. 여기서 A상을 끊고 B상을 여자하면 회전자는 반시계방향으로 한 스텝 회전한다. 그 회전 각도는 고정자 극피치 θ_s와 회전자 극피치 θ_r 사이의 차이로서, 이 경우 그 차이가 15°이므로 24개 스텝에 한 바퀴 회전한다. A상 다음 B상이 아닌 D상을 여자하면 시계방향으로 회전한다. 어느 쪽으로든 4개 상이 차례로 한번씩 여자되는 한 주기 동안 회전자 자극 한 피치만큼 회전하며, 고정자 상수가 m이면 m스텝에 회전자 한 피치씩 회전한다. 따라서 회전자 자극수가 P_r이라면 한 바퀴당 스텝 수는 다음과 같다.

$$S = mP_r \text{ steps/rev} \tag{14-14}$$

위 식에서 알 수 있듯이 스텝수를 늘려 정밀도를 높이기 위해서는 상수를 늘리거나 회전자 극수가 많아야 한다. 고정자에는 코일을 감아야 하므로 극수를 늘리는 데에 한계가 있어서 대부분 3상이나 4상이고, 5상도 있으나 그 이상은 없다. 따라서 회전자 극수를 늘려야 하는데, 회전자 극수가 많아지면 자기저항의 차이가 줄어든다. 따라서 토크를 유지하기 위해 고정자 자극의 폭을 넓히고 자극 표

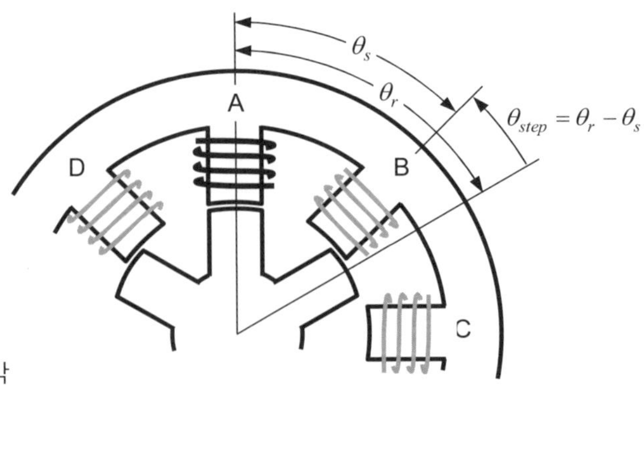

그림 14-55
VR스테핑전동기의 스텝각

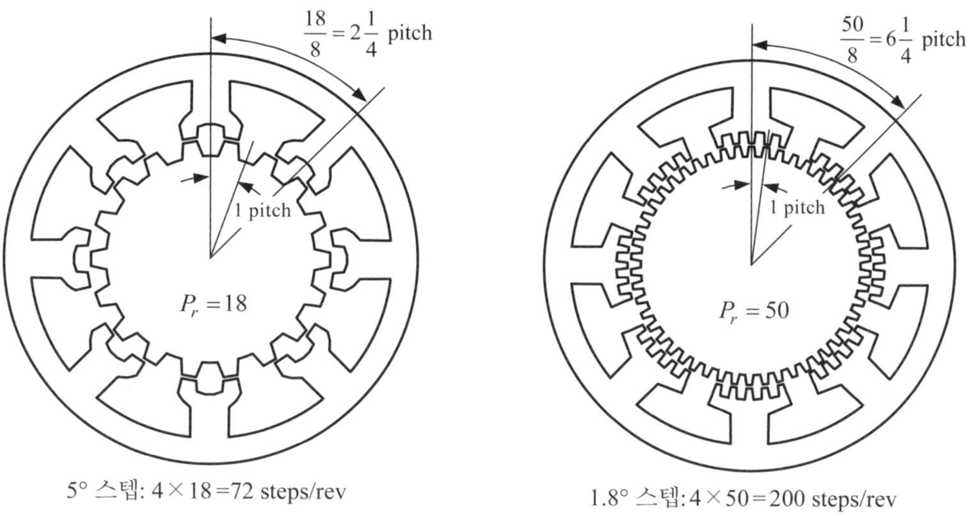

그림 14-56 4상 VR 스테핑전동기

면에 회전자 자극에 대응하는 이빨을 만들어준다. 그림 14-56은 8개의 자극을 가진 4상 고정자에서 스텝각 5°인 경우와 1.8°인 경우를 보여주고 있다. 그림에 나타냈듯이 고정자 극피치가 회전자 극피치의 정수배로 떨어지지 않고 1/4피치씩 어긋나 있으며, 이것이 한 개 스텝에 해당한다.

스텝수를 늘리기 위한 다른 방법으로 그림 14-57과 같이 상별로 분리한 구조가 사용되기도 한다. 각 상의 고정자와 회전자는 같은 극수이고, 고정자는 돌극에 코일이 감긴 형태일 수도 있으나 이처럼 상별로 분리된 경우에는 원형 코일을 지닌 횡단자속형(그림 14-33) 구조로 하는 것이 편리하다. m개 상의 고정자가 차례로 극피치의 $1/m$씩 비틀어져 있어서 마치 하나의 고정자에 m상의 자극이 있는 것과 같은 효과를 준다. 각 상 코일을 차례로 여자하여 m개 상이 모두 여자되는 동안 회전자가

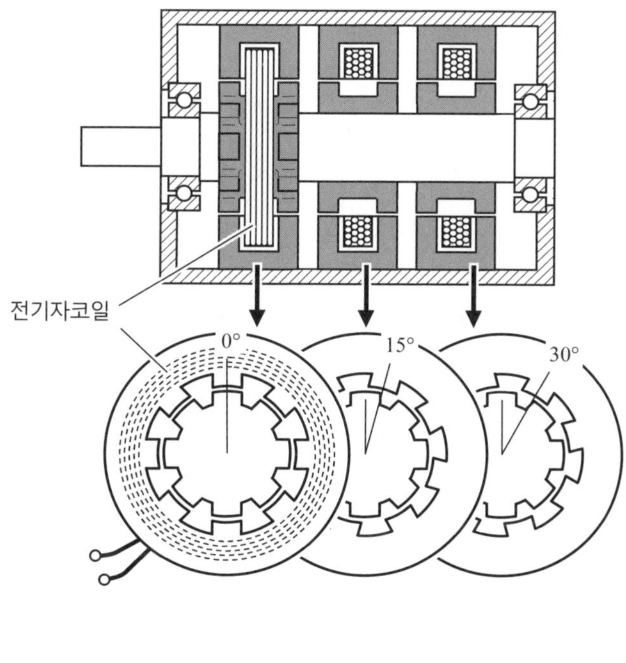

그림 14-57
적층형 VR스테핑전동기(3상)

한 피치씩 회전한다. 즉 m펄스에 한 피치씩 회전하므로 식 (14-14)가 성립한다. 이러한 방식으로 수 도 정도까지 스텝각을 얻을 수 있다. 권선이 자성체 캔 안에 들어 있어서 적층캔(canstack)형이라 부르며, 저가형 스테핑전동기의 주종을 이룬다.

영구자석형 스테핑전동기

PM 스테핑전동기는 회전자에 영구자석을 부착한 것으로, 릴럭턴스 토크만으로 회전하는 것보다 큰 토크를 얻기 위한 것이다. 그림 14-58은 가장 기본적인 2상 2극 형태로서, 서로 직각인 고정자의 A상과 B상 코일에 교대로 양과 음의 전류를 흘림으로써 자계가 단계적으로 한 바퀴 회전한다. 고정자의 자극이 차례로 여자되는 것을 쫓아 회전자가 돌아간다는 점에서 일반 동기기나 마찬가지로 동작한다. 즉 고정자가 집중권인 동기전동기라 할 수 있다. 고정자 각 상의 극수는 회전자 극수 P_r과 같고 m상에서 고정자 자극이 mP_r 개가 된다. 매 스텝마다 회전자 자극이 고정자 자극을 차례로 이동하므로 고정자 극수가 곧 한 바퀴당 스텝수가 된다. 즉 회전당 스텝수가 식 (14-14)와 같다.

회전당 스텝수가 고정자 극수와 같으므로 돌극에 코일을 감은 형태로는 스텝수가 매우 한정될 수밖에 없다. 따라서 앞의 그림 14-57에서와 같이 상별로 분리해서 스텝수를 늘리는 방식이 흔히 사용된다. 그림 14-59는 실제 PM스테핑 전동기의 예이다. 고정자의 두 상을 분리하여 횡단자속 형태의 적층캔으로 만들어진 것으로, 그림 14-57과 다른 점은 고정자의 각 상에 회전자와 같은 수의 N극 S극이 나타나도록 캔 안쪽에 발톱형 자극이 만들어져 있다. 이런 형태는 자속의 누설이 많이 생기는 단점이 있긴 하지만 단순한 구조의 고정자코일로 많은 극수를 만들어내는 데에 효과적이다. 그림에 보인 2상 전동기의 경우 두 캔 A와 B의 자극들이 서로 반피치(전기각 90°) 어긋나 있어서 그림 14-58의 2상 자극과 같은 역할을 한다. 즉 A, B의 코일에 그림 14-58과 같은 순서로 전류가 흘렀을 때 동일한 동작을 하게 된다. 회전자가 24극으로 되어 있고 고정자가 상별로 각각 24개씩의 자극을 갖고 있으므로 그림 14-58에서 고정자 극수를 48개로 늘린 것과 같다. 따라서 회전당 48 스텝으로 스텝각 7.5°의 동작이 이루어진다.

이런 식으로 고정자 극수는 늘릴 수 있으나 이번에는 회전자의 제한된 공간 안에 부착하는 영구자석의 극수를 늘리는 데에 한계가 있다. 따라서 PM형은 7.5°~18° 범위의 스텝각이 주종을 이룬다.

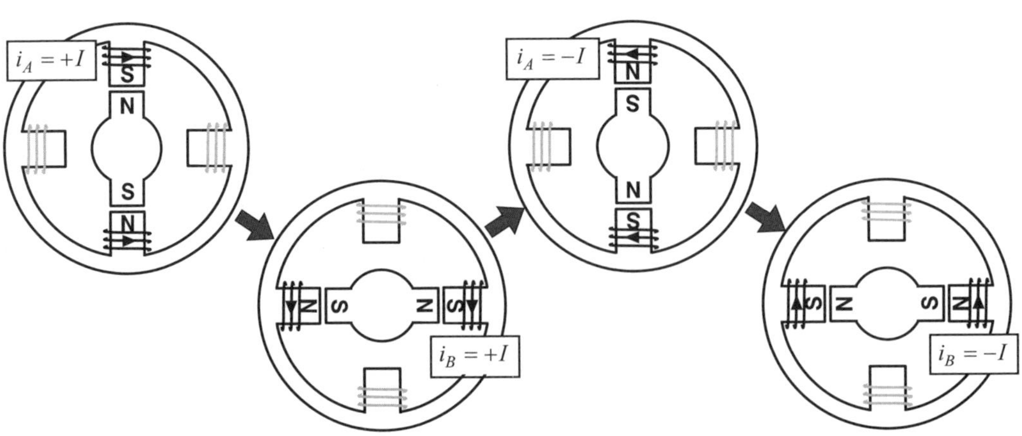

그림 14-58
2상 2극 PM스테핑전동기의 한 주기 동작

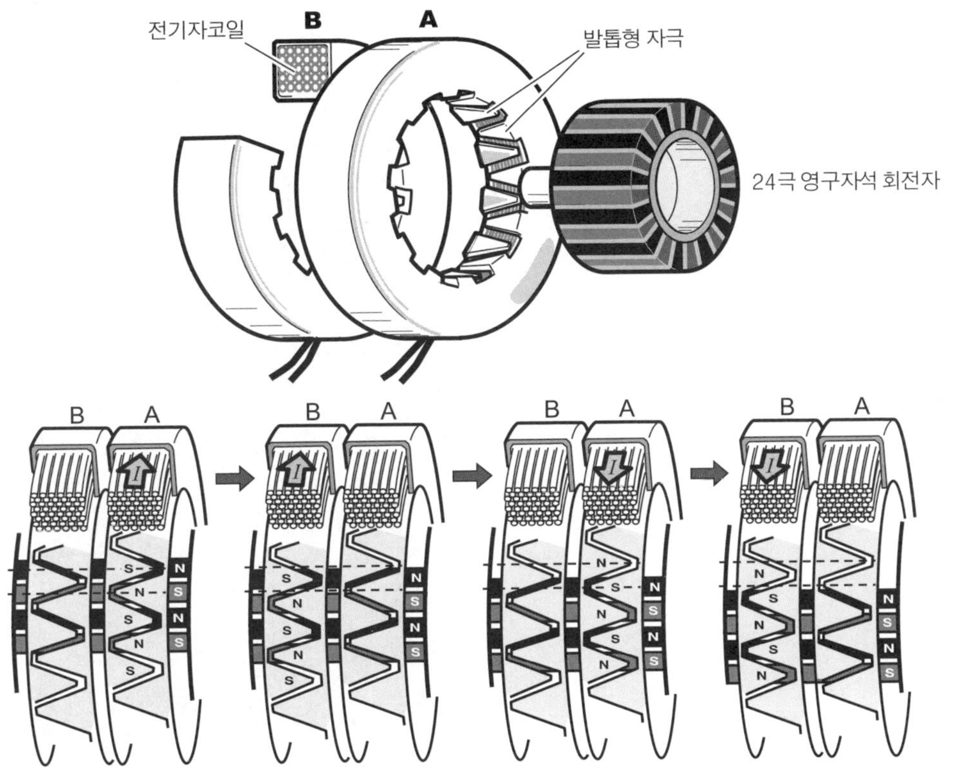

그림 14-59 적층캔 형태의 PM스테핑전동기 (2상)

복합형 스테핑전동기

PM형과 VR형의 특징을 조합하여 큰 토크를 내면서도 미세한 동작이 가능하게 한 것이 HB형이다. 그림 14-60은 HB형에서 가장 널리 사용되는 2상 200스텝 전동기이다. 고정자는 그림 14-56의 VR형 200스텝기와 같은 8극 구조로 극당 6개씩 이빨을 가지고 있다. 8개 극이 A1~A4와 B1~B4의 두 개 상으로 구분되고 각 상의 코일끼리는 직렬로 연결되어 있으면서 홀수번호와 짝수번호 코일이 서로 반대 방향의 극성을 갖도록 감겨 있다. 회전자는 두 부분으로 나뉘어 주위에 각기 50개씩의 이빨을 지니고 있고 이들 사이에 축방향으로 자화된 링 모양의 영구자석이 끼워져 있다. 따라서 회전자의 절반이 N극, 다른 절반이 S극이 되는데, 그림에서 볼 수 있듯이 양쪽의 이빨이 서로 반 피치 어긋나 있어서 100극 영구자석 회전자로서의 역할을 하게 된다.

그림 14-61은 고정자와 회전자 자극을 옆에서 본 모습이다. 인접한 고정자 자극 사이의 거리는 1/8바퀴(45°)로서, 이는 회전자의 50 / 8 = 6.25 피치에 해당한다. 따라서 그림과 같이 회전자의 N극이 왼편 고정자 자극 이빨들에 정렬된 상태에 있을 때 오른편 고정자 자극의 이빨들과는 1/4피치(1.8°) 어긋나게 된다. 이것이 한 스텝의 크기가 되어 회전당 50 × 4 = 200개의 스텝을 갖는다. 그림 14-62는 4개 스텝이 진행되는 동안 회전자가 한 피치 이동하는 과정을 보여주고 있다.(고정자의 절반 4개 극만 나타냈으며 나머지 4개 극은 이와 동일하다.) 고정자 자극의 A상과 B상 코일에 교대로

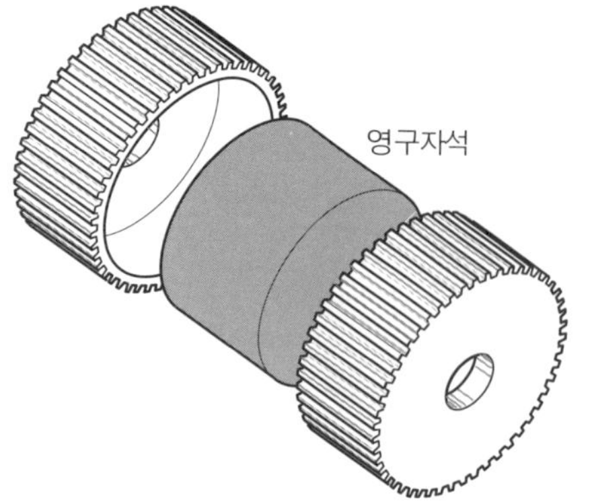

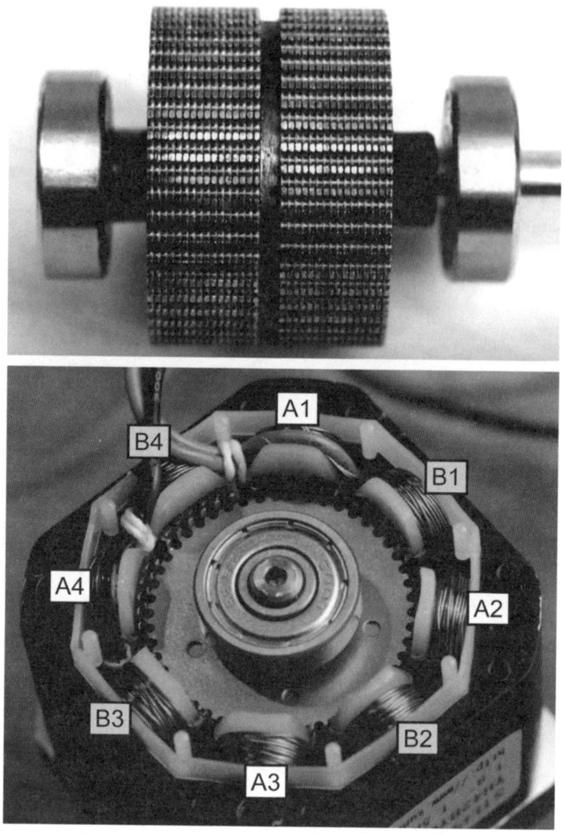

그림 14-60
HB 스테핑전동기

양과 음의 전류가 흐르면서 앞의 PM형에서와 동일한 동작이 이루어지고 있는 것을 볼 수 있다.

이러한 HB형 구조에서 회전자에 축방향으로 자화된 자석을 사용함으로써 회전자 표면에 일일이 영구자석을 부착할 필요 없이 회전자 표면의 이빨만으로 많은 극수가 만들어지도록 한 것은 그림 14-59의 고정자에서 축방향 기자력을 만들어내는 코일과 발톱형 자극으로 많은 극수를 만들어내는 것과 유사하다. 그리고 그림 14-59에서 고정자의 상을 분리하여 두 상을 반피치 어긋나게 배치한 대신 여기서는 회전자의 N극과 S극을 분리해서 반 피치 어긋난 구조를 취함으로써 회전자 자극에

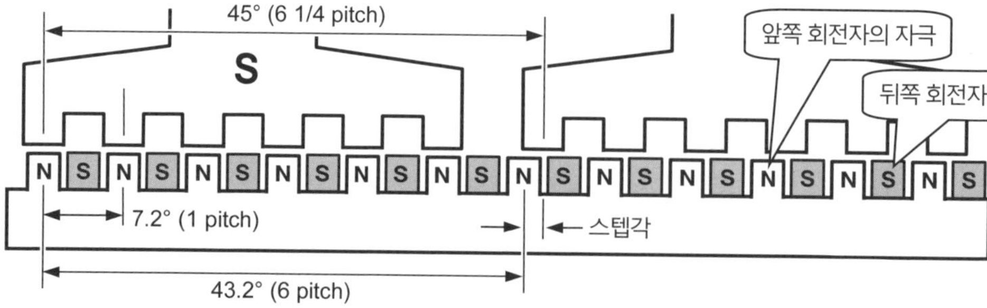

그림 14-61 HB 스테핑전동기의 고정자와 회전자 자극. 고정자 S극의 이빨과 앞쪽 회전자의 N극 사이에 인력이 작용할 때 뒤쪽 회전자의 S극에는 척력이 작용, 두 힘이 더해져 정렬이 이루어진다.

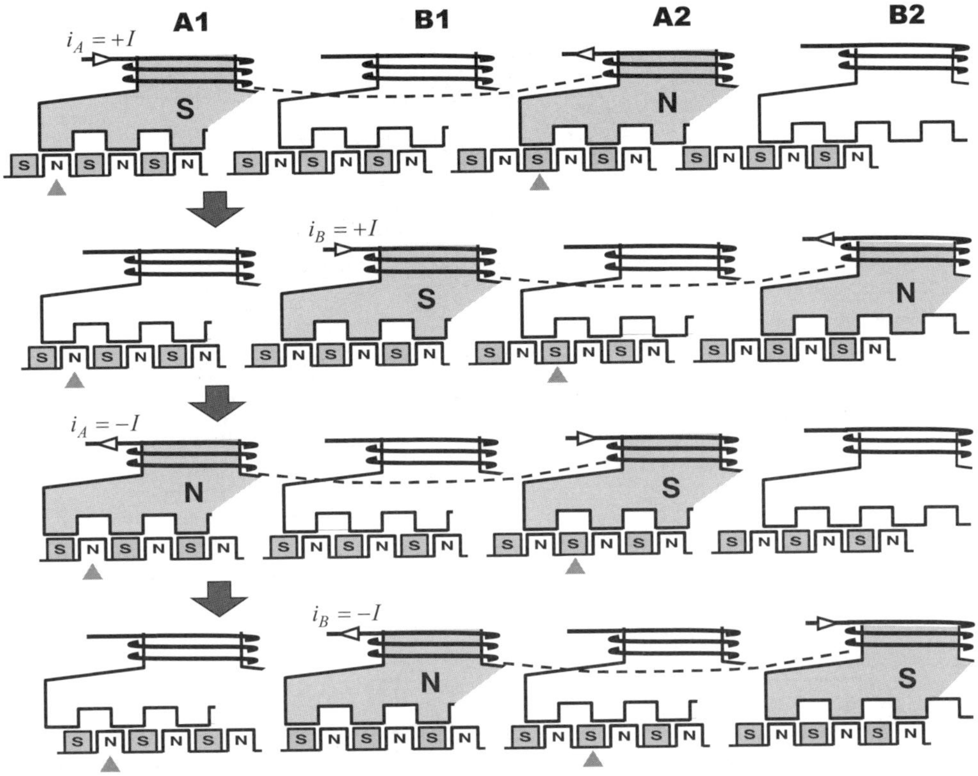

그림 14-62 HB 스테핑전동기의 회전자 자극 한 피치 진행과정

대응하는 고정자 자극 이빨들이 교대로 N극과 S극이 되어야 한다는 제약에서 벗어나 작은 스텝이 가능한 VR형의 구조를 활용할 수 있게 된 것을 알 수 있다.

구동회로와 여자방식

스테핑전동기의 구동에서 VR형은 코일의 전류방향에 무관한 반면 영구자석을 지니고 있는 PM형과 HB형은 그림 14-59와 그림 14-62에서 보듯이 코일 전류 방향이 바뀌어야 한다는 점에서 큰 차이가 있다. 각 코일에 전류가 항상 한 방향으로만 흐르게 하는 것을 **단방향**(unipolar)**여자**라 하고 코일 전류를 양방향으로 흐르게 하는 것을 **양방향**(bipolar)**여자**라 한다. VR형은 단방향 양방향 어느 쪽이든 상관 없지만 PM형과 HB형은 양방향여자로 구동되어야 한다.

그림 14-63(a)는 단반향여자회로이다. 단순히 전동기의 코일에 직렬연결된 스위치를 ON, OFF 하여 전류를 제어하는데, OFF되었을 때 코일에 흐르던 전류는 순환다이오드를 통해 계속 흐르며, 이때 코일 에너지를 소진시켜 전류를 0으로 만들기 위해 저항을 사용하거나 그림에서와 같이 제너다이오드가 사용된다. 전동기 용량이 큰 경우에는 구동효율을 높이기 위해 코일 에너지가 회수되는 그림 14-51의 회로가 적용되기도 한다. 그림 14-63(b)는 양방향여자방식으로, 코일당 네 개씩의 스위치-다이오드 쌍으로 이루어진 H브릿지회로가 사용된다. 대각선 위치의 트랜지스터 쌍을 동시에 켜서 양의 방향이나 음의 방향으로 전류가 흐르게 했다가 트랜지스터들을 OFF하면 전류가 다이오드를 통해 전원에 역방향으로 흐르면서 코일이 지니고 있던 에너지가 전원측으로 반환된다.

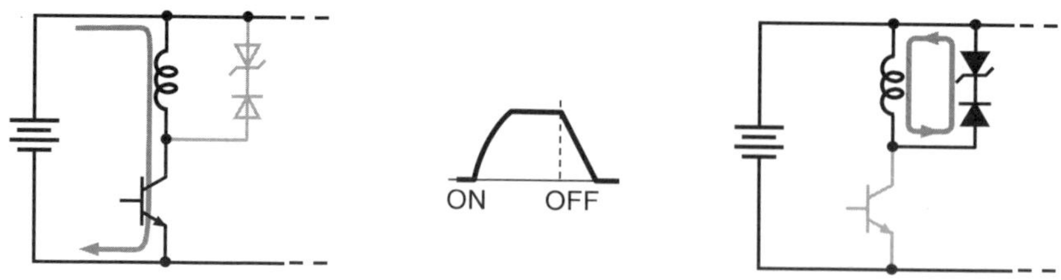

(a)

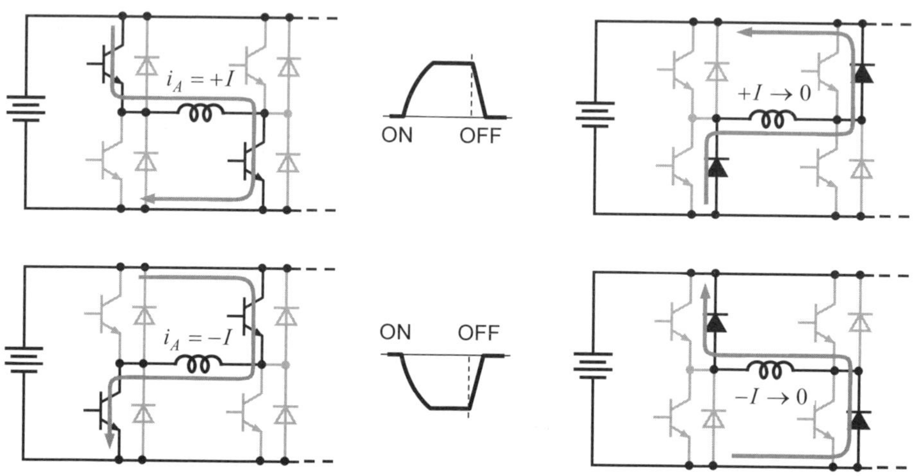

(b)

그림 14-63 스테핑전동기의 구동: (a) 단방향구동 (b) 양방향구동

한편 PM형과 HB형도 단방향여자가 가능하게 만들어질 수 있다. 코일에 반대 방향으로 전류를 흘리는 대신 그림 14-64와 같이 각 자극에 반대방향 코일(bifilar winding)을 하나 더 감는 방식이다. 그림은 A상 자극에 서로 반대방향으로 감겨진 두 코일이 있어서 A1과 A2 두 단자가 인출된 것을 보여주고 있다. A1 단자의 스위치를 켜면 위쪽으로 자계가 만들어지고(아래쪽이 N극 위쪽이 S극), A2 단자의 스위치를 켜면 아래쪽으로 자계가 만들어진다(위쪽이 N극 아래쪽이 S극). 코일의 극성 표시점이 서로 반대편에 표기된 것은 이처럼 같은 방향으로 전류를 흘렸을 때 반대 방향으로 자극이 만들어짐을 나타낸다. B상 자극에도 마찬가지로 2중으로 코일이 설치되어 총 4개의 코일을 갖는다. (이 때문에 혹자는 이를 4상 스테핑전동기라 부르기도 한다.) 코일이 2중으로 필요하고, 한번에 한쪽만 사용하므로 코일 이용효율이 떨어지긴 하지만 구동회로가 단순해지므로 기기의 효율성보다 구동의 단순성이 중시되는 소형 기기들은 대부분 2중권선 단방향여자형이다.

그림 14-65(a)는 이러한 2중권선 2상 스테핑전동기에 단방향여자를 적용한 회로로서, 앞의 그림 14-63(a)의 회로 네 개가 제너다이오드를 공동으로 사용하게 한 것이다. 2중권선형은 (a)처럼 네 권선의 8개 단자가 모두 인출되는 경우도 있지만 단자 극성의 혼선을 피하기 위해 상별로 공통 단자를 미리 내부에서 결선하여 (b)의 위쪽과 같이 6개 단자가 인출된 형태를 더 흔히 볼 수 있다. 그 아래 그림과 같이 공통단자들을 모두 묶어 5개 단자만 인출한 것도 있다. 만일 단자가 4개만 있다면 2중권선

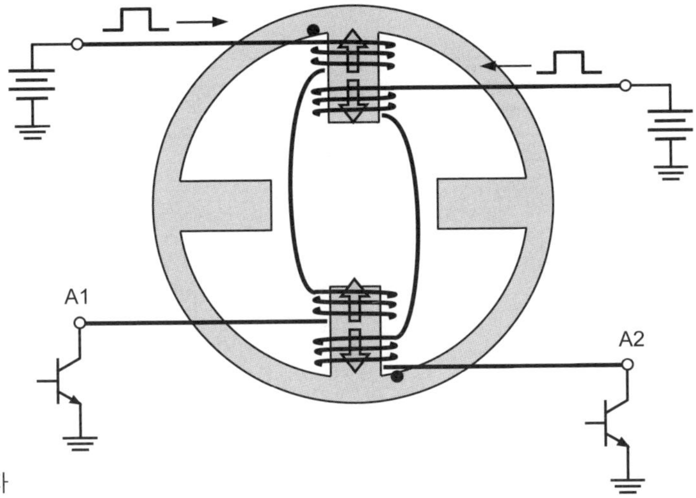

그림 14-64
이중권선을 갖는 자극의 여자

이 아닌 양방향여자형이다.

양방향여자형은 반드시 양방향으로 구동되어야 하지만 단방향여자형은 단방향, 양방향여자 모두 가능하다. 그림 14-65(b)에서 A1과 A2 사이에 전원을 가하면 두 코일이 직렬로 연결되어 같은 전류가 서로 반대 방향으로 흐르게 되므로 두 코일에서 만들어진 기자력이 같은 방향이 되는 것을 알 수 있다. 따라서 공통단자(COM)를 개방상태로 두고 A1과 A2 단자 사이의 두 코일을 하나의 코일로 간주하여 양방향여자를 적용하고, B1과 B2 사이의 두 코일 역시 마찬가지로 하면 코일 턴수가 2배인 양방향여자 스테핑전동기가 된다. 따라서 한쪽 권선만 사용하는 단방향여자보다 자속이 커져 더 큰 부하를 구동할 수 있다. 즉 원래 단방향여자를 위해 2중권선으로 만들어진 기기에서 두 코일을 직렬로 하여 한 코일처럼 사용하면서 양방향여자로 구동하면 더 큰 출력을 얻을 수 있다. 그러나 자

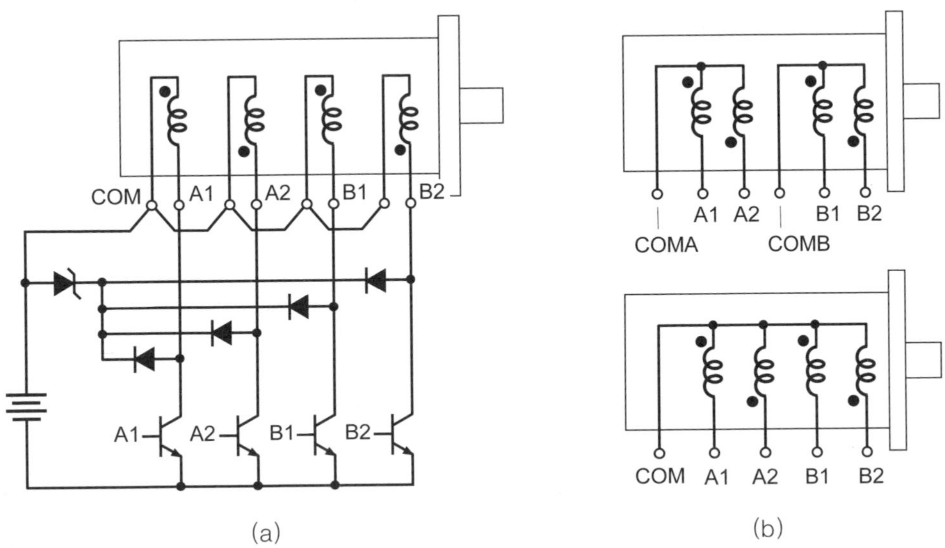

그림 14-65 2중권선 2상 스테핑전동기의 (a) 단방향여자 (b) 6단자 및 5단자 방식

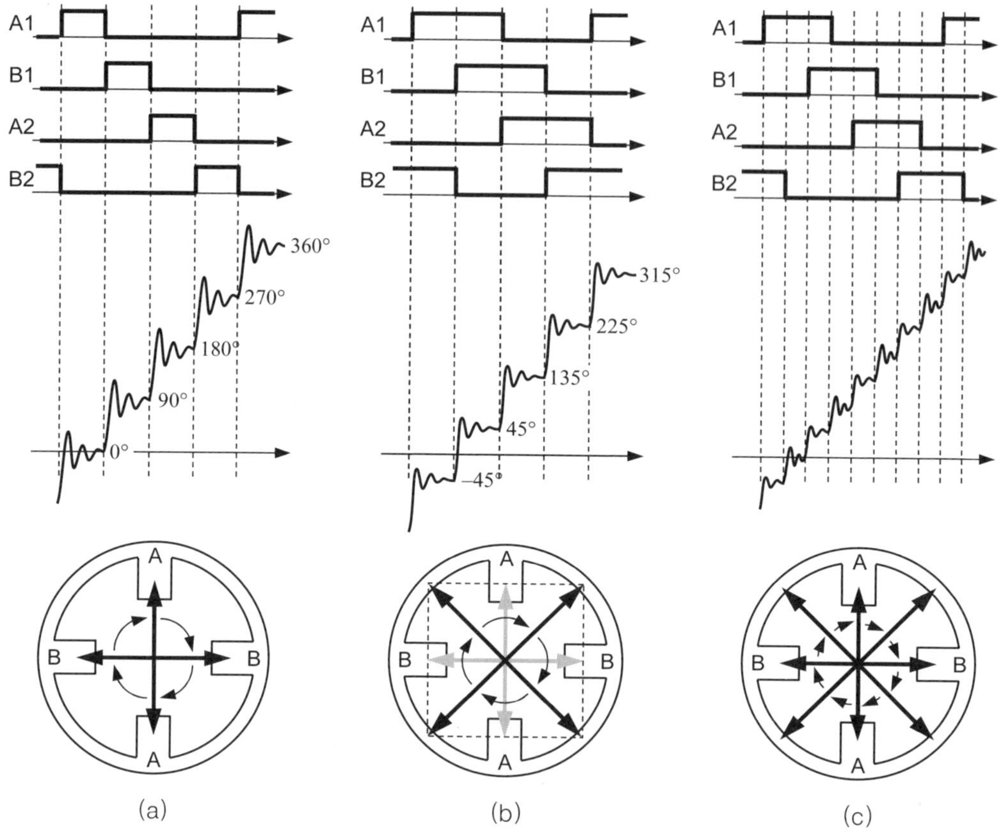

그림 14-66 구동방식: (a) 1상여자 (b) 2상여자 (c) 1상–2상 여자(반스텝운전). 양방향 여자인 경우에는 맨 위의 시퀀스도에서 A2와 B2가 음의 방향으로 전류를 흘리는 스위치가 동작하는 구간을 나타낸다.

기포화 때문에 2배까지 되지는 않고 약 40 % 가량 출력이 증가한다. 8단자형 역시 적절한 결선을 통해 같은 방식으로 양방향여자에 적용할 수 있다.

구동방식

앞의 그림 14-59와 그림 14-62는 한번에 한 상씩 여자하는 방식으로, **1상여자방식**이라 한다. 이를 그림 14-65(a)의 구동회로에서 스위치들을 구동하는 순서로 나타내면 그림 14-66(a)의 맨 위 그림과 같다. A1이 여자되었을 때의 자계 방향을 0°라 했을 때 A1-B1-A2-B2로 한 스텝씩 진행할 때마다 그 아래 그림에 나타낸 것과 같이 전기각 90°씩 회전하며, 맨 아래 그림은 이를 그림 14-57의 영구자석 스테핑전동기의 동작으로 표현한 것이다.

실제 스테핑전동기를 구동할 때는 1상여자보다는 그림 14-66(b)에 보인 것과 같이 두 상을 동시에 여자하는 **2상여자방식** 이 사용된다. 이를테면 A1과 B1을 동시에 여자하면 두 상의 기자력이 합해져 0°와 90°의 중간 45°를 향하게 된다. 이후 스텝이 진행됨에 따라 B1-A2, A2-B2, B2-A1, 다시 A1-B1으로 여자하면 90° 간격으로 진행한다. 그림 14-66(c)는 한 상의 여자와 다음 상 여자 중간에 두 상을 모두 여자하는 단계를 둠으로써 1상여자와 2상여자를 번갈아 진행하는 방식으로, 45°(1/8 피치)씩 진행하므로 **반스텝구동**이라 한다. 이렇게 하면 회전당 스텝수를 2배로 높일 수 있다. 예컨대

그림 14-60의 200스텝 전동기를 400스텝으로 사용할 수 있다.

스테핑전동기는 매 스텝 회전-정지가 반복될 때마다 새로운 위치에서 딱 멈추는 것이 아니라 관성 때문에 오버슈트가 일어나 정지위치 전후로 진동하게 된다. 안정적 운전을 위해서는 진동의 감쇄가 빨리 이루어져야 하는데, 그림 14-66의 (a)와 (b)를 비교해 보면 2상여자방식의 진동이 더 작은 것을 볼 수 있다. 2상여자방식이 부하를 끌고 회전하는 토크가 클 뿐 아니라 멈출 때의 진동도 빨리 감쇄되기 때문에 일반적으로 **2상여자방식이 스테핑전동기의 기본 운전방식으로 간주된다.** 반스텝운전에서는 이 기계적 진동이 더 작게 나타난다. 스텝이 작은 만큼 가속기간이 짧아서 목표위치에 도달했을 때의 속도가 작기 때문이다. 따라서 반스텝운전은 정밀도가 높을 뿐 아니라 안정성에 있어서 더 우수하고, 기계적 공진에 관련된 문제를 일으킬 확률이 낮다. 그러나 매 스텝마다 구동토크가 커졌다 작아졌다 하므로 끌고 갈 수 있는 부하의 크기는 1상여자방식과 같다.

일반적으로 스텝이 작을수록 진동도 작아지므로 반스텝구동보다 훨씬 작은 스텝의 **미세스테핑**(microstepping)기법을 적용할 수도 있다. 이는 2상여자방식에서 두 상의 전류를 여러 단계로 하여 스텝을 잘게 나누는 방식을 말한다. 예컨대 전류가 증가하는 쪽을 매 스텝 사인함수로 증가시킨다면 감소하는 쪽을 코사인함수로 감소시키며, 이렇게 했을 때 자계의 움직임이 일반 동기전동기의 부드러운 회전자계와 흡사해진다. HB형의 경우 미세스테핑 기법을 적용하면 회전당 수만 스텝까지도 가능하다. 물론 이렇게 하기 위해서는 코일에 흐르는 전류를 여러 단계로 조절할 수 있는 구동회로를 사용해야 한다. 단, 스텝이 세밀해진다 해서 위치의 정확도(accuracy)가 향상되는 것은 아니라는 점에 유의할 필요가 있다. 위치의 정확도는 제작상 공차 등 기기 자체의 정밀도에 좌우되는 것으로, 구동기법에 무관하다. (예컨대 소총의 가늠쇠를 더 정밀하게 조정할 수 있다고 해서 총의 정확도가 향상되는 것은 아니다.) 그리고 스텝이 지나치게 작으면 토크의 변화량이 회전자 및 부하가 멈췄다가 움직이기 시작할 때 작용하는 정지마찰력보다 작아져 회전하지 못하는 경우가 일어날 수 있으므로 부하 특성을 감안하여 스텝의 크기를 정해야 한다.

정지토크

스테핑전동기는 부하를 붙잡고 특정 위치를 고수하고 있다가 필요할 때만 회전하므로 정지상태에서의 토크특성이 중요하다. 그림 14-67에서 보다시피 스텝위치 전후로 정지토크의 변화양상은 대략 정현함수에 가까운 모습을 띤다. 코일에 정격전류가 흐르고 있을 때 외부 토크에 대항하여 위

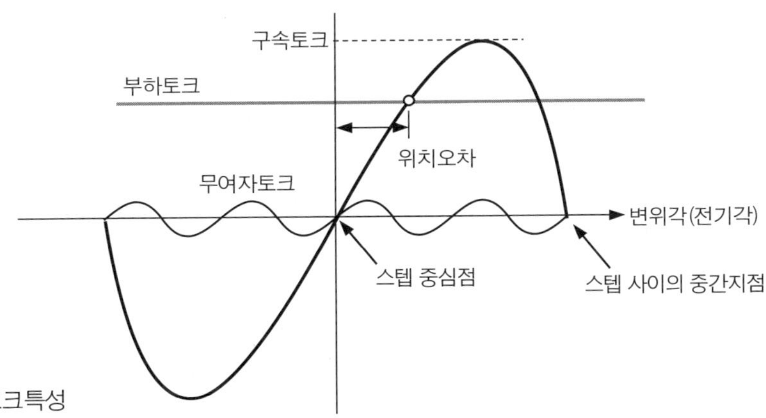

그림 14-67
스테핑전동기의 정지토크특성

치를 이탈하지 않고 버틸 수 있는 최대 토크를 **구속토크**(holding torque)라 하며, 양이나 음의 방향으로 부하토크가 구속토크를 넘어서면 전동기가 더 이상 부하를 붙들고 있지 못하게 된다. 부하토크가 구속토크 이내에 있을 때 회전자의 위치는 스텝중심점에서 부하토크 방향으로 당겨지면서 위치오차가 나타난다. 대개 스텝 중심점의 제작상 오차는 한 스텝각의 5% 이내이며, 여기에 부하토크에 의한 오차가 더해진 것이 위치오차가 된다.

PM이나 HB형에서는 코일에 전류가 흐르지 않을 때도 영구자석의 자속이 고정자의 이빨을잡아당기는 작은 릴럭턴스토크가 나타나는데, 이를 **무여자토크**(detent torque)라 한다. 휴지상태에서 회전자를 손으로 돌렸을 때 뻑뻑하게 느껴지는 것은 이 무여자토크 때문이다. 그 크기는 구속토크의 5~10 %, 소형에서는 20 %정도이다. VR형에서도 회전자에 남아있는 잔류자속 때문에 약간의 무여자토크가 나타날 수 있다. 용도에 따라서는 코일을 여자시키지 않더라도 제 위치를 고수하게끔 하는 무여자토크가 유용할 수 있긴 하나 스테핑 동작 초기에 운동에 저항하는 토크로 작용한다는 점에서는 부정적인 영향을 끼친다. 특히 미세스테핑에서 문제가 될 수 있다.

한계토크특성

스테핑전동기가 끌고 진행할 수 있는 부하토크의 크기는 스테핑 속도가 높아질수록 줄어든다. 그림 14-68은 스테핑속도(steps/sec)에 대해 구동할 수 있는 토크의 한계가 변하는 특성을 보여주고 있다. 먼저 전동기의 축에 아무런 부하도 연결되어 있지 않은 상태를 생각해 보자. 그림 14-66에서와 같이 회전-정지를 반복하는 **단속모드**(start-stop mode)로 운전될 때, 전동기가 한 스텝만큼 진행하는 데에는 시간이 걸린다. 따라서 다음 스텝은 이 시간이 경과한 뒤에 진행되어야 한다. 제 위치에 미처 도달하지 못한 상태에서 다음 스텝이 가해지면 회전자가 자계를 온전히 쫓아가지 못하게 되고, 그 오차가 누적되면 스텝이 누락되는 현상이 나타나게 된다. 그림의 A 지점은 스텝 누락이 나타나지 않는 스텝속도의 한계를 나타낸다. 부하토크가 가해진 상태에서는 가속이 늦춰지므로 이 한계가 더 낮아지며, 따라서 그림에 보인 것과 같은 단속회전한계곡선이 그려진다. 부하토크가 위에서 언급한 구속토크에 접근하면 스텝이 매우 천천히 가해진다 해도 거의 추종이 불가능해지므로 곡선의 최대 한계점 B의 토크가 곧 구속토크에 해당한다.

다시 무부하상태로 돌아가서, 만일 회전자가 목표지점 스텝의 중심점을 지나쳐(오버슈트) 아직 속도가 0이 되지 않은 상태에서 바로 다음 스텝으로 이어질 경우에는 정지상태에서부터 가속시켜야 하는 것이 아니므로 다음 위치까지 도달하는 데에 걸리는 시간이 짧아진다. 따라서 스텝 사이의 간격을 단축시킬 수 있다. 이렇게 회전자가 정지상태를 거치지 않고 회전이 계속 이어지는 동작상태를 **연속모드**(slew mode)라 부른다. 연속회전상태에서도 스텝 사이의 구간이 너무 짧아지면 코일의 인덕턴스 때문에 새로운 상의 전류가 상승하고 이전 상의 전류가 하강하는 데에 시간이 충분치 못하여 토크 부족으로 결국 더 이상 동기상태를 유지하지 못하는 속도에 도달하게 된다. 무부하상태일 때의 이 지점이 그림에 C로 표현되어 있다. 이 한계주파수 역시 부하토크가 가해지면 줄어들며, 그림의 연속회전한계곡선이 이를 나타낸다.

주어진 목표 회전각이 상당히 큰 경우, 목표지점에 빨리 도달하려면 연속모드를 이용하는 것이 효과적이다. 그러나 연속스텝 동작은 그림 14-68의 연속회전한계 이내라 해도 바로 이루어질 수 없다. 예컨대 그림에 흐린 선으로 나타낸 부하토크가 가해진 상태에서 처음부터 D보다 높은 주파수의 펄

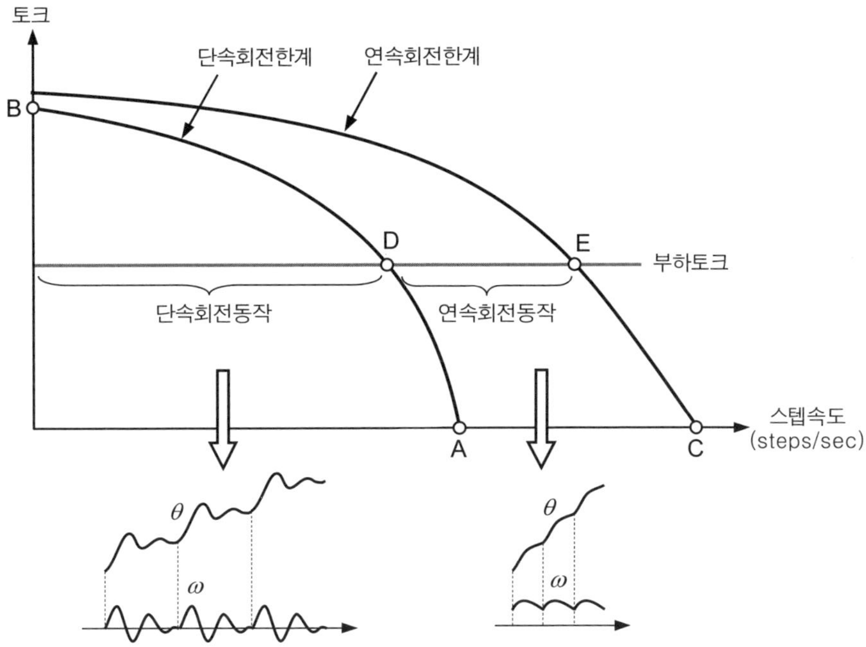

그림 14-68 스테핑전동기의 속도-한계토크특성

스를 가하면 이를 추종하지 못한다. 따라서 D보다 낮은 주파수에서 단속모드로 동작시키다가 주파수를 올려 연속모드로 진입시켜야 한다. 정지할 때도 마찬가지로 목표지점에 도달하기 전 주파수를 낮추어 일단 단속스텝모드로 들어간 후 목표지점에서 펄스를 중단시켜야 정확히 정지할 수 있다. 이러한 동작의 사전계획(profiling)은 전동기와 부하의 특성을 고려하여 구동회로에 스테핑 펄스를 입력하는 상위 제어기에서 이루어지게 된다.

연습문제

14-1. 그림 14-2(b)의 자기회로에서 영구자석이 감자곡선상의 (0.96 T, −42 kA/m) 지점에서 동작하게 하려 한다. 공극 부위의 자속밀도와 치수는 $B_g = 0.5$ T, $A_g = 2$ cm^2, $l_g = 0.5$ cm이다. 영구자석의 길이와 단면적을 결정하라. 철심 부위의 자기저항은 0이라 가정하고 누설자속과 공극의 단부효과는 무시한다.

14-2. 그림 14-2(b)에서 영구자석의 감자곡선이 그림 14-69로 주어져 있다. 영구자석과 공극의 치수가 다음과 같을 때 공극의 자속밀도를 구하라. 철심의 자기저항, 누설자속과 공극의 단부효과는 무시한다.

(a) $A_m = A_g = 4$ cm^2, $l_m = 1$ cm, $l_g = 0.2$ cm

(b) $A_m = 1.04$ cm^2, $l_m = 4.74$ cm, $A_g = 2$ cm^2, $l_g = 0.5$ cm

14-3. 문제 14-2에서 공극에 강자성체를 삽입하여 자기회로를 단락시켰다면 자속밀도가 얼마로 되는가? 삽입물의 투자율은 무한대인 것으로 가정하고 영구자석의 되돌이선 투자율(되돌이선의 기울기)은 2×10^{-6} H/m라 한다.

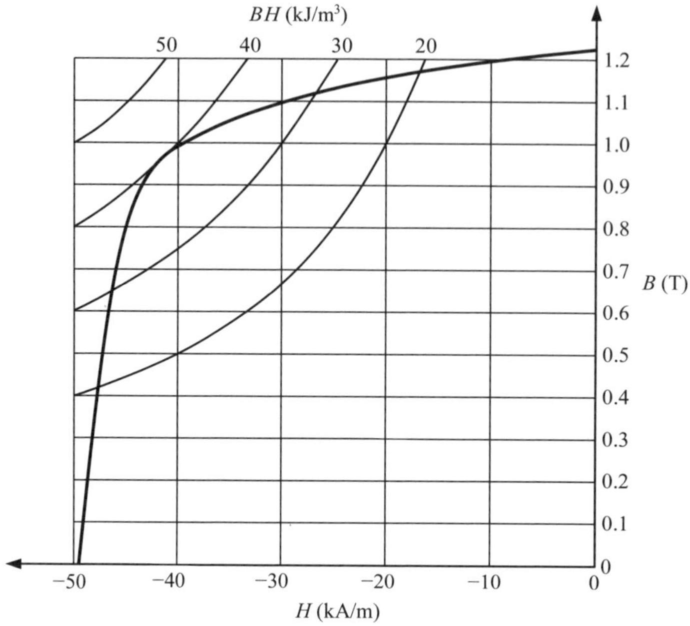

그림 14-69

14-4. 감자곡선이 그림 14-69로 주어진 영구자석으로 그림 14-2(b)의 자기회로가 구성되었다. 공극의 길이는 0.4 cm, 단면적은 20 cm²이다. 철심의 자기저항, 누설자속과 공극의 단부효과를 무시했을 때 공극의 자속밀도를 0.6 T로 하기 위해 필요한 자석의 최소체적을 구하라.

14-5. 그림 14-4의 자기회로에 그림 14-6의 네오디뮴 자석을 사용하였다. 코일에 교류전류를 흘려 공극의 자속밀도가 다음과 같이 되도록 만들고자 한다.

$$B_g = 0.5 + 0.25\sin\omega t \text{ T}$$

공극의 단면적은 6 cm², 길이는 0.4 cm, 코일 턴수는 200이다. 철심의 자기저항, 누설자속과 공극의 단부효과는 무시한다.

(a) 자속밀도의 중심값에서 자석의 체적을 최소로 하는 자석의 길이와 단면적을 구하라.

(b) 주어진 자속밀도를 얻기 위해 필요한 전류의 최대치 및 최소치를 구하라.

14-6. 다음은 PMDC의 제작사 데이터이다.

Rated voltage	24 V	Rated power	29 W	Rated speed	4,200 rpm
Rated torque	9.5 oz-in	Rated current	1.46 A	No-load speed	5,000 rpm

(a) 정격운전상태에서 효율을 구하라.

(b) 식(14-6)과(14-7)의 기전력상수와 토크상수를 구하라.

(c) 정격전압에서 무부하 운전점과 정격운전점을 연결하는 속도-토크 특성곡선의 함수관계를 구하고 이로부터 정지토크를 구하라.

(d) 속도-토크특성으로부터 전기자저항값을 추정하라.

14-7. 문제 14-6의 전동기가 정격부하를 구동하고 있다. 부하토크는 일정하다고 가정한다.

(a) 인가전압을 18 V로 낮추었을 때의 속도는 얼마인가?

(b) 속도를 1,200 rpm으로 낮추기 위해서는 인가전압을 얼마로 조정해야 하는가?

14-8. 그림 8-12의 3상 권선에서 전기자의 기자력이 $\theta_e = 45°$ 방향을 향하도록 하기 위해서는 3상 전류의 비율 $i_a : i_b : i_c$ 가 어떠해야 하는가? $\theta_e = 105°$이기 위해서는 어떠해야 하는가?

14-9. 5.5 kW, 369 V, 50 Hz, 1,000 rpm 3상 PMSM이 있다. 정격전류는 9.3 A, 정격역률은 0.99(지상), 정격토크는 52.5 N-m이고 상당 저항은 0.547 Ω, 자화인덕턴스는 6.91 mH, 누설인덕턴스는 3.2 mH이다.

(a) 정격운전상태에서 전기기계적 변환동력과 회전손실을 구하라.

(b) 정격운전상태에서 내부 유기기전력과 부하각을 구하라.

14-10. 문제 14-9의 전동기를 벡터제어로 운전하면서 755 rpm으로 2.9 kW 부하를 구동하고 있다. 회전손실은 일정한 것으로 가정한다.

(a) 인버터의 출력전압과 전류는 얼마인가? 이때의 역률과 부하각은 얼마인가?

(b) 같은 속도로 정격전류를 넘지 않는 범위에서 몇 kW의 부하까지 구동할 수 있는가? 그때의 인버터 출력전압과 부하각은 얼마인가?

14-11. 동기릴럭턴스전동기가 부하각 20°로 동작하고 있다. 이 상태에서 전동기가 최대 몇 배의 부하까지 구동 가능한가?

14-12. 380 V, 60 Hz에서 동기릴럭턴스전동기가 부하각 17.5°로 운전되고 있다. 부하토크가 일정한 상태에서 전압이 340 V, 주파수가 58 Hz로 하락하였다. 이 상태에서 부하각은 얼마인가?

14-13. 스텝각이 1.8°인 스테핑전동기가 나사를 구동하고 있다. 나사홈의 개수가 1인치당 20개이다. 스테핑전동기에 7개의 펄스가 입력되었을 때 나사의 진행거리는 얼마인가?

14-14. 스텝각이 7.5°인 스테핑전동기가 초당 200 스텝 연속모드에서 3 N-m의 토크로 회전하고 있다. 전동기의 출력은 얼마인가?

14-15. 그림 14-68에 의하면 같은 스텝속도에서 단속회전보다 연속회전일 때 더 큰 부하토크를 구동할 수 있다. 그 이유를 설명하라.

14-1. 4.74 cm, 1.04 cm^2 **14-2.** (a) 0.31 T (b) 0.50 T **14-3.** (a) 0.41 T (b) 1.04 T **14-4.** 56.9 cm^3 **14-5.** (a) 0.34 cm, 4.76 cm^2 (b) 2,400 A, −2,400 A **14-6.** (a) 82.9 % (b) 0.0048 V/rpm = 0.0460 V-sec, 6.51 oz-in/A = 0.0460 N-m/A (c) $\omega = 524 - 1,252T_e$, 0.42 N-m (d) 2.6 Ω **14-7.** (a) 2,930 rpm (b) 9.65 V **14-8.** 1 : 0.366 : −1.366, 1 : −3.733 : 2.733 **14-9.** (a) 5,742 W, 242 W (b) 206 V, 8.0° **14-10.** (a) 209 V, 5.08 A, 1.0, 3.34° (b) 5.5 kW, 212 V, 3.31° **14-11.** 1.56 **14-12.** 21.0° **14-13.** 0.00175 in **14-14.** 78.5 W

부록 A
상수 및 물질특성

일반 상수

자유공간의 유전율	$\varepsilon_0 = 8.8542 \times 10^{-12}$ F/m
자유공간의 투자율	$\mu_0 = 4\pi \times 10^{-7} = 1.257 \times 10^{-6}$ H/m

주요 물질의 도전율과 저항율

	도전율(20°C) σ (S/m)	저항율(20°C) ρ (Ω-m)	저항율 온도계수 α (1/°C)
동	5.96×10^{7}	1.68×10^{-8}	3.8×10^{-3}
알루미늄	3.50×10^{7}	2.82×10^{-8}	3.8×10^{-3}
황동	$\sim 1.5 \times 10^{7}$	$(6 \sim 7) \times 10^{-8}$	1.5×10^{-3}
철	1.0×10^{7}	10×10^{-8}	5×10^{-3}
탄소강	0.7×10^{7}	14.3×10^{-8}	
스테인리스강	0.14×10^{7}	70×10^{-8}	
흑연	$(0.02 \sim 0.03) \times 10^{7}$	400×10^{-8}	
실리콘	1.56×10^{-3}	640	−0.075
담수	$(0.05 \sim 5) \times 10^{-2}$	20~2,000	
증류수	10^{-4}		

주요 물질의 비투자율

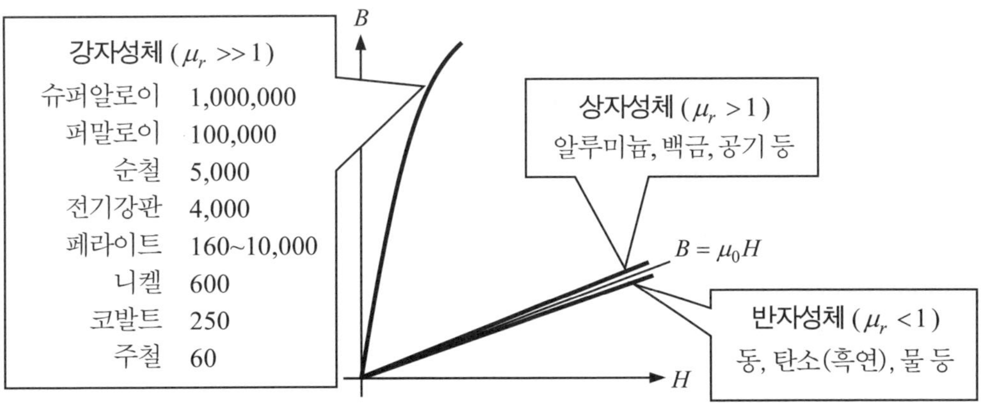

부록 B
단위환산

길이와 질량

1 m = 3.28084 ft = 39.370 in
1 ft = 12 in = 0.3048 m
1 in = 0.08333 ft = 25.40 mm

1 kg = 2.2046 lb = 35.274 oz
1 lb = 16 oz = 0.45359 kg
1 oz = 0.0625 lb = 28.350 g

힘

1 lb는 질량이면서 1 lb의 무게에 해당하는 힘을 나타낸다. 이하 힘의 단위에는 f를 붙인다.

1 kgf = 2.2046 lbf = 9.81 N
1 lbf = 0.45359 kgf = 4.4482 N
1 N = 0.102 kgf = 0.225 lbf

토크

	ozf-in	lbf-in	lbf-ft	kgf-m	N-m
1 ozf-in =	1	0.0625	5.208×10^{-3}	7.201×10^{-4}	7.061×10^{-3}
1 lbf-in =	16	1	0.08333	0.01152	0.1130
1 lbf-ft =	192	12	1	0.1383	1.356
1 kgf-m =	1.388×10^{3}	86.80	7.233	1	9.806
1 N-m =	141.7	8.851	0.7376	0.102	1

회전관성

	oz-in^2	ozf-in-s^2	lb-in^2	lbf-in-s^2	lb-ft^2	*1lbf-ft-s^2	*2kg-m^2	kgf-m-s^2
1 oz-in^2 =	1	2.59×10^{-3}	0.0625	1.62×10^{-4}	4.34×10^{-4}	1.35×10^{-5}	1.83×10^{-5}	1.87×10^{-6}
1 ozf-in-s^2 =	386	1	24.1	0.0625	0.168	5.21×10^{-3}	7.06×10^{-3}	7.20×10^{-4}
1 lb-in^2 =	16	0.0415	1	2.59×10^{-3}	6.94×10^{-3}	2.16×10^{-4}	2.93×10^{-4}	2.98×10^{-5}
1 lbf-in-s^2 =	6.18×10^{3}	16	386	1	2.68	0.0833	0.113	0.0115
1 lb-ft^2 =	2.30×10^{3}	5.97	144	0.373	1	0.0311	0.0421	4.31×10^{-3}
1 lbf-ft-s^2 =	7.41×10^{4}	192	4.63×10^{3}	12	**32.2	1	1.36	0.138
*1 kg-m^2=	5.46×10^{4}	142	3.42×10^{3}	8.85	23.7	0.738	1	0.102
1 kgf-m-s^2 =	5.36×10^{5}	1.39×10^{3}	3.35×10^{4}	86.8	232	7.23	9.81	1

* kg-m^{2}은 N-m-s^{2}으로 표기하기도 한다.

** 영국식단위계의 중력가속도 $g = 32.2$ ft/sec^{2}에 해당한다.

부록 C
절연계급

전기기기를 이루는 세 요소는 철, 동, 그리고 절연물이다. 기기로서의 기능은 철과 동에 의해 이루어지고 절연물은 그 기능이 제대로 이루어지도록 뒷받침해주는 역할을 한다. 이는 절연물이 견딜 수 있는 한계가 곧 기기의 동작 한계를 결정함을 뜻한다. 또한 철과 동의 내구성이 절연물보다 훨씬 높기 때문에 전기기기의 수명 역시 절연물의 수명에 의해 좌우된다.

절연물의 수명

절연재료의 수명에 영향을 미치는 요인은 열, 습기, 진동, 산 등 화학약품, 오일, 산화, 균류, 분진, 기계적 충격 등 매우 다양하다. 기기가 운전되면서 이러한 여러 요인들에 노출되면서 절연물의 상태가 서서히 변하게 된다. 절연물의 상태가 변한다 함은 절연물을 구성하는 요소들의 분자구조가 결정화되는 것을 말한다. 절연물이 결정화되면 유연성을 잃고 푸석푸석해진다. 결국은 작은 충격에도 쉽게 부스러지는 상태에 도달한다.

절연물의 변화는 온도에 의해 촉진되며, 온도가 높을수록 수명이 짧아진다. 일반적으로 절연재료의 수명은 10°C 올라갈 때마다 대략 절반으로 줄어든다. 이를테면 어떤 전동기를 절연물의 온도가 100°C인 상태로 유지하면서 쉬지 않고 운전할 때 8년간 사용할 수 있다면 같은 전동기를 110°C 상태에서 지속적으로 운전하면 수명이 4년으로 줄어든다. 120°C에서는 2년, 그리고 130°C에서는 1년에 불과하다. 이는 경험적 수치로서 편차가 크지만 온도상승이 기기의 수명에 절대적인 영향을 미친다는 사실에는 변함이 없다. 나아가 온도 변화는 수축과 팽창으로 절연물에 기계적 스트레스를 가하여 물리적 결함을 일으킴으로써 수명단축을 더욱 촉진한다.

절연계급

절연물이 어떤 재료로 만들어지는지에 따라 온도상승을 견뎌내는 정도가 다르므로 표 1과 같이 절연의 등급을 정해 놓고 있다. 이를 **절연계급**(insulation class)이라 하며 절연종별로 최고허용온도와 온도상승한도가 지정되어 있다. 그 값은 표준에 따라 약간씩 차이가 있다. 일반적으로 A종은 가전제품에, B종은 일반 산업용에 적용된다. F종은 산업용으로 좀 더 강한 절연이 요구되는 용도, H종은 특별히 높은 온도에 견뎌야 하는 기기에 적용된다.

표 1의 절연계급은 20,000시간을 기준으로 한 것이다. 예를 들어 B종 절연으로 만들어진 전동기의 최고 허용온도가 130°C라 함은 130°C의 온도를 유지하면서 쉬지 않고 운전할 경우 대략 20,000시간(약 2년)정도의 수명을 기대할 수 있음을 뜻한다. 위에서 언급한 '1/2 법칙'에 의하면 140°C를 유지하면서 연속 운전할 경우에는 기대수명이 1년 정도로 줄어든다. 그리고 120°C로 연속 운전한다면 4년 정도의 수명을 기대할 수 있다. 그림 1은 절연 종별 온도에 따른 예상수명의 변화를 보여주고 있다.

이와 같이 절연종별로 정해진 최고허용온도란 '절대로 넘으면 안 되는 온도'라기보다는 '이 정도

표 1 전기기기의 절연계급

절연계급	최고 허용온도	온도상승 한도*		
		KS	IEC	NEMA
Y	90°C	50°C	—	—
A	105°C	65°C	60°C	60°C
E	120°C	80°C	75°C	—
B	130°C	90°C	80°C	80°C
F	155°C	110°C	100°C	105°C
H	180°C	135°C	125°C	125°C
C	180°C 이상	—	—	—

* 개별 기기의 온도상승 한도는 기기의 형태나 사용 유형에 따라 달라질 수 있다.

면 일반적인 수명의 기대치에 부응할 수 있다'고 여겨지는 하나의 기준이라 할 수 있다. 따라서 그 온도를 넘어선다고 해서 바로 기기가 못쓰게 되는 것이 아니다. 소손되지 않는 한, 절연물의 노화가 촉진될 뿐이다. 또한 그 온도를 넘지만 않으면 어떤 온도에서건 기기의 수명에 별 차이가 없다는 뜻도 아니다. 최고 허용온도 아래에서도 운전 온도를 낮게 유지할수록 기기를 오래 쓸 수 있다.

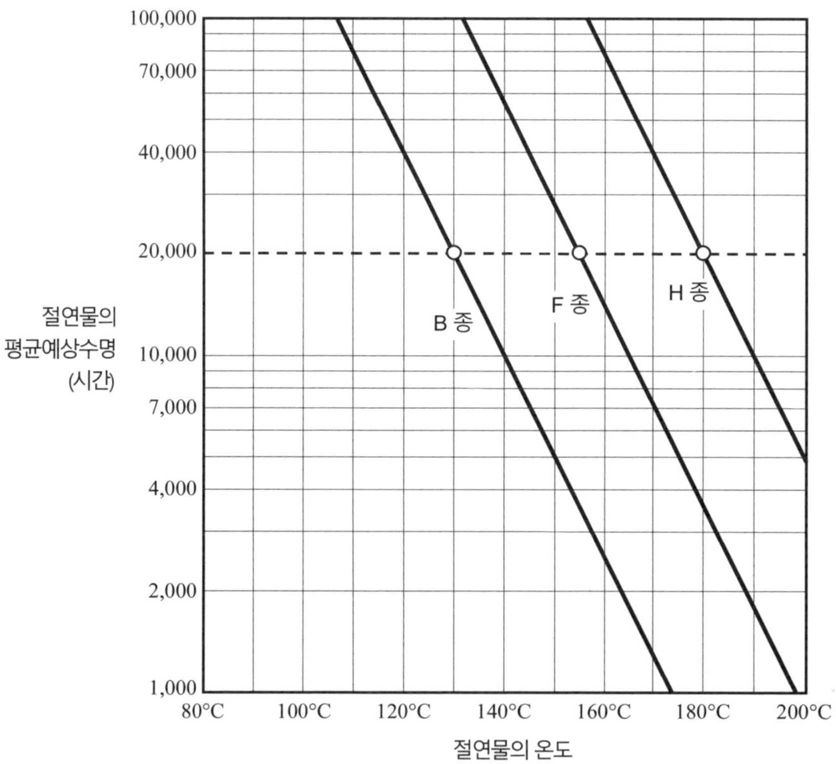

그림 1 절연종별 사용온도에 따른 평균예상수명 (IEEE)

최고허용온도와 주위온도, 온도상승

기기가 운전될 때 온도는 기기 내부에서 다 균일한 것이 아니라 특히 더 뜨거운 곳이 있게 마련이다. 가장 뜨거운 곳의 온도를 **열점**(hot spot)**온도**라 하며 표 1에서 지정된 최고허용온도는 이 열점온도를 가리킨다. 최악의 환경에서도 열점온도가 최고허용온도를 넘지 않아야 한다. 여기서 '최악의 환경'이란 주위온도 40°C를 말하며(중동지역에서는 더 높은 기준을 적용한다), 이를 **최고주위온도**라 한다. 최고주위온도를 넘지 않는 한 기기의 성능이 보장되어야 하므로 주위온도가 40°C인 상태에서 정격부하를 인가하고 운전할 때 절연물의 온도가 기기 내부 어느 곳에서든 최고허용온도를 넘지 않아야 한다. 따라서 기기가 제대로 만들어졌는지 알아보기 위해서는 40°C 환경에 놓고 정격부하를 인가하여 시험을 행하여야 한다. 기기 내부 여러 곳에 온도검출장치를 설치하여 어느 한 곳에서라도 최고허용온도를 넘는다면 기기는 불합격 처리된다.

그러나 여기에는 두 가지 현실적인 문제가 있다. 첫번째는 주위온도를 40°C로 유지하는 문제, 두번째는 기기 내부 전체에 걸쳐 온도검출장치를 설치하는 일이다. 먼저 주위온도를 40°C로 조절한 상태에서 성능시험을 한다는 것은 현실적으로 쉽지 않다. 보통은 이보다 훨씬 낮은 온도에서 시험이 이루어지며, 이때는 열점온도가 주위에 비해 얼마나 올라갔는지 보게 된다. 예컨대 20°C에서 시험했을 때 열점온도가 100°C로 측정되었다면 40°C에서는 120°C가 되리라 추정하는 식이다. B종 절연을 사용한 기기라면 표 1로부터 이 온도상승이 130°C − 40°C = 90°C를 넘지 않아야 한다. 이를 **최대허용온도상승**이라 한다. 실제 시험이 몇 도에서 이루어졌건, 이 온도상승 한계를 넘지 않아야만 최악의 환경에서도 열점온도가 최고허용온도를 넘지 않을 것이다. 이러한 이유로 각 절연등급별 최고허용온도와 함께 온도상승 한도를 규정하고 있다.

저항법에 의한 온도상승 측정

표 1에서 IEC와 NEMA는 B종 절연의 온도상승한도를 90°C가 아닌 80°C로 규정하고 있음을 볼 수 있다. 즉 10°C 만큼 여유를 두고 있다. 이는 위에서 언급한 두번째 문제, 즉 온도 측정의 문제에 관련되어 있다. 기기 내부에 온도검출장치를 일일이 설치하는 직접측정방식은 매우 번거롭기 때문에 비싼 대형 기기에나 적용할 수 있다. 따라서 일반 표준에서는 직접측정법을 대신하는 간접측정방식을 허용하고 있다.

가장 보편적인 방법이 **저항법**(resistance method)으로, 도체의 저항값이 온도에 따라 달라지는 특성을 이용한 것이다. 기기가 충분히 식은 어떤 온도 T_1에서 측정한 저항값이 R_1이라 했을 때 기기가 운전으로 뜨거워진 상태에서 저항 R_2를 다시 측정하여 그때의 온도 T_2를 계산한다. 구리권선인 경우 아래 관계식을 적용한다.

$$\frac{R_2}{R_1} = \frac{234.5 + T_2}{234.5 + T_1} \tag{1}$$

이로부터 계산되는 온도는

$$T_2 = \frac{R_2}{R_1}(234.5 + T_1) - 234.5 \tag{2}$$

이렇게 측정한 T_2는 권선의 **평균온도**이다. 권선에는 뜨거운 곳도 있고 덜 뜨거운 곳도 있으며, 권

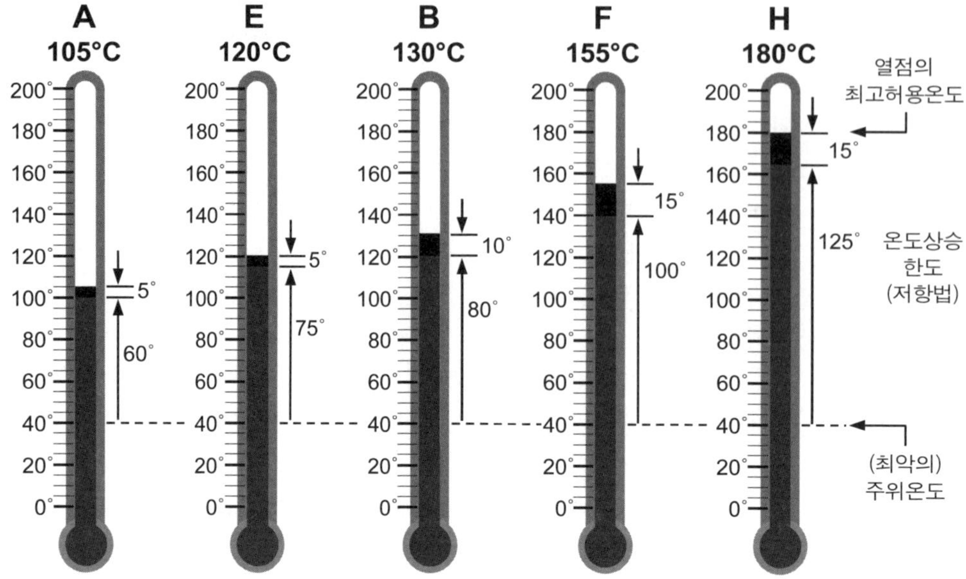

그림 2 IEC 기준에 의한 최고허용온도와 온도상승 한도

선단부와 연결부위도 있으므로 전체에 걸쳐 온도가 일정치 않다. 따라서 저항으로 측정한 온도는 전체 부위의 평균온도로서, 열점온도와 차이가 날 수밖에 없다. B종 절연에서 온도상승 한도가 80°C인 것은 이러한 차이를 감안하여 열점온도가 평균온도보다 10°C가량 높을 것으로 가정하고 여유를 둔 것이다. 즉 주위온도가 40°C라면 저항법으로 측정한 평균온도가 120°C를 넘지 않아야 열점 온도가 B종 절연물에 허용된 최고온도 130°C를 넘지 않을 것이라는 뜻이다. 그림 2는 IEC의 기준에서 절연종별 최고 허용온도와 최악의 경우에 대한 주위온도, 저항법으로 측정한 온도상승 한도 사이의 관계를 보여주고 있다.

예제

어떤 직류전동기가 수일간 주위온도 19°C에서 휴지상태에 있었다. 그때의 분권계자권선의 저항을 측정하니 22 Ω이었다. 전동기를 전부하상태에서 운전하여 온도가 일정해진 상태에서 계자권선 저항을 측정해 보았더니 30 Ω이 되었다. 이때의 주위온도는 24°C였다. 전동기가 B종 절연이라 할 때 (a) 권선이 뜨거워졌을 때의 평균온도는 얼마인가? (b) 저항계법에 의한 온도상승은 몇도인가? (c) 전동기가 온도 표준에 부합하는가?

(a) 가열되었을 때의 평균 온도는

$$T_2 = \frac{R_2}{R_1}(234.5 + T_1) - 234.5 = \frac{30}{22}(234.5 + 19) - 234.5 = 111°\text{C}$$

(b) 평균 온도상승은

$$111° - 24° = 87°\text{C}$$

(c) IEC 기준에 의하면 B종 절연의 온도상승 허용치는 80°C이다. 위의 결과는 여기에 부합하지 않는

다. 따라서 전동기의 정격을 낮추거나 냉각시스템을 강화해야 한다. 혹은 F종 절연으로 재권선해야한다.

위에서 온도상승을 계산할 때 19°C가 아닌 24°C를 빼주고 있음에 유의하라. 일반적으로 **온도상승은 기기 외피에 인접한 공기에 대한 온도상승을 말한다.** 기기 바로 옆의 온도는 운전하기 전보다 높아질 수 있다. 예컨대 운전하기 전 25°C였던 환경에서 온도상승이 80°C인 기기를 운전하면 권선 평균온도가 105°C보다 높아질 수 있다. 기기 바로 옆의 온도가 30°C나 35°C쯤으로 올라갈 수 있기 때문이다. 특히 통풍이 좋지 않은 환경에서는 이 점을 고려하여야 한다.

절연계급과 용량

어떤 기기의 용량을 키우는 데에는 두 가지 방법이 있다.

1. 절연계급을 향상시키면 더 큰 전류가 흘러서 온도가 더 높이 올라가더라도 견뎌낼 수 있기 때문에 다른 부분을 그대로 두고 기기의 용량을 키울 수 있다.
2. 기기의 크기를 키우면 열용량이 커지고 열방산능력이 향상되므로 절연등급을 높이지 않고도 용량을 키울 수 있다.

예를 들어 그림 3에서 보듯이 10마력 전동기에 높은 등급의 절연물을 사용하면 같은 크기로 12.5마력의 전동기를 만들 수 있다. 절연물을 그대로 두고 용량을 키우려면 더 큰 전류에서 온도상승 한계를 넘지 않도록 기기를 크게 만들어야 한다.

만일 어떤 전동기가 크고 무거우면서, 게다가 비싸기까지 하다면 아무도 사지 않을 것이다. 따라서 시장에 같은 마력의 큰 기기와 작은 기기가 공존하고 있다면 큰 기기는 싸고 작은 기기는 비싸기 때문이다. 즉 그림의 12.5마력 전동기에서 F종 전동기는 B종 전동기보다 비싸다. 이는 일반적으로 절연등급을 높이는 데 들어가는 비용이 기기를 키우는 데 들어가는 비용보다 높음을 뜻한다. 구매자는 크기와 무게가 별로 문제가 되지 않는다면 값싼 B종 전동기를, 크기와 무게를 줄이는 것이 중요한 경우라면 돈이 더 들더라도 F종 전동기를 선택할 것이다.

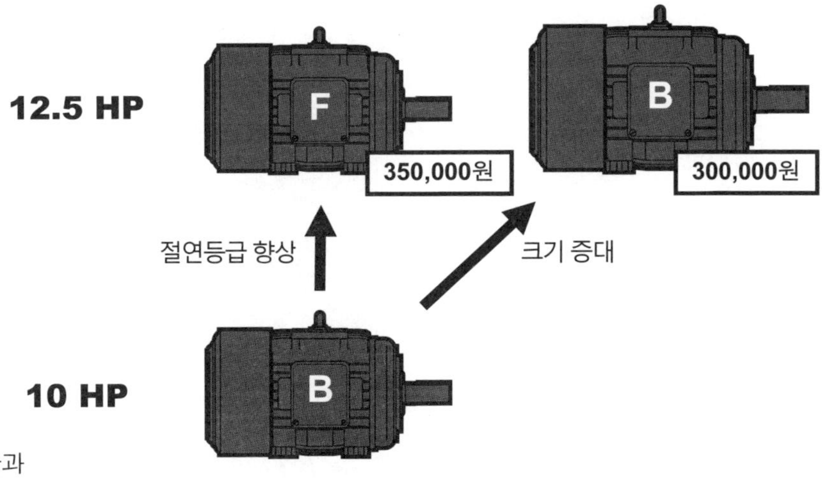

그림 3
기기의 절연계급과
크기 및 용량 사이의 관계

그러나 일단 구매한 다음에는 절연등급이 높다 해서 운용상 특별히 이점이 되는 것은 없다. 이를테면 **F종 전동기가 같은 용량의 B종 전동기보다 과부하를 더 잘 감당할 수 있다거나, 더 가혹한 조건에 사용할 수 있거나 한 것은 아니다.** 비유하자면 정격 하중이 100톤인 다리가 나무 다리이거나 철제 다리이거나 양쪽 다 하중이 100톤으로 제한되기는 마찬가지인 것과 같다. 전동기에 부여된 정격이란 주어진 운전조건과 절연물 등의 고려사항이 이미 다 반영된 결과이므로 사용자는 전동기의 절연 종별과 상관 없이 모두 똑같이 취급해야 한다. 일단 기기를 구매하고 나면 절연계급은 단지 명판에 표시된 참고사항에 불과할 뿐이다.

일반적으로 (절연계급에 상관 없이) 주위온도가 40°C 로 일정하고 온도 외에 절연에 악영향을 미칠 다른 요인이 없다면 기기가 정격운전상태를 유지하면서 약 20,000시간 동안 동작할 것으로 기대할 수 있다. 실제 기기의 운전은 이와 많이 다른 환경에서 이루어진다. 우선 거의 항상 40°C보다 낮은 환경에서 운전되며 대개 정격보다 낮은 부하에서 운전하고 또 늘 운전하는 것도 아니다. 따라서 실제 기기의 체감수명은 20,000시간(약 2년)보다 훨씬 길다. 20~30년씩 사용되는 기기가 드물지 않은 것은 이러한 이유에서이다. 단 사용환경에 여유가 있다고 해서 과부하로 운전해도 무방한 것은 아니다. 흔히 규정된 절연물의 최고허용온도에 꽉 채워서 운전하는 것이 경제적이라고 생각하기 쉬운데, 예를 들어 주위온도가 30°C라면 10°C의 여유가 있으므로 어느 정도 과부하가 되어도 최고허용온도를 넘지만 않으면 괜찮다고 생각할 수 있다. 그러나 이는 기기를 훨씬 오래 사용할 수 있는 여지를 스스로 포기한 셈이 된다. 또 대부분의 기기는 정격부하(혹은 그 이하) 조건에서 최고 효율을 갖도록 만들어지기 때문에 애초에 과부하 운전을 염두에 두고 필요 용량보다 작은 기기를 사용한다면 지속적으로 에너지의 낭비를 초래하는 결과를 낳는다. 얻을 수 있는 이점이라면 단지 구매 당시 비용을 다소 절감할 수 있다는 것뿐이다.

부록 D
단상 및 3상 교류의 기초개념

3상 기기의 동작을 이해하기 위해서는 3상 교류시스템의 기본 개념들에 대하여 잘 이해하고 있어야 한다. 교류회로의 표현방식과 이상적인 대칭 3상 교류회로의 기본 개념들을 요약한다.

페이서

교류를 표현하는 데 있어 먼저 **페이서(phasor)**의 개념을 명확히 해 둘 필요가 있다. 그림 1과 같은 교류 파형을 표현하는 데 필요한 정보는 파형, 주파수, 크기, 위상이다. 여기서 파형은 정현파로 정해져 있고 주파수 역시 어떤 특정 값(예컨대 60 Hz)으로 정해져 있는 경우, 크기와 위상이 교류파형을 표현하는 데에 필요하면서도 충분한 정보가 된다. 단지 이 두 정보를 나타내기 위해 번거롭게 정현파형을 일일이 그릴 필요 없이 **'크기'와 '위상'이라는 두 가지 정보를 '길이'와 '방향'이라는 벡터의 표현방식을 빌어와 최대한 단순화시켜 나타낸 것이 페이서이다.** 예컨대 그림 1 왼편의 정현파 $v(t)=\sqrt{2}V\cos(\omega t+\theta)$ 는 그 크기(실효치) V 에 해당하는 길이와 위상각 θ 에 해당하는 방향을 갖는 오른편의 벡터 $\tilde{V}$ 로 표현된다. (페이서를 나타내는 기호로는 $\dot{V}$ 나 $\underline{V}$, $\mathbf{V}$ 등이 쓰이고 있으나 이 책에서는 정현파를 나타낸다는 의미를 살려 $\tilde{V}$ 의 기호를 사용하고 있다. 한편 $\mathbf{V}$ 의 기호는 실제의 물리적 벡터를 나타낼 때 사용한다.) 여기서 위상각은 어떤 기준파형(이 경우 $\cos\omega t$)에 대한 상대적인 위상차로서, 기준파형의 페이서는 통상 페이서도를 그릴 때 오른편 수평방향을 향하는 것으로 나타내는 것으로 하고 있다.

벡터를 수치로 나타낼 때는 크기와 각도로 나타내기도 하지만 (a,b) 와 같이 직교좌표계상의 좌표 형태로 표현하기도 한다. 이때 좌표계의 두 축을 실축과 허축으로 놓으면 좌표를 나타내는 두 개의 수치를 $a+jb$ 와 같이 한 개의 복소수 수치로 묶어서 표현할 수 있다. 이 방식을 따라 페이서는 '특정 주파수의 정현파'라는 이미 정해져 있는 패턴으로 변화하는 변수들에 있어서 개별 변수의 속성을 나타내는 크기와 위상 정보를 그에 대응하는 복소수 수치로 표현한 것이다. 이렇게 했을 때 실수

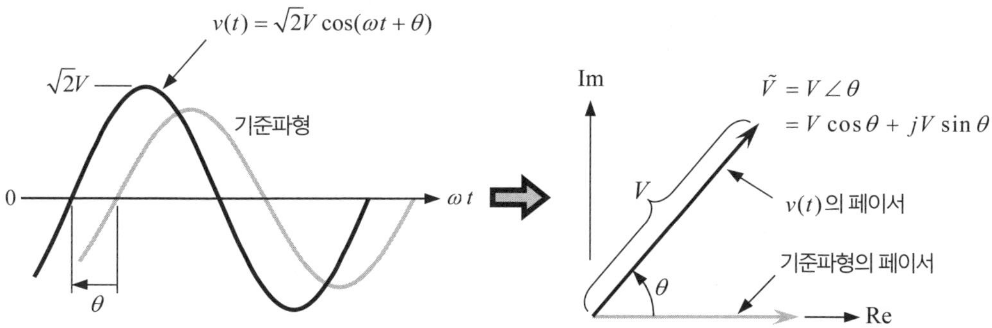

그림 1 정현파와 정현파를 나타내는 벡터 (페이서)

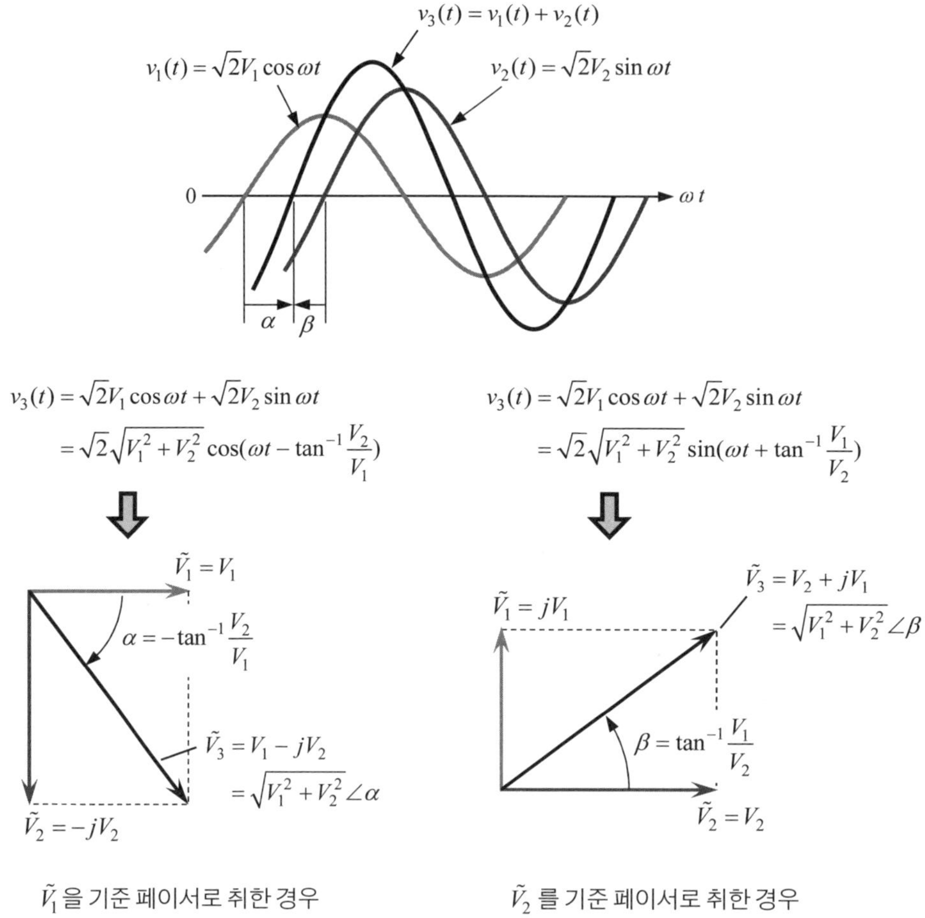

그림 2 정현파 사이의 연산을 페이서 사이의 복소수벡터 연산으로 대신하는 예

축상에 놓인 페이서가 나타내는 파형이 자연히 위상각이 0°인 기준파형이 된다.

페이서 표현방식이 유용한 이유는 단지 표현이 간명해지는 데에 그치는 것이 아니라 (주파수가 같은) 정현파들 사이의 연산을 벡터(복소수) 연산으로 대신할 수 있다는 데에 있다. 한 예로 그림 2는 $v_1(t) = \sqrt{2}V_1 \cos \omega t$과 $v_2(t) = \sqrt{2}V_2 \sin \omega t$의 두 정현파를 합성한 $v_3(t) = v_1(t) + v_2(t)$를 구하는 것을 보여주고 있다. 그림에서 볼 수 있듯이 페이서의 개념을 적용하면 삼각함수 공식을 적용할 필요 없이 두 페이서의 벡터합 $\tilde{V}_3 = \tilde{V}_1 + \tilde{V}_2$으로 합성된 파형의 크기와 위상을 간단히 구할 수 있다. 그림의 왼편은 $v_1(t)$을 기준 파형으로 취한 경우, 오른편은 $v_2(t)$를 기준 파형으로 취한 경우를 보여주고 있다. 이처럼 위상의 기준이 되는 파형을 두 파형 중 편한 대로 아무 쪽이나 취해도 무방하고, 혹은 임의의 다른 파형일 수도 있다. $v_1(t)$을 기준파형으로 삼는다면 그 페이서는 실수축상의 $\tilde{V}_1 = V_1$으로 표현되고 그에 90° 뒤진 위상을 지닌 $v_2(t)$의 페이서는 $\tilde{V}_2 = -jV_2$로 표현된다. 이 두 페이서를 더한 $V_1 - jV_2$의 크기와 방향이 실제 두 파형을 더한 $v_3(t)$의 크기와 위상각을 나타내고 있음을 그림에서 확인할 수 있다.

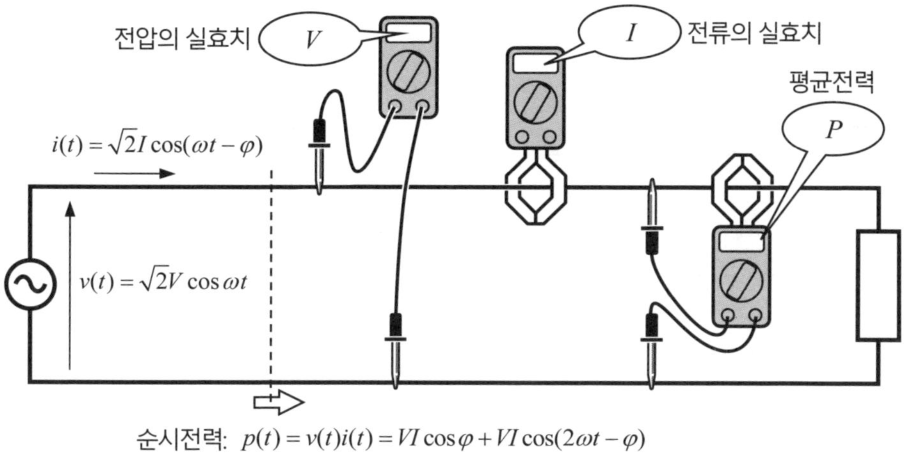

그림 3 교류회로의 전압, 전류와 전력

피상전력, 유효전력, 무효전력

그림 3과 같이 교류전원에 부하가 연결되어 전류가 흐르고 있을 때 교류전압계로 전압을 측정하면 전압의 실효치가 표시된다. 전류계 역시 전류의 실효치를 표시한다. 이렇게 측정된 전압과 전류를 V, I라 했을 때 이들을 곱한

$$S = VI \tag{1}$$

를 겉보기전력, 혹은 **피상전력**(apparent power)이라 한다. 만일 이 회로가 일정한 직류회로였다면 이렇게 측정된 전압과 전류를 단순히 곱한 수치가 전원에서 부하로 전달되는 전력을 나타낼 것이다. 즉 피상전력이란 "만일 이 회로의 전압과 전류가 일정한 직류였다면 전달되었을 전력"의 의미를 갖는다. 그러나 교류에서는 전력계로 실제 전달되는 전력 P를 측정해 보면 이 피상전력과 다르게 나타난다. 실제 전력과 피상전력 사이에 차이가 나는 것은 전압과 전류 사이의 위상차 때문이다.

그림에 나타낸 것처럼 전류가 전압에 비해 φ 만큼 뒤진다고 할 때, $\varphi > 0$이면 전류가 전압에 뒤지는 지상부하, $\varphi < 0$ 이면 전류가 전압에 앞서는 진상부하이다(뒤지는 각도를 양으로 하는 이유는 대부분의 부하가 지상이기 때문이다). 주어진 전압과 전류에서 매 순간 전원에서 부하로 전달되는 순시전력(instantaneous power)은 순시전압 $v(t)$와 순시전류 $i(t)$의 곱으로서, 아래와 같이 일정한 직류성분과 전원주파수의 2배로 맥동하는 성분으로 구성된다.

$$p(t) = v(t)i(t) = VI\cos\varphi + VI\cos(2\omega t - \varphi) \tag{2}$$

전력계로 측정되는 전력은 이 순시전력의 평균치로서, 앞의 직류성분에 해당한다. 즉

$$P = VI\cos\varphi \; P = VI\cos\varphi \tag{3}$$

이 전력이 피상전력 대비 어느 정도의 비율인지 나타낸 것이 **역률**(power factor)이다.

$$pf = \frac{P}{S} = \cos\varphi \tag{4}$$

역률은 항상 1보다 같거나 작으며, 역률이 1보다 작다는 것은 전류가 온전히 다 전력을 전달하는 데

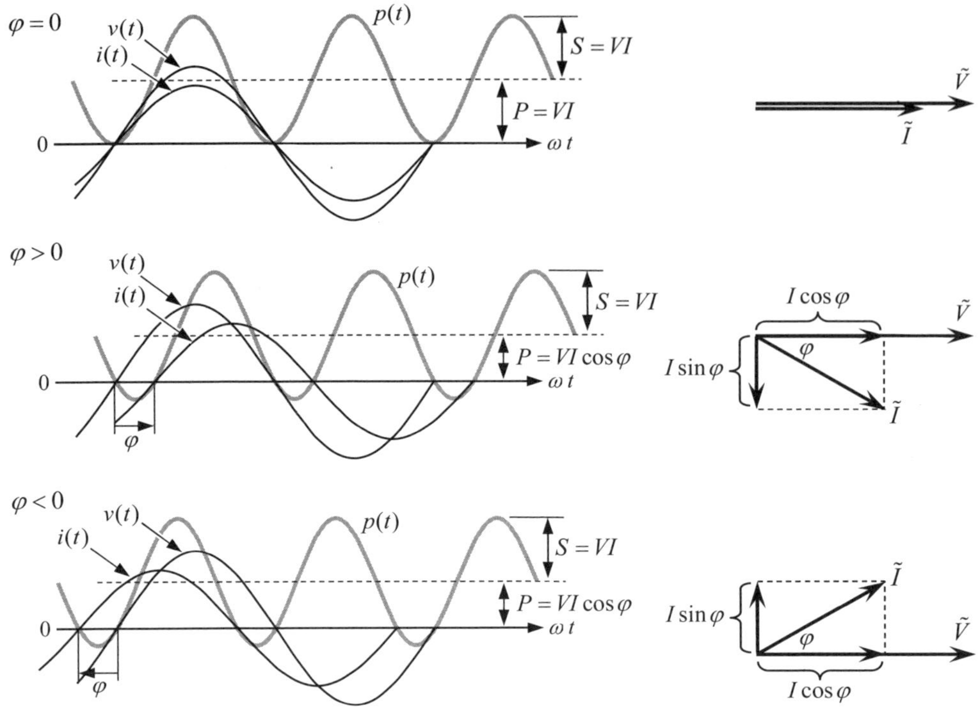

그림 4 순시전력과 평균전력

에 쓰이지 못하고 일부는 전력전달 측면에서만 보면 쓸데 없이 흐르고 있음을 뜻한다.

그림 4는 전류가 전압과 동상일 때($\varphi = 0$), 지상일 때($\varphi > 0$), 진상일 때($\varphi < 0$) 순시전력과 평균전력을 보여주고 있다. 전압과 전류의 페이서가 나란한 동상일 때는 두 페이서 크기의 곱, 피상전력이 평균전력과 같다. 위상차가 있을 때는 전류에서 전압에 동상인 성분의 크기($I\cos\varphi$)를 전압에 곱한 것이 식(3)의 평균전력이 된다. 즉 전류 중 동상성분만 실제 전력전달의 효과를 가지며, 이를 **유효전류**라 한다. 유효전류 성분을 제외한 나머지는 전압에 직교하는(90° 뒤지거나 앞서는) 성분으로, 전력전달 측면에서는 흐르나마나 한 성분이므로 **무효전류**라 부른다. 그 크기는 $I\sin\varphi$ 이다. 피상전력이 실제 전력과 차이가 나는 것은 이 무효전류 성분 때문이므로 그 차이를 무효전류 성분에 의한 전력, 즉 **무효전력**으로 표현하고, 그에 대응하여 식(3)의 평균전력을 **유효전력**이라 부른다. 무효전력에도 유효전력과 같은 표현방식을 적용하여 전압에 무효전류 성분의 크기를 곱한 값으로 나타낸다. 즉

$$Q = VI\sin\varphi \tag{5}$$

식(5)의 Q 는 $\varphi > 0$ 일 때 양수, $\varphi < 0$ 일 때 음수이다. 즉 전류가 뒤질 때는 전원에서 부하로 무효전력이 전달되고, 앞설 때는 부하에서 전원 쪽으로 무효전력이 전달된다. 여기서 "무효전력이 전달된다"는 말은 무슨 뜻일까? 유효전력은 그림 4에서 순시전력, 즉 실제로 전달되는 전력의 평균치(점선)를 나타낸다. 그리고 피상전력은 이 평균치를 중심으로 맥동하는 성분의 크기에 해당하는 것을 알 수 있다. 그러나 무효전력은 유효전력이나 피상전력처럼 순시전력 파형에서 직관적으로 인지

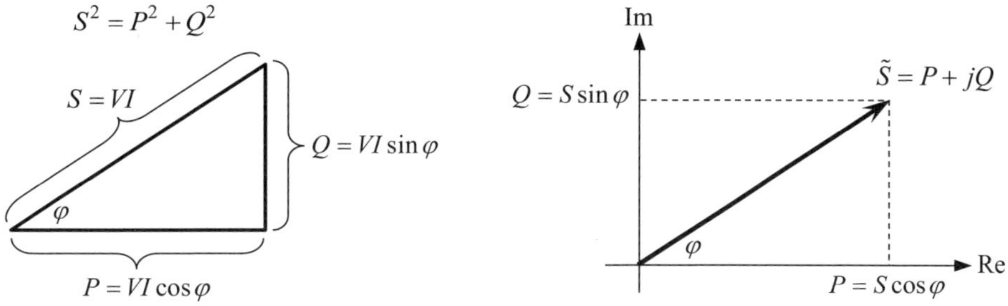

(a) (b)

그림 5 교류전력의 표현: (a) 전력삼각형 (b) 복소전력

할 수 있는 어떤 물리량에 직접적으로 대응시킬 수 없다. 이는 단지 **전압과 동상이 아닌 전류 성분의 존재를 전력의 형태를 빌어 간접적으로 나타낸 것일 뿐이다.** 어떤 방향으로 양(음)의 무효전력이 전달된다는 것은 그 방향으로 흐르는 전류가 그 방향으로 가해진 전압에 뒤진(앞선) 위상이라는 말의 다른 표현에 불과하며, 굳이 전압을 곱해 '전력'의 수치로 나타내는 것은 무효성분 전류의 크기를 유효성분 전류가 전달하는 전력에 견주어 직관적으로 가늠하기 쉽게 하기 위한 것일 뿐이다.

피상전력과 유효전력, 무효전력은 모두 다 VA 단위지만 서로 다른 양에 대한 단위임을 나타내기 위해 각각 VA, W, VAR로 구별하여 쓴다. 이들은 식 (1), (3), (5)로부터 그림 5(a)와 같은 관계를 갖는다. 이를 전력삼각형(power triangle)이라 한다. 유효전력과 무효전력을 그림 5(b)처럼 **복소전력**(complex power)이라는 하나의 복소수 수치로 묶어서 나타내기도 하며, 이는 아래와 같이 전압과 전류 복소 페이서의 곱으로 표현된다.

$$\tilde{S} = P + jQ = \tilde{V}\tilde{I}^* \tag{6}$$

여기서 전류에 공액복소수를 취한 것은 둘을 곱한 수치의 위상각이 전압의 위상각에서 전류의 위상각을 뺀 값이 되어 전류가 뒤질 때 $Q > 0$로 하는 일반적 규약에 부합하도록 하기 위한 것이다. 참고로, 만일 $\tilde{S} = \tilde{V}^*\tilde{I}$로 한다면 P는 마찬가지지만 전류가 전압에 앞설 때 $Q > 0$가 된다.

3상 전원과 3상 결선

3상 전원은 그림 6의 (a)와 같이 세 개의 단자를 통해 주어진다. 세 단자들 사이의 전압은 전원선로의 두 선 사이의 전압인 선간전압(line-to-line voltage)으로, **교류전원의 공칭전압은 항상 이 선간전압의 실효치를 뜻한다.** 선간전압 v_{ab}, v_{bc}, v_{ca}가 크기가 모두 같고 서로 120°씩 위상차가 나는 상태를 **3상 대칭**(symmetrical)이라고 한다. 이 경우 세 전압의 페이서들은 (b)와 같이 나타낼 수 있다.

각각의 선간전압은 셋 중 두 단자를 통해 주어지는 하나의 단상전원이다. 따라서 그림 7의 (a)와 같이 아무 단자나 두 단자 사이에 부하를 연결하여 사용할 수 있다. 다른 부하를 추가로 연결하고자 한다면 그림 (b)와 같이 다른 두 단자 사이에 연결할 수 있다. 두 부하에는 각각 선간전압이 가해지면서 서로 독립적인 단상회로로 동작한다. 그러나 두 부하가 공유하고 있는 중앙의 선로에는 양쪽 부하의 전류가 중첩하여 흐른다. 마찬가지로 단자 a와 c 사이에도 부하를 연결하면 그림 8의 (a)와 같이 세 단자 사이에 각각 개별적으로 세 개의 단상 부하를 접속할 수 있으며, 이들 각각을 상相(phase)이

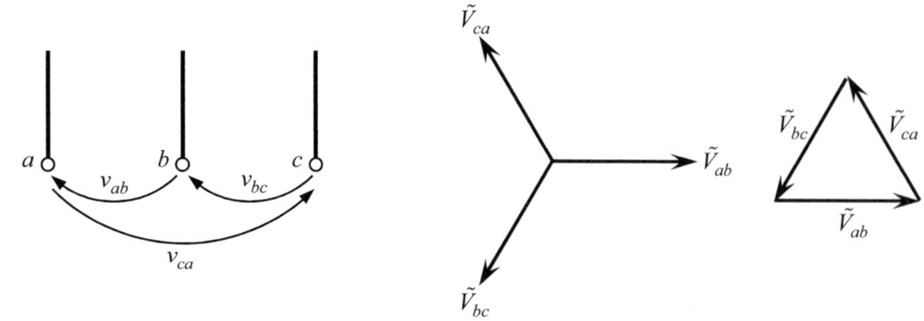

(a) (b)

그림 6 3상 전원 (a) 전원단자들 사이의 선간전압 (b) 대칭 3상전원의 선간전압 페이서

(a) (b)

그림 7 3상 전원에 1개, 혹은 2개의 단상부하를 접속한 상태

라 부른다. ab상에 접속된 부하에 a단자에서 b단자 쪽으로 흐르는 전류를 i_{ab}라 하고, 다른 상들에서도 같은 방식으로 표기한다. 만일 세 상의 부하가 똑같다면 각 상에서 전압에 대한 전류의 상대적 관계도 모두 같으며, 세 선간전압이 대칭일 때 세 상 전류의 페이서 역시 (b)에 보인 것처럼 3상 대칭을 이룬다. 이렇게 대칭 전원에 같은 부하가 접속되어 전력이 세 상에 균등하게 전달되고 있는 상태를 **평형**平衡: 저울이 수평인 모습(balanced)상태라 한다.

이러한 방식으로 세 개의 단상교류를 세 개의 선로를 통해 공급하는 경우 세 부하가 전원측 선로를 공유하게 되므로 일반적으로 선로에 흐르는 **선전류**(line current)는 상전류와 다르다. a상 선전류의 기준방향을 그림에 나타낸 것과 같이 정하였을 때 $i_a = i_{ab} - i_{ca}$가 되며, 다른 두 선로에서도 마찬가지이다. 평형상태에서 선전류들의 페이서는 그림 (b)에서 보듯이 상전류의 $\sqrt{3}$ 배 크기가 되고 $\tilde{I}_a$는 상전류 $\tilde{I}_{ab}$에 30° 뒤지는 위상을 갖는다. 따라서 ab상에서 $\tilde{V}_{ab}$에 $\tilde{I}_{ab}$가 φ만큼 뒤질 때 $\tilde{I}_a$는 $\tilde{V}_{ab}$에 대해 $\varphi + 30°$ 뒤진 위상이 된다. 이는 부하 역률이 1인 상태($\varphi = 0$)에서도 선전류가 선간전압에 대해서는 30° 뒤진 위상이 됨을 뜻한다.

3상 부하를 그림 9와 같이 **중성점**(neutral)이라 불리는 하나의 공통단자에 묶고 나머지 세 단자를 전원에 접속할 수도 있다. 이 방식을 Y결선이라 하고, 이와 구별하여 앞의 방식을 Δ결선이라 한다. Δ결선이 선로를 통해 공급되는 전류를 세 상이 나누어 쓰는 방식이라면 Y결선은 단자와 단자 사이에 제공되는 선간전압을 세 상이 나누어 쓰는 방식에 해당한다. 즉 전자가 병렬회로의 속성을 갖는다면 후자는 직렬회로의 속성을 갖는다.

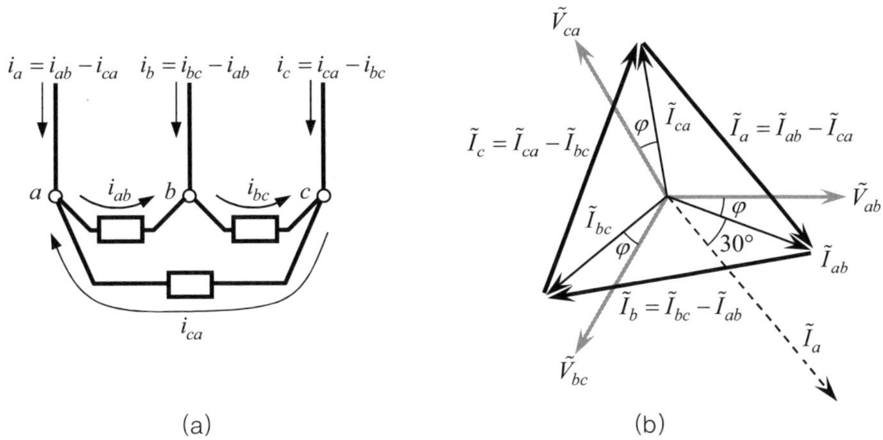

그림 8 3상부하의 Δ결선: (a) 상전류와 선전류 (b) 평형부하에서 전압과 전류의 페이서도

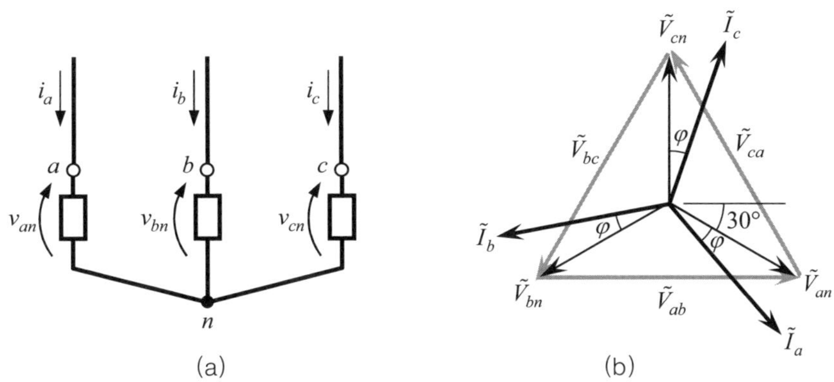

그림 9 3상부하의 Y결선: (a) 상전압과 선전류 (b) 평형부하에서 전압과 전류의 페이서도

Y결선에서 부하의 각 상은 선로단자와 중성점 사이에 놓이므로 부하의 각 상에 선로단자의 전위와 중성점 전위 사이의 전위차가 가해지며, 이것이 각 상의 **상전압**이 된다. 상전압의 기준방향을 그림에 나타낸 것과 같이 정의하면 a와 b사이의 선간전압은 $v_{ab} = v_{an} - v_{bn}$의 관계로 표현된다. 다른 두 선간전압도 마찬가지이다. 세 상의 부하가 동일한 평형상태일 경우, 중성점의 전위는 세 전원단자 전위의 산술평균이 되며, 전원이 대칭이라면 세 상전압과 선간전압 사이의 관계는 그림 9(b)의 페이서도와 같다. 즉 상전압의 크기는 선간전압의 $1/\sqrt{3}$ 이고 상전압 $\tilde{V}_{an}$이 선간전압 $\tilde{V}_{ab}$에 30° 뒤지는 위상을 갖는다. 이때 각 상의 전류가 모두 해당 상전압에 φ 만큼씩 뒤진다면 이들이 곧 전원선로에 흐르는 선전류와 같으므로 Δ결선과 마찬가지로 $\tilde{I}_a$가 $\tilde{V}_{ab}$에 $\varphi + 30°$ 뒤진 위상을 갖게 된다.

Y-Δ 변환

그림 8의 Δ결선에서 선전류의 크기가 I I 라 할 때 상전류의 크기는 $I/\sqrt{3}$ 이다. 만일 같은 부하를 그대로 그림 9의 Y로 결선한다면 각각의 부하에 가해지는 상전압이 $1/\sqrt{3}$ 로 줄어들므로 상전류도 같은 비율로 줄어들어 $I/3$ 가 된다. Y결선에서는 이 전류가 곧 선전류이므로 Δ결선일 때에 비해 선전류의 크기가 $1/3$ 이 된다. 그리고 선전류의 위상은 이전과 마찬가지이다. 이는 전원측에서 보

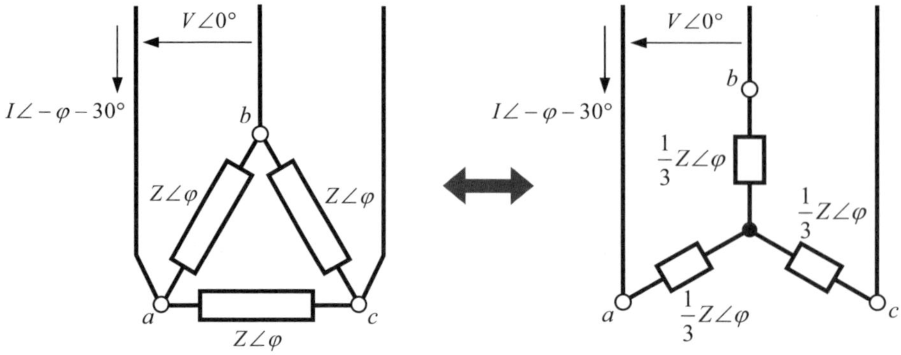

그림 10 평형부하의 등가 Y−Δ결선

았을 때 임피던스가 3배로 커진 것과 같다. 따라서 그림 10과 같이 Y결선으로 바꾸면서 임피던스를 1 / 3 로 한다면 전원에서 흐르는 선전류는 변하지 않을 것이다. 이는 그림 10의 두 회로가 전원 입장에서 보았을 때 등가(같은 3상 선간전압에 대해 같은 3상 선전류가 흐르므로)임을 뜻한다. 즉 $\tilde{Z}$ 를 Δ결선한 것은 $\tilde{Z}$ / 3를 Y결선한 것과 같다. 역으로, $\tilde{Z}$ 를 Y결선한 것은 $3\tilde{Z}$를 Δ결선한 것과 같다. 이를 평형부하의 **Y−Δ 변환**이라 한다. (임피던스를 나타낼 때 페이서와 같은 $\tilde{Z}$ 로 표기하고 있는 것은 '정현파 교류에 작용하는 복소수로 표현된 임피던스'를 의미한다.)

상당 등가회로

3상 전원에서 3상 부하로 전력이 전달되는 그림 11(a)에서 전원이 3상 대칭이고 3상 선전류가 모두 같은 평형상태라 하자. 일반적으로 3상에서는 선간전압의 크기 V와 선전류의 크기 I만 측정할 수 있을 뿐 전원과 부하 내부가 실제 어떻게 결선되어 있는지는 알 수 없다. 그러나 실제 결선이 어떠하건 그림 10에서 보듯이 부하는 Y결선이나 Δ결선 어느 쪽으로도 표현할 수 있고, 마찬가지로 전원도 Y결선, 또는 Δ결선으로 가정할 수 있다.

그림11(b)는 전원과 부하가 모두 Δ결선인 것으로 나타낸 것이다. 이렇게 표현했을 때 전원의 ab상 전압이 부하의 ab상에 직접 가해지고, bc상 및 ca상도 마찬가지이다. 즉 서로 간섭하지 않는 독립적인 세 개의 단상회로가 선로를 공유하고 있는 것으로 볼 수 있다. 평형상태에서는 이들 사이에 120°씩 위상차만 있을 뿐 세 상의 동작이 동일하므로 오른편 그림과 같이 한 개 상으로 3상을 대표해서 나타낼 수 있다. 이를 **상당등가회로**(per-phase equivalent circuit)라 한다.

그림 11(c)는 전원과 부하가 모두 Y결선인 것으로 가정한 등가회로이다. 이 경우 만일 전원과 부하의 중성점이 점선처럼 연결되어 있다면 전원의 상전압이 부하의 각 상에 직접 가해지는 독립적인 세 개의 단상회로가 중성선을 공유하는 상태가 된다. 일반적으로 실제 회로와 중성선이 있는 회로는 다르지만 평형상태에서는 중성선에 흐르는 세 상전류의 합이 0이 된다. 따라서 중성선이 있으나 없으나 차이가 없으므로 중성선이 없더라도 중성선을 통해 연결된 것으로 보고 오른편과 같은 상당 등가회로로 나타낼 수 있다.

이처럼 3상평형 조건에서는 한 상으로 3상 동작을 대표해서 나타내는 상당 등가회로를 적용할 수 있다. (불평형에서는 상당 등가회로가 적용될 수 없다.) 이때 Δ결선 상당등가회로에서는 전류가 선

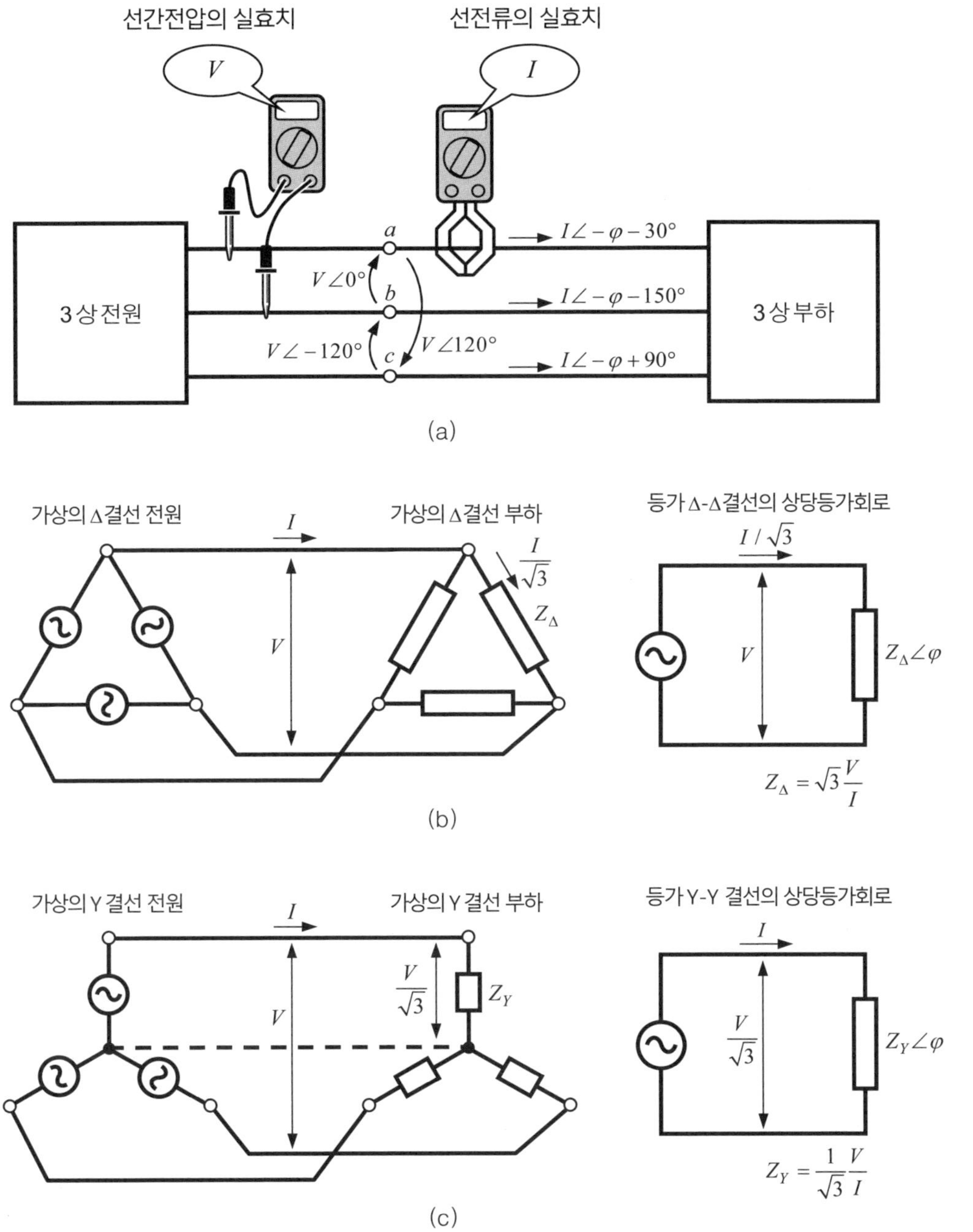

그림 11 평형 3상회로의 등가적 표현과 상당 등가회로

전류의 $1/\sqrt{3}$ 이고, Y결선 상당등가회로는 전압이 선간전압의 $1/\sqrt{3}$ 배로 표현된다. 실제 3상 시스템에서 전압은 고정되어 있는 반면 회로의 동작상태에 따라 전류가 변하므로 등가회로상의 전류와 실제 선전류를 일치시키는 것이 회로의 상태 변화를 나타내는 데에 더 편리하다. 따라서 일반적으로 등가Y결선의 상당 등가회로 표현방식이 선호된다.

3상의 전력

그림 11에 보인 평형상태에서는 동일한 전력을 전달하는 3개 단상회로가 연립해 있으므로 3상 전체 전력은 단상 전력의 3배에 해당한다. 그림 11(c)의 Y결선 상당등가회로에서 부하로 전달되는 유효전력은 $P_\phi = (V/\sqrt{3})I\cos\varphi$ 이고, 3상 전체에서 전달되는 전력은 그 3배가 된다. 이에 대응하여 피상전력과 무효전력도 상당 피상전력 $S_\phi = (V/\sqrt{3})I$ 와 상당 무효전력 $Q_\phi = (V/\sqrt{3})I\sin\varphi$ 의 3배가 전달되는 것으로 표현한다. 즉

$$S = 3S_\phi = \sqrt{3}VI \tag{7}$$

$$P = 3P_\phi = \sqrt{3}VI\cos\varphi \tag{8}$$

$$Q = 3Q_\phi = \sqrt{3}VI\sin\varphi \tag{9}$$

한편 평형상태에서 세 상의 순시전력은 각각 아래와 같이 표현된다.

$$\begin{aligned} p_a(t) &= v_a(t)i_a(t) = (V/\sqrt{3})I\cos\varphi + (V/\sqrt{3})I\cos(2\omega t - \varphi) \\ p_b(t) &= v_b(t)i_b(t) = (V/\sqrt{3})I\cos\varphi + (V/\sqrt{3})I\cos(2\omega t - 240° - \varphi) \\ p_c(t) &= v_c(t)i_c(t) = (V/\sqrt{3})I\cos\varphi + (V/\sqrt{3})I\cos(2\omega t + 240° - \varphi) \end{aligned} \tag{10}$$

이들을 더하면 뒤의 맥동성분들은 상쇄되어 없어지고 아래와 같이 직류성분만 남는다.

$$p(t) = p_a(t) + p_a(t) + p_a(t) = \sqrt{3}VI\cos\varphi \tag{11}$$

이는 식 (8)과 같다. 즉 상별 순시전력은 전원주파수의 2배로 맥동하지만 **3상전체 순시전력은 일정한 값을 유지한다.** 물론 이는 완전한 평형을 이루었을 때만 성립하며, 3상 평형이 아닌 경우에는 식 (10)에서 맥동성분들의 크기가 각자 다르기 때문에 서로 상쇄되지 않고 3상 전체 순시전력에도 전원의 2배주파수로 맥동하는 성분이 나타나게 된다.

3상전력의 측정

세 선으로 이루어진 3상 회로는 엄밀하게 말하면 2상 회로이다. $i_a + i_b + i_c = 0$ 의 관계로부터 어느 두 상의 전류가 주어지면 나머지 한 상의 전류는 자동으로 결정되므로 독립변수가 3개가 아니라 2개인, 즉 자유도가 2인 회로이기 때문이다. 예컨대 3상회로를 그림 12에 나타낸 것과 같이 a와 c단자사이에 v_{ac}가, b와 c단자사이에 v_{bc}가 가해져 이들 두 단상 전원이 c상 선로를 공통으로 사용하고 있는 2상 회로로 볼 수 있다. 이렇게 두 개의 단상 회로가 중첩된 것으로 보았을 때 v_{ac}는 a상 선로에 i_a를 흐르게 하여 $v_{ac}i_a$의 순시전력을, v_{bc}는 b상 선로에 i_b를 흐르게 하여 $v_{bc}i_b$의 순시전력을 전달하며, 아래에서 보듯이 이들의 합 $v_{ac}i_a + v_{bc}i_b$가 전체 순시전력에 일치한다. (부하의 실제 결선이 어떠하건) 가상의 Y결선된 부하의 중성점 n에 대한 상전압을 v_{an}, v_{bn}, v_{cn} 이라 썼을 때

$$\begin{aligned} p(t) &= v_{ac}i_a + v_{bc}i_b \\ &= (v_{an} - v_{cn})i_a + (v_{bn} - v_{cn})i_b \\ &= v_{an}i_a + v_{bn}i_b - v_{cn}(i_a + i_b) \\ &= v_{an}i_a + v_{bn}i_b + v_{cn}i_c \end{aligned} \tag{12}$$

그림은 이러한 관점에서 두 개의 단상전력을 측정해 합산함으로써 3상 전력을 측정하는 방식을

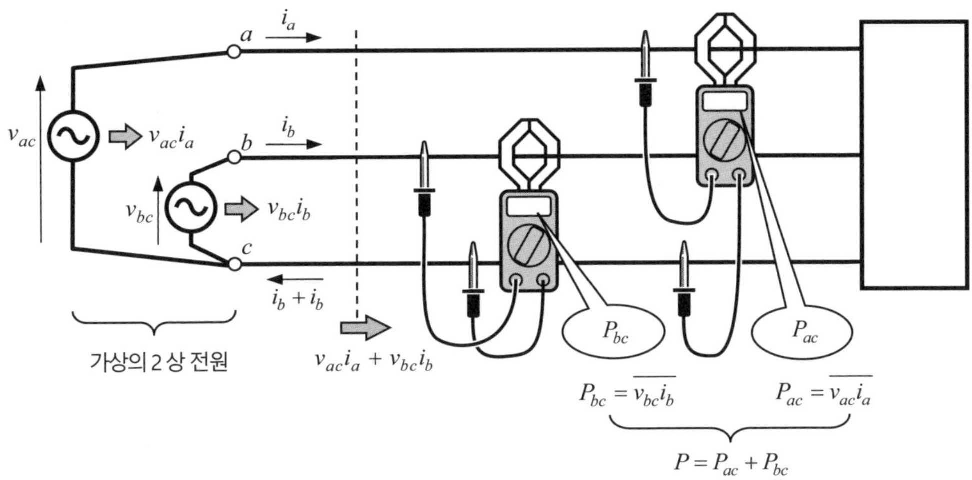

그림 12 3상 전원을 두 개의 단상전원이 결합된 것으로 간주하여 두 단상전력의 측정치를 합산함으로써 3상전력을 측정하는 방식 (2전력계법)

보여주고 있다. 이를 **2전력계법**이라 한다. 3상전력을 하나의 기기로 측정하는 3상전력계도 내부적으로는 같은 방식을 사용한다. 식 (12)가 전원의 대칭이나 부하의 평형을 전제로 하고 있지 않으므로 **2전력계 측정방식은 3상 평형 여부와 상관 없이 적용된다.**

일반적으로 위와 같은 2전력계법을 사용하여 측정된 전력이 P_1, P_2 라면 유효전력, 무효전력 및 피상전력이 아래와 같이 계산된다.

$$P = P_1 + P_2 \tag{13}$$

$$Q = \sqrt{3}(P_1 - P_2) \tag{14}$$

$$S = 2\sqrt{P_1^2 + P_2^2 - P_1P_2} \tag{15}$$

부록 E
3상 불평형과 대칭좌표성분

3상 시스템은 3개 상이 균등하게 부하를 분담하는 평형상태에서 운전되는 것이 이상적이지만 실제 시스템에서 어느 정도의 불평형은 항상 나타날 수 있다. 3상 전원이 비대칭이거나, 전원이 대칭이라도 부하가 세 상에서 모두 같지 않으면 3상전류가 비대칭인 불평형상태가 된다. 3상평형상태에서는 어느 한 상으로 세 상을 대표하여 나타낼 수 있어서 회로의 계산이 단상일 경우에 비해 크게 복잡하지 않지만 불평형일 때는 세 상을 모두 함께 취급해야 하므로 해석이 매우 복잡해진다. 그러나 불평형상태에서도 대칭 3상처럼 한 상으로 대표하여 나타낼 수 있는 요소들로 분리하는 것이 가능하며, 이를 통해 회로해석을 단순화시킨 것이 대칭좌표법이다.

정상, 역상, 영상

세 상의 전압이 대칭이면서 그림 1(a)와 같이 *a*-*b*-*c* 순서의 위상을 가지고 있는 것을 정상 상순이라 한다. 여기서 a상 전압을 이 3상전압을 대표하는 페이서 $\tilde{V}_1$으로 나타내면

$$\tilde{V}_a = \tilde{V}_1 \tag{1a}$$

$$\tilde{V}_b = a^2\tilde{V}_1 \tag{1b}$$

$$\tilde{V}_c = a\tilde{V}_1 \tag{1c}$$

로 쓸 수 있다. 여기서 a는

$$a = 1\angle 120° = -\frac{1}{2} + j\frac{\sqrt{3}}{2} \tag{2}$$

로서, 페이서에 a를 곱하면 반시계방향으로 120°, a^2을 곱하면 240°(시계방향으로 120°) 회전시키

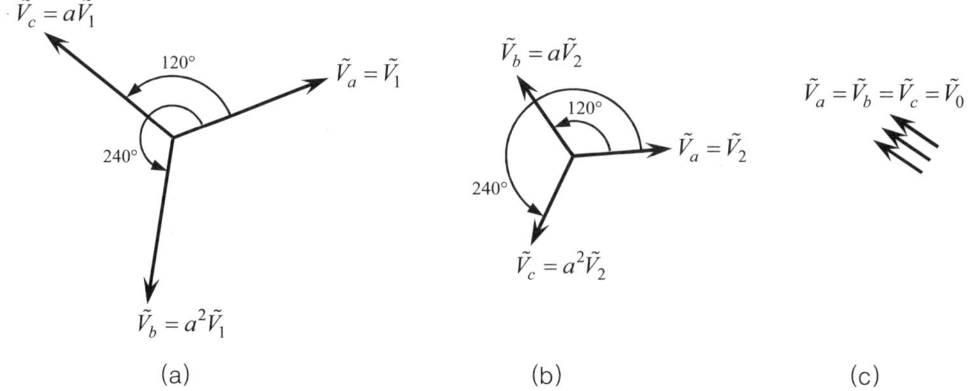

그림 1 대칭 3상전압 (a) 정상 상순 (b) 역상 상순 (c) 영상 상순

는 것에 해당한다. 그림 1(b)는 3상 전압이 기하학적 대칭을 유지하고 있지만 상순이 *a-c-b* 로 나타나는 경우로, 앞에 비해 반대 상순이므로 역상이라 한다. 여기서도 a상 전압을 역상 상순의 3상전압을 대표하는 페이서 $\tilde{V}_2$로 쓰면 아래와 같이 표현된다.

$$\tilde{V}_a = \tilde{V}_2 \tag{3a}$$

$$\tilde{V}_b = a\tilde{V}_2 \tag{3b}$$

$$\tilde{V}_c = a^2\tilde{V}_2 \tag{3c}$$

그림 1(c)는 3상 전압이 다 동일한 경우로, 영상이라 하고 $\tilde{V}_0$라 나타낸다. 즉

$$\tilde{V}_a = \tilde{V}_b = \tilde{V}_c = \tilde{V}_0 \tag{4}$$

세 대칭성분이 중첩되면 불평형 3상전압이 된다

이상적인 대칭 3상 전원이란 정상 상순의 성분만 존재하는 전원을 말한다. 만일 여기에 역상성분과 영상성분이 중첩된다면 아래 식과 같이 쓸 수 있다.

$$\tilde{V}_a = \tilde{V}_1 + \tilde{V}_2 + \tilde{V}_0 \tag{5a}$$

$$\tilde{V}_b = a^2\tilde{V}_1 + a\tilde{V}_2 + \tilde{V}_0 \tag{5b}$$

$$\tilde{V}_c = a\tilde{V}_1 + a^2\tilde{V}_2 + \tilde{V}_0 \tag{5c}$$

이렇게 중첩된 3상 전압은 그림 2에서 보듯이 세 상전압이 크기도 다르고 위상차도 불규칙한 비대칭적인 모습으로 나타난다. 이러한 상태를 통상 3상전압이 불평형되었다고 말한다.

식 (5)를 행렬식 형태로 쓰면

$$\begin{bmatrix} \tilde{V}_a \\ \tilde{V}_b \\ \tilde{V}_c \end{bmatrix} = \begin{bmatrix} 1 & 1 & 1 \\ a^2 & a & 1 \\ a & a^2 & 1 \end{bmatrix} \begin{bmatrix} \tilde{V}_1 \\ \tilde{V}_2 \\ \tilde{V}_0 \end{bmatrix} \tag{6}$$

여기서 계수행렬을 $[\mathbf{T}]$로 나타내 아래와 같이 쓰기로 한다.

$$[\mathbf{V}_{abc}] = [\mathbf{T}][\mathbf{V}_{120}] \tag{7}$$

불평형 3상전압은 세 대칭성분으로 분해된다

위 식은 $\tilde{V}_1, \tilde{V}_2, \tilde{V}_0$가 주어져 있다면 이 성분들이 합성된 불평형 3상전압 $\tilde{V}_a, \tilde{V}_b, \tilde{V}_c$가 계산될 수 있음을 보여주고 있다. 역으로, 어떤 불평형 3상전압의 페이서가 주어졌을 때 그 안에 존재하는 정상성분과 역상성분, 영상성분을 분리해낼 수 있을까? 그리고 분리해낼 수 있다면, 유일하게 결정될까? 이는 식 (5)의 세 식에서 $\tilde{V}_a, \tilde{V}_b, \tilde{V}_c$가 주어졌을 때 세 개의 미지수 $\tilde{V}_1, \tilde{V}_2, \tilde{V}_0$를 구하는 문제에 해당한다. 이 미지수들에 대한 연립방정식이 해를 갖기 위해서는 세 식이 선형독립이어야 한다. 식 (6)에서 $\det[\mathbf{T}]$를 구해 보면 0이 아님을 알 수 있다. 따라서 세 식은 서로 독립적이며, 역함수가 존재한다. 그 표현식은 아래와 같다.

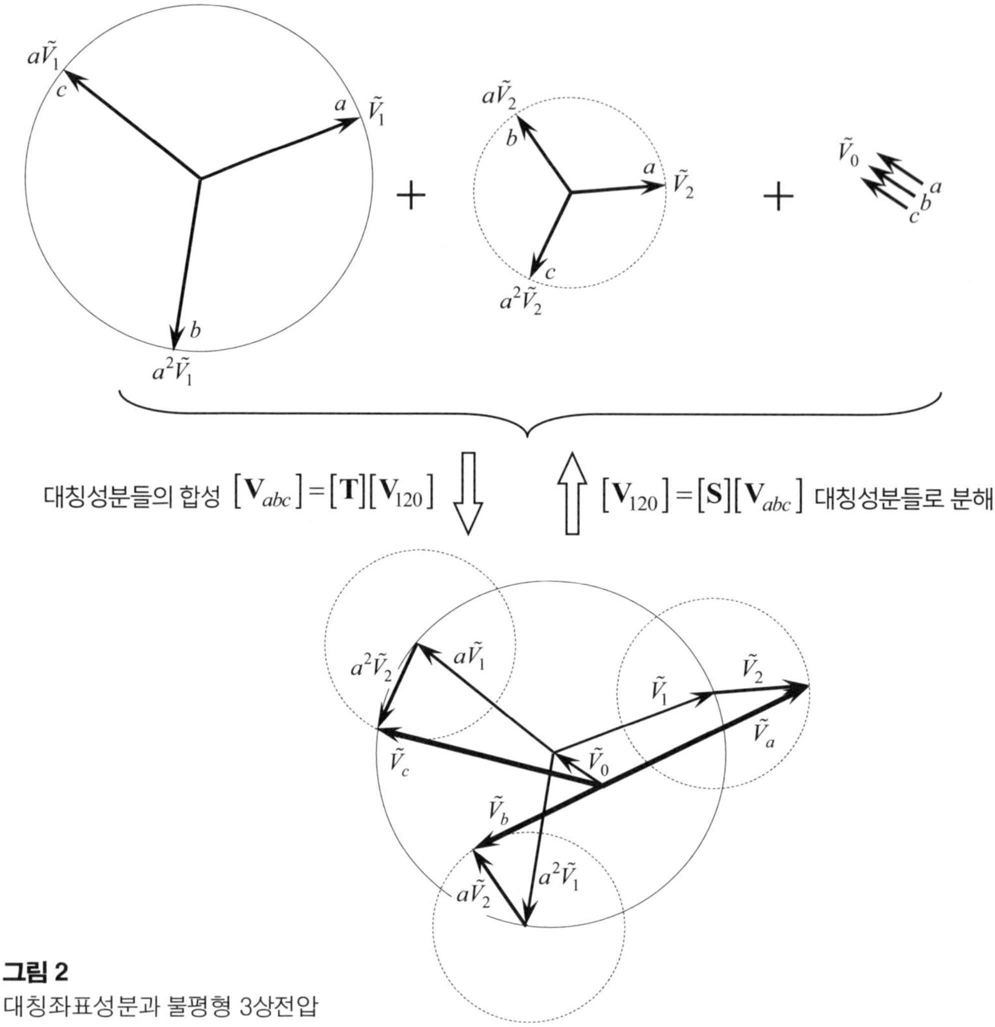

그림 2
대칭좌표성분과 불평형 3상전압

$$\begin{bmatrix} \tilde{V}_1 \\ \tilde{V}_2 \\ \tilde{V}_0 \end{bmatrix} = \frac{1}{3} \begin{bmatrix} 1 & a & a^2 \\ 1 & a^2 & a \\ 1 & 1 & 1 \end{bmatrix} \begin{bmatrix} \tilde{V}_a \\ \tilde{V}_b \\ \tilde{V}_c \end{bmatrix} \tag{8}$$

여기서 계수행렬은 $[\mathbf{T}]$ 의 역행렬로서, 이를 $[\mathbf{S}]$ $(=[\mathbf{T}]^{-1})$라 쓰면

$$[\mathbf{V}_{120}] = [\mathbf{S}][\mathbf{V}_{abc}] \tag{9}$$

이렇게 구해진 $\tilde{V}_1, \tilde{V}_2, \tilde{V}_0$를 각각 **정상분**(positive sequence component), **역상분**(negative sequence component), **영상분**(zero sequence component)이라 하며, 이들은 식 (5a)에서 a상 전압을 구성하는 정상성분, 역상성분, 그리고 영상성분을 나타낸다. 이들을 알면 b상, c상에 포함된 정상성분, 역상성분, 영상성분들도 자동으로 구해진다. $\det[\mathbf{T}] \neq 0$이므로 $\det[\mathbf{S}] \neq 0$이고, 이들이 정

치행렬이라는 것은 불평형 3상전압과 이를 구성하는 대칭 3상성분들 사이에 1:1 대응관계가 있음을 뜻한다. 즉 **어떠한 불평형 3상전압이라도 그에 대응하는 대칭 3상전압 성분들이 유일하게 결정된다.** 3상 전류도 마찬가지로 아래와 같이 정상분, 역상분, 영상분으로 분해할 수 있다.

$$[\mathbf{I}_{120}] = [\mathbf{S}][\mathbf{I}_{abc}] \tag{10}$$

대칭좌표법

불평형 3상전압과 전류를 이처럼 세 개의 대칭성분으로 분해해서 과연 어떤 이득을 얻을 수 있을까? 3상이 대칭이라는 것은 세 상을 어느 한 상으로 대표해서 나타낼 수 있음을, 즉 3상을 단상으로 단순화시켜 나타낼 수 있음을 뜻한다. 따라서 비대칭 3상을 3개의 대칭성분으로 분해할 수 있다면 전체 회로를 각각의 성분을 대표하는 3개의 단상회로로 나타낼 수 있게 된다.

그림 3은 3상회로를 대칭성분 전압과 대칭성분 전류가 중첩된 회로로 표현한 것이다. 여기서 원래의 불평형 3상 전압과 전류 사이의 관계가 아래의 식으로 표현된다고 하자.

$$[\mathbf{V}_{abc}] = [\mathbf{Z}_{abc}][\mathbf{I}_{abc}] \tag{11}$$

식 (9)와 (10)을 적용하면 대칭성분 전압과 전류 사이의 관계가 아래와 같이 얻어진다.

$$[\mathbf{V}_{120}] = [\mathbf{Z}_{120}][\mathbf{I}_{120}] \tag{12}$$

$$[\mathbf{Z}_{120}] = [\mathbf{S}][\mathbf{Z}_{abc}][\mathbf{S}]^{-1} \tag{13}$$

$[\mathbf{V}_{120}]$ 과 $[\mathbf{I}_{120}]$가 a상의 전압과 전류성분들을 나타내고 있고 이들을 알면 b, c상 성분들을 바로 알 수 있다. 즉 식 (12)는 3상 전압-전류 관계를 한 개 상의 전압-전류 관계로 나타낸 것이다.

겉보기에는 3개 전압과 3개 전류 사이의 관계인 식 (11)을 다른 형태의 3개 전압과 3개 전류 사이의 관계로 바꿔 쓴 것에 불과하므로 특별한 이득이 있는 것으로 보이지 않을 수 있다. 그러나 여기서 중요한 점은 대부분의 경우 식 (13)으로 계산된 임피던스 행렬식 $[\mathbf{Z}_{120}]$가 대각행렬 형태로 나타난

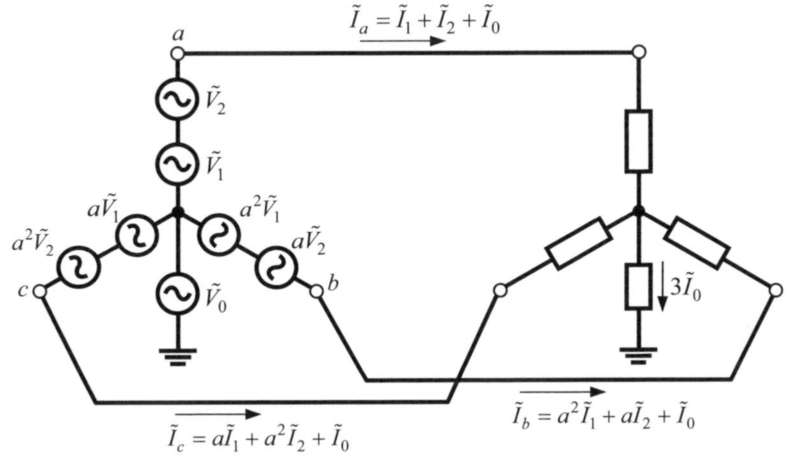

그림 3 대칭성분의 중첩으로 표현된 3상회로

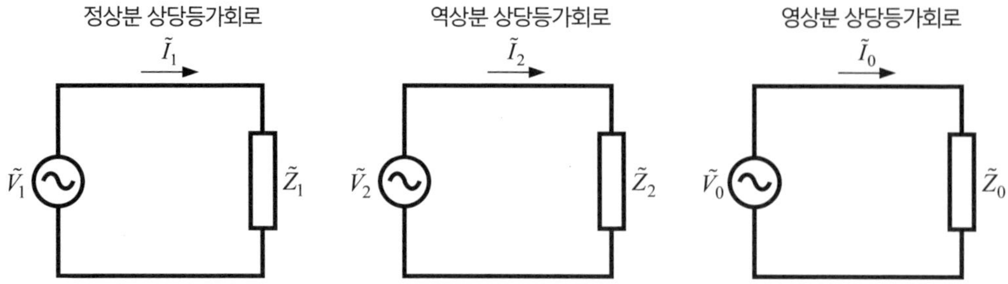

그림 4 대칭성분의 상당등가회로

다는 사실이다. 즉 식(12)가 아래와 같이 표현된다.

$$\begin{bmatrix} \tilde{V}_1 \\ \tilde{V}_2 \\ \tilde{V}_0 \end{bmatrix} = \begin{bmatrix} \tilde{Z}_1 & 0 & 0 \\ 0 & \tilde{Z}_2 & 0 \\ 0 & 0 & \tilde{Z}_0 \end{bmatrix} \begin{bmatrix} \tilde{I}_1 \\ \tilde{I}_2 \\ \tilde{I}_0 \end{bmatrix} \tag{14}$$

위의 관계식은 정상분 전압은 정상분 전류에만, 역상분 전압은 역상분 전류에만, 영상분 전압은 영상분 전류에만 영향을 미치고 서로 간섭하지 않음을 뜻한다. 따라서 이러한 경우 그림 3의 회로를 그림 4와 같이 대표상(a상)의 정상분, 역상분, 영상분에 대한 상당등가회로로 치환할 수 있다. 여기서 $\tilde{Z}_1, \tilde{Z}_2, \tilde{Z}_0$를 각각 정상분임피던스, 역상분임피던스, 영상분임피던스라 부른다.

$[\mathbf{Z}_{120}]$가 항상 대각행렬이 되는 것은 아니지만 대부분의 경우 대각행렬로 귀착되며, 대각행렬이 아닌 경우라도 원래 임피던스 행렬 $[\mathbf{Z}_{abc}]$보다 훨씬 단순한 형태로 표현되므로 회로 분석이 용이해진다. 이처럼 식(11)의 원래 3상변수들 사이의 관계를 식(12)의 대칭성분들 사이의 관계로 치환하는 것은 수학적으로 좌표변환에 해당한다. 따라서 이를 **대칭좌표변환**(symmetrical coordinate transformation)이라 하고 3상계통의 불평형 계산에 중요한 수단으로 쓰이고 있다.

선간전압과 선전류에서의 영상분

그림 3에 나타냈듯이 영상분 $\tilde{V}_0$는 세 상 전압의 공통전위이다. 따라서 선간전압에는 상쇄되어 나타나지 않는다. 식(8)로 표현된 관계를 상전압 $\tilde{V}_a, \tilde{V}_b, \tilde{V}_c$ 대신 선간전압 $\tilde{V}_{ab}, \tilde{V}_{bc}, \tilde{V}_{ca}$에 적용한다면 $\tilde{V}_{ab} + \tilde{V}_{bc} + \tilde{V}_{ca} = 0$이기 때문에 $\tilde{V}_0$는 항상 0이다. 따라서 선간전압에는 항상 정상분과 역상분만 존재한다. 마찬가지로, 3상 3선식 선로에서는 3상 선전류의 합이 항상 $\tilde{I}_a + \tilde{I}_b + \tilde{I}_c = 0$이므로 영상분 전류가 존재하지 않는다. 즉 3상 전류가 불평형이라도 정상분과 역상분만 존재하며, 만일 영상분이 존재한다면 어디엔가 제4의 통로가 형성되는 문제가 생겼음을 뜻한다. 3상 4선식이나 그림 3에서처럼 접지를 통해 전원과 부하가 연결되어 있다거나 할 경우에는 정상적인 상황에서도 영상분 전류가 흐를 수 있다. 이때 중성선 또는 접지를 통해 3상전류의 합이 흐르게 되는데, 정상성분들의 합과 역상성분들의 합은 항상 0이므로 그림에 나타낸 것과 같이 중성선에는 영상분만 흐른다.

정상분과 역상분 및 불평형률의 계산

식(8)로 정상분과 역상분, 영상분을 구하려면 전압의 크기와 위상을 측정하고 복소수 계산을 행하여야 한다. 그러나 영상분이 없는 선간전압에서는 세 선간전압의 크기만으로 아래와 같이 정상분

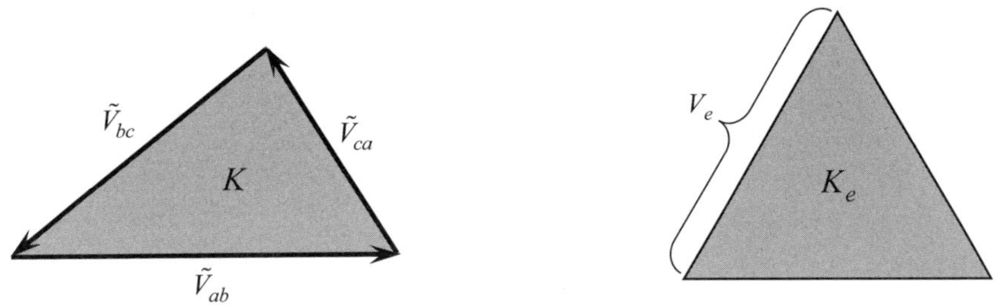

$$K = \frac{1}{4}\sqrt{2V_{ab}^2V_{bc}^2 + 2V_{bc}^2V_{ca}^2 + 2V_{ca}^2V_{ab}^2 - V_{ab}^4 - V_{bc}^4 - V_{ca}^4}$$

$$K_e = \frac{1}{4\sqrt{3}}(V_{ab}^2 + V_{bc}^2 + V_{ca}^2)$$

$$\alpha = \frac{K}{K_e}$$

그림 5 선간전압삼각형과 등가실효전압 삼각형

과 역상분전압을 구할 수 있다.(3상3선식 선전류의 정상분과 역상분도 마찬가지로 구해진다.)

$$V_1 = V_e\sqrt{\frac{1+\alpha}{2}} \tag{15}$$

$$V_2 = V_e\sqrt{\frac{1-\alpha}{2}} \tag{16}$$

여기서

$$V_e = \sqrt{\frac{V_{ab}^2 + V_{bc}^2 + V_{ca}^2}{3}} \tag{17}$$

$$\alpha = \sqrt{3}\sqrt{1 - 2\frac{V_{ab}^4 + V_{bc}^4 + V_{ca}^4}{(V_{ab}^2 + V_{bc}^2 + V_{ca}^2)^2}} \tag{18}$$

V_e는 불평형 3상 선간전압의 **등가실효전압**을 나타낸다. 그리고 α는 그림 5에 보인 것과 같이 이 등가실효전압을 한 변으로 한 평형 선간전압 삼각형의 면적 K_e와 실제 선간전압 삼각형의 면적 K 사이의 비율(K/K_e)에 해당한다. 3상 대칭일 때 $\alpha = 1$ 이고 대칭에서 멀어질수록 1보다 작은 값을 갖게 된다.(이는 같은 V_e값을 갖는 모든 V_{ab}, V_{bc}, V_{ca}의 조합에서 $V_{ab} = V_{bc} = V_{ca}$ 일 때 선간전압 삼각형의 면적이 최대임을 뜻한다.)

역상분의 크기가 클수록 불평형의 정도가 심해지므로 불평형이 어느 정도인지를 나타내는 **불평형률**(unbalance factor)이 아래와 같이 정상분에 대한 역상분의 비율로 정의된다.

$$u = \frac{V_2}{V_1} \tag{19}$$

식(15)와(16)으로부터 불평형률은 아래 식으로 표현된다.

$$u = \sqrt{\frac{1-\alpha}{1+\alpha}} \tag{20}$$

한편 위의 관계식을 단순화시켜 아래의 근사식으로 불평형률을 계산할 수도 있다.

$$u \approx \sqrt{\frac{2}{3}} \frac{\sqrt{(V_{ab}-V_{avg})^2+(V_{bc}-V_{avg})^2+(V_{ca}-V_{avg})^2}}{V_{avg}} \tag{21}$$

$$V_{avg} = \frac{V_{ab}+V_{bc}+V_{ca}}{3} \tag{22}$$

실제 현장에서는 더 간단하게 아래와 같이 평균치 대비 최대편차의 비율로 불평형률을 계산하는 방법이 주로 적용된다.

$$\text{VUF} = \frac{\max\left[\left|V_{ab}-V_{avg}\right|, \left|V_{bc}-V_{avg}\right|, \left|V_{ca}-V_{avg}\right|\right]}{V_{avg}} \tag{23}$$

통상적인 배전선로 불평형은 2% 이내이며, 불평형률이 5%를 넘지 않는 범위에서는 식 (23)으로 계산해도 식 (19)로 계산한 값과 큰 차이가 나지 않으므로 실용상 지장이 없다.

예제

3상 380 V 선로의 세 선간전압을 측정하였더니 385 V, 360 V, 345 V였다. 정상분 전압과 역상분 전압을 구하고 불평형률을 계산하라. 이 값과 최대편차에 의한 불평형률을 비교하라.

$$V_e = \sqrt{\frac{385^2+360^2+345^2}{3}} = 363.7 \text{ V}$$

$$\alpha = \sqrt{3}\sqrt{1-2\frac{385^4+360^4+345^4}{(385^2+360^2+345^2)^2}} = 0.9916$$

$$V_1 = 363.7\sqrt{\frac{1+0.9916}{2}} = 362.9 \text{ V}$$

$$V_2 = 363.7\sqrt{\frac{1-0.9916}{2}} = 23.5 \text{ V}$$

$$u = \frac{V_2}{V_1} = \frac{23.6}{362.9} = 0.0650 = 6.5\ \%$$

최대편차 불평형률은

$$V_{avg} = \frac{385+360+345}{3} = 363.3 \text{ V}$$

$$\text{VUF} = \frac{\max\left[|385-363.3|, |360-363.3|, |345-363.3|\right]}{363.3} = \frac{21.7}{363.3} = 6.0\ \%$$

참고로, 식 (21)로 계산된 불평형률의 근사치는 다음과 같다.

$$u = \sqrt{\frac{2}{3}} \frac{\sqrt{(385-363.3)^2+(360-363.3)^2+(345-363.3)^2}}{363.3} = 6.4\ \%$$

부록 F
교류회로의 고조파

교류회로에서는 전압과 전류가 모두 정현파인 것이 이상적이다. 그러나 실제로는 여러 가지 이유로 전원전압이 왜곡되거나 전류가 왜곡되는 경우가 흔히 나타난다. 일반적으로 전원전압이 크게 왜곡되는 일은 드물지만 부하의 특성에 따라 전류의 왜곡은 상당히 클 수 있다. 왜곡된 전류는 손실 증가, 전파장해, 공진, 진동 및 소음 등 여러 가지 문제를 일으킨다. 교류 시스템에 나타나는 고조파의 일반적 속성에 관하여 요약한다.

기본파와 고조파

그림 1과 같이 어떤 부하에 아래의 정현파 전압을 인가하였다고 하자.

$$v(\omega t) = \sqrt{2}V\cos(\omega t) \tag{1}$$

이때 전류 $i(\omega t)$가 정현파가 아닌 왜곡된 파형으로 나타난 경우, 전류파형은 그림 2에 나타낸 것과 같이 여러 개의 주파수 성분으로 구성된다. 위의 전원전압과 같은 주파수 성분을 기본파성분(fundamental component), 그 외 성분들을 고조파성분(harmonic component)이라 한다. 고조파성분들의 주파수는 기본파 주파수의 정수배로서, 기본파 주파수가 60 Hz라면 120 Hz, 180 Hz, 240 Hz 등이 된다. 이들을 각각 2차 고조파, 3차 고조파, 4차 고조파 등으로 부르며, 아래와 같이 퓨리에 급수(Fourier series)로 표현된다.

$$\begin{aligned} i(\omega t) &= \frac{1}{2}a_0 + \sum_{n=1,2,\cdots}\left[a_n\cos(n\omega t) + b_n\sin(n\omega t)\right] \\ &= \frac{1}{2}a_0 + a_1\cos(\omega t) + a_2\cos(2\omega t) + a_3\cos(3\omega t) + \cdots \\ &\quad + b_1\sin(\omega t) + a_2\sin(2\omega t) + a_3\sin(3\omega t) + \cdots \end{aligned} \tag{2}$$

각 고조파성분들의 크기는 원 파형 $i(\omega t)$의 표현식이 주어진 경우 아래와 같이 계산할 수 있다.

$$a_n = \frac{1}{\pi}\int_{-\pi}^{\pi} i(\omega t)\cos(n\omega t)d(\omega t) \tag{3}$$

$$b_n = \frac{1}{\pi}\int_{-\pi}^{\pi} i(\omega t)\sin(n\omega t)d(\omega t) \tag{4}$$

여기서 $n = 0, 1, 2, 3\cdots$은 고조파의 차수를 나타낸다. $n = 0$에 해당하는 $a_0 / 2$는 원 파형의 직류성분(평균치)을 나타내고 $n = 1$에 해당하는 a_1과 b_1이 기본파성분이다.

교류시스템의 정상상태에서는 직류성분이 나타나지 않는다. 따라서 이를 배제하고 식 (2)에서 같은 주파수의 코사인항과 사인항들끼리 하나로 묶으면 아래와 같이 쓸 수 있다.

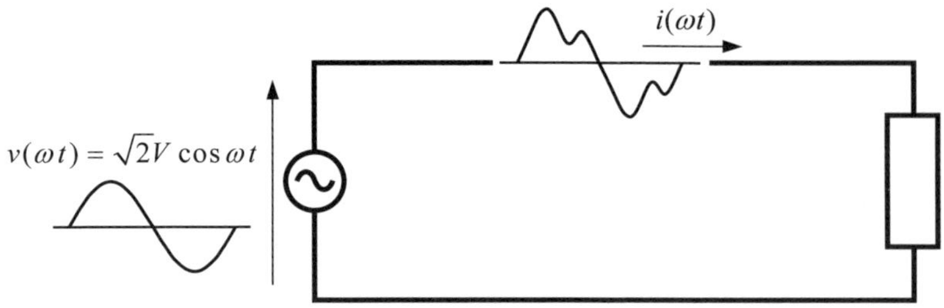

그림 1 왜곡된 파형의 전류가 흐르는 교류회로

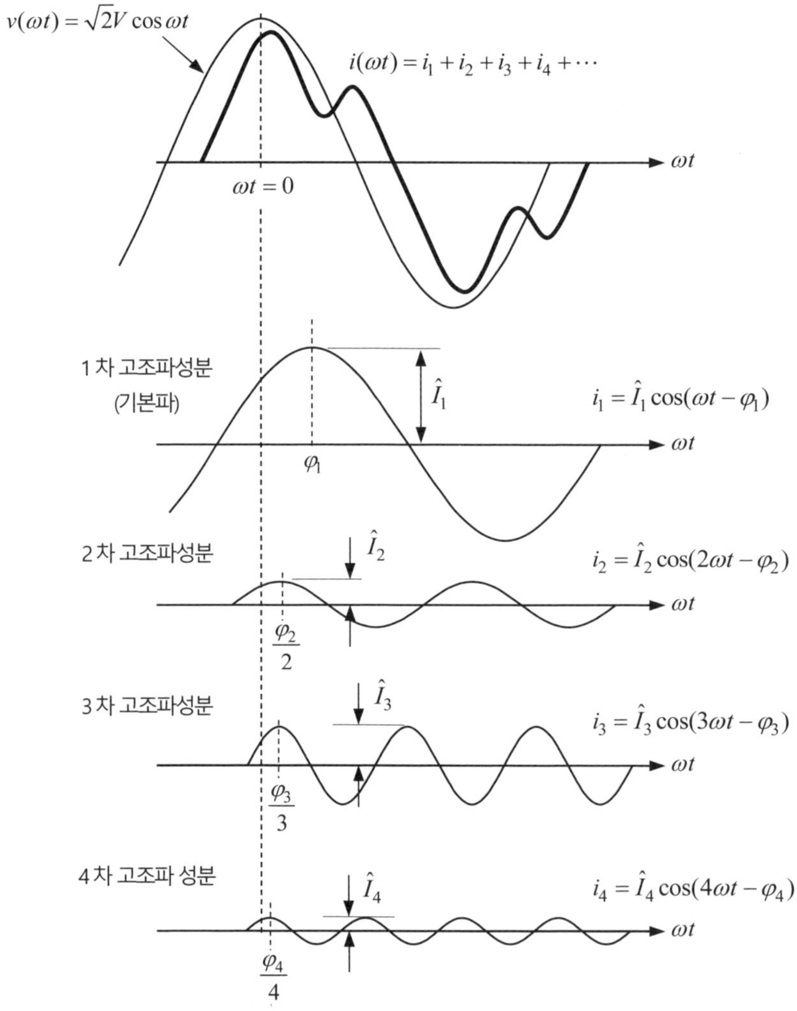

그림 2 왜곡된 전류파형의 기본파 및 고조파 성분

$$i(\omega t) = \hat{I}_1 \cos(\omega t - \varphi_1) + \hat{I}_2 \cos(2\omega t - \varphi_2) + \hat{I}_3 \cos(3\omega t - \varphi_3) + \cdots \tag{5}$$

$$\hat{I}_n = \sqrt{a_n^2 + b_n^2} \tag{6}$$

$$\varphi_n = \tan^{-1} \frac{b_n}{a_n} \tag{7}$$

고조파성분의 위상각 φ_n은 $\omega t = 0$인 지점을 시간축의 어디로 설정했는지에 따라 달라진다. 식 (1)에서 $v(\omega t) = \sqrt{2}V \cos(\omega t)$로 표현하고 있는 것은 그림 2에서와 같이 전원전압이 최대인 지점을 시간축의 원점으로 잡고 있음을 뜻한다. 이때 전류의 고조파 성분들도 식 (5)처럼 코사인 함수로 통일해서 나타낸다면 기본파성분의 위상각 φ_1이 기본파성분의 역률각에 일치한다.

실효치

식 (5)로 표현된 파형의 실효치는 다음과 같이 계산된다.

$$I = \sqrt{I_1^2 + I_2^2 + I_3^2 + \cdots} \tag{8}$$

여기서 I_n은 아래와 같이 각 차수별 고조파의 실효치를 나타낸다.

$$I_n = \frac{\hat{I}_n}{\sqrt{2}} \tag{9}$$

고조파와 전력

일반적으로 $n \neq m$일 때 다음의 관계가 성립한다.

$$\int_{-\pi}^{\pi} \cos(n\omega t)\cos(m\omega t)d(\omega t) = \int_{-\pi}^{\pi} \cos(n\omega t)\sin(m\omega t)d(\omega t) = 0$$

이는 주파수가 다른 정현파들의 곱은 평균 0임을 말해준다. 따라서 식 (1)의 전압에 식 (5)의 전류를 곱한 순시전력 $p(\omega t) = v(\omega t)i(\omega t)$을 평균하면 고조파전류성분과 곱해진 항들은 모두 0이 되고, 기본파 성분에 곱해진 항만 남는다. 즉 **평균전력은 기본파 성분에 의해서만 전달**되며 고조파 성분들은 있으나 없으나 전력에 변화가 없다. 따라서 평균전력이 다음과 같이 계산된다.

$$P = VI_1 \cos\varphi_1 \tag{10}$$

이때 전압의 실효치에 전류의 실효치를 곱한 피상전력은

$$S = VI \tag{11}$$

여기서 전류의 실효치는 식 (8)의 고조파성분을 모두 포함하는 실효치를 뜻한다. 따라서 역률은

$$pf = \frac{P}{S} = \frac{I_1}{I} \cos\varphi_1 \tag{12}$$

만일 전류에 기본파성분만 존재한다면 $I = I_1$이므로 $pf = \cos\varphi_1$가 된다. 여기에 고조파성분이 추가되면 전류 실효치가 증가하므로 위 식에서 보듯이 전체 전류에서 기본파가 차지하는 비중 (I_1 / I)만큼 역률이 하락한다. 예컨대 $\varphi_1 = 0°$라도 역률이 1보다 작아진다. 즉 고조파는 전력전달에 무관하면서 피상전력을 증가시킴으로 해서 역률을 떨어뜨리는 결과를 낳는다.

고조파 성분을 지닌 파형

대부분의 부하는 양과 음의 전압에서 같은 반응을 보인다. 따라서 전압의 양의 반주기 동안 흐르는 전류가 음의 반주기 동안에도 방향만 반대가 될 뿐 그대로 흐르므로 양의 반주기 파형을 뒤집으면 음의 반주기 파형과 일치한다. 이를 반주기대칭이라 한다. 그림 3은 기본파에 3차고조파가 중첩된 경우로서, 둘 사이의 위상차에 따라 파형은 달라지지만 항상 반주기대칭이 유지되는 것을 볼 수 있다. 그러나 이러한 특성이 짝수고조파가 중첩되었을 때는 성립하지 않는다. 그림 4는 기본파에 2차 고조파가 중첩된 파형으로, 반주기대칭이 이루어지지 않음을 볼 수 있다. 기본파 반주기가 2차고조파에게는 한 주기이므로 반주기마다 기본파 방향이 바뀔 때 2고조파는 이전 그대로여서 상대적으로 반대 방향이 되므로 반주기대칭이 이루어질 수 없다. 4차, 6차 등 모든 짝수 고조파도 마찬가지이다.

이처럼 짝수 고조파가 존재하면 반주기대칭이 이루어지지 않는다는 사실은 반주기대칭인 통상적인 부하전류에 짝수고조파 성분들이 존재하지 않거나, 매우 작음을 뜻한다. 즉 어떤 특이한 문제가 있지 않은 이상 실제 계통선로에 흐르는 전류에는 홀수 고조파만 존재한다. 홀수 고조파도 차수가 높아지면 그 크기가 작아지는 경향을 보이며, 통상 3차, 5차, 7차 정도까지가 실제적으로 현저한 영향을 미치는 범위이다.

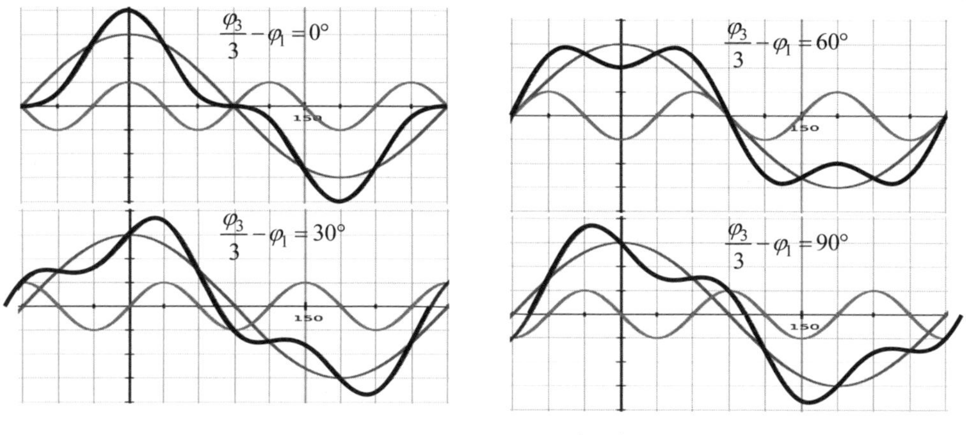

그림 3 3차고조파 성분이 중첩된 파형: 3차고조파 크기는 $\hat{I}_3=\hat{I}_1/3$ 로 모두 동일하지만 기본파와의 위상차에 따라 다양한 형태로 나타난다.

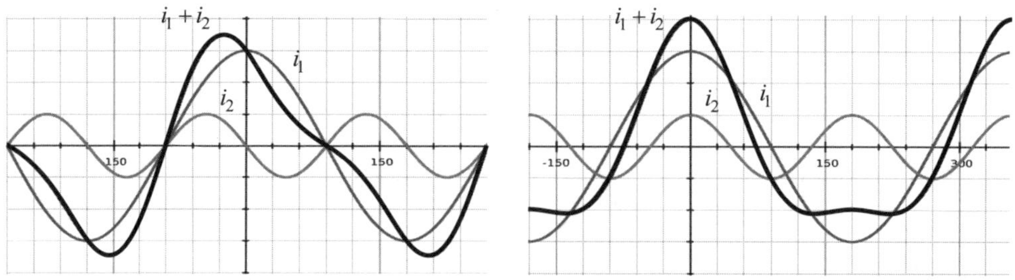

그림 4 2차고조파 성분이 중첩된 파형

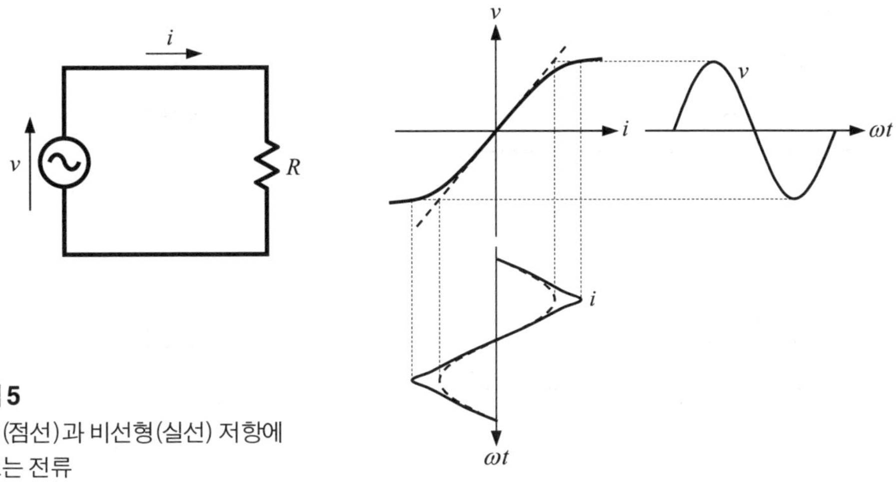

그림 5
선형(점선)과 비선형(실선) 저항에 흐르는 전류

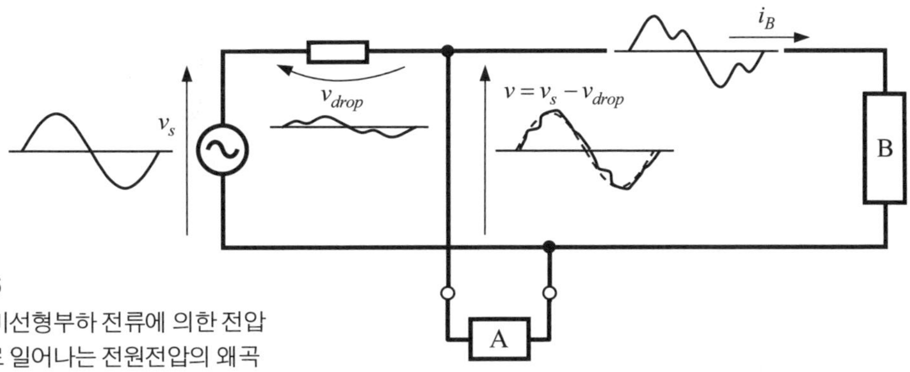

그림 6
인근 비선형부하 전류에 의한 전압 강하로 일어나는 전원전압의 왜곡

고조파의 원인

고조파 전류가 흐르는 것은 (1) 전원전압이 왜곡되었거나 (2) 부하가 비선형적 특성을 가지고 있기 때문이다. 그림 5와 같이 비선형 전압-전류 특성의 저항에 정현파 전압을 가하면 정현파에서 벗어난 왜곡된 전류가 흐른다. 이처럼 부하 임피던스가 전류나 전압에 따라 달라지는 비선형적 특성을 지니고 있을 때 고조파가 발생한다. 일정한 크기의 선형 요소들로만 이루어진 선형회로는 아무리 복잡해도 정현파 전압을 가했을 때 정현파 전류가 흐르지만 그 안에 비선형 요소가(단 한 개라도) 포함되어 있다면 전체가 비선형 회로가 되고, 전류가 왜곡된다. 1장에서 설명한 철심을 지닌 코일이 대표적인 예이고, 다이오드 등 반도체소자들로 이루어진 회로들 역시 비선형적인 특성을 갖는다. 이들을 통칭해서 비선형부하라 부른다.

한편 전원전압의 왜곡은 대개 인근 비선형 부하 때문이다. (일반적으로 교류계통의 모선전압 자체가 왜곡되는 일은 극히 드물다) 그림 6과 같이 부하 A가 비선형부하 B와 같은 전원에 접속되어 있을 때 B로 흐르는 전류에 의해 일어나는 선로의 전압강하 때문에 A 입장에서 본 전원전압은 왜곡된 파형이 된다. 그 결과 A에도 고조파전류가 흐르게 된다. B의 용량이 클수록, 그리고 전원측 임피던스(선로 임피던스 및 변압기의 직렬임피던스 성분)가 클수록 그 영향은 현저해진다.

3상회로의 고조파

3상 시스템은 전원과 부하로 이루어진 단상 시스템 세 개가 3개(3상 3선식), 또는 4개(3상 4선식) 선로를 공통으로 사용하면서 결합된 형태이므로 상전류의 고조파성분들이 선로에 중첩하여 흐르게 된다. 또한 결선방식에 따라서는 상 사이에 상호간섭을 일으킬 수 있다.

위에서 언급했듯이 짝수차 고조파는 거의 나타나지 않으므로 3상전원의 a상 기전력이 다음과 같이 3차, 5차, 7차 고조파 성분을 지니고 있다고 하자.

$$\begin{aligned} e_a(\omega t) &= \hat{E}_1 \cos(\omega t - \varphi_1) + \hat{E}_3 \cos(3\omega t - \varphi_3) \\ &\quad + \hat{E}_5 \cos(5\omega t - \varphi_5) + \hat{E}_7 \cos(7\omega t - \varphi_7) \end{aligned} \tag{13}$$

b상과 c상의 기전력이 a상과 동일한 파형이면서 각각 $2\pi/3$, $4\pi/3$씩 만큼 뒤진 파형이라면 이들은 위의 식 ωt에 각각 $\omega t - \gamma$, $\omega t + \gamma$를 대입하여($\gamma = 2\pi/3$) 아래와 같이 표현된다.

$$\begin{aligned} e_b(\omega t) &= \hat{E}_1 \cos\left(\omega t - \gamma - \varphi_1\right) + \hat{E}_3 \cos\left(3\omega t - \varphi_3\right) \\ &\quad + \hat{E}_5 \cos\left(\omega t + \gamma - \varphi_5\right) + \hat{E}_7 \cos\left(7\omega t - \gamma - \varphi_7\right) \end{aligned} \tag{14}$$

$$\begin{aligned} e_c(\omega t) &= \hat{E}_1 \cos\left(\omega t + \gamma - \varphi_1\right) + \hat{E}_3 \cos\left(3\omega t - \varphi_3\right) \\ &\quad + \hat{E}_5 \cos\left(\omega t - \gamma - \varphi_5\right) + \hat{E}_7 \cos\left(7\omega t + \gamma - \varphi_7\right) \end{aligned} \tag{15}$$

여기서 3차 고조파 성분들은 세 상에서 모두 동일한 파형으로 나타난다. 5차 고조파성분들은 3상 대칭을 이루지만 상순이 a-c-b 순서가 되고 7차 고조파는 기본파와 마찬가지로 a-b-c의 상순을 갖는 것을 알 수 있다. 일반적으로 $3k$차($k = 1, 2, \cdots$) 성분(3배수고조파)들은 세 상에서 모두 동상, $3k-1$차 성분들은 역상, $3k+1$차 성분들은 정상 상순이 되므로 각각 기본파의 영상분, 역상분, 정상분과 유사한 속성을 갖는다. 전류의 고조파성분 역시 마찬가지이다.

이들 중 특히 3배수고조파들은 기본파의 영상분처럼 전원과 부하의 결선에 영향을 받는다.(부록 E 참조) 먼저 3상4선식의 경우를 보면, 그림 7과 같이 부하의 각 상에 전원의 상전압이 직접 가해지므로 각자 독립적인 단상일 때와 마찬가지로 세 상의 선로에 각 상의 기본파성분 e_1에 의한 전류와 3고조파성분 e_3에 의한 전류가 함께 흐른다. 단상과 다른 점은 세 개의 단상회로가 한 개의 중성선을

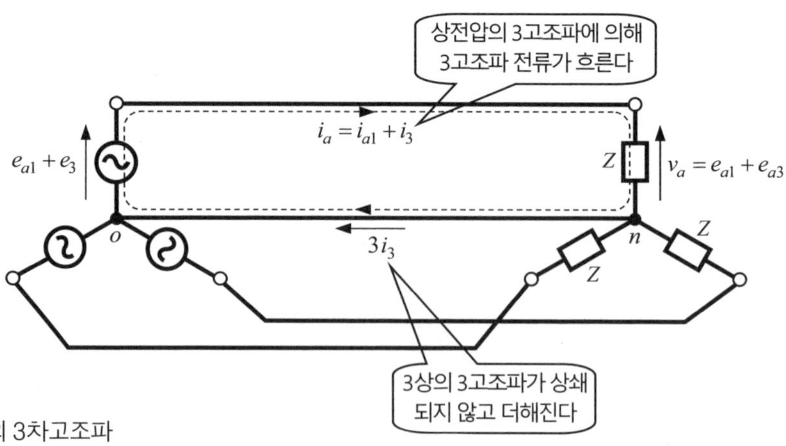

그림 7
3상4선식 회로의 3차고조파

공유하고 있어서 중성선에 세 단상전류의 합이 흐르게 된다는 점이다. 부하 임피던스가 세 상에서 동일하다면 기본파성분의 합은 0이 된다. 그러나 전원의 3고조파 성분이 모두 동일 위상이기 때문에 3고조파전류 역시 동일 위상이고, 따라서 중성선에 상별 3고조파의 3배 전류가 흐른다. 부하의 비선형성으로 3고조파 전류가 흐르게 될 때도 마찬가지이다.

3상 3선식에서는위에서와 같이 3배수고조파가흐를 수 있는 경로가 주어지지 않는다. 따라서 항상 $i_a + i_b + i_c = 0$ 가 되어야 한다. 만일 세 상에 동일한 3배수고조파가 존재한다면 이 조건을 만족시킬 수 없기 때문에 3상 3선식 선로에는 3배수 고조파전류가 흐르지 않는다. 전원이 왜곡되었거나 부하가 비선형인 경우 모두 마찬가지이다. 이에 관해 좀 더 자세히 살펴보기로 하자.

전원이 3고조파 기전력을 지니고 있는 경우, 먼저 3차고조파성분 e_3를 가진 3상 기전력이 그림 8(a)과 같이 Y로 결선되었다고 하자. 세 상전압에서 e_3 성분은 동일하다. 같은 전압이 세 상에 공통으로 존재하므로 이는 점선과 같이 Y결선 중성점에 3고조파 기전력이 접속된 것과 같다. 이때 3상 단자들 사이에서 측정한 선간전압에는 두 상의 3고조파 성분들이 서로 상쇄되어 나타나지 않게 된다. 즉 상전압이 3고조파로 왜곡되어 있다 해도 선간전압에는 나타나지 않는다. 그렇다면 상전압이 바로 선간전압이 되도록 그 아래 그림과 같이 Δ로 결선하면 어떻게 될까? 이 경우에는 모두 동상인 세 상의 3고조파 기전력이 Δ결선 루프 안에서 같은 방향으로 더해지고, 그 결과 결선 내부에 3고조파 순환전류가 흐르게 된다. 이 순환전류는 전적으로 전원들의 내부 임피던스에 의해 결정되며, 부하로

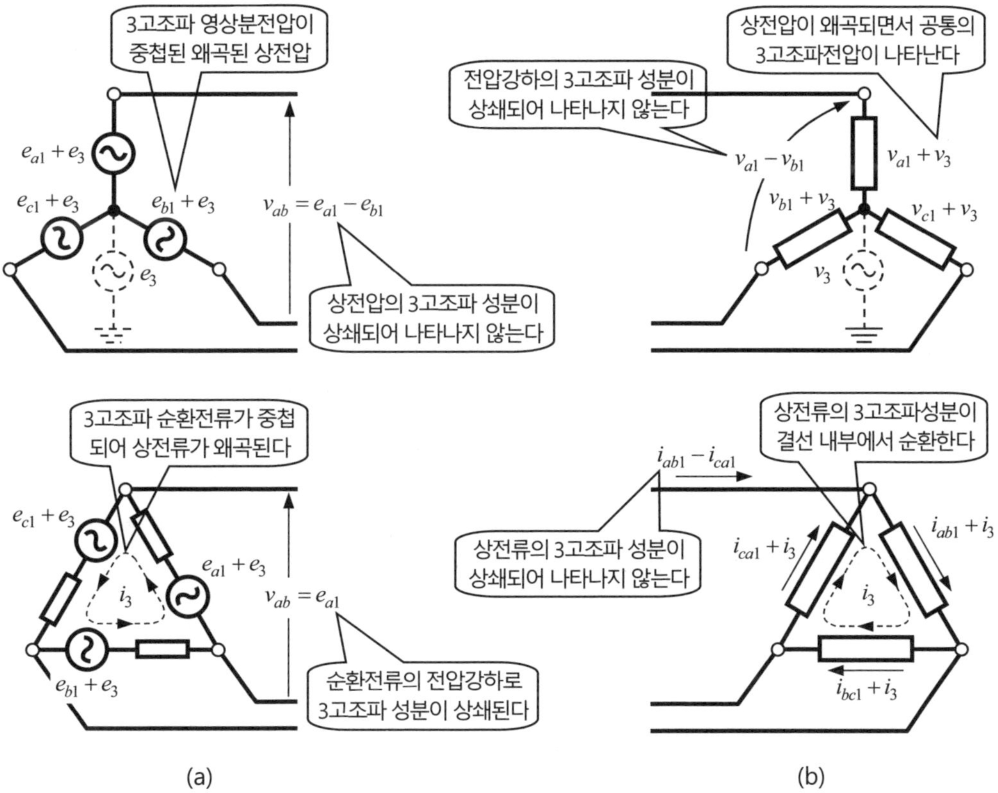

그림 8 3상 3선식 회로의 3고조파: (a) 전원의 Y결선과 Δ결선 (b) 비선형 부하의 Y결선과 Δ결

흐르는 상전류에 중첩하여 흐른다. 세 상의 임피던스가 모두 같다면 순환전류에 의해 각 상 임피던스에서 일어나는 전압강하는 합산된 $3e_3$를 3등분한 것과 같다. 따라서 상전압의 e_3가 그와 동일한 전압강하에 의해 상쇄되므로 각 상 양 단자 사이에 3고조파 성분이 나타나지 않게 된다. 요컨대 Y나 Δ 어떤 식으로 결선되건 선간전압에 3고조파가 나타나지 않는다. (이는 $v_{ab} + v_{bc} + v_{ca} = 0$ 인 선간전압에 영상분의 속성을 지닌 3배수고조파가 존재할 수 없다는 점에서 당연한 결과이다.) 선간전압에 의해 작동하는 부하 입장에서 보면 전원의 내부가 실제 어떠하건 애초에 3고조파가 없는 전원이나 다를 바 없다. 즉 3상결선된 전원 내부의 3고조파는 겉으로 드러나지 않고, 따라서 부하전류에 영향을 미치지 않는다.

부하의 비선형성으로 인한 3고조파도 유사한 양상을 보인다. 그림 8(b) 위쪽과 같이 동일한 비선형 부하 3개가 Y로 결선되어 여기에 3상 대칭 정현파 전압이 가해졌다고 하자. 어느 한 상에 전류가 흐르면서 일어나는 전압강하가 3고조파 성분 v_3를 지니고 있다면 다른 두 상의 전압강하 역시 동일한 3고조파 성분을 지닌다. 따라서 이들 3고조파 성분은 Y결선 입력단자 사이에는 서로 상쇄되어 나타나지 않는다. 이때 결선 내부의 중성점은 세 상에 공통인 3고조파 전위로 맥동한다. 전원 입장에서 보면, 부하 내부에서 어떤 일이 일어나고 있건 전원에 접속된 단자들 사이에 3고조파 전압강하가 나타나지 않으므로 애초에 3고조파 성분을 야기하지 않는 부하나 다를 바 없다. 일반적으로 정현파 전류가 흐를 때 양단에 어떤 특정 차수의 고조파 전압강하가 나타나지 않는 부하라면 정현파 전압을 가했을 때 해당 차수의 고조파 전류가 흐르지 않는다. 따라서 이 경우 정현파 선간전압이 가해졌을 때 선로에 3고조파전류가 흐르지 않는다. 그렇다면 그 아래 그림과 같이 Δ로 결선하여 각 상에 직접 선간전압을 가하면 상전류의 3고조파 성분이 선로에 흐르게 되지 않을까? 이 경우 부하의 상전류가 3고조파 성분 i_3를 포함하고 있다 해도 세 상에 모두 동일한 3고조파 전류가 흐르기 때문에 전원측 선로에는 해당 선로를 공유하는 두 상의 3고조파전류 성분이 상쇄되어 흐르지 않게 된다. 대신 세 상에 공통으로 흐르는 3고조파전류는 Δ결선 내에서 순환한다. 이 역시 전원 입장에서 보면 선간에 직접 접속된 부하들이 애초에 3고조파전류를 야기하지 않는 부하들인 것이나 마찬가지이다.

이처럼 부하가 정현파 전류에서 3고조파 전압강하를 일으키거나 정현파 전압에서 3고조파 전류가 흐르는 비선형성을 지니고 있다 해도 이들을 3상결선하여 3상 대칭전원에 접속했을 때는 그 비선형성이 겉으로 드러나지 않으며, 선로 전류에 3고조파를 야기하지 않는다. 이는 6차, 9차 등 모든 3배수 고조파에 마찬가지로 적용된다. 결과적으로 평형 3상 3선식 선로에는 전원에 의해서도, 부하에 의해서도 3배수 고조파 전류가 흐르지 않으며, 앞서 언급한대로 짝수차 고조파를 제외하면 기본파 외에 5차, 7차, 11차, 13차 등 $6k \pm 1$ 차 전류만 흐른다. 이들 중 $6k + 1$ 차는 정상분, $6k - 1$ 차는 역상분의 속성을 지닌다. 영상분에 해당하는 3배수 고조파 성분들은 전원이나 부하의 Y결선 내부 중성점의 맥동전압으로, 또는 Δ결선 내부의 순환전류의 형태로만 존재한다.

참고문헌

박민호, 유도기기, 동명사, 1969.

이승원, 이윤종, 전기기기, 문운당, 1987.

G. Slemon and A. Straughen, Electric Machines, 15th ed., Eddison Wesley, 1980.

A. E. Fitzgerald, Charles Kingsley, Jr., and Stephen Umans, Electric Machinery, 6th ed., McGraw-Hill, 2003.

Stephen J. Chapman, Electric Machinery Fundamentals, 2nd ed., McGraw-Hill, 1991.

Theodore Wildi, Electrical Machines, Drives, and Power Systems, 3rd ed., Prentice Hall, 1997.

George McPherson and Robert D. Laramore, An Introduction to Electrical Machines and Transformers, 2nd ed., John Wiley & Sons, 1990.

Mulukutla S. Sarma, Electric Machines: Steady-State Theory and Dynamic Performance, 2nd ed., West Publishing Company, 1990.

Charles I. Hubert, Electric Machines: Theory, Operation, Applications, Adjustment, and Control, 2nd ed., Prentice Hall, 2002.

Richard H. Engelmann, William H. Middendorf, Handbook of Electric Motors, Marcel Dekker, 1995.

찾아보기

가

나

다

자

차